普通高等教育“十二五”规划建设教材

理论力学
自主学习辅导

Assistant to Self-motivated Learning Theoretical Mechanics

配套高教·哈工大《理论力学Ⅰ》（第七版）

陈奎孚●编 著

中国农业大学出版社
CHINA AGRICULTURAL UNIVERSITY PRESS

内容简介

本书是学习哈尔滨工业大学理论力学教研组编写的、由高等教育出版社出版的《理论力学(Ⅰ)》(第7版)的辅助。每章包括主要内容、精选例题、思考题解答和习题解答四个部分。精选例题部分是笔者认为典型的、容易出错的题目的求解和讨论。全书精选例题累计97道,在每章按照从易到难的顺序编排。

本书是"理论力学"课程自主学习和翻转课堂的助手,也可供考研复习和教师备课参考。

图书在版编目(CIP)数据

理论力学自主学习辅导/陈奎孚编著.—北京:中国农业大学出版社,2014.10
ISBN 978-7-5655-1086-1

Ⅰ.①理… Ⅱ.①陈… Ⅲ.①理论力学-学习参考资料 Ⅳ.①O31

中国版本图书馆CIP数据核字(2014)第226497号

书　名 理论力学自主学习辅导
作　者 陈奎孚 编著

责任编辑 梁爱荣　　**封面设计** 郑 川
出版发行 中国农业大学出版社
社　址 北京市海淀区圆明园西路2号　　**邮政编码** 100193
电　话 发行部 010-62818525,8625　　读者服务部 010-62732336
编辑部 010-62732617,2618　　出 版 部 010-62733440
网　址 http://www.cau.edu.cn/caup　　**e-mail** cbsszs @ cau.edu.cn
经　销 新华书店
印　刷 北京时代华都印刷有限公司
版　次 2014年12月第1版　2014年12月第1次印刷
规　格 787×1 092　16开本　26.25印张　652千字
定　价 49.00元

前　言

“理论力学”这门课程给学生的第一感觉就是“挂率”高，课程听得风生水起，作业做得懵懵懂懂，考试考得跌跌撞撞。在基础课程的学习或教学阶段，最迫切的问题是“挂率”高怎么办，而从更长远的发展来看，现代工程技术学科最终的研究内容和手段都或多或少与力学有关，这是因为工程学科的最终研究结果都要落实到定量关系上，而很多有物理背景的定量关系常常会往“力学”（所谓的 mechanism 和 mechanics，即便是经济学，也有经济动力学，研究系统的也有系统动力学）上靠。所以力学和力学思维是很多工科技术研究的基础和工具，而理论力学又是力学系列课程中的第一门。对这门课程的感受，不仅关乎本门课程“挂率”问题，而且是你未来工程技术研究的起航点。

本书试图强化你在起航点对力学的感情和信心。全书顺序遵循哈尔滨工业大学理论力学教研室所编写的《理论力学（Ⅰ）》（第 7 版）的体系。每章大体包括主要内容、精选例题、思考题解答和习题解答四个部分。第一部分是对教材内容的总结，第三部分和第四部分给出了原教材的思考题和习题的解答（部分习题被用于精选例题部分）。

笔者精选了 97 道例题，这些例题在各章中按照从易到难的顺序编排。按教学最近发展区理论，发展区大小应合适，太大太小的学习效率都要下降，希望本书易难发展区能与目前大多数学生学习匹配。另外，之所以称为“精选”，是因为从笔者的经验来看，这些例题或经典、或易错、或难理解。大多数例题后面有讨论，这是笔者的教学经验或观点的总结。不当之处，敬请同行指正。

按照现在流行的教学观点，学习是学生的主动行为，教师只起激发兴趣、控制进度和整理材料的角色。本书的例题力图贯穿这种思想，所以书名加了“自主”两个字，希望本书例题能够达到激发学生的“自主和自动”学习力学的热情的目的。特别是“学生课堂外自学，教师随后答疑和讨论”的翻转课堂模式更需要有循序渐进的学习材料以便学生自信地“翻转”。盼望本书的裁剪和演绎能起到这种作用。

至于思考题和习题解答部分，笔者不希望同学在要交作业的头天晚上把它们拿过来“参考”。对于理工科学生，把关键训练的解答“憋”出来很有必要，古今中外概莫能外，笔者手中有本 William L Birggs 等编写的 Calculus 教材（PEARSON 出版社），在致学生中说“Mathematics is not a spectator sport. No one can expect to learn calculus merely by reading the book and listening to lectures”。这对学习力学同样适用。这部分内容是给“憋”出者提供信心的。

其实笔者不赞成学生使用习题解答这类参考书,但是目前笔者常见的同类参考书,用起来并不得心应手,少部分不严肃的教辅还有错误。这些错误的存在,如果真像中医理论那样可以毒攻毒或提升免疫力,则为幸事!可是网络燥热和手机噪声熏陶出的部分躁动学生,直接把这些毒当作营养吸收了,而不是把毒挑出来灭了。考虑到这个因素,笔者痛下决心把这部分材料也编写进来了。

为了方便学习,本书采用了如下一些编写习惯:

(1)如果分析图完全错误,则在错误图上标注灰色的叉号;如果图的逻辑没有问题,但是还有可以改善的或不符合理论力学训练目的的,则在图上打上灰色的问号。

(2)笔者自己的论述用楷体字表示,关键词句用加重楷体。

(3)在动力学部分,运动量箭头用灰色,力相关量的箭头用黑色。

(4)“主要内容”和“精选例题”的图按“章数-图号”的模式统一编号;“思考题解答”的原图按“S题号”编号,解答图按“D题号”编号;“习题解答”的原图按“T题号”编号,解答图按“J题号”编号。

本书编写过程和个人成长过程都得到了中国农业大学力学系各位同事的支持。更感谢长期以来家人对我的宽容和支持,让我能够按自己的想法做事和做人。

本书的解答、录入和图形绘制均由笔者自己完成,如有错误都是本人的责任。欢迎将指正发送到 ChenKuiFu@hotmail.com。

陈奎孚

2014年8月

目　　录

第 1 章　静力学公理和物体受力分析

1.1　主要内容

1.1.0　基本概念

静力学　研究物体在力系作用下平衡规律的科学。内容包括三个方面：各种力系的平衡条件及其应用；物体的受力分析；力系合成与简化。

运动状态　物体发生运动时相对某参考系的运动速度。质点的运动状态就是质点的速度（包括大小和方向），质点系的运动状态指系统内所有质点的运动速度。

质点平衡　质点相对惯性参考系（如地面）静止或作匀速直线运动的状态。

刚体　在力的作用下，其内部任意两点间的距离始终保持不变的物体。由于任意两点之间距离保持不变，所以刚体的形状和大小都不会发生变化，更不会发生破坏或断裂。

刚体的运动状态　刚体作为特殊的质点系，系统内所有点的速度都可以由下面两个速度完全表示出来：刚体某点的速度；刚体绕该点转动的速度。

刚体平衡　刚体上某点相对惯性参考系（如地面）的速度不变，且刚体绕该点转动的速度相对于惯性参考系也保持不变

力　物体之间的相互作用，作用效果使物体的机械运动状态发生改变。对质点而言，力的作用会改变速度（包括大小和方向）；对刚体而言，力既会改变刚体上某点的速度，也会改变刚体绕该点转动的速度。力有三要素：大小、方向和作用点。这三个要素可以被数学矢量完全地刻画。

力系　作用于同一个研究对象的多个力。

零力系　没有外力作用的力系为零力系。零力系作用下的刚体必然平衡，反之不然。

等效力系　两个力系作用于同一个物体产生了相同的效果。

平衡力系　等效于零力系的力系。

力系的简化　用简单的力系等效替换一个复杂的力系。

合力与分力　若力系可简化为一个力，则后者为合力，前者各力为分力。

1.1.1　静力学基本公理

公理 1　力的平行四边形法则

作用在物体上同一点的两个力，可以合成为一个合力。合力的作用点也在该点，合力的大小和方向，由这两个力为边构成的平行四边形的对角线确定。

公理 2　二力平衡条件

作用在刚体上的两个力，使刚体保持平衡的充分和必要条件是：这两个力大小相等，方向

相反，且作用在同一直线上。公理 2 并非是公理 1 的退化形式，因为前者不要求两力作用点重合，而后者要求“作用于同一点的两个力”。二力平衡是除零力系之外的最简单平衡力系。

公理 3　加减平衡力系原理

在已有力系上加上或减去任意的平衡力系，并不改变原力系对刚体的作用。

推理 1　力的可传性

作用于刚体上某点的力，可以沿着它的作用线移到刚体内作用线上任意一点，并不改变该力对刚体的作用。因这个推理，作用于刚体的力之三要素变成大小、作用线和指向。

推理 2　三力平衡汇交定理

作用于刚体上三个相互平衡的力，若其中两个力的作用线汇交于一点，则此三力必在同一平面内，且第三个力的作用线通过汇交点。该推理的前提是三力平衡，且其中两力相交。破坏其中任一前提，推理都不成立。

公理 4　作用和反作用定律

作用力和反作用力总是同时存在，同时消失，等值、反向、共线，作用在相互作用的两个物体上。注意该公理和公理 2 的两个力的差异，后者作用在同一个刚体上。

公理 5　刚化原理

变形体在某一力系作用下处于平衡，如将此变形体刚化为刚体，其平衡状态保持不变。

公理 1、公理 2 和公理 3 适用于刚体。公理 5 将这三个公理拓展到变形体，但前提是该变形体要处于平衡。公理 4 对刚体和变形体都成立。

1.1.2　约束和约束力

约束　对非自由体的位移起限制作用的周围物体。

约束力　约束力又称**约束反力**，也常常简称**反力**。它是约束物体对被约束物体的作用力。约束力的三要素中：方向必与该约束所能够阻碍的位移方向相反；作用点在接触处（如果是面接触则需要对力系简化）；大小一般是未知的。前两个要素需根据具体约束特性确定。

工程上常见的约束和约束力特点：

(1)柔索约束（包括绳索、链条、胶带和电缆）　约束力沿着柔索背离被约束物体。

(2)光滑接触约束（包括光滑面支撑、有润滑齿轮啮合）　约束力作用在接触点，方向沿接触表面的公法线并指向被约束物体。

(3)光滑铰链约束（向心轴承/径向轴承，圆柱铰链和固定铰链支座）　约束力穿过铰链轴心。平面问题可用通过轴心的两个正交分力表示。如果利用二力平衡、三力汇交或其他信息能够明确约束力的方向时，则可画成一个力；当方向不能确定或为了求解方便，可画成两个正交分力。

(4)滚动支座（辊轴支座）　约束力穿过销钉，垂直于支撑面，力的指向可假定。

(5)滑块滑道约束（销钉滑道约束）　约束力垂直于滑道，穿过滑块（或销钉），力的指向可假定。见教材的习题 1-2h 和 1-2i。

(6)止推轴承　比径向轴承多一个轴向的约束力分量，可用三个正交分力表示。

(7)光滑球形铰链　约束力通过接触点，并指向球心，可用三个正交分力表示。

止推轴承和光滑球形铰链是空间约束，第三章的空间力系会进一步学习空间约束。

1.1.3　物体的受力分析和受力图

受力分析　根据题设、公理、推理和约束的性质尽可能地将研究对象上的受力信息(力的类型:集中力,分布力,力偶(第 2 章学习);方向;作用线/点)明确化,并把它们以简图的形式表示出来。它包括四步:选择并隔离研究对象,画研究对象的简图,受力信息的确定和受力信息的图形表示。

受力分析一直是理论力学学习的重点和难点。对受力图上的每个力都要能明确地说出施力物体。内力不用画出来,即使能抵消的成对内力(一对作用力和反作用力)也不要画出来。受力信息的明确化只能依据题设、公理、推理和约束的性质这四种知识,不能凭自己感觉或想象(比如对称性等)臆添力的信息。

1.2　精选例题

例题 1-1　图 1-1 所示定滑轮 A,均质。在绳索两端的拉力 $\boldsymbol{F}_{T1}$ 和 $\boldsymbol{F}_{T2}$ 作用下,轮 A 保持平衡。试证明 $\boldsymbol{F}_{T1}$ 和 $\boldsymbol{F}_{T2}$ 的大小相等。

证明　绳索分成三段,中间圆弧段与滑轮紧密接触。两端的绳索是线段,而且这两条线段与圆轮相切。由柔索特性知道,拉力 $\boldsymbol{F}_{T1}$ 和 $\boldsymbol{F}_{T2}$ 分别沿各自所在的柔索直线段方向,因此 $\boldsymbol{F}_{T1}$ 和 $\boldsymbol{F}_{T2}$ 的作用线与圆轮相切。图 1-2a 中 H 为两条作用线的交点。由圆切线的几何性质知道,两条作用线与 HA 夹角相等。

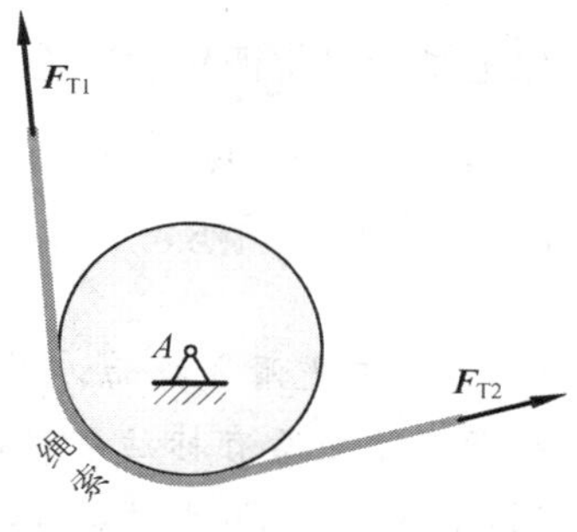

图 1-1

将图 1-1 中的固定铰链支座 A 解除,代之以约束反力 $\boldsymbol{F}_{Ax}$ 和 $\boldsymbol{F}_{Ay}$,如图 1-2a 中所示。由平行四边形法则,它也可以等效为一个合力,如图 1-2b 中的 $\boldsymbol{F}_A$ 所示。

由公理 5 的刚化原理可把绳索和圆轮刚化成一个刚体,这个刚体仍保持平衡。

现在图 1-2b 的"刚体"(A 轮-绳索)只受到三个力且保持平衡,其中两个力 $\boldsymbol{F}_{T1}$ 和 $\boldsymbol{F}_{T2}$ 的作用线交于 H,由三力平衡汇交定理知道 $\boldsymbol{F}_A$ 作用线必然过 H 点,也就是 $\boldsymbol{F}_A$ 作用线沿 AH 方向。

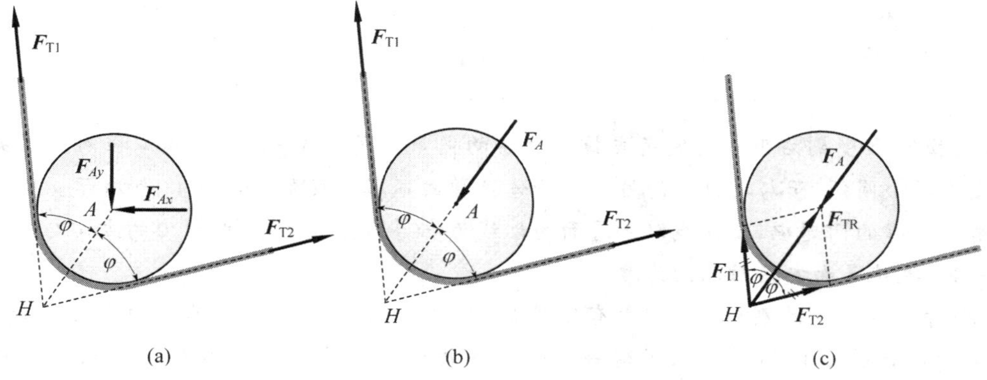

图 1-2

由力的可传性推理，把 $\boldsymbol{F}_{T1}$ 和 $\boldsymbol{F}_{T2}$ 的作用点滑移到 H 点，如图 1-2c 所示。再次对图中的 $\boldsymbol{F}_{T1}$ 和 $\boldsymbol{F}_{T2}$ 使用平行四边形法则，把二者合成为一个合力 $\boldsymbol{F}_{TR}$。该力作用点在 H 点。

经过上述简化，"刚体"（A 轮-绳索）只受到两个力且平衡（图 1-2c），根据公理 2 的二力平衡条件知道 $\boldsymbol{F}_{TR}$ 必然沿 HA 的方向。由于 $\boldsymbol{F}_{T1}$ 和 $\boldsymbol{F}_{T2}$ 与 HA 夹角相等，原来的力平行四边形变成了菱形，即 $\boldsymbol{F}_{T1}$ 和 $\boldsymbol{F}_{T2}$ 的长度相等。这就证明了 $\boldsymbol{F}_{T1}$ 和 $\boldsymbol{F}_{T2}$ 的大小相等。

本例题除了公理 4 没有用到外，其余四个都使用了（公理 3 的加减平衡力系公理是力的可传性推理的前提）。

这个证明太复杂了。在学完第 2 章的平面力系的平衡条件之后，可以有简洁的证明。

值得指出的是：大多数教材没有证明这个结论，但是算题中往往都直接运用。这种做法是不严格的。

由上述证明过程知道，结论成立前提是：①滑轮保持平衡；②轮子是圆的；③两个绳子拉力之外其他所有力都需要过轮心 A。违反这三个前提中任一个，就证明不了 F_{T1} 和 F_{T2} 相等。比如在动力学中就经常遇到 F_{T1} 和 F_{T2} 不相等的情形。如果轮子不是圆的，就无法保证 $\boldsymbol{F}_{T1}$-$\boldsymbol{F}_{T2}$-$\boldsymbol{F}_{TR}$ 的平行四边形为菱形。如果轮子不是均质，那么轮子重力不通过轮心，也没有 $F_{T1}=F_{T2}$。

以上是针对定滑轮的讨论。对均质动滑轮，因其重力穿过轮心，故也有 $F_{T1}=F_{T2}$。

例题 1-2　画出图 1-3 所示 A 物体的受力图（教材习题 1-1a）

解： 如图 1-4a 所示。

讨论

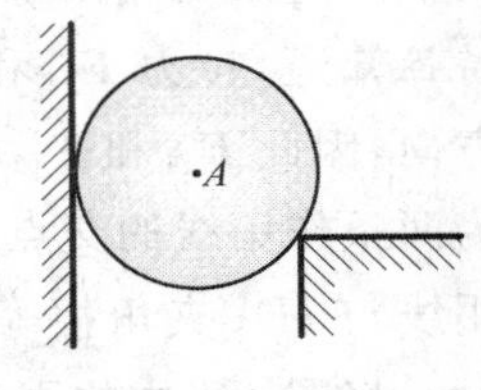

图 1-3

(1)左侧是光滑支撑面，所以可确定该处约束力 $\boldsymbol{F}_{N1}$ 方向。如果在原图的解题关键处没有标注字母，就自己加字母。也可以用数字下标以示区别，如这里的 $\boldsymbol{F}_{N1}$ 和 $\boldsymbol{F}_{N2}$，以区别来自墙面和尖角的约束力。

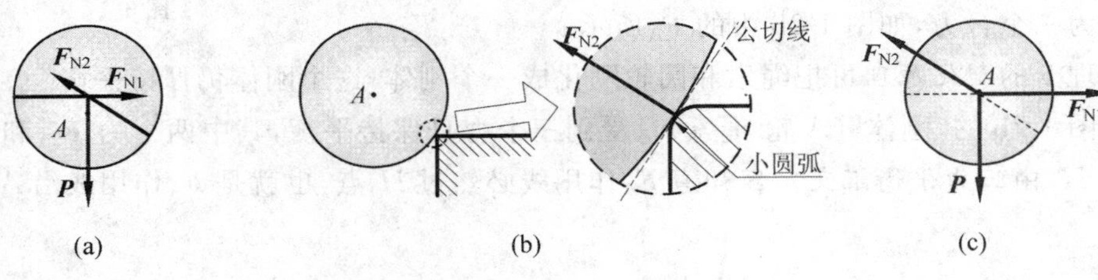

图 1-4

(2)物体 A 受到右下方的尖角支撑。理想的尖角只是数学概念，实际工程问题的尖角肯定会变形成小圆弧，而与之接触的另一个物体光滑面不容易变形，如图 1-4b 所示。所以在尖和光滑面支撑的问题中，公切线以光滑面的切线为准。这样假定下，约束力的方向与光滑面的法线一致，也就是**面尖接触以面为准**。

(3)对理论力学的刚体模型，力有可传性，所以有时也把汇交点作为力矢量的起点（此题为圆心），如图 1-4c 所示。采用这种画法要用虚线沿各自的作用线把汇交点和作用点连接起来。

例 1-3　画出图 1-5 所示 AB 梁的受力图(教材习题 1-1e)。

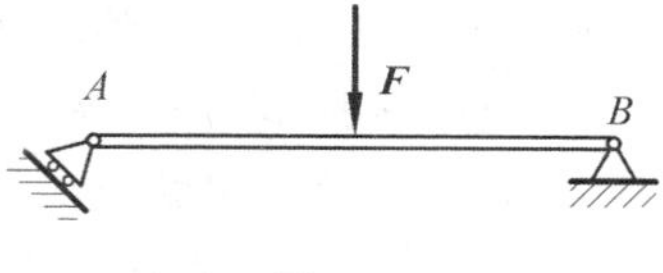

图 1-5

解:如图 1-6a 所示。

讨论

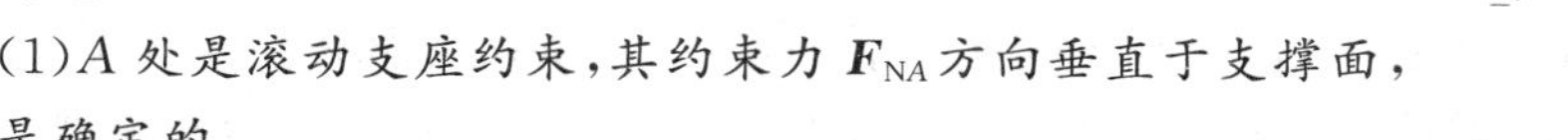

(1)A 处是滚动支座约束,其约束力 $\boldsymbol{F}_{NA}$ 方向垂直于支撑面,方向是确定的。

(2)一般来说,不要因为 $\boldsymbol{F}_{NA}$ 方向斜了就对其作正交分解。

(3)如果计算中分解 $\boldsymbol{F}_{NA}$ 能带来便利的话,那么最好画成 1-6b 所示意的:用虚线表示出平行四边形的合成关系;在 $\boldsymbol{F}_{NA}$ 的矢量箭头上画两条短线,表示它已被 $\boldsymbol{F}_{NAx}$ 和 $\boldsymbol{F}_{NAy}$ 取代——这样在计算操作时就不容易被重复计算了。

(4)图 1-6a 中 $\boldsymbol{F}_{Bx}$ 和 $\boldsymbol{F}_{By}$ 无须合成为一个合矢量。在后续章节会发现,求 $\boldsymbol{F}_{Bx}$ 和 $\boldsymbol{F}_{By}$ 的大小比求合矢量的大小(加上方向角)要方便。

(5)用**平行四边形法则做矢量合成操作时,两个矢量要么起点重合**(1-6b 的 A 铰)**,要么终点重合**(1-6c)**,合矢量一定位于平行四边形的对角线上**。如果两个分矢量首尾相接,则很难做平行四边形(1-6d),硬要画出的平行四边形肯定是错误的(1-6e 和 1-6f)。

(6)对于理论力学所使用的刚体模型而言,因为有"力的可传性"推理,所以力的作用点既可以与矢量起点重合,也可以与矢量的终点重合,甚至可以把力矢量画成穿过作用点。但一般来说,矢量的起点与力的作用点重合是首选的。

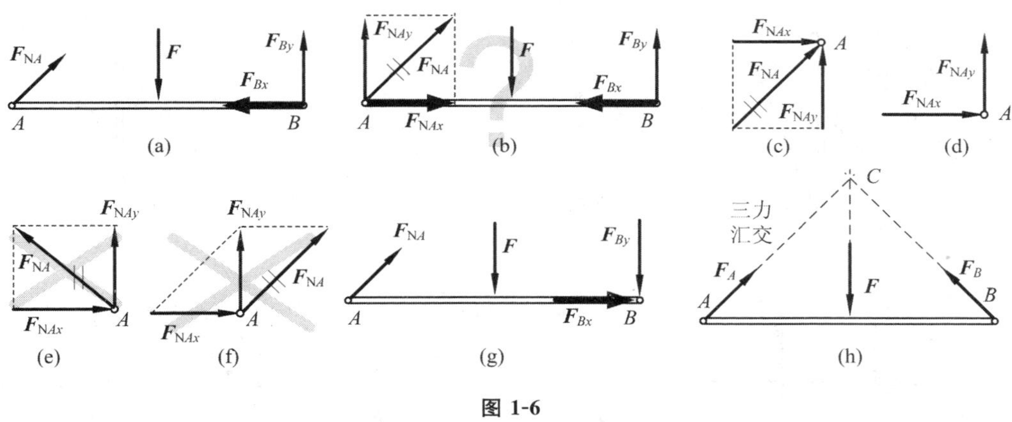

图 1-6

(7) $\boldsymbol{F}_{Bx}$ 和 $\boldsymbol{F}_{By}$ 也可以画成图 1-6g 中那样的指向,因为 F_{Bx} 和 F_{By} 可以取负值(**不要习惯性地觉得 AB 会向右加速运动**)。**我们必须要习惯这种表示,因为对简单的受力图,我们可以判断出方向,但是对复杂的受力(或者信息不确定)情形,受力的指向并不一目了然,此时依然需要画出受力图**。然而 $\boldsymbol{F}_{NA}$ 的方向不要画反了,因为它的正方向已可由滚动支座的特性确定了。总之画受力图的原则是:**能根据题设、公理(原理)、推理(定理)和约束性质确定的则确定;确定不了的则假定,假定必须符合公理、原理和约束性质;不能由自己的感觉瞎定。**

(8)如果 $\boldsymbol{F}_{Bx}$ 和 $\boldsymbol{F}_{By}$ 合成为一个合矢量,那么 AB 梁上只受到了三个力,因其中 $\boldsymbol{F}_{NA}$ 和 $\boldsymbol{F}$ 作用线相交,所以我们就可以确定 $\boldsymbol{F}_B$ 的方向了。为了强调使用了三力汇交定理,**应该用虚线把三力的交点定出来**。这种画法如图 1-6h。因为我们已经费了这么多周折,所以 $\boldsymbol{F}_B$ 的方向最好不要画反了(尽管逻辑上可以反,只要 F_B 取负值即可)。使用了三力汇交定理画法后,就不要

再画蛇添足地去对 $\boldsymbol{F}_B$ 作正交分解了。如果非要分解，可遵循图 1-6b 的 $\boldsymbol{F}_{NA}$ 处理方式。

(9)还须指出的是，某些教材和参考书为了偷懒，作整体受力图时不去约束。这种做法与“约束对物体的作用就是力”是相矛盾的，因为受力图作为研究对象受力信息的等价刻画，力和约束只能取其一。在教学实践中，因学时的一低再低，部分学生对约束很难透彻理解，上述的“偷懒”到学生这里，就会发生画部件受力图还带着约束的逻辑错误。所以本书的整体受力图不在原图上画，而是在另作的去除约束图上画。

例题 1-4 画出图 1-7 所示 CD 和 AB 杆的受力图(教材习题 1-1i)。

解:如图 1-8a 所示。

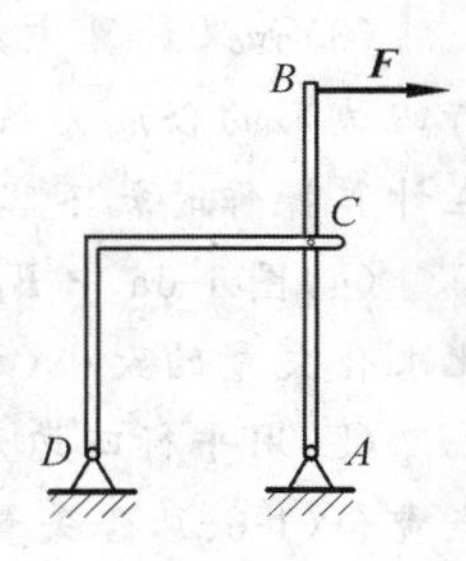

图 1-7

讨论

(1) CD 是二力构件，所以 C 处和 D 处约束力大小相等，方向相反，作用线沿 CD 方向。不管构件的形状如何怪异，只要在两处受力，比如图 1-8b 的构件只在两个圆孔 C 和 D 受力，就是二力杆，力的作用线通过两处力的作用点(如果构件的重力必须考虑，就不再是二力杆了)。

(2)由于二力构件受力简单，所以如已明确交代了某物体为二力构件，则该二力构件的受力图可以不画。如果为了强调二力构件或者与之相连构件的受力特性，则往往要画出二力构件的受力图。二力构件上的二力方向必须相反，因为已经费了心思利用它的特性了。两个力画成拉或压都可以。

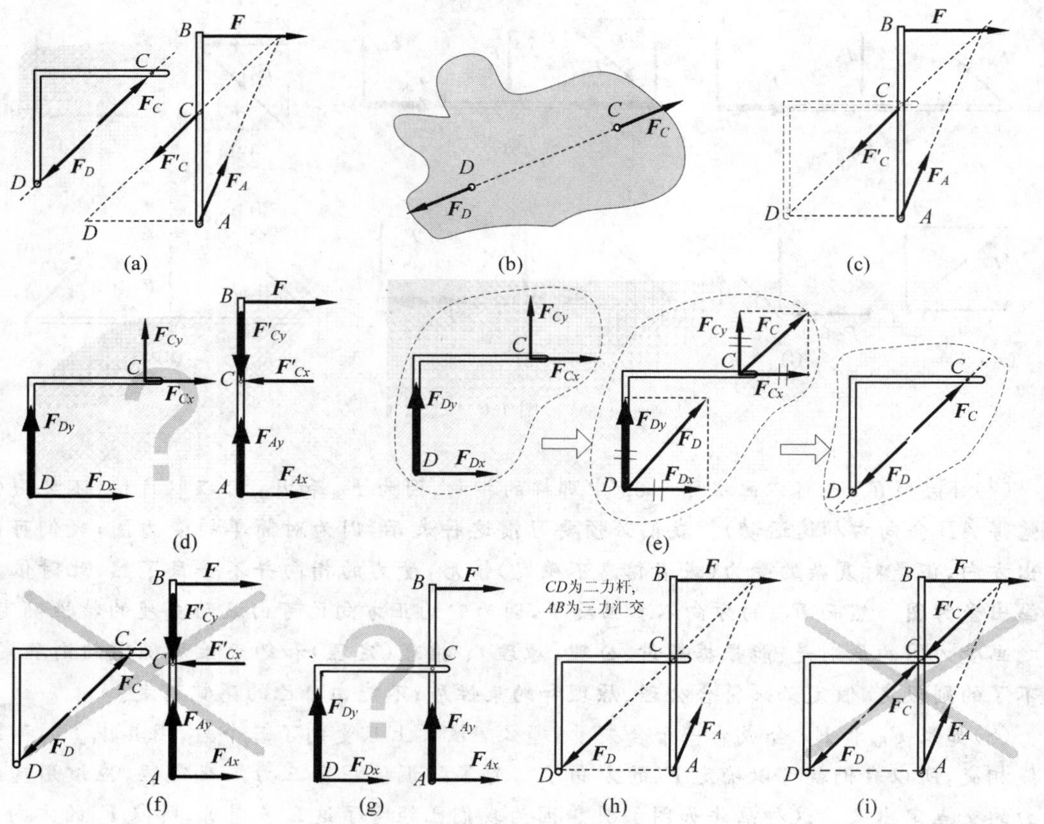

图 1-8

(3) AB 上 C 处受到 $\boldsymbol{F}_C$ 的反作用力 $\boldsymbol{F}_C'$，两力的方向相反。为了强调 $\boldsymbol{F}_C'$ 方向，图中刻意标出了 D 点，并用虚线示意 $\boldsymbol{F}_C'$ 的作用线过 D 点。如果二力构件 CD 的受力图已经省略了，那么最好这样画。如此画法一方面表示 $\boldsymbol{F}_C'$ 方向，另一方面也提示方向是根据二力构件的性质确定的。$\boldsymbol{F}_A$ 的方向由三力汇交定理确定。

(4) 若二力构件 CD 的受力图被省略了，则采用图 1-8c 方式更清楚。CD 用虚线表示它被解除了。

(5) 如果按照铰约束的性质来画，如图 1-8d 所示，那么也不能说错。但是图 1-8b 中只有两个未知数（利用二力构件已经承认 $F_C=F_D$），而图 1-8d 中则有 6 个未知数（现在对 AB 也不能利用三力汇交定理了），这会增加后续分析的工作量。**画受力图的目的是后续计算力的大小，在保证正确的前提下应尽量利用已知信息（题设、公理、推论和约束性质），为后续的计算提供方便，而不只是画得正确，画得漂亮**。

(6) 二力构件的特性，如同三力平衡汇交定理，也是公理加约束性质的推论。这分两步，如图 1-8e 所示。最左边的图是根据约束性质画的。从左边的图到中间的图利用了平行四边形法则对 C 和 D 处的力矢量作了合成。从中间的图到最右边的图利用了二力平衡条件公理。如此处理之后，最左边图上的 4 个未知数变成了右边图上的 1 个未知数了。这一方面可显著简化求解力的工作量，另一方面在后续学习中频繁使用，于是**二力构件的掌握就被当作受力分析的基本要求了**。此外，上面的两步演绎过程不涉及构件的形状，**所以无论构件的形状多么怪异**（图 1-8b），**只要它仅在两点受力，就是二力构件**。

(7) 作用力和反作用力必须匹配，像图 1-8f 这样的画法是错误的。对简单系统，我们很容易看出错误；对复杂的系统则要审慎处理，以免出现类似错误。

(8) 若要画整体受力图，则需把 A 和 D 支座去掉，代以约束反力，所以图 1-8g 是没有问题的。如果已经认识到：CD 为二力杆和 AB 为三力汇交，则整体受力图可以画成图 1-8h。采用这种方式，必须用文字明确写出“CD 为二力杆和 AB 为三力汇交”，同时要把穿过 C 和 D 两铰的 $\boldsymbol{F}_D$ 作用线的虚线和三力汇交的虚线都在图中标示出来。

(9) 必须指出 1-8i 作为受力图是错误的，因为 $\boldsymbol{F}_C$ 和 $\boldsymbol{F}_C'$ 是内力，它们不能画出来。如果为了帮助理解，非要把它们画出来，则应该用虚线（或者像图 1-8e 那样的取代短线），以突出它们与外力的区别。

(10) 如果部件受力和整体受力都要分析，则要注意逻辑一致，如 1-8a 只能与 1-8h 配合，而 1-8d 只能与 1-8g 配合。如果 1-8d 与 1-8h 配合，在逻辑上就有矛盾，即前者不承认二力构件和三力汇交，而后者却又承认。同样若 1-8a 与 1-8g 配合，也会出现逻辑混乱。

例题 1-5 画出图 1-9 中每个标注字符物体的受力图与系统整体受力图。图中未画重力的各物体自重不计，所有接触处均为光滑接触。（教材习题 1-2h）。

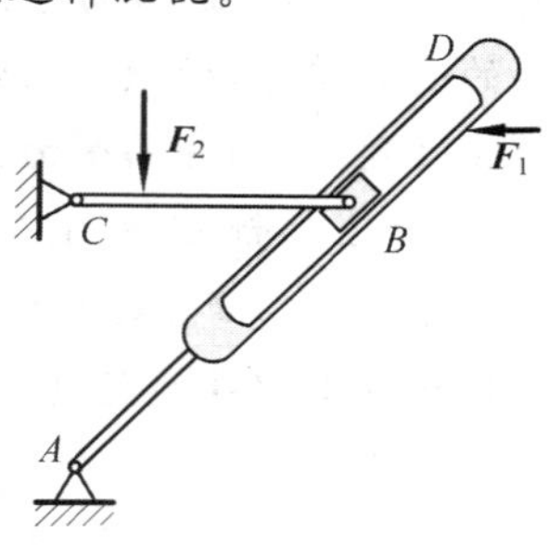

图 1-9

解：取 AD，CB 和整体分别作受力分析，如图 1-10a，b，c 所示。

讨论

(1) 滑块 B 在构件 AD 的光滑滑道内运动，这相当于光滑面支撑约束，所以约束力的方向垂直于滑道。不同于只有一个面的光滑面支撑，滑道可以提供双向约束力，所以图 1-10a 和图 1-10b 中的力

F_{NB}和F'_{NB}的箭头可以画成相反的方向。

(2)如果认识到 CB 杆可以利用三力平衡汇交定理，那么也可以按该定理画受力图，如图 1-10d 所示。当然 AD 也可以利用三力汇交定理，如图 1-10e 所示。相应地，整体受力图也要作匹配修改，如图 1-10f 所示。

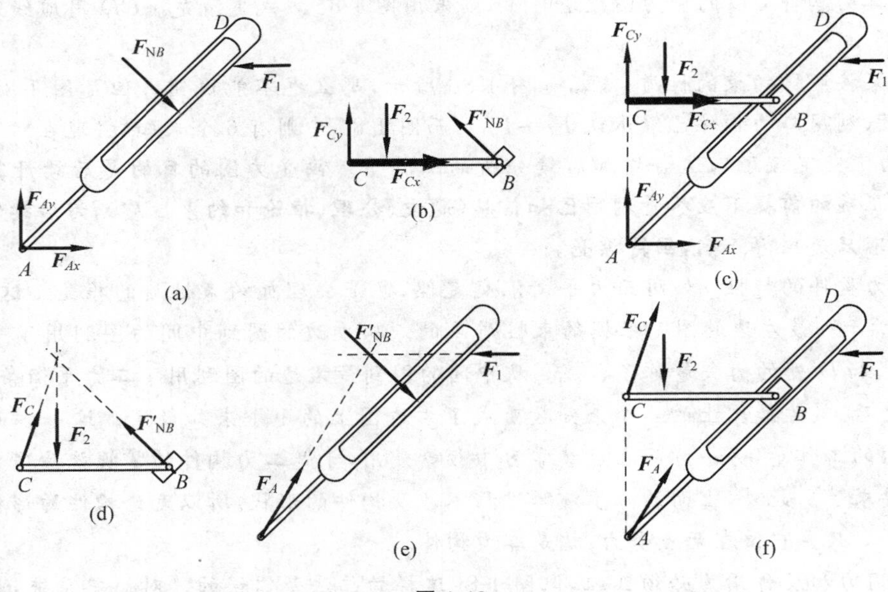

图 1-10

例题 1-6　画出图 1-11 中每个标注字符的物体受力图，以及系统整体受力图。图中未画重力的各物体的重量不计，所有接触处均为光滑接触。(教材习题 1-3k)

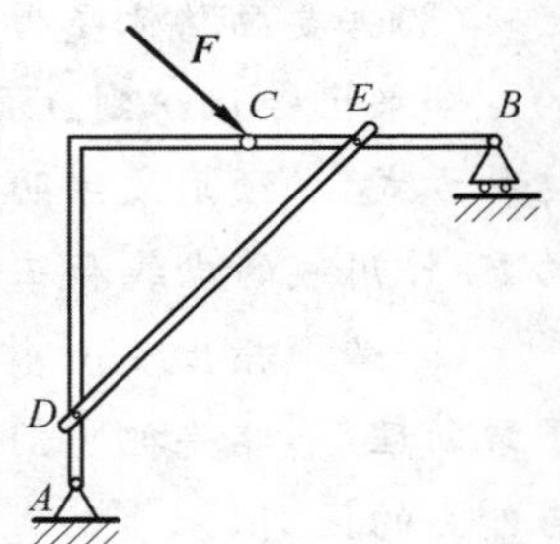

图 1-11

解:显然 DE 为二力杆。取 AC、CB 和整体分别作受力分析，如图 1-12a,b,c 所示，其中二力杆 DE 的两端反力 F_{DE} 和 F_{ED} 的大小相等。

讨论:

(1)AC 的 C 处受力和 CB 的 C 处受力并非作用力和反作用力的关系。这是因为铰 C 上还有外力 F 的作用。AC 在 C 处的受力是铰 C 左侧对 AC 作用力，BC 的 C 处受力是铰 C 右侧对 CB 作用力。很显然，AC 和 BC 两幅受力图无法反映铰 C 本身受力信息(根本就没有 F 信息)。为了刻画完整的受力信息，必须画出铰 C 的受力图，如图 1-12d 所示。**如果铰的受力比较复杂，或者想突出铰的受力，则它的受力图要画出来。**

(2)当然铰 C 也可以合并到 AC 或 CB 上。图 1-12e 是把铰 C 并到了 AC。合并之后，F_{Cx}-F'_{Cx}和 F_{Cy}-F'_{Cy}是内力，不能再画出来。图 1-12e 和图 1-12c 一起作为部件的受力图;反映了机构的全部受力信息。现在图 1-12e 的 F_{Cx1} 和 F_{Cy1} 与图 1-12c 的 F'_{Cx1}和 F'_{Cy1}就是对应的作用力和反作用力。

(3)若把 C 铰合并到 AC，则很容易认识到 CB 可以利用三力汇交定理，这样的分析受力如图 1-12f 所示。当然 AC 受力图也要作相应的改变，如图 1-12g 所示。整体受力图仍然使用图 1-12c。

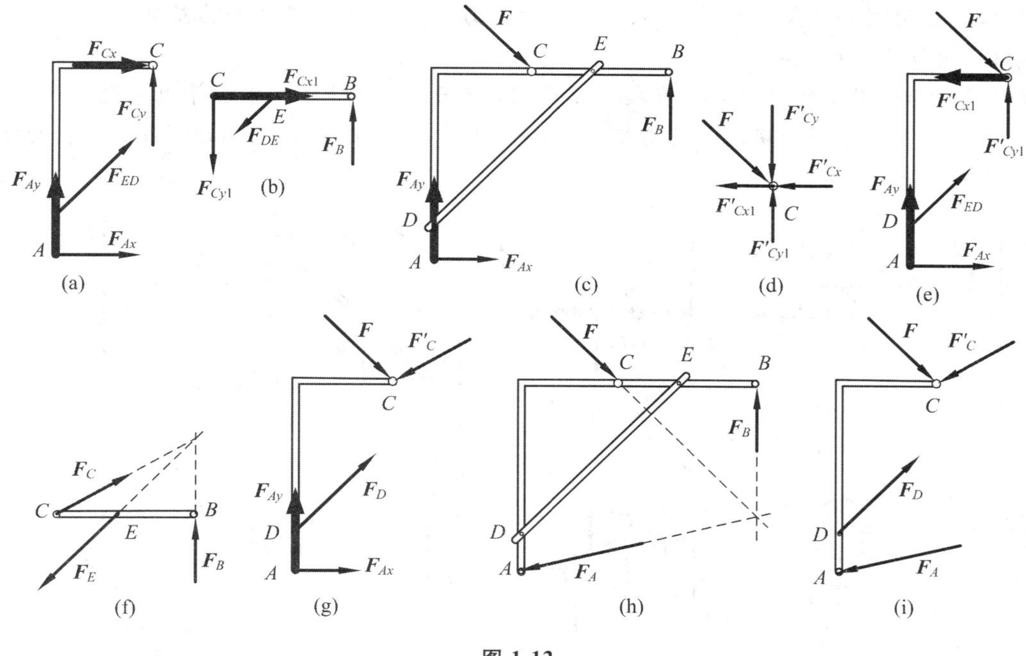

图 1-12

(4)如果审读整体，则可发现它也能使用三力平衡汇交定理。按照这样处理的整体受力如图 1-12h 所示，相应地 AC 受力图修改成图 1-12i。CB 的受力图仍使用图 1-12f。

例题 1-7　画出图 1-13 中每个标注字符的物体受力图，以及系统整体受力图。图中未画重力的各物体自重不计，所有接触处均为光滑接触。(教材习题 1-3b)

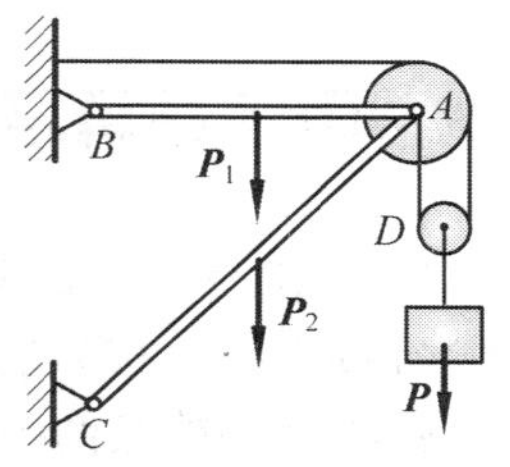

图 1-13

解：取动滑轮 D，定滑轮 A，BA，AC，销钉 A 和整体作受力分析，分别如图 1-14a，b，c，d，e，f 所示。

讨论

(1)因为销钉 A 受力过于复杂，所以把它单独取出作受力分析如图 1-14e。销钉 A 相当一根轴，上面套有定滑轮 A，杆 BA，杆 AC。轴与每个被套物体上的孔都是圆柱铰链约束关系，因此销钉 A 上受到来自定滑轮 A、杆 BA 和杆 AC 三者各两个约束力。此外，销钉 A 还受到绳子的拉力。总计，销钉 A 受到 7 个力的作用。

(2)动滑轮 D 的受力图有时被简化成图 1-14g，这是不严格的做法。动滑轮在轮心受到的是绳子的拉力，而不是下方物块的重力 $\boldsymbol{P}$，尽管二者大小相等，作用线相同，指向也相同(也不是作用力和反作用力的关系)。绳子的拉力和重力 $\boldsymbol{P}$ 不是作用点不同，而是根本就作用在两个物体上，所以对滑轮 D 较严格受力分析可用图 1-14h 表示。显然平衡时 $F'_{T0}=F_{T0}=P$，因而用 1-14a，1-14g 和 1-14h 图的分析结果相同。由于图 1-14h 相对麻烦，所以图 1-14g 被广泛使用。对于动力学 $F'_{T0}=F_{T0}\neq P$，图 1-14g 就不再正确，因此建议使用图 1-14a 或图 1-14h，当然后者稍麻烦。

(3)有的参考书用图 1-14i 表示动滑轮 D 受力图，这也不合适。因为滑轮两边绳子的拉力是两个不同的力，它们的作用点和作用线完全不一样(对图 1-14b 的 A 轮，作用线甚至也不平行)，所以不能用同一个矢量符号 $\boldsymbol{F}_T$ 表示。对于静力学，滑轮两边绳子拉力确实相等，如例 1-1 所证明的，对动力学则未必。

(4)滑轮两侧绳子的拉力并非直接作用于滑轮，而是像图 1-14j 那样作用在绳子上的，绳子和轮子之间有分布力作用。利用刚化原理，把软绳与轮子刚化为一体，这样绳子的拉力就相当于作用到轮子上了。

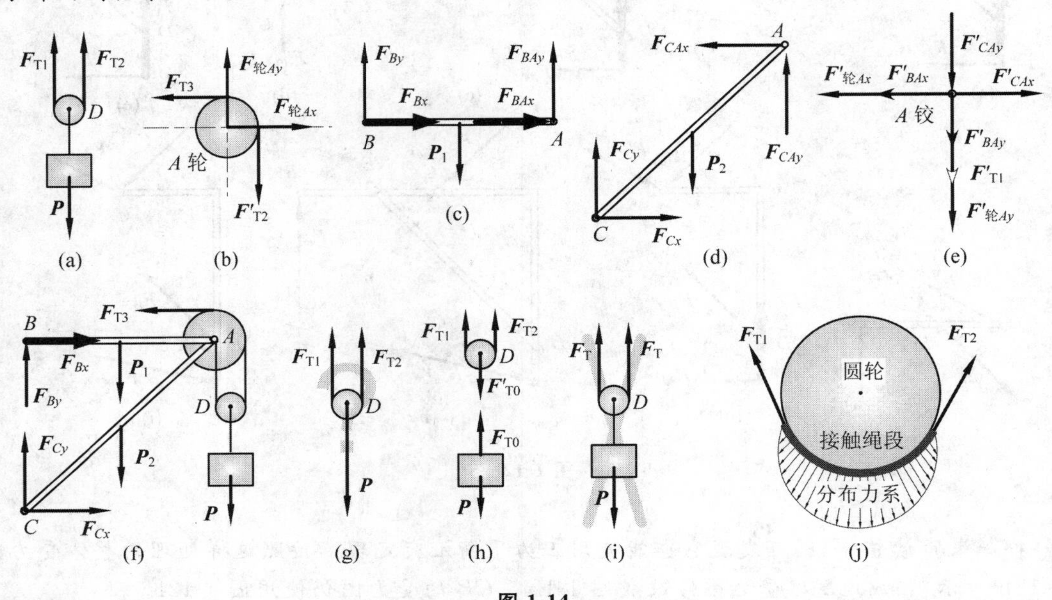

图 1-14

1.3 思考题解答

1-1 说明下列式子与文字的意义和区别。

(1)$\boldsymbol{F}_1=\boldsymbol{F}_2$；(2)$F_1=F_2$；(3)力 $\boldsymbol{F}_1$ 等效于力 $\boldsymbol{F}_2$。

解答:(1)表示两个力大小相等，方向相同；

(2)仅表示两个力大小相等；

(3)表示两个力产生的效果相同；对于理论力学所经常讨论的刚体，要求 $\boldsymbol{F}_1$ 和 $\boldsymbol{F}_2$ 不仅大小相等和方向相同外，作用线也要重合；简化模型不同，等效的具体条件会有差异。

1-2 试区别 $\boldsymbol{F}_R=\boldsymbol{F}_1+\boldsymbol{F}_2$ 和 $F_R=F_1+F_2$ 两个等式代表的意义。

解答:$\boldsymbol{F}_R=\boldsymbol{F}_1+\boldsymbol{F}_2$ 表示 $\boldsymbol{F}_R$ 等于两个矢量 $\boldsymbol{F}_1$ 与 $\boldsymbol{F}_2$ 的矢量和。

$F_R=F_1+F_2$ 表示 F_R 等于两个 F_1 与 F_2 的代数和。

1-3 图 S1-3A 到 S1-3D 中各物体的受力图是否有错误？如何改正？

解答:图 S1-3A(b)中错误有两处：图中 $\boldsymbol{F}_B$ 画法显示绳子受压，但绳子只能承受拉力；$\boldsymbol{F}_A$ 沿 AB 是错误的，这里应根据约束的性质画，或者应用三力汇交定理来画。改正的受力分析见图 D1-3A。

图 S1-3B(b)中错误有三处：A 处用约束力 $\boldsymbol{F}_A$ 表示，而不要用 $\boldsymbol{F}_B$；$\boldsymbol{F}_B$(应为 $\boldsymbol{F}_A$)应竖直向上，表示支持力，而不应画成压力；$\boldsymbol{F}_C$ 为光滑面支撑约束，其方向垂直于 ABC 杆。改正的受力分析见图 D1-3B。

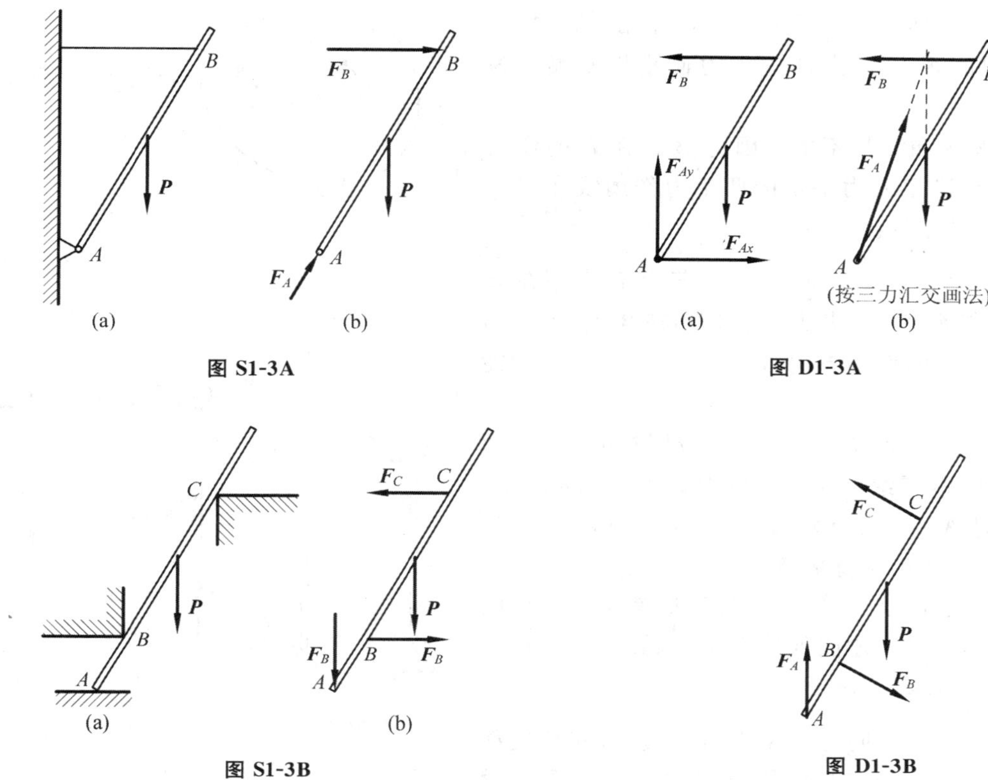

图 S1-3A　　图 D1-3A

图 S1-3B　　图 D1-3B

图 S1-3C(b)中错误有一处：不能使用三力汇交确定 A 处的约束力 $\boldsymbol{F}_A$ 方向，因为分布载荷 q 也是力。改正的受力分析见图 D1-3C。

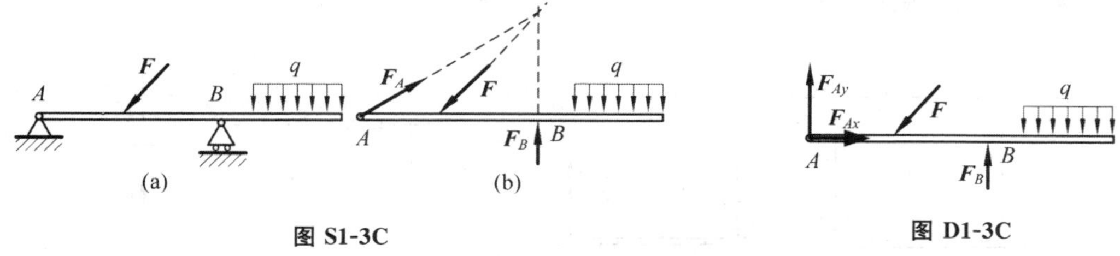

图 S1-3C　　图 D1-3C

图 S1-3D(b)中错误有两处：根据约束性质 $\boldsymbol{F}_A$ 应垂直于滚动支座的支撑面；$\boldsymbol{F}_B$ 方向错误，它或者根据约束性质确定，或用三力汇交。改正的受力分析见图 D1-3D。

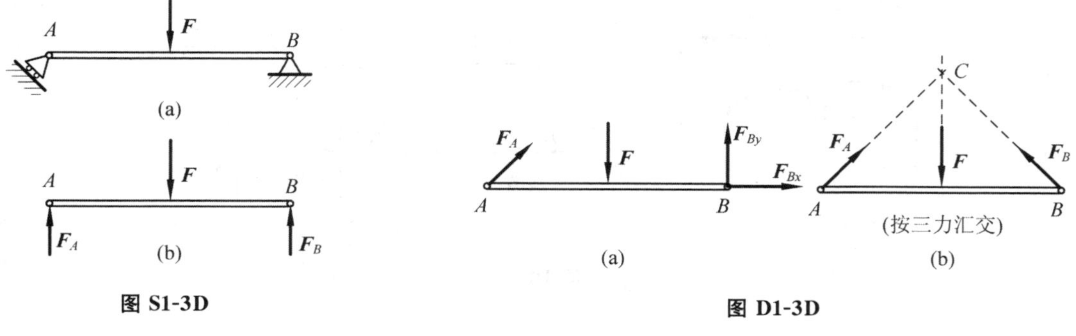

图 S1-3D　　图 D1-3D

1-4 刚体上 A 点受到力 $\boldsymbol{F}$ 的作用，如图 S1-4 所示，问能否在 B 点加一个力使刚体平衡？为什么？

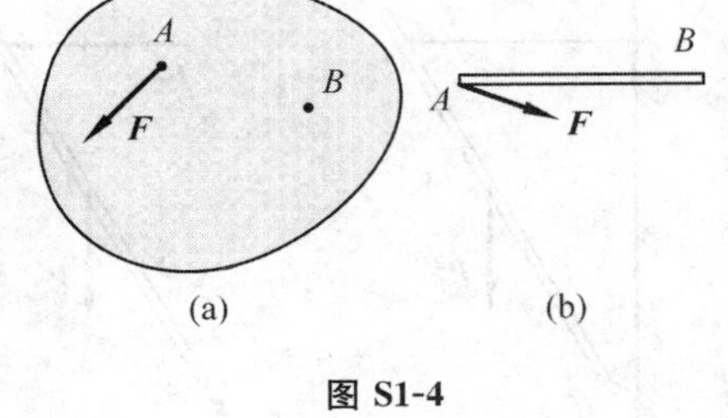

图 S1-4

解答：a 和 b 都不能。因为 B 不在 $\boldsymbol{F}$ 的作用线上，无法满足二力平衡的两个力作用线在同一条直线上的条件。

1-5 如图 S1-5 所示结构，若力 $\boldsymbol{F}$ 作用在 B 点，系统能否平衡？若力 $\boldsymbol{F}$ 仍作用在 $\boldsymbol{B}$ 点，但可任意改变力 $\boldsymbol{F}$ 的作用方向，$\boldsymbol{F}$ 在什么方向上结构能平衡？

解答：不能保持平衡。因为按照本书约定，CE 为二力构件，它给 AB 的约束力如图 D1-5a 所示，显然此时 AB 上三个力既不平行，也不交于一点，所以 AB 不可能保持平衡。

若旋转 $\boldsymbol{F}$，则只有当 $\boldsymbol{F}$ 转到竖直方向，如图 D1-5b 所示，AB 才能保持平衡。此时，二力杆的力必然是 0，AB 实际是二力平衡。

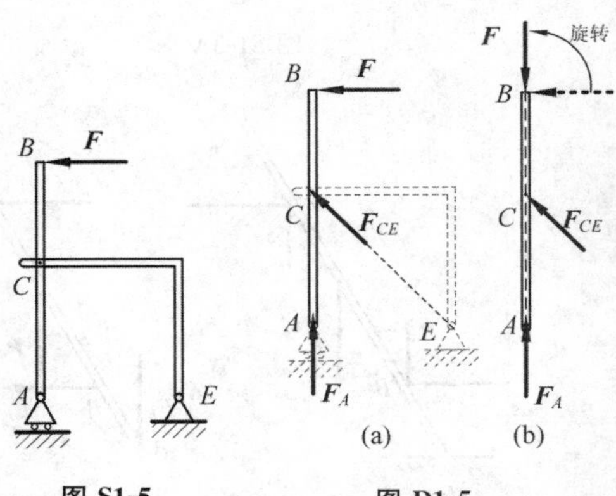

图 S1-5　　图 D1-5

1-6 将如下问题抽象为力学模型，充分发挥自己的想象、分析和抽象能力，试画出它们的力学简图及受力图。

(1)用两根细绳将日光灯吊挂在天花板上；

(2)水面上的一块浮冰；

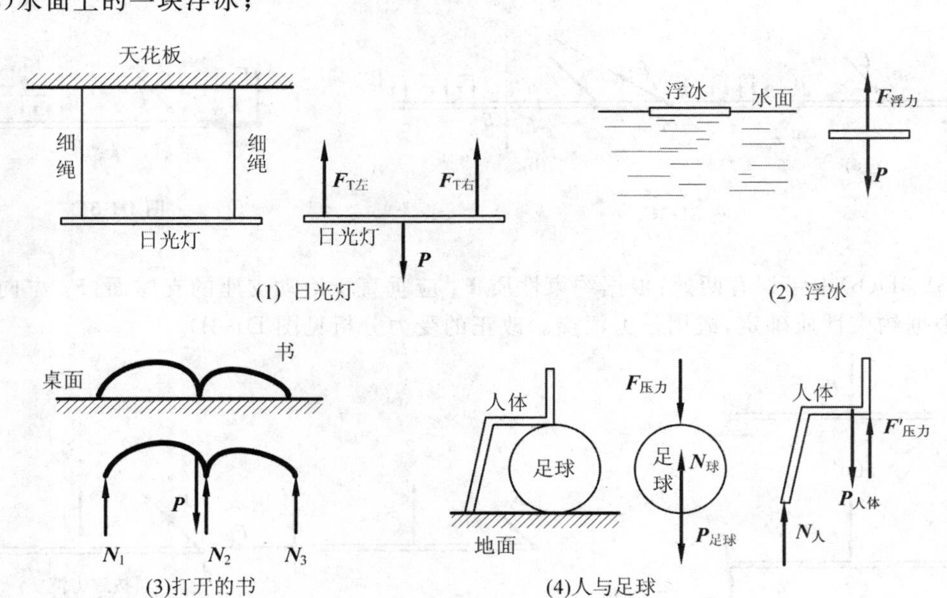

图 D1-6

(3)一本打开的书静止于桌面;

(4)一个人坐在一只足球上。

解答:如图 D1-6 所示(模型简化只有合适答案,没有唯一答案)。

1-7　图 S1-7 中力作用于三铰拱的铰链 C 处的销钉上,所有物体重量不计。(1)试分别画出左、右两拱及销钉 C 的受力图;(2)若销钉 C 属于 AC,分别画出左、右两拱的受力图;(3)若销钉 C 属于 BC,分别画出左右两拱的受力图。

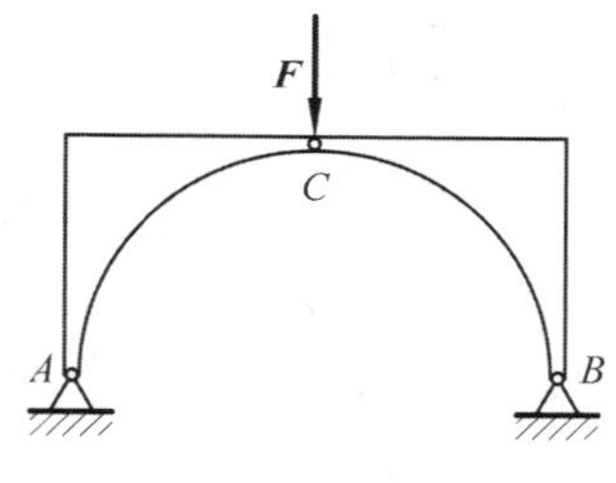

图 S1-7

解答:(1)最基本的画法是根据约束的性质画(见 D1-7a,b,c,这样画法固然没有错,但是未知量和符号太多。画受力图的目的是计算约束力。我们可以利用静力学公理、推论和约束特性来简化受力图,从而为后续的求解提供方便,比如本题中,如果把中间的 C 铰链单独分析,则 AC 和 BC 都是二力构件,其受力见 D1-7d,e,f。

(2)如图 D1-7g,h 所示。显然 BC 是二力构件,AC 构件(连同销钉 C)可以使用三力平衡汇交定理(图 D1-7i)。

(3)如图 D1-7j,k 所示。现在 AC 是二力构件,BC 构件(连同销钉 C)可以使用三力平衡汇交定理(图 D1-7l)。

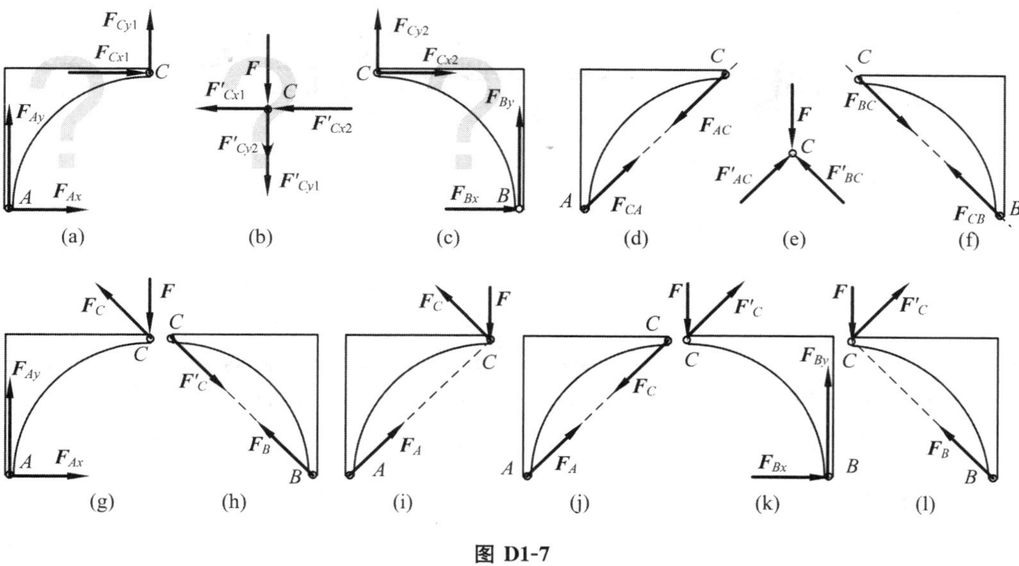

图 D1-7

1.4　习题解答

1-1　画出下列各图中物体 A,ABC 或构件 AB,AC 的受力图。未画重力的各物体的自重不计,所有接触处均为光滑接触。

解:其中的 a,e,i 分别见例题 1-2,1-3 和 1-4。其他如下(原题的图号前带 T,解答图号前带 J)。

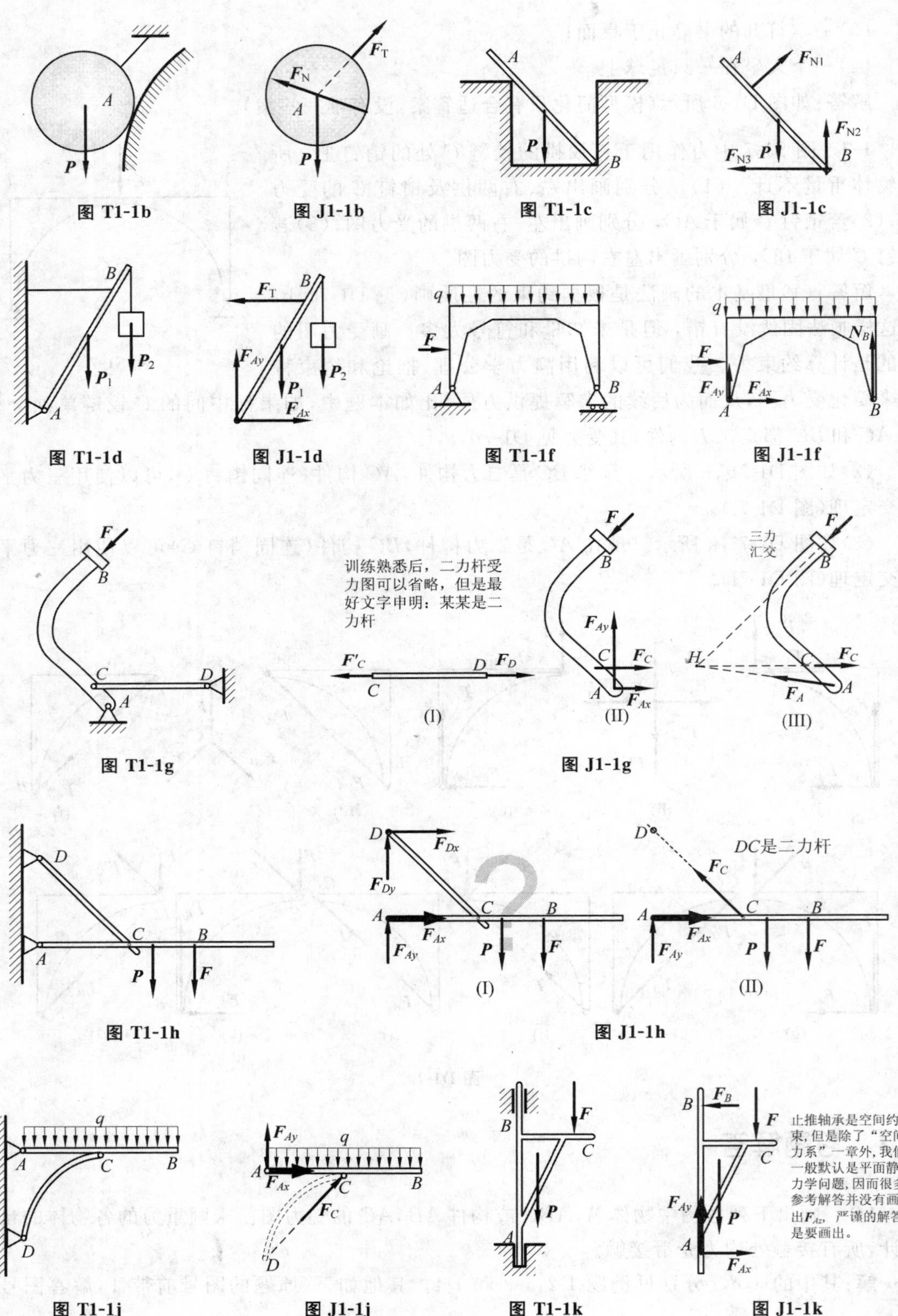

图 T1-1b 图 J1-1b 图 T1-1c 图 J1-1c

图 T1-1d 图 J1-1d 图 T1-1f 图 J1-1f

图 T1-1g 图 J1-1g

图 T1-1h 图 J1-1h

图 T1-1j 图 J1-1j 图 T1-1k 图 J1-1k

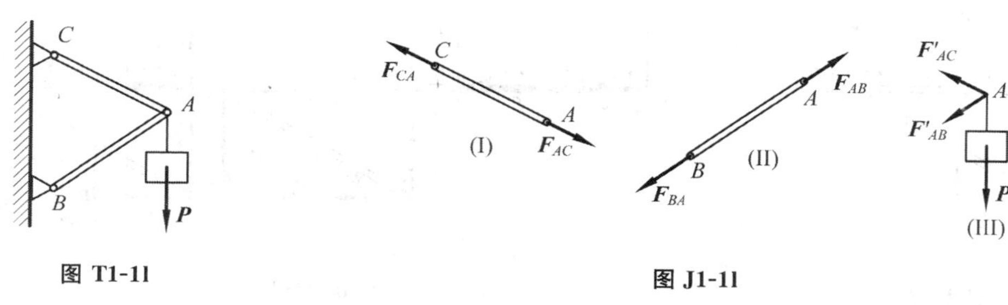

图 T1-1l

图 J1-1l

1-2　画出下列每个标注字符的物体受力图与系统整体受力图。题图中未画重力的各物体的自重不计，所有接触处均为光滑接触。

解：其中的题 h，k 见例题 1-5 和 1-6，其他如下（原题的图号前带 T，解答图号前带 J）。

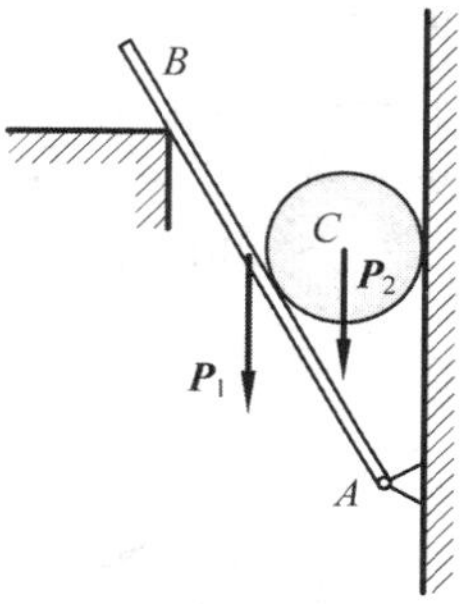

图 T1-2a

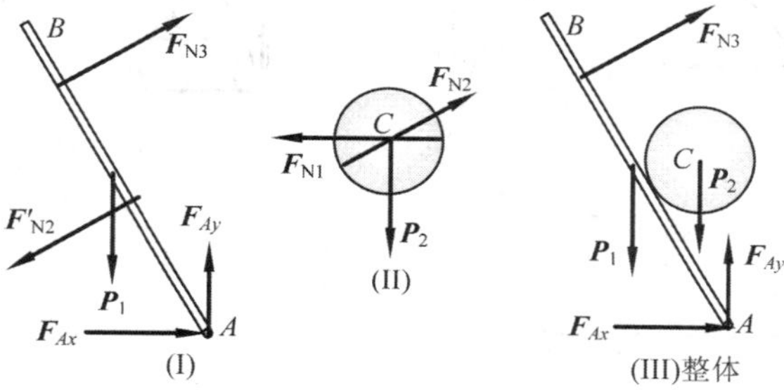

图 J1-2a

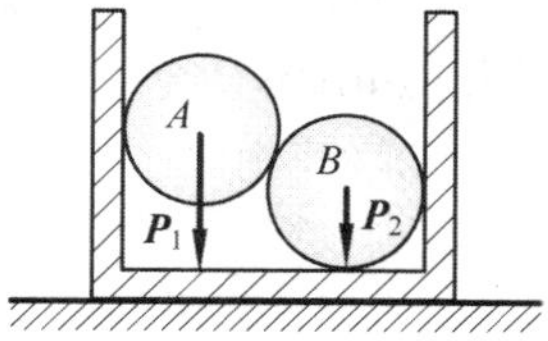

图 T1-2b

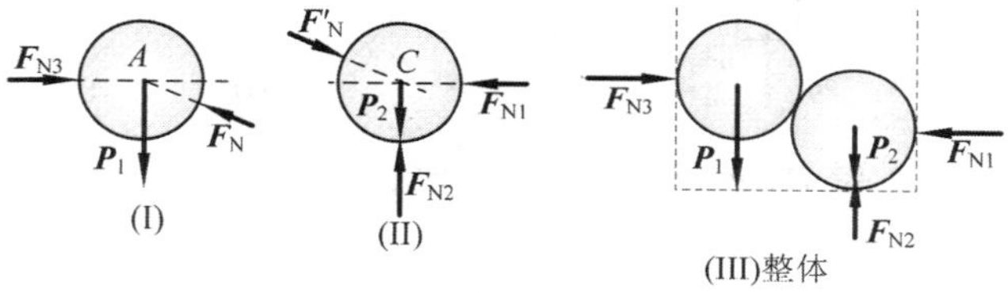

图 J1-2b

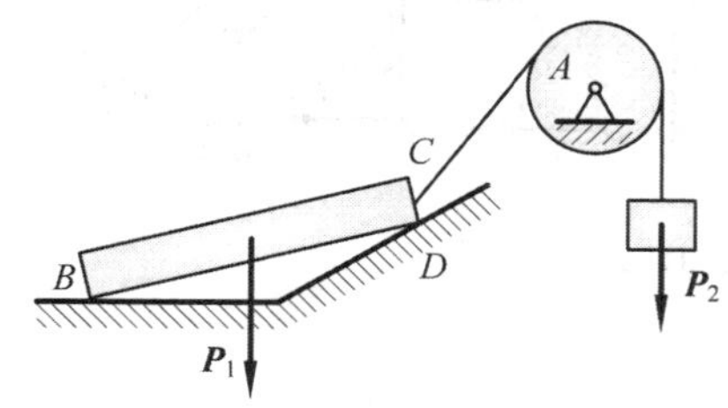

图 T1-2c

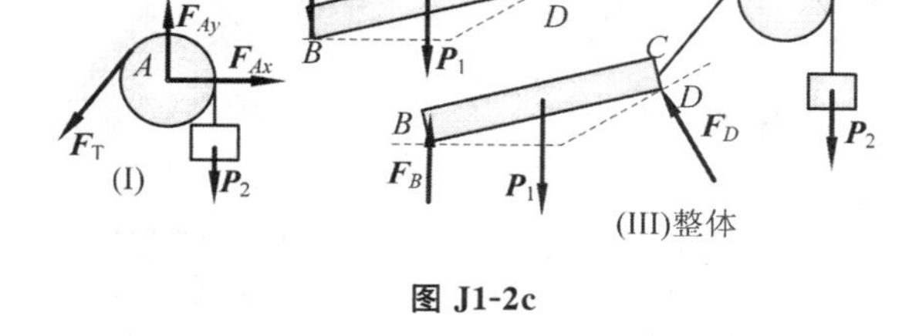

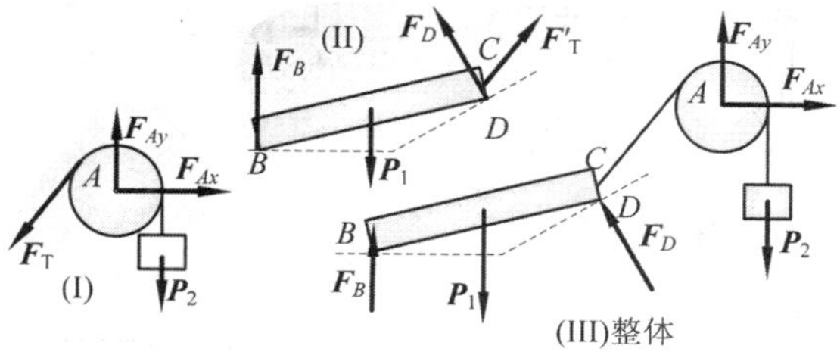

图 J1-2c

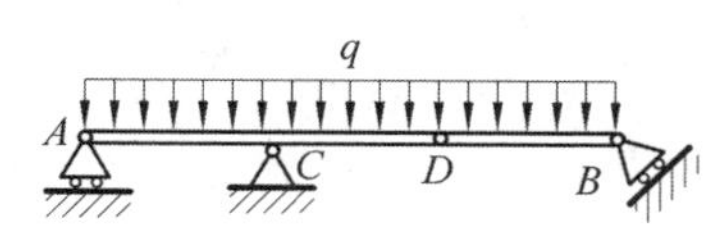

图 T1-2d

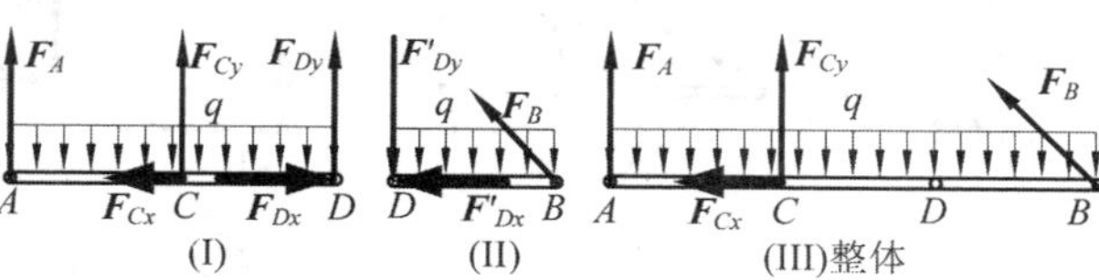

图 J1-2d

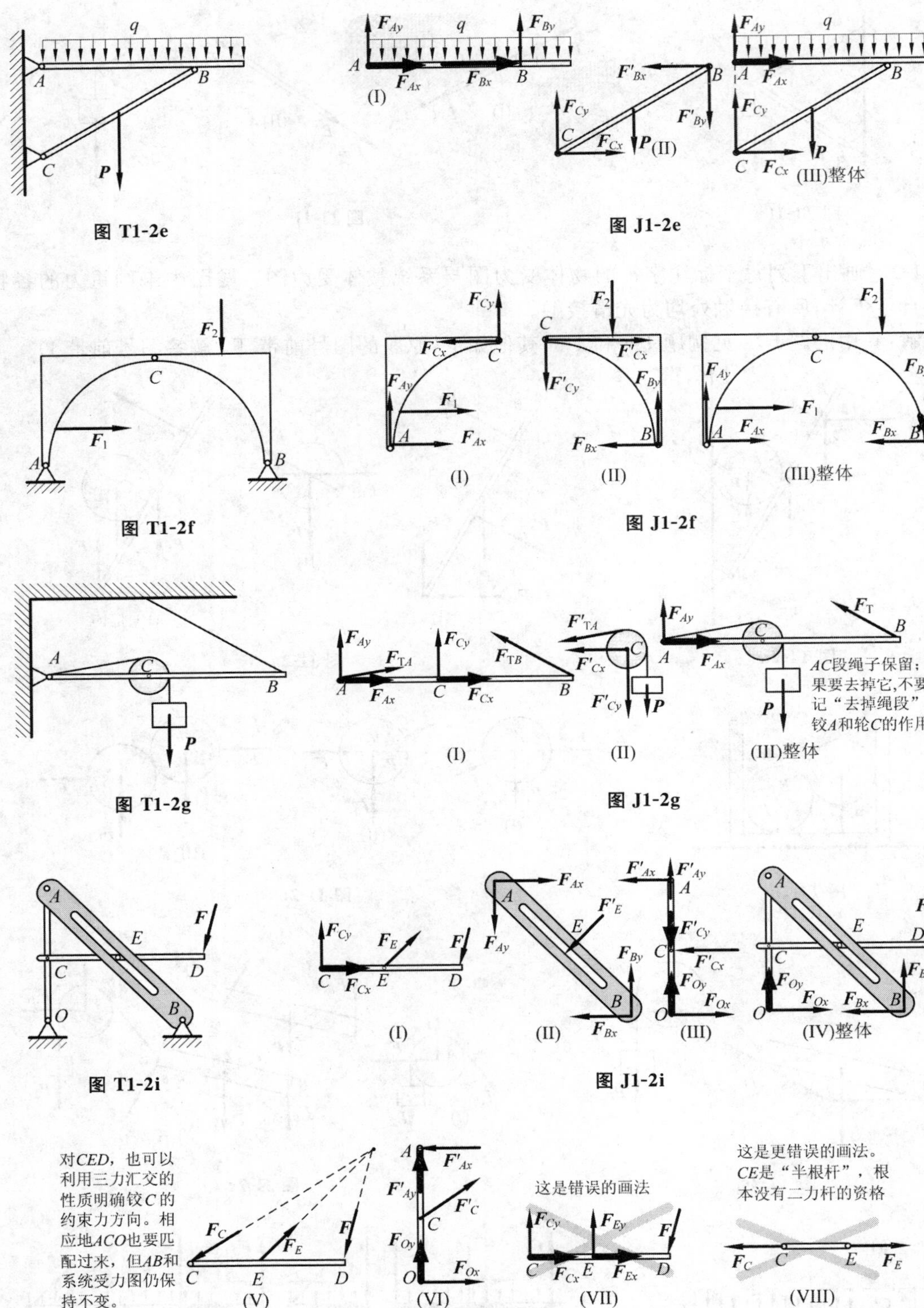

q
A
B
C
P

图 T1-2e

F_{Ay}
q
F_{By}
A
F_{Ax}
F_{Bx}
B
(I)
F'_{Bx}
B
F_{Cy}
F'_{By}
C
F_{Cx}
P (II)
F_{Ay}
q
A
F_{Ax}
B
F_{Cy}
P
C
F_{Cx}
(III)整体

图 J1-2e

F_2
C
F_1
A
B

图 T1-2f

F_{Cy}
F_{Cx}
C
F_{Ay}
F_1
A
F_{Ax}
(I)
C
F_2
F'_{Cx}
F'_{Cy}
F_{By}
F_{Bx}
B
(II)
F_2
C
F_{Ay}
F_{By}
F_1
A
F_{Ax}
F_{Bx}
B
(III)整体

图 J1-2f

A
C
B
P

图 T1-2g

F_{Ay}
F_{TA}
F_{Cy}
F_{TB}
A
F_{Ax}
C
F_{Cx}
B
(I)
F'_{TA}
C
F'_{Cx}
F'_{Cy}
P
(II)
F_{Ay}
F_T
C
B
A
F_{Ax}
P
AC段绳子保留；如果要去掉它,不要忘记“去掉绳段”对铰A和轮C的作用力
(III)整体

图 J1-2g

A
F
E
C
D
O
B

图 T1-2i

F_{Cy}
F_E
F
C
F_{Cx}
E
D
(I)
F_{Ax}
A
F'_E
E
F_{Ay}
F_{By}
B
F_{Bx}
(II)
F'_{Ax}
F'_{Ay}
A
F'_{Cy}
C
F'_{Cx}
F_{Oy}
F_{Ox}
O
(III)
A
F
E
D
C
F_{Oy}
F_{By}
O
F_{Ox}
F_{Bx}
B
(IV)整体

图 J1-2i

对*CED*，也可以利用三力汇交的性质明确铰*C*的约束力方向。相应地*ACO*也要匹配过来，但*AB*和系统受力图仍保持不变。

F_C
F_E
F
C
E
D
(V)
A
F'_{Ax}
F'_{Ay}
F'_C
C
F_{Oy}
F_{Ox}
O
(VI)
这是错误的画法
F_{Cy}
F_{Ey}
F
C
F_{Cx}
E
F_{Ex}
D
(VII)
这是更错误的画法。
CE是“半根杆”，根本没有二力杆的资格
F_C
C
E
F_E
(VIII)

图 J1-2i(续)

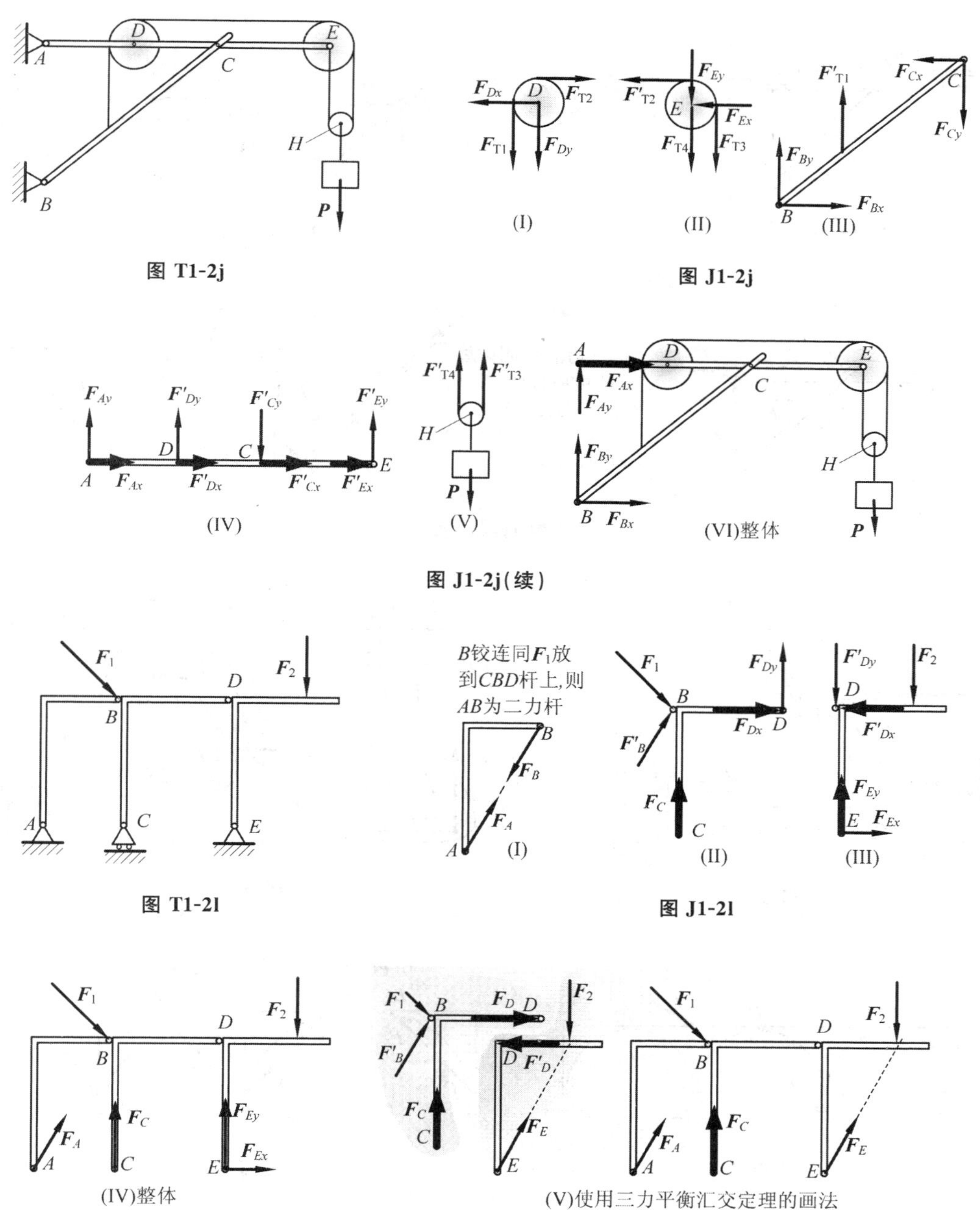

图 T1-2j

图 J1-2j

图 J1-2j(续)

图 T1-2l

图 J1-2l

图 J1-2l(续)

三力平衡汇交定理画法说明:因 B 和 C 两处力穿过 B 点,用三力汇交原理,对 DBC,可确定 D 铰约束力方向。随之对 DE 现在也可用三力汇交定理,可确定 E 支座的约束力方向了。当然整体受力图也必须修改成与上述分析相匹配。这种画法的完整受力图还应包括图 J1-2l(I)。

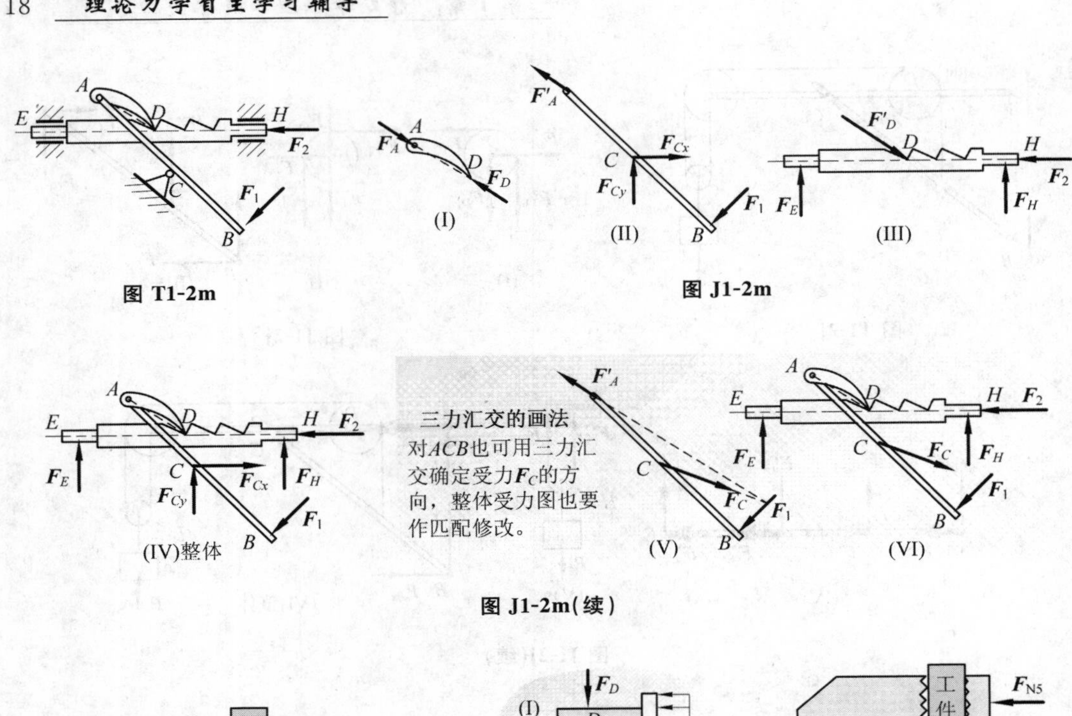

图 T1-2m

图 J1-2m

图 J1-2m(续)

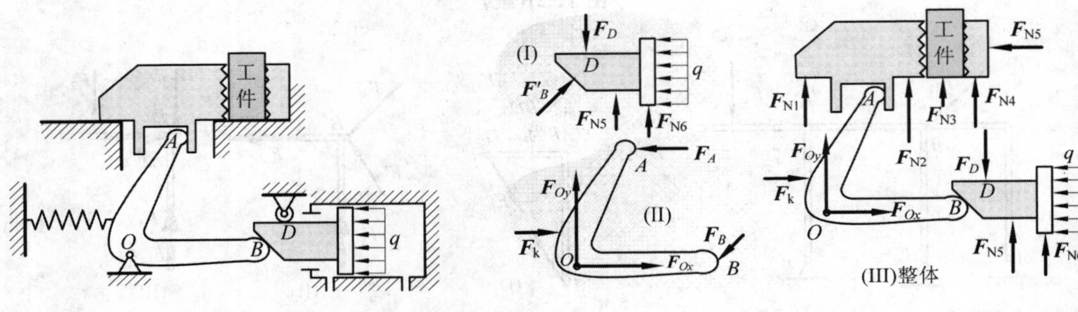

图 T1-2n

图 J1-2n

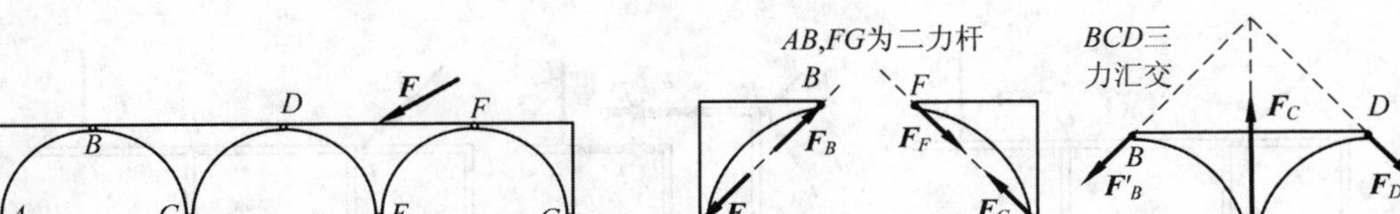

图 T1-2o

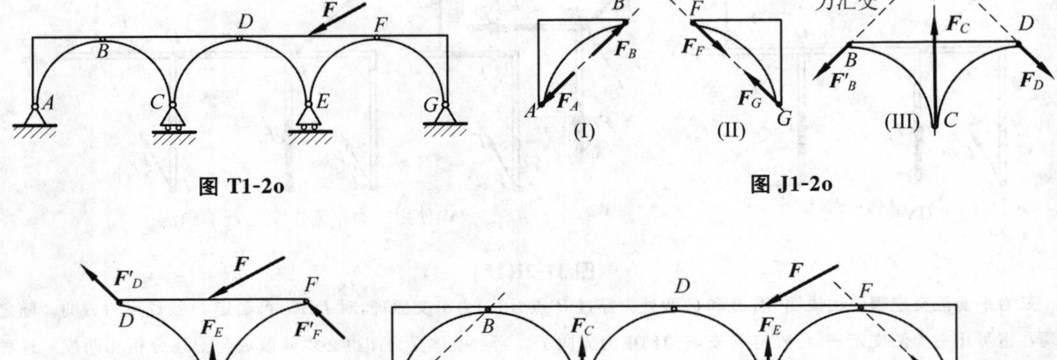

图 J1-2o

图 J1-2o(续)

1-3　画出下列每个标注字符的物体受力图，各题的整体受力图。未画重力的物体的重力均不计，所有接触处均为光滑。

解：其中 b 见例题 1-7，其他如下：

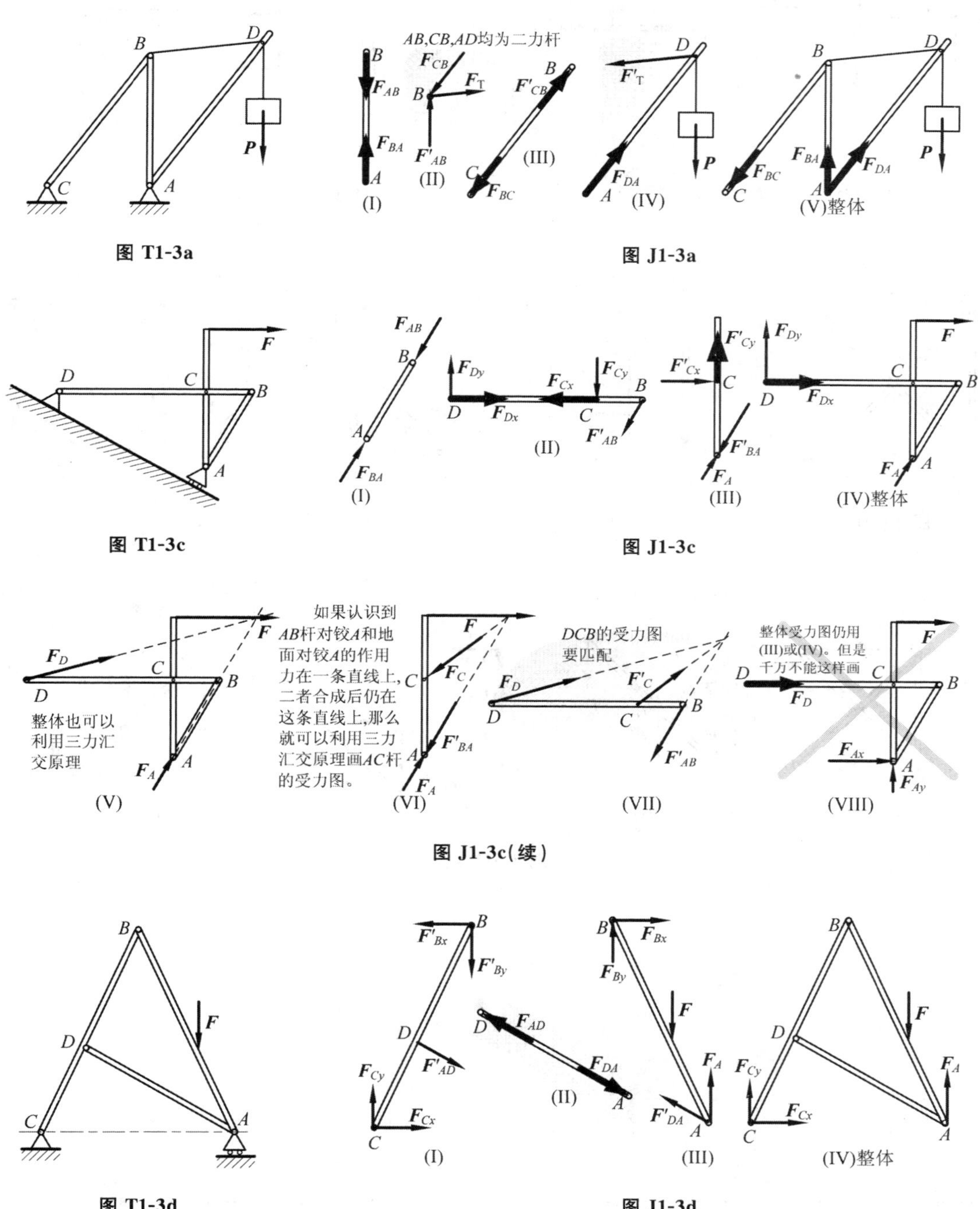

图 T1-3a

图 J1-3a

图 T1-3c

图 J1-3c

图 J1-3c(续)

图 T1-3d

图 J1-3d

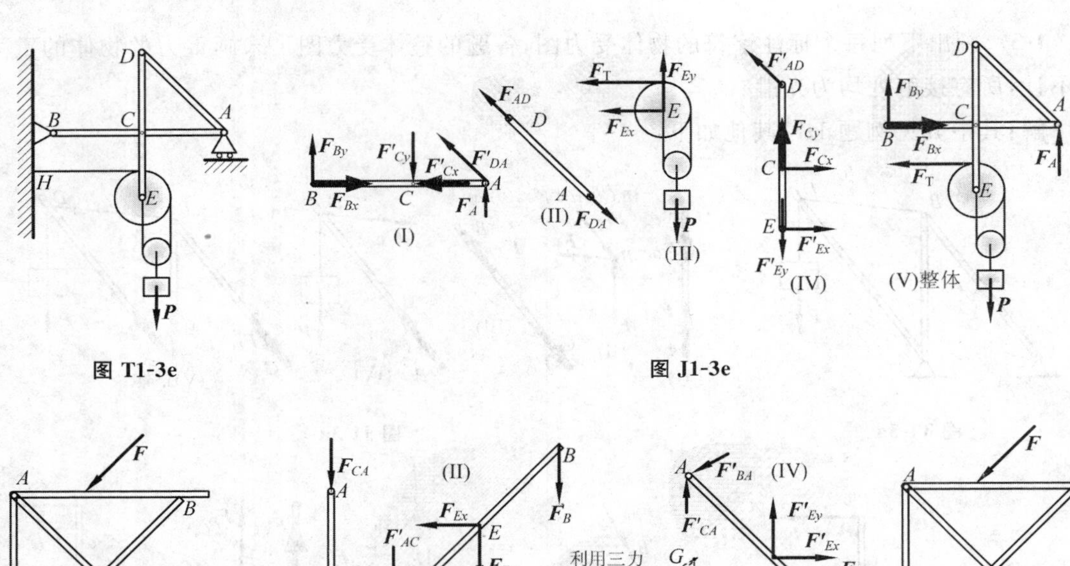

图 T1-3e　　　　图 J1-3e

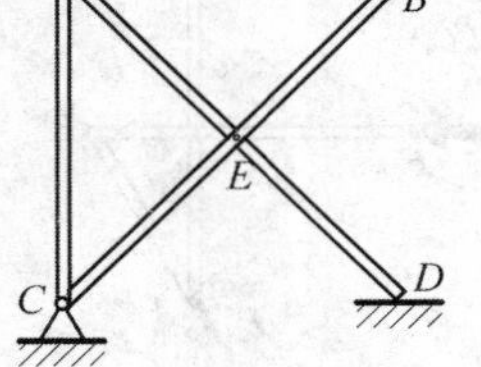

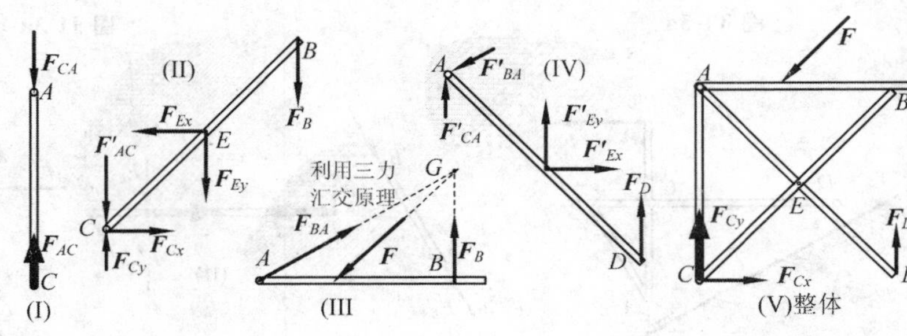

图 T1-3f　　　　图 J1-3f

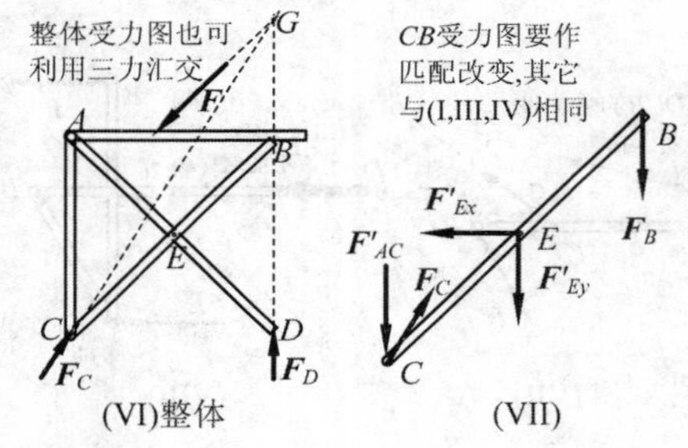

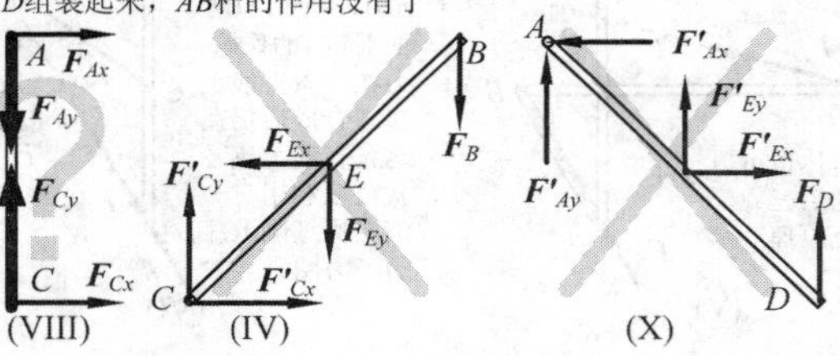

图 J1-3f(续)

身体发肤，受之父母，不敢毁伤，孝之始也。

《孝经 · 开宗明义章第一》

第 2 章　平面力系

2.1　主要内容

各力处于同一平面的力系。需要掌握它的化简、合成和平衡等问题。

2.1.1　平面汇交力系

汇交力系　各力作用线交于一点。

几何法合成　将力矢量首尾相连得到一条有方向的折线。合力的大小和方向可用从这条折线起点到折线终点的矢量(多边形的封闭边)表示,作用点仍在原力系的汇交点。

矢量法合成　$\boldsymbol{F}_{\mathrm{R}} = \sum \boldsymbol{F}_i$。

矢量法的平衡充要条件　$\boldsymbol{F}_{\mathrm{R}} = \sum \boldsymbol{F}_i = \boldsymbol{0}$(力多边形自行封闭)。

力在坐标轴上投影　$F_x = F\cos\theta$;$F_y = F\cos\beta$(θ 和 β 是力 $\boldsymbol{F}$ 分别与 x 轴和 y 轴的夹角)。

解析法合成　$F_{\mathrm{R}x} = \sum F_x$;$F_{\mathrm{R}y} = \sum F_y$。大小和方向余弦为:

$$F_{\mathrm{R}} = \sqrt{\left(\sum F_x\right)^2 + \left(\sum F_x\right)^2}\ ;\ \cos(\boldsymbol{F}_{\mathrm{R}}, \boldsymbol{i}) = F_{\mathrm{R}x}/F_{\mathrm{R}}, \cos(\boldsymbol{F}_{\mathrm{R}}, \boldsymbol{j}) = F_{\mathrm{R}y}/F_{\mathrm{R}}\ 。$$

解析法的平衡方程　$F_{\mathrm{R}x} = \sum F_x = 0$;$F_{\mathrm{R}y} = \sum F_y = 0$。

2.1.2　力矩与力偶

力对点之矩　它度量力对刚体转动的效应。对平面问题,该量是代数量,按此式计算:$M_O = \pm Fh$,其中 h 为力臂,也就是矩心到力作用线的垂直距离。正号对应逆时针转向,负号对应顺时针转向。

合力矩定理　合力对平面内任一点之矩等于所有各分力对于同一点之矩的代数和,即 $M_O(\boldsymbol{F}_{\mathrm{R}}) = \sum M_O(\boldsymbol{F}_i)$。

力对点之矩的解析式　$M_O = xF_y - yF_x$。该式计算用代数量直接代入计算即可,不用判断顺时针还是逆时针。

力偶　由两个大小相等、方向相反且不共线的平行力组成的力系称为力偶。力偶的两力作用线之间的垂直距离称为**力偶臂**,两力所在的平面称为**力偶作用面**。力偶和力在刚体力学中都是不能再化简的基本要素。

力偶矩　它衡量力偶对刚体的转动效应,按此式计算:$M = \pm Fd$。正负号规定与力矩相同。力偶矩的两要素为大小和转向。

力偶等效定理　同一平面的力偶矩相等的两力偶等效。

力偶性质 ①力偶在任意坐标轴上的投影等于零，因此写力投影方程无须考虑力偶；②力偶对任意点取矩都等于力偶矩，不因矩心的改变而变化；③只要保持力偶矩不变，力偶可在其作用面内任意移转（同时改变力偶中力的大小与力臂的长短），对刚体的作用效果不变；④力偶矩是平面力偶作用的唯一度量，也就是力偶臂长短可以变，力的大小也可以变，但只要二者乘积和力偶的转向不变，对刚体的作用效果就不变；⑤力偶无合力，因此力偶只能由力偶平衡。

平面力偶系合成 $M=\sum M_i$。

平面力偶系的平衡方程 $M=\sum M_i=0$。

2.1.3 平面任意力系的简化

力的平移定理 可以把作用在刚体上点 A 的力 $\boldsymbol{F}$ 平行移到任一点 B，但必须同时附加一个力偶，这个附加力偶的矩等于原来的力 $\boldsymbol{F}$ 对新作用点 B 的力矩。

主矢 $\boldsymbol{F}_{\mathrm{R}}'=\sum \boldsymbol{F}_i=\left(\sum F_x\right)\boldsymbol{i}+\left(\sum F_y\right)\boldsymbol{j}$。主矢与简化中心无关。

主矩 $M_O=\sum M_O(\boldsymbol{F}_i)=\sum(x_iF_{iy}-y_iF_{ix})$。主矩一般与简化中心有关。

平面任意力系向作用面内一点 O 简化 得到一个合力和一个力偶。合力的大小和方向由力系的主矢确定，作用线过简化中心 O。力偶的矩等于该力系对于点 O 主矩。

固定端约束 一个物体的一端完全固定在另外一个物体上。最为关键是约束反力有三个分量，即两个力分量和一个力偶。力偶分量阻碍物体在平面内转动。

最终简化结果 有三种情形：合力、合力偶和平衡。

合力矩定理 $M_O(\boldsymbol{F}_{\mathrm{R}})=\sum M_O(\boldsymbol{F}_i)$。

2.1.4 平面力系的平衡条件和平衡方程

平衡条件 力系的主矢和对任意点主矩都等于零。

平衡方程 $\sum F_x=0, \sum F_y=0, \sum M_O(\boldsymbol{F}_i)=0$。从这三个独立方程，可求得三个独立未知量。

二矩式 $\sum F_x=0, \sum M_A(\boldsymbol{F})=0, \sum M_B(\boldsymbol{F})=0$。$x$ 轴不得与 A,B 连线垂直。

三矩式 $\sum M_A(\boldsymbol{F})=0, \sum M_B(\boldsymbol{F})=0, \sum M_C(\boldsymbol{F})=0$。$A$，$B$ 和 C 不能在一条直线上。

平面平行力系的平衡方程 $\sum F_x=0, \sum M_A(\boldsymbol{F})=0$，要求 x 轴不能与力系垂直；或者 $\sum M_A(\boldsymbol{F})=0, \sum M_B(\boldsymbol{F})=0$，要求 A,B 连线不能与力系平行。

2.1.5 物体系的平衡

物体系的平衡 系统中每个刚体和质点都要保持平衡。

静定 所有未知数都能由平衡方程解出的问题。这至少要求未知数个数等于独立方程的个数。

超静定 仅由平衡方程无法解出所有未知数的问题。

2.1.6　平面简单桁架的内力计算

桁架　一种由杆件彼此在两端用铰链连接而成的结构，它在受力后几何形状不变。

理想桁架　满足如下假设：①各杆件为直杆，各杆轴线位于同一平面内；②杆件之间均用光滑铰链连接；③载荷作用在节点上，且位于桁架几何平面内；④各杆件自重不计或平均分布在节点上。根据上述假设，理想桁架的每个杆件都是二力杆。

节点法　逐一对单个节点作受力分析求出所有杆的内力。

截面法　选取一截面，假想把桁架截开，考虑其中一部分的平衡，求出关心杆件的内力。截面可以是弯曲的，关键是被截下取出部分的未知力要尽可能少，最好不超过三个。这种方法实际是多个节点作为一个系统进行分析。

2.2　精选例题

例题 2-1　如图 2-1 所示，刚架的点 B 作用一水平力 $\boldsymbol{F}$，刚架重力不计。求支座 A，D 的约束力(教材习题 2-3)。

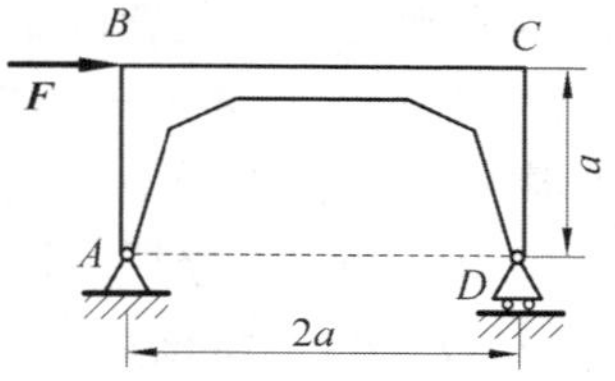

图 2-1

解：选择刚架为研究对象，受力分析如图 2-2，其中 $\boldsymbol{F}_A$ 的方向由三力平衡汇交定理确定。

列平衡方程组

$$\begin{cases} \sum F_x = 0: & F_A\cos\theta + F = 0 \\ \sum F_y = 0: & F_A\sin\theta + F_D = 0 \end{cases}$$

其中 $\cos\theta = 2/\sqrt{5}$，$\sin\theta = 1/\sqrt{5}$。

由上述方程组可解得：

$$F_A = -\sqrt{5}F/2; \quad F_D = F/2$$

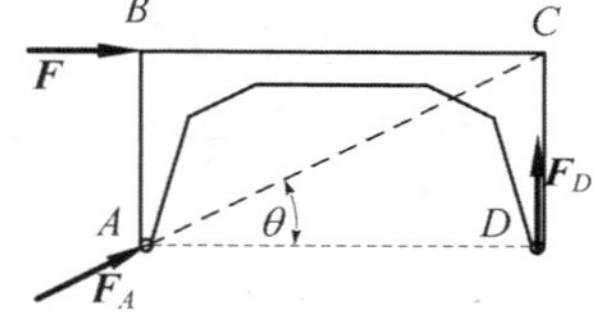

图 2-2

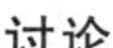
讨论

(1)尽管 $F_A < 0$，但我们无须把受力图方向再改回来。F_A 的表达式(或带符号的数值)与受力图中矢量方向结合起来就能够表达力的完整信息。由于力的作用线和方向信息由受力图表达，所以受力图不可缺少，而不管受力图简单到什么程度。

(2)这里使用了三力平衡汇交定理。如果要按铰的特性画 A 处的约束力，也完全正确；但是若想得到答案，则需学完后续平面力系的平衡条件。

例题 2-2　图 2-3 所示结构中，各构件自重不计。在构件 AB 上作用一力偶矩为 M 的力偶，求支座 A 和 C 的约束力(教材习题 2-6)。

解：对 BC 构件，B 点约束力方向已知，再根据力偶只能由力偶平衡的性质确定出 C 处约束力 $\boldsymbol{F}_C$ 方向(与 B 点约束力 $\boldsymbol{F}_B$ 方向平行)(图 2-4b)。对 ADC 的反作用力 $\boldsymbol{F}_C'$，与 $\boldsymbol{F}_C$ 方向相反(图 2-4a)。D 的约束力 $\boldsymbol{F}_D$ 沿垂直方向，这样对 ADC 构件可利用三力汇交，确定出 A 处约束力 $\boldsymbol{F}_A$ 的方向。

对图 2-4b 列力偶平衡方程，可得 $F_C = M/l$。

对图 2-4a 列 $\sum F_x = 0$ 方程，可得 $F_A = \sqrt{2}M/l$。

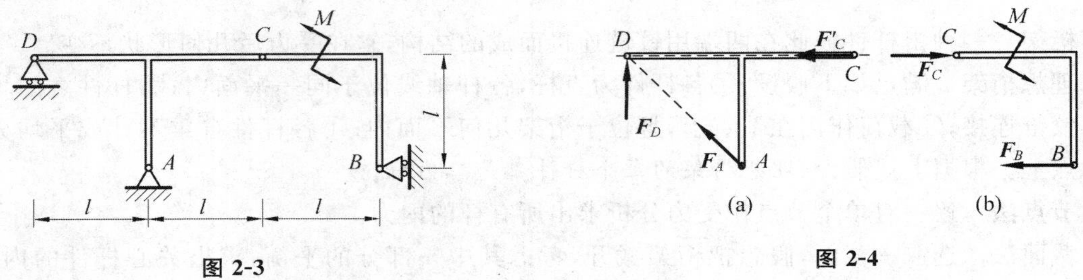

图 2-3

(a)　(b)

图 2-4

例题 2-3　图 2-5 所示三角形分布力系，q 和 l 已知。求合力大小和作用线位置。

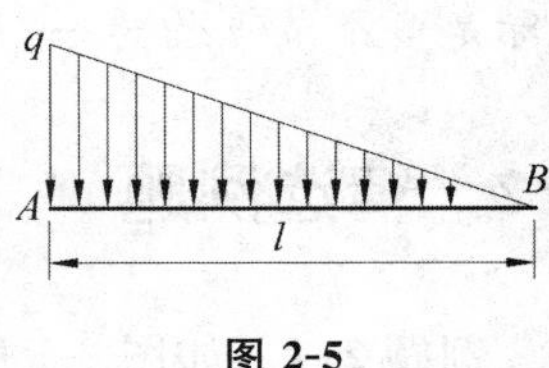

图 2-5

解：q 是分布力的集度，所谓力的集度就是在单位面积或单位体积上力的大小。对于均布力系，力的集度 q 就等于合力大小除以分布力所作用的长度(或面积、体积)，而对非均布力，则需要使用极限的概念确定特定位置的集度(因此集度是位置的函数)。但是图 2-5 所示的工程上常用的三角形分布力系，只要给出集度最大处的 q 大小，其他处便能确定。

建立图 2-6a 中所示的坐标系。分布力随位置变化的集度函数 $q'(x) = q \times (l - x)/l$。取图 2-6a 中微元 $\mathrm{d}x$ 分析。该微元上所作用的分布力可视为集中力，相应的大小为 $q'(x)\mathrm{d}x = q(l-x)/l \times \mathrm{d}x$。将该集中力移到 A 点的 $\mathrm{d}\boldsymbol{F}$ 大小和 $\mathrm{d}M$ 分别为(图 2-6b)：

$$\mathrm{d}F = q(l-x)/l \times \mathrm{d}x, \quad \mathrm{d}M = x \times \mathrm{d}F = x \times q(l-x)/l \times \mathrm{d}x$$

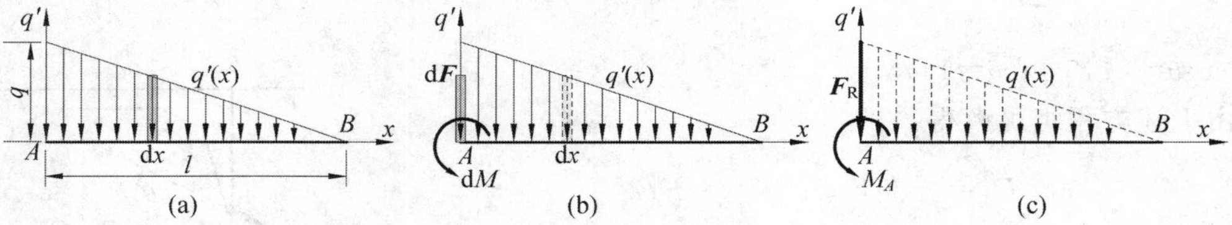

(a)　(b)　(c)

图 2-6

所有分布力全部移到 A 点，其主矢和主矩的大小分别为(图 2-6c)

$$F'_R = \int \mathrm{d}F = \int_0^l q(l-x)/l \times \mathrm{d}x = ql/2$$

$$M_A = \int_0^l \mathrm{d}M = \int_0^l x \times q(l-x)/l \times \mathrm{d}x = ql^2/6$$

确定合力的位置需要将 $\boldsymbol{F}_R$ 平移，如图 2-7 所示，平移距离 d 要能使附加力偶 M'' 与 M_A 抵消，因此

$$d = M_A/F'_R = l/3$$

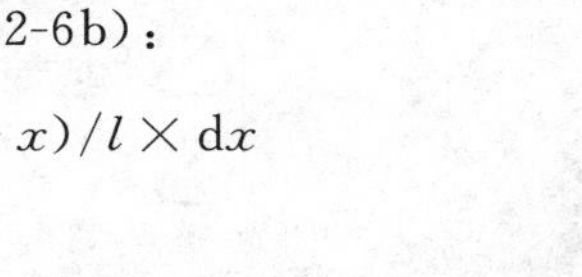

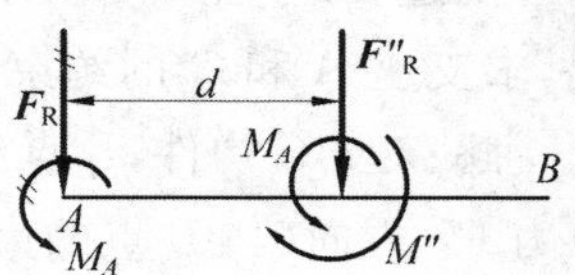

图 2-7

即三角形分布力系可简化为一集中力，大小等于 $ql/2$(分布三角形的面积)，与分布三角形底端的距离为 $l/3$。这个结果需要记住。

例题 2-4 在图 2-8 所示刚架中，$q=3\ \text{kN/m}$，$F=6\sqrt{2}\text{kN}$，$M=10\ \text{kN·m}$，不计刚架的自重。求固定端 A 的约束力。(教材习题 2-12)

解：刚架受力分析如图 2-9 所示。列平衡方程组

$$\begin{cases}\sum F_x=0:\quad F_{Ax}+q\times 4/2-F\cos 45^\circ=0\\ \sum F_y=0:\quad F_{Ay}-F\sin 45^\circ=0\\ \sum M_A=0:\quad M_A-q\times 4/2\times 4/3-M-F\sin 45^\circ\times 3\ \text{m}+F\cos 45^\circ\times 4\ \text{m}=0\end{cases}$$

解得：

$$F_{Ax}=0;\quad F_{Ay}=6\ \text{kN};\quad M_A=12\ \text{kN·m}$$

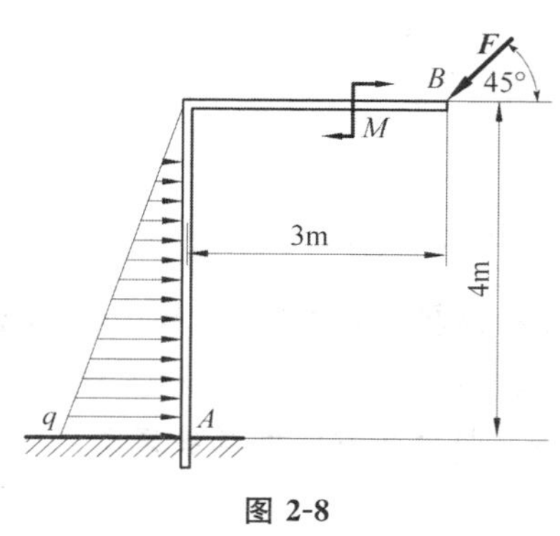

图 2-8

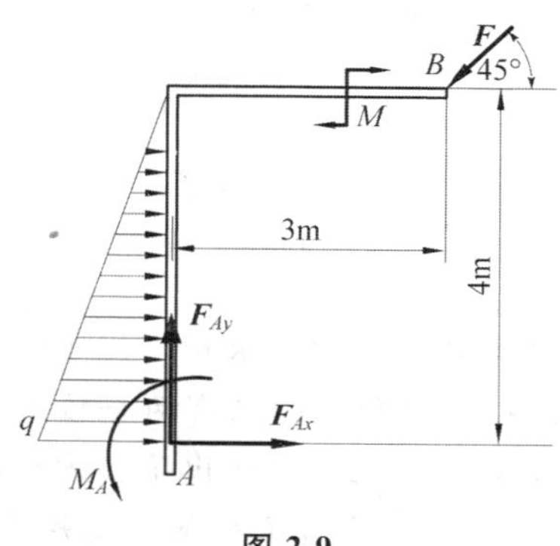

图 2-9

讨论

(1)千万不要忘记固定端处约束力的力偶分量。

(2)矩的方程一般都比较复杂。矩正负号只决定于力和矩心，物体究竟如何转动不用管，甚至有没有物体都可以计算力矩。

(3)想象在矩心处有一垂直于纸面的轴，用右手去抓住这根轴，大拇指沿轴方向四指顺着力的方向。如此操作下，使四指卷曲的转向为逆时针的力矩为正，反之为负。

(4)矩心的选择尽量使更多未知力的作用线穿过，以减少方程的耦合。

例题 2-5 图 2-10 所示结构中，$P_1=4\ \text{kN}$，$P_2=10\ \text{kN}$，不计各构件自重，尺寸如图。求：BC 杆受力及铰链 A 受力。

解：BC 是二力杆，取 AB 为研究对象，受力分析如图 2-11 所示。列平衡方程组

$$\begin{cases}\sum F_x=0:\quad F_{Ax}-F_{BC}\cos 30^\circ=0\\ \sum F_y=0:\quad F_{Ay}-P_1-P_2+F_{BC}\sin 30^\circ=0\\ \sum M_A=0:\quad F_{BC}\sin 30^\circ\cdot 6-4P_2-3P_1=0\end{cases}\qquad\text{(a)}$$

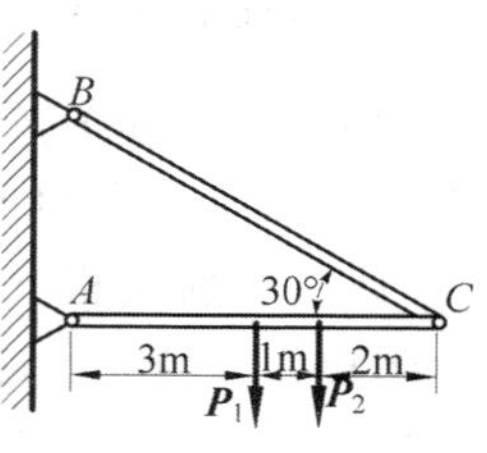

图 2-10

解得：

$$F_{Ax}=5\ \text{kN};\quad F_{Ay}=16/3\ \text{kN}=5.33\ \text{kN};$$
$$F_{BC}=52/3\ \text{kN}=17.33\ \text{kN}$$

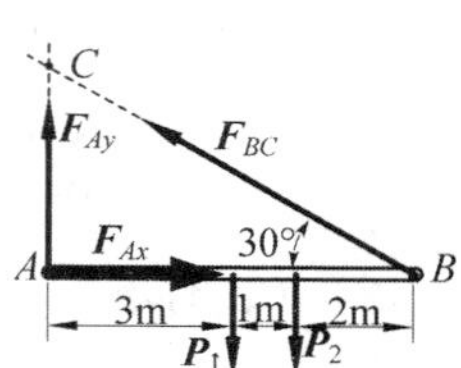

图 2-11

讨论

(1)从手工求解未知数的逻辑顺序来看，方程组(a)的三个顺序是

不合适的。手工求解一般是一个方程解一个未知数，尽量避免求联立方程组。显然方程组(a)的第三个方程在手工求解过程最先被求解，所以它应该首先被列出，然后再依次列出另外两个方程。

(2)对图 2-11 可否列如下二矩式方程？

$$\begin{cases} \sum M_A = 0: & F_{BC}\sin 30° \cdot 6 - 4P_2 - 3P_1 = 0 \\ \sum M_B = 0: & -F_{Ay} \cdot 6 + 2P_2 + 3P_1 = 0 \\ \sum F_x = 0: & F_{Ax} - F_{BC}\cos 30° = 0 \end{cases} \tag{b}$$

答案是肯定的，可得到与方程组(a)相同的答案。但是如果列

$$\begin{cases} \sum M_A = 0: & F_{BC}\sin 30° \cdot 6 - 4P_2 - 3P_1 = 0 \\ \sum M_B = 0: & -F_{Ay} \cdot 6 + 2P_2 + 3P_1 = 0 \\ \sum F_y = 0: & F_{Ay} - P_1 - P_2 + F_{BC}\sin 30° = 0 \end{cases} \tag{c}$$

则是否定的。因为如果将方程组(c)的第一个方程代入第三个方程，会发现它与第二个方程相同，也就是方程组(c)只有两个独立方程，因而无法完全求解。实际上方程组(c)根本就不涉及 F_{Ax}，就更不用说把它解出了。**方程组(c)根本问题在于 y 轴与两个矩心的连线垂直了。**

对如图 2-11 可否列如下三矩式方程呢？

$$\begin{cases} \sum M_A = 0: & F_{BC}\sin 30° \cdot 6 - 4P_2 - 3P_1 = 0 \\ \sum M_B = 0: & -F_{Ay} \cdot 6 + 2P_2 + 3P_1 = 0 \\ \sum M_C = 0: & F_{Ax} \cdot AC - 3P_1 - 4P_2 = 0 = 0 \end{cases} \tag{d}$$

答案是肯定的。方程组(d)解得与方程组(a)相同的结果，并且方程组(d)是真正从题设数据出发，一个方程解一个未知数。

也许有同学会质疑 C 点不在 AB 杆上。**实际上在推导矩方程时，并未涉及物体的形状和大小，因此我们可以想象去拓展 AB 直到包含几何上的 C 点。**

例题 2-6 如图 2-12 所示，行动式起重机不计平衡锤的重为 $P = 500$ kN，其重心在离右轨 1.5 m 处。起重机的起重力为 $P_1 = 250$ kN，突臂伸出离右轨 10 m。跑车本身重力略去不计，欲使跑车满载和空载时起重机均不致翻倒，求平衡锤的最小重力 P_2 以及平衡锤到左轨的最大距离 x。(教材习题 2-16)

解：不计侧向运动和侧向力，本题当作平行力系处理。

起重机整体受力分析如图 2-13。

(1)满载不右倾的临界条件是 $F_A = 0$。在该条件下

$$\sum M_B(F_i) = 0: \quad P_2(x+3) - P \times 1.5 - P_1 \times 10 = 0 \tag{a}$$

(2)空载时不左倾的临界条件是 $F_B = 0$。在该条件下

$$\sum M_A(F_i) = 0: \quad P_2 x - P \times (3 + 1.5) = 0 \tag{b}$$

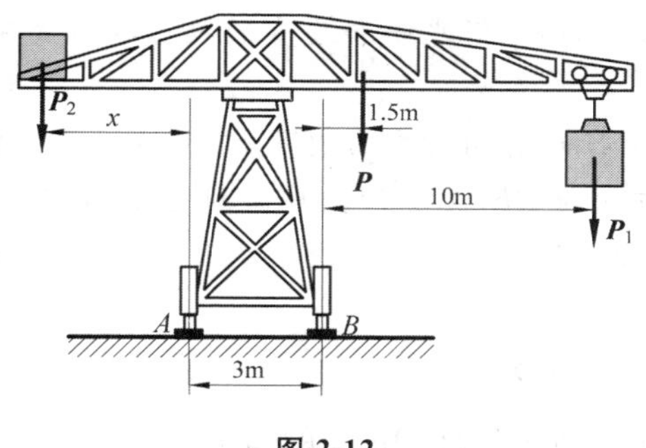

图 2-12

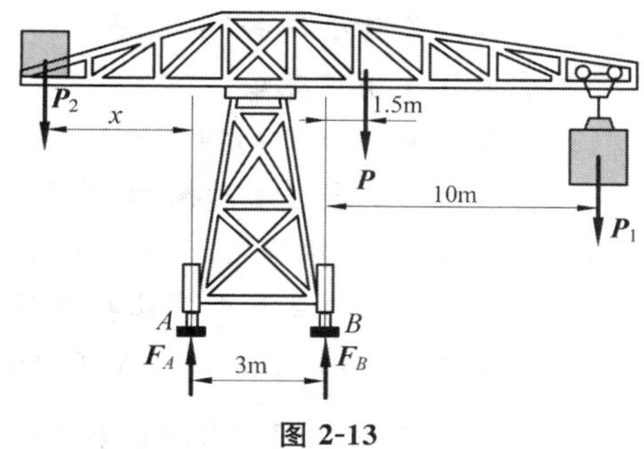

图 2-13

联合式(a)和(b)解得：$P_2=333.3$ kN；$x=6.75$ m。显然 P_2 越大，越容易左倾，右倾越不可能，因此上述 P_2 临界值是保证安全的最小值；而 x 越小越容易右倾，左倾越不可能，所以上述 x 的临界值是保证安全的最大值。

综上所述

$$P_{2\min}=333\ \text{kN};\quad x_{\max}=6.75\ \text{m}$$

例题 2-7 图 2-14 所示构架中各杆件重力不计，力 $F=1000\text{N}$。杆 ABC 与杆 DEF 平行。尺寸如图。求铰支座 A,D 处的约束力。(教材习题 2-25)

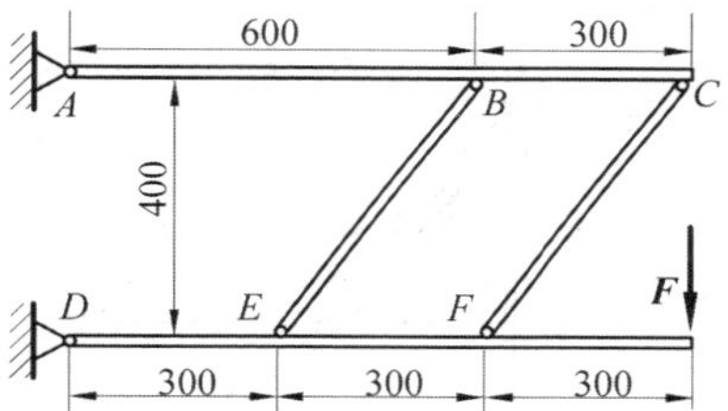

图 2-14

解：(1)本题先取整体为研究对象，因为支座 A 和 D 连线沿竖直线，从整体可以求出部分未知数，尽管整体有四个未知数。受力分析如图 2-15(a)，列平衡方程

$$\begin{cases}\sum M_A=0: & F_{Dx}\times 400-F\times 900=0\\ \sum F_x=0: & F_{Ax}+F_{Dx}=0\\ \sum F_y=0: & -F_{Ay}+F_{Dy}-F=0\end{cases}$$

解得

$$F_{Dx}=9\text{F}/4=2250\ \text{N}$$
$$F_{Ax}=-F_{Dx}=-2250\ \text{N}$$
$$F_{Dy}-F_{Ay}=F \tag{a}$$

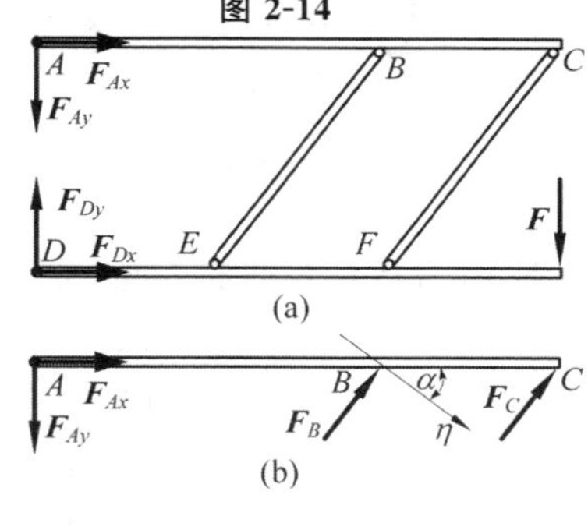

图 2-15

(2)取 ABC 为研究对象，受力分析如图 2-15(b)。图中：$\boldsymbol{F}_C$ 和 $\boldsymbol{F}_B$ 之所以为图示的方向是因为 EB 和 CE 均为二力杆。沿 η 方向(EB 的垂直方向)的平衡方程为

$$\sum F_\eta=0:\quad F_{Ax}\cos\alpha+F_{Ay}\sin\alpha=0 \tag{b}$$

式中：$\sin\alpha=EF/AD=3/5$，$\cos\alpha=4/5$。

由式(b)可解出

$$F_{Ay}=-F_{Ax}\cot\alpha=3000\ \text{N}$$

再代入式(a)可解出

$$F_{Dy}=F+F_{Ay}=4000\ \text{N}$$

讨论

(1)式(b)的投影方向与不感兴趣的未知量垂直，这样不感兴趣量在投影方程中就不出现

了，从而手算工作量小一些（成本是用脑思考合适投影方向）。沿水平和垂直的投影也不是不行，就是手工计算稍稍麻烦。

（2）如果先看 ABC，则因 BE 和 CE 两个二力杆平行而有两杆内力也平行，将受力图（这里没有画出）沿 BE 垂直方向投影，可知 A 的约束力方向与 BE 也平行。再回到整体，就可以利用三力平衡汇交定理确定 B 的约束力方向。不仅如此，利用整体受力图也就可以解出 A 和 B 两处约束力的大小，然而数字比较麻烦。

（3）先看整体，内力不出现。手工计算从整体出发，有时方便一些。

例题 2-8 构架由杆 AB，AC 和 DF 组成，如图 2-16 所示。杆 DF 上的销子 E 可在杆 AC 的光滑槽内滑动，不计各杆的重量。在水平杆 DF 的一端作用竖直力 F，求竖直杆 AB 上铰链 A，D 和 B 受力。（教材习题 2-31）

解：（1）本题先取整体为研究对象，因为支座 A 和 C 连线沿水平方向，从整体可以求出部分未知数。受力分析如图 2-17a，对 C 点的矩平衡方程为

$$\sum M_C = 0:\quad F_{By} \times 2a = 0$$

解得 $F_{By} = 0$。

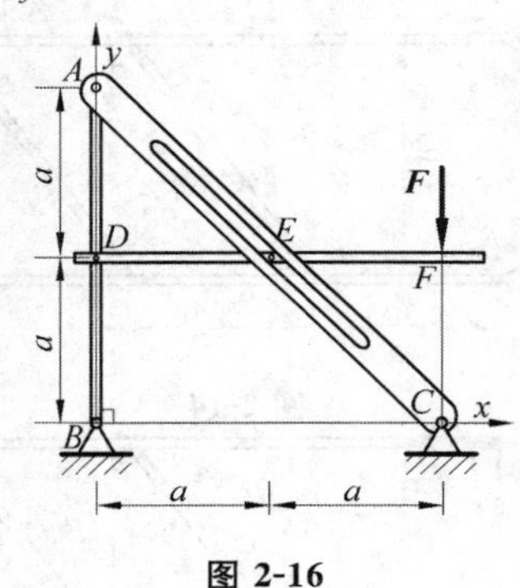

图 2-16

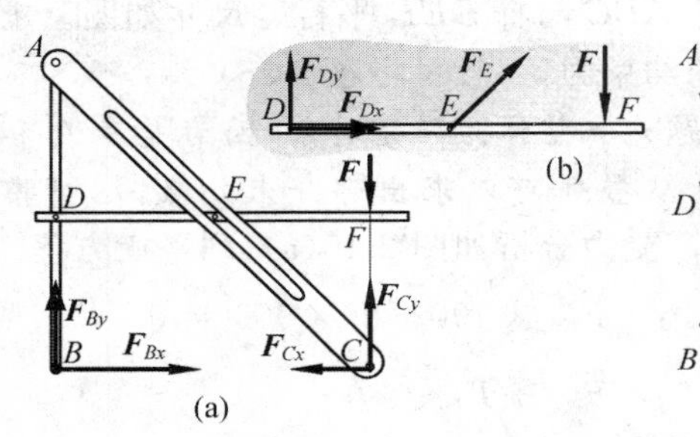

图 2-17

（2）取 DEF 为研究对象，受力分析如图 2-17b。列平衡方程组

$$\begin{cases} \sum M_E = 0:\quad -F_{Dy}a - Fa = 0 \\ \sum F_y = 0:\quad F_E \times \sqrt{2}/2 + F_{Dy} - F = 0 \\ \sum F_x = 0:\quad F_E \times \sqrt{2}/2 + F_{Dx} = 0 \end{cases}$$

解得

$$F_{Dy} = -F;\quad F_E = 2\sqrt{2}F;\quad F_{Dx} = -2F$$

（3）取 ADB 为研究对象，受力分析如图 2-17c。列平衡方程组

$$\begin{cases} \sum M_B = 0:\quad F'_{Dx}a - F_{Ax}2a = 0 \\ \sum F_x = 0:\quad F_{Ax} + F_{Bx} - F'_{Dx} = 0 \\ \sum F_y = 0:\quad F_{By} - F_{Ay} - F'_{Dy} = 0 \end{cases}$$

解得

$$F_{Ax} = F'_{Dx}/2 = -F;\quad F_{Ay} = F;\quad F_{Bx} = -F$$

讨论

(1)E 处约束是辊子(或销钉)在光滑滑道内运动,它相当于光滑面约束,但因有两个光滑面,所以垂直于滑道的约束力方向可以有两个指向。这种约束关系在教材的1.3节没有明确的叙述。

(2)对 DEF 也可以利用三力平衡汇交原理确定 D 处约束力方向(把图2-17b中 D 铰的两个约束力方向合成),但是数字有麻烦。

(3)**千万不要认为 BD 和 DA 是二力杆,各自都只是“半”根杆,不具二力杆的资格。**

例题2-9 图2-18所示构架,由直杆 BC、CD 及直角弯杆 AB 组成,各杆自重不计,载荷分布及尺寸如图。铰链 B 连接 AB 及 BC 两构件,在铰链 B 上作用一竖直力 $\boldsymbol{F}$。已知 q,a,M,且 $M=qa^2$。求固定端 A 的约束力及销钉 B 对杆 CB、杆 AB 的作用力。(教材习题2-40)

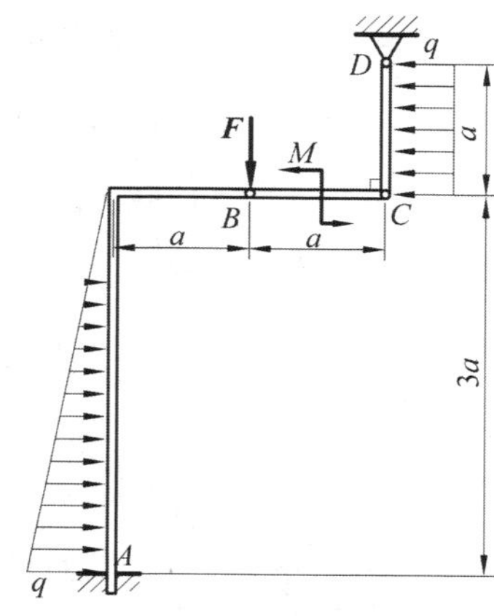

图 2-18

解:(1)先取 CD 杆为研究对象,因为它的受力相对简单。受力分析如图2-19a。对 D 点矩平衡方程为

$$\sum M_D=0:\quad F_{Cx}\times a-qa\times a/2=0$$

解得 $F_{Cx}=qa/2$。

(2)取 BC 为研究对象,受力分析如图2-19b,图中 $F'_{Cx}=F_{Cx}$ 和 $F'_{Cy}=F_{Cy}$。列平衡方程

$$\begin{cases}\sum F_x=0:\quad F_{Bx}-F'_{Cx}=0\\ \sum M_C=0:\quad M-F_{By}\times a=0\end{cases}$$

解得

$$F_{By}=qa;\quad F_{Bx}=qa/2$$

(3)取销钉 B 为研究对象,受力分析如图2-19c,图中 $F'_{Bx}=F_{Bx}$ 和 $F'_{By}=F_{By}$。列平衡方程

$$\begin{cases}\sum F_y=0:\quad -F'_{By}+F_{BAy}-F=0\\ \sum F_x=0:\quad -F'_{Bx}+F_{BAx}=0\end{cases}$$

解得

$$F_{BAy}=F_2+F'_{By}=F_{Bx}=qa+F;\quad F_{BAx}=F'_{Bx}=qa/2$$

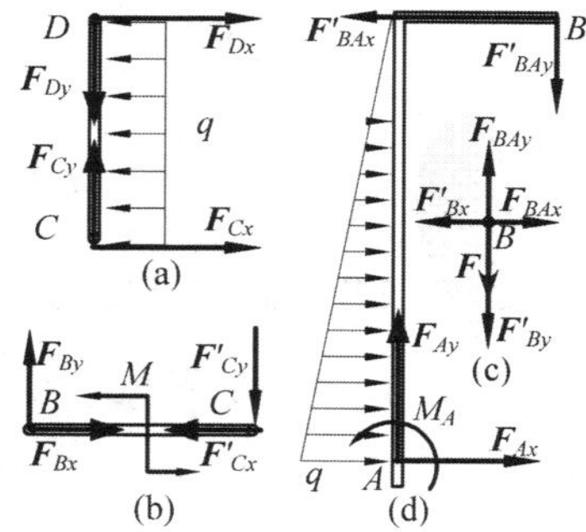

图 2-19

(4)取曲杆 AB 为研究对象,受力分析如图2-19d,图中 $F'_{ABx}=F_{ABx}$ 和 $F'_{ABy}=F_{ABy}$。列平衡方程

$$\begin{cases}\sum F_x=0:\quad -F'_{BAx}+F_{Ax}+3qa/2=0\\ \sum F_y=0:\quad -F'_{BAy}+F_{Ay}=0\\ \sum M_A=0:\quad M_A+3aF'_{BAx}-F'_{BAy}\times a-3qa/2\times(3a/3)=0\end{cases}$$

解得

$$F_{Ax}=-qa;\quad F_{Ay}=qa+F;\quad M_A=a(qa+F)$$

讨论

因为本题要分析销钉 B 的受力，所以必须将它单独取出作受力分析。

例题 2-10 图 2-20 所示三铰拱上，作用着均匀分布于左半跨内的竖直荷载，其集度为 q(kN/m)，拱重及摩擦均不计。求铰链 A 和 B 处的反力。

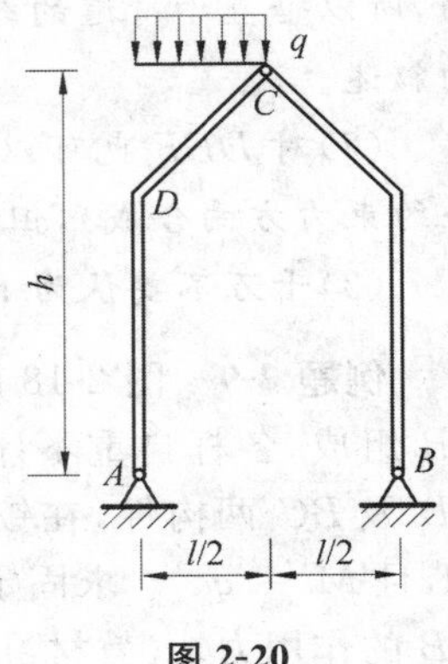

图 2-20

解：按照作图习惯，q 是直接作用 DC 斜段上（并非先作用于横梁，再作用于铰 C）。

(1)研究整体，其受力如图 2-21a 所示，列平衡方程

$$\begin{cases} \sum M_A = 0: & F_{By}l - ql/2 \times l/4 = 0 \\ \sum M_B = 0: & -F_{Ay}l + ql/2 \times 3l/4 = 0 \\ \sum F_x = 0: & F_{Ax} - F_{Bx} = 0 \end{cases}$$

解得

$$F_{By} = ql/8, \quad F_{Ay} = 3ql/8$$
$$F_{Ax} = F_{Bx} \tag{a}$$

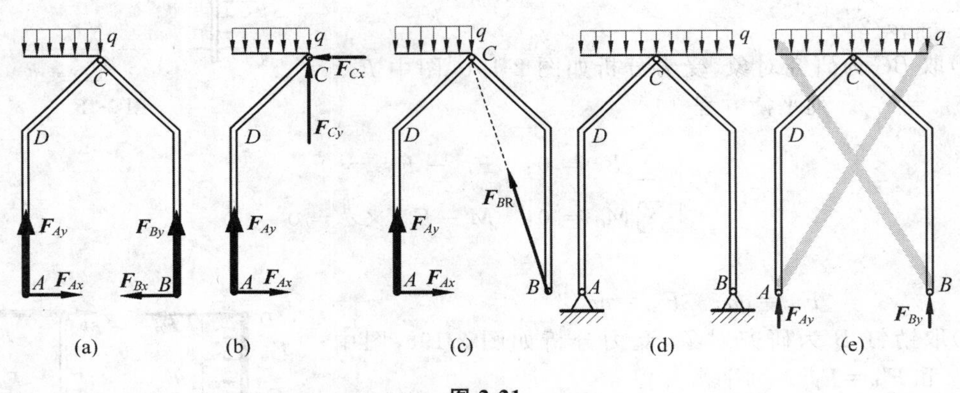

图 2-21

(2)取 AC 为研究对象，其受力如图 2-21b 所示。列平衡方程

$$\sum M_C = 0: F_{Ax} \times h - F_{Ay} \times l/2 + ql/2 \times l/4 = 0$$

解得

$$F_{Ax} = ql^2/(16h)$$

再代回式(a)可得

$$F_{Bx} = ql^2/(16h)$$

讨论

(1)如果能认识到 BC 为二力杆，并且明确写出“BC 为二力杆”，那么我们可以作出图 2-21c 的整体受力图。由此图可解出三个相应的未知数。这里仅有一幅受力图，是因为二力杆 BC 的受力图被省略了。

(2)如果分布载荷扩展成图 2-21d，那么能否根据对称性作出图 2-21e 的“受力图”呢？答

案当然是否定的(取 BC 或 CA 然后对 C 点写矩方程即可得出该结论)。我们只能根据约束的性质来画受力图,而不能由什么所谓的“对称性”。

(3) 图 2-22a 也不是 2-21d 的正确受力图。采用反证法,如果这样是正确的话,则可把 $\boldsymbol{F}_q$ 作用在 C 铰上,并把 C 铰与 BC 合并,那么 AC 就是二力构件,从而可确定出 A 点约束力 $\boldsymbol{F}_{AR}$ 的方向,如图 2-22b 所示。这时再回到原始图 2-21d,取 AC 作受力分析,如图 2-22c 所示。对该图的 C 点取矩可知它无法保持平衡,这就证明原假设不正确。图 2-22a 之所以错误是因为上方的分布力作用在 AC 和 CB 两个刚体上,因而不能像该图这样简化。

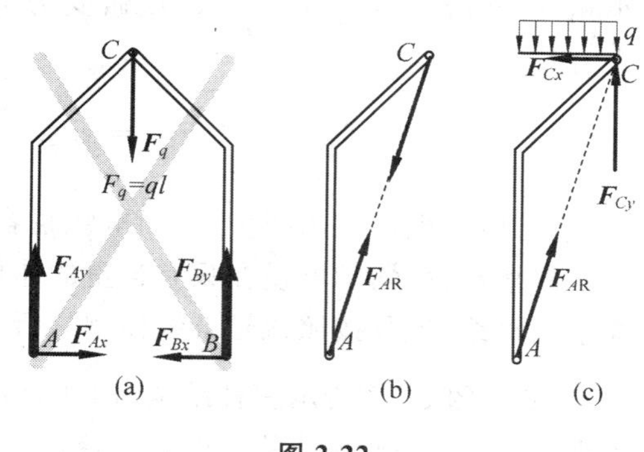

图 2-22

例题 2-11　已知图 2-23 所示桁架的载荷 $\boldsymbol{F}$ 和尺寸 a。试用截面法求杆 FK 和 JO 的受力。

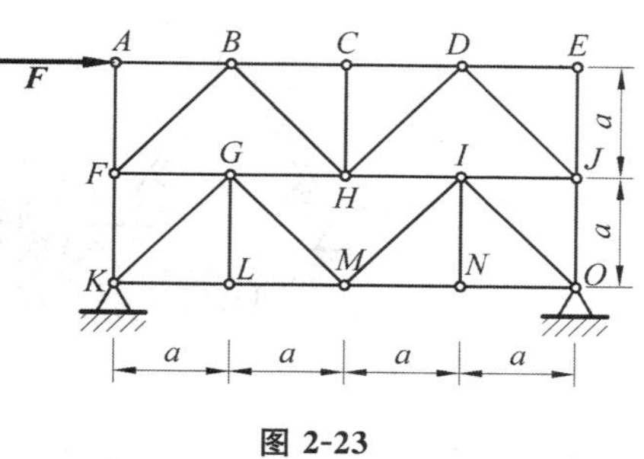

图 2-23

解: 作图 2-24a 中虚线所示的截面,取截面上方部分作受力分析,如图 2-24b 所示。列平衡方程组

$$\begin{cases}\sum M_J = 0: & F_{KF}\times 4a - F\times a = 0\\ \sum M_F = 0: & -F_{OJ}\times 4a - F\times a = 0\end{cases}$$

解得

$$F_{KF}=F/4;\quad F_{OJ}=-F/4$$

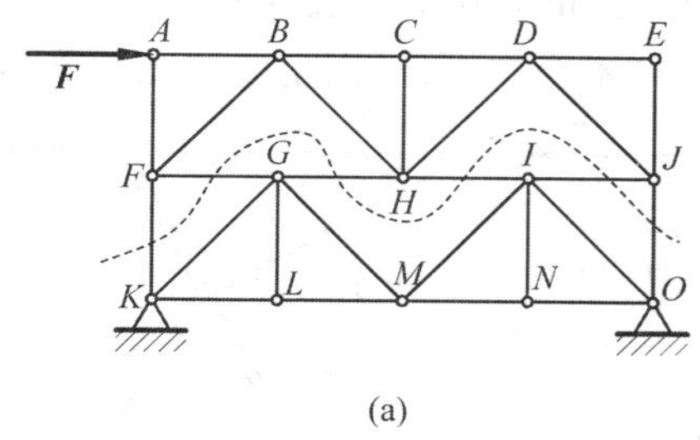

图 2-24

2.3　思考题解答

2-1　输电线跨度 l 相同时,电线下垂量 h 越小,电线越易于拉断,为什么?

解答: 作为初步且近似的估计,认为两杆之间电线的重力以集中力的方式作用于电线中点 C,如图 D2-1a 和 b 所示。在这种近似下,C 点到两杆 A 和 B 的电线呈直线,直线段内的张力大

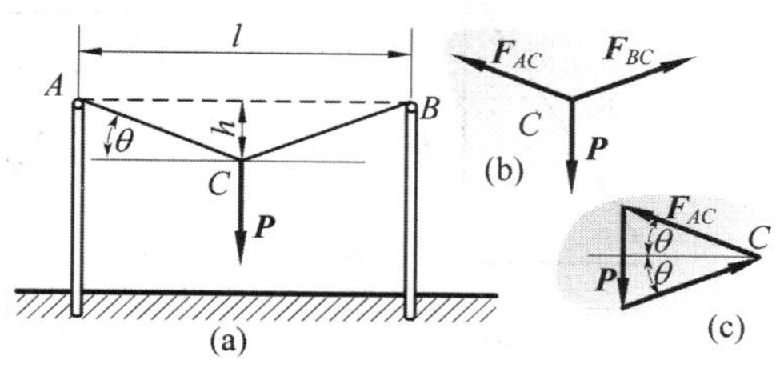

图 D2-1

小相等，并沿电线方向。对 C 点做受力分析，如图 D2-1c 所示。用力的三角形可立即得到张力

$$F_{BC}=F_{AC}=\frac{P}{2}\sec\theta=P\frac{\sqrt{4h^2+l^2}}{4h}$$

显然 h 越小，电缆张力越大，因而电缆越容易拉断。

严格地说：均匀电缆在只有自重的作用下（实际情况还要承受风、雨、雪、冰、鸟等载荷），电缆呈悬链线，但是按照该悬链线模型进行分析的表达式比较复杂。

2-2 图 S2-2 所示三种结构，构件自重不计，忽略摩擦，$\theta=60°$。如 B 处都作用有相同的水平力 $\boldsymbol{F}$，问铰链 A 处的约束力是否相同。请作图表示其大小和方向。

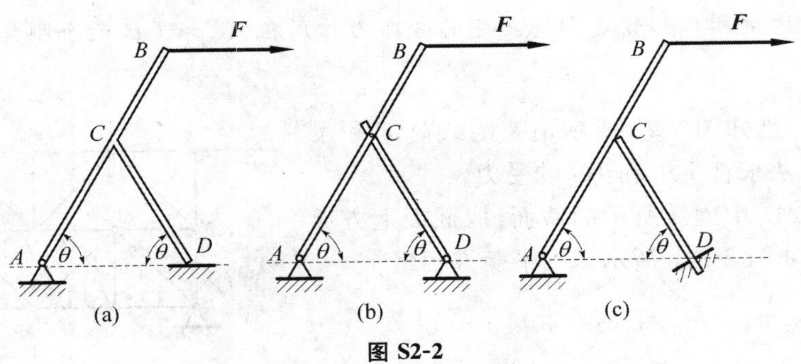

图 S2-2

解答：不相同。根据约束的性质，可确定图 S2-2a 点 D 约束力方向，图 S2-2b 和图 S2-2c 在点 C 的约束力方向，再对 ABC 利用三力汇交，可确定 A 处约束力方向，分别如图 D2-2a，图 D2-2b 和图 D2-2c 所示。大小则通过各自下方的力三角形确定。值得指出的是：图 S2-1a 是一个刚体，图 S2-2b 中 CD 为二力杆；图 S2-2c 中 CD 不是二力杆（固定端在 2.3 节学习）。

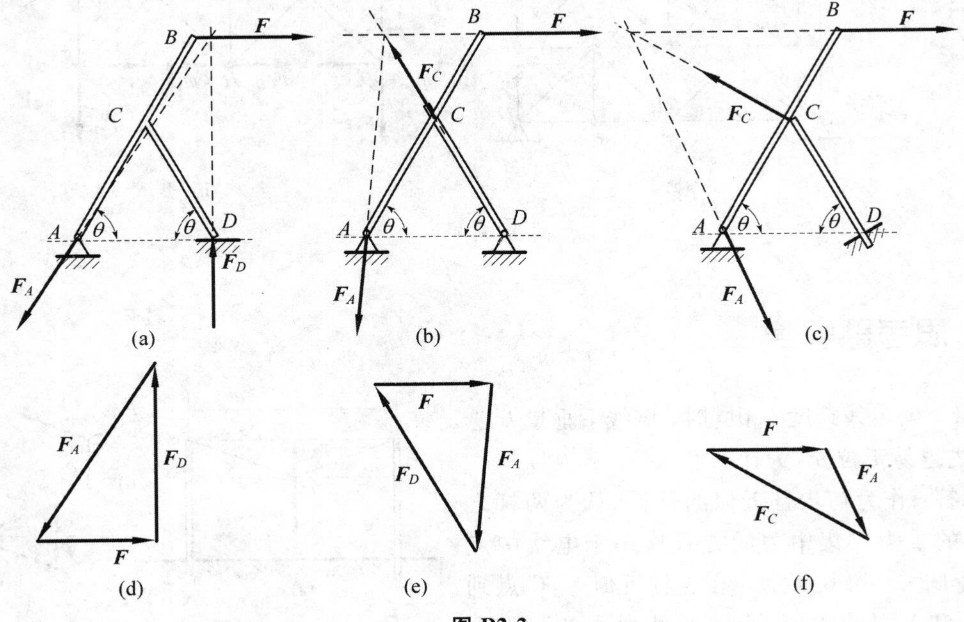

图 D2-2

2-3　在图 S2-3 各图中，力或力偶对 A 点矩都相等，它们引起的支座约束反力是否相同？

解答：不相同。画受力图做简单分析即可判断。

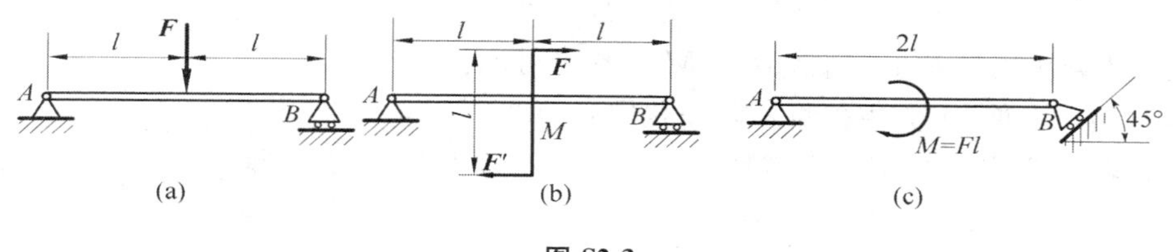

图 S2-3

2-4　从力偶理论知道，一力不能与力偶平衡。但是为什么螺旋压榨机上，力偶却似乎可以用被压榨物体的反抗力 $\boldsymbol{F}_N$ 来平衡(图 S2-4a)？为什么图 S2-4b 所示的轮子上的力偶 M 似乎与重物的力 $\boldsymbol{P}$ 相平衡呢？这种说法错误在哪里？

解答：力偶理论说一力不能与力偶平衡，其适用前提是刚体只有一个力和一个力偶。如果画出图 S2-4a 的受力图，可以发现它是不满足这个前提的，因为螺杆螺纹处有摩擦力和支持力，被压榨的物体和压盘之间也有摩擦力。实际上这两处的摩擦力形成力偶。螺纹面上的法线约束力的水平分量也对螺杆轴有力偶作用。上述这两个力偶合起来相当于与手柄上的力偶($\boldsymbol{F}$,$\boldsymbol{F}'$)平衡。与 $\boldsymbol{F}_N$ 平衡的是螺纹面上法向分力和摩擦力的垂直分量的合力。

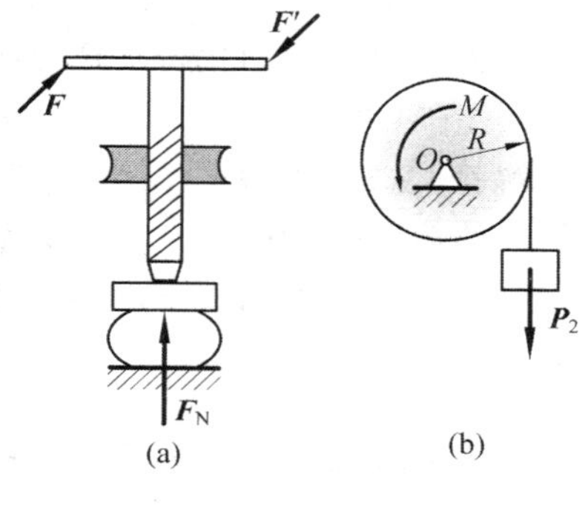

图 S2-4

对图 S2-4b，O 铰处有约束反力。简单计算可知反力的水平分量是零，垂直分量恰和 $\boldsymbol{P}$ 构成力偶，该力偶与 M 平衡。

2-5　某平面力系向 A,B 两点简化的主矩皆为零，此力系简化的最终结果可能是一个力吗？可能是一个力偶吗？可能平衡吗？

解答：可以是力，只要该力穿过 A 和 B 两点即可，也可能平衡(主矢量为零)，不可能为力偶(零力偶算平衡情形，说简化成力偶，一般指不为零的力偶)。

2-6　平面汇交力系向汇交点以外的一点简化，其结果可能是一个力吗？可能是一个力偶吗？可能是一个力和一个力偶吗？

解答：可能是一个力(简化点在合力的作用线上)，可以是一个力加一个力偶，但不可能只是一个力偶。

2-7　某平面力系向同平面内任一点简化结果都相同，此力系最终简化结果可能是什么？

解答：可能是力偶或平衡。

2-8　某平面任意力系向 A 点简化得一个力 $\boldsymbol{F}'_{RA}$($F'_{RA}\neq 0$)及一个矩为 M_A($M_A\neq 0$)的力偶，B 为平面内另一点，问：

(1)向 B 点简化仅得一力偶，是否可能？

(2)向 B 点简化仅得一力，是否可能？

(3)向 B 点简化得 $\boldsymbol{F}'_{RA}=\boldsymbol{F}'_{RB}, M_A\neq M_B$，是否可能？

(4)向 B 点简化得 $\boldsymbol{F}'_{RA}=\boldsymbol{F}'_{RB}, M_A=M_B$，是否可能？

(5)向 B 点简化得 $\boldsymbol{F}'_{RA}\neq\boldsymbol{F}'_{RB}, M_A\neq M_B$，是否可能？

(6)向 B 点简化得 $\boldsymbol{F}'_{RA}\neq\boldsymbol{F}'_{RB}, M_A=M_B$，是否可能？

解答:(1)不可能,因为主矢量不随简化中心而变;

(2)可能,只要 B 点位置合适就使因力移动的附加力偶与 M_A 抵消;

(3)可能(AB 连线与主矢量不平行);

(4)可能(AB 连线与主矢量平行);

(5)不可能,同(1);

(6)不可能,同(1)。

2-9 图 S2-9 中 $OABC$ 为正方形,边长为 a。已知某平面任意力系向 A 点简化得一主矢(大小为 F'_{RA})及一主矩(大小、转向均未知)。又已知该力系向 B 点简化得一合力,合力指向 O 点。给出该力系向 C 点简化的主矢(大小、方向)及主矩(大小、转向)。

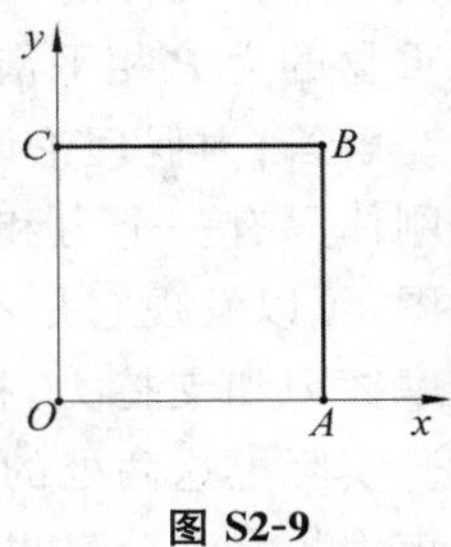

图 S2-9

解答:主矢量的大小与向 A 点简化的相同,即 F'_{RA}，而方向由向 B 点简化的信息(从 B 指向 O)来确定。向 B 简化是合力,将该合力平移到 C 点的附加力偶即为向 C 点简化的主矩,显然大小为 $F'_{RA}\sqrt{2}a/2$，转向是逆时针。

2-10 仍然使用图 S2-9。若某平面力系满足 $\sum F_y=0, \sum M_B=0$，则(判断正误):A. 必有 $\sum M_A=0$；B. 必有 $\sum M_C=0$；C. 可能有 $\sum F_x=0, \sum M_O\neq 0$；D. $\sum F_x\neq 0$，$\sum M_O=0$。

解答:A. 不正确,因为如果 $\sum F_x\neq 0$，则力从 B 向 A 移的附加力偶为 $-a\sum F_x$。

B. 正确,因为题目蕴含了主矢量平行于 BC 方向。

C. 不正确,因为 $\sum F_x=\sum F_y=0$ 和 $M_B=0$ 意味着一个平衡力系,所以不可能有 $\sum M_O\neq 0$。

D. 不正确,如果 $\sum F_x\neq 0$，则由 B 向 A 移的附加力偶为 $-a\sum F_x$。

2-11 不计图 S2-11 中各构件自重,忽略摩擦。画出刚体 ABC 的受力图,各铰链均需画出确切的约束力方向,不得以两个分力代替。图中 DE // FG。

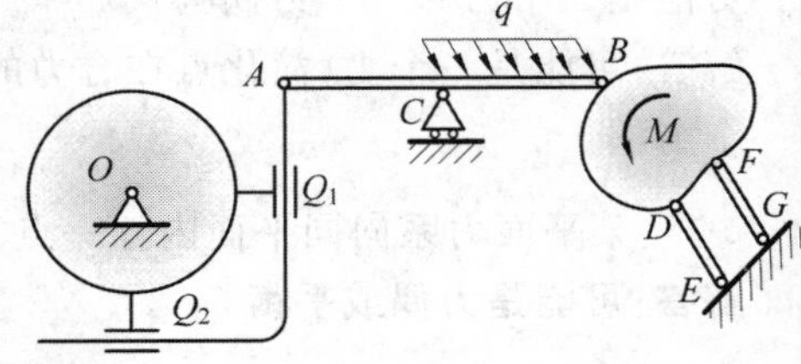

图 S2-11

解答:

(1)C 处反力方向按滑动铰支座确定为竖直方向,如图 D2-11;

(2)AQ_1Q_2 上只有三个力,其中:Q_1 和 Q_2 处的反力方向根据滑道的性质,可以确定他们分别沿水平和垂直两个方向,交点在 O，这样确定了 ACB 对 AQ_1Q_2 的作用力 $\boldsymbol{F}'_A$ 方向,而 ACB

在 A 点所受的作用力 $\boldsymbol{F}_A$ 方向如图 D2-11 所示。对 BDF，因为 DE 和 FG 是二力杆，又 M 是力偶，所以 B 处约束反力在 DE（或 FG））的垂直方向上投影为零，也就是 B 处约束力方向与 DE 平行，这样就确定了 ACB 上 B 点受力方向。

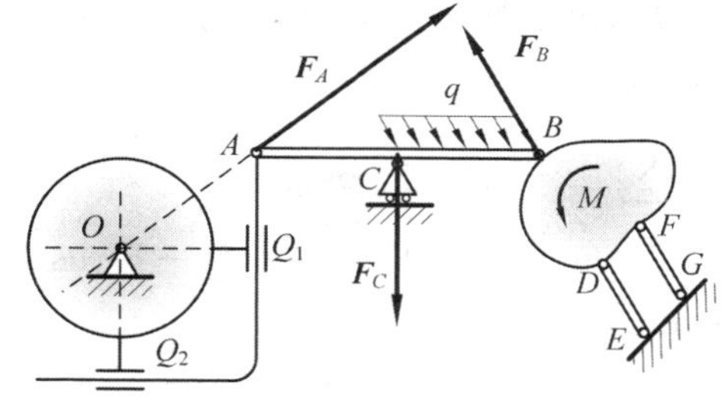

图 D2-11

讨论

此题有点瑕疵，上面是把 Q_1 和 Q_2 当成滑道处理，而滑道只有一个自由度（相当于两个约束力），两个滑道就有四个约束力，相当于静不定问题。从另外一个角度，如果把两个滑道都当成径向轴承，则整个系统将变成一个机构。

2.4　习题解答

2-1　物体重 $P=20$ kN，用绳子挂在支架的滑轮 B 上，绳子的另一端接在绞车 D 上，如图 T2-1 所示。转动绞车，物体便能升起。设滑轮的大小，杆 AB 与 CB 自重及摩擦略去不计，A、B、C 三处均为铰链连接。当物体处于平衡状态时，求拉杆 AB 和支杆 CB 所受的力。

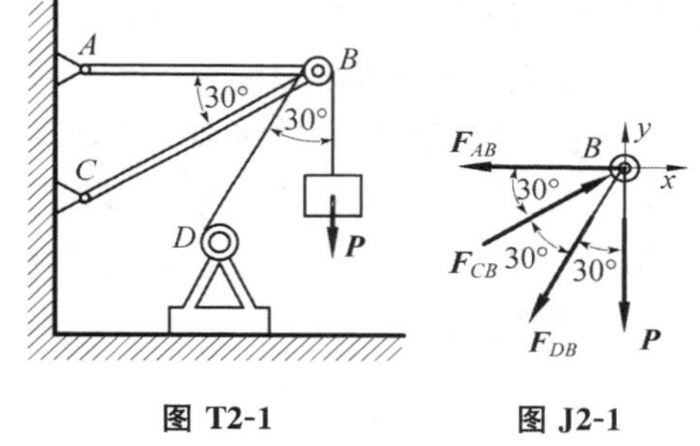

图 T2-1　　图 J2-1

解：选择滑轮 B 为研究对象，受力分析如图 J2-1 所示。图中：①$\boldsymbol{F}_{AB}$ 和 $\boldsymbol{F}_{CB}$ 的方向确定分别利用了 AB 和 BC 二力杆的特性；②由滑轮性质可确定 $F_{DB}=P$。

列平衡方程组

$$\begin{cases} \sum F_x = 0: \quad -F_{AB} + F_{CB}\cos 30^\circ - F_{DB}\sin 30^\circ = 0 \\ \sum F_y = 0: \quad -P + F_{CB}\sin 30^\circ - F_{DB}\cos 30^\circ = 0 \end{cases}$$

解得：

$$F_{CB} = (2+\sqrt{3})P = 74.641\ \text{kN}; \quad F_{AB} = (1+\sqrt{3})P = 54.641\ \text{kN}$$

讨论

(1)关于重力 $\boldsymbol{P}$ 和绳子的处理见例题 1-7。在静力学阶段，为了简单起见，$\boldsymbol{P}$ 可直接按照图 J2-1 画。到了动力学阶段，你将发现绳子的拉力大小有可能不等于 P。同样滑轮两边绳子的拉力也有可能不等。

(2)受力图中标注了坐标 x 和 y 方向。将来熟悉之后，这两个方向可以不标注，但是写 $\sum F_x=0$ 这个方程就默认了 x 正方向是水平向右，而 $\sum F_y=0$ 的 y 正方向垂直向上。如果想操作的方向不是这两个默认方向，那么要把坐标的正方向画出来。

2-2　火箭沿与水平面成 $\beta=25^\circ$角的方向作匀速直线运动，如图 T2-2 所示。火箭的推力 $F_1=100$ kN，与运动方向成 $\theta=5^\circ$角。如火箭重 $P=200$ kN，求空气动力 F_2 和它与飞行方向的交角 γ。

解：以火箭为研究对象，受力分析如图 T2-2 所示，列平衡方程组

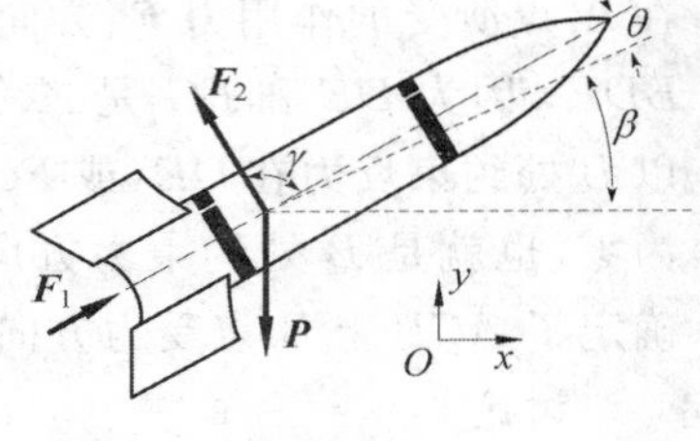

图 T2-2

$$\begin{cases}\sum F_x = 0: \quad F_1\cos(\beta+\theta) - F_2\sin(\beta+\gamma-90^\circ) = 0 \\ \sum F_y = 0: \quad F_1\sin(\beta+\theta) + F_2\cos(\beta+\gamma-90^\circ) - P = 0\end{cases}$$

解得

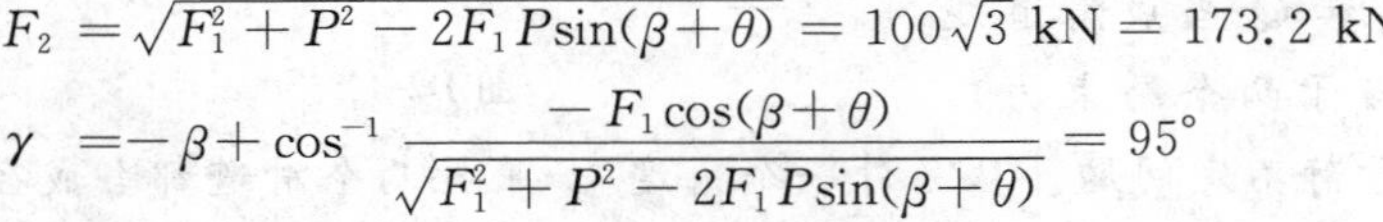

$$F_2 = \sqrt{F_1^2 + P^2 - 2F_1P\sin(\beta+\theta)} = 100\sqrt{3}\ \text{kN} = 173.2\ \text{kN}$$

$$\gamma = -\beta + \cos^{-1}\frac{-F_1\cos(\beta+\theta)}{\sqrt{F_1^2+P^2-2F_1P\sin(\beta+\theta)}} = 95^\circ$$

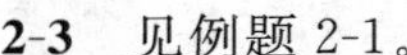

2-3　见例题 2-1。

2-4　如图 T2-4 所示，输电线 ACB 架在两线杆之间，形成一下垂曲线，下垂距离 $CD=f=1\text{m}$，两电线杆距离 $AB=40$ m。电线 ACB 段重 $P=400$ N，可近似认为沿 AB 连线均匀分布。求电线中点和两端的拉力。

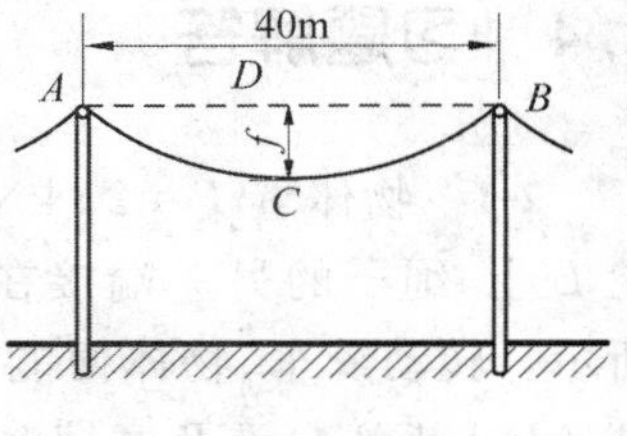

图 T2-4

解：取 AC 段为研究对象，受力分析如图 J2-4 所示，图中：①AC 段的重力作用在它的中点 E；② $\boldsymbol{F}_A$ 和 $\boldsymbol{F}_C$ 由索的性质确定为沿索的切线方向；③三力汇交原理确定 θ。

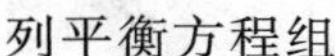

列平衡方程组

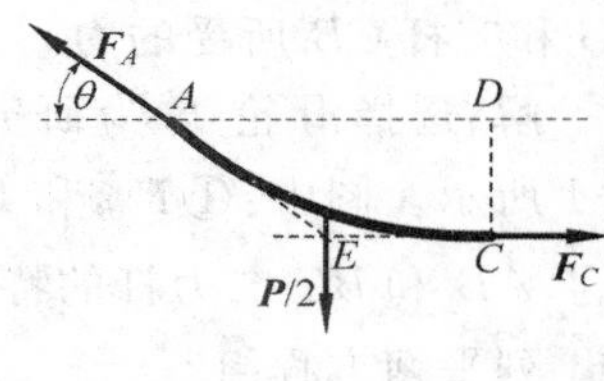

图 J2-4

$$\begin{cases}\sum F_x = 0: \quad F_C - F_A\cos\theta = 0 \\ \sum F_y = 0: \quad F_A\sin\theta - P/2 = 0\end{cases}$$

其中的 $\sin\theta = 1/\sqrt{101}$，$\cos\theta = 10/\sqrt{101}$ 可由图 J2-4 的几何关系确定。把这两个三角函数值代入上述方程组可解得：

$$F_A = 2010\ \text{kN}; \quad F_C = 2000\ \text{kN}$$

2-5　图 T2-5 所示为一拨桩装置。在木桩的点 A 上系一绳，将绳的另一端固定在点 C，在绳的点 B 系另一绳 BE，将它的另一端固定在点 E。然后在绳的点 D 用力向下拉，使绳的 BD 段水平，AB 段竖直，DE 段与水平线、CB 段与竖直线间成等角 $\theta=0.1$ rad（当 θ 很小时，$\tan\theta\approx\theta$）。如向下的拉力 $F=800$ N，求绳 AB 作用于桩上的拉力。

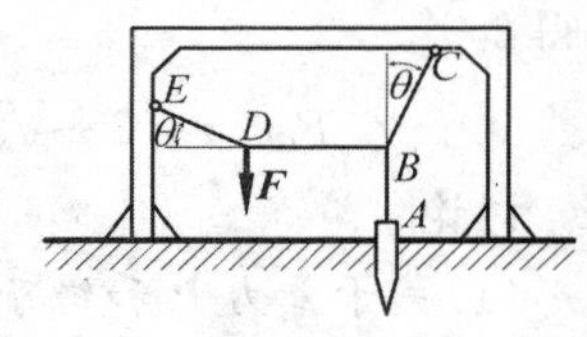

图 T2-5

解：取 D 作受力分析，如图 J2-5a 所示。列平衡方程组有

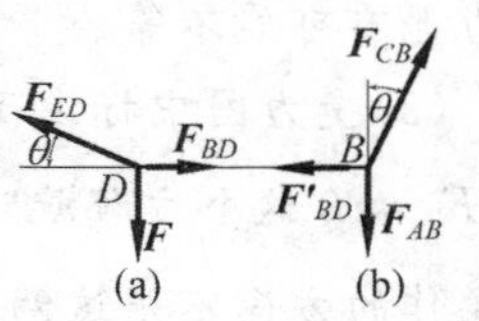

图 J2-5

$$\begin{cases}\sum F_x = 0: \quad F_{BD} - F_{ED}\cos\theta = 0 \\ \sum F_y = 0: \quad F_{ED}\sin\theta - F = 0\end{cases}$$

解得：$F_{BD} = F\cot\theta$

再取 B 点做受力分析，如图 J2-5b 所示，图中 $F'_{BD} = F_{BD}$。对图 J2-5b 列平衡方程组有

$$\begin{cases} \sum F_x = 0: & F_{CB}\sin\theta - F'_{BD} = 0 \\ \sum F_y = 0: & F_{CB}\cos\theta - F_{AB} = 0 \end{cases}$$

解得

$$F_{AB} = F'_{BD}\cot\theta = F\cot^2\theta$$

代入本题具体数值可得 $F_{AB} = 80\ \text{kN}$。

讨论

(1)对图 J2-5a 可直接向垂直于 $\boldsymbol{F}_{ED}$ 方向投影，对图 J2-5b 可直接向 $\boldsymbol{F}_{CB}$ 垂直方向投影，解题稍微简单。

(2)$\boldsymbol{F}'_{BD}$ 与 $\boldsymbol{F}_{BD}$ 是将绳子截断后，两个截面受到对方的作用力，它们作用在绳子上。对于轻绳(或者静力学)这个力的大小和方向与绳子作用在拴系点完全相同，因此常常将绳子直接去掉，把绳子作用在它的两端各自连接对象上的作用力直接当成作用力和反作用力了。

2-6　见例题 2-2。

2-7　在图 T2-7 所示机构中，曲柄 OA 上作用一力偶，其力偶矩为 M；另在滑块 D 上作用水平力 $\boldsymbol{F}$。机构尺寸如图，各杆重力不计。求当机构平衡时，力 F 与力偶矩 M 的关系。

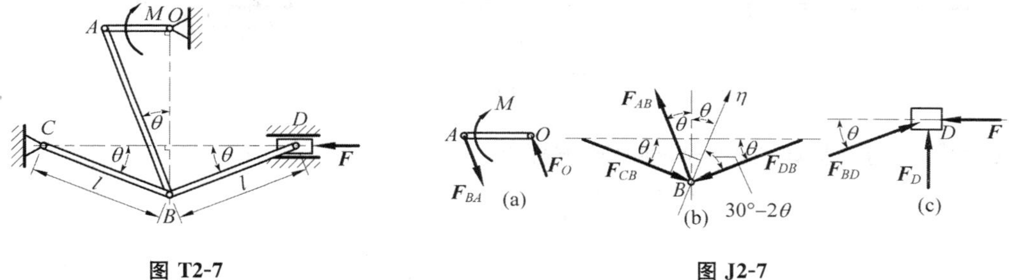

图 T2-7　　　　　　　　图 J2-7

解：(1)取 AO 杆为研究对象，受力分析如图 J2-7a。图中：$\boldsymbol{F}_{BA}$ 方向由二力杆 BA 性质确定；$\boldsymbol{F}_O$ 方向按力偶只能由力偶平衡确定。对该图列矩平衡方程可确定 $F_{BA} = M/(a\cos\theta)$。

(2)取铰链 B 为研究对象，受力分析如图 J2-7b。图中三个力的方向均根据二力杆性质确定，并且有 $F_{AB} = F_{BA}$。对该图沿 η($\boldsymbol{F}_{CB}$ 的垂直方向)投影有

$$F_{AB}\cos 2\theta - F_{DB}\sin 2\theta = 0$$

解得 $F_{DB} = F_{AB}\cot 2\theta = F_{BA}\cot 2\theta = (M\cot 2\theta)/(a\cos\theta)$。

(3)取滑块 D 为研究对象，受力分析如图 J2-7c。图中 $\boldsymbol{F}_D$ 方向由滑道性质确定；$\boldsymbol{F}_{BD}$ 方向由二力杆性质确定，并且有 $F_{BD} = F_{DB}$。受力沿水平投影的平衡方程为：

$$F - F_{BD}\cos\theta = 0$$

解得

$$F = F_{BD}\cos\theta = (M\cot 2\theta)/a$$

2-8　已知梁 AB 上作用一力偶，力偶矩为 M，梁长为 l，梁重不计。求在图 T2-8a，T2-8b，T2-8c 三种情况下支座 A 和 B 的约束力。

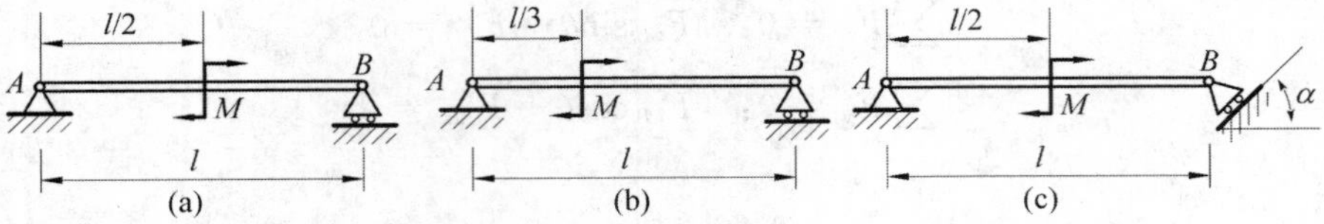

图 T2-8

解：

(a)梁　受力分析如图 J2-8a。列平衡方程组

$$\begin{cases} \sum F_x = 0: & F_{Ax} = 0 \\ \sum F_y = 0: & F_{Ay} + F_B = 0 \\ \sum M_A = 0: & -M + F_B l = 0 \end{cases}$$

解得

$$F_{Ax} = 0; \quad F_A = -M/l; \quad F_B = M/l$$

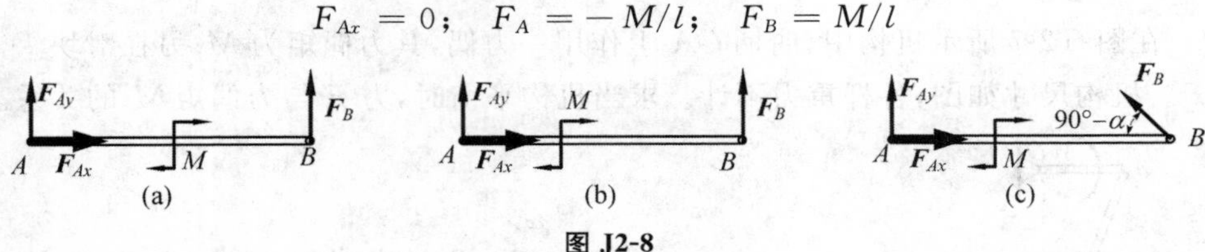

图 J2-8

(b)梁　受力分析如图 J2-8b，列平衡方程组

$$\begin{cases} \sum F_x = 0: & F_{Ax} = 0 \\ \sum F_y = 0: & F_{Ay} + F_B = 0 \\ \sum M_A = 0: & -M + F_B l = 0 \end{cases}$$

解得

$$F_{Ax} = 0; \quad F_A = -M/l; \quad F_B = M/l$$

(c)梁　受力分析如图 J2-8c，列平衡方程组

$$\begin{cases} \sum F_x = 0: & F_{Ax} - F_B \cos(90° - \alpha) = 0 \\ \sum F_y = 0: & F_{Ay} + F_B \sin(90° - \alpha) = 0 \\ \sum M_A = 0: & -M + F_B l \sin(90° - \alpha) = 0 \end{cases}$$

解得

$$F_{Ax} = (M\tan\alpha)/l; \quad F_{Ay} = -M/l; \quad F_B = M/(l\cos\alpha)$$

讨论

(1)如果交代了力偶只能由力偶平衡，那么可按 A 铰约束力和 B 支座约束力构成力偶的方式确定 A 铰约束力方向。如果不交代，最好还是按约束的性质处理 A 铰。

(2)如果按力偶的性质来处理，两处约束力方向要画成相反方向，并且构成力偶和 M 转向相反，因为在逻辑上既然花费了成本思考这个问题，那么解出来的 A 和 B 处的约束力就不宜有负号了。

2-9 图 T2-9 中，已知 $F_1=150\text{ N}$，$F_2=200\text{ N}$，$F_3=300\text{ N}$，$F=F'=200\text{ N}$。求力系向点 O 简化的结果；并求力系合力的大小及其与原点 O 的距离 d。

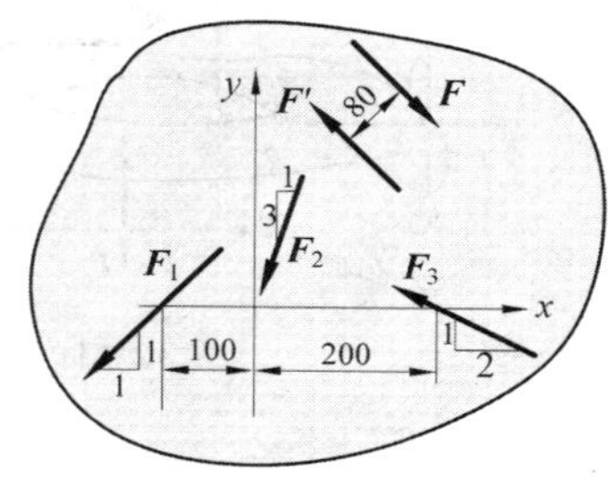

图 T2-9

解：(1)向 O 点简化　各量正方向如图 J2-9 所示，大小为

$$F_{Rx}=-F_1\sqrt{2}/2-F_2\sqrt{10}/10-F_3 2\sqrt{5}/5=-437.62\text{N}$$

$$F_{Ry}=-F_1\sqrt{2}/2-F_2\times 3\sqrt{10}/10-F_3\sqrt{5}/5=-161.62\text{N}$$

$$M_O=(F_1\times 0.1\times\sqrt{2}/2+F_3\times 0.2\times\sqrt{5}/5-F\times 0.08)\text{m}=21.44\text{ Nm}$$

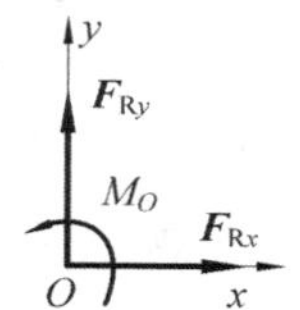

图 J2-9

(2)合力　大小为

$$F_R=\sqrt{F_{Rx}^2+F_{Ry}^2}=466.5\text{N}$$

距离原点

$$d=M_O/F_R=4.59\text{ cm}\text{（原点的左上方）}$$

2-10 图 T2-10 所示平面任意力系中 $F_1=40\sqrt{2}\text{N}$，$F_2=80\text{ N}$，$F_3=40\text{ N}$，$F_4=110\text{ N}$，$M=2000\text{ N·mm}$。各力作用位置如图所示，图中尺寸的单位为 mm。求：(1)力系向点 O 简化的结果；(2)力系的合力的大小、方向及合力作用线方程。

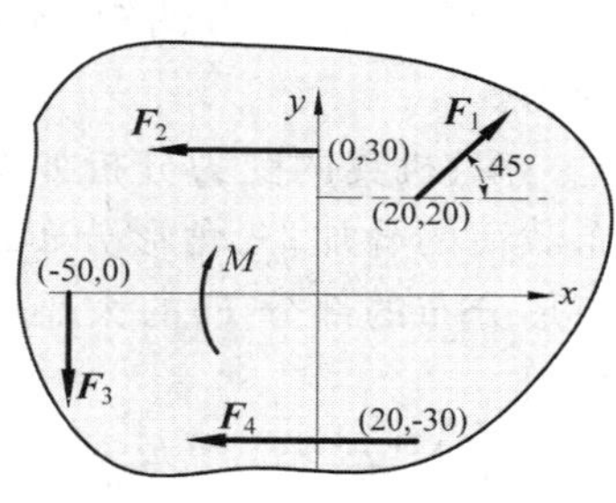

图 T2-10

解：(1)向 O 点简化　各量正方向如图 J2-10 所示，大小为

$$F_{Rx}=-F_1\cos 45°-F_2-F_4=-150\text{N}$$

$$F_{Ry}=F_1\sin 45°-F_3=0$$

$$M_O=F_2\times 30+F_3\times 50-F_4\times 30-M=-900\text{ N·mm}$$

(2)合力　大小为

$$F_R=\sqrt{F_{Rx}^2+F_{Ry}^2}=150\text{N}$$

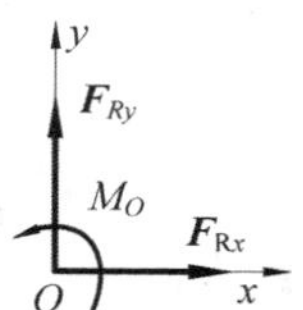

图 J2-10

方向水平向左；作用线方程为 $M_O=xF_{Ry}-yF_{Rx}$，即

$$y=-6\text{ mm}\text{（原点下方）}$$

2-11 如图 T2-11 所示，当飞机作稳定航行时，所有作用在它上面的力必须相互平衡。已知飞机的重量 $P=30\text{ kN}$，螺旋桨的牵引力 $F=4\text{ kN}$。飞机的尺寸：$a=0.2\text{ m}$，$b=0.1\text{ m}$，$c=0.05\text{ m}$，$l=5\text{ m}$。求阻力 $\boldsymbol{F}_x$，机翼升力 $\boldsymbol{F}_{y1}$ 和尾部的升力 $\boldsymbol{F}_{y2}$。

解：将坐标原点选择为 $\boldsymbol{F}_x$ 和 $\boldsymbol{F}_{y1}$ 的交点，方向如图 J2-11。列平衡方程组

$$\begin{cases}\sum F_x=0: & -F+F_x=0\\ \sum M_A=0: & F_{y2}\times(a+l)-P\times a-F\times(b+c)=0\\ \sum F_y=0: & F_{y1}+F_{y2}-P=0\end{cases}$$

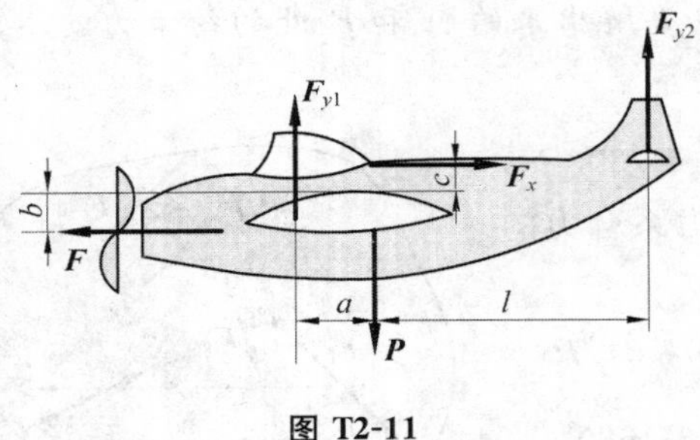

图 T2-11

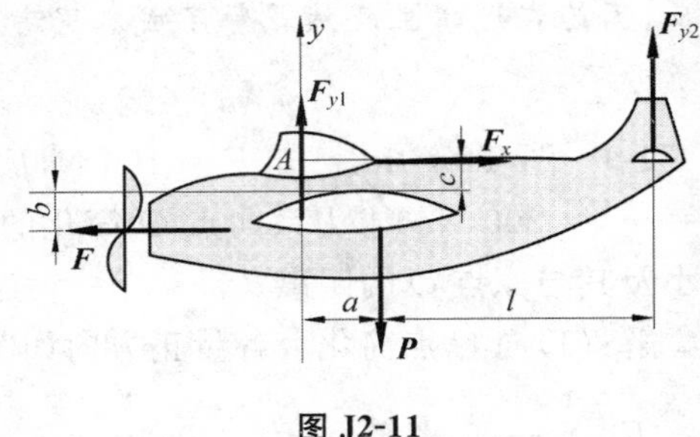

图 J2-11

解得

$$F_x = F = 4 \text{ kN}$$
$$F_{y2} = Pa/(l+a) + F(b+c)/(l+a) = 1.27 \text{ kN}$$
$$F_{y1} = P - F_{y2} = 28.73 \text{ kN}$$

2-12 见例题 2-4。

2-13 如图 T2-13 所示，飞机机翼上安装一台发动机，作用在机翼 OA 上的气动力按梯形分布：$q_1=60$ kN/m，$q_2=40$ kN/m，机翼重为 $P_1=45$ kN，发动机重为 $P_2=20$ kN，发动机螺旋桨的作用力偶矩 $M=18$ kN·m。求机翼处于平衡状态时，机翼根部固定端 O 的受力。

解：机翼的受力分析如图 J2-13 所示。图中：梯形载荷分解为三角形分布载荷和矩形分布载荷的叠加；三角形分布部分的 $\boldsymbol{F}_3$ 大小为$(q_1-q_2)\times9/2=90$(kN)，作用线距根部 6 m；矩形分布的部分 $\boldsymbol{F}_4$ 的大小 $q_2\times9=360$ (kN)，作用线距翼根 4.5 m。对受力图列平衡方程组

$$\begin{cases} \sum F_x = 0: & F_{Ax} = 0 \\ \sum F_y = 0: & F_{Oy} + F_3 + F_4 - P_1 - P_2 = 0 \\ \sum M_O = 0: & M_O + F_3 \times 3\text{ m} + F_4 \times 4.5\text{ m} - P_1 \times 3.6\text{ m} - P_2 \times 4.2\text{ m} - M = 0 \end{cases}$$

解得

$$F_{Ox} = 0;\quad F_{Oy} = -385 \text{ kN};\quad M_O = 1626 \text{ kN·m}$$

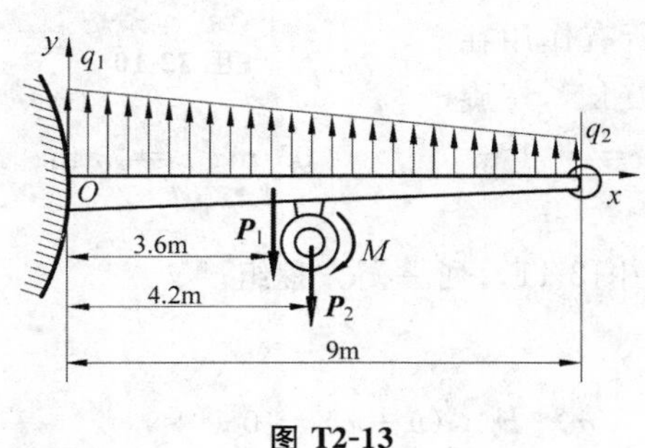

图 T2-13

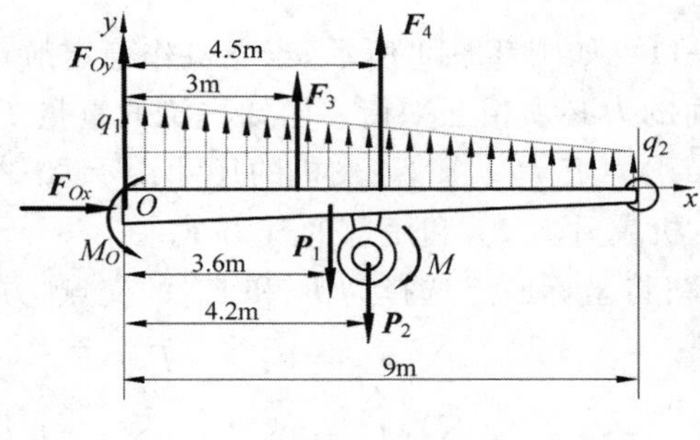

图 J2-13

2-14 无重水平梁的支承和载荷如图 T2-14a、图 T2-14b 所示。已知：力 F，力偶矩 M 和均匀

载荷 q。求支座 A 和 B 处的约束力。

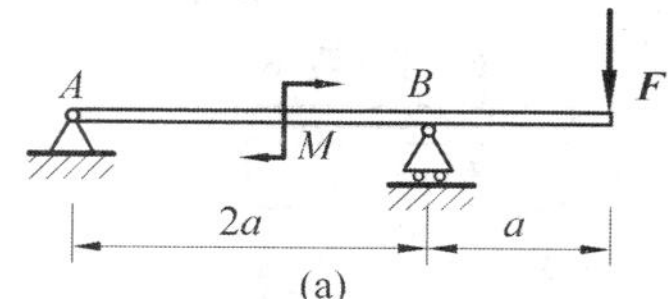

(a)

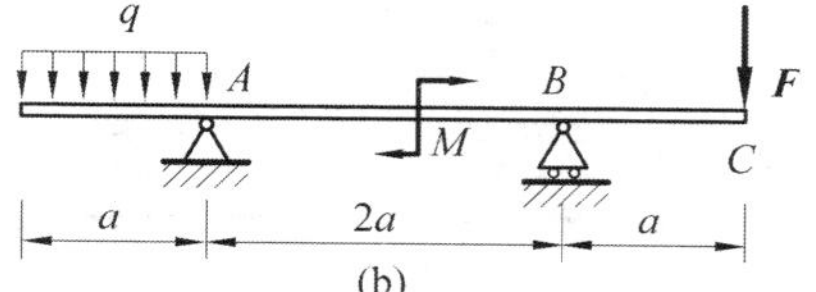

(b)

图 T2-14

解:

(a)梁 受力分析如图 J2-14a,列平衡方程组

$$\begin{cases} \sum F_x = 0: & F_{Ax} = 0 \\ \sum M_A = 0: & -M + F_B \times a - F \times 3a = 0 \\ \sum F_y = 0: & F_{Ay} + F_B - F = 0 \end{cases}$$

解得

$$F_{Ax} = 0; \quad F_B = (3aF + M)/(2a); \quad F_{Ay} = -(aF + M)/(2a)$$

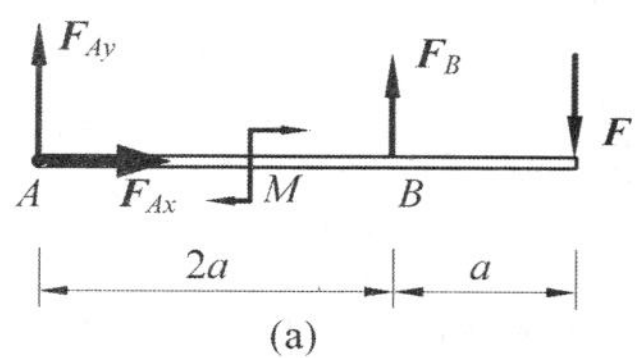

(a)

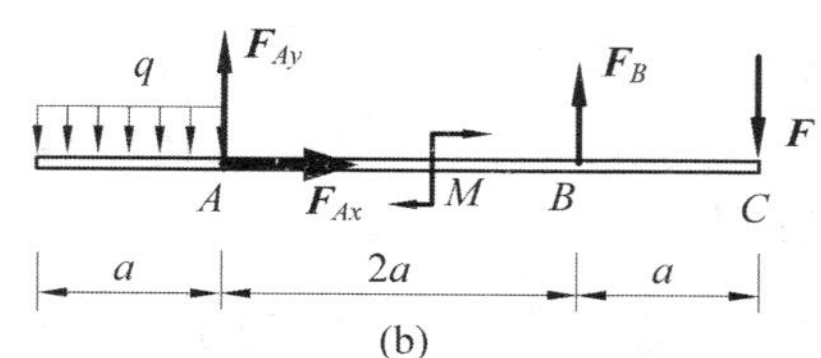

(b)

图 J2-14

(b)梁 受力分析如图 J2-14b,列平衡方程组

$$\begin{cases} \sum F_x = 0: & F_{Ax} = 0 \\ \sum M_A = 0: & qa \times a/2 - M + F_B \times a - F \times 3a = 0 \\ \sum F_y = 0: & F_{Ay} + F_B - F - qa = 0 \end{cases}$$

解得

$$F_{Ax} = 0; \quad F_B = (6aF + 2M - qa^2)/(4a); \quad F_{Ay} = -(2aF + 2M - 5qa)/(4a)$$

2-15 如图 T2-15 所示,液压式汽车起重机全部固定部分(包括汽车自重)总重为 $P_1 = 60\ \text{kN}$,旋转部分总重为 $P_2 = 20\ \text{kN}$, $a = 1.4\ \text{m}$, $b = 0.4\ \text{m}$, $l_1 = 1.85\ \text{m}$, $l_2 = 1.4\ \text{m}$。求:(1)当 $l = 3\ \text{m}$,起吊重为 $P = 50\ \text{kN}$ 时,支撑腿 A,B 所受地面的约束力;(2)当 $l = 5\ \text{m}$ 时,为了保证起重机不致翻倒,问最大起重为多大?

解:为简单计,不考虑水平运动和水平方向的力,因而简化成平行力系问题。起重机的受力分析如图 J2-15 所示。

(1)列平衡方程组

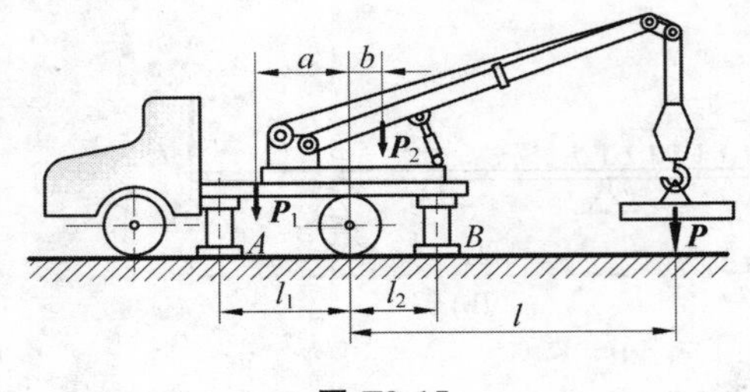

图 T2-15　　　　图 J2-15

$$\begin{cases} \sum M_A = 0: & -P_1(l_1 - a) - P_2(l_1 + b) - P(l + l_1) + F_B(l_1 + l_2) = 0 \\ \sum F_y = 0: & F_A + F_B - P_1 - P_2 - P = 0 \end{cases}$$

解得

$$F_B = 96.8 \text{ kN}; \quad F_A = 33.2 \text{ kN}$$

(2)起重机不翻倒的临界条件是 $F_A = 0$。在该条件下

$$\begin{cases} \sum M_B = 0: & P_1(l_2 + a) + P_2(l_2 - b) - P(l - l_2) = 0 \\ \sum F_y = 0: & F_A + F_B - P_1 - P_2 - P = 0 \end{cases}$$

解得 $P = 52.2$ kN，即

$$P_{\max} = 52.2 \text{ kN}$$

2-16　见例题 2-6。

2-17　飞机起落架，尺寸如图 T2-17 所示，A，B，C 均为铰链，杆 OA 垂直于 AB 连线。当飞机等速直线滑行时，地面作用于轮上的竖直正压力 $F_N = 30$ kN，水平摩擦力和各杆自重都比较小，可略去不计。求 A，B 两处的约束力。

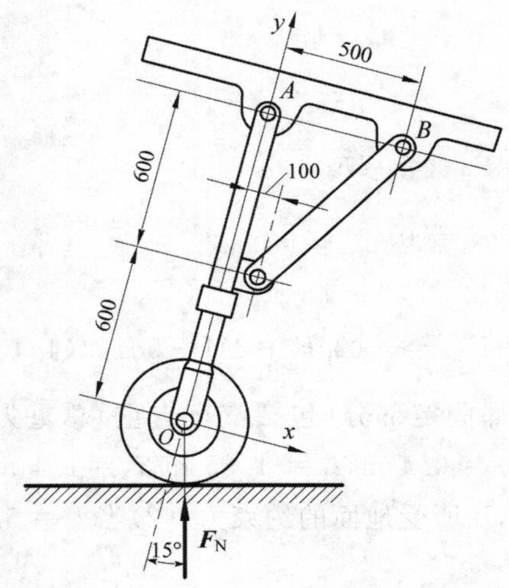

图 T2-17

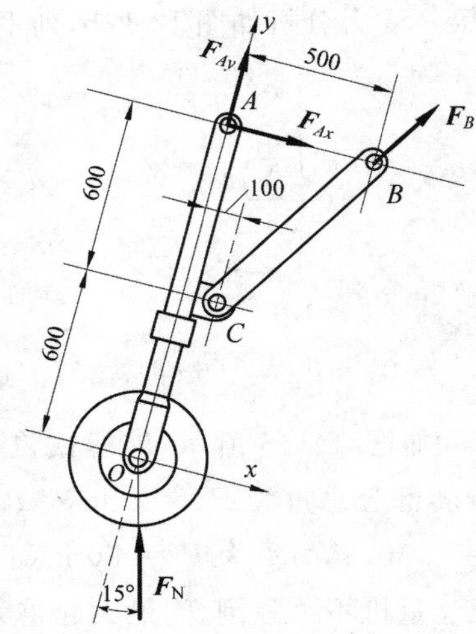

图 J2-17

解:整体受力分析如图 J2-17，图中 B 铰约束力方向由 BC 为二力杆的性质确定。列平衡方程组

$$\begin{cases}\sum M_A = 0: & F_N \sin 15^\circ \times 1.2 - F_B \times 0.6/\sqrt{0.6^2+0.4^2} \times 0.5 = 0 \\ \sum F_x = 0: & F_{Ax} - F_N \sin 15^\circ + F_B \times 0.4/\sqrt{0.6^2+0.4^2} = 0 \\ \sum F_y = 0: & F_{Ay} + F_N \cos 15^\circ + F_B \times 0.6/\sqrt{0.6^2+0.4^2} = 0\end{cases}$$

解得

$$F_B = 22.4\ \text{kN};\quad F_{Ax} = -4.67\ \text{kN};\quad F_{Ay} = -47.7\ \text{kN}$$

2-18　水平梁 AB 由铰链 A 和 BC 所支持，如图 T2-18 所示。在梁上 D 处用销子安装半径为 $r=0.1$ m 的滑轮。有一跨过滑轮的绳子，其一端水平系于墙上，另一端悬挂有重为 $P=1800$ N 的重物。如 $AD=0.2$ m，$BD=0.4$ m，$\varphi=45^\circ$，且不计梁、杆、滑轮和绳的重力。求铰链 A 和杆 BC 对梁的约束力。

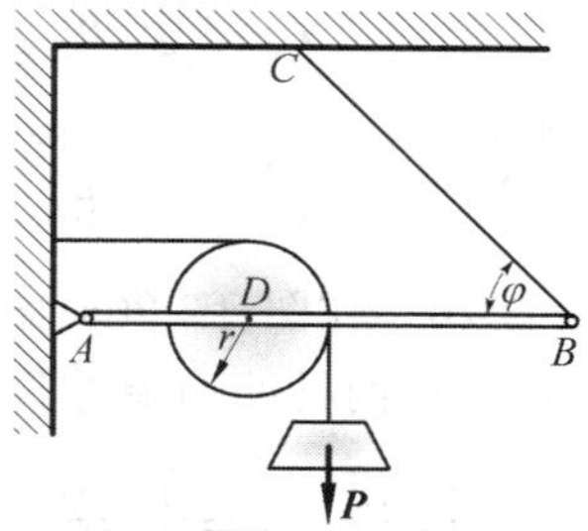

图 T2-18

解:取滑轮 D 和 AB 杆一起作为研究对象，受力分析如图 J2-18，图中的 $F_T = P = 1800$N。列平衡方程组

$$\begin{cases}\sum M_A = 0: & F_T r - P(AD + r) + F_{CB} \sin\varphi \times AB = 0 \\ \sum F_x = 0: & F_{Ax} - F_T - F_{CB} \cos\varphi = 0 \\ \sum F_y = 0: & F_{Ay} + F_{CB} \sin\varphi - P = 0\end{cases}$$

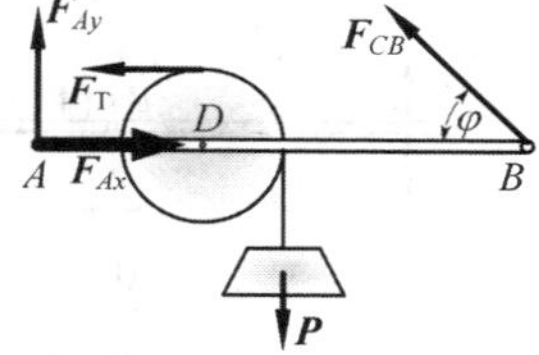

图 J2-18

解得

$$F_{CB} = 600\sqrt{2}\ \text{N} = 848.5\ \text{N};\quad F_{Ax} = 2400\ \text{N};\quad F_{Ay} = 1200\ \text{N}$$

2-19　如图 T2-19 所示，组合梁由 AC 和 CD 两段铰接构成，起重机放在梁上。已知起重机重为 $P_1=50$ kN，重心在竖直线 CE 上，起重载荷为 $P_2=10$ kN。如不计梁重，求支座 A，B，D 三处的约束力。

解:(1)取起重机作为研究对象，受力分析如图 J2-19a 所示(不考虑侧向运动)。由对 F 点矩平衡方程

$$\sum M_F = 0:\quad F_G \times 2 - P_1 \times 1 - P_2 \times 5 = 0$$

解得 $F_G = (P_1 + 5P_2)/2 = 50$ kN

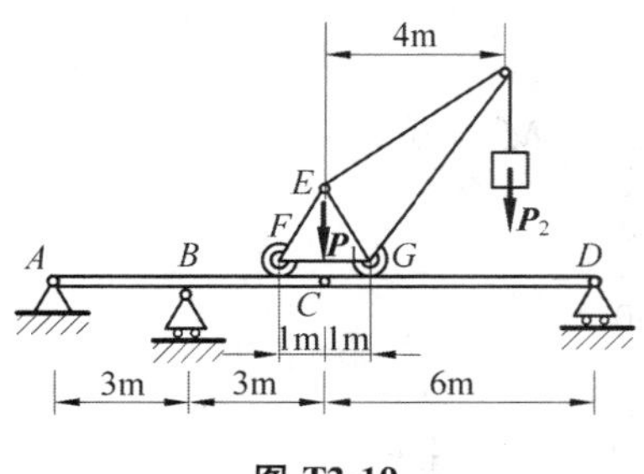

图 T2-19

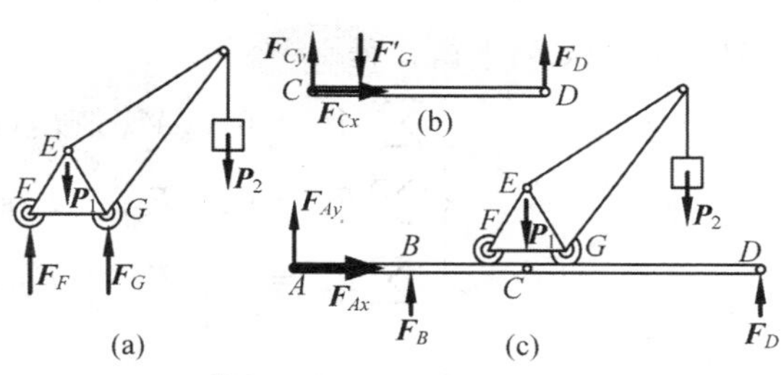

图 J2-19

(2)取 CD 梁为研究对象，受力分析如图 J2-19b，图中 $F'_G=F_G$。对 C 点矩平衡方程

$$\sum M_C = 0:\quad -F'_G\times 1 + F_D\times 6 = 0$$

解得

$$F_D = 25/3\text{kN} = 8.33\text{kN}$$

(3)取整体为研究对象，受力分析如图 J2-19c。列平衡方程组

$$\begin{cases}\sum M_A = 0:\quad F_B\times 3 + F_D\times 12 - P_1\times 6 - P_2\times 10 = 0\\ \sum F_x = 0:\quad F_{Ax} = 0\\ \sum F_y = 0:\quad F_{Ay} + F_B + F_D - P_1 - P_2 = 0\end{cases}$$

解得

$$F_B = 100\ \text{kN};\quad F_{Ax} = 0;\quad F_{Ay} = -48.33\ \text{kN}$$

2-20 在图 T2-20a、图 T2-20b 各连续梁中，已知 q、M、a 及 θ。不计梁的自重。求各连续梁在 A、C 两处的约束力。

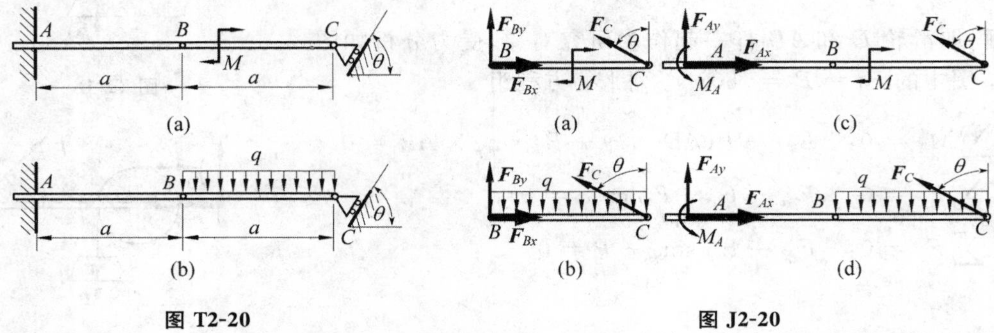

图 T2-20　　　　图 J2-20

解：(a)和(b)均有固定端约束；(b)有分布载荷；整体受力图都有四个未知数，必须取分离体。

(a)图　分别取 BC 和 ABC 为研究对象，受力分析如图 J2-20a 和 J2-20c 所示。从对 J2-20a 中 B 点的矩平衡方程

$$\sum M_B = 0:\quad -M\times 1 + F_C\cos\theta\times a = 0$$

可解得

$$F_C = M/(a\cos\theta)$$

再对图 J2-20c 列平衡方程

$$\begin{cases}\sum M_A = 0:\quad M_A + F_C\cos\theta\times 2a - M = 0\\ \sum F_x = 0:\quad F_{Ax} - F_C\sin\theta = 0\\ \sum F_y = 0:\quad F_{Ay} + F_C\cos\theta = 0\end{cases}$$

解得

$$M_A = -M;\quad F_{Ax} = M\tan\theta/a;\quad F_{Ay} = -M/a$$

(b)图　分别取 BC 和 ABC 为研究对象，受力分析如图 J2-20b 和 J2-20d 所示。由对 J2-

20b 中 B 点的矩平衡方程

$$\sum M_B = 0: \quad F_C\cos\theta \times a - qa^2/2 = 0$$

可解得

$$F_C = qa/(2\cos\theta)$$

再对图 J2-20d 列平衡方程

$$\begin{cases} \sum M_A = 0: & M_A + F_C\cos\theta \times 2a - qa \times 3a/2 = 0 \\ \sum F_x = 0: & F_{Ax} - F_C\sin\theta = 0 \\ \sum F_y = 0: & F_{Ay} + F_C\cos\theta = 0 \end{cases}$$

解得

$$M_A = qa^2/2; \quad F_{Ax} = (qa\tan\theta)/2; \quad F_{Ay} = qa/2$$

2-21　由 AC 和 CD 构成的组合梁通过铰链 C 连接。它的支承和受力如图 T2-21 所示。已知 $q = 10$ kN/m，$M = 40$ kN·m。不计梁的自重。求支座 A、B、D 的约束力和铰链 C 受力。

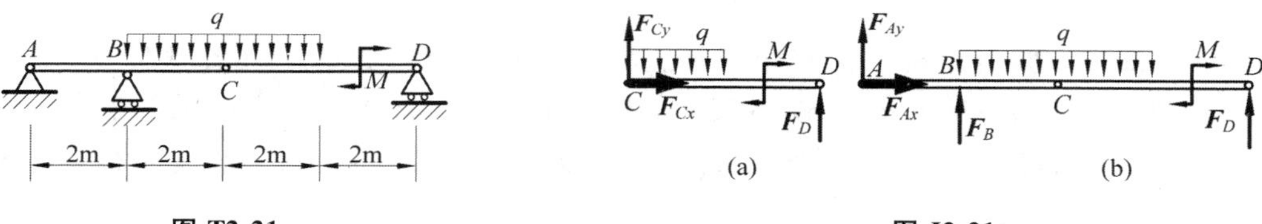

图 T2-21　　　　图 J2-21

解：(1)取 CD 梁为研究对象，受力分析如图 J2-21a。从 C 点矩平衡方程

$$\sum M_C = 0: \quad -q \times (2m)^2 - M + F_D \times 4m = 0$$

可解得

$$F_D = (M + 2q \times \text{m}^2)/4 = 15 \text{ kN}$$

(2)取整体为研究对象，受力分析如图 J2-21b。列平衡方程组

$$\begin{cases} \sum M_A = 0: & F_B \times 2\text{m} + F_D \times 8\text{m} - q \times 4\text{m} \times (2+2)\text{m} - M = 0 \\ \sum F_x = 0: & F_{Ax} = 0 \\ \sum F_y = 0: & F_{Ay} + F_B + F_D - q \times 4\text{m} = 0 \end{cases}$$

解得

$$F_B = 40 \text{ kN}; \quad F_{Ax} = 0; \quad F_{Ay} = -15 \text{ kN}$$

2-22　图 T2-22 所示滑道连杆机构，在滑道连杆上作用着水平力 $\boldsymbol{F}$。已知 $OA = r$，滑道倾角为 β，机构重力和各处摩擦均不计。求当机构平衡时，作用在曲柄 OA 上的力偶矩 M 与角 θ 之间的关系。

解：(1)取曲柄为研究对象，受力分析如图 J2-22a。图中 A 处的约束力方向由滑道性质确定；力偶只能由力偶平衡的性质确定 $\boldsymbol{F}_O$ 的方向：$\boldsymbol{F}_O$ 与 $\boldsymbol{F}_A$ 大小相等方向相反。由力偶平衡可有

$$F_A \times r\cos(\theta-\beta) - M = 0$$

解得 $F_A = M/[r\cos(\theta-\beta)]$。

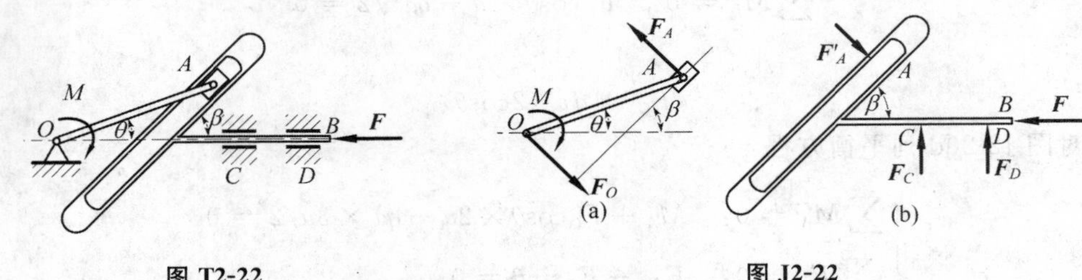

图 T2-22　　　　图 J2-22

(2)取滑道连杆为研究对象,受力分析如图 J2-22b,其中 $F'_A = F_A$。沿水平方向平衡有

$$\sum F_x = 0: \quad F_A\sin\beta - F = 0$$

解得

$$F = F_A\sin\beta = M\sin\beta/[r\cos(\theta-\beta)]$$

或者写成如下关系

$$Fr\cos(\theta-\beta) = M\sin\beta$$

2-23　图 T2-23 所示构件由直角弯杆 EBD 及直杆 AB 组成,不计各杆自重,已知 $q=10$ kN/m, $F=50$ kN,$M=6$ kN·m,各尺寸如图。求固定端 A 处及支座 C 的约束力。

解:(1)取直角弯杆 EBD 作为研究对象,受力分析如图 J2-23a。对 B 的矩平衡方程为

$$\sum M_B = 0: \quad F_C \times 1\text{ m} - M + F\sin30^\circ \times 2\text{ m} = 0$$

解得

$$F_C = -44\text{ kN}$$

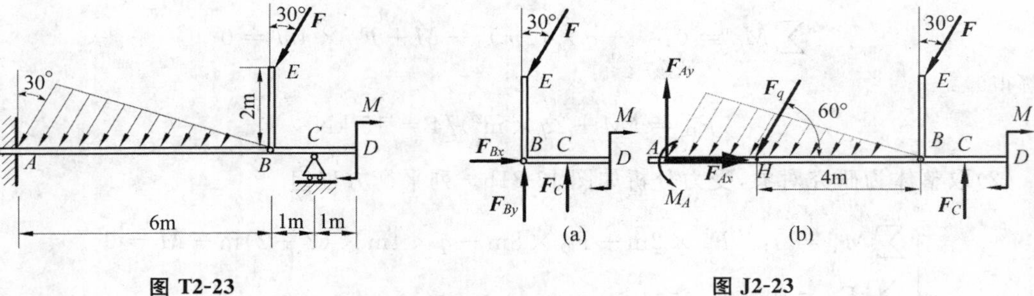

图 T2-23　　　　图 J2-23

(2)取整体为研究对象,受力分析如图 J2-23b。图中分布载荷简化成了集中载荷 $\boldsymbol{F}_q$(为了清晰起见把分布力改成了点线),大小 $F_q=3q\times$m,方向与 HD 夹角 60°,作用点距离 B 点 4m。

对图 J2-23b 列平衡方程

$$\begin{cases} \sum F_x = 0: \quad F_{Ax} - F_q\cos60^\circ = 0 \\ \sum F_y = 0: \quad F_{Ay} - F_q\sin60^\circ - F\sin60^\circ + F_C = 0 \\ \sum M_A = 0: \quad M_A + F_C \times AC - F_q\sin60^\circ \times BE - F\cos30^\circ \times AB + F\sin30^\circ \\ \qquad \times BE - M = 0 \end{cases}$$

解得

$$F_{Ax} = 40\ \text{kN};\quad F_{Ax} = 113\ \text{kN};\quad M_A = 576\ \text{kN·m}$$

2-24　图 T2-24 所示平面机构中，$AB=DF$，$\theta=30°$。各杆自重不计，受力及尺寸如图，求各杆在 B、C、D 点给予平台的力。

解：(1)本题先取整体为研究对象，受力分析如图 J2-24a。图中固定铰支座 A 的约束反力方向利用了 AB 为二力杆的特性；如此处理后，整体受力图只有三个未知量。对点 F 的矩平衡方程为

$$\sum M_F = 0:\quad -F_A\sin 30° \times 2\ \text{m} - 4\ \text{kN}(2\cos 30° - 1.5)\text{m} = 0$$

解得 $F_A = 2(3-2\sqrt{3})\ \text{kN}$。

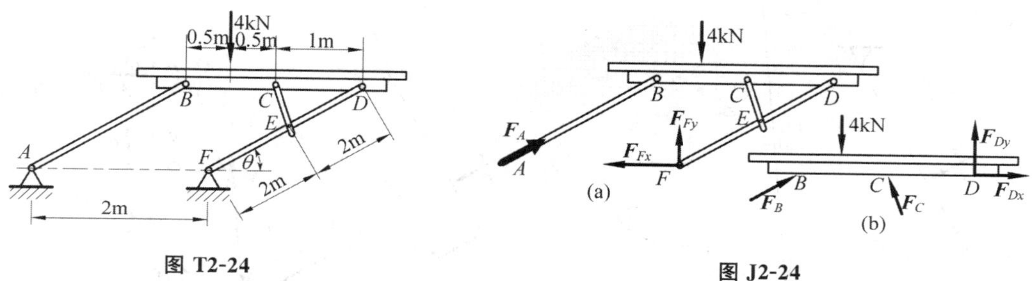

图 T2-24　　　　图 J2-24

(2)取 BCD 为研究对象，受力分析如图 J2-24b。图中 $\boldsymbol{F}_C$ 的方向由 CE 为二力杆所确定；$\boldsymbol{F}_B$ 与 $\boldsymbol{F}_A$ 的大小、方向和作用线完全相同，这是因 AB 为二力杆，也就是

$$F_B = F_A = 2(3-2\sqrt{3})\ \text{kN} = -0.928\ \text{kN}$$

对图 J2-24b 列平衡方程

$$\begin{cases} \sum M_D = 0:\quad -F_B\sin 30° \times 2 + 4\ \text{kN} \times 1.5 - F_C\sin 75° \times 1 = 0 \\ \sum F_x = 0:\quad F_B\cos 30° - F_C\cos 75° + F_{Dx} = 0 \\ \sum F_y = 0:\quad F_B\sin 30° - 4\ \text{kN} + F_C\sin 75° + F_{Dy} = 0 \end{cases}$$

解得

$$F_C = 4\sqrt{6}(\sqrt{3}-1)\ \text{kN} = 7.17\ \text{kN}$$

$$F_{Dx} = \sqrt{3}(5-2\sqrt{3})\ \text{kN} = 2.66\ \text{kN}$$

$$F_{Dy} = (1-2\sqrt{3})\ \text{kN} = -2.46\ \text{kN}$$

2-25　见例题 2-7。

2-26　如图 T2-26 所示，轧碎机的活动腭板 AB 长 600 mm。设机构工作时石块施于板的垂直力 F = 1 000 N。又 $BC = CD = 600$ mm，$OE = 100$ mm。不计各杆重力，试根据平衡条件计算在图示位置时电动机作用力偶矩 M 的大小。

解：(1)取 AB 为研究对象，受力分析如图 J2-26a。图中 $\boldsymbol{F}_{CB}$ 方向由二力杆的性质确定。对 A 的矩平衡方程为

$$\sum M_A = 0: \quad F \times 400 - F_{CB} \times 600 = 0$$

解得 $F_{CB} = 2F/3$。

(2)取节点 C 为研究对象，受力分析如图 J2-26b。图中：$\boldsymbol{F}_{BC}$ 和 $\boldsymbol{F}_{DC}$ 的方向确定利用了 BD 和 DC 均为二力杆的特性；$F_{BC} = F_{CB}$。沿 η 方向（CD 的垂直方向）的平衡方程为

$$\sum F_\eta = 0: \quad F_{EC}\cos(30° + \theta) - F_{BC}\cos30° = 0$$

解得 $F_{EC} = F_{BC}\cos30°/\cos(30°+\theta) = 2F\cos30°/[3\cos(30°+\theta)]$，其中 $\theta = \arctan(OE/OC) = \arctan(1/11)$。

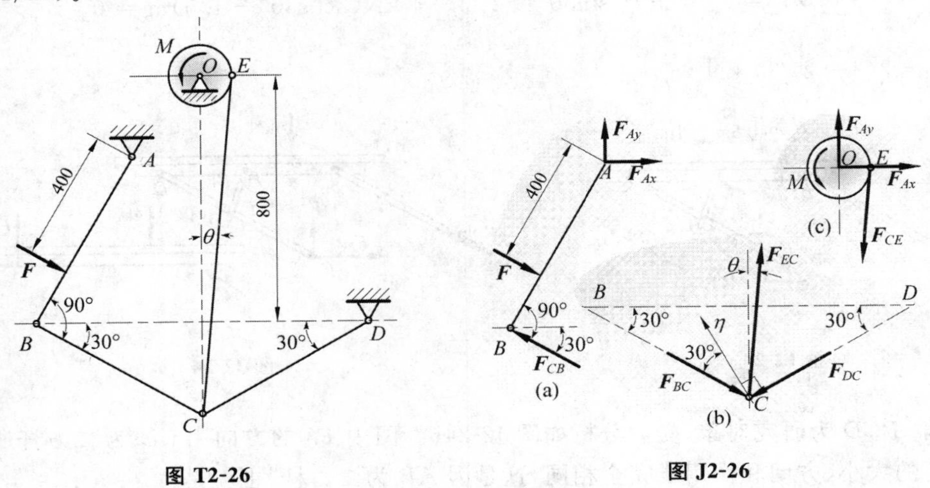

图 T2-26　　　　图 J2-26

(3)取轮 O 为研究对象，受力分析如图 J2-26c。图中 $\boldsymbol{F}_{CE}$ 的方向由二力杆性质判定；$F_{CE} = F_{EC}$。对 O 的矩平衡方程为

$$\sum M_O = 0: \quad M - F_{CE}\cos\theta \times OE = 0$$

解得

$$\begin{aligned} M &= F_{CE}\cos\theta \times OE = 2F\cos30°\cos\theta/[3\cos(30°+\theta)] \times 0.1\ \text{m} \\ &= 11000(33+\sqrt{3})/543\ \text{N·m} = 70.36\ \text{N·m} \end{aligned}$$

2-27　如图 T2-27 所示传动机构，皮带轮Ⅰ、Ⅱ的半径 $r_1 = r_2$，鼓轮半径为 r，物体 A 重量为 P，两轮的重心均位于转轴上。求匀速提升物 A 时在Ⅰ轮上所需施加的力偶矩 M 的大小。

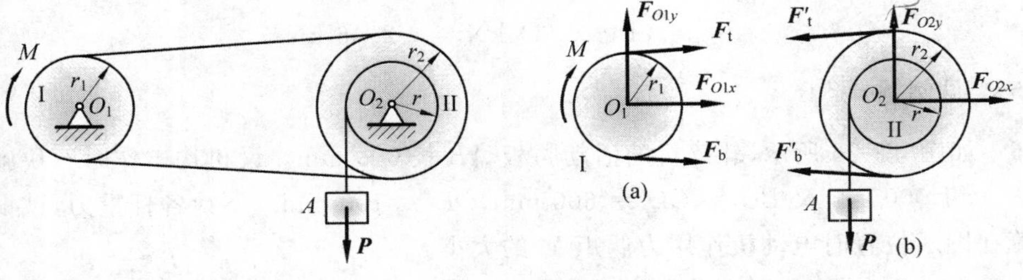

图 T2-27　　　　图 J2-27

解：(1)取轮 O_1 为研究对象，受力分析如图 J2-27a。对 O_1 的矩平衡方程为

$$\sum M_{O1} = 0: \quad F_b r_1 - F_t r_1 - M = 0 \tag{a}$$

(2)取轮 O_2 为研究对象，受力分析如图 J2-27b。图中：$\boldsymbol{F}'_t$ 是柔索的拉力，它的大小等于柔索另一端拉力，而后者的反作用力为 $\boldsymbol{F}_t$，所以 $F'_t = F_t$；同样有 $F'_b = F_b$。对图 J2-27b 的 O_2 矩平衡方程为

$$\sum M_{O2} = 0: \quad F'_t r_2 - F'_b r_2 + Pr = 0 \tag{b}$$

由式(a)和式(b)联合可得

$$Mr_2 = Prr_1$$

2-28　图 T2-28 所示为一种闸门启闭设备的传动系统。已知各齿轮的半径分别为 r_1、r_2、r_3、r_4，鼓轮的半径为 r，闸门重量为 P，齿轮的压力角为 θ，不计各齿轮的自重，求最小的启门力偶矩 M 及轴 O_3 的约束力。

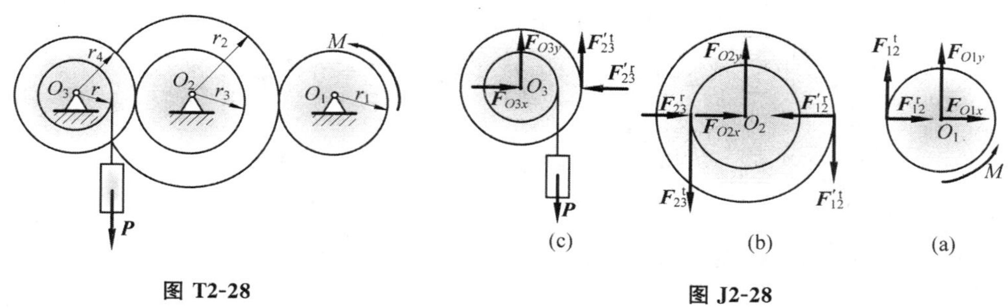

图 T2-28　　　　图 J2-28

解：(1)取 O_1 为研究对象，受力分析如图 J2-28a。列平衡方程

$$\sum M_{O1} = 0: \quad M - F^t_{12} r_1 = 0$$

得到 $F^t_{12} = M/r_1$。

(2)取 O_2 为研究对象，受力分析如图 J2-28b，图中 $F'^t_{12} = F^t_{12}$；$F'^r_{12} = F^r_{12}$。列平衡方程

$$\sum M_{O2} = 0: \quad F^t_{23} r_3 - F'^t_{12} r_2 = 0$$

得到 $F^t_{23} = F'^t_{12} r_2 / r_3 = F^t_{12} r_2 / r_3 = Mr_2/(r_1 r_3)$。

(3)取 O_3 轮为研究对象，受力分析如图 J2-28c，$F'^t_{23} = F^t_{23}$；$F'^r_{23} = F^r_{23}$。列平衡方程组

$$\begin{cases} \sum M_{O3} = 0: & -Pr + F'^t_{23} r_4 = 0 \\ \sum F_x = 0: & F_{O3x} - F'^r_{23} = 0 \\ \sum F_y = 0: & F_{O3y} + F'^t_{23} - P = 0 \end{cases}$$

再补充压力角条件 $F'^r_{23}/F'^t_{23} = \tan\theta$，解得

$$P = F'^t_{23} r_4 / r = F^t_{23} r_4 / r = Mr_2 r_4/(r_1 r_3 r) \Rightarrow M = (r_1 r_3 r P)/(r_2 r_4)$$

$$F_{O3y} = P(1 - r/r_4); \quad F_{O3x} = Pr\tan\theta / r_4$$

2-29 如图 T2-29 所示，三铰拱由两半拱和三个铰链 A、B、C 构成，已知每半拱重为 $P=300\ \text{kN}$，$l=32\text{m}$，$h=10\text{m}$。求支座 A 和 B 的约束力。

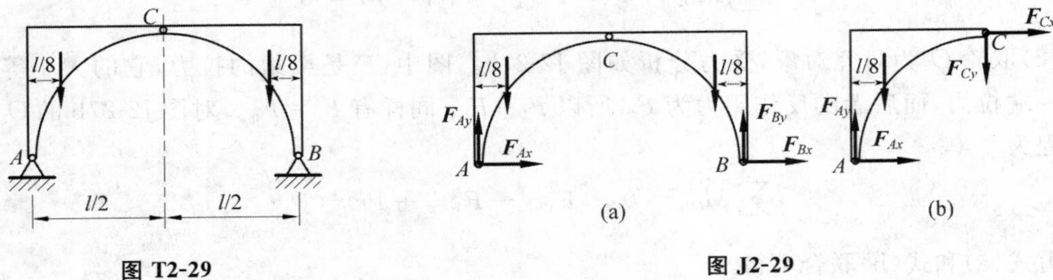

图 T2-29　　　　图 J2-29

解：(1)本题先取整体为研究对象，因为支座 A 和 B 连线沿水平方向，从整体可以求出部分未知数，尽管整体有四个未知数。受力分析如图 J2-29a，列平衡方程

$$\begin{cases}\sum M_A=0: & F_{By}l-P\times l/8-P\times 7l/8=0\\ \sum F_x=0: & F_{Bx}+F_{Ax}=0\\ \sum F_y=0: & F_{Ay}+F_{By}-P-P=0\end{cases}$$

得到

$$F_{By}=P=300\ \text{kN};\quad F_{Ay}=P=300\ \text{kN}$$

$$F_{Bx}+F_{Ax}=0 \tag{a}$$

(2)取 AC 为研究对象，受力分析如图 J2-29b。C 点矩平衡方程为

$$\sum M_C=0:\quad P(l/2-l/8)+F_{Ax}h-F_{Ay}l/2=0$$

解得

$$F_{Ax}=Pl/(8h)=120\ \text{kN}$$

将上述结果代入式(a)得到

$$F_{Bx}=-F_{Ax}=-120\ \text{kN}$$

2-30 构架由杆 AB、AC 和 DF 铰接而成，如图 T2-30 所示，在杆 DEF 上作用一力偶矩为 M 的力偶。各杆重量不计，求杆 AB 上铰链 A、D 和 B 受力。

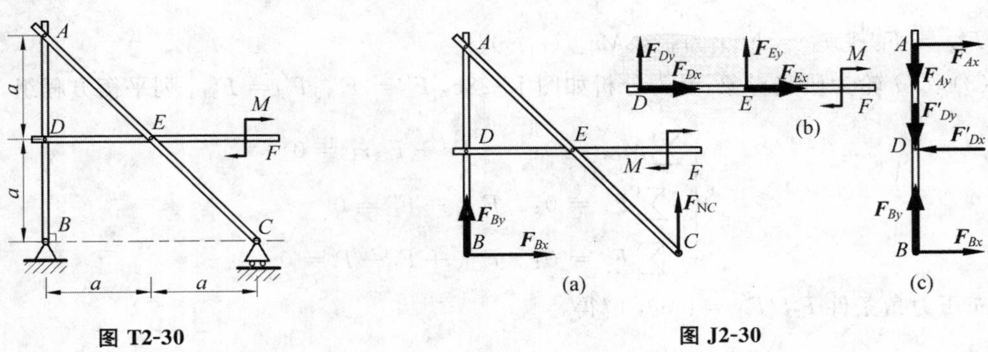

图 T2-30　　　　图 J2-30

解：(1)本题先取整体为研究对象，因为整体只有三个未知数，可以用一幅受力图就能求

出。受力分析如图 J2-30a,列平衡方程

$$\begin{cases} \sum F_x = 0: & F_{Bx} = 0 \\ \sum M_C = 0: & -F_{By} \times 2a - M = 0 \end{cases}$$

解得

$$F_{Bx} = 0; \quad F_{By} = -M/(2a)$$

(2)取 DEF 为研究对象,受力分析如图 J2-30b。E 点矩平衡方程为

$$\sum M_E = 0: \quad -F_{Dy}a - M = 0$$

解得

$$F_{Dy} = -M/a$$

(3)取 ADB 为研究对象,受力分析如图 J2-30c。列平衡方程组

$$\begin{cases} \sum M_A = 0: & -F'_{Dx}a + F_{Bx}2a = 0 \\ \sum F_x = 0: & F_{Ax} + F_{Bx} - F'_{Dx} = 0 \\ \sum F_y = 0: & F_{By} - F_{Ay} - F'_{Dy} = 0 \end{cases}$$

解得

$$F'_{Dx} = 0; \quad F_{Ax} = 0; \quad F_{Ay} = M/(2a)$$

2-31　见例题 2-8。

2-32　图 T2-32 所示构架中,物体重 $P=1200$ N,由细绳跨过滑轮 E 而水平系于墙上,尺寸如图。不计杆和滑轮的重量,求支承 A 和 B 的约束力,以及杆 BC 的内力 $\boldsymbol{F}_{BC}$。

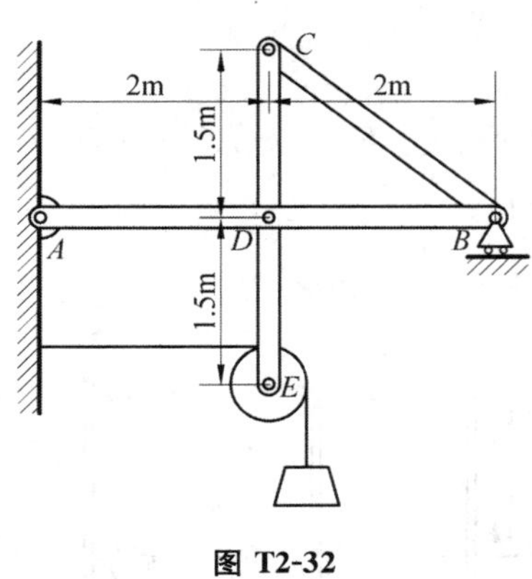

图 T2-32

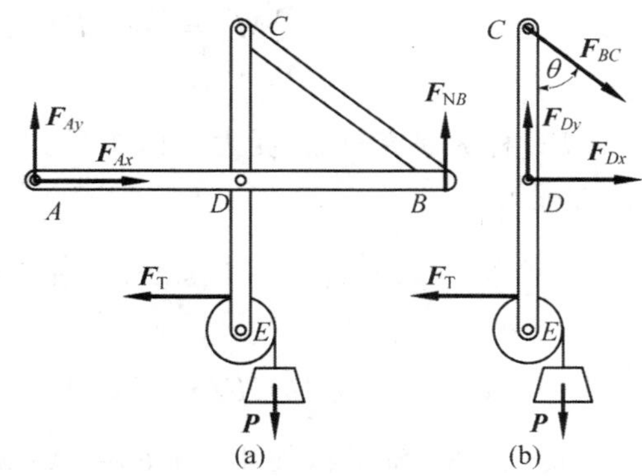

图 J2-32

解:(1)先取整体为研究对象,因为整体只有三个未知数,容易解出。受力分析如图 J2-32a,图中 $\boldsymbol{F}_T$的大小按滑轮的性质确定,即 $F_T=P=1200$ N。列平衡方程

$$\begin{cases} \sum F_x = 0: & F_{Ax} - F_T = 0 \\ \sum M_A = 0: & F_{NB} \times 4\text{m} - P(2\text{m} + r) - F_T(1.5\text{m} - r) = 0 \\ \sum F_y = 0: & F_{NB} + F_{Ay} - P = 0 \end{cases}$$

解得

$$F_{Ax} = 1200\ \mathrm{N};\quad F_{NB} = 1050\ \mathrm{N};\quad F_{Ay} = 150\ \mathrm{N}$$

(2)取 CDE-滑轮 E-重物一起为研究对象，受力分析如图 J2-32b。D 点矩平衡方程为

$$\sum M_D = 0:\quad -F_{BC}\sin\theta \times 1.5\mathrm{m} - Pr - F_{\mathrm{T}}(1.5\mathrm{m} - r) = 0$$

解得

$$F_{BC} = -P/\sin\theta = -1500\ \mathrm{N}$$

2-33 图 T2-33 所示两等长杆 AB 与 BC 在点 B 用铰链连接，又在杆的 D、E 两点连一弹簧。弹簧的刚度系数为 k，当距离 AC 等于 a 时，弹簧内拉力为零。点 C 作用一水平力 F。设 $AB = l, BD = b$。不计杆重，求系统平衡时距离 AC 之值。

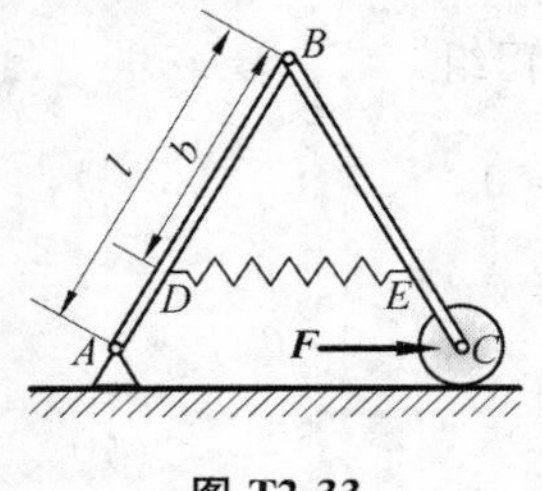

图 T2-33

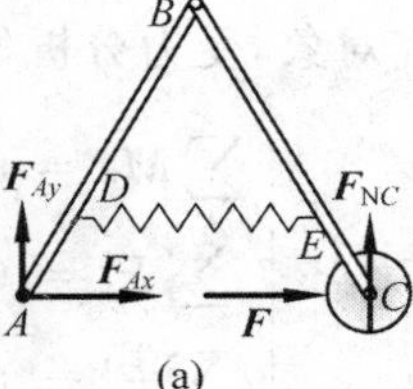

图 J2-33

解:由几何关系可确定弹簧的原长为

$$l_0 = a \times b/l$$

(1)先取整体为研究对象，受力分析如图 J2-33a。对点 A 写矩平衡方程

$$\sum M_A = 0:\quad F \times 0 + F_{NC} \times AC = 0$$

得到 $F_{NC} = 0$。

(2)取 BC 杆为研究对象，受力分析如图 J2-33b，其中弹簧力 $F_k = k(AC \times b/l - l_0)$。对 B 点矩平衡方程为

$$\sum M_B = 0:\quad -F_k\sin\theta \times b + F\sin\theta \times l + F_{NC} \times (2l\cos\theta) = 0$$

解得

$$AC = a + (l/b)^2 F/k$$

2-34 图 T2-34 所示构架中，力 $F = 40$ kN。各尺寸如图，不计各杆重力。求铰链 A、B、C 处受力。

解:(1)先取 DEF 为研究对象，因为它的受力相对简单。受力分析如图 J2-34a，图中 $\boldsymbol{F}_{CD}$ 和 $\boldsymbol{F}_{BE}$ 方向确定利用了 CD 和 EB 为二力杆的特性。对图 J2-34a 的 F 点矩平衡方程为

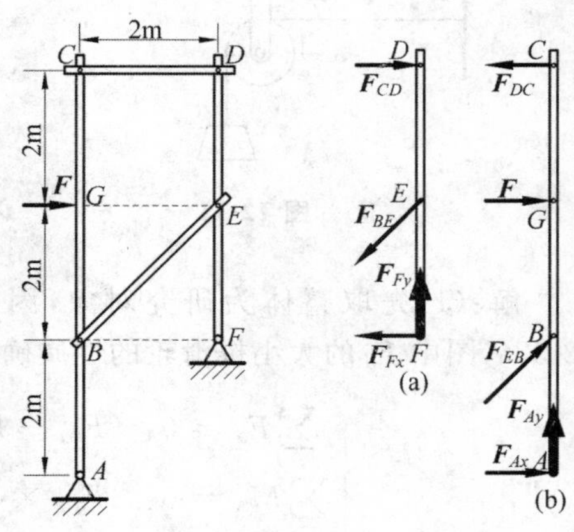

图 T2-34　　图 J2-34

$$\sum M_F = 0: \quad -F_{CD} \times DF + F_{BE}\cos45^\circ \times FE = 0 \tag{a}$$

(2)取 ABC 为研究对象，受力分析如图 J2-34b，图中 $F_{DC}=F_{CD}$ 和 $F_{EB}=F_{BE}$。对 A 点矩平衡方程为

$$\sum M_A = 0: \quad F_{DC} \times AC - F \times AG + F_{EB}\cos45^\circ \times AG = 0 \tag{b}$$

式(a)和式(b)联合解得

$$F_{BE} = F_{EB} = 160\sqrt{2}\ \text{kN}; \quad F_{CD} = F_{DC} = 80\ \text{kN}$$

再对图 J2-34a 写投影方程

$$\begin{cases} \sum F_x = 0: \quad F_{Ax} + F_{EB}\cos45^\circ + F - F_{CD} = 0 \\ \sum F_y = 0: \quad F_{Ay} + F_{EB}\sin45^\circ = 0 \end{cases}$$

解得

$$F_{Ax} = -120\ \text{kN}; \quad F_{Ay} = -160\ \text{kN}$$

2-35　在图 T2-35 所示构架中，A、C、D、E 处为铰链连接，杆 BD 上的销钉 B 置于杆 AC 的光滑槽内，力 $F=200$ N，力偶矩 $M=100$ N·m，不计各构件重量，各尺寸如图，求 A、B、C 处受力。

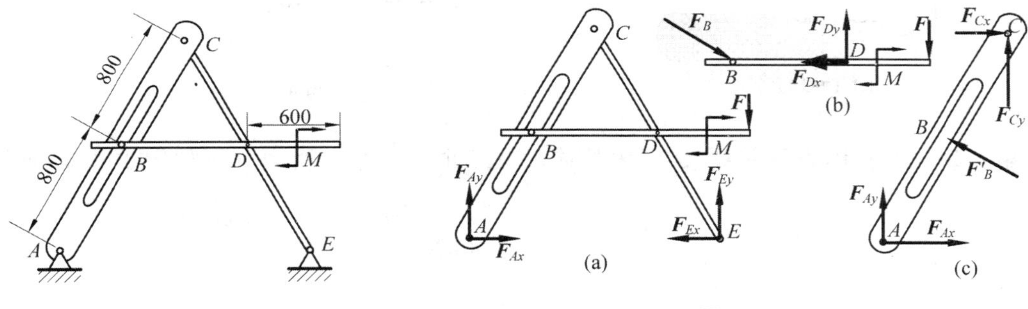

图 T2-35　　　　**图 J2-35**

解：(1)先取整体为研究对象，因为支座 A 和 E 连线沿水平方向，从整体可以求出部分未知数。受力分析如图 J2-35a，对 E 点的矩平衡方程

$$\sum M_E = 0: \quad -F_{Ay} \times AE - M - F(0.6\text{m} - DE\cos60^\circ) = 0$$

解得

$$F_{Ay} = -87.5\ \text{N}$$

(2)取 BD 为研究对象，受力分析如图 J2-35b，图中的 $\boldsymbol{F}_B$ 方向按照滑道约束特性确定。对 D 点的矩平衡方程

$$\sum M_D = 0: \quad F_B\sin30^\circ \times BD - M - F \times 0.6\ \text{m} = 0$$

解得

$$F_B = 550\ \text{N}$$

(3)取 ABC 为研究对象,受力分析如图 J2-35c,图中 $F'_B=F_B$。列平衡方程

$$\begin{cases}\sum M_C = 0:\quad F_{Ax}\times(AC\cos30°)-F_{Ay}\times(AC\sin30°)-F'_B\times CB=0\\ \sum F_x=0:\quad F_{Ax}-F'_B\cos30°+F_{Cx}=0\\ \sum F_y=0:\quad F_{Ay}+F'_B\sin30°+F_{Cy}=0\end{cases}$$

解得

$$F_{Ax}=925\sqrt{3}/6\ \text{N}=267\ \text{N};\quad F_{Cx}=725\sqrt{3}/6\ \text{N}=209\ \text{N};$$
$$F_{Cy}=-375/2\ \text{N}=-187.5\ \text{N}$$

2-36 如图 T2-36 所示,用三根杆连接成一构架,各连接点均为铰链,B 处的接触表面光滑,不计各杆的重量。图中尺寸单位为 m。求铰链 D 处受力。

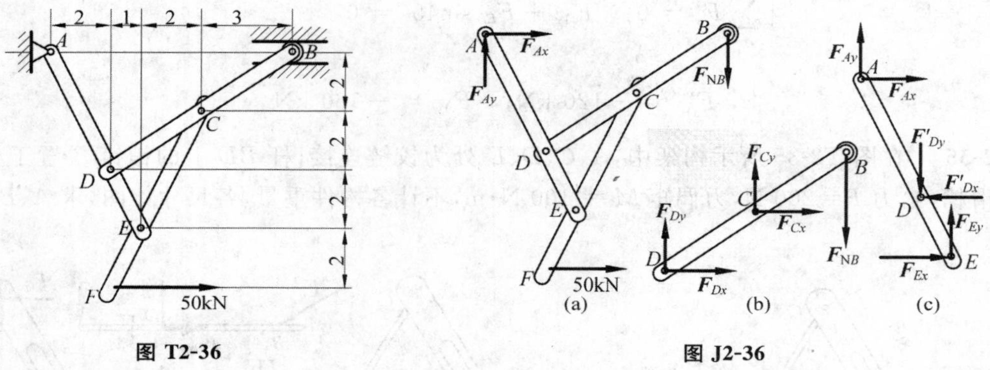

图 T2-36　　　　图 J2-36

解:(1)先取整体为研究对象,因为整体只有三个未知数。受力分析如图 J2-36a,列平衡方程

$$\begin{cases}\sum F_x=0:\quad F_{Ax}+50\text{kN}=0\\ \sum M_A=0:\quad -F_{NB}\times8+50\times8=0\\ \sum F_y=0:\quad -F_{NB}+F_{Ay}=0\end{cases}$$

解得:$F_{Ax}=-50\ \text{kN};\quad F_{NB}=50\ \text{kN};\quad F_{Ay}=50\ \text{kN}$。

(2)取 DCB 为研究对象,受力分析如图 J2-36b。C 点矩平衡方程为

$$\sum M_C=0:\quad F_{Dx}\times2-F_{Dy}\times3-F_{NB}\times3=0 \tag{a}$$

(3)取 ADE 为研究对象,受力分析如图 J2-36c,图中 $F'_{Dx}=F_{Dx}$;$F'_{Dy}=F_{Dy}$。E 点矩平衡方程为

$$\sum M_E=0:\quad F'_{Dx}\times2+F'_{Dy}\times1-F_{Ay}\times3-F_{Ax}\times6=0 \tag{b}$$

联合式(a)和式(b)解得

$$F_{Dx}=-37.5\ \text{kN};\quad F_{Dy}=-75\ \text{kN}$$

2-37 图 T2-37 所示结构由直角弯杆 DAB 与直杆 BC,CD 铰链而成,并在 A 处与 B 处

用固定铰支座和可动铰支座固定。杆 DC 受均布载荷 q 的作用，杆 BC 受矩为 $M = qa^2$ 的力偶作用。不计各构件的自重。求铰链 D 受力。

解法一

(1)先取 BC 为研究对象，因为它的受力相对简单。受力分析如图 J2-37a。对 B 点的矩平衡方程为

$$\sum M_B = 0: \quad -F_{Cx} \times a - M = 0$$

解得 $F_{Cx} = -M/a$。

(2)取 CD 为研究对象，受力分析如图 J2-37b，图中 $F'_{Cx} = F_{Cx}$ 和 $F'_{Cy} = F_{Cy}$。列平衡方程

$$\begin{cases} \sum F_x = 0: \quad F_{Dx} - F'_{Cx} = 0 \\ \sum M_C = 0: \quad -F_{Dy} \times a + qa \times a/2 = 0 \end{cases}$$

解得

$$F_{Dx} = -qa; \quad F_{Dy} = qa/2$$

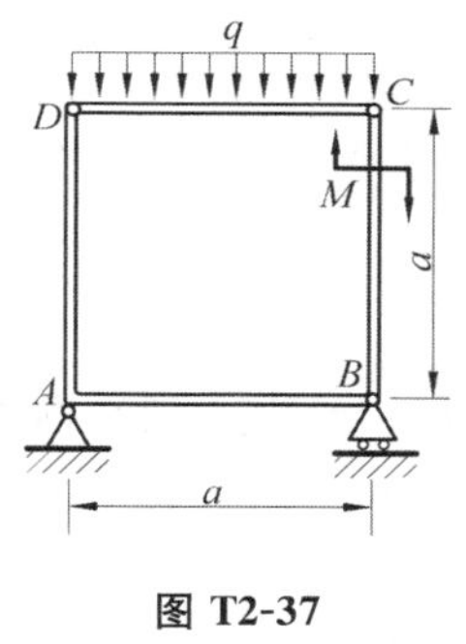

图 T2-37

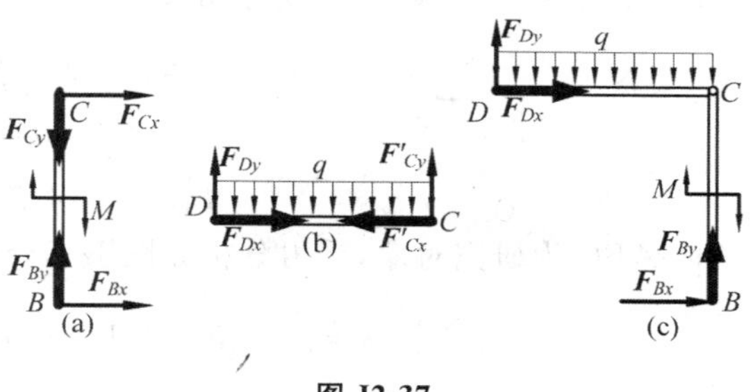

图 J2-37

解法二

(1)取 BC 为研究对象，受力分析如图 J2-37a。列平衡方程

$$\sum M_C = 0: \quad F_{Bx}a - M = 0$$

解得 $F_{Bx} = M/a$。

(2)取 DC 和 CB 的构件组合为研究对象，受力分析如图 T2-37c 所示。列平衡方程

$$\sum M_C(F_i) = 0: \quad F_{Bx}a - M + qa \times a/2 - F_{Dy}a = 0$$

$$\sum M_B(F_i) = 0: \quad -M + qa \times a/2 - F_{Dx}a - F_{Dy}a = 0$$

解得

$$F_{Dy} = aq/2, \quad F_{Dx} = -aq$$

2-38　在图 T2-38 所示构架中，各杆单位长度的重量为 300 N/m，载荷 $P = 1000$ N，A 处为固定端，B、C、D 处为铰链。求固定端 A 处及铰链 B、C 处的约束力。

解：(1)先取整体为研究对象，因为整体只有三个未知数。受力分析如图 J2-38a，列平衡方程

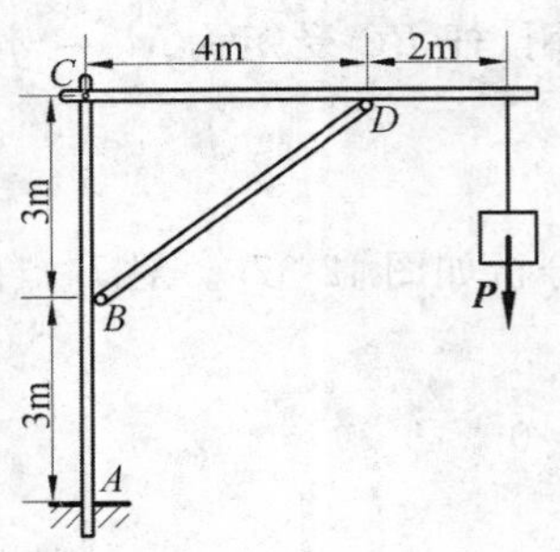

图 T2-38

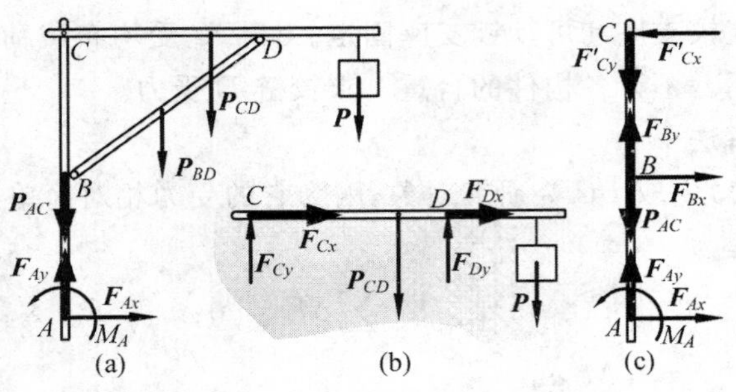

图 J2-38

$$\begin{cases} \sum F_x = 0: & F_{Ax} + 0 = 0 \\ \sum F_y = 0: & F_{Ay} - P - P_{AC} - P_{BD} - P_{CD} = 0 \\ \sum M_A = 0: & M_A - (P \times 6 + P_{BD} \times 2 + P_{CD} \times 3) \times \mathrm{m} = 0 \end{cases}$$

解得：$F_{Ax} = 0$； $F_{Ay} = 15.1\ \mathrm{kN}$； $M_A = 68.4\ \mathrm{kN \cdot m}$。

(2)取 CD 为研究对象，受力分析如图 J2-38b。D 点矩平衡方程为

$$\sum M_D = 0: \quad -F_{Cy} \times 4 + P_{CD} \times 1 - P \times 2 = 0$$

解得

$$F_{Cy} = -4.55\ \mathrm{kN}$$

(3)取 ABC 为研究对象，受力分析如图 J2-38c，图中 $F'_{Cx} = F_{Cx}$；$F'_{Cy} = F_{Cy}$。列平衡方程

$$\begin{cases} \sum F_y = 0: & F_{Ay} + F_{By} - F'_{Cy} - P_{AC} = 0 \\ \sum M_A = 0: & M_A - (F_{Bx} \times 3 + F'_{Cx} \times 6) \times \mathrm{m} = 0 \\ \sum F_x = 0: & F_{Ax} + F_{Bx} - F'_{Cx} = 0 \end{cases}$$

解得

$$F_{By} = -17.85\ \mathrm{kN}; \quad F_{Bx} = -22.8\ \mathrm{kN}; \quad F_{Cx} = -22.8\ \mathrm{kN}$$

2-39 图 T2-39 所示结构位于竖直面内，由杆 AB、CD 及斜 T 形杆 BCE 组成，不计各杆的自重。已知载荷 $\boldsymbol{F}_1$、$\boldsymbol{F}_2$ 和尺寸 a，且 $M = F_1 a$，$\boldsymbol{F}_2$ 作用于销钉 B 上。求：(1)固定端 A 处的约束力；(2)销钉 B 对杆 AB 及 T 形杆的作用力。

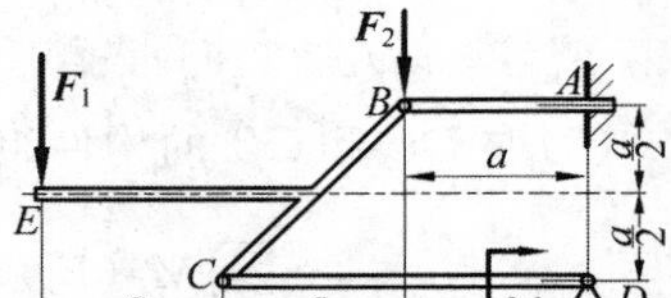

图 T2-39

解：(1)先取 CD 为研究对象，因为它的受力相对简单。受力分析如图 J2-39a。对 D 点矩平衡方程为

$$\sum M_D = 0: \quad F_{Cy} \times 2a - M = 0$$

解得 $F_{Cy} = M/(2a) = F_1/2$。

(2)取 T 形杆 BCE 为研究对象，受力分析如图 J2-39b，图中 $F'_{Cx} = F_{Cx}$ 和 $F'_{Cy} = F_{Cy}$。列平衡方程

$$\begin{cases} \sum F_y = 0: & F_{By} + F_{Cy} - F_1 = 0 \\ \sum M_C = 0: & F_{By} \times a + F_1 \times a - F_{Bx} \times a = 0 \end{cases}$$

解得

$$F_{By} = F_1/2; \quad F_{Bx} = 3F_1/2$$

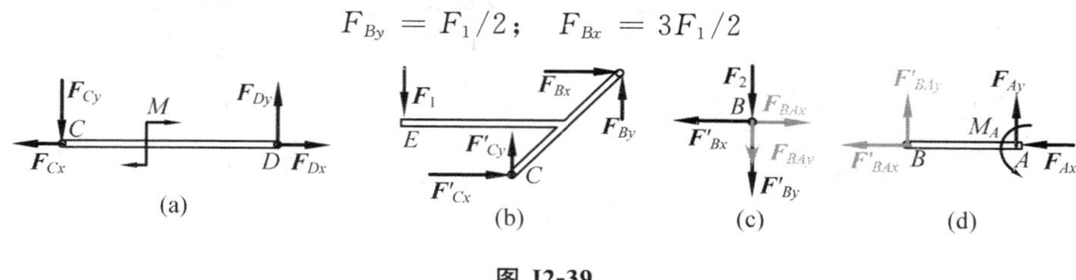

图 J2-39

(3)取销钉 B 为研究对象,受力分析如图 J2-39c,图中 $F'_{Bx}=F_{Bx}$ 和 $F'_{By}=F_{By}$。列平衡方程

$$\begin{cases} \sum F_y = 0: & -F'_{By} - F_{BAy} - F_2 = 0 \\ \sum F_x = 0: & -F'_{Bx} + F_{BAx} = 0 \end{cases}$$

解得

$$F_{BAy} = -F_2 - F'_{By} = -F_1/2 - F_2; \quad F_{BAx} = F'_{Bx} = 3F_1/2$$

(4)取悬臂梁 AB 为研究对象,受力分析如图 J2-39d,图中 $F'_{BAx}=F_{BAx}$ 和 $F'_{BAy}=F_{BAy}$。列平衡方程

$$\begin{cases} \sum F_x = 0: & -F'_{BAx} - F_{Ax} = 0 \\ \sum F_y = 0: & F'_{BAy} + F_{Ay} = 0 \\ \sum M_A = 0: & M_A - F'_{BAy} \times a = 0 \end{cases}$$

解得

$$F_{Ax} = F'_{BAx} = -3F_1/2; \quad F_{Ay} = -F'_{BAy} = F_1/2 + F_2;$$
$$M_A = F'_{BAy}a = -a(F_1/2 + F_2)$$

2-40　见例题 2-9。

2-41　由直角曲杆 ABC、DE,直杆 CD 及滑轮组成的结构如图 T2-41 所示,杆 AB 上作用有水平均布载荷 q。不计各构件的重量,在 D 处作用一竖直力 $\boldsymbol{F}$,在滑轮上悬吊一重为 $\boldsymbol{P}$ 的重物,滑轮的半径 $r = a$,且 $P = 2F$,$CO = OD$。求支座 E 及固定端 A 的约束力。

解:(1)取 CD 杆连同滑轮一起作为研究对象,受力分析如图 J2-41a。图中 $\boldsymbol{F}_{ED}$ 方向由 DE 为二力杆的特性确定;由滑轮的性质得到 $F_T=P=2F$。列平衡方程

$$\begin{cases} \sum M_C = 0: & F_{ED}3a\sqrt{2} + F_T a - 3aF - P \times 5a/2 = 0 \\ \sum F_x = 0: & F_{Cx} - F_T\sqrt{2}/2 - F_{ED}\sqrt{2}/2 = 0 \\ \sum F_y = 0: & F_{Cy} - F_T\sqrt{2}/2 + F_{ED}\sqrt{2}/2 - F - P = 0 \end{cases}$$

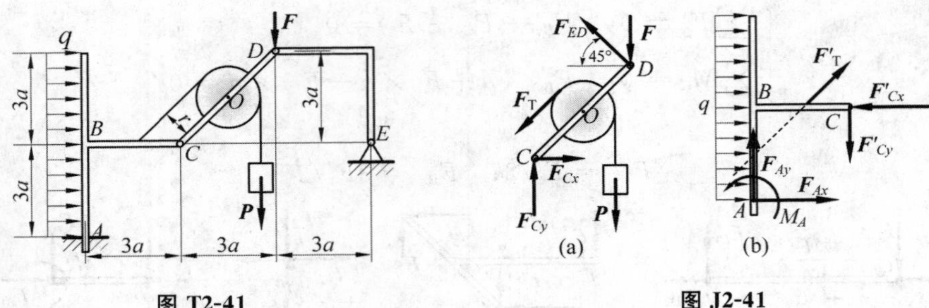

图 T2-41　　　　图 J2-41

解得

$$F_{ED}=\sqrt{2}F;\quad F_{Cx}=(\sqrt{2}+1)F;\quad F_{Cy}=(\sqrt{2}+2)F$$

(2)取 ABC 为研究对象,受力分析如图 J2-41b,图中 $F'_{Cx}=F_{Cx}$,$F'_{Cy}=F_{Cy}$ 和 $F'_T=F_T$。列平衡方程

$$\begin{cases}\sum F_x=0:\quad F_{Ax}+6qa+F'_T\sqrt{2}/2-F'_{Cx}=0\\ \sum F_y=0:\quad F_{Ay}+F'_T\sqrt{2}/2-F'_{Cy}=0\\ \sum M_A=0:\quad M_A-6qa\times 3a+F'_{Cx}\times 3a-F'_{Cy}\times 3a-F'_T r=0\end{cases}$$

解得

$$F_{Ax}=F-6aq;\quad F_{Ay}=2F;\quad M_A=5Fa+18qa^2$$

2-42　构架尺寸如图 2-42 所示(尺寸单位为 m),不计各杆的自重,载荷 $F=60$ kN。求铰链 A、E 的约束力和杆 BD、BC 的内力。

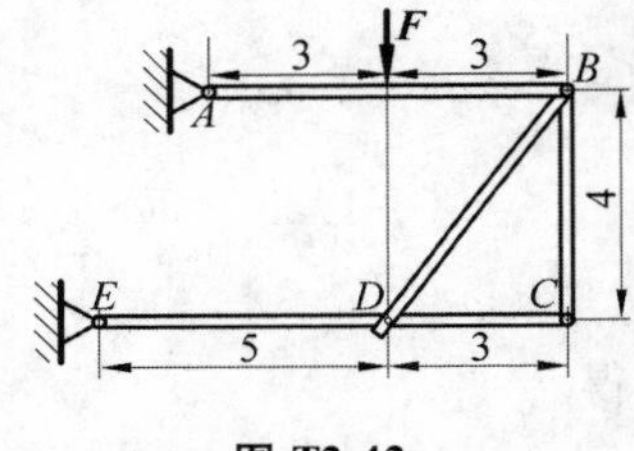

图 T2-42

解:(1)取 AB 杆为研究对象,受力分析如图 J2-42a。图中:$\boldsymbol{F}_{DB}$ 和 $\boldsymbol{F}_{CB}$ 方向由 BD 和 CB 为二力杆的特性确定。

对 B 点矩平衡方程为

$$\sum M_B=0:\quad -F_{Ay}\times 6+F\times 3=0$$

解得 $F_{Ay}=F/2=30$ kN。

两个投影平衡方程分别为

$$\sum F_x=0:\quad F_{Ax}+F_{DB}\cos\theta=0 \tag{a}$$

$$\sum F_y=0:\quad F_{Ay}+F_{CB}+F_{DB}\sin\theta-F=0 \tag{b}$$

式中:$\cos\theta=3/5$;$\sin\theta=4/5$。

(2)取 EDC 为研究对象,受力分析如图 J2-42b,图中:$F_{BD}=F_{DB}$,$F_{BC}=F_{CB}$ 为二力杆两端反作用力的大小。对 E 点矩平衡方程为

$$\sum M_E=0:\quad -F_{BD}\sin\theta\times 5-F_{BC}\times 8=0 \tag{c}$$

式(b)和式(c)联合解得

$$F_{CB}=-50\ \text{kN};\quad F_{DB}=100\ \text{kN}$$

将 F_{DB} 代入式(a)得到

$$F_{Ax}=-60\ \text{kN}$$

由图 J2-42b 的两个投影平衡方程

$$\sum F_x=0:\quad F_{Ex}-F_{DB}\cos\theta=0$$

$$\sum F_y=0:\quad F_{Ey}-F_{BC}-F_{BD}\sin\theta=0$$

可解出

$$F_{Ex}=60\ \text{kN};\quad F_{Ey}=30\ \text{kN}$$

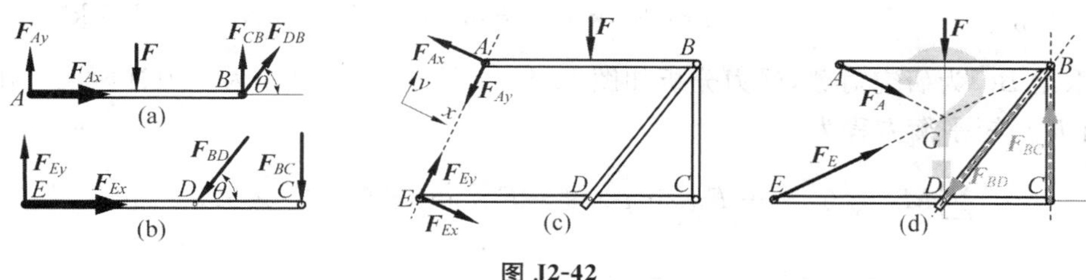

图 J2-42

讨论

(1)本题若要回避求解联立方程组也是可以的，做法如下。第一步，取整体受力图，按照图 J2-42c 那样的方式处理 A 和 E 处的铰约束反力。第二步，用 $\sum M_E=0$ 和 $\sum M_A=0$ 可分别直接得到 F_{Ex}、F_{Ax}。第三步，取 EDC 分析，对 $\boldsymbol{F}_{BD}$、$\boldsymbol{F}_{BC}$ 的交点 B 取矩平衡，可以得到 F_{Ey}。第四步，再用 EDC 的两个投影方程找到 F_{BD}、F_{BC}。第五步，再对整体受力图用 $\sum F_y=0$ 得到 F_{Ay}。尽管这么处理可回避解联立方程，但步骤烦琐，数字也麻烦。

(2)利用平衡的一些性质，本题可直接判断 A 和 E 处约束反力的方向，做法如下。考虑到 BD 和 CB 的二力杆特性，EDC 杆只受到三个力，且 BD 和 CB 两杆的拉力交于 B 点，所以 E 铰的约束力也过 B 点，如图 J2-42d 所示。回到整体，它也只受到三个力，其中两个交于 G 点，因此 A 铰的约束力 F_A 也通过 G 点。

(3)需要强调的是，图 J2-42d 不是受力图，因为图中的 $\boldsymbol{F}_{BD}$，$\boldsymbol{F}_{BC}$ 是内力。

2-43 构架尺寸如图 T2-43 所示(尺寸单位为 m)，不计各构件自重，载荷 $F_1=120$ kN，$F_2=75$ kN。求杆 AC 及 AD 所受的力。

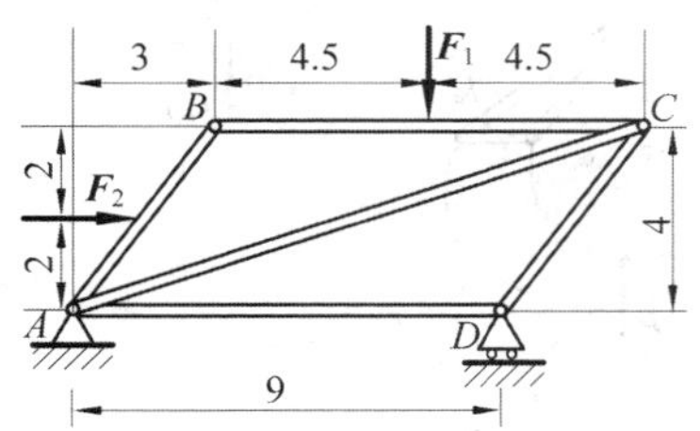

图 T2-43

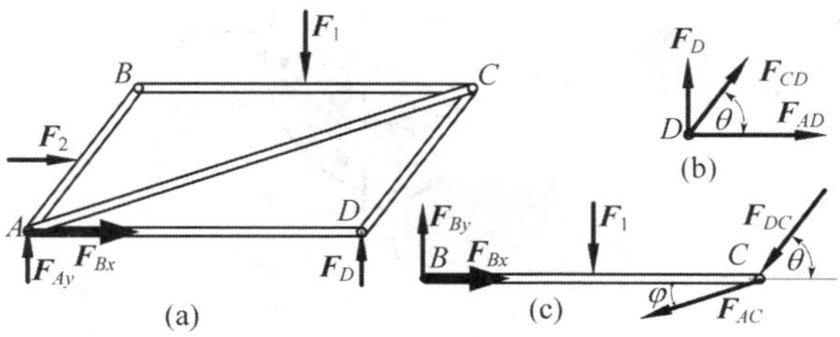

图 J2-43

解:(1)先取整体为研究对象,因为整体只有三个未知数。受力分析如图 J2-43a,列平衡方程

$$\sum M_A = 0: \quad F_D \times 9 - F_1 \times (3 + 4.5) - F_2 \times 2 = 0$$

解得 $F_D = 350/3\ \text{kN}$。

(2)取节点 D 为研究对象,受力分析如图 J2-43b,其中 $\boldsymbol{F}_{AD}$ 和 $\boldsymbol{F}_{CD}$ 的方向根据二力杆的特性确定。列平衡方程($\sin\theta = 4/5; \cos\theta = 3/5$)

$$\begin{cases} \sum F_y = 0: \quad F_D + F_{CD}\sin\theta = 0 \\ \sum F_x = 0: \quad F_{AD} + F_{CD}\cos\theta = 0 \end{cases}$$

解得

$$F_{CD} = -875/6\ \text{kN} = -145.83\ \text{kN}; \quad F_{AD} = -175/2\ \text{kN} = -87.5\ \text{kN}$$

(3)取梁 BC 为研究对象,受力分析如图 J2-43c。图中 $F_{DC} = F_{CD}$ 为二力杆两端反作用力的大小。对 B 点矩平衡方程为

$$\sum M_B = 0: \quad -F_{AC}\sin\varphi \times 9 - F_{DC}\sin\theta \times 9 - F_1 \times 4.5 = 0$$

其中 $\sin\varphi = 4/\sqrt{(3+9)^2 + 4^2} = 1/\sqrt{10}$。从上式解得

$$F_{AC} = 170\sqrt{10}/3\ \text{kN} = 179.20\ \text{kN}$$

2-44 图 T2-44 所示挖掘机计算简图中,挖斗载荷 $P = 12.25\ \text{kN}$,作用于 G 点,尺寸如图。不计各构件自重,求在图示位置平衡时杆 EF 和 AD 所受的力。

解:(1)取整体为研究对象,受力分析如图 J2-44a。图中:$\boldsymbol{F}_{AD}$ 的方向由 AD 为二力杆的特性确定。对 C 点矩平衡方程为

$$\sum M_C = 0: \quad F_{AD}\cos 40^\circ \times 0.25 - P(0.5 + 2\cos 10^\circ) = 0$$

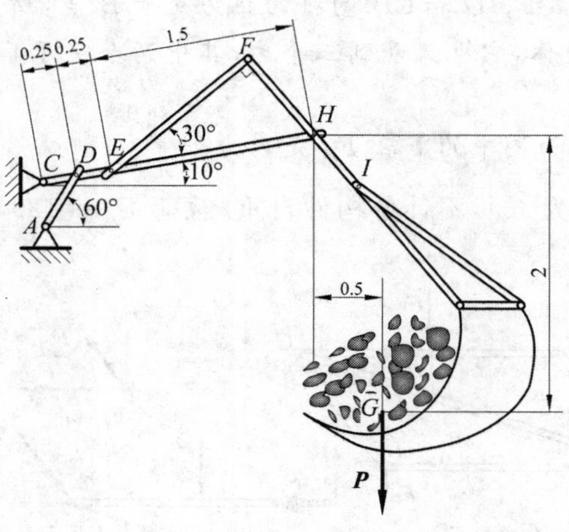

图 T2-44

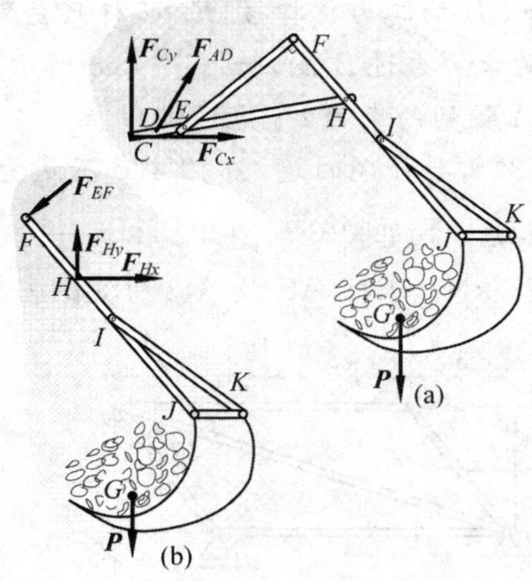

图 J2-44

解得

$$F_{AD}=158\ \mathrm{kN}$$

(2)取 $FHIJK$ 及挖斗为研究对象,受力分析如图 J2-44b,图中 $\boldsymbol{F}_{EF}$ 的方向由 EF 为二力杆的特性确定。对 H 点矩平衡方程为

$$\sum M_H=0:\quad P\times0.5-F_{EF}\times1.5\times\sin30^\circ=0$$

解得

$$F_{EF}=8.17\ \mathrm{kN}$$

2-45　图 T2-45 所示为一钳子,已知 $a=20\mathrm{mm}$, $b=50$ mm, $c=160\mathrm{mm}$, $d=50\mathrm{mm}$。求当钳柄上作用一对 500N 的力时,被钳物上所受的力。

解:(1)取 AFB 为研究对象,受力分析如图 J2-45a。图中:$\boldsymbol{F}_{EF}$ 的方向由 EF 为二力杆的特性确定。对 B 点矩平衡方程为

$$\sum M_B=0:\quad F_{EF}\times a-F\times c=0$$

解得 $F_{EF}=Fc/a$。

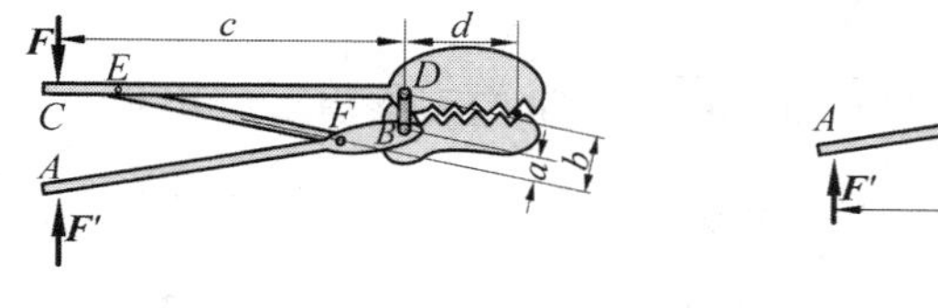

图 T2-45

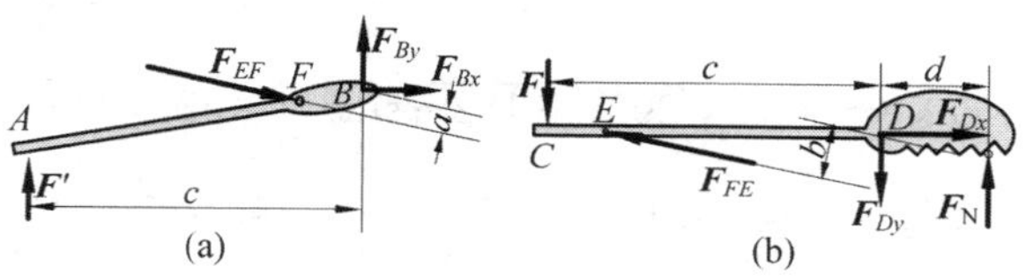

图 J2-45

(2)取 CED 为研究对象,受力分析如图 J2-45b,图中 $F_{FE}=F_{EF}$。对 D 点矩平衡方程为

$$\sum M_D=0:\quad F\times c-F_{EF}\times b+F_{\mathrm{N}}\times d=0$$

解得

$$F_{\mathrm{N}}=\frac{F_{EF}b-F\times c}{d}=\frac{Fc/a\times b-cF}{d}=F\frac{c(b-a)}{ad}=4000\ \mathrm{N}$$

讨论

尽管 DB 可以当作二力杆,但是 D 铰和 B 铰均为复合铰,所以也无法从分析 CED 来确定 D 铰的约束力方向,同样取 AFB 分析,B 铰约束力方向也不确定。

2-46　图 T2-46 所示结构由 AC、DF、BF、EC 四杆组成,其中 A、B、C、D、E 及 F 均为光滑铰链,各杆自重不计。求支座 D 的约束力及连杆 BF、EC 所受的力。

解:(1)先取整体为研究对象,因为支座 A 和 D 连线沿竖直线,从整体可以求出部分未知数,尽管整体有四个未知数。受力分析如图 J2-46a,列对 A 的矩平衡方程

$$\sum M_A=0:\quad F_{Dx}\times152-2\times406=0$$

解得

$$F_{Dx}=203/38\ \mathrm{kN}=5.342\ \mathrm{kN}$$

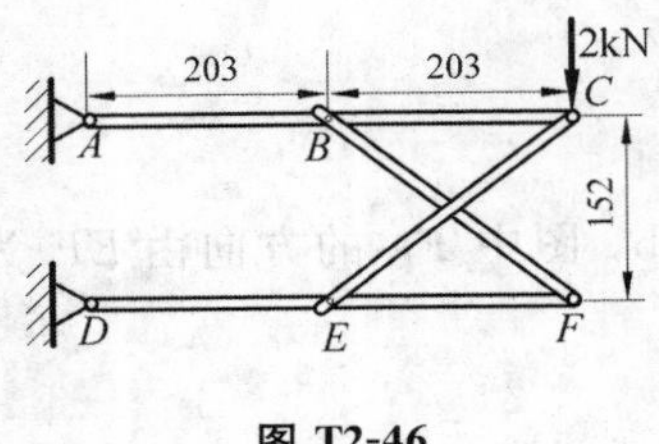

图 T2-46

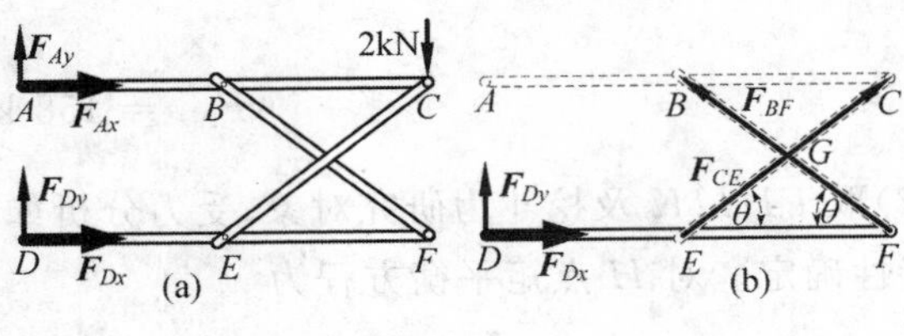

图 J2-46

(2)取 DEF 为研究对象，受力分析如图 J2-46b。图中：$\boldsymbol{F}_{BF}$ 和 $\boldsymbol{F}_{CE}$ 的方向确定利用了 BF 和 CE 为二力杆的特性。对 $\boldsymbol{F}_{BF}$ 和 $\boldsymbol{F}_{CE}$ 交点 G 的矩平衡方程为

$$\sum M_G = 0:\quad F_{Dx} \times 152/2 - F_{Dy} \times (203 + 203/2)$$

解得

$$F_{Dy} = 4/3\ \text{kN} = 1.333\ \text{kN}$$

两个投影平衡方程分别为

$$\begin{cases} \sum F_x = 0:\quad F_{Dx} + F_{CE}\cos\theta - F_{BF}\cos\theta = 0 \\ \sum F_y = 0:\quad F_{Dy} + F_{CE}\sin\theta + F_{BF}\sin\theta = 0 \end{cases}$$

式中：$\cos\theta = 203/\sqrt{203^2 + 152^2}$；$\sin\theta = 152/\sqrt{203^2 + 152^2}$。从上面方程组可解出

$$F_{CE} = -\sqrt{64313}/57\ \text{kN} = -4.449\ \text{kN};\quad F_{BF} = \sqrt{64313}/114\ \text{kN} = 2.225\ \text{kN}$$

2-47 平面构架的尺寸及支座如图 T2-47 所示，三角形分布载荷的最大集度 $q_0 = 2\ \text{kN/m}$，$M = 10\ \text{kN·m}$，$F = 2\ \text{kN}$，各杆自重不计。求铰支座 D 处的销钉对杆 CD 的作用力。

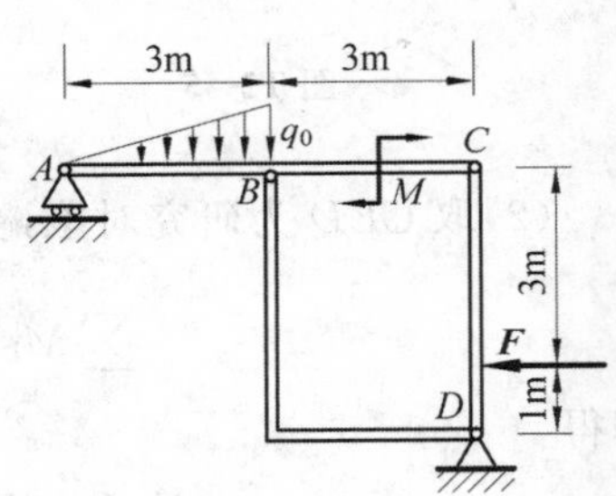

图 T2-47

解：(1)先取 CD 为研究对象，至少可以求出水平方向的未知数。受力分析如图 J2-47a，列对 C 的矩平衡方程

$$\sum M_C = 0:\quad F_{Dx} \times 4 - 3F = 0$$

解得

$$F_{Dx} = 1.5\ \text{kN}$$

(2)取 AC 和 CD 一起为研究对象，受力分析如图 J2-47b。图中：$\boldsymbol{F}_{NA}$ 的方向由滑动铰支座的特性确定；$\boldsymbol{F}_{DB}$ 的方向由二力杆的特性确定；$\boldsymbol{F}_{NA}$ 和 $\boldsymbol{F}_{DB}$ 相交于图中的 G 点（$GA = 4\ \text{m}$）。列对 G 的矩平衡方程

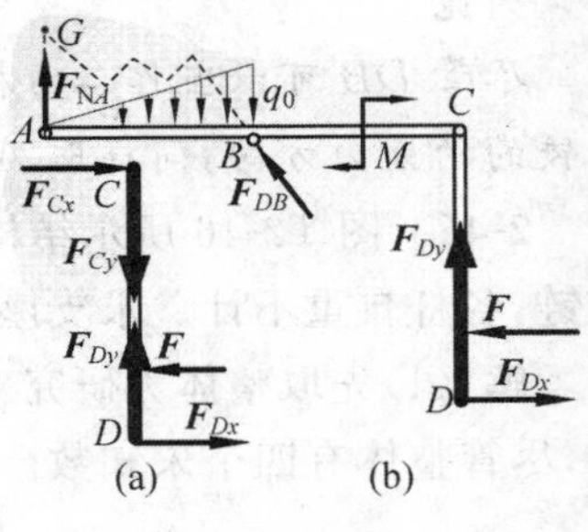

图 J2-47

$$\sum M_G = 0:\quad -q_0 \times AB/2 \times (AB \times 2/3) - M - F \times (GA + 3\text{m}) + F_{Dx} \times (GA + CD) + F_{Dy} \times AC = 0$$

解得

$$F_{Dy} = 3\ \text{kN}$$

2-48 图示钢架中，物重 $P=2\ \mathrm{kN}$，$F_1=10\ \mathrm{kN}$，$F_2=2\ \mathrm{kN}$，$q=1\ \mathrm{kN/m}$，$l=2\ \mathrm{m}$，$\theta=45°$，G、D、E 处为铰接，各杆件自重不计。试求支座 A、B、C 的约束力。

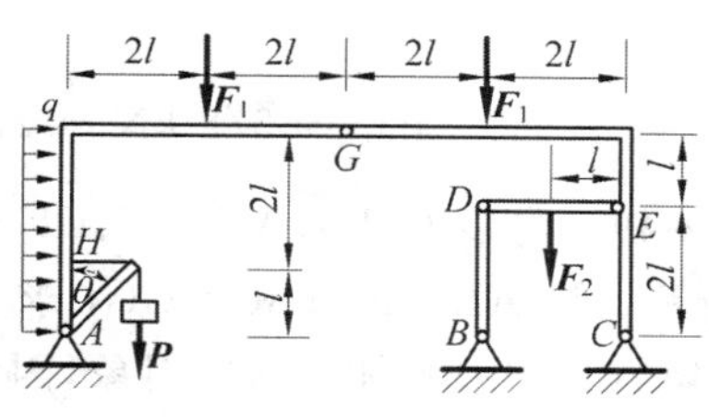

图 T2-48

解：(1)先取 BD 和 DE 一起为研究对象。受力分析如图 J2-48a，图中 $\boldsymbol{F}_B$ 方向的确定利用了 DB 为二力杆的特性。列平衡方程

$$\begin{cases}\sum F_x=0: & F_{Ex}=0\\ \sum M_E=0: & F_2 l-F_B(2l)=0\\ \sum F_y=0: & F_{Ey}+F_B-F_2=0\end{cases}$$

解得

$$F_{Ex}=0;\quad F_{Ey}=F_2/2=1\ \mathrm{kN};\quad F_B=1\ \mathrm{kN}$$

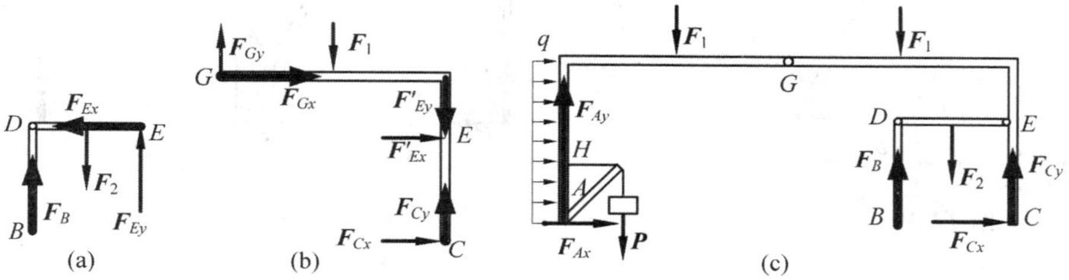

图 J2-48

(2)取 GEC 为研究对象，受力分析如图 J2-48b，图中 $F'_{Ex}=F_{Ex}$ 和 $F'_{Ey}=F_{Ey}$。对 G 点矩平衡方程为

$$\sum M_G=0:\quad (F_{Cy}-F'_{Ey})\times 4l+F_{Cx}\times 3l-F_1\times 2l+F'_{Ex}\times 3l=0 \tag{a}$$

(3)取整体为研究对象，受力分析如图 J2-48c，图中 $F'_{Ex}=F_{Ex}$ 和 $F'_{Ey}=F_{Ey}$。对 A 点矩平衡方程为

$$\sum M_A=0:\quad F_{Cy}\times 8l+(F_B-F_1)\times 6l-F_2\times 7l-F_1\times 2l-P\times l-q\times 3l\times 3l/2-P\times l=0$$

解得

$$F_{Cy}=99/8\ \mathrm{kN}=12.375\ \mathrm{kN}$$

再代入式(a)得到

$$F_{Cx}=-17/2\ \mathrm{kN}=-8.5\mathrm{kN}$$

再对整体列两个投影平衡方程

$$\begin{cases}\sum F_x=0: & F_{Ax}+3ql+F_{Cx}=0\\ \sum F_y=0: & F_{Ay}+F_{Cy}+F_B-P-2F_1-F_2=0\end{cases}$$

解得

$$F_{Ax} = 5/2\ \text{kN} = 2.5\ \text{kN};\quad F_{Ay} = 85/8\ \text{kN} = 10.625\ \text{kN}$$

2-49 构架由 AB、AC、CD、EF 四杆铰接而成，架子上作用一竖直向下的力 $\boldsymbol{F}$，如图 T2-49 所示。设 $AE=EB$、$AG=GC$，求支座 B 的约束力以及杆 EF 的内力。

解：(1)先取整体为研究对象，因为支座 B 和 D 连线沿水平方向，从整体可以求出部分未知数。受力分析如图 J2-49a。从 D 点的矩平衡方程

$$\sum M_D = 0:\quad F_{By} \times 2a - F \times 3a/2 = 0$$

解得

$$F_{By} = 3F/4$$

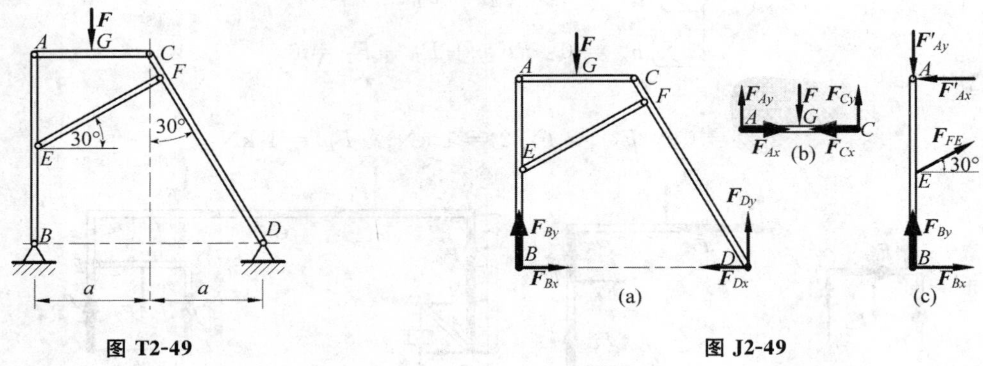

图 T2-49　　　　图 J2-49

(2)取 AGC 为研究对象，受力分析如图 J2-49b。对 C 点的矩平衡方程

$$\sum M_C = 0:\quad F_{Ay} \times a - F \times a/2 = 0$$

解得

$$F_{Ay} = F/2$$

(3)取 AEB 为研究对象，受力分析如图 J2-49c。图中 $\boldsymbol{F}_{FE}$ 的方向利用了 EF 为二力杆特性。列平衡方程组

$$\begin{cases} \sum F_y = 0:\quad -F'_{Ay} + F_{EF}\sin 30^\circ + F_{By} = 0 \\ \sum M_A = 0:\quad F_{Bx} \times AB + F_{EF}\cos 30^\circ \times AE = 0 \end{cases}$$

解得

$$F_{EF} = -F/2;\quad F_{Bx} = \sqrt{3}F/8$$

2-50 一支架如图 T2-50 所示，$AC=CD=1\text{m}$，滑轮半径 $r=0.3\ \text{m}$，重物 $P=100\ \text{kN}$，A 和 B 处为固定铰链支座，C 处为铰链连接。不计绳、杆、滑轮质量和摩擦，求 A 和 B 支座的约束力。

解：(1)先取整体为研究对象，因为支座 A 和 B 连线沿竖直线，从整体可以求出部分未知数，尽管整体有四个未知数。受力分析如图 J2-50a，列平衡方程

$$\begin{cases} \sum M_A = 0: & F_{Bx} \times AB - P \times (AD + r) = 0 \\ \sum F_x = 0: & F_{Ax} + F_{Bx} = 0 \\ \sum F_y = 0: & F_{Ay} + F_{By} - P = 0 \end{cases}$$

得到

$$F_{Bx} = 2.3P = 230\ \text{kN};\quad F_{Ax} = -F_{Bx} = -230\ \text{kN}$$

$$F_{Ay} + F_{By} = P \tag{a}$$

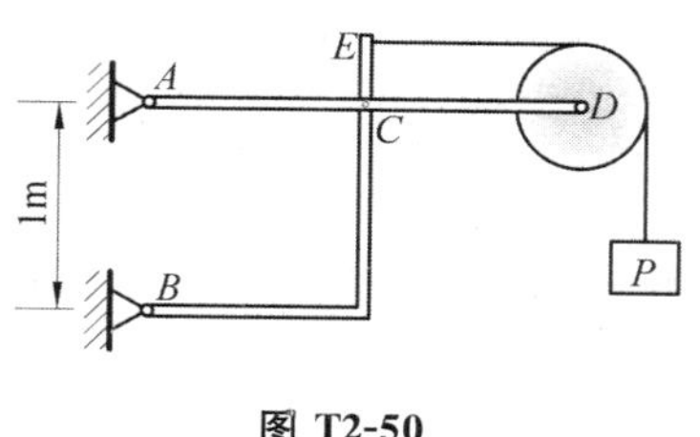

图 T2-50

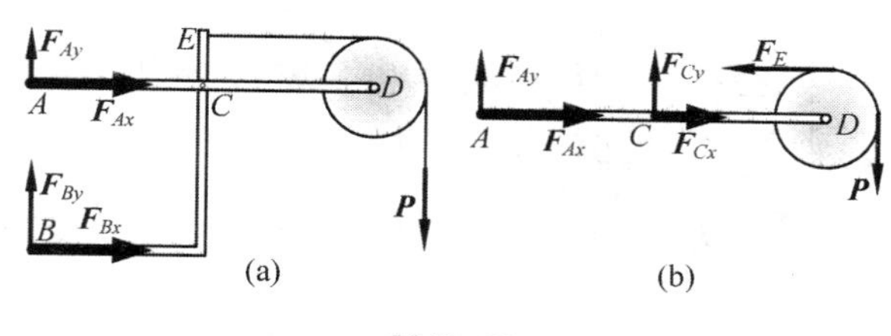

图 J2-50

(2)取 ACD 和滑轮 D 一起为研究对象，受力分析如图 J2-50b。图中：$\boldsymbol{F}_E$ 根据滑轮的性质确定，其大小 $F_E = P$。从 C 点的矩平衡方程

$$\sum M_C = 0:\quad -F_{Ay} \times AC + P \times r - P(CD + r) = 0$$

解得

$$F_{Ay} = P = -100\ \text{kN}$$

代入式(a)可解出

$$F_{By} = 200\ \text{kN}$$

2-51　图 T2-51 所示结构由 AC 与 CB 组成。已知线性分布载荷 $q_1 = 3\text{kN/m}$，均布载荷 $q_2 = 0.5\ \text{kN/m}$，$M = 2\ \text{kN·m}$，尺寸如图。不计杆重，求固定端 A 与支座 B 的约束力和铰链 C 的受力。

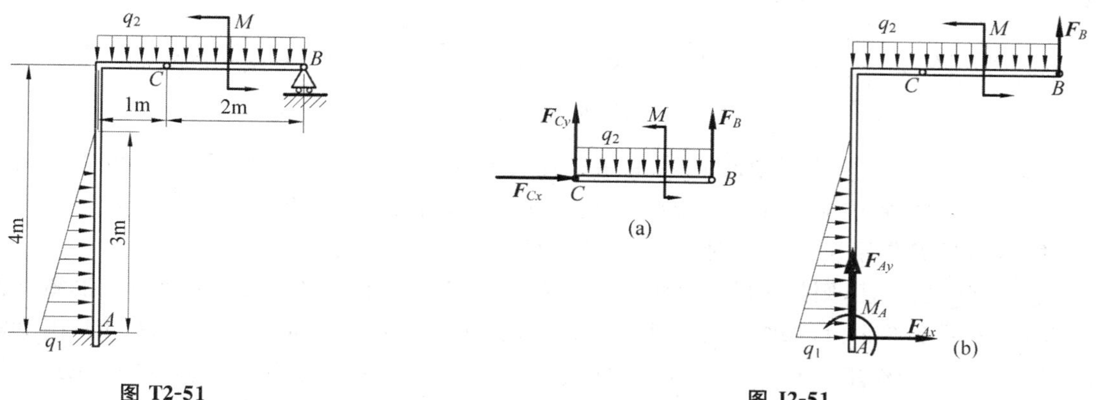

图 T2-51　　　　图 J2-51

解：(1)取 CB 为研究对象，受力分析如图 J2-51a。列平衡方程

$$\begin{cases}\sum M_C = 0: & F_B \times CB + M - q_2 CB \times CB/2 = 0 \\ \sum F_x = 0: & F_{Cx} = 0 \\ \sum F_y = 0: & F_{By} + F_{Cy} - q_2 CB = 0\end{cases}$$

解得

$$F_B = -0.5\ \text{kN};\quad F_{Cx} = 0;\quad F_{Cy} = 1.5\ \text{kN}$$

(2)取整体为研究对象,受力分析如图 J2-51b。列平衡方程

$$\begin{cases}\sum F_x = 0: & F_{Ax} + q_1 \times 3\text{m}/2 = 0 \\ \sum F_y = 0: & F_{By} + F_{Ay} - q_2 CB = 0 \\ \sum M_A = 0: & M_A + F_B \times 3\text{m} + M - q_2 \times 3\text{m} \times 1.5\text{m} - q_1 \times 3\text{m}/2 \times 1\text{m} = 0\end{cases}$$

解得

$$F_{Ax} = -4.5\ \text{kN};\quad F_{Ay} = 2\ \text{kN};\quad M_A = 6.25\ \text{kN·m}$$

2-52 图 T2-52 所示机架上挂一重 $\boldsymbol{P}$ 的物体,各构件的尺寸如图所示。不计滑轮及杆的自重与摩擦,求支座 A、C 的约束力。

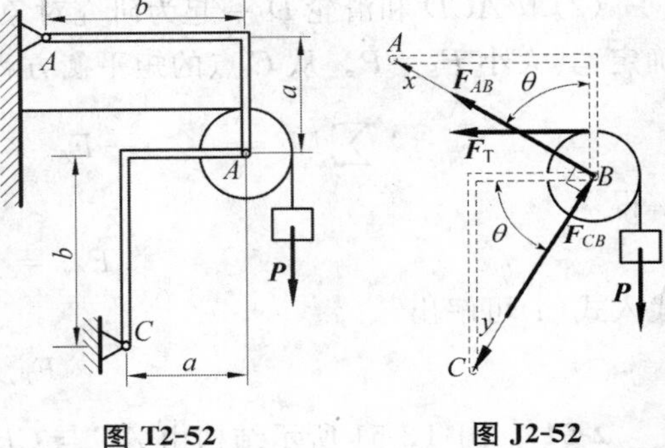

图 T2-52　　图 J2-52

解: 取滑轮 B 为研究对象,受力分析如图 J2-52。图中:$\boldsymbol{F}_{AB}$ 和 $\boldsymbol{F}_{CB}$ 方向的确定利用了 AB 和 CB 均为二力杆的特性;由滑轮的性质有 $F_T = P$。列平衡方程

$$\begin{cases}\sum F_x = 0: & F_{AB} + F_T \sin\theta - P\cos\theta = 0 \\ \sum F_y = 0: & -F_{CB} + F_T\cos\theta + P\sin\theta = 0\end{cases}$$

其中 $\sin\theta = b/\sqrt{a^2+b^2}$,$\cos\theta = a/\sqrt{a^2+b^2}$。从上述方程组解得

$$F_{AB} = P(a-b)/\sqrt{a^2+b^2}$$
$$F_{CB} = P(a+b)/\sqrt{a^2+b^2}$$

2-53 一架子放在光滑地面上,并有一竖直力 $\boldsymbol{F}$ 作用,如图 T2-53 所示(尺寸单位为 m)。问当 $\boldsymbol{F}$ 的作用线通过 A 点时,架子能否平衡?如果不能平衡,求平衡时 $\boldsymbol{F}$ 的作用线位置。

解:(1)当 $\boldsymbol{F}$ 作用线过点 A 时,架子不能平衡。采用反证法论证如下。

假设架子能平衡,则架子的三个组成元件 CFD、AEB 和上方平台 AC 全部都要平衡。先看 CFD,它受到三个力,如图 J2-53a 所示,地面光滑确定了 $\boldsymbol{F}_D$ 垂直向上,而二力杆 EF 则决定了 EF 对 CFD 的作用力 $\boldsymbol{F}_{EF}$ 方向。$\boldsymbol{F}_D$ 和 $\boldsymbol{F}_{EF}$ 交于 G 点,因而 $\boldsymbol{F}_C$ 也必然过 G 点。对 AEB 杆作类似讨论,可确定 $\boldsymbol{F}_A$ 必然过 H 点。上方的平台 AC 也受到三个力作用,即 $\boldsymbol{F}$、$\boldsymbol{F}'_C$ 和 $\boldsymbol{F}'_A$(后两者在图中没有画出,它们分别是 $\boldsymbol{F}_C$ 和 $\boldsymbol{F}_A$ 的反作用力)。显然 $\boldsymbol{F}$ 和 $\boldsymbol{F}'_A$ 交于 A 点,而 $\boldsymbol{F}'_C$ 不可能穿过 A 点,也就是上方平台 AC 所受三个力不汇交,所以不可能平衡。

假设错误,正确的结论是架子不能平衡。

(2)在(1)中由 CFD 和 AEB 的平衡确定了 $\boldsymbol{F}'_C$ 和 $\boldsymbol{F}'_A$ 的方向,它们交于图 J2-53(b)中 Q 点,为了找到该点位置建立图示坐标系。A 和 C 两点坐标分别为(6,12)和(8,12)。由图中的几何关系可确定 H 和 G 点坐标分别为(0,15)和(10,5)。由这四点坐标可确定出 HA 和 CG 两条直线的方程如下

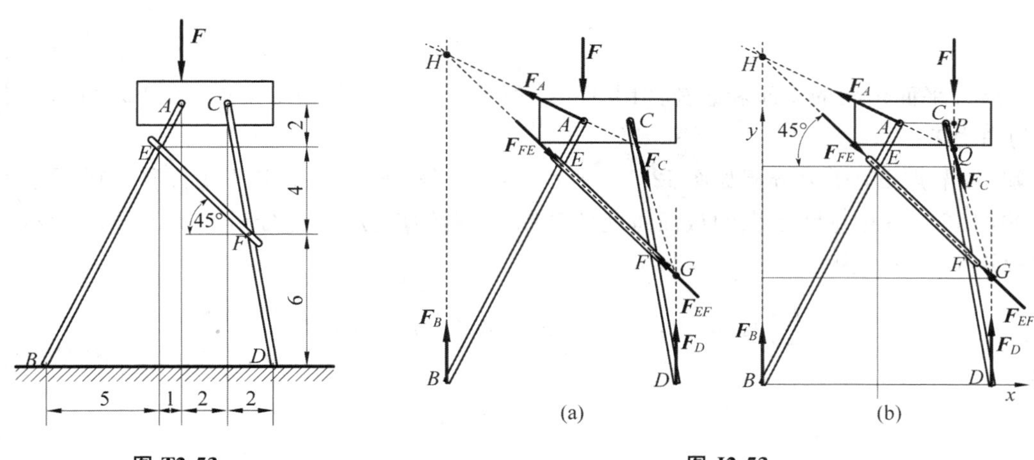

图 T2-53　　　　图 J2-53

$$\frac{y-y_A}{x-x_A}=\frac{y_H-y_A}{x_H-x_A}:\quad \frac{y-12}{x-6}=\frac{15-12}{0-6} \tag{a}$$

$$\frac{y-y_C}{x-x_C}=\frac{y_G-y_C}{x_G-x_C}:\quad \frac{y-12}{x-8}=\frac{5-12}{10-8} \tag{b}$$

式(a)和式(b)联合解得 Q 点的坐标 $x_Q=25/3, y_Q=65/6$。因此 F 的作用点位置从 A 向右偏(25/3−6)m=7/3 m。

提示:图 J2-53 的两图均不是受力图。

2-54　平面悬臂桁架所受的载荷如图 T2-54 所示。求杆 1、2 和 3 的内力。

解:(1)按图 J2-54a 示意的截面将整体截断,取右侧部分,受力分析如图 J2-54b 所示。列平衡方程

$$\sum M_C=0:\quad -F_2\times 6+F\times 6+F\times 4+F\times 2=0$$

$$\sum M_E=0:\quad F_1\times(3\times 6/8)+F\times 2+F\times 4+F\times 6=0$$

解得　　$F_2=2F,\quad F_1=-16F/3$

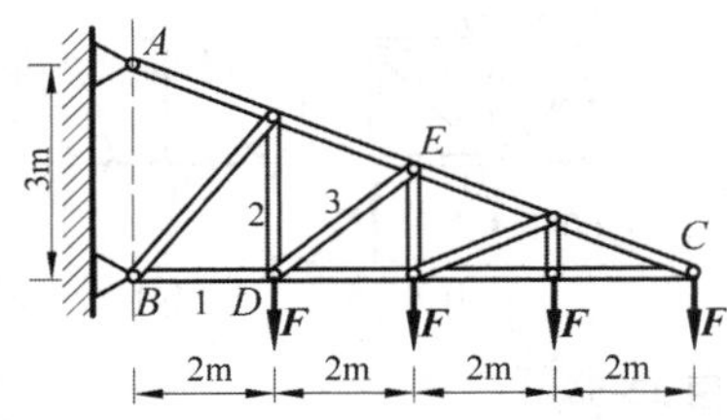

图 T2-54

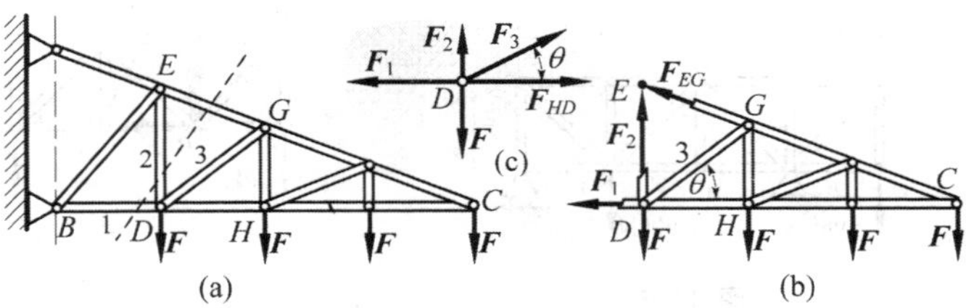

图 J2-54

(2)取节点 D,受力分析如图 J2-54c。沿垂直的平衡方程为

$$\sum F_y = 0: \quad F_2 - F + F_3 \times \sin\theta = F_2 - F + F_3 \times \frac{1.5}{\sqrt{2^2 + 1.5^2}} = 0$$

解得

$$F_3 = -5F/3$$

2-55 平面桁架的支座和载荷如图 T2-55 所示。ABC 为等边三角形,且 $AD=DB$。求杆 CD 的内力 $\boldsymbol{F}$。

解:取节点 E, 受力分析如图 J2-55a 所示。沿 η(AC 垂直方向)列平衡方程可得 $F_{DE}=0$。

按图 J2-55b 中虚线示意的截面将整体截断,取右侧部分,受力分析如图 J2-55c 所示。对 B 点取矩平衡方程为

$$\sum M_B = 0: \quad F \times BF \sin 60^\circ + F_{CD} \times DB = 0$$

解得

$$F_{CD} = -\sqrt{3}F/2$$

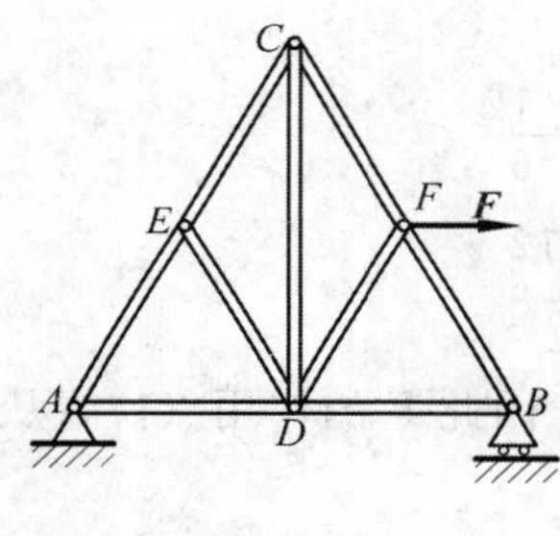

图 T2-55

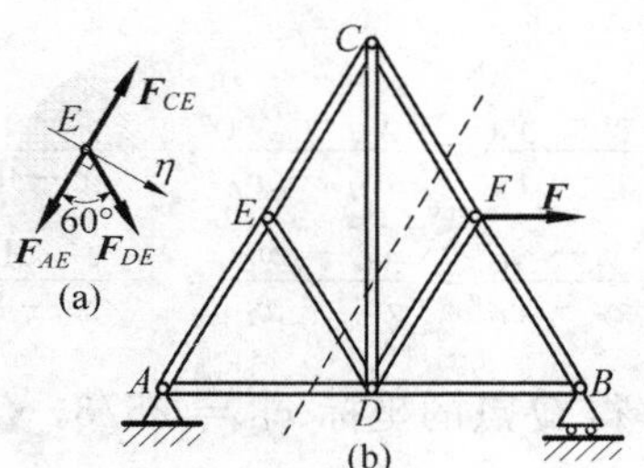

图 J2-55

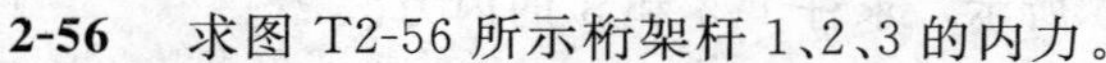

2-56 求图 T2-56 所示桁架杆 1、2、3 的内力。

解:(1)整体受力分析如图 T2-56a。对 B 的矩平衡方程为

$$\sum M_B = 0: \quad F_E \times 15 - 60\text{kN} \times 10 + 40\text{kN} \times 5 = 0$$

解得

$$F_E = 80/3 \text{ kN} = 26.67 \text{ kN}$$

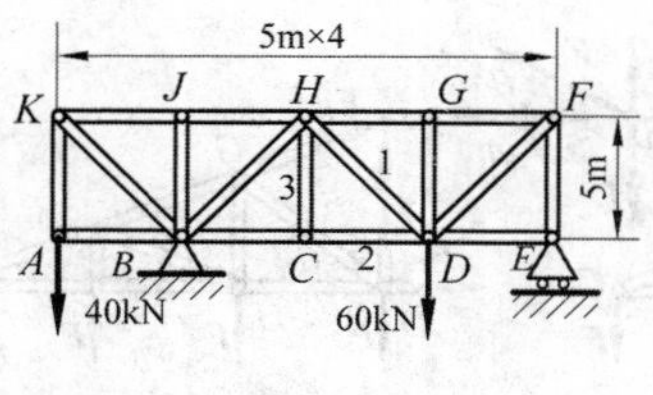

图 T2-56

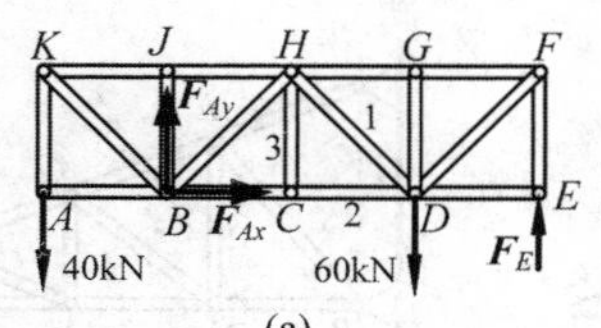

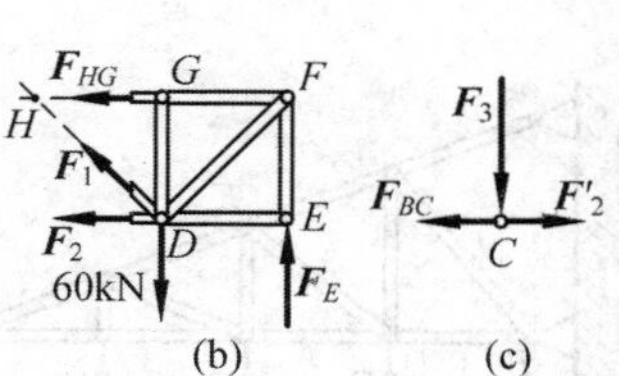

图 J2-56

(2)作截面切断 HG, 1 和 2 杆,取右侧部分,受力分析如图 J2-56b 所示。列平衡方程

$$\sum M_H = 0: \quad F_2 \times 5 + F_E \times 10 - 60\ \text{kN} \times 5 = 0$$

$$\sum F_y = 0: \quad F_1 \sin 45° + F_E - 60\ \text{kN} = 0$$

解得

$$F_2 = -20/3\ \text{kN} = -6.67\ \text{kN}, \quad F_1 = 100\sqrt{2}/3\ \text{kN} = 47.14\ \text{kN}$$

(3)取节点 C，受力分析如图 J2-56c 所示。列平衡方程

$$\sum F_y = 0: \quad F_3 = 0$$

可得 $F_3 = 0$。

2-57　桁架受力如图 T2-57 所示，已知 $F_1 = 10$ kN，$F_2 = F_3 = 20$ kN。求桁架中杆 4、5、7、10 的内力。

解：(1)取整体为研究对象，受力分析如图 2-57a 所示。对 A 点取矩平衡方程为

$$\sum M_A = 0: \quad -F_1 \times a - F_2 \times 2a - F_3 \cos 30° \times 3a + F_B \times 4a = 0$$

解得

$$F_B = \frac{1}{4}\left(F_1 + 2F_2 + \frac{3\sqrt{3}}{2}F_3\right) = 25.49\ \text{kN}$$

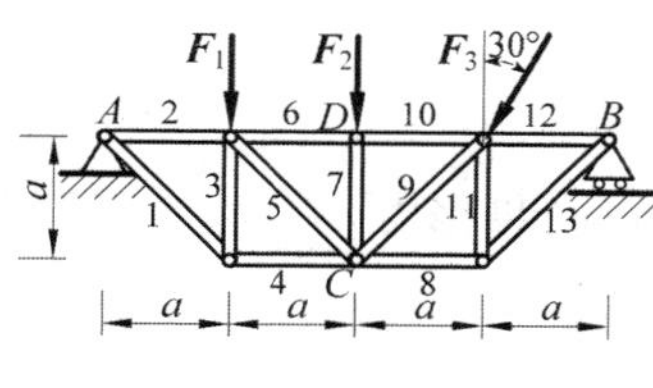

图 T2-57

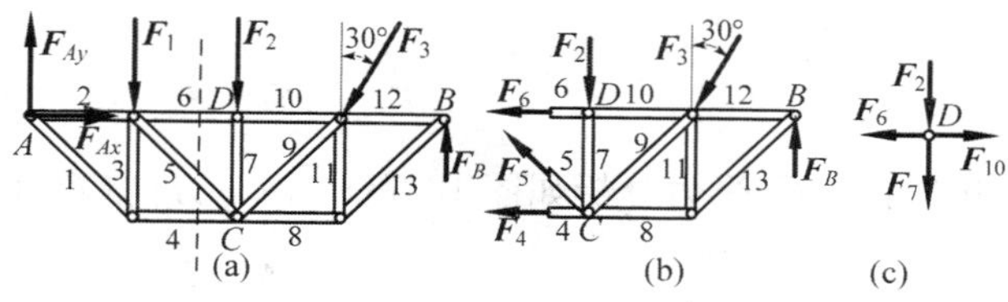

图 J2-57

(2)按图 J2-57a 中虚线示意的截面将整体截断，取右侧部分，受力分析如图 J2-57b 所示。列平衡方程

$$\begin{cases} \sum M_C = 0: \quad F_6 a + F_B \times 2a - F_3 \cos 30° \times a + F_3 \sin 30° \times a = 0 \\ \sum F_y = 0: \quad F_5 \sin 45° + F_B - F_3 \cos 30° - F_2 = 0 \\ \sum F_x = 0: \quad -F_4 - F_6 - F_5 \cos 45° - F_3 \sin 30° = 0 \end{cases}$$

解得

$$F_6 = -[2F_1 + 4F_2 + (2+\sqrt{3})F_3]/4 = -43.66\text{kN}$$

$$F_5 = (-2\sqrt{2}F_1 + 4\sqrt{2}F_2 + \sqrt{6}F_3)/8 = 16.73\text{kN}$$

$$F_4 = (6F_1 + 4F_2 + \sqrt{3}F_3)/8 = 21.83\text{kN}$$

(3)取节点 D，受力分析如图 J2-57c 所示。列平衡方程

$$\begin{cases} \sum F_y = 0: \quad -F_2 - F_7 = 0 \\ \sum F_x = 0: \quad -F_6 + F_{10} = 0 \end{cases}$$

解得

$$F_{10} = F_6 = -43.66\ \text{kN}, \quad F_7 = -F_2 = -20\ \text{kN}$$

2-58 平面桁架的支座和载荷如图 T2-58 所示，求杆 1、2 和 3 的内力。

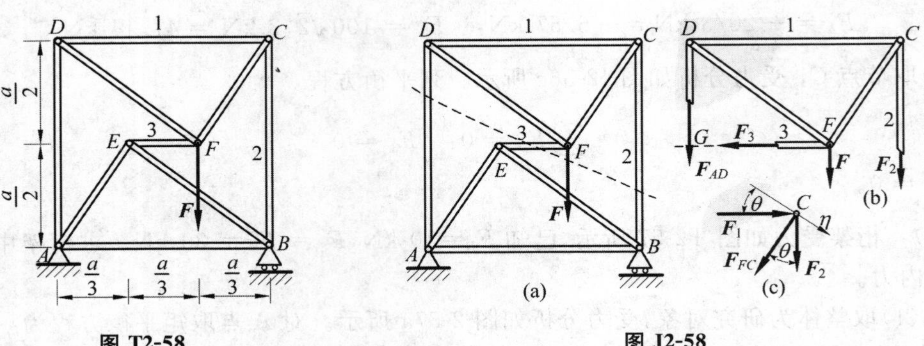

图 T2-58　　　　图 J2-58

解：按 J2-58a 虚线所示截面，取截出的上半部分分析，受力如图 J2-58b。列平衡方程

$$\sum F_x = 0: \quad F_3 = 0$$

$$\sum M_G = 0: \quad F_2 \times a + F \times 2a/3 = 0$$

解得

$$F_3 = 0; \quad F_2 = -2F/3$$

再取节点 C，受力分析如图 J2-58c。沿 η 方向（$\boldsymbol{F}_{FC}$ 的垂直方向）投影有：

$$F_2 \sin\theta + F_1 \cos\theta = 0$$

可解出

$$F_1 = -F_2 \tan\theta = 2/3F \times 2/3 = 4F/9$$

立身行道，扬名于后世，以显父母，孝之终也。

《孝经 · 开宗明义章第一》

第3章　空间力系

3.1　主要内容

各力作用线不处于同一个平面内的力系。

3.1.1　空间汇交力系

直接投影法　$F_x = F\cos\theta; F_y = F\cos\beta; F_z = F\cos\gamma$（$\theta,\beta,\gamma$ 是力 $\boldsymbol{F}$ 分别与 x 轴、y 轴和 z 轴的夹角）。

间接投影法(二次投影法)　$F_x = F_{xy}\cos\varphi = F\cos\gamma\cos\varphi$; $F_y = F_{xy}\sin\varphi = F\cos\theta\sin\varphi$; $F_z = F\cos\gamma$（γ 为 $\boldsymbol{F}$ 对平面 Oxy 的仰角，φ 是分力 $\boldsymbol{F}_{xy}$ 与 x 轴夹角）。

合成矢量式　$\boldsymbol{F}_{\mathrm{R}} = \sum \boldsymbol{F}_i$。

合成解析式　$F_{\mathrm{R}x} = \sum F_x; F_{\mathrm{R}y} = \sum F_y; F_{\mathrm{R}z} = \sum F_z$，大小和方向余弦分别为：

$$F_{\mathrm{R}} = \sqrt{\left(\sum F_x\right)^2 + \left(\sum F_y\right)^2 + \left(\sum F_z\right)^2};$$

$$\cos(F_{\mathrm{R}},\boldsymbol{i}) = \left(\sum F_x\right)/F_{\mathrm{R}},\ \cos(F_{\mathrm{R}},\boldsymbol{j}) = \left(\sum F_y\right)/F_{\mathrm{R}},\ \cos(F_{\mathrm{R}},\boldsymbol{k}) = \left(\sum F_z\right)/F_{\mathrm{R}}。$$

平衡充要条件　$F_{\mathrm{R}x} = \sum F_x = 0; F_{\mathrm{R}y} = \sum F_y = 0; F_{\mathrm{R}z} = \sum F_z = 0$。

3.1.2　力对点之矩和力对轴之矩

力对点之矩——力矩矢　力 $\boldsymbol{F}$ 对点 O 之矩定义为

$$\boldsymbol{M}_O(\boldsymbol{F}) = \boldsymbol{r}\times\boldsymbol{F} = \begin{vmatrix} \boldsymbol{i} & \boldsymbol{j} & \boldsymbol{k} \\ x & y & z \\ F_x & F_y & F_z \end{vmatrix} = (yF_z - zF_y)\boldsymbol{i} + (zF_x - xF_z)\boldsymbol{j} + (xF_y - yF_x)\boldsymbol{k}$$

这里：O 是空间的任一点，可以在刚体上，也可不在刚体上，它被称为力矩中心，简称矩心；$\boldsymbol{r}$ 为矩心到力作用点的矢量。

力矩矢 $\boldsymbol{M}_O(\boldsymbol{F})$ 是定位矢量，作用点在 O 点，垂直于 $\boldsymbol{r}$ 和 $\boldsymbol{F}$ 所组成的平面，方向由右手螺旋法则确定。对两个矢量的 $\boldsymbol{a}\times\boldsymbol{b}$ 的右手螺旋法则是这样操作：把两个矢量的**起点重合**，右手四指卷曲，先找第一个矢量 $\boldsymbol{a}$，指尖去找第二个矢量 $\boldsymbol{b}$，那么大拇指方向就是 $\boldsymbol{a}\times\boldsymbol{b}$ 的方向。

力对轴之矩　是衡量力改变刚体绕该轴转动状态效果的度量。其大小按如下计算：先把力投影到与该轴垂直的任一平面上，然后计算投影对该轴与垂直平面的交点之矩，就得到对该轴之矩。如果规定了轴的正方向，那么迎着轴的正方向，若力的投影使刚体绕轴逆时针转动，则取正号，反之为负号。当力与轴共面(包括平行和相交)，则力对该轴的矩为零。

平面力系的力矩从空间来看是力对轴之矩，相应的轴就是通过平面矩心垂直于平面的轴。因平面力之矩和空间力的轴之矩为标量而在手工计算中使用较多。

力对点之矩与力对轴之矩的关系 力对点之矩向通过此点轴的投影等于力对该轴的矩。

3.1.3 空间力偶系

力偶矩矢 衡量空间力偶对刚体转动效果，它有三个要素：大小、转向和作用面，所以它可用矢量来表示。力偶矩矢是自由矢量。

空间力偶等效 力偶矩矢相等的两个空间力偶等效。空间力偶不仅可以在其作用面内移动，也可从其作用面移到与作用面平行的任意一个平面；只要保持力偶臂与力的乘积相等，两者的大小都可以改变。

合成矢量式 $\boldsymbol{M}=\sum \boldsymbol{M}_i$。

合成解析式 $M_x=\sum M_{ix}$；$M_y=\sum M_{iy}$；$M_z=\sum M_{iz}$。

平衡方程 $M_x=\sum M_{ix}=0$；$M_y=\sum M_{iy}=0$；$M_z=\sum M_{iz}=0$。

3.1.4 空间任意力系的简化

力线平移定理 作用在刚体上的力可以向任意一点平移，但必须附加一力偶，此附加力偶的力偶矩矢等于平移前的力对新作用点之矩矢。

任意力系向一点简化 利用力线平移定理将各力移到选定点（简化中心），得到一主矢和一主矩（现在是矢量）。主矢与简化中心位置无关，而主矩一般都与简化中心有关。

任意力系的最终简化结果 有四种可能：平衡、合力、合力偶、力螺旋。力螺旋是力和力偶组成的最简单力系，不能再简化了。

根据主矢和主矩是否为0，存在四种组合，相应的最终简化结果如下表。

<table>
<tr><th>主矢</th><th colspan="2">主矩</th><th>最终简化结果</th><th>说明</th></tr>
<tr><td rowspan="2">$\boldsymbol{F}_R'=0$</td><td colspan="2">$\boldsymbol{M}_O=0$</td><td>平衡</td><td></td></tr>
<tr><td colspan="2">$\boldsymbol{M}_O\neq0$</td><td>合力偶</td><td>此种情形的主矩与简化中心无关</td></tr>
<tr><td rowspan="4">$\boldsymbol{F}_R'\neq0$</td><td colspan="2">$\boldsymbol{M}_O=0$</td><td>合力</td><td>合力作用线过简化中心</td></tr>
<tr><td rowspan="3">$\boldsymbol{M}_O\neq0$</td><td>$\boldsymbol{F}_R'\perp\boldsymbol{M}_O$</td><td>合力</td><td>合力作用线到简化中心的 $d=|M_O/F_R'|$</td></tr>
<tr><td>$\boldsymbol{F}_R'/\!/\boldsymbol{M}_O$</td><td>力螺旋</td><td>力螺旋的力过简化中心</td></tr>
<tr><td>$\boldsymbol{F}_R'$与 $\boldsymbol{M}_O$ 夹角 θ</td><td>力螺旋</td><td>力螺旋的力到简化中心的距离 $d=|M_O\sin\theta/F_R'|$</td></tr>
</table>

3.1.5 空间任意力系的平衡方程

平衡方程 $\boldsymbol{F}_R'=\boldsymbol{0}$ 且 $\boldsymbol{M}_O=\boldsymbol{0}$，或者：$\sum F_x=0$；$\sum F_y=0$；$\sum F_z=0$；且 $\sum M_x(\boldsymbol{F})=0$；$\sum M_y(\boldsymbol{F})=0$；$\sum M_z(\boldsymbol{F})=0$。也有四矩式、五矩式和六矩式（不同的矩式的充分性对矩心也有限制条件）。

各种特殊力系的平衡条件都是上述6个方程退化情形，如下表所示。

力系	独立方程数	平衡方程
空间任意力系	6	$\sum F_x=0$；$\sum F_y=0$；$\sum F_z=0$； $\sum M_x=0$；$\sum M_y=0$；$\sum M_z=0$
平面力偶系	1	$\sum M=0$
平面汇交力系	2	$\sum F_x=0$；$\sum F_y=0$
平面平行力系	2	$\sum F_x=0$；$\sum M_O=0$
平面一般力系	3	$\sum F_x=0$；$\sum F_y=0$；$\sum M_O=0$
空间力偶系	3	$\sum M_x=0$；$\sum M_y=0$；$\sum M_z=0$
空间汇交系	3	$\sum F_x=0$；$\sum F_y=0$；$\sum F_z=0$
空间平行力系	3	$\sum F_x=0$；$\sum M_x=0$；$\sum M_y=0$

空间约束类型 最常见的是光滑面、球形铰链、止推轴承、合页和固定端等。

3.1.6 重心

平行力系的中心 平行力系合力作用点的位置与各平行力的大小和作用点的位置有关，而与各平行力的方向无关，称该点为此平行力系的中心，按下式计算

$$\boldsymbol{r}_C=(\sum F_i\boldsymbol{r}_i)/(\sum F_i)$$

重心 重力是平行力系，重心即此平行力系的中心，其空间坐标按下式计算

$$x_C=(\sum P_ix_i)/(\sum P_i),\quad y_C=(\sum P_iy_i)/(\sum P_i),\quad z_C=(\sum P_iz_i)/(\sum P_i)$$

如果物体均匀，则重心与中心重合，因而可采用下式计算

$$x_C=(\sum V_ix_i)/(\sum V_i),\quad y_C=(\sum V_iy_i)/(\sum V_i),\quad z_C=(\sum V_iz_i)/(\sum V_i)$$

3.2 精选例题

例题 3-1 空间力系如图 3-1 所示，其中：$F_1=4$N；$F_2=F_3=10$ N；力偶 M 作用在平面 Oxy 内，大小 24 N·m。求：(1)此力系对 x 轴的矩；(2)此力系向 O 点简化结果；(3)最终简化结果。

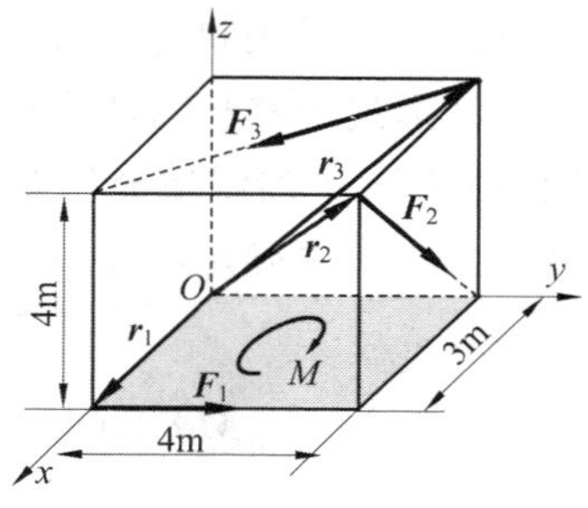

图 3-1

解：(1)将 $\boldsymbol{F}_2$ 和 $\boldsymbol{F}_3$ 按照图 3-2a 所示的方式进行分解，分别得到($\boldsymbol{F}_{2x}$，$\boldsymbol{F}_{2z}$)和($\boldsymbol{F}_{3x}$，$\boldsymbol{F}_{3y}$)。$\boldsymbol{F}_1$ 因过 x 轴而对 x 轴的矩为零；$\boldsymbol{F}_{2x}$ 和 $\boldsymbol{F}_{3x}$ 与 x 轴平行，因而它们对 x 轴的矩为零；力偶 M 无绕 x 轴转动的效果。综合上述信息，可得

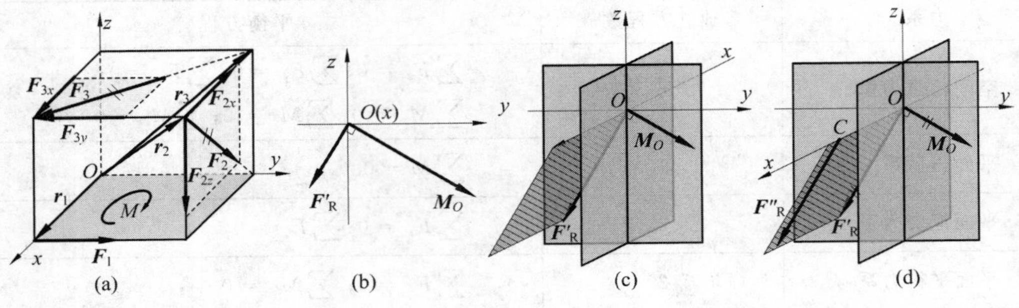

图 3-2

$$M_x = M_x(F_{2z}) + M_x(F_{3y}) = -4 \times (F_2 \times 4/5) + 4 \times (F_3 \times 4/5) = 0$$

(2)在图 3-1 中

$$\begin{aligned}&\boldsymbol{M} = -24\boldsymbol{k}\ \mathrm{N\cdot m};\\&\boldsymbol{r}_1 = 3\boldsymbol{i}\ \mathrm{m};\boldsymbol{F}_1 = 4\boldsymbol{j}\ \mathrm{N};\\&\boldsymbol{r}_2 = 4(\boldsymbol{i}+\boldsymbol{k})\ \mathrm{m};\boldsymbol{F}_2 = (6\boldsymbol{i}-8\boldsymbol{j})\ \mathrm{N};\\&\boldsymbol{r}_3 = 4(3\boldsymbol{i}+4\boldsymbol{j}+4\boldsymbol{k})\ \mathrm{m};\boldsymbol{F}_3 = (-6\boldsymbol{i}-8\boldsymbol{k})\ \mathrm{N}\end{aligned}$$

力系向 O 点简化结果：

主矢：$\boldsymbol{F}'_{\mathrm{R}} = \sum \boldsymbol{F}_i = (-4\boldsymbol{j} - 8\boldsymbol{k})\ \mathrm{N}$

主矩：$\boldsymbol{M}_O = \sum \boldsymbol{M}_O(\boldsymbol{F}_i) = \boldsymbol{M} + \boldsymbol{r}_1 \times \boldsymbol{F}_1 + \boldsymbol{r}_2 \times \boldsymbol{F}_2 + \boldsymbol{r}_2 \times \boldsymbol{F}_2$

$$= \left(-24\boldsymbol{k} + \begin{vmatrix}\boldsymbol{i} & \boldsymbol{j} & \boldsymbol{k}\\3 & 0 & 0\\0 & 4 & 0\end{vmatrix} + \begin{vmatrix}\boldsymbol{i} & \boldsymbol{j} & \boldsymbol{k}\\0 & 4 & 4\\6 & -8 & 0\end{vmatrix} + \begin{vmatrix}\boldsymbol{i} & \boldsymbol{j} & \boldsymbol{k}\\3 & 4 & 4\\-6 & 0 & -8\end{vmatrix}\right)$$

$$= (24\boldsymbol{j} - 12\boldsymbol{k})\ \mathrm{N\cdot m}$$

一般来说，如果只计算对一个坐标轴的矩，如本题(1)问，那么将力投影，再用标量式计算稍微方便，而如果像本题(2)需求力系对所有轴的矩，那么最好用矢量算式。若计算轴之矩的轴不是坐标轴，而是指定轴，那么还是建议用矢量法，然后再向指定轴投影。

(3)由上述计算结果可以验证 $\boldsymbol{M}_O \cdot \boldsymbol{F}'_{\mathrm{R}} = 0$(图 3-2b、c)，因此力系还可以进一步简化成合力。$\boldsymbol{M}_O$ 和 $\boldsymbol{F}'_{\mathrm{R}}$ 的矢量方向如图 3-2c 所示，因为二者的 $\boldsymbol{i}$ 分量均为零，所以它们都在 yOz 的平面内。如通过平移把力偶去掉，则平移平面必须垂直于力偶 $\boldsymbol{M}_O$ 的方向。由 x 轴和 $\boldsymbol{F}'_{\mathrm{R}}$ 决定的平面(图 3-2c 中斜线填充的四边形)满足该条件。将 $\boldsymbol{F}'_{\mathrm{R}}$ 在这个平面内平移到 x 轴上的 C 点，后者位置由下式确定

$$\boldsymbol{M}_O + (-\boldsymbol{r}_C) \times \boldsymbol{F}'_{\mathrm{R}} = 24\boldsymbol{j} - 12\boldsymbol{k} - \begin{vmatrix}\boldsymbol{i} & \boldsymbol{j} & \boldsymbol{k}\\x_C & 0 & 0\\0 & -4 & -8\end{vmatrix} = 0$$

解得 $x_C = 3\mathrm{m}$。

也可以用

$$|x_C| = d = |M_O/F_R| = 3\text{m}$$

再辅以方向判定，可确定 $x_C = 3\text{m}$。

例题 3-2　在图 3-3 所示起重机中，已知：$AB=BC=AD=AE$；点 A、B、D 和 E 等均为球铰链连接，如三角形 ABC 的投影为 AF 线，AF 与 y 轴夹角为 θ。求竖直支柱和各斜杆的内力（教材习题 3-13）。

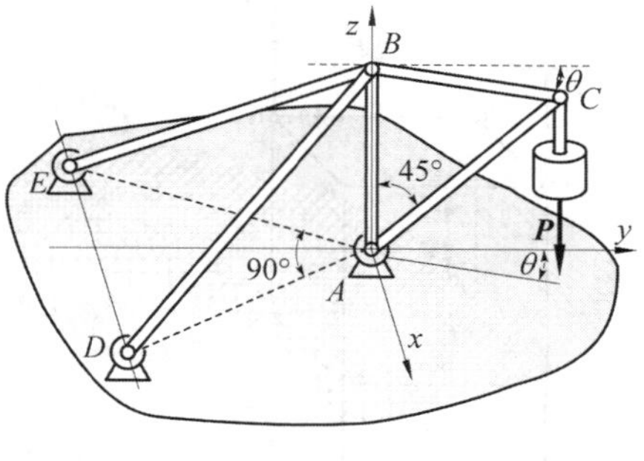

解：本题的所有杆件都是二力杆。节点 B 和节点 C 都是汇交力系问题。

取节点 C 研究（节点 C 比节点 B 简单一些），受力分析见图 3-4a，图中的 η 轴沿 BC 方向，列平衡方程

图 3-3

$$\sum F_\eta = 0: \quad F_{BC} - F_{AC}\cos 45^\circ = 0$$

$$\sum F_z = 0: \quad -P - F_{AC}\sin 45^\circ = 0$$

解得：

$$F_{AC} = -\sqrt{2}P, \quad F_{BC} = P$$

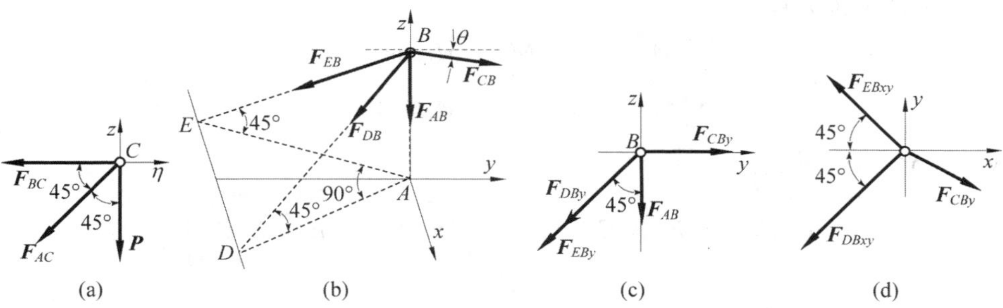

图 3-4

再取节点 B 为研究对象，受力分析见图 3-4b，其中 $F_{CB} = F_{BC} = P$。列平衡方程（参考图 3-3c 和图 3-3d）

$$\sum F_x = 0: \quad (F_{DB} - F_{EB})\cos 45^\circ \sin 45^\circ + F_{CB}\sin\theta = 0$$

$$\sum F_y = 0: \quad -(F_{DB} + F_{EB})\cos^2 45^\circ + F_{CB}\cos\theta = 0$$

$$\sum F_z = 0: \quad -F_{AB} - (F_{DB} + F_{EB})\sin 45^\circ = 0$$

解得：

$$F_{EB} = P(\sin\theta + \cos\theta), \quad F_{DB} = P(\cos\theta - \sin\theta), \quad F_{AB} = -\sqrt{2}P\cos\theta$$

讨论

对空间力系题目，为了搞清几何关系，可选择一个面，把力投影到该面内处理，如这里图 3-4a，图 3-4c 和图 3-4d。

例题 3-3　图 3-5 所示正方体上作用两个力偶（$\boldsymbol{F}_1$，$\boldsymbol{F}_1'$），（$\boldsymbol{F}_2$，$\boldsymbol{F}_2'$）；$EG /\!/ A_1D_1$。不计正方体和直杆自重。求：正方体平衡时，力 F_1 和 F_2 的关系，以及两根杆受力。

解：两直杆均为二力杆，受力分析如图 3-6a 所示。又因为除了两直杆作用力之外，其他力均为力偶，因此两直杆作用力也构成力偶。

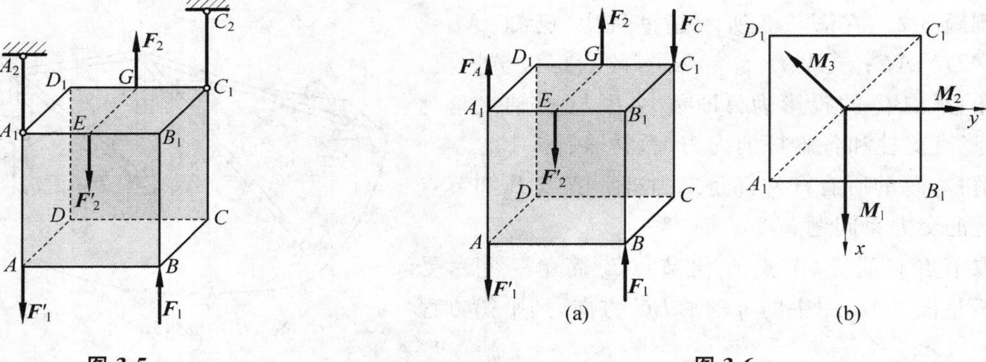

图 3-5　　　　图 3-6

对于本题，三个力偶矢可以移动到同一个平面，如图 3-6b 所示，图中 $\boldsymbol{M}_1$ 和 $\boldsymbol{M}_2$ 分别是 $(\boldsymbol{F}_1, \boldsymbol{F}_1')$，$(\boldsymbol{F}_2, \boldsymbol{F}_2')$ 的力偶矩矢，而 $\boldsymbol{M}_3$ 是 $(\boldsymbol{F}_A, \boldsymbol{F}_C)$ 的力偶矩矢。

由空间力偶平衡方程

$$\sum M_x = 0:\quad M_1 - M_3\cos45^\circ = 0$$

$$\sum M_y = 0:\quad M_2 - M_3\sin45^\circ = 0$$

得到：$M_1 = M_2$；$M_3 = \sqrt{2}M_1$。

又：$M_1 = F_1 \times AB$；$M_2 = F_2 \times EG = F_2 \times AB$；$M_2 = F_A\sqrt{2}AB$，因此有

$$F_1 = F_2,\quad F_A = F_C = F_1$$

例题 3-4　使水涡轮转动的力偶矩为 $M_z = 1200\ \text{N·m}$。在锥齿轮 B 处受到的力分解为三个分力：圆周力 $\boldsymbol{F}_t$、轴向力 $\boldsymbol{F}_a$ 和径向力 $\boldsymbol{F}_r$。三个力的比例为 $F_t : F_a : F_r = 1 : 0.32 : 0.17$。已知水涡轮连同轴和锥齿轮的总重为 $P = 12\ \text{kN}$，其作用线沿轴 Cz，锥齿轮的平均半径 $OB = 0.6\ \text{m}$，其余尺寸如图 3-7 所示。求止推轴承 C 和轴承 A 的约束力（教材习题 3-17）。

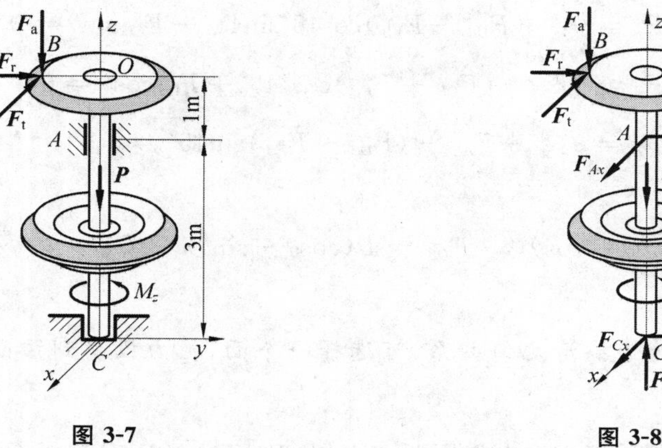

图 3-7　　　　图 3-8

解:取整个系统为研究对象,受力如图 3-8 所示。先对 z 轴矩平衡有

$$\sum M_z = 0:\quad M_z - F_t \times OB = 0$$

解得:$F_t = 2000\text{N}$。

根据 B 处三个力的比例关系,可确定:$F_a = 640\ \text{N}, F_r = 340\ \text{N}$。

再列其他五个平衡方程

$$\begin{cases} \sum M_x = 0:\quad -3F_{Ay} - 4F_r + 0.6F_a = 0 \\ \sum M_y = 0:\quad 3F_{Ax} - 4F_t = 0 \\ \sum F_x = 0:\quad F_{Ax} + F_{Cx} - F_t = 0 \\ \sum F_y = 0:\quad F_{Ay} + F_{Cy} + F_r = 0 \\ \sum F_z = 0:\quad F_{Cz} - P - F_a = 0 \end{cases}$$

从中解得:

$$F_{Ay} = -325.3\ \text{N},\quad F_{Ax} = 2667\ \text{N},\quad F_{Cx} = -666.7\text{N},$$
$$F_{Cy} = -14.7\text{N},\quad F_{Cz} = 12640\ \text{N}$$

3.3 思考题解答

3-1　在正方体的顶角 A 和 B 处,分别作用力 $\boldsymbol{F}_1$ 和 $\boldsymbol{F}_2$,如图 S3-1 所示。求此两力在 x、y、z 轴上的投影和对 x、y、z 轴的矩。试将图中的力 $\boldsymbol{F}_1$ 和 $\boldsymbol{F}_2$ 向点 O 简化,并用解析式计算其大小和方向。

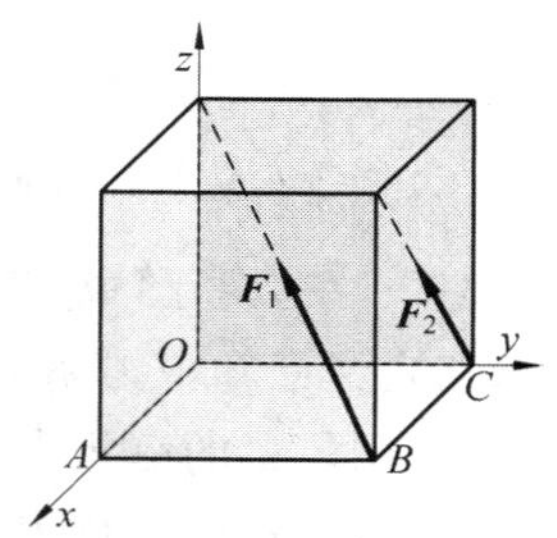

图 S3-1

解答:

$$F_{1x} = -\sqrt{3}F_1/3;\qquad F_{2x} = \sqrt{2}F_2/2;$$
$$F_{1y} = -\sqrt{3}F_1/3;\qquad F_{2y} = 0$$
$$F_{1z} = \sqrt{3}F_1/3;\qquad F_{2z} = \sqrt{2}F_2/2;$$
$$M_{1x} = \sqrt{3}F_1 a/3;\qquad M_{2x} = \sqrt{2}F_2 a/2;$$
$$M_{1y} = -\sqrt{3}F_1 a/3;\qquad M_{2y} = 0$$
$$M_{1z} = 0;\qquad M_{2z} = -\sqrt{2}F_2 a/2;$$

向 O 点简化结果为:

$$F_{Rx} = \sqrt{2}F_2/2 - \sqrt{3}F_1/3;\qquad M_x = \sqrt{2}F_2/2 + \sqrt{3}F_1/3;$$
$$F_{Ry} = -\sqrt{3}F_1/3;\qquad M_y = -\sqrt{3}F_1/3;$$
$$F_{Rz} = \sqrt{2}F_2/2 + \sqrt{3}F_1/3;\qquad M_z = -\sqrt{2}F_2/2$$

3-2　图 S3-2 所示正方体上的 A 点作用一个力 $\boldsymbol{F}(F\neq 0)$,沿棱方向,问:

(1)能否在 B 点加一个不为零的力,使力系向 A 点简化的主矩为零?

(2)能否在 B 点加一个不为零的力,使力系向 B 点简化的主矩为零?

(3)能否在 B、C 两处各加一个不为零的力,使力系平衡?

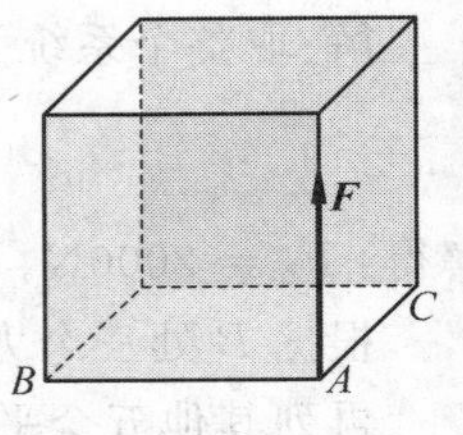

图 S3-2

(4)能否在 B 处加一个力螺旋，使力系平衡？

(5)能否在 B、C 两处各加一个力偶，使力系平衡？

(6)能否在 B 处加一个力，C 处加一个力偶，使力系平衡？

解答:

(1)可以(作用线沿 BA 方向即可)；

(2)不能(在 B 处所加的集中力对 B 点之矩恒为零，无法抵消 $\boldsymbol{F}$ 对 B 之矩)；

(3)不能(沿 BC 轴取矩，B 和 C 两处所加的集中力对 BC 轴之矩，无法抵消 $\boldsymbol{F}$ 对 BC 轴之矩)；

(4)不能(因为力螺旋不能用一个合力等效)；

(5)不能(因为 B、C 两处的力偶合成后仍为一力偶，后者不可能等效于一个合力)；

(6)可以(所加力与 $\boldsymbol{F}$ 大小相等，方向相反；所加力偶与 $\boldsymbol{F}$ 对 B 点之矩矢的大小相等，方向相反)。

3-3 图 S3-3 所示为一边长为 a 的正方体，已知某力系向 B 点简化得到一合力，向 C' 简化也得一合力。问：

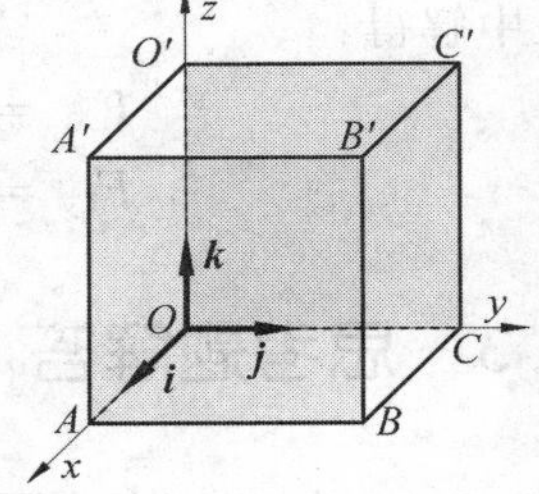

图 S3-3

(1)力系向 A 点和 A' 点简化所得的主矩是否相等？

(2)力系向 A 点和 O' 点简化所得的主矩是否相等？

解答:力系的最终简化结果为穿过 B、C' 的合力。

(1)不相等(向 A 简化的矩臂为 AB，而向 A' 简化的矩臂是 A' 到 BC' 的距离；方向也不同)。

(2)相等(大小和方向都相同)。

3-4 在上题图中，已知空间力系向 B' 点简化得一主矢(其大小为 F)及一主矩(大小、方向均未知)，又已知该力系向 A 点简化为一合力，合力方向指向 O 点。试：

(1)用矢量的解析表达式给出力系向 B' 点简化的主矩。

(2)用矢量的解析表达式给出力系向 C' 点简化的主矢和主矩。

解答:力系合力矢量为(向 A 点简化)$\boldsymbol{F}=-F\boldsymbol{i}$。

(1) $\boldsymbol{M}_{B'}=\overrightarrow{B'A}\times\boldsymbol{F}=a(-\boldsymbol{j}-\boldsymbol{k})\times(-F\boldsymbol{i})=aF(\boldsymbol{j}-\boldsymbol{k})$。

(2) $\boldsymbol{F}'_{R}=-F\boldsymbol{i}$；$\boldsymbol{M}_{C'}=\overrightarrow{C'A}\times\boldsymbol{F}=a(\boldsymbol{i}-\boldsymbol{j})\times(-F\boldsymbol{i})=-aF\boldsymbol{k}$。

3-5 (1)空间力系中各力的作用线平行于某一固定平面；(2)空间力系中各力的作用线分别汇交于两个固定点。试分析这两种力系最多各有几个独立的平衡方程。

解答:(1)最多有五个。沿固定平面法向投影方程恒成立，其他五个独立方程：两个固定平面内的投影为零和三个轴之矩为零。

(2)最多有五个。力系对两个汇交点连线的轴之矩恒为零。其他五个独立方程：沿三个坐标轴的投影为零和对垂直于两个汇交点连线的两个轴之矩为零。

3-6 传动轴用两个止推轴承支持，每个轴承有三个未知力，共 6 个未知量。而空间任意力系的平衡方程恰好 6 个，是否为静定问题？

解答:不是，因为沿轴线的矩方程不包含这六个未知量中的任一个，因而该矩方程不是一个独立方程。其他只能写 5 个独立方程了，无法解出 6 个未知数。

3-7　空间任意两个力系总可以用两个力来平衡,为什么?

解答:空间力系简化的最终结果有四种情形:平衡、力偶、合力和力螺旋。平衡情形会自动平衡,力偶情形可以由力偶平衡,而力偶是大小相等方向相反的两个力,合力情形只需要一个力就能平衡,力螺旋情形可以变成两个异面的空间力,所以也可以用两个力平衡。

3-8　某一空间力系对不共线的三个点的主矩都等于零,问此力系是否一定平衡?

解答:一定平衡。设这三个点为 A、B 和 C。如果对 A 和 B 的主矩为零,则合力一定穿过 AB 连线。如果 C 点不在 AB 连线上,那么该合力向 C 点简化的主矩一定不为零,除非合力为零,也就是平衡。

3-9　空间任意力系向两个不同的点简化,试问下述情况是否可能:(1)主矢相等,主矩也相等;(2)主矢不相等,主矩相等;(3)主矢相等,主矩不相等;(4)主矢、主矩都不相等。

解答:(1)可能(两点连线与主矢平行);(2)不可能,主矢量必须相等;(3)可能;(4)不可能,同(2)。

3-10　一均质等截面杆的重心在哪里?若把它弯成半圆形,重心位置是否改变?

解答:均质等截面杆的重心在其中心,弯成半圆形的重心位置当然会变化。

3.4　习题解答

3-1　槽形钢受力如图 T3-1 所示。求此力向截面形心 C 简化的结果。

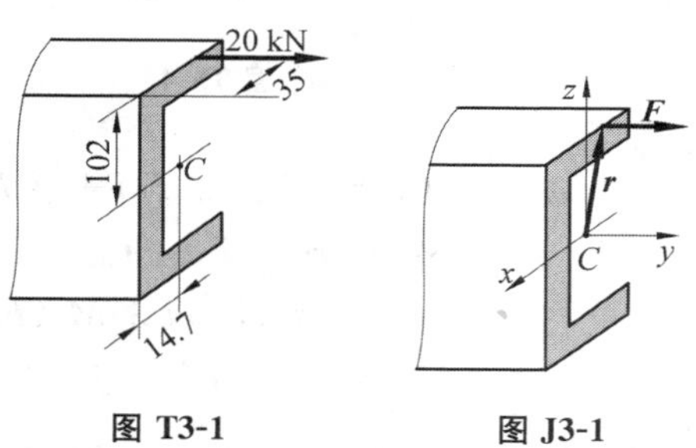

图 T3-1　　图 J3-1

解:在形心 C 处建立图 J3-1 所示的直角坐标系。由题中数据有

$$\boldsymbol{F}=20\boldsymbol{j}\ \text{kN};\boldsymbol{r}=[-(35-14.7)\boldsymbol{i}+102\boldsymbol{k}]\text{mm}$$

向 O 点简化结果为

$$\boldsymbol{F}_R'=20\boldsymbol{j}\ \text{kN}$$

$$\boldsymbol{M}_C=\boldsymbol{r}\times\boldsymbol{F}=(-20.3\boldsymbol{i}+102\boldsymbol{k})\times20\boldsymbol{j}\ \text{N·m}$$

$$=-(2040\boldsymbol{i}+406\boldsymbol{k})\text{N·m}$$

3-2　截面为"工"字形的立柱受力如图 T3-2 所示。求此力向截面形心 C 简化的结果。

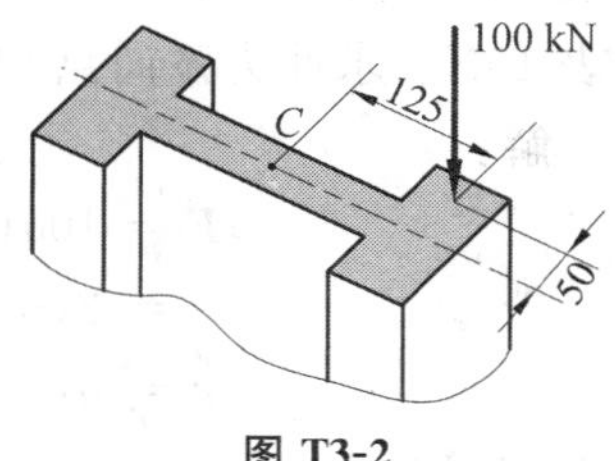

图 T3-2

解:在形心 C 处建立图 J3-2 所示的直角坐标系。由题中数据有

$$\boldsymbol{F}=-100\boldsymbol{k}\ \text{kN}$$

$$\boldsymbol{r}=(-50\boldsymbol{i}+125\boldsymbol{j})\text{mm}$$

向 C 点简化结果为

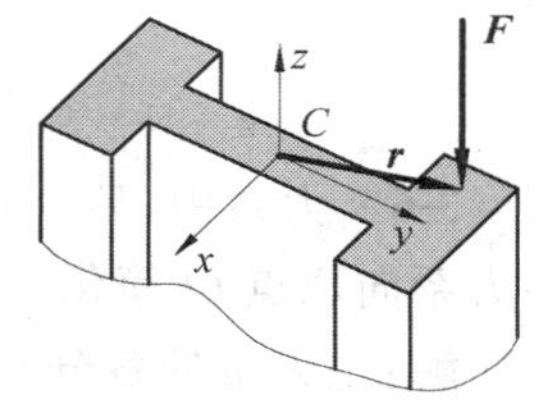

图 J3-2

$$\boldsymbol{F}_R'=-100\boldsymbol{k}\ \text{kN}$$

$$\boldsymbol{M}_C=\boldsymbol{r}\times\boldsymbol{F}=(-50\boldsymbol{i}+125\boldsymbol{j})\times(-100\boldsymbol{k})\text{N·m}$$

$$=-(12.\boldsymbol{i}+5\boldsymbol{j})\text{kN·m}$$

3-3 正方体边长为 $a=0.2\text{m}$，在顶点 A 和 B 处沿各棱边分别作用有 6 个大小都等于 100N 的力，其方向如图 T3-3 所示。求此力系向点 O 简化结果。

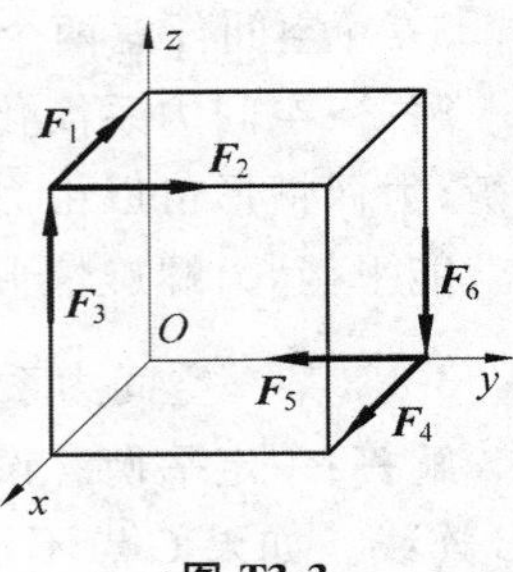

图 T3-3

解：$(\boldsymbol{F}_1,\boldsymbol{F}_4)$ 构成力偶，$(\boldsymbol{F}_2,\boldsymbol{F}_5)$ 构成力偶，$(\boldsymbol{F}_3,\boldsymbol{F}_6)$ 构成力偶，因此原力系为力偶系。向 O 点简化的

$$\boldsymbol{F}'_{\mathrm{R}}=\boldsymbol{0}$$

$$\begin{aligned}\boldsymbol{M}_O&=-aF_1(\boldsymbol{j}+\boldsymbol{k})+aF_3(-\boldsymbol{i}-\boldsymbol{j})+aF_2(-\boldsymbol{i}+\boldsymbol{k})\\&=-40(\boldsymbol{i}+\boldsymbol{j})\text{N}\cdot\text{m}\end{aligned}$$

3-4 在三棱柱的三个顶点 A、B 和 C 上作用有 6 个力，其方向如图 T3-4 所示。如 $AB=300$ mm，$BC=400$mm，$AC=500$ mm，求此力系向 A 点简化结果。

解：建立图 J3-4 所示的直角坐标系，向 A 点简化

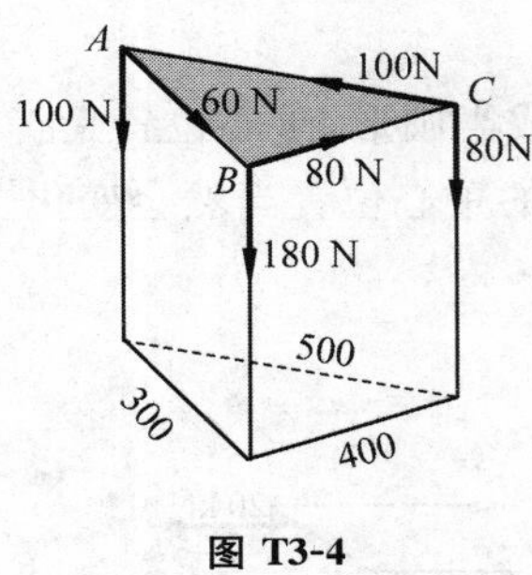

图 T3-4

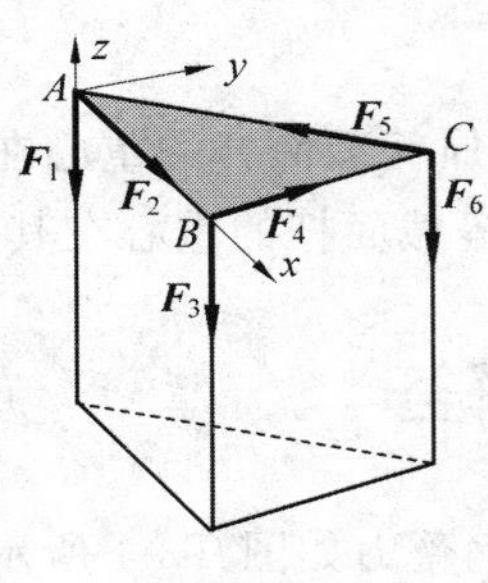

图 J3-4

$$\boldsymbol{F}'_{\mathrm{R}}=-F_1\boldsymbol{k}+F_2\boldsymbol{i}+F_3\boldsymbol{k}+F_4\boldsymbol{j}-4F_5\boldsymbol{j}/5-3F_5\boldsymbol{i}/5-F_6\boldsymbol{k}=\boldsymbol{0}$$

$$\begin{aligned}\boldsymbol{M}_A&=\boldsymbol{r}_B\times\boldsymbol{F}_3+\boldsymbol{r}_B\times\boldsymbol{F}_4+\boldsymbol{r}_C\times\boldsymbol{F}_6\\&=M_y(\boldsymbol{F}_3)\boldsymbol{j}+M_z(\boldsymbol{F}_4)\boldsymbol{k}+M_x(\boldsymbol{F}_6)\boldsymbol{i}+M_y(\boldsymbol{F}_6)\boldsymbol{j}\\&=(-32\boldsymbol{i}-30\boldsymbol{j}+24\boldsymbol{k})\text{N}\cdot\text{m}\end{aligned}$$

3-5 图 T3-5 所示正立方体的边长 $a=0.2\text{m}$，在顶点 A 沿对角线 AB 作用一力 $\boldsymbol{F}$，其大小以对角线 AB 的长度表示，每 1 mm 代表 10N。求此力系向点 O 简化的结果。

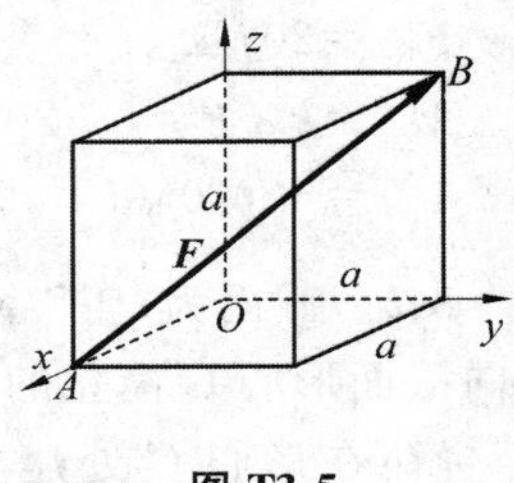

图 T3-5

解：

$$\begin{aligned}\boldsymbol{F}&=10a(-\boldsymbol{i}+\boldsymbol{j}+\boldsymbol{k})\text{N/mm}\\&=2(-\boldsymbol{i}+\boldsymbol{j}+\boldsymbol{k})\ \text{kN}\\\boldsymbol{r}&=a\boldsymbol{i}=0.2\boldsymbol{i}\ \text{m}\end{aligned}$$

向点 O 简化

$$\begin{aligned}\boldsymbol{F}'_{\mathrm{R}}&=\boldsymbol{F}=2(-\boldsymbol{i}+\boldsymbol{j}+\boldsymbol{k})\ \text{kN}\\\boldsymbol{M}_A&=\boldsymbol{r}\times\boldsymbol{F}=0.4(-\boldsymbol{j}+\boldsymbol{k})\ \text{kN}\cdot\text{m}\end{aligned}$$

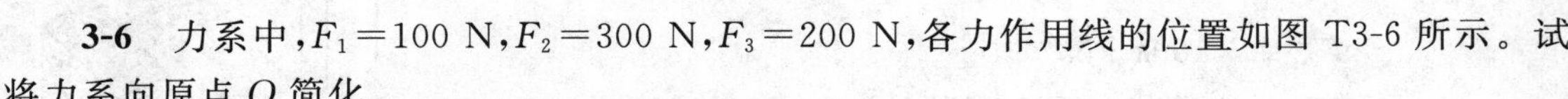

3-6 力系中，$F_1=100$ N，$F_2=300$ N，$F_3=200$ N，各力作用线的位置如图 T3-6 所示。试将力系向原点 O 简化。

解：主矢量的各分量(如果不画图，默认的正方向就是原坐标系的正方向)

$$F'_{Rx} = (-300\times 2/\sqrt{3} - 200\times 2/\sqrt{5})\ \text{N}$$
$$= -345.29\ \text{N}$$
$$F'_{Ry} = 300\times 3/\sqrt{13}\ \text{N} = 249.62\ \text{N}$$
$$F'_{Rz} = (100 - 200\times 1/\sqrt{5})\text{N}$$
$$= 10.56\ \text{N}$$

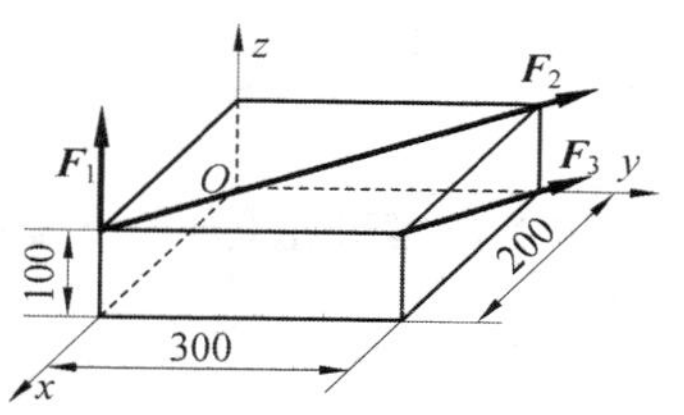

图 T3-6

因此主矢量为 $\boldsymbol{F}'_R = (-345.29\boldsymbol{i} + 249.62\boldsymbol{j} + 10.56\boldsymbol{k})\text{N}$

主矩的各分量(如果不画图,默认的正方向就是原坐标系的正方向)

$$M_x = (-300\times 3/\sqrt{13}\times 0.1 - 200\times 1/\sqrt{5}\times 0.3)\ \text{N·m} = -51.79\ \text{N·m}$$
$$M_y = (-100\times 0.20 + 300\times 2/\sqrt{13}\times 0.1)\text{N·m} = -36.65\ \text{N·m}$$
$$M_z = (300\times 3/\sqrt{13}\times 0.20 + 200\times 2/\sqrt{5}\times 0.3)\text{N·m} = 103.59\ \text{N·m}$$

因此主矩矢量为

$$\boldsymbol{M}_O = (-51.79\boldsymbol{i} - 36.65\boldsymbol{j} + 103.59\boldsymbol{k})\ \text{N·m}$$

3-7 一平行力系由5个力组成,力的大小和作用线的位置如图T3-7所示。图中小正方格的边长为10 mm。求平行力系的合力。

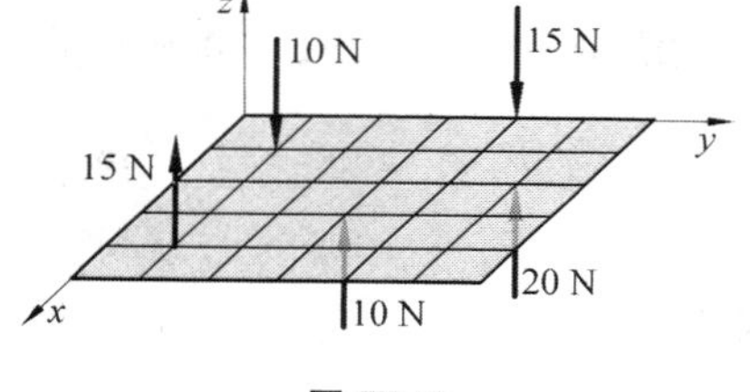

图 T3-7

解:合力作用线沿竖直方向,而大小

$$F'_R = \sum F_z = (15 + 10 + 20 - 10 - 15)\ \text{N}$$
$$= 20\ \text{N}$$

合力作用线所过的点$(x_C, y_C, 0)$:

$$x_C = (15\times 40 + 10\times 30 + 20\times 20 - 10\times 10)\text{N·mm}/F_R$$
$$= 60\ \text{mm}$$
$$y_C = (15\times 10 + 10\times 30 + 20\times 50 - 10\times 20 - 15\times 40)\text{N·mm}/F_R$$
$$= 32.5\ \text{mm}$$

3-8 图示力系的三个力分别为 $F_1 = 350$ N,$F_2 = 400$ N 和 $F_3 = 600$ N,其作用线的位置如图T3-8所示。试将此力系向原点O简化。

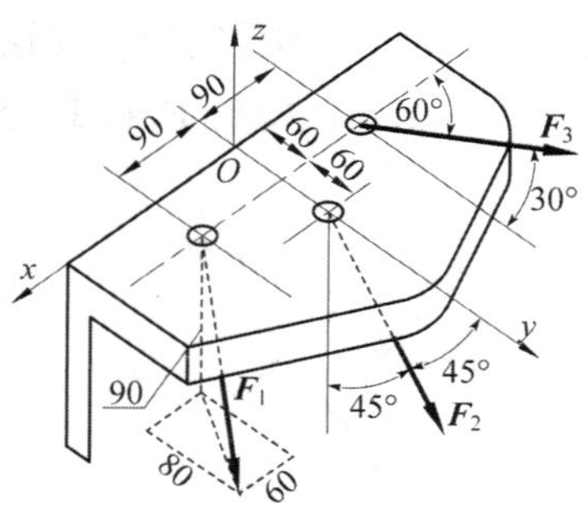

图 T3-8

解:主矢量三个分量为

$$F'_{Rx} = (350\times 60/\sqrt{18100} - 600\times 1/2)\ \text{N}$$
$$= -143.91\ \text{N}$$
$$F'_{Ry} = \left[350\times\frac{80}{\sqrt{18100}} + 400\times\frac{\sqrt{2}}{2} + 600\times\frac{\sqrt{3}}{2}\right]\text{N}$$
$$= 1010.58\ \text{N}$$
$$F'_{Rz} = (350\times(-90)/\sqrt{18100} - 400\times\sqrt{2}/2)\text{N}$$
$$= -516.98\ \text{N}$$

因此主矢量为

$$F'_{R}=(-143.91\boldsymbol{i}+1010.58\boldsymbol{j}-516.98\boldsymbol{k})\text{N}$$

主矩的各分量(如果不画图,默认的正方向就是原坐标系的正方向)

$$M_x=(-350\times\frac{90}{\sqrt{18100}}\times 60-400\times\frac{\sqrt{2}}{2}\times 120)\ \text{N·mm}=-47.99\ \text{N·m}$$

$$M_y=(350\times 90/\sqrt{18100}\times 90)\ \text{N·mm}=21.07\ \text{N·m}$$

$$M_z=(350\times\frac{80}{\sqrt{18100}}\times 90-350\times\frac{60}{\sqrt{18100}}\times 60-600\times\frac{\sqrt{3}}{2}\times 90+600\times\frac{1}{2}\times 60)\text{N·mm}=-19.40\ \text{N·m}$$

因此主矩矢量为

$$\boldsymbol{M}_O=(-47.99\boldsymbol{i}+21.07\boldsymbol{j}-19.40\boldsymbol{k})\text{N·m}$$

3-9 求图 T3-9 所示力 $F=1000$ N 对于 z 轴的力矩 M_z。

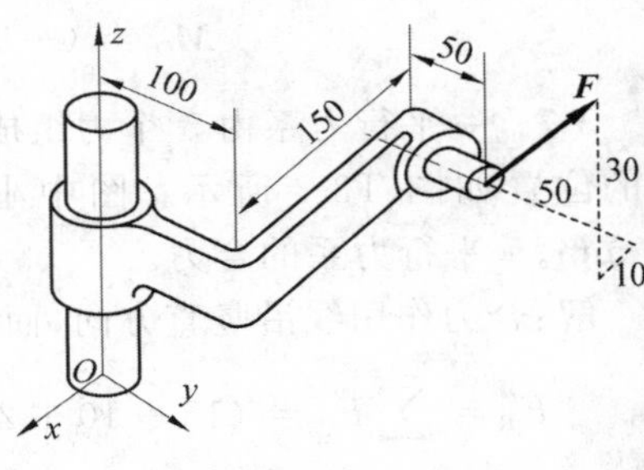

图 T3-9

解: 把力 $\boldsymbol{F}$ 分别向 x 和 y 轴投影得

$$F_x=1000\times 3/\sqrt{35}\ \text{N}=507.09\ \text{N}$$

$$F_y=1000\times 1/\sqrt{35}\ \text{N}=169.03\ \text{N}$$

因此

$$\begin{aligned}M_z&=xF_y-yF_x\\&=(-150\times 507.09-150\times 169.03)\text{N·mm}\\&=-101.42\ \text{N·m}\end{aligned}$$

3-10 轴 AB 与竖直线成 β 角,悬臂 CD 与轴垂直地固定在轴上,其长为 a,并与竖直面 zAB 成 θ 角,如图 T3-10 所示。如在点 D 作用竖直向下的力 $\boldsymbol{F}$,求此力对轴 AB 的矩。

解: 将力 $\boldsymbol{F}$ 分解为 $\boldsymbol{F}_1$ 和 $\boldsymbol{F}_2$,如图 J3-10 所示,其中 $\boldsymbol{F}_1$ 和 $\boldsymbol{F}_2$ 按如下的方式确定:$\boldsymbol{F}_1$ 平行于 CE;$\boldsymbol{F}_2$ 平行于 AB。我们需要论证这样分解是可行。首先($\boldsymbol{F}_1$, $\boldsymbol{F}_2$)构成的平面平行于竖直面 $zABCE$,因为相交的 $\boldsymbol{F}_1$ 和 $\boldsymbol{F}_2$ 分别平行与 $zABCE$ 面内相交的 AB 和 CE。根据题意 $\boldsymbol{F}$ 竖直,

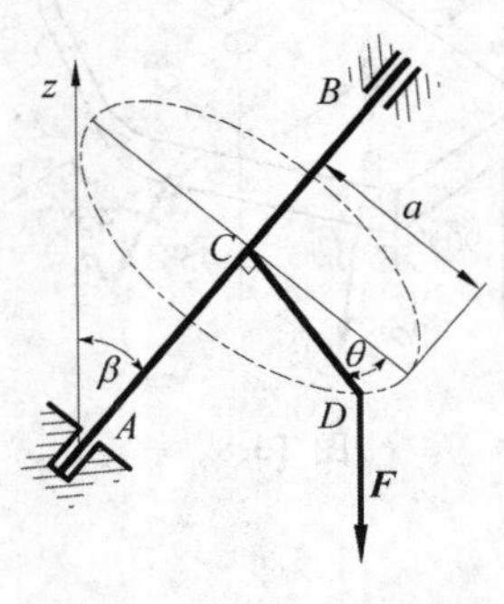

图 T3-10

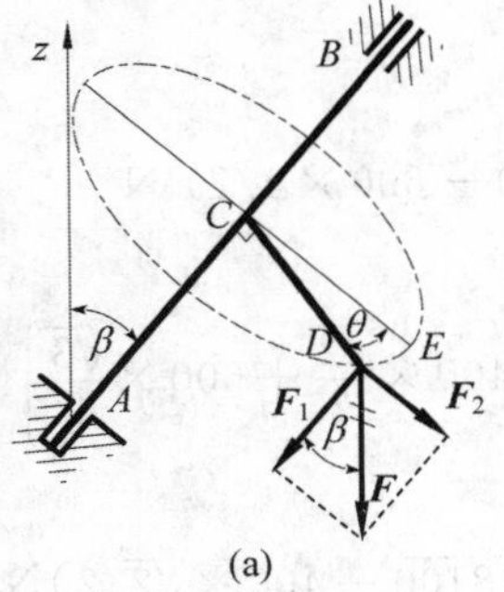

(a)

(b)

图 J3-10

所以 $\boldsymbol{F}$ 平行于 $zABCE$ 面内的 z 轴，即 $\boldsymbol{F}$ 平行 $zABCE$。这就说明 $\boldsymbol{F}$、$\boldsymbol{F}_1$ 和 $\boldsymbol{F}_2$ 三者在同一个平面内，因而可以用平行四边形法则分解。分解后 $\boldsymbol{F}_2$ 对 AB 轴的矩为零。从 B 向 A 看的平面投影如图 J3-10b 所示。根据图 J3-10a。

$$F_1 = F\sin\beta$$

因此

$$M_{AB}(\boldsymbol{F}) = F\sin\beta \times a\sin\theta = aF\sin\beta\sin\theta$$

3-11　水平圆盘的半径为 r，外缘 C 处作用有已知力 $\boldsymbol{F}$。力 $\boldsymbol{F}$ 位于竖直平面内，且与 C 处圆盘切线夹角为 $60°$，其他尺寸如图 T3-11 所示。求力 $\boldsymbol{F}$ 对 x、y、z 轴之矩。

解：因为三个轴的矩都要计算，所以矢量法是首选的方法。

可写出（矢量 $\boldsymbol{r}$ 从坐标原点到 C）

$$\boldsymbol{r} = \frac{1}{2}r\boldsymbol{i} + \frac{\sqrt{3}}{2}r\boldsymbol{j} + h\boldsymbol{k}$$

$$\boldsymbol{F} = \frac{\sqrt{3}}{4}F\boldsymbol{i} - \frac{1}{4}F\boldsymbol{j} - \frac{\sqrt{3}}{2}F\boldsymbol{k}$$

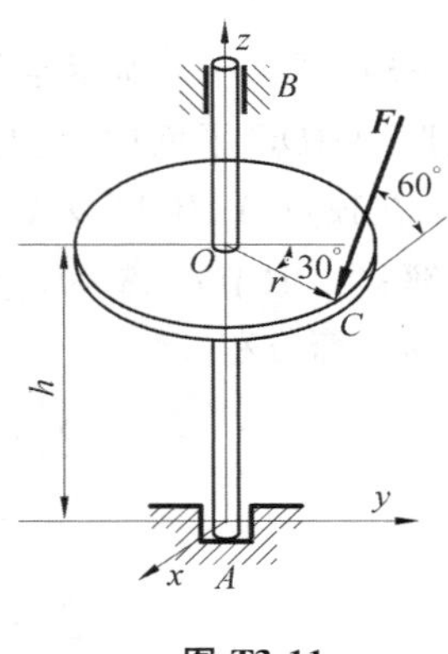

图 T3-11

因此

$$\boldsymbol{M}_O(F) = \begin{vmatrix} \boldsymbol{i} & \boldsymbol{j} & \boldsymbol{k} \\ r/2 & \sqrt{3}r/2 & h \\ \sqrt{3}F/4 & -F/4 & -\sqrt{3}F/2 \end{vmatrix}$$

$$= \frac{F}{4}(h-3r)\boldsymbol{i} + \frac{\sqrt{3}F}{4}(h-3r)\boldsymbol{j} - \frac{Fr}{2}\boldsymbol{k}$$

对三个轴的矩就是上式单位方向矢量前的系数，即

$$M_x(\boldsymbol{F}) = \frac{F}{4}(h-3r),\quad M_y(\boldsymbol{F}) = \frac{\sqrt{3}F}{4}(h-3r),\quad M_z(\boldsymbol{F}) = -\frac{Fr}{2}$$

3-12　空间构架由三根无重直杆组成，在 D 端用球铰链连接，如图 T3-12 所示。A，B 和 C 端则用球铰链固定在水平地板上。如果挂在 D 端的物重 $P=10\text{kN}$，求铰链 A，B 和 C 的约束力。

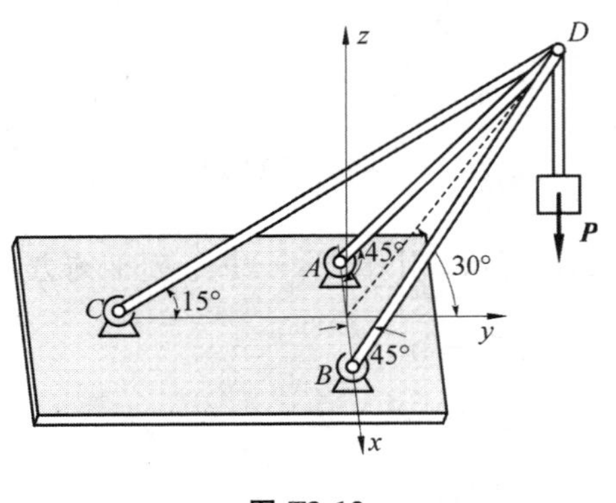

图 T3-12

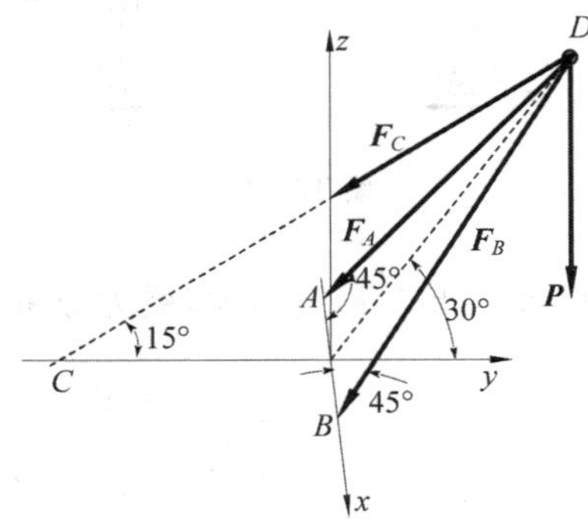

图 J3-12

解: 三根直杆均为二力杆。取节点 D 为研究对象,受力如图 J3-12 所示。列空间汇交力系平衡方程,

$$\sum F_x = 0: \quad F_B\cos45^\circ - F_A\cos45^\circ = 0$$

$$\sum F_y = 0: \quad -F_A\sin45^\circ\cos30^\circ - F_B\sin45^\circ\cos30^\circ - F_C\cos15^\circ = 0$$

$$\sum F_z = 0: \quad -F_A\sin45^\circ\sin30^\circ - F_B\sin45^\circ\sin30^\circ - F_C\sin15^\circ - P = 0$$

解得

$$F_B = F_A = -(\sqrt{6} + 2\sqrt{2})P/2 = -26.39\ \text{kN}$$

$$F_C = (\sqrt{6} + 3\sqrt{2})P/2 = 33.46\ \text{kN}$$

3-13 见例题 3-2。

3-14 图 3-14 所示空间桁架由杆 1,2,3,4,5 和 6 构成。在节点 A 上作用一个力 $\boldsymbol{F}$,此力在矩形 $ABDC$ 平面内,且与竖直线成 45°角。$\Delta EAK \cong \Delta FBM$。等腰三角形 EAK、FBM 和 NDB 在顶点 A、B 和 D 处均为直角,又 $EC=CK=FD=DM$。若 $F=10$ kN,求各杆的内力。

解:(1)取节点 A 为研究对象,受力分析如图 J3-14a 所示。

列平衡方程

$$\sum F_x = 0: \quad (F_1 - F_2)\cos45^\circ = 0$$

$$\sum F_y = 0: \quad F_3 + F\sin45^\circ = 0$$

$$\sum F_z = 0: \quad -(F_1 + F_2)\sin45^\circ - F\cos45^\circ = 0$$

解得

$$F_1 = F_2 = -F/2 = -5\ \text{kN}, \quad F_3 = -\sqrt{2}F/2 = -7.07\ \text{kN}$$

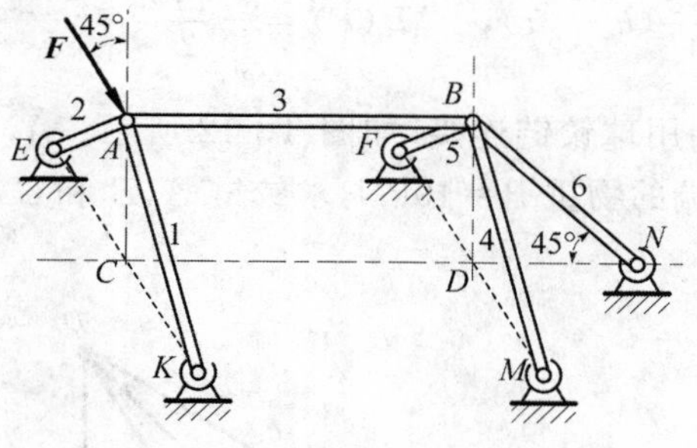

图 T3-14

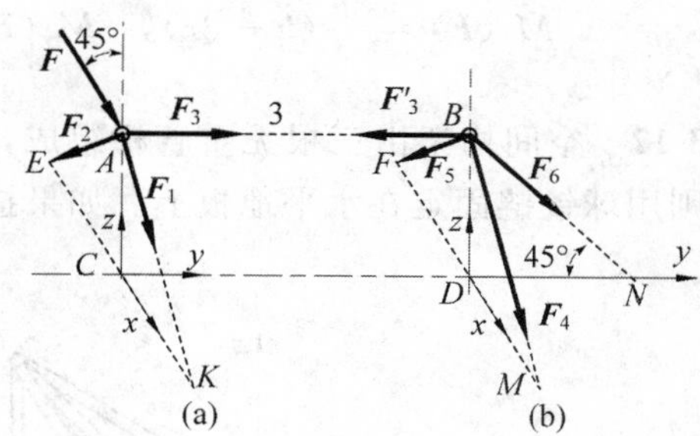

图 J3-14

(2)取节点 B 为研究对象,受力分析如图 J3-14b 所示,其中 $F'_3 = F_3$。列平衡方程

$$\sum F_x = 0: \quad (F_4 - F_5)\cos45^\circ = 0$$

$$\sum F_y = 0: \quad F_6\sin45^\circ - F_3 = 0$$

$$\sum F_z = 0: \quad -(F_3 + F_4 + F_6)\sin45^\circ = 0$$

解得

$$F_4 = F_5 = F/2 = 5\ \text{kN},\quad F_6 = -F = -10\ \text{kN}$$

3-15　如图 T3-15 所示，三脚圆桌的半径为 $r = 500\text{mm}$，重 $P=600$ N。圆桌的三脚 A、B 和 C 形成一等边三角形。若在中线 CD 上距圆心为 a 的点 M 处作用竖直力 $F=1500$ N，求使圆桌不致翻倒的最大距离 a。

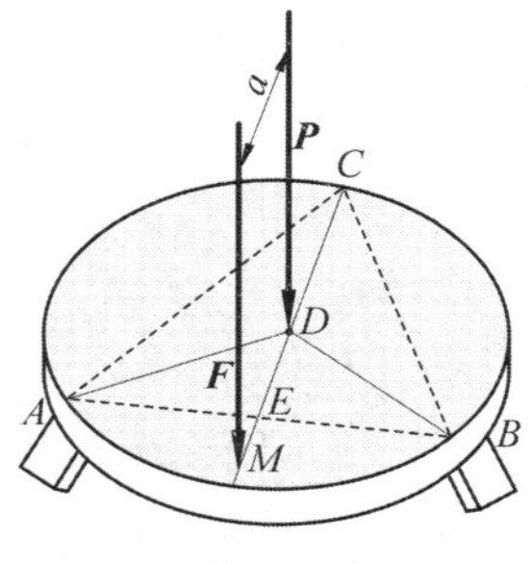

图 T3-15

解： 翻倒问题不考虑摩擦力，其临界条件是桌脚正压力等于零，本题应检验 C 脚。取圆桌为研究对象，受力分析如图 J3-15 所示，其中 F_C 在临界条件下应为零。力系对轴 AB 的矩平衡方程为

$$\sum M_{AB} = 0:\quad F \times EM - P \times ED = 0$$

即

$$F \times (a - ED) - P \times ED = 0$$

也就是

$$\begin{aligned} a &= (P/F + 1)ED \\ &= (600/1500 + 1) \times 500 \times 1/2\ \text{mm} \\ &= 350\ \text{mm} \end{aligned}$$

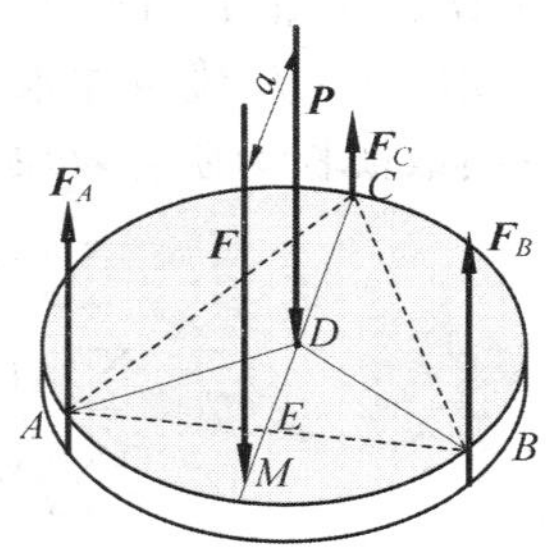

图 J3-15

3-16　如图 T3-16 所示，在扭转试验机里扭矩的大小根据测力计 B 的读数来确定。假定测力计所指示的力为 F，杆 BC 与轴 DE 平行。已知 K 处为光滑接触，$BK=KC$，$\alpha=90°$，$KL=a$，$LD=b$，$DE=c$，各构件自重不计。求扭矩 M 的大小以及对轴承 D 和 E 的压力。

解：(1)先取 BC 为研究对象，受力分析见图 J3-16a。

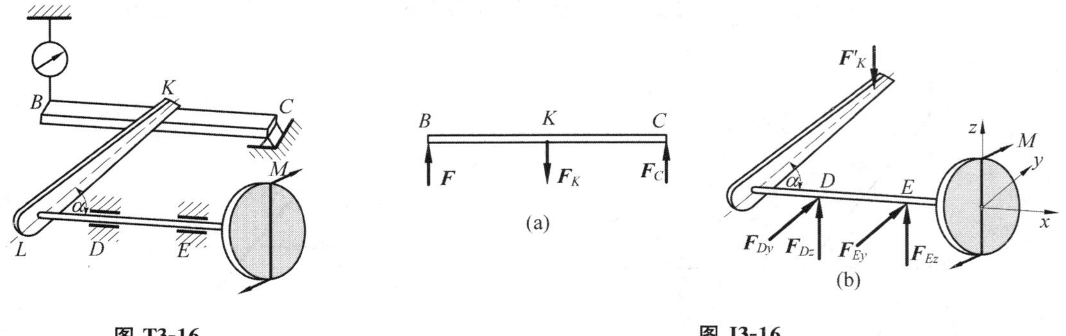

图 T3-16　　图 J3-16

对 C 点的矩平衡方程为

$$\sum M_C = 0:\quad -F \times BC + F_K \times KC = 0$$

解得：$F_K = 2F$

(2)以 KLE 为研究对象，受力分析见图 J3-16b。列平衡方程有：

$$\begin{cases}\sum M_x = 0: & aF'_K - M = 0 \\ \sum M_y = 0: & F'_K(b+c) + cF_{Dz} = 0 \\ \sum M_z = 0: & -cF_{Dy} = 0 \\ \sum F_y = 0: & F_{Dy} + F_{Ey} = 0 \\ \sum F_z = 0: & F'_K + F_{Dz} + F_{Ez} = 0\end{cases}$$

解得：

$$M = 2Fa, \quad F_{Dz} = -\frac{2(b+c)F}{c}, \quad F_{Dy} = F_{Ey} = 0, \quad F_{Ez} = \frac{2bF}{c}$$

3-17 见例题 3-4。

3-18 如图 T3-18 所示，均质长方形薄板重 $P=200$ N，用球铰链 A 和蝶铰链 B 固定在墙上，并用绳子 CE 维持在水平位置。求绳子的拉力和支座约束力。

解： 取薄板为研究对象，受力如图 J3-18 所示。列平衡方程（宜先写矩）

$$\sum M_z = 0: \quad F_{Bx} \times AB = 0$$

$$\sum M_{AC} = 0: \quad F_{Bz} \times AB\sin 30^\circ = 0$$

$$\sum M_y = 0: \quad -F_{\mathrm{T}} \times BC\sin 30^\circ + P \times BC/2 = 0$$

$$\sum M_{BC} = 0: \quad P \times AB/2 - F_{Az} \times AB = 0$$

$$\sum F_x = 0: \quad F_{Ax} - F\cos 30^\circ \sin 30^\circ = 0$$

$$\sum F_y = 0: \quad F_{Ay} - F\cos 30^\circ \cos 30^\circ = 0$$

解得：

$$F_{Bx} = F_{Bz} = 0, \quad F_{\mathrm{T}} = P = 200 \text{ N}$$

$$F_{Az} = P/2 = 100 \text{ N}, \quad F_{Ax} = \sqrt{3}P/4 = 86.6 \text{ N}, \quad F_{Ay} = 3P/4 = 150 \text{ N}$$

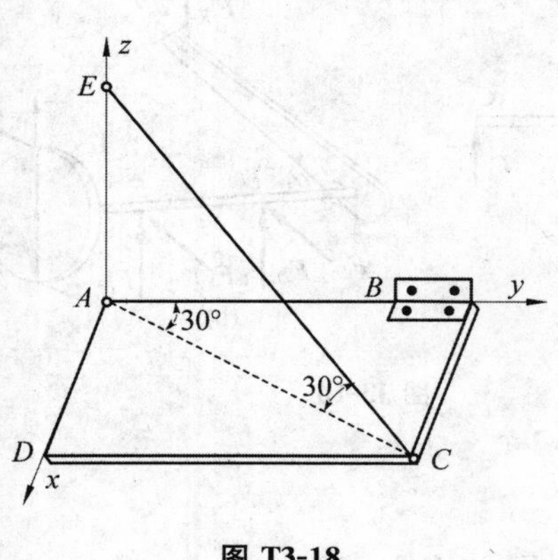

图 T3-18

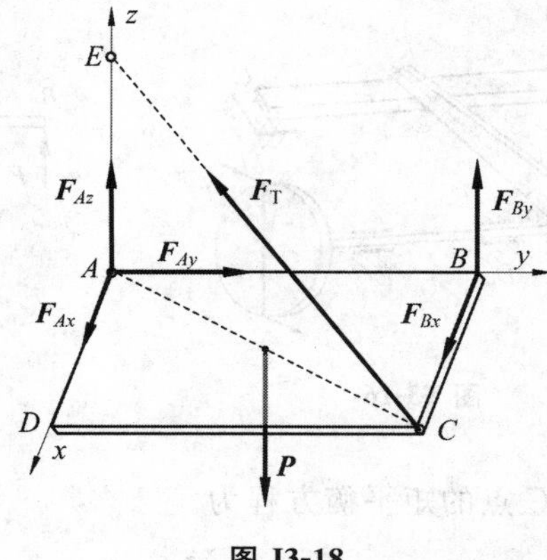

图 J3-18

3-19 图 T3-19 所示六杆支撑一水平板，在板角处受竖直力 $\boldsymbol{F}$ 作用。设板和杆自重不计，求各杆的内力。

解： 六根支撑杆均为二力杆。取板为研究对象，受力分析如图 J3-19 所示。列平衡方程

$$\sum F_x = 0: \quad F_6 \times AD/DF = 0$$

$$\sum M_z = 0: \quad -F_2\cos\theta \times AD = 0$$

$$\sum M_{BF} = 0: \quad -F_4\cos\theta \times BC = 0$$

解得：

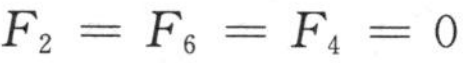

$$F_2 = F_6 = F_4 = 0$$

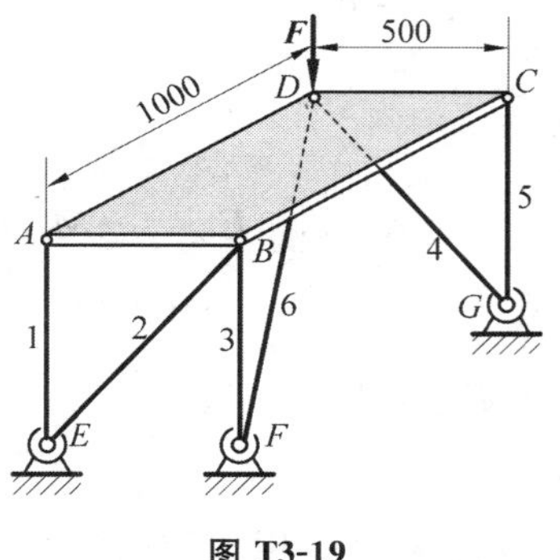

图 T3-19

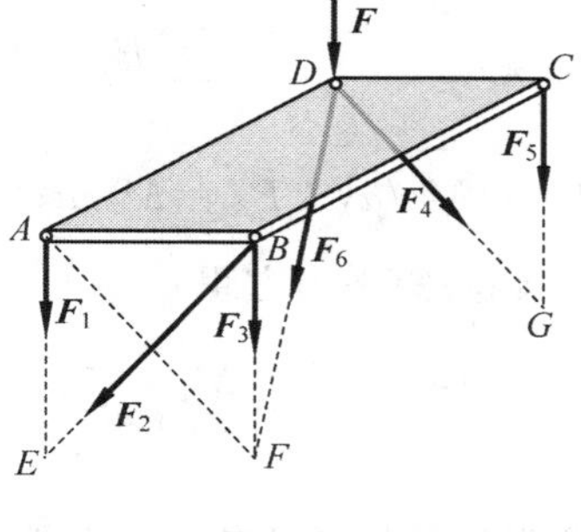

图 J3-19

再列另外三个平衡方程：

$$\sum M_{AB} = 0: \quad F \times AD + F_5 \times BC = 0$$

$$\sum M_{AD} = 0: \quad F_3 \times AB + F_5 \times CD = 0$$

$$\sum F_z = 0: \quad -F_3 - F_5 - F_1 - F = 0$$

解得：

$$F_5 = -F, \quad F_3 = F, \quad F_1 = -F$$

3-20　无重曲杆 $ABCD$ 有两个直角，且平面 ABC 与平面 BCD 垂直。杆的 D 端为球铰支座，A 端受轴承支持，如图 T3-20 所示。在曲杆的 AB、BC 和 CD 上作用三个力偶，力偶所在平面分别垂直于 AB、BC 和 CD 三线段。已知力偶矩 M_2 和 M_3，求使曲杆处于平衡的力偶矩 M_1 和支座约束力。

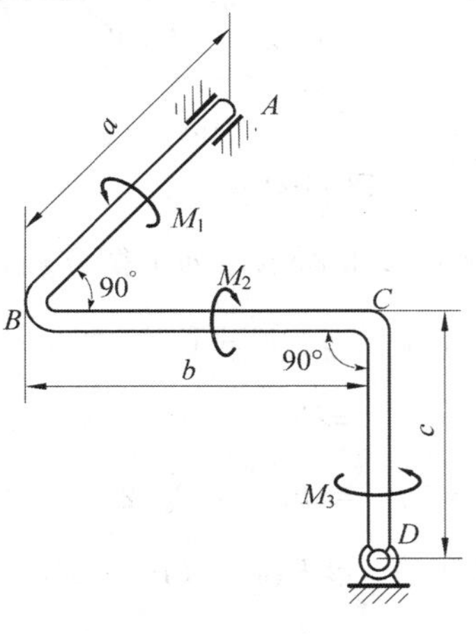

图 T3-20

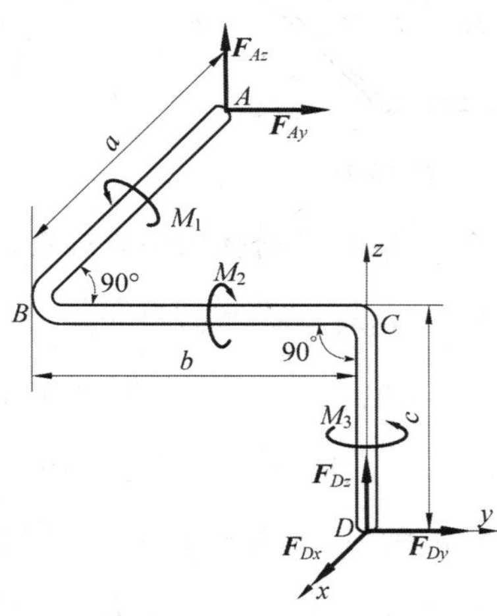

图 J3-20

解:选择曲杆为研究对象,受力分析如图 J3-20 所示。列平衡方程

$$\sum F_x = 0: \quad F_{Dx} = 0$$
$$\sum M_y = 0: \quad F_{Az} \times a - M_2 = 0$$
$$\sum F_z = 0: \quad F_{Az} + F_{Dz} = 0$$
$$\sum M_z = 0: \quad -F_{Ay} \times a + M_3 = 0$$
$$\sum F_y = 0: \quad F_{Ay} + F_{Dy} = 0$$

解得

$$F_{Ay} = M_3/a, \quad F_{Az} = M_2/a; \quad F_{Dx} = 0, \quad F_{Dy} = -M_3/a, \quad F_{Dz} = -M_2/a$$

再由对 x 轴写矩平衡方程

$$\sum M_x = 0: \quad M_1 - F_{Ay} \times c - F_{Az} \times b = 0$$

得到

$$M_1 = (cM_3 + bM_2)/a$$

3-21 两根均质杆 AB 和 BC 分别重 P_1 和 P_2,其端点 A 和 C 用球铰固定在水平面上,另一端 B 由球铰链相连接,靠在光滑的竖直墙上,墙面与 AC 平行,如图 T3-21 所示。如 AB 与水平线交角为 45°,$\angle BAC = 90°$,求 A 和 C 的支座约束力以及墙上点 B 所受的压力。

解:(1)取 AB 杆为研究对象,受力分析如图 J3-21a 所示(与墙面支撑的球铰放到 BC 杆上)。列如下平衡方程

$$\sum M_z = 0: \quad -F_{Ax} \times OA = 0$$

可得:$F_{Ax} = 0$。

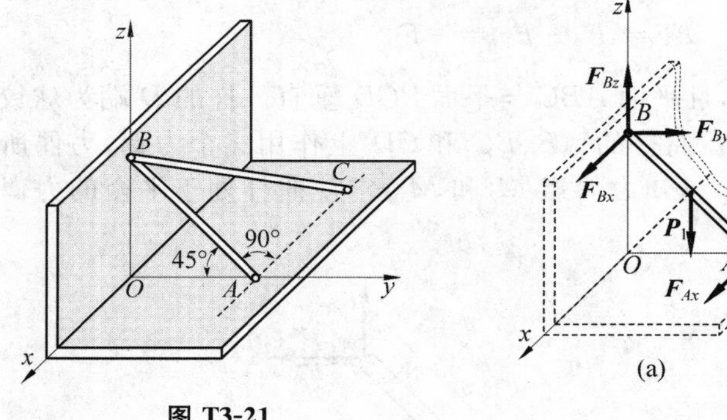

图 T3-21

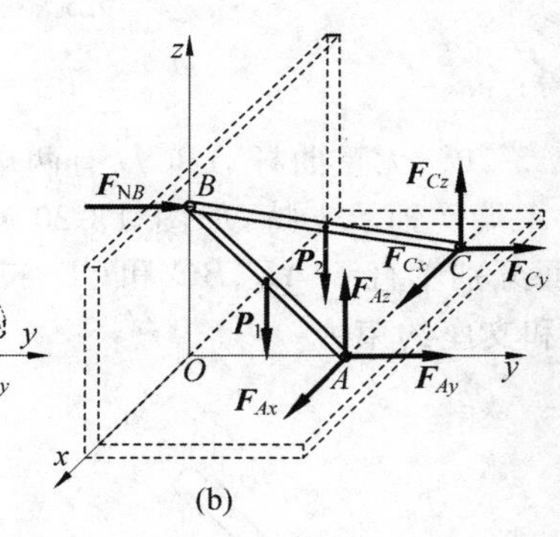

图 J3-21

(2)取 AB 和 BC 联合体为研究对象,受力分析如图 J3-21b 所示。列平衡方程有

$$\sum F_x = 0: \quad F_{Ax} + F_{Cx} = 0 \Rightarrow F_{Cx} = 0$$
$$\sum M_z = 0: \quad -F_{Cx} \times OA + F_{Cy} \times AC = 0 \Rightarrow F_{Cy} = 0$$
$$\sum M_y = 0: \quad F_{Cz} \times AC - P_2 \times AC/2 = 0 \Rightarrow F_{Cz} = P_2/2$$
$$\sum M_{AC} = 0: \quad (P_1 + P_2) \times OA/2 - F_{NB} \times OB = 0 \Rightarrow F_{NB} = (P_1 + P_2)/2$$
$$\sum F_z = 0: \quad F_{Az} + F_{Cz} - P_1 - P_2 = 0 \Rightarrow F_{Az} = P_1 + P_2/2$$
$$\sum F_y = 0: \quad F_{NB} + F_{Ay} + F_{Cy} = 0 \Rightarrow F_{Ay} = -(P_1 + P_2)/2$$

3-22 杆系由球铰连接，位于正方体的边和对角线上，如图 T3-22 所示。在节点 D 沿对角线 LD 方向作用力 $\boldsymbol{F}_D$。在节点 C 沿 CH 边竖直向下作用 $\boldsymbol{F}$。如球铰 B、L 和 H 是固定的，杆重不计，求各杆的内力。

解： 各杆均为二力杆。分别取节点 C 和 D 为研究对象，受力分析如图 J3-22 所示。

对节点 D 列平衡方程有

$$\sum F_y = 0: \quad F_D \times \sqrt{2}/2 - F_1 \times \sqrt{2}/2 = 0 \quad \Rightarrow F_1 = F_D$$

$$\sum F_z = 0: \quad F_D \times \sqrt{2}/2 - F_6 \times \sqrt{2}/2 = 0 \quad \Rightarrow F_6 = F_D$$

$$\sum F_x = 0: \quad F_3 + (F_1 + F_6) \times \sqrt{2}/2 = 0 \quad \Rightarrow F_3 = -\sqrt{2}F_D$$

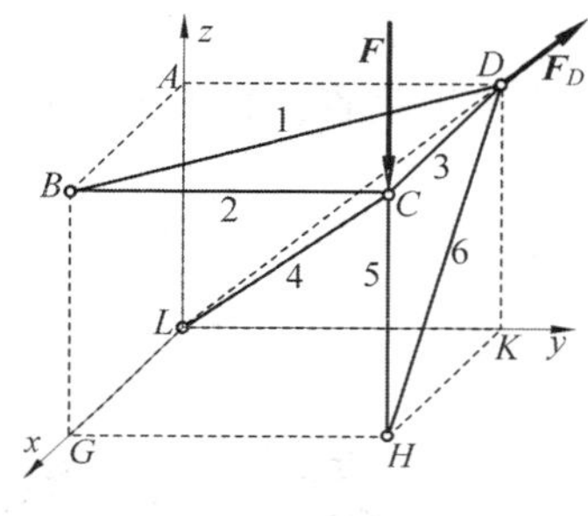

图 T3-22

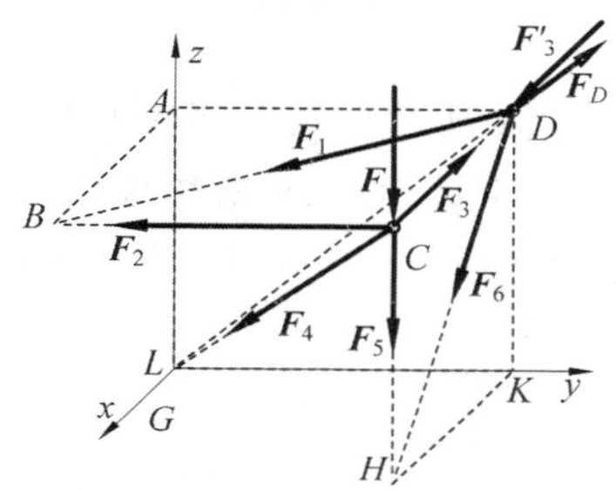

图 J3-22

对节点 C 列平衡方程有

$$\sum F_x = 0: \quad -F_3 - F_4 \times (1/\sqrt{3}) = 0 \quad \Rightarrow F_4 = \sqrt{6}F_D$$

$$\sum F_y = 0: \quad -F_2 - F_4 \times (1/\sqrt{3}) = 0 \quad \Rightarrow F_2 = -\sqrt{2}F_D$$

$$\sum F_z = 0: \quad -F - F_5 - F_4 \times (1/\sqrt{3}) = 0 \quad \Rightarrow F_5 = -F - \sqrt{2}F_D$$

3-23 图 T3-23 所示结构由立柱、支架和电动机组成，总重量 $P=300\text{N}$。重心位于立柱垂直中心线相距 305mm 的点 G 处。立柱固定在基础 A 上。电动机按图示方向转动，并以驱动力偶矩 $M=190.5\ \text{N}\cdot\text{m}$ 带动机器转动，力 $F=250\text{N}$ 作用在支架的 B 处。求支座 A 的约束力。

解： 取立柱-支架-电动机组成系统为研究对象，受力分析如图 J3-23 所示。列平衡方程有

$$\sum M_x = 0: \quad M_{Ox} = 0 \quad \Rightarrow M_{Ox} = 0$$

$$\sum F_y = 0: \quad F_{Oy} = 0 \quad \Rightarrow F_{Oy} = 0$$

$$\sum F_x = 0: \quad F_{Ox} - F = 0 \quad \Rightarrow F_{Ox} = F = 250\ \text{N}$$

$$\sum F_z = 0: \quad F_{Oz} - P = 0 \quad \Rightarrow F_{Oz} = P = 300\ \text{N}$$

$$\sum M_z = 0: \quad M_{Oz} - F \times 76\ \text{mm} = 0 \quad \Rightarrow M_{Oz} = 19\ \text{N}\cdot\text{m}$$

$$\sum M_y = 0: \quad M_{Oy} - (F \times 254 + P \times 305)\text{mm} + M = 0 \quad \Rightarrow M_{Oy} = -34.55\ \text{N}\cdot\text{m}$$

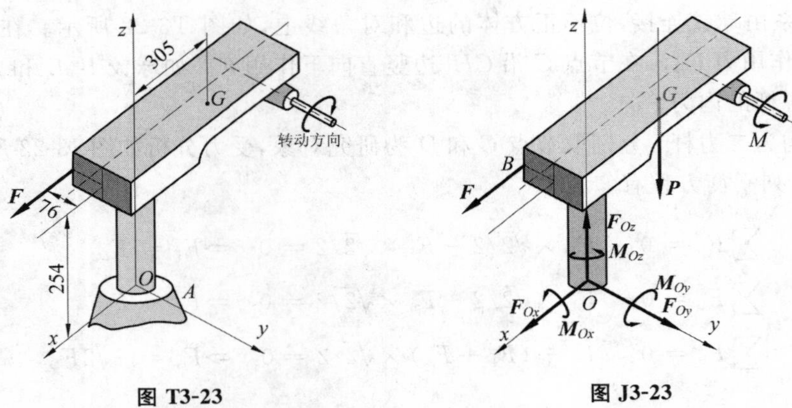

图 T3-23　　　　图 J3-23

3-24　图 T3-24 所示作用在踏板上的垂直力 $\boldsymbol{F}$，使位于垂直位置的连杆产生一拉力 $\boldsymbol{F}_{\mathrm{T}}$。已知 $F_{\mathrm{T}}=400\ \mathrm{N}$。求轴承 A、B 的约束力。

解:选择整个踏板为研究对象,受力分析如图 J3-24 所示。

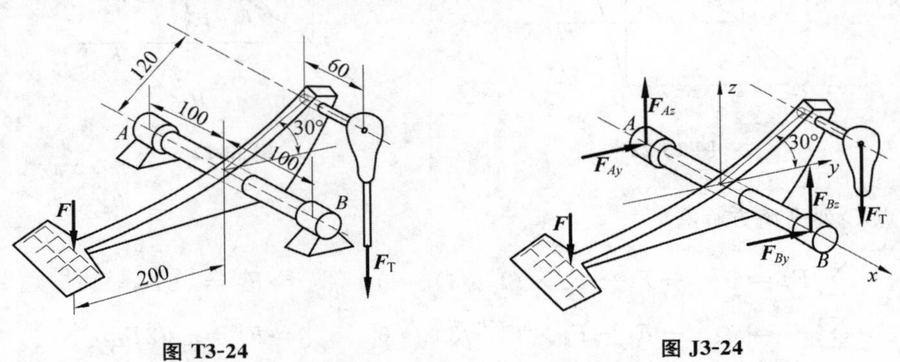

图 T3-24　　　　图 J3-24

列平衡方程可有

$$\sum M_{Az}=0:\quad AB\times F_{By}=0\qquad\Rightarrow F_{By}=0$$

$$\sum F_{y}=0:\quad F_{Ay}+F_{By}=0\qquad\Rightarrow F_{Ay}=0$$

$$\sum M_{x}=0:\quad F\times 200-F_{\mathrm{T}}\times 120\times\cos 30^{\circ}=0\qquad\Rightarrow F=207.85\ \mathrm{N}$$

$$\sum M_{Ay}=0:\quad -F_{Bz}\times 200+F\times 100+F_{\mathrm{T}}\times 160=0\qquad\Rightarrow F_{Bz}=423.92\ \mathrm{N}$$

$$\sum F_{z}=0:\quad F_{Bz}+F_{Az}-F-F_{\mathrm{T}}=0\qquad\Rightarrow F_{Az}=183.92\ \mathrm{N}$$

3-25　工字钢截面尺寸如图 T3-25 所示,求此截面的几何中心。

解:此图形有对称轴,因此几何中心在对称轴上。建立图 J3-25 坐标系,显然 $y_C=0$,而横坐标

$$x_C=\frac{\sum x_iA_i}{\sum A_i}=\frac{200\times 20\times(-10)+200\times 20\times 100+150\times 20\times 210}{200\times 20+200\times 20+150\times 20}\mathrm{mm}$$

$$=90\ \mathrm{mm}$$

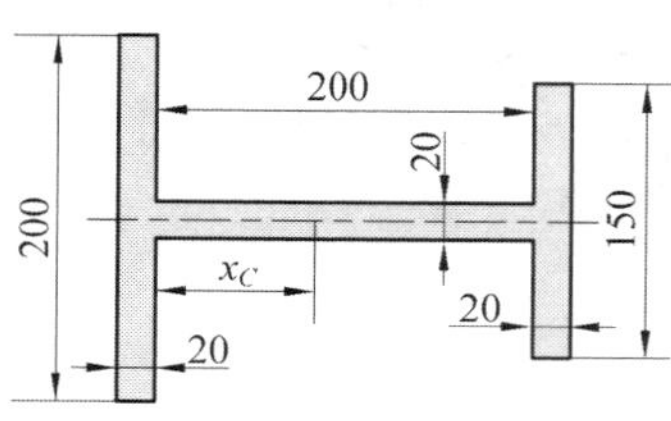

图 T3-25

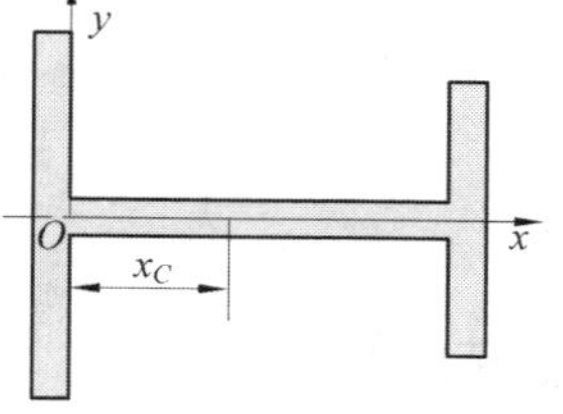

图 J3-25

3-26　均质块尺寸如图 3-26 所示，求其重心位置。

解：因为均质，所以重心也就是几何中心。整个块体可分割成 3 个长方体子块。各子块的参数为：

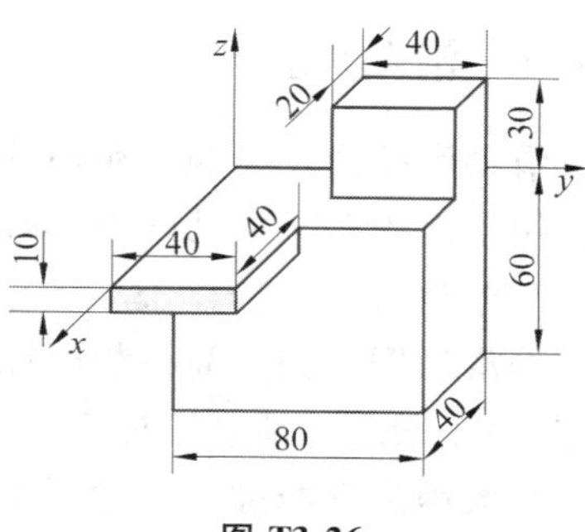

图 T3-26

$$V_1 = 20 \times 40 \times 30 = 24000\ \text{mm}^3$$

$$x_1 = 10\ \text{mm},\quad y_1 = 60\ \text{mm},\quad z_1 = 15\ \text{mm}$$

$$V_2 = 80 \times 40 \times 60 = 192000\ \text{mm}^3$$

$$x_2 = 20\ \text{mm},\quad y_2 = 40\ \text{mm},\quad z_2 = -30\ \text{mm}$$

$$V_3 = 40 \times 40 \times 10 = 16000\ \text{mm}^3$$

$$x_3 = 60\ \text{mm},\quad y_3 = 20\ \text{mm},\quad z_3 = -5\ \text{mm}$$

而重心坐标为

$$x_C = \frac{\sum V_i x_i}{\sum V_i} = 21.72\ \text{mm}$$

$$y_C = \frac{\sum V_i y_i}{\sum V_i} = 40.69\ \text{mm}$$

$$z_C = \frac{\sum V_i z_i}{\sum V_i} = -23.62\ \text{mm}$$

我们平时所说的意识实际就是大脑所执行的一系列操作。

ER Kandel《神经科学原理》

第 4 章　摩擦

4.1　主要内容

摩擦是极其复杂的物理现象。由于涉及不等式，摩擦问题的求解也相对困难。

4.1.1　滑动摩擦

滑动摩擦力　接触面粗糙的两个物体，当接触面之间有相对滑动或相对滑动的趋势时，彼此作用了阻碍对方滑动的力，即滑动摩擦力。分为三类：静滑动摩擦力、最大静滑动摩擦力和动滑动摩擦力。

静滑动摩擦力　简称静摩擦力，方向与接触面之间相对滑动的趋势相反，大小由平衡方程确定，小于最大静滑动摩擦力。

最大静滑动摩擦力　静摩擦力能够达到的最大值 F_{max}，在该状态相对运动将要发生但是尚未发生。F_{max} 大小由库仑摩擦定律确定，即 $F_{max} = f_s F_N$，其中 f_s 为摩擦因数，F_N 为两物体之间的正压力。

动滑动摩擦力　简称动摩擦力，是相对滑动已经产生后，接触面之间对相对滑动的阻力。大小 $F = fF_N$，其中 f 为动摩擦因数。一般 $f < f_s$。

4.1.2　摩擦角与自锁现象

全约束力　把法向支持力和摩擦力合成为一个合力。

摩擦角　全约束力与法线夹角的最大值 φ_f。其正切就是静摩擦因数。摩擦锥是摩擦角在空间的拓展。

自锁现象　除全约束力之外的所有力为主动力，把主动力合成为一主动合力。如果主动合力方向处于摩擦角之内，则无论主动合力增加到多大，物体总保持静止。这称为自锁现象。

4.1.3　考虑摩擦时物体平衡问题

特点　①接触面需要考虑切向的摩擦力 $\boldsymbol{F}_s$，这通常增加了未知数的个数；②为了确定新增的未知数，需要补充摩擦规律 $F_s \leqslant f_s F_N$ ，各摩擦处都要补充；③摩擦平衡的解一般是范围，而不是确定的值；④不等式比较难解，所以一般先用等式解临界条件，再判断范围；⑤如有多处摩擦，有的问题是全部达到临界，有的则未必。

几何法　对一些机构，使用摩擦角的几何法比较方便。

4.1.4　滚动摩阻的概念

滚动摩阻 一个物体相对于另一个物体滚动或有滚动趋势时，会受到阻碍作用，它表现为

滚动摩阻力偶 M_f。

滚动摩阻力偶矩 M_f 的转向与相对滚动趋势相反，其大小由平衡方程确定，且有 $0 \leqslant M_f \leqslant M_{max}$。

最大滚动摩阻力偶矩 即将发生而又没有发生滚动时的滚动摩阻力偶矩，其转向与相对滚动趋势相反，大小由滚动摩阻定律确定，即 $M_{max} = \delta F_N$，其中 δ 是滚动摩阻系数，量纲是长度，单位一般是 mm。

滚动状态的滚动摩阻力偶矩 近似有 $M_{max} = \delta F_N$。

4.2 精选例题

例题 4-1 截面圆形的树桩上绕有一段软绳，软绳两端分别受到拉力 $\boldsymbol{F}_1$ 和 $\boldsymbol{F}_2$ 的作用，如图 4-1 所示，软绳绕桩包角为 β，绳与桩之间滑动摩擦因数为 f_s。试分析软绳保持平衡的 F_1 和 F_2 的条件。

解： 不失一般性，假定 $F_1 < F_2$。这样假定的绳子有向 $\boldsymbol{F}_2$ 滑动的趋势。

由于 $\boldsymbol{F}_1$ 和 $\boldsymbol{F}_2$ 的作用，绳子对树桩表面形成分布正压力和相应的分布摩擦力，如图 4-2a 所示。为了对其定量分析，取出微元 $d\beta$ 所对应的微弧进行受力分析，如图 4-2b 所示。

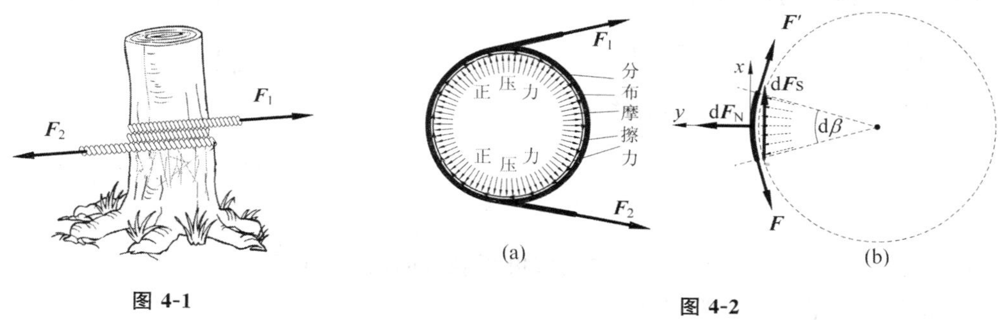

图 4-1

图 4-2

对图 4-2b 列平衡方程

$$\begin{cases} \sum F_x = 0: & F'\cos(d\beta/2) - F\cos(d\beta/2) + dF_s = 0 \\ \sum F_y = 0: & -F'\sin(d\beta/2) - F\sin(d\beta/2) + dF_N = 0 \end{cases}$$

联合静摩擦定律 $dF_s = f_s dF_N$ 有

$$F - F' = f_s(F' + F)\tan(d\beta/2) \tag{a}$$

式(a)表明微元 $d\beta$ 两端的拉力大小的差与 $d\beta$ 同阶，即 F 是可微，因此有 $F = F' + dF$，这样式(a)变成

$$dF = f_s(2F - dF)\tan(d\beta/2) \tag{b}$$

式(b)右端圆括号内的 dF 是无穷小量（与 $2F$ 相比），可以略去。对无穷小量 $d\beta$，$\tan(d\beta/2) = d\beta/2$，因此式(b)可变成 $dF = f_s F d\beta$，或者

$$dF/F = f_s d\beta \tag{c}$$

对式(c)两边积分有

$$\ln F(\beta)=f_s\beta+C$$

题设 $F(0)=F_1, F(\beta)=F_2$，因此

$$\frac{F_2}{F_1}=\frac{F(\beta)}{F(0)}=\frac{\exp(f_s\beta+C)}{\exp(f_s\times 0+C)}=\exp(f_s\beta)$$

如果 $F_1>F_2$，同理可得临界条件为 $F_2/F_1=\exp(-f_s\beta)$。

综合起来，平衡条件为

$$\exp(-f_s\beta)\leqslant F_2/F_1\leqslant\exp(f_s\beta)$$

例题 4-2 如图 4-3 所示，绳子以 $P=100$ N 的拉力拉一重 $W=500$ N 的物体。物体与地面之间的摩擦系数 $f_s=0.2$，绳子与地面之间的夹角为 30°。求：(1)物体的运动状况；(2)物体滑动时的最小拉力 $P_{\min}$。

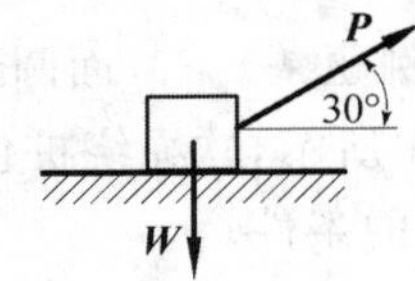

图 4-3

解法一

取物体为研究对象，受力分析如图 4-4a 所示。

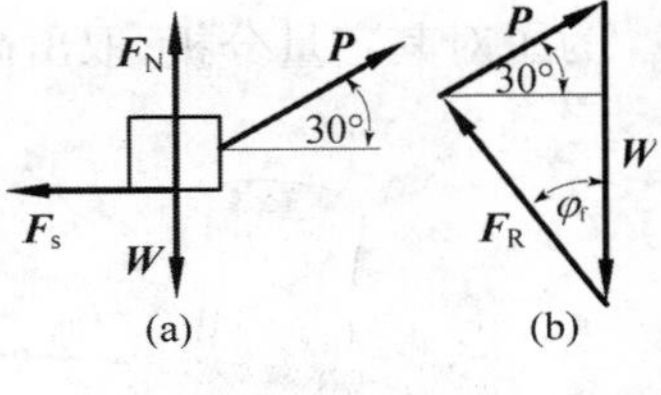

图 4-4

(1)先假设物体平衡，列平衡方程

$$\sum F_x=0:\quad P\cos30^\circ-F_s=0$$

$$\sum F_y=0:\quad F_N+P\sin30^\circ-W=0$$

解得

$$F_N=450\text{N},\quad F_s=86.6\text{N}$$

可验证 $F_s/F_N=0.192<0.2=f_s$，因此假设正确，即物体处于静止状态。

(2)临界状态的平衡方程为(P 未知)

$$\sum F_x=0:\quad P\cos30^\circ-F_s=0$$

$$\sum F_y=0:\quad F_N+P\sin30^\circ-W=0$$

补充静摩擦定律 $F_s=f_sF_N$，可解得 $P=103.8$ N。

显然 P 越大，物体越容易滑动，因此上述临界就是 P 的最小值，即：$P_{\min}=103$ N。

解法二

该题也可以用几何法计算。将摩擦力和支持力合成为全约束力后，物体受到三个力，对应的力三角形如图 4-2b 所示，对该三角形运用正弦定理有

$$\frac{P}{\sin\varphi_f}=\frac{W}{\sin(90^\circ-\varphi_f+30^\circ)}$$

将 $\varphi_f=\tan^{-1}0.2=11.34^\circ$ 代入上式得到 $P=103.8$ N。

讨论

此类题的质量块仍是质点，不是刚体，所以不涉及矩平衡方程。

例题 4-3　如图 4-5 所示的抽屉，尺寸 a 和 b，以及抽屉与两壁间的 f_s 已知。不计抽屉底部的摩擦。求拉抽屉不被卡住的 e 值。(教材习题 4-4)

解法一

取抽屉为研究对象。日常经验表明，按照图 4-5 的拉动方式，D 和 B 两处与两壁接触而摩擦。这是有依据的，我们采用反证法。假定 A 和 C 两处与两壁接触有摩擦，则受力如图 4-6 a 所示。沿水平方向投影的平衡方程得到 $F_{NA}=F_{NC}$，达到静摩擦的临界状态后 $F_{sA}=F_{sC}$。力系对拉力作用点的矩

$$\sum M_E = -F_{sA}(b/2-e)+F_{sC}(b/2+e)+F_{NC}a = 2eF_{sC}+F_{NC}a>0$$

这表明抽屉无法处于平衡状态。上述假设错误。因而是 D 和 B 两处有摩擦，相应的受力分析如图 4-6b 所示。

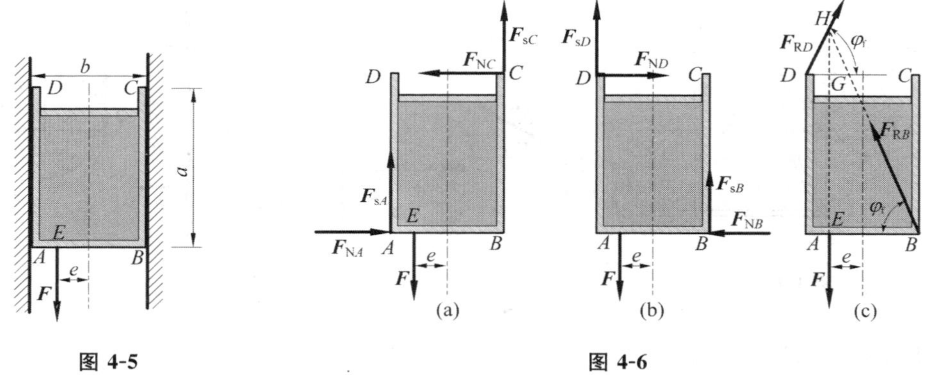

图 4-5　　图 4-6

对图 4-6b 列平衡方程

$$\begin{cases} \sum F_x = 0: & F_{ND}-F_{NB}=0 \\ \sum F_y = 0: & F_{sD}+F_{sB}-F=0 \\ \sum M_A = 0: & -F(b/2-e)+F_{sB}b-F_{ND}a=0 \end{cases} \tag{a}$$

如果能拉动抽屉，则 D 和 B 两处的摩擦力应该都达到临界，补充两处的静摩擦定律

$$\begin{cases} F_{sD}=f_sF_{ND} \\ F_{sB}=f_sF_{NB} \end{cases} \tag{b}$$

由方程组(a)和(b)可解出 $e=a/(2f_s)$。显然 e 越大，越容易被卡住。因此不被卡住的 e 为

$$e\leqslant a/(2f_s)$$

解法二

分析临界状态。把 B 和 D 两处的约束反力用全反力表示，如图 4-6c 所示。此时抽屉仍然平衡，且只有三个力，因此该三力必然汇交于一点，即图中的 H 点。由图中的几何关系

$$a=EG=EH-GH=(b/2+e)\tan\varphi_f-(b/2-e)\tan\varphi_f=2ef_s$$

也得到 $e=a/(2f_s)$。

讨论

(1)解法二似乎与力无关,实际上力的信息已经使用了,表现为:最大静摩擦角已经包含了库仑定律;三力汇交反映了力的平衡关系。

(2)本题与教材的例 4-2、习题 4-3 和习题 4-4 的本质是相同的。

例题 4-4 鼓轮利用双闸块制动器制动,设在杠杆的末端作用有大小为 200 N 的力 $\boldsymbol{F}$,方向与杠杆相垂直,如图 4-7 所示,自重均不计。已知闸块与鼓轮间的摩擦因数 $f_s=0.5$,又 $O_1O_2=KD=DC=O_1A=KL=O_2L=2R=0.5\ \text{m}$,$O_1B=0.75\ \text{m}$,$AC=O_1D=1\ \text{m}$,$ED=0.25\ \text{m}$。求作用于鼓轮上的制动力矩(教材习题 4-8)。

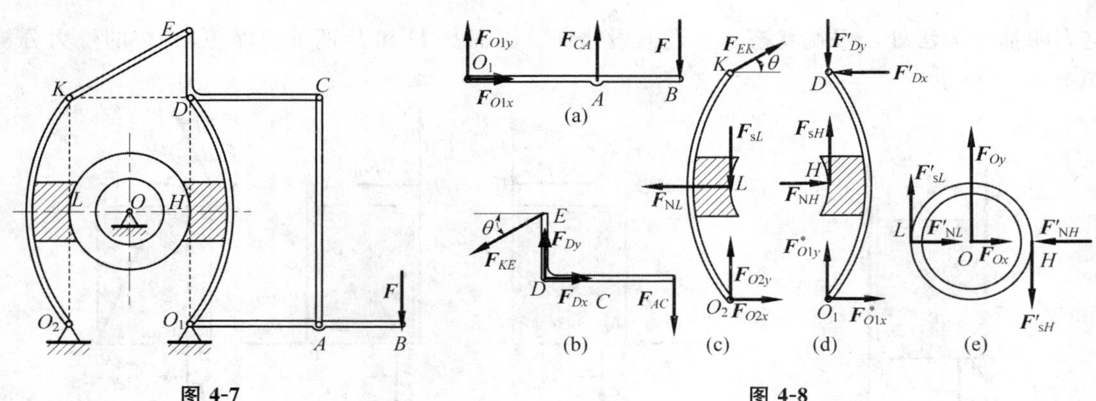

图 4-7　　图 4-8

解:KE 和 AC 为二力杆。

(1)以杆 O_1B 为研究对象,受力分析如图 4-8a 所示。列平衡方程

$$\sum M_{O1}=0:\quad F_{CA}\times O_1A-F\times O_1B=0$$

解得:$F_{CA}=F\times O_1B/O_1A=300\ \text{N}$。

(2)取曲杆 CDE 为研究对象,受力分析如图 4-8b,其中 $F_{AC}=F_{CA}=300\ \text{N}$。列平衡方程

$$\sum M_D=0:\quad F_{KE}\cos\theta\times DE-F_{AC}\times DC=0$$

$$\sum F_x=0:\quad F_{Dx}-F_{KE}\cos\theta=0$$

解得:$F_{KE}\cos\theta=F_{AC}\times DC/DE=600\ \text{N}$,$F_{Dx}=F_{KE}\cos\theta=600\ \text{N}$。

(3)取杆 O_2K(带闸块)为研究对象,受力分析如图 4-8c 所示,$F_{EK}=F_{KE}$。列平衡方程

$$\sum M_{O2}=0:\quad F_{NL}\times O_2K/2-F_{EK}\cos\theta\times O_2K=0$$

解得:$F_{NL}=F_{EK}\cos\theta\times 2=1200\ \text{N}$。

(4)取杆 O_1D 为研究对象,受力分析如图 4-8d 所示,其中 $F'_{Dx}=F_{Dx}$,$F'_{Dy}=F_{Dy}$。列平衡方程

$$\sum M_{O1}=0:\quad F'_{Dx}\times O_1D-F_{NH}\times O_1D/2=0$$

解得:$F_{NH}=F'_{Dx}\times 2=1200\ \text{N}$。

(5)取鼓轮为研究对象,受力分析如图 4-8e 所示。在制动过程中,鼓轮和闸块之间有相对滑动,因此摩擦力按动滑动摩擦规律计算。两侧摩擦力 F'_{sL},F'_{sH} 形成制动力矩,后者大小为

$$\begin{aligned}\sum M_O(F) &= F'_{sM}\times R + F'_{sH}\times R = f_s \times F'_{NM}\times R + f_s \times F'_{NH}\times R \\ &= 300\ \text{N}\cdot\text{m}\end{aligned}$$

讨论

(1)图 4-8a 和图 4-8d 中各自 O_1 处约束反力没有任何关系,这里 O_1 是复合铰。

(2)鼓轮是否处于平衡并不知道,所以对图 4-8e 不能列平衡方程,最终答案应根据鼓轮上的全部受力向 O 简化的主矩得到。

例题 4-5　图 4-9 所示两无重杆在 B 处用套筒式无重滑块连接,在杆 AD 上作用一力偶,其力偶矩 $M_A = 40\ \text{N}\cdot\text{m}$,滑块和杆 AD 间的摩擦因数 $f_s = 0.3$。求保持系统平衡时力偶矩 M_C 的范围(教材习题 4-12)。

解:先考虑 M_C 比较大的情形,此时滑块 B 有向 D 滑动的趋势。

(1)取杆 AD 为研究对象,受力分析如图 4-10a 所示。列平衡方程

$$\sum M_A = 0:\quad F_{NB}\times AB - M_A = 0$$

得到:$$F_{NB} = M_A/AB = M_A/(l/2/\cos 30°) = \sqrt{3}M_A/l$$

在临界条件下:$$F_s = f_s F_{NB} = \sqrt{3} f_s M_A / l$$

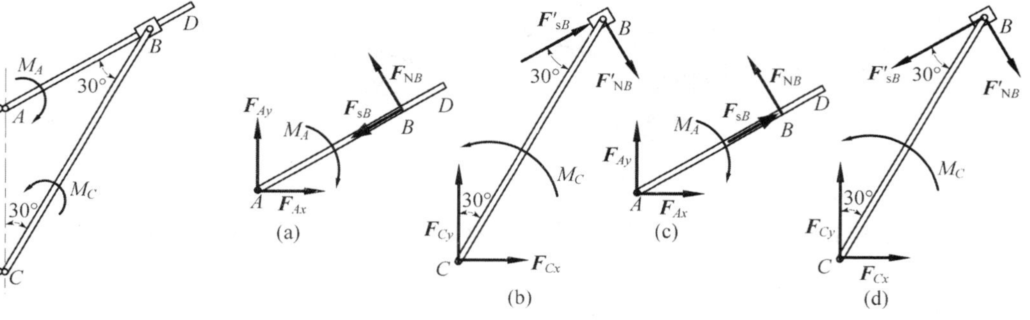

图 4-9　　　　图 4-10

(2)取杆 CB 为研究对象,受力分析如图 4-10b 所示,其中:$F'_s = F_s$,$F'_{NB} = F_{NB}$。列平衡方程

$$\sum M_C = 0:\quad -M_C + F'_s l\sin 30° + F'_{NB} l\cos 30° = 0$$

得到:$$M_C = F'_s\, l\sin 30° + F'_{NB} l\cos 30° = M_A(\sqrt{3} f_s + 3)/2 = (60 + 6\sqrt{3})\text{N}\cdot\text{m}$$

再考虑 M_C 比较小的情形,此时滑块 B 有向 A 滑动的趋势。

(3)取杆 AD 为研究对象,受力分析如图 4-10c 所示。对 A 列矩平衡方程,与(1)相同,得到 $F_{NB} = \sqrt{3}M_A/l$,以及 $F_s = f_s F_{NB} = \sqrt{3} f_s M_A / l$。

(4)取杆 CB 为研究对象,受力分析如图 4-10d 所示,其中:$F'_{sB} = F_{sB}$,$F'_{NB} = F_{NB}$。列平衡方程

$$\sum M_C = 0: \quad -M_C - F'_s \times l\sin 30° + F'_{NB} \times l\cos 30° = 0$$

得到：$M_C = F'_{NB} l\cos 30° - F'_s l\sin 30° = M_A(\sqrt{3} f_s - 3)/2 = (60 - 6\sqrt{3})\text{N·m}$

综合(1)到(4)，得到系统平衡的 M_C 范围为：

$$(60 - 6\sqrt{3})\text{N·m} \leqslant M_C \leqslant (60 + 6\sqrt{3})\text{N·m}$$

数值形式为：$$49.61\ \text{N·m} \leqslant M_C \leqslant 70.39\ \text{N·m}$$

例题 4-6 尖劈顶重装置如图 T4-11 所示。在块 B 上受力 $\boldsymbol{P}$ 的作用。块 A 与块 B 间的摩擦因数为 f_s(其他有滚珠处表示光滑)。如不计块 A 和 B 的重量，求使系统保持平衡的力 F 的值(教材习题 4-15)。

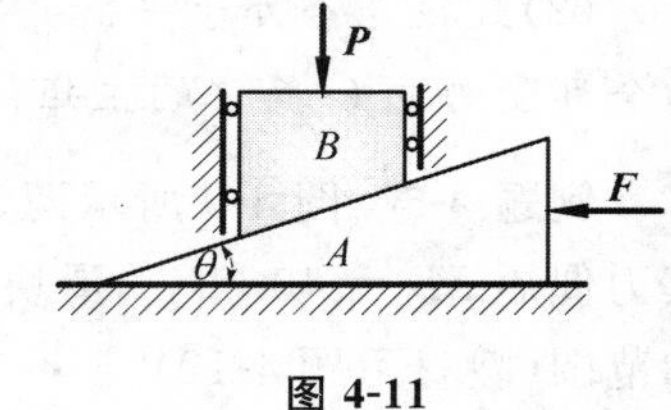

图 4-11

解：F 太大则有将 B 顶起的趋势，反之若太小，则 A 有右移趋势。先取 A 和 B 一起作为研究对象，受力分析如图 4-12 所示。列平衡方程

$$\sum F_x = 0: \quad F_{NB} - F = 0$$

得到：$F_{NB} = F$。

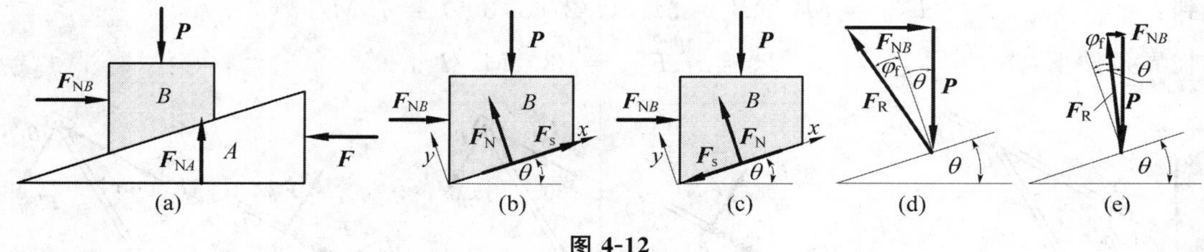

图 4-12

下面分情况讨论。

(1)F 比较小，A 有右移趋势。取 B 为研究对象，受力分析如图 4-12b 所示。列平衡方程

$$\begin{cases} \sum F_x = 0: \quad F_{NB}\cos\theta - P\sin\theta + F_s = 0 \\ \sum F_y = 0: \quad F_N - F_{NB}\sin\theta - P\cos\theta = 0 \end{cases}$$

解得：

$$F_s = P\sin\theta - F_{NB}\cos\theta = P\sin\theta - F\cos\theta$$
$$F_N = F_{NB}\sin\theta + P\cos\theta = P\cos\theta + F\sin\theta$$

由静滑动摩擦规律

$$F_s/F_N \leqslant f_s: \quad (P\sin\theta - F\cos\theta)/(P\cos\theta + F\sin\theta) \leqslant f_s$$

解得：

$$F \geqslant \frac{\sin\theta - f_s\cos\theta}{\cos\theta + f_s\sin\theta}P$$

(2)F 比较大，B 有被顶起的趋势。取 B 为研究对象，受力分析如图 4-12c 所示。列平衡方程

$$\begin{cases} \sum F_x = 0: & F_{NB}\cos\theta - P\sin\theta - F_s = 0 \\ \sum F_y = 0: & F_N - F_{NB}\sin\theta - P\cos\theta = 0 \end{cases}$$

解得：

$$F_s = F_{NB}\cos\theta - P\sin\theta = F\cos\theta - P\sin\theta$$
$$F_N = F_{NB}\sin\theta + P\cos\theta = P\cos\theta + F\sin\theta$$

由静滑动摩擦规律

$$F_s/F_N \leqslant f_s: \quad (F\cos\theta - P\sin\theta)/(P\cos\theta + F\sin\theta) \leqslant f_s$$

解得：

$$F \leqslant \frac{\sin\theta + f_s\cos\theta}{\cos\theta - f_s\sin\theta}P$$

综合(1)和(2)，可知保持平衡的 F 范围如下

$$\frac{\sin\theta - f_s\cos\theta}{\cos\theta + f_s\sin\theta} \leqslant F \leqslant \frac{\sin\theta + f_s\cos\theta}{\cos\theta - f_s\sin\theta}P \qquad \text{(a)}$$

讨论

(1)图 4-12b 和图 4-12c 上的摩擦力和支持力合成为全约束反力后，B 只受到三个力，其中全约束反力 $\boldsymbol{F}_R$ 的临界条件是达到摩擦角，如图 4-12d 和图 4-12e 所示。根据两图的力三角形有

$$P\tan(\theta - \varphi_f) \leqslant F \leqslant P\tan(\theta + \varphi_f) \qquad \text{(b)}$$

其中 $\varphi_f = \tan^{-1} f_s$。经三角函数运算，式(b)可化成式(a)。

(2)如果斜面坡度足够缓，比如 $\theta < \varphi_f$，则 F 取零，A 就能不右移。这种情况下，式(a)应变为

$$0 \leqslant F \leqslant \frac{\sin\theta + f_s\cos\theta}{\cos\theta - f_s\sin\theta}P$$

例题 4-7 如图 4-13 所示 AB 是重量 $P_1=450\text{N}$ 的均质梁。梁的 A 端为固定铰支座，另一端搁置在重 $P_2=343$ N 的线圈架的芯轴上，轮心 C 为线圈架的重心。线圈架与 AB 梁和地面间的静滑动摩擦因数分别为 $f_{s1}=0.4$，$f_{s2}=0.2$。不计滚动摩阻。线圈架的半径 $R=0.3$ m，芯轴的半径 $r=0.1$ m。在线圈架的芯轴上绕一不计重量的软绳，求使线圈架由静止而开始运动的水平拉力 F 的最小值(教材习题 4-23)。

解：(1)取杆 AB 为研究对象，受力如图 4-14a 所示。对 A 的矩平衡方程为

$$\sum M_A = 0: \quad F_{NE} \times 3 - P_1 \times 2 = 0$$

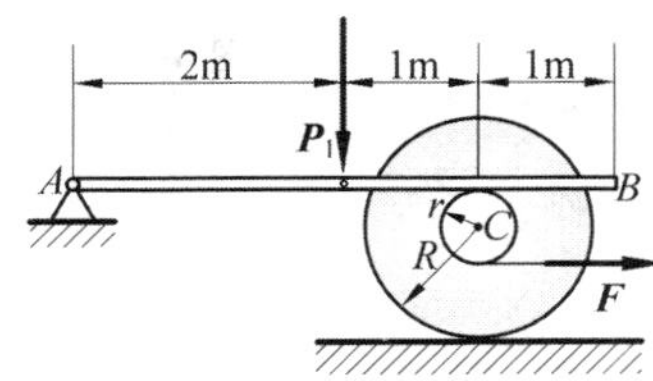

图 4-13

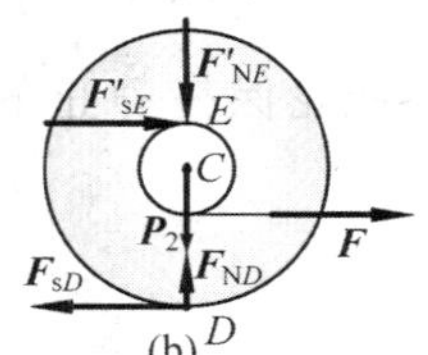

图 4-14

得到 $F_{NE}=2P_1/3$。

(2)取线圈架为研究对象,受力如图 4-14b 所示,其中 $F'_{NE}=F_{NE}=2P_1/3$。列平衡方程

$$\begin{cases}\sum F_x=0: & F-F'_{sE}-F_{sD}=0\\ \sum F_y=0: & -P_2-F'_{NE}+F_{ND}=0\\ \sum M_C=0: & rF'_{sE}+rF-RF_{sD}=0\end{cases}$$

解得:

$$F'_{sE}=F-\frac{2r}{R+r}F,\quad F_{sD}=\frac{2r}{R+r}F,\quad F_{ND}=P_2+\frac{2}{3}P_1$$

D 和 E 只要有一处达到静滑动摩擦的临界,线圈架就会动了。先假定 E 处达到临界 $F'_{sE}=f_{s1}F'_{NE}$,那么

$$F-\frac{2r}{R+r}F=0.4\times\frac{2}{3}P_1$$

解得:$F=240\ \text{N}$。而此条件下在 D 处有

$$\frac{F_{sD}}{F_{ND}}=\frac{2rF/(R+r)}{P_2+2P_1/3}=0.187<f_{s2}=0.2$$

这说明 D 处没有滑动。

综上所述,$F_{\min}=240\ \text{N}$。

例题 4-8 卷线轮重 W,静止放在粗糙水平面上。绕在轮轴上线的拉力 $\boldsymbol{F}$,与水平成 φ 角,卷线轮尺寸如图 4-15 所示。设卷线轮与水平面间的静滑动摩擦因数为 f_s,滚动摩阻系数为 δ。试求:(1)维持卷线轮静止时线的拉力 $\boldsymbol{F}$ 的大小;(2)保持 F 大小不变,改变其方向角 φ,使卷线轮匀速纯滚动的条件。

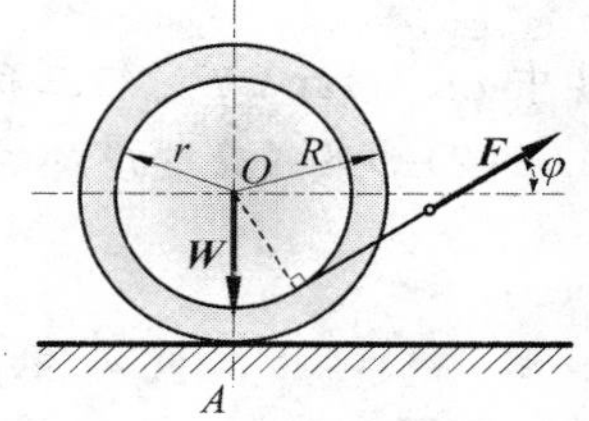

图 4-15

解:(1)取卷线轮为研究对象,假定其静止,受力分析如图 4-16 所示。列平衡方程

$$\begin{cases}\sum F_x=0: & F\cos\varphi-F_s=0\\ \sum F_y=0: & F\sin\varphi+F_N-W=0\\ \sum M_A=0: & M_f-F(R\cos\varphi-r)=0\end{cases}$$

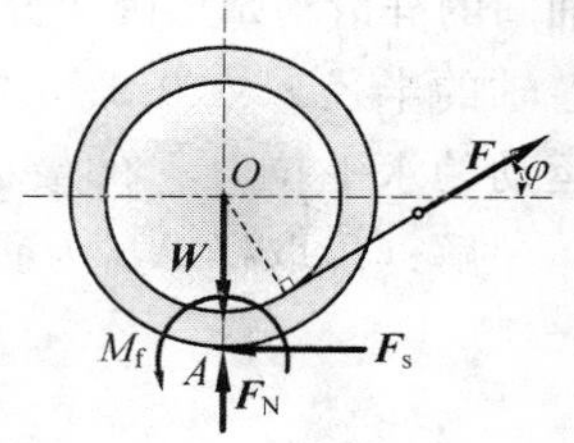

图 4-16

解得:

$$F_s=F\cos\varphi,\quad F_N=W-F\sin\varphi,\quad M_f=F(R\cos\varphi-r)$$

卷线轮保持静止的条件是滑动摩擦和滚动摩擦都未到临界,即

$$M_f\leqslant\delta F_N \text{ 且 } F_s\leqslant f_sF_N$$

也就是

$$F(R\cos\varphi-r)\leqslant\delta(W-F\sin\varphi) \text{ 且 } F\cos\varphi\leqslant f_s(W-F\sin\varphi)$$

即

$$F \leqslant \frac{\delta}{R\cos\varphi - r + \delta\sin\varphi}W(\text{不滚})\ \text{且}\ F \leqslant \frac{f_s}{\cos\varphi + f_s\sin\varphi}W(\text{不滑})$$

(2)匀速纯滚动的条件为

$$M_f = \delta F_N,\quad F_s \leqslant f_s F_N$$

也就是

$$F = \frac{\delta}{R\cos\varphi - r + \delta\sin\varphi}W\ \text{且}\ F \leqslant \frac{f_s}{\cos\varphi + f_s\sin\varphi}W(\text{不滑})$$

即

$$\frac{\delta}{R\cos\varphi - r + \delta\sin\varphi}W \leqslant \frac{f_s}{\cos\varphi + f_s\sin\varphi}W$$

可解得

$$f_s \geqslant \frac{\delta\cos\varphi}{R\cos\varphi - r}$$

4.3 思考题解答

4-1 已知一物块重 $P=100\text{N}$，用水平力 $F=500\text{N}$ 的力压在一竖直表面上，如图 S4-1 所示，其静摩擦因数 $f_s=0.3$，问此时物块所受的摩擦力等于多少？

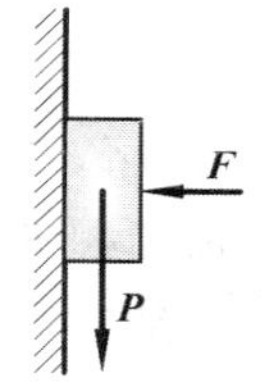
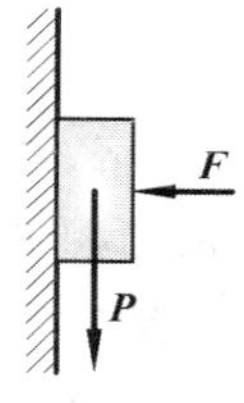

图 S4-1

解答：100N。$f_s=0.3$ 与摩擦力的上限对应。在没有达到上限条件下，摩擦力大小由平衡条件确定。

4-2 如图 S4-2 所示，试比较用同样材料，在相同的光洁度和相同的胶带压力 $\boldsymbol{F}$ 作用下，平胶带与三角胶带所能传递的最大拉力。

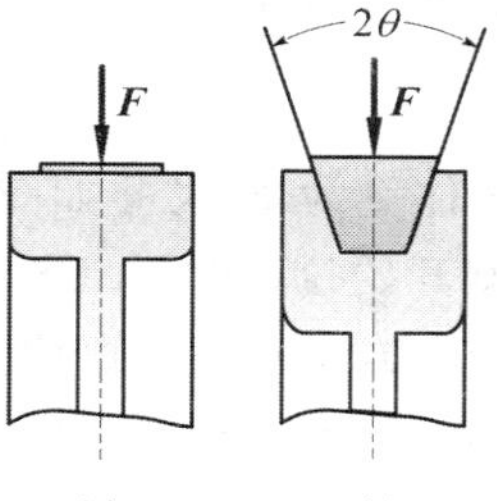

(a) (b)

图 S4-2

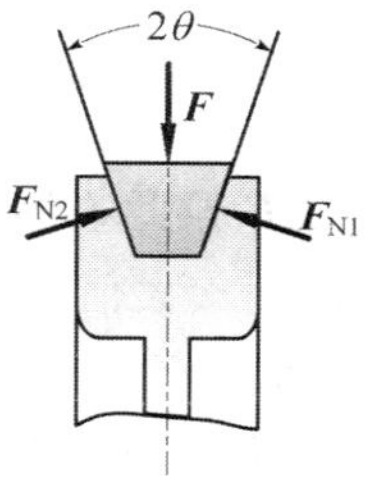

图 D4-2

解答：平胶带的最大静摩擦力就是 f_sF。三角带的正压力是其与三角槽侧面之间的压力，如图 D4-2 所示。简单力学分析得到

$$F_{N1} = F_{N2} = F/(2\sin\theta)$$

相应的最大静摩擦力可达到

$$F_{N1}f_s + F_{N2}f_s = f_sF/\sin\theta$$

当 θ 比较小时，它比平胶带的 f_sF 大得多。

4-3 为什么传动螺纹多用方牙螺纹（如丝杆）？而锁紧螺纹多用三角螺纹（如螺钉）？

解答：丝杠传递轴向力，它要求避免摩擦，特别是自锁。方牙螺纹的螺距大，容易实现大升角，从而避免自锁。螺钉用来紧固，摩擦力越大越好，螺钉的螺纹受到锁紧对象的挤压（比如拧进木头的螺钉），如同上一题的 D4-2 模型，最大静摩擦力可达很大。

4-4 如图 S4-4 所示，砂石与胶带间的静摩擦因数 $f_s=0.5$，试问输送带的最大倾角为多大？

解答：参考教材图 4-3 可知 $\theta_{max} = \tan^{-1}f_s = 26.56°$。

4-5 物块重 $\boldsymbol{P}$，一力 $\boldsymbol{F}$ 作用在摩擦角之外，如图 S4-5 所示。已知 $\theta=25°$，摩擦角 $\varphi_f=20°$，$F=P$。问物块动不动？为什么？

解答：摩擦角是全约束力与法线的最大夹角，而全约束力与它之外所有力平衡，这里包括重力 $\boldsymbol{P}$ 和力 $\boldsymbol{F}$。对本题虽然 $\boldsymbol{F}$ 作用在摩擦角之外，但是全约束力因重力的存在，并没有在摩擦角之外。

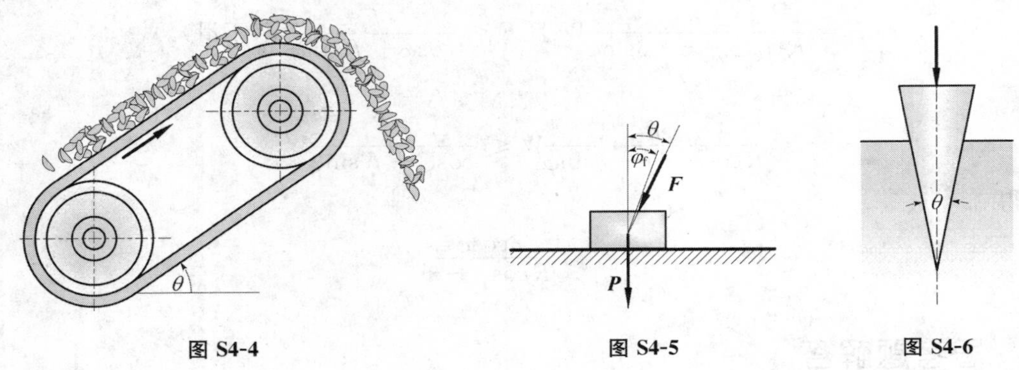

图 S4-4　　图 S4-5　　图 S4-6

4-6 如图 S4-6 所示，用钢楔劈物，接触面间的摩擦角为 φ_f。劈入后欲使楔不滑出，问钢楔两个平面间夹角应该多大？楔重不计。

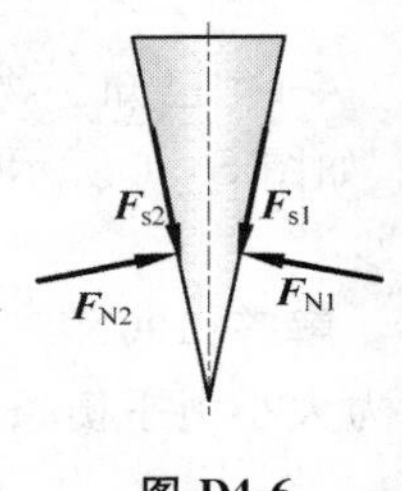

图 D4-6

解答：劈入后受力如图 D4-6，其中 $\boldsymbol{F}_{N1}$ 和 $\boldsymbol{F}_{N2}$ 有把楔挤出的作用，而两个摩擦力 $\boldsymbol{F}_{s1}$ 和 $\boldsymbol{F}_{s2}$ 有防止滑出的效果。显然楔的角度 θ 越小，$\boldsymbol{F}_{N1}$ 和 $\boldsymbol{F}_{N1}$ 朝外的分量越小，而 $\boldsymbol{F}_{s1}$ 和 $\boldsymbol{F}_{s2}$ 朝里的分量越大，楔越不容易滑出。在临界状态，楔处于平衡。对它列刚体平衡的三个方程可得 $\theta=2\varphi_f$。

4-7 已知 Π 形物体重为 $\boldsymbol{P}$，尺寸如图 S4-7 所示。现以水平力 $\boldsymbol{F}$ 拉此物体，当刚开始拉动时，A 和 B 两处的摩擦力是否都达到最大值？如 A 和 B 两处的静摩擦力因数均为 f_s，此两处最大静摩擦力是否相等？又，如力 $\boldsymbol{F}$ 比较小而未能拉动物体时，能否分别求出 A 和 B 两处的摩擦力？

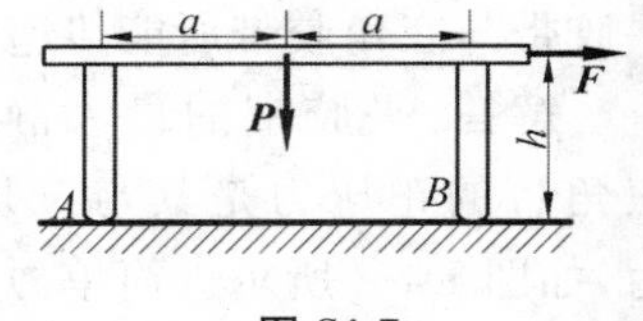

图 S4-7

解答：刚开始拉动时，两处的摩擦力肯定都达到了最大，因为如果有一处没达到，物体就不能动起来。两处最大静摩擦力是不相等的，因为两处正压力不同。力较小时，两处摩擦都没有临界，此时一个刚体上有四个未知力，两处摩擦力是无法求出的。随力增大，如果有一处达到临界，则可对该处补充库仑定律一个方程。这时两处的摩擦力可求出。

4-8 汽车匀速水平行驶时，地面对车轮有滑动摩擦也有滚动摩阻，而车轮只滚不滑，汽车前轮受车身施加一个向前推力 $\boldsymbol{F}$（图 S4-8a），而后轮受一驱动力偶 M，并受到车身向后的反力 $\boldsymbol{F}'$（图 S4-8b）。试画出前、后轮的受力图。又如何求其滑动摩擦力？是否等于其动滑动摩擦力 fF_N？是否等于其最大静摩擦力？

解答：如图 D4-8 所示，其中两个车轮受到的静摩擦力方向相反。还必须指出的是，原图中 $\boldsymbol{P}$ 应包括车架对车轮的压力。动摩擦力通过平衡方程计算。对正常工作的汽车，它们应小于滑动摩擦力 fF_N，不可能等于最大静摩擦力。

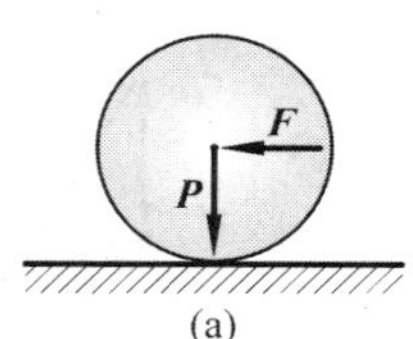

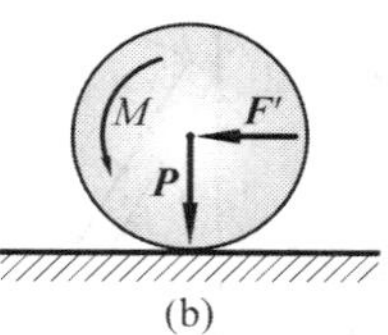

图 S4-8

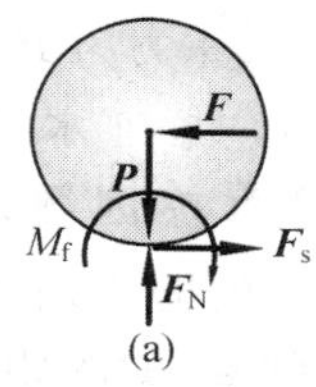

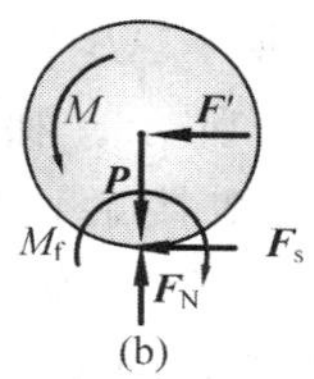

图 D4-8

4-9 重为 P,半径为 R 的球放在水平面上,球对平面的滑动摩擦因数是 f_s,而滚阻系数为 δ。问:在什么情况下,作用于球心的水平力 $\boldsymbol{F}$ 能使球匀速转动。

解答:匀速转动的条件与轮子运动状态是纯滚动还是又滚又滑有关。参考教材图 4-14 知道 δ/R 和 f_s 的相对大小决定轮子的运动状态。当 $\delta/R<f_s$ 时,轮子发生纯滚动,匀速转动要求的矩平衡可化简为 $F=P\delta/R$。当 $\delta/R\geqslant f_s$ 时,轮子又滚又滑,其中滑的要求是 $F\geqslant f_sP$,而匀速转动的要求是 $Pf_sR=\delta P$(对轮心取矩平衡可得,不可对接触点取矩),因此又滚又滑时只有当 $\delta=f_sR$ 且 $F\geqslant f_sP$ 时轮子才匀速转动。

4.4 习题解答

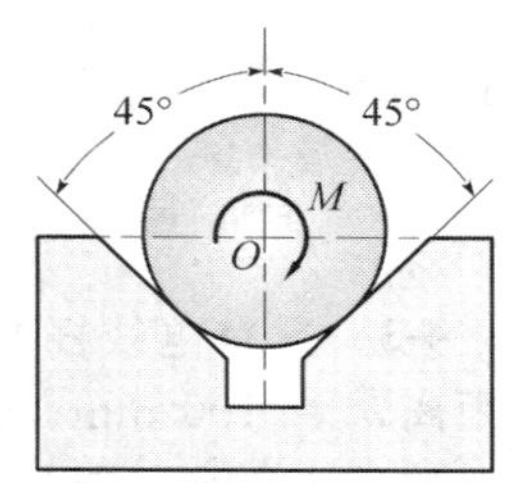

图 T4-1

4-1 如图 T4-1 所示,置于 V 形槽中的棒料上作用一力偶,力偶矩 $M=15\ \text{N·m}$ 时,刚好能转动此棒料。已知棒料重力 $P=400\ \text{N}$,直径 $D=0.25\ \text{m}$,不计滚动摩阻。求棒料与 V 形槽间的静摩擦因数 f_s。

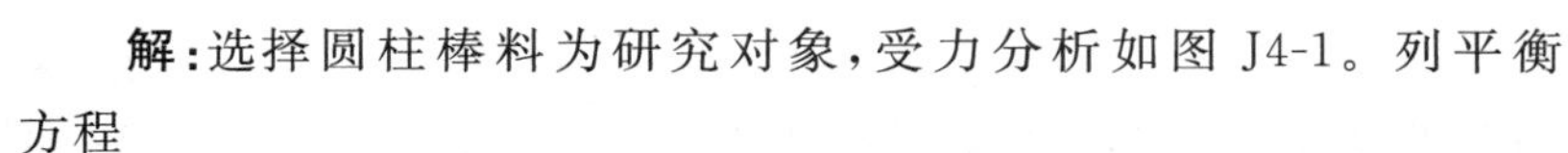

解:选择圆柱棒料为研究对象,受力分析如图 J4-1。列平衡方程

$$\sum F_x=0:\quad F_{N1}+F_{s2}-P\cos45^\circ=0$$

$$\sum F_y=0:\quad F_{N2}-F_{s1}-P\sin45^\circ=0$$

$$\sum M_O=0:\quad F_{s1}D/2+F_{s2}D/2-M=0$$

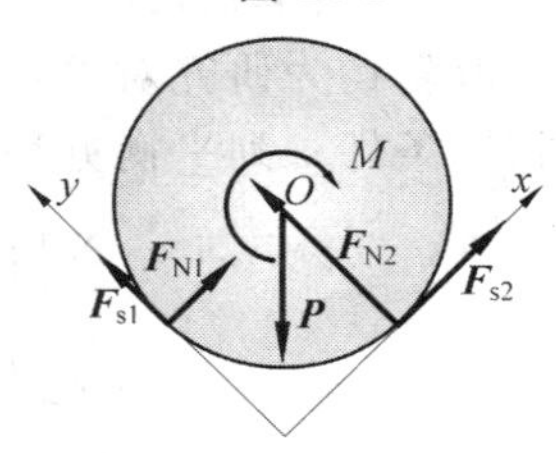

图 J4-1

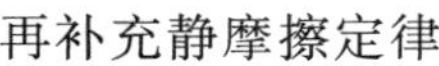

再补充静摩擦定律

$$F_{s1}=f_sF_{N1},\quad F_{s2}=f_sF_{N2}$$

上述 5 式联立求解得到

$$f_s^2-\frac{\sqrt{2}}{2}\frac{PD}{M}f_s+1=0$$

代入题设数据有

$$f_s^2-4.714f_s+1=0$$

解得

$$f_{s1}=0.223,\quad f_{s2}=4.442(\text{不合理,舍去})$$

即棒料与 V 形槽间的摩擦因数 $f_s=0.223$。

4-2 梯子 AB 靠在墙上，其重力为 $P = 200$ N，如图 T4-2 所示。梯长为 l，并与水平面交角 $\theta = 60°$。已知接触面间的静摩擦因数均为 $f_s = 0.25$。今有一重力为 $W = 650$ N 的人沿梯向上爬，问人所能达到的最高点 C 到点 A 的距离 s 应为多少？

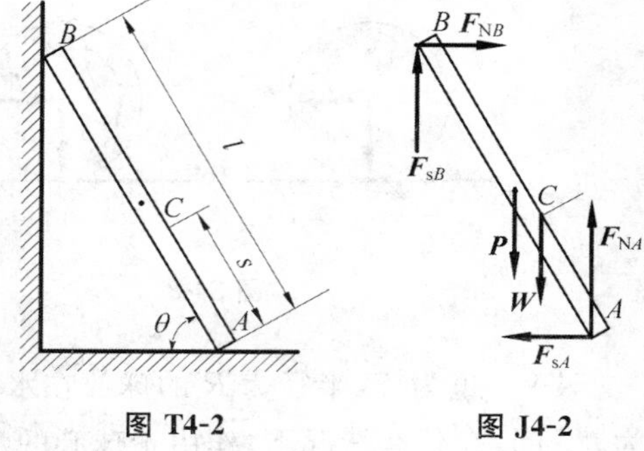

图 T4-2　　图 J4-2

解：取梯子为研究对象，受力分析如图 J4-2 所示。刚刚滑动时，A 和 B 处同时都要达到临界条件，即两处都达到最大静摩擦力。列平衡方程

$$\sum F_x = 0:\quad F_{NB} - F_{sA} = 0$$

$$\sum F_y = 0:\quad F_{NA} + F_{sB} - P - W = 0$$

$$\sum M_A = 0:\quad Pl/2 \times \cos 60° + Ws\cos 60° - F_{NB} l \sin 60° - F_{sB} l \cos 60° = 0$$

再补充静摩擦定律

$$F_{sA} = f_s F_{NA},\quad F_{sB} = f_s F_{NB}$$

联立上述五式解得

$$s = \frac{l}{2(1+f_s^2)} \times \frac{(P+2W)f_s^2 + 2\sqrt{3}(P+W)f_s - P}{W} = 0.456l$$

4-3 攀登电线杆的脚套钩如图 T4-3 所示。设电线杆直径 $d = 300$ mm，A 与 B 间的竖直距离 $b = 100$ mm。若套钩与电杆之间摩擦因数 $f_s = 0.5$，求工人操作时，为了完全，站在套钩上的最小距离 l 应为多大。

解法一：解析法

取套钩为研究对象，受力分析如图 J4-3a 所示。如果滑动，则 A 和 B 都应达到最大摩擦力的临界条件。列平衡方程

$$\sum F_x = 0:\quad F_{NB} - F_{NA} = 0$$

$$\sum F_y = 0:\quad F_{sB} + F_{sA} - P = 0$$

$$\sum M_A = 0:\quad F_{NB} \times b + F_{sB} \times d - P(l + d/2) = 0$$

再补充静摩擦定律

$$F_{sA} = f_s F_{NA},\quad F_{sB} = f_s F_{NB}$$

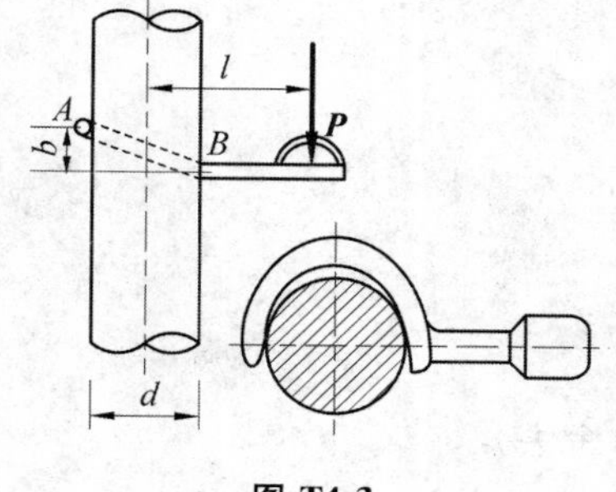

图 T4-3

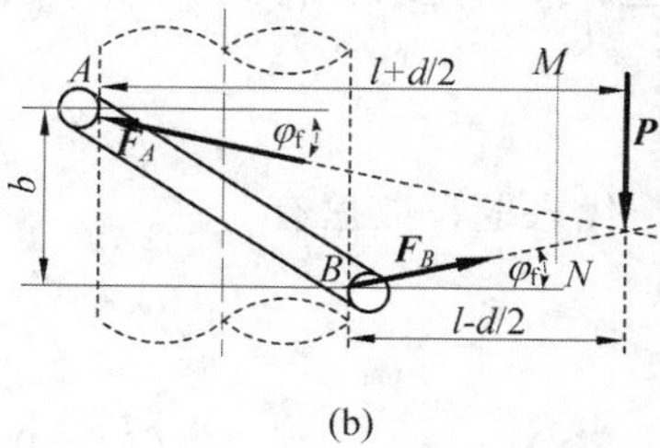

图 J4-3

联立上述五式解得

$$l = b/(2f_s)$$

显然 l 越小，套钩越容易下滑，因此套钩不致下滑的距离范围为

$$l \geqslant b/(2f_s) = 100\ \text{mm}$$

解法二：几何法

临界条件下，全约束反力偏离法线到达摩擦角的位置，如图 J4-3b 所示。此时套钩受到三个力 $\boldsymbol{F}_A$、$\boldsymbol{F}_B$ 和 $\boldsymbol{F}$。平衡时，这三个力必然要汇交于一点。根据图 J4-3b 中几何关系有

$$(l - d/2)\tan\varphi_f + (l + d/2)\tan\varphi_f = b$$

其中 $\tan\varphi_f = f_s$。从上式可以解出

$$l = b/(2f_s)$$

若 l 小于上述距离，比如力 $\boldsymbol{P}$ 沿图中的 MN，为保持平衡的三力汇交点必然在 MN 上，可是 MN 任意一点到 A 和 B 点连线（对应全约束力的作用线），无法保证二者都在摩擦角之内，因而无法保持平衡。故不下滑的要求为

$$l > b/(2f_s) = 100\ \text{mm}$$

4-4 如图 T4-4 所示，不计自重的拉门与上下滑道之间的静摩擦因数均为 f_s，门高为 h。若在门上 $2h/3$ 处用水平力 $\boldsymbol{F}$ 拉门而不会卡住，求门宽 b 的最小值。问门的自重对不被卡住的门宽最小值是否有影响？

解：(1)不计自重时受力分析如图 J4-4a 所示，列平衡方程

$$\sum F_x = 0: \quad F - (F_{sA} + F_{sE}) = 0$$

$$\sum F_y = 0: \quad F_{NE} - F_{NA} = 0$$

$$\sum M_E = 0: \quad F \times 2h/3 - F_{sA} \times h - F_{NA} \times b = 0$$

如果滑动，则 A 和 E 都应达到最大摩擦力的临界条件，因此补充静摩擦定律

$$F_{sA} = f_s F_{NA}, \quad F_{sE} = f_s F_{NE}$$

联立上述五式解得

$$b = f_s h/3 \tag{a}$$

门越窄越容易被卡住，A 和 E 两点都动不了即卡住，而只要有一点能动，则可移动，因此能被拉动的最小门宽为 $b = f_s h/3$。

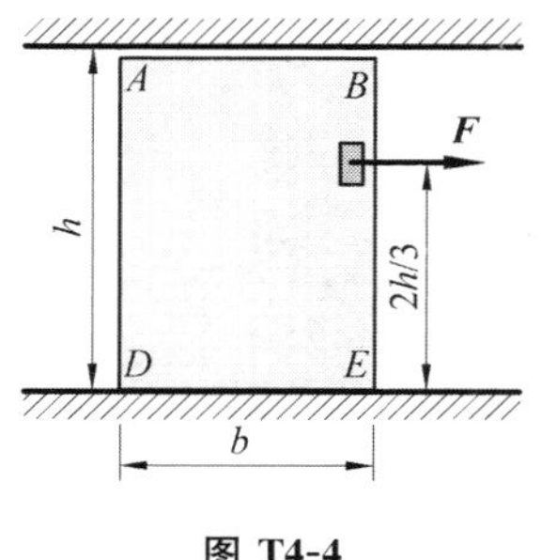

图 T4-4

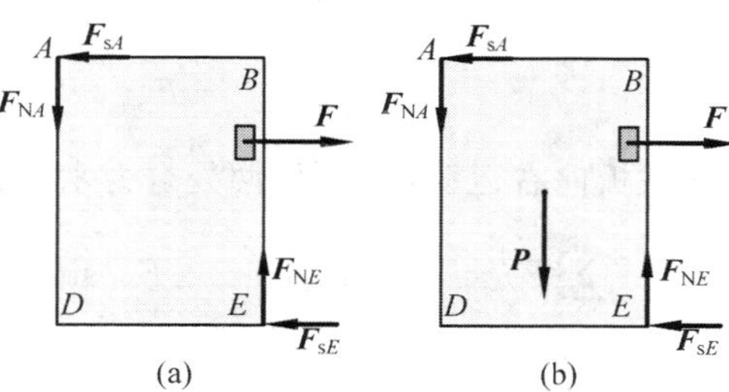

图 J4-4

(2)考虑自重的受力分析如图 J4-4b，其中重心位于门的中心。列平衡方程

$$\sum F_x = 0: \quad F - (F_{sA} + F_{sE}) = 0$$

$$\sum F_y = 0: \quad F_{NE} - F_{NA} - P = 0$$

$$\sum M_E = 0: \quad F \times 2h/3 - F_{sA} \times h - F_{NA} \times b = 0$$

再补充静摩擦定律

$$F_{sA} = f_s F_{NA}, \quad F_{sE} = f_s F_{NE}$$

联立上述五式解得

$$b = f_s h/3 + P f_s^2 h/F$$

上式表明自重影响门宽被卡住的最小值，而且门越重，不被卡住的门宽越大。

讨论

如果将图 J4-4a 顺时针旋转 90°，立即可以看出本题的模型与习题 4-3 本质是完全一致的，都属于双点摩擦被卡住情形，将 $2h/3-h/2=h/6$ 看作习题 4-3 的 l，从本题式(a)立即就有习题 4-3 的 $b=2f_s l$。

4-5 轧压机由两轮构成，两轮的直径均为 $d=500$ mm，轮间的间隙为 $a=5$ mm，两轮反向转动，如图 T4-5 的箭头所示。已知烧红的铁板与铸铁轮间的摩擦因数 $f_s=0.1$，问能轧压的铁板的厚度 b 是多少？

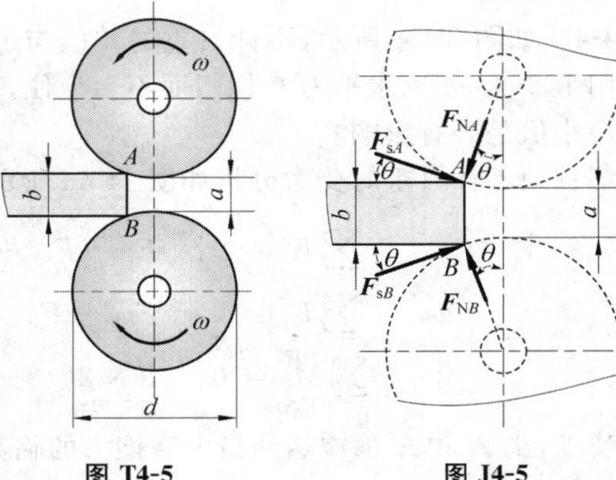

图 T4-5　　图 J4-5

解：机器正常工作条件是铁板与两轮之间没有滑动，因此工作的临界条件就是 A 和 B 两处的摩擦力都达到最大值。铁板的受力分析见图 J4-5。为了让机器合理地工作，A 和 B 两处反力的合力应该没有垂直分量(存在垂直净分量只能加剧两个轮子的压力)，即

$$\sum F_y = 0: \quad F_{sB}\sin\theta + F_{NB}\cos\theta - F_{sA}\sin\theta - F_{NA}\cos\theta = 0$$

补充静摩擦定律

$$F_{sA} = f_s F_{NA}, \quad F_{sB} = f_s F_{NB}$$

可解得

$$F_{NB} = F_{NA}, \quad F_{sB} = F_{sA}$$

为了保证铁板向右运动，A 和 B 两处合力水平方向应向右，即

$$\sum F_x = 0: \quad F_{sB}\cos\theta - F_{NB}\sin\theta + F_{sA}\cos\theta - F_{NA}\sin\theta \geqslant 0$$

可解得

$$\tan\theta \leqslant F_{sA}/F_{NA} = f_s \tag{a}$$

由图 J4-5 中的几何关系有

$$\tan\theta = \frac{\sqrt{(d/2)^2 - [(d+a-b)/2]^2}}{(d+a-b)/2} = \frac{\sqrt{d^2-(d+a-b)^2}}{d+a-b}$$

再结合式(a)有

$$\sqrt{d^2-(d+a-b)^2} \leqslant f_s(d+a-b)$$

可解得

$$b \leqslant a+d-d/\sqrt{1+f_s^2}$$

代入题设数据得到

$$b \leqslant 7.48 \text{ mm}$$

4-6 砖夹的宽度为 0.25 m,曲杆 AGB 与 $GCED$ 在点 G 铰接,尺寸如图 T4-6 所示。设砖重 $P=120$ N,提起砖的力 $\boldsymbol{F}$ 作用在砖夹的中心线上,砖夹与砖间的摩擦因数 $f_s=0.5$。求距离 b 为多大才能把砖夹起?

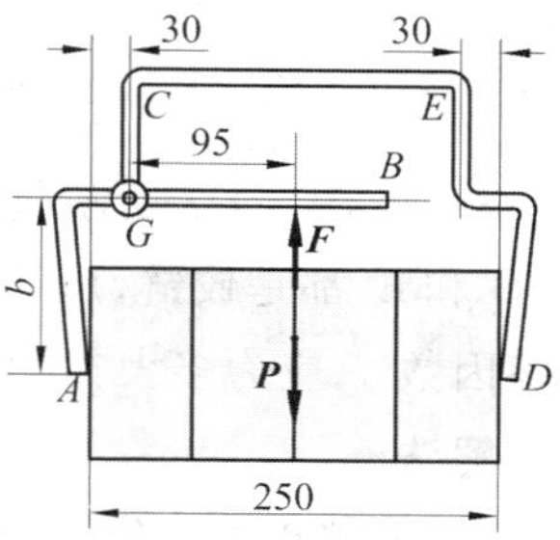

图 T4-6

解法一

取曲杆 $GCDE$ 为研究对象,受力分析如图 J4-6a 所示。夹起的条件是 D 处摩擦力没有到最大。列平衡方程

$$\sum M_G = 0: \quad F_{ND} \times b - F_{sD} \times (250-30) = 0 \qquad \text{(a)}$$

再补充夹起条件

$$F_{sD} \leqslant f_s F_{ND} \qquad \text{(b)}$$

联合式(a)和(b)解得

$$b \leqslant f_s \times (250-30) \text{ mm} = 110 \text{ mm}$$

如果将 G 处两个力合成一个力,D 用全约束力分析,则易知曲杆 $GCDE$ 是二力构件,如图 J4-6b 所示。一旦意识到这一点,则 $\boldsymbol{F}_D$ 应位于 D 的摩擦角之内,也就是 GD 的临界位置为 D 的摩擦角的边。由这个关系,可立即确定:

$$b \leqslant \tan\varphi_f \times (250-30) \text{ mm} = 110 \text{ mm}。$$

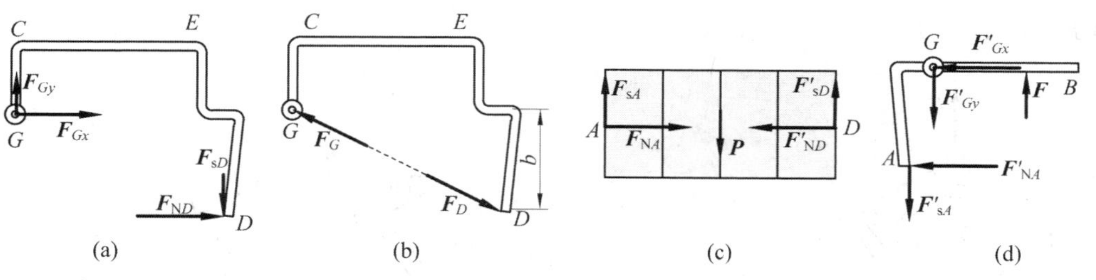

图 J4-6

解法二

解法一没有涉及砖,因此对解的正确性感觉有点底气不足。为此我们从砖的角度再解一次。由图 T4-6 的竖直方向平衡可得到 $F=P$。再取砖为研究对象,受力分析如图 J4-6c 所示。列平衡方程

$$\sum M_D = 0: \quad F_{sA} \times 250 - P \times 125 = 0$$
$$\sum F_y = 0: \quad F_{sA} + F_{sD} - P = 0$$

解得：
$$F_{sA} = F_{sD} = P/2$$

再取曲杆 AGB 为研究对象，受力分析如图 J4-6d 所示。列平衡方程

$$\sum M_G = 0: \quad F \times 95 + F_{sA} \times 30 - F_{NA} \times b = 0$$

解得

$$b = \frac{F \times 95 + F_{sA} \times 30}{F_{NA}} \text{ mm} = \frac{P \times 95 + F_{sA} \times 30}{F_{NA}} \text{ mm} = \frac{2F_{sA} \times 95 + F_{sA} \times 30}{F_{NA}} \text{ mm}$$
$$= 220F_{sA}/F_{NA} \leqslant 220f_s \text{ mm} = 110 \text{ mm}$$

4-7 图 T4-7 所示起重用的夹具由 ABC 和 DEF 两个相同的弯杆组成，并由杆 BE 连接，B 和 E 都是铰链，尺寸如图，不计夹具自重。问要能提起重物 P，夹具与重物接触面处的摩擦因数 f_s 应为多大？（忽略 BE 间距尺寸）。

解法一

(1)取整体为研究对象，由图 T4-7 的竖直方向平衡得到 $F=P$。

(2)取吊环 O 为研究对象，受力如图 J4-7a 所示。列平衡方程

$$\sum F_x = 0: \quad F_{DO}\cos30^\circ - F_{AO}\cos30^\circ = 0$$
$$\sum F_y = 0: \quad F - F_{DO}\sin30^\circ - F_{AO}\sin30^\circ = 0$$

解得：$F_{AO} = F_{DO} = F = P$。

(3)取弯杆 DEF 为研究对象，受力如图 J4-7b 所示，其中 $F_{OD} = F_{DO} = P$。列平衡方程

$$\sum F_y = 0: \quad F_{OD}\sin30^\circ - F_{sF} = 0$$
$$\sum M_E = 0: \quad 600 \times F_{OD} - F_{sF} \times 200 - F_{NF} \times 150 = 0$$

解得 $F_{sF} = F/2, F_{NF} = 10F/3$。

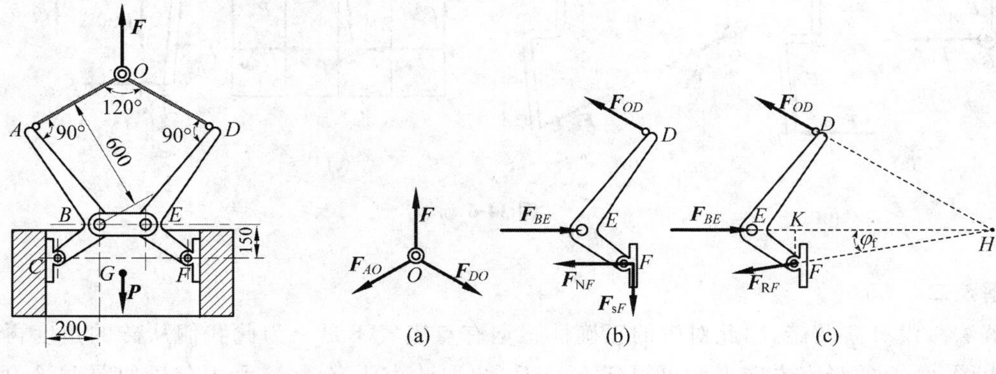

图 T4-7　　图 J4-7

提起重物的条件为

$$f_s \geqslant \frac{F_{sF}}{F_{NF}} = \frac{F/2}{10F/3} = 3/20 = 0.15$$

对左侧作同样分析，得到相同的结果。

综上，提起重物的接触面处摩擦因数 f_s 至少为 0.15。

解法二

取弯杆 DEF 为研究对象，受力如图 J4-7c 所示，图中 F 处的正压力和摩擦力合成为一个全反力 $\boldsymbol{F}_{RF}$。如此处理之后，弯杆 DEF 受到三个力保持平衡，三力的交点 H 可由 $\boldsymbol{F}_{OD}$，$\boldsymbol{F}_{BE}$ 的作用线确定。根据图中几何关系

$$HK = HE - EK = 2DE - 200\ \text{mm} = 1000\ \text{mm}$$
$$FK = 150\ \text{mm}$$

因此

$$f_s = \tan\varphi_f = FK/HK = 0.15$$

4-8 见例题 4-4。

4-9 机床上为了迅速装卸工件，常采用如图 T4-9 所示的偏心轮夹具。已知偏心轮直径为 D，偏心轮与台面间的摩擦因数为 f_s。现欲使偏心轮手柄上的外力去掉后，偏心轮不会自动脱落，求偏心距 e 应为多少？各铰链中的摩擦忽略不计。

解：忽略偏心轮重力，受力分析如图 J4-9a 所示，如果将支持力和摩擦力合成，则保持平衡的偏心轮相当于二力构件，如图 J4-9b 所示。由自锁条件

$$f_s \geqslant \tan\theta = e/(D/2)$$

可得：

$$e \leqslant f_s D/2$$

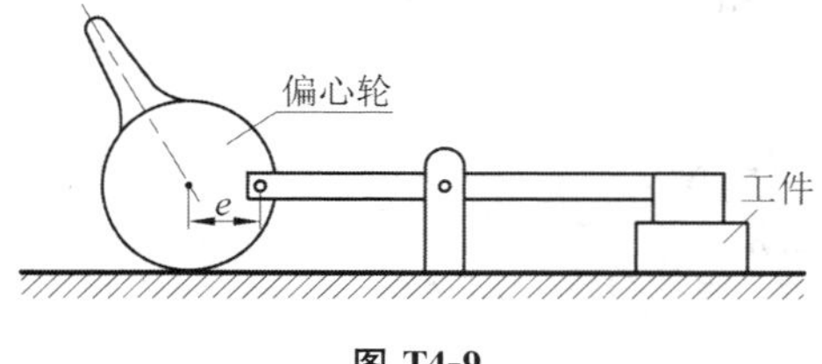

图 T4-9

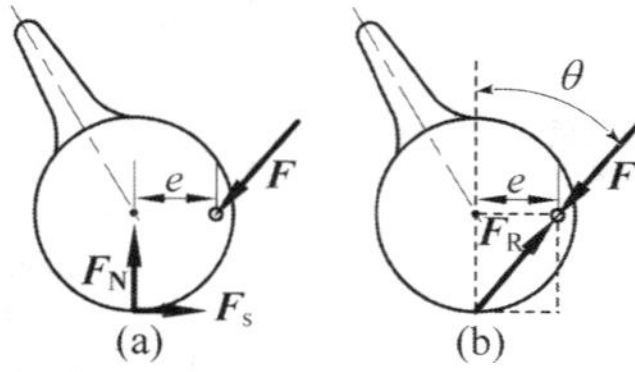

图 J4-9

4-10 均质箱体 A 的宽度 $b = 1$ m，高 $h = 2$ m，重力 $P = 200$ kN，放在倾角 $\theta = 20°$ 的斜面上，如图 T4-10 所示。箱体与斜面之间的摩擦因数 $f_s = 0.2$。今在箱体的 C 点系一无重软绳，方向如图所示，绳的另一端绕过滑轮 D 挂一重物 E。已知 $BC = a = 1.8$ m。求使箱体处于平衡状态的重物 E 的重量。

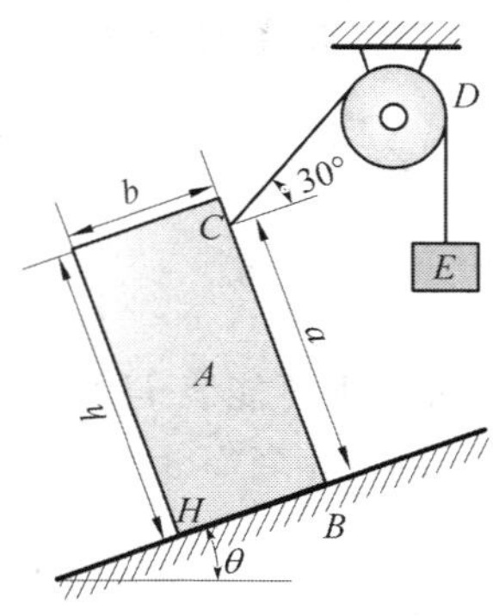

图 T4-10

解：失去平衡的方式有四种：下滑、上滑、下翻、上翻。下面逐一讨论。

(1)临界下滑(E 比较轻)，受力分析见图 J4-10a 所示。列平衡方程

$$\sum F_x = 0:\quad F_T\cos30^\circ + F_s - P\sin\theta = 0$$

$$\sum F_y = 0:\quad F_N + F_T\sin30^\circ - P\cos\theta = 0$$

再补充静摩擦定律

$$F_s = f_s F_N$$

解得：$F_T = \dfrac{\sin\theta - f_s\cos\theta}{\cos 30^\circ - f_s\sin 30^\circ}P = 40.2\ \text{kN}$

即当 E 的重量小于 40.2 kN 条件下，A 将下滑。

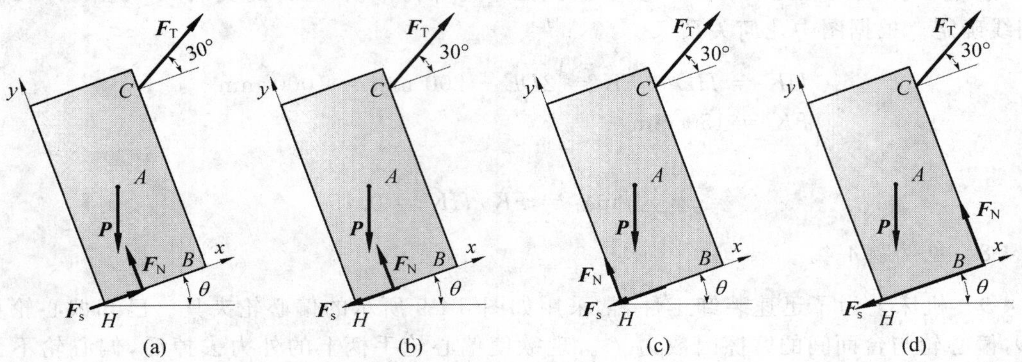

图 J4-10

(2)临界上滑（E 比较重），受力分析见图 J4-10b 所示。列平衡方程

$$\sum F_x = 0:\quad F_T\cos30^\circ - F_s - P\sin\theta = 0$$

$$\sum F_y = 0:\quad F_N + F_T\sin30^\circ - P\cos\theta = 0$$

再补充静摩擦定律

$$F_s = f_s F_N$$

解得：
$$F_T = \frac{\sin\theta + f_s\cos\theta}{\cos 30^\circ + f_s\sin 30^\circ}P = 109.7\ \text{kN}$$

即当 E 的重量大于 109.7 kN 时，A 将上滑。

(3)临界绕 H 下翻（a 比较小，E 比较轻）。受力分析见图 J4-10c 所示。列平衡方程

$$\sum M_A = 0:\quad b\times F_T\sin 30^\circ - a\times F_T\cos 30^\circ + h/2\times P\sin\theta - b/2\times P\cos\theta = 0$$

解得：
$$F_T = \frac{b\cos\theta - h\sin\theta}{b\sin 30^\circ - a\cos 30^\circ}\times\frac{P}{2} = -24.1\ \text{kN}$$

负号表明不可能绕 H 下翻。

(4)临界绕 B 上翻（a 比较大，E 比较重）。受力分析见图 J4-10d 所示。列平衡方程

$$\sum M_A = 0:\quad -a\times F_T\cos 30^\circ + h/2\times P\sin\theta + b/2\times P\cos\theta = 0$$

解得：
$$F_T = \frac{b\cos\theta + h\sin\theta}{a\cos 30^\circ}\times\frac{P}{2} = 104.2\ \text{kN}$$

综合上述四种情形，要保证箱体处于平衡状态，E 的范围是

$$40.2\ \text{kN} \leqslant P_E \leqslant 104..2\ \text{kN}$$

4-11　用一力 $F=400$ N 迫使圆锥形销钉进入在固定物体上的紧密配合锥孔之中，如图 T4-11 所示。如果拿掉销钉则需要用力 $F'=300$ N。试计算销钉与锥孔之间的静摩擦因数。

解：销钉和固定物体之间接触面为圆台面，相应的正压力和摩擦力均为空间分布力系。为简单计，将分布力系向销钉的两条相对母线简化，如图 J4-11a 和 J4-11b 所示，这样就变成了平面力系问题。

(1)销钉进入固定物体(图 J4-11a)。列平衡方程

$$\sum M_O = 0: \quad F_{N1}OC_1 - F_{N2}OC_2 = 0$$

由几何对称性有 $OC_1 = OC_2$，从而得到 $F_{N1} = F_{N2}$。再补充动滑动摩擦关系

$$F_{s1} = f_s F_{N1}, \quad F_{s2} = f_s F_{N2}$$

得到

$$F_{s2} = F_{s1} = f_s F_{N1} = f_s F_{N2}$$

再列竖直方向平衡方程

$$\sum F_y = 0: \quad (F_{N1} + F_{N2})\sin\theta + (F_{s1} + F_{s2})\cos\theta - F = 0$$

化简得到：

$$2f_s^{-1}F_{s1}\sin\theta + 2F_{s1}\cos\theta - F = 0 \tag{a}$$

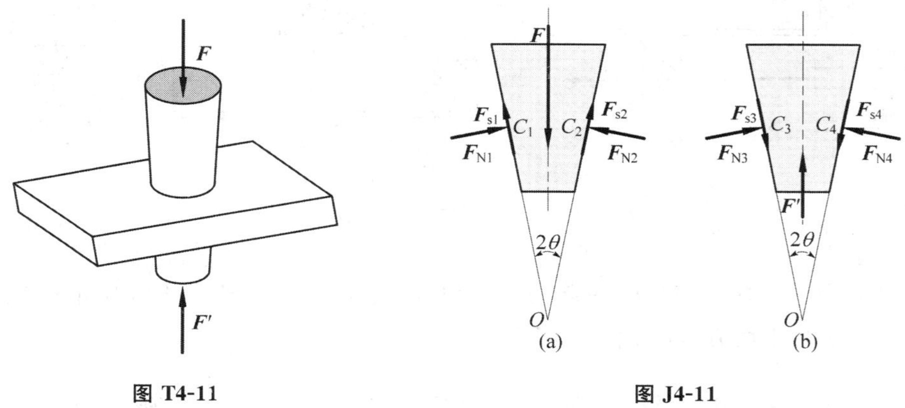

图 T4-11　　图 J4-11

(2)销钉从固定物体退出(图 J4-11b)。利用与(1)相同的思路，可得

$$2f_s^{-1}F_{s3}\sin\theta - 2F_{s3}\cos\theta + F' = 0 \tag{b}$$

讨论

仅由式(a)和式(b)是无法确定摩擦系数的，而题设信息已经完全使用，因此本题条件不够，还需要补充额外的条件。

4-12　见例题 4-5。

4-13　物 B 重 $P_B=1500$ N，放在水平面上，其上再放重 $P_A=1000$ N 的物 A，物 A 上又搁置一绕固定轴 C 转动的曲杆 CGD，并在点 D 作用一力 $F_1=500$ N。设物 A 与曲杆、物 A 与

物 B、物 B 与地面之间的摩擦因数分别为 0.3、0.2 和 0.1，$EG=750$ mm，$ED=500$ mm，$CG=250$ mm。问在物 B 上加多大的水平力 $\boldsymbol{F}_2$ 才能使物块开始滑动？

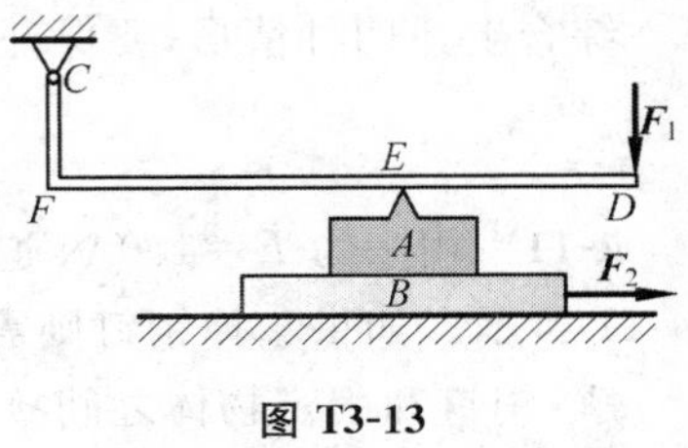

图 T3-13

解：物 B 滑动方式可能有三种：情形Ⅰ，A 静止，B 相对 A 和地面都有滑动；情形Ⅱ，A 和 B 一起同步运动；情形Ⅲ，A 和 B 都滑动，但是 B 的加速度更大。

情形Ⅰ：

(1)取物块 B 为研究对象，受力分析如图 J4-13a 所示。列平衡方程

$$\begin{cases}\sum F_x=0:\quad F_2-F_{sA}-F_{sB}=0\\ \sum F_y=0:\quad F_{NB}-F_{NA}-P_B=0\end{cases}\tag{a}$$

再补充动滑动摩擦关系

$$F_{sA}=f_{AB}F_{NA},\quad F_{sB}=f_{B地}F_{NB}\tag{b}$$

其中：$f_{AB}=0.2$ 是 A 和 B 之间的摩擦因数；$f_{B地}=0.1$ 是 B 和地面之间摩擦因数。由式(a)和式(b)可解得

$$F_2=F_{sA}+F_{sB}=(f_{AB}+f_{B地})F_{NA}+P_Bf_{B地}\tag{c}$$

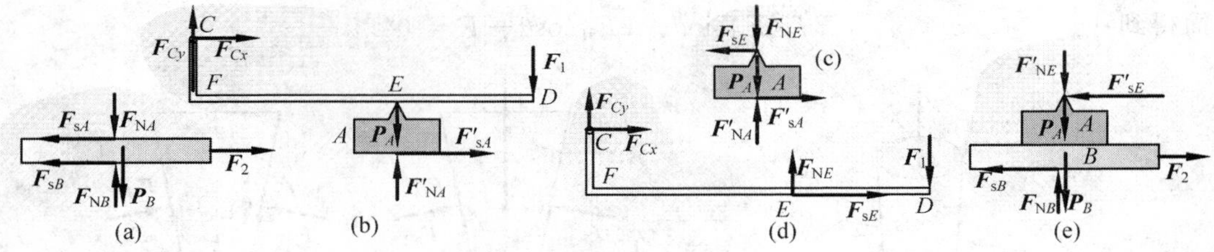

图 J4-13

(2)再取物块 A 和曲杆 CFD 一起为研究对象，受力分析如图 J4-13b 所示，其中：$F'_{sA}=F_{sA}$，$F'_{NA}=F_{NA}$。列平衡方程(忽略 A 的厚度)

$$\sum M_C=0:\quad F'_{NA}\times FE+F'_{sA}\times CF-F_1\times FD-P_A\times FE=0$$

再补充动滑动摩擦关系

$$F'_{sA}=f_{AB}F'_{NA}$$

解得：

$$F'_{NA}=F_{NA}=\frac{F_1\times FD+P_A\times FE}{FE+f_{AB}\times CF}=1718.75\ \text{N}$$

$$F'_{sA}=f_{AB}F'_{NA}=343.75\ \text{N}$$

代入式(c)有：$F_2=(f_{AB}+f_{B地})F_{NA}+P_Bf_{B地}=665.625$ N。

我们需要验证，物块 A 和曲杆 CFD 之间摩擦力没有达到临界。为此采用反证法，假设达到临界，取 A 为研究对象，受力分析如图 J4-13c 所示。列平衡方程

$$\begin{cases} \sum F_x = 0: \quad F'_{sA} - F_{sE} = 0 \\ \sum F_y = 0: \quad F'_{NA} - F_{NE} - P_A = 0 \end{cases}$$

解得：$$F_{sE} = F'_{sA} = 343.75\ \text{N}, \quad F_{NE} = F'_{NA} - P_A = 718.75\ \text{N}$$

可以验证 $\dfrac{F_{sE}}{F_{NE}} = 0.4783 > f_{EA} = 0.1$，因而假设错误，不可能出现这种情形。

情形Ⅱ：

(3)取曲杆 CFD 为研究对象，受力分析如图 J4-13d 所示。列平衡方程

$$\sum M_C = 0: \quad F_{NE} \times FE + F_{sE} \times CF - F_1 \times FD = 0$$

再补充动滑动摩擦关系：$F_{sE} = f_{AE}F_{NE}$（其中 $f_{AE} = 0.3$ 是 A 和曲杆 CFD 之间的摩擦因数），解得：$F_{NE} = 757.58\ \text{N}$，$F_{sE} = 227.27\ \text{N}$。

(4)取 A 和 B 联合体为研究对象，受力分析如图 J4-13e 所示。列平衡方程

$$\begin{cases} \sum F_x = 0: \quad F_2 - F_{sB} - F'_{sE} = 0 \\ \sum F_y = 0: \quad F_{NB} - F'_{NE} - P_A - P_B = 0 \end{cases}$$

再补充动滑动摩擦关系 $F'_{sE} = f_{AB}F'_{NE}$，$F_{sB} = f_{B地}F_{NB}$，解得

$$F_{NB} = F'_{NE} + P_A + P_B = 3257.58\ \text{N}$$
$$F_2 = F_{sB} + F'_{sE} = f_{B地}F_{NB} + f_{AE}F_{NE} = f_{B地}(F_{NE} + P_A + P_B) + f_{AE}F_{NE} = 553.03\ \text{N}$$

我们还需要确认 A 和 B 之间没有相对滑动。取物块 B 为研究对象，受力分析如图 J4-13a。

$$\begin{cases} \sum F_x = 0: \quad F_2 - F_{sA} - F_{sB} = 0 \\ \sum F_y = 0: \quad F_{NB} - F_{NA} - P_B = 0 \end{cases}$$

解得：$F_{sA} = F_2 - F_{sB} = 227.28\ \text{N}$；$F_{NA} = F_{NB} - P_B = 1757.58\ \text{N}$。

可验证 $\dfrac{F_{sA}}{F_{NA}} = \dfrac{227.28\ \text{N}}{1757.58\ \text{N}} = 0.129 < f_{AB}$，这表明 A 和 B 之间确实没有相对滑动。

情形Ⅲ：

(5)同第(3)步得到：$F_{NE} = 757.58\ \text{N}$，$F_{sE} = 227.27\ \text{N}$。

(6)取物块 A 为研究对象，受力分析如图 J4-13c 所示。列平衡方程

$$\sum F_y = 0: \quad F'_{NA} - F_{NE} - P_A = 0$$

再补充动滑动摩擦关系 $F'_{sA} = f_{AB}F'_{NA}$，解得：

$$F'_{NA} = F_{NE} + P_A = 1757.58\ \text{N}; \quad F'_{sA} = f_{AB}F'_{NA} = 351.516\ \text{N}$$

这里必须指出的是 A 可能有加速度，所以不能用 $\sum F_x = 0$ 来确定 F'_{sA}。

(7)取物块 B 为研究对象，受力分析如图 J4-13a 所示。列平衡方程

$$\begin{cases} \sum F_x = 0: & F_2 - F_{sA} - F_{sB} = 0 \\ \sum F_y = 0: & F_{NB} - F_{NA} - P_B = 0 \end{cases}$$

再补充动滑动摩擦关系 $F_{sB} = f_{B地} F_{NB}$，解得

$$F_{NB} = F_{NA} + P_B = 3257.58 \text{ N}$$

$$F_2 = F_{sA} + F_{sB} = (351.516 + 0.1 \times 3257.58) \text{ N} = 677.27 \text{ N}$$

综合以上分析可知，当 F_2 达到 553.03 N 的条件下，A 和 B 一起滑动，而若当 F_2 达到 677.27 N 的条件下，B 相对 A 加速滑动。

4-14 均质长板 AD 重 $\boldsymbol{P}$，长为 4 m，用一短板 BC 支撑，如图 T4-14 所示。若 $AC = BC = AB = 3$ m，板 BC 的自重不计。求 A、B、C 处摩擦角各为多大才能使之保持平衡。

解：(1)取 BC 为研究对象，因其自重不计，故为二力杆。这样 BC 两端全约束力必沿 BC，等值、反向，如图 J4-14a 所示。临界状态时 B 和 C 处，全约束反力方向达到各自摩擦角的方向，因而 $\varphi_B = \varphi_C = 30°$。

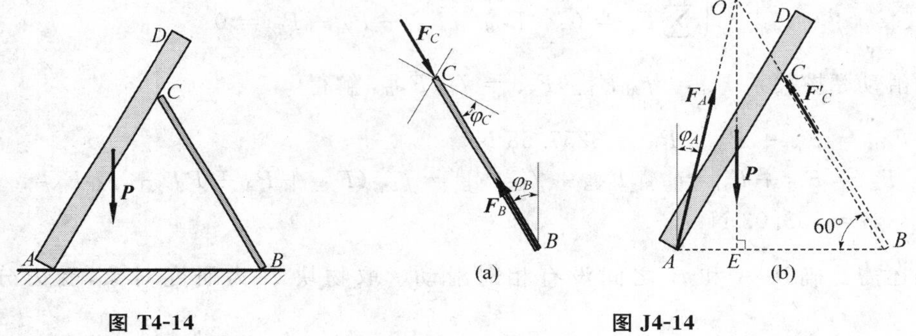

图 T4-14　　　　图 J4-14

(2)取 AD 为研究对象，它受到三个力，三力汇交于点 O，如图 J4-14b 所示。根据图中的几何关系，可计算出

$$\varphi_A = \angle AOE = \tan^{-1}\frac{AE}{OE} = \tan^{-1}\frac{AE}{BE\tan 60°} = \tan^{-1}\frac{AB/2 \times 2/3}{4AB/6 \times \tan 60°} = \tan^{-1}\frac{\sqrt{3}}{6} = 16.10°$$

4-15 见例题 4-6。

4-16 胶带制动器如图 T4-16 所示，胶带绕过制动轮而连接于固定点 C 及水平杠杆的 E 端，胶带绕于轮上的包角 $\theta = 225° = 1.25\pi$(弧度)，胶带与轮间的摩擦因数为 $f_s = 0.5$，轮半径 $r = a = 100$ mm。如在水平杆 D 端施加一竖直力 $F = 100$ N，求胶带对于制动轮的制动力矩 M 的最大值。

提示：轮与胶带间将发生滑动时，胶带两端拉力的关系为 $F_2 = e^{f_s\theta}F_1$，其中 θ 为包角，以弧度计，f_s 为摩擦因数。

解：取 ECD 杆为研究对象，受力分析如图 J4-16 所示。

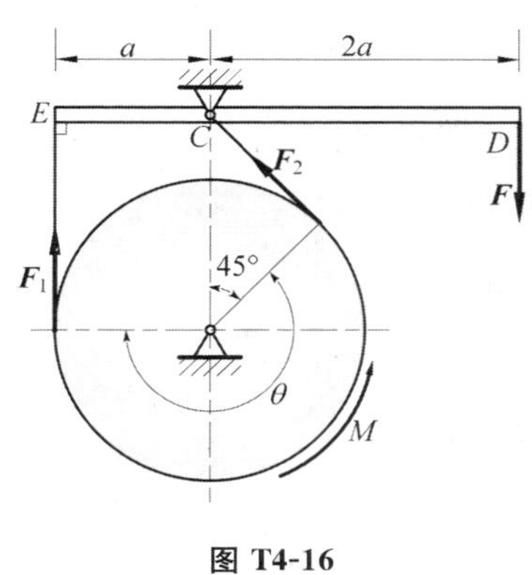

图 T4-16

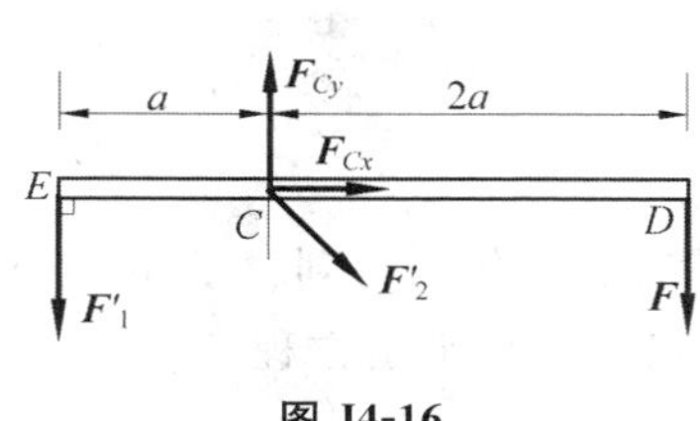

图 J4-16

列平衡方程

$$\sum M_C = 0: \quad F_1' \times CE - F \times CD = 0$$

得到：$F_1' = 2F = 200$ N。而

$$F_2 = \mathrm{e}^{f_s \theta} F_1 = 200\mathrm{e}^{0.5\times 1.25\pi}\ \mathrm{N} = 1424.84\ \mathrm{N}$$

因此，$M_{\max} = (F_2 - F_1)a = (1424.84 - 200) \times 0.1\ \mathrm{N \cdot m} = 122.5\ \mathrm{N \cdot m}$

4-17　如图 T4-17 所示静定组合梁，A 为固定端约束，C 为铰链约束。重 5880N 的重物 E 放在倾角为 30°的斜面上，并用绳系住。绳绕过定滑轮 O 后系于 CB 梁的 D 点。已知重物 E 与斜面间的静滑动摩擦因数为 $f_s=0.3$，其他各连接处的摩擦忽略不计，系统处于平衡状态。试求：(1)均布载荷 q 的分布长度 x 的范围；(2)当 $x=2$ m 时，固定端的约束力和斜面上的摩擦力。

解：(1)如果 x 比较大，则 E 有向定滑轮运动的趋势，反之则有远离定滑轮的趋势，因而 E 与斜面间的摩擦力有可能斜向上，也可能斜向下，二种情况的受力分析分别如图 J4-17a 和 J4-17b 所示，对图 J4-17a 列平衡方程

$$\begin{cases} \sum F_x = 0: \quad F_T + F_s - P\sin 30° = 0 \\ \sum F_y = 0: \quad F_N - P\cos 30° = 0 \end{cases}$$

再补充静摩擦关系 $F_s = f_s F_N$，解得

$$F_T \geqslant P(\sin 30° - f_s \cos 30°) \tag{a}$$

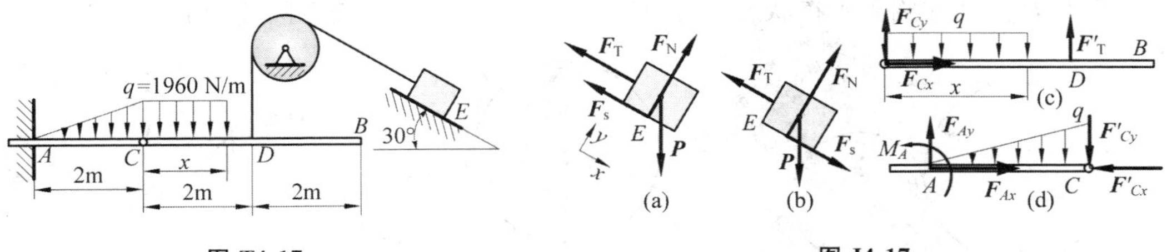

图 T4-17　　图 J4-17

对图 J4-17b,采用相同方法,可解得

$$F_{\mathrm{T}} \leqslant P(\sin 30^\circ + f_{\mathrm{s}}\cos 30^\circ) \tag{b}$$

取 CDB 作受力分析,如图 J4-17c 所示。列对 C 的矩平衡有

$$-qx^2/2 + F'_{\mathrm{T}} \times 2\mathrm{m} = 0$$

解得:

$$x = \sqrt{4F'_{\mathrm{T}}/q \times \mathrm{m}}$$

将式(a)和式(b)代入得到: $1.698\ \mathrm{m} \leqslant x \leqslant 3.020\ \mathrm{m}$

(2)对图 J4-17c 列平衡方程

$$\begin{cases} \sum F_x = 0: \quad F_{Cx} = 0 \\ \sum M_C = 0: \quad -q \times 2^2/2 + F'_{\mathrm{T}} \times 2\mathrm{m} = 0 \\ \sum F_y = 0: \quad F_{Cy} + F'_{\mathrm{T}} - q \times 2\mathrm{m} = 0 \end{cases}$$

解得:$F_{Cx} = 0, F'_{\mathrm{T}} = 1960\ \mathrm{N}, F_{Cy} = 1960\ \mathrm{N}$

再取 AC 作受力分析,如图 J4-17d 所示。列平衡方程

$$\begin{cases} \sum F_x = 0: \quad F_{Ax} = 0 \\ \sum F_y = 0: \quad F_{Ay} - F'_{Cy} - q \times 2\mathrm{m}/2 = 0 \\ \sum M_A = 0: \quad M_A - q \times 2\mathrm{m}/2 \times 4/3 - F'_{Cy} \times 2\mathrm{m} = 0 \end{cases}$$

解得:$F_{Ax} = 0, F_{Ay} = 3920\ \mathrm{N}, M_A = 6533\ \mathrm{N \cdot m}$。

因为 $F_{\mathrm{T}} = F'_{\mathrm{T}} = 1960\ \mathrm{N} \leqslant P\sin 30^\circ$,所以 E 有下滑的趋势,相应的受力图应为 J4-17a,沿斜面列平衡方程

$$F_{\mathrm{T}} + F_{\mathrm{s}} - P\sin 30^\circ = 0$$

得到 $F_{\mathrm{s}} = P\sin 30^\circ - F_{\mathrm{T}} = 980\ \mathrm{N}$。方向沿斜面向上。

4-18 直径各为 d 和 D 的两个圆柱,置于同一水平的粗糙平面上,如图 T4-18 所示。在大圆柱上绕上绳子,作用在绳端的水平拉力为 $\boldsymbol{F}$。设所有接触点的静摩擦因数均为 f_{s},证明大圆柱能翻过小圆柱的条件为 $f_{\mathrm{s}} \geqslant \sqrt{d/D}$。

解:(1)取大圆柱为研究对象,受力分析如图 J4-18a 所示,其中关键处理解释如下。①与地面接触的 A 处约束力因大轮要翻过小圆柱而为 0;②两轮相切处的正压力和摩擦力合成为全约束反力 $\boldsymbol{F}_{\mathrm{R}B}$;③在临界平衡状态,大圆柱上有三个力,它们汇交于圆柱最上方 E 点。

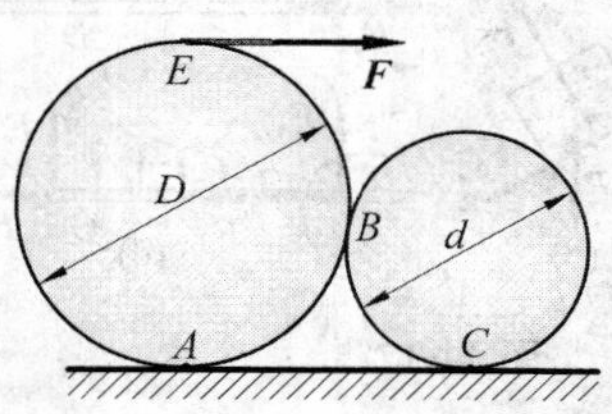

图 T4-18

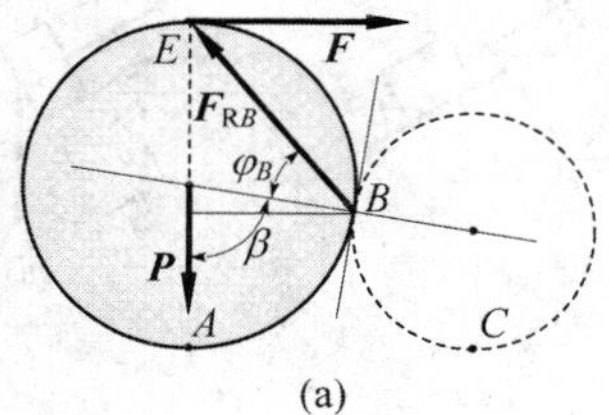

图 J4-18

由图 4-18a 的几何关系有

$$\varphi_B = \beta/2$$

而 β 为

$$\cos\beta = \frac{(D-d)/2}{(D+d)/2} = \frac{D-d}{D+d}, \sin\beta = \sqrt{1-\cos^2\alpha} = \frac{2\sqrt{Dd}}{D+d}$$

因此

$$\tan\varphi_B = \tan\frac{\alpha}{2} = \frac{2\sqrt{Dd}/(D+d)}{1+(D-d)/(D+d)} = \sqrt{\frac{d}{D}}$$

故而至少就 B 点不滑动则要求 $f_s > \tan\varphi = \sqrt{d/D}$。

现在还需要检查小圆柱在 C 处没有滑动。小圆柱的受力分析如图 J4-18b。其中关键点解释如下。①C 处的正压力和摩擦力合成为全约束反力 $\boldsymbol{F}_{RC}$；②在临界平衡状态，小圆柱上有三个力，它们汇交于小圆柱最下方 C 点。沿 η 轴的平衡方程有

$$Q\sin\varphi_B - F_{RC}\sin(\varphi_B - \varphi_C) = 0$$

即

$$\sin(\varphi_B - \varphi_C) = (Q\sin\varphi_B)/F_{RC}$$

因为就图 J4-18b 状态，Q、$\sin\varphi_B$、F_{RC} 均大于零，所以 $\sin(\varphi_B - \varphi_C)$ 也应大于零，因而有 $\varphi_C < \varphi_B$。即

$$\tan\varphi_C < \tan\varphi_B \leqslant f_s$$

也就是 C 处确实没有滑动。

讨论

如果 $f_s > \sqrt{d/D}$ 得到满足，进一步可以论证大轮离开地面滚动之后，B 和 C 两处也不会滑动。

4-19　一运货升降箱重 $\boldsymbol{P}_1$，可以在滑道间上下滑动。今有一重 $\boldsymbol{P}_2$ 的货箱，放置于升降箱的一边，如图 T4-19 所示。由于货箱偏于一边而使升降箱的两角与滑道靠紧。设其间的静摩擦因数为 f_s。求升降箱匀速上升或下降而不被卡住时平衡重 $\boldsymbol{P}_3$ 的值。

解：(1) 上升工况的受力分析如图 J4-19a。

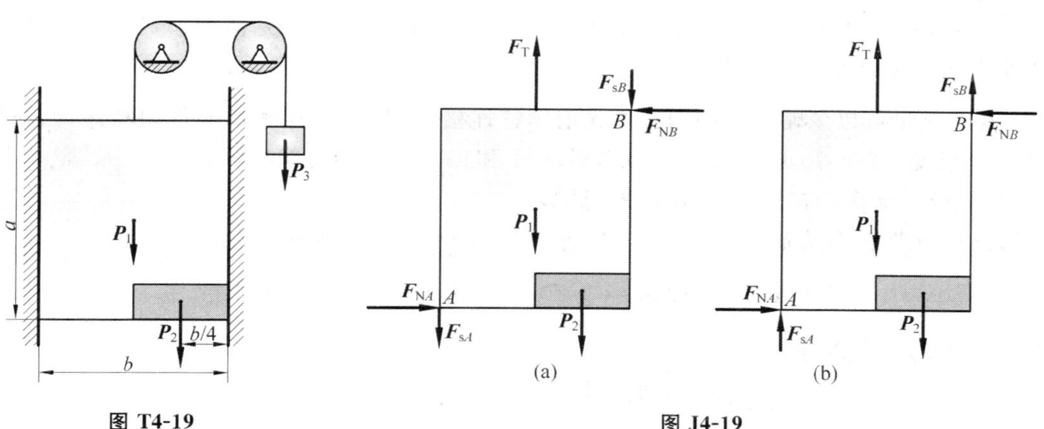

图 T4-19　　　　图 J4-19

列平衡方程

$$\begin{cases}\sum F_x = 0: & F_{NA} - F_{NB} = 0 \\ \sum F_y = 0: & F_T - F_{sA} - F_{sB} - P_1 - P_2 = 0 \\ \sum M_B = 0: & P_1 b/2 + P_2 b/4 - F_T b/2 + F_{NA} a + F_{sA} b = 0\end{cases}$$

再补充静摩擦定律

$$F_{sA} = f_s F_{NA}, \quad F_{sB} = f_s F_{NB}$$

联立上述五式解得

$$F_T = P_1 + P_2\left(\frac{b}{2a}f_s + 1\right)$$

再由定滑轮的性质知道 $P_3 = F_T$，因此上升工况下不被卡住的 P_3 为

$$P_3 > P_1 + P_2\left(\frac{b}{2a}f_s + 1\right)$$

(2)下降工况的受力分析如图 J4-19b。列平衡方程

$$\begin{cases}\sum F_x = 0: & F_{NA} - F_{NB} = 0 \\ \sum F_y = 0: & F_T + F_{sA} + F_{sB} - P_1 - P_2 = 0 \\ \sum M_B = 0: & P_1 b/2 + P_2 b/4 - F_T b/2 + F_{NA} a - F_{sA} b = 0\end{cases}$$

再补充静摩擦定律

$$F_{sA} = f_s F_{NA}, F_{sB} = f_s F_{NB}$$

联立上述五式解得

$$F_T = P_1 + P_2\left(1 - \frac{b}{2a}f_s\right)$$

因此，下降工况下不被卡住的 P_3 为

$$P_3 < P_1 + P_2\left(1 - \frac{b}{2a}f_s\right)$$

讨论

本题中，一个 $\boldsymbol{P}_3$ 不可能在上升和下降两种工况下都工作，也就是两种工况的切换必须通过另外措施改变 $\boldsymbol{P}_3$ 的值。

4-20 重量可以忽略不计的两杆用光滑销钉连接，两杆端点 A 和 C 与滑块相连，如图 T4-20 所示。已知：$m_A = 20$ kg，$m_C = 10$ kg，滑块 A 和 C 与台面间静摩擦因数为 $f_s = 0.25$。如两滑块都未滑动，求作用在 B 点的力 F 的范围。

解：(1)取节点 B 为研究对象，受力分析如图 J4-20a。图中两个角度

$$\tan\theta = 75/250 = 3/10, \quad \tan\varphi = 75/150 = 1/2$$

对图 J4-20a 列平衡方程

$$\begin{cases}\sum F_x = 0: & F_{AB}\sin\theta - F_{CB}\cos\varphi = 0 \\ \sum F_y = 0: & F_{AB}\cos\theta - F_{CB}\sin\varphi - F = 0\end{cases}$$

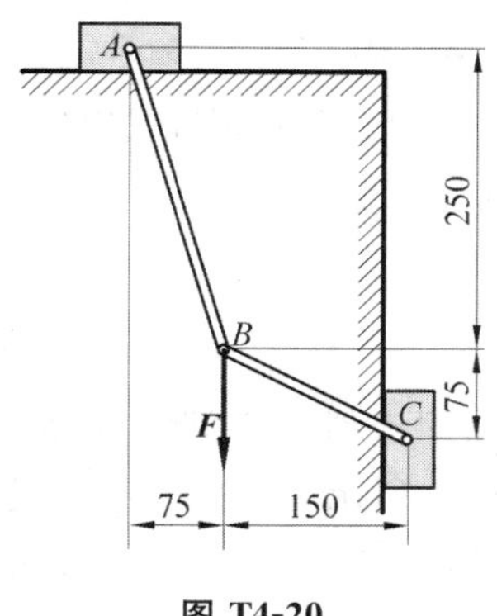

图 T4-20

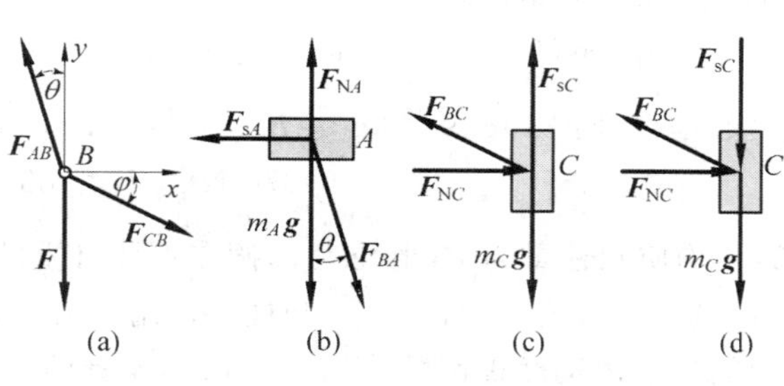

图 J4-20

解得：　　$F_{AB}=F\cos\varphi/\cos(\theta+\varphi)$，　$F_{CB}=F\sin\theta/\cos(\theta+\varphi)$　　(a)

(2)取滑块 A 为研究对象，受力分析如图 J4-20b。必须指出的是 $F_{BA}=F_{AB}>0$，所以 A 不可能有向左运动的趋势。对图 J4-20b 列平衡方程

$$\begin{cases}\sum F_x=0: & F_{sA}-F_{BA}\sin\theta=0\\ \sum F_y=0: & F_{NA}-m_A g-F_{BA}\cos\theta=0\end{cases}$$

再补充静摩擦的条件 $F_{sA}\leqslant f_s F_{NA}$ 和几何条件 $\tan\theta=3/10>f_s=0.25$，可得

$$F_{BA}\leqslant f_s m_A g/(\sin\theta-f_s\cos\theta)\tag{b}$$

(3)取滑块 C 为研究对象，分两种情况。第一种情况，C 有下滑的趋势，其受力分析如图 J4-20c。列平衡方程

$$\begin{cases}\sum F_x=0: & F_{NC}-F_{BC}\cos\varphi=0\\ \sum F_y=0: & F_{sC}+F_{BC}\sin\varphi-m_C g=0\end{cases}$$

再补充静摩擦条件 $F_{sC}\leqslant f_s F_{NC}$，可解得

$$F_{BC}\geqslant m_C g/(\sin\varphi+f_s\cos\varphi)\tag{c}$$

(4)取滑块 C 为研究对象。第二种情况，C 有上升的趋势，其受力分析如图 J4-20d。列平衡方程

$$\begin{cases}\sum F_x=0: & F_{NC}-F_{BC}\cos\varphi=0\\ \sum F_y=0: & -F_{sC}+F_{BC}\sin\varphi-m_C g=0\end{cases}$$

再补充静摩擦的临界条件 $F_{sC}=f_s F_{NC}$ 和几何条件 $\tan\varphi=0.5>f_s=0.25$，可得

$$F_{BC}\leqslant m_C g/(\sin\varphi-f_s\cos\varphi)\tag{d}$$

由式(a)、式(b)、式(c)和式(d)得到

$$\begin{cases}F_{AB}=F\cos\varphi/\cos(\theta+\varphi)\leqslant f_s m_A g/(\sin\theta-f_s\cos\theta)\\ F_{CB}=F\sin\theta/\cos(\theta+\varphi)\geqslant m_C g/(\sin\varphi+f_s\cos\varphi)\\ F_{CB}=F\sin\theta/\cos(\theta+\varphi)\leqslant m_C g/(\sin\varphi-f_s\cos\varphi)\end{cases}$$

解得

$$\begin{cases}F\leqslant \cos(\theta+\varphi)g\min(f_s m_A/[(\sin\theta-f_s\cos\theta)\cos\varphi],m_C/[(\sin\varphi-f_s\cos\varphi)\sin\theta])\\F\geqslant m_C g\cos(\theta+\varphi)/[(\sin\varphi+f_s\cos\varphi)\sin\theta]\end{cases}$$

代入题设数据得到：$340g/9\times\text{kg}\leqslant F\leqslant 85g\times\text{kg}$，或者

$$370\ \text{N}\leqslant F\leqslant 833\ \text{N}$$

4-21 均质圆柱重为 $\boldsymbol{P}$，半径为 r，搁在不计自重的水平杆和固定斜面之间。杆端 A 为光滑铰链，D 端受一竖直向上的力 F，圆柱上作用一力偶，如图 T4-21 所示，已知 $F=P$，圆柱与杆和斜面间的静滑动摩擦因数皆为 $f_s=0.3$，不计滚动摩阻，当 $\theta=45°$ 时，$AB=BD$。求此时能保持系统静止的力偶矩 M 的最小值。

解：如果力偶矩 M 等于 0，则圆柱被 ABD 挤压向外运动。当 M 从 0 逐渐增加，直到一个临界的 M，不再发生向外运动，而只有向外运动的趋势。根据这种趋势，我们可以判断 B 和 E 两处的约束力方向。

(1)取 ABD 为研究对象，受力分析如图 J4-21a。对 A 的矩平衡有

$$\sum M_A=0:\quad -F_{NB}\times AB+F\times AD=0$$

得到：$F_{NB}=2F=2P$

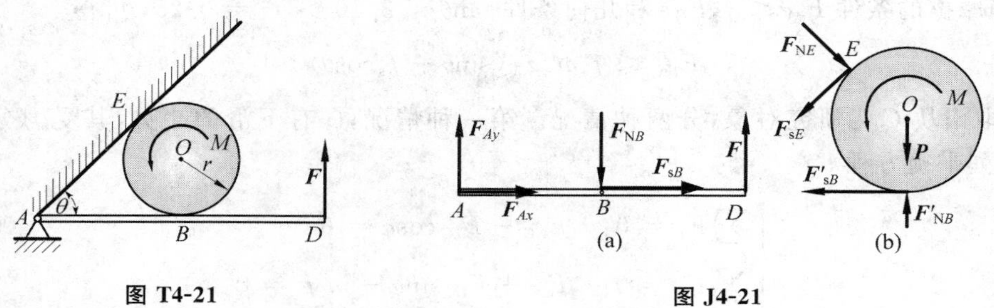

图 T4-21　　图 J4-21

(2)取轮 O 为研究对象，受力分析如图 J4-21b。列平衡方程

$$\begin{cases}\sum F_y=0:\quad -P+F'_{NB}-F_{NE}\times\sqrt{2}/2-F_{sE}\times\sqrt{2}/2=0\\\sum F_x=0:\quad -F'_{sB}+F_{NE}\times\sqrt{2}/2-F_{sE}\times\sqrt{2}/2=0\end{cases}$$

并将 $F_{NB}=2P$ 代入可解得：

$$\begin{cases}F_{NE}=\sqrt{2}(F_{sB}+P)/2\\F_{sE}=\sqrt{2}(P-F_{sB})/2\end{cases}\tag{a}$$

保持平衡的必要条件：

$$\frac{F_{sE}}{F_{NE}}\leqslant f_s:\quad \frac{\sqrt{2}(P-F_{sB})/2}{\sqrt{2}(P+F_{sB})/2}\leqslant f_s$$

解得：$F_{sB}\geqslant(1-f_s)P/(1+f_s)=7P/13$。

B 处静滑动摩擦的临界条件为 $F_{sB}=f_s\times F_{NB}=3P/5$。因此，允许的 F_{sB} 范围是

$$7P/13\leqslant F_{sB}\leqslant 3P/5\tag{b}$$

将式(b)代入式(a)的第(2)式，有

$$3\sqrt{2}P/13 \geqslant F_{sE} \geqslant \sqrt{2}P/5 \tag{c}$$

(3)对图 J4-21b，列对 O 的矩平衡方程

$$\sum M_O = 0: \quad M + F_{sE}r - F_{sB}r = 0$$

得到：$M = (F_{sB} - F_{sE})r$。因此最小 M 对应式(b)的下限和式(a)的上限，即

$$M_{\min} = (7 - 3\sqrt{2})Pr/13 = 0.212Pr$$

4-22　图 T4-22 所示物块 A 重 500N，轮轴 B 重 1000 N。物块 A 与轮轴 B 的轴用水平绳连接。在轮轴外绕细绳，此绳跨过一光滑的滑轮 D，在绳的端点系一重物 C。若物块 A 与水平面间的静摩擦因数为 0.5，轮轴 B 与水平面间的静摩擦因数为 0.2，不计滚动摩阻力偶，求使物体系平衡时物体 C 的重量 P 的最大值。

解：(1)取物 A 为研究对象，假定它达到静滑动摩擦的临界，受力分析如图 J4-22a 所示。

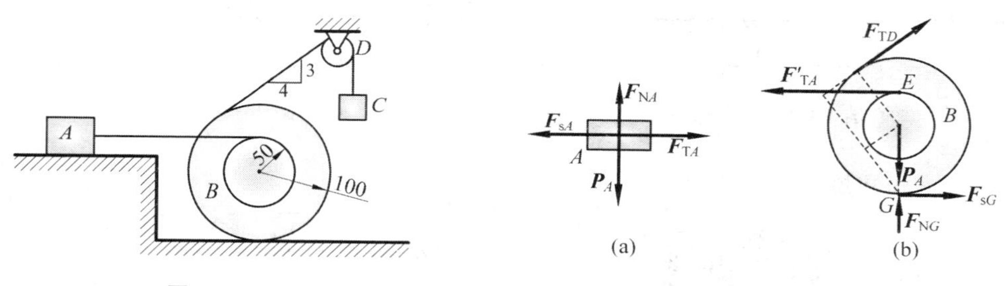

图 T4-22　　　　图 J4-22

列平衡方程

$$\begin{cases} \sum F_y = 0: \quad F_{NA} - P_A = 0 \\ \sum F_x = 0: \quad F_{sA} - F_{TA} = 0 \end{cases}$$

再补充静摩擦力定律 $F_{sA} = f_s F_{NA}$，可解得

$$F_{TA} = 0.5P_A$$

(2)取轮轴 B 为研究对象，受力分析如图 J4-22b 所示，其中 G 处的摩擦力的方向是这样确定的：对 E 点写矩平衡方程，则 F_{sG} 必然如图中所示，否则不能保持平衡。绳子拉力 $F_{TD}=P$。

对图 J4-22b 的 G 点矩平衡方程为

$$F'_{TA} \times 150 - P(100 + 100 \times 4/5) = 0$$

解得：$P = 625/3\ \text{N} = 208.3\ \text{N}$。

我们需要验证在 G 处没有滑动，为此列平衡方程

$$\begin{cases} \sum F_y = 0: \quad P \times 3/5 - P_B + F_{NG} = 0 \\ \sum F_x = 0: \quad P \times 4/5 - F'_{TA} + F_{sG} = 0 \end{cases}$$

解得：$F_{sG} = 83.3\ \text{N}$；$F_{NG} = 875.0\ \text{N}$。

可验证 $F_{sG}/F_{NG} = 83.3\ \text{N}/875.0\ \text{N} = 0.0952 < 0.2$。轮轴 B 确实没有滑动。

综上所述重物 C 的最大值为 $P_{max} = 208.3\ \text{N}$。

4-23 见习题 4-7。

4-24 图 T4-24 的汽车重 $P = 15\ \text{kN}$，车轮的直径为 600 mm，轮自重不计。问发动机应给予后轮多大的力偶矩，方能使前轮越过高为 80 mm 的阻碍物？并问此后轮与地面的静摩擦因数应为多大才不至于打滑？

解：(1)取整体为研究对象，受力分析见图 J4-24a，其中的一个关键是前轮的约束反力方向。这是因为前轮 A 是从动轮，它与地面之间摩擦力比较小。为简单计，本题不计摩擦，也就是前轮和阻碍物之间为光滑面约束，这样前轮受到障碍物的约束反力 $\boldsymbol{F}_{RA}$ 通过轮心。另外，发动机给予后轮的力偶矩为内力，在整体受力图中不应画出。

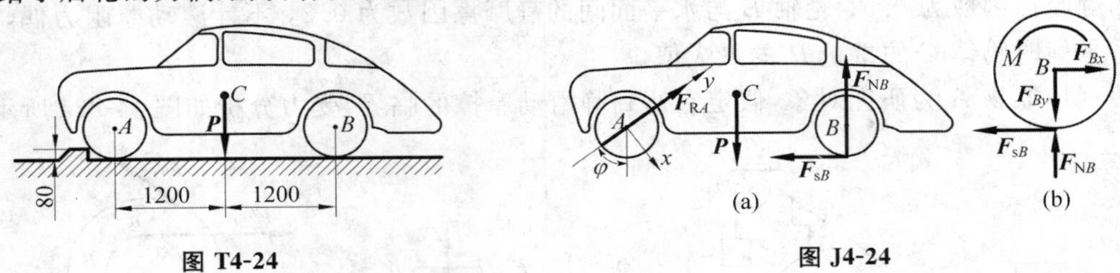

图 T4-24　　图 J4-24

图 J4-24a 中角度：

$$\cos\varphi = \frac{600/2 - 80}{600/2} = \frac{11}{15},\quad \sin\varphi = \sqrt{1-\left(\frac{11}{15}\right)^2} = \frac{2\sqrt{26}}{15}$$

对图 J4-24a 有

$$\begin{cases} \sum M_A = 0:\quad -P\times 1200 + F_{NB}\times 2400 - F_{sB}\times 300 = 0 \\ \sum F_x = 0:\quad P\sin\varphi - F_{NB}\sin\varphi - F_{sB}\cos\varphi = 0 \end{cases}$$

解得

$$F_{NB} = P - \frac{4\cos\varphi}{8\cos\varphi + \sin\varphi}P = \frac{471 + 11\sqrt{26}}{955}P$$

$$F_{sB} = \frac{4\sin\varphi}{8\cos\varphi + \sin\varphi}P = \frac{-52 + 88\sqrt{26}}{955}P$$

因此，后轮与地面之间的静滑动摩擦系数

$$f_s \geqslant \frac{F_{sB}}{F_{NB}} = \frac{-52 + 88\sqrt{26}}{471 + 11\sqrt{26}} = \frac{-52 + 44\sqrt{26}}{229} = 0.75265$$

(2)取后轮 B 为研究对象，受力分析如图 J4-24b 所示，对轴心 B 的矩平衡有

$$\sum M_B = 0:\quad M - F_{sB}\times 300\ \text{mm} = 0$$

解得：
$$M = \frac{18(-13 + 22\sqrt{26})}{955}\ \text{kN·m} = 1.869\ \text{kN·m}$$

讨论

如果只分析后轮的静滑动摩擦因数，那么因全车只受到三个力，其中前轮反力和重力方向

已知，这样就可确定后轮力的方向。在临界条件下，这个方向与竖直线夹角就等于摩擦角。沿这条思路，用几何关系也可确定最小的静摩擦因数。

4-25 重 50 N 的方块放在倾斜的粗糙面上，斜面的边 AB 与 BC 垂直，如图 T4-25 所示。如在方块上作用水平力 $\boldsymbol{F}$ 与 BC 边平行，此力由零逐渐增加，方块与斜面间的静摩擦因数为 0.6。(1)求保持方块平衡时，水平力 $\boldsymbol{F}$ 的最大值。(2)若方块与斜面的动摩擦因数为 0.55，当方块作匀速直线运动时，求水平力 $\boldsymbol{F}$ 的大小及方块的滑动方向。

解：(1)取方块为研究对象，坐标系和受力分析如图 J4-25a 所示(z 轴垂直于 $ABCD$ 斜面)。为了便于求解，将重力 $\boldsymbol{P}$ 沿 z 轴和 x 轴分解($P_y=0$)，两分力的大小分别为 $P_x=P/\sqrt{5}$，$P_z=2P/\sqrt{5}$。对图 J4-25a 列平衡方程

$$\begin{cases}\sum F_x=0: & P_x-F_{sx}=0\\ \sum F_y=0: & F-F_{sy}=0\\ \sum F_y=0: & F_N-P_z=0\end{cases}$$

补充静摩擦定律 $F_s=\sqrt{F_{sx}^2+F_{sy}^2}=f_sF_N$，解得

$$F=\frac{\sqrt{4f_s^2-1}}{\sqrt{5}}P=\frac{\sqrt{4f_s^2-1}}{\sqrt{5}}P=14.83\ \text{N}$$

(2)在运动中，$P_x=P/\sqrt{5}$ 和 $F_N=2P/\sqrt{5}$ 与(1)同。总摩擦力 $F_s=\sqrt{F_{sx}^2+F_{sy}^2}=0.55F_N=1.1P/\sqrt{5}$。为了便于分析，考察 xy 坐标面内受力，如图 J4-25b 所示。写平衡方程有

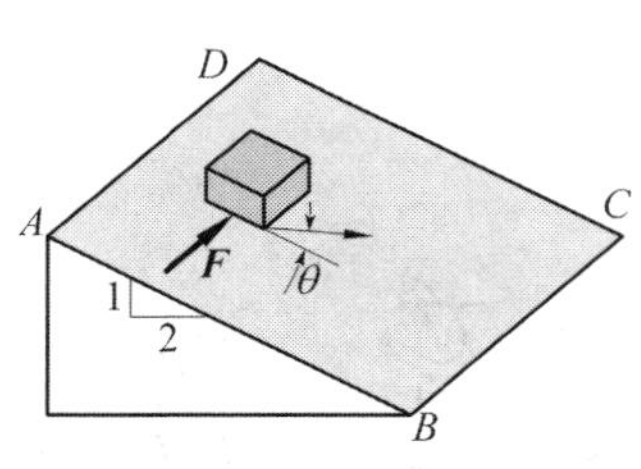

图 T4-25

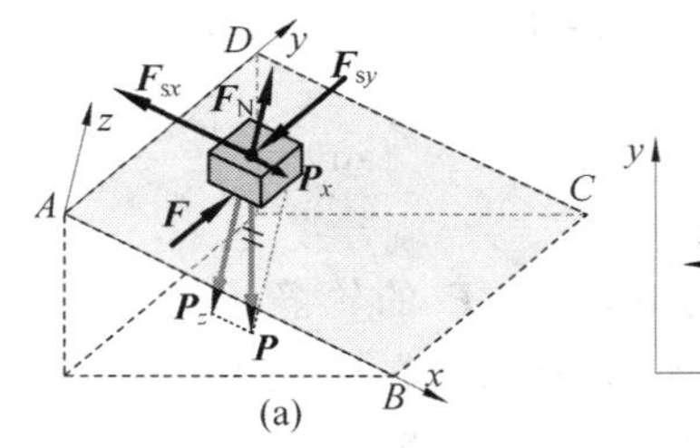

图 J4-25

$$\begin{cases}\sum F_x=0: & P_x-F_{sx}=0\\ \sum F_y=0: & F-F_{sy}=0\end{cases}$$

得到：$P_x=F_{sx}$，$F=F_{sy}$。因此又有总摩擦力 $F_s=\sqrt{(P_x)^2+F^2}$，解得：

$$F=\sqrt{0.21/5}P=10.247\ \text{N}$$

摩擦力在垂直于速度方向为零，故有

$$\tan\theta=F_{sy}/F_{sx}=F/P_x=\sqrt{0.21/5}P/(P/\sqrt{5})=\sqrt{0.21}$$

解得 $\theta = \arctan\sqrt{0.21} = 24.62°$。

4-26 图 T4-26 中均质杆 AB 长 l，重力 P，A 端由一球形铰链固定在地面上，B 端自由地靠在竖直墙面上，墙面与铰链 A 的水平距离等于 a，图中平面 AOB 与 yOz 的交角为 θ。杆 AB 与墙面间的摩擦因数为 f_s，铰链的摩擦阻力可不计。求杆 AB 将开始沿墙滑动时，θ 角应等于多大？

解：取杆 AB 为研究对象，受力分析如图 J4-26 所示。因杆长不变，AO 与墙垂直，所以杆端 B 在墙面上的轨迹是以 O 为圆心的圆周，其半径 $r = \sqrt{l^2 - a^2}$。

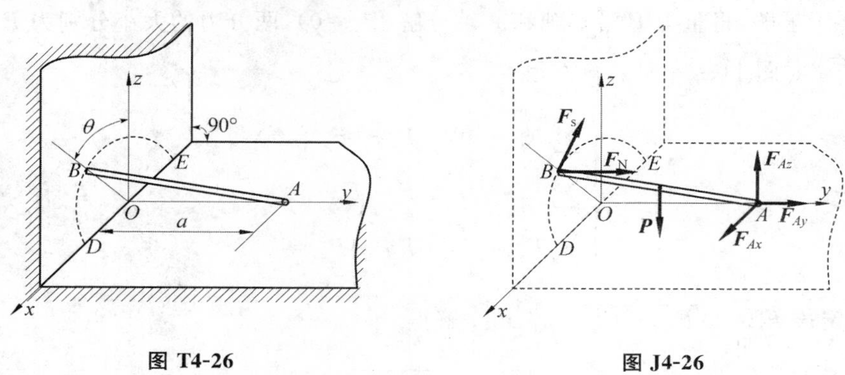

图 T4-26　　　　图 J4-26

B 处摩擦力沿轨迹方向，因此与 xOy 面的夹角为 θ。写绕 Az 轴的矩平衡方程（重力 $\boldsymbol{P}$ 因与 Az 轴平行而对 Az 轴的矩为 0），

$$\sum M_{Az} = 0: \quad -F_s\cos\theta \times a + F_N r\sin\theta = 0$$

再补充静滑动摩擦临界条件 $F_s = f_s F_N$，解得

$$\tan\theta = \frac{F_s a}{F_N r} = \frac{a}{\sqrt{l^2 - a^2}} f_s$$

4-27 一半径为 R，重为 $\boldsymbol{P}_1$ 的轮静止在水平面上，如图 T4-27 所示。在轮上半径为 r 的轴上缠有细绳，此细绳跨过滑轮 A，在端部系一重为 $\boldsymbol{P}_2$ 的物体。绳的 AB 部分与竖直线成 θ 角。求轮与水平面接触点 C 处的滚动摩阻力偶矩、滑动摩擦力和法向反作用力。

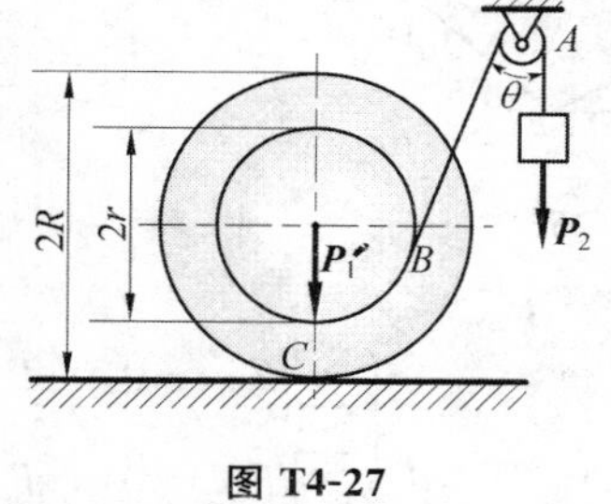

图 T4-27

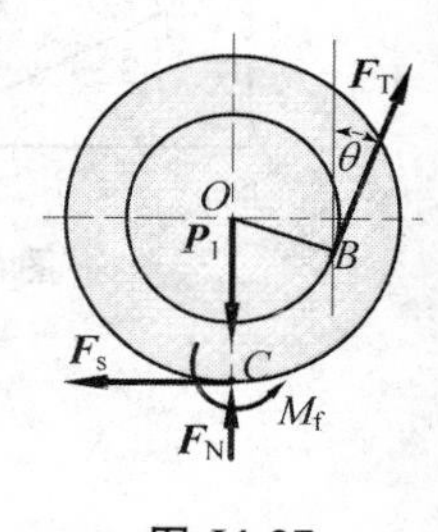

图 J4-27

解：(1) 取轮子为研究对象，受力分析如图 J4-27 所示。图中的绳子张力 $F_T = P_2$，由定滑轮的性质确定。对图 J4-27 列平衡方程

$$\begin{cases} \sum F_x = 0: & F_T\sin\theta - F_s = 0 \\ \sum F_y = 0: & F_T\cos\theta + F_N - P_1 = 0 \\ \sum M_O = 0: & M_f + F_T r - F_s R = 0 \end{cases}$$

解得：

$$F_s = P_2 \sin\theta$$
$$F_N = P_1 - P_2 \cos\theta$$
$$M_f = P_2 (R\sin\theta - r)$$

4-28 如图 T4-28 所示，钢管车间的钢管运转台架，依靠钢管自重缓慢无滑动地滚下，钢管直径为 50 mm。设钢管与台架间的滚动摩阻系数 $\delta = 0.5$ mm。试决定台架的最小倾角 θ 应为多大？

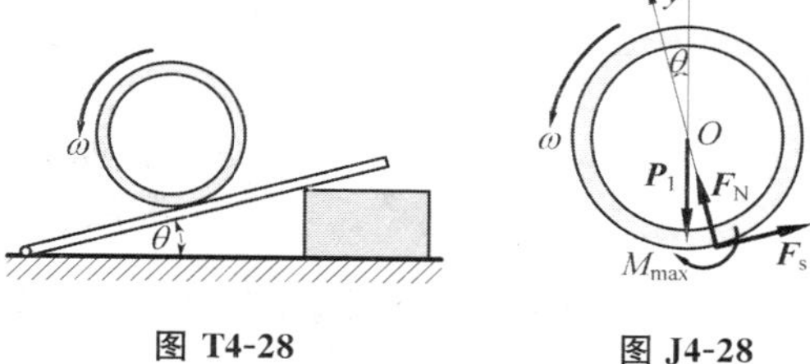

图 T4-28　　图 J4-28

解：取钢管为研究对象，受力分析如图 J4-28 所示。在滚动摩擦的临界状态，认为钢管仍平衡，相应的方程为

$$\begin{cases} \sum F_x = 0: & F_s - P\sin\theta = 0 \\ \sum F_y = 0: & F_N - P\cos\theta = 0 \\ \sum M_O = 0: & F_s R - M_{max} = 0 \end{cases}$$

其中 $M_{max} = \delta \times F_N$。解上式得到

$$\tan\theta = \delta / R = 0.02$$

因此，$\theta = \arctan(0.02) = 1.146° = 1°9'$。

4-29 如图 T4-29 所示，在搬运重物时，常在板下面垫以滚子。已知重物重量 $\boldsymbol{P}$，滚子重量 $\boldsymbol{P}_1 = \boldsymbol{P}_2$，半径为 r，滚子与重物间的滚阻系数为 δ，与地面间的滚阻系数为 δ'。求拉动重物时水平力 $\boldsymbol{F}$ 的大小。

解：两个轮子与地面有各自接触点，与上方的板也有各自接触点，这四处都有滚动摩擦。拉动的临界条件是四处滚动摩阻都达到最大。重物和板子之间的摩擦力可认为是无穷大。

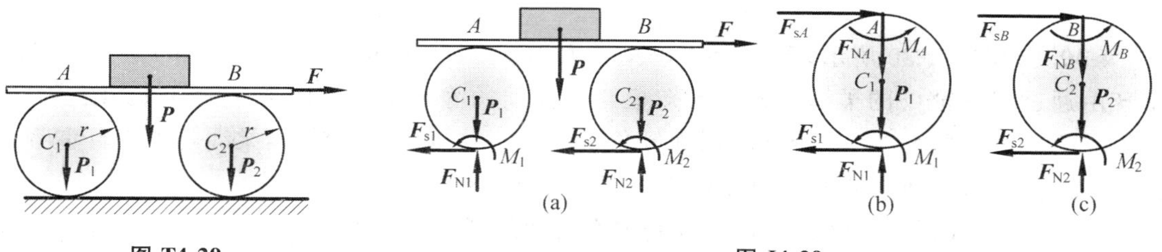

图 T4-29　　图 J4-29

(1)取整体为研究对象，受力分析如图 J4-29a 所示，列平衡方程

$$\begin{cases} \sum F_x = 0: & F - F_{s1} - F_{s2} = 0 \\ \sum F_y = 0: & F_{N1} + F_{N2} - P - P_1 - P_2 = 0 \end{cases}$$

得到：

$$F = F_{s1} + F_{s2} \tag{a}$$

$$F_{N1}+F_{N2}=P+P_1+P_2 \tag{b}$$

(2)取滚子 C_1 为研究对象,受力分析如图 J4-29b 所示,其中 $M_1=\delta' F_{N1}$,$M_A=\delta F_{NA}$。列平衡方程

$$\begin{cases}\sum M_A=0: & M_1+M_A-F_{s1}\times 2r=0\\ \sum F_y=0: & F_{N1}-F_{NA}-P_1=0\end{cases}$$

得到:

$$F_{s1}=(\delta' F_{N1}+\delta F_{NA})/(2r) \tag{c}$$

$$F_{NA}=F_{N1}-P_1 \tag{d}$$

(3)取滚子 C_2 为研究对象,受力分析如图 J4-29c 所示,其中 $M_2=\delta' F_{N2}$,$M_B=\delta F_{NB}$。列平衡方程

$$\begin{cases}\sum M_A=0: & M_2+M_B-F_{s2}\times 2r=0\\ \sum F_y=0: & F_{N2}-F_{NB}-P_2=0\end{cases}$$

得到:

$$F_{s2}=(\delta' F_{N2}+\delta F_{NB})/(2r) \tag{e}$$

$$F_{NB}=F_{N2}-P_2 \tag{f}$$

将式(c)和式(e)代入式(a)有

$$F=\frac{\delta' F_{N1}+\delta F_{NA}}{2r}+\frac{\delta' F_{N2}+\delta F_{NB}}{2r}=\frac{\delta'(F_{N1}+F_{N2})+\delta(F_{NA}+F_{NB})}{2r} \tag{g}$$

将式(d)和式(f)再代入式(g)得到

$$F=\frac{(\delta'+\delta)(F_{N1}+F_{N2})-\delta(P_1+P_2)}{2r} \tag{h}$$

将式(b)代入后得到

$$F=\frac{(\delta'+\delta)P+\delta'(P_1+P_2)}{2r}$$

4-30 如图 T4-30 所示,重 $P_1=980$ N,半径为 $r=100$ mm 的滚子 A 与重 $P_2=490$ N 的板 B 由通过定滑轮 C 的柔绳相连。已知板与斜面间的静滑动摩擦因数 $f_s=0.1$。滚子 A 与板 B 间的滚阻系数为 $\delta=0.5$ mm,斜面倾角 $\alpha=30°$。柔绳与斜面平行,柔绳与滑轮自重不计,铰链 C 光滑。求拉动板 B 且平行于斜面力 $\boldsymbol{F}$ 的大小。

解:拉动 B 板,需要克服 A 和 B、B 和地面之间的摩擦力。A 和 B 之间有滚动摩擦和滑动摩擦,只要克服了滚动摩擦就可以发生相互运动,而 B 和地面之间为滑动摩擦,B 的运动要求克服滑动摩擦。

(1)取滚子为研究对象,受力分析如图 J4-30a 所示。列平衡方程

$$\begin{cases}\sum F_x=0: & F_T-F_{s1}-P_1\sin\alpha=0\\ \sum F_y=0: & F_{N1}-P_1\cos\alpha=0\\ \sum M_O=0: & P_1\sin\alpha\times r+M_f-F_T r=0\end{cases}$$

再补充滚动摩擦的临界关系 $M_f = \delta F_{N1}$，可解得

$$F_{N1} = P_1\cos\alpha,\quad F_T = P_1[\sin\alpha + \delta/r \times \cos\alpha],\quad F_{s1} = \delta P_1/r \times \cos\alpha \tag{a}$$

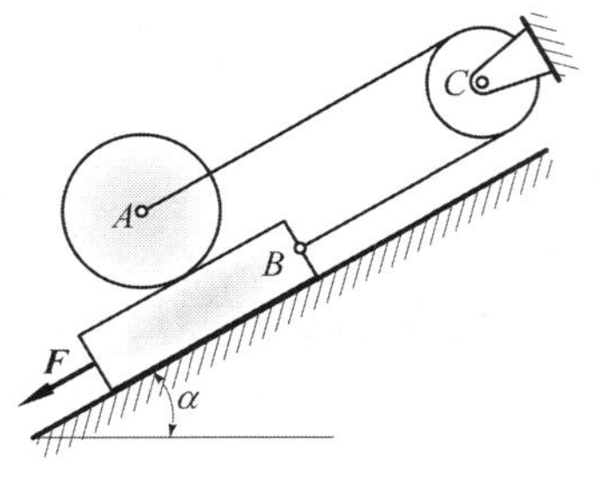

图 T4-30

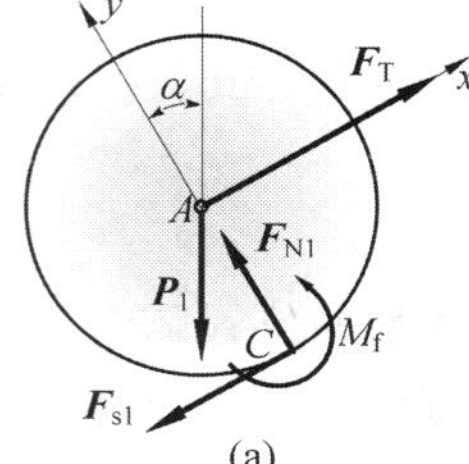

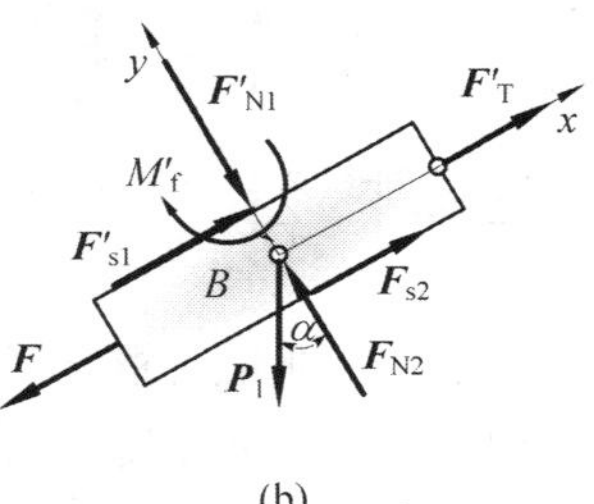

图 J4-30

（2）取板 B 为研究对象，受力分析如图 J4-30b 所示。图中 $F'_T = F_T$ 是因定滑轮两边绳子拉力相等的原因。对图 J4-30b 列平衡方程

$$\begin{cases} \sum F_x = 0: & F_T + F'_{s1} + F_{s2} - P_2\sin\alpha - F = 0 \\ \sum F_y = 0: & F_{N2} - F_{N1} - P_2\cos\alpha = 0 \end{cases}$$

再补充静摩擦定律 $F_{s2} = f_s F_{N2}$，可解得

$$F = F_T + F'_{s1} + f_s(F_{N1} + P_2\cos\alpha) - P_2\sin\alpha$$

将式(a)代入上式有

$$F = (P_1 - P_2)\sin\alpha + [2P_1\delta/r + f_s(P_1 + P_2)] \times \cos\alpha$$

代入题设数据得到

$$F = 380.79\ \text{N}$$

故天将降大任于是人也，必先苦其心志，劳其筋骨，饿其体肤，空乏其身，行拂乱其所为，所以动心忍性，曾益其所不能。

孟子《告子下》

第5章　点的运动学

5.1　主要内容

点的运动学研究点相对于参考系的位置随时间的变化规律，包括运动方程、运动轨迹、速度和加速度等。方法有矢量法、直角坐标法和自然法等。

5.1.1　矢量法

矢径　自参考系上固定点 O 向动点 M 作矢量 $\boldsymbol{r}$，称它为点 M 相对原点 O 的位置矢量，简称矢径。

运动方程　随时间单值变化的连续函数 $\boldsymbol{r}=\boldsymbol{r}(t)$ 称为以矢量表示的运动方程。

运动轨迹　$\boldsymbol{r}$ 的末端描绘出一条连续曲线，该曲线被称为矢端曲线，它就是动点 M 的运动轨迹。

点的速度　速度矢等于动点矢径对时间的导数，即 $\boldsymbol{v}=\frac{\mathrm{d}\boldsymbol{r}}{\mathrm{d}t}=\dot{\boldsymbol{r}}$。其大小表示运动的快慢，方向沿轨迹的切线方向。

点的加速度　加速度矢等于动点速度对时间的导数，即 $\boldsymbol{a}=\frac{\mathrm{d}\boldsymbol{v}}{\mathrm{d}t}=\ddot{\boldsymbol{r}}$。速度矢量也可以像矢径那样作出速度矢端曲线。加速度的方向与速度矢端曲线相切(但几何意义不明显)。

5.1.2　直角坐标法

运动方程　以固定点 O 为直角坐标系的原点，选择三个正交方向作为坐标轴，那么点的空间位置可用它的三个坐标值 x,y,z 表示。三个坐标值随时间的变化 $x=f_1(t),y=f_2(t),z=f_3(t)$ 就是以直角坐标表示的点的运动方程。

直角坐标法与矢量法的关系　$\boldsymbol{r}=x\boldsymbol{i}+y\boldsymbol{i}+z\boldsymbol{i}=f_1(t)\boldsymbol{i}+f_2(t)\boldsymbol{i}+f_3(t)\boldsymbol{i}$

轨迹方程　将 $x=f_1(t)$，$y=f_2(t)$，$z=f_3(t)$ 的时间 t 消去即得轨迹方程。工程经常处理的是平面问题，用方程 $f(x,y)=0$ 即可。

点的速度　$v_x=\frac{\mathrm{d}x}{\mathrm{d}t}=\dot{x},v_y=\frac{\mathrm{d}y}{\mathrm{d}t}=\dot{y},v_z=\frac{\mathrm{d}z}{\mathrm{d}t}=\dot{z}$

点的加速度　$a_x=\frac{\mathrm{d}v_x}{\mathrm{d}t}=\ddot{x},a_y=\frac{\mathrm{d}v_y}{\mathrm{d}t}=\ddot{y},a_z=\frac{\mathrm{d}v_z}{\mathrm{d}t}=\ddot{z}$

5.1.3　自然坐标法

如果点的运动轨迹已经知道，则使用自然法分析速度和加速度比较方便。

弧坐标　在已知轨迹上选择一固定点为原点，从该点沿轨迹出发的两个方向中选择一个正方向，那么从原点沿轨迹的弧长与方向正负号一起就能唯一确定动点的空间位置。弧长带上方向正负号的这个代数量就是弧坐标。

运动方程　$s = f(t)$。

自然轴系　为了分析速度和加速度，需要建立自然轴系。该轴系随动点做空间曲线运动，三个轴向分别为切向正向（$\boldsymbol{\tau}$）、指向曲率中心的主法线（$\boldsymbol{n}$）和副法线（$\boldsymbol{b}$）。

密切面　过动点和轨迹相切的平面。动点的全加速度落在该平面内。

切向正向（$\boldsymbol{\tau}$）　过动点 P 的密切面内的切线方向，正方向指向弧坐标的正向。

主法向（$\boldsymbol{n}$）　密切面内垂直于切线的方向，正向指向曲率中心。

副法向（$\boldsymbol{b}$）　过动点垂直于密切面的方向，其正向与 $\boldsymbol{\tau}$ 和 $\boldsymbol{n}$ 构成右手系。

速度　$\boldsymbol{v} = v\boldsymbol{\tau}$，其中 $v = \dfrac{\mathrm{d}s}{\mathrm{d}t} = \dot{s}$。

加速度　分解为切向加速度 $\boldsymbol{a}_\mathrm{t}$ 和法向加速度 $\boldsymbol{a}_\mathrm{n}$，二者大小分别为 $a_\mathrm{t} = \dfrac{\mathrm{d}^2 s}{\mathrm{d}t^2} = \ddot{s}$（表示速度变化率）和 $a_\mathrm{n} = \dfrac{1}{\rho}\left(\dfrac{\mathrm{d}s}{\mathrm{d}t}\right)^2$（方向变化的快慢）。全加速度矢量 $\boldsymbol{a} = \boldsymbol{a}_\mathrm{t} + \boldsymbol{a}_\mathrm{n} = \dfrac{\mathrm{d}v}{\mathrm{d}t}\boldsymbol{\tau} + \dfrac{v^2}{\rho}\boldsymbol{n} = \dfrac{\mathrm{d}^2 s}{\mathrm{d}t^2}\boldsymbol{\tau} + \dfrac{1}{\rho}\left(\dfrac{\mathrm{d}s}{\mathrm{d}t}\right)^2\boldsymbol{n}$，$\rho$ 为轨迹在动点的曲率半径。

5.1.4　柱坐标和极坐标*

矢径的柱坐标表示　$\boldsymbol{r} = \rho\boldsymbol{\rho}_0 + z\boldsymbol{k}$

柱坐标下点的速度　$\boldsymbol{v} = \dfrac{\mathrm{d}\rho}{\mathrm{d}t}\boldsymbol{\rho}_0 + \rho\dfrac{\mathrm{d}\varphi}{\mathrm{d}t}\boldsymbol{\varphi}_0 + \dfrac{\mathrm{d}z}{\mathrm{d}t}\boldsymbol{k}$

柱坐标下点的加速度　$\boldsymbol{a} = \left[\dfrac{\mathrm{d}^2\rho}{\mathrm{d}t^2} - \rho\left(\dfrac{\mathrm{d}\varphi}{\mathrm{d}t}\right)^2\right]\boldsymbol{\rho}_0 + \left(2\dfrac{\mathrm{d}\rho}{\mathrm{d}t}\dfrac{\mathrm{d}\varphi}{\mathrm{d}t} + \rho\dfrac{\mathrm{d}^2\varphi}{\mathrm{d}t^2}\right)\boldsymbol{\varphi}_0 + \dfrac{\mathrm{d}^2 z}{\mathrm{d}t^2}\boldsymbol{k}$

极坐标下点的矢径、速度和加速度　把柱坐标系下的 $\boldsymbol{k}$ 分量去掉即可。

5.1.5　球坐标法*

矢径的球坐标表示　$\boldsymbol{r} = r\boldsymbol{r}_0$

球坐标下点的速度　$\boldsymbol{v} = \dfrac{\mathrm{d}r}{\mathrm{d}t}\boldsymbol{r}_0 + r\dfrac{\mathrm{d}\theta}{\mathrm{d}t}\boldsymbol{\theta}_0 + r\sin\theta\dfrac{\mathrm{d}\varphi}{\mathrm{d}t}\boldsymbol{\varphi}_0$

球坐标下点的加速度　$\boldsymbol{a} = a_r\boldsymbol{r}_0 + a_\theta\boldsymbol{\theta}_0 + a_\varphi\boldsymbol{\varphi}_0$，其中

$$a_r = \frac{\mathrm{d}^2 r}{\mathrm{d}t^2} - r\left(\frac{\mathrm{d}\theta}{\mathrm{d}t}\right)^2 - r\left(\frac{\mathrm{d}\varphi}{\mathrm{d}t}\right)^2\sin^2\theta$$

$$a_\theta = r\frac{\mathrm{d}^2\theta}{\mathrm{d}t^2} + 2\frac{\mathrm{d}r}{\mathrm{d}t}\frac{\mathrm{d}\theta}{\mathrm{d}t} - r\left(\frac{\mathrm{d}\varphi}{\mathrm{d}t}\right)^2\sin\theta\cos\theta$$

$$a_\varphi = r\frac{\mathrm{d}^2\varphi}{\mathrm{d}t^2}\sin\theta + 2\frac{\mathrm{d}r}{\mathrm{d}t}\frac{\mathrm{d}\varphi}{\mathrm{d}t}\sin\theta + 2r\frac{\mathrm{d}\varphi}{\mathrm{d}t}\frac{\mathrm{d}\theta}{\mathrm{d}t}\cos\theta$$

5.2 精选例题

例题 5-1 图 5-1 所示的 AB 杆以匀角速度 ω 绕 A 点转动，小环 M 套在杆 AB 与固定杆 OC 上，$OA=h$。运动开始时，杆 AB 在竖直位置。试写出小环 M 沿杆 OC 运动的速度、加速度，以及小环 M 相对 AB 运动的速度和加速度。

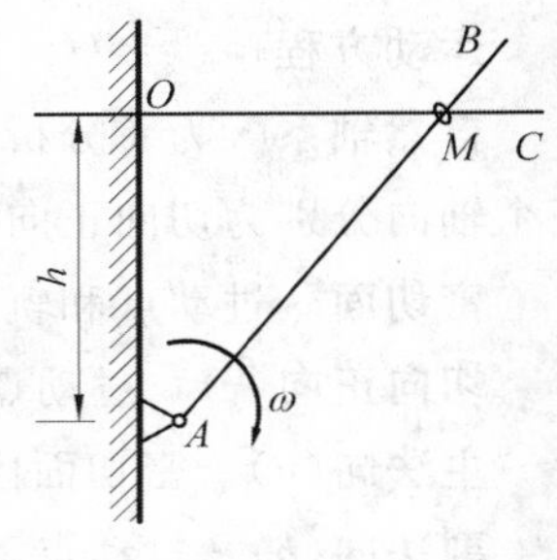

图 5-1

解：小环 M 沿 OC 做直线运动，因此建立图 5-2 所示的一维坐标系 x 即可(原点在 O 处)。M 的运动方程为

$$x=h\tan\omega t$$

求导得到速度：$v=\dfrac{\mathrm{d}x}{\mathrm{d}t}=\dfrac{h\omega}{\cos^2\omega t}$

再次求导得到加速度：

$$a=\frac{\mathrm{d}v}{\mathrm{d}t}=\frac{\mathrm{d}^2x}{\mathrm{d}t^2}=2h\omega^2\frac{\sin\omega t}{\cos^3\omega t}$$

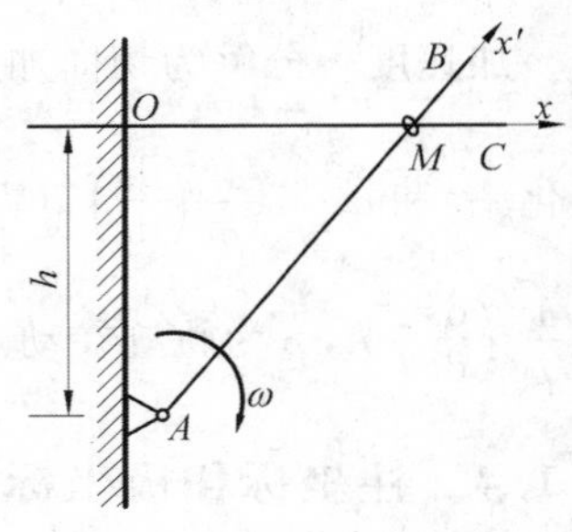

图 5-2

小环 M 相对 AB 的运动仍然是直线，因此选择图 5-2 所示的一维坐标系 x'(原点在 A 处)，运动方程为

$$x'=\frac{h}{\cos\omega t}$$

求导得到速度：$v_{x'}=\dfrac{\mathrm{d}x'}{\mathrm{d}t}=\dfrac{h\omega\sin\omega t}{\cos^2\omega t}$

再次求导得到加速度：

$$a_{x'}=\frac{\mathrm{d}v_{x'}}{\mathrm{d}t}=\frac{\mathrm{d}^2x'}{\mathrm{d}t^2}=\frac{h\omega^2(1+\sin^2\omega t)}{\cos^3\omega t}$$

例题 5-2 套管 A 由绕过定滑轮 B 的绳索牵引而沿导轨上升，滑轮中心到导轨的距离为 l，如图 5-3 所示。设绳索以等速 v_0 拉下，忽略滑轮尺寸，求套管 A 的速度和加速度与距离 x 的关系式。(教材习题 5-5)

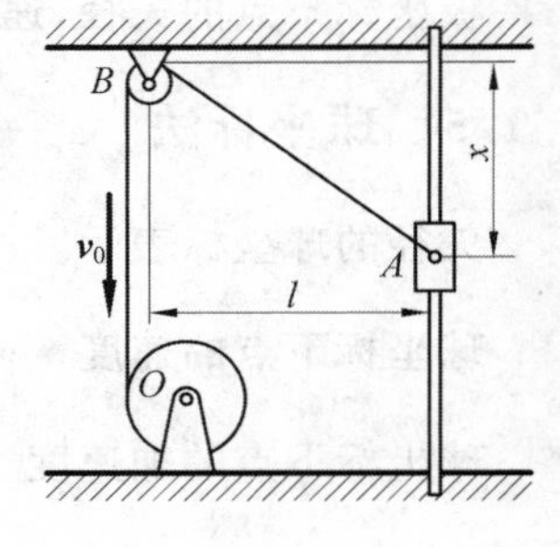

图 5-3

解：设绳段 AB 在 $t=0$ 时长度为 s_0，在时刻 t 长度为 s，则有

$$s=s_0-v_0t$$

求一阶导数和二阶导数得到

$$\frac{\mathrm{d}s}{\mathrm{d}t}=-v_0,\quad \frac{\mathrm{d}^2s}{\mathrm{d}t^2}=0 \tag{a}$$

根据图 5-3 中的几何关系有

$$s^2=l^2+x^2$$

对其求一阶导数

$$2s\frac{\mathrm{d}s}{\mathrm{d}t}=2x\frac{\mathrm{d}x}{\mathrm{d}t} \tag{b}$$

再将式(a)代入得到速度

$$\frac{\mathrm{d}x}{\mathrm{d}t}=\left(\frac{\mathrm{d}s}{\mathrm{d}t}\right)^{-1}\frac{s}{x}=-v_0\frac{s}{x}=-\frac{\sqrt{x^2+l^2}}{x}v_0 \tag{c}$$

其中负号表示 x 越来越小，速度是向上的。但是图 5-3 的 x 双向箭头容易导致速度方向的误解。如果建立坐标系，从而把 x 双向箭头改成图 5-4a 坐标轴的单向箭头，就不容易误判方向了。**因为 $\frac{\mathrm{d}x}{\mathrm{d}t}$ 的参考正方向总是沿坐标轴正方向的**，所以式(c)的负号表示沿坐标轴的反方向，也就是实际的速度方向朝上。

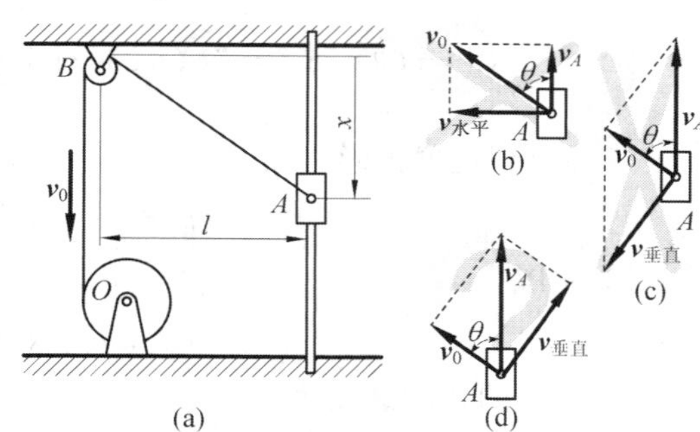

图 5-4

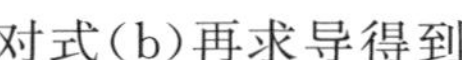

对式(b)再求导得到

$$2s\frac{\mathrm{d}^2s}{\mathrm{d}t^2}+2\left(\frac{\mathrm{d}s}{\mathrm{d}t}\right)^2=2x\frac{\mathrm{d}^2x}{\mathrm{d}t^2}+2\left(\frac{\mathrm{d}x}{\mathrm{d}t}\right)^2$$

再将式(a)和(b)代入得到加速度

$$\frac{\mathrm{d}^2x}{\mathrm{d}t^2}=-\frac{v_0^2l^2}{x^3}$$

讨论

考察 A，一种典型的错误是按照图 5-4b 所示的方式对速度作正交分解(严格地说图 5-4b 画法也有问题，因为“严格意义”的矢量 $\boldsymbol{v}_0$ 方向竖直朝下)，得到套管 A 的速度为 $v_A=v_0\tan\theta=v_0x/l$。这是完全错误的(如果正确，则速度会越来越小，但显然 A 是越来越快的)。对物理矢量进行分解，除了平行四边形法则必须满足外，各分量必须有确切的物理意义或物理效果，像图 5-4a 做法根本说不清 $v_{水平}$ 那个水平分量的物理意义。

为了避免上述低级错误，有人就建议了图 5-4c 分解方式，并得到 $v_A=v_0/\cos\theta=v_0x^{-1}\sqrt{x^2+l^2}$，该结果与式(c)接近。但是这样的做法，也很难解释 $\boldsymbol{v}_{垂直}$ 的含义，只好牵强地说由绳子 BA 引起的分速度垂直于 BA。实际上，地面观察到的 A 是 $\boldsymbol{v}_A$，它才是合速度，应在平行四边形的对角线上，如图 5-4d 所示。这样做法，虽然速度的结果正确了，但是 $\boldsymbol{v}_0$ 和 $v_{垂直}$ 的物理意义仍然模糊。

进一步，如果速度能照图 5-4d 那样“凑”的话，那么加速度也是矢量，是否也可以这样分解呢？答案显然是否定的。因为要是这样分解的话，对不变 $\boldsymbol{v}_0$ 求导是 $\mathbf{0}$。如果平行于图 5-4d 所示，把它放在 $\boldsymbol{v}_0$ 位置，而把 $\boldsymbol{v}_A$ 理解成“$\boldsymbol{a}_A$”，就出现 $\boldsymbol{a}_A=\mathbf{0}$ 这样的错误。

我们第 7 章的合成运动会将探索有物理意义的速度和加速度分解与合成，而不仅仅是数学上的正交分解。

例题 5-3　如图 5-5 所示，OA 和 O_1B 两杆分别绕 O 和 O_1 轴转动，用十字形滑块 D 将两杆连接。在运动过程中，两杆保持相交成直角。已知：$OO_1=a$；$\varphi=kt$，其中 k 为常数。求滑块

D 的速度和相对于 OA 的速度(教材习题 5-8)。

解法一:直角坐标法

建立如图 5-6a 所示的坐标系 xOy。因为 $\angle O_1DO = 90°$，所以

$$x_D = OD\cos\varphi = (OO_1\cos\varphi)\cos\varphi = \frac{a(1+\cos2\varphi)}{2} = \frac{a(1+\cos2kt)}{2}$$

$$y_D = OD\sin\varphi = (OO_1\cos\varphi)\sin\varphi = \frac{a\sin2\varphi}{2} = \frac{a\sin2kt}{2}$$

求导得到速度投影

$$\dot{x}_D = -ak\sin2kt, \dot{y}_D = ak\cos2kt$$

速度的大小

$$v_D = \sqrt{\dot{x}_D^2 + \dot{y}_D^2} = ak$$

滑块 D 的相对速度为

$$v_{Dr} = \frac{\mathrm{d}OD}{\mathrm{d}t} = \frac{\mathrm{d}(a\cos kt)}{\mathrm{d}t} = -ak\sin kt$$

方向沿 OA。

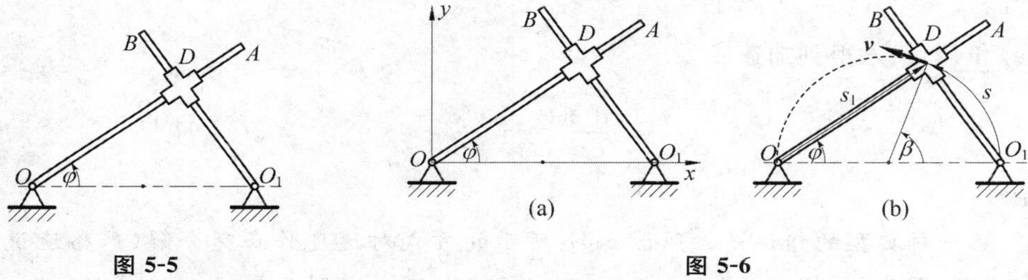

图 5-5　　图 5-6

解法二:自然法

因为 $\angle O_1DO = 90°$，D 的轨迹是圆周，所以用自然法比较方便。建立图 5-6b 图中所示的弧坐标 s，这样在任意 t 时刻

$$s = a\beta/2 = a\varphi = akt$$

求导可得速度大小为

$$v = \dot{s} = ak$$

方向如图中所示，沿轨迹的切向方向。

D 的相对轨迹是沿 OA 的直线，因此我们可以用图中的弧坐标 s_1 描述。由三角关系有 $s_1 = OD = a\cos kt$。这样

$$v_{Dr} = \frac{\mathrm{d}s_1}{\mathrm{d}t} = \frac{\mathrm{d}(a\cos kt)}{\mathrm{d}t} = -ak\sin kt$$

5.3 思考题解答

5-1 $\dfrac{\mathrm{d}\boldsymbol{v}}{\mathrm{d}t}$ 和 $\dfrac{\mathrm{d}v}{\mathrm{d}t}$，$\dfrac{\mathrm{d}\boldsymbol{r}}{\mathrm{d}t}$ 和 $\dfrac{\mathrm{d}r}{\mathrm{d}t}$ 是否相同?

解答:不相同。$\frac{\mathrm{d}\boldsymbol{v}}{\mathrm{d}t}$等于全加速度矢量，$\frac{\mathrm{d}v}{\mathrm{d}t}$是切向加速度的大小(标量)。$\frac{\mathrm{d}\boldsymbol{r}}{\mathrm{d}t}$等于速度矢量，$\frac{\mathrm{d}r}{\mathrm{d}t}$等于矢径长度的变化率(标量)。

5-2 点沿曲线运动，图S5-2所示各点所给出的速度$\boldsymbol{v}$和加速度$\boldsymbol{a}$哪些是可能的？哪些是不可能的？

解答:各处速度都有可能；A、B、D处加速度是可能的；C、E、F、G处加速度是不可能的。

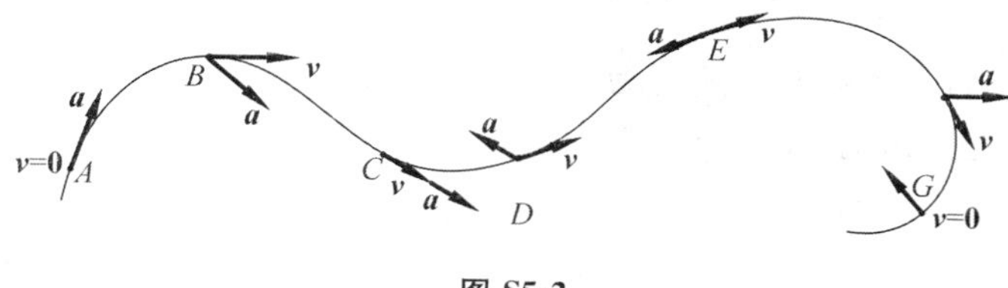

图 S5-2

5-3 点M沿螺旋线自外向内运动，如图S5-3所示。它走过的弧长与时间的一次方成正比，问点的加速度是越来越大，还是越来越小？点M越跑越快，还是越跑越慢？

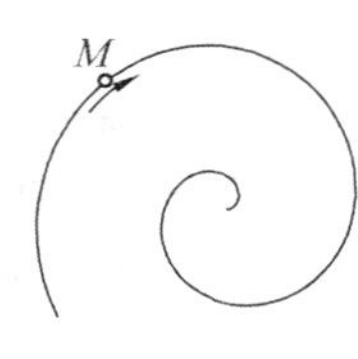

图 S5-3

解答:速度大小为一常数，切向加速度$a_t=0$，法向加速度$a_n=v^2/\rho$越来越大(因为M点沿螺旋自外向内运动，曲率半径越来越小)，总加速度越来越大，但是点M的速度大小不变。

5-4 当点作曲线运动时，点的加速度$\boldsymbol{a}$是恒矢量，如图S5-4所示。问点是否作匀变速运动？

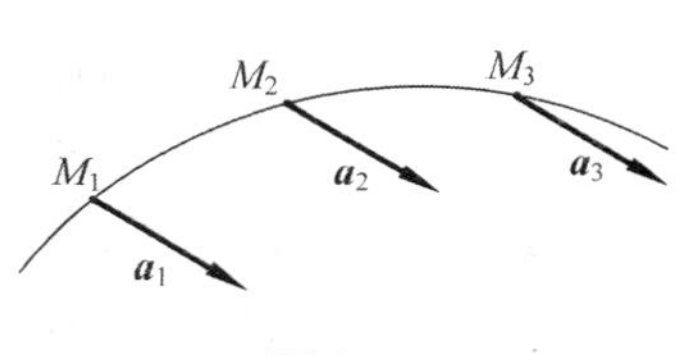

图 S5-4

解答:加速度$\boldsymbol{a}$是恒矢量，但其在切线和法向的分量不一定恒定，所以点不一定做匀变速运动(按照教材P145的定义，"匀变速"中的"速"是指速度大小)。

5-5 作曲线运动时的两个动点，初速度相同，运动轨迹相同，运动中两点的法向加速度也相同。判断下述说法是否正确：

(1)任一瞬时两动点的切向加速度必相同；

(2)任一瞬时两动点的速度必相同；

(3)两动点的运动方程必相同。

解答:因为法向加速度相同和运动轨迹相同得知任一瞬时两动点的速度必相同，从而任一瞬时两动点的切向加速度必相同，以及两动点的运动方程必相同。故三个说法都正确。

5-6 动点在平面内运动，已知其运动轨迹$y=f(x)$及其速度在x轴方向的分量$\boldsymbol{v}_x$，判断下述说法是否正确：

(1)动点的速度$\boldsymbol{v}$可完全确定。

(2)动点的加速度在x轴方向的分量$\boldsymbol{a}_x$可完全确定。

(3)当$v_x\neq0$时，一定能确定动点的速度$\boldsymbol{v}$，切线加速度$\boldsymbol{a}_t$，法向加速度$\boldsymbol{a}_n$及全加速度$\boldsymbol{a}$。

解答:(1) $v_y=\frac{\mathrm{d}y}{\mathrm{d}t}=\frac{\mathrm{d}y}{\mathrm{d}x}\times\frac{\mathrm{d}x}{\mathrm{d}t}=f'(x)v_x$，因此只要$f'(x)$存在，则$v_y$便可确定，进而$\boldsymbol{v}$

可完全确定。

(2) $a_x = \dot{v}_x$ 得到确定。

(3)全加速度矢量由 $\boldsymbol{a}=\dot{\boldsymbol{v}}$ 确定，因为轨迹已知，所以切向加速度和法向加速度也全知道了。

5-7 下述各种情况下，动点的全加速度 $\boldsymbol{a}$、切向加速度 $\boldsymbol{a}_t$ 和法向加速度 $\boldsymbol{a}_n$ 三个矢量之间有何关系？

(1)点沿曲线作匀速运动；

(2)点沿曲线运动，在该瞬时其速度为零；

(3)点沿直线作变速运动；

(4)点沿曲线作变速运动。

解答：(1) $a_t = 0, a_n = a$；(2) $a_n = 0, a_t = a$；(3) $a_n = 0, a_t = a$；(4) $\boldsymbol{a} = \boldsymbol{a}_n + \boldsymbol{a}_t$。

5-8 点作曲线运动时，下述说法是否正确：

(1)若切向加速度为正，则点作加速运动；

(2)若切向加速度与速度符号相同，则点作加速运动；

(3)若切向加速度为零，则速度为常矢量。

解答：(2)正确；(1)和(3)不正确。

5-9 在极坐标中，$v_r = \dot{r}, v_\theta = r\dot{\theta}$ 分别代表在极径方向和极径垂直方向(极角 θ 方向)的速度。但为什么沿这两个方向的加速度为

$$a_r = \ddot{r} - r\dot{\theta}^2, \quad a_\theta = r\ddot{\theta} + 2r\dot{\theta}^2$$

试分析 a_r 中的 $-r\dot{\theta}^2$ 和 a_θ 中的 $2r\dot{\theta}^2$ 出现的原因和它们的几何意义。

解答：在极坐标下，点的运动被视作绕极径转动和沿极径方向运动的两种运动的合成。$r\dot{\theta}^2$ 是因极径转动而在极径方向附加的法向加速度，$2r\dot{\theta}^2$ 是因极径方向转动和极径垂直方向转动造成在极径垂直方向的附加加速度(类似第七章的科氏加速度)。

5.4 习题解答

5-1 图 T5-1 所示为曲线规尺的各杆，长为 $OA = AB = 200$ mm，$CD = DE = AC = AE = 50$ mm。如杆 OA 以等角速度 $\omega=\pi/5$ rad/s 绕 O 轴转动，并且当运动开始时，杆 OA 水平向右，求尺上点 D 的运动方程和轨迹。

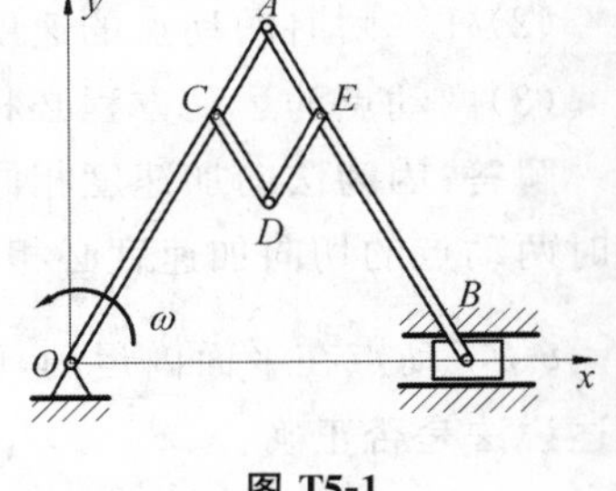

图 T5-1

解：点 D 运动方程为

$$x_D = OA\cos\omega t = 0.2\cos(\pi t/5) \text{ m}$$
$$y_D = OA\sin\omega t - 2AC\sin\omega t = 0.1\sin(\pi t/5) \text{ m}$$

把时间 t 消去得到轨迹方程

$$\frac{x_D^2}{0.2^2} + \frac{y_D^2}{0.1^2} = 1$$

即 D 点轨迹是中心在原点，长短半轴分别为 0.2 m 和 0.1 m 的椭圆。

5-2　如图 T5-2 所示，杆 AB 长 l，以等角速度 ω 绕点 B 转动，其转动方程为 $\varphi=\omega t$。而与杆连接的滑块 B 按规律 $s=a+b\sin\omega t$ 沿水平线作谐振动，其中 a 和 b 为常数。求点 A 的轨迹。

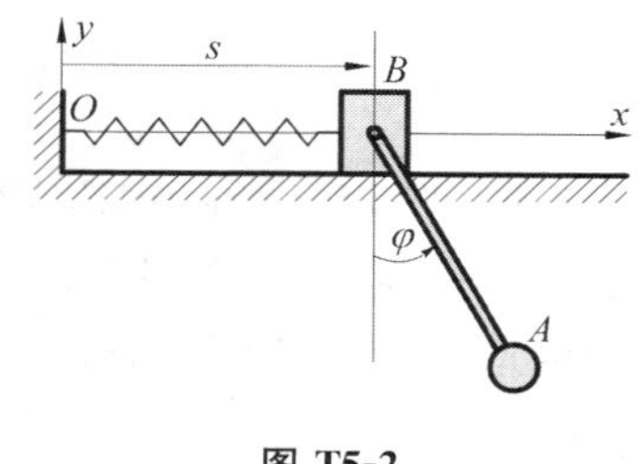

图 T5-2

解：点 A 的坐标为

$$x_A=(a+b\sin\omega t)+l\sin\omega t=a+(b+l)\sin\omega t$$
$$y_A=-l\cos\omega t$$

为求轨迹方程，将上两式变换为

$$(x_A-a)/(b+l)=\sin\omega t$$
$$y_A/(-l)=\cos\omega t$$

二者平方相加得到轨迹方程

$$\frac{(x_A-a)^2}{(b+l)^2}+\frac{y_A^2}{l^2}=1$$

即 A 点轨迹为椭圆，中心在$(a,0)$，长短半轴分别为 $b+l$ 和 l。

5-3　如图 T5-3 所示，半圆形凸轮以等速 $v_0=0.01\ \text{m/s}$ 沿水平方向向左运动，而使活塞杆 AB 沿竖直方向运动。当运动开始时，活塞杆 A 端在凸轮的最高点上。如凸轮的半径 $R=80\ \text{mm}$，求活塞 B 端相对于地面和相对于凸轮的运动方程和速度。

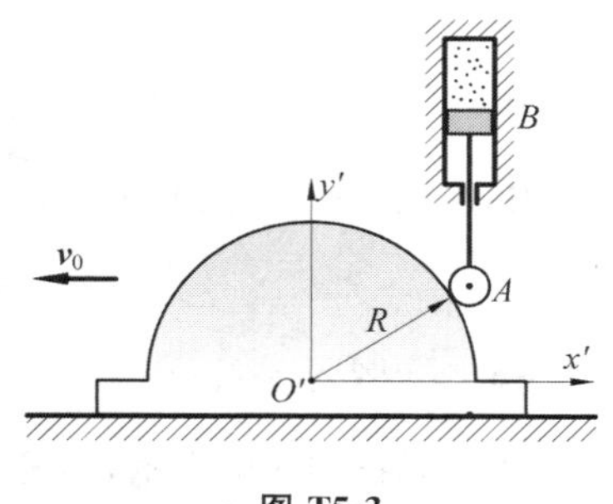

图 T5-3

解：(1) B 相对于地面

建立固定坐标系 xOy：取地面为 x 轴，y 轴竖直向上，坐标原点 O 为 B 点在地面上的投影，如图 J5-3 所示。可写出 B 相对于地面运动的运动方程

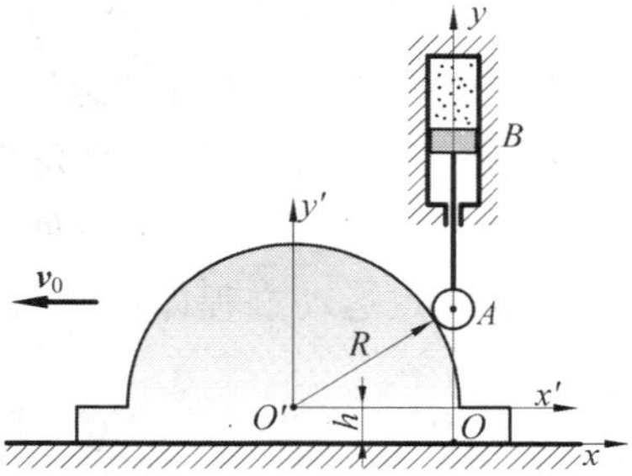

$$\begin{cases} x_B=0 \\ y_B=\sqrt{R^2-(v_0t)^2}+AB \\ \quad=(0.01\sqrt{64-t^2}+AB)\text{m} \qquad (0\leqslant t\leqslant 8)\end{cases}$$

图 J5-3

B 的速度$(0\leqslant t\leqslant 8)$

$$v_{Bx}=0;\ v_{By}=\frac{\mathrm{d}y_B}{\mathrm{d}t}=-\frac{0.01t}{\sqrt{64-t^2}}\text{m/s}$$

(2) B 相对于凸轮

将直角坐标系 $x'O'y'$ 固连到凸轮，则 B 的运动方程为

$$\begin{cases} x'_B=0.01t\,\text{m}; \\ y'_B=(0.01\sqrt{64-t^2}+AB)\text{m}\end{cases} \qquad (0\leqslant t\leqslant 8)$$

B 的相对速度

$$v'_{Bx} = 0.01\text{m/s};\quad v'_{By} = \frac{\mathrm{d}y'_B}{\mathrm{d}t} = -\frac{0.01t}{\sqrt{64-t^2}}\ \text{m/s} \qquad (0 \leqslant t \leqslant 8)$$

5-4 图 T5-4 所示雷达在距离火箭发射台为 l 的 O 处观察竖直上升的火箭发射，测得角 θ 的规律为 $\theta = kt$（k 为常数）。试写出火箭的运动方程并计算当 $\theta = \pi/6$ 和 $\pi/3$ 时，火箭的速度和加速度。

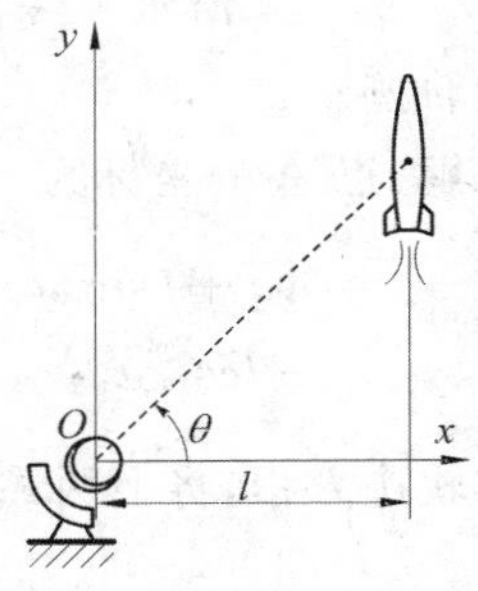

图 T5-4

解：在任意 t 时刻，火箭坐标为

$$x = l,\quad y = l\tan\theta = l\tan kt$$

对 t 求导得速度

$$v_x = 0,\quad v_y = lk\sec^2 kt$$

再求一次导数得到加速度

$$a_x = 0,\quad a_y = 2lk\sec^2 kt\tan kt$$

当 $\theta = kt = \pi/6$ 时

$$v = \sqrt{v_x^2 + v_y^2} = v_y = \frac{4}{3}lk$$

$$a = \sqrt{a_x^2 + a_y^2} = a_y = \frac{8\sqrt{3}}{9}lk^2$$

当 $\theta = kt = \pi/3$ 时

$$v = v_y = 4lk,\quad a = a_y = 8\sqrt{3}lk^2$$

5-5 见例题 5-2。

5-6 如图 T5-6 所示，偏心凸轮半径为 R，绕 O 轴转动，转角 $\varphi = \omega t$（ω 为常量），偏心距 $OC = e$，凸轮带动顶杆 AB 沿竖直直线作往复运动。试求顶杆的运动方程和速度。

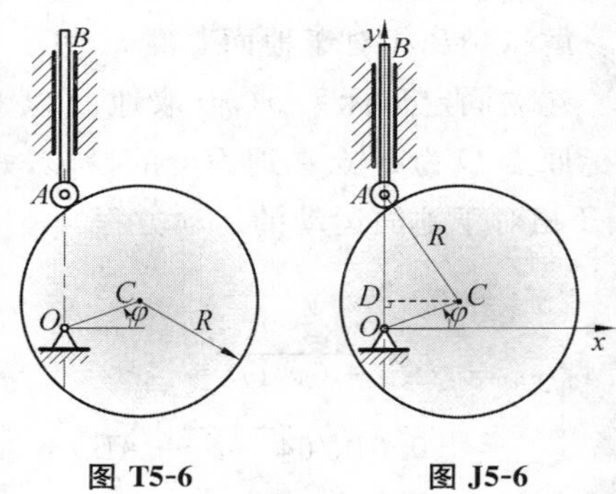

图 T5-6 图 J5-6

解：建立如图 J5-6 所示直角坐标系 xOy，设初始时刻 $\varphi = 0$。因 AB 上各处运动状态相同，只要写出 A 点运动方程即可。在任意 t 时刻，A 点纵坐标为

$$y_A = OD + AD = e\sin\omega t + \sqrt{R^2 - (e\cos\omega t)^2}$$

对上式求导得速度

$$v_A = \frac{\mathrm{d}y_A}{\mathrm{d}t} = e\omega\cos\omega t + \frac{2e^2\omega\cos\omega t\sin\omega t}{2\sqrt{R^2-(e\cos\omega t)^2}}$$

$$= e\omega\cos\omega t\left(1 + \frac{e\sin\omega t}{\sqrt{R^2-(e\cos\omega t)^2}}\right)$$

5-7 图 T5-7 所示摇杆滑道机构中的滑块 M 同时在固定的圆弧槽 BC 和摇杆 OA 的滑道

中滑动。如弧 BC 的半径为 R，摇杆 OA 的轴 O 在弧 BC 的圆周上。摇杆绕 O 轴以等角速度 ω 转动，当运动开始时，摇杆在水平位置。试分别用直角坐标法和自然法给出点 M 的运动方程，并求其速度和加速度。

解法一：直角坐标法

建立如图 J5-7a 所示的直角坐标系 xOy。图中的角度 $\varphi = 2\angle O_1OM = 2\omega t$，因此点 M 的运动方程为

$$x_M = R\cos\varphi = R\cos 2\omega t$$
$$y_M = R\sin\varphi = R\sin 2\omega t$$

速度和加速度投影分别为

$$\dot{x}_M = -2\omega R\sin 2\omega t, \quad \dot{y}_M = 2\omega R\cos 2\omega t$$
$$\ddot{x}_M = -4\omega^2 R\cos 2\omega t, \quad \ddot{y}_M = -4\omega^2 R\sin 2\omega t$$

合成可得各自的大小为

$$v_M = \sqrt{\dot{x}_M^2 + \dot{y}_M^2} = 2R\omega$$
$$a_M = \sqrt{\ddot{x}_M^2 + \ddot{y}_M^2} = 4R\omega^2$$

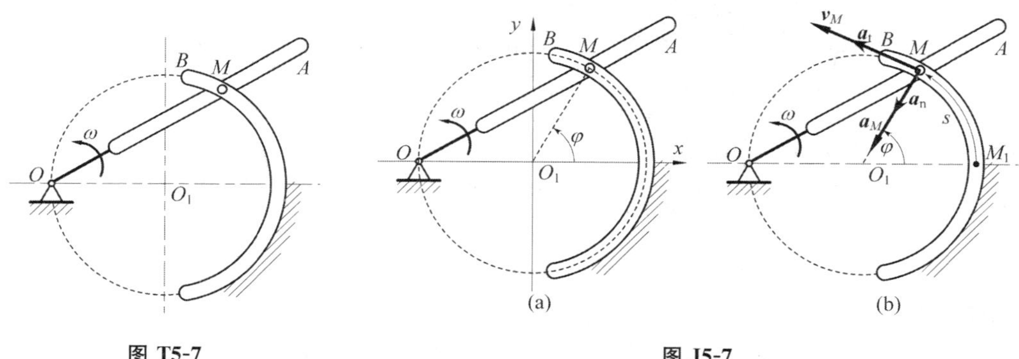

图 T5-7　　图 J5-7

解法二：自然法

M 的轨迹是圆，所以用自然法比较方便。原点放在 $t=0$ 时的 M 位置，即图 J5-7b 中的 M_1 点，弧坐标为图中沿轨迹的 s，则有

$$s = R\varphi = 2R\omega t$$

速度大小为

$$\dot{s} = 2R\omega$$

方向见图 J5-7b。

加速度的两个分量

$$a_t = \ddot{s} = 0, \quad a_n = \dot{s}^2/\rho = 4R\omega^2$$

合起来的全加速度大小 $a_M = \sqrt{a_n^2 + a_t^2} = 4R\omega^2$。方向见图 J5-7b。

5-8 见例题 5-3。

5-9 曲柄 OA 长 r，在平面内绕 O 轴转动，如图 T5-9 所示。杆 AB 通过固定于点 N 的套筒与曲柄 OA 铰接于点 A，$ON=r$（教材原题并未声明 $ON=r$）。设 $\varphi=\omega t$，杆 AB 长 $l=2r$。求点 B 的运动方程、速度和加速度。

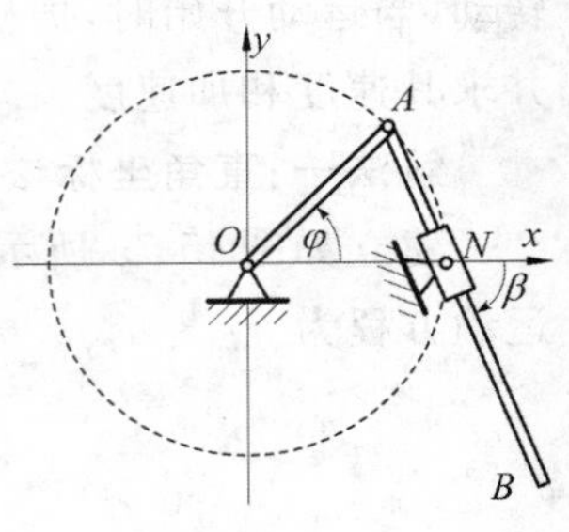

图 T5-9

解：$\triangle OAN$ 是等腰三角形，因此 AB 与 x 轴的角度

$$\beta=(180^\circ-\varphi)/2=(180^\circ-\omega t)/2$$

NB 的长度

$$\begin{aligned}NB&=AB-AN=l-r\sin(\varphi/2)\times 2\\&=2r-2r\sin(\omega t/2)\end{aligned}$$

B 的运动方程为

$$\begin{aligned}x_B&=ON+NB\cos\beta\\&=r+[2r-2r\sin(\omega t/2)]\cos[(180^\circ-\omega t)/2]\\&=r+2r[1-\sin(\omega t/2)]\sin(\omega t/2)\\&=r[2\sin(\omega t/2)+\cos\omega t]\\y_B&=-NB\cos\beta=-[2r-2r\sin(\omega t/2)]\sin[(180^\circ-\omega t)/2]\\&=r[-2\cos(\omega t/2)+\sin\omega t]\end{aligned}$$

速度投影为

$$\dot{x}_B=r\omega[\cos(\omega t/2)-\sin\omega t],\quad \dot{y}_B=r\omega[\sin(\omega t/2)+\cos\omega t]$$

速度大小为

$$v_B=\sqrt{\dot{x}_B^2+\dot{y}_B^2}=r\omega\sqrt{2-2\sin(\omega t/2)}$$

加速度投影为

$$\ddot{x}_B=-\frac{r\omega^2}{2}\left(\sin\frac{\omega t}{2}+2\cos\omega t\right),\quad \ddot{y}_B=\frac{r\omega^2}{2}\left(\cos\frac{\omega t}{2}-2\sin\omega t\right)$$

加速度大小为

$$a_B=\sqrt{\ddot{x}_B^2+\ddot{y}_B^2}=\frac{r\omega^2}{2}\sqrt{5-4\sin\frac{\omega t}{2}}$$

5-10 如图 T5-10，点沿空间曲线运动，在点 M 处其速度 $\boldsymbol{v}=4\boldsymbol{i}+3\boldsymbol{j}$，加速度 $\boldsymbol{a}$ 与速度 $\boldsymbol{v}$ 的夹角 $\beta=30^\circ$，且 $a=10\ \mathrm{m/s^2}$。试计算轨迹在该点密切面内的曲率半径 ρ 和切向加速度 a_t。

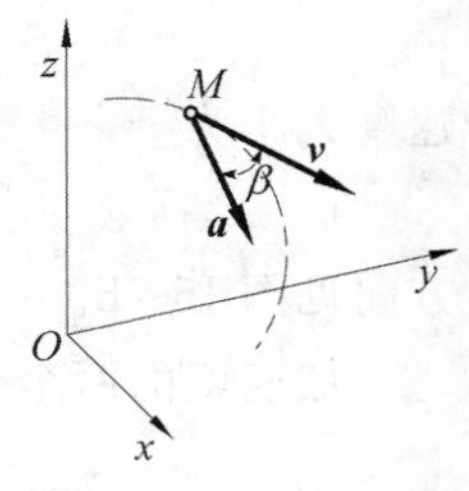

图 T5-10

解：因为 $a_b\equiv 0$，所以加速度 $\boldsymbol{a}$ 和速度 $\boldsymbol{v}$ 所形成的面就是密切面，这样

$$\begin{aligned}a_t&=a\cos\beta=5\sqrt{3}\ \mathrm{m/s^2}=8.66\ \mathrm{m/s^2}\\a_n&=a\sin\beta=5\ \mathrm{m/s^2}\end{aligned}$$

而

$$\rho=\frac{v^2}{a_n}=\frac{v_x^2+v_y^2+v_z^2}{a_n}=\frac{4^2+3^2+0^2}{5}\ \mathrm{m}=5\ \mathrm{m}$$

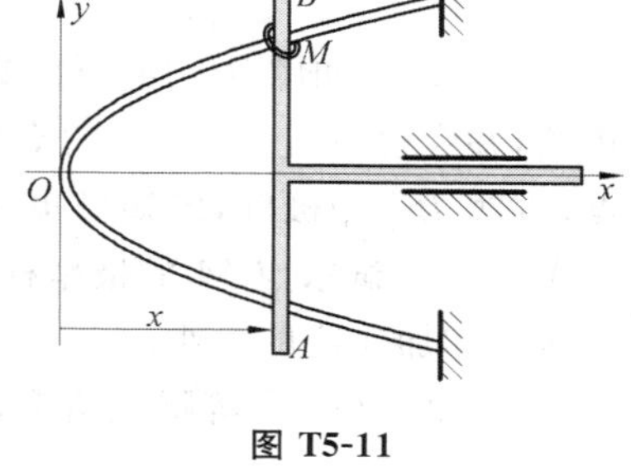

图 T5-11

5-11 小环 M 由作平动的 T 形杆 ABC 带动，沿着图 T5-11 所示曲线轨道运动。设杆 ABC 的速度 $v=$常数，曲线方程为 $y^2=2px$。试求环 M 的速度和加速度的大小（写成杆的位移 x 的函数）。

解： 由图 T5-11 可写出 M 的运动方程

$$x_M = vt, \quad y_M = \sqrt{2px} = \sqrt{2pvt}$$

速度投影为

$$\dot{x}_M = v, \quad \dot{y}_M = \sqrt{2pv}/(2\sqrt{t})$$

速度大小

$$v_M = \sqrt{\dot{x}_M^2 + \dot{y}_M^2} = \sqrt{v^2 + 2pv/(4t)} = \sqrt{v^2 + 2pv^2/(4x)} = v\sqrt{1 + p/(2x)}$$

加速度投影为

$$\ddot{x}_M = 0, \quad \dot{y}_M = -\sqrt{2pv}/(4\sqrt{t^3})$$

加速度大小

$$a_M = \sqrt{\ddot{x}_M^2 + \ddot{y}_M^2} = |\ddot{y}_M| = \sqrt{2pvvv}/(4\sqrt{v^3t^3}) = v^2\sqrt{2p}/(4\sqrt{x^3})$$

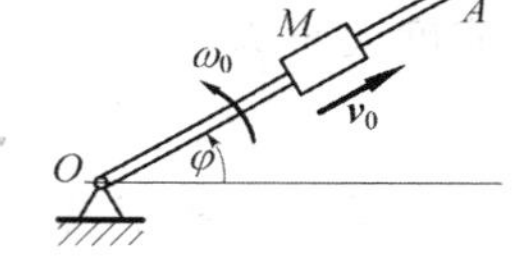

图 T5-12

** **5-12** 如图 T5-12 所示，一直杆以匀角速度 ω_0 绕其固定端 O 转动，沿此杆有一滑块以匀速 v_0 滑动。设运动开始时，杆在水平位置，滑块在点 O。求滑块的轨迹（以极坐标表示）。

解： 以 O 为原点，建极坐标。M 点运动方程为

$$\rho = v_0 t, \quad \varphi = \omega_0 t$$

消去 t，得轨迹方程

$$\rho = v_0\varphi/\omega_0$$

此为螺旋线。

** **5-13** 如果上题中的滑块 M 沿杆运动的速度与距离 OM 成正比，比例常数为 k，试求滑块的轨迹（以极坐标 ρ,φ 表示，假定 $\varphi=0$ 时 $\rho=\varphi_0$）。

解： 由题设知道

$$\dot{\rho} = k\rho$$

可解得此常微分方程的解为：

$$\rho = \rho_0 e^{kt} \tag{a}$$

注意角度

$$\varphi = \omega_0 t \tag{b}$$

从式(a)和式(b)消去 t，得到轨迹方程

** 5-12 题到 5-17 题在原教材中题前加"* *"

$$\rho = \rho_0 \mathrm{e}^{k\varphi}/\omega_0$$

** **5-14** 如图 T5-14 所示螺线画规的杆 QQ' 和曲柄 OA 铰接，并穿过固定于点 B 的套筒。取点 B 为极坐标系的极点，直线 BO 为极轴，已知极角 $\varphi = kt$（k 为常数），$BO=AO=a$，$AM=b$。试求点 M 的极坐标形式的运动方程、轨迹方程以及速度和加速度的大小。

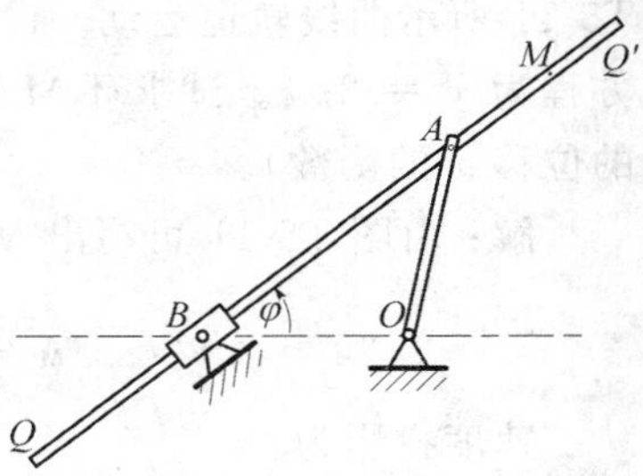

图 T5-14

解： $\triangle AOB$ 为等腰三角形，因此底边

$$AB = 2BO\cos\varphi = 2a\cos kt$$

这样

$$\rho = AB + AM = b + 2a\cos kt$$

而极角 $\varphi = kt$。

将 t 从 φ 和 r 式中消除得到轨迹方程：

$$r = b + 2a\cos\varphi$$

两个速度投影

$$v_\rho = \frac{\mathrm{d}r}{\mathrm{d}t} = -2ak\sin kt$$

$$v_\varphi = r\frac{\mathrm{d}\varphi}{\mathrm{d}t} = rk = k(b + 2a\cos kt)$$

速度大小为

$$v = \sqrt{v_\rho^2 + v_\varphi^2} = k\sqrt{4a^2 + b^2 + 4ab\cos kt}$$

两个加速度投影

$$a_\rho = \frac{\mathrm{d}^2 r}{\mathrm{d}t^2} - r\left(\frac{\mathrm{d}\varphi}{\mathrm{d}t}\right)^2 = -4ak^2\cos kt - bk^2$$

$$a_\varphi = \frac{1}{r}\frac{\mathrm{d}\varphi}{\mathrm{d}t}\left(r^2\frac{\mathrm{d}\varphi}{\mathrm{d}t}\right) = -4ak^2\sin kt$$

加速度大小为

$$a = \sqrt{a_\rho^2 + a_\varphi^2} = k^2\sqrt{16a^2 + b^2 + 8ab\cos kt}$$

** **5-15** 图 T5-15 所示，搅拌器沿 z 轴周期性上下运动，$z = z_0\sin 2\pi ft$，并绕 z 轴转动，转角 $\varphi = \omega t$。设搅拌轮半径为 r，求轮缘上点 A 的最大加速度。

解：

$$\dot{\varphi} = \omega, \quad a_\rho = r\omega^2$$

$$\ddot{z} = -z_0(2\pi f)2\sin 2\pi ft, \quad \ddot{z}_{\max} = z_0(2\pi f)2$$

$$a_{\max} = \sqrt{a_\rho^2 + \ddot{z}_{\max}^2} = \sqrt{r^2\omega^4 + 16\pi^4 z_0^2 f^4}$$

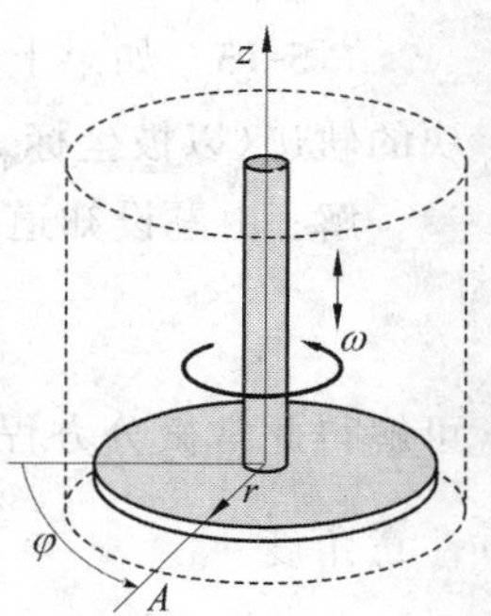

图 T5-15

** **5-16** 点 M 沿正圆锥面上的螺旋轨道向下运动。正圆锥的底半径为 b，高为 h，半顶角为 θ，如图 T5-16 所示。螺旋线上任意点的切线与该点圆锥面的水平切线的夹角 γ 是常数，且点 M 运动时，其柱坐标角对时间的导数 $\dot{\varphi}$ 保持

为常数。求在任意角 φ 时,加速度在柱坐标中的投影 a_ρ 的值。

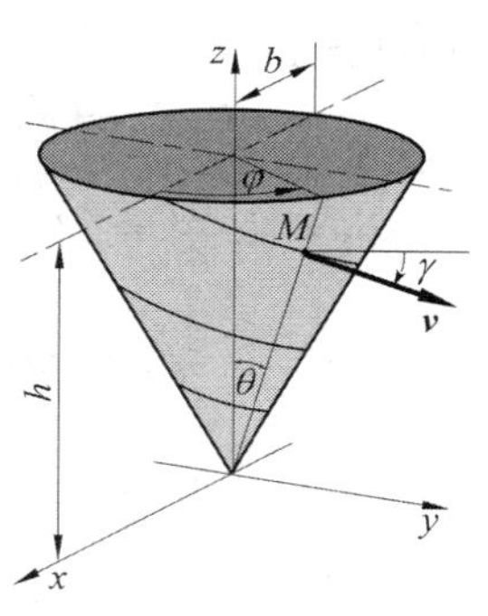

图 T5-16

解:螺旋线在 M 点的水平切线和速度矢量(切线方向)构成一个平面,如图 J5-16 中的 $PQRS$ 所示。这个平面和圆锥相切于过 M 的母线。根据这个关系有

$$v_\varphi = v\cos\gamma,\quad v_g = v\sin\gamma \tag{a}$$

其中 v_g 是沿圆锥母线(generating line)的速度。它 v_g 可以进一步分解为沿垂直方向的速度和 ρ 方向的速度,其中 ρ 方向的速度为

$$v_\rho = -v_g\sin\theta = -v\sin\gamma\sin\theta \tag{b}$$

在柱坐标系下,$v_\varphi = \rho\dot{\varphi}$,$v_\rho = \dfrac{\mathrm{d}\rho}{\mathrm{d}t}$。将式(a)和式(b)代入得到

$$\begin{cases}\rho\dot{\varphi} = v\cos\gamma \\ \dfrac{\mathrm{d}\rho}{\mathrm{d}t} = -v\sin\gamma\sin\theta\end{cases}$$

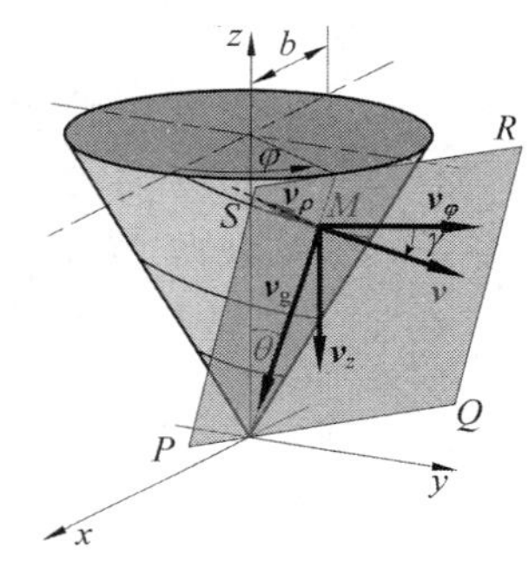

图 J5-16

将未知的速度 v 消去得到

$$\frac{\mathrm{d}\rho}{\mathrm{d}t}\frac{1}{\rho\dot{\varphi}} = -\tan\gamma\sin\theta$$

也就是

$$\frac{\mathrm{d}\rho}{\rho} = -\tan\gamma\sin\theta\times\dot{\varphi}\mathrm{d}t$$

积分得到

$$\ln\rho = -\dot{\varphi}\tan\gamma\sin\theta\times t + c \tag{c}$$

其中 c 为积分常数。根据 $t=0$ 时 $\rho = b$ 的初条件,可确定 $c = \ln b$。再代入式(c)并整理可得

$$\rho = b\exp(-\dot{\varphi}t\tan\gamma\sin\theta) \tag{d}$$

为求加速度,对式(d)求一阶和二阶导数,得到

$$\dot{\rho} = -b\dot{\varphi}\tan\gamma\sin\theta\exp(-\dot{\varphi}t\tan\gamma\sin\theta)$$

$$\ddot{\rho} = b(\dot{\varphi}\tan\gamma\sin\theta)^2\exp(-\dot{\varphi}t\tan\gamma\sin\theta) \tag{e}$$

在柱坐标系下,$a_\rho = \ddot{\rho} - \rho\dot{\varphi}^2$,将式(d)和式(e)代入得到

$$a_\rho = b\dot{\varphi}^2\exp(-\dot{\varphi}t\tan\gamma\sin\theta)(\tan^2\gamma\sin^2\theta - 1)$$

** **5-17**　图 T5-17 所示公园游戏车 M 固结在长为 R 的臂杆 OM 上,臂杆 OM 绕铅垂轴 z 以恒定的角速度 $\dot{\varphi} = \omega$ 转动,小车 M 的高度 z 与转角 φ 的关系为 $z = h(1-\cos 2\varphi)/2$。求 $\varphi = \pi/4$ 时,小车 M 在球坐标系的各速度投影 v_r、v_θ、v_φ。

解:球坐标系下游戏车 M 的运动方程为

$$\begin{cases}r = R \\ \varphi = \omega t \\ \theta = \arccos(z/R) = \arccos[h(1-\cos 2\omega t)/(2R)]\end{cases}$$

速度投影为

$$v_r = \mathrm{d}R/\mathrm{d}t = 0$$

$$v_\theta = R\frac{\mathrm{d}\theta}{\mathrm{d}t} = R \times \left[-\frac{2\omega h \sin 2\omega t}{2R\sqrt{1-(h(1-\cos 2\omega t)/(2R))^2}}\right]$$

$$v_\varphi = R\frac{\mathrm{d}\varphi}{\mathrm{d}t}\sin(\arccos[h(1-\cos 2\omega t)/(2R)])$$

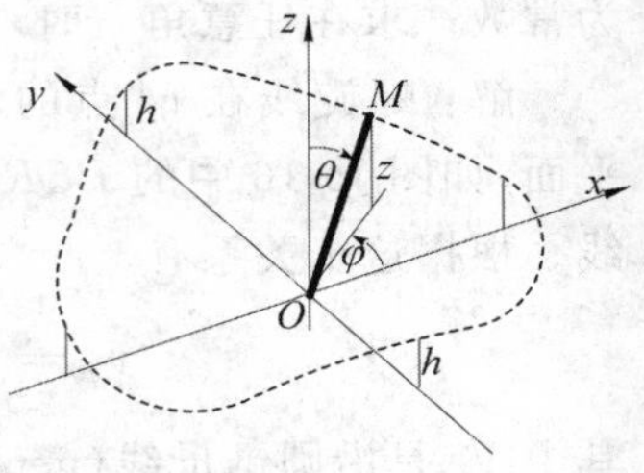

图 T5-17

对 $\varphi = \pi/4 = \omega t$，有

$$v_r = 0$$

$$v_\theta = -\frac{2\omega Rh}{\sqrt{4R^2 - h^2}}$$

$$v_\varphi = \frac{\omega}{2}\sqrt{4R^2 - h^2}$$

不可能设想，不要现代力学就能实现现代化。

——钱学森

第 6 章　刚体的简单运动

6.1　主要内容

平移和定轴转动是刚体两种的简单运动，它们在工程上有广泛的应用，并且也是复杂运动分析的基础。

6.1.1　平行移动

平行移动　刚体上任取的一直线段，在运动过程中始终与它的最初位置平行。又简称**平移**。

平移特点　各质点运动轨迹相同；同一瞬时各点的速度和加速度相同（包括大小和方向）。

6.1.2　定轴转动

刚体绕定轴的转动　运动的刚体上有两点保持不动。又简称**刚体转动**。通过固定点的直线称为刚体的**转轴**或**轴线**，简称**轴**。

定轴转动特点　轴线上各点速度和加速度恒为零；各质点运动轨迹是以轴线为心的圆。

运动方程　$\varphi = f(t)$。φ 为固定于刚体并穿过轴线的动平面，与参考平面之间的角度。它是代数量，逆时针转向为正，顺时针转向为负。

瞬时角速度　转角对时间的一阶导数 $\omega = \dfrac{d\varphi}{dt}$。它表征刚体转动的快慢。

瞬时角加速度　角速度对时间的一阶导数 $\alpha = \dfrac{d\omega}{dt} = \dfrac{d^2\varphi}{dt^2}$。它表征角速度变化的快慢。与角度一样，角速度和角加速度的正负号取法遵循右手螺旋法则。

转速与角速度关系　角速度对时间的一阶导数 $\omega = 2\pi n/60 \approx 0.1\ n$，其中转速 n 是每分钟转数，ω 单位为 rad/s。

6.1.3　转动刚体内各点的速度和加速度

速度　大小 $v = R\omega$；方向沿圆周切线并指向转动的一方。

加速度　分成指向轴心的法向加速度和沿圆周切线的切向加速度。法向加速度大小 $a_n = R\omega^2$；切线加速度大小 $a_t = R\alpha$。全加速度大小 $a = R\sqrt{\alpha^2 + \omega^4}$，方向与所在半径成夹角 $\theta = \tan^{-1}(\alpha/\omega^2)$。

6.1.4 轮系转动比

齿轮传动 齿轮两个啮合点的相对速度为零。两个定轴齿轮的角速度与两齿轮的齿数 z 成反比(或与两轮啮合圆半径 R 成反比)。

传动比 主动轮与从动轮的两个角速度的比值,其大小 $i_{12}=\omega_1/\omega_2=R_2/R_1=z_2/z_1$。

内啮合与外啮合 内啮合的两轮转向相同,传动比为正;外啮合的传动比为负。

带轮传动 两轮角速度与其半径成反比。

6.1.5 矢量角速度和角加速度

角速度矢量 $\boldsymbol{\omega}$ 矢量大小等于角速度的绝对值,矢量方向沿轴线,指向按右手螺旋法则确定。

角加速度矢量 $\boldsymbol{\alpha}$ 等于角速度矢对时间的一阶导数 $\boldsymbol{\alpha}=\dfrac{\mathrm{d}\boldsymbol{\omega}}{\mathrm{d}t}$。

定轴转动退化 选择转轴为 z 轴,则 $\boldsymbol{\omega}=\omega\boldsymbol{k}$,$\boldsymbol{\alpha}=\alpha\boldsymbol{k}$。

速度矢量 $\boldsymbol{v}=\boldsymbol{\omega}\times\boldsymbol{r}$。

加速度矢量 $\boldsymbol{a}=\boldsymbol{a}_\mathrm{t}+\boldsymbol{a}_\mathrm{n}=\boldsymbol{\alpha}\times\boldsymbol{r}+\boldsymbol{\omega}\times(\boldsymbol{\omega}\times\boldsymbol{r})$。

6.2 精选例题

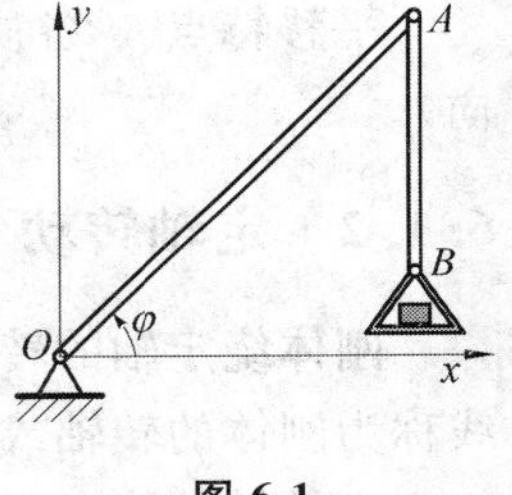

图 6-1

例题 6-1 图 6-1 所示为将工件送入干燥炉内的机构,叉杆 $OA=1.5$ m 在竖直面内转动,杆 $AB=0.8$ m,A 端为铰链,B 端有放置工件的框架。在机构运动时,工件的速度恒为 0.05 m/s,杆 AB 始终竖直。设运动开始时,角 $\varphi=0°$。求运动过程中角 φ 与时间的关系,以及点 B 的轨迹方程(教材习题 6-2)。

解: AB 平移有

$$v_A=v_B=0.05\ \mathrm{m/s}$$

OA 定轴转动有

$$\omega\times OA=v_A=0.05\ \mathrm{m/s}\Rightarrow\omega=0.05\ \mathrm{m/s}/(1.5\mathrm{m})$$

即角速度是常数,因此

$$\varphi(t)=\omega t=0.033\ t\ \mathrm{rad/s}$$

由几何关系

$$\begin{cases}x_B=x_A=1.5\cos\omega t\ \mathrm{m}\\ y_B=y_A-AB=(1.5\sin\omega t-0.8)\ \mathrm{m}\end{cases}$$

消去时间 t 得到轨迹

$$x_B^2+(y_B+0.8)^2=1.5^2$$

轨迹是一个圆。

例题 6-2 如图 6-2 所示，OA 和 O_1B（两杆分别绕 O 和 O_1 轴转动，用十字形滑块 D 将两杆连接。在运动过程中，两杆保持相交成直角。已知：$OO_1=a$；$O_1B=l$；$\varphi=kt$，其中 k 为常数。求 B 的速度和加速度。

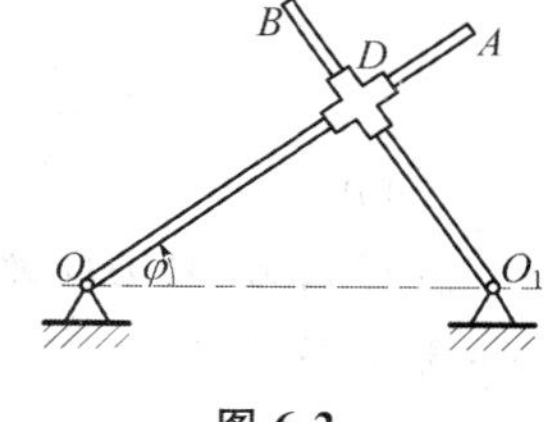

图 6-2

解：O_1DB 做定轴转动。由几何关系知道它与水平轴夹角为（图 6-3）

$$\beta = 90^\circ + \varphi$$

因此，O_1DB 的角速度和角加速度分别为

$$\omega_{O1DB} = \mathrm{d}\beta/\mathrm{d}t = \mathrm{d}\varphi/\mathrm{d}t = k$$
$$\alpha_{O1DB} = \mathrm{d}\omega_{O1DB}/\mathrm{d}t = 0$$

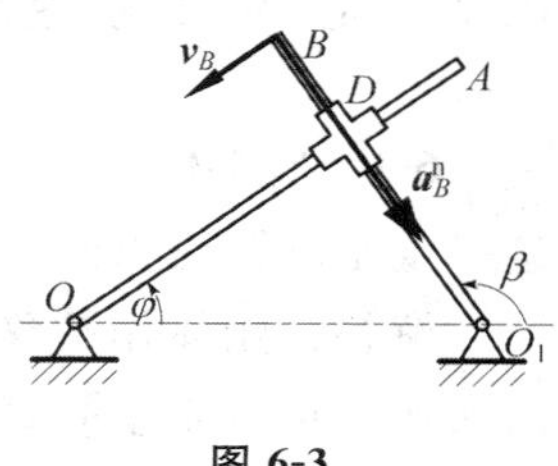

图 6-3

从而可知 B 点的切线加速度为 0。

B 点的速度和加速度（即法线加速度）如图 6-3 所示。大小分别为

$$v_B = l\omega_{O1DB} = lk$$
$$a_B^{\mathrm{n}} = l\omega_{O1DB}^2 = lk^2$$

例题 6-3 如图 6-4 所示机构，$AB=O_1O_2=l_0$，$O_1A=O_2B=l$，半圆板 $ACBD$ 半径为 R，圆心 C 位于 AB 中点。图示位置 $\varphi=60^\circ$，O_1A 杆的角速度和角加速度分别为 ω 和 α。求图示瞬时 D 的速度和加速度。

解：O_1A 和 O_2B 均做定轴转动。因为 O_1O_2AB 为平行四边形，AB 始终与固定直线 O_1O_2 平行，因而 AB 始终垂直。而 $ACBD$ 上任意一条直线与 AB 的夹角不变，也就是任意一条直线的方向都不变，所以半圆板 $ACBD$ 做平移。这是让构件发生平移的典型机构。

由 O_1A 做定轴转动，可确定 A 的速度、法向加速度和切线加速度，方向如图 6-5 所示，而大小分别为

$$v_A = l\omega,\quad a_A^{\mathrm{n}} = l\omega^2,\quad a_A^{\mathrm{t}} = l\alpha$$

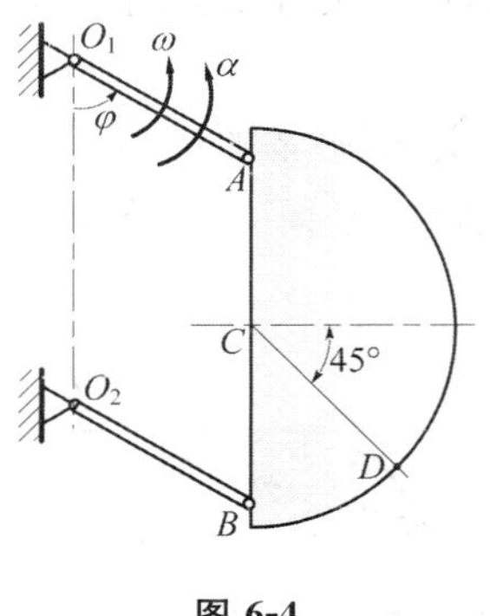

图 6-4

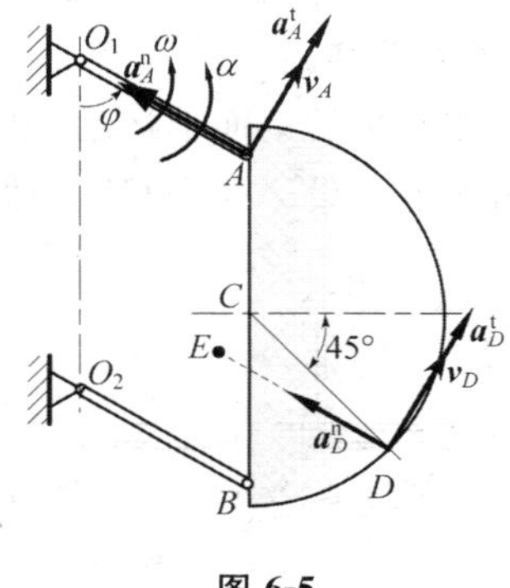

图 6-5

因为 $ACBD$ 做平移，所以其上各点速度和加速度分别等于 A 点的相应量，如图 6-5 的 D 点所示。大小分别为

$$v_D = v_A = l\omega$$

$$a_D^n = a_A^n = l\omega^2, \quad a_D^t = a_A^t = l\alpha$$

讨论

(1)因为 $ACBD$ 做平移,所以如下题设信息:$ACBD$ 的半径R;角度 45°;C 点位于 AB 中点,都是不需要的。

(2)D 的轨迹与 A 的轨迹一样,是个圆,但是该圆的圆心不在 C 点,而是图中的 $E(ED=l)$。

6.3 思考题解答

6-1 “刚体作平移时,各点的轨迹一定是直线或平面曲线;刚体绕定轴转动时,各点的轨迹一定是圆”。这种说法对吗?

解答:“刚体作平移时,各点的轨迹一定是直线或平面曲线”是不对的,因为平移刚体上点的轨迹也可以是空间直线。

“刚体绕定轴转动时,各点的轨迹一定是圆”是对的。至于转轴上不动点,可以视为半径为 0 的圆。力学分析的精髓是一个公式尽可能覆盖大的解释范围,而不是文字游戏。

6-2 各点都作圆周运动的刚体一定是作定轴转动吗?

解答: 未必,反例如例题 6-3 的 $ACBD$ 半圆板上各点。

6-3 满足下述哪些条件的刚体运动一定是平移?

①刚体运动时,其上有不在一条直线上的三点始终保作直线运动。

②刚体运动时,其上所有点到某固定平面的距离始终保持不变。

③刚体运动时,其上有两条相交的直线始终与各自初始位置保持平行。

④刚体运动时,其上有不在一条直线上的三点的速度大小、方向始终相同。

解答: ①,②不是平移;③,④是平移。解释和论证如下:

①这里给出一个反例,立体构件 $ABCD$ 的两个滚轴 A 和 B 在两个直线滑道内运动(如图 D6-3a 所示),AC 和 DB 垂直于滑道所在面。显然 A, B, C, D 四个点都保持直线运动,但构件 $ABCD$ 不是平移。如果物体发生平面运动(第 8 章),且不在一条直线上的三点始终作直线运动,可证明为平移。

②书本在水平的桌面上运动,书上所有点到地面距离不变,但书本的运动不是平移。

③证明如下。设 AB 和 CD 为两条相交的直线,二者确定一平面 S,如图 D6-3b 所示 EF

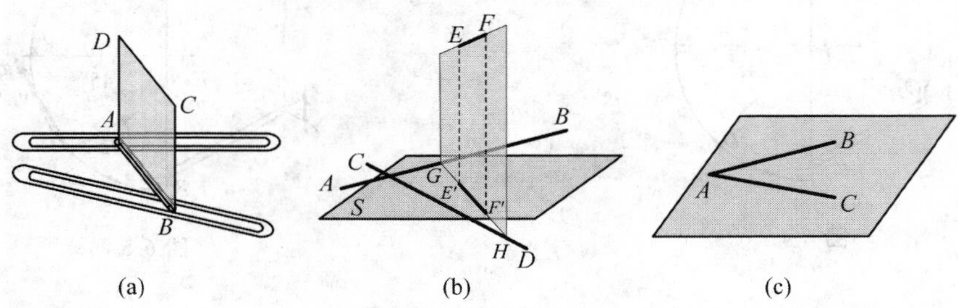

图 D6-3

是从刚体上任取的线段，它在 S 上的投影 $E'F'$ 的延长线与 AB 和 CD 分别相交于 G 和 H。因为 AB 和 CD 与初始位置平行，所以 GH 也与初始位置平行。EE' 和 FF' 因始终与 S 垂直而与初始位置平行，因此 $EFGH$ 面与初始位置平行。在运动过程中 $EFF'E'$ 不会变形，字母顺序也不会改变，而又 $E'F'$，$F'E$ 和 $E'E$ 三条直线和初始位置平行，所以 EF 也与初始位置平行。

④设三个点分别为 A，B 和 C（图 D6-3c）。在 t 时刻三个点矢量位置为

$$\boldsymbol{r}_A(t)=\boldsymbol{r}_A(0)+\int_0^t \boldsymbol{v}(t)\mathrm{d}t,\quad \boldsymbol{r}_B(t)=\boldsymbol{r}_B(0)+\int_0^t \boldsymbol{v}(t)\mathrm{d}t,\quad \boldsymbol{r}_C(t)=\boldsymbol{r}_C(0)+\int_0^t \boldsymbol{v}(t)\mathrm{d}t$$

其中：$\boldsymbol{r}_A(0)$，$\boldsymbol{r}_B(0)$，$\boldsymbol{r}_C(0)$ 为三个点初始时刻的矢量位置；$\boldsymbol{v}(t)$ 为三个点速度。显然

$$\boldsymbol{r}_A(t)-\boldsymbol{r}_B(t)=\boldsymbol{r}_A(0)-\boldsymbol{r}_B(0),\ \boldsymbol{r}_A(t)-\boldsymbol{r}_C(t)=\boldsymbol{r}_A(0)-\boldsymbol{r}_C(0)$$

这表明直线 AB 和直线 AC 始终与各自初始位置的方向相同，利用③知物体发生平移。

6-4　试推导刚体作匀速转动和匀加速转动的转动方程。

解答：　刚体作匀速转动 $\alpha=0$，$\omega=\omega_0$，对 $\dot{\varphi}=\omega_0$ 积分得到 $\varphi=\omega_0 t+\varphi_0$。
刚体作匀加速转动 $\alpha=\alpha_0$，对 $\ddot{\varphi}=\alpha_0$ 积分两次得到 $\varphi=\alpha t^2/2+\omega_0 t+\varphi_0$。

6-5　试画出图 S6-5a，S6-5b 中标有字母的各点速度方向和加速度方向。

解答：如图 D6-5a，D6-5b 所示。

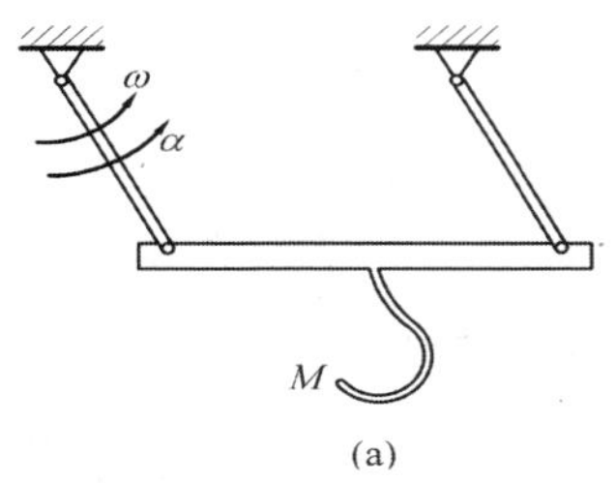

(a)

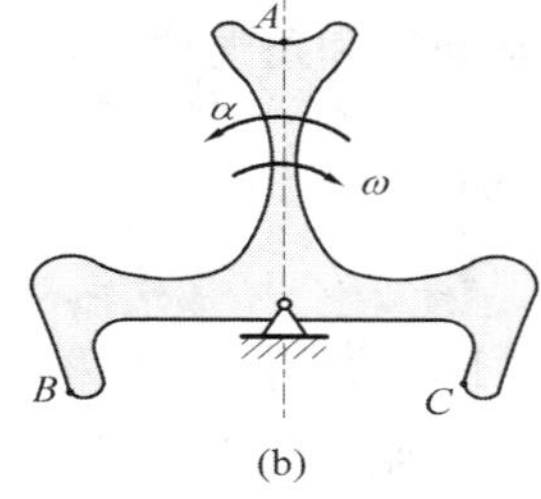

(b)

图 S6-5

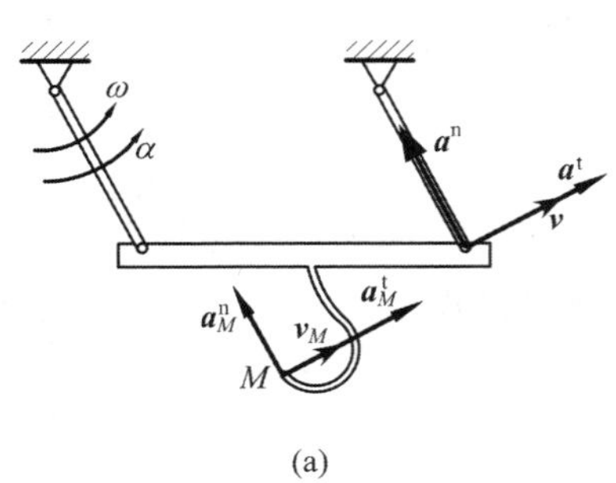

(a)

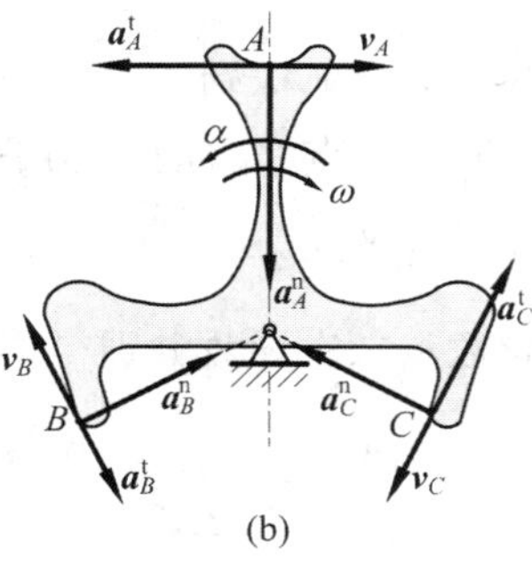

(b)

图 D6-5

6-6　这样计算图 S6-6 所示鼓轮的角速度对不对？

因为　$\tan\varphi=x/R$，　所以 $\omega=\dfrac{\mathrm{d}\varphi}{\mathrm{d}t}=\dfrac{\mathrm{d}}{\mathrm{d}t}\left(\arctan\dfrac{x}{R}\right)$

解答：不对。虚线不是固定在鼓轮上，鼓轮转动的角度与虚线转过的角度 φ 不同。

6-7　刚体作定轴转动，其上某点 A 到转轴距离为 R。为求刚体上任意点在某一瞬时的速度和加速度的大小，下述哪组条件是充分的？

(1)已知点 A 的速度及该点的全加速度方向。

(2)已知点 A 的切向加速度及该点的法向加速度。

(3)已知点 A 的切向加速度及该点的全加速度方向。

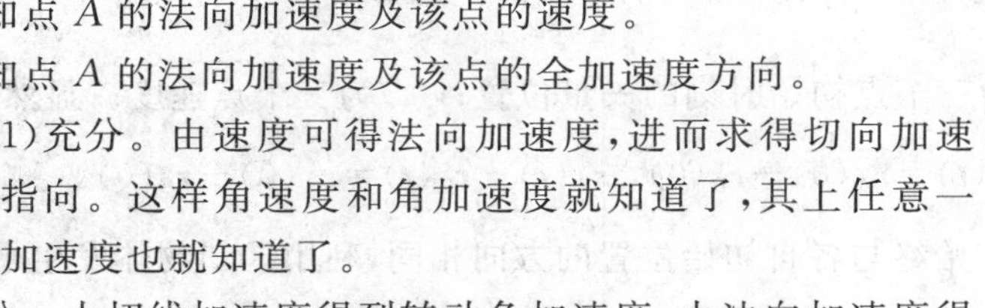

(4)已知点 A 的法向加速度及该点的速度。

(5)已知点 A 的法向加速度及该点的全加速度方向。

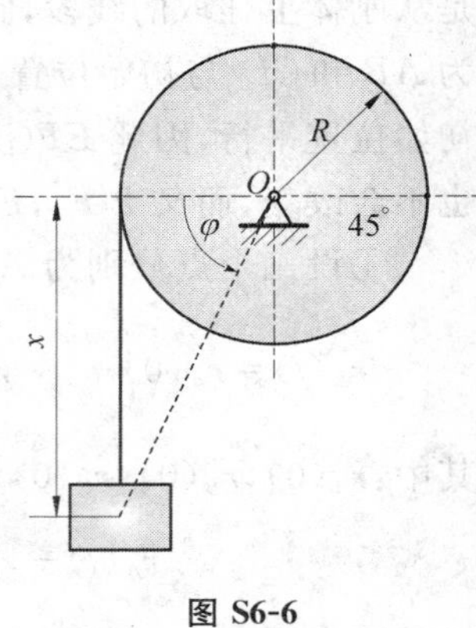

图 S6-6

解答:(1)充分。由速度可得法向加速度，进而求得切向加速度的大小和指向。这样角速度和角加速度就知道了，其上任意一点的速度和加速度也就知道了。

(2)充分。由切线加速度得到转动角加速度，由法向加速度得到角速度。

(3)充分。由切线加速度得到转动角加速度，切线加速度和全加速度方向能得到法向加速度，再用(2)。

(4)不充分。无法得到角加速度。

(5)充分。A 的法向加速度和全加速度方向信息能得到切线加速度。再由切线和法向加速度分别得到角加速度和角速度。

6.4　习题解答

6-1　图 T6-1 所示曲柄滑杆机构中，滑杆有一圆弧形滑道，其半径 $R=100$ mm，圆心 O_1 在导杆 BC 上。曲柄长 $OA=100$ mm，以等角速度 $\omega=4$ rad/s 绕轴 O 转动。求导杆 BC 的运动规律以及当轴柄与水平线间的交角 φ 为 30°时，导杆 BC 的速度和加速度。

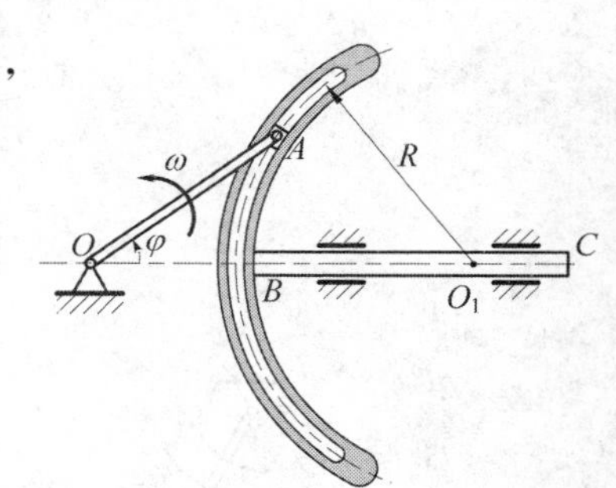

图 T6-1

解:建立图 J6-1 所示坐标轴 Ox。导杆平移，其上各点运动相同，研究 O_1 点即可。点 O_1 的运动方程为

$$x = 2R\cos\varphi = 0.2\cos\omega t \text{ m}$$

对 t 求一次导数和二次导数分别得到速度和加速度

$$\dot{x} = -0.8\sin\omega t \text{ m/s}$$
$$\ddot{x} = -3.2\cos\omega t \text{ m/s}^2$$

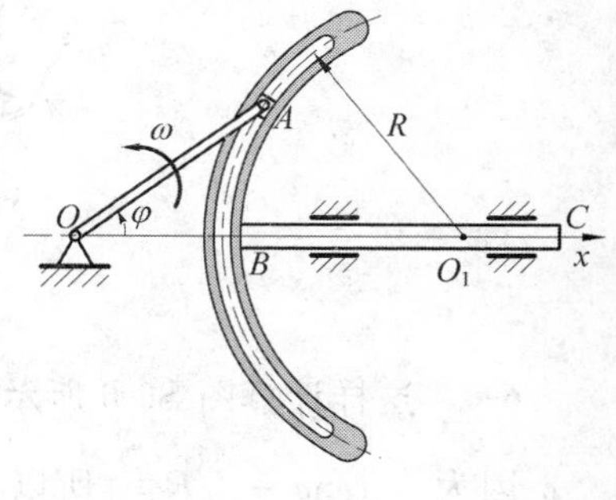

图 J6-1

在 $\varphi=\omega t=30°$时

$$v_{BC} = -0.40 \text{ m/s}$$
$$a_{BC} = -1.6\sqrt{3}\text{m/s}^2 = -2.77 \text{ m/s}^2$$

6-2　见例题 6-1。

6-3 已知搅拌机的主动齿轮 O_1 以 $n=950$ r/min 的转速转动。搅杆 ABC 用销钉 A、B 与齿轮 O_2、O_3 相连，如图 T6-3 所示。且 $AB=O_2O_3$，$O_3A=O_2B=0.25$ m，各齿轮齿数为 $z_1=20$，$z_2=50$，$z_3=50$，求搅杆端点 C 的速度和轨迹。

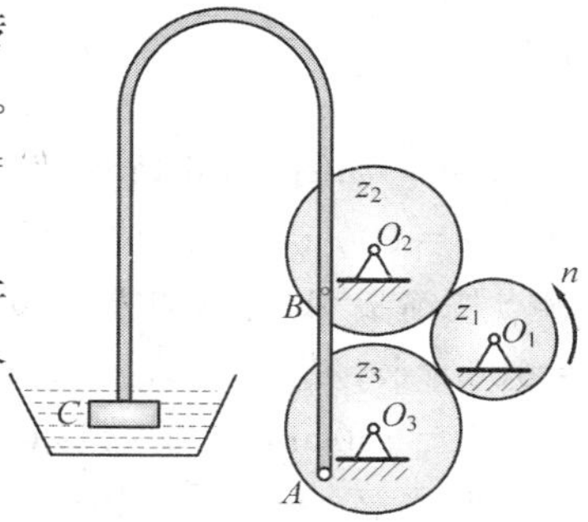

解： 因 O_2O_3AB 为平行四边形，而 O_2O_3 始终竖直，故搅杆 ABC 平移，点 C 的运动与点 A 相同，其轨迹与 A 的一样，是一个圆。速度

$$\begin{aligned} v_C &= v_A = O_2B\omega_2 = O_2B \times \frac{z_1}{z_2}\omega_1 \\ &= 0.25 \times \frac{20}{50} \times \frac{950 \times 2\pi}{60} \text{ m/s} \\ &= 9.95 \text{ m/s} \end{aligned}$$

图 T6-3

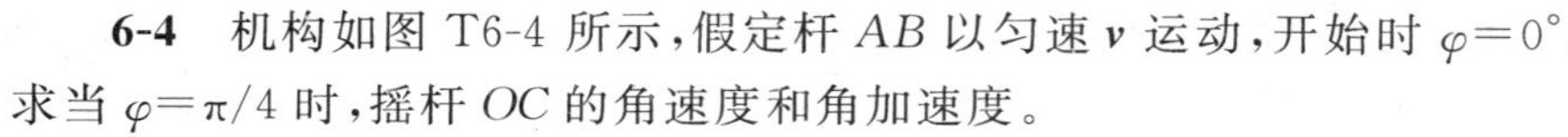

6-4 机构如图 T6-4 所示，假定杆 AB 以匀速 $\boldsymbol{v}$ 运动，开始时 $\varphi=0°$。求当 $\varphi=\pi/4$ 时，摇杆 OC 的角速度和角加速度。

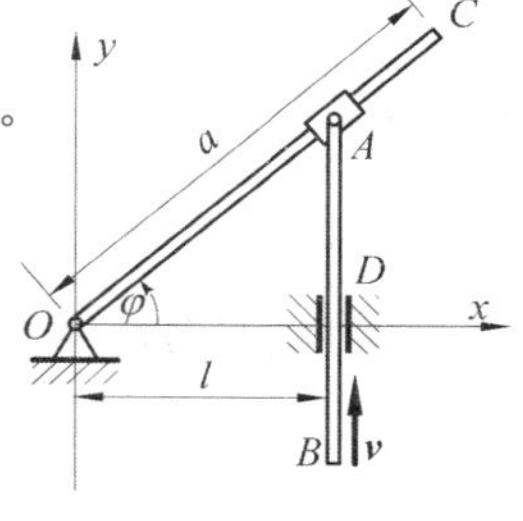

图 T6-4

解： 由几何关系得：

$$\tan\varphi = vt/l$$

两边对时间求导有

$$\dot{\varphi}\sec^2\varphi = v/l \tag{a}$$

它可变为 $\dot{\varphi} = v\cos^2\varphi/l$，对后者的两边再求一次导数有

$$\ddot{\varphi} = -(v\sin 2\varphi \times \dot{\varphi})/l \tag{b}$$

将 $\varphi=\pi/4$ 代入式(a)和式(b)得到

$$\begin{aligned} \omega &= \dot{\varphi} = \csc^2\varphi \times v/l = v/(2l) \\ \alpha &= \ddot{\varphi} = -(v\sin 2\varphi \times \dot{\varphi})/l = -v^2/(2l^2) \end{aligned}$$

6-5 如图 T6-5 所示，曲柄 CB 以等角速度 ω_0 绕轴 C 转动，其转动方程为 $\varphi=\omega_0 t$。滑块 B 带动摇杆 OA 绕轴 O 转动。设 $OC=h$，$CB=r$。求摇杆的转动方程。

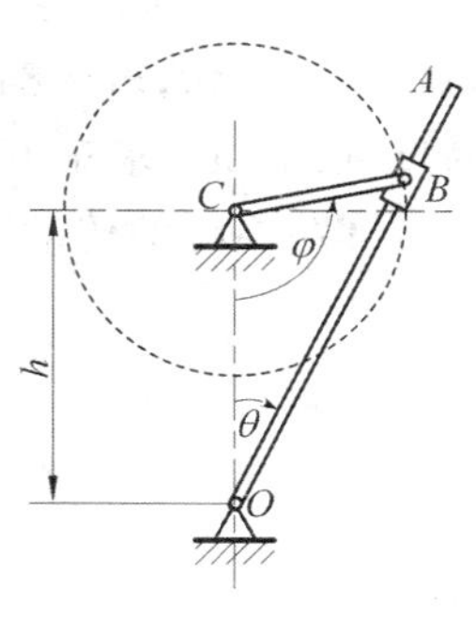

图 T6-5

解： 曲柄和摇杆均作定轴转动。对△OBC 运用正弦定理有

$$\frac{CB}{\sin\theta} = \frac{OC}{\sin(180° - \theta - \varphi)}$$

也就是

$$\frac{\sin(\theta + \varphi)}{\sin\theta} = \frac{h}{r}$$

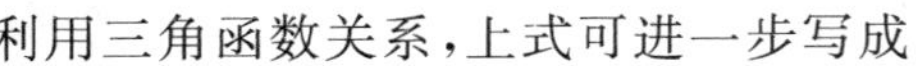

利用三角函数关系，上式可进一步写成

$$\frac{\sin\theta\cos\varphi + \cos\theta\sin\varphi}{\sin\theta} = \frac{h}{r}$$

可以解出

$$\theta = \cot^{-1}\left(\frac{h - r\cos\varphi}{r\sin\varphi}\right) = \cot^{-1}\left(\frac{h - r\cos\omega t}{r\sin\omega t}\right)$$

6-6 如图 T6-6 所示，摩擦传动机构的主动轴Ⅰ的转速为 $n = 600$ r/min。轴Ⅰ的轮盘与轴Ⅱ的轮盘接触，接触点按箭头 A 所示的方向移动。距离 d 的变化规律为 $d = 100 - 5t$，其中 d 以 mm 计，t 以 s 计。已知 $r = 50$ mm，$R = 150$ mm。求：(1)以距离 d 表示轴Ⅱ的角加速度；(2)当 $d = r$ 时，轮 B 边缘上一点的全加速度。

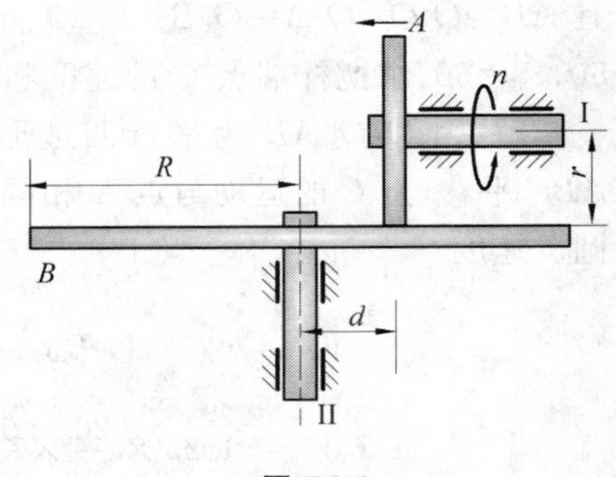

图 T6-6

解：(1)轴 II 的角加速度

接触点速度 $v_A = \dfrac{n \times 2\pi r}{60}$，因此轴 II 的角速度

$$\omega_2 = \frac{v_A}{d} = \frac{n \times 2\pi r}{60d} = \frac{600 \times 2\pi \times 50}{60(100 - 5t)} \text{ rad/s}$$
$$= \frac{200\pi}{20 - t} \text{ rad/s}$$

求导得角加速度

$$\alpha_2 = \frac{200\pi}{(20 - t)^2} \text{ rad/s}^2$$

(2)轮 B 边缘上一点的全加速度

当 $t = 10$s 时，$d = r$。此时边缘上

$$a_n = \omega_2^2 R = (20\pi)^2 \times 0.15 \text{ m/s}^2$$
$$a_t = \alpha_2 R = 0.15\pi \text{ m/s}^2$$

全加速度 $a = \sqrt{a_n^2 + a_t^2} = 592.18 \text{ m/s}^2$。

6-7 车床的传动装置如图 T6-7 所示。已知各齿轮的齿数分别为：$z_1 = 40$，$z_2 = 84$，$z_3 = 28$，$z_4 = 80$；带动刀具的丝杠的螺距为 $h_4 = 12$ mm。求车刀切削工件的螺距 h_1。

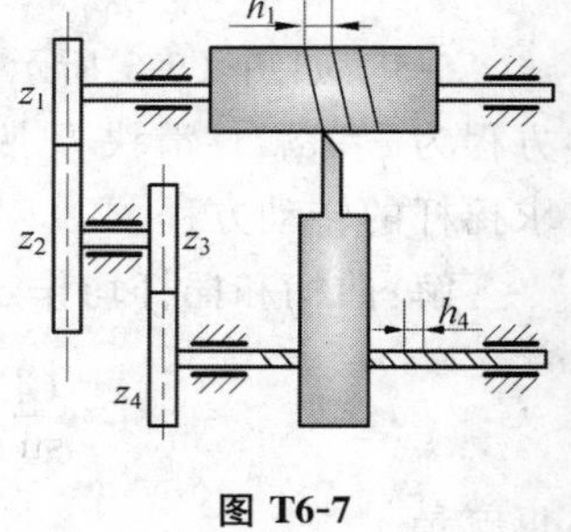

图 T6-7

解：系统的传动比为

$$n = \frac{\omega_1}{\omega_4} = \frac{\omega_1}{\omega_2} \times \frac{\omega_3}{\omega_4} = \frac{z_2}{z_1} \times \frac{z_4}{z_3} = \frac{84}{40} \times \frac{80}{28} = 6$$

故得

$$h_1 = \frac{h_4}{6} = 2 \text{ mm}$$

6-8 如图 T6-8 所示，纸盘由厚度为 a 的纸条卷成，令纸盘的中心不动，而以等速 v 拉纸条。求纸盘的角加速度(以半径 r 的函数表示)。

解法一

设纸盘最初半径为 r_0，在 t 时刻的半径为 $r(t)$。从最初时刻到 t 时刻的纸盘面积的减少等于拉出纸条的截面积，也就是$(v \times t) \times a$。它也等于

$$(v\times t)\times a=\pi[r_0^2-r^2(t)]$$

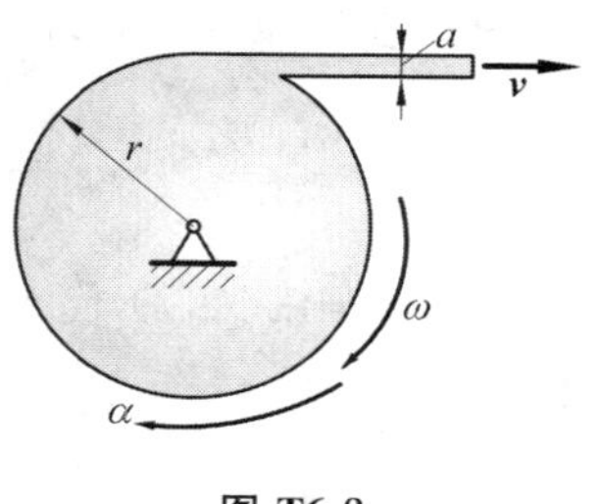

图 T6-8

求导并整理得到

$$\dot{r}(t)=-va/[2\pi r(t)] \qquad \text{(a)}$$

又因 $v=r(t)\omega$ 得到 $\omega=v/r(t)$。对后者求导得到角加速度

$$\alpha=\frac{\mathrm{d}\omega}{\mathrm{d}t}=-\frac{v}{r^2(t)}\dot{r}(t)$$

将式(a)代入得

$$\alpha=\frac{av^2}{2\pi r^3}$$

解法二

纸盘作定轴转动，根据定轴转动的速度特性有

$$v=r\omega$$

对时间求导有

$$0=\frac{\mathrm{d}r}{\mathrm{d}t}\omega+r\alpha \qquad \text{(b)}$$

纸盘转过 2π(一圈)半径减小 a。若纸盘转过 $\mathrm{d}\theta$ 角，则半径成比例变化为

$$\mathrm{d}r=-\frac{a}{2\pi}\mathrm{d}\theta$$

两边同除以 $\mathrm{d}t$ 得到

$$\frac{\mathrm{d}r}{\mathrm{d}t}=-\frac{a}{2\pi}\omega=-\frac{av}{2\pi r}$$

把它代入式(b)有

$$0=-\frac{av}{2\pi r}\times\frac{v}{r}+r\alpha$$

可解出

$$\alpha=\frac{av^2}{2\pi r^3}$$

6-9　图 T6-9 所示机构中齿轮 1 紧固在杆 AC 上，$AB=O_1O_2$，齿轮 1 和半径为 $2r$ 的齿轮 2 啮合，齿轮 2 可绕 O_2 轴转动且和曲柄 O_2B 没有联系。设 $O_1A=O_2B=l$，$\varphi=b\sin\omega t$，试确定 $t=\pi/(2\omega)$ s 时，轮 2 的角速度和角加速度。

解： 轮 2 与轮 1 在接触点 D 处速度相等(图 J6-9)，即

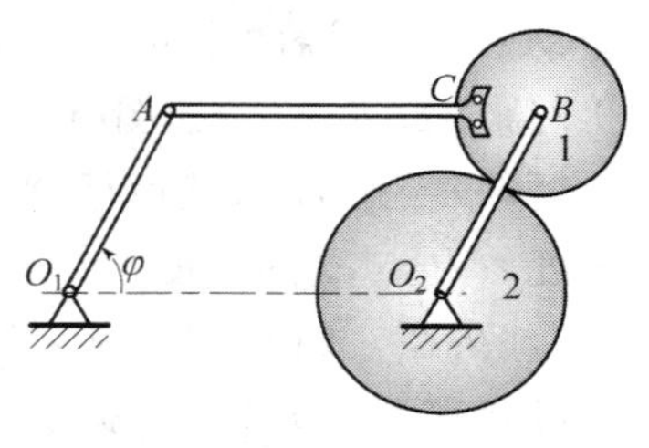

图 T6-9

$$v_{D2}=v_{D1} \qquad \text{(a)}$$

又因 AB 平移，所以

$$v_{D1}=v_A=OA\dot{\varphi}=bl\omega\cos\omega t \qquad \text{(b)}$$

式(b)代入式(a)，并根据 2 轮定轴转动得到轮 2 的角速度

$$\omega_2=\frac{v_{D2}}{r_2}=\frac{v_{D1}}{r_2}=\frac{bl\omega\cos\omega t}{r_2} \qquad \text{(c)}$$

求导得到加速度

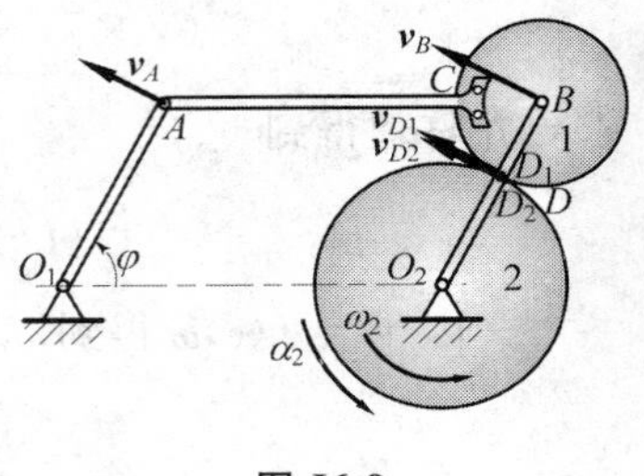

图 J6-9

$$\alpha_2 = \frac{d\omega_2}{dt} = -\frac{bl\omega^2 \sin\omega t}{r_2} \quad \text{(d)}$$

将 $t = \pi/(2\omega)$ 代入式(c)和式(d)得到该时刻的

$$\omega_2 = 0$$

$$\alpha_2 = -bl\omega^2/r_2$$

6-10 如图 T6-10 所示，液压缸的柱塞伸臂时，通过销钉 A 可以带动滑槽的曲柄 OD 绕 O 轴转动。已知柱塞以匀速 $v=2$ m/s 沿其轴线向上运动。求当 $\theta=30°$时，曲柄 OD 的角加速度。

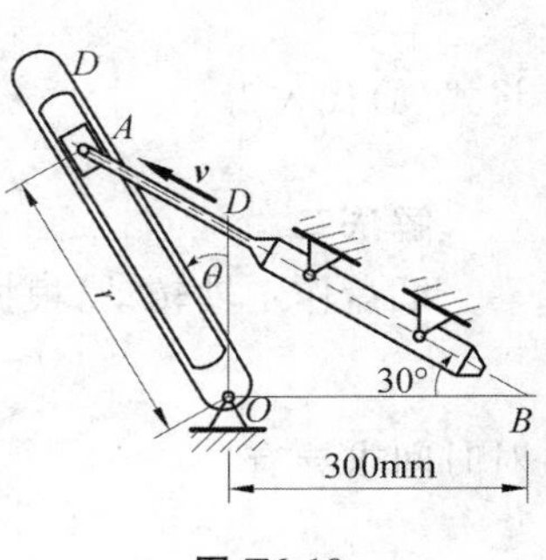

图 T6-10

解：对$\triangle AOB$ 运用正弦定理

$$\frac{AB}{\sin(\theta + 90°)} = \frac{BO}{\sin[180° - (\theta + 90° + 30°)]}$$

可整理为

$$AB\sin(60° - \theta) = BO\cos\theta$$

两边对时间求导有($v = dAB/dt$)

$$v\sin(60° - \theta) - AB\cos(60° - \theta) \times \dot{\theta} = -BO\sin\theta \times \dot{\theta} \quad \text{(a)}$$

再对时间求一次导数

$$-2v\cos(60° - \theta) \times \dot{\theta} - AB\sin(60° - \theta) \times \dot{\theta}^2 - AB\cos(60° - \theta) \times \ddot{\theta} = -BO\cos\theta \times \dot{\theta}^2 - BO\sin\theta \times \ddot{\theta} \quad \text{(b)}$$

对 $\theta = 30°$，$\angle OAB = \theta = 30°$，$\triangle AOD$ 等腰，$AB = BO/\cos30° + BO \times \tan30° = \sqrt{3}BO$。把这组几何数据代入式(a)得到

$$\dot{\theta} = v/(2BO) = 2/(2 \times 0.3) \text{ rad/s} = 3.33 \text{ rad/s}$$

将上述数据再代入式(b)得到

$$\ddot{\theta} = -10\sqrt{3}v/(3BO)\text{s}^{-1} = -38.49 \text{ rad/s}^2$$

6-11 杆 AB 在竖直方向以恒速 $\boldsymbol{v}$ 向下运动并由 B 端的小轮带着半径为 R 的圆弧 OC 绕轴 O 转动。如图 T6-11 所示。运动开始时，$\varphi = \pi/4$。求此后任意瞬时 t，OC 杆的角速度 ω 和点 C 的速度。

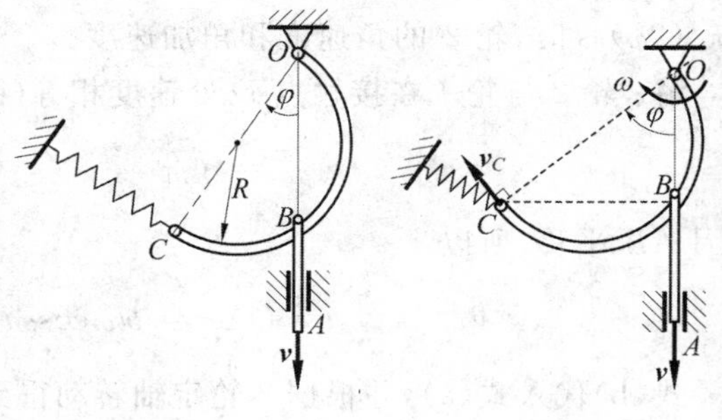

图 T6-11 图 J6-11

解：在$\triangle COB$ 中，因$\angle CBO$ 对着圆半径而可知它等于 $\pi/2$。根据三角函数关系有

$$2R\cos\varphi = OB$$

两边求导得到

$$-2R\sin\varphi \times \dot{\varphi} = v$$

解得

$$\omega = \dot{\varphi} = -v/(2R\sin\varphi)$$

C 点速度为

$$v_C = 2R\dot{\varphi} = -v/\sin\varphi$$

方向如图 J6-11 所示。

6-12　图 T6-12 所示一飞轮绕固定轴 O 转动，其轮缘上任一点的全加速度在某段运动过程中与轮半径的交角恒为 60°，当运动开始时，其转角 φ_0 等于零，角速度为 ω_0。求飞轮的转动方程以及角速度与转角的关系。

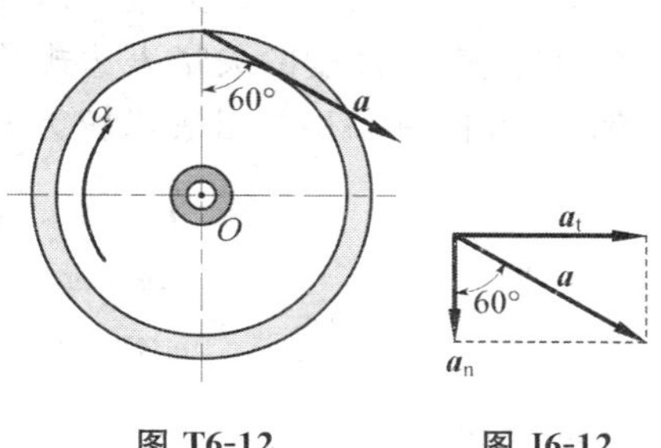

图 T6-12　　图 J6-12

解：轮缘上任一点 M 的全加速度 $\boldsymbol{a}$ 可分解为切向加速度 $\boldsymbol{a}_t$ 和法向加速度 $\boldsymbol{a}_n$，如图 J6-12 所示。由图中的三角关系有

$$a_t = a_n \tan 60°$$

再将定轴转动加速度性质 $a_n = \omega^2 R, a_t = \alpha R$ 代入上式得到

$$\alpha = \sqrt{3}\omega^2$$

也就是

$$\frac{\mathrm{d}\omega}{\mathrm{d}t} = \sqrt{3}\omega^2$$

这个微分方程的解为

$$\omega = \frac{\omega_0}{1-\sqrt{3}\omega_0 t} \tag{a}$$

两边积分得到转动方程

$$\varphi = \frac{1}{\sqrt{3}}\ln\frac{\omega_0}{1-\sqrt{3}\omega_0 t} \tag{b}$$

将式(a)代入式(b)得 $\varphi = \dfrac{1}{\sqrt{3}}\ln\dfrac{\omega}{\omega_0}$，因而角速度与转角关系为

$$\omega = \omega_0 \exp(\sqrt{3}\varphi)$$

6-13　半径 R=100 mm 的圆盘绕其圆心转动，图 T6-13 所示瞬时，点 A 的速度为 $\boldsymbol{v}_A = 200\boldsymbol{j}$ mm/s，点 B 的切向加速度 $\boldsymbol{a}_B^t = 150\boldsymbol{i}$ mm/s²。求角速度 $\boldsymbol{\omega}$ 和角加速度 $\boldsymbol{\alpha}$，并进一步写出点 C 的加速度和矢量表达式。

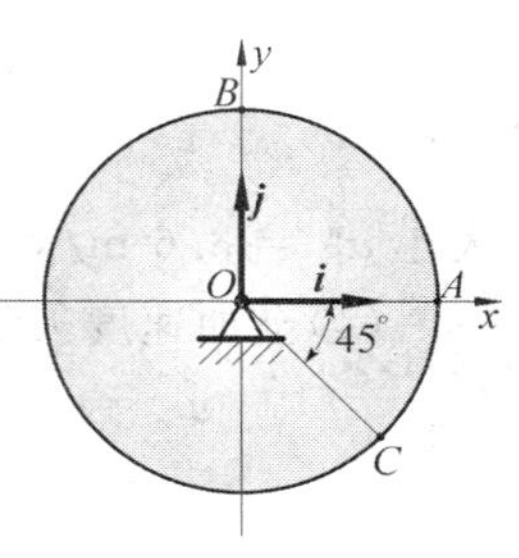

图 T6-13

解：$\omega = v_A/R = 2$ rad/s（逆时针），矢量形式为 $\boldsymbol{\omega} = 2\boldsymbol{k}$ rad/s。

$\alpha = a_B^t/R = 1.5$ rad/s²（顺时针），矢量形式为 $\boldsymbol{\alpha} = 1.5\boldsymbol{k}$ rad/s²。

点 C 的加速度的切向分量和法线分量分别为

$$\boldsymbol{a}_C^t = \boldsymbol{\alpha} \times \boldsymbol{r}_C = -75\sqrt{2}(\boldsymbol{i}+\boldsymbol{j})$$

$$\boldsymbol{a}_C^n = \boldsymbol{\omega} \times (\boldsymbol{\omega} \times \boldsymbol{r}_C) = 200\sqrt{2}(-\boldsymbol{i}+\boldsymbol{j})$$

全加速度

$$\boldsymbol{a}_C=\boldsymbol{a}_C^{\mathrm{t}}+\boldsymbol{a}_C^{\mathrm{n}}=-275\sqrt{2}\boldsymbol{i}+125\sqrt{2}\boldsymbol{j}$$

6-14 长方体绕固定轴 AB 转动，某瞬时的角速度 $\omega=6$ rad/s，角加速度 $\alpha=3$ rad/s^2，转向如图 T6-14 所示。B 点为长方体顶面 $CDEF$ 的中心，$EG=100$ mm，求此瞬时：

(1)G 点速度的矢量表达式及其大小；

(2)G 点法向加速度的矢量表达式及其大小；

(3)G 点切向加速度的矢量表达式及其大小；

(4)G 点全加速度的矢量表达式及其大小。

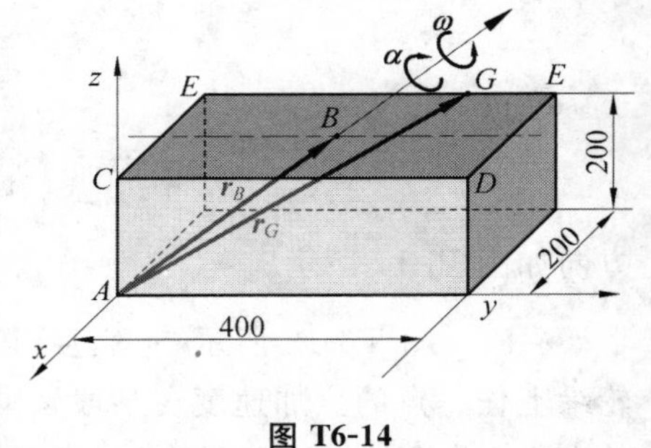

图 T6-14

解：空间问题采用矢量表示较为方便。

$$\boldsymbol{r}_B=(0.1\boldsymbol{i}+0.2\boldsymbol{j}+0.2\boldsymbol{k})\ \mathrm{m}$$

$$\boldsymbol{\omega}=\omega\boldsymbol{r}_B/r_B=(-2\boldsymbol{i}+4\boldsymbol{j}+4\boldsymbol{k})\ \mathrm{rad/s}$$

$$\boldsymbol{\alpha}=\alpha\boldsymbol{r}_B/r_B=(1\boldsymbol{i}-2\boldsymbol{j}-2\boldsymbol{k})\mathrm{rad/s^2}$$

G 的矢径

$$\boldsymbol{r}_G=(-0.2\boldsymbol{i}+0.3\boldsymbol{j}+0.2\boldsymbol{k})\ \mathrm{m}$$

(1)速度矢量为

$$\boldsymbol{v}_G=\boldsymbol{\omega}\times\boldsymbol{r}_G=(-2\boldsymbol{i}+4\boldsymbol{j}+4\boldsymbol{k})\times(-0.2\boldsymbol{i}+0.3\boldsymbol{j}+0.2\boldsymbol{k})\ \mathrm{m/s}$$

$$=\begin{vmatrix}\boldsymbol{i} & \boldsymbol{j} & \boldsymbol{k}\\ -2 & 4 & 4\\ -0.2 & 0.3 & 0.2\end{vmatrix}\ \mathrm{m/s}=(-0.4\boldsymbol{i}-0.4\boldsymbol{j}+0.2\boldsymbol{k})\ \mathrm{m/s}$$

大小 $v_G=0.6$ m/s。

(2)切向加速度矢量

$$\boldsymbol{a}_G^{\mathrm{t}}=\boldsymbol{\alpha}\times\boldsymbol{r}_G=(1\boldsymbol{i}-2\boldsymbol{j}-2\boldsymbol{k})\times(-0.2\boldsymbol{i}+0.3\boldsymbol{j}+0.2\boldsymbol{k})\ \mathrm{m/s^2}$$

$$=\begin{vmatrix}\boldsymbol{i} & \boldsymbol{j} & \boldsymbol{k}\\ 1 & -2 & -2\\ -0.2 & 0.3 & 0.2\end{vmatrix}\ \mathrm{m/s^2}=(0.2\boldsymbol{i}+0.2\boldsymbol{j}-0.1\boldsymbol{k})\ \mathrm{m/s^2}$$

大小 $a_G^{\mathrm{t}}=0.3\ \mathrm{m/s^2}$。

(3)法向加速度矢量

$$\boldsymbol{a}_G^{\mathrm{n}}=\boldsymbol{\omega}\times\boldsymbol{v}_G=(-2\boldsymbol{i}+4\boldsymbol{j}+4\boldsymbol{k})\times(-0.4\boldsymbol{i}-0.4\boldsymbol{j}+0.2\boldsymbol{k})\ \mathrm{m/s^2}$$

$$=\begin{vmatrix}\boldsymbol{i} & \boldsymbol{j} & \boldsymbol{k}\\ -2 & 4 & 4\\ -0.4 & -0.4 & 0.2\end{vmatrix}\ \mathrm{m/s}=(2.4\boldsymbol{i}-1.2\boldsymbol{j}+2.4\boldsymbol{k})\ \mathrm{m/s^2}$$

大小 $a_G^{\mathrm{n}}=3.6\ \mathrm{m/s^2}$。

(4)全加速度矢量

$$\boldsymbol{a}_G=\boldsymbol{a}_G^{\mathrm{t}}+\boldsymbol{a}_G^{\mathrm{n}}=(0.2\boldsymbol{i}+0.2\boldsymbol{j}-0.1\boldsymbol{k})\ \mathrm{m/s^2}+(2.4\boldsymbol{i}-1.2\boldsymbol{j}+2.4\boldsymbol{k})\ \mathrm{m/s^2}$$

$$=(2.6\boldsymbol{i}-1.0\boldsymbol{j}+2.3\boldsymbol{k})\ \mathrm{m/s^2}$$

大小 $a_G=0.3\sqrt{145}\ \mathrm{m/s^2}=3.613\ \mathrm{m/s^2}$。

第7章　点的合成运动

7.1　主要内容

研究物体相对于不同参考系的运动，分析速度和加速度在不同参考系之间的关系。

7.1.1　相对运动·牵连运动·绝对运动

合成运动　相对于某一参考系的运动可由相对于其他参考系的几个运动组合而成。

定参考系　固定在(固结于)地球上的坐标系，简称为**定系**。

动参考系　固定在(固结于)相对于地球有运动的参考体上的坐标系。简称**动系**。

绝对运动　动点相对于定系的运动。是点的运动，用点的速度和加速度术语，轨迹是直线、圆周还是复杂曲线。相应的术语是：绝对轨迹、绝对速度($\boldsymbol{v}_a$)和绝对加速度($\boldsymbol{a}_a$)。

相对运动　动点相对于动系的运动。是点的运动。相应的术语是：相对轨迹、相对速度($\boldsymbol{v}_r$)和相对加速度($\boldsymbol{a}_r$)。

牵连运动　动系相对于定系的运动。是刚体的运动，用刚体的术语，平移、转动，或是更复杂的刚体运动。

牵连点　在动系上与动点瞬间相重合的那一点。是瞬间重合的动系上的点。

牵连点的运动　点的运动，是位于动系上与动点瞬间重合的那一点运动。该点速度和加速度分别是动点的牵连速度($\boldsymbol{v}_e$)和牵连加速度($\boldsymbol{a}_e$)。

平面情形的解析关系

$$\begin{cases} x = x_{O'} + x'\cos\varphi - y'\sin\varphi \\ y = y_{O'} + x'\sin\varphi + y'\cos\varphi \end{cases}$$

7.1.2　点的速度合成定理

合成公式　$\boldsymbol{v}_a = \boldsymbol{v}_e + \boldsymbol{v}_r$，适合于任意运动的参考系。

速度平行四边形　以动点的牵连速度和相对速度为边构成平行四边形，绝对速度为其对角线。

7.1.3　牵连运动是平移时点的加速度合成定理

合成公式　$\boldsymbol{a}_a = \boldsymbol{a}_e + \boldsymbol{a}_r$，只适合平移运动的参考系。

7.1.4　牵连运动是定轴转动时点的加速度合成定理·科氏加速度

合成公式　$\boldsymbol{a}_a = \boldsymbol{a}_e + \boldsymbol{a}_r + \boldsymbol{a}_C$，可适合于任意运动的参考系。

科氏加速度　$\boldsymbol{a}_C = 2\boldsymbol{\omega} \times \boldsymbol{v}_r$。

7.2 精选例题

例题 7-1 在图 7-1a 和图 7-1b 所示的两种机构中，已知 $O_1O_2=a=200$ mm，$\omega_1=3$ rad/s。求图示位置时杆 O_2A 的角速度(教材习题 7-7)。

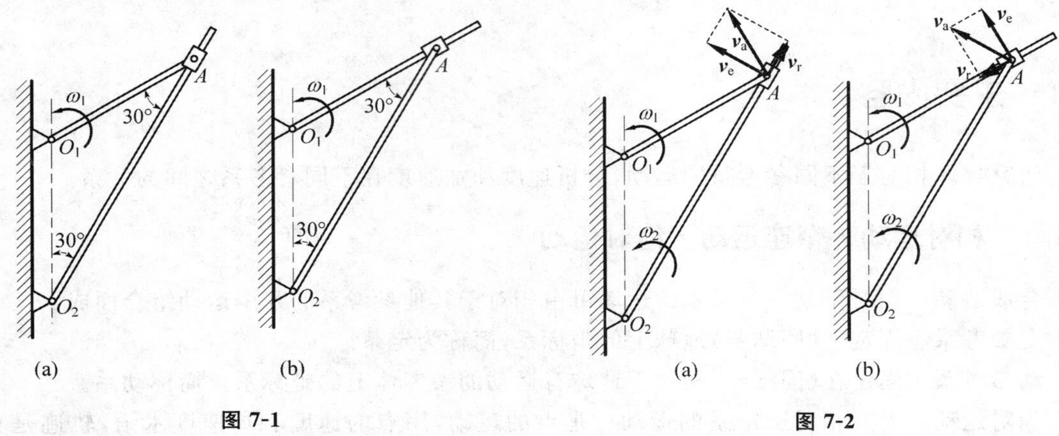

图 7-1　　　　图 7-2

解：(a)动系-动点选择如下：动系为 O_2A(牵连运动：定轴转动)；动点为套筒 A(绝对运动：圆周运动；相对运动：沿 O_2A 的直线运动)。速度分析如图 7-2a 所示。速度的矢量关系和相关信息如下

$$\begin{array}{cccccc} & \boldsymbol{v}_a & = & \boldsymbol{v}_e & + & \boldsymbol{v}_r \\ \text{大小} & \omega_1 O_1A & & ? & & ? \\ \text{方向} & \surd & & \surd & & \surd \end{array} \tag{a}$$

沿 $\boldsymbol{v}_e$ 方向投影得到：$v_e=v_a\cos 30°=0.3\sqrt{3}$ m/s。O_2A 角速度为

$$\omega_2=\frac{v_e}{O_2A}=\frac{0.3\sqrt{3}}{2\times 0.2\times \cos 30°}\text{rad/s}=1.5\ \text{rad/s}$$

(b)动系-动点选择如下：动系为 O_1A(牵连运动：定轴转动)；动点为套筒 A(绝对运动：圆周运动；相对运动：沿 O_1A 的直线运动)。速度分析如图 7-2b。速度的矢量关系和相关信息如下

$$\begin{array}{cccccc} & \boldsymbol{v}_a & = & \boldsymbol{v}_e & + & \boldsymbol{v}_r \\ \text{大小} & ? & & \omega_1 O_1A & & ? \\ \text{方向} & \surd & & \surd & & \surd \end{array} \tag{b}$$

沿 $\boldsymbol{v}_e$ 的方向投影得到：$v_e=v_a\cos 30°$，即有 $v_a=v_e/\cos 30°=0.4\sqrt{3}$ m/s。O_2A 角速度为

$$\omega_2=\frac{v_a}{O_2A}=\frac{0.4\sqrt{3}}{2\times 0.2\times \cos 30°}\text{rad/s}=2\ \text{rad/s}$$

讨论

(1)图 7-1a 和图 7-1b 的两图机构相似,但是动系-动点的选择看起来差异比较大,然而还是有共性的,随后会阐述。

(2)图 7-1a 能否选择 O_1A 为动系呢? 如果是这样,来看动点。动点能否选择滑套 A 呢? 答案是否定的。在这里滑套相当于一个点,趴在 O_1A 上看到的 A 是静止的点(相对位置没有变化)。这样做的逻辑固然没有错误,但是却无法建立 O_1A 和 O_2A 之间的定量关系。

(3)接(2)。能否选 O_2A 杆上与滑套重合的那一点做动点呢? 若这样做,牵连点的速度方向知道,绝对运动的速度和方向都知道(定轴转动 O_2A 上的点,绕 O_2 做圆周运动)。剩下的未知量有相对速度的大小和方向,牵连速度的大小。但仅凭 $\boldsymbol{v}_a=\boldsymbol{v}_e+\boldsymbol{v}_r$ 的两个独立方程肯定无法确定三个未知数。

(4)接(3)。相对速度的方向沿相对轨迹的切线,那么动点的相对轨迹是什么呢? 趴在 O_1A 上看动点,似乎"动点"始终与滑套接触,而滑套运动是静止的,那么"动点"相对运动是不是静止呢? 这里"动点"加了引号,是因为把动点理解错了。O_1A 与滑套接触的点是几何关系"点",不具有动点的资格。动点(牵连点也一样)是"物理"点,比如在卖饭窗口排队买饭,你相当于一个"物理"点,你到了窗前与窗口叠成一个"点"相当于"几何"点。作为"几何"点—窗口—是静止的(窗口始终有人站在那里买饭),速度为零,但它不是你这个"物理"点的速度。

(5)接(4)。按上述操作,"物理"点是固定在 O_2A 上的点,它在 t 时刻与滑套接触后,$t+\Delta t$ 时刻就离开了滑套,就像你买完饭就立即离开窗口一样。同样,从固结于 O_1A 上的动系看 O_2A 杆上的动点的相对速度,就如同食堂师傅预测你的速度,大小和方向都是不确定的。

(6)有人"瞎蒙"了相对速度沿滑套的方向,并作了速度平行四边形(图 7-3),而且查了查书后答案,发现数值是对的。但这确实错了,首先相对速度的方向错了(比较图 7-3 和图 7-2a),其次因为不知道相对轨迹的曲率和曲率中心,将来加速度分析是无法进行的。

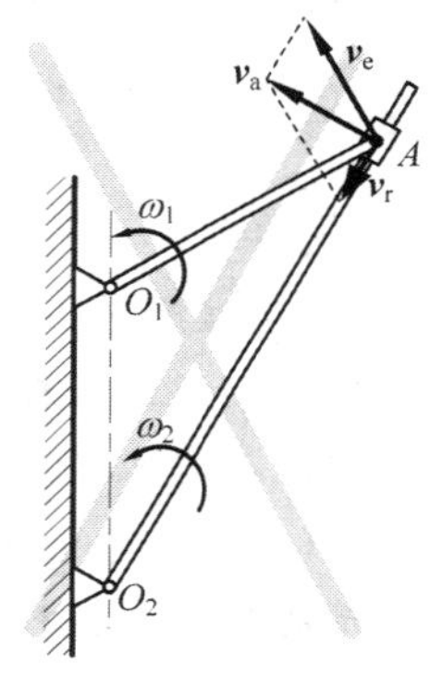

图 7-3

(7)总结上述讨论,我们可以得到动系-动点若干原则:①动点不要取自动系所固结的物体;②相对运动的轨迹要清晰。如果对**相对运动**没有确切的感觉,则需要仔细斟酌了(就教材所要求的层次,大多为直线和圆两类)。

(8)如何感觉相对轨迹呢? **想象你趴在动系上,看动点有什么限制。该限制条件的几何表现就是轨迹**。比如趴在图 7-1(a)的 O_1A 上看滑套,它就只能沿 O_1A 作直线运动。所以相对轨迹就是沿 O_1A 的直线。

(9)对图 7-1b 可作类似讨论。

例题 7-2 杆 OA 长 l,由推杆推动而在图面内绕点 O 转动,如图 7-4 所示。假定推杆的速度为 $\boldsymbol{v}$,其弯头高为 a 。求杆端 A 的速度大小(表示为 x 的函数)(教材习题 7-5)。

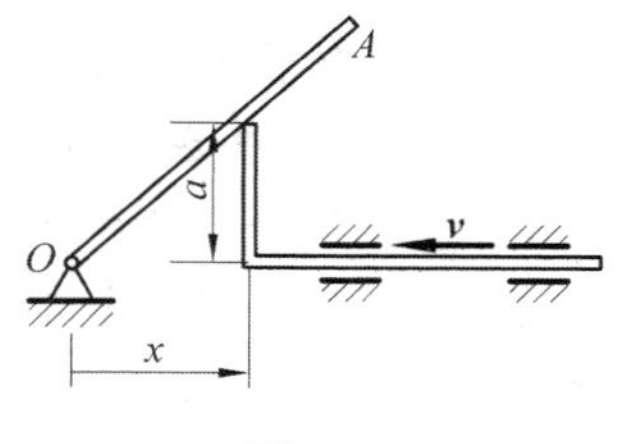

图 7-4

解:先需要求出 OA 的角速度,再由定轴转动的特性确定 A 的速度。

为确定 OA 角速度,动系-动点选择如下:动系固结于 OA 杆(牵连运动:定轴转动);动点为弯杆与 OA 接触点(绝对运动:水平直

线；相对运动：沿 OA 直线）。速度分析如图 7-5 所示。速度的矢量关系和相关信息如下

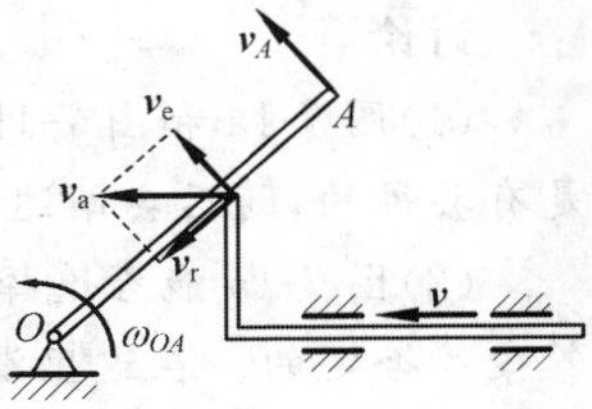

	$\boldsymbol{v}_a$	=	$\boldsymbol{v}_e$	+	$\boldsymbol{v}_r$
大小	v		?		?
方向	√		√		√

图 7-5

沿 $\boldsymbol{v}_e$ 的方向投影得到：$v_e = v_a\sin\theta = \dfrac{a}{\sqrt{x^2+a^2}}v$。$OA$ 角速度

$$\omega_{OA} = \frac{v_e}{OB} = \frac{a}{x^2+a^2}v$$

所以 A 点速度大小（方向见图 7-5）

$$v_A = l\omega_{OA} = \frac{al}{x^2+a^2}v$$

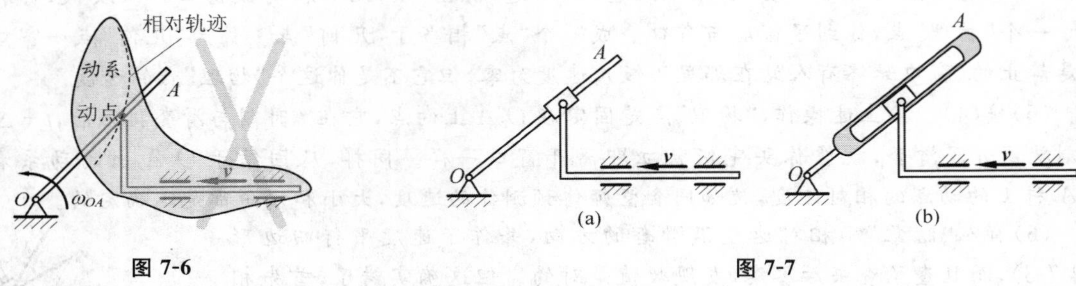

图 7-6　　　　图 7-7

讨论

(1)在解题一开始就交代动点动系，相对运动和绝对运动的轨迹等。这组信息的明晰化，对保证求解的正确性非常必要。这组信息，只有在对题目充分分析之后，对解法了然于胸，才能够写得不狐疑。

(2)选择推杆为动系，OA 杆上接触点为动点的相对轨迹如图 7-6 中的虚线所示。动点在图示的瞬间和推杆接触，然而该瞬间前后的相对位置就不容易有感觉了（虽然是确定的），因而相对轨迹不好确定。

(3)$\boldsymbol{v}_a = \boldsymbol{v}_e + \boldsymbol{v}_r$ 有两个投影方程，可以解得两个未知数。**手工计算往往沿不感兴趣矢量的垂直方向投影，以减少工作量。**合理选择动系-动点就是想让相对速度方向成为已知量，以减少未知量。

(4)本题机构的几何关系比较简单，写通式再求导的解析法工作量也可以接受。但是**本章训练的是点的合成运动，所以不要轻易使用解析法。**

(5)在推杆的弯头加上一个滑套，运动关系并不会改变，如图 7-7a 所示。同样把图 7-1 中滑套去掉，但要求两杆不分离，则运动关系也不会改变。进一步，图 7-7b 的滑道—滑块的接触关系与图 7-7a 在本质上也是相同的。

例题 7-3　如图 7-8 所示半径为 R 的半圆形凸轮沿水平向右运动，使杆 OA 绕定轴 O 转动。$OA=R$。在图示瞬时杆 OA 与竖直线夹角 $\theta=30°$，杆端 A 与凸轮相接触，O 与 O_1 在同一

条竖直线上。凸轮速度为 $\boldsymbol{v}$。求该瞬时杆 OA 的角速度。

解:动系-动点选择如下:动系固结于凸轮(牵连运动:平行移动);动点为 OA 杆上的 A 点(绝对运动:圆周运动;相对运动:沿凸轮边缘的圆周运动—想象你趴在凸轮上看 A 点,后者只能沿凸轮边缘做圆周运动)。速度的分析如图 7-9 所示。速度的矢量关系和相关信息如下

	$\boldsymbol{v}_a$	=	$\boldsymbol{v}_e$	+	$\boldsymbol{v}_r$
大小	v		?		?
方向	√		√		√

沿 $\boldsymbol{v}_r$ 方向投影得到:

$$v_a \times \cos 30^\circ = v_e \times \sin 30^\circ$$

OA 角速度

$$\omega_{OA} = \frac{v_a}{OA} = \frac{\sqrt{3}}{3}\frac{v}{R}$$

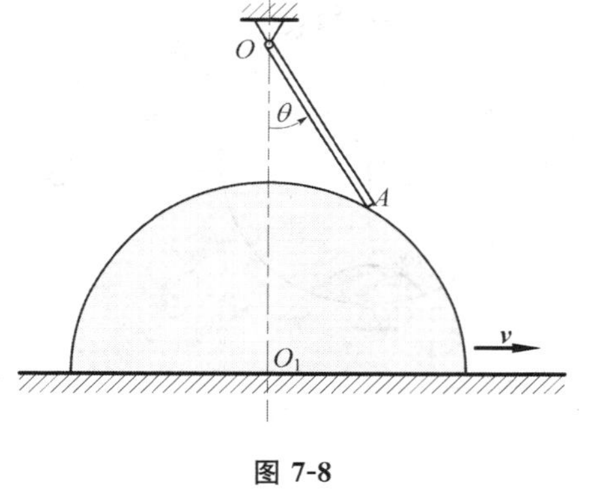

图 7-8

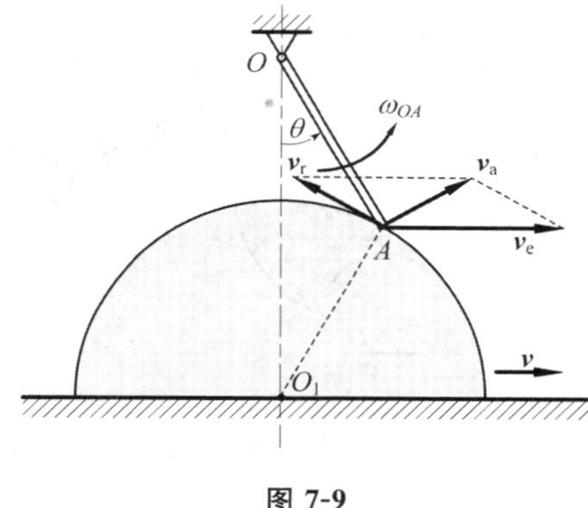

图 7-9

讨论

(1)图 7-8 的接触关系似乎与图 7-1 的差异很大,但本质上仍然是相同的。想象一下:把图 7-8 的半圆换成半圆弧,那么运动关系没有改变;在半圆弧上加一个滑套,滑套与 OA 连接,就得到图 7-7a 那样的接触关系了。

(2)图 7-1、图 7-4、图 7-7 和图 7-8 的接触关系有共同的特征:**这类机构的特征为杆状构件(甲)的一端始终与刚体乙的轮廓相接触**。我们称它为**相接型**。**分析这类机构,动系一般固结在刚体乙上,而动点则选择为构件甲与刚体乙接触的那个端点。相对轨迹就是刚体乙的轮廓线**。

例题 7-4　半径为 R 的圆盘,绕 O_1 轴转动(O_1 轴通过圆盘边缘上一点,垂直于圆盘平面)(图 7-10)。AB 杆的 B 端用固定铰链支座支承,当圆盘转动时 AB 杆始终与圆盘外缘相接触。图示瞬时,已知圆盘的角速度为 ω_0,几何尺寸如图 7-10 所示。求该瞬时 AB 杆的角速度。

解:动系-动点选择如下:动系为 AB(牵连运动:定轴转动);动点为圆盘的圆心 O(绝对运动:圆周运动;相对运动:平行于 AB 的直线运动——想象你趴在 AB 看圆盘,圆心 O 到 AB 的高度不变,如同地面上运动轮子的轮心的轨迹)。速度分析如图 7-11 所示。速度的矢量关系

和相关信息如下

$$\begin{array}{cccccc} & \boldsymbol{v}_a & = & \boldsymbol{v}_e & + & \boldsymbol{v}_r \\ \text{大小} & \omega_1 O_1 A & & ? & & ? \\ \text{方向} & \surd & & \surd & & \surd \end{array} \tag{a}$$

沿 $\boldsymbol{v}_r$ 的垂直方向投影得到：

$$v_a \sin\theta = v_e \cos\theta : \omega_0 R \sin\theta = BO\omega_{AB}\cos\theta$$

即得

$$\omega_{AB} = \frac{\omega_0 R}{BO}\frac{\sin\theta}{\cos\theta} = \frac{R}{l}\tan\theta \times \omega_0$$

$$= \frac{R^2}{l\sqrt{l^2 - R^2}}\omega_0$$

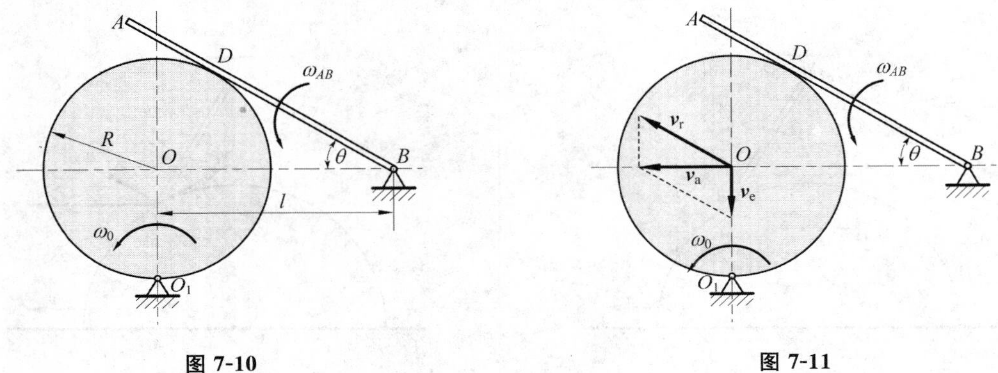

图 7-10　　图 7-11

讨论

(1)图 7-10 的接触关系与图 7-8 的差异很大。图 7-8 杆的一端是接在圆周上，而图 7-10 杆是“切”在圆周上。图 7-10 的切点 D 既不是圆盘上的“物理”点，也不是杆 AB 上的“物理”点，就如同你跑到流动的窗口买饭的“窗口”。总之，“几何”关系确定的切点没有资格做动点(与图 7-8 的 AB 杆上接触 A 点正相反)。

(2)如果选择杆 AB 为动系，圆盘上的“切点”为动点，那么该点相对轨迹没有简单的感觉，就如同图 7-6 中的虚线那样，碰一下动系 AB 上的切点就离开了。同样若选择圆盘为动系，AB 杆上的切点 D 为动点，则有同样的状况。

(3)图 7-11 的接触关系有这样的特征：**刚体(乙)“靠”在另一个刚体(甲)之上，两运动刚体的边缘线相切**。我们称它为**相切型**。**分析这类机构，动系固结于乙，动点选择为甲的轮心，而相对轨迹是平行于乙边缘的曲(直)线**。符合相切型的可解题目不多，这是因为利用圆心到圆周距离的属性才使得合成运动分析成为可行。因此其中构件之一必须是圆形(甲)，而另一个构件(乙)边缘必须足够简单。

(4)图 7-11 的牵连点在哪里呢？**有些认为是 D 点，“因为它是两个物体连接点”，但这是错误的！牵连点是动系上和动点重合的那一点**。有同学可能注意到动点 O 和动系所固结的 AB 之间没有重合！那如何找牵连点呢？我们知道动系是固结在 AB，但是**动系大小是不限于 AB，而应该是从 AB 拓展出去的无穷大空间**，如图 7-12 中随 AB 一起做定轴转动的灰色的矩

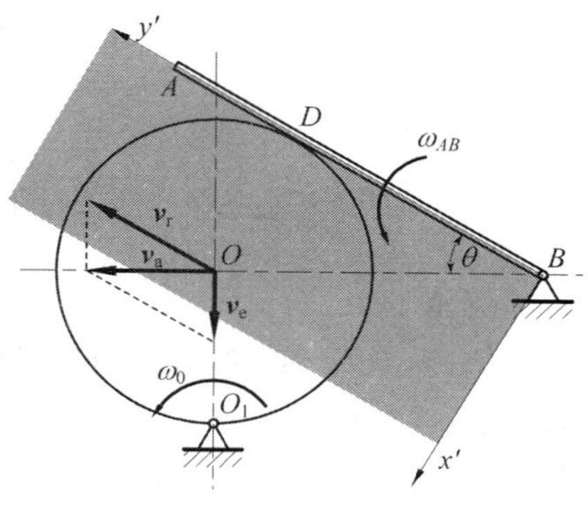

图 7-12

形所示。该矩形上和动点重合的那一点才是牵连点，其速度方向根据定轴转动特性确定为垂直于 BO（不是 BD），大小为 $BO\omega_{AB}$。

例题 7-5　图 7-13 的机构中，已知 O_1A 杆绕 O_1 转动的角速度 ω_1 和环 O 绕 O_2 转动的角速度 ω_2。图示位置 $\theta=30°$，求环和杆交点 D 的速度。

解：图 7-13 看起来与图 7-10 比较接近，然而前者的两个构件没有接触关系，各自独立转动。同样它和图 7-8 的接触关系也有不同。另外目标也不同，图 7-10 和图 7-8 都是由一个构件的运动推算另外一个构件的运动，而本题是要分析两个构件的交点运动。

必须指出的是：交点作为“几何”点，没有资格做动点。但是设想在交点上套一个小环，显然它并不影响原机构的运动。现在，我们可以选择小环为动点了。

(1)以小环 D 为动点，O_1A 为动系。绝对运动未知，相对运动的轨迹沿 O_1A 杆的直线，牵连运动为定轴转动。速度分析如图 7-14 所示。速度的矢量关系为

$$\boldsymbol{v}_{a1}=\boldsymbol{v}_{e1}+\boldsymbol{v}_{r1} \tag{a}$$

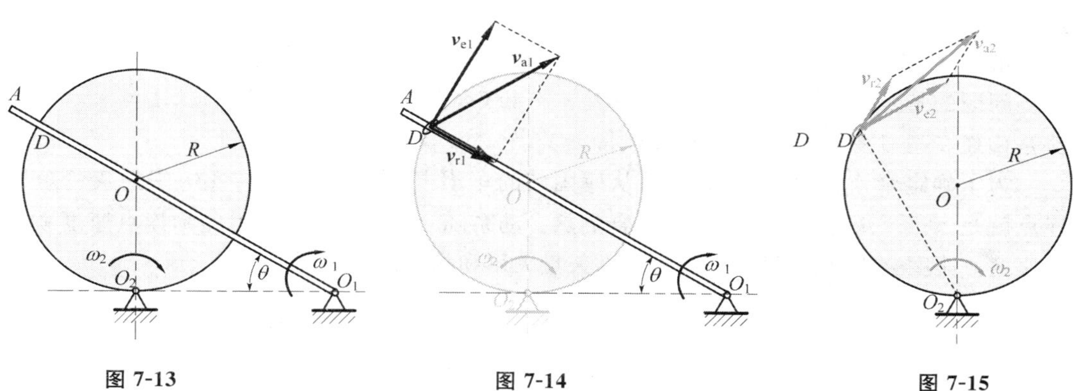

图 7-13　　图 7-14　　图 7-15

(2)以小环 D 为动点，环 O 为动系。绝对运动未知，相对运动的轨迹沿环的圆周，牵连运动为定轴转动。速度分析如图 7-15 所示。速度的矢量关系为

$$\boldsymbol{v}_{a2}=\boldsymbol{v}_{e2}+\boldsymbol{v}_{r2} \tag{b}$$

式(a)的 $\boldsymbol{v}_{a1}$ 和式(b)中 $\boldsymbol{v}_{a2}$ 都是同一个小环 D 的绝对速度，它们二者应相等。于是速度矢量关系(图 7-16)

$$\boldsymbol{v}_{a1}=\boldsymbol{v}_{a2}:\quad \boldsymbol{v}_{e1}+\boldsymbol{v}_{r1}=\boldsymbol{v}_{e2}+\boldsymbol{v}_{r2} \tag{c}$$

式(c)沿 $\boldsymbol{v}_{r1}$ 投影有

$$v_{r1}=v_{e2}\sin30°=\sqrt{3}R\omega_2/2$$

因此，绝对速度大小为

$$v_a = \sqrt{(v_{r1})^2 + (v_{e1})^2} = R\sqrt{3\omega_2^2 + 36\omega_1^2}/2$$

与 O_1A 的夹角

$$\beta = \arctan\frac{v_{e1}}{v_{r1}} = \arctan\left(2\sqrt{3}\,\frac{\omega_1}{\omega_2}\right)$$

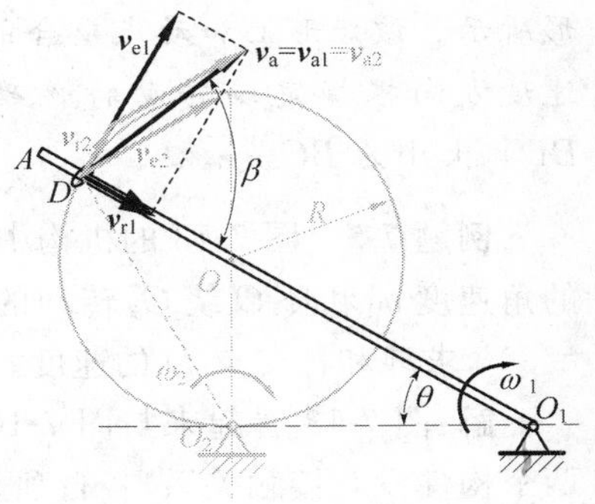

图 7-16

讨论

(1)本题属于**甲乙两根独立运动的杆件相交叉,求交点的运动**,我们称它为**相交型**。它主要用于教学训练,因为这种形式的机构很少。当然这种类型题目必须将两个构件的运动信息完全给出。

(2)交点作为一个几何确定点,不能直接作为动点。可以在交点套一个小环,显然小环不影响交点的运动状态。而小环就是交点的位置。选取小环为动点,甲杆为动系,那么相对运动就是沿甲杆的轮廓线。小环绝对运动就可以分解为小环相对于甲杆的相对运动和甲杆的牵连运动。然后同样可以选择小环为动点,乙杆为动系进行分解。很显然,这类题型需要两次合成运动分析,因而工作量比较大。

例题 7-6 如图 7-17 所示,A 和 B 两车均以等速 v 行驶。车 A 绕半径为 R 的环形线行驶,车 B 以图示直线行驶。求图示瞬时:(1)车 A 相对于车 B 的速度;(2)车 B 相对于车 A 的速度。

解:(1)"车 A 相对于车 B 的速度"的分析目标已经要求了:动点为 A,动系固结于车 B。这类问题的特点是:在一个物体上望另外一个物体,我们称之为"相望型"。这类问题的动点和动系已经在题目要求中或明说或隐含指定了。

为了确定牵连点速度,想象动系从所固结的车 B 拓展出去,如图 7-18a 中的灰色矩形。牵连点就是 动系"灰色矩形"上和 A 重合的点。动系随 B 车一起平移,因此牵连点速度就等于 B 车速度。速度合成分析见图 7-18a。速度矢量关系和相关信息如下

	$\boldsymbol{v}_a$	$=$	$\boldsymbol{v}_e$	$+$	$\boldsymbol{v}_r$
大小	$v_A(=v)$		$v_B(=v)$		?
方向	√		√		?

容易得到 $v_r = \sqrt{2}v$,方向与水平成 45°角。

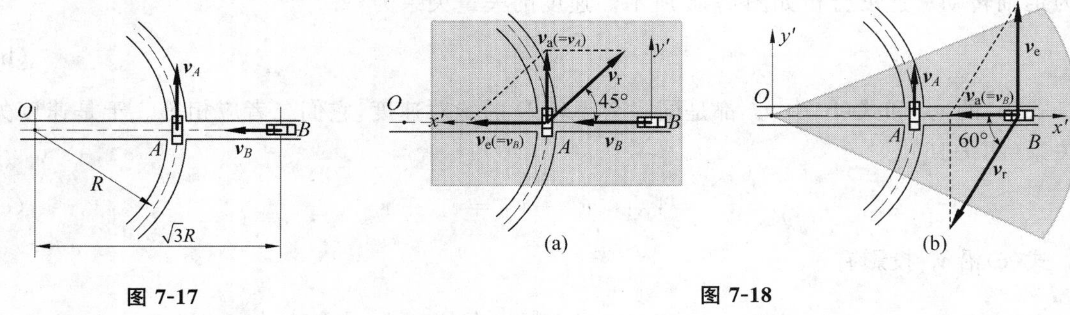

图 7-17　　图 7-18

(2)"车 B 相对于车 A 的速度"的分析目标已经要求了:B 为动点,动系固结于车 A。为了

确定牵连点速度，想象动系从所固结的车 A 拓展出去，如图 7-18b 的灰色扇形。牵连点就是动系"灰色扇形"上和 B 重合的点。动系随 A 车绕 O 做定轴转动，据此可确定牵连点速度，见图 7-18b。速度矢量关系和相关信息如下

	$\boldsymbol{v}_a$	=	$\boldsymbol{v}_e$	+	$\boldsymbol{v}_r$
大小	$v_B(=v)$		$\sqrt{3}R \times v_A/R$		?
方向	√		√		?

由图 7-18b 的几何关系，可确定：$v_r = 2v$，方向与水平成 60°角。

讨论

(1)上述计算结果表明：B 相对于 A 的速度与 A 相对于 B 的速度，并不总是大小相等，方向相反。理论力学强调刚体的运动，A 车和所固结的坐标系应该当做定轴转动来处理。

(2)问题(2)中如**把 A 车当作质点，并认为所固结的动系做曲线平移的看法是完全错误的**。观察者在 A 车中的视线会随车转动。一个很典型的例子是做交通工具以半径很大的弧拐弯，乘客有时会发生转向的视觉错误。如果人的视线与绝对坐标系保持一致，理论上是不可能转向的。

例题 7-7　半径为 R 的半圆形凸轮 D 以等速 $\boldsymbol{v}_0$ 沿水平线向右运动，带动从动杆 AB 沿竖直方向上升，如图 7-19 所示。求 $\varphi=30°$ 时杆 AB 的速度和加速度(教材习题 7-21)。

解：此题接触关系为相接型。动系动点选择如下：动系固结于凸轮(牵连运动：水平直线的平移)；BA 杆的 A 端为动点(绝对运动：上下直线运动；相对运动：沿凸轮边缘的圆周运动)。

速度分析如图 7-20a。速度的矢量关系和相关信息如下

	$\boldsymbol{v}_a$	=	$\boldsymbol{v}_e$	+	$\boldsymbol{v}_r$
大小	?		v_0		?
方向	√		√		√

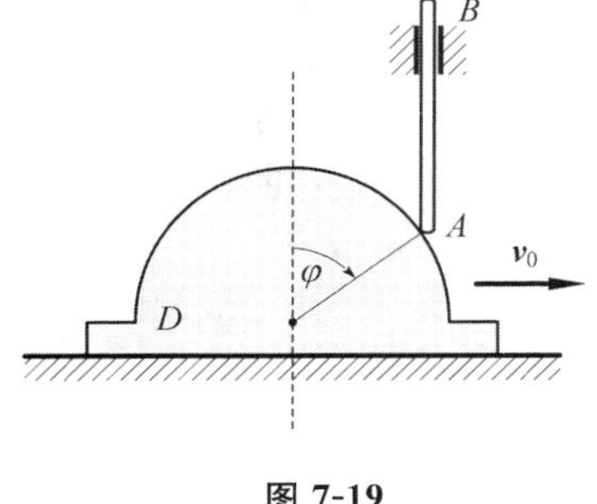

图 7-19

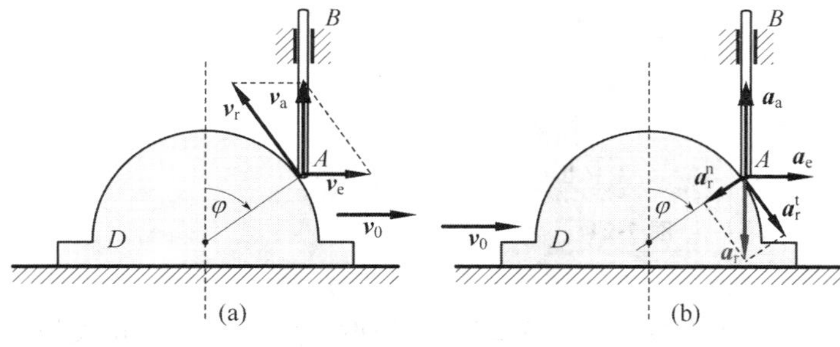

图 7-20

沿 $\boldsymbol{v}_e$ 方向投影有：

$$0 = v_e - v_r\cos\varphi$$

解得：$v_r = v_e/\cos\varphi = 2\sqrt{3}v_0/3 = 1.155v_0$

加速度分析如图 7-20b。加速度的矢量关系和相关信息如下

$$\begin{array}{lcccc} & \boldsymbol{a}_a = & \boldsymbol{a}_r^n & + \ \boldsymbol{a}_r^t & + \ \boldsymbol{a}_e \\ \text{大小} & ? & v_r^2/R & ? & 0 \\ \text{方向} & \surd & \surd & \surd & \surd \end{array} \tag{a}$$

其中 $a_r^n = v_r^2/R = 4v_0^2/(3R)$。

式(a)沿 $\boldsymbol{a}_r^n$ 方向投影有：

$$-a_a\sin\varphi = a_r^n$$

解得：

$$a_a = -a_r^n/\sin\varphi = -8v_0^2/(3R)$$

例题 7-8　图 7-21 所示铰接四边形机构中，$O_1A=O_2B=100$ mm，又 $O_1O_2=A_1B_2$，杆 O_1A 以等角速度 $\omega=2$ rad/s 绕 O_1 轴转动。杆 AB 上有一套筒 C，此筒与杆 CD 相铰接。机构的各部件都在同一竖直面内。求当 $\varphi=60°$时，杆 CD 的速度和加速度(教材习题 7-17)。

解：此题为“相接型”。动系-动点选择如下：动系固结于杆 AB(牵连运动：随 AB 的平移)；杆 CD 上点 C 为动点(绝对运动：上下直线；相对运动：沿 AB 直线)。

速度分析如图 7-22a，速度的矢量关系和相关信息如下

$$\begin{array}{lccc} & \boldsymbol{v}_a = & \boldsymbol{v}_e & + \ \boldsymbol{v}_r \\ \text{大小} & ? & \omega O_1A & ? \\ \text{方向} & \surd & \surd & \surd \end{array}$$

向 $\boldsymbol{v}_a$ 投影得到 $v_a = v_e\cos\varphi = \omega O_1A\cos\varphi = 0.1$ m/s。

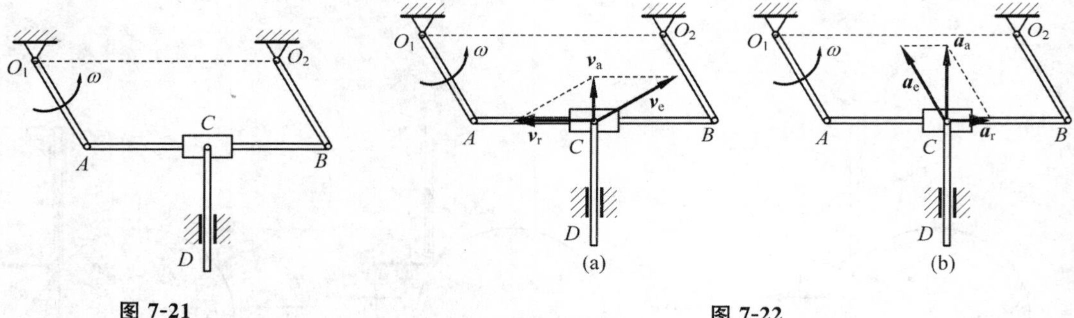

图 7-21　　　　图 7-22

加速度分析如图 7-22b，加速度的矢量关系和相关信息如下

$$\begin{array}{lccc} & \boldsymbol{a}_a = & \boldsymbol{a}_e & + \ \boldsymbol{a}_r \\ \text{大小} & ? & \omega^2 O_1A & ? \\ \text{方向} & \surd & \surd & \surd \end{array}$$

向 $\boldsymbol{a}_a$ 投影得到 $a_a = a_e\sin\varphi = \omega^2 O_1A\cos\varphi = 0.346$ m/s。

讨论

本题最大的纠结是有些同学认为存在科氏加速度，“因为动系 O_1ABO_2 有角速度 ω”。这是完全错误的，因为 O_1ABO_2 根本没有资格做动系。**动系必须固结在刚体上，而 O_1ABO_2 是变**

形体。正确地意识到这点后，动系只能固结于 AB，但 AB 做曲线平移，因而动系也做平移。故没有科氏加速度。

例题 7-9　续例题 7-1。$\omega_1=3$ rad/s 保持不变，求 O_2A 杆在图 7-1 所示位置的角加速度。

解：此题为“相接型”。动系和动点选择与例题 7-1 相同，角速度分析也见例题 7-1。但是因动系有转动而在加速度分析中出现科氏加速度，而后者需要相对速度，因此在速度分析阶段要把相对速度也求出。

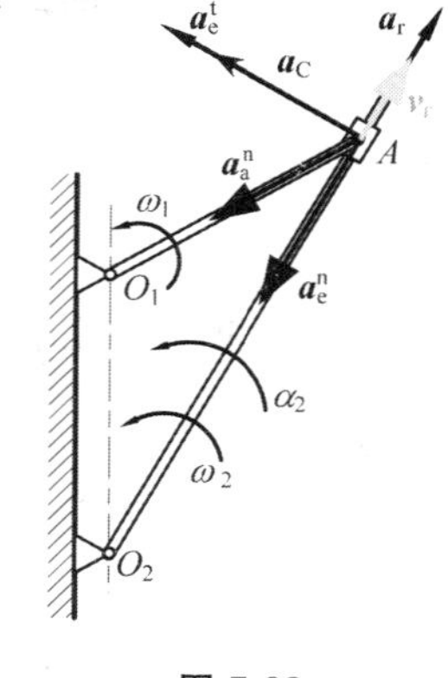

图 7-23

(1)图 a。将例题 7-1 的式(a)向 v_r 投影得到

$$v_r = v_a \sin 30° = O_1A \times \omega_1/2 = 0.3\text{m/s}$$

加速度分析如图 7-23。加速度的矢量关系和相关信息如下

	a_a^n	$=$	a_e^t	$+$	a_e^n	$+$	a_r	$+$	a_C
大小	$O_1A\omega_1^2$		?		$\omega_2^2 O_2A$		?		$2\omega_2 v_r$
方向	√		√		√		√		√

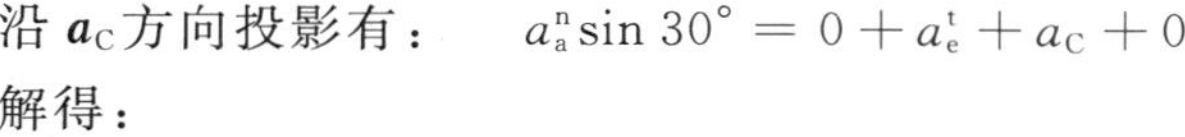

沿 a_C 方向投影有：　$a_a^n \sin 30° = 0 + a_e^t + a_C + 0$

解得：

$$a_e^t = a_a^n \sin 30° - a_C = \omega_1^2 O_1A/2 - 2\omega_1/2 \times \omega_1 O_1A/2 = 0$$

因此 O_2A 杆的角加速度

$$\alpha_2 = a_e^t/O_2A = 0$$

(2)图 b。将例题 7-1 的式(b)向 v_r 投影得到

$$v_r = v_a \sin 30° = O_1A \times \omega_1/2 = 0.3\text{m/s}$$

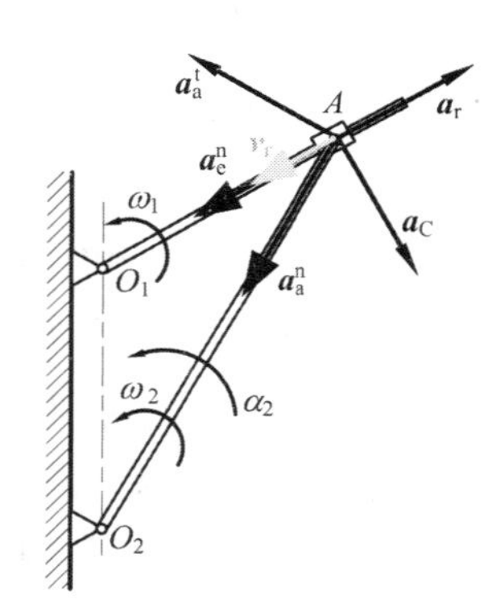

图 7-24

加速度分析如图 7-24。加速度的矢量关系和相关信息如下

	a_a^n	$+$	a_a^t	$=$	a_e^n	$+$	a_r	$+$	a_C
大小	$O_1A\omega_1^2$		?		$\omega_2^2 O_2A$		?		$2\omega_2 v_r$
方向	√		√		√		√		√

沿 a_C 方向投影有：

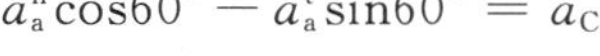

$$a_a^n \cos 60° - a_a^t \sin 60° = a_C$$

解得：

$$a_a^t = a_a^n \text{ctan}60° - a_C \csc 60° = -1.6\ \text{m/s}^2$$

因此 O_2A 杆的角加速度

$$\alpha_2 = a_e^t/O_2A = (a_a^n \text{ctan}60° - a_C \csc 60°)/O_2A$$
$$= -\frac{8}{3}\sqrt{3}\ \text{rad/s}^2 = -4.62\ \text{rad/s}^2$$

例题 7-10　续例题 7-4。图 7-10 所示瞬时，已知圆盘的角加速度 α_0。求该瞬时 AB 杆的加角速度。

解:此题为"相切型"。动系和动点选择与例题 7-4 相同,角速度分析也见例题 7-4。但是因动系有转动而在加速度分析中出现科氏加速度,而后者需要相对速度,因此在速度分析阶段要把相对速度也求出。

将例题 7-4 的式(a)向 $\boldsymbol{v}_a$ 投影有

$$v_a = v_r \cos\theta$$

解得

$$v_r = v_a / \cos\theta = \omega_0 R \sec\theta$$

加速度分析如图 7-25 所示。加速度的矢量关系和相关信息如下

	$(\boldsymbol{a}_a^n$	$+$	$\boldsymbol{a}_a^t)$	$=$	$(\boldsymbol{a}_e^n$	$+$	$\boldsymbol{a}_e^t)$	$+$	$\boldsymbol{a}_r$	$+$	$\boldsymbol{a}_C$
大小	$\omega_0^2 R$		$\alpha_0 R$		$\omega_{AB}^2 l$		?		?		$2\omega_{AB} v_r$
方向	√		√		√		√		√		√

沿 $\boldsymbol{a}_C$ 方向投影有:

$$a_a^n \cos\theta + a_a^t \sin\theta = - a_e^n \sin\theta - a_e^t \cos\theta + 0 + a_C$$

即

$$R\omega_0^2 \cos\theta + R\alpha_0 \sin\theta = - l\alpha_{AB} \cos\theta - l\omega_{AB}^2 \sin\theta + 2\omega_{AB} v_r$$

解得:

$$\alpha_{AB} = \frac{1}{l\cos\theta}(2\omega v_r - R\omega_0^2 \cos\theta - R\alpha_0 \sin\theta - l\omega_0^2 \sin\theta)$$

$$= \frac{R^3 \omega_0^2 (2l^2 - R^2)}{l^2 \sqrt{(l^2 - R^2)^3}} - \frac{R}{l}\left(\frac{R}{\sqrt{l^2 - R^2}}\alpha_0 + \omega_0^2\right)$$

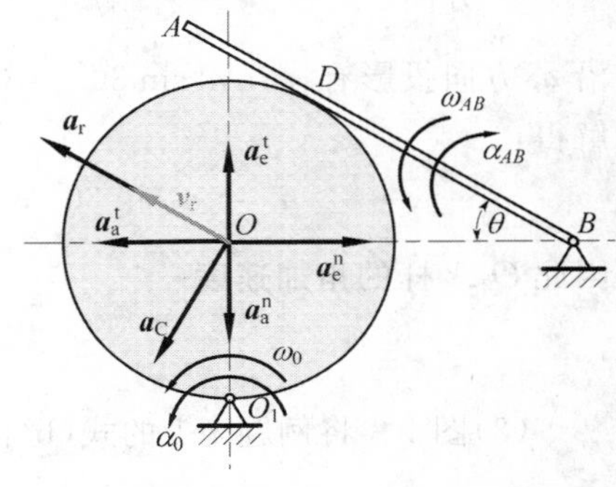

图 7-25

例题 7-11 如图 7-26 所示直角弯杆 OAB 绕轴 O 做定轴转动,使套在其上的小环 M 沿固定直杆 CD 滑动。已知:OA 和 AB 垂直,$OA=R$,匀速的 ω 均已知;图示瞬时 OA 平行于 CD 且 $AM = \sqrt{3}OA$。求此时小环 M 的速度和加速度。

解:此题为退化的"相交型"。之所以称为"退化",是因为相交的两个构件之一(这里的 CD)是静止的,所以本来是两次的合成分析,现在做一次就可以了(如此学生就能在适当短时间内完成加速度分析了)。

(1)速度分析。以小环 M 为动点,OAB 为动系。绝对运动沿竖直 CD,相对运动的轨迹沿 AB,牵连运动为定轴转动。速度分析如图 7-27a。速度的矢量关系和相关信息如下

	$\boldsymbol{v}_a$	$=$	$\boldsymbol{v}_e$	$+$	$\boldsymbol{v}_r$
大小	?		v_0		?
方向	√		√		√

分别沿 $\boldsymbol{v}_a$ 和 $\boldsymbol{v}_r$ 方向投影有:

$$v_a = v_e \cos30^\circ = \omega OM \cos30^\circ = \sqrt{3}R\omega$$

$$v_r = v_e \sin30^\circ = R\omega$$

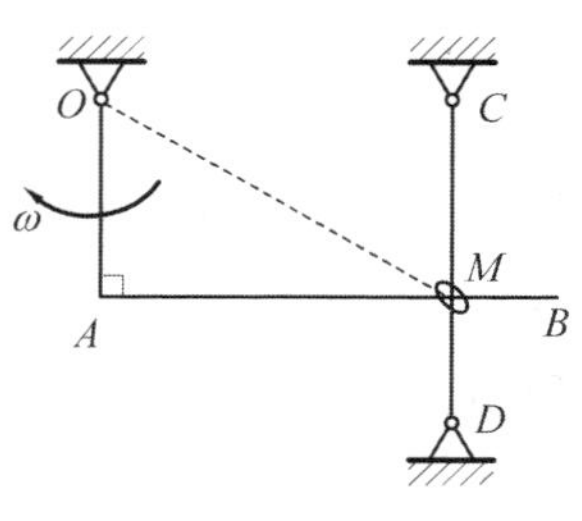

图 7-26

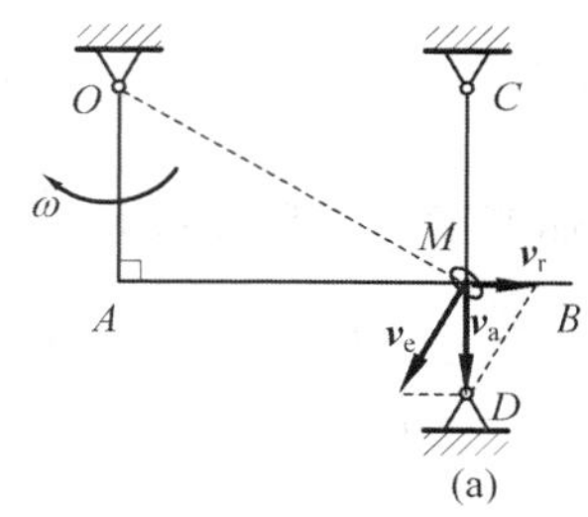

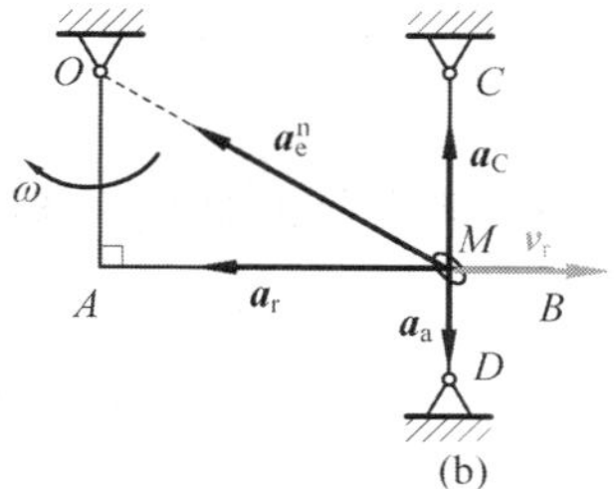

图 7-27

(2)加速度分析。见图 7-27b。加速度的矢量关系和相关信息如下

	$\boldsymbol{a}_a$	=	$\boldsymbol{a}_r$	+	$\boldsymbol{a}_e^n$	+	$\boldsymbol{a}_C$
大小	?		?		$\omega^2 OM$		$2\omega v_r$
方向	√		√		√		√

沿 $\boldsymbol{a}_a$ 方向投影有：

$$a_a = -a_e^n \sin 30° - a_C$$

解得：

$$a_M = a_a = -3R\omega^2$$

例题 7-12　图 7-28 所示，已知小球 P 在圆弧形管道内以相对速度 $\boldsymbol{v}$ 运动，圆弧形管与圆盘 O 刚性连接，并以角速度 ω 绕轴 O 转动，$BC=2AB=2OA=2r$。在图示瞬时，$\theta=60°$。求该瞬时小球 P 的速度和加速度(教材习题 7-14)。

解：这是"相望型"。题目已经蕴含了动系动点，即：动系为圆弧形管(牵连运动：定轴转动)；小球为动点(相对运动：沿弧形管的圆周运动；绝对运动：待求)。

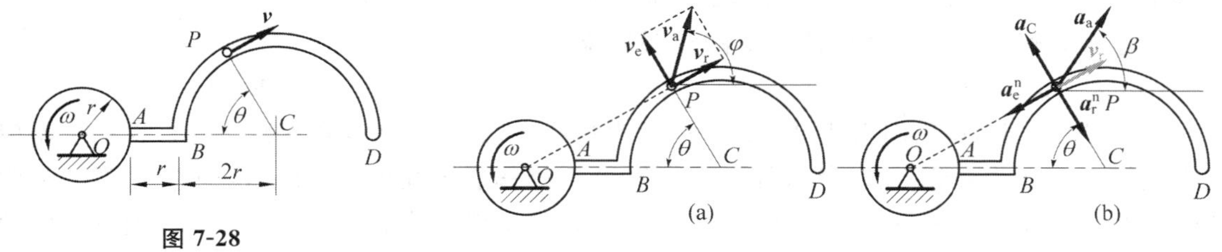

图 7-28

图 7-29

(1)速度分析如图 7-29a，速度的矢量关系和相关信息如下

	$\boldsymbol{v}_a$	=	$\boldsymbol{v}_e$	+	$\boldsymbol{v}_r$
大小	?		$OP\omega$		v
方向	√		√		√

因此绝对速度大小

$$v_P = \sqrt{v^2 + (OP\omega)^2} = \sqrt{v^2 + 12r^2\omega^2}$$

与水平方向夹角

$$\varphi = 30° + \arctan \frac{v_e}{v_r} = 30° + \arctan \frac{OP\omega}{v}$$

(2)加速度分析如图 7-29b,加速度的矢量关系和相关信息如下

	$\boldsymbol{a}_a$	=	$\boldsymbol{a}_e^n$	+	$\boldsymbol{a}_r^n$	+	$\boldsymbol{a}_C$
大小	?		ωOP^2		$v^2/(2r)$		$2v\omega$
方向	?		√		√		√

因此绝对加速度大小

$$a_P = \sqrt{(a_C - a_r^n)^2 + (a_e^n)^2} = \sqrt{\left(\frac{v^2}{2r} - 2\omega v\right)^2 + 12r^2\omega^4},$$

与水平方向夹角(图 7-29b)

$$\beta = \arctan \frac{a_e^n \times 1/2 + (a_C - a_r^n) \times \sqrt{3}/2}{a_e^n \times \sqrt{3}/2 + (a_C - a_r^n) \times 1/2} = \arctan\left(\sqrt{3}\,\frac{4\omega^2 r^2 + v^2 - 4\omega r v}{6\omega^2 r^2 + v^2 - 4\omega r v}\right)$$

例题 7-13 如图 7-30 所示,在岸上用绳索拉动小船。绳子末端的牵引速度为$\boldsymbol{u}$(匀速)。求图示位置的小船速度和加速度。

解:第一个问题——速度分析——是物理教学中经常讨论的例子。同学常犯的错误是:认为绳子各点速度相等,进而认为船尖的速度大小为 u,方向沿绳子,然后作正交分解得到水平速度 $v_x = u\cos\theta$。这个答案当然是错的,因为事实是:小船越靠近岸边,速度越快。为了"纠正"这种不合理,有些参考书中给出了图 7-31a 的分解法,虽然现在答案凑对了,但是:① $v_\perp$ 的物理解释往往很牵强;②既然速度能这么分解,那么加速度就没有理由不这么分解——加速度如此分解的荒谬结果是 $a_x = \mathrm{d}u/\mathrm{d}t \times \cos\theta = 0$。

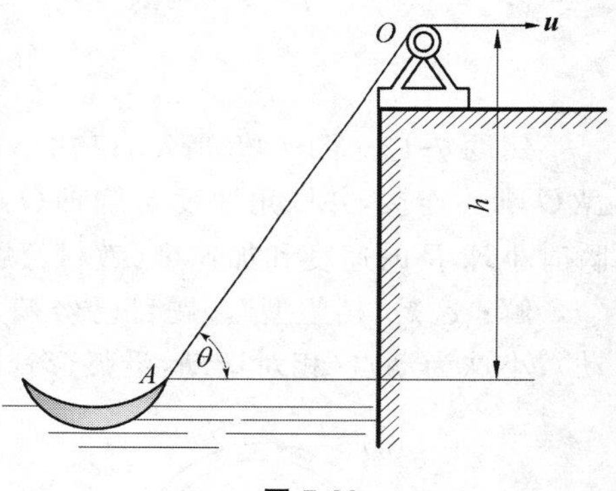

图 7-30

与习题 5-5 类似,我们当然可以建立解析表达式,然而求导来得到答案。但是这里更希望用合成运动的办法来分析。显然,若不对图 7-30 系统作适当处理,很难确定动点-动系。为此我们可在斜的绳子上套一细管,如图 7-31b 所示,显然系统运动不受细管的影响。细管做定轴转动。

现在可选择细管为动系,船尖为动点。

(1)速度分析见图 7-31b,矢量关系和相关信息如下

	$\boldsymbol{v}_a$	=	$\boldsymbol{v}_e$	+	$\boldsymbol{v}_r$
大小	?		?		u
方向	√		√		√

分别沿 $\boldsymbol{v}_e$ 和 $\boldsymbol{v}_r$ 方向投影有:

$$v_a\cos\theta = v_r = u$$
$$v_a\sin\theta = v_e$$

解得

$$v_{\mathrm{a}} = u\sec\theta$$

$$\omega_{OA} = \frac{v_{\mathrm{e}}}{h/\sin\theta} = \frac{u}{h}\,\frac{\sin^2\theta}{\cos\theta}$$

(2)加速度分析见图 7-31c,加速度的矢量关系和相关信息如下

	$\boldsymbol{a}_{\mathrm{a}}$	=	$\boldsymbol{a}_{\mathrm{e}}^{\mathrm{t}}$	+	$\boldsymbol{a}_{\mathrm{e}}^{\mathrm{n}}$	+	$\boldsymbol{a}_{\mathrm{r}}$	+	$\boldsymbol{a}_{\mathrm{C}}$
大小	?		?		$\omega_{OA}^2 OA$		0		$2\omega_{OA}v_{\mathrm{r}}$
方向	√		√		√		√		√

沿 $\boldsymbol{a}_{\mathrm{e}}^{\mathrm{n}}$ 方向投影有:

$$a_{\mathrm{a}}\sin\theta = a_{\mathrm{e}}^{\mathrm{n}}$$

解得:

$$a_{\mathrm{a}} = a_{\mathrm{e}}^{\mathrm{n}}/\cos\theta = \omega_{OA}^2 OA/\cos\theta = \left(\frac{u}{h}\,\frac{\sin^2\theta}{\cos\theta}\right)^2 \frac{h}{\sin\theta}\,\frac{1}{\cos\theta}$$

$$= \frac{u^2}{h}\tan^3\theta$$

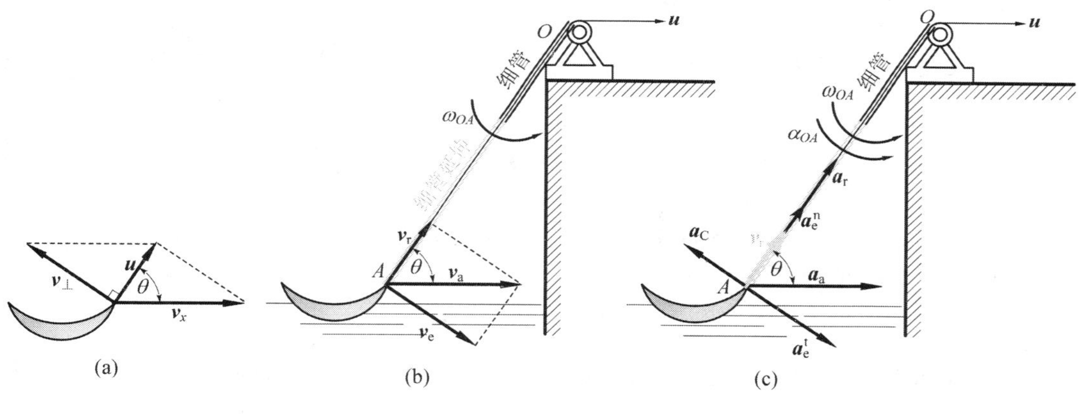

图 7-31

7.3 思考题解答

7-1 如何选择动点和动参考系?在例 7-4 中以滑块 A 为动点。为什么不宜以曲柄 OA 为动参考系?若以 O_1B 上的点 A 为动点,以曲柄 OA 为动参考系,是否可以求出 O_1B 的角速度、角加速度?

解答:参见例题 1-1 的讨论。

7-2 图 S7-2 中的速度平行四边形有无错误?错在哪里?

解答:(a)的错误是绝对速度(合矢量)没有在对角线上。

(b)的错误是 $\boldsymbol{v}_{\mathrm{e}}$的方向,后者应与 OA 连线垂直。

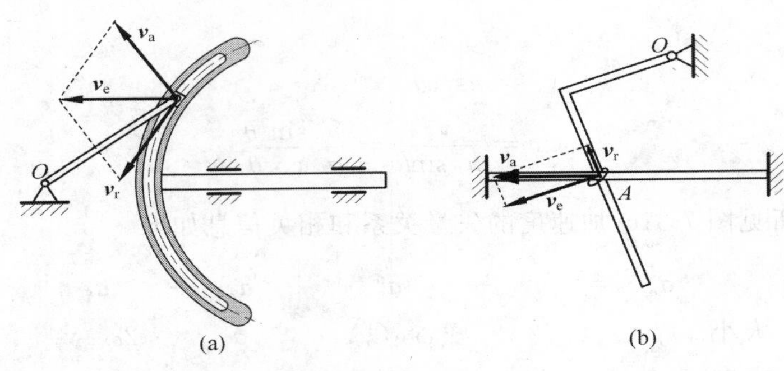

图 S7-2

7-3 如下计算对不对？错在哪里？

(a)图 S7-3a 中取动点为滑块 A，动参考系为杆 OC，则 $v_e = \omega \cdot OA$，$v_a = v_e \cos\varphi$。

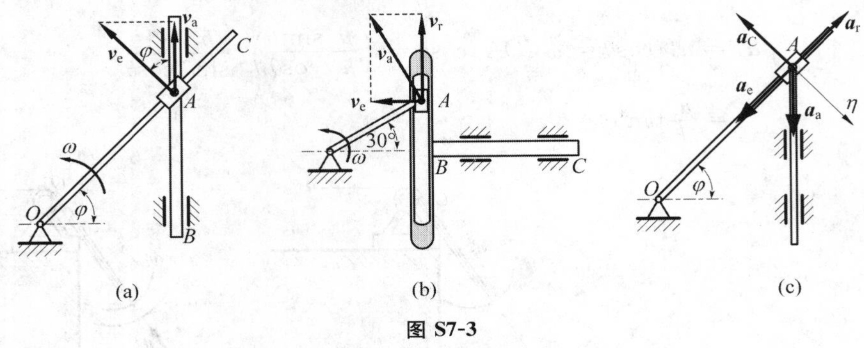

图 S7-3

(b)图 S7-3b 中：$v_{BC} = v_e = v_a \cos 60°$，$v_a = \omega r$。又因为 $\omega =$ 常量，所以

$$v_{BC} = \text{常量}, \quad a_{BC} = \frac{\mathrm{d}v_{BC}}{\mathrm{d}t} = 0$$

(c)图 S7-3c 中为了求 $\boldsymbol{a}_a$ 的大小，取加速度在 η 轴上的投影式：$a_a \cos\varphi - a_C = 0$，所以

$$a_a = a_C / \cos\varphi$$

解答：(a)错误。$\boldsymbol{v}_a$ 是以 $\boldsymbol{v}_r$ 和 $\boldsymbol{v}_e$ 为边的平行四边形对角线，其大小不等于 $\boldsymbol{v}_e$ 在 $\boldsymbol{v}_a$ 上的投影。

(b)错误。$v_{BC} = v_a \cos 60°$ 只是瞬间成立关系，在该瞬间前后，这个关系都不存在。所以不能对它求导来计算加速度。

(c)投影不正确。静力学中的平衡力系用 $\sum F_x = 0$，$\sum F_y = 0$ 投影式来分析。加速度分析图是合成关系 $\boldsymbol{a}_a = \boldsymbol{a}_e + \boldsymbol{a}_r + \boldsymbol{a}_C$。应该按照这个合成关系写投影，等式左边的投影放左边，等式右边的投影放右边。所以向 η 轴的正确投影式是：$a_a \cos\varphi = a_C$。

7-4 由点的速度合成定理有：$\boldsymbol{v}_a = \boldsymbol{v}_e + \boldsymbol{v}_r$，将其两边对时间 t 求导，得

$$\frac{\mathrm{d}\boldsymbol{v}_a}{\mathrm{d}t} = \frac{\mathrm{d}\boldsymbol{v}_e}{\mathrm{d}t} + \frac{\mathrm{d}\boldsymbol{v}_r}{\mathrm{d}t}$$

从而有：$\boldsymbol{a}_a = \boldsymbol{a}_e + \boldsymbol{a}_r$。此式对牵连运动是平移或定轴转动都应成立。试指出上面的推导错在哪里？上式中 $\mathrm{d}\boldsymbol{v}_e/\mathrm{d}t$，$\mathrm{d}\boldsymbol{v}_r/\mathrm{d}t$ 是否分别等于 $\boldsymbol{a}_e$，$\boldsymbol{a}_r$？在什么条件下相等。

解答：错误在于认为 $\mathrm{d}\boldsymbol{v}_e/\mathrm{d}t=\boldsymbol{a}_e$，$\mathrm{d}\boldsymbol{v}_r/\mathrm{d}t=\boldsymbol{a}_r$。$\boldsymbol{v}_a=\boldsymbol{v}_e+\boldsymbol{v}_r$ 是总是成立的，在 t 时刻成立，在 $t+\mathrm{d}t$ 时刻也成立，然而 t 时刻和 $t+\mathrm{d}t$ 时刻的物理对象可能换了。比如到排队到窗口买饭，用窗口处 t 和 $t+\mathrm{d}t$ 两时刻人的位置差来计算速度是错误的（窗口是不动的，因此计算结果恒为零）。错误原因就是 t 和 $t+\mathrm{d}t$ 两时刻的物理对象不一样。$\dfrac{\mathrm{d}\boldsymbol{v}_e}{\mathrm{d}t}=\lim\limits_{\Delta t\to 0}\dfrac{\boldsymbol{v}_e(t+\Delta t)-\boldsymbol{v}_e(t)}{\Delta t}\neq\boldsymbol{a}_e$ 就是这种情形。

相对运动 $\boldsymbol{v}_r$ 的主体没有改变（动点），但是 $\dfrac{\mathrm{d}\boldsymbol{v}_r}{\mathrm{d}t}=\lim\dfrac{\boldsymbol{v}_r(t+\Delta t)-\boldsymbol{v}_r(t)}{\Delta t}$ 中的 $\boldsymbol{v}_r(t+\Delta t)$ 和 $\boldsymbol{v}_r(t)$ 坐标的参考方向不相同（动系转动了），所以 $\dfrac{\mathrm{d}\boldsymbol{v}_r}{\mathrm{d}t}\neq\boldsymbol{a}_r$。

当牵连运动为平移时，$\mathrm{d}\boldsymbol{v}_e/\mathrm{d}t=\boldsymbol{a}_e$，$\mathrm{d}\boldsymbol{v}_r/\mathrm{d}t=\boldsymbol{a}_r$。

7-5　如下计算对吗？

$$a_a^t=\frac{\mathrm{d}v_a}{\mathrm{d}t},a_a^n=\frac{v_a^2}{\rho_a};a_e^t=\frac{\mathrm{d}v_e}{\mathrm{d}t},a_e^n=\frac{v_e^2}{\rho_e};a_r^t=\frac{\mathrm{d}v_r}{\mathrm{d}t},a_r^n=\frac{v_r^2}{\rho_r}$$

式中 ρ_a，ρ_r 分别是绝对轨迹、相对轨迹上该处的曲率半径，ρ_e 为动参考系上与动点相重合的那一点的轨迹在重合位置的曲率半径。

解答：所有不涉及求导的 $a_a^n=\dfrac{v_a^2}{\rho_a}$，$a_e^n=\dfrac{v_e^2}{\rho_e}$，$a_r^n=\dfrac{v_r^2}{\rho_r}$ 都正确（瞬间关系）。涉及求导中 $a_a^t=\dfrac{\mathrm{d}v_a}{\mathrm{d}t}$ 和 $a_r^t=\dfrac{\mathrm{d}v_r}{\mathrm{d}t}$ 因主体没有改变而正确，而 $a_e^t=\dfrac{\mathrm{d}v_e}{\mathrm{d}t}$ 不一定正确（主体变动了），参考 7-4 题的解答。

7-6　在图 S7-6 中曲柄 OA 以匀角速度转动，a 和 b 两图中哪一种分析对？

(a)以 OA 上的点 A 为动点，以 BC 为动参考体；

(b)以 BC 上的点 A 为动点，以 OA 为动参考体；

解答：(a)正确，(b)不合适（因相对轨迹不明确，相对加速度确定比较困难，图(b)中的相对加速度肯定错了）。

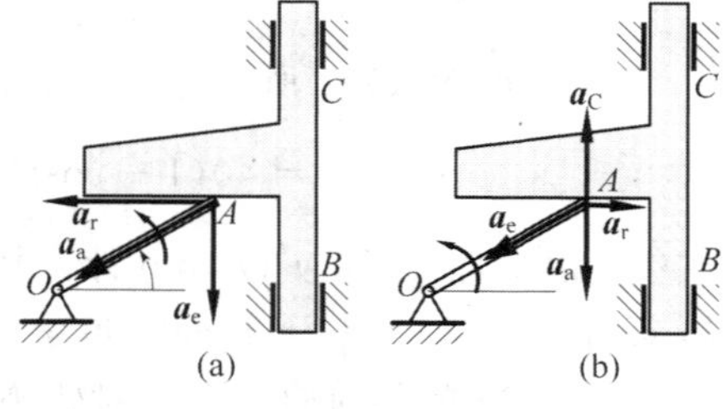

图 S7-6

7-7　按点的合成运动理论导出速度合成定理及加速度合成定理，定参考系是固定不动的。如果定参考系本身也在运动（平移或转动），对这类问题如何求解。

解答：这是合成运动的嵌套。其绝对速度和绝对加速度不再简单地等于定参考系所观察到的速度和加速度，而是要像点的合成运动一样——选择定参考系为动系进行合成运动分析。对于转动的定系，加速度合成同样需要考虑科氏加速度。

7-8　试引用点的合成运动的概念，证明在极坐标中的加速度公式为

$$a_\rho=\ddot{\rho}-\rho\dot{\varphi}^2,a_\varphi=\rho\ddot{\varphi}+2\dot{\rho}\dot{\varphi}$$

其中 ρ 和 φ 是用极坐标表示的点的运动方程，a_ρ 和 a_φ 是点的加速度沿极径和极径垂直方向的投影。

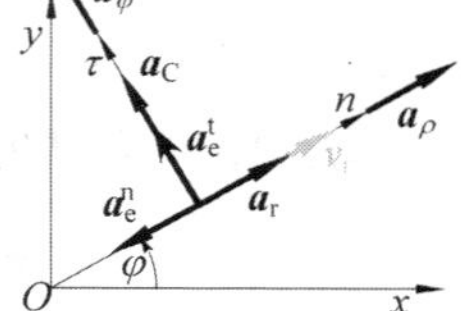

图 D7-8

解答:设图 D7-8 的 xOy 为定坐标系,而极坐标系为动系。显然

$$v_r = \dot{\rho}$$
$$a_e^t = \rho\ddot{\varphi},\quad a_e^n = \rho\dot{\varphi}^2,\quad a_r = \ddot{\rho},\quad a_C = 2\dot{\varphi}v_r = 2\dot{\varphi}\dot{\rho}$$

将加速度合成公式 $\boldsymbol{a}_a = \boldsymbol{a}_e + \boldsymbol{a}_r + \boldsymbol{a}_C$ 分别沿极径和极角方向投影得到

$$a_\rho = a_a^n = a_r - a_e^n = \ddot{\rho} - \rho\dot{\varphi}^2$$
$$a_\varphi = a_a^t = a_e^t + a_C = \rho\ddot{\varphi} + 2\dot{\varphi}\dot{\rho}$$

即证。

7.4 习题解答

7-1 如图 T7-1 所示,光点 M 沿 y 轴作谐振动,其运动方程为

$$x = 0,\qquad y = a\cos(kt + \beta)$$

如将点 M 投影到感光记录纸上,此纸以等速 $\boldsymbol{v}_e$ 向左运动。求点 M 在记录纸上的轨迹。

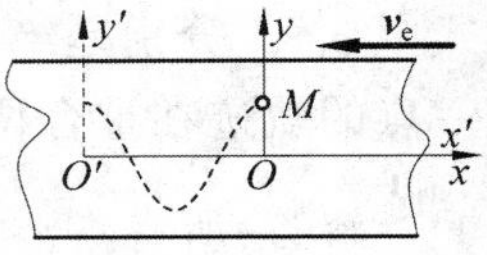

图 T7-1

解:动系 $x'O'y'$ 固结于记录纸,点 M 的相对运动方程

$$x' = v_e t,\qquad y' = a\cos(kt + \beta)$$

消去 t 得点 M 在记录纸上的轨迹方程

$$y' = a\cos(kx'/v_e + \beta)$$

依然为正弦波。

7-2 如图 T7-2 所示,点 M 在平面 $Ox'y'$ 中运动,运动方程为

$$x' = 40(1 - \cos t),\qquad y' = 40\sin t$$

式中 t 以 s 计,x' 和 y' 以 mm 计。平面 $x'Oy'$ 又绕垂直于该平面的轴 O 转动,转动方程为 $\varphi = t$ rad,角 φ 为动系的 x' 轴与定系的 x 轴间的交角。求点 M 的相对轨迹和绝对轨迹。

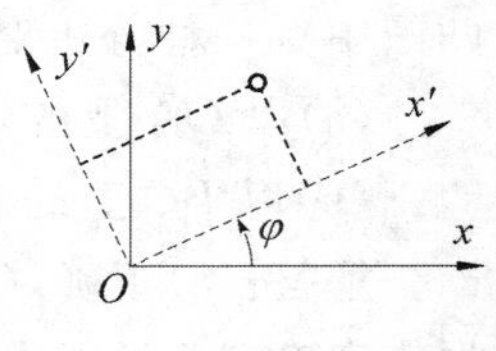

图 T7-2

解:为求相对轨迹,将相对运动方程改写为

$$40 - x' = 40\cos t,\quad y' = 40\sin t$$

两式平方相加并整理得到轨迹方程

$$(x' - 40)^2 + y'^2 = 40^2$$

这是一个圆。

点 M 的绝对坐标为

$$x = x'\cos\varphi - y'\sin\varphi = 40(1 - \cos t)\cos t - 40\sin t\sin t = 40\cos t - 40$$
$$y = x'\sin\varphi + y'\cos\varphi = 40(1 - \cos t)\sin t + 40\sin t\cos t = 40\sin t$$

消去时间 t 并整理得到轨迹方程

$$(x + 40)^2 + y^2 = 40^2$$

仍然为圆。

7-3　水流在水轮机工作轮入口处的绝对速度 $v_a=15\ \text{m/s}$，并与直径成 60°角，如图 T7-3 所示，工作轮的半径 $R=2\ \text{m}$，转速 $n=30\ \text{r/min}$。为避免水流与工作轮叶片相冲击，叶片应恰当地安装，以使水流对工作轮的相对速度与叶片相切。求在工作轮外缘处水流对工作轮的相对速度的大小方向。

解：选择如下动系-动点：动系固结于工作轮（牵连运动：定轴转动）；M 为动点（相对运动：方向与叶片曲面相切；绝对运动：已知）。

速度分析如图 J7-3 所示，其中 θ 为 $\boldsymbol{v}_r$ 与直径方向的夹角。速度的矢量关系和相关信息如下

	$\boldsymbol{v}_a$	=	$\boldsymbol{v}_e$	+	$\boldsymbol{v}_r$
大小	v_a(15 m/s)		$2\pi n/60\times R$		?
方向	√		√		?

分别向图 J7-3 的 x 轴和 y 轴投影有

$$v_a\sin60° = v_e - v_r\sin\theta$$
$$v_a\cos60° = v_r\cos\theta$$

可解得

$$v_r = \sqrt{(v_a\sin 60° - v_e)^2 + (v_a\cos 60°)^2}$$
$$= \sqrt{225 - 30\pi\sqrt{3} + \pi^2}\ \text{m/s}$$
$$= 10.06\ \text{m/s}$$
$$\theta = \tan^{-1}[-(v_a\sin60° - v_e)/(v_a\cos60°)]$$
$$= \tan^{-1}[(4\pi - 15\sqrt{3})/15]$$
$$= -41.806°$$

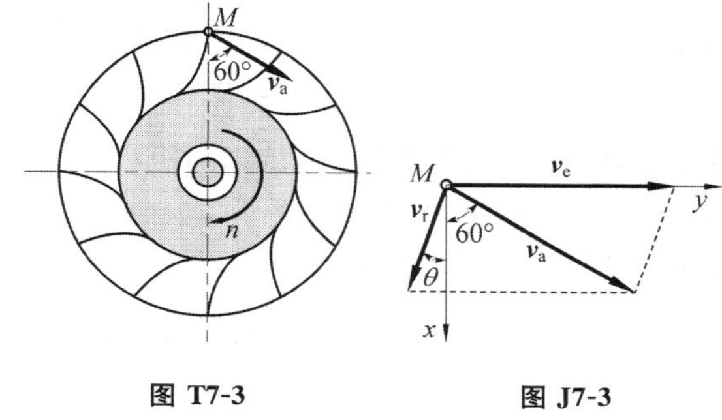

图 T7-3　　图 J7-3

7-4　如图 T7-4 所示，瓦特离心调速器以角速度 ω 绕竖直轴转动。由于机器负荷的变化，调速器重球以角速度 ω_1 向外张开。如 $\omega=10\ \text{rad/s}$，$\omega_1=1.2\ \text{rad/s}$，球柄长 $l=500\ \text{mm}$，悬挂球柄的支点到竖直轴的距离为 $e=50\ \text{mm}$，球柄与竖直轴间所成的交角 $\beta=30°$。求此时重球的绝对速度。

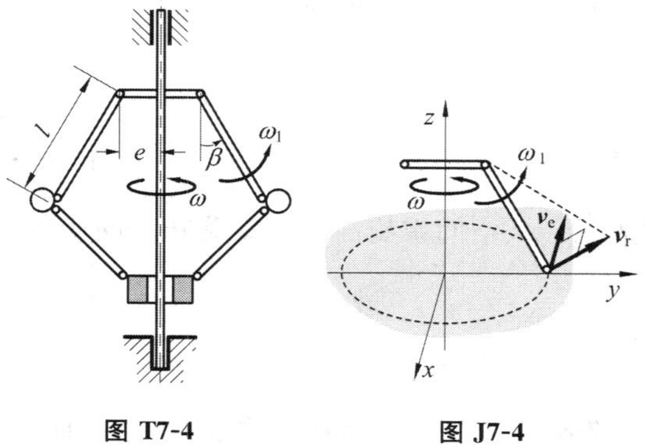

图 T7-4　　图 J7-4

解：动系-动点选择如下：动系固结于竖直轴（牵连运动：定轴转动）；重球为动点（绝对运动：空间；相对运动：圆周运动）。速度分析如图 J7-4 所示，其中 $\boldsymbol{v}_e$ 垂直于球炳-竖直轴所在面，而 $\boldsymbol{v}_r$ 位于该面内。速度的矢量关系和相关信息如下

	$\boldsymbol{v}_a$	=	$\boldsymbol{v}_e$	+	$\boldsymbol{v}_r$
大小	?		$\omega(e+l\sin\beta)$		$l\omega_1$
方向	?		√		?

绝对速度 v_a 大小：$v_a = \sqrt{[\omega(e + l\sin\beta)]^2 + (l\omega_1)^2} = 3.06\ \text{m/s}$

$\boldsymbol{v}_a$ 在 $\boldsymbol{v}_e$ 和 $\boldsymbol{v}_r$ 构成的平面内，且

$$\tan\angle(\boldsymbol{v}_a, \boldsymbol{v}_e) = v_r / v_e = 0.2$$

7-5 见例题 7-2。

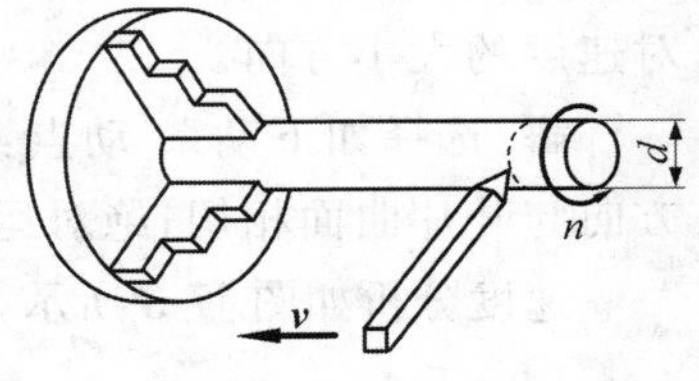

图 T7-6

7-6 车床主轴的转速 $n = 30$ r/min，工件的直径 $d = 40$ mm，如图 T7-6 所示。如车刀横向走刀速度为 $v = 10$ mm/s，证明车刀对工件的相对运动轨迹为螺旋线，并求出该螺旋线的螺距。

解：定系和动系如图 J7-6 所示。动系随主轴一起转动，它的 y' 轴和原点 O 与定系共用，x 轴沿车刀轴线，z 轴沿竖直方向。定系中绝对运动方程是

$$\begin{cases} x(t) = d/2 \\ y(t) = l - vt \\ z(t) = 0 \end{cases} \tag{a}$$

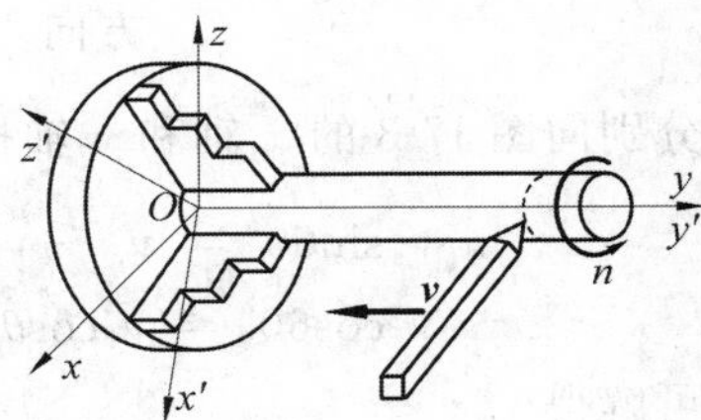

图 J7-6

其中 l 是当 $t = 0$ 时刀尖离夹持端的距离。

动系和定系之间变换关系为（$y - z$ 与 $y' - z'$ 之间的变换是教材中式(7-1)的逆变换）

$$\begin{cases} y'(t) = y(t) \\ x'(t) = + x(t)\cos\varphi(t) + z(t)\sin\varphi(t) \\ z'(t) = - x(t)\sin\varphi(t) + z(t)\cos\varphi(t) \end{cases} \tag{b}$$

将式(a)代入式(b)有

$$\begin{cases} y'(t) = l - vt \\ x'(t) = +[d\cos\varphi(t)]/2 \\ z'(t) = -[d\sin\varphi(t)]/2 \end{cases}$$

这表示一条空间螺旋曲线。螺旋转一圈所需时间 $\Delta t = 60\text{s}/n \times \text{r/min} = 2\text{s}$，因此，螺距

$$h = \Delta y = v\Delta t = 20\ \text{mm}$$

7-7 参考例题 7-1。

7-8 图 T7-8 所示曲柄滑道机构中，曲柄长 $OA = r$，并以等角速度 ω 绕轴 O 转动。装在水平杆上的滑槽 DE 与水平线成 60°角。求当曲柄与水平线的交角分别为 $\varphi = 0°$、30°、60°时，杆 BC 的速度。

解：动系动点选择如下：滑槽 DE 为动系（牵连运动：水平平移）；曲柄端点 A 为动点（绝对运动：圆周运动；相对运动：沿滑槽 DE 的直线运动）。φ 为一般情形的速度分析如图 J7-8a 所示。速度的矢量关系和相关信息如下

$$
\begin{array}{cccccc}
 & \boldsymbol{v}_a & = & \boldsymbol{v}_e & + & \boldsymbol{v}_r \\
\text{大小} & \omega r & & ? & & ? \\
\text{方向} & \surd & & \surd & & \surd
\end{array}
$$

沿 η 方向（$\boldsymbol{v}_r$垂直的方向）投影有：$v_a \sin(\varphi - 30^\circ) = v_e \cos 30^\circ$，解得

$$
v_e = \frac{\sin(\varphi - 30^\circ)}{\cos 30^\circ} v_a = (\sin\varphi - \sqrt{3}/3 \times \cos\varphi)\omega r \tag{a}
$$

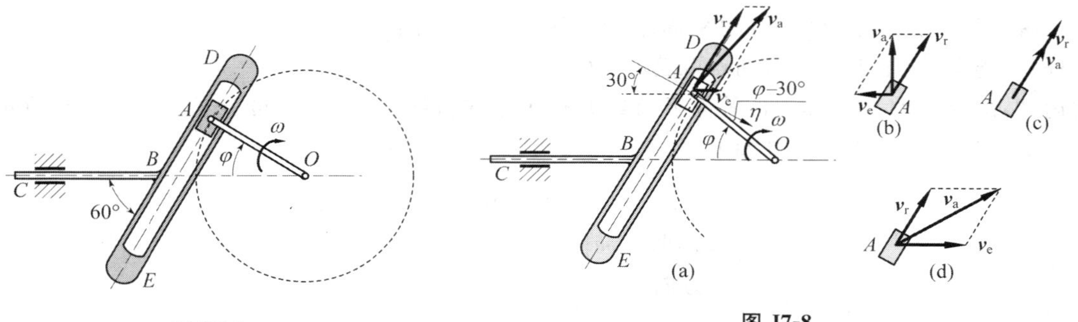

图 T7-8　　图 J7-8

将 $\varphi = 0^\circ$ 代入式(a)得 $v_{BC} = v_e = -\sqrt{3}\omega r/3$，矢量关系如图 J7-8b 所示（按该图 v_e为正）。

将 $\varphi = 30^\circ$ 代入式(a)得 $v_{BC} = v_e = 0$，矢量关系如图 J7-8c 所示。

将 $\varphi = 60^\circ$ 代入式(a)得 $v_{BC} = v_e = \sqrt{3}\omega r/3$，矢量关系如图 J7-8d 所示。

7-9　如图 T7-9 所示，摇杆机构的滑杆 AB 以等速 $\boldsymbol{v}$ 向上运动，初瞬时摇杆 OC 水平。摇杆长 $OC=a$，距离 $OD=l$。求当 $\varphi=\pi/4$ 时点 C 的速度的大小。

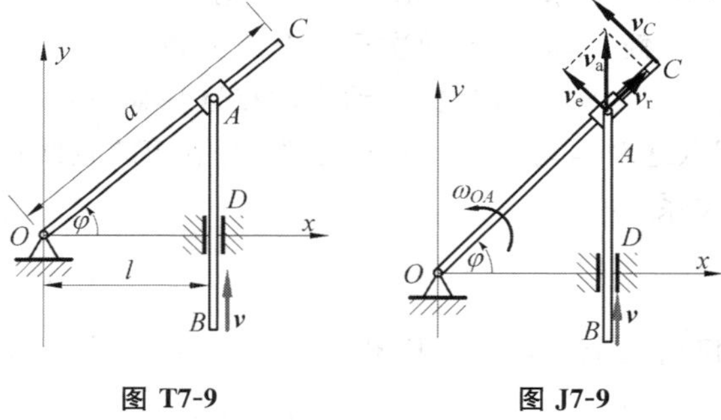

图 T7-9　　图 J7-9

解：动系动点选择如下：动系固结于 OC 杆（牵连运动：定轴转动）；滑套 A 为动点（绝对运动：竖直直线运动；相对运动：沿 OC 的直线运动）。速度分析如图 J7-9。速度的矢量关系和相关信息如下

$$
\begin{array}{cccccc}
 & \boldsymbol{v}_a & = & \boldsymbol{v}_e & + & \boldsymbol{v}_r \\
\text{大小} & v & & ? & & ? \\
\text{方向} & \surd & & \surd & & \surd
\end{array}
$$

沿 $\boldsymbol{v}_e$方向投影有：$v_e = v_a \cos\varphi = \sqrt{2}v/2$。进一步得到

$$
\omega_{OC} = \frac{v_e}{OA} = \frac{\sqrt{2}v/2}{l/(\sqrt{2}/2)} = \frac{v}{2l}
$$

最终，C 点速度大小 $v_C = a\omega_{OC} = va/(2l)$，方向见图 J7-9。

7-10 平底顶杆凸轮机构如图 T7-10 所示，顶杆 AB 可沿导轨上下移动，偏心圆盘绕轴 O 转动，轴 O 位于顶杆轴线上。工作时顶杆的平底始终接触凸轮表面。该凸轮半径为 R，偏心距 $OC=e$，凸轮绕轴 O 转动的角速度为 ω，OC 与水平线夹角 φ。求当 $\varphi=0°$时，顶杆的速度。

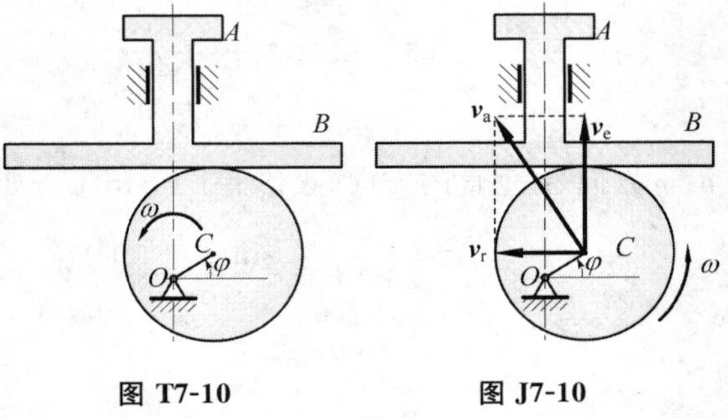

图 T7-10　　图 J7-10

解：动系动点选择如下：动系固结于 AB 顶杆（牵连运动：上下平移）；动点取轮心 C（绝对运动：圆周运动；相对运动：平行于 AB 顶杆底边的直线运动）。速度分析如图 J7-10 所示。速度的矢量关系和相关信息如下

	$\boldsymbol{v}_a$	$=$	$\boldsymbol{v}_e$	$+$	$\boldsymbol{v}_r$
大小	ωe		?		?
方向	√		√		√

沿 $\boldsymbol{v}_e$ 方向投影有：$v_e = v_a\cos\varphi = \omega e\cos\varphi$。

对 $\varphi=0°$ 的特殊情形，$v_{AB}=v_e=\omega e$（此条件下相对速度 $v_r=0$）。

7-11 绕轴 O 转动的圆盘及直杆 OA 上均有一导槽，两导槽间有一活动销子 M 如图 T7-11 所示，$b=0.1$ m。设在图示位置时，圆盘及直杆的角速度分别为 $\omega_1=9$ rad/s 和 $\omega_2=3$ rad/s。求此瞬时销子 M 的速度。

解：本题需要两次运动合成分析

(1)第一次分析。动系动点选择如下：动系固结于圆盘（牵连运动：定轴转动）；动点取销钉 M（绝对运动：未知；相对运动：沿滑槽的直线运动）。速度分析如图 J7-11a 所示。速度的矢量关系

$$\boldsymbol{v}_a = \boldsymbol{v}_{e1} + \boldsymbol{v}_{r1} \tag{a}$$

仅由这个关系无法解出 $\boldsymbol{v}_a$（有三个未知量）。

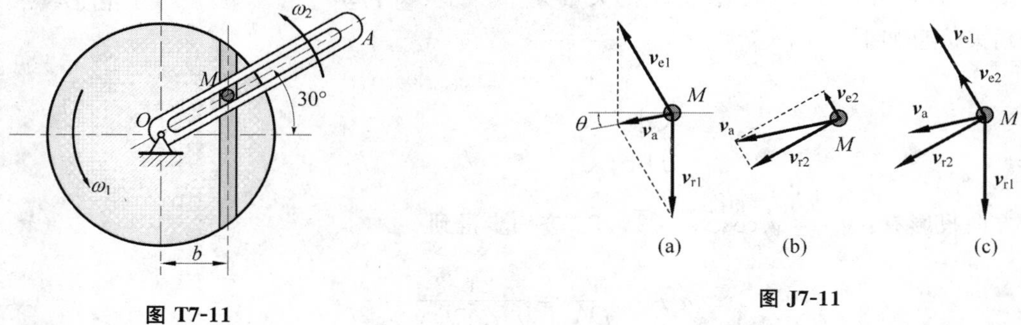

图 T7-11　　图 J7-11

(2)第二次分析。动系动点选择如下：动系固结于 OA 杆（牵连运动：定轴转动）；动点取销钉 M（绝对运动：未知；相对运动：沿 OA 上滑道的直线运动）。速度分析如图 J7-11b。速度的矢量关系

$$\boldsymbol{v}_a = \boldsymbol{v}_{e2} + \boldsymbol{v}_{r2} \tag{b}$$

仅由这个关系无法解出 $\boldsymbol{v}_a$(有三个未知量)。

两次分析的 $\boldsymbol{v}_a$ 是同一个物理量,因此由式(a)和式(b)有

$$\boldsymbol{v}_{e1} + \boldsymbol{v}_{r1} = \boldsymbol{v}_{e2} + \boldsymbol{v}_{r2} \tag{c}$$

矢量关系如图 J7-11c。式(c)沿 $\boldsymbol{v}_{e2}$ 投影有

$$v_{e1} - v_{r1}\cos 30^\circ = v_{e2}$$

解得

$$v_{r1} = \frac{v_{e1} - v_{e2}}{\cos 30^\circ} = \frac{4b}{3}(\omega_1 - \omega_2)$$

因此,v_a 大小为

$$v_a = \sqrt{v_{e1}^2 + v_{r1}^2 + 2v_{e1}v_{r1}\cos 150^\circ} = \sqrt{7}/5\ \text{m/s} = 0.529\ \text{m/s}$$

与水平方向的夹角(见图 J7-11a)为

$$\theta = \arccos\frac{v_{r1} - v_{e1}\sin 60^\circ}{v_a} = \arccos(-0.1890) = -18.89^\circ$$

7-12　图 T7-12 为叶片泵的示意图。当转子转动时,叶片端点 B 将沿固定的定子曲线运动,同时叶片 AB 将在转子上的槽 CD 内滑动。已知转子转动的角速度为 ω,槽 CD 不通过轮心点 O,此时 AB 和 OB 间的夹角为 β,OB 和定子曲线的法线间成 θ 角,$OB=\rho$。求叶片在转子槽内的滑动速度。

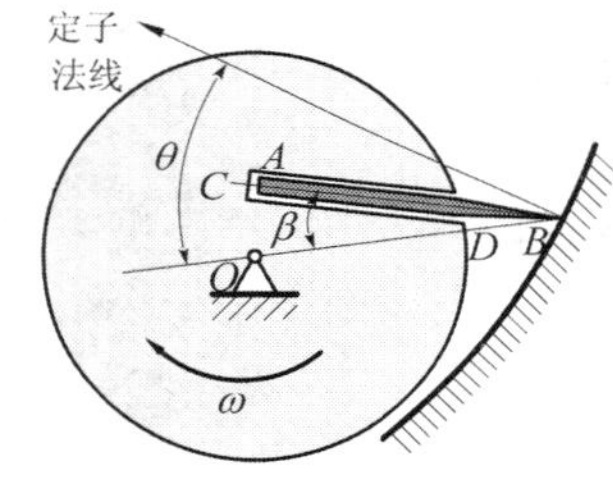

图 T7-12

解:叶片在滑槽内平移,所以叶片上各点相对滑槽的运动相同。

动系动点选择如下:动系固结于转子(牵连运动:定轴转动);动点取叶片 B 端点(绝对运动:沿定子的表面,是圆周运动;相对运动:平行于滑槽 CD 的直线运动)。速度分析如图 J7-12。速度的矢量关系和相关信息如下

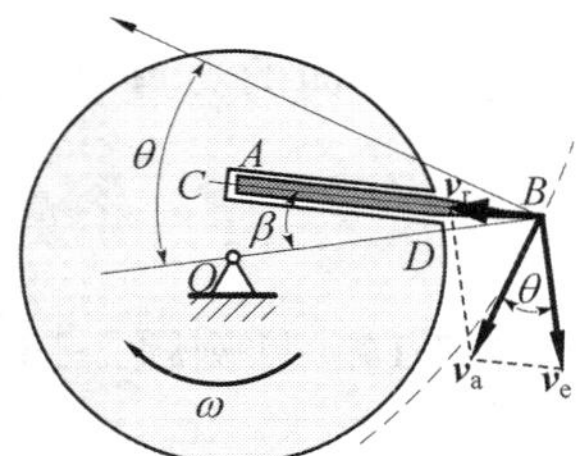

图 J7-12

	$\boldsymbol{v}_a$	=	$\boldsymbol{v}_e$	+	$\boldsymbol{v}_r$
大小	?		$\omega\rho$		?
方向	√		√		√

沿定子法线方向投影有:$0 = v_r\cos(\theta-\beta) - v_e\sin\theta$,解得

$$v_r = \frac{\omega\rho\sin\theta}{\cos(\theta-\beta)}$$

7-13　直线 AB 以大小为 v_1 的速度沿垂直于 AB 的方向向上移动;直线 CD 以大小为 v_2 的速度沿垂直于 CD 的方向向左上方移动,如图 T7-13 所示。如两直线间的交角为 θ,求两直线交点 M 的速度。

解:为了便于理解,我们可在交点 M 处套一个小环,显然这个小环不会影响两个杆件的运动。现在小环的运动就和交点运动完全一样。本题需要做两次合成运动分析。

(1)第一次分析。动系动点选择如下:动系固结于 AB(牵连运动:AB 的平移);动点取小环 M(绝对运动:待求;相对运动:沿 AB 的直线运动)。速度分析如图 J7-13 中黑色矢量所示。速度的矢量关系

$$\boldsymbol{v}_M = \boldsymbol{v}_{\mathrm{a}} = \boldsymbol{v}_{\mathrm{e1}} + \boldsymbol{v}_{\mathrm{r1}} \tag{a}$$

仅由这个关系无法解出 $\boldsymbol{v}_{\mathrm{M}}$(有三个未知量)。

图 T7-13

(2)第二次分析。动系动点选择如下:动系固结于 CD 杆(牵连运动:CD 的平移);动点取小环 M(绝对运动:待求;相对运动:沿 CD 的直线运动)。速度分析如图 J7-13 中灰色箭头所示。速度的矢量关系

$$\boldsymbol{v}_M = \boldsymbol{v}_{\mathrm{a}} = \boldsymbol{v}_{\mathrm{e2}} + \boldsymbol{v}_{\mathrm{r2}} \tag{b}$$

仅由这个关系无法解出 $\boldsymbol{v}_{\mathrm{M}}$(有三个未知量)。

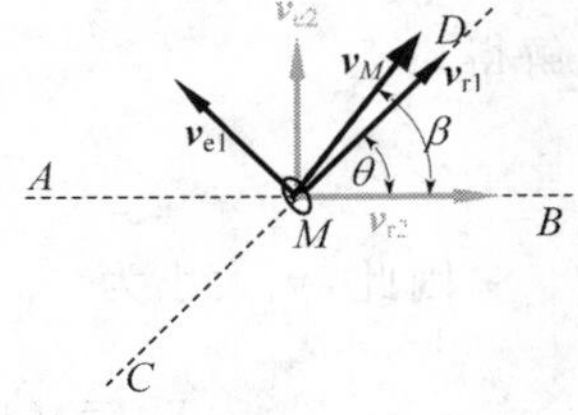

图 J7-13

两次分析的 $\boldsymbol{v}_{\mathrm{M}}$是同一个物理量,因此由式(a)和式(b)有

	$\boldsymbol{v}_M$	=	$\boldsymbol{v}_{\mathrm{e1}}$	+	$\boldsymbol{v}_{\mathrm{r1}}$	=	$\boldsymbol{v}_{\mathrm{e2}}$	+	$\boldsymbol{v}_{\mathrm{r2}}$
大小	?		v_1		?		v_1		?
方向	?		√		√		√		√

沿 $\boldsymbol{v}_{\mathrm{e1}}$ 投影有

$$v_{\mathrm{e1}} = v_{\mathrm{e2}}\cos\theta - v_{\mathrm{r2}}\sin\theta$$

解得

$$v_{\mathrm{r2}} = \frac{v_{\mathrm{e2}}\cos\theta - v_{\mathrm{e1}}}{\sin\theta} = \frac{v_2\cos\theta - v_1}{\sin\theta}$$

因此,v_{a}大小为

$$v_{\mathrm{a}} = \sqrt{v_{\mathrm{r2}}^2 + v_{\mathrm{e2}}^2} = \frac{\sqrt{v_1^2 + v_2^2 - 2v_1v_2\cos\theta}}{\sin\theta}$$

与水平方向的夹角(见图 J7-13)为

$$\beta = \arccos\frac{v_{\mathrm{e2}}}{v_{\mathrm{r2}}} = \arccos\frac{v_2\sin\theta}{v_2\cos\theta - v_1}$$

7-14　见例题 7-12。

7-15　图 T7-15 所示公路上行驶的两车速度都恒为 72 km/h。图示瞬时,在车 B 中的观察者看来,车 A 的速度、加速度应为多大?

解:题目已经蕴含了动系动点,即:动系固连于 B 车(牵连运动:定轴转动);动点为 A 车(绝对运动:直线运动;相对运动:待求)。

(1)速度分析如图 J7-15a。由于几何关系没有特殊性,采用矢量法求解较为方便。采用矢量式有

$\boldsymbol{v}_{\mathrm{e}} = -\omega_{\mathrm{e}}OA\,\boldsymbol{i} = -v_B/OB \times OA\,\boldsymbol{i} = -108\boldsymbol{i}$ km/h $= -30$ m/s

$\boldsymbol{v}_{\mathrm{a}} = v_A(\sqrt{3}\boldsymbol{i}/2 + \boldsymbol{j}/2) = (36\sqrt{3}\boldsymbol{i} + 36\boldsymbol{j})$ km/h $= (10\sqrt{3}\boldsymbol{i} + 10\boldsymbol{j})$ m/s

$\boldsymbol{v}_{\mathrm{r}} = \boldsymbol{v}_{\mathrm{a}} - \boldsymbol{v}_{\mathrm{e}} = [36(\sqrt{3}+3)\boldsymbol{i} + 36\boldsymbol{j}]$ km/h $= (170.35\boldsymbol{i} + 36\boldsymbol{j})$ km/h $= (47.32\boldsymbol{i} + 10\boldsymbol{j})$ m/s

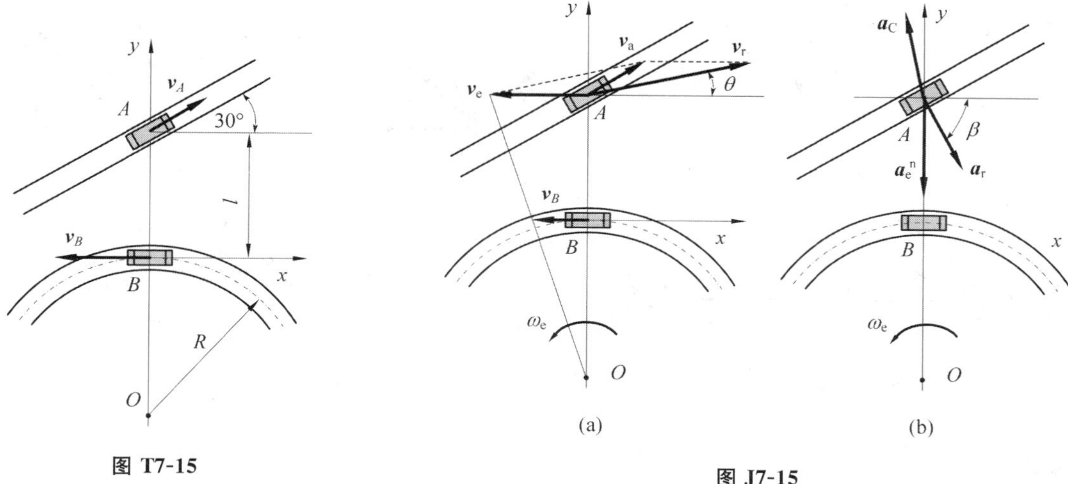

图 T7-15

图 J7-15

相对速度的大小 $v_r = 36\sqrt{13+6\sqrt{3}}$ km/h $=174.12$ km/h，与 x 轴的夹角 $\theta = \arctan[1/(3+\sqrt{3})] = 11.93°$。

(2)加速度分析如图 J7-15b，仍采用矢量有

$$\boldsymbol{\omega}_e = v_B/R \times \boldsymbol{k} = 0.2\boldsymbol{k}\ \text{rad/s}$$

$$\boldsymbol{a}_C = 2\boldsymbol{\omega}_e \times \boldsymbol{v}_r = 0.4\boldsymbol{k} \times (47.32\boldsymbol{i} + 10\boldsymbol{j})\ \text{m/s}^2 = (18.928\boldsymbol{j} - 4\boldsymbol{i})\ \text{m/s}^2$$

$$\boldsymbol{a}_e = \boldsymbol{a}_e^n = -OA\omega_e^2\boldsymbol{j} = -6\boldsymbol{j}\ \text{m/s}^2$$

相对加速度矢量

$$\boldsymbol{a}_r = \boldsymbol{a}_a - \boldsymbol{a}_C - \boldsymbol{a}_e = (4\boldsymbol{i} - 12.928\boldsymbol{j})\ \text{m/s}^2$$

相对加速度的大小为 $a_r = 13.533\ \text{m/s}^2$，与 x 轴的夹角(图 J7-15b) $\beta = 72.808°$。

7-16　图 T7-16 所示小环 M 沿杆 OA 运动，杆 OA 绕轴 O 转动，从而使小环在 xOy 平面内具有如下运动方程：$x = 10\sqrt{3}t$ mm，$y = 10\sqrt{3}t^2$ mm，其中 t 以 s 计。求 t=1s 时，小环 M 相对于 OA 杆的速度和加速度，杆 OA 转动的角速度及角加速度。

解法一

在 $t = 1$ s

$$x(1) = 10\sqrt{3}\ \text{mm},\quad y(1) = 10\sqrt{3}\ \text{mm} \tag{a}$$

在任意时刻

$$\left.\begin{aligned}\dot{x} &= 10\sqrt{3}\ \text{mm/s}, \dot{y} = 20\sqrt{3}t\ \text{mm/s}\\ \ddot{x} &= 0, \ddot{y} = 20\sqrt{3}\ \text{mm/s}^2\end{aligned}\right\} \tag{b}$$

而 OM 有如下关系

$$OM^2 = x^2 + y^2$$

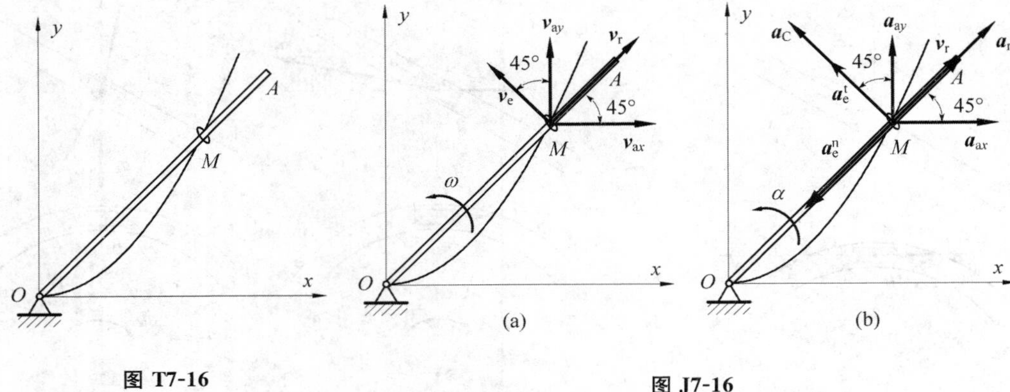

图 T7-16

图 J7-16

两边求导有

$$2OM\,\frac{\mathrm{d}OM}{\mathrm{d}t}=2x\,\frac{\mathrm{d}x}{\mathrm{d}t}+2y\,\frac{\mathrm{d}y}{\mathrm{d}t} \tag{c}$$

将式(a)和 $t=1\text{s}$ 时的式(b)代入式(c)得到 M 相对于杆的速度($t=1\text{s}$)

$$\frac{\mathrm{d}OM}{\mathrm{d}t}=15\sqrt{6}\ \text{mm/s}=36.74\ \text{mm/s} \tag{d}$$

对式(c)两边再求一次导数有

$$2OM\,\frac{\mathrm{d}^2OM}{\mathrm{d}t^2}+2\left(\frac{\mathrm{d}OM}{\mathrm{d}t}\right)^2=2\left(\frac{\mathrm{d}x}{\mathrm{d}t}\right)^2+2x\,\frac{\mathrm{d}^2x}{\mathrm{d}t^2}+2\left(\frac{\mathrm{d}y}{\mathrm{d}t}\right)^2+2y\,\frac{\mathrm{d}^2y}{\mathrm{d}t^2} \tag{e}$$

将式(a)、式(d)和 $t=1\text{s}$ 时的式(b)代入式(e)得到 M 相对于杆的加速度($t=1\text{s}$)

$$\frac{\mathrm{d}^2OM}{\mathrm{d}t^2}=\frac{25}{2}\sqrt{6}\ \text{mm/s}^2=30.62\ \text{mm/s}^2$$

在 $t=1$ s，OA 杆与 x 轴的角度 θ

$$\theta=\tan[y(1)/x(1)]=45° \tag{f}$$

在任意时刻，OA 杆与 x 轴的角度 θ 与 M 点的坐标关系为

$$y=x\tan\theta$$

两边求导：

$$\dot{y}=\dot{x}\tan\theta+x\sec^2\theta\times\dot{\theta} \tag{g}$$

将式(a)、式(f)和 $t=1\text{s}$ 的式(b)代入式(g)得到 OM 角速度($t=1\text{s}$)

$$\dot{\theta}=0.5\ \text{rad/s}$$

对式(g)再求一次导数有

$$\ddot{y}=\ddot{x}\tan\theta+2\dot{x}\sec^2\theta\times\dot{\theta}+2x\sec^2\theta\tan\theta\times\dot{\theta}^2+x\sec^2\theta\times\ddot{\theta}$$

将式(a)、式(d)和 $t=1\text{s}$ 时的式(b)代入式(c)得到 M 相对于杆的加速度($t=1\text{s}$)

$$\ddot{\theta}=-0.5\ \text{rad/s}^2$$

解法二

由题目有

$$x = 10\sqrt{3}t\ \text{mm},\ y = 10\sqrt{3}t^2\ \text{mm} \tag{a}$$

对其分别求一阶导数和二阶导数得到

$$\left.\begin{aligned} \dot{x} &= 10\sqrt{3}\ \text{mm/s},\ \dot{y} = 20\sqrt{3}t\ \text{mm/s} \\ \ddot{x} &= 0,\qquad \ddot{y} = 20\sqrt{3}\ \text{mm/s}^2 \end{aligned}\right\} \tag{b}$$

式(a)和式(b)在 $t = 1$ s 时为

$$\left.\begin{aligned} x &= 10\sqrt{3}\ \text{mm},\quad y = 10\sqrt{3}\ \text{mm} \\ \dot{x} &= 10\sqrt{3}\ \text{mm/s},\quad \dot{y} = 20\sqrt{3}\ \text{mm/s} \\ \ddot{x} &= 0,\quad \ddot{y} = 20\sqrt{3}\ \text{mm/s}^2 \end{aligned}\right\} \tag{c}$$

速度分析如图 J7-16a。速度的矢量关系和相关信息如下

	$\boldsymbol{v}_a$	=	$\boldsymbol{v}_e$	+	$\boldsymbol{v}_r$
大小	√		?		?
方向	√		√		√

上式分别沿 $\boldsymbol{v}_e$，$\boldsymbol{v}_r$ 投影得到

$$v_e = v_{ay}\cos45° - v_{ax}\sin45° = 5\sqrt{6}\ \text{mm/s}$$

$$v_r = v_{ay}\sin45° + v_{ax}\cos45° = \dot{x}\sin45° + \dot{y}\cos45° = 15\sqrt{6}\ \text{mm/s}$$

$\boldsymbol{v}_r$ 即小环 M 相对于 OA 的速度(方向沿 OA)。

OA 的角速度为

$$\omega = v_e/OM = 5\sqrt{6}/(10\sqrt{6})\text{rad/s} = 0.5\ \text{rad/s}$$

加速度分析如图 J7-16b。加速度的矢量关系和相关信息如下

	$\boldsymbol{a}_a$	=	$\boldsymbol{a}_e^t$	+	$\boldsymbol{a}_e^n$	+	$\boldsymbol{a}_r$	+	$\boldsymbol{a}_C$
大小	√		?		$\omega^2 OM$		?		$2\omega v_r$
方向	√		√		√		√		√

上式分别沿 $\boldsymbol{a}_e^t$，$\boldsymbol{a}_r$ 投影得到

$$a_{ay}\cos45° - a_{ax}\sin45° = a_e^t + a_C$$

$$a_{ay}\sin45° + a_{ax}\cos45° = a_r - a_e^n$$

解得

$$\begin{aligned} a_e^t &= a_{ay}\cos45° - a_{ax}\sin45° - a_C = (20\sqrt{3}\cos45° - 2\times0.5\times15\sqrt{6})\ \text{mm/s}^2 \\ &= -5\sqrt{6}\ \text{mm/s}^2 \end{aligned}$$

$$\begin{aligned} a_r &= a_{ay}\sin45° + a_{ax}\cos45° + a_e^n = 12.5\sqrt{6}\ \text{mm/s}^2 \\ &= 30.62\ \text{mm/s}^2 \end{aligned}$$

$\boldsymbol{a}_r$ 即小环 M 相对于 OA 的加速度(方向沿 OA)。

OA 的角加速度为

$$\alpha = a_e^t/OM = -5\sqrt{6}/(10\sqrt{6})\text{rad/s}^2 = -0.5\ \text{rad/s}^2$$

7-17 见例题 7-8。

7-18 剪切金属板的"飞剪机"结构如图 T7-18。工作台 AB 的移动规律是 $s=\sin(\pi t/6)$(式中 s 以 m 计,t 以 s 计)。滑块 C 带动上刀片 E 沿导柱运动以切断工件 D,下刀片 F 固定在工作台上。设曲柄 $OC=0.6$ m,$t=1$ s 时,$\varphi=60°$。求该瞬时刀片 E 相对于工作台运动的速度和加速度,并求曲柄 OC 转动的角速度及角加速度。

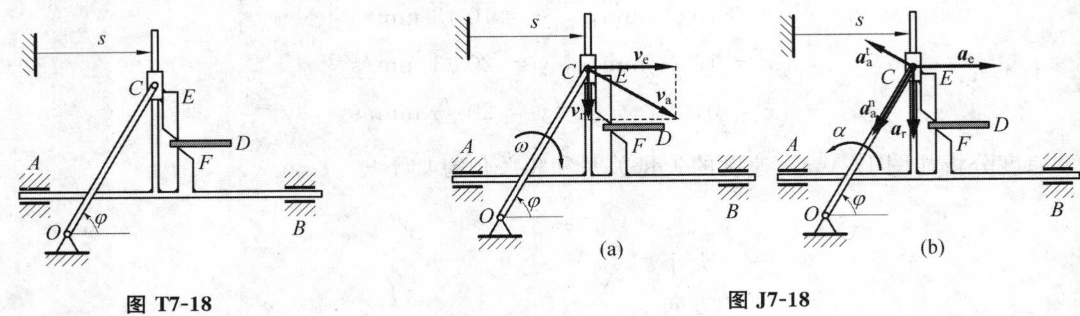

图 T7-18　　图 J7-18

解:动系-动点选择如下:动系固结于杆 AB(牵连运动:随 AB 的平移);滑套 C 为动点(绝对运动:圆周运动;相对运动:上下直线)

速度分析如图 J7-18a,速度的矢量关系和相关信息如下

	$\boldsymbol{v}_a$	$=$	$\boldsymbol{v}_e$	$+$	$\boldsymbol{v}_r$
大小	?		$\dot{s}$		?
方向	√		√		√

上式分别沿 $\boldsymbol{v}_e$ 和 $\boldsymbol{v}_r$ 投影有

$$v_a\sin\varphi = v_e = \dot{s}|_{t=1} = \sqrt{3}\pi/60\ \text{m/s}$$
$$v_r = v_a\cos\varphi$$

解得

$$v_a = \frac{\sqrt{3}\pi}{60\sin\varphi}\text{m/s} = \frac{\pi}{30}\text{m/s},\quad v_r = v_e\tan\varphi = 0.052\ \text{m/s}$$

其中 v_r 即为刀片相对工作台的速度大小。OC 的角速度为

$$\omega = v_a/OC = 0.175\ \text{rad/s}$$

加速度分析如图 J7-18b,加速度的矢量关系和相关信息如下

	$\boldsymbol{a}_a^t$	$+$	$\boldsymbol{a}_a^n$	$=$	$\boldsymbol{a}_e$	$+$	$\boldsymbol{a}_r$
大小	?		$\omega^2 OC$		$\ddot{s}$		?
方向	√		√		√		√

分别向 $\boldsymbol{a}_e$ 和 $\boldsymbol{a}_r$ 投影有

$$a_a^t\sin\varphi + a_a^n\cos\varphi = -a_e = -\ddot{s}\,|_{t=1} = \pi^2/360 \times \text{m/s}^2 = 0.0274\ \text{m/s}^2$$

$$-a_a^t\cos\varphi + a_a^n\sin\varphi = a_r$$

解得

$$a_a^t = (a_e - a_a^n\cos\varphi)/\sin\varphi = (0.0274 - \omega^2 \times 0.6 \times 0.5)/(\sqrt{3}/2)\ \text{m/s}^2 = 0.021\ \text{m/s}^2$$

$$a_r = -a_a^t\cos\varphi + a_a^n\sin\varphi = 0.00543\ \text{m/s}^2$$

其中 a_r 即为刀片相对工作台的速度大小。OC 的角加速度为

$$\alpha = a_a^t/OC = 0.021/0.6\ \text{rad/s}^2 = 0.035\ \text{rad/s}^2$$

7-19 如图 T7-19 所示，曲柄 OA 长 0.4 m，以等角速度 ω=0.5 rad/s 绕 O 轴逆时针转向转动。由于曲柄的 A 端推动水平板 B，而使滑杆 C 沿竖直方向上升。求当曲柄与水平线间的夹角 θ=30°时，滑杆 C 的速度和加速度。

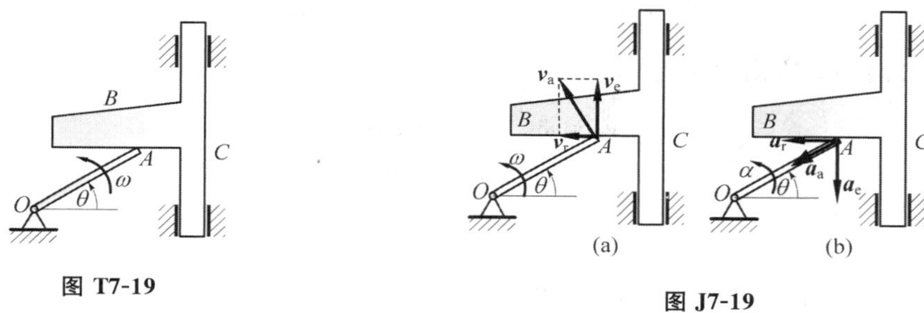

图 T7-19

图 J7-19

解：动系-动点选择如下：动系固结于杆 BC（牵连运动：随 BC 的竖直平移）；曲柄 OA 的 A 为动点（绝对运动：圆周运动；相对运动：沿 BC 边缘直线运动）

速度分析如图 J7-19a，速度的矢量关系和相关信息如下

	$\boldsymbol{v}_a$	=	$\boldsymbol{v}_e$	+	$\boldsymbol{v}_r$
大小	$OA\omega$		?		?
方向	√		√		√

沿 $\boldsymbol{v}_e$ 投影有

$$v_a\cos\theta = v_e$$

即得

$$v_e = v_a\cos\theta = OA\omega\cos\theta = 0.4 \times 0.5 \times \sqrt{3}/2\ \text{m/s} = 0.173\ \text{m/s}$$

加速度分析如图 J7-19b，加速度的矢量关系和相关信息如下

	$\boldsymbol{a}_a$	=	$\boldsymbol{a}_e$	+	$\boldsymbol{a}_r$
大小	$\omega^2 OA$		?		?
方向	√		√		√

向 $\boldsymbol{a}_e$ 投影有

$$a_a \sin\theta = a_e$$

即得

$$a_e = a_a \sin\theta = OA\omega^2 \sin\theta = 0.4 \times 0.5^2 \times 1/2\ \mathrm{m/s^2} = 0.05\ \mathrm{m/s^2}$$

7-20 图 T7-20 所示偏心轮摇杆机构中，摇杆 O_1A 借助弹簧压在半径为 R 的偏心轮 C 上。偏心轮 C 绕轴 O 往复摆动，从而带动摇杆绕轴 O_1 摆动。设 $OC \perp OO_1$ 时，轮 C 的角速度为 ω，角加速度为零，$\theta=60°$。求此时摇杆 O_1A 的角速度 ω_1 和角加速度 α_1。

解：动系-动点选择如下：动系固结于 O_1A 杆（牵连运动：定轴转动）；动点取轮心 C（绝对运动：圆周运动；相对运动：平行于 O_1A 的直线运动）。

速度分析如图 J7-20a。速度的矢量关系和相关信息如下

	$\boldsymbol{v}_a$	=	$\boldsymbol{v}_e$	+	$\boldsymbol{v}_r$
大小	ωOC		?		?
方向	√		√		√

分别沿 O_1C 方向和 $\boldsymbol{v}_e$ 方向投影有：

$$v_a \cos 30° = v_r \cos 30°$$
$$v_a \sin 30° = -v_r \sin 30° + v_e$$

解得

$$v_r = v_a = R\omega$$
$$v_e = (v_a + v_r)\sin 30° = R\omega$$

因此 O_1A 杆的角速度

$$\omega_1 = v_e / O_1C = R\omega/(2R) = 0.5\omega$$

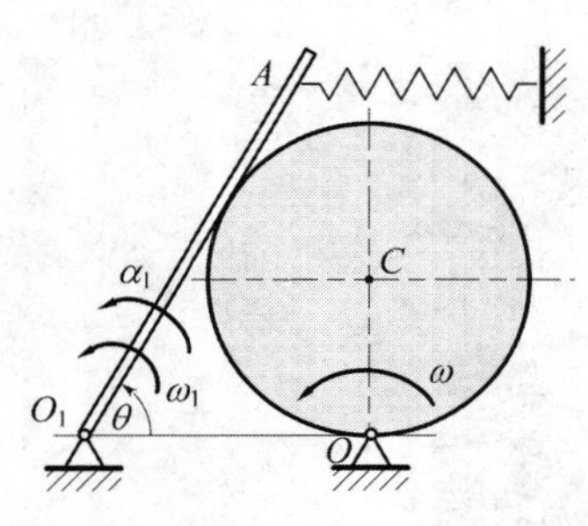

图 T7-20

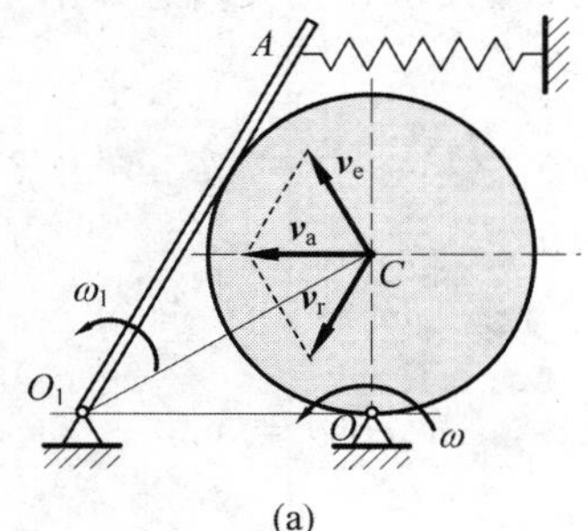

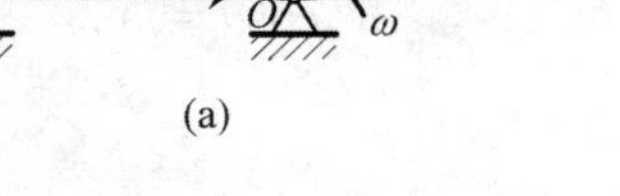
(a) (b)

图 J7-20

加速度分析如图 J7-20b。加速度的矢量关系和相关信息如下

	$\boldsymbol{a}_a$	=	$\boldsymbol{a}_e^t$	+	$\boldsymbol{a}_e^n$	+	$\boldsymbol{a}_r$	+	$\boldsymbol{a}_C$
大小	$R\omega^2$		?		$\omega_1^2 O_1C$		?		$2\omega v_r$
方向	√		√		√		√		√

沿 $\boldsymbol{a}_C$ 方向投影有：

$$a_a \cos 60° = -a_e^n \cos 60° - a_e^t \cos 30° + a_C$$

解得：

$$a_e^t = \frac{-(a_a + a_e^n)\cos 60° + a_C}{\cos 30°} = \frac{-(R\omega^2 + R\omega^2/2)/2 + R\omega^2}{\sqrt{3}/2} = \frac{\sqrt{3}}{6}R\omega^2$$

因此 O_1A 杆的角加速度

$$\alpha_1 = a_e^t / O_1C = \sqrt{3}\omega^2/12$$

7-21　见例题 7-7。

7-22　如图 T7-22 所示，斜面 AB 与水平面间成 45°角，以 0.1 m/s² 的加速度沿轴 Ox 向右运动。物块 M 以匀相对加速度 $0.1\sqrt{2}$ m/s² 沿斜面滑下。斜面与物块的初速都是零。物块的初位置为：坐标 $x=0$，$y=h$。求物块的绝对运动方程、运动轨迹、速度和加速度。

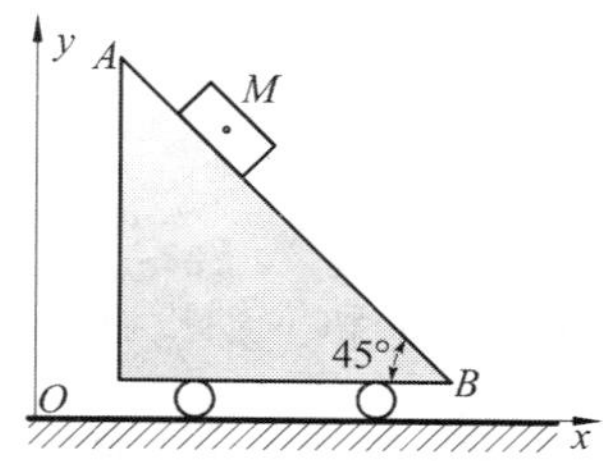

图 T7-22

解：(1)动系-动点选择如下：动系固结于斜面(牵连运动：水平直线平移)；物块 M 为动点(绝对运动：待求；相对运动：沿斜面的直线运动)。

(2)采用矢量的直角坐标式求解

$$\boldsymbol{a}_e = 0.1\boldsymbol{i}\ \text{m/s}^2,\quad \boldsymbol{a}_r = (0.1\boldsymbol{i} - 0.1\boldsymbol{j})\ \text{m/s}^2$$

因此

$$\boldsymbol{a}_a = \boldsymbol{a}_e + \boldsymbol{a}_r = (0.2\boldsymbol{i} - 0.1\boldsymbol{j})\ \text{m/s}^2 \tag{a}$$

加速度大小为：

$$a_a = \sqrt{0.2^2 + 0.1^2}\ \text{m/s}^2 = 0.1\sqrt{5}\ \text{m/s}^2 = 0.223\ \text{m/s}^2$$

与水平线的夹角 $-\arctan 0.5 = -26.6°$。

(3)对式(a)的加速度积分

$$\boldsymbol{v}_a = \int_0^t \boldsymbol{a}_a \mathrm{d}t = (0.2\boldsymbol{i} - 0.1\boldsymbol{j})t\ \text{m/s}^2 \tag{b}$$

因此绝对速度的大小为 $v_a = \sqrt{v_{ax}^2 + v_{ay}^2} = 0.1\sqrt{5}t = 0.223t$ (m/s)。方向与水平夹角等于 $-26.6°$。

(4)将式(b)再对时间积分有

$$\boldsymbol{r}_a = \int_0^t \boldsymbol{v}_a \mathrm{d}t = (0.2\boldsymbol{i} - 0.1\boldsymbol{j})t^2/2 + h\boldsymbol{j} = [0.1t^2\boldsymbol{i} + (h - 0.05t^2)\boldsymbol{j}](\text{m})$$

即 $x = 0.1t^2$(m)，$y = (h - 0.05t^2)$(m)。消去时间 t，得到轨迹方程

$$x + 2y = 2h$$

7-23　小车沿水平方向向右作加速运动，其加速度 $a=0.493$ m/s²。在小车上有一轮绕轴 O 转动，转动的规律为 $\varphi=t^2$(t 以 s 计，φ 以 rad 计)。当 $t=1$ s 时，轮缘上点 A 的位置如图

T7-23 所示。如轮的半径 $r=0.2$ m，求此时点 A 的绝对加速度。

解：(1)动系-动点选择如下：动系固结于小车（牵连运动：水平直线平移）；A 为动点（绝对运动：待求；相对运动：绕 O 圆周运动）。

$t=1$ s 时，轮 O 的角速度和角加速度分别为

$$\omega=\dot{\varphi}|_{t=1}=2\ \text{rad/s}$$
$$\alpha=\ddot{\varphi}|_{t=1}=2\ \text{rad/s}^2$$

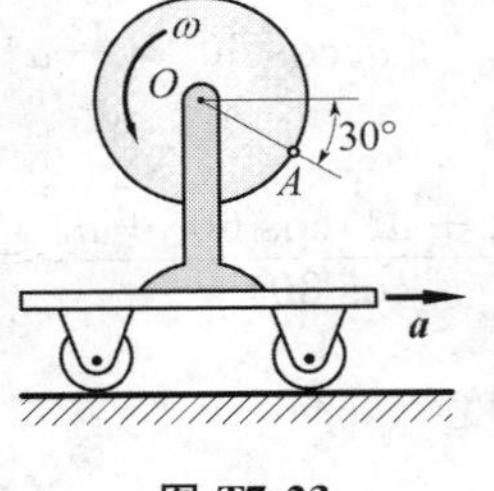

图 T7-23

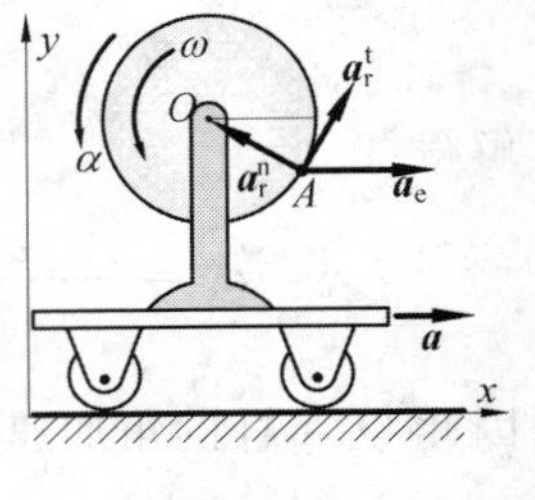

图 J7-23

加速度分析见图 J7-23，矢量关系和相关信息如下

	$\boldsymbol{a}_a$	=	$\boldsymbol{a}_r^n$	+	$\boldsymbol{a}_r^t$	+	$\boldsymbol{a}_e$
大小	?		$\omega^2 R$		αR		a
方向	?		√		√		√

分别向 x 和 y 轴投影得

$$a_{ax}=a_e-a_r^n\cos30°+a_r^t\sin30°=(0.493-0.2\times2^2\times\sqrt{3}/2+0.2\times2\times1/2)\ \text{m/s}^2$$
$$=1.8\times10^{-4}\ \text{m/s}^2$$
$$a_{ay}=a_r^n\sin30°+a_r^t\cos30°=(0.2\times2^2\times1/2+0.2\times2\times\sqrt{3}/2)\ \text{m/s}^2$$
$$=0.746\ \text{m/s}^2$$

加速度的大小为

$$a_a=\sqrt{(a_{ax})^2+(a_{ay})^2}=0.746\ \text{m/s}^2$$

方向与 x 轴夹角等于 $\arctan(a_{ay}/a_{ax})=89.98°$。此条件下的加速度几乎沿竖直方向。

7-24 如图 T7-24 所示，半径为 r 的圆环内充满液体，液体按箭头方向以相对速度 v 在环内作匀速运动。如圆环以等角速度 ω 绕轴 O 转动，求在圆环内点 1 和 2 处液体的绝对加速度的大小。

解：动系-动点选择如下：动系固结于圆环（牵连运动：定轴转动）；1 和 2 处液滴为动点（绝对运动：待求；相对运动：绕 O_1 的圆周运动）。

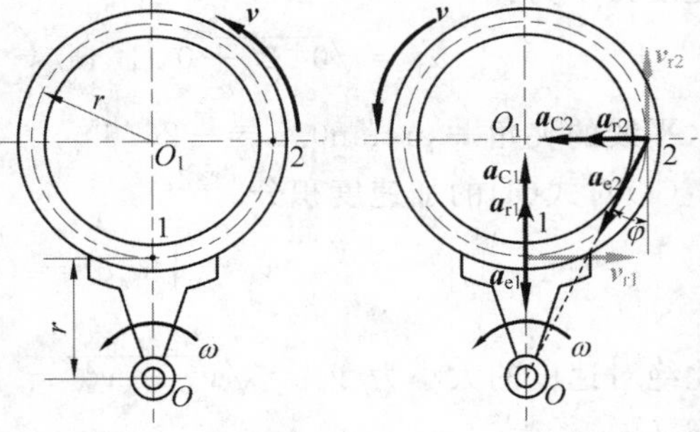

图 T7-24　图 J7-24

加速度分析如图 J7-24 所示，矢量关系为

$$\boldsymbol{a}_a=\boldsymbol{a}_e+\boldsymbol{a}_r^n+\boldsymbol{a}_C$$

点 1 的绝对加速度大小为

$$a_1=|a_{r1}+a_{C1}-a_{e1}|$$
$$=|r^{-1}v^2+2\omega v-r\omega^2|$$

点 2 的绝对加速度大小为

$$a_2 = \sqrt{(a_{r2} + a_{C2} + a_{e2}\sin\varphi) + (a_{e2}\cos\varphi)^2}$$

将 $\sin\varphi = 1/\sqrt{5}$，$\cos\varphi = 2/\sqrt{5}$ 代入上式

$$\begin{aligned} a_2 &= \sqrt{(a_{r2} + a_{C2} + a_{e2}\sin\varphi) + (a_{e2}\cos\varphi)^2} \\ &= \sqrt{(r^{-1}v^2 + 2\omega v + r\omega^2)^2 + 4r^2\omega^4} \end{aligned}$$

7-25　图 T7-25 所示圆盘绕 AB 轴转动，其角速度 $\omega = 2t$ rad/s。点 M 沿圆盘直径离开中心向外缘运动，其运动规律为 $OM = 40t^2$ mm。半径 OM 与 AB 轴间成 60°倾角。求当 $t = 1$ s 时点 M 的绝对加速度的大小。

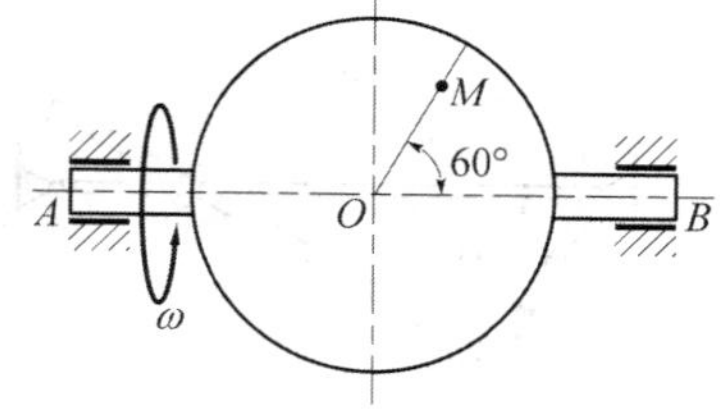

图 T7-25

解：动系-动点选择如下：动系固结于圆盘（牵连运动：定轴转动）；M 为动点（绝对运动：待求；相对运动：绕 O_1 的圆周运动）。

对 $OM = 40t^2$ 求一阶导数和二阶导数有

$$v_r = \frac{\mathrm{d}OM}{\mathrm{d}t} = 80t,\ a_r = \frac{\mathrm{d}^2 OM}{\mathrm{d}t^2} = 80$$

代入 $t = 1$ 时得：$v_r = 80$ mm/s，$a_r = 80$ mm/s^2。

对 $\omega = 2t$ 求导得到 $\alpha = 2$ rad/s^2。对 $t = 1$ 有 $\omega = 2$ rad/s，$\alpha = 2$ rad/s^2。

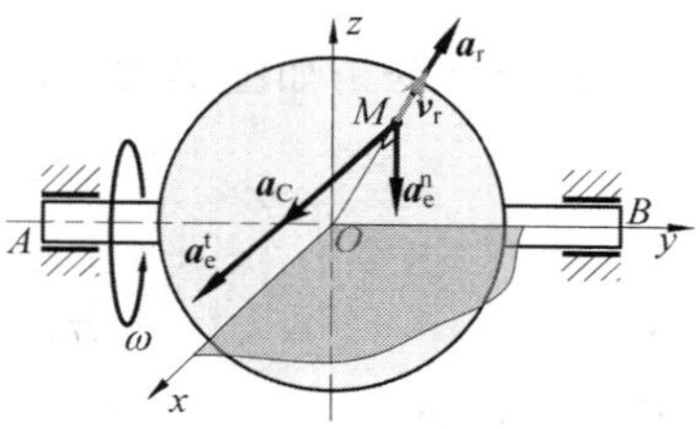

图 J7-25

加速度分析如图 J7-25 所示，矢量关系为

$$\boldsymbol{a}_a = \boldsymbol{a}_r + \boldsymbol{a}_e^n + \boldsymbol{a}_e^t + \boldsymbol{a}_C$$

式中：$\boldsymbol{a}_r$，$\boldsymbol{a}_e^n$ 位于圆盘平面内；$\boldsymbol{a}_C$，$\boldsymbol{a}_e^t$ 在垂直于圆盘平面。

绝对加速度的大小为

$$\begin{aligned} a_a &= \sqrt{(a_e^t + a_C)^2 + (a_r)^2 + (a_e^n)^2 + 2a_r a_e^n \cos(60° + 90°)} \\ &= \sqrt{(OM\sin 60° \times \alpha + 2\omega v_r)^2 + (a_r)^2 + (a_e^n)^2 + 2a_r a_e^n \cos 150°} \\ &= \sqrt{(40\sqrt{3} + 160\sqrt{3})^2 + (80)^2 + (80\sqrt{3})^2 - 2 \times 80 \times 80\sqrt{3} \times \sqrt{3}/2}\ \mathrm{mm/s^2} \\ &= 40\sqrt{79}\ \mathrm{mm/s^2} = 355.5\ \mathrm{mm/s^2} \end{aligned}$$

7-26　图 T7-26 所示直角曲杆 OBC 绕轴 O 转动，使套在其上的小环 M 沿固定直杆 OA 滑动。已知：$OB = 0.1$ m，OB 与 BC 垂直，曲杆的角速度 $\omega = 0.5$ rad/s，角加速度为零。求当 $\varphi = 60°$时，小环 M 的速度和加速度。

解：动系-动点选择如下：动系固结于 OBC 杆（牵连运动：定轴转动）；小环 M 为动点（绝对运动：沿 OA 的直线运动；相对运动：沿 BC 的直线运动）。

速度分析见图 J7-26a。速度的矢量关系和相关信息如下

	$\boldsymbol{v}_a$	=	$\boldsymbol{v}_e$	+	$\boldsymbol{v}_r$
大小	?		ωOM		?
方向	√		√		√

分别沿 $\boldsymbol{v}_e$ 和 $\boldsymbol{v}_a$ 方向投影有：

$$0 = v_e - v_r\cos\varphi$$
$$v_a = v_r\sin\varphi$$

解得：

$$v_r = v_e/\cos\varphi = \omega OB/\cos 60^\circ = 0.1\ \text{m/s}$$
$$v_M = v_a = v_r\tan\varphi = 0.1\sqrt{3}\ \text{m/s} = 0.1732\ \text{m/s}$$

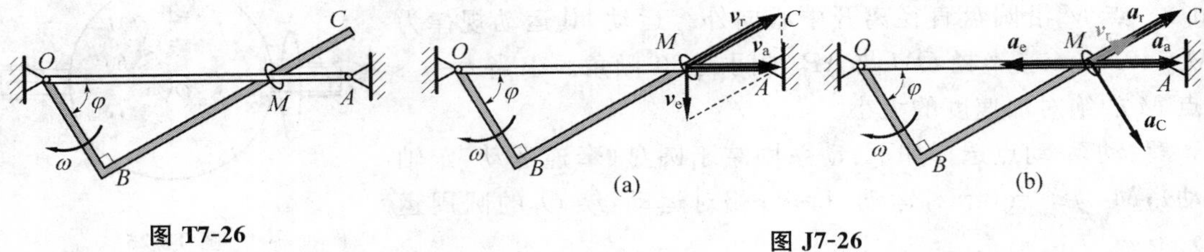

图 T7-26

图 J7-26

加速度分析如图 J7-26b。加速度的矢量关系和相关信息如下

	$\boldsymbol{a}_a$	=	$\boldsymbol{a}_e$	+	$\boldsymbol{a}_r$	+	$\boldsymbol{a}_C$
大小	?		$\omega^2 OM$		?		$2\omega v_r$
方向	√		√		√		√

沿 $\boldsymbol{a}_C$ 方向投影有：

$$a_a\cos\varphi = -a_e\cos\varphi + a_C$$

解得：

$$a_M = a_a = (-a_e\cos\varphi + a_C)/\cos\varphi = (-OM\omega^2 + 2\omega v_r\sec 60^\circ) = 0.35\ \text{m/s}^2$$

7-27 牛头刨床机构如图 T7-27 所示。已知 $O_1A=200$ mm，角速度 $\omega_1=2$ rad/s。求图示位置滑枕 CD 的速度和加速度。

解：本题需要进行两次合成运动分析：第一次是 O_1A 杆到 AB；第二次是 AB 杆到滑枕 CD。

(1)O_1A 杆到 AB。动系-动点选择如下：动系固结于 O_2B 杆（牵连运动：定轴转动）；滑套 A 为动点（绝对运动：绕 O_1 的圆周运动；相对运动：沿 O_2B 的直线运动）。

速度分析见图 J7-27a。速度的矢量关系和相关信息如下

	$\boldsymbol{v}_{Aa}$	=	$\boldsymbol{v}_{Ae}$	+	$\boldsymbol{v}_{Ar}$
大小	$\omega_1 O_1 A$		?		?
方向	√		√		√

分别沿 $\boldsymbol{v}_{Ae}$ 和 $\boldsymbol{v}_{Ar}$ 方向投影有：

$$v_{Aa}\sin 30^\circ = v_{Ae}$$
$$v_{Aa}\cos 30^\circ = v_{Ar}$$

解得

$$v_{Ae} = v_{Aa}\sin 30^\circ = 0.2\sqrt{3}\ \text{m/s}$$
$$v_{Ar} = v_{Aa}\cos 30^\circ = 0.2\ \text{m/s}$$

O_2B 的角速度为 $\omega = v_{Ae}/O_2A = 0.5\ \text{rad/s}$。

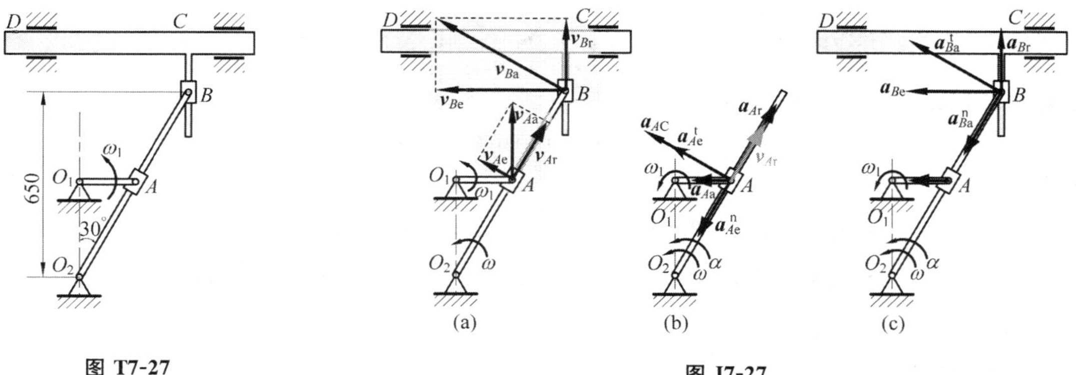

图 T7-27

图 J7-27

加速度分析见图 J7-27b。加速度的矢量关系和相关信息如下

	$\boldsymbol{a}_{Aa}$	=	$\boldsymbol{a}_{Ae}^{n}$	+	$\boldsymbol{a}_{Ae}^{t}$	+	$\boldsymbol{a}_{Ar}$	+	$\boldsymbol{a}_{AC}$
大小	$\omega_1^2O_1A$		ω^2OA		?		?		$2\omega v_{Ar}$
方向	√		√		√		√		√

沿 $\boldsymbol{a}_{AC}$ 方向投影有：

$$a_{Aa}\cos30^\circ = a_{Ae}^{t} + a_{AC}$$

解得：

$$\begin{aligned} a_{Ae}^{t} &= a_{Aa}\cos30^\circ - a_{AC} = \omega_1^2O_1A\times\sqrt{3}/2 - 2\omega v_{Ar} \\ &= (4\times0.2\times\sqrt{3}/2 - 2\times0.5\times0.2\sqrt{3})\ \text{m/s}^2 = 0.2\sqrt{3}\ \text{m/s}^2 \end{aligned}$$

O_2B 的角加速度为 $\alpha = a_{Ae}^{t}/O_2A = 0.2\sqrt{3}/0.4\ \text{rad/s}^2 = \sqrt{3}/2\ \text{rad/s}^2$。

(2) AB 杆到滑枕 CD。动系-动点选择如下：动系固结于 CD 滑枕（牵连运动：水平平移）；滑套 B 为动点（绝对运动：绕 O_2 的圆周运动；相对运动：沿 CD 滑枕上竖直杆的直线运动）。

速度分析见图 J7-27a。速度的矢量关系和相关信息如下

	$\boldsymbol{v}_{Ba}$	=	$\boldsymbol{v}_{Be}$	+	$\boldsymbol{v}_{Br}$
大小	ωO_2B		?		?
方向	√		√		√

沿 $\boldsymbol{v}_{Be}$ 投影有

$$v_{Ba}\cos30^\circ = v_{Be}$$

解得

$$\begin{aligned} v_{CD} &= v_{Be} = v_{Ba}\cos30^\circ = O_2B\omega\times\sqrt{3}/2 = 0.650/(\sqrt{3}/2)\times0.5\times\sqrt{3}/2\ \text{m/s} \\ &= 0.325\ \text{m/s} \end{aligned}$$

加速度分析见图 J7-27c。加速度的矢量关系和相关信息如下

	$\boldsymbol{a}_{Ba}^{n}$	+	$\boldsymbol{a}_{Ba}^{t}$	=	$\boldsymbol{a}_{Br}$	+	$\boldsymbol{a}_{Be}$
大小	$\omega^2 O_2B$		αO_2B		?		?
方向	√		√		√		√

沿 $\boldsymbol{a}_{Be}$ 方向投影有：

$$a_{Ba}^{t}\cos 30^\circ + a_{Ba}^{n}\sin 30^\circ = a_{Be}$$

解得：

$$\begin{aligned} a_{CD} &= a_{Be} = a_{Ba}^{t}\cos 30^\circ + a_{Ba}^{n}\sin 30^\circ = \alpha O_2B \times \sqrt{3}/2 + \omega^2 O_2B \times 1/2 \\ &= [\sqrt{3}/2 \times 0.650/(\sqrt{3}/2) \times \sqrt{3}/2 + 0.5^2 \times 0.650/(\sqrt{3}/2) \times 1/2]\ \mathrm{m/s^2} \\ &= 0.657\ \mathrm{m/s^2} \end{aligned}$$

7-28 如图 T7-28 所示，点 M 以不变的相对速度 $\boldsymbol{v}_r$ 沿圆锥体的母线向下运动。此圆锥体以角速度 ω 绕轴 OA 作匀速转动。如 $\angle MOA=\theta$，且当 $t=0$ 时点在 M_0 处，此时距离 $OM_0=b_0$。求在 t 秒时，点 M 的绝对加速度的大小。

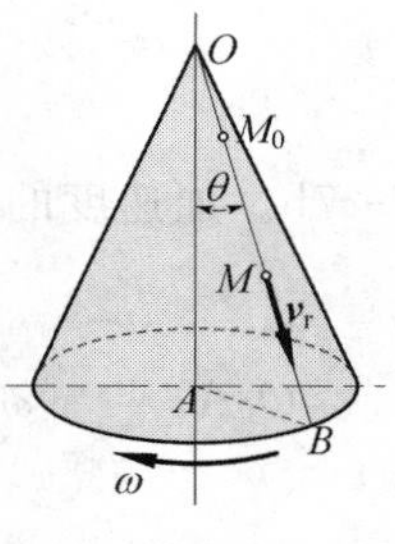

图 T7-28

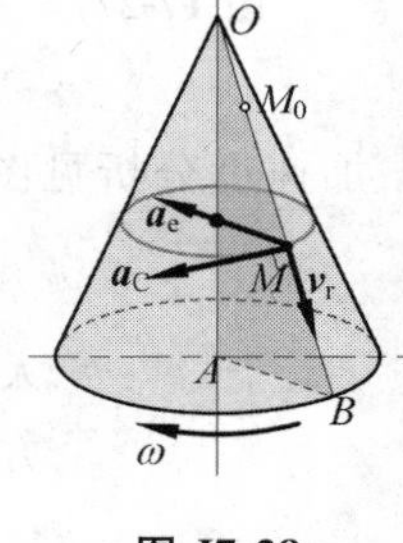

图 J7-28

解：动系-动点选择如下：动系固结于圆锥体（牵连运动：定轴转动）；点 M 为动点（绝对运动：待求；相对运动：沿圆锥母线的直线运动）。

加速度分析见图 J7-28，其中：$\boldsymbol{a}_e$ 在 OAB 面内，平行于 AB；$\boldsymbol{a}_C$ 垂直于 OAB 面。加速度的矢量关系和相关信息如下

	$\boldsymbol{a}_a$	=	$\boldsymbol{a}_e$	+	$\boldsymbol{a}_r$	+	$\boldsymbol{a}_C$
大小	?		$\omega^2 OM\sin\theta$		0		$2\omega v_r\sin\theta$
方向	?		√		√		√

其中 $OM=b_0+v_rt$。

因为，$\boldsymbol{a}_r=\boldsymbol{0}$，$\boldsymbol{a}_e$ 垂直于 $\boldsymbol{a}_C$，所以

$$a_a=\sqrt{a_e^2+a_C^2}=\omega\sin^2\theta\sqrt{(b+v_rt)^2\omega^2+4v_r^2}$$

7-29 图 T7-29 所示电机托架 OB 以恒定的角速度 $\omega=3$ rad/s 绕 z 轴转动，电机轴带着半径为 120 mm 的圆盘以恒定的角速度 $\dot{\varphi}=8$ rad/s 自转，$\gamma=30^\circ$。求图示瞬时圆盘上点 A 的速度和加速度。

解：动系-动点选择如下：动系固结于托架（牵连运动：定轴转动）；点 A 为动点（绝对运动：待求；相对运动：绕电机轴线的圆周运动）。

对空间问题，采用矢量的直角坐标式比较方便。相关矢量的直角坐标式如下

$$\boldsymbol{\omega}_e=\boldsymbol{\omega}=3\boldsymbol{k}\ \mathrm{rad/s}$$

$$\boldsymbol{\omega}_r=\dot{\varphi}(\boldsymbol{k}\cos\gamma+\boldsymbol{j}\sin\gamma)=4(\sqrt{3}\boldsymbol{k}+\boldsymbol{j})\ \mathrm{rad/s}$$

$$\begin{aligned} \boldsymbol{r}_r &= \boldsymbol{r}_{BA}=0.3\times(\sqrt{3}\boldsymbol{j}+\boldsymbol{k})/2+0.12\times(-\boldsymbol{j}+\sqrt{3}\boldsymbol{k})/2\ \mathrm{m} \\ &= (0.15\sqrt{3}-0.06)\boldsymbol{j}+(0.15+0.06\sqrt{3})\boldsymbol{k}\ \mathrm{m} \end{aligned}$$

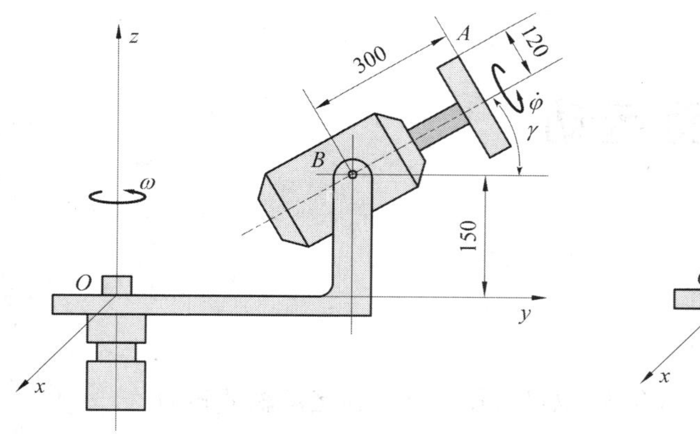

图 T7-29

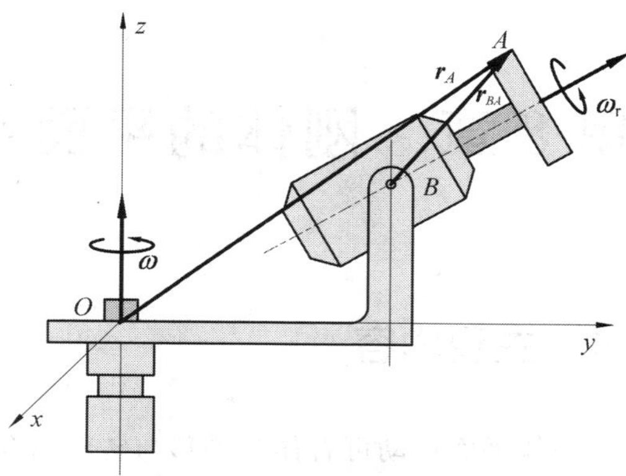

图 J7-29

$$\boldsymbol{r}_A = \boldsymbol{r}_{BA} + \boldsymbol{r}_B = (0.15\sqrt{3} + 0.29)\boldsymbol{j} + (0.3 + 0.06\sqrt{3})\boldsymbol{k}\ \text{m}$$
$$\boldsymbol{v}_r = \boldsymbol{\omega}_r \times \boldsymbol{r}_{BA} = 0.96\boldsymbol{j}\ \text{m/s}$$
$$\boldsymbol{v}_e = \boldsymbol{\omega}_r \times \boldsymbol{r}_A = -1.65\boldsymbol{i}\ \text{m/s}$$

因此，A 点绝对速度

$$\boldsymbol{v}_A = \boldsymbol{v}_e + \boldsymbol{v}_r = -0.69\boldsymbol{i}\ \text{m/s}$$

求绝对加速度所需的相关矢量如下

$$\boldsymbol{a}_e^n = \boldsymbol{\omega}_e \times \boldsymbol{v}_e = -0.495\boldsymbol{j}\ \text{m/s}^2$$
$$\boldsymbol{a}_r^n = \boldsymbol{\omega}_r \times \boldsymbol{v}_r = (3.84\boldsymbol{j} - 6.65\boldsymbol{k})\ \text{m/s}^2$$
$$\boldsymbol{a}_C = 2\boldsymbol{\omega}_e \times \boldsymbol{v}_r = 5.76\boldsymbol{j}\ \text{m/s}^2$$

因此，A 点绝对加速度

$$\boldsymbol{a}_A = \boldsymbol{a}_a = \boldsymbol{a}_r^n + \boldsymbol{a}_e^n + \boldsymbol{a}_C = (4.65\boldsymbol{j} - 6.65\boldsymbol{k})\ \text{m/s}^2$$

学而不思则罔，思而不学则殆。

《论语 · 为政》

第 8 章　刚体的平面运动

8.1　主要内容

刚体平面运动可看作为平移与转动的合成，也可看作为绕不断运动轴的转动。

8.1.1　平面运动的概述和运动分解

平面运动　运动中，刚体上任意一点与某一固定平面始终保持相等的距离。其运动可以用平面图形上的点运动来表示。平面图形的位置又可用其上任意线段的位置来确定。

运动方程　$x_{O'} = f_1(t), y_{O'} = f_2(t); \varphi = f_3(t)$。前两者表示基点的运动；后者表示绕基点转动—相对于随基点平移的参考系的转动。

平面运动的分解　平面运动可取任意基点而分解为平移和转动，其中平移的速度和加速度与基点的选择有关，而平面图形绕基点转动的角速度和角加速度与基点的选择无关。因动系作平移，动系中观察到的图形角速度与角加速度就是图形相对定系的绝对角速度和绝对角加速度。在同一瞬时，图形绕任一基点转动的角速度和角加速度都是相同的，因此平面运动随同基点的平移规律与基点的选择有关，而绕基点的转动规律与基点的选择无关。

8.1.2　速度的基点法

基点法　$\boldsymbol{v}_B = \boldsymbol{v}_A + \boldsymbol{v}_{BA}$，其中相对速度：大小 $v_{BA} = \omega \cdot AB$；方向垂直于 AB，与图形角速度转向一致(图 8-1)。因为 $\boldsymbol{v}_{BA}$ 方向已知，所以还需要知道三个量，才能从上述矢量合成式中求出另外两个未知量。

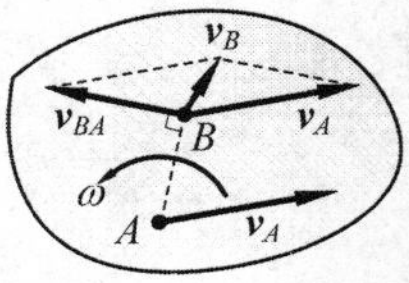

瞬时平移　构件各点瞬时速度相等(其他时刻未必)。

速度投影定理　同一平面图形上任意两点的速度沿这两点连线的投影相等。

图 8-1

8.1.3　速度的瞬心法

瞬心存在定理　一般情况下，在每一瞬时，平面图形上都存在唯一一个速度为零的点。该点称为瞬时速度中心，或简称为速度瞬心。

速度分布　平面图形内任意一点的速度等于该点随图形绕瞬时速度中心转动的速度。也就是：速度大小等于角速度与该点到瞬心距离的乘积；方向垂直于该点到瞬心连线，指向与图形角速度转向一致。速度分析与定轴转动类似。

纯滚动　又称只滚不滑，轮子与地面接触点速度为零。

确定瞬心的若干情形

沿固定面纯滚动	**已知两点速度方向，但不平行**	**两点速度方向平行，且两点连线与速度方向不垂直**
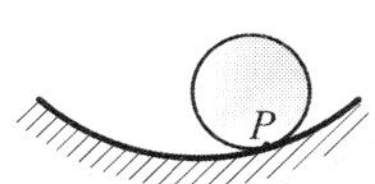 瞬心在接触点	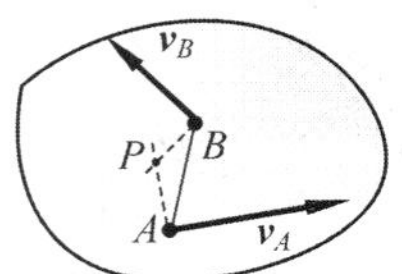 过两点，作各自速度的垂线；两垂线的交点为瞬心	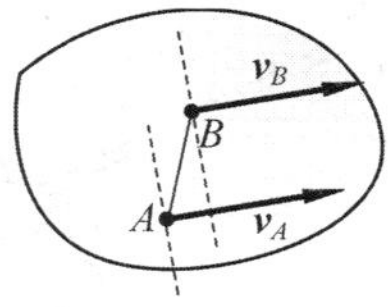 过两点，作各自速度的垂线；但两垂线无交点——瞬时平移
两点速度同向平行，且两点连线垂直于速度方向	**已知两点速度反向平行，且两点连线垂直于速度方向**	**已知一点速度和刚体角速度**
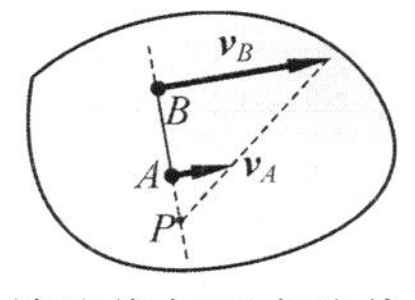 速度矢端连线与两点连线的延长线的交点	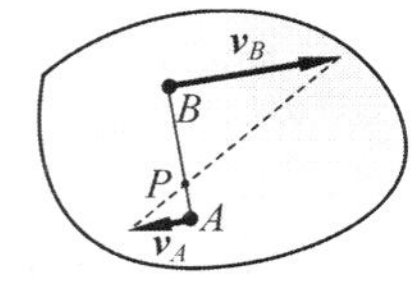 速度矢端连线与两点连线的交点	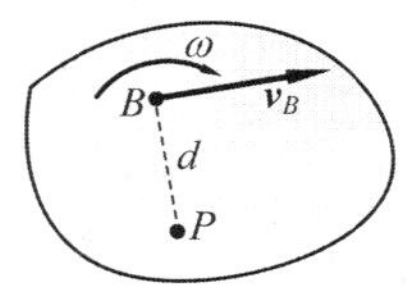 从该点作垂线，沿垂线走 $d = v_B/\omega$ 的距离（所走方向到速度的转向与角速度相反）

8.1.4　用基点法求加速度

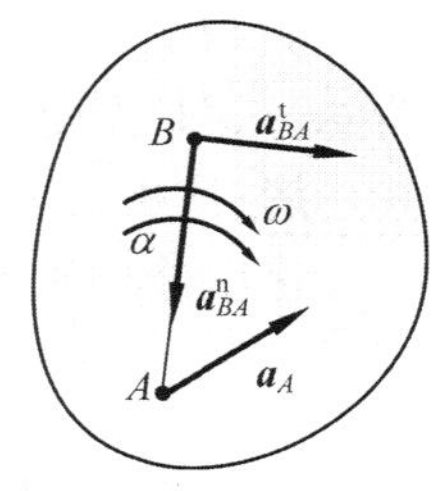

图 8-2

合成公式　$\boldsymbol{a}_B = \boldsymbol{a}_A + \boldsymbol{a}^t_{BA} + \boldsymbol{a}^n_{BA}$，其中相对加速度：切向分量大小 $a^t_{BA} = \alpha \cdot AB$，方向垂直于 AB，并与图形角加速度转向一致；法向分量大小 $a^n_{BA} = \omega^2 \cdot AB$，方向由 B 指向 A，如图 8-2 所示。

8.1.5　运动学综合应用举例

刚体平面运动分析用来给出同一刚体上两个点之间的运动关系，而合成运动给出不属于刚体的点和刚体上牵连点之间的运动关系。综合问题涉及二者的联合运用。

8.1.6　一个通例

刚体平面运动的表现形式各种各样，但很多都可以看成是图 8-3a 的变形或简化，本章随后把图 8-3a 模型简称为 GE(generic example))。GE 的速度分析和加速度分析分别如图 8-3b 和图 8-3c。其中速度可以用瞬心法，而加速度只能用基点法。加速度分析的公式为

$$\boldsymbol{a}^t_A + \boldsymbol{a}^n_A = \boldsymbol{a}^t_B + \boldsymbol{a}^n_B + a^t_{AB} + \boldsymbol{a}^n_{AB}$$

假定所有几何信息都已经确定，那么上述 6 个矢量的方向都确定了，其中法向的三个分量用速度信息也可以确定。剩下三个切线加速度中只要提供一个，比如 a^t_A，利用上述矢量关系的独立方程，就可以解出其他两个。

如果 GE 的两个轨迹都是圆弧，那么它就等价于四连杆机构；如果两个轨迹为两条垂直的滑道，就是教材中例 8-10 的椭圆机构。如果一个为圆弧，另外一个是直的滑道，那么它就是本书例 8-3 的曲柄连杆机构。

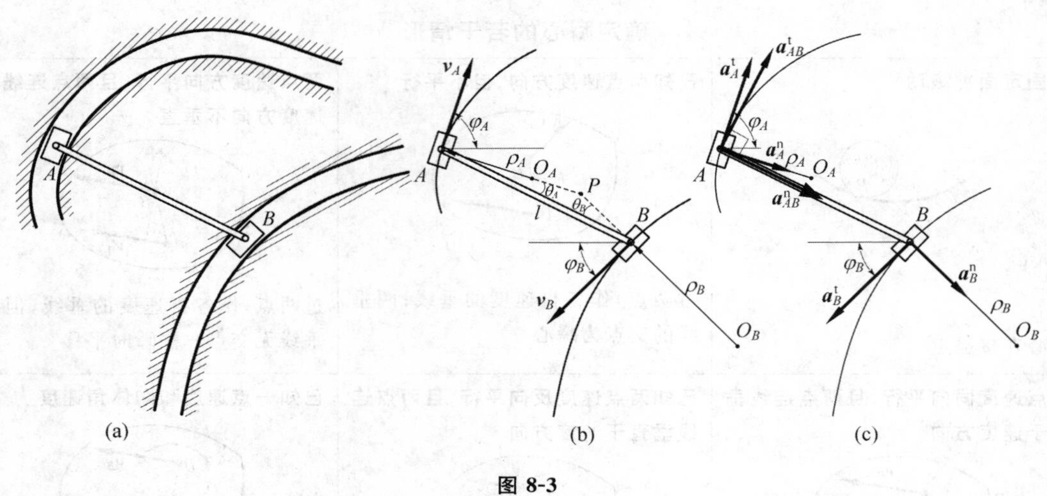

图 8-3

8.2 精选例题

例题 8-1 如图 8-4 所示平面机构中，曲柄 $OA=R$，以角速度 ω 绕轴 O 转动。齿条 AB 与半径 $r=R/2$ 的齿轮相啮合，并由曲柄销 A 带动。求当齿条与曲柄的交角 $\theta=60°$ 时齿轮的角速度。（教材习题 8-4）

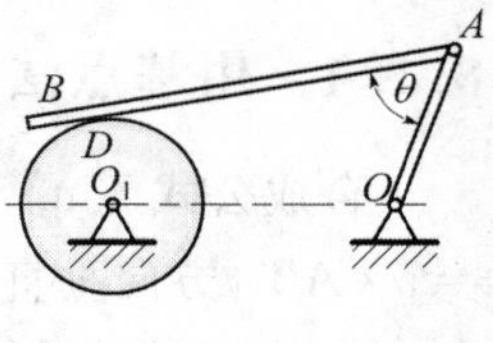

图 8-4

解：该机构 AB 作平面运动，OA 作定轴转动

速度分析如图 8-5a 所示，其中

$$v_A = R\omega$$

对齿条 AB 使用速度投影定理有

$$v_D = v_A\cos\varphi = R\omega\sin\theta$$

因此，齿轮的角速度

$$\omega_{O1} = v_D/r = (R\omega\sin\theta)/(2R) = \sqrt{3}\omega$$

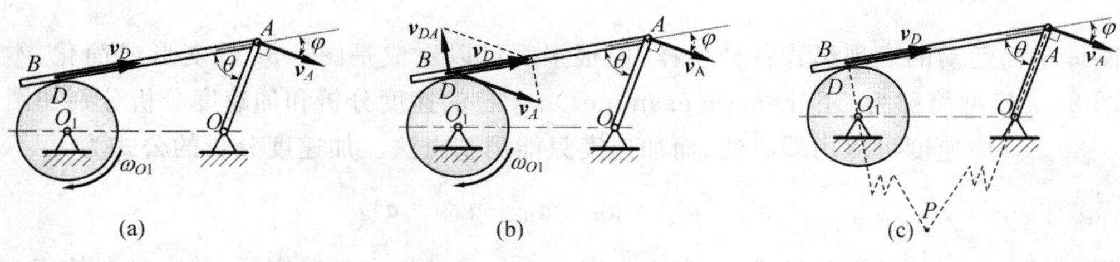

图 8-5

讨论

(1)齿条啮合与齿轮啮合满足的条件相同：**两个啮合构件在啮合点的速度相等**(加速度一般不等)。

(2)题目没有要求分析 AB 的角速度。**如果还想得到 AB 的角速度，最好用基点法或瞬心法。**

(3)以 A 为基点—杆上 D 点为动点的基点法分析见图 8-5b。动点 D 的速度 $\boldsymbol{v}_D$ 是**绝对速度,它必须在速度平行四边形的对角线上**。易得 $v_D = v_A\cos\varphi$。

(4)在运动分析的图 8-5b 中,A 点画了 $\boldsymbol{v}_A$,同时速度平行四边形也画了 $\boldsymbol{v}_A$,这是允许的。与受力图上的力只能出现一次不同,**运动分析不会列"平衡方程",而受力图的最重要目的是写平衡方程**。如果受力图上的力画重了(比如运用力线平移定理),那么写平衡方程就容易出错。

(5)如果想得到 AB 的角速度,计算 v_{DA}/DA 即可。图 8-5c 根据 AB 上两个点速度的方向确定了瞬心 P。瞬心可以在有形的 AB 之外,如图中的 P 点。如果瞬心离有形的构件很远,为了节约纸面,可用图中的折线表示很长的直线。

例题 8-2　图 8-6 所示机构中,已知各杆长 $OA=l$,$AB=4l$,$BD=3l$,$O_1D=2l$。角速度 ω_0 已知。求机构在图示位置时,杆 BD 的角速度、O_1D 的角速度及 BD 中点 M 的速度。

解:该机构 OA 和 O_1D 作定轴转动;AB 和 BD 作平面运动;B 在滑道内作直线运动。速度分析如图 8-7 所示。

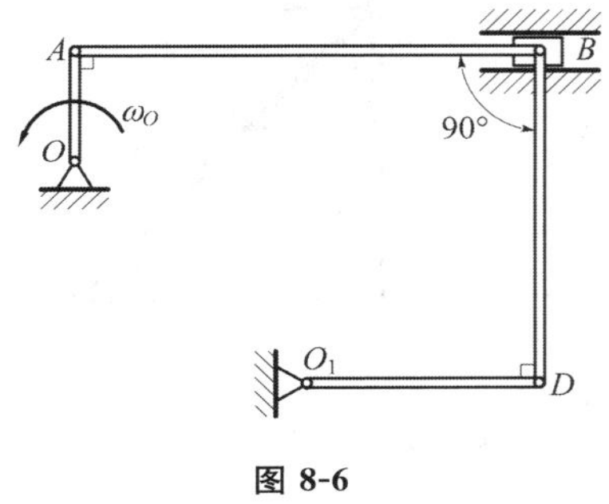

图 8-6

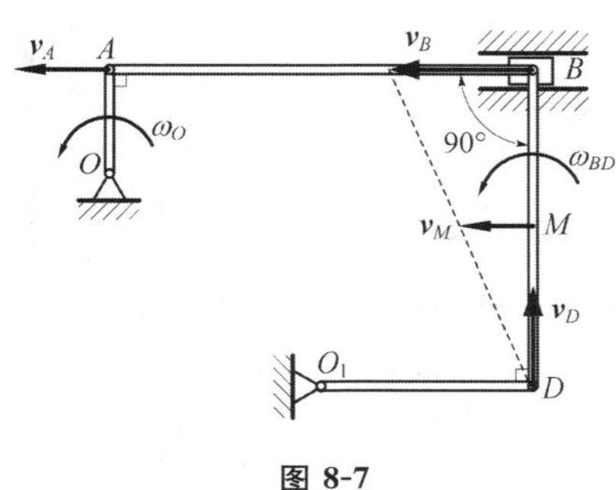

图 8-7

对 A 和 B 两处速度方向作垂线找 AB 瞬心可知其在无穷远,因此 AB 瞬时平移,故有

$$v_B = v_A = l\omega_0$$

对 B 和 D 两处速度方向作垂线找 BD 瞬心可知其恰好在 D 处,从而有 $v_D = 0$,而

$$\omega_{BD} = v_B/BD = \omega_0/3$$

由 D 为 BD 的瞬心可确定 M 点速度方向(图 8-7),大小为 $v_M = \omega_{BD}MD = \omega_0 l/2$。

显然杆 O_1D 的角速度 $\omega_{O1D} = v_D/O_1D = 0$。

讨论

(1)速度分析用瞬心法比较方便,特别是知道刚体上两个点的速度方向的情形。知道速度瞬心后,确定各点速度方向很直接,比如图 8-7 中的 M 点的速度方向。

(2)为了能在较短时间内让学生得到一个答案(批改作业容易,学生完成题目也有成就感),包含瞬时平移构件的题目经常出现,尽管工程上这是极少的特例。**瞬时平移构件上各点速度相等,瞬时角速度为零,但各点的加速度未必相等,角加速度也未必为零**(即使角速度和角加速度全为零也未必是平移,比如运动方程 $\varphi(t) = t^3$ 的定轴转动构件在 $t=0$ 时刻)。

(3)D 点作为 BD 的速度瞬心,其速度为 0,但是加速度不一定为 0。同样 O_1D 的瞬时角速度为 0,但是角加速度不一定是 0。

(4)不允许对 A 和 D 两点速度方向作垂线来找 ABD 的瞬心。**ABD 不是刚体,瞬心的概念完全失效。**

例题 8-3 图 8-8 所示的 AB 长度 l。端点 A 和 B 分别沿竖直墙面和水平地面滑动,图示位置的 v_A、a_A 已知。求 ω_{AB}、α_{AB}、v_B、a_B。

解:AB 做平面运动。

(1)速度分析见图 8-9a。这里采用瞬心法:作 A 和 B 两点速度的垂线,交于 P 点,即为 AB 的瞬心。因此

$$\omega_{AB} = \frac{v_A}{l\sin45^\circ} = \sqrt{2}\,\frac{v_A}{l}$$

$$v_B = \omega_{AB} PB = \sqrt{2}\,\frac{v_A}{l} \times l\sin45^\circ = v_A$$

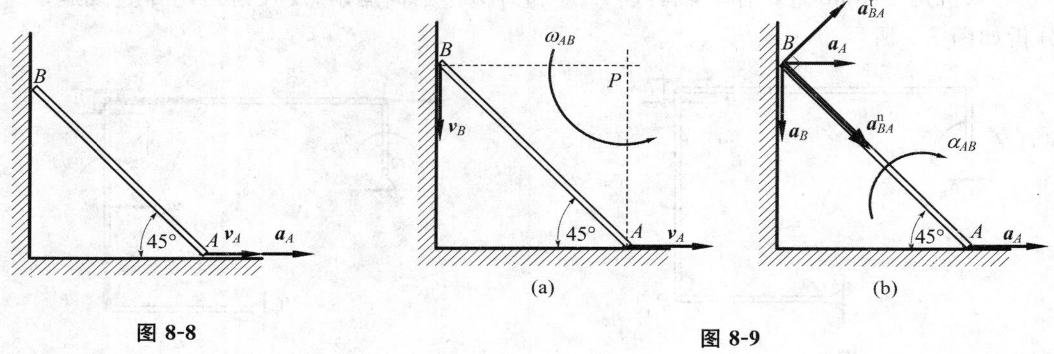

图 8-8

图 8-9

(2)加速度分析只能采用基点法。以 A 为基点—B 为动点的加速度分析见图 8-9b。矢量关系和相关信息如下

	$\boldsymbol{a}_B$	=	$\boldsymbol{a}_A$	+	$\boldsymbol{a}_{BA}^{n}$	+	$\boldsymbol{a}_{BA}^{t}$
大小	?		a_A		$\omega_{AB}^2 AB$		?
方向	√		√		√		√

分别沿水平和竖直两个方向投影得到

$$0 = a_A + a_{BA}^{n}\cos45^\circ + a_{BA}^{t}\cos45^\circ$$

$$a_B = a_{BA}^{n}\sin45^\circ - a_{BA}^{t}\sin45^\circ$$

解得

$$a_{BA}^{t} = -a_A/\cos45^\circ - a_{BA}^{n} = -\sqrt{2}a_A - 2v_A^2/l$$

$$a_B = a_A + 2\sqrt{2}v_A^2/l$$

从而得到

$$\alpha_{AB} = a_{BA}^{t}/l = -\sqrt{2}a_A/l - 2v_A^2/l^2$$

讨论

(1)速度分析也可以使用基点法。投影法得不到角速度,而后者对加速度分析往往是必须的,所以当速度和加速度都要分析的情况下,一般不用速度投影法。加速度的方法只有基点法**(就教材内容而言)**。

(2)为保证图形清晰,速度和加速度分析不要画在一幅图上。当然加速度分析只用画矢量图即可,不用画原机构。

(3)在图 8-9a 中,角速度画成绕 P 转动,这只是为了形象起见。**由于角速度是刚体的属性,所以同一刚体内部不同点观察的角速度完全相同。**比如从 A 点看 B 点,B 点绕 A 点的相对速度 $v_{BA}=AB\times\omega_{AB}$;而从 B 点看 A 点的相对速度 $v_{AB}=AB\times\omega_{AB}$,甚至从 A 点看 P 点的相对速度 $v_{PA}=PA\times\omega_{AB}$。因此 ω_{AB} 的下标表示 AB 构件,而不是 A 相对于 B。角加速度也具有同样的性质。

(4)**注意相对速度不要与角速度转向相矛盾,切线加速度方向不要与角加速度转向矛盾。**

(5)此题是 GE 特例,即 GE 的两个轨道退化成垂直墙面和地面。

例题 8-4　图 8-10 所示的三角板在滑动过程中,其顶点 A 和 B 分别与竖直墙面和水平地面始终接触。已知 $AB=BC=AC=b$,$v_B=v_0$ 为常数。在图示位置,AC 水平。求此时顶点 C 的加速度(教材习题 8-15)。

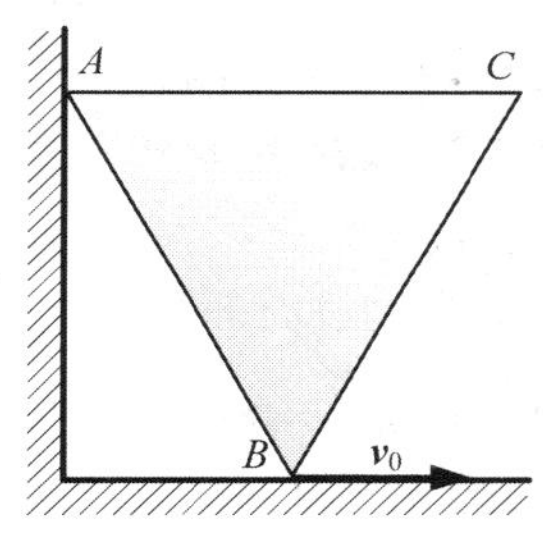

图 8-10

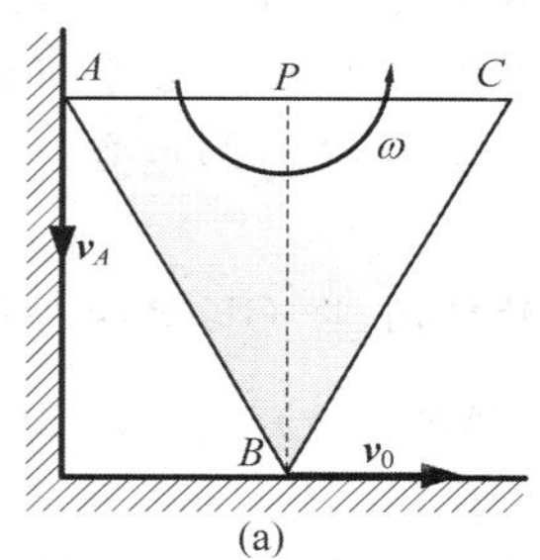

(a)

(b)

图 8-11

解:(1)速度分析如图 8-11a,图中的速度瞬心 P 由 A 和 B 两点速度方向确定,它位于 AC 的中点。三角板的角速度为

$$\omega=v_B/(\sqrt{3}b/2)=2\sqrt{3}v_0/(3b)$$

(2)加速度分析如图 8-11b。需要先得到三角板的角加速度,为此以 B 为基点,A 为动点,基点法的矢量关系和相关信息如下(图 8-11b 的黑色矢量)

	$\boldsymbol{a}_A$	=	$\boldsymbol{a}_{AB}^{n}$	+	$\boldsymbol{a}_{AB}^{t}$
大小	?		$\omega^2 b$		?
方向	√		√		√

沿 AB 投影得到

$$0=a_{AB}^{n}\cos60^\circ-a_{AB}^{t}\sin60^\circ$$

解得

$$a_{AB}^{t} = a_{AB}^{n}\cot 60^{\circ} = \omega^{2}b/\sqrt{3} = 4\sqrt{3}v_{0}^{2}/(9b)$$

三角板的角加速度 $\alpha = a_{AB}^{t}/b = 4\sqrt{3}v_{0}^{2}/(9b^{2})$。

再以 B 为基点，C 为动点，基点法的矢量关系和相关信息如下(图 8-11b 的灰色矢量)

	a_C =	a_{CB}^{n} +	a_{CB}^{t}
大小	?	$\omega^2 b$	αb
方向	?	√	√

注意到 $\boldsymbol{a}_{CB}^{n}$ 和 $\boldsymbol{a}_{CB}^{t}$ 垂直，可得 C 点加速度的大小

$$a_C = \sqrt{(a_{CB}^{n})^2 + (a_{CB}^{t})^2} = b\sqrt{\omega^4 + \alpha^2} = b\sqrt{[2\sqrt{3}v_0/(3b)]^4 + [4\sqrt{3}v_0^2/(9b^2)]^2}$$
$$= 8\sqrt{3}v_0^2/(9b)$$

加速度方向与水平线的夹角

$$\theta = 60^{\circ} - \arctan(a_{CB}^{t}/a_{CB}^{n}) = 60^{\circ} - \arctan(\sqrt{3}/3) = 30^{\circ}$$

讨论

(1)此题最易犯的问题是 C 点的加速度方向。因为无法根据约束的特性直接确定 $\boldsymbol{a}_C$ 方向，所以有些同学就企图从瞬心 P 来确定 $\boldsymbol{a}_C$ 的方向，“认为它有指向 P 的法向分量和垂直于 PC 方向的分量”。然而，这两个分量是使用基点法分析加速度造成的定势，所指的两个分量是相对加速度，全加速度还应该加上瞬心 P 的加速度。但是按照上述做法的学生就“直接觉得”瞬心的加速度也就是 0 了。

(2)A 和 B 之间的关系是 GE 的特例，即 GE 的两个轨道退化成垂直墙面和地面。

例题 8-5 图 8-12 所示机构中，$AB=l$，$OA=r$，ω_0 为已知常量。图示位置的 $AB\perp OA$，求 v_B，a_B。

解：此题的构件有两杆(OA 作定轴转动；AB 作平面运动)，而例题 8-3 和 8-4 的构件只有一个，看起来似乎复杂，但本质完全相同。

(1)速度分析如图 8-13a，图中的速度瞬心 P 由 A 和 B 两点速度方向确定。AB 角速度为

$$\omega_{AB} = v_A/PA = \omega_0 r/(AB\cot 30^{\circ}) = \omega_0 r/(\sqrt{3}l)$$

因而

$$v_B = \omega_{AB}PB = \omega_0 r/(\sqrt{3}l)\times 2l = 2\sqrt{3}\omega_0 r/3$$

(2)加速度分析如 8-13b。以 B 为基点，A 为动点，基点法的矢量关系和相关信息如下

	$\boldsymbol{a}_A^{n}$ =	$\boldsymbol{a}_B$ +	$\boldsymbol{a}_{AB}^{n}$ +	$\boldsymbol{a}_{AB}^{t}$
大小	$l\omega_0^2$	?	$\omega_{AB}^2 AB$	?
方向	√	√	√	√

沿水平方向投影得到

$$0 = a_{AB}^{n} - a_B\cos 30^{\circ}$$

解得

$$a_B = a_{AB}^{n}/\cos 30^{\circ} = l\omega_{AB}^{2}/(\sqrt{3}/2) = 2\sqrt{3}r^2\omega_0^2/(9l)$$

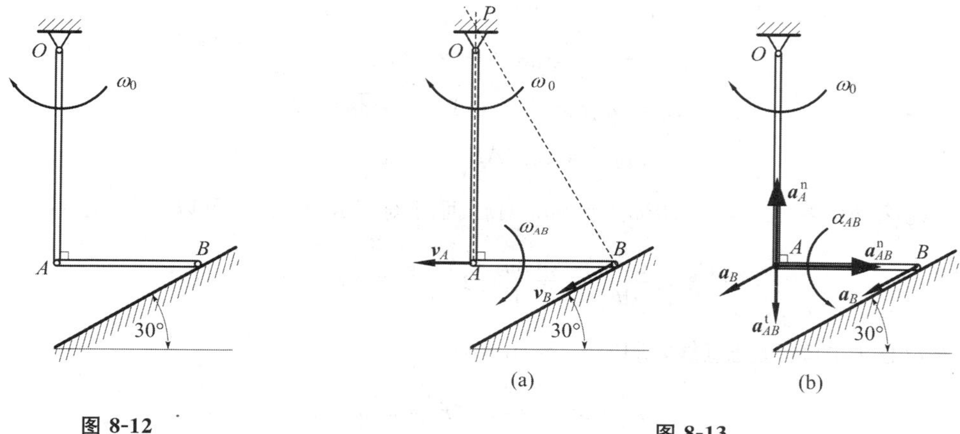

图 8-12

图 8-13

讨论

此题是 GE 特例,即一个滑道为圆弧,另一个滑道为斜线。

例题 8-6 曲柄 $OA=r$,以匀角速度 ω_O 绕定轴 O 转动。连杆 $AB=2r$,轮 B 半径为 r,在地面上滚动而不滑动,如图 8-14 所示。求曲柄在图示竖直位置时杆 AB 角加速度、轮 B 角速度和角加速度。

解:此题比例题 8-5 多一个纯滚动的轮子。如果把轮子换成滑块,而滑块沿水平面滑动,则不改变 OA 和 AB 的运动特性。改造后的系统与例题 8-5 的机构没有本质差异。所以整个分析可以分成两步:第一步从曲柄 OA 到 B 轮轮心;第二步从 B 轮轮心到 B 轮滚动。

(1)速度分析。见图 8-15a。图示位置 AB 瞬时平移,因此 $v_B = v_A = r\omega_O$。

纯滚动轮子的瞬心在接触点,即图中 P 点,所以 $\omega_B = v_B/PB = r\omega_O/r = \omega_O$。

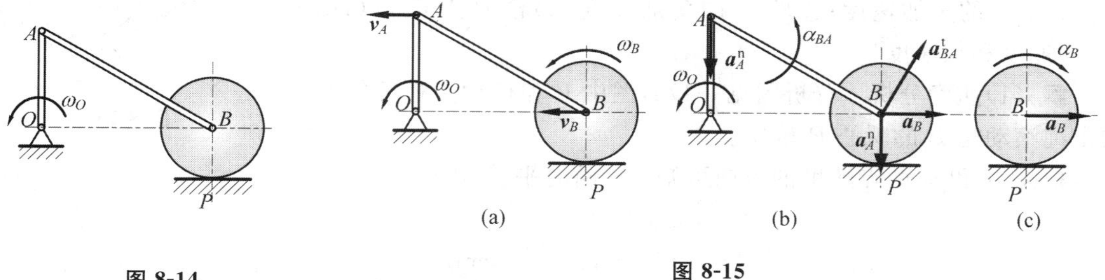

图 8-14

图 8-15

(2)加速度分析。以 A 为基点,B 为动点,基点法的矢量关系(图 8-15b)和相关信息如下

	$\boldsymbol{a}_B$	=	$\boldsymbol{a}_A^n$	+	$\boldsymbol{a}_{BA}^t$
大小	?		$\omega_O^2 r$		?
方向	√		√		√

分别沿垂直和水平投影得到

$$0 = a_{BA}^t \sin 60^\circ - a_A^n, \quad a_B = a_{BA}^t \cos 60^\circ$$

解得

$$a_{BA}^{t} = a_{A}^{n}/\sin 60° = 2\sqrt{3}\omega_{O}^{2}r/3$$

$$a_{B} = a_{A}^{n}\cos 60°/\sin 60° = \sqrt{3}\omega_{O}^{2}r/3$$

因此

$$\alpha_{BA} = a_{BA}^{t}/AB = \sqrt{3}\omega_{O}^{2}/3$$

轮子纯滚动的特性 $v_B = BP\omega_B = r\omega_B$ 对任何时刻都成立，所以可以对其求导：

$$\frac{\mathrm{d}v_B}{\mathrm{d}t} = \frac{\mathrm{d}(r\omega_B)}{\mathrm{d}t}: \quad a_{B}^{t} = r\alpha_B$$

由于轮心 B 的轨迹是直线，所以 $a_{B}^{t} = a_B$，故

$$\alpha_B = a_{B}^{t}/r = a_B/r = \sqrt{3}\omega_{O}^{2}/3$$

讨论

(1)AB 杆瞬时平移，角速度为 0，但是角加速度不是零。

(2)几何法分析运动一般“反对”求导，比如这里 AB 的角速度为 0，若对其“求导”得到其角加速度为 0 就大错特错了，因为等于 0 是瞬间的取值，不可以求导。对圆轮问题，教材提供策略是“求导”，前提是纯滚动的速度关系对任何时刻都成立，但是换成椭圆轮就惨了。

(3)瞬心 P 的速度是 0，但是其加速度不是 0。

(4)A 到 B 的关系是 GE 的特例，即一个滑道为圆弧，另一个滑道为水平直线。

例题 8-7 图 8-16 所示瞬时，滑块 A 以匀速度 $v_A=12$ cm/s 沿水平滑道向左运动，并通过连杆 AB 带动轮 B 沿圆弧轨道作无滑动的滚动。已知轮 B 的半径为 $r=2$cm，圆弧轨道的半径为 $R=5$cm，滑块 A 离圆弧轨道中心 O 的距离为 $l=4$cm。求该瞬时：①连杆 AB 的角加速度；②轮 B 的角加速度；③轮 B 上 C 点（BC 水平）速度和加速度。

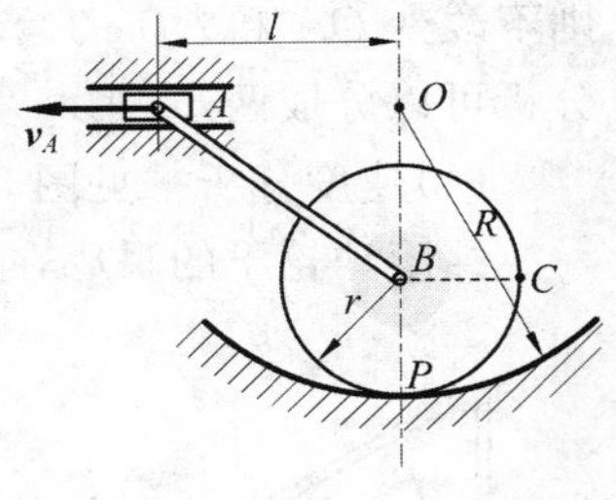

图 8-16

解：(1)速度分析。分析图见 8-17a，图中 B 和 C 两点速度的方向由纯滚动轮 B 的瞬心 P 确定。

根据 A 和 B 两点速度的方向可知 AB 瞬时平移，因而

$$\omega_{AB} = 0$$

$$v_B = v_A = 12 \text{ cm/s}$$

轮 B 的角速度：$\omega_B = v_B/r = 6$ rad/s，可计算出 C 点的速度

$$v_C = PC \times \omega_B = 12\sqrt{2} \text{ cm/s}$$

(2)加速度分析。分成三步。

第一步从点 A 到点 B。

轮 B 在圆弧轨道内滚动，其轮心 B 的轨迹是绕 O 的圆周，如图 8-17b 中的虚线所示。因此 B 点的加速度可分解为图示的切向分量 $\boldsymbol{a}_{B}^{t}$ 和法向分量 $\boldsymbol{a}_{B}^{n}$，其中法向分量的大小为

$$a_{B}^{n} = v_{B}^{2}/(R-r) = 48 \text{ cm/s}^2$$

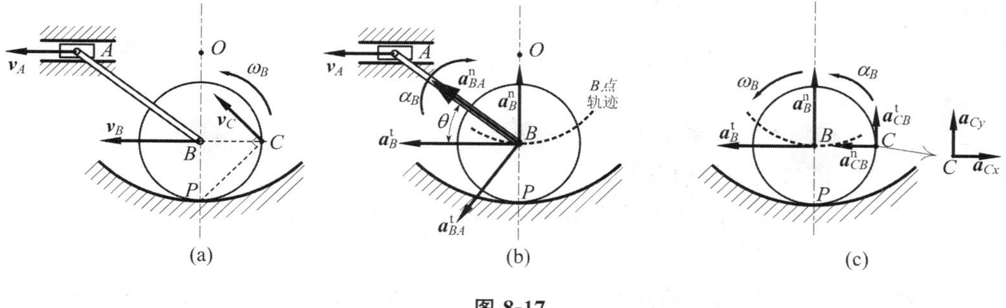

图 8-17

以 A 为基点，B 为动点，基点法的矢量关系和相关信息如下

	$\boldsymbol{a}_B^t$	+	$\boldsymbol{a}_B^n$	=	$\boldsymbol{a}_A$	+	$\boldsymbol{a}_{AB}^n$	+	$\boldsymbol{a}_{AB}^t$
大小	?		√		0		0		?
方向	√		√		√		√		√

(a)

注意：$a_A = 0$；a_{AB}^n 因 AB 瞬时平移而为 0。

式(a)分别沿 $\boldsymbol{a}_B^n$ 和 $\boldsymbol{a}_B^t$ 方向投影得到

$$a_B^n = -a_{BA}^t\cos\theta,\quad a_B^t = a_{BA}^t\sin\theta \tag{b}$$

其中 $\cos\theta = 4/5$，$\sin\theta = 3/5$。由式(b)得到

$$a_{BA}^t = -a_B^n\sec\theta,\quad a_B^t = -a_B^n\tan\theta$$

因此

$$\alpha_{AB} = a_{BA}^t/AB = -a_B^n/(AB\cos\theta) = -12\ \text{rad/s}^2$$

第二步从点 B 到轮 B。为了把点 B 信息与轮 B 信息联系起来，仍需要对其速度关系 $v_B = \omega_B r$ 求导，即

$$\frac{\mathrm{d}v_B}{\mathrm{d}t} = \frac{\mathrm{d}(r\omega_B)}{\mathrm{d}t}:\quad a_B^t = r\alpha_B$$

因而

$$\alpha_B = a_B^t/r = -a_B^n\tan\theta/r = -18\ \text{rad/s}^2$$

注意：轮心 B 的轨迹是圆周运动，a_B^t 的上角标“t”是去不掉的。

第三步计算点 C 加速度。以 B 为基点、C 为动点的基点法矢量关系(图 8-17c)和相关信息如下：

	$\boldsymbol{a}_{Cx}$	+	$\boldsymbol{a}_{Cy}$	=	$\boldsymbol{a}_B^n$	+	$\boldsymbol{a}_B^t$	+	$\boldsymbol{a}_{CB}^n$	+	$\boldsymbol{a}_{CB}^t$
大小	?		?		√		√		$\omega_B^2 r$		$\alpha_B r$
方向	√		√		√		√		√		√

分别沿水平和垂直投影得到

$$a_{Cx} = -a_B^t - a_{CB}^n = -(36+72)\ \text{cm/s}^2 = -108\ \text{cm/s}^2$$

$$a_{Cy} = a_B^n + a_{CB}^t = (48 - 18\times 2)\ \text{cm/s}^2 = 12\ \text{cm/s}^2$$

讨论

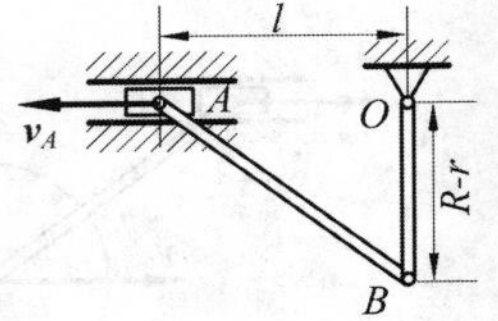

图 8-18

(1)两个运动关系——从点 A 到点 B、从点 B 到轮 B——可以分开处理。

(2)图 8-16 的机构中从 A 到 B 的运动关系与图 8-18 的曲柄连杆机构无本质差异,它们依然是 GE 的特例。

(2)图 8-17b 中画出了 $\boldsymbol{a}_{AB}^{n}$ 只是为了强调。在画图之前由 AB 平移知 $\boldsymbol{a}_{AB}^{n}$ 等于零,所以它也可以不画。

(3) a_{AB}^{t} 解出是负值,但是没有必要再改方向了。与它有关的量都应与它在图 8-17b 中的方向吻合。在随后的计算式中,a_{AB}^{t} 用负值。

(4) v_C 是通过瞬心 P 计算得到的,而且计算很简便。于是有同学也想像速度一样,经由 P 计算加速度。但这是不恰当的,因为 P 点的加速度不是零。以 P 为基点,计算 C 点加速度,必须把基点 P 的加速度加上去,而 P 的加速度又需要额外的工作量来计算。

例题 8-8 图 8-19 所示机构,C 作纯滚动,曲柄 O_1A 以匀角速 ω_0 绕轴 O_1 转动,且 $O_1A=O_2B=l$,$BC=2l$,轮半径 $R=l/2$。求图示位置时轮的角速度 ω_C 和 a_C。此时,$\angle O_1O_2B=90°$。

解:图 8-19 所示机构看起来有点复杂,但是可以分解为图 8-20a 和 8-20b 两个机构的组合。分解后两个机构的运动分析已经非常熟悉了。

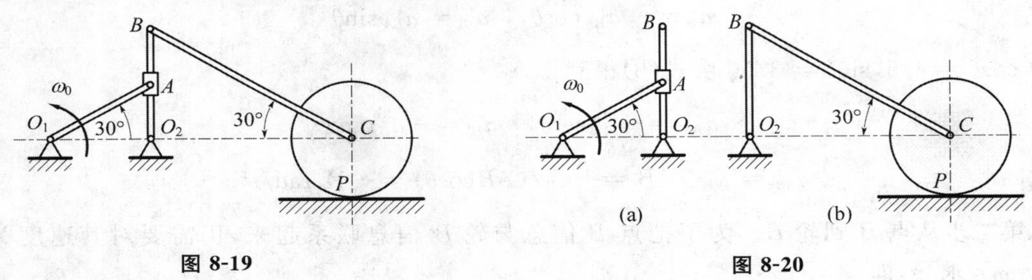

图 8-19　　　　图 8-20

(1)速度分析。第一步从 O_1A 到 O_2B。以 O_2B 为动系(牵连运动:定轴转动),滑套 A 为动点(绝对运动:圆周运动;相对运动:沿 O_2B 的直线运动)。速度分析图见图 8-21a,矢量关系和相关信息如下

	$\boldsymbol{v}_a$	=	$\boldsymbol{v}_e$	+	$\boldsymbol{v}_r$
大小	?		ωOM		?
方向	√		√		√

分别沿 $\boldsymbol{v}_e$ 和 $\boldsymbol{v}_r$ 方向投影有:

$$v_a\sin30° = v_e$$
$$v_a\cos30° = v_r$$

解得:

$$v_r = \sqrt{3}\omega_0 l/2,\quad v_e = \omega_0 l/2$$

O_2B 的角速度为

$$\omega_e = \omega_{O2B} = v_e/O_2A = \omega_0$$

B 的速度为

$$v_B = 2v_e = \omega_0 l$$

第二步从 O_2B 到轮 C 的轮心。根据 B 和 C 两处速度的方向可知 BC 瞬时平移，因此

$$\omega_{BC}=0$$

$$v_C=v_B=\omega_0 l$$

而

$$\omega_C=v_C/PC=2\omega_0$$

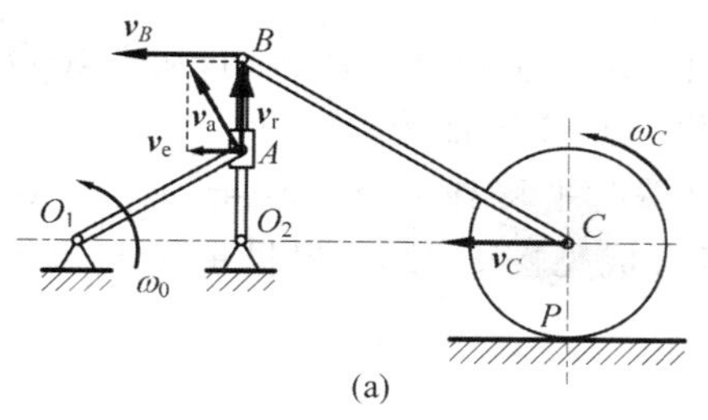
(a)

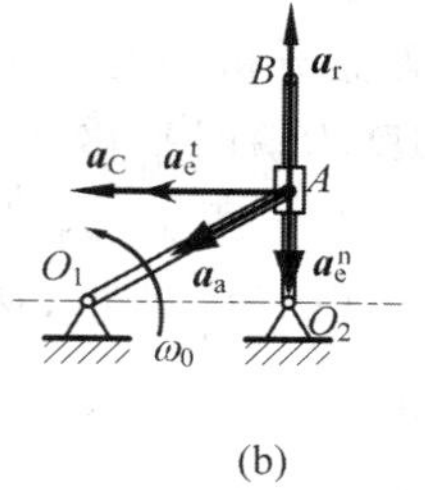
(b)

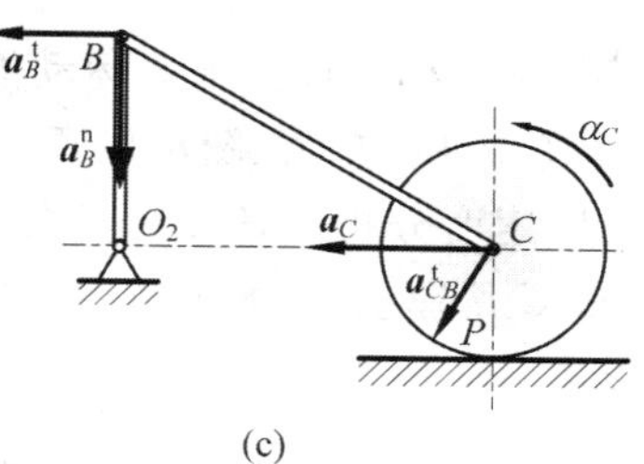
(c)

图 8-21

(2)加速度分析。第一步从 O_1A 到 O_2B。动系、动点同速度分析。加速度分析见图 8-21b，矢量关系和相关信息如下

	$\boldsymbol{a}_a(\boldsymbol{a}_A)$	=	$\boldsymbol{a}_e^t$	+	$\boldsymbol{a}_e^n$	+	$\boldsymbol{a}_r$	+	$\boldsymbol{a}_C$
大小	$\omega_0^2 l$		?		$\omega_{O2B}^2 O_2A$		?		$2\omega_{O2B}v_r$
方向	√		√		√		√		√

沿 $\boldsymbol{a}_e^t$ 方向投影有

$$a_A\cos 30^\circ=a_e^t+a_C$$

解得

$$a_e^t=a_A\cos 30^\circ-a_C=\sqrt{3}\omega_0^2 l/2-2\times\sqrt{3}\omega_0 l/2\times\omega_0=-\sqrt{3}\omega_0^2 l/2$$

这样就可得

$$a_B^t=2a_e^t=-\sqrt{3}\omega_0^2 l$$

而

$$a_B^n=\omega_0^2 l$$

第二步从 O_2B 到轮 C 的轮心。以 B 为基点，C 为动点，基点法的矢量关系和相关信息如下

	$\boldsymbol{a}_C$	=	$\boldsymbol{a}_B^n$	+	$\boldsymbol{a}_B^t$	+	$\boldsymbol{a}_{CB}^t$
大小	?		$\omega_0^2 l$		$-\sqrt{3}\omega_0^2 l$		?
方向	√		√		√		√

沿 BC 方向投影得到

$$a_C\cos 30^\circ=a_B^t\cos 30^\circ-a_B^n\sin 30^\circ$$

解得

$$a_C=a_B^t-a_B^n\tan 30^\circ=-\sqrt{3}\omega_0^2 l-\sqrt{3}\omega_0^2 l/3=-4\sqrt{3}\omega_0^2 l/3$$

因此

$$\alpha_C=a_C/PC=-2\sqrt{3}\omega_0^2/3$$

例题 8-9 图 8-22 所示曲柄连杆机构带动摇杆 O_1C 绕轴 O_1 摆动。在连杆 AB 上装有两个滑块，滑块 B 在水平槽内滑动，而滑块 D 则在摇杆 O_1C 的槽内滑动。已知：曲柄长 $OA=50$ mm，绕轴 O 转动的匀角速度 $\omega=10$ rad/s。在图示位置时，曲柄与水平线成 90°角，$\angle OAB=60°$，摇杆与水平线间成 60°角；距离 $O_1D=70$ mm。求摇杆的角速度和角加速度（教材习题 8-23）。

解：该机构可以分解为运动能独立分析的两个子机构：从 OA 到滑块 B 机构；从滑块 D 到滑道 O_1C 的机构。在图示位置 ABD 为瞬时平移；OA 和 O_1C 作定轴转动。

(1)速度分析。速度分析如图 8-23a 所示，因 ABD 瞬时平移有 $v_D=v_B=v_A=\omega OA$。为求 O_1C 角速度，取滑块 D 为动点，O_1C 为动系，速度合成见图 8-23a。根据平行四边形法则有

$$v_e=v_a\cos30°=\sqrt{3}\omega OA/2,\quad v_r=v_a\sin30°=\omega OA/2$$

由 v_e 有

$$\omega_{O1C}=v_e/O_1D=\sqrt{3}\omega OA/(2O_1D)=5\sqrt{3}/14\ \text{rad/s}=0.6186\ \text{rad/s}$$

(2)加速度分析，分三步

第一步，根据 A 和 B 两处运动信息计算 ABD 的角加速度。以 A 为基点、B 为动点的基点法分析见图 8-23b，图中因 ABD 瞬时平移而没有画出 $\boldsymbol{a}_{BA}^{n}$。矢量关系和相关信息如下

	$\boldsymbol{a}_B$	$=$	$\boldsymbol{a}_A^{n}$	$+$	$\boldsymbol{a}_{BA}^{t}$
大小	?		$\omega^2 OA$		?
方向	√		√		√

沿竖直方向投影得到

$$0=-a_A^{n}+a_{BA}^{t}\cos30°$$

解得 $a_{BA}^{t}=a_A^{n}\sec30°$，而 $\alpha_{AB}=a_{BA}^{t}/AB$。

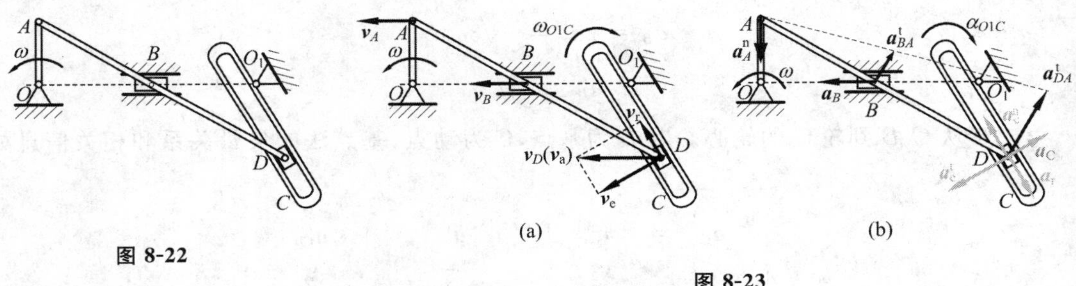

图 8-22

(a) (b)

图 8-23

第二步，利用基点法计算 D 的加速度。以 A 为基点、D 为动点的基点法的分析见图 8-23b。矢量关系和相关信息如下

$$\boldsymbol{a}_D=\boldsymbol{a}_A^{n}+\boldsymbol{a}_{DA}^{t}=\boldsymbol{a}_A^{n}+\boldsymbol{a}_{BA}^{t}\times DA/BA$$

第三步，利用加速度合成获得 O_1C 的加速度信息。以滑块 D 为动点，O_1C 为动系，加速度合成见图 8-23b。矢量关系和相关信息如下

	$\boldsymbol{a}_D =$	$\boldsymbol{a}_A^{\mathrm{n}}$	$+$	$\boldsymbol{a}_{DA}^{\mathrm{t}}$	$=$	$\boldsymbol{a}_{\mathrm{e}}^{\mathrm{n}}$	$+$	$\boldsymbol{a}_{\mathrm{e}}^{\mathrm{t}}$	$+$	$\boldsymbol{a}_{\mathrm{r}}$	$+$	$\boldsymbol{a}_{\mathrm{C}}$
大小		$OA\omega^2$		$a_{BA}^{\mathrm{t}} \times DA/BA$		$\omega_{O1C}^2 O_1 D$		?		?		$2\omega_{O1C} v_{\mathrm{r}}$
方向		√		√		√		√		√		√

沿 $\boldsymbol{a}_{\mathrm{e}}^{\mathrm{t}}$ 投影得到

$$a_A^{\mathrm{n}} \cos 60° - a_{BA}^{\mathrm{t}} \times (1 + 0.7\sqrt{3}) \sin 60° = a_{\mathrm{e}}^{\mathrm{t}} - a_{\mathrm{C}}$$

解得：

$$a_{\mathrm{e}}^{\mathrm{t}} = a_A^{\mathrm{n}} \cos 60° - a_{BA}^{\mathrm{t}} \times (1 + 0.7\sqrt{3}) \sin 60° + a_{\mathrm{C}} = -(35 + 24\sqrt{3}) a_A^{\mathrm{n}} / 70$$

因此角加速度

$$\alpha_{O1C} = a_{\mathrm{e}}^{\mathrm{t}} / O_1 D = -50(35 + 24\sqrt{3})/49 \text{ rad/s}^2 = -78.132 \text{ rad/s}^2$$

例题 8-10 已知图 8-24 所示机构中滑块 A 的速度为常数，$v_A = 0.2$ m/s，$AB = 0.4$ m。求当 $AC = CB$，$\theta = 30°$时，杆 CD 的速度和加速度（教材习题 8-27）。

解：杆 AB 作平面运动；CD 沿竖直方向平移。

(1)速度分析。滑套 C 与杆 AB 间的运动关系用运动合成分析。动系-动点选择如下：动系固结于 AB（牵连运动：平面运动）；动点为滑套 C（绝对运动：随平移的 CD 作上下直线运动；相对运动：沿 AB 杆的直线运动）。

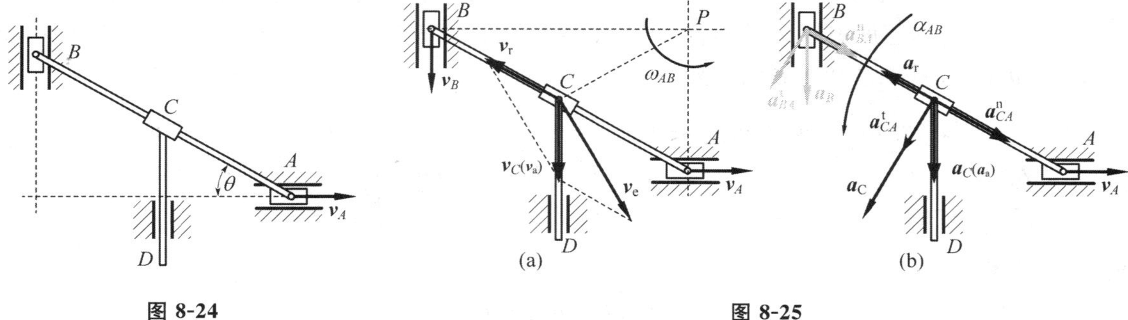

图 8-24 **图 8-25**

牵连点是 AB 杆上与滑套 C 重合的点。为确定 $\boldsymbol{v}_{\mathrm{e}}$，先根据 A 和 B 两处速度方向确定出瞬心 P，如图 8-25a 所示。AB 角速度为

$$\omega_{AB} = v_A / PA = v_A / (l \sin\theta) = 1 \text{ rad/s}$$

由 P 的位置可确定 $\boldsymbol{v}_{\mathrm{e}}$ 方向（见图 8-25a），它的大小

$$v_{\mathrm{e}} = \omega_{AB} PC = v_A = 0.2 \text{ m/s}$$

滑套 C 的速度合成见图 8-25a，矢量关系和相关信息如下

	$\boldsymbol{v}_{\mathrm{a}}$	$=$	$\boldsymbol{v}_{\mathrm{e}}$	$+$	$\boldsymbol{v}_{\mathrm{r}}$
大小	?		v_A		?
方向	√		√		√

分别沿水平方向和竖直方向投影有

$$\begin{cases} 0 = v_r\cos\theta - v_e\sin\theta \\ -v_a = v_r\sin\theta - v_e\cos\theta \end{cases}$$

解得：

$$v_r = v_e\tan\theta = 0.2\sqrt{3}/3 \text{ m/s}$$

$$v_a = v_e\cos\theta - v_r\sin\theta = v_e\cos\theta - v_e\sin\theta\tan\theta = 0.2\sqrt{3}/3 \text{ m/s}$$

(2)加速度分析。动系-动点选择同速度。分两步。

第一步，欲求牵连加速度，先求平面运动的 AB 角加速度，为此以 A 为基点，B 为动点，加速度分析如 8-25b 图中灰色矢量。矢量关系和相关信息如下

	$\boldsymbol{a}_B$	=	$\boldsymbol{a}_A$	+	$\boldsymbol{a}_{BA}^{n}$	+	$\boldsymbol{a}_{BA}^{t}$
大小	?		0		$\omega_{BA}^2 BA$		?
方向	√		√		√		√

沿水平方向投影有 $0 = 0 - a_{BA}^{n}\cos\theta + a_{BA}^{t}\sin\theta$，解得

$$a_{BA}^{t} = a_{BA}^{n}\cot\theta = \omega_{BA}^2 AB \times \sqrt{3} = 0.4\sqrt{3} \text{ m/s}^2$$

进而可得 $\alpha_{AB} = a_{BA}^{t}/AB = \sqrt{3} \text{ rad/s}^2$。

第二步，滑套 C 的加速度合成分析见 8-25a 的黑色矢量。其中牵连点是 AB 杆上与滑套 C 重合点。牵连加速度由以 A 为基点、牵连点为“动点”的基点法得到，即 $\boldsymbol{a}_e = \boldsymbol{a}_A + \boldsymbol{a}_{CA}^{n} + \boldsymbol{a}_{CA}^{t} = \boldsymbol{a}_{CA}^{n} + \boldsymbol{a}_{CA}^{t}$。矢量关系和相关信息如下

	$\boldsymbol{a}_a(\boldsymbol{a}_C)$	$= \boldsymbol{a}_e + \boldsymbol{a}_r + \boldsymbol{a}_C =$	$\boldsymbol{a}_{CA}^{n}$	+	$\boldsymbol{a}_{CA}^{t}$	+	$\boldsymbol{a}_r$	+	$\boldsymbol{a}_C$
大小	?		$\omega_{AB}^2 CA$		$\alpha_{AB} CA$		?		$2\omega_{AB} v_r$
方向	√		√		√		√		√

沿 $\boldsymbol{a}_C$ 投影有

$$a_C\cos\theta = a_{CA}^{t} + a_C$$

可解得

$$a_C = (a_{CA}^{t} + a_C)\sec\theta = (\alpha_{AB}CA + 2\omega_{AB}v_r)\sec30° = (0.2\sqrt{3} + 0.4\sqrt{3}/3) \times 2/\sqrt{3} \text{ m/s}^2$$
$$= 2/3 \text{ m/s}^2 = 0.667 \text{ m/s}^2$$

讨论

(1)本题稍难，超出了教材的要求，因为第 7 章只介绍了动系定轴转动情形，而本题动系做平面运动。

(2)本题几何关系简单，所以有同学猜测建立解析表达式后求导较为方便，但是做下来也不是很简单。另外，本章训练的重点是矢量法，而不是解析法。

例题 8-11 图 8-26 所示行星齿轮传动机构中，曲柄 OA 以匀角速度 ω_O 绕轴 O 转动，使与齿轮 A 固结在一起的杆 BD 运动。杆 BE 与 BD 在点 B 铰接，并且杆 BE 在运动时始终通过固定铰支的套筒 C。如定齿轮的半径为 $2r$，动齿轮半径为 r，且 $AB = \sqrt{5}r$。如图 8-26 所示瞬时，曲柄 OA 在竖直位置，BD 在水平位置，杆 BE 与水平线间成角 $\varphi = 45°$，求此时杆 BE 上与

C 相重合点的速度和加速度。(教材习题 8-31)

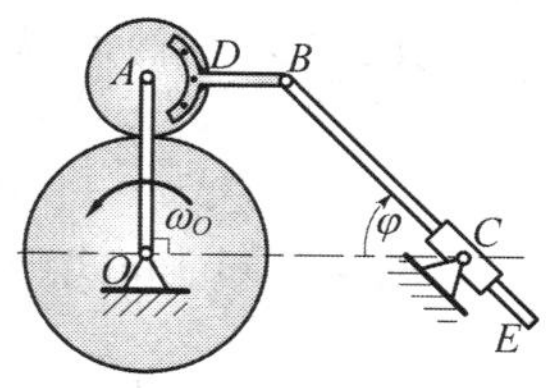

图 8-26

解:ADB 和 BE 均做平面运动。为了解题,可以想象把滑套 C 延伸,延伸的滑套做定轴转动。

(1)速度分析。分三步

第一步,研究平面运动的 ADB,确定 B 的速度。ADB 的瞬心在两齿轮的啮合点 P(见图 8-27a)。因而 ω_A 为

$$\omega_A = v_A/PA = \omega_O OA/PA = 3\omega_O$$

从而有

$$v_B = \omega_A PB \tag{a}$$

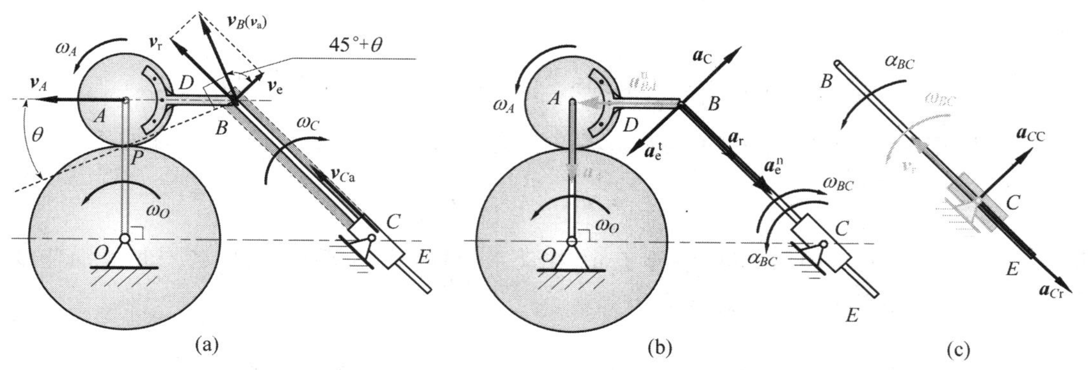

图 8-27

第二步,想象滑套 C 按图 8-27a 中灰色套筒那样延伸,取此套筒为动系(牵连运动:定轴转动),铰链 B 为动点(绝对运动:平面曲线;相对运动:沿套筒的直线运动),速度合成分析见图 8-27a。由于 $\boldsymbol{v}_e \perp \boldsymbol{v}_r$,容易得到

$$v_e = v_a\cos(45° + \theta) = v_B\cos(45° + \theta) = \omega_A BP\cos(45° + \theta) = 3\omega_O BP\cos(45° + \theta)$$

$$v_r = v_a\sin(45° + \theta) = 3\omega_O BP\sin(45° + \theta)$$

求加速度需要的 $\omega_{CB} = \omega_C = v_e/CB = 3\omega_O BP\cos(45° + \theta)/(3r/\cos 45°) = (\sqrt{5} - 1)\omega_O/2$

第三步,取套筒 C 为动系,BE 上与 C 相重合点为动点,则有 $\boldsymbol{v}_{Ca} = \boldsymbol{v}_{Ce} + \boldsymbol{v}_{Cr}$。$\boldsymbol{v}_{Ce}$ 就是套筒上 C 点速度,它等于 $\mathbf{0}$。杆 BE 在动系中为平移,所以各点相对速度相同,这就有 $\boldsymbol{v}_{Cr} = \boldsymbol{v}_r$。综合以上信息有 $\boldsymbol{v}_{Ca} = \boldsymbol{v}_{Cr} = \boldsymbol{v}_r$,方向见图 8-27a,大小为

$$\begin{aligned} v_{Ca} &= v_r = 3\omega_O BP\sin(45° + \theta) = 3\omega_O(\sin 45° \times BP\cos\theta + \cos 45° \times BP\cos\theta) \\ &= 3\sqrt{2}\omega_O(AB + AP)/2 = 3(\sqrt{10} + \sqrt{2})\omega_O r/2 = 6.865\omega_O r \end{aligned}$$

(2)加速度分析,分三步

第一步,研究平面运动的 ADB,确定 B 的加速度。以 A 为基点、B 为动点的加速度分析见图 8-27b 的灰色矢量,图中并未画出 $\boldsymbol{a}_{BA}^t$,这是因为对式(a)求导得到 $\alpha_A = 0$,从而有 $\boldsymbol{a}_{BA}^t = \mathbf{0}$。$B$ 点的加速度为

$$\boldsymbol{a}_B = \boldsymbol{a}_A + \boldsymbol{a}_{BA}^n \tag{b}$$

第二步，套筒 C 为动系、铰链 B 为动点的加速度合成如下（见图 8-27b 的黑色矢量箭头）

$$\boldsymbol{a}_{\mathrm{a}}(\boldsymbol{a}_B) = \boldsymbol{a}_{\mathrm{e}}^{\mathrm{n}} + \boldsymbol{a}_{\mathrm{e}}^{\mathrm{t}} + \boldsymbol{a}_{\mathrm{r}} + \boldsymbol{a}_{\mathrm{C}} \tag{c}$$

联合式(b)和式(c)，有如下的矢量关系和相关信息

$\boldsymbol{a}_B =$	$\boldsymbol{a}_A$	$+$	$\boldsymbol{a}_{BA}^{\mathrm{n}}$	$=$	$\boldsymbol{a}_{\mathrm{e}}^{\mathrm{n}}$	$+$	$\boldsymbol{a}_{\mathrm{e}}^{\mathrm{t}}$	$+$	$\boldsymbol{a}_{\mathrm{r}}$	$+$	$\boldsymbol{a}_{\mathrm{C}}$
大小	$3\omega_O^2 r$		$\omega_A^2 BA$		$\omega_{CB}^2 CB$		?		?		$2\omega_{CB} v_{\mathrm{r}}$
方向	√		√		√		√		√		√

沿 $\boldsymbol{a}_{\mathrm{r}}$ 的方向投影有

$$a_A \cos 45° - a_{BA}^{\mathrm{n}} \sin 45° = a_{\mathrm{r}} + a_{\mathrm{e}}^{\mathrm{n}}$$

解得

$$a_{\mathrm{r}} = a_A \cos 45° - a_{BA}^{\mathrm{n}} \sin 45° - a_{\mathrm{e}}^{\mathrm{n}} = -(3\sqrt{2} + 3\sqrt{10})\omega_O^2 r$$

第三步，套筒 C 为动系，BE 上与 C 相重合点为动点，矢量关系（见图 8-27c）如下

$$\boldsymbol{a}_{C\mathrm{a}} = \boldsymbol{a}_{C\mathrm{e}} + \boldsymbol{a}_{C\mathrm{r}} + \boldsymbol{a}_{CC}$$

其中 $\boldsymbol{a}_{C\mathrm{e}}$ 就是套筒上 C 的加速度，它等于 $\mathbf{0}$。在动系中杆 BE 为平移，所以各点相对加速度相同，即 $\boldsymbol{a}_{C\mathrm{r}} = \boldsymbol{a}_{\mathrm{r}}$。该处的科氏加速度大小

$$a_{CC} = 2\omega_{CB} v_{C\mathrm{r}} = 2\omega_{CB} v_{\mathrm{r}} = 2(\sqrt{5}-1)\omega_O/2 \times 3(\sqrt{10}+\sqrt{2})\omega_O r/2 = 6\sqrt{2}\omega_O^2 r$$

由于 $\boldsymbol{a}_{C\mathrm{r}} \perp \boldsymbol{a}_{CC}$，所以 $\boldsymbol{a}_{C\mathrm{a}}$ 的大小

$$a_{C\mathrm{a}} = \sqrt{(a_{C\mathrm{r}})^2 + (a_{CC})^2} = 6\sqrt{5+\sqrt{5}}\omega_O^2 r = 16.14\omega_O^2 r$$

与水平方向的夹角

$$\varphi = 45° - \arctan(a_{C\mathrm{r}}/a_{CC}) = 103.28°$$

例题 8-12 图 8-28 所示机构，已知 $AC=l_1$，$BC=l_2$。求当 $AC \perp BC$ 时 C 点的速度和加速度，此时 $\boldsymbol{v}_A$，$\boldsymbol{a}_A$，$\boldsymbol{v}_B$，$\boldsymbol{a}_B$ 已知。

解：本题机构具有两个自由度，因而需要给定两组独立的运动信息才能确定整个机构的运动，比如这里提供 A 和 B 两处的运动信息。相应地，这类题目的解答一般都是从各自的已知信息独立向目标处推进。

(1)速度分析。如图 8-29a 所示，以 A 为基点的 C 点速度 $\boldsymbol{v}_C = \boldsymbol{v}_A + \boldsymbol{v}_{CA}$，而以 B 为基点的 C 点速度 $\boldsymbol{v}_C = \boldsymbol{v}_B + \boldsymbol{v}_{CB}$。因而

$$\boldsymbol{v}_A + \boldsymbol{v}_{CA} = \boldsymbol{v}_B + \boldsymbol{v}_{CB}$$

分别沿水平和垂直投影有

$$v_A + v_{CA} = 0, v_B + v_{CB} = 0 \tag{a}$$

所以 C 点速度 $\qquad \boldsymbol{v}_C = \boldsymbol{v}_{Cx} + \boldsymbol{v}_{Cy} = \mathbf{0}$

由式(a)可得

$$\omega_{CA} = v_{CA}/CA = -v_A/l_1$$

$$\omega_{CB} = v_{CB}/CB = -v_B/l_2$$

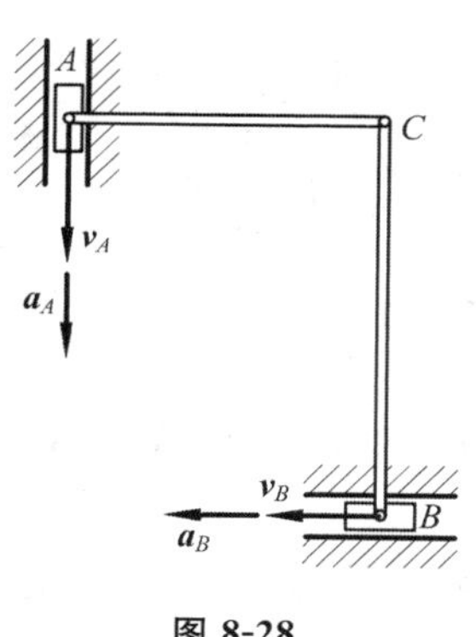

图 8-28

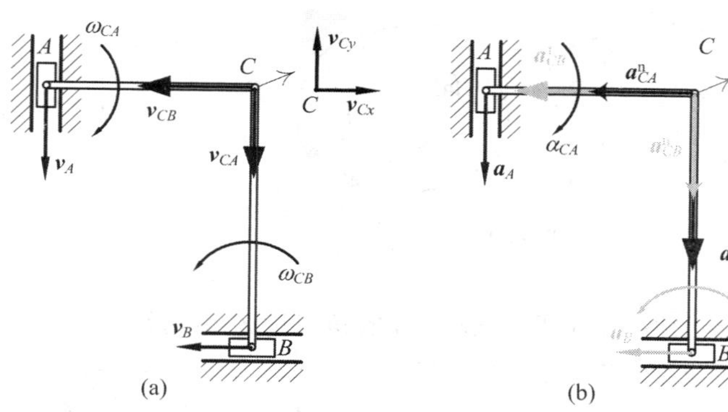

图 8-29

(2)加速度分析。以 A 为基点的 C 点加速度 $\boldsymbol{a}_C=\boldsymbol{a}_A+\boldsymbol{a}^{\mathrm{t}}_{CA}+\boldsymbol{a}^{\mathrm{n}}_{CA}$（图 8-29b 中黑色矢量），而以 B 为基点的 C 点速度 $\boldsymbol{a}_C=\boldsymbol{a}_B+\boldsymbol{a}^{\mathrm{t}}_{CB}+\boldsymbol{a}^{\mathrm{n}}_{CB}$（图 8-29b 中灰色矢量）。因而有

$$\boldsymbol{a}_A+\boldsymbol{a}^{\mathrm{t}}_{CA}+\boldsymbol{a}^{\mathrm{n}}_{CA}=\boldsymbol{a}_B+\boldsymbol{a}^{\mathrm{t}}_{CB}+\boldsymbol{a}^{\mathrm{n}}_{CB}$$

沿竖直方向投影有

$$-a_A-a^{\mathrm{t}}_{CA}=-a^{\mathrm{n}}_{CB}$$

即 $a^{\mathrm{t}}_{CA}=a^{\mathrm{n}}_{CB}-a_A$。

C 点加速度

$$\begin{aligned}a_C&=\boldsymbol{a}_{Cx}+\boldsymbol{a}_{Cy}=\boldsymbol{a}_A+\boldsymbol{a}^{\mathrm{t}}_{CA}+\boldsymbol{a}^{\mathrm{n}}_{CA}=-\boldsymbol{a}^{\mathrm{n}}_{CA}i-\boldsymbol{a}^{\mathrm{n}}_{CB}j\\&=-v_A^2\boldsymbol{i}/l_1-v_B^2\boldsymbol{j}/l_2\end{aligned}$$

讨论

(1)本题 C 点速度是 **0**，但是加速度不等于 **0**。

(2)这样的做法“对 A 和 B 两处的速度作垂线，交于 C 点，所以 C 点是 ACB 的速度瞬心”是错误的，因为 ACB 不是刚体，根本没有“瞬心”说法。瞬心是对单个刚体定义的。

8.3 思考题解答

8-1 如图 S8-1 所示，平面图形上两点 A、B 的速度方向可能是这样吗？为什么？

解答：不可能，因为不符合速度投影定理。

8-2 如图 S8-2 所示，已知 $v_A=\omega_1\cdot O_1A$，方向如图所示，$\boldsymbol{v}_D$ 垂直于 O_2D。于是可确定速度瞬心 C 的位置，求得：

$$v_D=\frac{v_A}{AC}\cdot CD,\omega_2=\frac{v_D}{O_2D}=\frac{v_D}{AC}\cdot\frac{CD}{O_2D}$$

这样做对吗？为什么？

解答：不对。速度瞬心是对单个刚体的概念，而图中的 $\boldsymbol{v}_A$ 和 $\boldsymbol{v}_D$ 是不同刚体上两个点的速度。

图 S8-1　　图 S8-2

8-3　如图 S8-3 所示，O_1A 杆的角速度为 ω_1，板 ABC 和杆 O_1A 铰接。问图中 O_1A 和 AC 上各点的速度分布规律对不对？

解答：不对。板 ABC 和杆 O_1A 不是一个刚体，当然前者不是绕 O_1 做定轴转动，另外 O_1 也不是板 ABC 的瞬心(参考习题 8-6)。

8-4　平面图形在其平面内运动，某瞬时其上有两点的加速度矢量相同。试判断下述说法是否正确：

(1)其上各点速度在该瞬时一定都相等；

(2)其上各点加速度在该瞬时一定都相等。

解答：两个说法正确，论证如下。比如 A、B 是平面运动上两点，基点法为 $\boldsymbol{a}_B=\boldsymbol{a}_A+\boldsymbol{a}_{BA}^{n}+\boldsymbol{a}_{BA}^{t}$。由假定 $\boldsymbol{a}_B=\boldsymbol{a}_A$ 得到 $\boldsymbol{a}_{BA}^{n}+\boldsymbol{a}_{BA}^{t}=\boldsymbol{0}$。因为切线加速度和法向加速度的方向垂直，所以有 $a_{BA}^{n}=a_{BA}^{t}=0$，进一步可知 $\omega=0,\alpha=0$。由 $\omega=0$ 知(1)正确。由 $\omega=0,\alpha=0$ 知基点法中的相对加速度总是 0，从而(2)正确。

8-5　在图 S8-5 所示瞬时，已知 O_1A 平行且等于 O_2B，问 ω_1 与 ω_2，α_1 与 α_2 是否相等？

解答：图 S8-5a 的 ω_1 与 ω_2，α_1 与 α_2 都相等。图 S8-5b 的机构瞬时平移，ω_1 与 ω_2 相等，但 α_1 与 α_2 不相等(转向不同)。

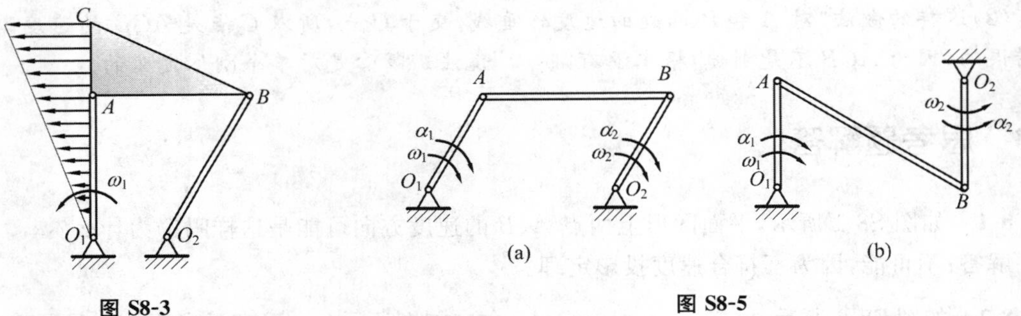

图 S8-3　　图 S8-5

8-6　如图 S8-6 所示，车轮沿曲面滚动。已知轮心 O 在某一瞬时的速度 $\boldsymbol{v}_O$ 和加速度 $\boldsymbol{a}_O$。问车轮的角加速度是否等于 $a_O\cos\beta/R$？速度瞬心 C 的加速度大小和方向如何确定？

解答：车轮的角加速度等于 $a_O\cos\beta/R$。

为了确定速度瞬心 C 的加速度，可以把曲面换成形状相同的齿条，同样车轮换成齿环。这样原机构变成齿环在齿条上啮合。显然在接触点套上一个小环不影响运动关系，如图 D8-6a 所示。取小环 M 为动点，动系固结于齿环，则小环速度 $\boldsymbol{v}_a=\boldsymbol{v}_e+\boldsymbol{v}_r$。因为牵连点是速度瞬心($\boldsymbol{v}_e=\boldsymbol{0}$)，因此 $\boldsymbol{v}_a=\boldsymbol{v}_r$，其大小也必定相等，即 $v_a=v_r$，这个关系在任何时刻都成立，所以可以求导，这样就有 $a_a^t = a_r^t$（参考思考题 7-4 和 7-5）。

加速度合成关系如图 D8-6b，矢量关系为

$$\boldsymbol{a}_a(\boldsymbol{a}_M) = \boldsymbol{a}_e + \boldsymbol{a}_r^t + \boldsymbol{a}_r^n + \boldsymbol{a}_C \tag{a}$$

其中：$\boldsymbol{a}_e$ 为瞬心 C 的加速度；$\boldsymbol{a}_a = \boldsymbol{a}_a^t + \boldsymbol{a}_a^n$。由式(a)可得

$$\boldsymbol{a}_e = \boldsymbol{a}_a^t + \boldsymbol{a}_a^n - (\boldsymbol{a}_r^t + \boldsymbol{a}_r^n + \boldsymbol{a}_C) = \boldsymbol{a}_a^n - (\boldsymbol{a}_r^n + \boldsymbol{a}_C)$$

式中最后一个等号利用了 $\boldsymbol{a}_a^t$ 和 $\boldsymbol{a}_r^t$ 大小相等、方向相同(图 D8-6b)的特性。因为 $\boldsymbol{a}_a^n$、$\boldsymbol{a}_r^n$、$\boldsymbol{a}_C$ 三者都是沿径向的，所以瞬心 C 的加速度没有切线分量。也就是瞬心 C 的加速度垂直于接触点的切线方向。

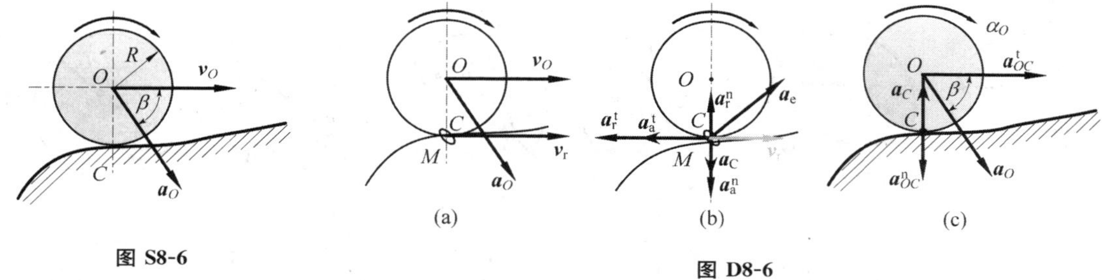

图 S8-6　　图 D8-6

现在用基点法确定 $\boldsymbol{a}_C$ 的大小。对车轮刚体，选择接触点 C 为基点，轮心 O 为动点，基点法加速度分析见图 D8-6c，矢量关系为

	$\boldsymbol{a}_O$	=	$\boldsymbol{a}_C$	+	$\boldsymbol{a}_{OC}^n$	+	$\boldsymbol{a}_{OC}^t$	
大小	√		?		$\omega_O^2 R$		?	(b)
方向	√		√		√		√	

沿竖直方向投影得到

$$-a_O\sin\beta = a_C - a_{OC}^n$$

解得

$$a_C = a_{OC}^n - a_O\sin\beta = v_O^2/R - a_O\sin\beta$$

式(b)沿水平方向投影得到

$$a_O\cos\beta = a_{OC}^t$$

可求得车轮角加速度

$$\alpha_O = a_O\cos\beta/R$$

8-7　试证：当 $\omega = 0$ 时，平面图形上两点的加速度在此连线上的投影相等。

证明：采用基点法，任意 A，B 两点的加速度关系为 $\boldsymbol{a}_B = \boldsymbol{a}_A + \boldsymbol{a}_{BA}^t + \boldsymbol{a}_{BA}^n$。其中 $\boldsymbol{a}_{BA}^n$ 因 $\omega = 0$ 而为零。$\boldsymbol{a}_{BA}^t$ 因垂直于 AB 而在 AB 上投影为 0。这就证明了 $\boldsymbol{a}_B$、$\boldsymbol{a}_A$ 在 AB 上投影相等。

8-8　如图 S8-8 所示，各平面图形均作平面运动，问图示各种运动状态是否可能？

图 a 中，$\boldsymbol{a}_A$ 与 $\boldsymbol{a}_B$ 平行(AB 连线与 $\boldsymbol{a}_A$ 不垂直)，且 $\boldsymbol{a}_A = -\boldsymbol{a}_B$；

图 b 中，$\boldsymbol{a}_A$ 和 $\boldsymbol{a}_B$ 都与 AB 连线垂直，且 $\boldsymbol{a}_A$，$\boldsymbol{a}_B$ 反向；

图 c 中，$\boldsymbol{a}_A$ 沿 AB 连线，$\boldsymbol{a}_B$ 与 AB 连线垂直；

图 d 中，$\boldsymbol{a}_A$和$\boldsymbol{a}_B$都沿 AB 连线，且 $a_B > a_A$；

图 e 中，$\boldsymbol{a}_A$和$\boldsymbol{a}_B$都沿 AB 连线，且 $a_A > a_B$；

图 f 中，$\boldsymbol{a}_A$沿 AB 连线方向；

图 g 中，$\boldsymbol{a}_A$和$\boldsymbol{a}_B$都与 AC 连线垂直，且 $a_B > a_A$；

图 h 中，$AB \perp AC$，$\boldsymbol{a}_A$沿 AB 连线，$\boldsymbol{a}_B$在 AB 上的投影相等；

图 i 中，$\boldsymbol{a}_A$与$\boldsymbol{a}_B$平行，且 $\boldsymbol{a}_A = \boldsymbol{a}_B$；

图 j 中，$\boldsymbol{a}_A$和$\boldsymbol{a}_B$都与 AB 连线垂直，且 $\boldsymbol{v}_A$，$\boldsymbol{v}_B$在 AB 上的投影相等；

图 k 中，$\boldsymbol{v}_A$与$\boldsymbol{v}_B$平行且相等，$\boldsymbol{a}_B$与 AB 连线垂直，$\boldsymbol{a}_A$与$\boldsymbol{v}_A$共线；

图 l 中，矢量 $\overrightarrow{BC}$ 与 $\overrightarrow{AD}$ 在 AB 线上的投影相等，$\overrightarrow{BC}$ 在 AB 线上，$\boldsymbol{a}_B = \boldsymbol{v}_B = \overrightarrow{BC}$，$\boldsymbol{a}_A = \boldsymbol{v}_A = \overrightarrow{AD}$。

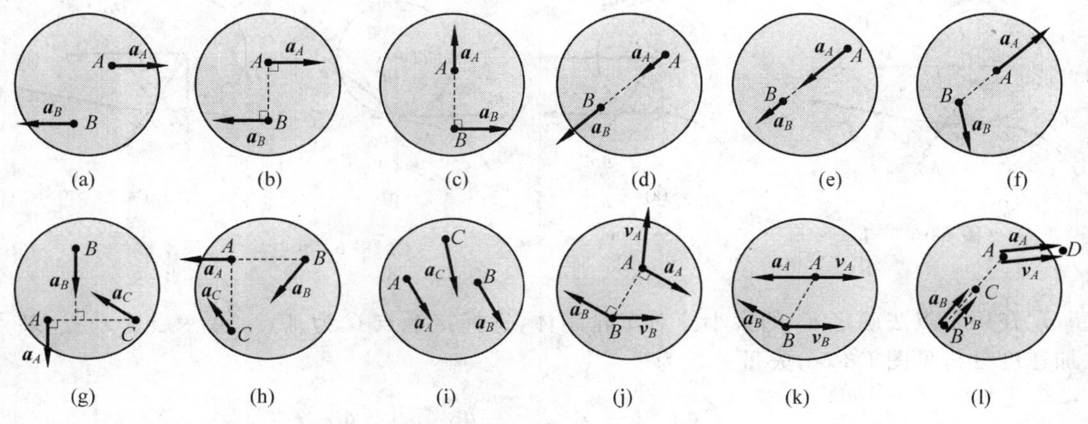

图 S8-8

解答：

不可能的有：a，c，d，f（法向加速度会为负值）；g（从 $\boldsymbol{a}_A$和$\boldsymbol{a}_B$可确定刚体的角加速度为顺时针，但是从 $\boldsymbol{a}_A$和$\boldsymbol{a}_C$确定的角加速度转向为逆时针）；h（从 $\boldsymbol{a}_A$和$\boldsymbol{a}_B$可确定刚体的角速度为 0，但是从 $\boldsymbol{a}_A$和$\boldsymbol{a}_C$确定的角速度不为 0）；i（从 $\boldsymbol{a}_A = \boldsymbol{a}_B$可确定刚体的角速度和角加速度均为 0（参考思考题 8-4），因此 C 点加速度矢也与该与$\boldsymbol{a}_A$相等）；j（从 $\boldsymbol{a}_A$和$\boldsymbol{a}_B$可确定刚体的角速度 0，但是从 $\boldsymbol{v}_A$和$\boldsymbol{v}_B$确定的角速度不是零）；k（从 $\boldsymbol{v}_A$和$\boldsymbol{v}_B$确定的角速度是零，但是从 $\boldsymbol{a}_A$和$\boldsymbol{a}_B$确定角速度不是零）；l（从 $\boldsymbol{a}_A$和$\boldsymbol{a}_B$可确定刚体角速度 0，但是从 $\boldsymbol{v}_A$和$\boldsymbol{v}_B$确定的角速度不是零）。

可能的有：b，e。

8-9 图 S8-9 所示各平面机构中，各部分尺寸及图示瞬时的位置已知。凡图上标出的角

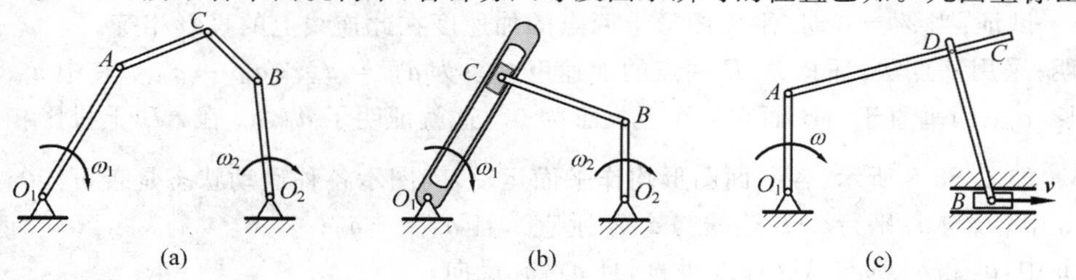

图 S8-9

速度或速度皆为已知，且皆为常量。欲求出各图中点 C 的速度和加速度，你将采用什么方法？说出解题的步骤及所用公式。

解答：

图 a　分别以点 A 和点 B 为基点，点 C 为动点，速度分析和加速度分析分别见图 D8-9a 和图 D8-9d。所用公式如下

$$\boldsymbol{v}_C=\boldsymbol{v}_A+\boldsymbol{v}_{CA}\qquad \boldsymbol{v}_C=\boldsymbol{v}_B+\boldsymbol{v}_{CB}$$

$$\boldsymbol{a}_C=\boldsymbol{a}_A+\boldsymbol{a}_{CA}^{\mathrm{t}}+\boldsymbol{a}_{CA}^{\mathrm{n}}\qquad \boldsymbol{a}_C=\boldsymbol{a}_B+\boldsymbol{a}_{CB}^{\mathrm{t}}+\boldsymbol{a}_{CB}^{\mathrm{n}}$$

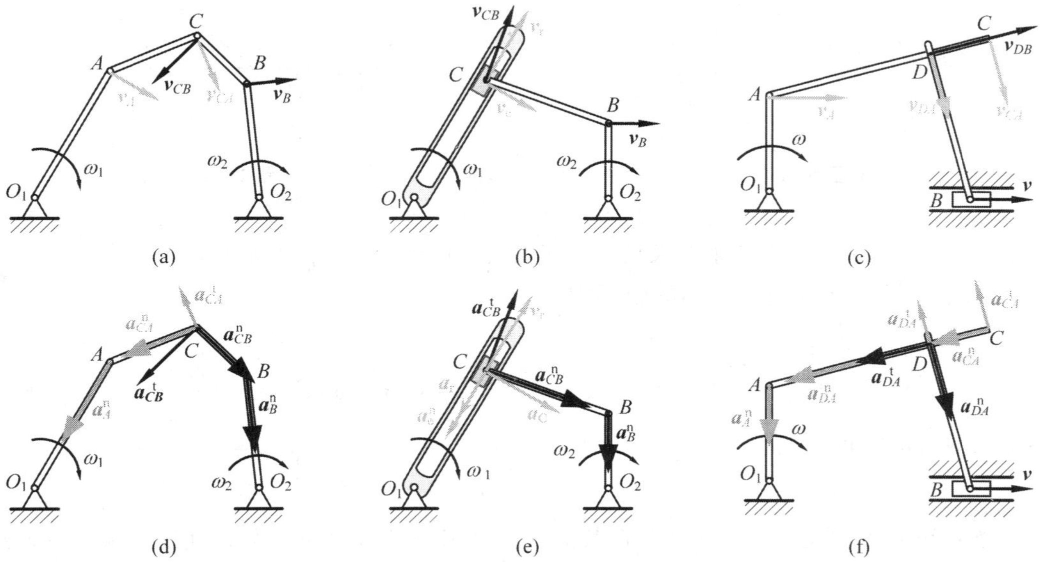

图 D8-9

图 b　以 B 为基点，C 为动点，用基点法分析 C 点运动。另外一个方向是：以 O_1C 为动系，C 为动点，以运动合成分析 C 点运动。速度分析和加速度分析分别见图 D8-9b 和图 D8-9e。所用公式如下

$$\boldsymbol{v}_a(\boldsymbol{v}_C)=\boldsymbol{v}_e+\boldsymbol{v}_r\qquad \boldsymbol{v}_C=\boldsymbol{v}_B+\boldsymbol{v}_{CB}$$

$$\boldsymbol{a}_a(\boldsymbol{a}_C)=\boldsymbol{a}_r+\boldsymbol{a}_e^{\mathrm{n}}+\boldsymbol{a}_C\qquad \boldsymbol{a}_C=\boldsymbol{a}_B^{\mathrm{n}}+\boldsymbol{a}_{CB}^{\mathrm{t}}+\boldsymbol{a}_{CB}^{\mathrm{n}}$$

图 c　分别以 A，B 为基点，C 为动点，用基点法分析 D 点运动。得到 AD 的角速度和角加速度之后，再以 A 为基点，C 为动点，研究 C 的运动。速度分析和加速度分析分别见图 D8-9c 和图 D8-9f。

$$\boldsymbol{v}_D=\boldsymbol{v}_A+\boldsymbol{v}_{DA}\qquad \boldsymbol{v}_D=\boldsymbol{v}_B(\boldsymbol{v})+\boldsymbol{v}_{DB}$$

$$\boldsymbol{a}_D=\boldsymbol{a}_A^{\mathrm{n}}+\boldsymbol{a}_{DA}^{\mathrm{t}}+\boldsymbol{a}_{DA}^{\mathrm{n}}\qquad \boldsymbol{a}_D=\boldsymbol{a}_B+\boldsymbol{a}_{CB}^{\mathrm{t}}+\boldsymbol{a}_{CB}^{\mathrm{n}}$$

$$\boldsymbol{v}_C=\boldsymbol{v}_A+\boldsymbol{v}_{CA}\qquad \boldsymbol{a}_C=\boldsymbol{a}_A^{\mathrm{n}}+\boldsymbol{a}_{CA}^{\mathrm{t}}+\boldsymbol{a}_{CA}^{\mathrm{n}}$$

8-10　如图 S8-10 所示，杆 AB 作平面运动，图示瞬时 A，B 两点速度 $\boldsymbol{v}_A$，$\boldsymbol{v}_B$ 的大小、方向均为已知，C 和 D 两点分别是 $\boldsymbol{v}_A$，$\boldsymbol{v}_B$ 的矢端。试问：

(1)杆 AB 上各点速度矢的端点是否都在直线 CD 上?

(2)对杆 AB 上任意一点 E,设其速度矢端为 H,那么点 H 在什么位置?

(3)设杆 AB 为无限长,它与 CD 的延长线交于点 P。试判断下述说法是否正确。

A. 点 P 的瞬时速度为零;

B. 点 P 的瞬时速度必不为零,其速度矢端必在直线 AB 上;

C. 点 P 的瞬时速度必不为零,其速度矢端必在 CD 的延长线上。

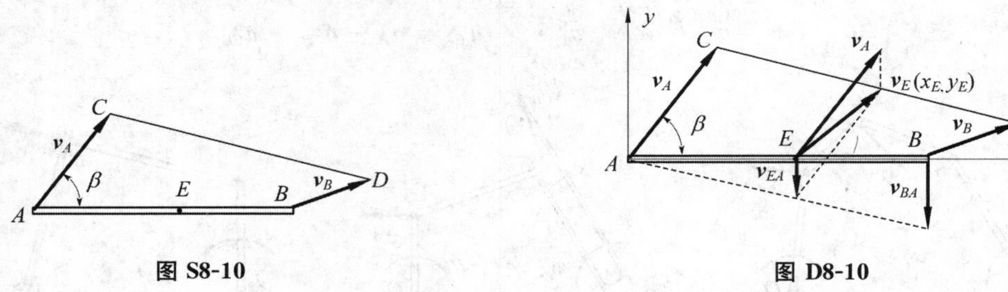

图 S8-10　　图 D8-10

解答:(1)杆 AB 上各点速度矢的端点都在直线 CD 上。证明如下,建立图 D8-10 中的 xAy 坐标系。任一点 E 速度矢端的坐标为

$$\begin{cases} x_E = AE + v_A\cos\beta \\ y_E = v_A\sin\beta - v_{EA} = v_A\sin\beta - \omega AE \end{cases} \tag{a}$$

把 AE 从两式消除得到

$$y_E + \omega x_E = v_A\sin\beta + \omega v_A\cos\beta \tag{b}$$

这是一条直线方程,当然 C 和 D 也落在其上。反过来也可以说任一点 E 速度矢端落在通过 C 和 D 的直线上。

(2)过 A 作与 $\boldsymbol{v}_A$ 的垂线,过 B 作与 $\boldsymbol{v}_B$ 的垂线,设两垂线的交点为 P。连接 PE,过 E 作 PE 的垂线,后者与 CD 的交点即为 H 点。

(3)A 不对,按(2)找到的瞬心不可能在 AB 延长线上(除非 $\boldsymbol{v}_A$ 和 $\boldsymbol{v}_B$ 与 AB 垂直);B 不对,因为如果题目说法正确,则速度矢端只能在 AB 和 CD 延长线的交点,也就是点 P 的速度大小为 0,这与 A 矛盾;C 正确,见(1)的论证。

8.4　习题解答

8-1　椭圆规尺 AB 由曲柄 OC 带动,曲柄以角速度 ω_0 绕轴 O 匀速转动,如图 T8-1 所示。如 $OC=BC=AC=r$,并取 C 为基点,求椭圆规尺 AB 的平面运动方程。

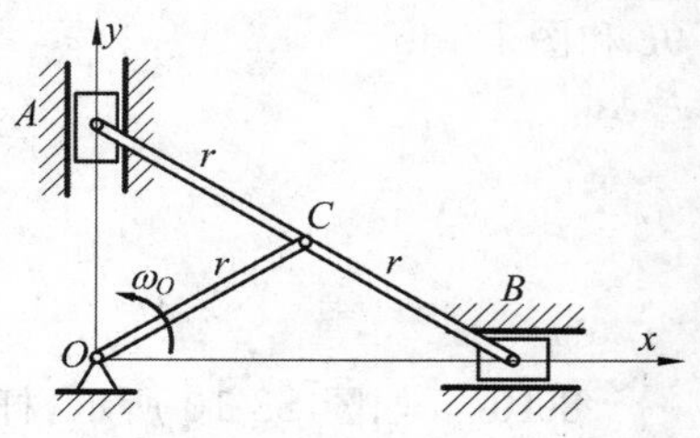

图 T8-1

解:基点法将平面运动分解为随基点的平移和绕基点的转动。基点 C 的运动方程为

$$x_C(t) = r\cos\omega_O t, \quad y_C(t) = r\sin\omega_O t \tag{a}$$

记绕基点转动角度为 $\varphi(t)$,如图 J8-1 所示,其起始边与 x 轴

平行，正转向为逆时针。根据图中几何关系，可写出

$$\varphi(t) = 180° - \omega_O t \tag{b}$$

式(a)和式(b)联合起来就是以 C 为基点的平面运动方程。

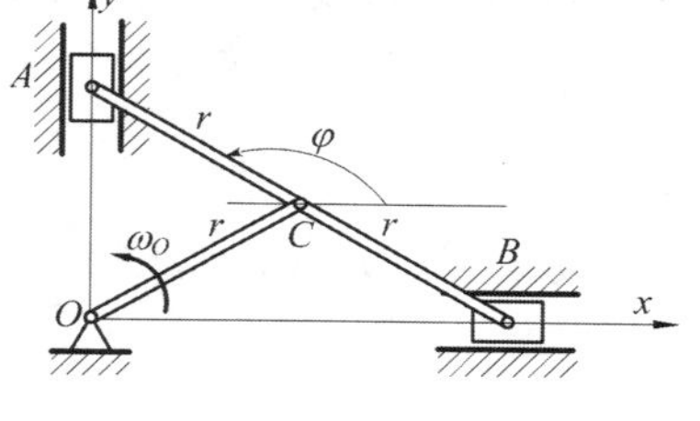

图 J8-1

8-2　如图 T8-2 所示，圆柱 A 缠以细绳，绳的 B 端固定在天花板上。圆柱自静止落下，其轴心的速度为 $v=\sqrt{4gh/3}$，其中 g 为常量，h 为圆柱轴心到初始位置的距离。如圆柱半径为 r，求圆柱的平面运动方程。

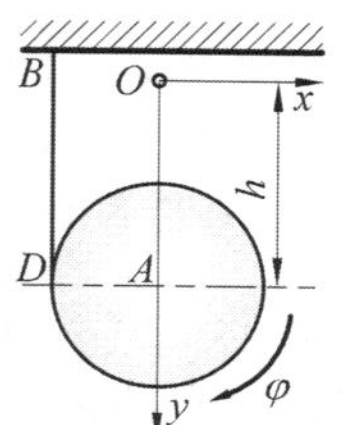

图 T8-2

解：以点 A 为基点，将圆柱的平面运动分解为随基点 A 的平移和绕基点 A 的转动。在图 T8-2 的坐标系中，点 A 的坐标

$$x_A = 0,\quad y_A = h$$

其中 h 根据题设满足如下微分方程

$$v = \frac{\mathrm{d}h}{\mathrm{d}t} = \sqrt{4gh/3} \tag{a}$$

对式(a)积分得到

$$\sqrt{h} = \sqrt{g/3} \times t + C$$

其中 C 为积分常数。根据图 T8-2 的坐标，可确定 $C=0$。这样就得到了

$$y_A = h = gt^2/3$$

由绳子和圆柱之间不打滑，有 $\varphi = h/R = gt^2/(3R)$。

综上所述，圆柱的平面运动方程为

$$\begin{cases} x_A = 0 \\ y_A = gt^2/3 \\ \varphi = gt^2/(3R) \end{cases}$$

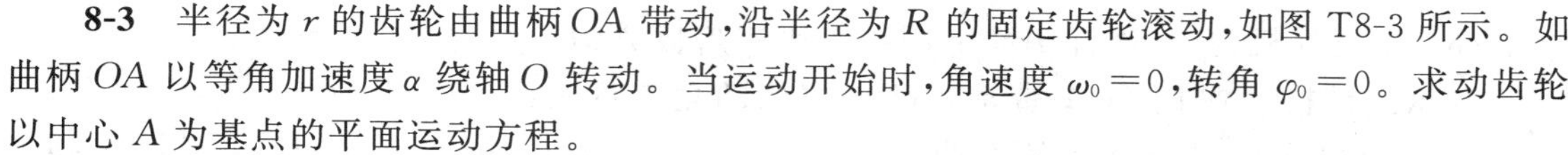

8-3　半径为 r 的齿轮由曲柄 OA 带动，沿半径为 R 的固定齿轮滚动，如图 T8-3 所示。如曲柄 OA 以等角加速度 α 绕轴 O 转动。当运动开始时，角速度 $\omega_0=0$，转角 $\varphi_0=0$。求动齿轮以中心 A 为基点的平面运动方程。

解：动齿轮的平面运动可分解为以 A 为基点的平移和绕点 A 的转动。在图 J8-3 所示坐标系中，点 A 的坐标为

$$x_A = (R+r)\cos\varphi,\quad y_A = (R+r)\sin\varphi \tag{a}$$

其中 $\varphi = \alpha t^2/2$。

由啮合条件知道固定齿轮上的弧 $\widehat{CM_0}$ 长度与动齿轮上的弧 $\widehat{CM}$ 长度相等，即

$$R\varphi = r\theta \tag{b}$$

但是 θ 并不是动齿轮绕基点 A 转过的角度。

在初始 $t=0$ 时，动齿轮处于图 J8-3 的浅灰色位置。取此时的 AM 作为参考线，在任意 t

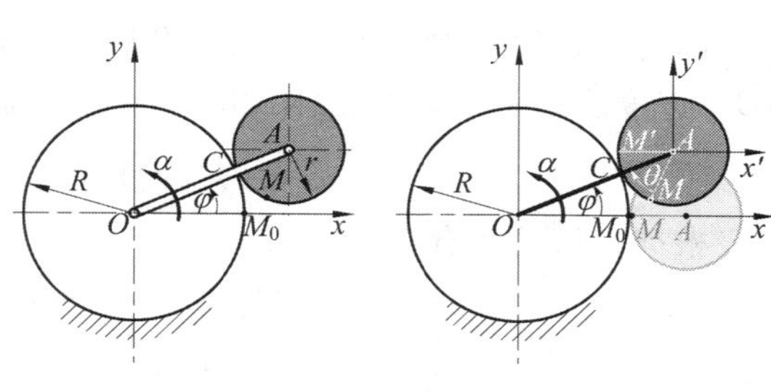

图 T8-3　　图 J8-3

时刻，这条参考线平移到图 J8-3 的深灰色圆盘上 AM' 位置，因此深灰色圆盘上角度 $\angle M'AM$ 才是圆盘绕基点 A 转过的角度。它等于

$$\varphi_A = \angle M'AM = \theta + \varphi \tag{c}$$

综合式(a)，式(b)和式(c)可给出动齿轮的平面运动方程

$$x_A = (R+r)\cos(\alpha t^2/2)$$

$$y_A = (R+r)\sin(\alpha t^2/2)$$

$$\varphi_A = \frac{1}{2}\frac{R+r}{r}\alpha t^2$$

8-4 见例题 8-1。

8-5 如图 T8-5 所示，在筛动机构中，筛子的摆动是由曲柄杆机构所带动。已知曲柄 OA 的转速 $n_{OA}=40$ r /min，$OA=0.3$ m。当筛子 BC 运动到与点 O 在同一水平线上时，$\angle BAO=90°$。求此瞬时筛子 BC 的速度。

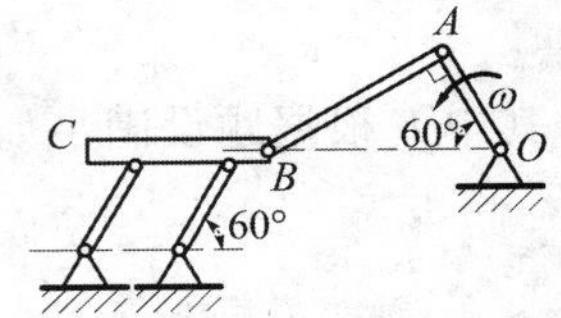

图 T8-5

解：该机构 AB 做平面运动，OA 做定轴转动，筛子在两等长杆支撑下作平移。

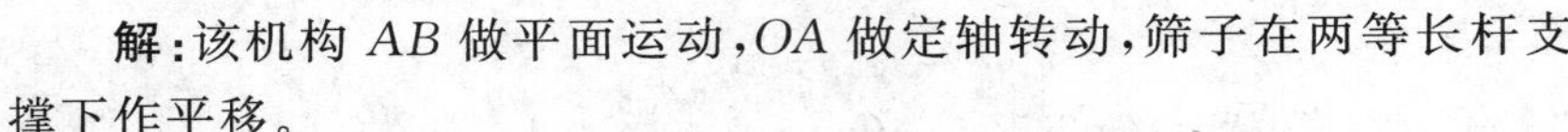

筛子 BC 作平移，其上各点速度相同，也等于筛子支撑杆端点的速度，后者用定轴转动的特性分析。

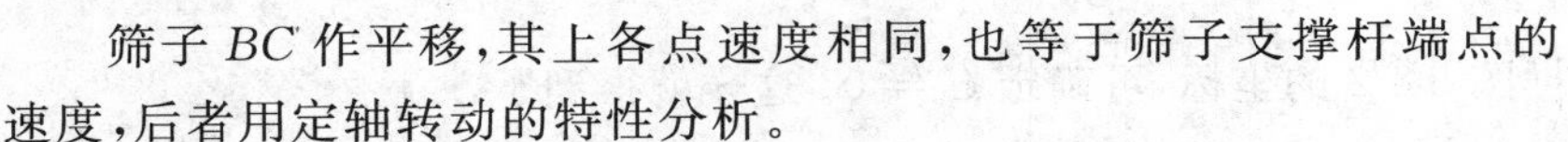

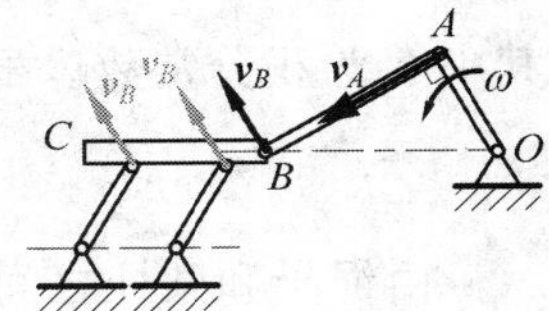

图 J8-5

速度分析如图 J8-5 所示，其中

$$v_A = OA\times\omega = (2\pi\times 40)/60\times 0.3 \text{ m/s} = 0.4\pi \text{ m/s}$$

对连杆 AB 运用速度投影定理有

$$v_A = v_B\cos 60°$$

可得筛子速度

$$v_B = v_A/\cos 60° = 0.8\pi \text{ m/s} = 2.51 \text{ m/s}$$

8-6 四连杆机构中，连杆 AB 上固结一块三角板 ABD，如图 T8-6 所示。机构由曲柄 O_1A 带动。已知曲柄的角速度 $\omega_{O1A}=2$ rad/s；曲柄 $O_1A=0.1$ m，水平距离 $O_1O_2=0.05$ m，$AD=0.05$ m；当 O_1A 竖直时，AB 平行于 O_1O_2，且 AD 与 O_1A 在同一直线上；角 $\varphi=30°$。求三角板 ABD 的角速度和点 D 的速度。

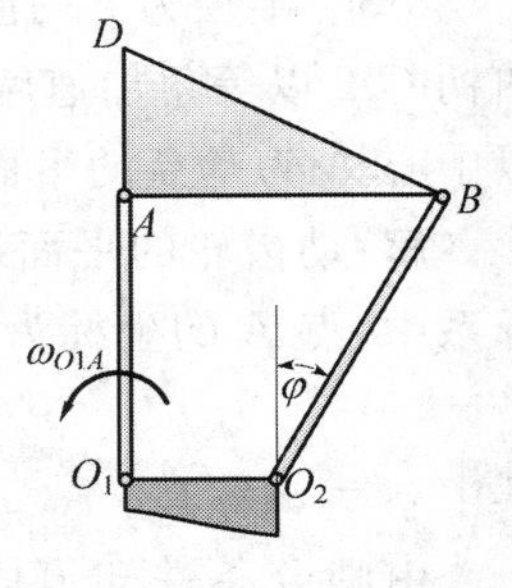

图 T8-6

解：该机构的 O_1A 和 O_2B 作定轴转动，ABD 做平面运动。

因为要计算 ABD 的角速度，采用瞬心法较为方便。三角板 ABD 速度瞬心位于点 P（见图 J8-6），ω_{ABD} 为其角速度。图中

$$v_A = O_1A\times\omega_{O1A} = PA\times\omega_{ABD}$$

根据几何关系有

$$PA = PO_1 + O_1A = OO_1\cot\varphi + O_1A$$

$$= (0.1 + 0.05\sqrt{3}) \text{ m}$$

因此角速度 ω_{ABD} 为

$$\begin{aligned}\omega_{ABD} &= v_A/PA = \omega_{O_1A}O_1A/PA \\ &= 1.07\ \text{rad/s}\end{aligned}$$

于是有

$$v_D = \omega_{ABD} \times PD = 1.07 \times (0.05 + 0.1 + 0.05\sqrt{3})\ \text{m/s} = 0.253\ \text{m/s}$$

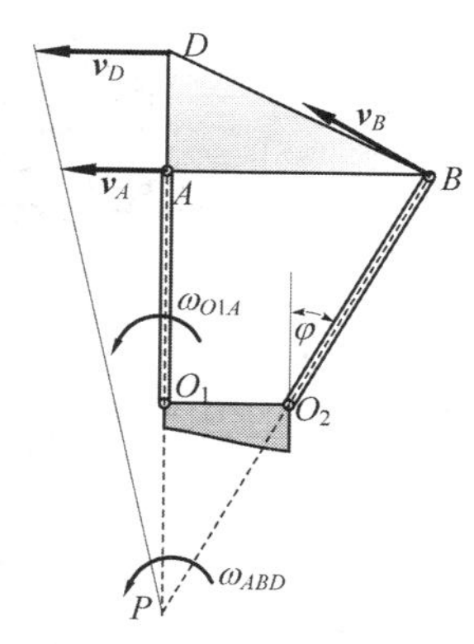

图 J8-6

8-7　图 T8-7 所示插齿机有曲柄 OA 通过连杆 AB 带动摆杆 O_1B 绕轴 O_1 摆动，与摆杆连成一体的扇齿轮带动齿条使插刀 M 上下运动。已知曲柄转动角速度为 ω，$OA=r$，扇齿轮的半径为 b。图示 B，O 位于同一竖直线且 O_1B 处于水平瞬时，求插刀 M 的速度。

解：该机构 OA 和 O_1B 作定轴转动，插刀 M 作平移，AB 作平面运动。

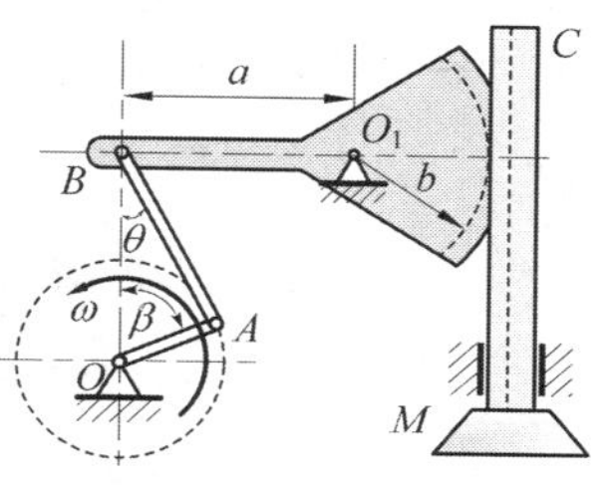

图 T8-7

图 T8-7 所示瞬时 O_1B 处于水平位置。速度分析如图 J8-7，图中

$$v_A = r\omega \tag{a}$$

对连杆 AB 运用速度投影定理有

$$v_A\cos(90° - \theta - \beta) = v_B\cos\theta \tag{b}$$

又摆杆 O_1B 绕 O_1 做定轴转动，因此扇齿轮啮合点 E 的速度和 B 点速度满足

$$v_B/v_E = a/b \tag{c}$$

综合式(a)，式(b)和式(c)有

$$v_E = \frac{b}{a}v_B = \frac{b\sin(\theta + \beta)}{a\cos\theta}r\omega$$

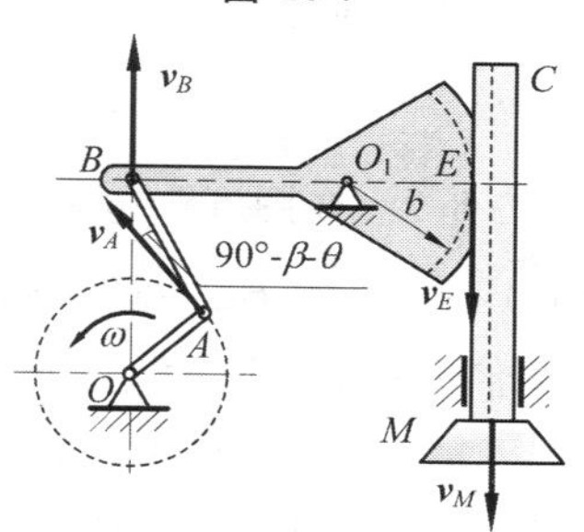

图 J8-7

根据齿条啮合条件，插刀 M 上啮合点的速度就等于 v_E。又因插刀平移，其上各点速度相等，故插刀的速度

$$v_M = v_E = \frac{b\sin(\theta + \beta)}{a\cos\theta}r\omega$$

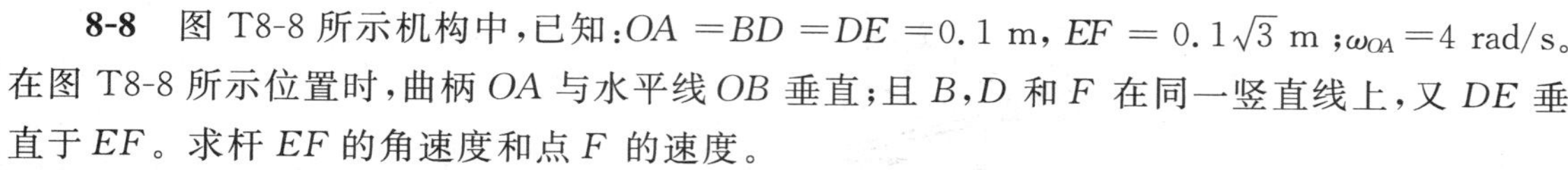

8-8　图 T8-8 所示机构中，已知：$OA = BD = DE = 0.1$ m，$EF = 0.1\sqrt{3}$ m；$\omega_{OA} = 4$ rad/s。在图 T8-8 所示位置时，曲柄 OA 与水平线 OB 垂直；且 B，D 和 F 在同一竖直线上，又 DE 垂直于 EF。求杆 EF 的角速度和点 F 的速度。

解：该机构中，杆 AB、BC 和 EF 作平面运动，OA 和 CDE 作定轴转动。速度分析如图 J8-8 所示。图中的 $v_A = \omega_{OA}OA$。另外，在直角三角形 DEF 中，容易确定 $\angle FDE = 60°$。

显然杆 AB 发生瞬时平移，因而 $v_B = v_A = \omega_{OA}OA$。

平面运动的 BC 瞬心在 D 处，因而

$$v_C = v_B/DB \times DC = \omega_{OA}OA/DB \times DC$$

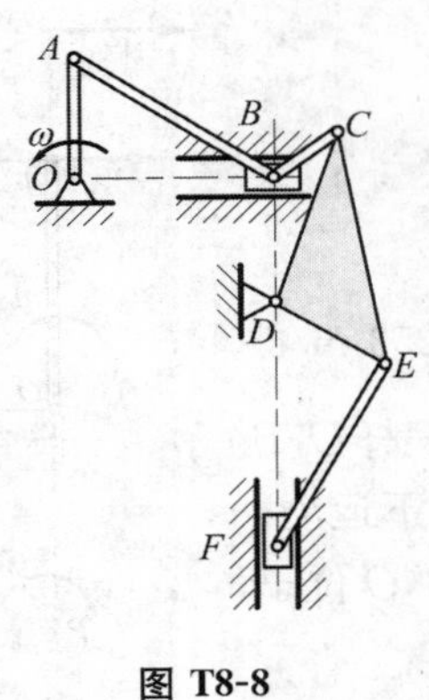

图 T8-8

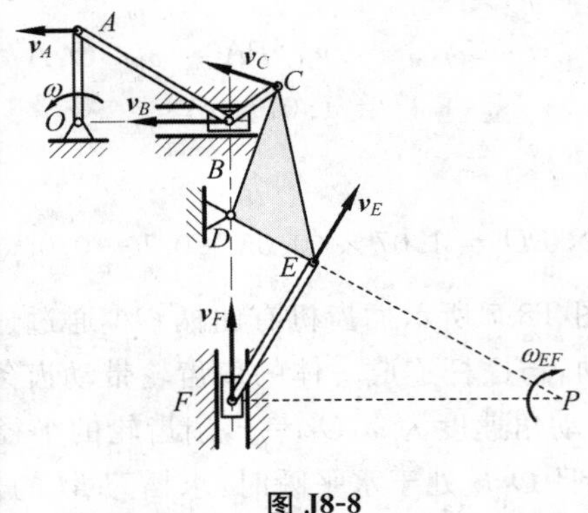

图 J8-8

由 DCE 定轴转动有

$$v_E = v_C/DC \times DE = \omega_{OA} OA/DB \times DE$$

平面运动的 DE 瞬心在 P 处,因而

$$\omega_{EF} = v_E/PE = \omega_{OA} OA/DB \times DE/PE = 4 \times 0.1/0.1 \times 0.1/(0.3)\ \text{rad/s} = 1.33\ \text{rad/s}$$

F 的速度

$$v_F = \omega_{EF} \times PF = 1.33 \times 0.2\sqrt{3}\ \text{m/s} = 0.462\ \text{m/s}$$

8-9　在图 T8-9 所示的配汽机构中,曲柄 OA 的角速度 $\omega=20$ rad/s,是常量。已知 $OA=0.4$ m,$AC=BC=0.2\sqrt{37}$ m。求当曲柄 OA 在两竖直线位置和两水平位置时,配汽机构中气阀推杆 DE 的速度。

解:该机构的杆 AB 和 CD 作平面运动,DE 作平移,OA 作定轴转动。

(1)$\varphi=90°$。速度分析如图 J8-9a。在这个状态,AB 出现瞬时平移,立刻就可以确定 C 点速度水平向左。由几何条件可确定此时的 OB 等于 2.4 m,因此 CD 是△AOB 中位线,即 CD 平行于 OA,也就是说 C,D,E 三点在一条竖直线上。由这个几何条件可确定平面运动的 CD 瞬心在 D 处。这就得到了 DE 的速度

$$v_{DE} = v_D = 0$$

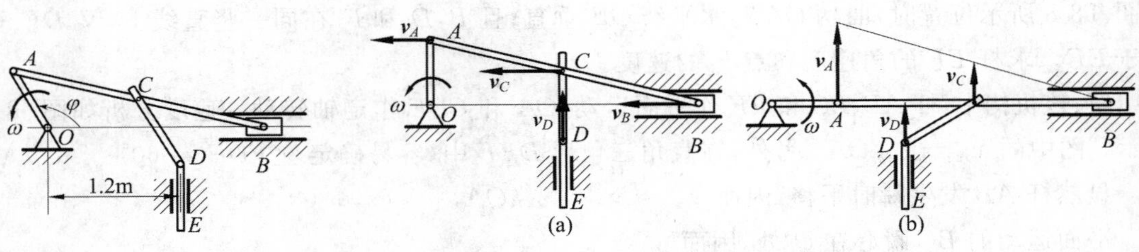

图 T8-9　　图 J8-9

(2)$\varphi=270°$。与(1)相同,可确定 $v_{DE}=v_D=0$。

(3)$\varphi=0°$。速度分析如图 J8-9b。在这个状态,由 A 和 B 两点的速度方向可确定 AB 的瞬心在 B 处。这就可以确定 C 处的速度方向竖直向上,并且大小为 $v_C=v_A/BA\times CB=\omega OA/2$。

由 D 点速度沿竖直方向,平行于 v_C,可知 CD 瞬时平移,因此可得到 DE 的速度

$$v_{DE}=v_D=v_C=\omega OA/2=4.00\ \text{m/s}$$

方向竖直向上。

(4)$\varphi=180°$。与(3)相同,可确定 $v_{DE}=v_D=4.00\ \text{m/s}$,方向竖直向下。

8-10 在瓦特行星传动机构中,平衡杆 O_1A 绕轴 O_1 转动,并借连杆 AB 带动曲柄 OB;而曲柄 OB 活动地装置在轴 O 上,如图 T8-10 所示。在轴 O 上装有齿轮Ⅰ,齿轮Ⅱ与连杆 AB 固结于一体。已知:$r_1=r_2=0.3\sqrt{3}$ m/s,$O_1A=0.75$m,$AB=1.5$ m;平衡杆的角速度 $\omega=6$ rad/s。求当 $\gamma=60°$且 $\beta=90°$时,曲柄 OB 和齿轮Ⅰ的角速度。

解:连杆 AB 作平面运动,O_1A 和 OB 作定轴转动。

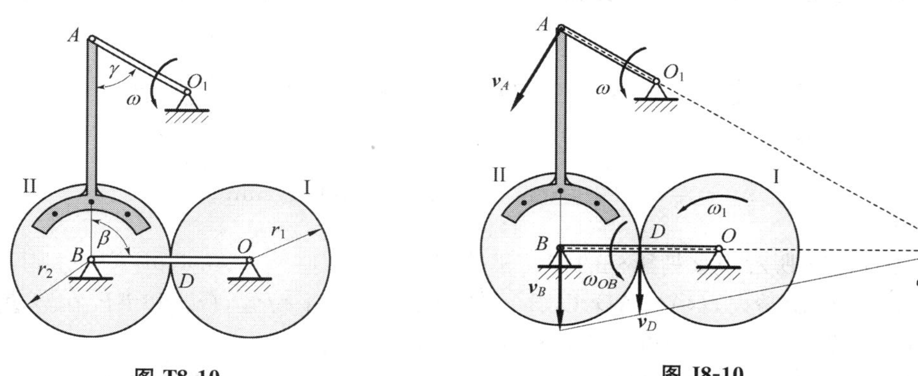

图 T8-10　　图 J8-10

速度分析如图 J8-10 所示。图中:AB 杆的速度瞬心 P 根据 A 和 B 两处的速度方向确定;$v_A=O_1A\times\omega=4.5$ m/s;在直角$\triangle APB$中,$AP=AB\sec\gamma=3$ m,$BP=AB\tan\gamma=1.5\sqrt{3}$ m。

AB 的角速度 $\omega_{AB}=v_A/PA=\omega O_1A/PA$。

B 点速度 $v_B=\omega_{AB}PB=\omega O_1A\times PB/PA$。

这样曲柄 OB 的角速度

$$\begin{aligned}\omega_{OB}&=v_B/OB=\omega O_1A/OB\times PB/PA=6\times0.75/(0.6\sqrt{3})\times\sqrt{3}/2\ \text{rad/s}\\&=3.75\ \text{rad/s}\end{aligned}$$

Ⅱ轮在啮合点 D 处(不在 OB 杆上)速度可由平面运动的 AB 确定为

$$v_D=\omega_{AB}PD=\omega O_1A\times PD/PA。$$

根据啮合要求,I 轮 D 处(不在 OB 杆上)的速度与 II 轮的相同,而 I 轮又做定轴转动,因此其角速度为

$$\begin{aligned}\omega_{\text{I}}&=v_D/OD=\omega O_1A/OD\times PD/PA=6\times0.75/(0.3\sqrt{3})\times(BP-r_2)/PA\ \text{rad/s}\\&=6\ \text{rad/s}\end{aligned}$$

8-11 使砂轮高速转动的装置如图 T8-11 所示。杆 O_1O_2 绕 O_1 轴转动，转速为 n_4。O_2 处用铰链接一半径为 r_2 的活动齿轮 II，杆 O_1O_2 转动时轮 II 在半径为 r_3 的固定内齿轮上滚动，并使半径为 r_1 的轮 I 绕 O_1 轴转动。轮 I 上装有砂轮，随同轮 I 高速转动。已知 $r_3/r_1=11$，$n_4=900\ \mathrm{r/min}$，求砂轮的转速。

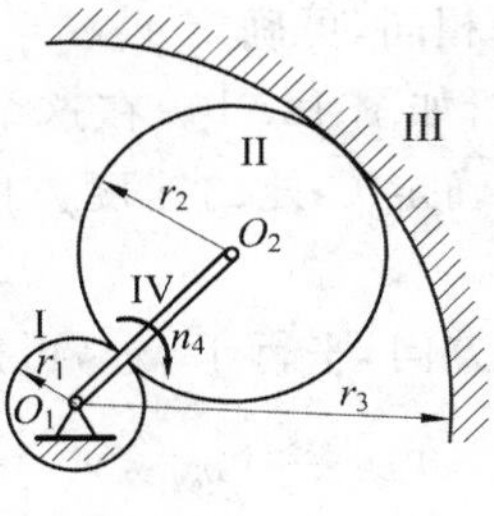

图 T8-11 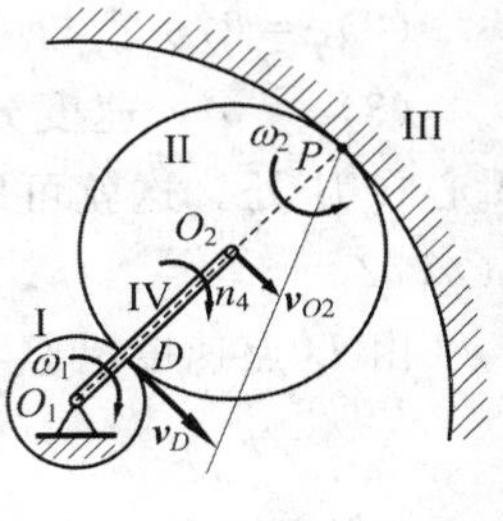　　图 J8-11

解：轮 II 作平面运动（纯滚动），杆 O_1O_2 和轮 I 做定轴转动。另外，由 $r_3=r_1+2r_2$ 和 $r_3/r_1=11$ 可确定 $r_2/r_1=5$。

速度分析如图 J8-11 所示。图中：$v_{O2}=2\pi n_4/60\times O_1O_2=\pi n_4(r_1+r_2)/30$；平面运动的轮Ⅱ瞬心 P 由纯滚动的特性确定。

由瞬心 P 可计算轮Ⅱ的角速度 $\omega_2=v_{O2}/r_2$。进而可确定 D 点（轮Ⅰ和轮Ⅱ的啮合点，不在杆 O_1O_2 上）速度 $v_D=\omega_2\times 2r_2=2v_{O2}$。

啮合条件要求轮Ⅰ上的 D 点速度和轮Ⅱ的相同，而轮Ⅰ又做定轴转动，所以可得到它的角速度如下

$$\omega_1=v_D/r_1=2v_{O2}/r_1=\pi n_4(r_1+r_2)/(15\times r_1)=2\pi n_4/5$$

相应的转速为

$$n_1=\frac{\omega_1}{2\pi}\times 60\ \mathrm{s/min}=12n_4=10800\ \mathrm{r/min}$$

8-12 图 T8-12 所示小型精压机的传动机构，$OA=O_1B=r=0.1\ \mathrm{m}$，$EB=BD=AD=l=0.4\ \mathrm{m}$。在图示瞬时，$OA\perp AD$，$O_1B\perp ED$，$O_1D$ 在水平位置，OD 和 EF 在竖直位置。已知曲柄 OA 的转速 $n=120\ \mathrm{r/min}$，求此时压头 F 的速度。

解：该机构中 EBD 和 DA 作平面运动，O_1B 和 OA 作定轴转动，EF 作竖直方向平移。速度分析如图 J8-12。

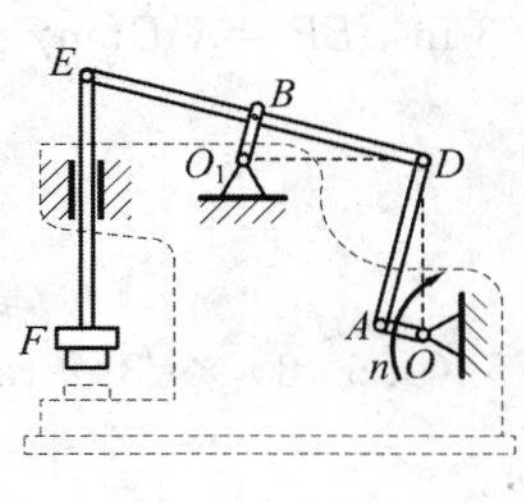

图 T8-12

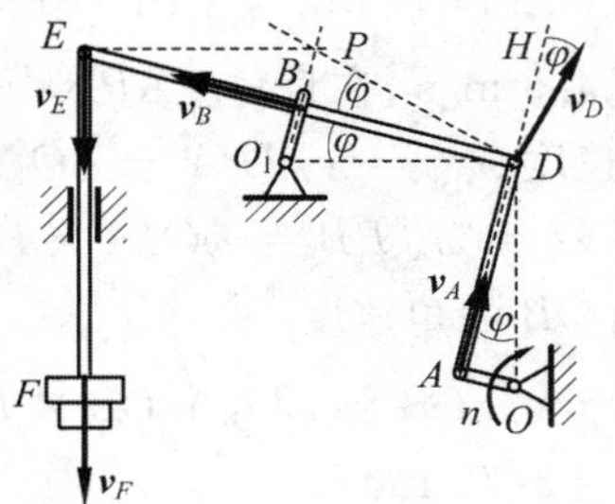

图 J8-12

我们采用速度投影法确定 $\boldsymbol{v}_D$ 和 $\boldsymbol{v}_A$ 之间的关系，为此要确定 $\boldsymbol{v}_D$ 和 ADH 之间的夹角（H 为 AD 延长线上的点），分析如下：①在图 J8-12 中，$\triangle OAD$ 与 $\triangle O_1BD$ 全等，故有 $\angle O_1DB=\angle ADO$，又因 O_1D 垂直于 OD，可推知 EBD 垂直于 AD。② EBD 的瞬心 P 由 E 点和 B 点速度方向确定，EP 沿水平方向。③因 $EP/\!/O_1D$ 而有 $\angle PEB=\angle O_1DB=\varphi$。④因 $EB=DB$ 和 O_1BP 垂直于 EBD 而可知 $\triangle PED$ 为等腰，因而有 $\angle PDB=\angle PEB=\varphi$。⑤$D$ 点速度方向垂

直于 PD,而由①知 EBD 垂直于 ADH,所以有 v_D 与 ADH 的夹角等于 φ。

现在对 AD 杆利用速度投影定理得到

$$v_D\cos\varphi = v_A$$

又因△PED 是等腰三角形($PE=PE$)而有 $v_D = v_E$。

平移的 EF 上各点速度相等,即有

$$v_F = v_E = v_D = v_A/\cos\varphi \tag{a}$$

其中 $\cos\varphi = l/\sqrt{r^2+l^2}$。

将题设数据代入式(a)得到

$$v_F = v_A\frac{\sqrt{r^2+l^2}}{l} = r\frac{2\pi n}{60}\frac{\sqrt{r^2+l^2}}{l} = 0.1\frac{\pi\times 120}{30}\frac{\sqrt{0.1^2+0.4^2}}{0.4^2}\ \text{m/s}$$
$$= 1.295\ \text{m/s}$$

8-13 图 T8-13 所示蒸汽机传动机构中,已知:活塞的速度为 $\boldsymbol{v}$;$O_1A_1=a_1$;$O_2A_2=a_2$,$CB_1=b_1$, $CB_2=b_2$;齿轮半径分别为 r_1 和 r_2;且有 $a_1b_2r_2\neq a_2b_1r_1$。当杆 EC 水平,杆 B_1B_2 竖直,A_1,A_2 和 O_1,O_2 都在同一条竖直线上时,求齿轮 O_1 的角速度。

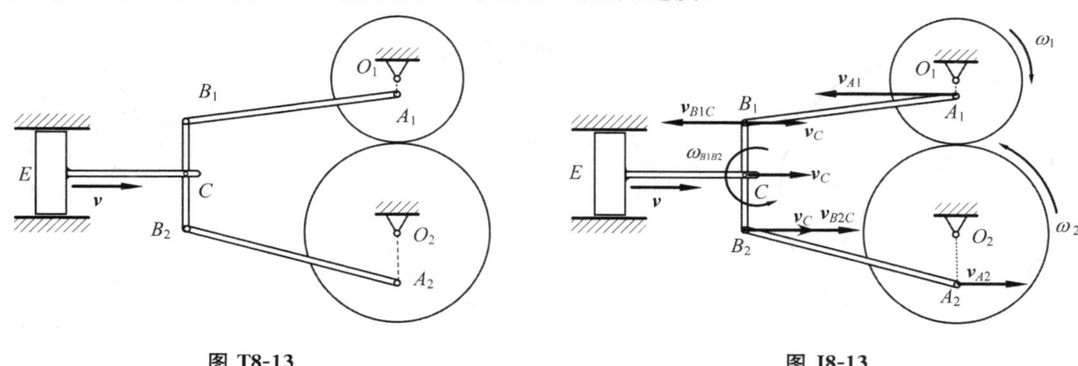

图 T8-13　　　　图 J8-13

解: 该机构的 A_1B_1, A_2B_2, B_1B_2 做平面运动,活塞水平平移,两齿轮做定轴转动。

速度分析见图 J8-13。在图中,以 C 为基点,采用基点法分析点 B_1 和 B_2 的速度。

在图示状态,B_1 和 B_2 两点的速度沿水平方向,大小分别为(方向全部以向右为正)

$$v_{B1} = v_C - v_{B1C} = v - \omega_{B1B2}b_1,\quad v_{B2} = v_C + v_{B1C} = v + \omega_{B1B2}b_2$$

其中 ω_{B1B2} 为 B_1B_2 的角速度。

在图示状态,根据定轴转动特性可确定 A_1 和 A_2 的速度沿水平方向,它们分别与 B_1 和 B_2 的速度平行,因此 A_1B_1 和 A_2B_2 均为瞬时平移,这就有

$$v_{A1} =- v_{B1} =- (v - \omega_{B1B2}b_1),\quad v_{A2} = v_{B2} = v + \omega_{B1B2}b_2$$

进而可确定两个齿轮的角速度

$$\omega_1 = \frac{v_{A1}}{O_1A_1} =- \frac{v - \omega_{B1B2}b_1}{a_1},\quad \omega_2 = \frac{v_{A2}}{O_2A_2} = \frac{v + \omega_{B1B2}b_2}{a_2} \tag{a}$$

将上述结果代入两齿轮啮合的条件 $\omega_1/\omega_2 = r_2/r_1$ 得到

$$-\frac{v-\omega_{B1B2}b_1}{a_1}r_1=\frac{v+\omega_{B1B2}b_2}{a_2}r_2$$

解得 $\omega_{B1B2}=\dfrac{a_2r_1+a_1r_2}{a_2b_1r_1-a_1b_2r_2}v$。将它代回式(a)的 ω_1 得到

$$\omega_1=-\frac{v-\omega_{B1B2}b_1}{a_1}=\frac{(b_1+b_2)r_2}{a_2b_1r_1-a_1b_2r_2}v$$

8-14 如图 T8-14 所示，齿轮Ⅰ在齿轮Ⅱ内滚动，其半径分别为 r 和 $R=2r$。曲柄 OO_1 绕轴 O 以等角速度 ω_O 转动，并带动行星齿轮Ⅰ。求该瞬时轮Ⅰ上瞬时速度中心 C 的加速度。

解：该机构中行星齿轮Ⅰ作平面运动(纯滚动)，曲柄 OO_1 为定轴转动，齿轮Ⅱ静止不动。速度分析如图 J8-14a 所示。

因为两轮啮合，所以齿轮Ⅰ上的 C 点为其速度瞬心，这样就有

$$\omega_1=\frac{v_{O1}}{CO_1}=\frac{\omega_O\times OO_1}{CO_1}=\omega_O$$

它在任何时刻都成立，所以可使用求导运算。对上式求导得到轮Ⅰ的角加速度 $\alpha_1=0$。

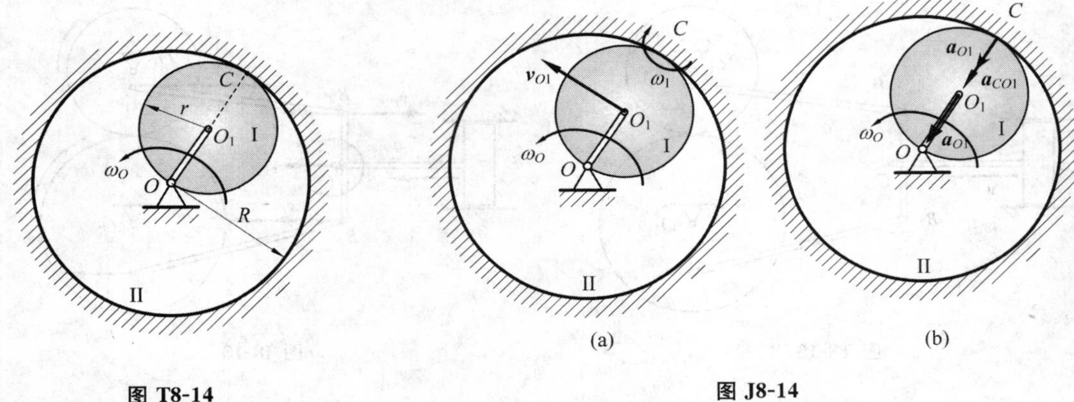

图 T8-14

图 J8-14

采用基点法分析加速度。以 O_1 为基点，则 C 点加速度(Ⅰ轮上)矢量(图 J8-14b)为

$$\boldsymbol{a}_C=\boldsymbol{a}_{O1}+\boldsymbol{a}_{CO1} \tag{a}$$

因为Ⅰ轮的 $\alpha_1=0$，所以在图 J8-14 中 $\boldsymbol{a}_{CO1}$ 无切向分量。式(a)中各矢量共线，故 C 点加速度的大小

$$a_C=a_{O1}+a_{CO1}=\omega_O^2r+\omega_O^2r=2\omega_O^2r$$

方向由 C 指向 O。

8-15 见例题 8-4。

8-16 曲柄 OA 以恒定的角速度 $\omega=2$ rad/s 绕轴 O 转动，并借助连杆 AB 驱动半径为 r 的轮子在半径为 R 的圆弧槽中作无滑动的滚动。设 $OA=AB=R=2r=1$ m，求图 T8-16 所示瞬时点 B 和点 C 的速度与加速度。

解：该机构中 AB 和轮 B 作平面运动，曲柄 OA 做定轴转动。

(1)速度分析。速度分析见图 J8-16a。图中:P 是轮 B 在圆弧槽内的纯滚动接触点,因此它是轮 B 的瞬心;由瞬心 P 可确定 B 和 C 两点的速度方向;由 A 和 B 两点速度方向可确定 AB 发生瞬时平移。

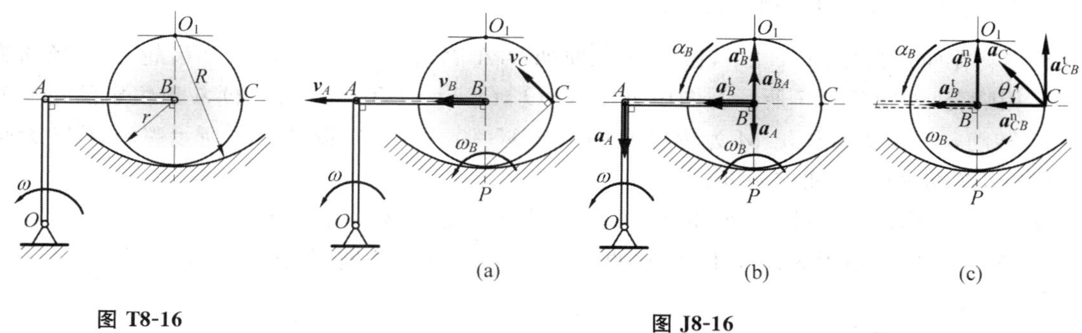

图 T8-16　　图 J8-16

由 AB 瞬时平移得到

$$\omega_{AB}=0$$

$$v_B=v_A=R\omega=2\ \mathrm{m/s}$$

再由 P 是轮 B 的瞬心得到

$$\omega_B=v_B/r=4\ \mathrm{rad/s}$$

$$v_C=\omega_B PC=2\sqrt{2}\ \mathrm{m/s}=2.828\ \mathrm{m/s}$$

(2)B 点加速度分析。以 A 为基点,B 为动点的加速度分析见图 J8-16b,图中:因 $\omega_{AB}=0$ 而没有画 $\boldsymbol{a}_{BA}^{\mathrm{n}}$;$B$ 点之所以这么分解是因为 B 点绕 O_1(不是 P)作圆周运动。加速度的矢量关系和相关信息如下:

	$\boldsymbol{a}_B^{\mathrm{n}}$	+ $\boldsymbol{a}_B^{\mathrm{t}}$	= $\boldsymbol{a}_A$	+ $\boldsymbol{a}_{BA}^{\mathrm{t}}$
大小	$v_B^2/(R-r)$	?	$R\omega^2$	?
方向	√	√	√	√

沿 AB 方向投影有

$$a_B^{\mathrm{t}}=0$$

因此,B 点的加速度大小为 $a_B=\sqrt{(a_B^{\mathrm{n}})^2+(a_B^{\mathrm{t}})^2}=v_B^2/(R-r)=8\ \mathrm{m/s^2}$,方向由 B 指向 O。

(3)C 点加速度分析。由轮 B 的纯滚动特性有 $v_B=r\omega_B$,该关系在任何时刻都成立,所以可对其求导。求导得到 $a_B^{\mathrm{t}}=r\alpha_B$。前面已经求得 $a_B^{\mathrm{t}}=0$,所以轮 B 的角加速度为 $\alpha_B=0$。

以 B 为基点,C 为动点的加速度分析见图 J8-16c。矢量关系和相关信息如下:

	$\boldsymbol{a}_C$	= $\boldsymbol{a}_B^{\mathrm{t}}$	+ $\boldsymbol{a}_B^{\mathrm{n}}$	+ $\boldsymbol{a}_{CB}^{\mathrm{t}}$	+ $\boldsymbol{a}_{CB}^{\mathrm{n}}$
大小	?	0	$8\ \mathrm{m/s^2}$	0	$\omega_B^2 r$
方向	?	√	√	√	√

可得加速度:大小为 $a_B=\sqrt{(a_B^{\mathrm{n}}+a_{CB}^{\mathrm{t}})^2+(a_B^{\mathrm{t}}+a_{CB}^{\mathrm{n}})^2}=8\sqrt{2}\,\mathrm{m/s^2}=11.31\,\mathrm{m/s^2}$;与水平方向

夹角 $\theta = \arctan \dfrac{a_B^{\mathrm{n}} + a_{CB}^{\mathrm{t}}}{a_B^{\mathrm{t}} + a_{CB}^{\mathrm{n}}} = 45^\circ$。

讨论

A 到 B 的关系是 GE 的特例：两条滑道都是圆。

8-17 在曲柄齿轮椭圆规中，齿轮 A 和曲柄 O_1A 固结为一体，齿轮 C 和齿轮 A 半径均为 r，并互相啮合，如图 T8-17 所示。图中 $AB=O_1O_2$，$O_1A=O_2B=0.4$ m。O_1A 以恒定的角速度 ω 绕 O_1 转动，$\omega=0.2$ rad/s。M 为轮 C 上一点，$CM=0.1$ m。在图 T8-17 所示瞬时，CM 为竖直，求此时点 M 的速度和加速度。

解：杆 AB 作曲线平移；O_1A 和 O_2B 作定轴转动；轮 C 做平面运动。

(1)速度分析。因为 AB 作平移，它的 A、B、C 三点速度相同，如图 J8-17a 所示。

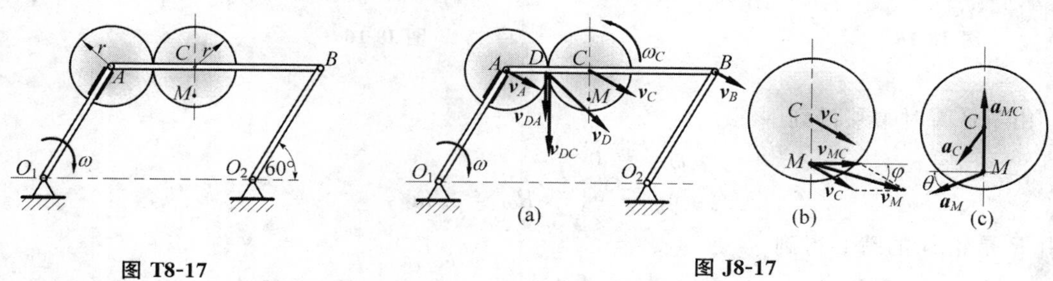

图 T8-17　　　　图 J8-17

两齿轮啮合条件是在啮合点没有相对滑动，也就是图 J8-17a 中 A 齿轮上的 D 点(不是 AB 杆上)速度与 C 齿轮上的 D 点速度相等，前者的速度可由与齿轮固连的 O_1A 作定轴转动的特性得到，但是下一步的加速度分析需要的信息是 C 齿轮的角速度和角加速度，所以下面采用基点法处理 D 点速度。

以 A 为基点，A 齿轮上的 D 为动点的速度关系为

$$\boldsymbol{v}_D = \boldsymbol{v}_A + \boldsymbol{v}_{DA} \tag{a}$$

以 C 为基点，C 齿轮上的 D 为动点的速度关系为

$$\boldsymbol{v}_D = \boldsymbol{v}_C + \boldsymbol{v}_{DC} \tag{b}$$

式(a)和式(b)中的 $\boldsymbol{v}_D$ 因两齿轮正常啮合而相等，因此有

$$\boldsymbol{v}_A + \boldsymbol{v}_{DA} = \boldsymbol{v}_C + \boldsymbol{v}_{DC}$$

又因 A、C 两点速度相同而消去，这样就得到

$$\boldsymbol{v}_{DA} = \boldsymbol{v}_{DC}$$

这两个矢量相等必然要求它们大小相等，即 $v_{DA} = v_{DC}$，也就是 $\omega \cdot r = \omega_C \cdot r$，从而有

$$\omega_C = \omega \tag{c}$$

以 C 为基点，M 为动点的速度分析见图 J8-17b。矢量关系和相关信息如下

	$\boldsymbol{v}_{Mx}$	+	$\boldsymbol{v}_{My}$	=	$\boldsymbol{v}_C$	+	$\boldsymbol{v}_{MC}$
大小	?		?		$O_1A\omega$		$\omega_C MC$
方向	√		√		√		√

分别沿水平和垂直投影得到

$$v_{Mx} = v_C\cos30^\circ + v_{MC} = (0.2\times0.4\times\sqrt{3}/2 + 0.2\times0.1)\ \mathrm{m/s} = 0.0893\ \mathrm{m/s}$$
$$v_{My} = -v_C\sin30^\circ = -0.2\times0.4\times1/2\ \mathrm{m/s} = -0.040\ \mathrm{m/s}$$

M 点速度大小 $v_M = \sqrt{(v_{Mx})^2 + (v_{My})^2} = 0.0978\ \mathrm{m/s}$；与水平方向夹角 $\varphi = \arctan(|v_{My}/v_{Mx}|) = 24.13^\circ$。

(2)加速度分析。式(c)对任意时刻均成立，所以可使用求导运算。对其求导可得 $\alpha_C = 0$，即 C 齿轮的角加速度为 0。

以 C 为基点-M 为动点的加速度分析见图 J8-17c，图中：①C 点加速度按照 AB 平移可确定为等于 A 点加速度，后者等于 $\omega^2 O_1A$，方向由 A 指向 O_1；②相对的切向加速度没有画出，这是因为 $\alpha_C = 0$。M 点的加速度矢量关系和相关信息如下

	$\boldsymbol{a}_{Mx}$	+	$\boldsymbol{a}_{My}$	=	$\boldsymbol{a}_C$	+	$\boldsymbol{a}_{MC}$
大小	?		?		$\omega^2 O_1A$		$\omega_C^2 MC$
方向	√		√		√		√

分别沿水平和垂直投影得到

$$a_{Mx} = -a_C\sin30^\circ = -\omega^2 O_1A\times1/2 = -0.008\ \mathrm{m/s^2}$$
$$a_{My} = a_{MC} - a_C\cos30^\circ = \omega_C^2 CM - \omega^2 O_1A\times\sqrt{3}/2 = -0.00985\ \mathrm{m/s^2}$$

M 点加速度大小 $a_M = \sqrt{(a_{Mx})^2 + (a_{My})^2} = 0.0127\ \mathrm{m/s^2}$；与水平方向夹角 $\theta = \arctan(|a_{My}/a_{Mx}|) = 50.94^\circ$。

8-18　在图 T8-18 所示曲柄连杆机构中，曲柄 OA 绕轴 O 转动，其角速度为 ω_O，角加速度为 α_O。在某瞬时曲柄与水平线间成 60°角，而连杆 AB 与曲柄 OA 垂直。滑块 B 在圆形槽内滑动，此时半径 O_1B 与连杆 AB 间成 30°角。如 $OA=r$，$AB = 2\sqrt{3}r$，$O_1B=2r$。求在该瞬时，滑块 B 的切向和法向加速度。

解：该机构 AB 作平面运动，OA 作定轴转动，滑块 B 的轨迹已知。

(1)速度分析。速度分析如图 J8-18a，图中 P 是 AB 的瞬心；$v_A = r\omega_O$。

AB 角速度 $\omega_{AB} = v_A/PA = r\omega_O/(2r) = \omega_O/2$；滑块 B 的速度 $v_B = \omega_{AB}PB = 2\omega_O r$。

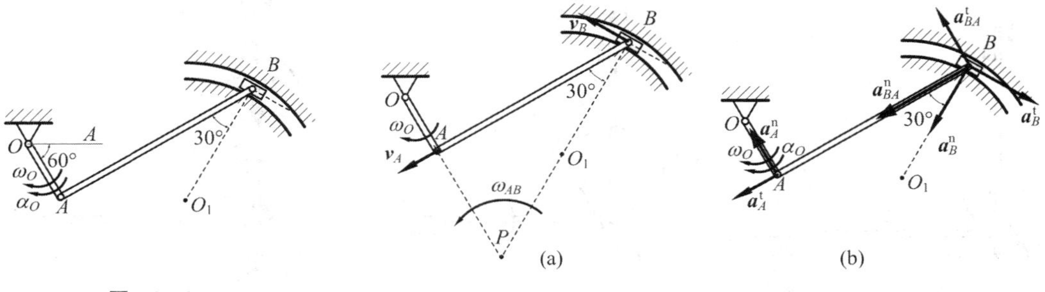

图 T8-18

图 J8-18

(2)加速度分析。以 A 为基点，B 为动点的加速度分析如图 J8-18b 所示。图中 B 的加速度分解为切向和法向，这是因为 B 的轨迹为圆周；B 点的法向加速度大小 $a_B^n = v_B^2/(O_1B) = 2r\omega_O^2$。

基点法的加速度矢量关系和相关信息如下

	$\boldsymbol{a}_B^n$	+ $\boldsymbol{a}_B^t$	= $\boldsymbol{a}_A^n$	+ $\boldsymbol{a}_A^t$	+ $\boldsymbol{a}_{BA}^n$	+ $\boldsymbol{a}_{BA}^t$
大小	$v_B^2/(O_1B)$	?	$\omega_O^2 r$	$\alpha_O r$	$\omega_{AB}^2 AB$	?
方向	√	√	√	√	√	√

沿 $\boldsymbol{a}_{BA}^n$ 方向投影得到

$$a_B^n\cos30° - a_B^t\sin30° = a_A^t + a_{BA}^n$$

解得

$$a_B^t = -(a_A^t + a_{BA}^n - a_B^n\cos30°)/\sin30° = -2(r\alpha_O + 2\sqrt{3}r\omega_{AB}^2 - 2r\omega_O^2\times\sqrt{3}/2)$$
$$= r(2\alpha_O - \sqrt{3}\omega_O^2)$$

讨论

依然是 GE 的特例，思考一下是什么样的特例呢？

8-19 在图 T8-19 所示机构中，曲柄 OA 长为 r，绕轴 O 以等角速度 ω_O 转动，$AB=6r$，$BC=3\sqrt{3}r$。求图 T8-19 所示位置时，滑块 C 的速度和加速度。

解：该机构的 BC 和 AB 作平面运动，OA 作定轴转动。

(1)速度分析。为了节约画图空间，本题全部采用基点法(也可用瞬心法)分析，见图 J8-19a。以 A 为基点，B 为动点的速度关系和相关信息如下

	$\boldsymbol{v}_B$	= $\boldsymbol{v}_A$	+ $\boldsymbol{v}_{BA}$
大小	?	$\omega_O OA$	?
方向	√	√	√

分别沿 $\boldsymbol{v}_A$ 和 $\boldsymbol{v}_B$ 方向投影有

$$0 = v_A - v_{BA}\cos60°$$
$$v_B = 0 + v_{BA}\sin60°$$

解得：$v_{BA} = v_A/\cos60° = 2\omega_O r$，$v_B = v_{BA}\sin60° = \sqrt{3}\omega_O r$

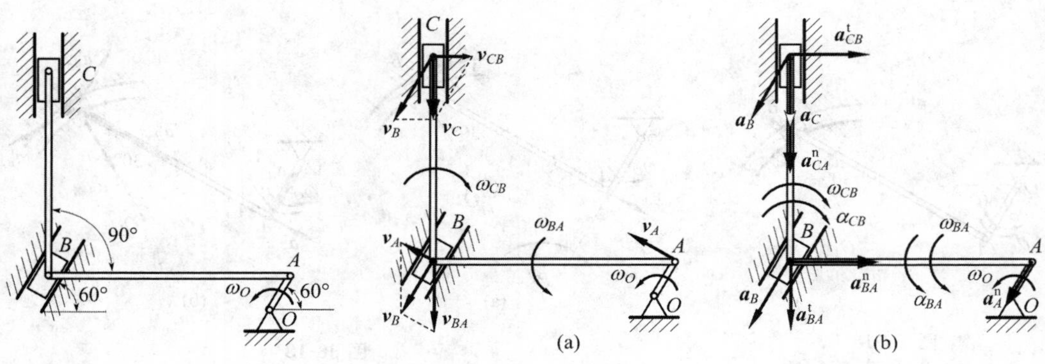

图 T8-19　　图 J8-19

由 v_{BA} 可以得到 $\omega_{BA}=v_{BA}/AB=\omega_O/3$

再以 B 为基点,C 为动点的速度关系和相关信息如下

	$\boldsymbol{v}_C$	=	$\boldsymbol{v}_B$	+	$\boldsymbol{v}_{CB}$
大小	?		$\sqrt{3}\omega_O r$		?
方向	√		√		√

分别沿 $\boldsymbol{v}_C$ 和 $\boldsymbol{v}_{CB}$ 方向投影有

$$\begin{cases} v_C = v_B\cos30^\circ \\ 0 = -v_B\sin30^\circ + v_{CB} \end{cases}$$

解得:
$$v_C = v_B\cos30^\circ = 3\omega_O r/2,\ v_{CB} = v_B\sin30^\circ = \sqrt{3}\omega_O r/2$$

由 v_{CB} 可以得到 $\omega_{CB}=v_{CB}/CB=\omega_O/6$。

(2)加速度分析。见图 J8-19b。以 A 为基点,B 为动点的加速度关系和相关信息如下

	$\boldsymbol{a}_B$	=	$\boldsymbol{a}_A$	+	$\boldsymbol{a}_{BA}^{n}$	+	$\boldsymbol{a}_{BA}^{t}$
大小	?		$\omega_O^2 OA$		$\omega_{BA}^2 BA$		?
方向	√		√		√		√

沿 $\boldsymbol{a}_{BA}^{n}$ 方向投影有 $-a_B\cos60^\circ=-a_A\cos60^\circ+a_{BA}^{n}$,解得

$$a_B = a_A - a_{BA}^{n}/\cos60^\circ = \omega_O^2 r - 4\omega_O^2 r/3 = -\omega_O^2 r/3$$

以 B 为基点、C 为动点的加速度关系和相关信息如下

	$\boldsymbol{a}_C$	=	$\boldsymbol{a}_B$	+	$\boldsymbol{a}_{CB}^{n}$	+	$\boldsymbol{a}_{CB}^{t}$
大小	?		$-\omega_O^2 r/3$		$\omega_{CB}^2 CB$		?
方向	√		√		√		√

沿 $\boldsymbol{a}_{CB}^{n}$ 方向投影有

$$\begin{aligned} a_C &= a_B\cos30^\circ + a_{CB}^{n} = -\omega_O^2 r/3\times\sqrt{3}/2 + (\omega_O/6)^2\times 3\sqrt{3}r \\ &= -\sqrt{3}\omega_O^2 r/12 \end{aligned}$$

讨论

A 到 B、B 到 C 都是 GE 的特例。

8-20 图 T8-20 所示的系统中,塔轮 1 半径为 $r=0.1$ m 和 $R=0.2$ m,绕轴 O 转动的规律是 $\varphi(t)=t^2-3t$ rad(t 以 s 计),并通过不可伸长的绳子卷动滑轮 2,滑轮 2 的半径为 $r_2=0.15$ m。设绳子与各轮之间无相对滑动,求 $t=1$ s 时,滑轮 2 的角速度和角加速度;并求该瞬时水平直径上 C,D,E 各点的速度和加速度。

解:塔轮 1 作定轴转动,滑轮 2 作平面运动。

因绳子和轮子之间不打滑,所以在绳轮卷入点 Q(图 J8-20a),塔轮上的点与绳子上的点速度相等,二者速度 v_Q 由塔轮定轴转动确定为 $v_Q=r\dot{\varphi}(t)$。又由绳子不可伸长得到

$$v_E = v_Q = r\dot{\varphi}(t) \tag{a}$$

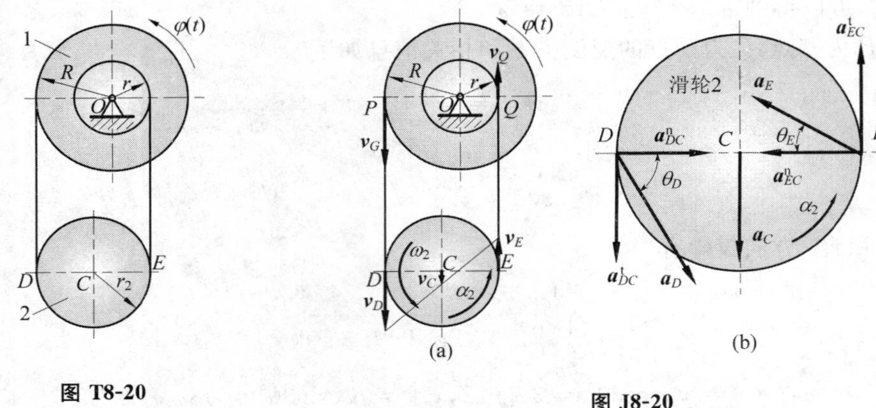

图 T8-20

图 J8-20

同样，这个 v_E 也等于滑轮 2 的 E 点速度。对滑轮 2 的左侧 D 点也有

$$v_D = v_P = R\dot{\varphi}(t) \tag{b}$$

根据滑轮 2 上的 D 和 E 两点速度确定其角速度为

$$\omega_2 = (v_E + v_D)/(2r_2) = \dot{\varphi}(t)(R+r)/(2r_2) \tag{c}$$

求导得到角加速度

$$\alpha_2 = \ddot{\varphi}(t)(R+r)/(2r_2) \tag{d}$$

C 点轨迹是竖直线，所以其速度始终沿竖直方向（见图 J8-20a）。以 D 为基点，C 为动点，可确定

$$v_C = v_D - \omega_2 r_2 = \dot{\varphi}(t)(R-r)/2 \tag{e}$$

对上式求导得到加速度

$$a_C = \ddot{\varphi}(t)(R-r)/2 \tag{f}$$

为了计算 D 点加速度，选择 C 为基点，D 为动点，加速度分析如图 J8-20b 所示。矢量关系和相关信息如下

	$\boldsymbol{a}_D$	=	$\boldsymbol{a}_C$	+	$\boldsymbol{a}_{DC}^{n}$	+	$\boldsymbol{a}_{DC}^{t}$
大小	?		a_C		$\omega_2^2 r_2$		$\alpha_2 r_2$
方向	?		√		√		√

$\boldsymbol{a}_D$ 的大小为

$$a_D = \sqrt{(a_C + a_{DC}^{t})^2 + (a_{DC}^{n})^2} = \sqrt{[R\ddot{\varphi}(t)]^2 + [\dot{\varphi}(t)^2(R+r)^2/(4r_2)]^2} \tag{g}$$

与水平方向的夹角

$$\theta_D = \arctan\frac{a_C + a_{DC}^{t}}{a_{DC}^{n}} = \arctan\left[\frac{4r_2 R}{(R+r)^2}\frac{\ddot{\varphi}(t)}{\dot{\varphi}(t)^2}\right] \tag{h}$$

为了计算 E 点加速度，选择 C 为基点，E 为动点的加速度分析如图 J8-20b 所示。矢量关系和相关信息如下

$$\begin{array}{lccccccc} & \boldsymbol{a}_E & = & \boldsymbol{a}_C & + & \boldsymbol{a}_{EC}^{n} & + & \boldsymbol{a}_{EC}^{t} \\ \text{大小} & ? & & a_C & & \omega_2^2 r_2 & & \alpha r_2 \\ \text{方向} & ? & & \checkmark & & \checkmark & & \checkmark \end{array}$$

$\boldsymbol{a}_E$ 的大小

$$a_E = \sqrt{(a_C - a_{EC}^{t})^2 + (a_{EC}^{n})^2} = \sqrt{[r\ddot{\varphi}(t)]^2 + [\dot{\varphi}(t)^2 (R+r)^2/(4r_2)]^2} \tag{i}$$

与水平方向的夹角

$$\theta_E = \arctan\frac{a_{EC}^{t} - a_C}{a_{EC}^{n}} = \arctan\left[\frac{4r_2 r}{(R+r)^2}\frac{\ddot{\varphi}(t)}{\dot{\varphi}(t)^2}\right] \tag{j}$$

当 $t=1$ 时，$\dot{\varphi}(1)=(2t-3)\big|_{t=1}\ \text{rad/s}=-1\ \text{rad/s}$；$\ddot{\varphi}(1)=2\ \text{rad/s}^2$。把它们代入式 (a)～式(j)得到

$$\begin{aligned} &v_E = -0.1\ \text{m/s}, \quad v_D = -0.2\ \text{m/s} \\ &\omega_2 = -1\ \text{rad/s}, \quad \alpha_2 = 2\ \text{rad/s}^2 \\ &v_C = -0.05\ \text{m/s}, \quad a_C = 0.1\ \text{m/s}^2 \\ &a_D = 0.427\ \text{m/s}^2, \quad \theta_D = 69.44^\circ \\ &a_E = 0.25\ \text{m/s}^2, \quad \theta_E = 53.13^\circ \end{aligned}$$

8-21 图 T8-21 所示机构，滑块 B 通过连杆 AB 带动半径为 r 的齿轮 O 在固定齿条上作纯滚动。已知 $OA=b$，$AB=2b$，图示瞬时 OB 水平，滑块 B 的速度 $v_B=v_0$（向上），加速度 $a_B=a_0$（向下）。求该瞬时连杆 AB 的角速度和角加速度。

解：齿轮和 AB 作平面运动。

(1)速度分析。由齿轮啮合条件可知啮合点 C 是齿轮的瞬心，据此可得 A 点速度方向，如图 J8-21a 所示。滑块 B 的速度沿滑道竖直向上。根据 A 和 B 的速度方向，可确定杆 AB 的瞬心位于 O 点，因此有

$$\begin{aligned} \omega_{AB} &= v_B/OB = \sqrt{3}v_0/(3b) \\ v_A &= \omega_{AB}OA = \sqrt{3}v_0/3 \end{aligned}$$

对齿轮

$$\omega_A = v_A/CB = \sqrt{3}v_0/[3(b+r)]$$

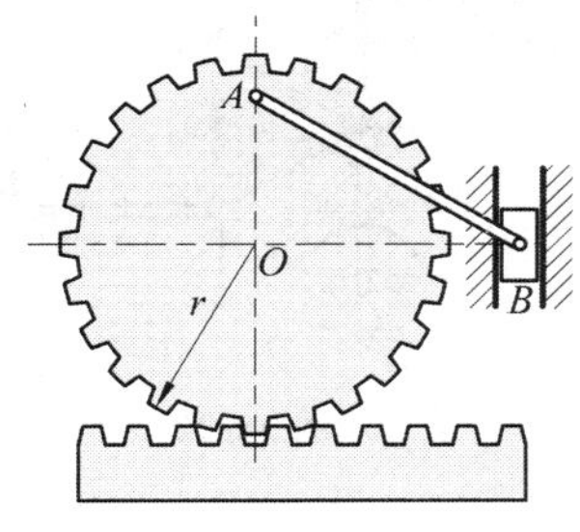

图 T8-21

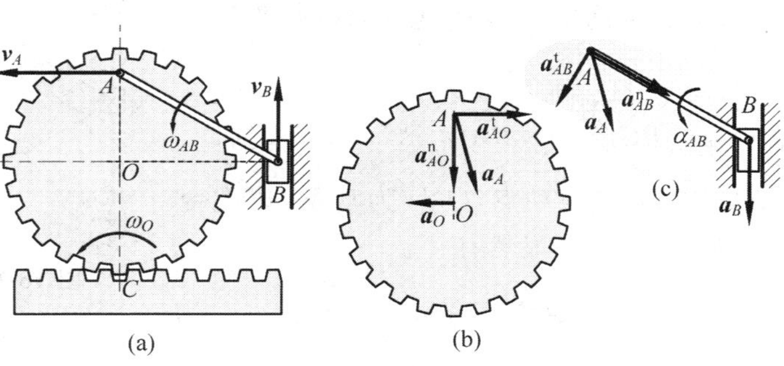

图 J8-21

(2)加速度分析。以 O 为基点,A 为动点的基点法矢量关系(图 J8-21b)为

$$\boldsymbol{a}_A = \boldsymbol{a}_O + \boldsymbol{a}_{AO}^{\mathrm{n}} + \boldsymbol{a}_{AO}^{\mathrm{t}} \tag{a}$$

以 B 为基点,A 为动点的基点法矢量关系(图 J8-21c)为

$$\boldsymbol{a}_A = \boldsymbol{a}_B + \boldsymbol{a}_{AB}^{\mathrm{n}} + \boldsymbol{a}_{AB}^{\mathrm{t}} \tag{b}$$

式(a)和式(b)中的 $\boldsymbol{a}_A$ 是同一个物理量,所以有

$$\boldsymbol{a}_B + \boldsymbol{a}_{AB}^{\mathrm{n}} + \boldsymbol{a}_{AB}^{\mathrm{t}} = \boldsymbol{a}_O + \boldsymbol{a}_{AO}^{\mathrm{n}} + \boldsymbol{a}_{AO}^{\mathrm{t}} \tag{c}$$

矢量式(c)有三个未知量:a_{AB}^{t},a_O 和 a_{AO}^{t},全部解出它们是不可能的。但是在图示位置,$\boldsymbol{a}_O$,$\boldsymbol{a}_{AO}^{\mathrm{t}}$ 恰好与 $\boldsymbol{a}_{AB}^{\mathrm{t}}$ 垂直,所以可以沿 $\boldsymbol{a}_O$ 的垂直方向求得 a_{AB}^{t},进而求得 AB 的角加速度。

将式(c)沿 $\boldsymbol{a}_{AO}^{\mathrm{n}}$ 投影

$$a_B + a_{AB}^{\mathrm{n}}\sin30^\circ + a_{AB}^{\mathrm{t}}\cos30^\circ = a_{AO}^{\mathrm{n}}$$

解得

$$a_{AB}^{\mathrm{t}} = (a_{AO}^{\mathrm{n}} - a_B - a_{AB}^{\mathrm{n}}\sin30^\circ)/\cos30^\circ = 2(\omega_O^2 b - a_0 - \omega_{AB}^2 b)/\sqrt{3}$$

最后得到

$$\alpha_{AB} = \frac{a_{AB}^{\mathrm{t}}}{AB} = \frac{2(\omega_O^2 b - a_0 - \omega_{AB}^2 b)}{\sqrt{3}\times(2b)} = \frac{\sqrt{3}}{3}\left[\frac{v_0^2}{3\,(b+r)^2} - \frac{a_0}{b} - \frac{v_0^2}{3b^2}\right]$$

讨论

(1)如果想求出 a_O 和 a_{AO}^{t},还需要补充齿轮对加速度的约束条件,即 $a_O = r\alpha_O$,$a_{AO}^{\mathrm{t}} = (r+b)\alpha_O$,这里的 α_O 是齿轮的角加速度。

(2)B 到 A 的关系依然是 GE 的特例,只是 A 的滑道为曲线(分析所需的瞬时速度和加速度可以通过其他途径得到)。

8-22 图 T8-22 所示曲柄 OA 以角速度 $\omega=2$ rad/s 绕轴 O 转动,并带动等边三角形板 ABC 作平面运动。板上点 B 与杆 O_1B 铰接,点 C 与套管铰接,而套管可沿绕轴 O_2 转动的杆 O_2D 滑动。已知 $OA=AB=O_2C=1$ m;当 OA 水平,AB 与 O_2D 竖直,OB_1 与 BC 在同一直线上时,求杆 O_2D 的角速度。

解:ABC 作平面运动,其他三杆均作定轴转动。速度分析如图 J8-22。

由 A 和 B 两点速度的方向可确定 ABC 的瞬心 P,进而可确定 C 点速度方向(图 J8-22),它的大小为

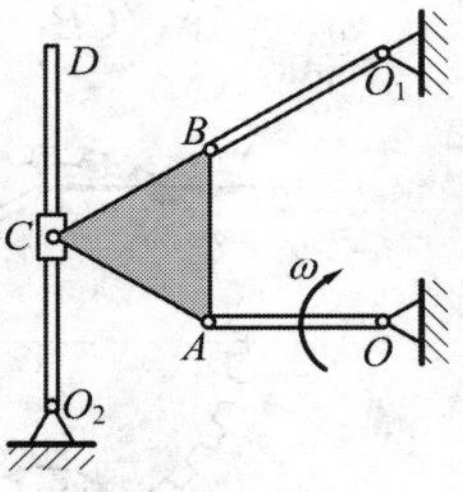

$$v_C = \omega_{ABC}PC = v_A/PA\times PC = \omega OA/\sqrt{3}$$

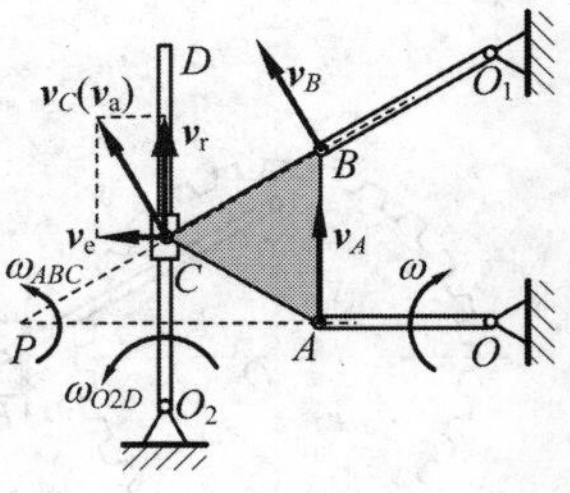

再以滑块 C 为动点,O_2D 为动系,速度合成关系见图 J8-22。显然有

$$v_{\mathrm{e}} = v_C\cos60^\circ = \omega OA/(2\sqrt{3})$$

图 T8-22

图 J8-22

因此,O_2D 的角速度

$$\omega_{O2D} = v_{\mathrm{e}}/O_2C = \omega OA/(2\sqrt{3})/O_2C = \omega/(2\sqrt{3}) = \sqrt{3}/3\ \text{rad/s}$$

讨论

这是本章习题中第一道关于合成运动与平面运动综合的题目。

8-23 见例题 8-9。

8-24 如图 T8-24 所示，轮 O 在水平面上滚动而不滑动，轮心以匀速 $v_O=0.2\ \text{m/s}$ 运动，轮缘上固连销钉 B，此销钉在摇杆 O_1A 的槽内滑动，并带动摇杆绕 O_1 轴转动。已知：轮的半径 $R=0.5\ \text{m}$，在图所示位置时，AO_1 是轮的切线，摇杆与水平面间的交角为 60°。求摇杆在该瞬时的角速度和角加速度。

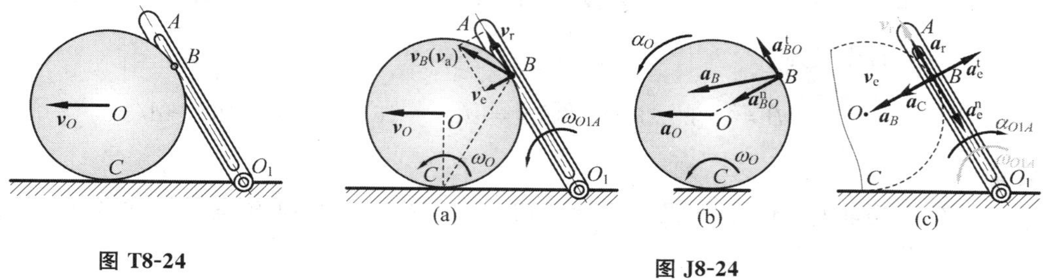

图 T8-24 图 J8-24

解： 轮 O 纯滚动，O_1A 定轴转动。千万不要把本题误解为“相切型”合成运动。

(1)速度分析

速度分析如图 J8-24a 所示。轮 O 纯滚动，C 为瞬心，于是有

$$\omega_O = v_O/R \tag{a}$$

$$v_B = \omega_O BC = \sqrt{3}\, v_O$$

再以 O_1A 为动系(牵连运动：绕 O_1 定轴转动)，销钉 B 为动点(绝对运动：平面曲线；相对运动：沿 O_1A 直线)。由图中的平行四边形有

$$v_e = v_a \sin 30^\circ = v_B \times 1/2 = \sqrt{3}\, v_O/2$$

$$v_r = v_a \cos 30^\circ = v_B \times \sqrt{3}/2 = 3 v_O/2$$

由 v_e 可计算 O_1A 的角速度

$$\omega_{O1A} = v_e/O_1B = \sqrt{3}\, v_O/2/(\sqrt{3}R) = v_O/(2R) = 0.2\ \text{rad/s}$$

(2)加速度分析，分两步。

第一步以 O 为基点，分析动点 B 的加速度，如图 J8-24b 所示。矢量关系为

$$\boldsymbol{a}_B = \boldsymbol{a}_O + \boldsymbol{a}_{BO}^{n} + \boldsymbol{a}_{BO}^{t} \tag{b}$$

为了求得 $\boldsymbol{a}_B$，对式(a)求导得到 $\alpha_O = a_O/R$。由题设知 $a_O = 0$，进而有 $a_{BO}^{t} = \alpha_O BO = 0$。现在式(b)变成 $\boldsymbol{a}_B = \boldsymbol{a}_{BO}^{n}$。

第二步，与速度相同，以 O_1A 为动系、销钉 B 为动点的加速度合成，如图 J8-24c 所示。加速度的矢量关系和相关信息如下：

	$\boldsymbol{a}_B$	=	$\boldsymbol{a}_e^t$	+	$\boldsymbol{a}_e^n$	+	$\boldsymbol{a}_r$	+	$\boldsymbol{a}_C$
大小	$\omega^2 R$		?		$\omega_{O1A}^2 O_1B$		?		$2\omega_{O1A}v_r$
方向	√		√		√		√		√

沿 $\boldsymbol{a}_B$ 方向（BO 方向）投影有

$$a_B = -a_e^t + a_C$$

解得

$$a_e^t = a_C - a_B = 2v_O/(2R) \times 3v_O/2 - (v_O/R)^2 R = v_O^2/(2R)$$

O_1A 杆的角加速度为

$$\alpha_{O1A} = a_e^t/O_1B = v_O^2/(2R)/(\sqrt{3}R) = \sqrt{3}v_O^2/(6R^2) = 0.0462\ \text{rad/s}^2$$

讨论

本题中 O_1B 与轮 O 相切仅仅是在图示瞬间，过了图示瞬间，O_1B 与轮 O 有两个交点（其中一个是销钉 B）。

8-25 平面机构的曲柄 OA 长为 $2l$，以匀角速度 ω_O 绕轴 O 转动。在图 T8-25 所示位置时，$AB=BO$，并且$\angle OAD=90°$。求此时套筒 D 相对杆 BC 的速度和加速度。

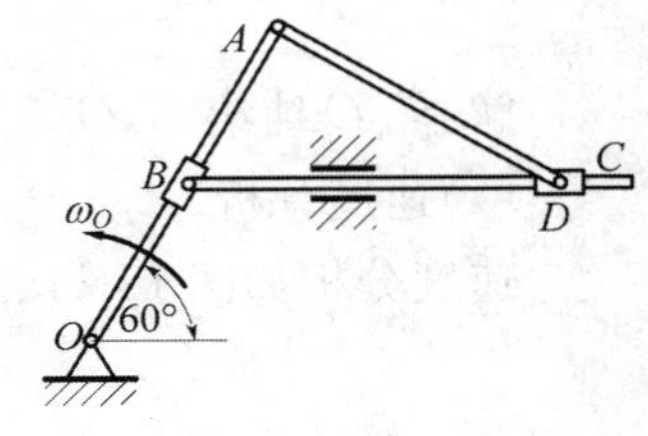

图 T8-25

解：BC 作直线平移，AD 作平面运动，OA 作定轴转动。

(1)速度分析，分三步

第一步，分析滑块 D 的绝对速度。以 A 基点，D 为动点，速度分析见图 J8-25a，矢量关系和相关信息如下

	$\boldsymbol{v}_D$	=	$\boldsymbol{v}_A$	+	$\boldsymbol{v}_{DA}$
大小	?		$\omega_O OA$		?
方向	√		√		√

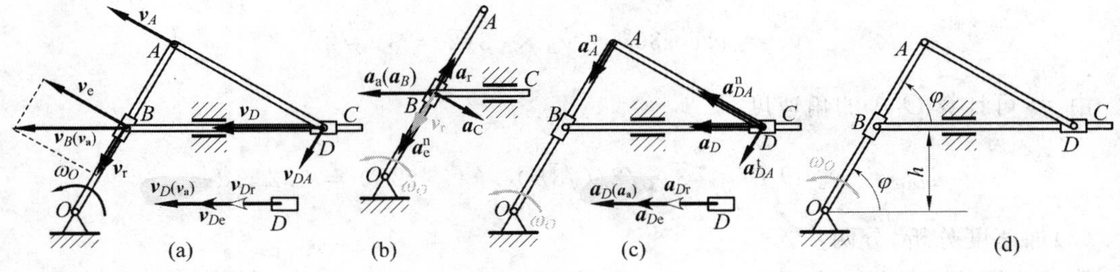

图 J8-25

分别沿 $\boldsymbol{v}_D$ 和 $\boldsymbol{v}_{DA}$ 方向投影有

$$\begin{cases} v_D\cos 30° = v_A \\ v_D\sin 30° = v_{DA} \end{cases}$$

解得：
$$v_D = v_A\sec 30° = \omega_O OA\sec 30°, \quad v_{DA} = \omega_O OA\tan 30°$$

由 $\boldsymbol{v}_{DA}$ 可得 $\omega_{DA}=v_{DA}/DA=\omega_O OA\tan30^\circ/DA=2\omega_O/3$。

第二步，分析滑块 B 的速度。以 OA 为动系（牵连运动：定轴转动），滑块 B 为动点（绝对运动：水平直线；相对运动：沿 OA 的直线）的合成运动分析见图 J8-25a。由图中合成关系可得

$$v_B=v_a=v_e/\cos30^\circ=\omega_O OB\sec30^\circ$$
$$v_r=v_e\tan30^\circ=\omega_O OB\tan30^\circ$$

第三步，分析 D 的相对速度。以平移的 BC（各处速度相等）为动系，滑块 D 为动点的速度矢量关系为 $\boldsymbol{v}_D=\boldsymbol{v}_a=\boldsymbol{v}_{Dr}+\boldsymbol{v}_{De}=\boldsymbol{v}_{Dr}+\boldsymbol{v}_B$（见图 J8-25a 中下方对滑块 D 的分析图，所有矢量在一条直线上）。由该关系得到

$$\begin{aligned}v_{Dr}&=v_D-v_B=\omega_O OA\sec30^\circ-\omega_O OB\sec30^\circ=\omega_O AB\sec30^\circ=2\sqrt{3}\omega_O l/3\\&=1.15\omega_O l\end{aligned}$$

(2)加速度分析，分三步

第一步，以 OA 为动系（牵连运动：定轴转动），滑块 B 为动点（绝对运动：水平直线；相对运动：沿 OA 的直线）的合成运动分析见图 J8-25b。矢量关系和相关信息如下

	$\boldsymbol{a}_B$	=	$\boldsymbol{a}_e^n$	+	$\boldsymbol{a}_r$	+	$\boldsymbol{a}_C$
大小	?		$\omega^2 l$		?		$2\omega v_r$
方向	√		√		√		√

沿 $\boldsymbol{a}_C$ 方向（BO 方向）投影有

$$-a_B\cos30^\circ=a_C$$

解得：$a_B=-a_C\sec30^\circ=-2\omega_O v_r\sec30^\circ=-2\omega_O^2 OB\tan30^\circ\sec30^\circ=-2\sqrt{3}\omega_O^2 l\sec30^\circ/3$。

第二步，分析滑块 D 的绝对加速度。以 A 基点，D 为动点（图 J8-25c），加速度矢量关系和相关信息如下

	$\boldsymbol{a}_D$	=	$\boldsymbol{a}_A^n$	+	$\boldsymbol{a}_{DA}^n$	+	$\boldsymbol{a}_{DA}^t$
大小	?		$2\omega^2 l$		$\omega_{DA}^2 DA$		?
方向	√		√		√		√

沿 $\boldsymbol{a}_{DA}^n$ 方向投影有 $a_D\cos30^\circ=a_{DA}^n$，解得

$$a_D=a_{DA}^n\sec30^\circ$$

第三步，分析 D 的相对加速度。以 BC（各处加速度相等）为动系，滑块 D 为动点的加速度矢量关系为 $\boldsymbol{a}_D=\boldsymbol{a}_a=\boldsymbol{a}_{Dr}+\boldsymbol{a}_{De}=\boldsymbol{a}_{Dr}+\boldsymbol{a}_B$（见图 J8-25c 中下方对滑块 D 的分析图，所有矢量在一条直线上）。由该关系得到

$$\begin{aligned}a_{Dr}&=a_D-a_B=(a_{DA}^n+a_C)\sec30^\circ=(\omega_{DA}^2 DA+2\omega_O v_r)\sec30^\circ\\&=(4\omega_O^2/9\times\sqrt{3}l+2\omega_O^2 l\times\sqrt{3}/3)/(\sqrt{3}/2)=20\omega_O^2 l/9\end{aligned}$$

探索

上述计算结果的简洁诱使我们猜测用解析求导方法是否较为简便，为此对杆 OA 处于任意角度 φ 的图 8-25d 进行分析。图中 $OA=2l$，$AD=\sqrt{3}l$ 为常量，另外 $h=\sqrt{3}l/2$ 也是常量。

由几何关系可得

$$AB = AO - OB = 2l - \sqrt{3}l\csc\varphi/2 \tag{a}$$

对$\triangle ABD$运用余弦定理

$$AD^2 = AB^2 + BD^2 - 2AB \times BD\cos\varphi \tag{b}$$

对式(b)求导有

$$\frac{\mathrm{d}(AD^2)}{\mathrm{d}t} = 0: 2AB\frac{\mathrm{d}AB}{\mathrm{d}t} + 2BD\frac{\mathrm{d}BD}{\mathrm{d}t} - 2\frac{\mathrm{d}AB}{\mathrm{d}t}BD\cos\varphi - 2AB\frac{\mathrm{d}BD}{\mathrm{d}t}\cos\varphi + 2AB \times BD\sin\varphi \times \dot{\varphi} = 0$$

即

$$AB\frac{\mathrm{d}AB}{\mathrm{d}t} + BD\frac{\mathrm{d}BD}{\mathrm{d}t} - \frac{\mathrm{d}AB}{\mathrm{d}t}BD\cos\varphi - AB\frac{\mathrm{d}BD}{\mathrm{d}t}\cos\varphi + AB \times BD\sin\varphi \times \dot{\varphi} = 0 \tag{c}$$

为求加速度，对式(c)再求导有

$$\begin{aligned}
&\left(\frac{\mathrm{d}AB}{\mathrm{d}t}\right)^2 + AB\frac{\mathrm{d}^2AB}{\mathrm{d}t^2} + \left(\frac{\mathrm{d}BD}{\mathrm{d}t}\right)^2 + \frac{\mathrm{d}^2BD}{\mathrm{d}t^2} \\
&- \frac{\mathrm{d}^2AB}{\mathrm{d}t^2} \times BD\cos\varphi - \frac{\mathrm{d}AB}{\mathrm{d}t} \times \frac{\mathrm{d}BD}{\mathrm{d}t}\cos\varphi + \frac{\mathrm{d}AB}{\mathrm{d}t}BD\sin\varphi \times \dot{\varphi} \\
&- \frac{\mathrm{d}AB}{\mathrm{d}t} \times \frac{\mathrm{d}BD}{\mathrm{d}t}\cos\varphi - AB \times \frac{\mathrm{d}^2BD}{\mathrm{d}t^2}\cos\varphi + AB \times \frac{\mathrm{d}BD}{\mathrm{d}t}\sin\varphi \times \dot{\varphi} \\
&+ \frac{\mathrm{d}AB}{\mathrm{d}t} \times BD\sin\varphi \times \dot{\varphi} + AB \times \frac{\mathrm{d}BD}{\mathrm{d}t}\sin\varphi \times \dot{\varphi} + AB \times BD\cos\varphi \times \dot{\varphi}^2 \\
&+ AB \times BD\sin\varphi \times \ddot{\varphi} = 0
\end{aligned} \tag{d}$$

式中AB对t的导数由式(a)求出，即

$$\frac{\mathrm{d}AB}{\mathrm{d}t} = \sqrt{3l}/2 \times (\csc^2\varphi\cos\varphi \times \dot{\varphi}) \tag{e}$$

$$\frac{\mathrm{d}^2AB}{\mathrm{d}t^2} = \sqrt{3}l/2 \times \csc\varphi[\dot{\varphi}^2(-1 + 2\csc^2\varphi) - \ddot{\varphi}\cot\varphi] \tag{f}$$

图 T8-25 中$\varphi = 60°, \dot{\varphi} = \omega_O, \ddot{\varphi} = 0$，把这组参数代入式(e)和式(f)得到

$$\frac{\mathrm{d}AB}{\mathrm{d}t} = \frac{\sqrt{3}}{3}\omega_O l, \frac{\mathrm{d}^2AB}{\mathrm{d}t^2} = -\frac{5}{3}\omega_O^2 l \tag{g}$$

将图 T8-25 中的参数和式(g)代入式(c)有

$$\frac{\mathrm{d}BD}{\mathrm{d}t} = -\frac{2\sqrt{3}}{3}\omega_O l = -1.15\omega_O l$$

负号表示BD在缩短。

将图 T8-25 中的参数和式(g)代入式(c)有

$$\frac{\mathrm{d}^2BD}{\mathrm{d}t^2} = \frac{20}{9}\omega_O^2 l$$

由上述过程看出，就手工计算来说，解析求导法更为恐怖。

8-26 为使货车车厢减速，在轨道上装有液压减速顶，如图 T8-26 所示。半径为 R 的车轮滚过时将压下减速顶的顶帽 AB 而消耗能量，降低速度。如轮心的速度为 $\boldsymbol{v}$，加速度为 $\boldsymbol{a}$，求 AB 下降速度、加速度和减速顶对于轮子的相对滑动速度等诸量与角 θ 的关系（设轮与轨道之间无相对滑动）。

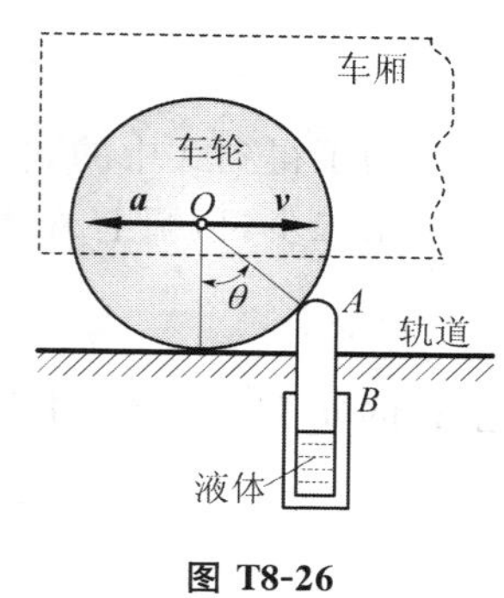

图 T8-26

解：轮子作纯滚动；顶帽作上下平移。此题稍难，因为要使用平面运动物体作为动系。

(1)速度分析。动系固连于轮 O（牵连运动：平面运动），动点选择为 AB 上与轮 O 的接触点 A（绝对运动：上下直线；相对运动：绕轮 O 的圆周运动）。牵连速度 $\boldsymbol{v}_e$ 是轮 O 上与顶帽接触点的速度，它根据轮 O 为纯滚动确定。轮 O 的瞬心在轮与轨道的接触点，因此有（参考图 J8-26a）

$$\omega_{\text{轮}} = v/PO = v/R \tag{a}$$

$$v_{\text{轮}A} = \omega_{\text{轮}}\, AP = v/R \times [2R\sin(\theta/2)] = 2v\sin(\theta/2)$$

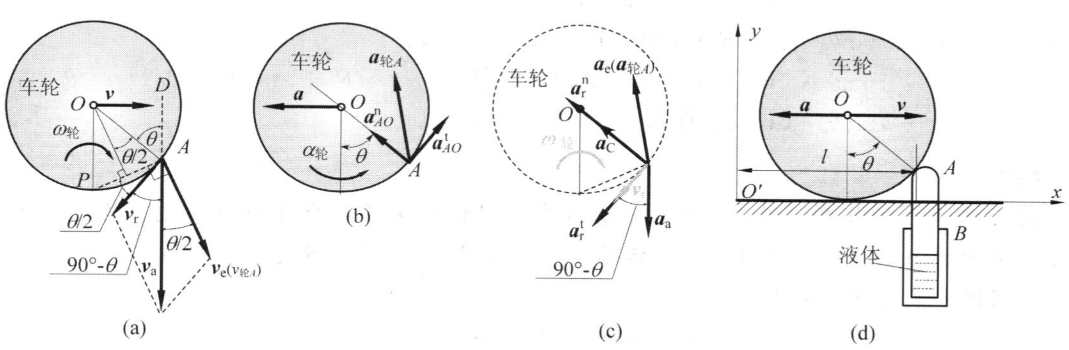

图 J8-26

顶帽上 A 的速度合成见图 J8-26a。图中速度平行四边形中的角度通过如下方式确定：

$$\angle(AP, \boldsymbol{v}_r) = 90° - \angle OAP = 90° - (90° - \theta/2) = \theta/2$$

$$\angle(\boldsymbol{v}_a, \boldsymbol{v}_r) = 180° - \angle(AD, \boldsymbol{v}_r) = 180° - (90° + \theta) = 90° - \theta$$

$$\angle(\boldsymbol{v}_a, \boldsymbol{v}_e) = 90° - \angle(PA, \boldsymbol{v}_a) = 90° - [(90° - \theta) + \theta/2] = \theta/2$$

利用正弦定理有

$$\frac{v_r}{\sin(\theta/2)} = \frac{v_a}{\sin[180° - \theta/2 - (90° - \theta)]} = \frac{v_e}{\sin(90° - \theta)}$$

解得

$$v_r = v_e\sin(\theta/2)/\cos\theta = v\tan\theta\tan(\theta/2) \tag{b}$$

$$v_a(v_{AB}) = v_e\cos(\theta/2)/\cos\theta = v\tan\theta$$

(2)加速度分析。动系-动点选择与速度相同。过程分两步。

第一步，用基点法计算牵连加速度。选择轮心 O 为基点，轮上与顶帽接触点为动点，加速度分析如图 J8-26b 所示，矢量关系为

$$\boldsymbol{a}_{轮A}=\boldsymbol{a}_O+\boldsymbol{a}_{AO}^{n}+\boldsymbol{a}_{AO}^{t} \tag{c}$$

为了得到式中的$\boldsymbol{a}_{AO}^{t}$，对式(a)求导有$\alpha_{轮}=a/R$，而$a_{AO}^{t}=\alpha_{轮}AO=a$。

第二步，顶帽上A点的加速度合成分析如图J8-26c所示，合成关系为

$$\boldsymbol{a}_a=\boldsymbol{a}_e+\boldsymbol{a}_r^n+\boldsymbol{a}_r^t+\boldsymbol{a}_C \tag{d}$$

上式的$\boldsymbol{a}_e$即为式(c)中的$\boldsymbol{a}_{轮A}$。将式(c)代入式(d)得到矢量关系如下(包括相关项信息)

	$\boldsymbol{a}_a$	=	$\boldsymbol{a}_O$	+	$\boldsymbol{a}_{AO}^{n}$	+	$\boldsymbol{a}_{AO}^{t}$	+	$\boldsymbol{a}_r^n$	+	$\boldsymbol{a}_r^t$	+	$\boldsymbol{a}_C$
大小	?		a		$\omega_{轮}^2 R$		a		v_r^2/R		?		$2\omega_{轮}\ v_r$
方向	√		√		√		√		√		√		√

沿$\boldsymbol{a}_C$投影有

$$-a_a\cos\theta=a\sin\theta+a_{AO}^{n}+a_r^n+2\omega_{轮}\ v_r$$

可解得

$$\begin{aligned}a_a&=-a\tan\theta-(a_{AO}^{n}+a_r^n+2\omega_{轮}\ v_r)\sec\theta\\&=-a\tan\theta-(v^2/R+v_r^2/R+2v/R\times v_r)\sec\theta\\&=-a\tan\theta-\{v^2/R+[v\tan\theta\tan(\theta/2)]^2/R+2v/R\times v\tan\theta\tan(\theta/2)\}\sec\theta\\&=-a\tan\theta-(v^2\sec^3\theta)/R\end{aligned}$$

探索

因为本题分析任意θ情况，所以可猜测建立解析表达式后求导较为方便。为此建立图J8-26d的坐标系。图中l为顶杆到坐标原点O'的水平距离，是一常量。

根据图中的几何关系有

$$x_A=l=x_O+R\sin\theta \tag{e}$$

$$y_A=y_O-R\cos\theta=R(1-\cos\theta) \tag{f}$$

对式(f)求导有

$$\dot{y}=R\sin\theta\times\dot{\theta} \tag{g}$$

为了消去$\dot{\theta}$对式(e)求导得

$$0=v+R\cos\theta\times\dot{\theta} \tag{h}$$

将解出的$\dot{\theta}=-v/(R\cos\theta)$代入式(g)得到

$$\dot{y}=-v\tan\theta \tag{i}$$

式(i)就是顶帽的速度。注意它与式(b)差一正负号，这是因为解析默认$\dot{y}$的正方向沿y轴正方向。

相对速度用$\boldsymbol{v}_r=\boldsymbol{v}_a-\boldsymbol{v}_e$计算比较方便，这里不讨论。

将式(i)对时间再求导得到加速度

$$\ddot{y}=-\dot{v}\tan\theta-v\sec^2\theta\times\dot{\theta} \tag{j}$$

注意：按照图J8-25d的轮心速度和加速度的方向，$\dot{v}$等于$-a$。

将$\dot{\theta}=-v/(R\cos\theta)$和$\dot{v}=-a$代入式(j)，得到

$$\ddot{y}=a\tan\theta+(v^2\sec^3\theta)/R$$

8-27 见例题 8-10。

8-28 轻型杠杆式推钢机，曲柄 OA 借连杆 AB 带动摇杆 O_1B 绕 O_1 轴摆动，杆 EC 通过铰链与滑块 C 相连，滑块 C 可沿杆 O_1B 滑动；摇杆摆动时带动杆 EC 推动钢材，如图 T8-28 所示。已知 $OA = r = 0.2\ \text{m}$，$AB = \sqrt{3}r$，$O_1B = 2l/3(l = 1\ \text{m})$，$\omega_{OA} = 1/2\ \text{rad/s}$。在图示位置时 $BC = 4l/3$。求：(1)滑块 C 的绝对速度和相对于摇杆 O_1B 的速度；(2)滑块 C 的绝对加速度和相对摇杆 O_1B 的加速度。

解：AB 作平面运动；O_1B 和 OA 作定轴转动；CE 作水平平移。

(1)速度分析，分两步。

第一步从曲柄 OA 到摇杆 O_1B。以 A 为基点，B 为动点的速度分析(也可使用瞬心法)如图 J8-28a 中黑色矢量所示。由于 $\boldsymbol{v}_A \perp \boldsymbol{v}_{BA}$，容易得到

$$v_B = v_A/\cos30^\circ = 2v_A/\sqrt{3}, \quad v_{BA} = v_A\tan30^\circ = \sqrt{3}v_A$$

进而得到角速度

$$\omega_{O1B} = v_B/O_1B = 2v_A/(\sqrt{3}O_1B) = 0.1\sqrt{3}\ \text{rad/s}$$

$$\omega_{BA} = v_{BA}/BA = v_A/(\sqrt{3}BA) = 1/60\ \text{rad/s}$$

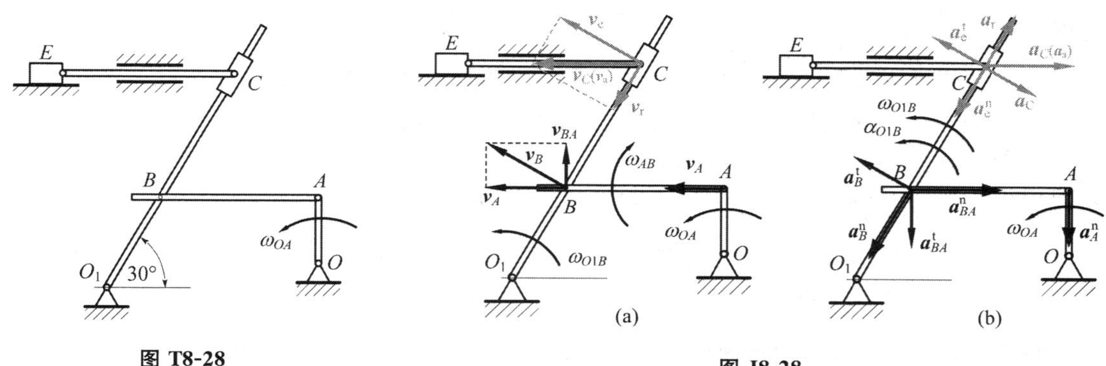

图 T8-28

图 J8-28

第二步从摇杆 O_1B 到滑套 C。采用合成运动分析，动系-动点选择如下：动系为 O_1B 杆，动点为滑套 C，分析见图 J8-28a 中灰色矢量所示。由于 $\boldsymbol{v}_e \perp \boldsymbol{v}_r$，容易得到

$$v_C = v_e/\cos30^\circ = 2O_1C\omega_{O_1B}/\sqrt{3} = 4\times0.2\sqrt{3}\times1/2/\sqrt{3}\ \text{m/s} = 0.4\ \text{m/s}$$

$$v_r = v_C\sin30^\circ = 0.2\ \text{m/s}$$

(2)加速度分析，分两步。

第一步从曲柄 OA 到摇杆 O_1B。基点法分析如图 J8-28a 中黑色矢量所示。矢量关系和相关信息如下：

	$\boldsymbol{a}_B^t$	+	$\boldsymbol{a}_B^n$	=	$\boldsymbol{a}_A^n$	+	$\boldsymbol{a}_{BA}^n$	+	$\boldsymbol{a}_{BA}^t$
大小	?		$\omega_{O1B}^2O_1B$		ω_{OA}^2r		ω_{AB}^2AB		?
方向	√		√		√		√		√

沿 $\boldsymbol{a}_{BA}^{n}$ 投影有 $-a_B^t\cos30° - a_B^n\sin30° = a_{BA}^n$，解得

$$a_B^t = -a_{BA}^n\sec30° - a_B^n\tan30° = -\omega_{AB}^2 AB\times 2/\sqrt{3} - \omega_{O_1B}^2 O_1B/\sqrt{3}$$
$$= -(5+3\sqrt{3})/450\ \mathrm{m/s^2}$$

进一步得到

$$\alpha_{O1B} = a_B^t/O_1B = -(5+3\sqrt{3})/450/(2/3)\ \mathrm{rad/s^2} = -(5+3\sqrt{3})/300\ \mathrm{rad/s^2}$$

第二步从摇杆 O_1B 到滑套 C。加速度合成分析见图 J8-28b 中灰色矢量所示。矢量关系和相关信息如下：

	$\boldsymbol{a}_a(\boldsymbol{a}_C)$	=	$\boldsymbol{a}_e^n$	+	$\boldsymbol{a}_e^t$	+	$\boldsymbol{a}_r$	+	$\boldsymbol{a}_C$
大小	?		$\omega_{O1B}^2 O_1C$		$\alpha_{O1B}O_1C$		?		$2\omega_{O1B}v_r$
方向	√		√		√		√		√

分别沿科氏加速度 $\boldsymbol{a}_C$ 和 $\boldsymbol{a}_r$ 方向投影有

$$a_C\cos30° = -a_e^t + a_C$$
$$a_C\sin30° = -a_e^n + a_r$$

解得

$$a_C = (-a_e^t + a_C)/\cos30° = (-\alpha_{O1B}O_1C + 2\omega_{O1B}v_r)/(\sqrt{3}/2)$$
$$= ((5+3\sqrt{3})/300\times 2 + 0.2\sqrt{3}\times 0.2)/(\sqrt{3}/2)\ \mathrm{m/s^2} = (27+5\sqrt{3})/225\ \mathrm{m/s^2}$$
$$= 0.1585\ \mathrm{m/s^2}$$

$$a_r = a_C\sin30° + a_e^n = (27+5\sqrt{3})/225\times 1/2 + \omega_{O1B}^2\times O_1C$$
$$= [(27+5\sqrt{3})/450 + (\sqrt{3}/10)^2\times 2]\ \mathrm{m/s^2} = (54+5\sqrt{3})/450\ \mathrm{m/s^2}$$
$$= 0.1392\ \mathrm{m/s^2}$$

8-29 图 T8-29 所示的平面机构中，杆 AB 以不变的速度 $\boldsymbol{v}$ 沿水平方向运动，套筒 B 与杆 AB 的端点铰接，并套在绕 O 轴转动的杆 OC 上，可沿该杆滑动。已知 AB 和 OE 两平行线间的垂直距离为 b。求在图示位置（$\gamma=60°$，$\beta=30°$，$OD=BD$）时，杆 OC 的角速度和角加速度、滑块 E 的速度和加速度。

解：DE 作平面运动；OC 作定轴转动；AB 作水平平移。

(1)速度分析，分两步。

第一步从套筒 B 到杆 OC，采用合成运动分析。动系-动点选择如下：动系固结于杆 OC（牵连运动：定轴转动）；套筒 B 为动点（绝对运动：随平移的 AB 水平运动；相对运动：沿 OC 的直线运动），分析见图 J8-29a 中灰色矢量所示。由于 $\boldsymbol{v}_e\perp\boldsymbol{v}_r$，容易得到

$$v_e = v_a\cos30° = v_B\cos30° = \sqrt{3}v/2$$
$$v_r = v_a\sin30° = v_B\sin30° = v/2$$

进而可得 $\omega_{OC} = v_e/OB = \sqrt{3}v/2/(b/\cos30°) = 3v/4b$。

第二步从杆 OC 到滑块 E，采用基点法。以 E 为基点，D 为动点的速度分析（也可使用瞬心法）如图 J8-29a 中黑色矢量所示。由于 $\boldsymbol{v}_D\perp\boldsymbol{v}_{DE}$，容易得到

$$v_E = v_D/\cos30° = \omega_{OC}OD/\cos30° = 3v/4b \times (b/\cos30°)/2/\cos30° = v/2$$

$$v_{DE} = v_E\sin30° = v/4$$

进而得到角速度

$$\omega_{DE} = v_{DE}/DE = v/(4b)$$

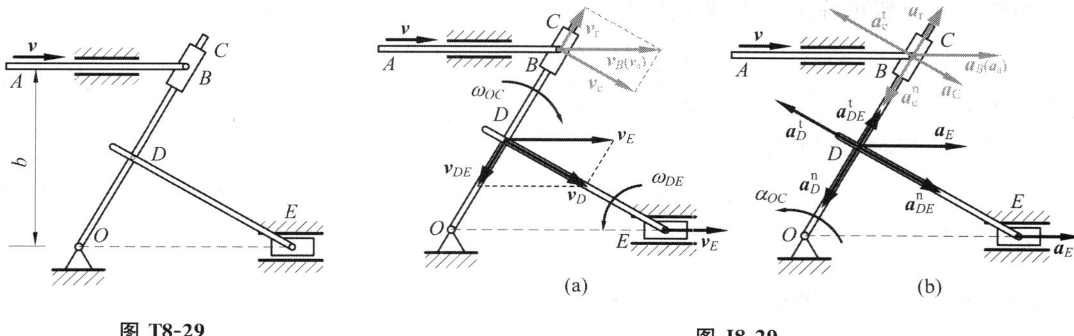

图 T8-29

(a) (b)

图 J8-29

(2)加速度分析,分两步。

第一步从套筒 B 到杆 OC。加速度合成分析见图 J8-29b 中灰色矢量所示。矢量关系和相关信息如下:

	$\boldsymbol{a}_a(\boldsymbol{a}_B)$	=	$\boldsymbol{a}_e^n$	+	$\boldsymbol{a}_e^t$	+	$\boldsymbol{a}_r$	+	$\boldsymbol{a}_C$
大小	0		$\omega_{OC}^2 OB$		$\alpha_{OC}OB$		?		$2\omega_{OC}v_r$
方向	√		√		√		√		√

沿科氏加速度 $\boldsymbol{a}_C$ 方向投影有

$$0 = -a_e^t + a_C$$

解得 $a_e^t = a_C = 2\omega_{OC}v_r = 3v^2/(4b)$。进一步得到角加速度

$$\alpha_{OC} = a_e^t/OB = 3v^2/(4b)/(b/\cos30°) = 3\sqrt{3}v^2/b^2$$

第二步从杆 OC 到滑块 E。基点法分析如图 J8-29b 中黑色矢量所示。矢量关系和相关信息如下:

	$\boldsymbol{a}_D^t$	+	$\boldsymbol{a}_D^n$	=	$\boldsymbol{a}_E$	+	$\boldsymbol{a}_{DE}^n$	+	$\boldsymbol{a}_{DE}^t$
大小	$\alpha_{OC}OD$		$\omega_{OC}^2 OD$		?		$\omega_{AB}^2 AB$		?
方向	√		√		√		√		√

沿 $\boldsymbol{a}_{DE}^n$ 方向投影有 $-a_D^t = a_E\cos30° + a_{DE}^n$,解得

$$\begin{aligned} a_E &= (-a_D^t - a_{DE}^n)\cos30° = 2(-\alpha_{OC}OD - \omega_{DE}^2 DE)/\sqrt{3} \\ &= 2[-3\sqrt{3}v^2/(8b^2) \times b/\sqrt{3} - (v/4b)^2 b]/\sqrt{3} \\ &= -7\sqrt{3}v^2/(24b) \end{aligned}$$

8-30　图 T8-30 中滑块 A、B、C 以连杆 AB、AC 相铰接。滑块 B、C 在水平槽中相对运动的速度恒为 $\dot{s}=1.6\ \text{m/s}$。求当 $x=50\ \text{mm}$ 时，滑块 B 的速度和加速度。

解：AB、BC 作平面运动。

解法一

(1)速度分析。由 A、B 和 C 的三点速度方向可确定 AB 的瞬心 P_{AB} 和 AC 的瞬心 P_{AC}。由这两个瞬心位置可确定如下两个关系

$$v_B = v_A \tan\theta,\quad v_C = v_A \tan\varphi$$

消去两个关系中的 v_A 有：$v_C = v_B \tan\varphi/\tan\theta$。

B 和 C 的相对速度 $\dot{s}$ 为

$$\dot{s} = v_B - (-v_C) = v_B + v_B \tan\varphi/\tan\theta$$

从该式可解得

$$v_B = \dot{s}\tan\theta/(\tan\theta - \tan\varphi) = 1.6\times 12/5/(12/5+4/3)\ \text{m/s} = 36/35\ \text{m/s} = 1.029\ \text{m/s}$$

为了下一步的加速度计算，我们需要

$$\omega_{BA} = v_B/BP_{AB} = 36/35/0.12 = 60/7\ \text{rad/s}$$

$$\omega_{CA} = v_C/BP_{AC} = \omega_{BA}\tan\varphi/\tan\theta = 60/7\times 4/3/(12/5) = 100/21\ \text{rad/s}$$

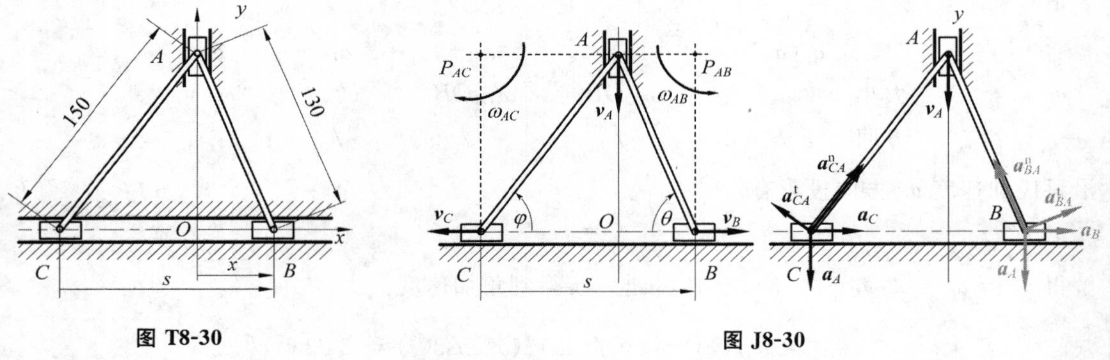

图 T8-30　　　　图 J8-30

(2)加速度分析，需要两次基点法。

第一次，以 A 为基点，B 为动点。加速度分析见图 J8-30b 的灰色矢量所示。矢量关系为

$$\boldsymbol{a}_B = \boldsymbol{a}_A + \boldsymbol{a}_{BA}^n + \boldsymbol{a}_{BA}^t \tag{a}$$

第二次，以 A 为基点，C 为动点。加速度分析见图 J8-30b 的黑色矢量所示。矢量关系为

$$\boldsymbol{a}_C = \boldsymbol{a}_A + \boldsymbol{a}_{CA}^n + \boldsymbol{a}_{CA}^t \tag{b}$$

式(a)－式(b)有：$\boldsymbol{a}_B - \boldsymbol{a}_C = \boldsymbol{a}_{BA}^n + \boldsymbol{a}_{BA}^t - (\boldsymbol{a}_{CA}^n + \boldsymbol{a}_{CA}^t)$。注意题目中的 $\dot{s}$ 不随时间变化，所以 $\boldsymbol{a}_B - \boldsymbol{a}_C = \boldsymbol{0}$。其他相关信息汇总如下

	$\boldsymbol{a}_B-\boldsymbol{a}_C$	=	$\boldsymbol{a}_{BA}^n$	+	$\boldsymbol{a}_{BA}^t$	−(	$\boldsymbol{a}_{CA}^n$	+	$\boldsymbol{a}_{CA}^t$	)
大小	0		$\omega_{AB}^2 AB$		?		$\omega_{AC}^2 AC$		?	
方向	√		√		√		√		√	

沿 $\boldsymbol{a}_{CA}^{n}$ 方向投影有

$$a_{BA}^{n}\cos[(180°-\varphi-\theta)]+a_{BA}^{t}\sin[(180°-\varphi-\theta)]-a_{CA}^{n}$$

可解出

$$a_{BA}^{t}=a_{BA}^{n}\cot(\varphi+\theta)+a_{CA}^{n}\csc(\varphi+\theta)$$

式(a)再沿水平方向投影有

$$\begin{aligned}a_{B}&=-a_{BA}^{n}\cos\theta+a_{BA}^{t}\sin\theta=-a_{BA}^{n}\cos\theta+[a_{BA}^{n}\cot(\varphi+\theta)+a_{CA}^{n}\csc(\varphi+\theta)]\sin\theta\\&=-256/49\ \mathrm{m/s^2}=-5.224\ \mathrm{m/s^2}\end{aligned}$$

解法二

由图 T8-30 的几何关系有

$$0.13^2-x_B^2=y_A^2=0.15^2-(s-x_B)^2$$

解得

$$s^2-2sx_B-5.6=0$$

两边对时间求导有

$$2s\dot{s}-2\dot{s}x_B-2s\dot{x}_B=0 \tag{c}$$

将图示时刻的 $s=0.14,\dot{s}=1.6,x_B=0.05$ 代入上式可解得

$$\dot{x}_B(v_B)=(s\dot{s}-\dot{s}x_B)/s=36/35\ \mathrm{m/s}$$

对式(c)再求一次导数有

$$2\dot{s}^2+2s\ddot{s}-2\ddot{s}x_B-2\dot{s}\dot{x}_B-2\dot{s}\dot{x}_B-2s\ddot{x}_B=0 \tag{d}$$

将图示时刻的 $s=0.14,\dot{s}=1.6,x_B=0.05,\dot{x}_B=36/35,\ddot{s}=0$ 代入上式可解得

$$\ddot{x}_B=-256/49\ \mathrm{m/s^2}=-5.224\ \mathrm{m/s^2}$$

8-31　见例题 8-11。

8-32　如图 T8-32 所示，杆 OC 与轮 I 在轮心 O 处铰接并以匀速 $\boldsymbol{v}$ 水平向左平移。起始时点 O 与点 A 相距 l，杆 AB 可绕轴 A 定轴转动，与轮 I 在点 D 接触，接触处有足够大的摩擦使之不打滑，轮 I 的半径 r。求当 $\theta=30°$时，轮 I 的角速度 ω_1 和杆 AB 的角速度。

解：轮 I 和杆 AB 在 D 处不打滑，表明杆上 D 点与轮上接触点 D'之间没有相对速度，也就是该瞬时轮上 D'处速度等于杆上 D 处的速度。从轮 I 角度来看，轮心速度因 CO 平移而可确定为 $\boldsymbol{v}$。以轮心为基点，D'为动点的速度分析如图 J8-32 所示，其矢量关系为

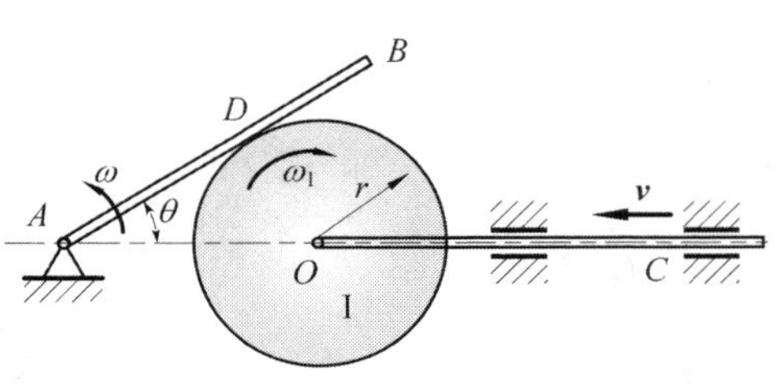

图 T8-32

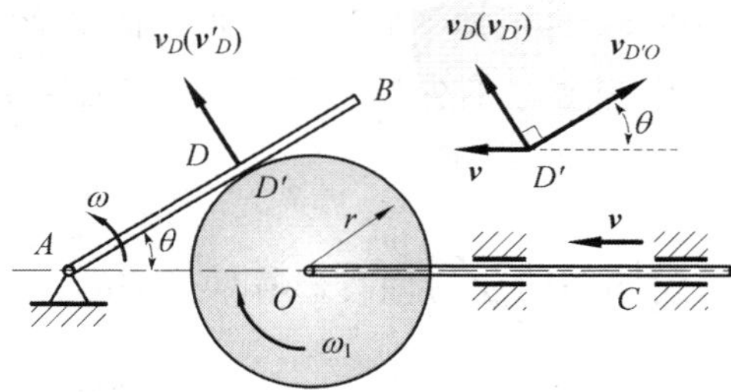

图 J8-32

$$\begin{array}{cccccc} & v_{D'} & = & v & + & v_{D'O} \\ \text{大小} & \omega AD & & v & & \omega_1 r \\ \text{方向} & \checkmark & & \checkmark & & \checkmark \end{array}$$

上式分别沿 $v_{D'}$ 和 $v_{D'O}$ 投影可得 $\omega AD = v\cos 60°$，$\omega_1 r = v\sin 60°$。进一步求得

$$\omega = \frac{v\cos 60°}{AD} = \frac{\sqrt{3}}{6}\frac{v}{r}, \quad \omega_1 = \frac{v\sin 60°}{r} = \frac{\sqrt{3}}{2}\frac{v}{r}$$

讨论

(1)此题放在这里有点突兀，因为8-31之前的题目中加速度基点法都已经做了，这里却突然出现速度分析题目。

(2)此题也可以选择 AB 为动系，轮心 O 为动点，按照"相切型"分析，但是计算相对速度时需要使用相对角速度的概念，而这个概念在教材中没有引入。

8-33 图 T8-33 所示放大机构中，杆Ⅰ和Ⅱ分别以速度 v_1 和 v_2 沿箭头方向运动，其位移分别以 x 和 y 表示。如杆Ⅱ与杆Ⅲ平行，其间距离为 a，求杆Ⅲ的速度和滑道Ⅳ的角速度。

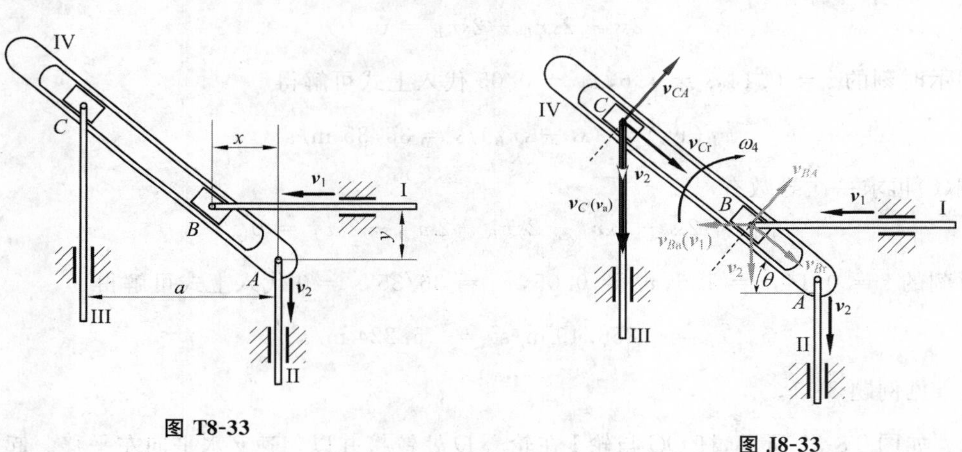

图 T8-33　　　　图 J8-33

解：Ⅰ杆水平平移；Ⅱ杆和Ⅲ杆竖直平移；Ⅳ杆作平面运动。

(1)以滑块 B 为动点，滑道Ⅳ为动系，速度分析见图 J8-33 中灰色矢量。矢量关系为

$$v_{Ba}(v_1) = v_{Be} + v_{Br} \tag{a}$$

式中的 v_{Be} 再根据平面运动的Ⅳ杆信息确定。为此，选择 A 为基点，Ⅳ杆上与滑块 B 重合的点为动点，基点法的矢量关系为 $v_{Be} = v_A + v_{BA} = v_2 + v_{BA}$。把它代入式(a)得

$$v_1 = v_2 + v_{BA} + v_{Br} \tag{b}$$

式(b)向 v_{BA} 方向投影有 $-v_1\sin\theta = -v_2\cos\theta + v_{BA}$，解得

$$v_{BA} = v_2\cos\theta - v_1\sin\theta$$

因此Ⅳ杆角速度

$$\omega_4 = \frac{v_{BA}}{BA} = \frac{v_2\cos\theta - v_1\sin\theta}{\sqrt{x^2+y^2}} = \frac{v_2 x/\sqrt{x^2+y^2} - v_1 y/\sqrt{x^2+y^2}}{\sqrt{x^2+y^2}} = \frac{v_2 x - v_1 y}{x^2+y^2}$$

(2)以滑块 C 为动点，滑道 IV 为动系，速度分析见图 J8-33 与滑块 C 关联的矢量箭头。矢量关系为

$$\boldsymbol{v}_C(\boldsymbol{v}_a) = \boldsymbol{v}_{Ce} + \boldsymbol{v}_{Cr} \tag{c}$$

其中的 $\boldsymbol{v}_{Ce}$ 由对Ⅳ杆用基点法确定，即选择 A 为动点，Ⅳ杆上与滑块 B 重合的点为动点，基点法的矢量关系为 $\boldsymbol{v}_{Ce} = \boldsymbol{v}_A + \boldsymbol{v}_{CA} = \boldsymbol{v}_2 + \boldsymbol{v}_{CA}$。把它代入式(c)得

$$\boldsymbol{v}_C = \boldsymbol{v}_2 + \boldsymbol{v}_{CA} + \boldsymbol{v}_{Cr} \tag{d}$$

式(d)沿 $\boldsymbol{v}_{CA}$ 方向投影有 $-v_C\cos\theta = -v_2\cos\theta + v_{CA}$，可解得

$$v_C = v_2 + v_{CA}\sec\theta = v_2 + a\omega_4\sec^2\theta = a(v_1 y - v_2 x)/x^2 - v_2$$

8-34 半径 $R=0.2$ m 的两个相同的大圆环沿地面向相反方向无滑动地滚动，环心的速度为常数 $v_A=0.1$ m/s；$v_B=0.4$ m/s。当 $\angle MAB=30°$时，求套在这两个大环上的小环 M 相对于每个大环的速度和加速度，以及小环 M 的绝对速度和绝对加速度。

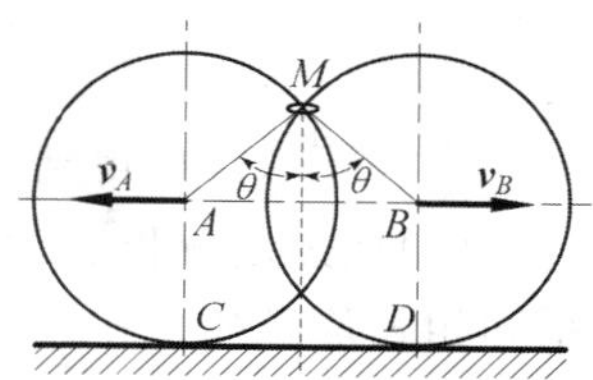

图 T8-34

解：这是相交型，需要两次合成运动分析。

(1)速度分析。动系分别固结于大环 A(动系 1)和 B(动系 2)(牵连运动均为平面转动)，小环 M 为动点(相对运动：沿大环的圆周运动；绝对运动：平面曲线)，速度分析图见 J8-34a。矢量关系和相关信息如下

$$\boldsymbol{v}_M(\boldsymbol{v}_a) = \boldsymbol{v}_{e1} + \boldsymbol{v}_{r1} = \boldsymbol{v}_{e2} + \boldsymbol{v}_{r2} \tag{a}$$

		$\boldsymbol{v}_{e1}$	$\boldsymbol{v}_{r1}$	$\boldsymbol{v}_{e2}$	$\boldsymbol{v}_{r2}$
方向		$CM\omega_A$	?	$DM\omega_B$	?
大小		√	√	√	√

其中：$CM = DM = 2R\cos(\theta/2)$，$\omega_A = v_A/R$，$\omega_B = v_B/R$。

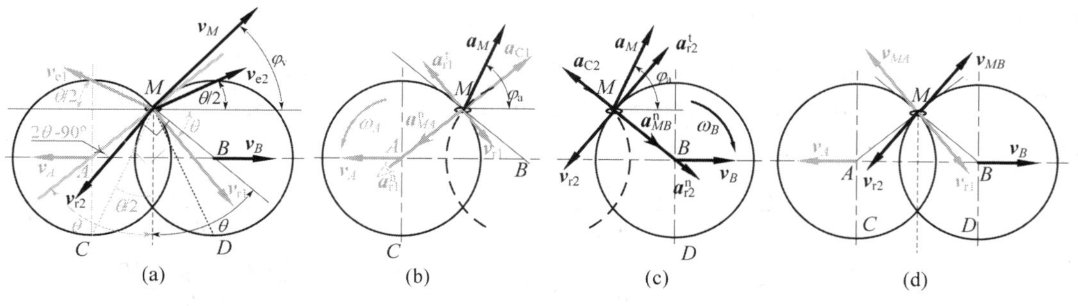

图 J8-34

式(a)分别沿 MA、MB 方向投影得到

$$v_{e1}\cos(90° - \theta/2) = -v_{e2}\cos(90° - 3\theta/2) + v_{r2}\cos(2\theta - 90°)$$
$$-v_{e1}\cos(90° - 3\theta/2) + v_{r1}\cos(2\theta - 90°) = v_{e2}\cos(90° - \theta)$$

解得

$$\begin{cases} v_{r2}=\dfrac{v_{e1}\cos(90°-\theta/2)+v_{e2}\cos(90°-3\theta/2)}{\sin2\theta}=v_B+\dfrac{v_B+v_A}{2\cos\theta} \\ v_{r1}=\dfrac{v_{e2}\cos(90°-\theta/2)+v_{e1}\cos(90°-3\theta/2)}{\sin2\theta}=v_A+\dfrac{v_B+v_A}{2\cos\theta} \end{cases}$$

为了得到 v_M 的大小，根据式(a)计算它的水平和垂直两个正交分量

$$v_{Mx}=(v_B-v_A)/2$$
$$v_{My}=-(v_B+v_A)\tan\theta/2$$

因此

$$v_M=\sqrt{v_{Mx}^2+v_{My}^2}=\frac{1}{2\cos\theta}\sqrt{v_A^2+v_B^2-2v_Av_B\cos2\theta}$$

$$\varphi_v=\arctan\frac{-(v_B+v_A)\tan\theta}{v_B-v_A}$$

代入题中数据得到：$v_M=0.458\ \text{m/s}$，$\varphi_v=-1.23732\ \text{rad}=-70.8934°$。

(2)加速度分析。动点-动系的选取如同速度分析，分析图见图 J8-34b 和 J8-34c。矢量关系和相关信息如下：

$$\boldsymbol{a}_a(\boldsymbol{a}_M)=\boldsymbol{a}_{MA}^n+\boldsymbol{a}_{r1}^n+\boldsymbol{a}_{r1}^t+\boldsymbol{a}_{C1} \tag{b}$$

	$\boldsymbol{a}_a(\boldsymbol{a}_M)$	$\boldsymbol{a}_{MA}^n$	$\boldsymbol{a}_{r1}^n$	$\boldsymbol{a}_{r1}^t$	$\boldsymbol{a}_{C1}$
大小	?	ω_A^2R	v_{r1}^2/R	?	$2\omega_Av_{r1}$
方向	?	√	√	√	√

$$\boldsymbol{a}_a(\boldsymbol{a}_M)=\boldsymbol{a}_{MB}^n+\boldsymbol{a}_{r2}^n+\boldsymbol{a}_{r2}^t+\boldsymbol{a}_{C2} \tag{c}$$

	$\boldsymbol{a}_a(\boldsymbol{a}_M)$	$\boldsymbol{a}_{MB}^n$	$\boldsymbol{a}_{r2}^n$	$\boldsymbol{a}_{r2}^t$	$\boldsymbol{a}_{C2}$
大小	?	ω_B^2R	v_{r2}^2/R	?	$2\omega_Bv_{r2}$
方向	?	√	√	√	√

单独的式(b)或式(c)都不能完全确定未知数。把二者结合起来，分别向 MA、MB 方向投影得到

$$a_{MA}^n+a_{r1}^n-a_{C1}=(a_{MB}^n+a_{r2}^n-a_{C2})\cos(2\theta)-a_{r2}^t\sin(2\theta)$$
$$(a_{MA}^n+a_{r1}^n-a_{C1})\cos2\theta-a_{r1}^t\sin(2\theta)=a_{MB}^n+a_{r2}^n-a_{C2}$$

解得

$$a_{r2}^t=\frac{(a_{MB}^n+a_{r2}^n-a_{C2})\cos(2\theta)-(a_{MA}^n+a_{r1}^n-a_{C1})}{\sin(2\theta)}=-\frac{(v_A+v_B)^2\sin\theta}{4R\cos^3\theta}$$

$$a_{r1}^t=\frac{(a_{MA}^n+a_{r1}^n-a_{C1})\cos2\theta-(a_{MB}^n+a_{r2}^n-a_{C2})}{\sin(2\theta)}=-\frac{(v_A+v_B)^2\sin\theta}{4R\cos^3\theta}$$

代入题中数据可以得到

$$a_{r2}^n=4.05\ \text{m/s}^2,\ a_{r2}^t=-2.165\ \text{m/s}^2$$
$$a_{r2}^n=1.80\ \text{m/s}^2,\ a_{r1}^t=-2.165\ \text{m/s}^2$$

进一步绝对加速度 $a_M=\sqrt{(a_{MA}^n+a_{r1}^n-a_{C1})^2+(a_{r1}^t)^2}=\dfrac{(v_A+v_B)^2}{4R\cos^3\theta}$，代入题中数据可以

得到 $a_M = 2.5\ \mathrm{m/s^2}$。

讨论

采用图 J8-34d 的基点法，速度分析稍微简单一点。计算如下

$\boldsymbol{v}_M(\boldsymbol{v}_a)$	=	$(\boldsymbol{v}_A$	+	$\boldsymbol{v}_{MA})_{e1}$	+	$\boldsymbol{v}_{r1}$	=	$(\boldsymbol{v}_B$	+	$\boldsymbol{v}_{MB})_{e2}$	+	$\boldsymbol{v}_{r2}$
方向		v_A		$\omega_A R$		?		v_B		$\omega_B R$		?
大小		√		√		√		√		√		√

分别沿 MA、MB 方向投影得到

$$v_A\sin\theta = -v_{MB}\cos(2\theta - 90°) + v_{r2}\cos(2\theta - 90°) - v_B\sin\theta$$
$$v_{r1}\cos(2\theta - 90°) - v_{MA}\cos(2\theta - 90°) - v_A\sin\theta = v_B\sin\theta$$

解得

$$\begin{cases} v_{r2} = v_B + (v_B + v_A)/(2\cos\theta) \\ v_{r1} = v_A + (v_B + v_A)/(2\cos\theta) \end{cases}$$

8-35　图 T8-35a、T8-35b、T8-35c、T8-35d 所示四种刨床机构，已知曲柄 $O_1A = r$，以匀角速度 ω 转动，$b = 4r$。求在图示位置时，滑枕 CD 平移的速度。

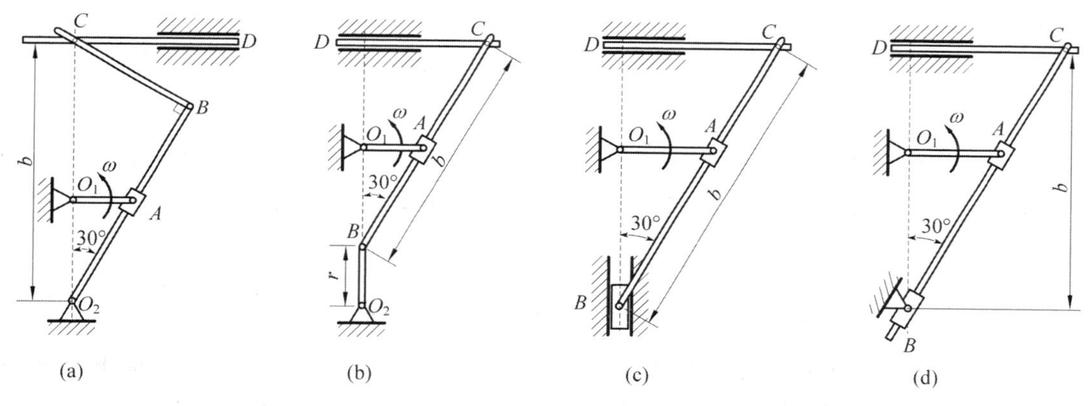

图 T8-35

解：对四个机构逐一分析。每个机构的分析大体分为两步。

机构 a

(1) 动系固结于 O_2B（牵连运动：定轴转动）；滑块 A 为动点（绝对运动：圆周运动；相对运动：沿 O_2B 的直线运动）。速度分析如图 J8-35a 的黑色矢量。由图中的速度平行四边形可以得到

$$v_{Ae} = v_{Aa}\sin30° = \omega r/2, \quad v_{Ar} = v_{Aa}\cos30° = \sqrt{3}\omega r/2$$

其中的 v_{Ar} 供习题 8-36 的加速度分析使用。O_2B 的角速度为

$$\omega_{O2B} = v_{Ae}/O_2A = \omega/4$$

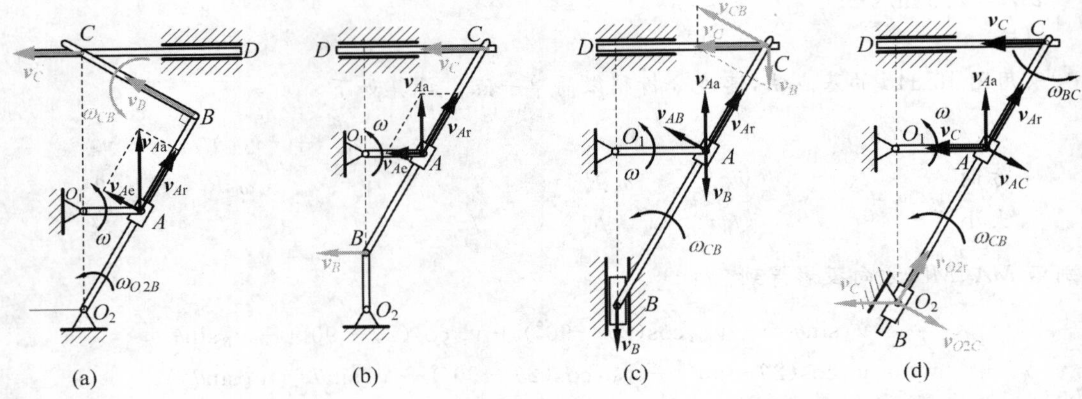

图 J8-35

(2)CB 作平面运动,两点速度如图 J8-35a 中灰色矢量。由 C、B 速度方向,确定 CB 的瞬心在 O_2。因此

$$\omega_{CB} = v_B/O_2B = (\omega_{O2A} \times O_2B)/O_2B = \omega/4$$

这样 CD 平移速度

$$v_C = O_2C \times \omega_{CB} = \omega r$$

机构 b

(1)动系固结于 BC(牵连运动:平面运动,但瞬时平移);滑块 A 为动点(绝对运动:圆周运动;相对运动:沿 BC 的直线运动)。速度分析如图 J8-35b 的黑色矢量。由图中的速度平行四边形可以得到

$$v_{Ae} = v_{Aa}\tan 30^\circ = \sqrt{3}\omega r/3,\quad v_{Ar} = v_{Aa}/\cos 30^\circ = 2\sqrt{3}\omega r/3$$

其中 v_{Ar} 程序上供习题 8-36 的加速度分析使用(因动系瞬时平移,科氏加速度就简单地为 0)。

(2)C、B 两点速度如图 J8-35b 中灰色矢量,由它们的方向可确定 BC 作瞬时平移,因此

$$v_C = v_B = v_{Ae} = \sqrt{3}\omega r/3$$

机构 c

(1)为了方便投影,我们采用基点法分析 BC 的运动。以 B 为基点,C 为动点的速度矢量关系见图 J8-35c 中的灰色矢量。由图中的速度平行四边形可以得到

$$v_{CB} = v_C/\cos 30^\circ = 2\sqrt{3}v_C/3$$

$$v_B = v_C/\cot 30^\circ = \sqrt{3}v_C/3 \tag{a}$$

进一步

$$\omega_{CB} = v_{CB}/BC = \sqrt{3}v_C/(6r) \tag{b}$$

(2)动系固结于 BC(牵连运动:平面运动);滑块 A 为动点(绝对运动:圆周运动;相对运动:沿 BC 的直线运动)。速度分析如图 J8-35b 的黑色矢量。速度矢量关系为

$$\boldsymbol{v}_{Aa} = \boldsymbol{v}_{Ae} + \boldsymbol{v}_{Ar} = (\boldsymbol{v}_B + \boldsymbol{v}_{AB})_e + \boldsymbol{v}_{Ar} \tag{c}$$

它沿 $\boldsymbol{v}_{AB}$ 方向投影得

$$v_{Aa}\sin30^\circ = -v_B\sin30^\circ + v_{AB}$$

将式(a)和式(b)代入上式得到

$$v_C = \sqrt{3}\omega r$$

为了题 8-36 计算加速度，我们还需要将式(c)沿 $\boldsymbol{v}_{Ar}$ 方向投影

$$v_{Aa}\cos30^\circ = -v_B\cos30^\circ + v_{Ar}$$

得到

$$v_{Ar} = \sqrt{3}\omega r$$

而

$$\omega_{CB} = v_{CB}/BC = \omega/2$$

机构 d

(1)动系固结于 CB(牵连运动：平面运动)；滑块 O_2 为动点(绝对运动：静止；相对运动：沿 O_2B 的直线运动)。速度分析如图 J8-35d 的灰色矢量。矢量关系为

$$\boldsymbol{0} = \boldsymbol{v}_{O2e} + \boldsymbol{v}_{O2r} = (\boldsymbol{v}_C + \boldsymbol{v}_{O2C})_e + \boldsymbol{v}_{O2r}$$

分别沿 $\boldsymbol{v}_{O2r}$ 和 $\boldsymbol{v}_{O2C}$ 投影可得

$$0 = -v_C\sin30^\circ + v_{O2r},\quad 0 = -v_C\cos30^\circ + v_{O2C}$$

可得

$$v_{O2r} = v_C\sin30^\circ \tag{d}$$

$$v_{O2C} = v_C\cos30^\circ \tag{e}$$

进而有

$$\omega_{CB} = v_{O2C}/O_2C = v_C\cos30^\circ/(4r/\cos30^\circ) = 3v_C/(16r)$$

(2)动系固结于 CB(牵连运动：平面运动)；滑块 A 为动点(绝对运动：静止；相对运动：沿 O_2B 的直线运动)。速度分析如图 J8-35d 的黑色矢量。矢量关系为

$$\boldsymbol{v}_{Aa} = \boldsymbol{v}_{Ae} + \boldsymbol{v}_{Ar} = (\boldsymbol{v}_C + \boldsymbol{v}_{AC})_e + \boldsymbol{v}_{Ar}$$

分别沿 $\boldsymbol{v}_{Ar}$ 和 $\boldsymbol{v}_{AC}$ 投影可得

$$v_{Aa}\cos30^\circ = -v_C\sin30^\circ + v_{Ar},\quad -v_{Aa}\sin30^\circ = -v_C\cos30^\circ + v_{AC}$$

可得

$$v_{Ar} = v_{Aa}\cos30^\circ + v_C\sin30^\circ \tag{f}$$

$$v_{AC} = -v_{Aa}\sin30^\circ + v_C\cos30^\circ \tag{g}$$

联合式(e)和式(g)，并注意 $v_{O2C}/v_{AC} = (4r/\cos30^\circ)/(4r/\cos30^\circ - 2r) = 4\sqrt{3}/(4\sqrt{3}-3)$，可解得

$$v_C = 4\omega r/3,\quad v_{AC} = (4\sqrt{3}-3)\omega r/6$$

为了题 8-36 计算，我们还需计算

$$\omega_{BC}=v_{AC}/AC=\omega/4,\quad v_{Ar}=(4+3\sqrt{3})\omega r/6,\quad v_{O2r}=2\omega r/3$$

8-36 求上题各图中滑枕 CD 平移的加速度。

解：对四个机构逐一分析，动系的选择与 8-35 题的速度分析相同。每个机构的分析仍大体分为两步。

机构 a

(1)确定 O_2B 的角加速度。滑块 A 的加速度合成分析如图 J8-36a 的黑色矢量，它们的关系为

$$\boldsymbol{a}_{Aa}=\boldsymbol{a}_{Ae}^{n}+\boldsymbol{a}_{Ae}^{t}+\boldsymbol{a}_{Ar}+\boldsymbol{a}_{AC} \tag{a}$$

其中：$a_{Aa}=\omega^2 r, a_{Ae}^{n}=\omega_{O2A}^2 O_2A=\omega^2 r/8, a_{AC}=2\omega_{O2A}v_{Ar}=\sqrt{3}\omega^2 r/4$

式(a)沿 $\boldsymbol{a}_{Ae}^{t}$ 投影有

$$a_{Aa}\cos 30°=a_{Ae}^{t}+a_{AC}$$

解得

$$a_{Ae}^{t}=a_{Aa}\cos 30°-a_{AC}=\sqrt{3}\omega^2 r/4$$

进而有

$$\alpha_{O2B}=a_{Ae}^{t}/O_2A=\sqrt{3}\omega^2 r/4/(2r)=\sqrt{3}\omega^2/8$$

(2)确定 BC 的加速度。以 B 为基点、A 为动点的加速度基点法分析如图 J8-36a 的灰色矢量，它们的关系为

$$a_C=a_{CB}^{n}+a_{CB}^{t}+a_B^{n}+a_B^{t} \tag{b}$$

其中：$a_B^{n}=\omega_{O2B}^2 O_2B=3\omega^2 r/4, a_B^{t}=\alpha_{O2B}O_2B=3\omega^2 r/4, a_{CB}^{n}=\omega_{CB}^2 CB=\omega^2 r/8$

式(b)沿 $\boldsymbol{a}_{CB}^{n}$ 投影有

$$-a_C\cos 30°=a_{CB}^{n}-a_B^{t}$$

解得

$$a_{CD}=a_C=(a_B^{t}-a_{CB}^{n})/\cos 30°=5\sqrt{3}\omega^2 r/12$$

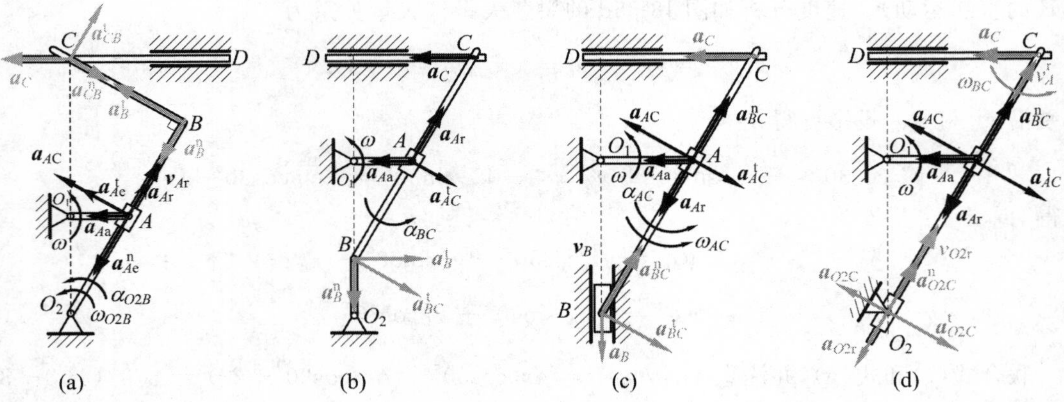

图 J8-36

机构 b

(1)确定 BC 角加速度。以 C 为基点、B 为动点的加速度基点法分析如图 J8-36b 的灰色矢量,它们的关系为

$$\boldsymbol{a}_B^{\mathrm{n}} + \boldsymbol{a}_B^{\mathrm{t}} = \boldsymbol{a}_{BC}^{\mathrm{t}} + \boldsymbol{a}_C \tag{c}$$

其中 $a_B^{\mathrm{n}} = v_B^2/r = \omega^2 r/3$。式(c)沿 $\boldsymbol{a}_B^{\mathrm{n}}$ 投影有

$$a_B^{\mathrm{n}} = a_{BC}^{\mathrm{t}}\cos60^\circ$$

解得

$$a_{BC}^{\mathrm{t}} = a_B^{\mathrm{n}}/\cos60^\circ = 2\omega^2 r/3$$

进而有

$$\alpha_{BC} = a_{BC}^{\mathrm{t}}/BC = \omega^2/6$$

(2)确定 a_C。滑块 A 的加速度合成分析如图 J8-36b 的黑色矢量,它们的关系为

$$\boldsymbol{a}_{A\mathrm{a}} = (\boldsymbol{a}_C + \boldsymbol{a}_{AC}^{\mathrm{t}})_{\mathrm{e}} + \boldsymbol{a}_{A\mathrm{r}} + \boldsymbol{a}_{AC} \tag{d}$$

其中科氏加速度 a_{AC} 因动系瞬时平移而为 0。式(d)沿 $\boldsymbol{a}_{AC}^{\mathrm{t}}$ 投影有

$$-a_{A\mathrm{a}}\cos30^\circ = a_{AC}^{\mathrm{t}} - a_C\cos30^\circ$$

解得

$$a_{CD} = a_C = a_{A\mathrm{a}} + a_{AC}^{\mathrm{t}}/\cos30^\circ = (1 + 2\sqrt{3}/9)\omega^2 r$$

机构 c

(1)确定 a_{BC}^{t} 与 a_C 关系。以 C 为基点 A,B 为动点的加速度基点法分析如图 J8-36c 的灰色矢量,它们的关系为

$$\boldsymbol{a}_B = \boldsymbol{a}_C + \boldsymbol{a}_{BC}^{\mathrm{t}} + \boldsymbol{a}_{BC}^{\mathrm{n}} \tag{e}$$

其中 $a_{BC}^{\mathrm{n}} = \omega_{CB}^2 BC = 4r \times 3v_C^2/(36r^2) = v_C^2/(3r)$。式(e)沿 $\boldsymbol{a}_C$ 投影有

$$0 = a_C - a_{BC}^{\mathrm{t}}\cos30^\circ - a_{BC}^{\mathrm{n}}\sin30^\circ \tag{f}$$

(2)滑块 A 的加速度合成分析如图 J8-36c 的黑色矢量,它们的关系为

$$\boldsymbol{a}_{A\mathrm{a}} = (\boldsymbol{a}_C + \boldsymbol{a}_{AC}^{\mathrm{t}})_{\mathrm{e}} + \boldsymbol{a}_{A\mathrm{r}} + \boldsymbol{a}_{AC} \tag{g}$$

其中 $a_{AC} = 2\omega_{AC}v_{A\mathrm{r}} = 2\sqrt{3}\omega r \times \omega/2 = \sqrt{3}\omega^2 r$。式(g)向 a_{AC}^{t} 投影有

$$-a_{A\mathrm{a}}\cos30^\circ = -a_C\cos30^\circ + a_{AC}^{\mathrm{t}} - a_{AC}$$

即

$$-a_{A\mathrm{a}}\omega^2 r \times \sqrt{3}/2 = -a_C \times \sqrt{3}/2 + a_{AC}^{\mathrm{t}} - \sqrt{3}\omega^2 r \tag{h}$$

联合式(f)和式(h),辅以 $a_{BC}^{\mathrm{t}}/a_{AC}^{\mathrm{t}} = BC/AC = 2$,可解得

$$a_C = -4\omega^2 r$$

机构 d

(1)动系固结于 CB,滑块 O_2 为动点的加速度分析如图 J8-36d 的灰色矢量。矢量关系为

$$0 = \boldsymbol{a}_{O2\mathrm{a}} = (\boldsymbol{a}_C + \boldsymbol{a}_{O2C}^{\mathrm{t}} + \boldsymbol{a}_{O2C}^{\mathrm{n}})_{\mathrm{e}} + \boldsymbol{a}_{O2\mathrm{r}} + \boldsymbol{a}_{O2C}$$

沿 $\boldsymbol{a}_{O2C}^{\mathrm{t}}$ 投影有

$$0 = -a_C\cos30° + a_{O2C}^{\mathrm{t}} - a_{O2C} \tag{i}$$

(2)动系固结于 CB,滑块 A 为动点,加速度分析如图 J8-36d 的黑色矢量。矢量关系为

$$\boldsymbol{a}_{A\mathrm{a}} = \boldsymbol{a}_{A\mathrm{e}} + \boldsymbol{a}_{A\mathrm{r}} + \boldsymbol{a}_{AC} = (\boldsymbol{a}_C + \boldsymbol{a}_{AC}^{\mathrm{t}} + \boldsymbol{a}_{AC}^{\mathrm{n}})_{\mathrm{e}} + \boldsymbol{a}_{A\mathrm{r}} + \boldsymbol{a}_{AC}$$

沿 $\boldsymbol{a}_{AC}^{\mathrm{t}}$ 投影有

$$-a_{A\mathrm{a}}\cos30° = -a_C\cos30° + a_{AC}^{\mathrm{t}} - a_{AC} \tag{j}$$

联合式(i)和式(j),并注意 $a_{O2C}^{\mathrm{t}}/a_{AC}^{\mathrm{t}} = 4\sqrt{3}/(4\sqrt{3}-3) = 4\sqrt{3}/(4\sqrt{3}-3)$,可解得

$$a_{CD} = a_C = 4\sqrt{3}\omega^2 r/9$$

敏而好学,不耻下问。

《论语 · 公冶长》

第 9 章　质点动力学的基本方程

9.1　主要内容

动力学　研究物体运动与作用力之间的关系。

质点　具有一定质量但几何形状和大小可以忽略不计的物体。

质点系　由不少于两个质点所组成的系统。

9.1.1　动力学的基本定理

第一定律(惯性定律)　不受力作用的质点,将保持静止或作匀速直线运动。质点的这种性质称为**惯性**。质量是质点的惯性度量。

第二定律(力与加速度关系的定律)　质点的质量与加速度的乘积,等于作用于质点的力的大小,加速度方向与力的方向相同。

第三定律(作用与反作用定律)　两个物体间的作用力与反作用力总是大小相等,方向相反,沿着同一条直线,且同时分别作用于对方物体。

惯性参考系　三个定律适用的参考系。实际应用可针对不同目的作近似选取。

9.1.2　质点的运动微分方程

矢量式　$m\boldsymbol{a} = \sum \boldsymbol{F}_i$ 或者 $m\dfrac{\mathrm{d}^2\boldsymbol{r}}{\mathrm{d}t^2} = \sum \boldsymbol{F}_i$。

直角坐标投影式　$m\dfrac{\mathrm{d}^2x}{\mathrm{d}t^2} = \sum F_{ix}, m\dfrac{\mathrm{d}^2y}{\mathrm{d}t^2} = \sum F_{iy}, m\dfrac{\mathrm{d}^2z}{\mathrm{d}t^2} = \sum F_{iz}$ 。

自然轴投影式　$ma_{\mathrm{t}} = m\dfrac{\mathrm{d}v}{\mathrm{d}t} = \sum F_{it}, ma_{\mathrm{n}} = m\dfrac{v^2}{\rho} = \sum F_{in}, 0 = \sum F_{ib}$。

质点动力学的两类基本问题　一是已知质点的运动,分析作用于质点的力;二是已知作用于质点的力,分析质点的运动。第二类问题需要解微分方程。

混合问题　第一类与第二类问题的综合。

9.2　精选例题

例题 9-1　杆 AB 以 $\theta = \pi t^2/6$ 的规律在图 9-1 所示的竖直平面内绕 A 点转动,带动质量 m=1 kg 的小环 M 沿半径 R=1 m 的固定圆弧轨道运动。不计摩擦。求 t=1s 时刻,圆弧轨道对小环 M 的作用力。

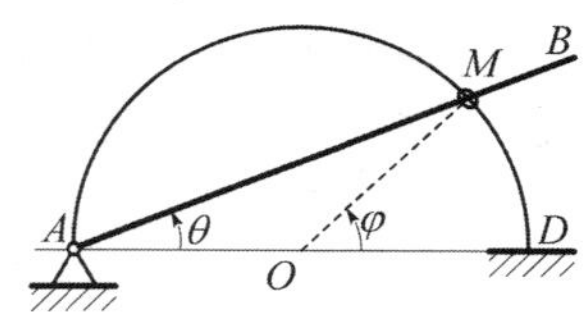

图 9-1

解:此题属于第一类问题——已知运动求力。

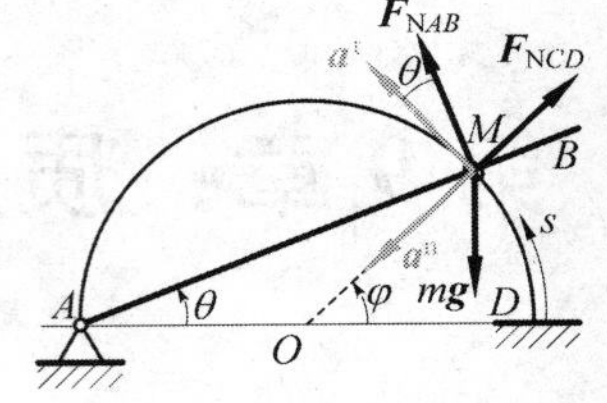

图 9-2

取小环为研究对象,其受力分析见图 9-2 中的黑色矢量所示。两支持力的方向由光滑面支撑的约束性质所确定。

小环做圆周运动,因此适宜用自然法描述,如图 9-2 中 s 所示。小环的弧坐标

$$s = R\varphi(t) = 2R\theta(t) = \pi t^2/3(\mathrm{m})$$

小环的法向加速度和切向加速度如图 9-2 中的灰色矢量所示,而大小则为

$$a_t = \frac{d^2 s}{dt^2} = 2\pi/3\ (\mathrm{m/s^2})$$

$$a_n = \frac{1}{\rho}\left(\frac{ds}{dt}\right)^2 = 4\pi^2 t^2/9\ (\mathrm{m/s^2})$$

在 $t=1\mathrm{s}$ 时

$$\theta = \pi/3, \quad \varphi = \pi/3$$

$$a_t = 2\pi/3\ (\mathrm{m/s^2}), \quad a_n = 4\pi^2/9\ (\mathrm{m/s^2})$$

由牛顿第二定律

$$ma_t = \sum F_{it}: \quad m \times 2\pi/3 = -mg\cos\varphi + F_{NAB}\cos\theta$$

$$ma_n = \sum F_{in}: \quad m \times 4\pi^2/9 = mg\sin\varphi - F_{NAB}\sin\theta + F_{NCD}$$

解得

$$F_{NAB} = 8.076\mathrm{N}, \quad F_{NCD} = 0.0623\mathrm{N}$$

例题 9-2 图 9-3 所示滑块 A 的质量为 m,因绳子的牵引而沿水平导轨滑动,绳子的另一端缠在半径为 r 的鼓轮上,鼓轮以等角速度 ω 转动。若不计导轨摩擦,求绳子的拉力大小 F 和距离 x 之间的关系。(教材习题 9-9)

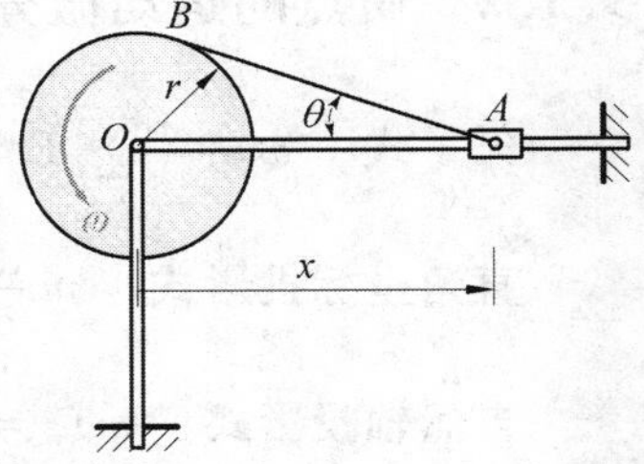

图 9-3

解:此题属于已知运动求力。

绳子的直线段 AB 相当于刚体,其两端速度满足投影定理(见图 9-4a),即

$$v_B = v_A\cos\theta \tag{a}$$

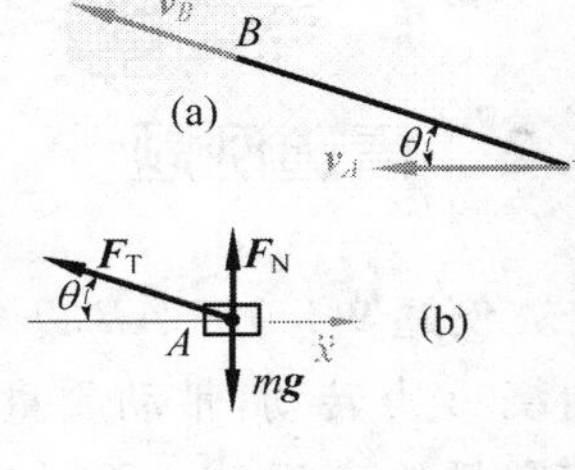

图 9-4

其中 v_B 可由绳子在鼓轮表面不打滑的条件而确定为 $v_B = r\omega$。注意 v_A 与 x 的坐标轴方向相反,因此是 $v_A = -\dot{x}$(尽管感觉 A 是靠近 O 的,但在求导法计算中,导数 $\dot{x}$ 的正方向与坐标的正方向相同)。式(a)的 $\cos\theta$ 可确定为 $\cos\theta = \sqrt{x^2 - r^2}/x$。综合以上信息可得

$$\dot{x} = -r\omega x/\sqrt{x^2 - r^2} \tag{b}$$

再次对时间求导得到加速度(正向仍是向右)

$$\ddot{x} = \frac{\mathrm{d}\dot{x}}{\mathrm{d}t} = \frac{r^3\omega}{(x^2 - r^2)^{3/2}}\dot{x}$$

将式(b)代入得到

$$\ddot{x} = -\frac{\omega^2 r^4 x}{(x^2 - r^2)^2} \tag{c}$$

再取滑块为研究对象,受力分析见图 9-4b。沿水平方向运用质点微分方程有

$$m\ddot{x} = -F_{\mathrm{T}}\cos\theta = -F_{\mathrm{T}} \times \sqrt{x^2 - r^2}/x$$

得到

$$F_{\mathrm{T}} = -m\ddot{x}x/\sqrt{x^2 - r^2}$$

将式(c)代入上式有

$$F_{\mathrm{T}} = m\frac{\omega^2 r^4 x^2}{(x^2 - r^2)^{5/2}}$$

讨论

(1)本题的竖直杆可去掉,这样题目看起来简单一些。

(2)坐标原点一定选择在固定点上。

(3)鼓轮转动中,绳子直线段与鼓轮的切点是变的,因此在 t 时刻缠到鼓轮上绳段长度并不等于 ωrt,同理 AB 的长度变化率也不等于 ωr (B 点速度)。

(4)本题的运动关系符合"相切型",可以选择 AB 为动系,O 为动点,进行速度和加速度分析,但是 AB 本身有角速度(可根据 v_B 和 v_A 信息确定)和角加速度。运动分析将涉及相对角速度和相对角加速度的概念,这超出了教材中例题的难度。

例题 9-3　质量为 m 的质点在介质中以初速度 $\boldsymbol{v}_0$ 与水平成仰角 φ 抛出,在重力和介质阻力下运动。设阻力可视为与速度一次方成正比,即 $\boldsymbol{F} = -kmg\boldsymbol{v}$,$k$ 为已知常数。求该质点的运动方程和轨迹(教材习题 9-15)。

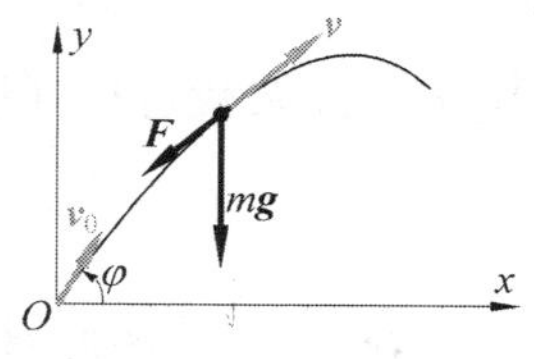

图 9-5

解:此题为已知力的变化规律求运动。

图 9-5 为质点运动和受力的示意图。由牛顿第二定律有

$$m\boldsymbol{a} = m\boldsymbol{g} + \boldsymbol{F}$$

它沿 x 和 y 两个方向的投影为

$$m\ddot{x} = -kmg\dot{x}$$
$$m\ddot{y} = mg - kmg\dot{y}$$

或者

$$\ddot{x} = -kg\dot{x} \tag{a}$$
$$\ddot{y} = g - kg\dot{y} \tag{b}$$

这两个方程可以看做是 $\ddot{y} = a + b\dot{y}$ 的特例。

为了找到 $\ddot{y} = a + b\dot{y}$ 的解,把它改写成

$$\frac{\mathrm{d}\dot{y}}{a + b\dot{y}} = \mathrm{d}t$$

两边积分得到

$$b^{-1}\log(a+b\dot{y}) = t + C_0$$

将 $\dot{y}$ 显式表示出来有

$$b\dot{y} = C_1\exp(bt) - a \tag{c}$$

其中 $C_1 = \exp(bC_0)$ 为新的积分常数。式(c)可进一步改写成

$$b\mathrm{d}y = [C_1\exp(bt) - a]\mathrm{d}t$$

两边再次积分得到

$$by = \int [C_1\exp(bt) - a]\mathrm{d}t = b^{-1}C_1\exp(bt) - at + C_2$$

针对式(a)和式(b)的特定参数有

$$\left.\begin{aligned}(-kg)x(t) &= (-kg)^{-1}C_1\exp(-kgt) + C_2\\ (-kg)y(t) &= (-kg)^{-1}C_3\exp(-kgt) + gt + C_4\end{aligned}\right\} \tag{d}$$

其中 C_1、C_2、C_3、C_4 为待定积分常数。

将初条件 $x(0)=0, y(0)=0; \dot{x}(0)=v_0\cos\varphi, \dot{y}(0)=v_0\sin\varphi$ 代入上式，得到：

$$C_1 = -kmv_0\cos\varphi,\quad C_2 = -v_0\cos\varphi,\quad C_3 = -g - kgv_0\sin\varphi,\quad C_4 = -k^{-1} - v_0\sin\varphi$$

最终特解为：

$$x(t) = \frac{v_0\cos\varphi[1-\exp(-kgt)]}{kg} \tag{e}$$

$$y(t) = \frac{(k^{-1}+v_0\sin\varphi)[1-\exp(-kgt)]}{kg} - \frac{t}{k} \tag{f}$$

消去时间参数可得到轨迹方程。为达到这个目的，从式(e)解出

$$t = \frac{1}{kg}\ln\frac{v_0\cos\varphi}{v_0\cos\varphi - kgx}$$

代入式(f)就得到轨迹方程

$$y = \frac{k^{-1}+v_0\sin\varphi}{v_0\cos\varphi}x - \frac{1}{k^2g}\ln\frac{v_0\cos\varphi}{v_0\cos\varphi - kgx}$$

讨论

(1)x 随时间单调增，但是有界，其极限为 $(kg)^{-1}v_0\cos\varphi$。

(2)经过足够长的时间，速度的水平分量接近 0，也就是质点几乎垂直下降，且下降的速度 $\dot{y}$ 也几乎是一个常数，此时阻力几乎和重力平衡。

9.3 思考题解答

9-1 三个质量相同的质点，在某瞬时的速度分别如图 S9-1a，b，c 所示。若对它们作用了大小、方向相同的力$\boldsymbol{F}$，问质点的运动情况是否相同？

解答：三者的加速度相同，但速度、位移和运动轨迹均不相同。

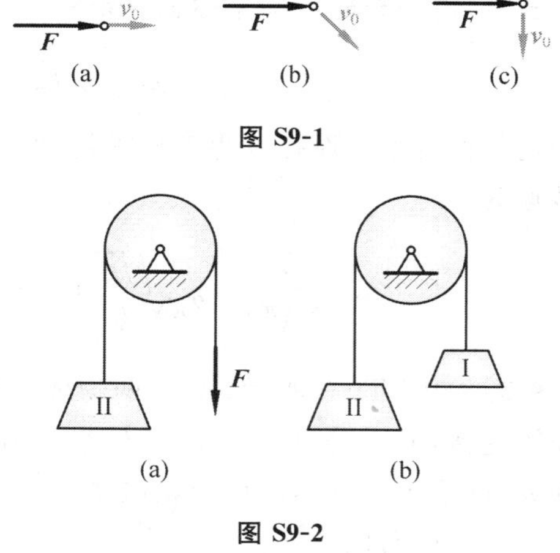

图 S9-1

图 S9-2

9-2 如图 S9-2 所示，绳拉力 $F=2$ kN，物块 II 重 1kN，物块 I 重 2 kN。若滑轮质量不计。问在图 a，b 两种情况下，重物 II 的加速度是否相同？两根绳的张力是否相同？

解答：加速度和张力都不相同。对 S9-2a 图，$F=2$ kN 全部用对物块 II 产生加速度，而 S9-2b 图物块 I 的 2 kN 效果要让物块 II 和 I 都有加速度。

9-3 质点在空间运动。已知作用力，为求质点的运动方程需要几个运动初始条件？若质点在平面运动内运动呢？若质点沿给定的轨道运动呢？

解答：空间运动需要 6 个条件，三个位移加三个速度；平面运动需要 4 个条件，两个位移加两个速度；已知轨迹的运动需要两个条件，即一个位移加一个速度。

9-4 某人用枪瞄准了空中一悬挂的靶体。如在子弹射出的同时靶体开始自由下落，不计空气阻力，问子弹能否击中靶体。

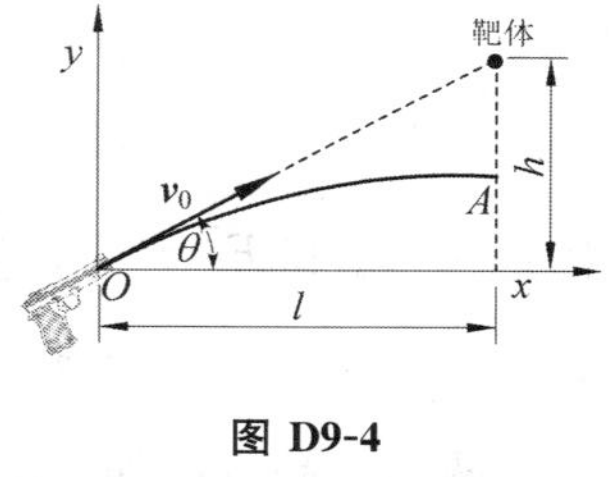

图 D9-4

解答：可以。可以用图 D9-4 来解释，图中：h 为靶体高度；l 为靶体到发射点的水平距离。初始的瞄准仰角 θ 满足 $\tan\theta=h/l$。假设初始子弹速度的初始速度为 v_0，那么子弹达到靶体下落前正下方的时间为 $\Delta t=l/(v_0\cos\theta)$，而高度则为

$$h_{子弹}=v_0\sin\theta\times\Delta t-\frac{1}{2}g(\Delta t)^2=v_0\sin\theta\times\frac{l}{v_0\cos\theta}-\frac{1}{2}g(\Delta t)^2$$
$$=l\tan\theta-\frac{1}{2}g(\Delta t)^2=h-\frac{1}{2}g(\Delta t)^2$$

这恰好等于靶体在此时刻的高度。

9.4 习题解答

9-1 一质量为 m 的物体放在匀速转动的水平转台上，它与转轴的距离为 r，如图 T9-1 所示。设物体与转台表面的摩擦因数为 f，求当物体不致因转台旋转而滑出时，水平台的最大转速。

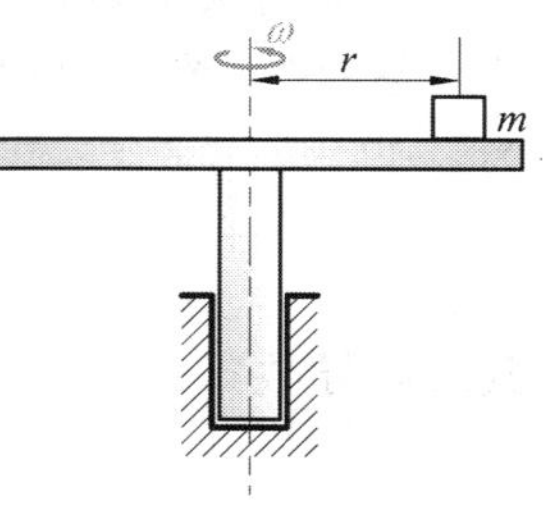

图 T9-1

解：取物体 m 为研究对象，受力和运动分析如图 J9-1 所示。其中 $\boldsymbol{a}$ 为向心加速度，其大小 $a=r\omega^2$。$\boldsymbol{a}$ 依靠摩擦力实现。

由质点运动微分方程有

$$\left.\begin{aligned}\sum F_z=0:\quad mg-F_N=0\\ \sum F_r=ma:\quad F_s=mr\omega^2\end{aligned}\right\}\qquad (a)$$

式(a)再补充静滑动摩擦临界条件 $F_s = fF_N$，可解得

$$\omega = \sqrt{fg/r}$$

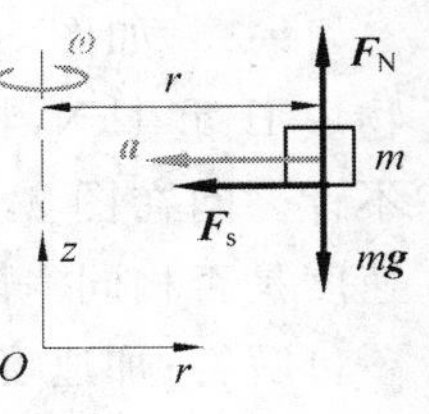

图 J9-1

因为这是由静滑动摩擦临界条件求得，所以它就是可能的最大角速度。换成转速为

$$n_{max} = \frac{\omega}{2\pi} = \frac{1}{2\pi}\sqrt{\frac{fg}{r}}\ \text{r/sec} = \frac{30}{\pi}\sqrt{\frac{fg}{r}}\ \text{r/min}$$

9-2　如图 T9-2 所示，A，B 两物体的质量分别为 m_1 与 m_2，两者间用一绳子连接，此绳跨过一滑轮，滑轮半径为 r。如在开始时，两物体的高度差为 h，而且 $m_1 > m_2$，不计滑轮质量。求由静止释放后，两物体达到相同高度时所需的时间。

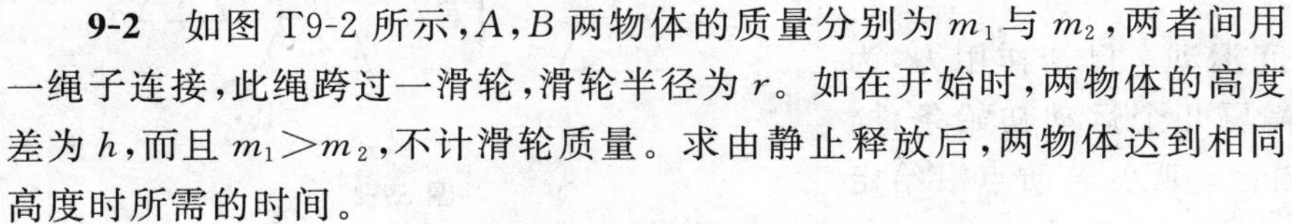

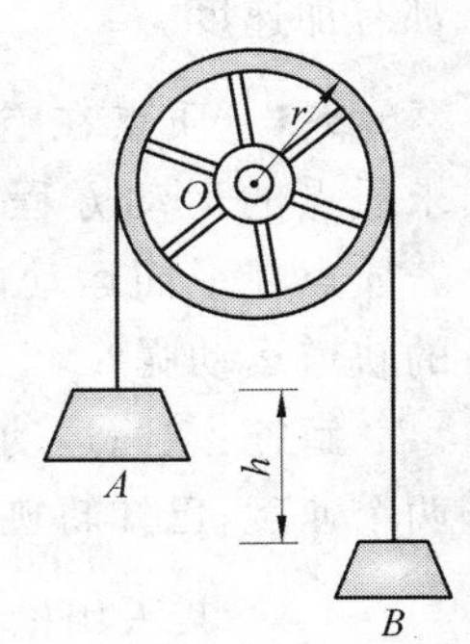

图 T9-2

解:分别取重物 m_1 和 m_2 为研究对象，受力和运动分析如图 J9-2a 和 J9-2b。绳子不可伸长有 $a_1 = a_2$，而滑轮质量不计则有 $F_T = F'_T$。

两物体沿竖直方向的运动微分方程分别为

$$m_1 a_1 = m_1 g - F_T$$
$$m_2 a_2 = F'_T - m_2 g$$

将 $a_1 = a_2$ 和 $F_T = F'_T$ 代入上两式，解得

$$a_1 = a_2 = (m_1 - m_2)g/(m_1 + m_2)$$

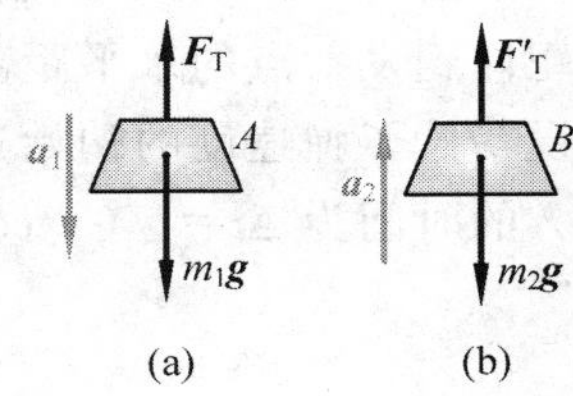

图 J9-2

两物体趋近的加速度为两加速度之和，即

$$a = a_1 + a_2 = 2(m_1 - m_2)g/(m_1 + m_2)$$

这相当于匀变速运动。由其运动方程为 $h = at^2/2$ 可解得

$$t = \sqrt{\frac{m_1 - m_2}{m_1 + m_2} \times \frac{h}{g}}$$

9-3　半径为 R 的偏心轮(偏心距 $OC = e$)绕轴 O 以匀角速度 ω 转动，推动导板沿竖直轨道运动，如图 T9-3 所示。导板顶部放有一质量为 m 的物块 A。开始时 OC 沿水平线。求:(1)物块对导板的最大压力;(2)使物块不离开导板的 ω 最大值。

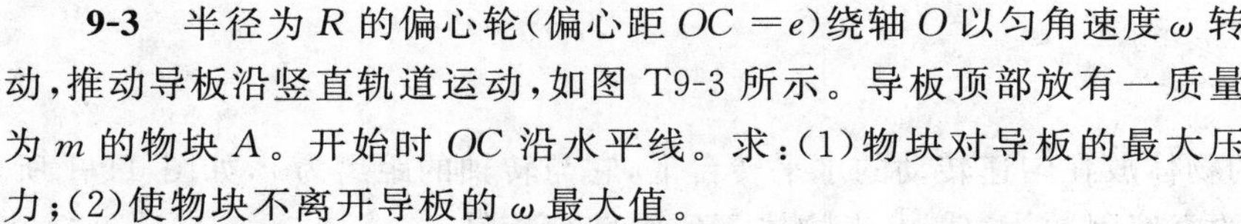

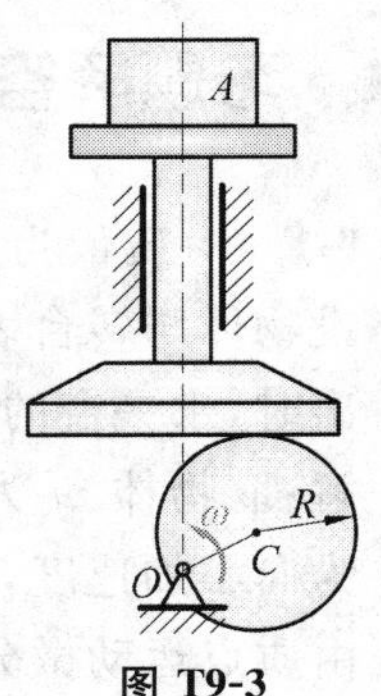

图 T9-3

解:建立图 J9-3a 所示直角坐标系 Oxy。导板作平移，其运动规律为

$$y = R + e\sin\omega t$$

其二阶导数

$$\ddot{y} = -e\omega^2 \sin\omega t$$

物块 A 受力分析见图 J9-3b，运动微分方程在 y 轴的投影为

$$m\ddot{y} = F_N - mg$$

解得

$$F_N = m\ddot{y} + mg = m(g - e\omega^2 \sin\omega t)$$

(1)最大压力 $F_{Nmax} = m(g + e\omega^2)$，发生于物块 A 在最底位置。

(2)要使物块跟随导板，则最小压力不小于 0，即

$$F_{Nmin} = m(g - e\omega^2) \geqslant 0$$

也就是　$g - e\omega^2 \geqslant 0$

故而　$\omega_{max} = \sqrt{g/e}$

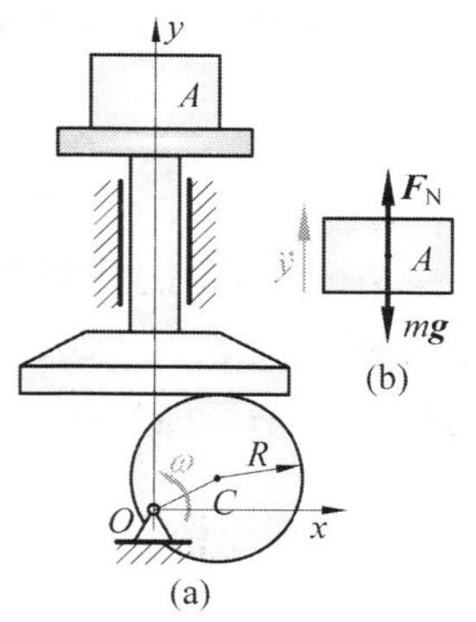

图 J9-3

讨论

不管实际加速度的指向，$\ddot{y}$ 的正方向与 y 的相同。

9-4　在图 T9-4 所示离心浇注装置中，电动机带动支承轮 A、B 作同向转动，管模放在两轮上靠摩擦传动而旋转。铁水浇入后，将均匀地紧贴管模的内壁而自动成型，从而可得到质量密实的管形铸件。如已知管模内径 D =400 mm，求管模的最低转速 n。

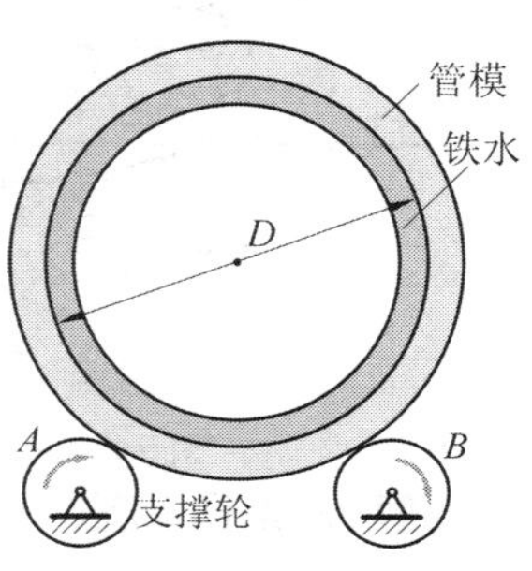

图 T9-4

解: 取铁水为研究对象(图 J9-4)，当管模达到最低转速 n 时，管壁对最高位置处的铁水正压力为 0，只受重力 mg 作用。由质点运动微分方程在竖直方向投影得

$$ma = mg$$

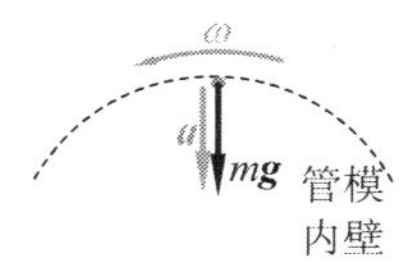

图 J9-4

其中 a 为法向加速度，它也就是铁水做匀速圆周运动的加速度，即：

$$a = \omega^2 \frac{D}{2} = (2n\pi)^2 \frac{D}{2}$$

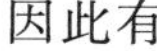
因此有

$$n = \frac{1}{\pi}\sqrt{\frac{g}{2D}}\ \mathrm{r/s} = \frac{30}{\pi}\sqrt{\frac{2g}{D}}\ \mathrm{r/min} = 67\ \mathrm{r/min}$$

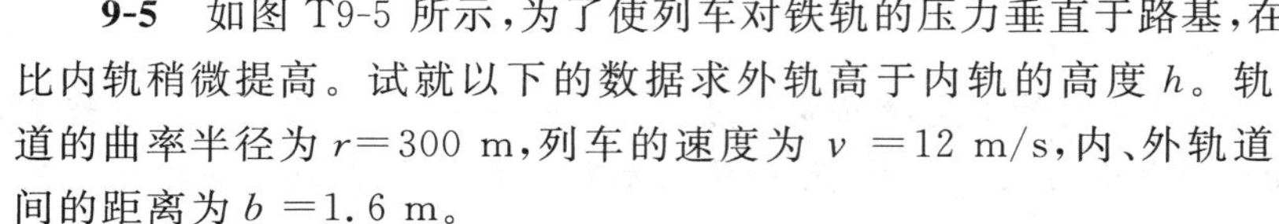
9-5　如图 T9-5 所示，为了使列车对铁轨的压力垂直于路基，在铁道弯曲部分，外轨要比内轨稍微提高。试就以下的数据求外轨高于内轨的高度 h。轨道的曲率半径为 r=300 m，列车的速度为 v =12 m/s，内、外轨道间的距离为 b =1.6 m。

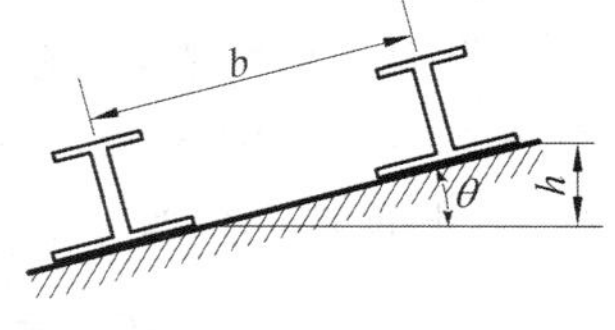

图 T9-5

解: 轨道示意见图 J9-5。取列车为研究对象，设其质量为 m，受力分析如图 J9-5 所示。在正压力垂直的方向(图中 η 方向)运用质点微分方程有

$$ma\cos\theta = \sum F_\eta = mg\sin\theta$$

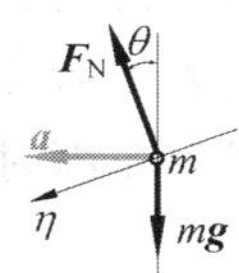

图 J9-5

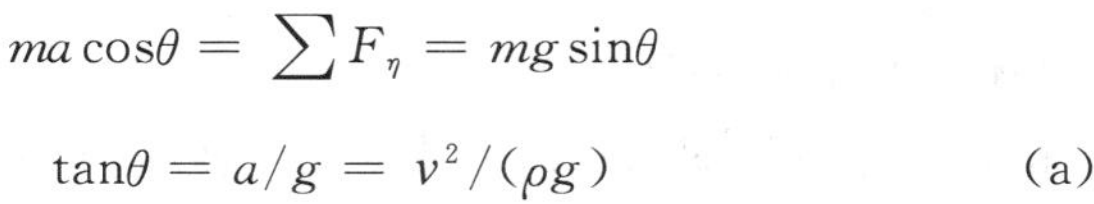
即　$$\tan\theta = a/g = v^2/(\rho g) \tag{a}$$

由图 T9-5 又有

$$\tan\theta = h/\sqrt{b^2 - h^2} \tag{b}$$

根据上述式(a)和式(b)可解出

$$h = \frac{v^2 b}{\sqrt{(g\rho)^2 + v^4}} = 78.4\ \text{mm}$$

9-6　车轮的质量为 m,沿水平路面作匀速运动,如图 T9-6 所示。路面有一凹坑,其形状由方程 $y = \delta[1 - \cos(2\pi x/l)]/2$ 确定。路面和车轮均看成刚体。车厢通过弹簧给车轮以压力$\boldsymbol{F}$。求车子经过凹坑,路面对车轮的最大和最小约束力。

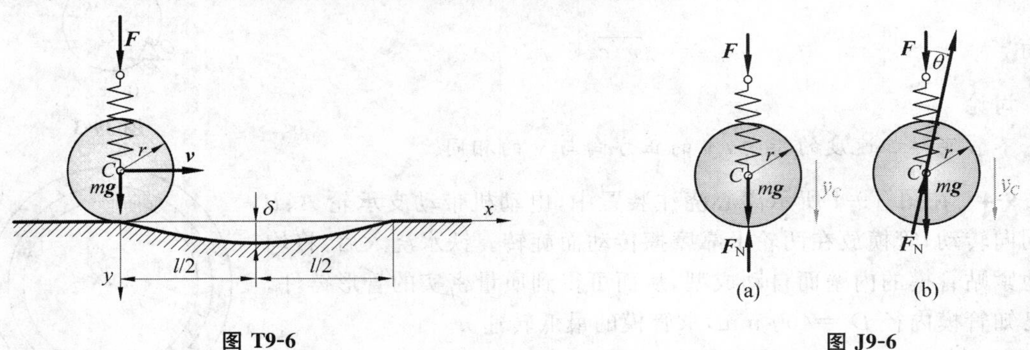

图 T9-6　　　　图 J9-6

解:根据图 T9-6,有 $x = vt$。轮心 C 的 y 坐标

$$y_C = y - r = \delta[1 - \cos(2\pi vt/l)]/2 - r \tag{a}$$

取轮子连同弹簧作受力分析,如图 J9-6a。沿 $\boldsymbol{F}_{\mathrm{N}}$方向运用质点运动微分方程

$$m\ddot{y}_C = -F_{\mathrm{N}} + (mg + F)$$

解得

$$F_{\mathrm{N}} = mg + F - m\ddot{y}_C = mg + F - m\left(\frac{2\pi v}{l}\right)^2 \cos\frac{2\pi vt}{l} \times \frac{\delta}{2}$$

当 $t = 0$ 或 $t = l/v$(即 $x = l$) 时压力最小,$F_{\mathrm{Nmin}} = mg + F - 2m\delta\,(\pi v/l)^2$ 。

当 $t = l/(2v)$(即 $x = l/2$) 时压力最大,$F_{\mathrm{Nmax}} = mg + F + 2m\delta\,(\pi v/l)^2$。

讨论

直方向的观点,只有对 $x = l/2$ 的情形是精确成立的。在一般情况下,正压力与竖直线有夹角 θ,如图 J9-6b。这个夹角的大小与坑深有关,可由坑面形状函数计算出来。若坑比较浅时,则夹角可近似为零。

9-7　图 T9-7 所示质量为 10t 的物体随同跑车以 $v_0 = 1$ m/s 的速度沿桥式吊车的桥架移动。今因故急刹车,物体由于惯性绕悬挂点向前摆动。绳长 $l = 5$m。求:(1)刹车时绳子的张力;(2)最大摆角 φ 的大小。

解:刹车时 C 点不动,物体绕 C 做圆周运动。

(1)刹车瞬时受力分析和运动分析见图 J9-7a,其中 $a_{\mathrm{n}} = v_0^2/l$。沿竖直方向运用质点微分方程有

$$ma_{\mathrm{n}} = F_{\mathrm{T}} - mg$$

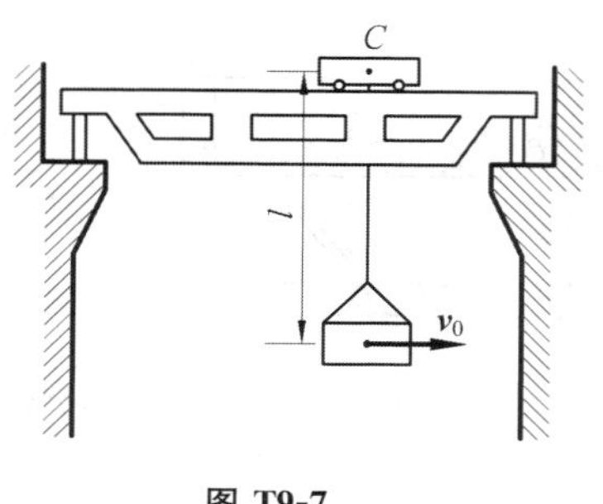

图 T9-7

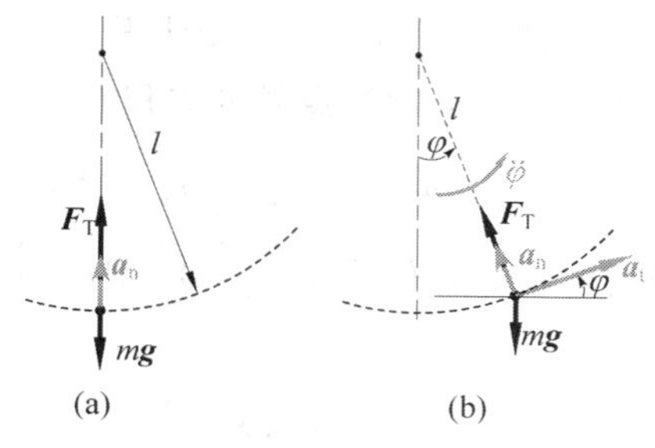

图 J9-7

得到

$$F_T = ma_n + mg = m(g + v_0^2/l) = 10 \times 10^3 \times (9.8 + 1^2/5)\ \text{N} = 100\ \text{kN}$$

(2)刹车之后任一时刻的受力分析和运动分析如图 J9-7b 所示，其中 $a_t = l\ddot{\varphi}$。沿轨迹的切向方向运用质点微分方程有

$$ma_t = -mg\sin\varphi$$

即

$$\ddot{\varphi} = -g/l \times \sin\varphi \tag{a}$$

为了求解该方程，将上式两边同乘以 $\dot{\varphi}dt$ 有

$$\ddot{\varphi} \times \dot{\varphi}\mathrm{d}t = -g/l \times \sin\varphi \times \dot{\varphi}\mathrm{d}t$$

可进一步化为

$$\frac{1}{2}\mathrm{d}\dot{\varphi}^2 = -\frac{g}{l} \times \mathrm{d}\cos\varphi$$

两边积分得到

$$\frac{1}{2}\dot{\varphi}^2 - \frac{1}{2}\frac{v_0^2}{l^2} = -\frac{g}{l} - \left(-\frac{g}{l}\cos\varphi\right)$$

当 $\dot{\varphi} = 0$ 时，φ 达到最大，此时

$$\cos\varphi_{\max} = 1 - \frac{1}{2}\frac{v_0^2}{lg} = 0.9898$$

得到 $\varphi_{\max} = 8.192°$。

讨论

(1)角度的参考基线应为固定线。

(2)不管实际发生的角加速度如何，$\ddot{\varphi}$ 正转向和 φ 正转向相同。

(3)有的辅导书采用机械能守恒来计算第(2)问。这样做固然简单，但是就教材的用意在本章应该是质点微分方程，而机械能守恒则应放在动能定理之后。

9-8 图 T9-8 为矿砂筛机构示意图。筛体按 $x = 50\sin\omega t$，$y = 50\cos\omega t$ 的规律作简谐运动，二者单位均为 mm。为使筛上的矿砂粒与筛分开而抛起，求曲柄转动的角速度 ω 的最小值。

解:取砂粒为研究对象,受力分析如图 J9-8 所示。沿竖直方向运用质点微分方程有

$$m\ddot{y} = F_N - mg$$

抛起的临界条件为 $F_N = 0$,即有 $\ddot{y} = -g$,也就是

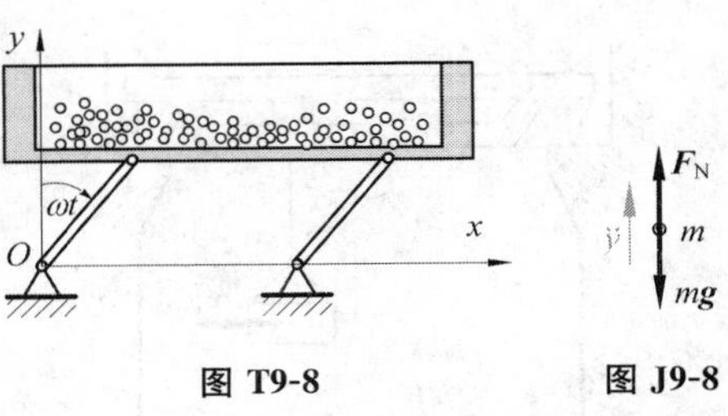

图 T9-8　　图 J9-8

$$0.050\omega^2\cos\omega t = 9.8$$

这要求 ω 至少为

$$\omega_{\min} = \sqrt{9.8/0.050} = 14\ \text{rad/s}$$

9-9　见例题 9-2。

9-10　一人站在高度 $h=2$ m 的河岸上,用绳子拉动质量 $m=40$ kg 的小船,如 T9-10 图所示。设他所用力 $F=150$ N,且大小不变。开始时,小船位于点 B,$OB=b=7$m,初速度为零。已知 $OC=c=3$m,水的阻力忽略不计。求小船被拉至 C 时所具有的速度。

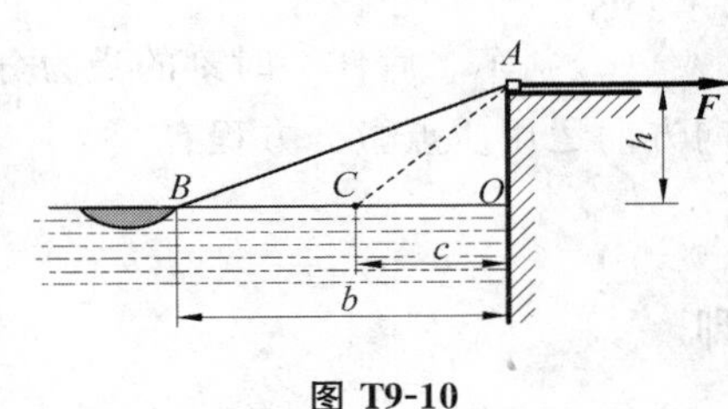

图 T9-10

解:建立图 J9-10 的 x 轴,原点固定在河岸上的 O 点。按照一般假设,绳子的张力大小在 A 的两侧相等,即 $F' = F$。对小船沿水平方向运用质点运动微分方程

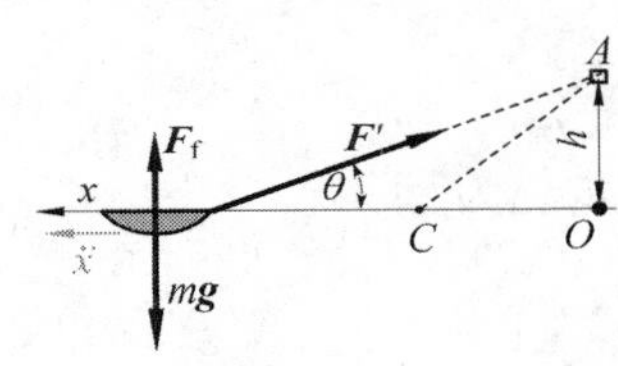

图 J9-10

$$-m\ddot{x} = F\cos\theta = F\frac{x}{\sqrt{x^2+h^2}}$$

两边同时乘以 $\dot{x}\mathrm{d}t$ 有

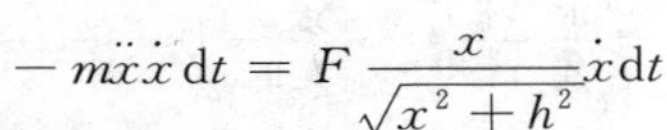

$$-m\ddot{x}\dot{x}\,\mathrm{d}t = F\frac{x}{\sqrt{x^2+h^2}}\dot{x}\,\mathrm{d}t$$

整理可得

$$-\frac{1}{2}m\mathrm{d}\dot{x}^2 = F\mathrm{d}(\sqrt{x^2+h^2})$$

两边积分有

$$-\frac{1}{2}m\int_0^{v_C}\mathrm{d}\dot{x}^2 = F\int_b^c\mathrm{d}(\sqrt{x^2+h^2})$$

显式结果为

$$-\frac{1}{2}mv_C^2 - 0 = F(\sqrt{c^2+h^2} - \sqrt{b^2+h^2})$$

解得

$$v_C = \sqrt{\frac{2F}{m}(\sqrt{b^2+h^2} - \sqrt{c^2+h^2})} = 5.25\ \text{m/s}$$

讨论:

尽管本题采用动能定理求解更简洁,但本章要训练的是质点运动微分方程。

9-11　竖直发射的火箭由一雷达跟踪，如图 T9-11 所示。当 $r=10000\ \text{m}$，$\theta=60°$，$\dot{\theta}=0.02\ \text{rad/s}$，且 $\ddot{\theta}=0.003\ \text{rad/s}^2$ 时，火箭的质量为 5000 kg。求此时的喷射反推力 $\boldsymbol{F}$。

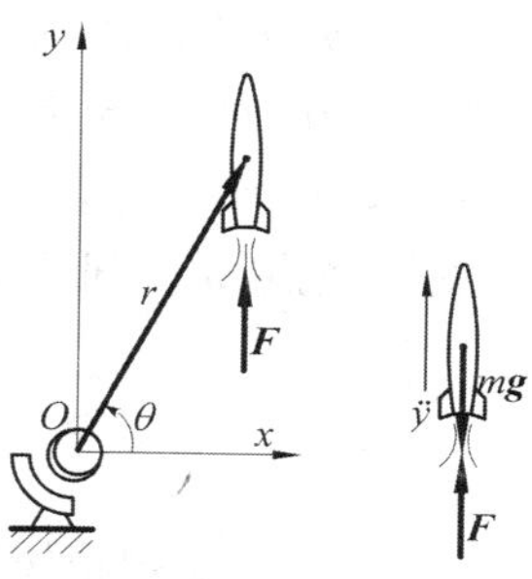

图 T9-11　　图 J9-11

解：垂直发射要求火箭的 x 坐标不变，取值为 $x=r\cos\theta=10000\times\cos60°\ \text{m}=5000\ \text{m}$。

由图 T9-11 中几何关系有

$$y = x\tan\theta = 5000\tan\theta$$

对时间求导得

$$\dot{y} = x\tan\theta = 5000\sec^2\theta\times\dot{\theta}$$

再次对时间求导得到如下加速度

$$\ddot{y} = 5000\sec^2\theta(2\dot{\theta}^2\tan^2\theta+\ddot{\theta})$$

将具体数据代入得到

$$\ddot{y} = 87.71\ \text{m/s}^2$$

受力分析见图 J9-11。运用质点运动微分方程

$$m\ddot{y} = F - mg$$

得到

$$F = m\ddot{y} + mg = 438.56\ \text{kN}$$

讨论

与教材提供的答案不一致。

9-12　一物体质量 $m=10\ \text{kg}$，在变力 $F=100(1-t)$ 作用下运动。设物体初速度 $v_0=0.2\ \text{m/s}$。开始时，力的方向与速度方向相同。问经过多少时间后物体速度为零，此前走了多少路程？

解：设质点位置 x。由质点运动微分方程有

$$m\ddot{x}(t) = F$$

将题设代入得

$$\ddot{x}(t) = 10(1-t)$$

对其两边积分有

$$\dot{x}(t) = 10(t-t^2/2)+C_1 \tag{a}$$

利用 $\dot{x}(0)=v_0=0.2\ \text{m/s}$ 可定出 $C_1=0.2\ \text{m/s}$。速度为零要求

$$\dot{x} = 10(t-t^2/2)+0.2 = 0$$

解得 $t_1=-0.0198$（舍去），$t_2=2.0198$（保留）。

对式(a)再次积分得到如下位移

$$x(t) = 10(t^2/2-t^3/6)+0.2t+C_2$$

利用 $x(0)=0$ 可定出 $C_2=0$。因此所走路程为

$$x(t_2) = 7.069\ \text{m}$$

9-13 如图 T9-13 所示质点的质量为 m,受指向原点 O 的力 $\boldsymbol{F}=k\boldsymbol{r}$ 作用,力与质点到点 O 的距离成正比。如初瞬时质点的坐标为:$x=x_0$, $y_0=0$,而速度的分量为 $v_x=0$, $v_y=v_0$。求质点的轨迹。

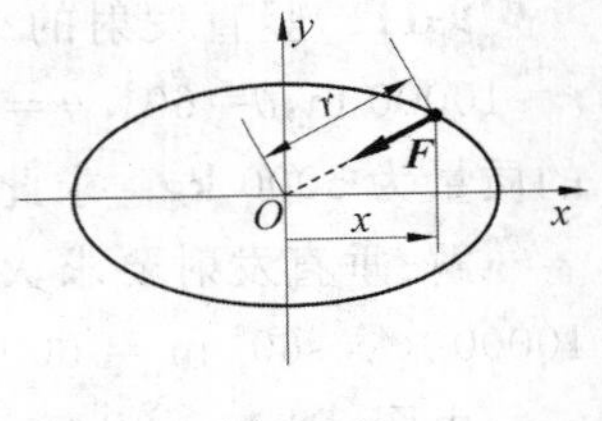

图 T9-13

解:取质点 m 为研究对象。由质点运动微分方程有

$$m\ddot{x}=-kx$$
$$m\ddot{y}=-ky$$

这两个微分方程在物理课程中出现过,它们是振动方程。其解分别为

$$\left.\begin{aligned}x&=C_{x1}\sin pt+C_{x2}\cos pt\\y&=C_{y1}\sin pt+C_{y2}\cos pt\end{aligned}\right\}\tag{a}$$

其中:$p=\sqrt{k/m}$;C_{x1},C_{x2},C_{y1} 和 C_{y2} 为待定参数。

将初始条件 $x=x_0$,$y=0$,$v_x=0$,$v_y=v_0$ 代入式(a)求出待定参数后,得到特解

$$\left.\begin{aligned}x&=x_0\sin pt\\y&=p^{-1}v_0\sin pt\end{aligned}\right\}$$

消去上述特解的时间,得到质点的轨迹方程

$$\frac{x^2}{x_0^2}+\frac{k}{m}\frac{y^2}{v_0^2}=1$$

轨迹为椭圆方程。圆心在(0,0),两个半轴分别为 x_0 和 $v_0\sqrt{m/k}$。

9-14 图 T9-14 所示一质点无初速地从位于竖直面内圆的最高点 O 出发,在重力作用下沿通过点 O 的弦运动。设圆的半径为 R,摩擦不计。证明:质点走完任何一条弦所需的时间相同,并求出此时间。

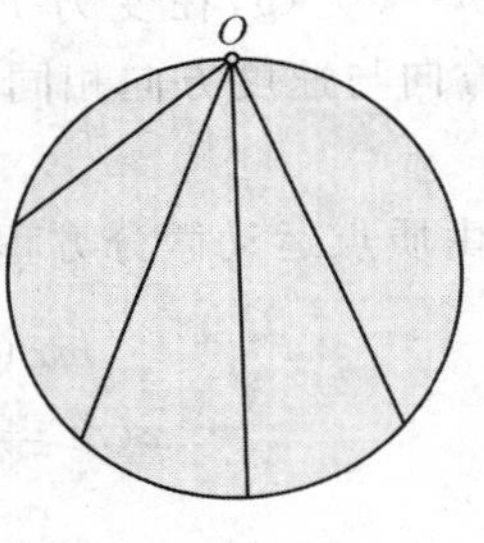

图 T9-14

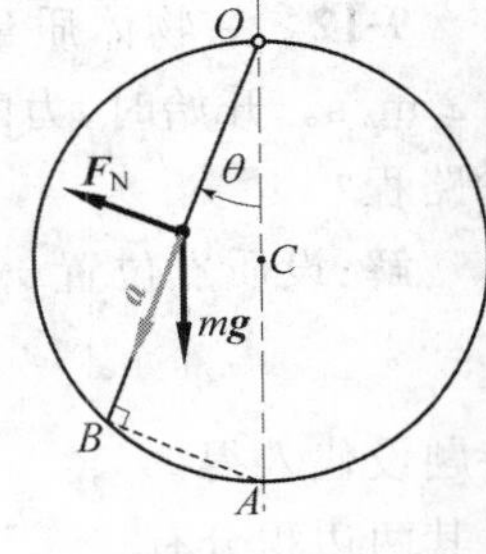

图 J9-14

证明:质点的受力分析见图 J9-14。沿弦 OB 写质点运动微分方程有

$$ma=mg\cos\theta$$

即 $a=g\cos\theta$。这表明运动是匀加速的,根据这种运动特性可知走完 AB 弦所需要的时间为

$$t=\sqrt{\frac{2AB}{a}}=\sqrt{\frac{4R\cos\theta}{g\cos\theta}}=\sqrt{\frac{4R}{g}}$$

显然它与弦的倾斜角度无关。

9-15 见例题 9-3。

9-16 一质点质量为 m,带有负电荷 e,以初速度 $\boldsymbol{v}_0$ 进入强度为 $\boldsymbol{H}$ 的均匀磁场中,该速度方向与磁场强度方向垂直。设已知作用于质点的力为 $\boldsymbol{F}=-e(\boldsymbol{v}\times\boldsymbol{H})$。求质点的运动轨迹。

解:在自然轴系下分析(图 J9-16)

$$m\frac{\mathrm{d}v}{\mathrm{d}t}=\sum F_{it}=\boldsymbol{F}\cdot\boldsymbol{\tau}=-e(\boldsymbol{v}\times\boldsymbol{H})\cdot\boldsymbol{\tau}=0 \qquad \text{(a)}$$

$$ma_{\mathrm{n}}=m\frac{v^2}{\rho}=\sum F_{in}=\boldsymbol{F}\cdot\boldsymbol{n}=-e(\boldsymbol{v}\times\boldsymbol{H})\cdot\boldsymbol{n}=evH \qquad \text{(b)}$$

由式(a)知道，$v(t)=v_0$ 为常数。代入式(b)得到 $\rho=mv_0/(eH)$，也是一个常数，即质点运动轨迹为圆。

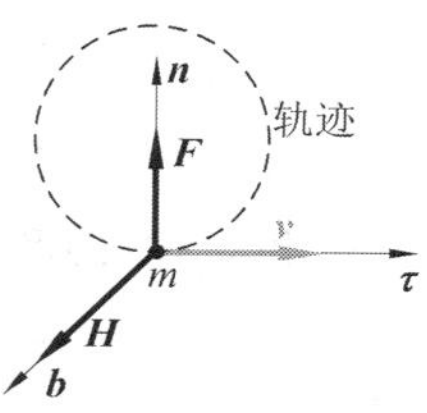

图 J9-16

9-17 销钉 M 的质量为 0.2 kg，在水平槽杆带动下，它在半径为 $r=200$ mm 的固定半圆槽内运动。设水平槽杆以匀速 $v=400$ mm/s 向上运动，不计摩擦。求在图 T9-17 所示位置时圆槽对销钉 M 的作用力。

解：选择水平槽杆为动系-M 为动点，速度和加速度合成关系分别如图 J9-17a 和图 J9-17b 所示。由图 J9-17a 的矢量关系有

$$v_{\mathrm{a}}=v_{\mathrm{e}}/\cos30^\circ=2v/\sqrt{3}$$

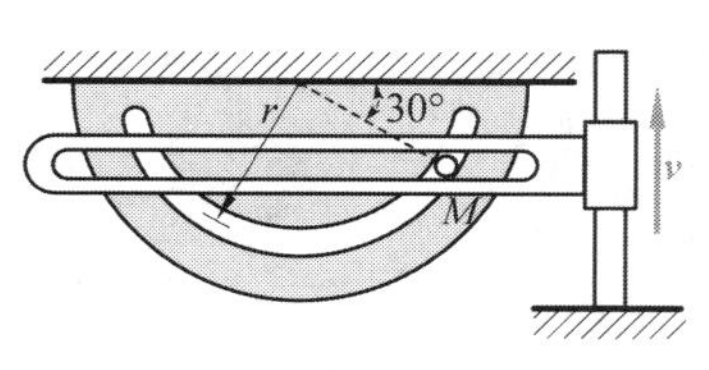

图 T9-17

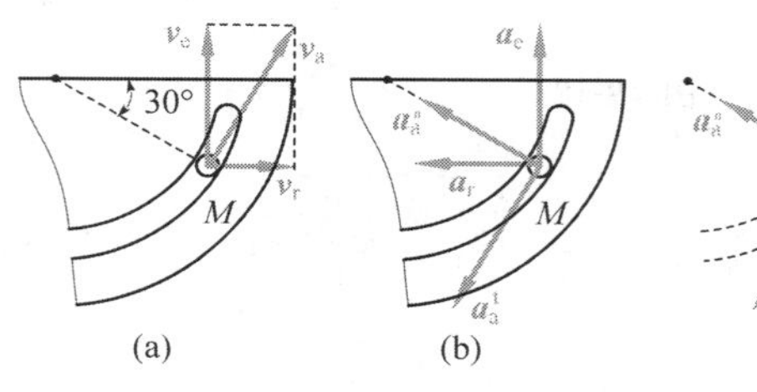

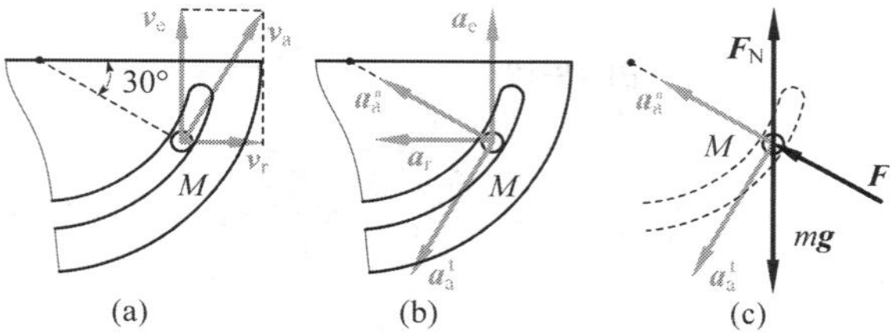

图 J9-17

图 J9-17b 的矢量关系为

$$\boldsymbol{a}_{\mathrm{a}}^{\mathrm{n}}+\boldsymbol{a}_{\mathrm{a}}^{\mathrm{t}}=\boldsymbol{a}_{\mathrm{e}}+\boldsymbol{a}_{\mathrm{r}} \qquad \text{(a)}$$

其中：$a_{\mathrm{e}}=0$；$a_{\mathrm{a}}^{\mathrm{n}}=v_{\mathrm{a}}^2/r=4v^2/(3r)$。将式(a)沿竖直方向投影有

$$a_{\mathrm{a}}^{\mathrm{n}}\sin30^\circ-a_{\mathrm{a}}^{\mathrm{t}}\cos30^\circ=0$$

解得：$a_{\mathrm{a}}^{\mathrm{t}}=a_{\mathrm{a}}^{\mathrm{n}}\tan30^\circ=4\sqrt{3}v^2/(9r)$。

M 的受力分析见图 J9-17c。质点运动微分方程沿水平投影为

$$-Ma_{\mathrm{a}}^{\mathrm{t}}\sin30^\circ-Ma_{\mathrm{a}}^{\mathrm{n}}\cos30^\circ=-F\cos30^\circ$$

解得：

$$F=Ma_{\mathrm{a}}^{\mathrm{t}}\tan30^\circ+Ma_{\mathrm{a}}^{\mathrm{n}}=16Mv^2/(9r)=0.2844\ \mathrm{N}$$

9-18 质量皆为 m 的 A、B 两物块以无重杆光滑铰接，分别置于光滑的水平面及竖直面上，如图 T9-18 所示。当 $\theta=60^\circ$ 时自由释放，求此瞬时杆 AB 所受的力。

解：初瞬时各处速度为 0，AB 角速度也为 0。AB 杆做平面运动。以 B 为动点－A 为基点加速度分析如图 J9-18a 所示，其矢量关系 $\boldsymbol{a}_B=\boldsymbol{a}_A+\boldsymbol{a}_{BA}^{\mathrm{t}}+\boldsymbol{a}_{BA}^{\mathrm{n}}$ 向 AB 投影为

$$a_B=a_A\tan\theta=\sqrt{3}a_A \qquad \text{(a)}$$

两个物块的受力分析见图 J9-18b 和图 J9-18c，分别沿竖直和水平使用质点运动微分方程有

$$\left.\begin{aligned} ma_A &= mg - F_{AB}\sin\theta \\ ma_B &= F_{BA}\cos\theta \end{aligned}\right\} \tag{b}$$

联立式(a)和式(b),可解得($F_{BA}=F_{AB}$)

$$F_{BA}=F_{AB}=\frac{\sqrt{3}}{2}mg$$

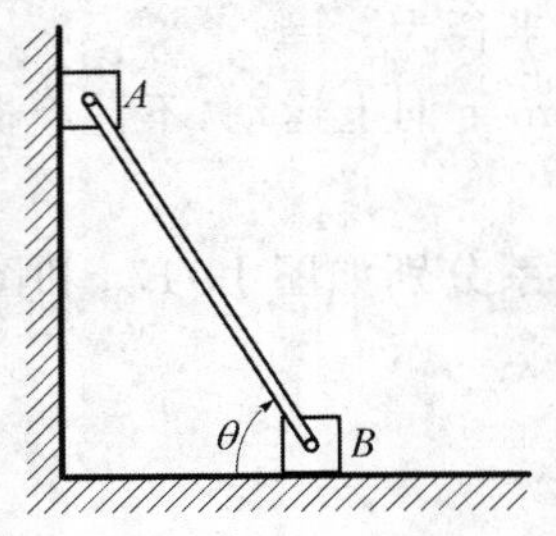

图 T9-18

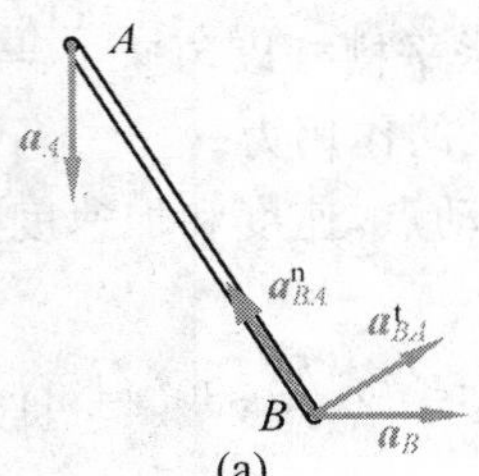

图 J9-18

知之者不如好之者,好之者不如乐之者。

《论语 · 雍也第六》

第 10 章　动量定理

10.1　主要内容

动量定理从系统动量角度揭示系统运动与外部作用力之间的关系。

10.1.1　动量与冲量

质点的动量　质点质量与其速度的乘积。它是矢量，方向与速度相同。

质点系的动量　质点系内各质点动量的矢量和 $\boldsymbol{p}=\sum m_i\boldsymbol{v}_i$。它也等于 $(\sum m_i)\boldsymbol{v}_C$，即质点系的总质量与质心速度的乘积。不论系统有多么复杂，只要质心速度为 $\mathbf{0}$，系统的动量就是 $\mathbf{0}$。

常力的冲量　作用力 $\boldsymbol{F}$ 与作用时间 t 的乘积 $\boldsymbol{F}t$。

变力的元冲量　力 $\boldsymbol{F}$ 与 $\mathrm{d}t$ 的乘积 $\boldsymbol{F}\mathrm{d}t$。

变力冲量　对元冲量在力的作用时间内积分 $\int_0^t \boldsymbol{F}\mathrm{d}t$，它也是矢量。

10.1.2　动量定理

质点情形的微分式　质点的动量增量等于作用于质点力的元冲量，$\mathrm{d}(m\boldsymbol{v})=\boldsymbol{F}\mathrm{d}t$。

质点情形的导数式　质点的动量对时间的导数等于作用于质点的力，$\dfrac{\mathrm{d}(m\boldsymbol{v})}{\mathrm{d}t}=\boldsymbol{F}$。

质点情形的积分式　在某时间间隔内，质点的动量变化等于在此间隔内作用于质点力的冲量，即 $m\boldsymbol{v}_2-m\boldsymbol{v}_1=\int_{t_1}^{t_2}\boldsymbol{F}\mathrm{d}t$。

质点系情形的微分式　质点系的动量增量等于作用于质点系外力元冲量的矢量和，$\mathrm{d}\boldsymbol{p}=\sum \boldsymbol{F}_i^{(\mathrm{e})}\mathrm{d}t=\sum \mathrm{d}\boldsymbol{I}_i^{(\mathrm{e})}$。

质点系情形的导数式　质点系动量对时间的导数等于作用于质点系的外力矢量和（外力系主矢），$\dfrac{\mathrm{d}\boldsymbol{p}}{\mathrm{d}t}=\sum \boldsymbol{F}_i^{(\mathrm{e})}$。

质点系情形的积分式　在某时间间隔内，质点系动量的改变量等于在此间隔内作用于质点系外力冲量的矢量和，即 $\boldsymbol{p}_2-\boldsymbol{p}_1=\sum \boldsymbol{I}_i^{(\mathrm{e})}$。

投影式　上述 6 式都可取 x,y,z 三个坐标轴的投影式。

动量守恒定律　作用于质点系外力的主矢恒等于 $\mathbf{0}$，则质点系的动量保持不变。

沿特定方向动量守恒定律　作用于质点系外力的主矢沿某方向恒等于 0，则质点系的动量向该方向投影保持不变。

10.1.3 质心运动定理

质量中心的矢量式 $\boldsymbol{r}_C = \dfrac{\sum m_i \boldsymbol{r}_i}{\sum m_i}$。

质量中心的投影式 $x_C = \dfrac{\sum m_i x_i}{\sum m_i}, y_C = \dfrac{\sum m_i y_i}{\sum m_i}, z_C = \dfrac{\sum m_i z_i}{\sum m_i}$。

质心运动定理 质点系的质量与质心加速度的乘积等于作用于质点系外力的矢量和(外力系主矢),即 $m\boldsymbol{a}_C = \sum \boldsymbol{F}_i^{(e)}$。它表示:质点系质心的运动,可以看成为一个质点的运动,设想此质点集中了整个质点系的质量及其所受的力。内力不影响质心的运动状态,只有外力才能改变质心的运动。

直角坐标投影式 $ma_{Cx} = \sum F_x^{(e)}$, $ma_{Cy} = \sum F_y^{(e)}$, $ma_{Cz} = \sum F_z^{(e)}$。

自然轴投影式 $ma_C^{t} = \sum F_t^{(e)}$, $ma_C^{n} = \sum F_n^{(e)}$, $0 = \sum F_b^{(e)}$。

质心运动守恒定律 如果作用于质点系的外力主矢恒等于 **0**,则质心作匀速直线运动;若质心开始还静止,则质心位置始终保持不变。

沿特定方向的质心守恒定律 如果作用于质点系的外力主矢沿某方向恒等于 0,则质心速度向该方向的投影保持不变;若开始时速度投影为 0,则质心在该方向无位移。

10.2 精选例题

例题 10-1 如图 10-1 所示,人相对于小车静止,小车以速度 $\boldsymbol{v}_1$ 向右行驶。现人以相对速度 $\boldsymbol{u}$ 向左跳下小车,求小车的速度 $\boldsymbol{v}_2$。设人和小车的质量分别为 m 和 M,摩擦阻力不计。

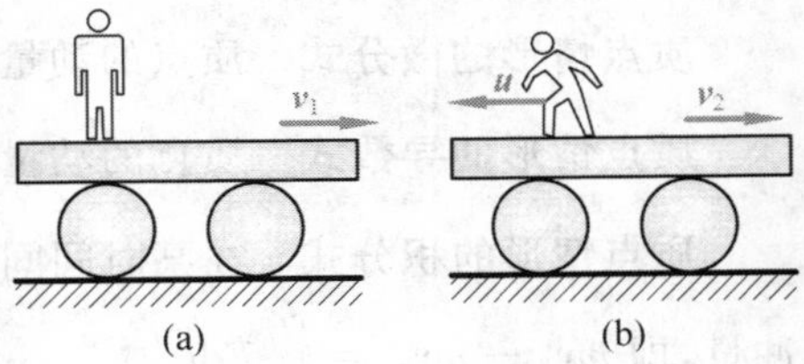

图 10-1

解:这是经典的动量守恒问题(有时候把小车换成水面航行的小船)。

由于摩擦阻力不计,人、车组成的系统在跳车前后沿水平方向动量守恒,因此有

$$m\boldsymbol{v}_{人a} + M\boldsymbol{v}_{车a} = (m+M)\boldsymbol{v}_{人车a} \quad \text{(a)}$$

这里:$\boldsymbol{v}_{人a}$、$\boldsymbol{v}_{车a}$ 分别是跳下小车后的人和车相对于地面(绝对坐标系)的绝对(速度符号下标中有字母 a 的含义)速度;而 $\boldsymbol{v}_{人车a}$ 是在跳车前人车一体的绝对速度。由于动量定理和动量守恒定律是从牛顿第二定律导出的,而后者是基于惯性系的,所以运用动量定理或动量守恒定律时,要使用绝对速度计算动量(比如跳车后,人的动量是 $m\boldsymbol{v}_{人a}$,而不是 $m\boldsymbol{u}$)。

参考图 10-1,选择右向为正方向,可得式(a)中

$$v_{人a} = v_2 - u,\ v_{车a} = v_2,\ v_{人车a} = v_1$$

代入式(a)得到

$$v_2 = v_1 + \frac{m}{m+M}u \quad \text{(b)}$$

讨论

(1)式(b)也适合沿车速方向朝右跳的情形(如同行进中的炮车向前发射炮弹,忽略空气阻力和摩擦),对应的 u 取负值。显然此时 v_2 会小于 v_1。进一步,如果 $|u|$ 很大,从而导致了 $v_2 < 0$,那就相当于枪炮发射子弹的后坐现象。

(2)跳车时,人对车有作用力,反过来车对人也有反作用力。**对人车系统来说,这是一对大小相等、方向相反的内力,所以它们不改变人车系统的动量。** 然而,如果**只取人为研究对象,那么车对人的反作用力就是外力,在它的作用下,人的动量从 mv_1 变成了 $m(v_2 - u)$。取车为研究对象,人对车的作用力也是外力,它的作用也会改变车的动量。**

(3)动量定理的积分式和动量守恒定律所涉及的是系统运动过程中两个时刻的关系,因此它们可以用于分析两个时刻的运动量关系。原则上,如果知道人车之间的作用力,通过积分,可分析人、车在任一时刻的运动规律,但是**这不仅需要积分的数学操作,更需要人车之间相互作用的物理规律**。显然,若只对两个时刻的运动量关系感兴趣,最好使用动量定理的积分式。**有时候,事物发生过程的物理规律太复杂或者没有可靠的信息,而又想得到一个有说服力、有参考意义的答案,我们往往采用这种将具体过程跳过(或平均,或积分,或近似)的处理方法。**

例题 10-2　如图 10-2 所示水平面上放一均质三棱柱 A,在其斜面上又放一均质三棱柱 B。两三棱柱的横截面均为直角三角形。三棱柱 A 的质量为 m_A,它是三棱柱 B 质量 m_B 的 3 倍,其尺寸如图所示。设各处摩擦不计,初始时系统静止。求当三棱柱 B 沿三棱柱 A 滑下接触到水平面时,三棱柱 A 移动的距离。

解: 因为三棱柱 A 与地面之间摩擦不计,而开始时系统的质心速度为 **0**,所以我们可以沿水平方向使用质心守恒定律,但关键是动量定理所使用的运动量为绝对量,故而我们应该使用三棱柱 A 和 B 的绝对质心位移。

位移分析如图 10-3a 所示。因为 A 平移,所以其质心的位移就等于其左侧面的位移 s_A。同样,B 相对于 A 的相对位移之水平分量就等于它的右侧面相对 A 的水平位移,也就是图中的 s_{rB}(大小等于 $a-b$)。B 的绝对位移的水平分量就是 $s_{rB}+s_A$(不是 $s_{rB}- s_A$,参考速度合成公式)。

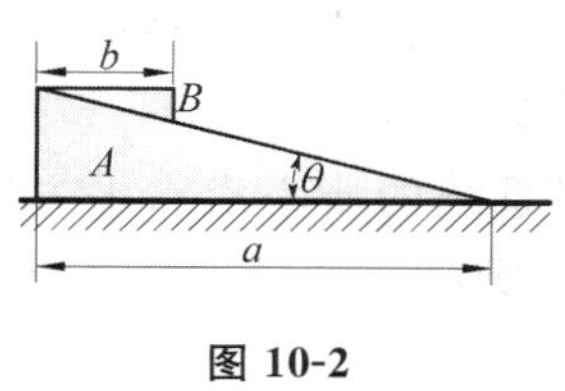

图 10-2

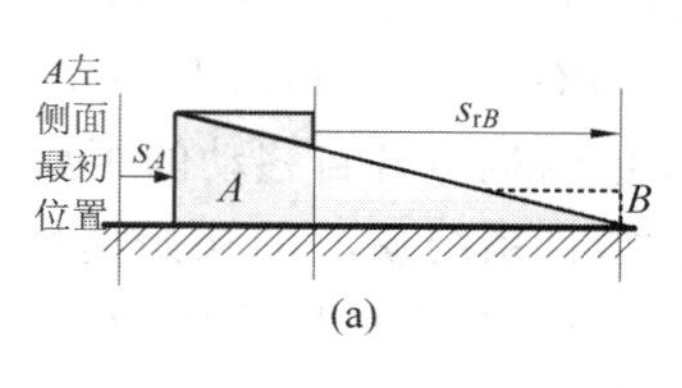

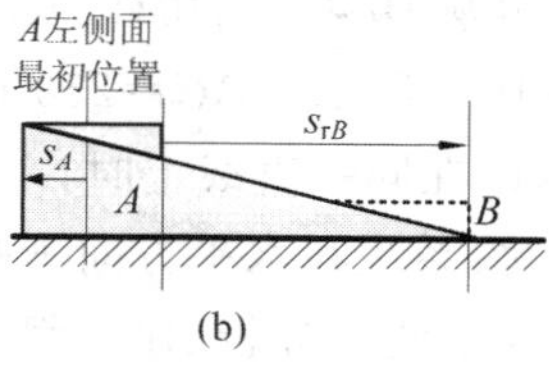

图 10-3

由质心守恒定律有

$$m_A s_A + m_B(s_A + s_{rB}) = 0 \tag{a}$$

可解得

$$s_A = -\frac{m_B}{m_A + m_B}s_{rB} = -\frac{1}{4}(a-b) \tag{b}$$

其中负号表示向左运动。

讨论

(1)直观可以判断 A 应该向左运动。确实也可在运动分析时把 s_A 的方向画成向左(图 10-3b),则式(a)就应该变成(仍是向右为正) $m_A(-s_A)+m_B(-s_A+s_{rB})=0$ 了。

(2)内力和外力是相对于系统而言的。如果把三棱柱 A 和 B 合起来作为一个系统,则 A 对 B 的作用力,以及 B 对 A 的反作用力是一对内力,它们对系统质心运动的贡献为 0。然而,如果选择三棱柱 B 为研究对象,则 A 对 B 的作用力对 B 质心的运动是有贡献的。

例题 10-3　如图 10-4 所示,质量为 m 的滑块 A,可以在水平光滑槽中运动,具有刚性系数为 k 的弹簧一端与滑块相连接,另一端固定。杆 AB 长度为 l,质量忽略不计,A 端与滑块 A 铰接,B 端装有质量 m_1,在竖直平面内可绕点 A 旋转。设在力偶 M 作用下转动角速度 ω 为常数。求滑块 A 的运动微分方程。(教材习题 10-6)

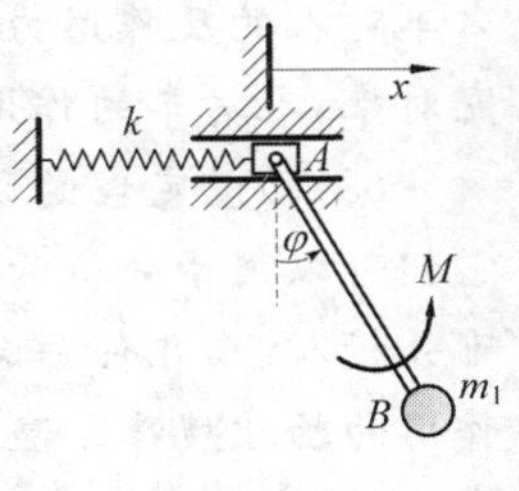

图 10-4

解:取出滑块 A-AB 杆-m_1 作受力分析,如图 10-5 所示。其中 $F_k=kx$。

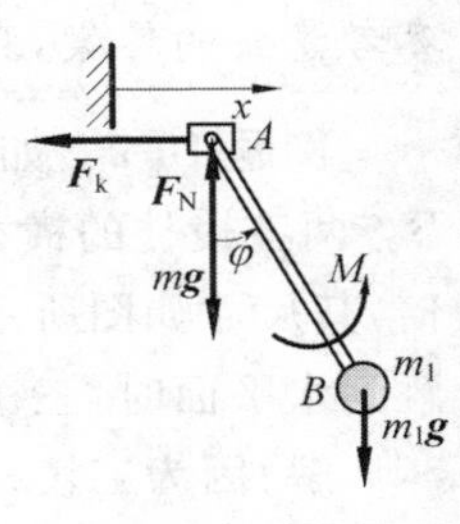

图 10-5

系统沿水平方向的动量为

$$p_x=m\dot{x}+m_1(\dot{x}+l\dot{\varphi}\cos\varphi)=m\dot{x}+m_1(\dot{x}+l\omega\cos\varphi)$$

由质心运动定理

$$\frac{\mathrm{d}p_x}{\mathrm{d}t}=F_x:\quad \frac{\mathrm{d}[m\dot{x}+m_1(\dot{x}+l\omega\cos\varphi)]}{\mathrm{d}t}=-kx$$

进一步整理得到

$$(m+m_1)\ddot{x}+kx=m_1\omega^2 l\sin\omega t$$

此即滑块 A 的微分方程。

讨论

若保持 ω 不变,M 不可能是常量。

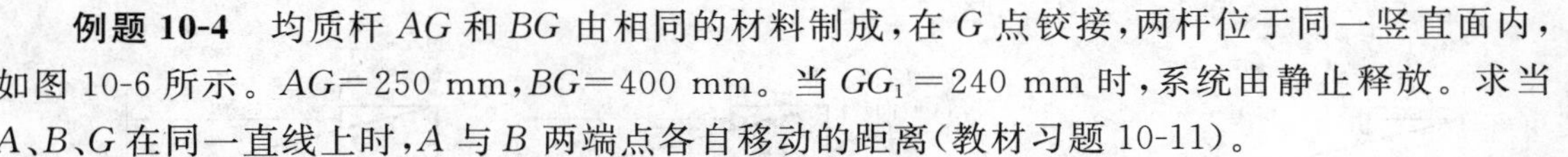

例题 10-4　均质杆 AG 和 BG 由相同的材料制成,在 G 点铰接,两杆位于同一竖直面内,如图 10-6 所示。$AG=250$ mm,$BG=400$ mm。当 $GG_1=240$ mm 时,系统由静止释放。求当 A、B、G 在同一直线上时,A 与 B 两端点各自移动的距离(教材习题 10-11)。

解:系统在水平方向不受力,且系统质心的初始速度为 0,所以系统的质心沿水平方向守恒。为了便于分析,建立固定于地面的直角坐标系 xOy,如图 10-7a 所示。

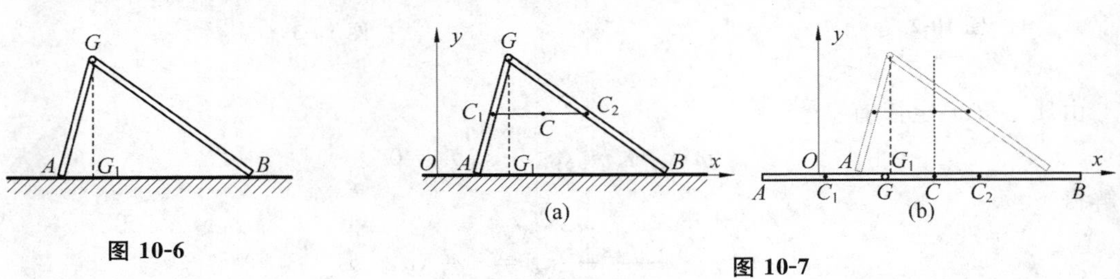

图 10-6　　**图 10-7**

系统质心坐标按照如下方式确定:①确定 AG 中点 C_1 的坐标;②确定 GB 中点 C_2 的坐标;

③以 AG 和 GB 的质量为权从 C_1 和 C_2 计算 C 的坐标。即

$$x_{C1}=\frac{x_A+x_G}{2},\quad x_{C2}=\frac{x_B+x_G}{2}$$

$$x_C=\frac{m_{AG}x_{C1}+m_{GB}x_{C2}}{m_{AG}+m_{GB}}=\frac{x_G}{2}+\frac{AGx_A+GBx_B}{2(AG+GB)}$$

在初始瞬时

$$x_{C始}=\frac{x_{A始}+AG_1}{2}+\frac{AGx_{A始}+GB(x_{A始}+AB)}{2(AG+GB)} \tag{a}$$

当 A、B、G 在同一直线时刻(图 10-7b 的实线位置)

$$x_{C终}=\frac{x_G}{2}+\frac{AGx_A+GBx_B}{2(AG+GB)}=\frac{x_{A终}+AG}{2}+\frac{AGx_{A终}+GB(x_{A终}+AG+GB)}{2(AG+GB)} \tag{b}$$

对式(a)和式(b)利用质心守恒有

$$\begin{aligned}x_{C终}=x_{C始}:\quad &\frac{x_{A终}+AG}{2}+\frac{AGx_{A终}+GB(x_{A终}+AG+GB)}{2(AG+GB)}\\&=\frac{x_{A始}+AG_1}{2}+\frac{AGx_{A始}+GB(x_{A始}+AB)}{2(AG+GB)}\end{aligned}$$

得到

$$\frac{x_{A终}-x_{A始}+AG-AG_1}{2}+\frac{AG(x_{A终}-x_{A始})+GB(x_{A终}-x_{A始}+AG+GB-AB)}{2(AG+GB)}=0$$

即

$$x_{A终}-x_{A初}=-\frac{1}{2}\left[AG-AG_1+GB\left(1-\frac{AB}{AG+GB}\right)\right]=-170\ \text{mm}$$

即 A 向左移 170 mm。而

$$\begin{aligned}x_{B终}-x_{B始}&=x_{A终}+AG+GB-(x_{A始}+AB)=(x_{A终}-x_{A初})+(AG+GB-AB)\\&=[-170+(250+400-390)]\ \text{mm}=90\ \text{mm}\end{aligned}$$

即 B 向右移 90 mm。

讨论

为了方便计算质心位置,可建立坐标系。该坐标系相对地面必须是固定的。

10.3 思考题解答

10-1 求图 S10-1 所示各均质物体的动量。设各物体质量皆为 m。

解答:动量等于系统的质量与质心速度的乘积,为此我们需确定图中物体的质心位置。因物体均质,故其几何中心即为质心,如图 D10-1 所示各物体的 C 点。各物体的动量分别为:(a) $ml\omega/2$;(b) $ml\omega/6$;(c) $mv\sqrt{3}/3$;(d) $ma\omega/2$;(e) $mR\omega$;(f) mv。

10-2 质点系动量定理的导数形式为 $\frac{\mathrm{d}\boldsymbol{p}}{\mathrm{d}t}=\sum\boldsymbol{F}_i^{(e)}$,积分形式为 $\boldsymbol{p}_2-\boldsymbol{p}_1=\sum\int_{t_1}^{t_2}\boldsymbol{F}_i^{(e)}\mathrm{d}t$,以下说法正确的是:

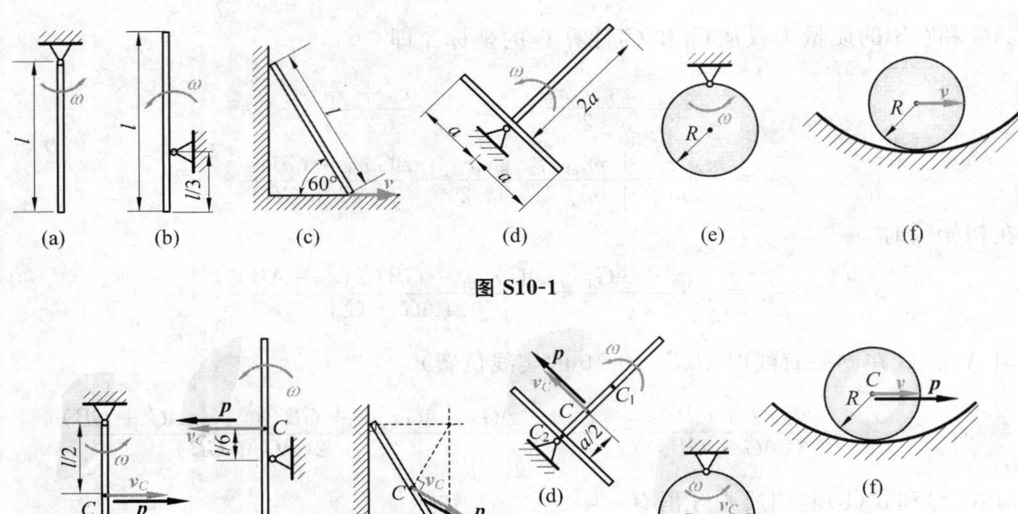

图 S10-1

图 D10-1

A. 导数形式和积分形式均可在自然轴上投影。

B. 导数形式和积分形式均不可在自然轴上投影。

C. 导数形式能在自然轴上投影,积分形式不可在自然轴上投影。

D. 导数形式不能在自然轴上投影,积分形式可在自然轴上投影。

解答:从数学角度 B、C、D 都不正确,而 A 正确。但是,因为动量和动量导数沿自然轴分解没有特别的物理意义,所以操作意义不大,因而 B 从应用角度更恰当一些。

10-3 质量为 m 的质点 A 以匀速 v 沿圆周运动,如图 S10-3 所示。求下列过程中质点所受合力的冲量:(1)质点由 A_1 运动到 A_2(四分之一圆周);(2)质点由 A_1 运动到 A_3(二分之一圆周);(3)质点由 A_1 运动一周后又返回到 A_1 点。

图 S10-3　　图 D10-3

解答:(1) $I_1=\sqrt{2}mv$;(2) $I_2=2\ mv$;(c) $I_3=0$。其中 I_1,I_2 方向如图 D10-3 所示。

10-4 某质点的动量为:

$$\boldsymbol{p}=3\mathrm{e}^{-t}\times\boldsymbol{i}-2\cos t\times\boldsymbol{j}-3\sin 5t\times\boldsymbol{k}$$

求作用在质点上的力 F。

解答:

$$\boldsymbol{F}=\frac{\mathrm{d}\boldsymbol{p}}{\mathrm{d}t}=-3\mathrm{e}^{-t}\times\boldsymbol{i}+2\sin t\times\boldsymbol{j}-15\cos 5t\times\boldsymbol{k}$$

10-5 两物块 A 和 B,质量分别为 m_A 和 m_B,初始静止。如 A 沿斜面下滑的相对速度为 $\boldsymbol{v}_r$,如图 S10-5 所示,设 B 向左的速度为 $\boldsymbol{v}$,根据动量守恒定律,有 $m_A v_r\cos\theta=m_B v$。对吗?

解答:不对。动量定理中的动量按绝对速度计算。

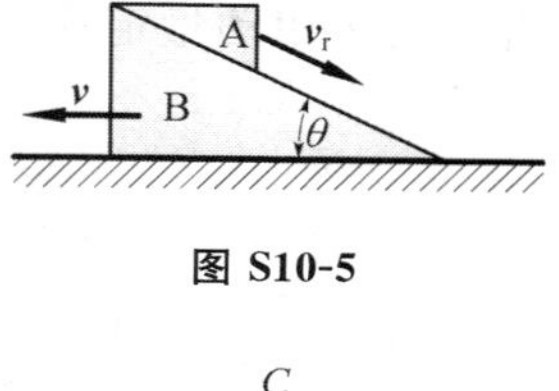

图 S10-5

10-6 两均质直杆 AC 和 CB,长度相同,质量分别为 m_1 和 m_2。两杆在点 C 由铰链连接,初始时维持在竖直面内不动,如图 S10-6 所示。设地面绝对光滑,两杆被释放后将分开倒向地面。问 m_1 和 m_2 相等或不相等时,C 点的运动轨迹是否相同?

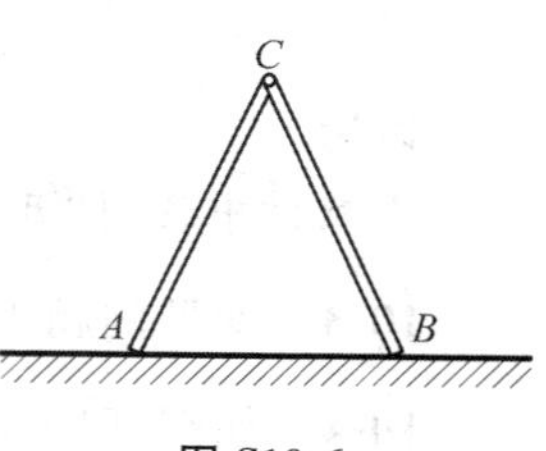

图 S10-6

解答:不相同。当 $m_1=m_2$,C 的横坐标守恒,即 C 点垂直下落,轨迹是直线。当 $m_1\neq m_2$,C 的横坐标不守恒(质心仍然守恒),此时 C 点轨迹是平面曲线,进一步可证明为椭圆弧。

10-7 刚体受到一群力的作用,不论各力作用点如何,此刚体质心的加速度都一样吗?

解答:如果力的大小和方向相同,仅改变力的作用点,则刚体质心加速度将完全相同。

10.4 习题解答

10-1 汽车以 36 km/h 的速度在平直道上行驶。设车轮在制动后立即停止转动。问车轮对地面的动滑动摩擦因数 f 应为多大方能使汽车在制动后 6 s 停止。

解:汽车的力学模型如图 J10-1 所示。沿垂直方向加速度为零有

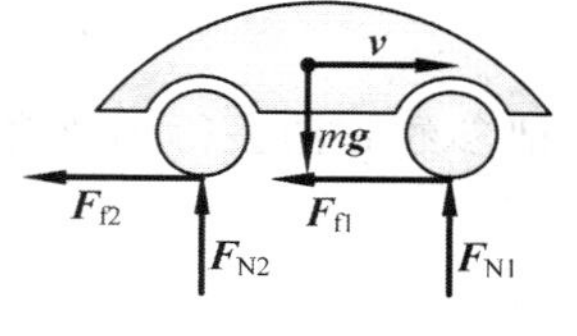

图 J10-1

$$F_{N1}+F_{N2}=mg$$

刹车之后,轮子与地面之间是滑动摩擦,因而

$$F_{f1}+F_{f2}=fF_{N1}+fF_{N2}=fmg \qquad \text{(a)}$$

这是不变的力,故其冲量容易计算。

沿水平方向运用动量定理有

$$mv-0=(F_{f1}+F_{f2})t$$

将式(a)代入可得

$$f=\frac{v}{gt}=\frac{10}{9.8\times 6}=0.17$$

10-2 跳伞者质量为 60 kg,自停留在高空中的直升飞机中跳出,落下 100 m 后,将降落伞打开。设开伞前的空气阻力略去不计,伞重不计,开伞后所受的阻力不随时间变化,经 5 s 后跳伞者的速度减为 4.3 m/s。求阻力的大小。

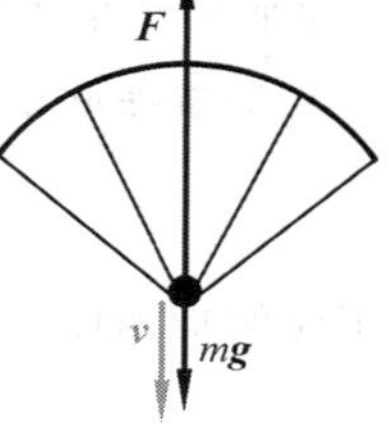

图 J10-2

解:取跳伞者为研究对象。第一阶段,开在伞前重力 mg 作用下,跳伞者自由落体下落。根据自由落体运动的特性,其终了速度

$$v=\sqrt{2gh}=\sqrt{2\times 9.8\times 100}\ \text{m/s}=44.3\ \text{m/s}$$

第二阶段,开伞后在重力 mg 和恒定阻力联合作用下减速,其受力分析见图 J10-2。在竖

直方向运用动量定理有

$$mv_{终} - mv = I_y = (mg - F)t$$

可得

$$F = mg - (mv_{终} - mv)/t = 1068\ \text{N}$$

讨论

原教材中语句“开伞后所受阻力不变”容易理解成“开伞前后阻力相同”的意思。

10-3 参见例题 10-2。

10-4 如图 T10-4 所示，均质杆 AB 长 l，直立在光滑的水平面上。求它从竖直位置无初速地倒下时，端点 A 相对于图示坐标系的轨迹。

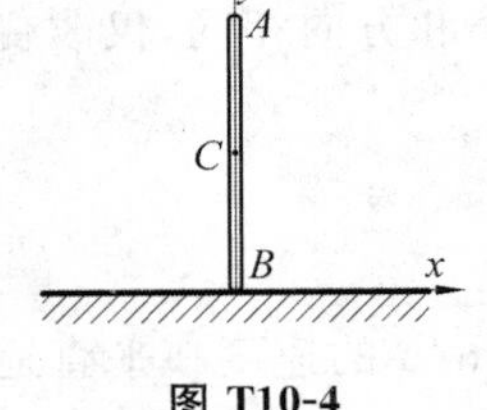

图 T10-4

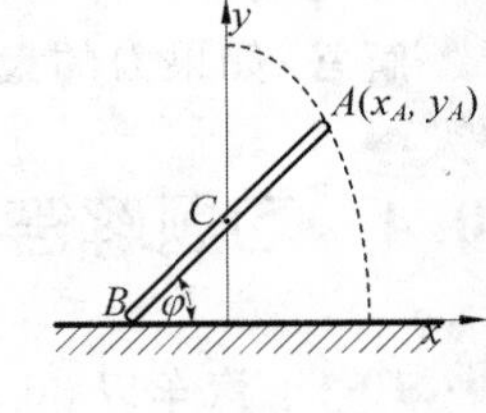

图 J10-4

解：杆沿水平方向不受力，且初始时杆的速度水平分量等于 0，所以杆质心在水平方向守恒，也就是杆的质心只能垂直下落。杆在下落过程中某位置如图 J10-4 所示。在该位置

$$x_A = l/2 \times \cos\varphi$$

$$y_A = l \times \cos\varphi$$

把参数 φ 消去得到轨迹方程

$$\left(\frac{x_A}{l/2}\right)^2 + \left(\frac{y_A}{l}\right)^2 = 1$$

这是一个椭圆方程。

即 A 的轨迹是 1/4 椭圆弧。

10-5 图 T10-5 中，质量为 m_1 的平台 AB，放于水平面上，平台与水平面间的动滑动摩擦因数为 f。质量为 m_2 的小车 D，由绞车拖动，相对于平台的运动规律为 $s = bt^2/2$，其中 b 为已知常数。不计绞车的质量，求平台的加速度。

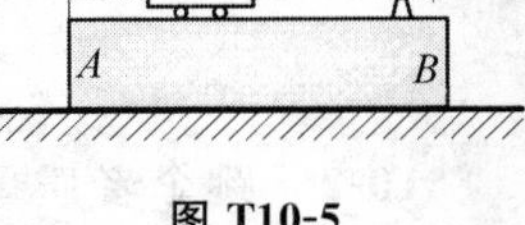

图 T10-5

解：如果平台与地面之间的摩擦力特别大，比如平台固定到地面上，那么平台的加速度为 0。下面考虑阻力不是特别大的情形。

平台从静止开始运动的速度只能向左，因此摩擦力向右。图 J10-5 为平台＋小车的受力分析，其中 $F_f = F_N f = (m_1 + m_2) fg$。

平台连同小车的质心位移为

$$x_C = \frac{m_1 s_{AB} + m_2 (s_{AB} + s)}{m_1 + m_2}$$

相应的加速度为

$$a_C = \frac{m_1 \ddot{s}_{AB} + m_2 (\ddot{s}_{AB} + \ddot{s})}{m_1 + m_2}$$

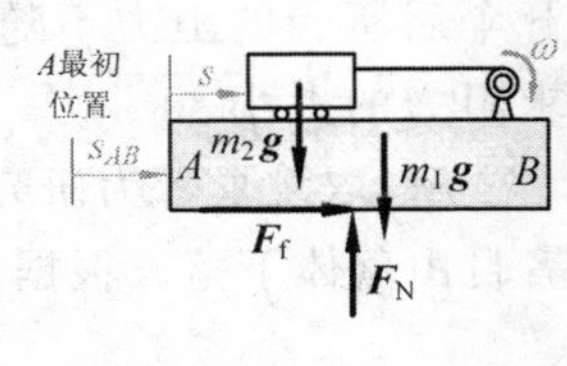

图 J10-5

由质心运动定理 $m\boldsymbol{a}_C = \boldsymbol{F}$ 有

$$(m_1+m_2)\frac{m_1\ddot{s}_{AB}+m_2(\ddot{s}_{AB}+\ddot{s})}{m_1+m_2}=F_f=(m_1+m_2)fg$$

可解得

$$a_{AB}=\ddot{s}_{AB}=fg-\frac{m_2}{m_1+m_2}\ddot{s}=fg-\frac{m_2}{m_1+m_2}b$$

真实加速度方向向左则要求

$$a_{AB}\leqslant 0: fg-\frac{m_2}{m_1+m_2}b\leqslant 0$$

即得 $f\leqslant\frac{m_2}{m_1+m_2}\frac{b}{g}$。如果这个条件不满足，小车将保持静止(加速度为 0)。

讨论

如果平台一开始就有向右的速度，则摩擦力也可以指向左。此时的加速度为(向左) $fg+\frac{m_2}{m_1+m_2}b$。

10-6 见例题 10-3。

10-7 在图 T10-7 所示曲柄滑槽机构中，长为 l 的曲柄以等角速度 ω 绕轴 O 转动。运动开始时，$\varphi=0$。已知：均质曲柄的质量为 m_1，滑块 A 的质量为 m_2，导杆 BD 的质量为 m_3，曲柄的质心在 OA 的中点；点 G 为导杆 BD 的质心，且 $BG=l/2$ 。求：(1)机构质量中心的运动方程；(2)作用在 O 轴的最大水平力。

解：为了分析受力，去掉 O 的铰约束和滑道约束，如图 J10-7 所示，并建立图示的坐标系。

(1)系统质心坐标为

$$x_C=\frac{\sum m_i x_i}{\sum m_i}=\frac{m_1 l/2\times\cos\omega t+m_2 l\cos\omega t+m_3(l\cos\omega t+l/2)}{m_1+m_2+m_3}$$

$$=\frac{m_3}{2(m_1+m_2+m_3)}l+\frac{m_1+2m_2+2m_3}{2(m_1+m_2+m_3)}l\cos\omega t$$

$$y_C=\frac{\sum m_i y_i}{\sum m_i}=\frac{m_1 l/2\times\sin\omega t+m_2 l\sin\omega t}{m_1+m_2+m_3}=\frac{m_1+2m_2}{2(m_1+m_2+m_3)}l\sin\omega t$$

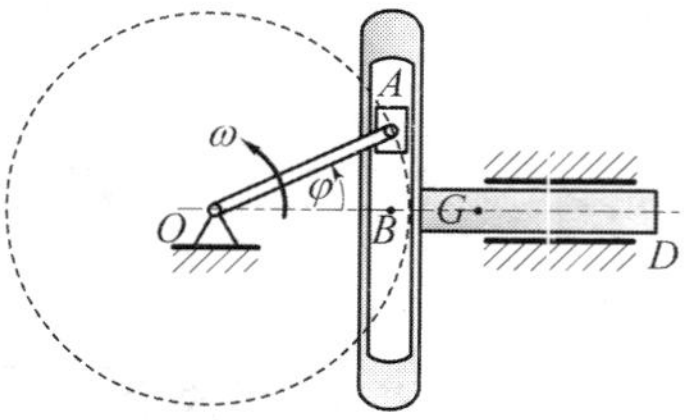

图 T10-7

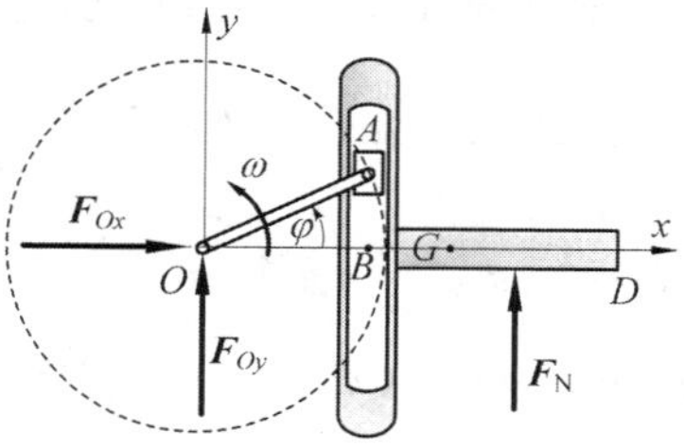

图 J10-7

(2)由质心运动定理在 x 轴上的投影有

$$F_{Ox}=m\ddot{x}_C=-\frac{m_1+2m_2+2m_3}{2}\omega^2 l\cos\omega t$$

故作用在 O 处最大水平约束力为

$$F_{Ox\max} = \frac{m_1 + 2m_2 + 2m_3}{2}\omega^2 l$$

10-8 斜置于竖直面内，长为 $2l$ 的均质杆 AB，其 B 端搁置在光滑水平面上，并与水平轴成 θ 角。求当杆倒下时，A 点的轨迹方程。

解：杆在水平方向不受力，且初始时杆的速度水平分量等于0，所以杆的质心沿水平方向守恒，也就是杆的质心只能垂直下落。杆在下落过程中某位置示意见图 T10-8。在该位置

$$x_A = l/2 \times \cos\varphi$$
$$y_A = l \times \cos\varphi$$

把参数 φ 消去得到轨迹方程

$$\left(\frac{x_A}{l/2}\right)^2 + \left(\frac{y_A}{l}\right)^2 = 1$$

图 T10-8

即 A 的轨迹是椭圆弧。

讨论

此题与 10-4 重复。

10-9 三个物块的质量分别为 $m_1 = 20\ \text{kg}$，$m_2 = 15\ \text{kg}$，$m_3 = 10\ \text{kg}$。由绕过两个定滑轮 M 与 N 的绳子相连接，放在质量 $m_4 = 100\ \text{kg}$ 的截头锥 $ABED$ 上，如图 T10-9 所示。当物块 m_1 下降时，物块 m_2 在截头锥 $ABED$ 的上面向右移动，而物块 m_3 则沿斜面上升。如略去一切摩擦和绳子的质量，求当重物 m_1 下降 1 m 时，截头锥相对地面的位移。

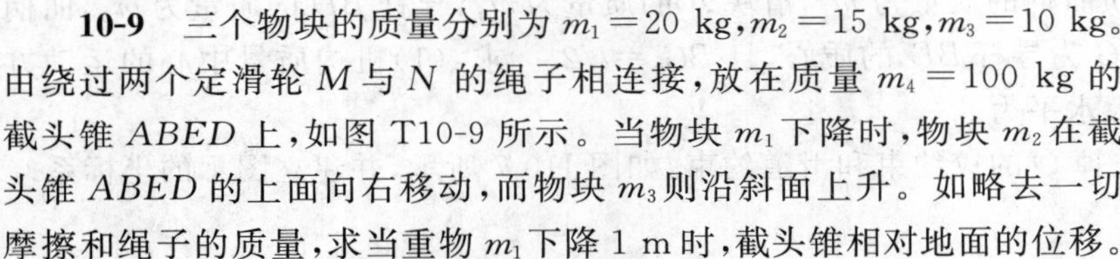

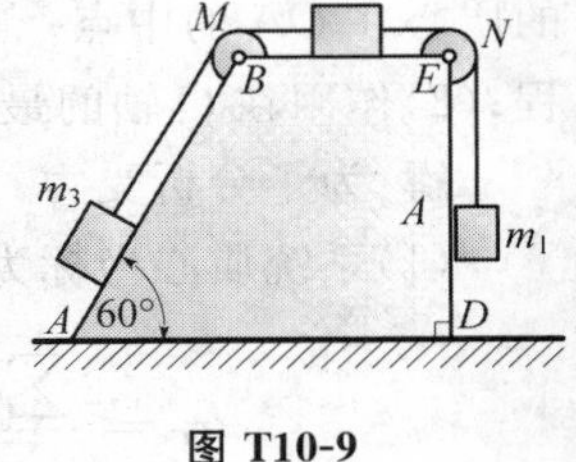

图 T10-9

解：系统在水平方向不受力，且系统质心的初始速度为0，所以系统的质心沿水平方向守恒。为此建立图 J10-9 所示的直角坐标系 xOy。

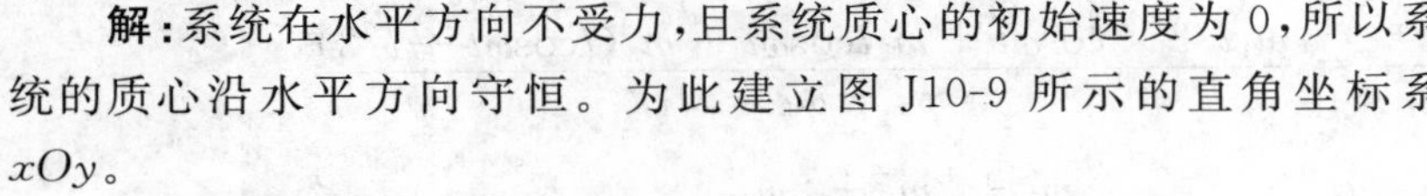

在图 J10-9 中，系统质心的横坐标初始值为

$$x_{C1} = \frac{m_1 x_1 + m_2 x_2 + m_3 x_3 + m_4 x_4}{m_1 + m_2 + m_3 + m_4}$$

设 m_1 下降 1 m 时，截头锥相对地面的位移为 s，则

$$x_{C2} = \frac{m_1(x_1 + 1) + m_2(x_2 + s + 1) + m_3(x_3 + s + 1 \times \cos 60^\circ) + m_4(x_4 + s)}{m_1 + m_2 + m_3 + m_4}$$

由质心守恒 $x_{C2} = x_{C1}$ 得

$$m_1(x_1 + 1) + m_2(x_2 + s + 1) + m_3(x_3 + s + 1 \times \cos 60^\circ) + m_4(x_4 + s) = m_1 x_1 + m_2 x_2 + m_3 x_3 + m_4 x_4$$

解得

$$s = \frac{-m_1 \times 1 - m_3 \times 0.5}{m_1 + m_2 + m_3 + m_4}\ \text{m} = -0.138\ \text{m}$$

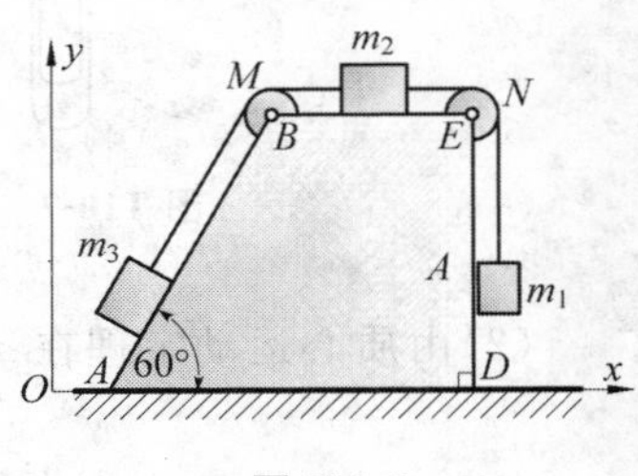

图 J10-9

10-10　图 T10-10 所示的曲柄连杆机构安装在平台上，平台放在光滑的水平基础上。均质曲柄 OA 的质量为 m_1，以等角速度 ω 绕 O 轴转动。均质连杆 AB 的质量为 m_2，平台的质量为 m_3，质心 C_3 与 O 在同一竖直线上，滑块的质量不计；曲柄和连杆的长度相等，即 $OA=OB=l$。如当 $t=0$ 时，曲柄和连杆在同一水平线上，即 $\varphi=0$，并且平台速度为零。求：(1)平台的水平运动规律；(2)基础对平台的约束力。

解：系统在水平方向不受力，且系统质心的初始速度为 0，所以系统的质心沿水平方向守恒。去掉地面的光滑水平基础，代以约束支反力 $\boldsymbol{F}_{\mathrm{N}}$，如图 J10-10 所示。为了便于分析，建立固定于地面直角坐标系 $xO'y$。

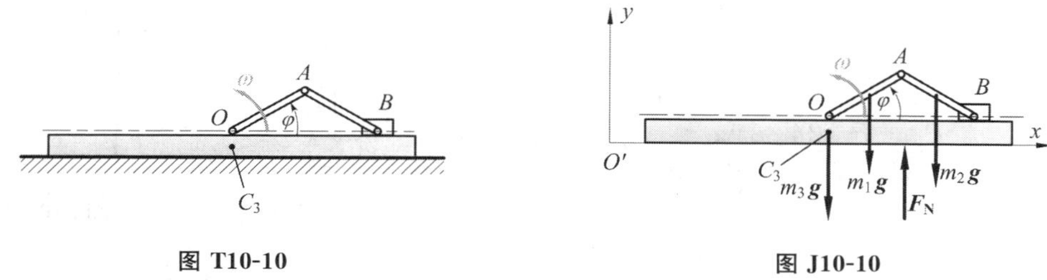

图 T10-10　　　　图 J10-10

(1)系统质心的横坐标为

$$x_C=\frac{m_1x_1+m_2x_2+m_3x_3}{m_1+m_2+m_3}=\frac{m_1(x_{C3}+l/2\times\cos\varphi)+m_2(x_{C3}+3l/2\times\cos\varphi)+m_3x_{C3}}{m_1+m_2+m_3}$$

$$=x_{C3}+\frac{m_1+3m_2}{2(m_1+m_2+m_3)}l\cos\varphi$$

这个量恒等于初始值(相应的 $\varphi=0$) $x_C=x_{C3始}+\dfrac{m_1+3m_2}{2(m_1+m_2+m_3)}l$。这样就得到平台的水平运动规律，

$$x_{C3}=x_{C3始}+\frac{(m_1+3m_2)}{2(m_1+m_2+m_3)}l(1-\cos\omega t)$$

(2)不失一般性，平台厚度参数可忽略。这样系统质心的纵坐标可写为

$$y_C=\frac{m_1y_1+m_2y_2}{m_1+m_2+m_3}=\frac{(m_1+m_2)}{2(m_1+m_2+m_3)}l\sin\omega t$$

由质心运动定理

$$(m_1+m_2+m_3)\ddot{y}_C=F_{\mathrm{N}}-(m_1+m_2+m_3)g$$

解得

$$F_{\mathrm{N}}=(m_1+m_2+m_3)(\ddot{y}_C+g)=(m_1+m_2+m_3)g-(m_1+m_2)l\omega^2\times\sin\omega t)$$

讨论

图 J10-10 并不是完整的受力图。为了让 OA 匀速转动，应该还有力偶作用于 OA(或 AB)。学习动量矩定理内容后就能确定力偶的大小了。

10-11　见例题 10-4。

10-12　如图 T10-12 所示滑轮中，两重物 A 和 B 的重量分别为 P_1 和 P_2。如物 A 以加速

度a下降。不计滑轮质量，求支座O的约束力。

解： 去掉支座O，代之以约束反力（图 J10-12），并建立原点固定在O点的定坐标系xOy。

显然系统的质心在水平方向没有运动，所以有$F_{Ox}=0$。沿竖直方向

$$p_y = P_1/g \times v_A + P_2/g \times v_B \quad \text{(a)}$$

由滑轮的性质可得$v_B = -v_A/2$，把它代入式(a)得到

$$p_y = (P_1 - P_2/2)v_A/g$$

再由质心运动微分方程

$$\frac{\mathrm{d}p_y}{\mathrm{d}t} = F_y: \quad \frac{P_1 - P_2/2}{g} \times \frac{\mathrm{d}v_A}{\mathrm{d}t} = -F_{Oy} + P_1 + P_2$$

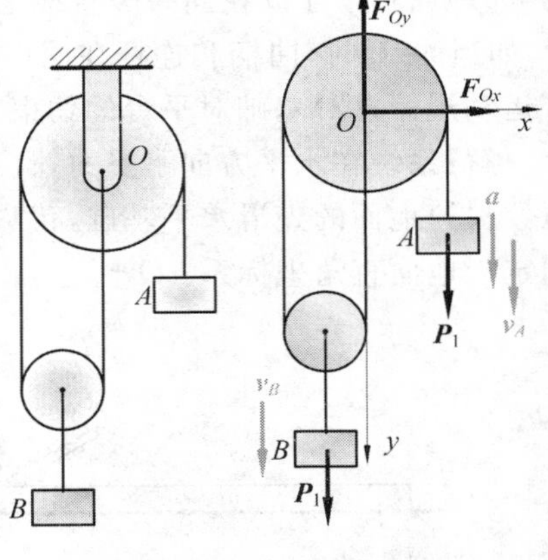

图 T10-12　　图 J10-12

可得

$$F_{Oy} = P_1 + P_2 - \frac{2P_1 - P_2}{2g}a$$

10-13　质量为m_1、长为l的均质杆OD，在其端部连接一质量为m_2、半径为r的小球，如图 T10-13 所示。杆OD以匀角速度ω绕基座上的轴O转动，基座的质量为m。求基座对凸台AB的水平压力与对光滑水平面的垂直压力。

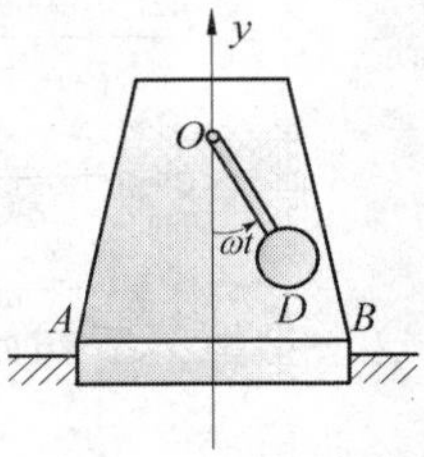

图 T10-13

解： 拆除基座约束，代之以约束反力，如图 J10-13 所示。其中$\boldsymbol{F}_x$和$\boldsymbol{F}_\mathrm{N}$分别为对凸台$AB$的水平压力和垂直压力。基座约束相当于固定端约束，因此还有一个约束反力偶M_R（本题没有要求分析）。全部构件所受外力如图 J10-13 所示。建立图示的原点固定在O点的定坐标系。

系统的动量沿水平和垂直分量为

$$p_x = m_1\omega l/2\cos\omega t + m_2\omega(l+r)\cos\omega t$$
$$p_y = m_1\omega l/2\sin\omega t + m_2\omega(l+r)\sin\omega t$$

由动量定理

$$\frac{\mathrm{d}p_x}{\mathrm{d}t} = \sum F_x: \quad [m_1\omega l/2 + m_2\omega(l+r)]\frac{\mathrm{d}(\cos\omega t)}{\mathrm{d}t} = F_x$$

$$\frac{\mathrm{d}p_y}{\mathrm{d}t} = \sum F_y: \quad [m_1\omega l/2 + m_2\omega(l+r)]\frac{\mathrm{d}(\sin\omega t)}{\mathrm{d}t} = F_\mathrm{N} - (m_1 + m_2 + m)g$$

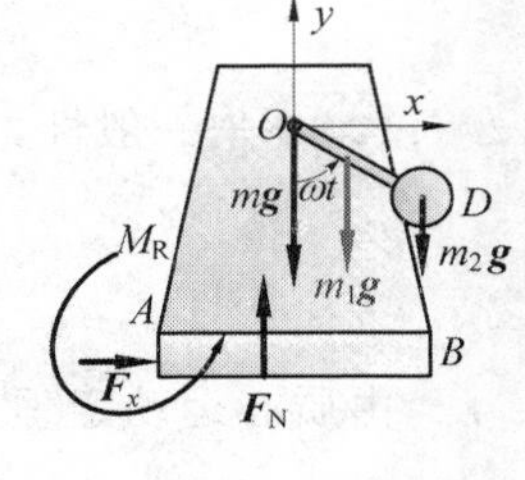

图 J10-13

解得

$$F_x = \omega^2[m_1 l/2 + m_2(l+r)]\sin\omega t$$
$$F_\mathrm{N} = \omega^2[m_1 l/2 + m_2(l+r)]\cos\omega t + (m_1 + m_2 + m)g$$

基座对凸台AB的水平压力与对光滑水平面的垂直压力分别为F_x、F_N的反作用力。

10-14　如图 T10-14 所示，已知水的体积流量为Q，密度为ρ，水打在叶片上的速度为$\boldsymbol{v}_1$，方向沿水平向左，水流出叶片的速度为$\boldsymbol{v}_2$，与水平线成θ角。求水柱对涡轮固定叶片作用力的

水平分力。

解: 取叶片上的水流为研究对象,如图 J10-14 所示。叶片对水流的水平压力为 $\boldsymbol{F}_x$。由例题 10-2 得

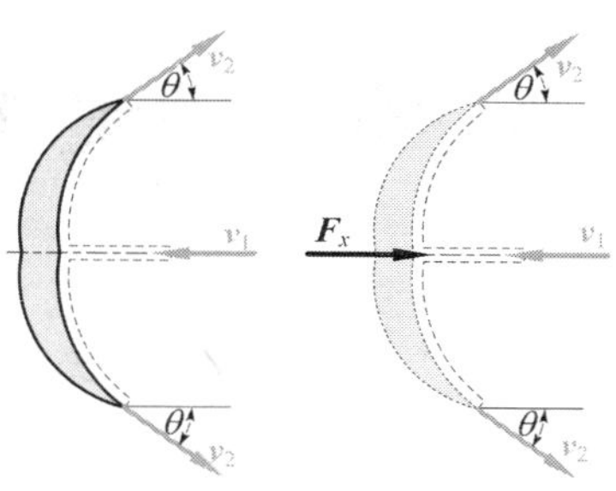

图 T10-14　　图 J10-14

$$\boldsymbol{F}_x = Q\rho(\boldsymbol{v}_1 - \boldsymbol{v}_2)$$

把它沿水平方向投影得到

$$F_x = Q\rho(v_1 + v_2\cos\theta)$$

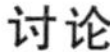
讨论

水流从叶片下边缘和上边缘流出的速度方向不相同,所以原题中用同一个矢量字母 $\boldsymbol{v}_2$ 标记是不严格的。如果用两个不同的符号,那么题目需要声明几何和速度的对称分布。

10-15　垂直于薄板的水柱流经薄板时,被薄板分成两部分,如图 T10-15 所示。一部分的流量为 $Q_1=7$ L/s,而另一部分偏离 θ 角。忽略水重和摩擦,试确定 θ 角和水对薄板的压力。设水柱速度 $v_1= v_2=v=28$ m/s,总流量 $Q=21$ L/s。

解: 去掉薄板约束,代以水平约束力,如图 J10-15 所示。在 dt 时间内水流动量变化为

$$\mathrm{d}\boldsymbol{p} = \rho Q_1\mathrm{d}t\boldsymbol{v}_1 + \rho Q_2\mathrm{d}t\boldsymbol{v}_2 - \rho Q\mathrm{d}t\boldsymbol{v}$$

由动量定理有

$$\frac{\mathrm{d}\boldsymbol{p}}{\mathrm{d}t} = \boldsymbol{F}:\quad \rho Q_1\boldsymbol{v}_1 + \rho Q_2\boldsymbol{v}_2 - \rho Q\boldsymbol{v} = \boldsymbol{F}_x$$

上式分别沿垂直和水平投影有

$$\begin{cases} Q_2\rho v_2\sin\theta - Q_1\rho v_1 = 0 \\ Q\rho v - Q_2\rho v_2\cos\theta = F_x \end{cases} \tag{a}$$

其中 $Q_2 = Q - Q_1 = 14$ L/s。由式(a)可解得

$$\theta = \arcsin\frac{Q_1\rho v_1}{Q_2\rho v_2} = \arcsin\frac{1}{2} = 60^\circ$$

$$F_x = Q\rho v - Q_2\rho v_2\cos\theta = \rho v(Q - Q_2\cos\theta) = 249\ \mathrm{N}$$

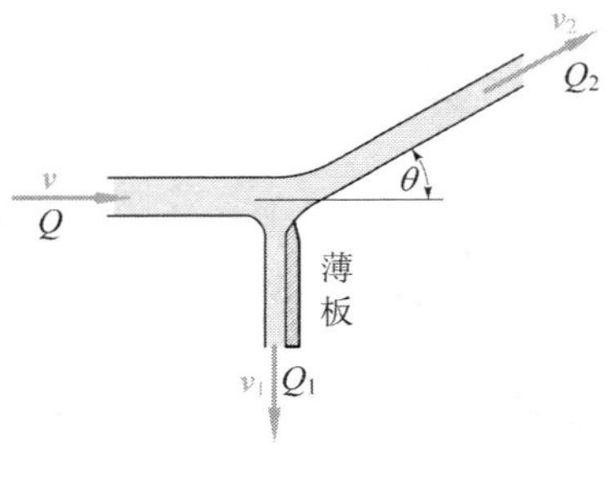

图 T10-15

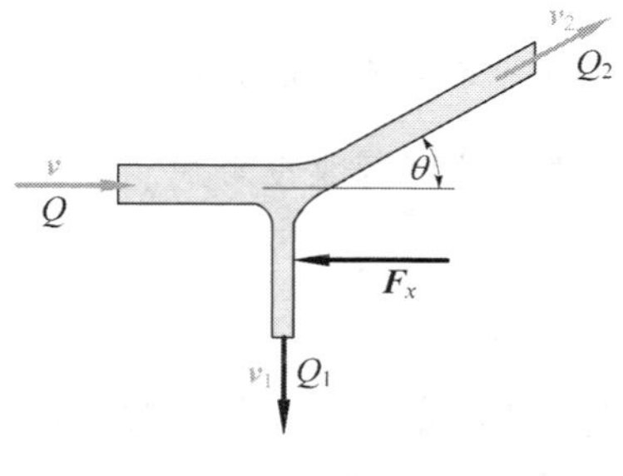

图 J10-15

第 11 章 动量矩定理

11.1 主要内容

动量矩定理从动量矩的角度揭示系统运动与外力主矩之间的关系。

11.1.1 质点和质点系的动量矩

质点的动量矩 质点的动量相对于固定点 O 的矩，即 $\boldsymbol{M}_O(m\boldsymbol{v})=\boldsymbol{r}\times m\boldsymbol{v}$。它是矢量。

动量对轴之矩 质点的动量 $m\boldsymbol{v}$ 在 xOy 平面内的投影矢量 $(m\boldsymbol{v})_{xy}$ 对于 O 点的矩，简称对于 z 轴的动量矩。它是代数量，也等于对 O 的动量矩矢在 z 轴上的投影，即 $[\boldsymbol{M}_O(m\boldsymbol{v})]_z=M_z(m\boldsymbol{v})$。

质点系的动量矩 等于各质点对同一点 O 的动量矩的矢量和，或称质点系动量对点 O 的主矩，即 $\boldsymbol{L}_O=\sum \boldsymbol{M}_O(m_i\boldsymbol{v}_i)$。

质点系动量对轴之矩 等于各质点对同轴动量矩的代数和，也等于质点系动量矩矢量沿该轴的投影。

平移刚体的动量矩 可将全部质量集中到质心当作质点计算其动量矩。

转动惯量 衡量刚体转动惯性的度量。对 z 轴的转动惯量计算式为 $J_z=\sum m_i r_i^2$。

定轴转动刚体的动量矩 等于刚体对轴的转动惯量与转动角速度的乘积，即 $L_z=J_z\omega$。

11.1.2 动量矩定理

质点的动量矩定理 质点关于某定点的动量矩对时间的导数等于作用力对同一点的力矩。

质点系的动量矩定理 质点系关于某定点的动量矩对时间的导数等于作用于质点系的所有力对同一定点的力矩矢量和(外力对点的主矩)，即 $\dfrac{\mathrm{d}\boldsymbol{L}_O}{\mathrm{d}t}=\sum \boldsymbol{M}_O(\boldsymbol{F}_i^{(\mathrm{e})})$。

投影式 计算可取投影式

$$\frac{\mathrm{d}L_x}{\mathrm{d}t}=\sum M_x(\boldsymbol{F}_i^{(\mathrm{e})}),\quad \frac{\mathrm{d}L_y}{\mathrm{d}t}=\sum M_y(\boldsymbol{F}_i^{(\mathrm{e})}),\quad \frac{\mathrm{d}L_z}{\mathrm{d}t}=\sum M_z(\boldsymbol{F}_i^{(\mathrm{e})})$$

动量矩守恒定律 当外力对于某定点(或某定轴)的主矩等于零时，质点系对于该点(或该轴)的动量矩保持不变。

有心力作用下质点运动 $\boldsymbol{M}_O(m\boldsymbol{v})=\boldsymbol{r}\times m\boldsymbol{v}=$ 恒矢量，进一步轨迹为平面曲线，矢径扫过的面积满足面积速度定理。

11.1.3　刚体绕定轴转动微分方程

定轴转动微分方程　$J_z \dfrac{d^2\varphi}{dt^2} = J_z \dfrac{d\omega}{dt} = J_z \alpha = \sum M_z(\boldsymbol{F}_i)$。它与 $\boldsymbol{F} = m\boldsymbol{a}$ 平行。

11.1.4　刚体对轴的转动惯量

回转半径　定义为 $\rho = \sqrt{J_z/m}$，即找到一个与刚体质量和转动惯量均相等的圆环，该圆环的半径就是回转半径。

重要的转动惯量和惯性半径　见表 11-1。

表 11-1　重要物体的转动惯量和回转半径

物体的形状	转动惯量	回转半径
细直杆	$J_z = ml^2/3$ $J_{zC} = ml^2/12$	$\rho_z = l/\sqrt{3}$ $J_{zC} = l/(2\sqrt{3})$
薄圆环	$J_z = mR^2$	$\rho_z = R$
均质圆板	$J_z = mR^2/2$	$\rho_z = R/\sqrt{2}$

平行轴定理　刚体对任一 z 轴的转动惯量 $J_z = J_{zC} + md^2$，其中：J_{zC} 是刚体对过质心且与 z 轴平行之轴的转动惯量，d 为两轴间的距离。

11.1.5　质点系相对于质心的动量矩定理

对质心的动量矩　用绝对速度计算质点系对质心的动量矩与用相对于质心的相对速度计算的动量矩相等。

对任意点的动量矩　$\boldsymbol{L}_O = \boldsymbol{L}_C + \boldsymbol{r}_C \times m\boldsymbol{v}_C$，其中 L_C 是相对于质心的动量矩。就刚体而言，整个刚体相当于绕质心作定轴转动(对平面运动)，因此 $L_C = J_C\omega$（无须再对质量求和了）。

相对于质心的动量矩定理　质点系相对于质心的动量矩对时间的导数，等于作用于质点系的外力对质心的主矩，即 $\dfrac{d\boldsymbol{L}_C}{dt} = \sum \boldsymbol{M}_C(\boldsymbol{F}_i^{(e)})$。

11.1.6　刚体的平面运动微分方程

平面运动微分方程　$m\boldsymbol{a}_C = \sum \boldsymbol{F}_i^{(e)}$，$\dfrac{d}{dt}(J_C\omega) = J_C\alpha = \sum M_C(\boldsymbol{F}_i^{(e)})$，或者写成 $m\dfrac{d^2\boldsymbol{r}}{dt^2} = \sum \boldsymbol{F}_i^{(e)}$，$J_C\dfrac{d^2\varphi}{dt^2} = \sum M_C(\boldsymbol{F}_i^{(e)})$。

直角坐标投影式　$ma_{Cx} = \sum F_{ix}$，$ma_{Cy} = \sum F_{iy}$，$J_C\alpha = \sum M_C(F_i^{(e)})$。

自然轴系投影式　$ma_C^t = \sum F_{it}$，$ma_C^n = \sum F_{in}$，$J_C\alpha = \sum M_C(F_i^{(e)})$。

11.2　精选例题

例题 11-1　图 11-1 中四个质点系的各刚体构件质量均匀分布，求图示瞬时四个质点系分

别对通过各自 O 点的固定轴的动量矩。图中：(a)的齿轮 2 固定，$\overline{OA}$杆和齿轮 1 的质量分别为 m_3 和 m_1；(b)的 AB 杆质量为 m；(c)的 D 轮做纯滚动，轮 D、轮 B 和 E 的质量均为 m；(d)的A 和 D 轮做纯滚动，轮 A、轮 B 和 CD 的质量均为 m。

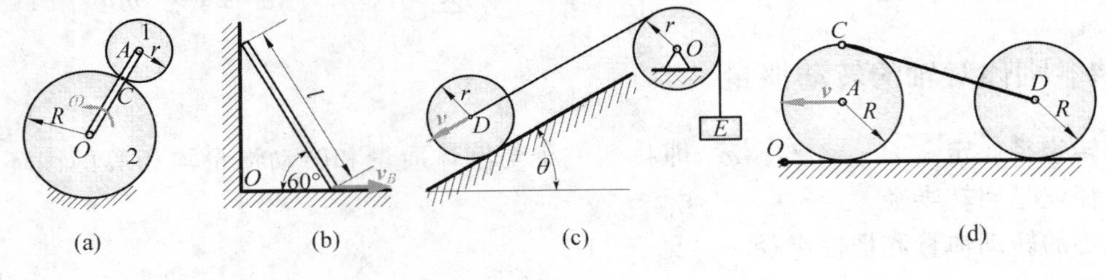

(a) (b) (c) (d)

图 11-1

解：四个质点系的速度分别对应图 11-2(a)、(b)、(c)和(d)。

(1)图(a) OA 做定轴转动，轮 1 做纯滚动，后者动量矩按教材的式(11-22)计算。图中的相关量与 ω 的关系如下：

$$v_A=(r+R)\omega,\quad \omega_1=v_A/AC=(r+R)\omega/r$$

系统对 O 的动量矩为

$$\begin{aligned}L_O=L_{OA杆}+L_{A轮}&=\frac{1}{3}m_3(R+r)^2\omega+\left[\frac{1}{2}m_1r^2\omega_1+m_1v_A\times(R+r)\right]\\&=\frac{1}{3}m_3(R+r)^2\omega+\left[\frac{1}{2}m_1r^2\frac{(r+R)\omega}{r}+m_1(r+R)\omega\times(R+r)\right]\\&=\left(\frac{1}{3}m_3+m_1\frac{2R+3r}{R+r}\right)(R+r)^2\omega\end{aligned}$$

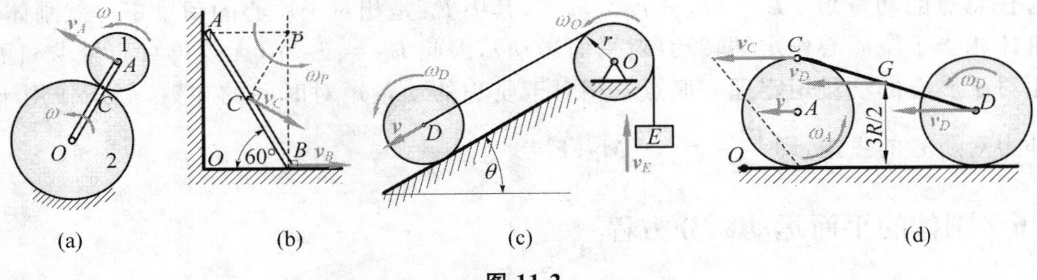

(a) (b) (c) (d)

图 11-2

(2)图(b) AB 杆做平面运动，其动量矩按教材的式(11-22)计算。根据 A 和 B 的速度方向可确定瞬心 P，进而有

$$\omega_P=v_B/PB,\quad v_C=\omega_PCP=v_B\times CP/PB$$

系统对 O 的动量矩为

$$L_O=\frac{1}{12}ml^2\omega_P-mv_C\times l/2=\frac{1}{12}ml^2\frac{v_B}{PB}-m\frac{CP\times v_B}{PB}\times l/2=-\frac{\sqrt{3}}{9}mlv_B$$

(3)图(c) 轮 O 做定轴转动，轮 D 做纯滚动，后者动量矩按教材的式(11-22)计算。图中

相关量与 v 的关系如下：

$$\omega_D = v/r, \quad \omega_O = v/r, \quad v_E = v_D = v$$

系统对 O 的动量矩为

$$\begin{aligned} L_O &= L_{D轮} + L_{O轮} + L_E = \left(mv \times r + \frac{1}{2}mr^2\omega_D\right) + \frac{1}{2}mr^2\omega_O + mv_E \times r \\ &= \left(mv \times r + \frac{1}{2}mr^2\frac{v}{r}\right) + \frac{1}{2}mr^2\frac{v}{r} + mv \times r \\ &= 3mvr \end{aligned}$$

(4)图(d) 轮 A 和轮 D 做纯滚动，它们的动量矩按教材的式(11-22)计算，CD 瞬时平移。图中的相关量与 v 的关系如下：

$$\omega_A = v/R, \quad v_C = \omega_A \times 2R = 2v, \quad v_D = v_G = v_C = 2v, \quad \omega_D = v_D/R = 2v/R$$

系统对 O 的动量矩为

$$\begin{aligned} L_O &= L_{A轮} + L_{D轮} + L_{CD杆} = \left(mv_A \times R + \frac{1}{2}mR^2\omega_A\right) + \left(mv_D \times R + \frac{1}{2}mR^2\omega_D\right) + mv_G \times 3R/2 \\ &= \left(mv \times R + \frac{1}{2}mR^2\frac{v}{R}\right) + \left(m \times 2v \times R + \frac{1}{2}mR^2\frac{2v}{R}\right) + m \times 2v \times 3R/2 \\ &= 15mvR/2 \end{aligned}$$

例题 11-2 如图 11-3 所示，已知鼓轮 O 的质量为 m，外半径为 R，内半径为 r，对 O 的回转半径为 ρ。鼓轮外半径上绕有细绳，绳一端吊有质量为 m_A 的重物 A；内半径也绕有细绳，另一端吊有质量为 m_B 的重物 B。试求鼓轮的角加速度 α。

解：选择整个系统为研究对象。去掉铰支座 O 的受力分析如图 11-4 所示。运动中

$$v_B = r\omega, \quad v_A = R\omega$$

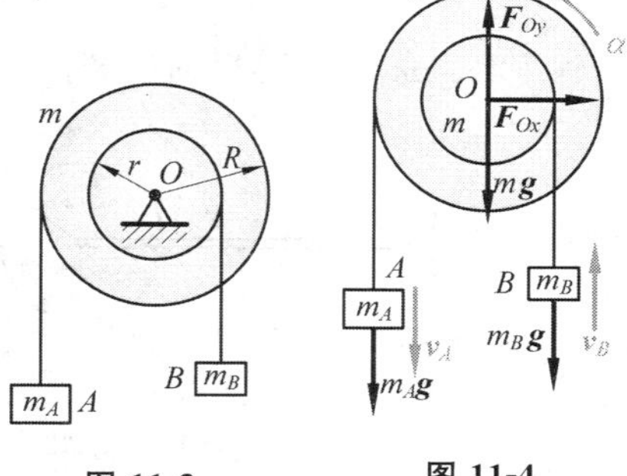

图 11-3　　图 11-4

系统对 O 的总动量矩为

$$\begin{aligned} L_O &= L_{O轮} + L_A + L_B \\ &= m\rho^2\omega + m_Av_A \times R + m_Bv_B \times r \\ &= (m\rho^2 + m_AR^2 + m_Br^2)\omega \end{aligned}$$

由动量矩定理

$$\frac{\mathrm{d}L_O}{\mathrm{d}t} = \sum M_O(F_i^{(e)}): \quad (m\rho^2 + m_AR^2 + m_Br^2)\frac{\mathrm{d}\omega}{\mathrm{d}t} = m_AgR - m_Bgr \tag{a}$$

解得

$$\alpha = \frac{m_AR - m_Br}{m\rho^2 + m_AR^2 + m_Br^2}g$$

讨论

(1)当 A 和 B 质量满足 $m_A/m_B = r/R$，鼓轮的角加速度为 0，系统可以保持平衡状态。

(2)题目中告诉鼓轮 O 的回转半径为 ρ，所以鼓轮的转动惯量按 $m\rho^2$ 计算。**有时候说鼓轮均质，但又给了 ρ，这时的“均质”应理解为沿环向质量均匀分布，沿径向则未必，所以其转动惯量仍按 $m\rho^2$ 计算。对不提供回转半径的“均质”，一般按均匀圆盘处理，即转动惯量为 $mR^2/2$。如果明确为圆环(质量集中到轮缘应当成圆环)，则为 mR^2。**

(3)对鼓轮 O 也可以使用定轴转动微分方程来分析。这样处理要求画 A 和 B 的受力图，并对两受力图运用质点运动微分方程(或质心运动定理)，因而比较麻烦。式(a)采用了系统的动量矩定理，两条绳子的拉力都是内力，没有在方程中出现，因而相对简单。

(4)**绳子拉力作为内力，在式(a)中没有表现(对系统动量矩没有贡献)。但是如果把研究对象选成鼓轮，那么绳子拉力就表现为外力了，从而对鼓轮的动量矩有贡献。**

例题 11-3　均质圆轮 A 质量为 m_1，半径为 r_1，以角速度 ω 绕杆 OA 的 A 端转动，此时将轮放置在质量为 m_2 的另一均质圆轮 B 上，其半径为 r_2，如图 11-5 所示。轮 B 原为静止，但可绕其中心自由转动。放置后，轮 A 的重量由轮 B 支持。略去轴承的摩擦和杆 OA 的重量，并设两轮间的摩擦因数为 f。问自轮 A 放在轮 B 上到两轮间没有相对滑动为止，经过多少时间？(教材习题 11-9)

解：取轮 A 和轮 B 作受力分析，如图 11-6a 和图 11-6b 所示，其中 A 点受到 AO 的作用力的方向按 AO 为二力杆的性质确定。将质心运动定理运用于 A 轮竖直方向有

$$ma_{Ay} = \sum F_{iy}:\quad 0 = F_N - m_1 g$$

得到 $F_N = m_1 g$。再根据动摩擦定律得到滑动摩擦力 $F_f = fF_N = fm_1 g$。

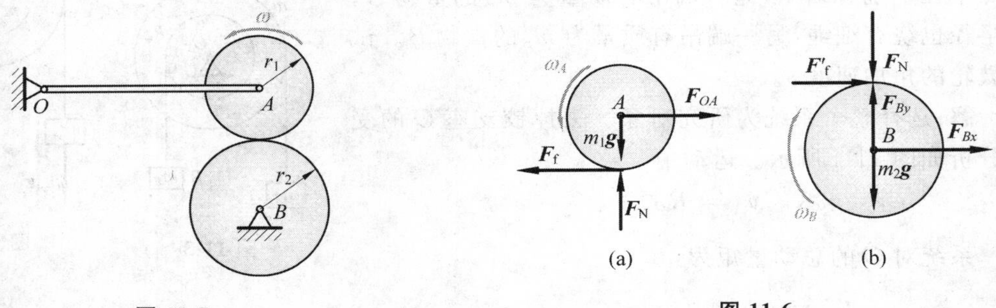

图 11-5　　图 11-6

对两轮分别使用定轴转动微分方程有

$$J_1 \frac{\mathrm{d}\omega_A}{\mathrm{d}t} = -F_f r_1 = -fm_1 g r_1$$

$$J_2 \frac{\mathrm{d}\omega_B}{\mathrm{d}t} = F'_f r_2 = fm_1 g r_2$$

从而可知两轮的角加速度均为常数，因此

$$\omega_A = \omega - fgtm_1 r_1/J_1, \qquad \omega_B = fgtm_1 r_2/J_2 \tag{a}$$

无相对滑动的条件为接触点速度相等，即

$$r_1\omega_A = r_2\omega_B \tag{b}$$

将式(a)代入式(b)可得

$$t=\frac{J_1J_2r_1\omega}{fgm_1(J_2r_1^2+J_1r_2^2)}=\frac{\omega r_1m_2}{2fg(m_1+m_2)}$$

讨论

(1)注意轮 A 对轮 B 的摩擦力与轮 B 对轮 A 的摩擦力是一对作用力和反作用力,二者大小相等(传递的力矩不满足该性质),方向相反。

(2)接触点没有相对滑动表示两个接触点的速度相等。

(3)无论是力还是转速,**其正负都要参考图形信息**。比如两个轮子的转速,一个顺时针,一个逆时针,似乎一个为负,一个为正,但是式(b)蕴含了 ω_A,ω_B 符号相同,这是因为两轮转向的正负信息由分析图的弧形箭头表征了,ω_A,ω_B 不能再包括这个信息了(如果没有图,则应由它们反映)。

例题 11-4　如图 11-7 所示两小球 A 和 B,质量分别为 $m_A=2$ kg,$m_B=1$ kg,用 $AB=l=0.6$ m 的杆连接。在初瞬时,杆处于水平位置,B 不动,而 A 的速度 $v_A=0.6\ \pi$ m/s,方向竖直向上,如图 11-7 所示。杆的质量和小球的尺寸忽略不计。求:(1)两小球在重力作用下的运动;(2)在 $t=2$ s 时,两球相对于定坐标系 Oxy 的位置;(3)$t=2$ s 时杆轴线方向的内力(教材习题 11-13)。

解:取两球和连杆作为研究系统,运动中某时刻的示意如图 11-8a。

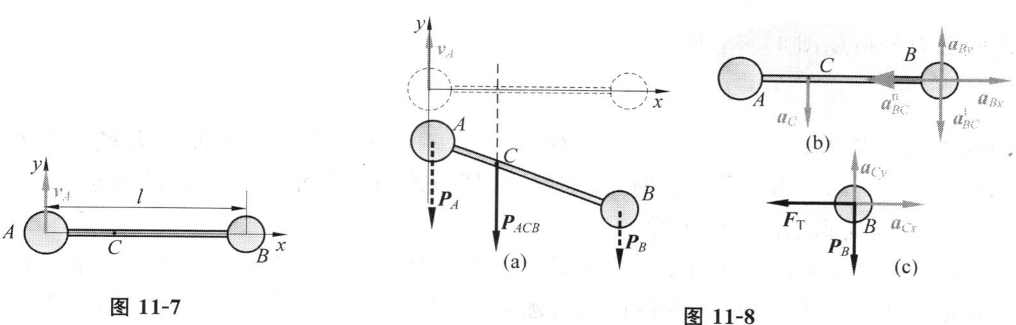

图 11-7　　图 11-8

(1)因水平方向不受力且质心水平初速度也是零,故而质心沿水平方向守恒。由初瞬时位置可确定质心

$$x_C=\frac{m_Ax_A+m_Bx_B}{m_A+m_B}=0.2\ \text{m}$$

系统受到两小球的重力 $\boldsymbol{P}_A$ 和 $\boldsymbol{P}_B$,按重心的概念又可等效为作用于质心的 $\boldsymbol{P}_{ABC}$,其大小为

$$P_{ABC}=P_A+P_B$$

因为系统合外力过质心,所以系统对质心的动量矩守恒,也就是角速度 ω 为常数。由初瞬时数据可确定 $\omega=v_A/l=\pi\text{rad/s}$ 。这样就有

$$\varphi(t)=\pi t$$

沿竖直方向运用质心运动定理

$$ma_{Cy} = \sum F_{iy}: \quad (m_A + m_B)a_{Cy} = -(m_A + m_B)g$$

即

$$a_{Cy} = -g$$

这相当于质点在重力作用下的自由落体运动,可直接写出质心的 y 坐标

$$y_C(t) = -\frac{1}{2}gt^2 + v_{Cy}(0)t$$

其中初瞬时的 $v_{Cy}(0)$ 可确定为 $v_{Cy}(0) = \omega(0) \times BC = 0.4\pi \mathrm{m/s}$。

综上所述,两小球的运动为:小球绕质心匀速转动,每 2s 转一周;质心如同自由落体,竖直向下运动。

(2)当 $t = 2\mathrm{s}$ 时,$\varphi = 2\pi$ 。可见:杆在空中翻转了一圈,又回到与初始状态平行了,而重心则下降了

$$|\ y_C(2)\ | = \frac{1}{2}g \times 2^2 + 0.4\pi \times 2 = 17.09\ \mathrm{m}$$

(3)选择质心为基点。$t = 2\mathrm{s}$ 时 B 小球的加速度分析如图 11-8b。其矢量关系

$$\boldsymbol{a}_B = \boldsymbol{a}_{Bx} + \boldsymbol{a}_{By} = \boldsymbol{a}_C + \boldsymbol{a}_{CB}^{\mathrm{n}} + \boldsymbol{a}_{CB}^{\mathrm{t}}$$

沿水平投影有

$$a_{Bx} = -a_{CB}^{\mathrm{n}} = -\omega^2 CB = -0.4\pi^2\ \mathrm{m/s^2}$$

B 的受力分析如图 11-8c 所示。沿水平方向有

$$F_{\mathrm{T}} = -m_B a_{Bx} = m_B\omega^2 CB = 3.95\ \mathrm{N}$$

例题 11-5 长为 l,质量为 m 的均质杆 AB,A 端放在光滑的水平面上,B 端系在 BD 绳索上,如图 11-9 所示。当绳索竖直时,系统静止,杆与地面的夹角 φ=45°。若绳索突然断掉,求杆 A 端在瞬间受到地面的约束力。

解:受力分析如图 11-10a 所示。由于杆在水平方向不受力,且质心在初始的水平速度为 0,所以质心沿水平方向守恒,故质心 C 的轨迹垂直向下,其加速度如图 11-10a 所示。

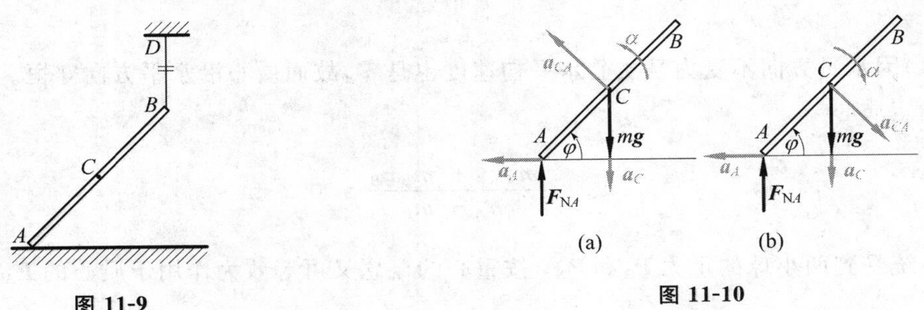

图 11-9　　图 11-10

运用刚体平面运动微分方程有

$$J_C\alpha = \sum M_C(F^{(e)}): \quad J_C(-\alpha) = +F_{\mathrm{N}}l/2 \times \cos\varphi \tag{a}$$

$$ma_{Cy} = \sum F_y: \quad m(-a_C) = -mg + F_{\mathrm{N}} \tag{b}$$

再将刚体平面运动的加速度关系 $\boldsymbol{a}_C=\boldsymbol{a}_A+\boldsymbol{a}_{CA}^{t}$（因该瞬间的角速度为 0 而有 $\boldsymbol{a}_{CA}^{n}=\boldsymbol{0}$）沿 $\boldsymbol{a}_C$ 投影得 $a_C=-a_{CA}^{t}\cos\varphi=-\alpha l/2\times\cos\varphi$。把式(a)和式(b)联合可求得

$$F_{\mathrm{N}}=\frac{mg}{1+3\cos^2\varphi}=\frac{2}{5}mg \tag{c}$$

讨论

(1)静力学问题可以对任意点取矩，但是动力学不一样。式(a)平行于静力学矩平衡方程。如果式(a)换成（想：先求 α，再求 $\boldsymbol{F}_{\mathrm{N}}$，从而避免求联立方程）

$$J_A\alpha=\sum M_A(\boldsymbol{F}^{(e)}):\quad J_A(-\alpha)=+mgl/2\times\cos\varphi$$

就错了（这样解得 $\alpha=-3g\cos\varphi/(2l)$，代入式(b)得到 $F_{\mathrm{N}}=mg(1-3\cos^2\varphi/4)$，它与式(c)显然不同）。**刚体平面运动微分方程是从对质心的动量矩导出的，因此矩方程要么对质心写，要么对固定点写。**

(2)按照图 11-10a 中的 α 转向，得到的值是负的。感觉上图 11-10b 的 α 转向更合理一些。采用这种画法，$\boldsymbol{a}_{CA}^{t}$ 的指向也要反过来。动力学投影式则需要对新的分析图写。

(3)本题采用图 11-10b 的画法，可以得到正确的答案。但是如果题目还要使用角度二阶导数为角加速度的关系的话，那么一定要记住对图 11-10b，$\alpha=-\mathrm{d}^2\varphi/\mathrm{d}t^2$ 而不是 $\alpha=\mathrm{d}^2\varphi/\mathrm{d}t^2$。这个陷阱没有表现出来是因为本题未用到这个关系。

例题 11-6　如图 11-11 所示，板重 P_1，受水平力 $\boldsymbol{F}$ 作用，沿水平面运动，板与平面间的动摩擦因数为 f。在板上放一重为 P_2 的均质实心圆柱，此圆柱对板只滚动而不滑动。求板的加速度（教材习题 11-26）。

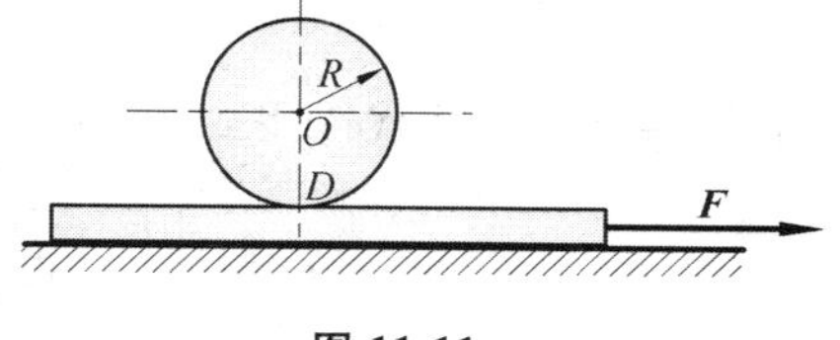

图 11-11

解：(1)速度和加速度分析如图 11-12a。由于圆柱对板只滚动而不滑动，所以圆柱上接触点的速度 $\boldsymbol{v}_D$ 就等于板的速度 $\boldsymbol{v}$。以 D 为基点，O 为动点有

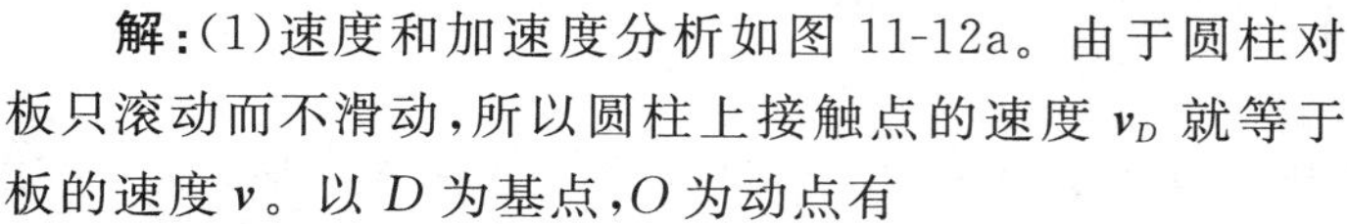

$$\boldsymbol{v}_O=\boldsymbol{v}_D+\boldsymbol{v}_{OD}=\boldsymbol{v}+\boldsymbol{v}_{OD}$$

该矢量关系沿水平投影有：　　$v_O=v-\omega R$

对该式求导可得：　　$a_O=a-\alpha R$　　(a)

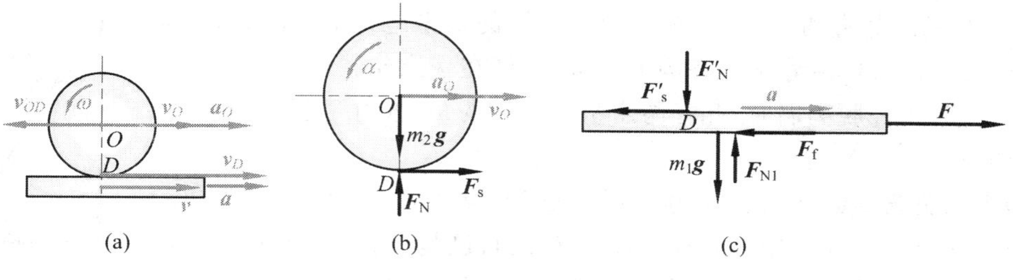

图 11-12

(2)选圆柱为研究对象，受力分析见图 11-12b。运用刚体平面运动微分方程

$$ma_{Cx} = \sum F_x: \quad m_2 a_O = F_s \tag{b}$$

$$ma_{Cy} = \sum F_y: \quad 0 = F_N - m_2 g \tag{c}$$

$$J_O \alpha = \sum M_O(F_i): \quad J_O \alpha = F_s R \tag{d}$$

由式(c)解得：

$$F_N = m_2 g \tag{e}$$

将式(a)、式(b)和式(d)联立消去 α 和 a_O 得到

$$F_s = m_2 J_O a/(m_2 R^2 + J_O) \tag{f}$$

(3)选板为研究对象，受力分析见图 11-12c。运用质心运动定理有

$$ma_x = \sum F_x: \quad m_1 a = F - F'_s - F_f$$

$$ma_y = \sum F_y: \quad 0 = F_{N1} - F'_N - m_1 g$$

再将动滑动摩擦定律($F_f = fF_{N1}$)与上两式联合可得

$$m_1 a = F - F'_s - f(F'_N + m_1 g) \tag{g}$$

将式(e)和式(f)代入式(g)得到

$$a = \frac{[F - (m_2 + m_1) fg](m_2 R^2 + J_O)}{m_1 m_2 R^2 + (m_1 + m_2) J_O}$$

将 $J_O = m_2 R^2/2$ 代入得到

$$a = \frac{3[F - (m_1 + m_2) fg]}{3m_1 + m_2} = \frac{3[F - (P_1 + P_2) f]}{3P_1 + P_2} g$$

讨论

(1)有参考书认为 O 轮上与板接触的 D 点加速度与板的相同(进而用基点法得到式(a)这样关系)，这是不严格的。轮上 D 点加速度，除了水平方向，还有垂直向上的分量。

(2)如果力 F 太小，比如小于 $F < (P_1 + P_2) f$，板和圆柱体均处于静止状态；如果力 F 很大，圆柱体和板之间不会再保持纯滚动，将会有相对滑动。

例题 11-7 如图 11-13 所示均质杆 AB 长为 l，放在竖直平面内，杆的一端 A 靠在光滑竖直墙上，另一端 B 放在光滑的水平地板上，并与水平面成 φ_0 角。此后，令杆由静止状态倒下。求(1)杆在任意位置时的角加速度和角速度；(2)当杆脱离墙时，此杆与水平面所夹的角(教材习题 11-15)。

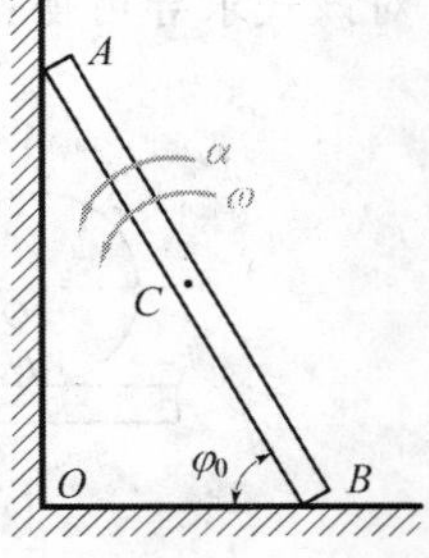

图 11-13

解法一

(1)A 端脱离墙面之前的受力分析如图 11-14a。由于 AOB 是直角三角形，而 C 为斜边 AB 的中点，所以有：①C 的轨迹是以 O 为圆心的弧段；②OC 到 x 轴的角度和 AB 到 x 轴角度相同。因此可以写出 C 的坐标

$$x_C = (l\cos\varphi)/2, \quad y_C = (l\sin\varphi)/2$$

求二阶导数有

$$\begin{cases}\ddot{x}_C = -l(\ddot{\varphi}\sin\varphi + \dot{\varphi}^2\cos\varphi)/2 \\ \ddot{y}_C = l(\ddot{\varphi}\cos\varphi - \dot{\varphi}^2\sin\varphi)/2\end{cases}$$

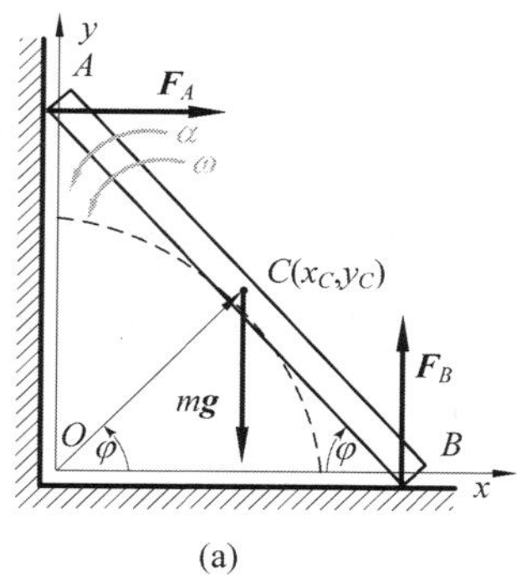

(a)

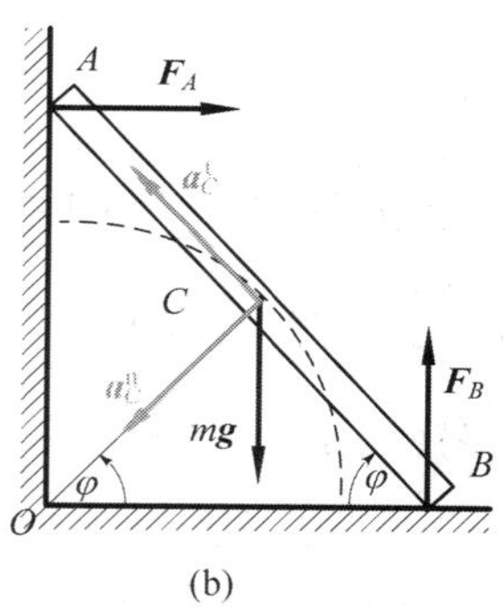

(b)

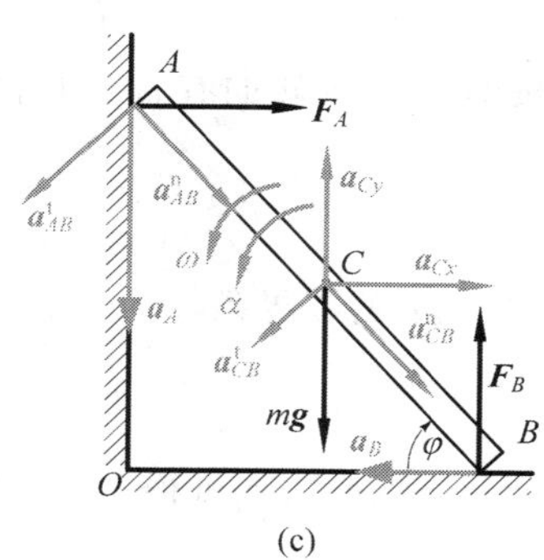

(c)

图 11-14

对 ACB 运用平面运动微分方程有：

$$ma_{Cy} = \sum F_y: \quad ml(\ddot{\varphi}\cos\varphi - \dot{\varphi}^2\sin\varphi)/2 = F_B - mg \tag{a}$$

$$ma_{Cx} = \sum F_x: \quad -ml(\ddot{\varphi}\sin\varphi + \dot{\varphi}^2\cos\varphi)/2 = F_A \tag{b}$$

$$J_C\ddot{\varphi} = \sum M_A(F_i): \quad \frac{1}{12}ml^2\ddot{\varphi} = F_A\frac{l}{2}\sin\varphi - F_B\frac{l}{2}\cos\varphi \tag{c}$$

由式(a)和式(b)可写出：

$$F_B = mg + ml(\ddot{\varphi}\cos\varphi - \dot{\varphi}^2\sin\varphi)/2, \quad F_A = -ml(\ddot{\varphi}\sin\varphi + \dot{\varphi}^2\cos\varphi)/2$$

回代入式(c)得

$$\frac{1}{12}ml^2\ddot{\varphi} = -\frac{ml^2}{4}(\ddot{\varphi}\sin\varphi + \dot{\varphi}^2\cos\varphi)\frac{l}{2}\sin\varphi - [mg + ml(\ddot{\varphi}\cos\varphi - \dot{\varphi}^2\sin\varphi)]\frac{l}{4}\cos\varphi$$

进一步化简有

$$\ddot{\varphi} = -\frac{3g}{2l}\cos\varphi \tag{d}$$

按图中所标的角加速度方向有

$$\alpha = -\ddot{\varphi} = \frac{3g}{2l}\cos\varphi$$

为了得到角速度，对式(d)作如下处理

$$\ddot{\varphi}\times\dot{\varphi} = -\frac{3g}{2l}\cos\varphi\times\dot{\varphi}$$

上式可进一步写成

$$\frac{1}{2}\frac{\mathrm{d}\dot{\varphi}^2}{\mathrm{d}t} = -\frac{3g}{2l}\frac{\mathrm{d}\sin\varphi}{\mathrm{d}t}$$

两边同乘以 $\mathrm{d}t$ 并积分有

$$\frac{1}{2}\int_0^{\dot{\varphi}^2}\mathrm{d}\dot{\varphi}^2 = -\frac{3g}{2l}\int_{\varphi_0}^{\varphi}\mathrm{d}(\sin\varphi)$$

将其显式写出有

$$\dot{\varphi}^2 = \frac{3g}{l}(\sin\varphi_0 - \sin\varphi) = \omega^2 \tag{e}$$

按图 11-14a 转向有 $\omega > 0$，故得

$$\omega = \sqrt{\frac{3g}{l}(\sin\varphi_0 - \sin\varphi)}$$

(2)脱离的临界条件为 $F_A = 0$，记对应的角度为 φ_{cr}。即有由式(b)

$$F_A = -ml(\ddot{\varphi}\sin\varphi + \dot{\varphi}^2\cos\varphi)/2\big|_{\varphi=\varphi_{cr}} = 0$$

将式(d)和式(e)代入可得

$$3\sin\varphi_{cr} = 2\sin\varphi_0$$

即 A 端脱离墙面的临界角度为

$$\varphi_{cr} = \sin^{-1}\left(\frac{2}{3}\sin\varphi_0\right)$$

讨论

不管实际方向如何，$\ddot{x}_C$ 和 $\ddot{y}_C$ 的正方向都是各自坐标轴的正方向；$\ddot{\varphi}$ 的正转向是 φ 的转向(如果严格分析，OC 到 x 轴角度应该用一个新变量符号)，所以杆 ACB 的 $\ddot{\varphi}$ 参考正转向是顺时针，与图 11-14a 中 α 正相反。

解法二

由于 C 点轨迹为圆，也可以按照自然法对 C 点加速度进行分析，如图 11-14b 所示。沿切向运用刚体平面运动微分方程

$$ma_C^{t} = \sum F_t: \quad ml\ddot{\varphi}/2 = (F_B - mg)\cos\varphi - F_A\sin\varphi \tag{f}$$

绕质心转动的微分方程

$$J_C\ddot{\varphi} = \sum M_A(F_i): \quad \frac{1}{12}ml^2\ddot{\varphi} = F_A\frac{l}{2}\sin\varphi - F_B\frac{l}{2}\cos\varphi \tag{g}$$

由式(f)解出 $F_A\sin\varphi - F_B\cos\varphi = -ml\ddot{\varphi}/2 - mg\cos\varphi$，代入式(g)可得式(d)。

其他动作与解法一相同。

解法三

AB 作平面运动，而 A 和 B 的速度和加速度又有特殊性，这使我们立即联想到采用基点法分析加速度，为刚体平面运动微分方程提供附加方程。以 B 点为基点，A 点为动点的加速度基点法(图 11-14c)

$$\boldsymbol{a}_A = \boldsymbol{a}_B + \boldsymbol{a}_{AB}^{n} + \boldsymbol{a}_{AB}^{t}$$

沿 $\boldsymbol{a}_B$ 方向投影有

$$0 = a_B + a_{AB}^{n}\cos\varphi + a_{AB}^{t}\sin\varphi = a_B + \omega^2 l\cos\varphi - \alpha l\sin\varphi$$

解得

$$a_B = \alpha l\sin\varphi - \omega^2 l\cos\varphi$$

刚体平面运动微分方程所需要的质心加速度为

$$\boldsymbol{a}_C = \boldsymbol{a}_{Cx} + \boldsymbol{a}_{Cy} = \boldsymbol{a}_B + \boldsymbol{a}_{CB}^{\mathrm{n}} + \boldsymbol{a}_{CB}^{\mathrm{t}}$$

分别沿 $\boldsymbol{a}_{Cx}$、$\boldsymbol{a}_{Cy}$ 投影有

$$a_{Cx} = a_B + a_{CB}^{\mathrm{n}}\cos\varphi - a_{CB}^{\mathrm{t}}\sin\varphi = \alpha l\sin\varphi - \omega^2 l\cos\varphi + \frac{\omega^2 l\cos\varphi}{2} - \frac{\alpha l\sin\varphi}{2}$$
$$= \frac{\alpha l\sin\varphi}{2} - \frac{\omega^2 l\cos\varphi}{2}$$

$$a_{Cy} = -a_{CB}^{\mathrm{n}}\sin\varphi - a_{CB}^{\mathrm{t}}\cos\varphi = -\frac{\alpha l\cos\varphi}{2} - \frac{\omega^2 l\sin\varphi}{2}$$

利用上面结果和图 11-14c，可以写出如下方程

$$ma_{Cx} = F_{\mathrm{NA}}$$
$$ma_{Cx} = F_{\mathrm{NB}} - mg$$
$$J_C\alpha = F_{\mathrm{NB}}l\cos\varphi/2 - F_{\mathrm{NA}}l\sin\varphi/2$$

最终可以得到(过程蛮恐怖)

$$\alpha = \frac{3g}{2l}\cos\varphi$$

其他动作与解法一相似。

11.3　思考题解答

11-1　某质点系对于某定点 O 的动量矩矢量表达式为

$$L_O = 6t^2\boldsymbol{i} + (8t^3 + 5)\boldsymbol{j} - (t - 7)\boldsymbol{k}$$

式中：t 为时间，$\boldsymbol{i}$、$\boldsymbol{j}$、$\boldsymbol{k}$ 为沿固定直角坐标轴的单位矢量。求此质点上作用力对点 O 的力矩。

解答：

$$\boldsymbol{M}_O = \frac{\mathrm{d}\boldsymbol{L}_O}{\mathrm{d}t} = 12t\boldsymbol{i} + 24t^2\boldsymbol{j} - \boldsymbol{k}$$

11-2　某质点系对空间任一固定点的动量矩都完全相同，且不等于零。这种运动情况可能吗？

解答：可能，只要系统的动量为 **0** 即可。就如同力系，主矢等于零后，主矩便与矩心位置无关。

11-3　试计算第 10 章思考题 10-1 题中图 a、b、d、e 所示各物体对其转轴的动量矩。

解答：(a) $L_O = ml^2\omega/3$；(b) $L_O = ml^2\omega/9$；(d) $L_O = 5ma^2\omega/6$；(e) $L_O = 3mR^2\omega/2$。

11-4　如图 S11-4 所示传动系统中 J_1、J_2 分别为轮 I 和轮 II 的转动惯量，轮 I 的角加速度 $\alpha_1 = M_1/(J_1 + J_2)$，对不对？

图 S11-4

解答:不对,转动惯量不能简单地相加。

11-5 如图 S11-5 所示，在竖直面内,杆 OA 可绕轴 O 自由转动,均质圆盘可绕其质心轴 A 自由转动。如杆 OA 水平时系统为静止,问自由释放后圆盘作什么运动。

解答:最直接的答案是圆盘作平面运动,但仔细分析可以进一步把盘 A 运动明确为平移。论证如下。A 铰的约束力和盘 A 的重力都作用于盘 A 的质心,所以盘 A 受到的外力对其质心的主矩为 **0**,故而盘 A 对质心的动量矩守恒。又因盘 A 在释放开始时对质心的动量矩是 **0**,故而在运动任意时刻都是 **0**,这就是说盘 A 角速度始终为 0。综上所述，盘 A 作平移运动。

11-6 质量为 m 的均质圆盘,平放在光滑的水平面上,其受力如图 S11-6 所示，其中 $F'=F$。设开始时,圆盘静止,图中 $r=R/2$。试讨论各圆盘将如何运动。

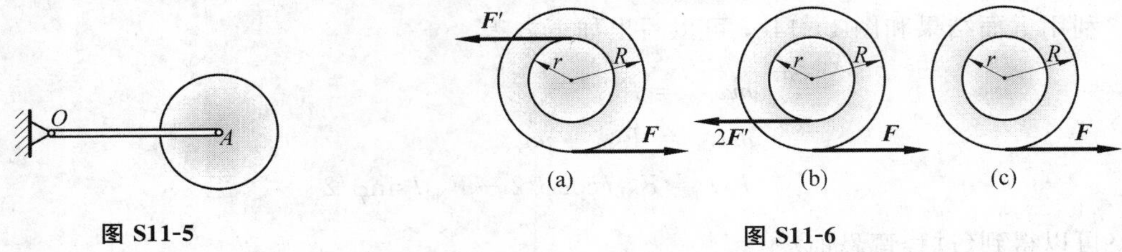

图 S11-5　　图 S11-6

解答:(a)质心静止,圆盘绕质心做匀角加速度定轴转动。

(b)质心向左作匀加速直线运动,角速度和角加速度为 0。因此圆盘发生平移。

(c)质心向右作匀加速直线运动,角加速度为常数。因此圆盘发生平面运动。

11-7 一半径为 R 的均质圆轮在水平面上只滚动而不滑动。如不计滚动摩阻,试问在下列两种情况下,轮心的加速度是否相等？接触面的摩擦力是否相同？

(1)在轮上作用一顺时针转向的力偶,力偶矩为 M;

(2)在轮心作用一水平向右的力 $\boldsymbol{F}$, $F=M/R$。

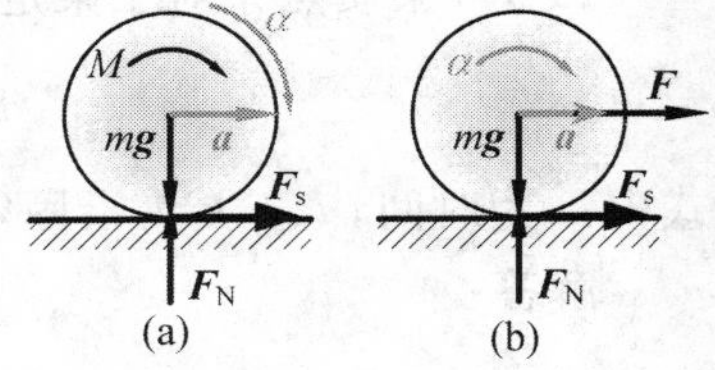

图 D11-7

解答:轮心加速度相同,但地面摩擦力不同。两种情形的分析图分别见图 D11-7a 和图 D11-7b。

对图 D11-7a 运用刚体平面运动微分方程有

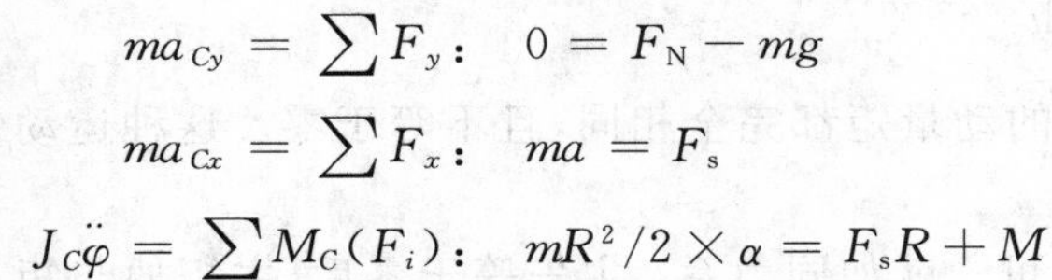

$$ma_{Cy}=\sum F_y:\quad 0=F_N-mg$$

$$ma_{Cx}=\sum F_x:\quad ma=F_s$$

$$J_C\ddot{\varphi}=\sum M_C(F_i):\quad mR^2/2\times\alpha=F_sR+M$$

解得: $a=2M/(3mR), F_s=2M/(3R)$

对图 D11-7b 运用刚体平面运动微分方程有

$$ma_{Cy}=\sum F_y:\quad 0=F_N-mg$$

$$ma_{Cx}=\sum F_x:\quad ma=F_s+F$$

$$J_C\ddot{\varphi}=\sum M_C(F_i):\quad mR^2/2\times\alpha=F_sR$$

解得: $a=2M/(3mR), F_s=M/(3R)$

11-8　无重细绳跨过不计轴承摩擦，不计质量的滑轮。两猴质量相同，初始静止在此细绳上，离地面高度相同。若两猴同时开始向上爬，且相对绳的速度大小可以相同也可以不相同，问站在地面上看，两猴的速度如何？在任一瞬时，两猴离地面的高度如何？若两猴开始一个向上爬，同时另一个向下爬，且相对绳的速度大小可以相同也可以不相同，问站在地面看，两猴的速度如何？在任一瞬时，两猴离地面的高度如何？

解答：选择两猴、细绳和滑轮作为被研究的质点系。该系受到的外力有：两猴的重力，滑轮轴心的约束力。这组外力系对滑轮轴心的主矩为0，因此系统动量矩守恒。滑轮和绳子质量不计，故它们对系统的动量矩没有贡献，系统动量矩就等于两猴的动量矩之后。系统动量矩初始为0（两猴静止），它守恒则意味着一直为0，也就是两猴速度必须相等。因此无论两猴如何运动，从地面看，两猴速度都相等，距地面高度也总是相等。即使一个向上爬，另一个向下爬也是这样（向下爬一侧绳子会滑到向上爬的一侧）。

11-9　如图 S11-9 所示，均质杆、均质圆盘的质量均为 m，杆长 $2R$，圆盘半径为 R，两者铰接与点 A，系统放在光滑水平面上，初始静止。现受一矩为 M 的力偶作用，则下列哪些说法正确？

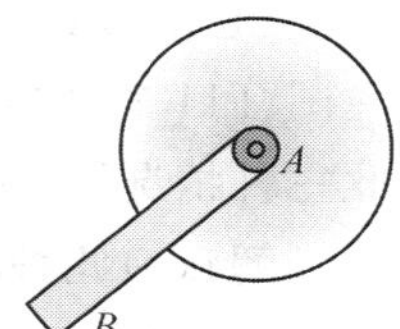

图 S11-9

A. 如 M 作用于圆盘上，则盘绕 A 转动，杆不动。

B. 如 M 作用于杆上，则杆绕 A 转动，盘不动。

C. 如 M 作用于杆上，则盘为平移。

D. 不论 M 作用于哪个物体上，系统运动都一样。

解答：A，C 正确。

11-10　图 S11-10 所示两个完全相同均质轮，图 a 中绳的一端挂一重物，重量等于 P，图 b 中绳的一段受拉力 $\boldsymbol{F}$，且 $F=P$，问两轮的角加速度是否相同？绳中的拉力是否相同？为什么？

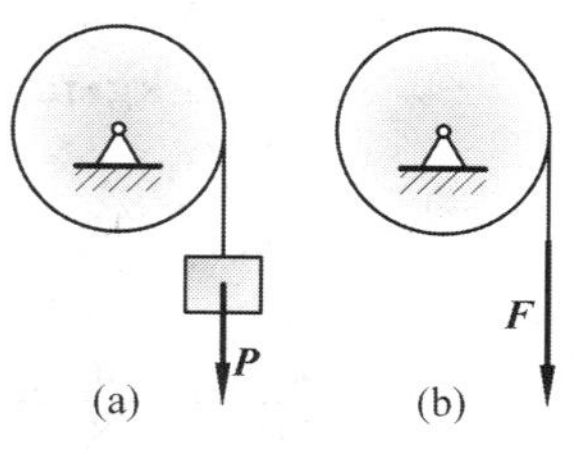

图 S11-10

解答：　两轮的角加速度和绳中的拉力都不相同。取分离体，利用刚体平面运动微分方程可解得：

$$(\mathrm{a})\ \alpha=\frac{PR}{J}\frac{g}{1+PR^2/(Jg)},F_{\mathrm{T}}=P\frac{1}{1+PR^2/(Jg)}$$

$$(\mathrm{b})\ \alpha=\frac{PR}{J},F_{\mathrm{T}}=P$$

11.4　习题解答

11-1　质量为 m 的质点在平面 Oxy 内运动，其运动方程为

$$x=a\cos\omega t,\quad y=b\sin2\omega t$$

其中 a、b 和 ω 为常量。求质点对原点 O 的动量矩。

解：采用矢量运算有

$$\boldsymbol{r}=x\boldsymbol{i}+y\boldsymbol{j}=a\cos\omega t\times\boldsymbol{i}+b\sin2\omega t\times\boldsymbol{j}\ ,\ \boldsymbol{v}=\frac{\mathrm{d}\boldsymbol{r}}{\mathrm{d}t}=-a\omega\sin\omega t\times\boldsymbol{i}+2b\omega\cos2\omega t\times\boldsymbol{j}$$

这样可求得对 O 点动量矩的矢量形式

$$\boldsymbol{L}_O = \boldsymbol{r} \times m\boldsymbol{v} = \begin{vmatrix} \boldsymbol{i} & \boldsymbol{j} & \boldsymbol{k} \\ a\cos\omega t & b\sin 2\omega t & 0 \\ -ma\omega\sin\omega t & 2mb\omega\cos 2\omega t & 0 \end{vmatrix} = (2mab\omega\cos^3\omega t)\boldsymbol{k}$$

本题质点作平面运动。针对这种运动,用标量反映动量矩就够了。对 O 点的动量矩标量(从三维角度来看,是对 Oz 轴的动量矩)为

$$L_O = xv_y - yv_x = x\frac{\mathrm{d}y}{\mathrm{d}t} - y\frac{\mathrm{d}x}{\mathrm{d}t} = 2mab\omega\cos^3\omega t$$

11-2 无重杆 OA 以角速度 ω_O 绕轴 O 转动,质量 $m=25$ kg、半径 $R=200$ mm 的均质圆盘以三种方式安装于杆 OA 的点 A,如图 T11-2 所示。在图 T11-2a 中,圆盘与杆 OA 焊接在一起,在图 T11-2b 中,圆盘与杆 OA 在点 A 铰接,且相对杆 OA 以角速度 ω_r 逆时针向转动。在图 T11-2c 中,圆盘相对杆 OA 以角速度 ω_r 顺时针向转动。已知 $\omega_O=\omega_r=4\text{rad/s}$,计算在此三种情况下,圆盘对轴 O 的动量矩。

解:(a)此种情形的盘和杆固结成一个刚体绕 O 做定轴转动,因此

$$L_O = J_O\omega = [mR^2/2 + m(2R)^2]\omega = 9mR^2\omega/2 = 18\ \text{kg}\cdot\text{m}^2/\text{s}$$

(b)此种情形的盘作平面运动,对 O 的动量矩包括两部分:平移的贡献和绕质心转动贡献,其中转动部分应该是绝对转动,即 $\omega=\omega_O+\omega_r$,因此

$$\begin{aligned} L_O &= 2Rmv_A + (\omega_O+\omega_r)mR^2/2 = 2Rm(2R\omega_O) + (\omega_O+\omega_r)mR^2/2 = 5\omega_O mR^2 \\ &= 20\ \text{kg}\cdot\text{m}^2/\text{s} \end{aligned}$$

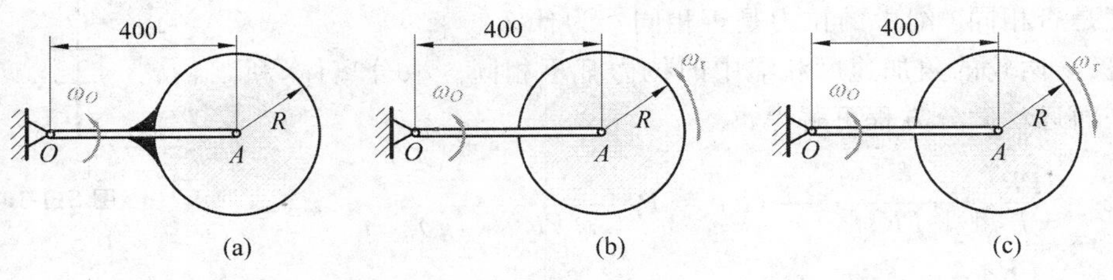

图 T11-2

(c)此种情形的盘作平面运动,与(b)类似,但是 $\omega=\omega_O-\omega_r$。动量矩为

$$\begin{aligned} L_O &= 2Rmv_A + (\omega_O-\omega_r)mR^2/2 = 2Rm(2R\omega_O) + (\omega_O-\omega_r)mR^2/2 = 4\omega_O mR^2 \\ &= 16\ \text{kg}\cdot\text{m}^2/\text{s} \end{aligned}$$

讨论

本题用到教材正文并无提及的相对角速度概念。

11-3 如图 T11-3 所示水平圆板可绕轴 z 转动。在圆板上有一质点 M 作圆周运动,已知其速度的大小为常量,等于 v_0,质点 M 的质量为 m,圆的半径为 r,圆心到 z 轴的距离为 l,点 M 在圆板的位置由角 φ 确定。如圆板的转动惯量为 J,并且当点 M 离 z 轴最远在点 M_0 时,圆板的角速度为零。轴的摩擦和空气阻力略去不计,求圆板的角速度与角 φ 的关系。

解:选择质点和圆板作为系统进行研究,所有的约束力和重力都要么平行于 z 轴,要么通过 z 轴,故而系统绕 z 轴的动量矩守恒。为了便于分析,图 J11-3 给出了系统在 xy 面内的投影,其中 $v_r = v_0$, $v_e = OM\omega$ 。系统在初始时刻(M_0)

$$L_{z1} = mv_0(l + r)$$

系统在任意时刻绕 z 轴的动量矩为

$$\begin{aligned} L_{z2} &= L_{z板} + L_{zM} = J\omega + L_z(mv_r + mv_e) \\ &= J\omega + OB \cdot mv_0 + OM \cdot (mOM\omega) \\ &= J\omega + mv_0(r + l\cos\varphi) + m(l^2 + r^2 + 2lr\cos\varphi)\omega \end{aligned}$$

根据动量矩守恒 $L_{z1} = L_{z2}$ 可得

$$\omega = \frac{mv_0 l(1 - \cos\varphi)}{J + m(l^2 + r^2 + 2lr\cos\varphi)}$$

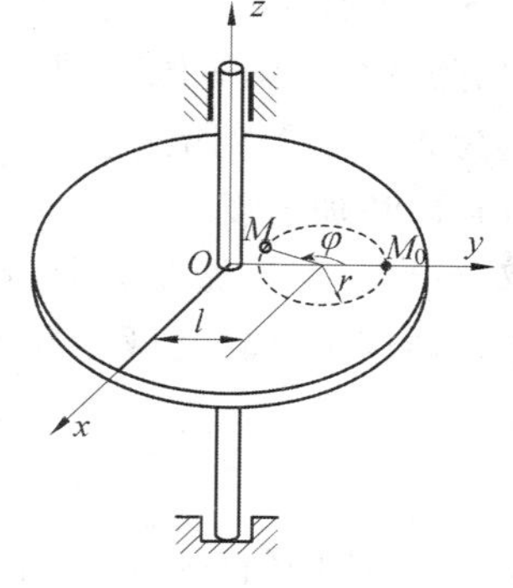

图 T11-3

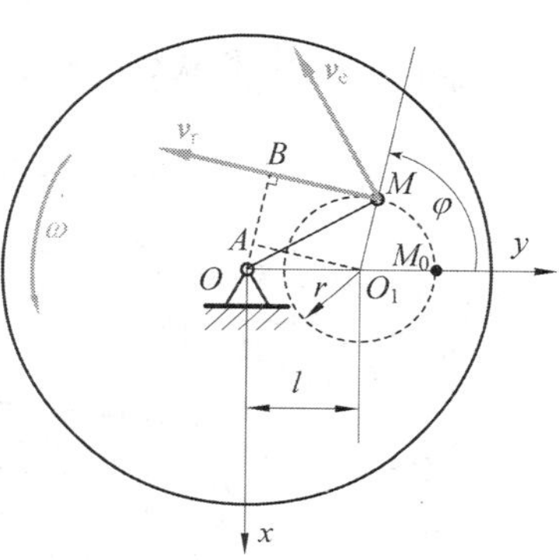

图 J11-3

11-4 如 T11-4 所示 A 为离合器,开始时轮 2 静止,轮 1 具有角速度 ω_0。当离合器接合后,依靠摩擦使轮 2 启动。已知轮 1 和轮 2 的转动惯量分别为 J_1 和 J_2。求:(1)当离合器接合后,两轮共同转动的角速度;(2)若经过 t 秒,两轮的转速相同,求离合器应有多大的摩擦力矩。

解:(1)选择轮 1 和轮 2 作为一个研究对象加以研究。系统所受外力(包括重力和约束反力)都穿过水平轴,也就是对水平轴的力矩为零,故系统对该轴动量矩守恒,即

$$J_1\omega_0 = (J_1 + J_2)\omega$$

得到

$$\omega = \omega_0 J_1/(J_1 + J_2)$$

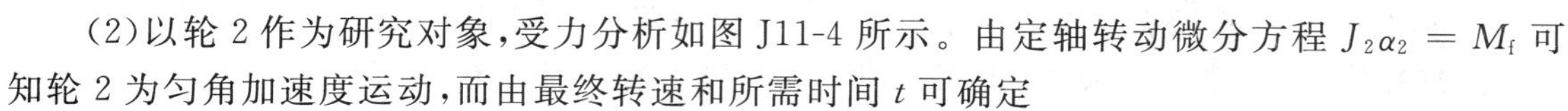

(2)以轮 2 作为研究对象,受力分析如图 J11-4 所示。由定轴转动微分方程 $J_2\alpha_2 = M_f$ 可知轮 2 为匀角加速度运动,而由最终转速和所需时间 t 可确定

$$\alpha_2 = \omega/t = \omega_0 J_1/[t(J_1 + J_2)]$$

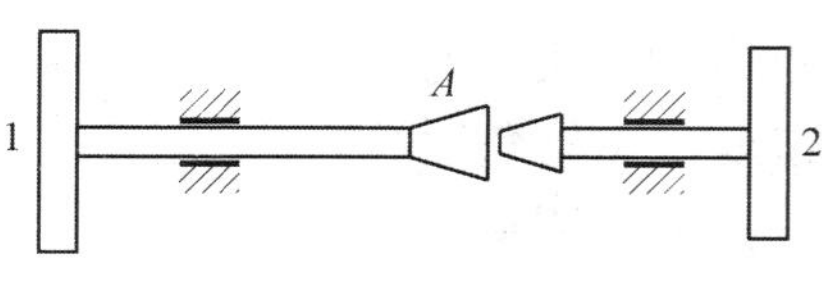

图 T11-4

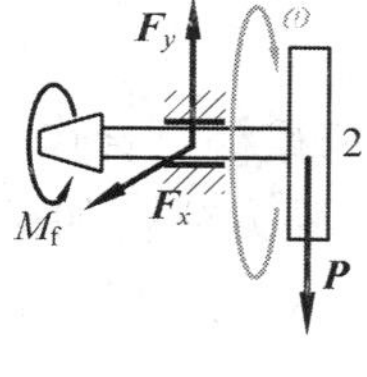

图 J11-4

因此摩擦力矩为

$$M_f = J_2\alpha_2 = \frac{\omega_0 J_2 J_1}{t(J_1 + J_2)}$$

11-5 如图 T11-5 所示两带轮的半径为 R_1 和 R_2，其质量各为 m_1 和 m_2，两轮以胶带相连接，各绕两平行的固定轴转动。如在第一个带轮上作用矩为 M 的主动力偶，在第二个带轮上作用矩为 M' 的阻力偶。带轮可视为均质圆盘，胶带与轮间无滑动，胶带质量略去不计。求第一个带轮的角加速度。

解： 分别对两轮做受力分析，如图 J11-5a 和图 J11-5b 所示，其中 $F_{T1} = F'_{T1}$，$F_{T2} = F'_{T2}$。对两轮均使用定轴转动微分方程有

$$J_1\alpha_1 = M + (F_{T1} - F_{T2})R_1 \tag{a}$$

$$J_2\alpha_2 = -(F'_{T1} - F'_{T2})R_2 - M' \tag{b}$$

对胶带传动条件 $R_1\omega_1 = R_2\omega_2$ 求导有

$$R_1\alpha_1 = R_2\alpha_2 \tag{c}$$

式(a)、式(b)和式(c)联立解得

$$\alpha_1 = \frac{R_2(R_2M - M'R_1)}{J_2R_1^2 + J_1R_2^2} = \frac{2(R_2M - M'R_1)}{(m_1+m_2)R_1^2R_2}$$

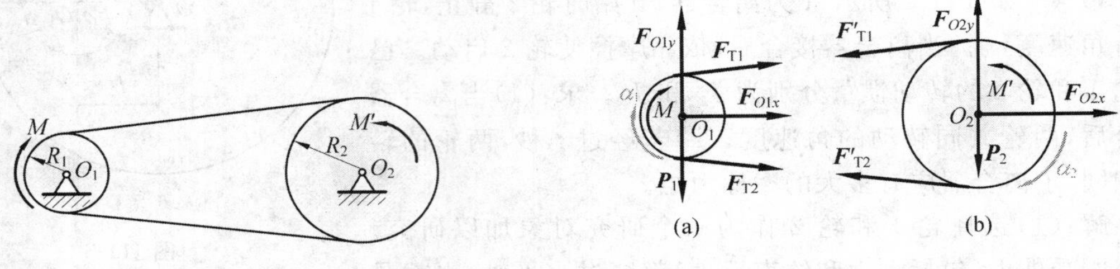

图 T11-5　　图 J11-5

11-6 如图 T11-6 所示，为求半径 $R = 0.5$ m 的飞轮 A 对于通过其重心轴的转动惯量，在飞轮上绕以细绳，绳的末端系一质量为 $m_1 = 8$ kg 的重锤。重锤自高度 $h = 2$ m 处落下，测得落下时间 $t_1 = 16$ s。为消去轴承摩擦的影响，再用质量为 $m_2 = 4$ kg 的重锤作第 2 次试验，此重锤自同一高度落下的时间为 $t_2 = 25$ s。假定摩擦力矩为一常数，且与重锤的重量无关，求飞轮的转动惯量和轴承的摩擦力矩。

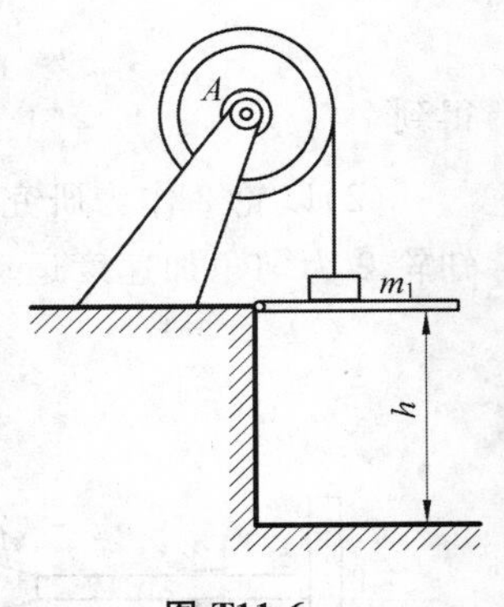

图 T11-6

解： 取飞轮和重锤组合作为研究系统，摩擦阻力偶矩为 M_f，飞轮转动惯量为 J_A，受力分析如图 J11-6 所示，其中重锤速度与飞轮角速度关系为 $v = R\omega$。系统对 A 的动量矩为 $L_A = J_A\omega + m_1vR = (J_A + m_1R^2)\omega$。

运用动量矩定理有

$$\frac{dL_A}{dt} = \sum M(\boldsymbol{F}_i):\quad (J_A + m_1R^2)\frac{d\omega}{dt} = -M_f + m_1gR$$

解得 $\frac{d\omega}{dt} = \frac{M_f + m_1gR}{J_A + m_1R^2}$，它是常数。因此，重锤下降的加速度 $a = R\frac{d\omega}{dt}$ 也是常数。

根据匀加速度的运动特性有

$$h=\frac{1}{2}at_1^2=\frac{1}{2}R\frac{-M_f+m_1gR}{J_A+m_1R^2}t_1^2 \tag{a}$$

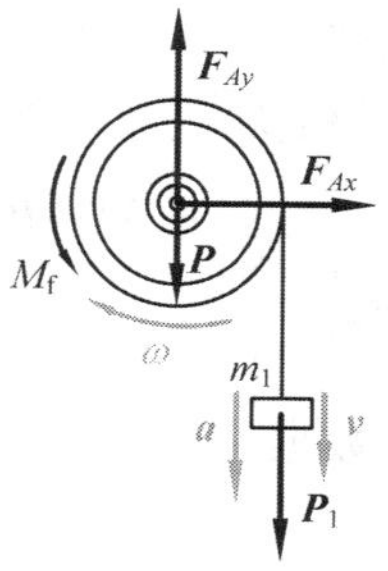

对第二个重锤同样有

$$h=\frac{1}{2}R\frac{-M_f+m_2gR}{J_A+m_2R^2}t_2^2 \tag{b}$$

图 J11-6

联立式(a)和式(b)可解得

$$\begin{cases} M_f=\dfrac{2h(m_1-m_2)+(m_2t_2^2-m_1t_1^2)g}{t_1^2-t_2^2}R \\ J_A=\dfrac{2h(m_1t_2^2-m_2t_1^2)+(m_2-m_1)t_1^2t_2^2g}{2h(t_1^2-t_2^2)}R^2 \end{cases}$$

代入具体数据($g=9.80665\ \mathrm{m^2/s}$),可算出:

$$M_f=6.024\ \mathrm{N\cdot m},\quad J_A=1059.6\ \mathrm{kg\cdot m^2}$$

11-7　如图 T11-7 所示通风机的转动部分以初角速度 ω_0 绕中心轴转动,空气的阻力矩与角速度成正比,即 $M=k\omega$,其中 k 为常数。如转动部分对其轴的转动惯量为 J,问经过多少时间其转动角速度减少为初角速度的一半?又在此时间内共转过多少转?

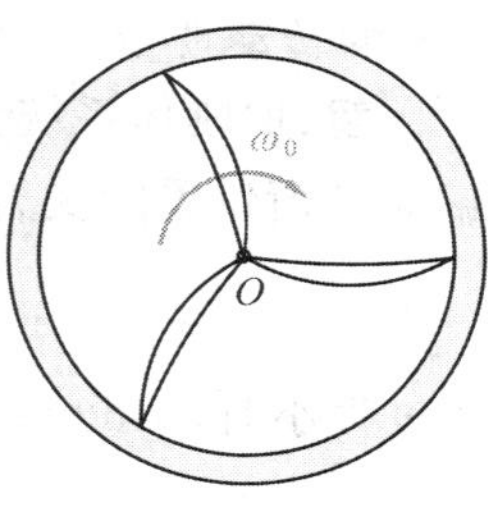
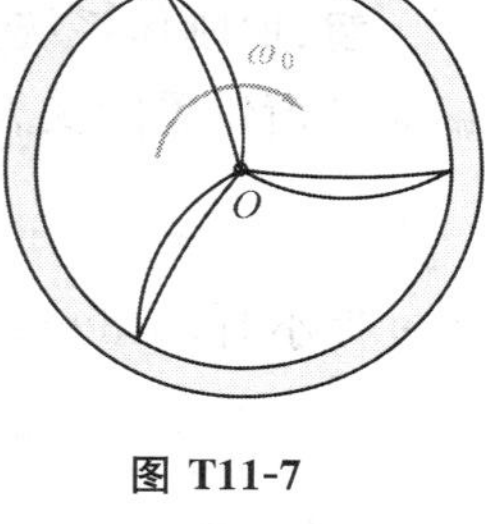

图 T11-7

解:取转动部分作为研究系统,受力分析如图 J11-7 所示。使用定轴转动微分方程有

$$J\alpha=M:\quad \frac{\mathrm{d}\omega}{\mathrm{d}t}=-k\omega$$

上式可变为:

$$J\frac{\mathrm{d}\omega}{\omega}=-k\mathrm{d}t$$

两边积分有:

$$J\int_{\omega_0}^{\omega}\frac{\mathrm{d}\omega}{\omega}=-k\int_0^t\mathrm{d}t$$

即

$$J\ln(\omega/\omega_0)=-k\ t \tag{a}$$

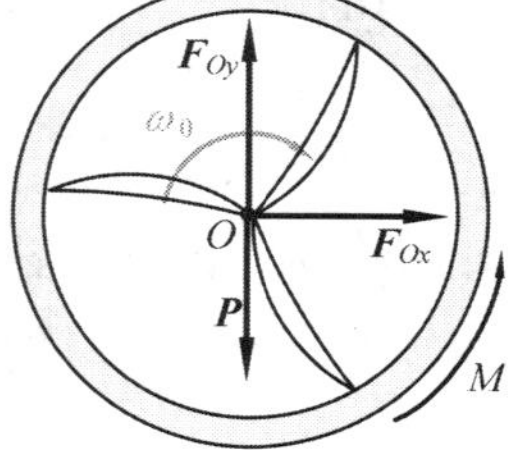

图 J11-7

转速降到一半所需时间为:$t=\ln2\times J/k$。

为求转过角度,将式(a)写成 $\omega=\omega_0\exp(-k\ t/J)$,再次积分有

$$\varphi-\varphi_0=\frac{J\omega_0}{k}-\frac{J\omega_0}{k}\exp(-k\ t/J)$$

将 $t=\ln2\times J/k$ 代入得到 $\varphi-\varphi_0=\dfrac{J\omega_0}{2k}$。最后得到转过的转数为

$$n=\frac{\varphi-\varphi_0}{2\pi}=\frac{J\omega_0}{4\pi k}$$

11-8　如图 T11-8 所示离心式空气压缩机的转速 $n=8600\ \mathrm{r/min}$,体积流量 $q_V=370\ \mathrm{m^3/min}$,第一级叶轮气道进口直径为 $D_1=0.355\ \mathrm{m}$,出口直径为 $D_2=0.6\ \mathrm{m}$。气流进口绝对速度 $v_1=109\ \mathrm{m/s}$,与切线成角 $\theta_1=90°$;气流出口绝对速度 $v_2=183\ \mathrm{m/s}$,与切线成角 $\theta_2=21°30'$。设

空气密度 $\rho = 1.16\ \mathrm{kg/m^3}$，求这一级叶轮的转矩。

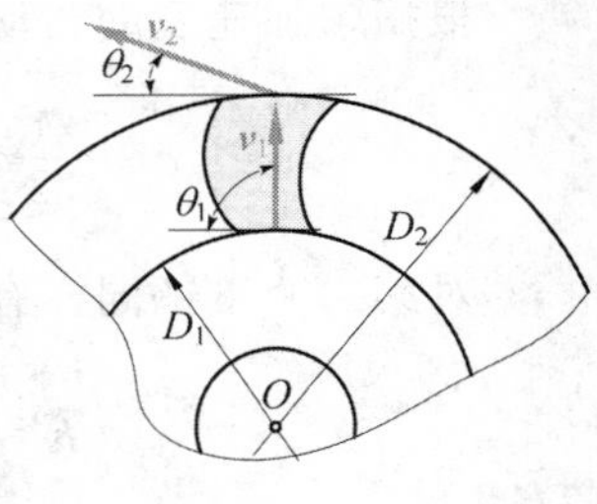

图 T11-8

解：取气流进行研究。参照例题 11-2 有

$$M_O(F) = q_V\rho(v_2 r_2\cos\theta_2 - v_1 r_1\cos\theta_1)$$

$$= \frac{q_V\rho}{2}(v_2 D_2\cos\theta_2 - v_1 D_1\cos\theta_1)$$

代入数据得到

$$M_O(F) = 365.39\ \mathrm{N\cdot m}$$

11-9 见例题 11-3。

11-10 为求刚体对于通过重心 G 的轴 AB 的转动惯量，用两杆 AD、BE 与刚件牢固连接，并借两杆将刚体活动地挂在水平轴 DE 上，如图 T11-10 所示。轴 AB 平行于 DE，然后使刚体绕轴 DE 作微小摆动，求出振动周期 T。如果刚体的质量为 m，轴 AB 与 DE 间的距离为 h，杆 AD 和 BE 的质量忽略不计。求刚体对轴 AB 的转动惯量。

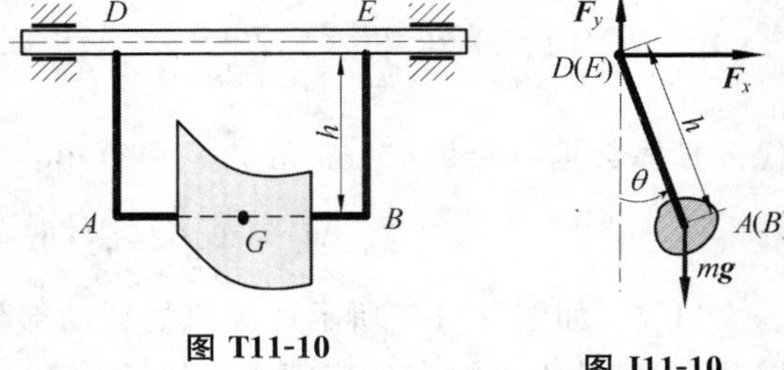

图 T11-10　　图 J11-10

解：取刚体系统为研究对象。杆 $AD(BE)$ 偏离平衡位置的受力分析如图 J11-10 所示。由定轴转动微分方程有：

$$J_{DE}\ddot{\theta} = -mgh\sin\theta \tag{a}$$

当 θ 很小时，$\sin\theta \approx \theta$，则式(a)转化为类似弹簧质量振子的振动微分方程：

$$J_{DE}\ddot{\theta} + mgh\theta = 0 \tag{b}$$

式中：J_{DE} 和 mgh 就分别对应于弹簧质量振子的质量和刚度。类比弹簧质量振子，得到 θ 的振动周期

$$T = 2\pi\sqrt{\frac{J_{DE}}{mgh}}$$

其中的 J_{DE} 由平行轴定理有 $J_{DE} = J_{AB} + mh^2$。从而可确定

$$J_{AB} = mg\left(\frac{T^2}{4\pi^2} - \frac{h}{g}\right)$$

11-11 如图 T11-11 所示，有一轮子，轴的直径为 50 mm，无初速地沿倾角 $\theta = 20°$ 的轨道滚下，设只滚不滑，5 s 内轮心滚动的距离为 $s = 3$ m。求轮子对轮心的惯性半径。

解：取轮子为研究对象，受力分析如图 J11-11 所示。根据刚体平面运动微分方程有

$$ma_{Cx} = \sum F_{xi}: \quad ma_C = mg\sin\theta - F_s$$

$$J_C\alpha = \sum M_C(F_i): \quad J_C\alpha = F_s r$$

将轮子纯滚动的条件 $v_C = R\omega$ 求导得到 $a_C = R\alpha$，再与上述两个方程联立(消去 F_s)得到

$$\alpha = \ddot{\varphi} = \frac{mr\sin\theta}{J_C + mr^2}g$$

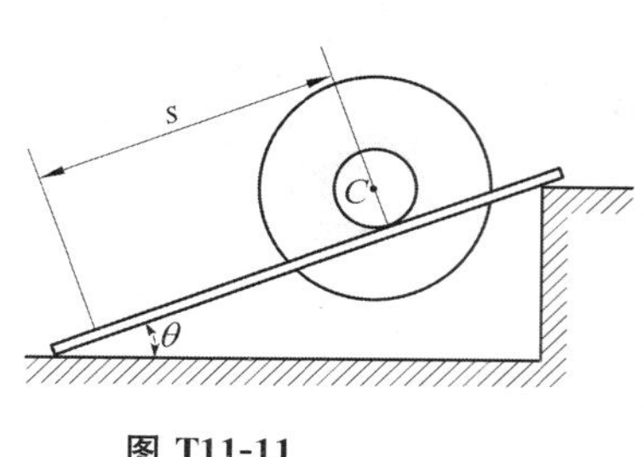

图 T11-11

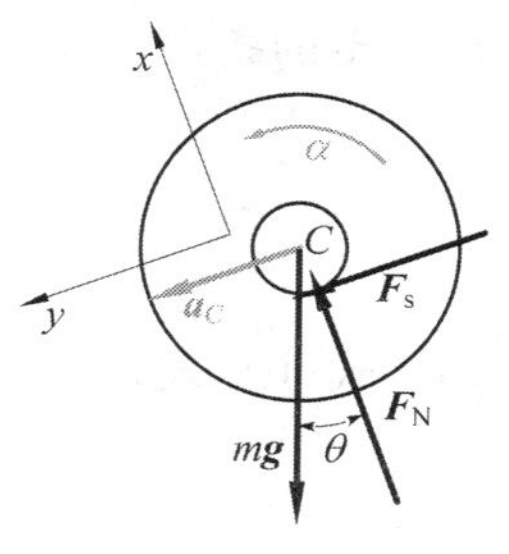

图 J11-11

这表明轮子角加速度是常数，相应地，轮心 a_C 也是常数。

由匀加速直线运动的性质有

$$s=\frac{1}{2}a_Ct^2=\frac{1}{2}\frac{mr^2\sin\theta}{J_C+mr^2}gt^2$$

$$=\frac{1}{2}\frac{mr^2\sin\theta}{m\rho^2+mr^2}gt^2$$

解得回转半径

$$\rho=r\sqrt{\frac{gt^2\sin\theta}{2s}-1}$$

代入题中数据有

$$\rho=0.09\ \text{m}=90\ \text{mm}$$

11-12　重物 A 质量为 m_1，系在绳子上。绳子跨过不计质量的固定滑轮 D，并绕在鼓轮 B 上，如图 T11-12 所示。由于重物下降，带动了轮 C，使它沿水平轨道滚动而不滑动。设鼓轮半径为 r，轮 C 的半径为 R，两者固结在一起，总质量为 m_2，对于其水平轴 O 的回转半径为 ρ。求重物 A 的加速度。

解:分别取重物和鼓轮进行受力分析，如图 J11-12a 和图 J11-12b 所示。对重物有

$$m_1a_A=m_1g-F_T \tag{a}$$

因为定滑轮质量不计，所以 $F_T=F'_T$。

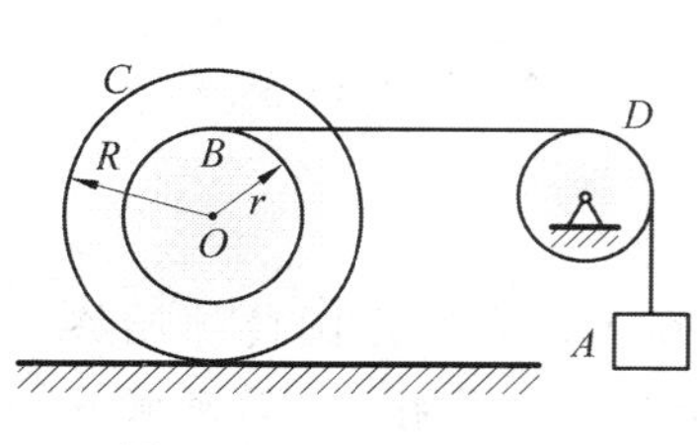

图 T11-12

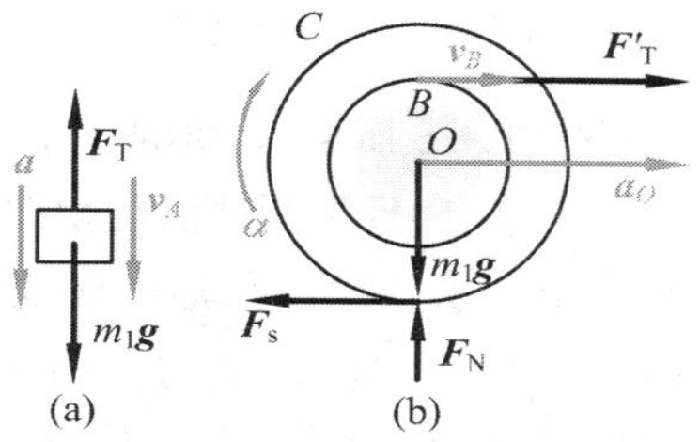

图 J11-12

对鼓轮运用刚体平面运动微分方程有

$$m_2a_O=F'_T-F_s \tag{b}$$

$$m_2\rho\alpha=F'_Tr+F_sR \tag{c}$$

将轮子纯滚动的条件 $v_O = R\omega$ 求导得到

$$a_O = R\alpha \tag{d}$$

再有 $v_A = v_B = (R + r)\omega$。对 $v_A = (R + r)\omega$ 求导有

$$a_A = (R + r)\alpha \tag{e}$$

联合式(a)、式(b)、式(c)、式(d)和式(e)可解出

$$a_A = \frac{m_1 g\ (r + R)^2}{m_1\ (r + R)^2 + m_2 (\rho^2 + R^2)}$$

11-13 参见例题 11-4。

11-14 均质圆柱体 A 的质量为 m，在外圆上绕以细绳，绳的一端 B 固定不动，如图 T11-14 所示。圆柱体因解开绳子而下降，其初速为零。求当圆柱体的轴心降落了高度 h 时轴心的速度和绳子的张力。

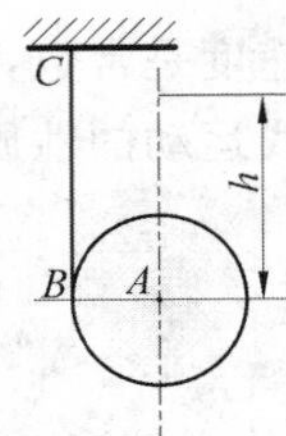

图 T11-14

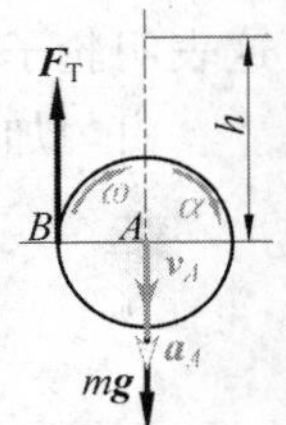

图 J11-14

解：取圆柱体 A 作受力和运动分析，如图 J11-14 所示。直线段绳子的各点速度为零，而在圆柱体上的解开点速度与绳子上对应质点的速度相同，也为零，这就是说轮绳解开点为圆柱体的瞬心。由瞬心的性质有 $v_A = R\omega$，求导得到

$$a_A = R\alpha \tag{a}$$

对圆柱体运用刚体平面运动微分方程

$$\left.\begin{aligned} ma_{Ay} = \sum F_{yi}:\quad & ma_A = mg - F_T \\ J_A\alpha = \sum M_A(F_i):\quad & \frac{1}{2}mR^2\alpha = F_T R \end{aligned}\right\} \tag{b}$$

联合式(a)和式(b)解得

$$F_T = mg/3,\quad a_A = 2g/3$$

质心的加速度是常数，根据匀加速运动关系 $v_A^2 = 2a_A h$ 可得

$$v_A = \sqrt{2a_A h} = \frac{2\sqrt{3}}{3}\sqrt{gh}$$

11-15 参考例题 11-7。

11-16 如图 T11-16 所示，均质圆柱体的质量为 4 kg，半径为 0.5 m，置于两光滑的斜面上。设有与圆柱轴线成垂直，且沿圆柱面的切向方向的力 F=20N 作用。求圆柱的角加速度及斜面的约束力。

解：以圆柱体为研究对象，受力分析如图 J11-16 所示。先假定圆柱体始终不离开斜面。根据几何条件可确定轮心 O 的位置不变。建立图示坐标系。运用定轴转动微分方程有

$$J_O\alpha = FR$$

解得

$$\alpha = FR/J_O = 2F/(mr) = 20\ \text{rad/s}^2$$

再由质心运动定理得到

$$ma_{Ox}=\sum F_x:\quad F\cos45^\circ+F_1-mg\sin45^\circ=0$$

$$ma_{Oy}=\sum F_y:\quad -F\sin45^\circ+F_2-mg\cos45^\circ=0$$

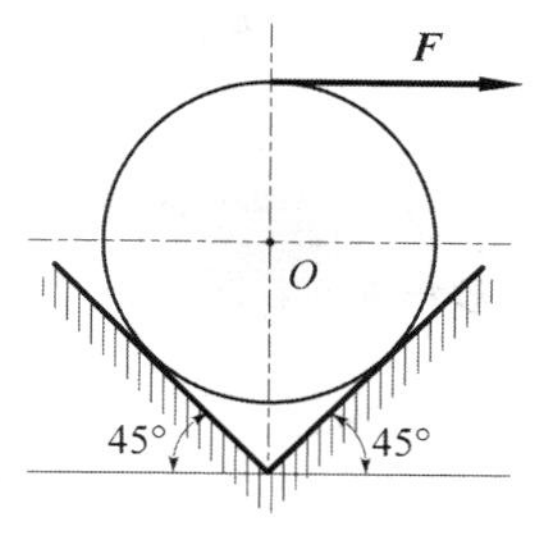

图 T11-16

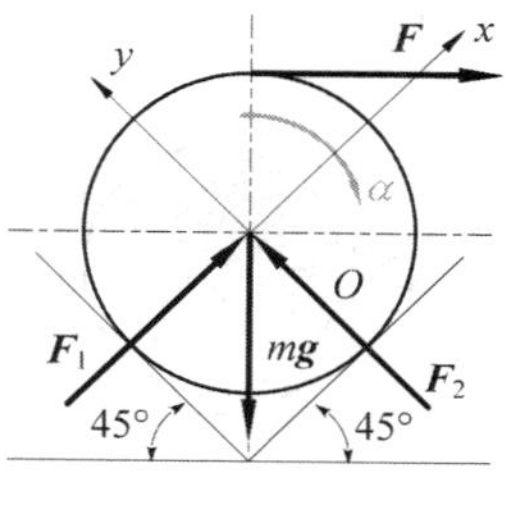

图 J11-16

解得

$$F_1=\sqrt{2}(mg-F)/2=13.595\ \text{N}$$

$$F_2=\sqrt{2}(mg+F)/2=41.880\ \text{N}$$

两个压力都大于零，表明确实没有脱离。

11-17　均质圆柱体的半径为 r，质量为 m，今将该圆柱放置如图 T11-17 所示。设在 A 和 B 之间的摩擦因数为 f。若给圆柱体以初角速度 ω_0，导出到圆柱停止所需时间的表达式。

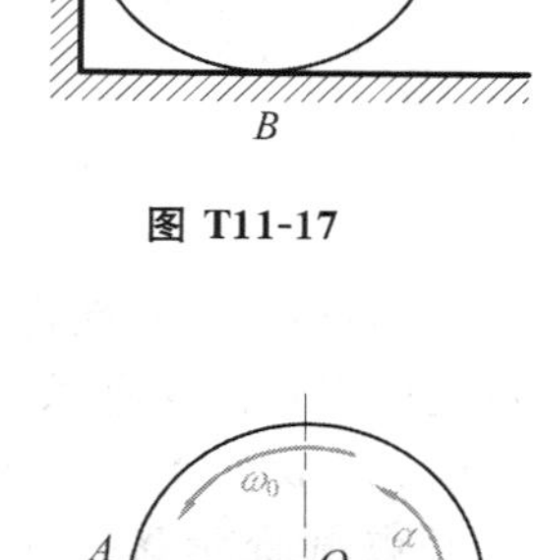

图 T11-17

解：取圆柱作受力分析，如图 J11-17 所示。由质心运动定理有

$$ma_{Ox}=\sum F_{ix}:\quad F_{NA}-F_{fB}=0$$

$$ma_{Oy}=\sum F_{iy}:\quad F_{fA}+F_{NB}-mg=0$$

再补充滑动摩擦定律　$F_{fA}=fF_{NA}, F_{fB}=fF_{NB}$，可解出

$$F_{fA}=\frac{f^2}{1+f^2}mg,\quad F_{fB}=\frac{f}{1+f^2}mg$$

由定轴转动微分方程

$$J_O\alpha=\sum M_O(F_i):\quad \frac{1}{2}mr^2\alpha=-(F_{sA}+F_{sB})r$$

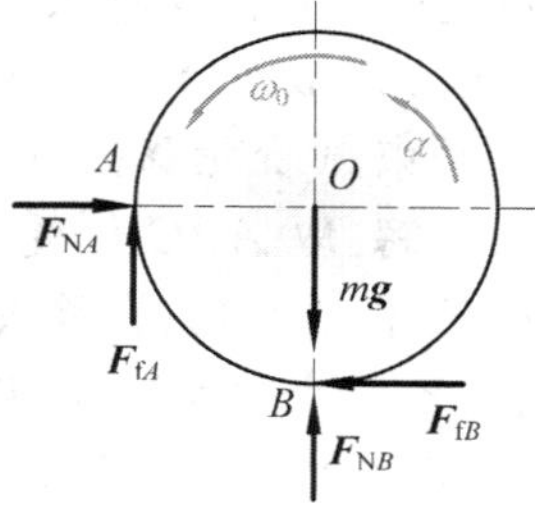

图 J11-17

解得

$$\alpha=-\frac{2(F_{sA}+F_{sB})}{mr}=-\frac{2f(f+1)}{1+f^2}\frac{g}{r}$$

显然，角加速度是常数。按照匀角加速度特性，从角速度 ω_0 到静止所需时间

$$t=-\frac{\omega_0}{\alpha}=\frac{(1+f^2)}{2f(f+1)}\frac{\omega_0 r}{g}$$

11-18　在竖直平面内有质量为 m 的细铁环和质量为 m 的均质圆盘，分别如图 T11-18a 和图 T11-18b 所示。当 OC 为水平时，由静止释放，求各自的初始角加速度及铰链 O 的约束反力。

解：(a)取圆环，受力分析见图 J11-18a。由定轴转动微分方程得

$$J_O\alpha=\sum M_O(F_i):\quad [mr^2+m(r)^2]\alpha=mgr$$

得到

$$\alpha=g/(2r)$$

由质心运动定理

$$ma_{Cx}=\sum F_x:\quad 0=F_{Ox}$$

$$ma_{Cy}=\sum F_y:\quad -\alpha r=F_{Oy}-mg$$

得到

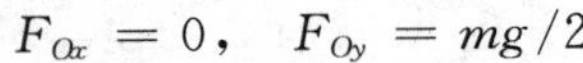

$$F_{Ox}=0,\quad F_{Oy}=mg/2$$

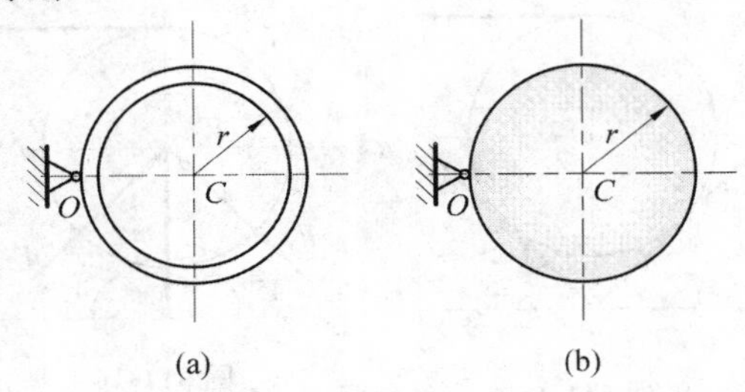

图 T11-18

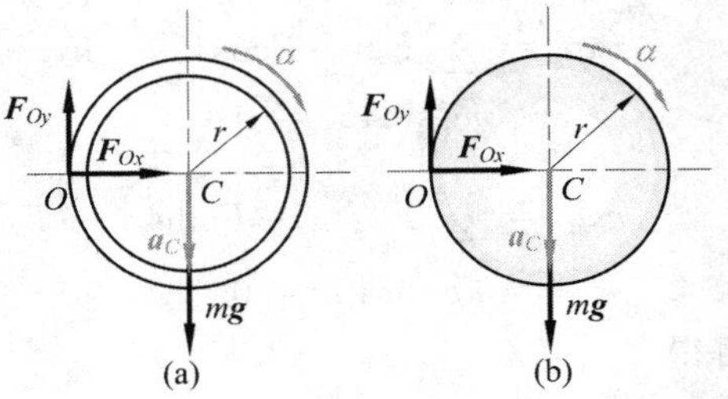

图 J11-18

(b)取圆盘,受力分析见图 J11-18b。由定轴转动微分方程得

$$J_O\alpha=\sum M_O(F_i):\quad [mr^2/2+m\,(r)^2]\alpha=mgr$$

得到

$$\alpha=2g/(3r)$$

由质心运动定理

$$ma_{Cx}=\sum F_x:\quad 0=F_{Ox}$$

$$ma_{Cy}=\sum F_y:\quad -\alpha r=F_{Oy}-mg$$

得到

$$F_{Ox}=0,\quad F_{Oy}=mg/3$$

11-19 一刚性均质杆重为 200 N。A 处为光滑面约束,B 处为光滑铰链支座,如图 T11-19 所示。当杆处于水平位置时,C 处的弹簧拉伸了 76 mm,弹簧的刚度系数为 8750 N/m。求当约束 A 突然移去时支座 B 处的约束力。

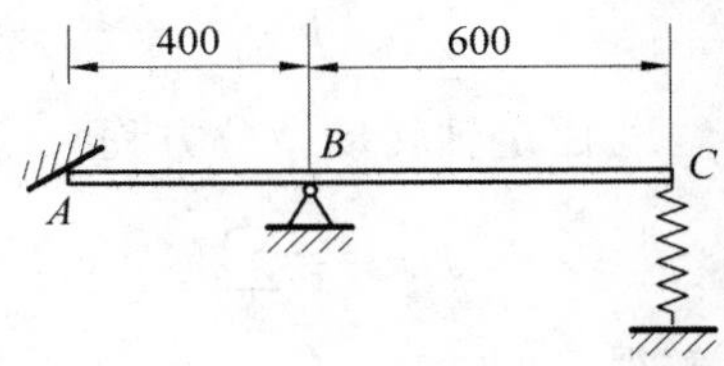

图 T11-19

解:取 ABC 作受力分析,如图 J11-19 所示(图中 D 为 ABC 杆质心)。在移去约束 A 的瞬时,系统各处没有发生位移,各点速度也为零(包括 ABC 杆的角速度),因此 $F_k=k\delta=8750\times0.076\ \text{N}=665.00\ \text{N}$。

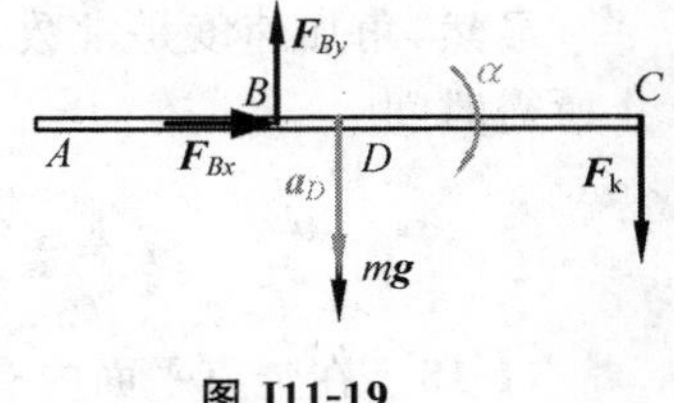

图 J11-19

约束 A 移去后,ABC 杆做定轴转动。根据定轴转动微分方程有

$$J_B\alpha=\sum M_B(\boldsymbol{F}_i):\quad \left(\frac{1}{12}mAC^2+mBD^2\right)\alpha=mgBD+F_kBC$$

得到

$$\alpha=\frac{12(mgBD+F_kBC)}{m(AC^2+12BD^2)}=219.975\ \text{rad/s}$$

再由质心运动定理

$$ma_{Cx}=\sum F_x:\quad 0=F_{Bx}$$

$$ma_{Cy}=\sum F_y:\quad -\alpha mBD=F_{By}-mg-F_k$$

得到

$$F_{Bx} = 0$$
$$F_{By} = mg + F_k - m\alpha BD = 416.4 \text{ N}$$

11-20 图 T11-20 所示不均匀的飞轮质量为 20 kg，对于通过其质心 C 轴的回转半径 $\rho = 65$ mm。假如 100 N 的力作用于手动闸上，若此瞬时飞轮有一逆时针的 5 rad/s 的角速度，而闸块和飞轮之间的动摩擦因数 $f = 0.4$。求此瞬时铰链 B 作用在飞轮上的水平约束力和竖直约束力。

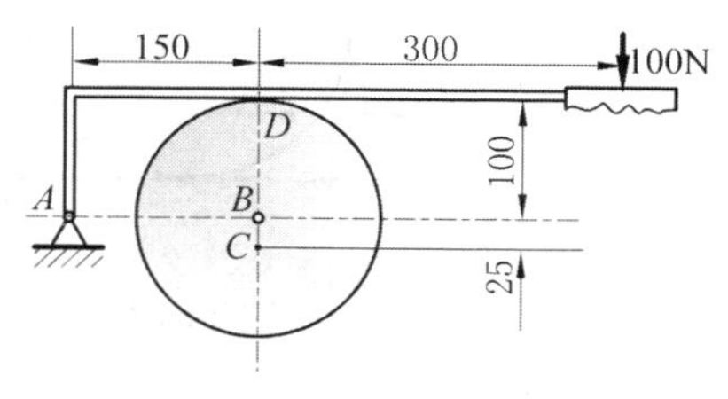

图 T11-20

解：(1)选择手动闸 AD 为研究对象，受力分析如图 J11-20a 所示。对 A 取矩平衡方程为

$$-F \times 0.45 + F'_N \times 0.15 + F'_s \times 0.1 = 0$$

再补充动滑动摩擦定律 $F'_f = fF'_N$，可解得

$$F'_N = 236.84 \text{ N}, F'_s = 94.74 \text{ N}$$

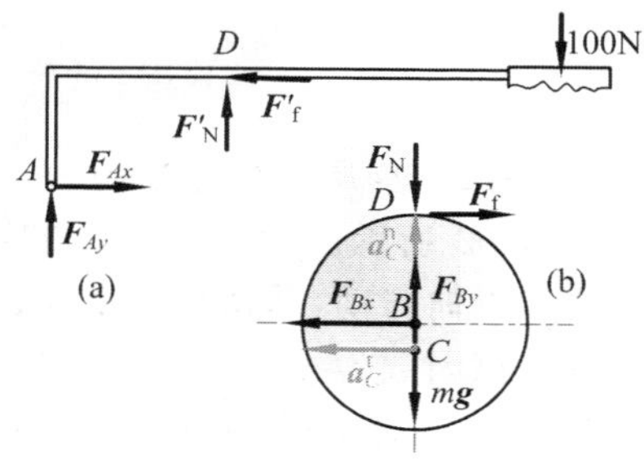

图 J11-20

(2)再选择飞轮进行受力分析，如图 J11-20b 所示。由定轴转动微分方程

$$J_C\alpha = \sum M_C(\boldsymbol{F}_i): \quad (m\rho^2 + mBC^2)\alpha = F_s \times BD$$

解得

$$\alpha = \frac{F_s \times BD}{m\rho^2 + mBC^2} = 97.67 \text{ rad/s}$$

由质心运动定理

$$ma_{Cx} = \sum F_x: \quad -m\alpha \times BC = -F_{Bx} + F_s$$
$$ma_{Cy} = \sum F_y: \quad ma_C^n = F_{By} - mg - F_N$$

解得

$$F_{Bx} = m\alpha \times BC + F_s = 143.57 \text{ N}$$
$$F_{By} = ma_C^n + mg + F_N = 445.47 \text{ N}$$

11-21 一均质轮的半径为 R，质量为 m。在轮的中心有一半径为 r 的轴，轴上绕两条细绳，绳端各作用不变的水平力 $\boldsymbol{F}_1$ 和 $\boldsymbol{F}_2$，其方向相反，如图 T11-21 所示。如轮对其中心 O 的转动惯量为 J，且轮只滚不滑。求轮中心 O 的加速度。

解：以均质轮作为研究对象，受力分析如图 J11-21 所示。由刚体平面运动微分方程

$$ma_{Cx} = \sum F_x: \quad ma_O = F_1 - F_2 - F_s$$
$$J_O\alpha = \sum M_O(F_i): \quad J\alpha = F_1 r + F_2 r + F_s R$$

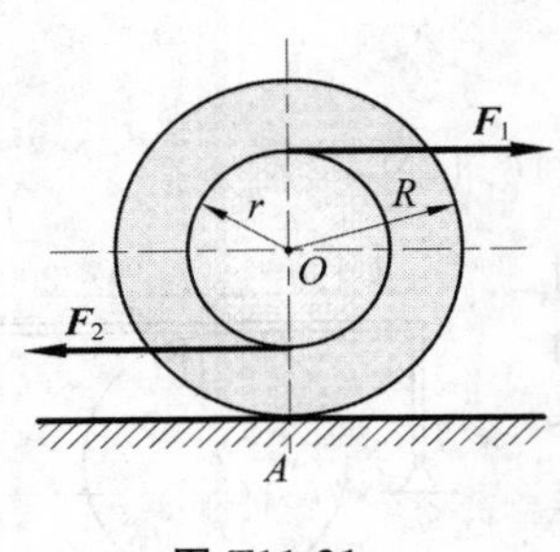

图 T11-21

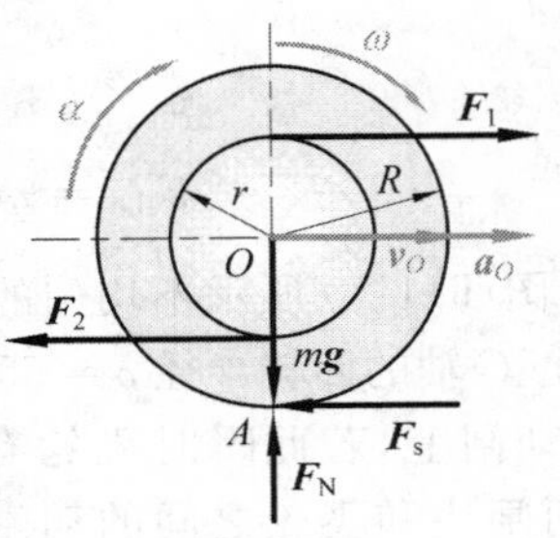

图 J11-21

再与纯滚动条件 $v_O = R\omega$ 求导后的 $a_O = R\alpha$ 关系联立，可解得

$$a_O = \frac{Rr(F_1 + F_2) + R^2(F_1 - F_2)}{J + mR^2}$$

11-22 均质圆柱体半径为 r，重为 P，放在粗糙的水平面上，如图 T11-22 所示。设其质心 C 初速度为 v_0，方向水平向右；同时圆柱按图示方向转动，其初角速度为 ω_0，且 $\omega_0 r < v_0$。如圆柱体与水平面的摩擦因数为 f。问：(1)经过多少时间，圆柱体才能只滚不滑地向前运动，并求该瞬时圆柱体中心的速度；(2)圆柱体的中心移动多少距离，开始作只滚不滑的运动。

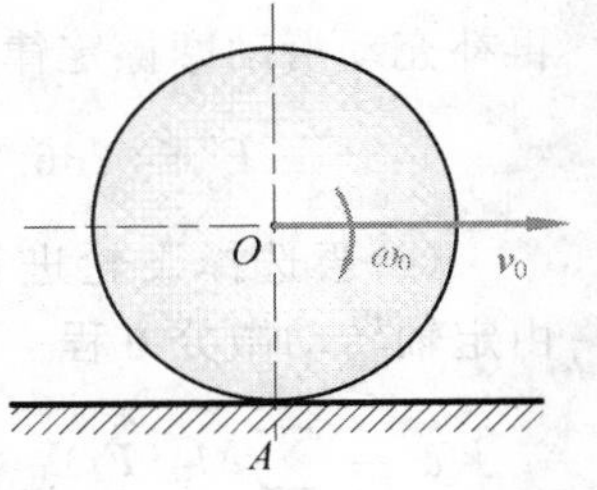

图 T11-22

解：(1)在发生只滚不滑的运动之前，接触点为动滑动摩擦。轮子的受力分析见图 J11-22。运用刚体平面运动微分方程有

$$ma_{Oy} = \sum F_y: \quad 0 = F_N - mg$$

$$ma_{Ox} = \sum F_x: \quad ma_O = -F_f$$

$$J_O\alpha = \sum M_O(F_i): \quad \frac{mr^2}{2}\alpha = F_s r$$

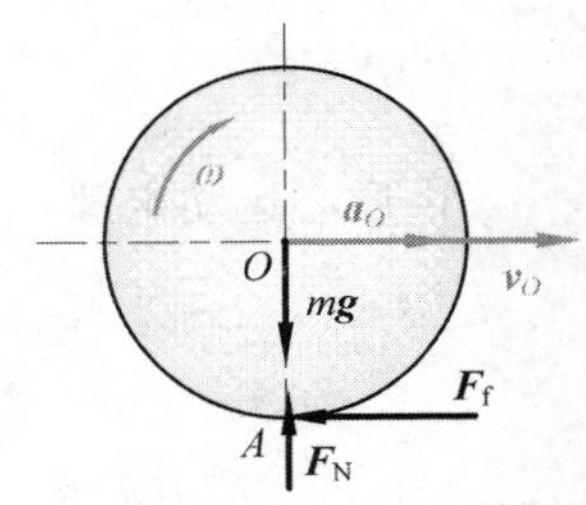

图 J11-22

再补充动滑动摩擦定律 $F_f = fF_N$，可解得

$$a_O = -fg, \quad \alpha = 2fg/r$$

显然圆柱体中心 O 的运动为匀减速，其转动是匀加速的，故有

$$v_O(t) = v_0 + a_O t = v_0 - fgt$$

$$\omega(t) = \omega_0 + \alpha t = \omega_0 + 2fgt/r$$

将这两式代入只滚不滑的条件 $v_O(t) = r\omega(t)$，可解得

$$t = (v_0 - r\omega_0)/(3fg)$$

此时圆柱体中心的速度

$$v = v_0 - fg(v_0 - r\omega_0)/(3fg) = (2v_0 + r\omega_0)/3$$

(2)在此过程中，轮心做匀减速运动。根据该运动特性有

$$s = \frac{v_0^2 - v^2}{2|a_O|} = \frac{5v_0^2 - 4v_0 r\omega_0 - r^2\omega_0^2}{18fg} = \frac{(v_0 - r\omega_0)(5v_0 + r\omega_0)}{18fg}$$

11-23　如图 T11-23 所示，均质圆柱体的质量为 m，半径为 r，放在倾角为 60°的斜面上。一根细绳缠绕在圆柱体上，其一端固定于点 A，此绳与 A 相连部分与斜面平行。如圆柱体与斜面间的摩擦因数为 $f=1/3$，求圆柱体质心的加速度。

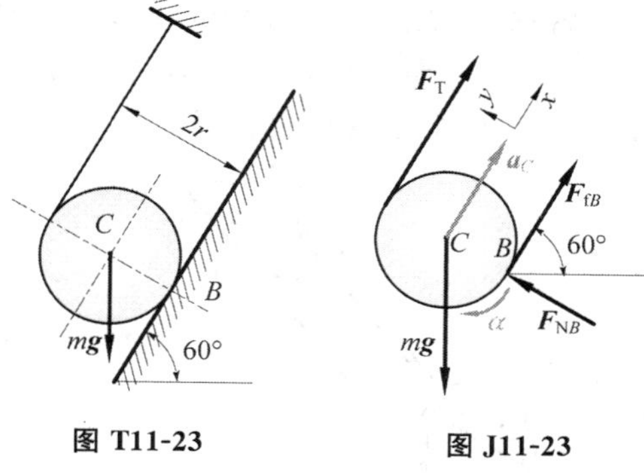

图 T11-23　　图 J11-23

解：取均质圆柱体作为研究对象，受力分析如图 J11-23。绳子直线段的各点速度为零，而在圆柱体上的解开点速度与绳子上对应点的速度相同，也为零，这就是说，轮绳切点为圆柱体的瞬心。由瞬心的性质有 $v_C=R\omega$，求导得到

$$a_C=R\alpha \tag{a}$$

B 处有相对滑动，应使用动滑动摩擦定律

$$F_{fB}=fF_{NB} \tag{b}$$

对圆柱体运用刚体平面运动微分方程

$$ma_{Cx}=\sum F_x:\quad ma_C=F_T+F_{fB}-mg\sin60° \tag{c}$$

$$ma_{Cy}=\sum F_y:\quad 0=F_{NB}-mg\cos60° \tag{d}$$

$$J_C\alpha=\sum M_C(F_i):\quad \frac{mr^2}{2}\alpha=F_{fB}r-F_Tr \tag{e}$$

式(a)～式(d)联立解得

$$a_C=\frac{2}{3}g(2f\cos60°-\sin60°)=\frac{2-3\sqrt{3}}{9}g$$
$$=-0.355g$$

11-24　如图 T11-24 所示，一火箭装备两台发动机 A 与 B。为了改变火箭的航向，需加大发动机 A 的推力。火箭的质量为 10^5 kg，可视为 60 m 长的均质杆。在改变航向前，两发动机的推力均为 2×10^3 kN。现要求火箭在 1s 内转 1°，求发动机所需增加的推力。

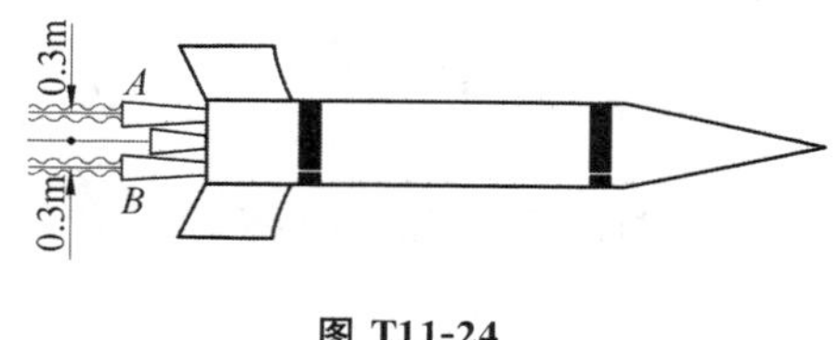

图 T11-24

解：假定：增加的推力为常数，火箭角度为匀加速改变。题目所需角加速度为

$$\alpha=\frac{2\Delta\varphi}{\Delta t^2}=2\times\frac{\pi}{180}\times\frac{1}{1^2}\ \mathrm{rad/s^2}=\frac{\pi}{90}\ \mathrm{rad/s^2}$$

由绕质心的转动方程 $J_C\alpha=\Delta F\times0.3$ m 有

$$\Delta F=\frac{J_C\alpha}{0.3\ \mathrm{m}}=\frac{1}{12}ml^2\times\frac{\alpha}{0.3\ \mathrm{m}}=3491\ \mathrm{kN}$$

11-25　均质实心圆柱体 A 和薄铁环 B 的质量均为 m，半径都等于 r，两者用杆 AB 铰接，无滑动地沿斜面滚下，斜面与水平面的夹角为 θ，如图 T11-25 所示。如杆的质量忽略不计，求杆 AB 的加速度和杆的内力。

解:分别取圆柱 A 和薄铁环 B 作为研究对象,其受力分析分别如图 11-25a 和图 11-25b。因为 AB 杆质量不计,所以 AB 为二力杆,因而有 $F_T = F'_T$。又 AB 的运动为平移,因此两个轮心速度相同,加速度也相同。

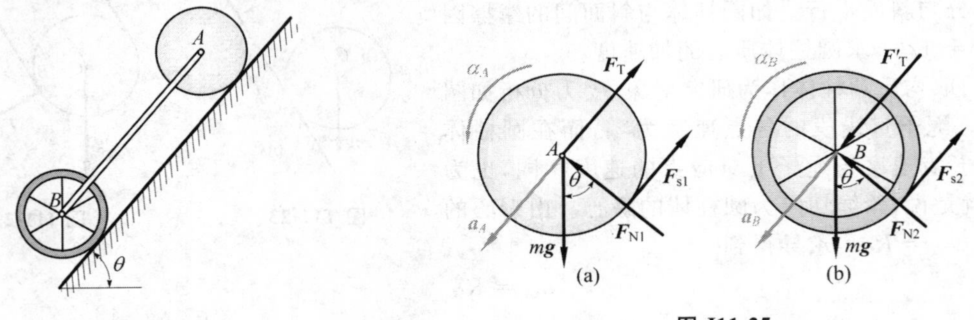

图 T11-25

图 J11-25

对圆柱 A 有

$$\left.\begin{aligned} ma_A &= mg\sin\theta - F_T - F_{s1} \\ J_A\alpha_A &= F_{s1}r \end{aligned}\right\}$$

再补充无滑动的滚动特性 $v_A = \omega_A$ 的求导:$a_A = r\alpha_A$,可得到

$$F_T = mg\sin\theta - \left(m + \frac{J_A}{r^2}\right)a_A \tag{a}$$

对圆柱 B 有

$$\left.\begin{aligned} ma_B &= mg\sin\theta + F'_T - F_{s2} \\ J_B\alpha_B &= F_{s2}r \end{aligned}\right\}$$

再补充无滑动的滚动特性 $v_B = \omega_B$的求导:$a_B = r\alpha_B$,可得到

$$F'_T = \left(m + \frac{J_B}{r^2}\right)a_B - mg\sin\theta \tag{b}$$

由式(a)和式(b)可解得

$$a_B = a_A = \frac{2mgr^2\sin\theta}{2mr^2 + J_A + J_B} = \frac{4}{7}g\sin\theta$$

回代入式(a)有

$$F_T = (mg\sin\theta)/7$$

11-26 见例题 11-6。

11-27 均质杆 AB 长 l,重为 P,一端与可在倾角 $\theta = 30°$ 的斜槽中滑动的滑块铰链,而另一端用细绳相系。在图 T11-27 所示位置,AB 杆水平且处于静止状态,夹角 $\beta = 60°$。假设不计滑块质量和各处摩擦,求当突然剪断细绳瞬时滑槽的约束力以及杆 AB 的角加速度。

解:释放瞬间各点速度为 0,各刚体角速度为 0,A 点加速度沿滑道。综合以上信息,加速度分析如图 J11-27a。

A 点加速度关系为(C 为基点)

$$\boldsymbol{a}_A = \boldsymbol{a}_{Cx} + \boldsymbol{a}_{Cy} + \boldsymbol{a}_{AC}^{t}$$

沿 $\boldsymbol{a}_A$ 垂直的方向投影有：$a_{Cx}\sin\theta + a_{Cy}\cos\theta + a_{AC}^{t}\cos\theta = 0$

即

$$a_{Cx} + \sqrt{3}a_{Cy} + \sqrt{3}l\alpha/2 = 0 \tag{a}$$

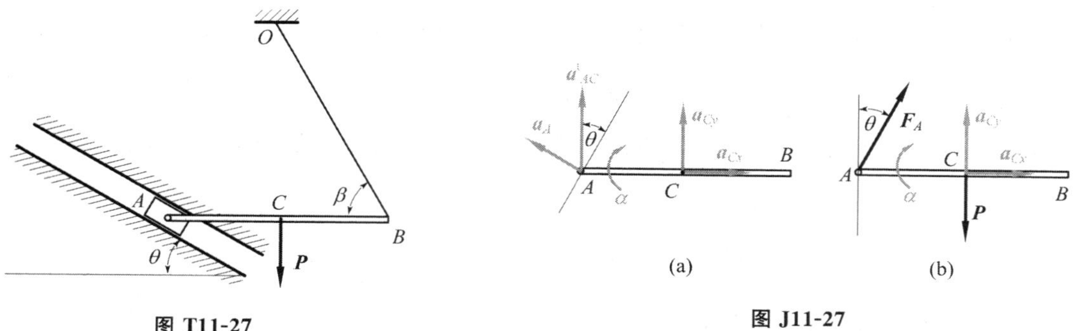

图 T11-27

图 J11-27

刚体 AB 受力分析如图 J11-27a 所示。运用刚体平面运动微分方程有

$$ma_{Cx} = F_A \times 1/2$$

$$ma_{Cy} = F_A\sqrt{3}/2 - mg = 0$$

$$\frac{1}{12}ml^2\alpha = F_A\,\frac{l}{2}\times\sqrt{3}/2 - F_T\sqrt{3}/2\times\frac{l}{2}$$

将它们与式(a)联合，解得

$$\alpha = \frac{18}{13}\,\frac{g}{l},\quad F_A = \frac{2\sqrt{3}}{13}mg$$

11-28　均质圆柱体 A 和 B 的质量均为 m，半径为 r，一绳缠在绕固定轴 O 转动的圆柱 A 上，绳的另一端绕在圆柱 B 上，直线升段竖直，如图 T11-28 所示。摩擦不计。求：(1) 圆柱体 B 下落时质心的加速度；(2) 若在圆柱体 A 上作用一逆时针转向，矩为 M 的力偶，问在什么条件下圆柱体 B 的质心加速度将向上。

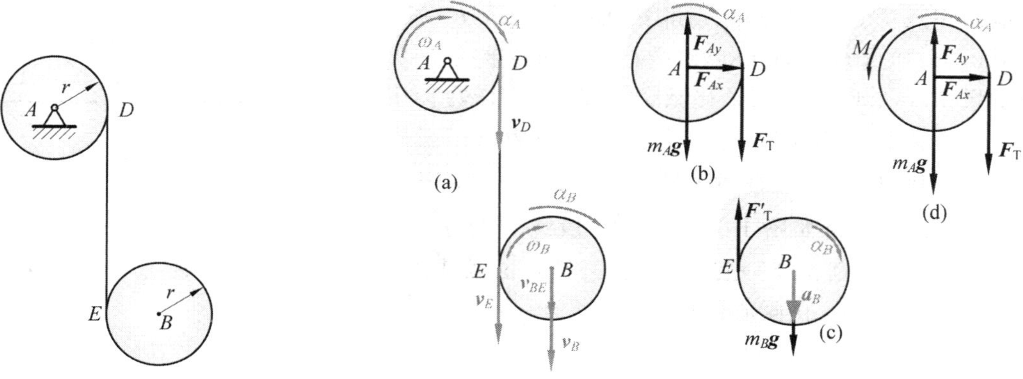

图 T11-28

图 J11-28

解:(1)系统的运动分析如图 J11-28a。DE 细绳上各点速度相同($\boldsymbol{v}_D = \boldsymbol{v}_E$),而最上端与轮 A 不打滑知 $v_D = R\omega_A$ 。下端 E 与 B 轮也不打滑,所以 B 轮上 E 点速度与 v_D 相同。选择 B 轮上 E 点为基点,轮心 B 为动点,其速度矢量关系 $\boldsymbol{v}_B = \boldsymbol{v}_E + \boldsymbol{v}_{BE} = \boldsymbol{v}_D + \boldsymbol{v}_{BE}$ 沿竖直方向投影得到 $v_B = r\omega_A + r\omega_B$ 。对其求导可得

$$a_B = r\alpha_A + r\alpha_B \tag{a}$$

取轮 A 为研究对象,受力分析如图 J11-28b 所示。由定轴转动微分方程有

$$J_A\alpha_A = F_\mathrm{T} r \tag{b}$$

取轮 B 为研究对象,受力分析如图 J11-28c 所示。由刚体平面运动微分方程有

$$ma_{Cy} = \sum F_y: \quad m_B a_B = m_B g - F_\mathrm{T} \tag{c}$$

$$J_B\alpha = \sum M_B(\boldsymbol{F}_i): \quad J_B\alpha_B = F'_\mathrm{T} r \tag{d}$$

联合式(a)、式(b)、式(c)、式(d)可解得

$$a_B = \frac{m_B r^2 (J_A + J_B)}{m_B r^2 J_A + m_B r^2 J_B + J_B J_A} g$$

将 $J_A = J_B = mr^2/2, m_B = m$ 代入上式,得:$a_B = 4g/5$

(2)B 轮质心加速度向上临界条件为 $a_B = 0$ 。式(a)、式(c)和式(d)仍然成立,可解出

$$\alpha_A = -\alpha_B = -m_B g r/J_B, \quad F_\mathrm{T} = m_B g$$

轮 A 的新受力分析如图 J11-28d 所示。由定轴转动微分方程有

$$J_A\alpha_A = F_\mathrm{T} r - M$$

即得到

$$M = m_B g r(1 + J_A/J_B) = 2mgr$$

即当 $M > 2mgr$ 时,轮 A 的质心将上升。

11-29 图 T11-29 所示齿轮 A 和鼓轮是一整体,放在齿条 B 上。齿条放在光滑水平面上。鼓轮上绕有软绳,绳的另一端水平地系在点 D。已知齿轮、鼓轮的半径分别为 R=1.0 m、r=0.6 m,总质量 m_A=200 kg,对质心 C 的回转半径 ρ=0.8 m,齿条质量 m_B=200 kg。如果当系统处于静止时,在齿条上作用一个水平力 F=1500 N。求:(1)绳子的拉力;(2)鼓轮的运动方向及在开始 5 s 内转过的转角。

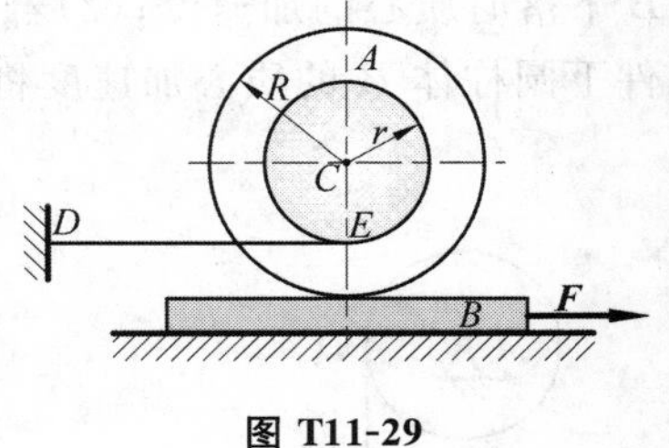

图 T11-29

解:(1)运动分析如图 J11-29a。DE 段绳子上各点速度是零,又因为软绳在鼓轮上不滑动,所以绳子上 E 点和鼓轮上 E 点速度相同,也就是鼓轮上 E 点速度为零,即鼓轮上 E 点为齿轮 A 的速度瞬心。由瞬心性质可知

$$v_C = r\omega \tag{a}$$

由瞬心性质还可确定齿轮上 G 点速度:$v_G = (R-r)\omega$ 。因为齿轮和齿条间不打滑,所以

齿条上与 G 接触点的速度也等于 v_G，而齿条运动为平移，故而

$$v_B = v_G = (R-r)\omega \tag{b}$$

对式(a)和式(b)求导得到

$$a_C = r\alpha \tag{c}$$

$$a_B = (R-r)\alpha \tag{d}$$

齿条受力分析如图 J11-29b，水平方向运用质心运动定理有

$$m_B a_B = F - F_s \tag{e}$$

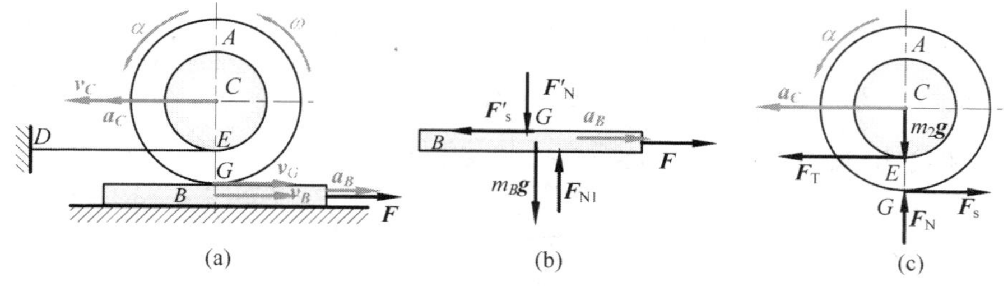

图 J11-29

由式(d)和式(e)得到

$$F - F_s = m_B\alpha(R-r) \tag{f}$$

取齿轮和鼓轮一起作为研究对象，受力分析如图 J11-29c。由刚体平面运动微分方程有

$$ma_{Cx} = \sum F_x:\ m_A a_C = F_T - F_s \tag{g}$$

$$J_C\alpha = \sum M_C(F_i):\ J_C\alpha = F_s R - F_T r \tag{h}$$

联合式(c)、式(h)和式(g)，把 a_C 消去后可解得

$$F_s = (J_C + m_A r^2)F_T/(J_C + m_A rR) \tag{i}$$

$$\alpha = (R-r)F_T/(J_C + m_A rR) \tag{j}$$

把二者再代入式(f)，可解得

$$F_T = \frac{J_C + m_A rR}{J_C + m_B(r-R)^2 + m_A r^2}F = \frac{\rho^2 + rR}{\rho^2 + (r-R)^2 m_B/m_A + r^2}F$$
$$= 1722.22\ \text{N}$$

(2)由式(j)可得

$$\alpha = \frac{(R-r)F}{J_C + m_B(r-R)^2 + m_A r^2} = 2.778\ \text{rad/s}^2$$

这表明鼓轮为匀角加速度运动。根据这类运动性质有

$$\Delta\varphi = \alpha t^2/2 = 34.7222\ \text{rad}$$

所转过的圈数

$$n = \Delta\varphi/(2\pi) = 5.526(\text{圈})$$

11-30 长 l,质量为 m 的均质杆 AB、BD 用铰链连接,并用铰链 A 固定,位于图 T11-30 所示平衡位置。今在 D 端作用一水平力 $\boldsymbol{F}$,求此瞬时两杆的角加速度。

解:力作用瞬时,体系各处速度为零,各刚体角速度为零。体系的加速度分析如图 J11-30a 所示。以 B 为基点,C(BD 杆的质心)为动点,相应的加速度矢量关系为 $\boldsymbol{a}_C = \boldsymbol{a}_B + \boldsymbol{a}_{CB}$ 。该矢量关系沿水平方向投影可得

$$a_C = a_B + \alpha_{CB} l/2 \tag{a}$$

其中的 a_B 由 AB 作定轴转动可确定有如下关系

$$a_B = l\alpha_{BA} \tag{b}$$

由式(a)和式(b)有:

$$a_C = l\alpha_{BA} + \alpha_{DB} l/2 \tag{c}$$

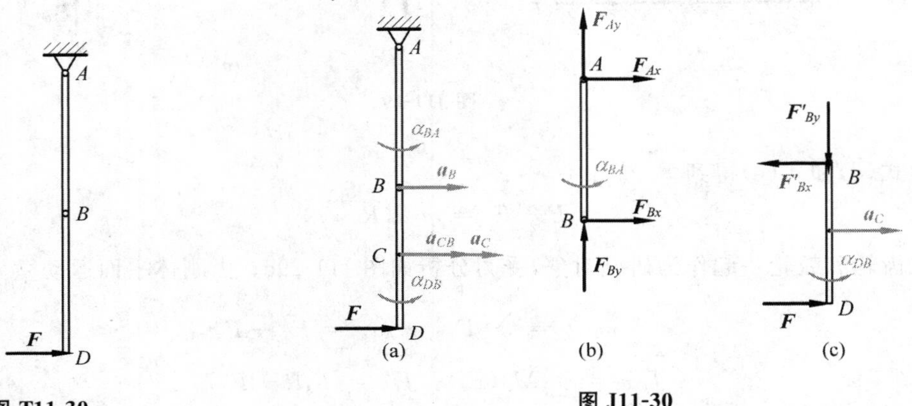

图 T11-30

图 J11-30

AB 杆的受力分析如图 J11-30b 所示。由定轴转动微分方程有:

$$J_A\alpha = \sum M_A(F_i):\quad \frac{ml^2}{3}\alpha_{AB} = F_{Bx} l \tag{d}$$

BD 杆的受力分析如图 J11-30c 所示。由刚体平面运动微分方程有:

$$ma_{Cx} = \sum F_x:\quad ma_C = F - F'_{Bx} \tag{e}$$

$$J_C\alpha = \sum M_C(F_i):\quad \frac{ml^2}{12}\alpha_{BD} = F'_{Bx}\frac{l}{2} + F\frac{l}{2} \tag{f}$$

联合式(c)、式(d)、式(e)和式(f)可解得

$$\alpha_{BA} = -\frac{6F}{7ml},\quad \alpha_{BD} = \frac{30F}{7ml}$$

第 12 章　动能定理

12.1　主要内容

动能定理从能量角度分析质点和质点系的动力学问题，有时它比动量定理和动量矩定理更为方便和有效。

12.1.1　力的功

元功　力在无限小位移中所作的功，即 $\delta W = \boldsymbol{F} \cdot \mathrm{d}\boldsymbol{r} = F\cos\theta \mathrm{d}s$ 。

全路程功　对元功沿路径积分 $W = \int_{\text{路程}} \delta W = \int_0^s F\cos\theta \mathrm{d}s = \int_{M_1}^{M_2} \boldsymbol{F} \cdot \mathrm{d}\boldsymbol{r}$ 。

常力的功　$W = Fs\cos\theta$ 。

直角坐标下的表达式　$W_{12} = \int_{M_1}^{M_2} (F_x \mathrm{d}x + F_y \mathrm{d}y + F_z \mathrm{d}z)$ 。

质点重力的功　$W_{12} = mg(z_1 - z_2)$ 。

质点系重力的功　$W_{12} = mg(z_{C1} - z_{C2})$，其中 z_{C1}、z_{C2} 为质点系质心的高度。

弹性力的功　$W_{12} = k(\delta_1^2 - \delta_2^2)/2$，其中 δ_1、δ_2 分别是相对于原长的弹簧变形量。

力对定轴转动刚体作用的功　$W_{12} = \int_{\varphi_1}^{\varphi_2} M_z \mathrm{d}\varphi$，其中 M_z 是力系绕定轴 z 的力偶矩。

任意运动刚体上力系的功　$W_{12} = \int_{P\text{点路径}} \boldsymbol{F}'_{\mathrm{R}} \cdot \mathrm{d}\boldsymbol{r} + \int_{\varphi_1}^{\varphi_2} M_P \mathrm{d}\varphi$，其中 F'_{R}，M_P 分别为力系向 P 点简化的主矢和主矩，P 可以是刚体上任一点。

12.1.2　质点和质点系的动能

质点的动能　$T = mv^2/2$，它是标量，恒取正值。

质点系的动能　$T = \sum (m_i v_i^2/2)$，即各质点动能的标量和。

平移刚体的动能　$T = mv_C^2/2$，其中 m 为刚体质量，v_C 为系统的质心速度大小。

定轴转动刚体的动能　$T = J_z\omega^2/2$，其中 J_z 是刚体绕定轴 z 的转动惯量。

平面运动刚体的动能　$T = mv_C^2/2 + J_C\omega^2/2$，即可以分解为随质心平移动能和绕质心转动的两部分之和。与功不同，动能的分解和简化必须对质心 C 进行，而不能随便取点。对瞬心 P 有 $T = J_P\omega^2/2$ 。

12.1.3　动能定理

质点情形的微分形式　$\mathrm{d}(mv^2/2) = \delta W = \boldsymbol{F} \cdot \mathrm{d}\boldsymbol{r}$ 。

质点情形的积分形式　$mv_2^2/2 - mv_1^2/2 = W_{12}$ 。

质点系情形的微分形式 $\mathrm{d}T = \sum \delta W_i = \sum \boldsymbol{F}_i \cdot \mathrm{d}\boldsymbol{r}_i$,其中 $\mathrm{d}\boldsymbol{r}_i$ 是质点系上在 $\boldsymbol{F}_i$ 作用处的位移。

质点系情形的积分形式 $T_2 - T_1 = \sum W_i$ 。

理想约束 约束力做功等于零的约束。光滑面,刚体内成对内力,二力杆的两端作用力,纯滚动的约束反力,光滑轮上绳子拉力等都是理想约束。

非刚体内力的功 对非刚体,作用力和反作用力的各自作用点的位移有可能不同,从而导致各自所做的功无法抵消,故动能定理需要考虑内力功。这不同于动量定理和动量矩定理。

12.1.4 功率、功率方程、机械效率

功率 力在单位时间所作的功 $P = \delta W/\mathrm{d}t = \boldsymbol{F} \cdot \boldsymbol{v} = F_t v$,其中: v 是质点系上在力作用点的速度; F_t 是力在 $\boldsymbol{v}$ 上的投影,也就是力沿作用点轨迹切线方向的投影。

定轴转动刚体上力的功率 $P = M_z\omega$,其中 ω 为刚体的角速度, M_z 为主动力系对转轴的矩。

功率方程 质点系动能对时间的一阶导数,等于作用于质点系的所有力的功率代数和。

功率分配 一般情况下 $P_{输入} = P_{有用} + P_{无用} + \mathrm{d}T/\mathrm{d}t$ 。

机械效率 $\eta = \dfrac{P_{有效}}{P_{输入}} = \dfrac{P_{有用} + \mathrm{d}T/\mathrm{d}t}{P_{输入}}$,一般小于1。

多级传动的效率 $\eta = \eta_1 \cdot \eta_2 \cdot \cdots \cdot \eta_n$ 。

12.1.5 势力场、势能、机械能守恒定理

力场 如果物体在某空间任意位置所受到的力的大小和方向完全由所在的位置确定,那么这部分空间称为力场。

势力场 如果物体在力场内运动,作用于物体的场力所作之功只与力作用点的初始位置和终了位置有关,而与该物体的轨迹形状无关,则这种力场称为势力场或**保守力场**。

有势力 在势力场中,物体受到的力。又称**保守力**。重力、弹性力和万有引力都是保守力。

势能 在势力场中,质点从 M 点运动到任选的 M_0 点,有势力所作的功称为质点在点 M 相对于点 M_0 的势能,即 $V = \int_M^{M_0} (F_x\mathrm{d}x + F_y\mathrm{d}y + F_z\mathrm{d}z)$ 。M_0 点势能等于0,被称为零势能点。

重力的势能 $V = mg(z - z_0)$ 。

弹性力的势能 $V = k(\delta^2 - \delta_0^2)/2$ 。进一步,如果选择弹簧原长为零势能点,则可简化为 $V = k\delta^2/2$ 。

万有引力势能 $V = fm_1m_2(r_1^{-1} - r^{-1})$ 。如果把零势能点选择为无穷远,即 $r_1^{-1} \to 0$,则有 $V = - fm_1m_2r^{-1}$ 。

质点系的势能 质点系从某位置到其零势能位置运动过程中,各种有势力作功的代数和,称为此质点系在该位置的势能。

有势力的功 等于运动质点系的初始位置与终了位置的势能差。

机械能 质点系在某瞬时的动能与势能的代数和。

机械能守恒 质点系仅在有势力的作用下运动,其机械能保持不变。这类系统又称保守

系统。

势力场的其他性质*　(1)有势力在直角坐标系上的投影等于势能对该坐标的偏导数的相反数;(2)在势力场中,势能相等的各点构成等势能面;(3)有势力方向垂直于等势能面,指向势能减小的方向。

12.2　精选例题

例题 12-1　图 12-1 所示均质圆轮,质量为 m,半径为 R。轮缘上缠有不可伸长的细绳,绳子一端系在左侧竖直墙壁上。轮子中心受到水平向右常量 $\boldsymbol{F}$ 的作用。轮子与地面间的滑动摩擦因子为 f。设轮心 O 走过路程 s,分析各力在这个过程中所做的功。

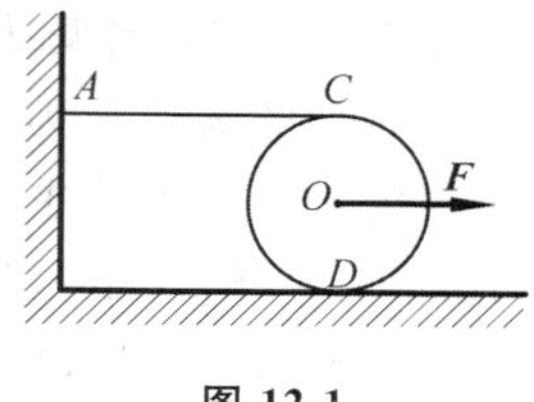

图 12-1

解:圆轮的受力分析如图 12-2a 所示,忽略滚动摩擦阻力的情况下,圆轮受到拉力 $\boldsymbol{F}$、重力 $m\boldsymbol{g}$、绳子拉力 $\boldsymbol{F}_T$、滑动摩擦力 $\boldsymbol{F}_s$ 和支持力 $\boldsymbol{F}_N$ 5 个力。各力分析如下。

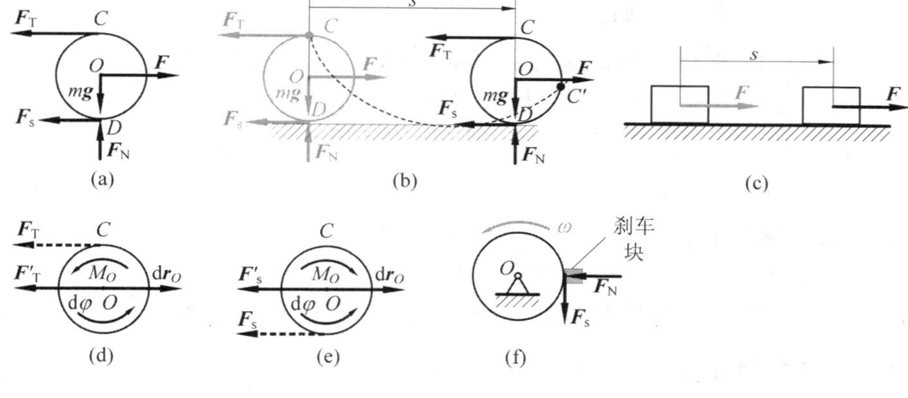

图 12-2

(1)$\boldsymbol{F}_T$　必须先强调的是:本题轮子的瞬心在点 C,而不是与地面接触的点 D(不要一见轮子在地面就纯滚动,接触点速度就是 0)。为什么 C 是轮子的瞬心呢?首先,绳子在系于墙面处的点 A 速度是 0,又因为绳子不可伸长,所以 AC 段绳子上各点速度都是 0,也就是说绳子上 C 的速度是 0。其次,轮子和绳子之间不打滑,所以轮子上点 C 速度也是 0。这就论证了 C 是轮子的瞬心。

$\boldsymbol{F}_T$ 的元功为 $\boldsymbol{F}_T\cdot \mathrm{d}\boldsymbol{r}$($\mathrm{d}\boldsymbol{r}$ 是轮子上 C 的 $\mathrm{d}\boldsymbol{r}$)。O 走过路程 s,$\boldsymbol{F}_T$ 所做的功为

$$W_{F_T}=\int_{路程s}\boldsymbol{F}_T\cdot \mathrm{d}\boldsymbol{r}=\int_{路程s}\boldsymbol{F}_T\cdot \frac{\mathrm{d}\boldsymbol{r}}{\mathrm{d}t}\mathrm{d}t$$

式中:$\frac{\mathrm{d}\boldsymbol{r}}{\mathrm{d}t}$ 是 C 点速度 $\boldsymbol{v}_C$,它恒等于 $\boldsymbol{0}$,所以

$$W_{F_T}=\int_{路程s}\boldsymbol{F}_T\cdot \boldsymbol{0}\mathrm{d}t=0 \tag{a}$$

轮心 O 走过路程 s(图 12-2b 从灰色到黑色),感觉 $\boldsymbol{F}_T$ 走过的距离为 s,所以 $\boldsymbol{F}_T$ 的功似乎

为 $F_{\mathrm{T}}s$，但事实确实为式(a)的 0。如何理解这一点呢？我们通常习惯于图 12-2c 的模型，其中 $\boldsymbol{F}$ 所做的功的确是 $W = Fs$。但是该模型和图 12-2b 有差异，解释如下。

功的计算涉及位移，但究竟是谁的位移呢？可能的位移有：力的位移，作用点的位移和物体的“位移”。物体的“位移”之所以打引号，是因为对刚体模型，其上各点位移是不同的（除非平移），所以位移这个术语对非平移刚体应该无效。在不严格的语境下，也许轮心位移可以理解成轮子的“位移”，而对于质点模型，物体位移是没有异议的。

对质点，因为力的作用点就在质点上，所以力的位移、物体位移和力对物体作用点的位移三者是重合的，但是对于图 12-2b 的模型，这三者是不重合的（灰 C 到黑 C，灰 O 到黑 O，灰 C 到黑 C'）。那么计算力的功应该选择哪一个呢？**答案是三个都不对**。

元功的表达式为 $\delta W = \boldsymbol{F} \cdot \mathrm{d}\boldsymbol{r}$，计算它是为了应用动能定理，而计算动能所用的是**质点绝对速度**，所以 $\mathrm{d}\boldsymbol{r}$ 的主体是质点系上的点，是力对质点系的作用点，$\mathrm{d}\boldsymbol{r}$ 是该点绝对元位移。对于图 12-2b 的模型，它等于 0，所以 $\delta W_{F_{\mathrm{T}}} = \boldsymbol{F}_{\mathrm{T}} \cdot \mathrm{d}\boldsymbol{r} = 0$，对它积分得到式(a)。

从教材式(12-11)这个角度，即力对任意运动刚体的功（图 12-2d），也有助于理解式(a)的 0。式(12-11)在这里为

$$\delta W_{F_{\mathrm{T}}} = \boldsymbol{F}'_{\mathrm{T}} \cdot \mathrm{d}\boldsymbol{r}_O + \boldsymbol{M}_O \cdot \mathrm{d}\boldsymbol{\varphi} = -F'_{\mathrm{T}}\mathrm{d}r_O + M_O\mathrm{d}\varphi \tag{b}$$

式中：$\boldsymbol{F}'_{\mathrm{T}}$，$M_O$ 分别是 $\boldsymbol{F}_{\mathrm{T}}$ 向质心 O 简化的主矢和主矩，它们大小分别等于 F_{T}、$F_{\mathrm{T}}R$。因为 C 是瞬心，所以有 $\mathrm{d}\varphi = \mathrm{d}r_O/R$。把上述结果代入式(b)得到

$$\begin{aligned}\delta W_{F_{\mathrm{T}}} &= -F'_{\mathrm{T}}\mathrm{d}r_O + M_O\mathrm{d}\varphi = -F_{\mathrm{T}}\mathrm{d}r_O + F_{\mathrm{T}}R\mathrm{d}\varphi = -F_{\mathrm{T}}\mathrm{d}r_O + F_{\mathrm{T}}\mathrm{d}r_O \\ &= 0\end{aligned}$$

(2)$m\boldsymbol{g}$　始终与其作用点的位移垂直，因此有 $W_{mg} = 0$。

(3)$\boldsymbol{F}$　与模型 12-2c 一致，因此有 $W_F = Fs$。

(4) $\boldsymbol{F}_{\mathrm{N}}$　作用点为与地面接触 D 点，后者位移 $\mathrm{d}\boldsymbol{r}_D$ 沿水平方向（参考图 12-2b 中 C 点轨迹虚线与地面相切点的趋势），始终与 $\boldsymbol{F}_{\mathrm{N}}$ 垂直，因此有 $W_{F_{\mathrm{N}}} = \int_{\text{路程}s} \boldsymbol{F}_{\mathrm{N}} \cdot \mathrm{d}\boldsymbol{r}_D = 0$。

(5)$\boldsymbol{F}_{\mathrm{s}}$　它的大小为 $F_{\mathrm{s}} = fF_{\mathrm{N}} = mgf$。其方向与 $\mathrm{d}\boldsymbol{r}_D$ 始终相反，后者大小 $\mathrm{d}r_D = CD\mathrm{d}\varphi = 2R\mathrm{d}\varphi = 2\mathrm{d}r_O$，因此

$$W_{F_{\mathrm{s}}} = \int_{\text{路程}s} \boldsymbol{F}_{\mathrm{s}} \cdot \mathrm{d}\boldsymbol{r}_D = -2\int_{\text{路程}s} F_{\mathrm{s}}\mathrm{d}r_O = -2F_{\mathrm{s}}s = -2mgfs \tag{c}$$

式(c)再次表明，力所做的功不等于物体“位移”与力的乘积（$-F_{\mathrm{s}}s$）。

式(c)的元功同样可从教材式(12-11)来理解（图 12-2e），如下所示

$$\delta W_{F_{\mathrm{s}}} = \boldsymbol{F}'_{\mathrm{s}} \cdot \mathrm{d}\boldsymbol{r}_O + \boldsymbol{M}_O \cdot \mathrm{d}\boldsymbol{\varphi} \tag{d}$$

式中：$\boldsymbol{F}'_{F_{\mathrm{s}}}$、$\boldsymbol{M}_O$ 分别是 $\boldsymbol{F}_{F_{\mathrm{s}}}$ 向质心 O 简化的主矢和主矩，它们大小分别等于 F_{s}、$F_{\mathrm{s}}R$。因为 C 是瞬心，所以有 $\mathrm{d}\varphi = \mathrm{d}r_O/R$。把上述结果代入式(d)得到

$$\delta W_{F_{\mathrm{s}}} = -F'_{\mathrm{s}}\mathrm{d}r_O - M_O\mathrm{d}\varphi = -2F_{\mathrm{s}}\mathrm{d}r_O$$

为了加深理解，图 12-2f 给出一个更极端例子。一个定轴转动的轮子，用刹车块把轮子速度降下来。显然刹车块对轮子的正压力和摩擦力的作用点的位移是 $\mathbf{0}$，但不能说它对轮子作的功是 0。摩擦力对轮子的元功中 $\mathrm{d}\boldsymbol{r}$ 应该是轮缘上与刹车块接触的那一点的 $\mathrm{d}\boldsymbol{r}$，它不是 $\mathbf{0}$。

例题 12-2　计算图 11-1 中各质点系的动能。

解：各质点系的速度分析参见例题 11-1 和图 11-2。各质点系动能如下。

(1)图 a

$$T = T_{OA杆} + T_1 = \frac{1}{2}J_{OA}\omega^2 + \left(\frac{1}{2}m_1 v_A^2 + \frac{1}{2}J_A\omega_1^2\right)$$

$$= \frac{1}{2}\times\frac{1}{3}m_3(R+r)^2\omega^2 + \left[\frac{1}{2}m_1\ (r+R)^2\omega^2 + \frac{1}{2}\ \frac{1}{2}m_1 r^2\ \frac{(r+R)^2\omega^2}{r^2}\right]$$

$$= \frac{1}{12}(2m_3 + 9m_1)(R+r)^2\omega^2$$

(2)图 b

$$T = \frac{1}{2}mv_P^2 + \frac{1}{2}J_C\omega_P^2 = \frac{1}{2}m\left(\frac{CP\times v_B}{PB}\times l/2\right)^2 + \frac{1}{2}\ \frac{1}{12}ml^2\left(\frac{v_B}{PB}\right)^2$$

$$= \frac{2}{9}mv_B^2$$

(3)图 c

$$T = T_{D轮} + T_{O轮} + T_E = \left(\frac{1}{2}mv^2 + \frac{1}{2}\times\frac{1}{2}mr^2\omega_D^2\right) + \frac{1}{2}\times\frac{1}{2}mr^2\omega_O + \frac{1}{2}mv_E^2$$

$$= \frac{1}{2}m\ \frac{3}{2}v^2 + \frac{1}{2}\times\frac{1}{2}mv^2 + \frac{1}{2}mv^2 = \frac{3}{2}mv^2$$

(4)图 d

$$T = T_{A轮} + T_{D轮} + T_{CD杆}$$

$$= \left(\frac{1}{2}mv_A^2 + \frac{1}{2}\times\frac{1}{2}mR^2\omega_A^2\right) + \left(\frac{1}{2}mv_D^2 + \frac{1}{2}\times\frac{1}{2}mR^2\omega_D^2\right) + \frac{1}{2}mv_G^2$$

$$= \frac{1}{2}\times\frac{3}{2}mv^2 + \frac{1}{2}\times\frac{3}{2}m(2v)^2 + \frac{1}{2}m(2v)^2$$

$$= 23mv^2/4$$

例题 12-3　平面机构由两匀质杆 AB、BO 组成，两杆的质量均为 m，长度均为 l，在竖直平面内运动。在杆 AB 上作用不变的力偶矩 M，从图 12-3 所示位置开始运动，初始静止。不计摩擦，求当杆端 A 即将碰到铰支座 O 时杆端 A 的速度(教材习题 12-6)。

解：杆 OB 作定轴转动，杆 AB 作平面运动，AB 与竖直成 β 角度时的分析见图 12-4a。根据图中的几何关系，可以得到

$$\omega_{AB} = \omega_{OB}$$

$$v_C = \omega_{AB}\times PC = \omega_{OB}\sqrt{l^2 + (l/2)^2 - 2\times l\times l/2\cos(\pi - 2\beta)}$$

$$= \omega_{OB}l\sqrt{5/4 + \cos 2\beta}$$

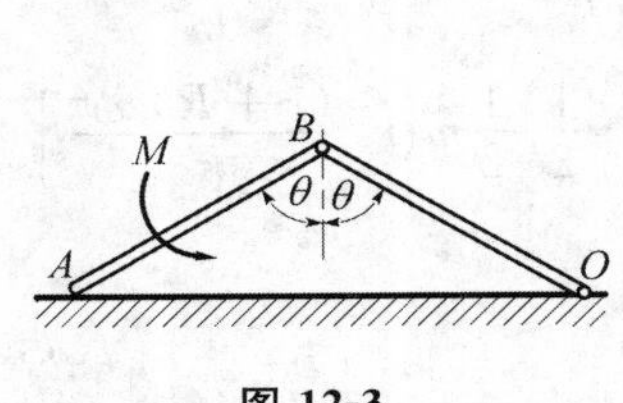

图 12-3

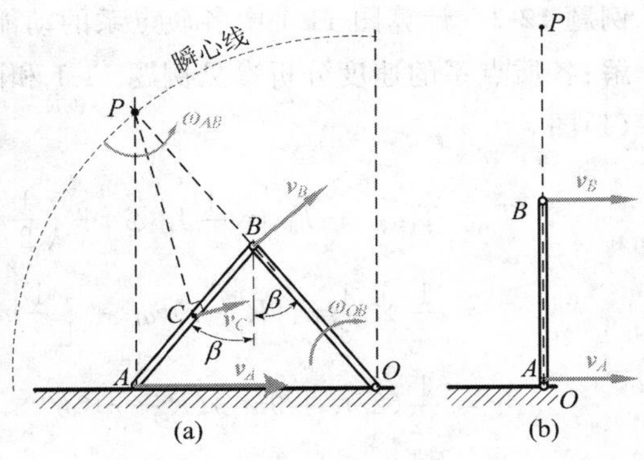

图 12-4

在该角度的系统动能为(初始动能 $T_1 = 0$)

$$T_2 = T_{AB} + T_{BO} = \frac{1}{2}mv_C^2 + \frac{1}{2}J_C\omega_{AB}^2 + \frac{1}{2}J_O\omega_{OB}^2$$

$$= \frac{1}{2}m\omega_{OB}^2 l^2(5/4 + \cos 2\beta) + \frac{1}{2}\frac{ml^2}{12}\omega_{OB}^2 + \frac{1}{2}\frac{ml^2}{3}\omega_{OB}^2$$

$$= \frac{1}{2}\left(\frac{5}{3} + \cos 2\beta\right)ml^2\omega_{OB}^2$$

外力的功

$$W_{12} = M(\theta - \beta) - 2 \times mgl/2 \times (\cos\beta - \cos\theta)$$

根据动能定理 $T_2 - T_1 = W_{12}$ 有

$$M(\theta - \beta) - 2 \times mgl/2 \times (\cos\beta - \cos\theta) = \frac{1}{2}\left(\frac{5}{3} + \cos 2\beta\right)ml^2\omega_{OB}^2$$

解得

$$\omega_{OB} = \sqrt{6\,\frac{M(\theta - \beta) - mgl(\cos\beta - \cos\theta)}{(5 + 3\cos 2\beta)ml^2}}$$

从而有

$$v_A = \omega_{AB}2l\cos\beta = 2\cos\beta\sqrt{6\,\frac{M(\theta - \beta) - mgl(\cos\beta - \cos\theta)}{(5 + 3\cos 2\beta)m}}$$

将 $\beta = 0°$ 代入得

$$v_A = \sqrt{3[M\theta - 2 \times mgl(1 - \cos\theta)]/m}$$

讨论

(1)本题可直接研究 $\beta = 0°$ 情形 。在这个特殊角度下,几何关系很简洁(图 12-4b),运算难度就大大降低。但是由于此时 A 和 B 两点速度平行,往往误认为杆 AB 作瞬时平移。观察图 J12-4a 的瞬心线,我们可以知道 $\beta \to 0°$ 的瞬心极限,确实在有限远处。

(2)力偶 M 所做功的对应转角是所作用刚体的转过角度,而不是 AB 和 BO 之间夹角变化。

例题 12-4　在图 12-5 所示滑轮组中悬挂两个重物，其中 M_1 的质量为 m_1，M_2 的质量为 m_2。定滑轮 O_1 的半径为 r_1，质量为 m_3；动滑轮 O_2 的半径为 r_2，质量为 m_4。两轮都视为均质圆盘。如绳重和摩擦略去不计，并设 $m_2 > 2m_1 - m_4$。求重物 m_2 由静止下降距离 h 时的速度（教材习题 12-8）。

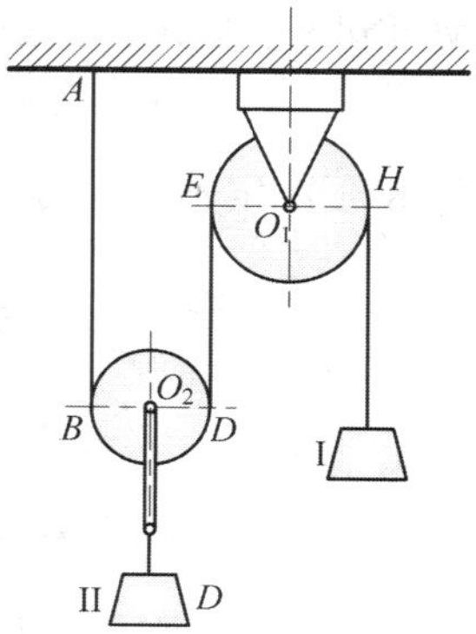

图 12-5

解：以整个系统为对象，设 m_2 由静止下降距离 h 时的速度为 v_2（图 12-6）。AB 段绳子上各点速度是 0，而轮绳不打滑则要求滑轮 O_2 上 B 点速度也是 0，这意味着 B 为滑轮 O_2 的瞬心。绳子不可伸长则要求 $v_{O2} = v_2$，于是可确定：$\omega_2 = v_2/r_2$ 和 $v_D = 2r_2 \times \omega_2 = 2v_2$。

DE 段绳子不可伸长则有 $v_E = v_D = 2v_2$。

O_1 做定轴转动，则有 $\omega_1 = v_E/r_1 = 2v_2/r_1$。这样就得到了 $v_H = \omega_1 \times r_1 = 2v_2$。

通过上述分析可写出系统的动能（初始动能 $T_1 = 0$）

$$T_2 = \frac{1}{2}m_2 v_2^2 + \frac{1}{2}m_4 v_{O2}^2 + \frac{1}{2}J_{O2}\omega_2^2 + \frac{1}{2}J_{O1}\omega_1^2 + \frac{1}{2}m_1 v_1^2$$

$$= \frac{1}{2}m_2 v_2^2 + \frac{1}{2}m_4 v_2^2 + \frac{1}{2}\left(\frac{m_4 r_2^2}{2}\right)\left(\frac{v_2}{r_2}\right)^2 + \frac{1}{2}\left(\frac{m_3 r_1^2}{2}\right)\left(\frac{2v_2}{r_1}\right)^2 + \frac{1}{2}m_1(2v_2)^2$$

$$= \left(2m_1 + \frac{1}{2}m_2 + m_3 + \frac{3}{4}m_4\right)v_2^2$$

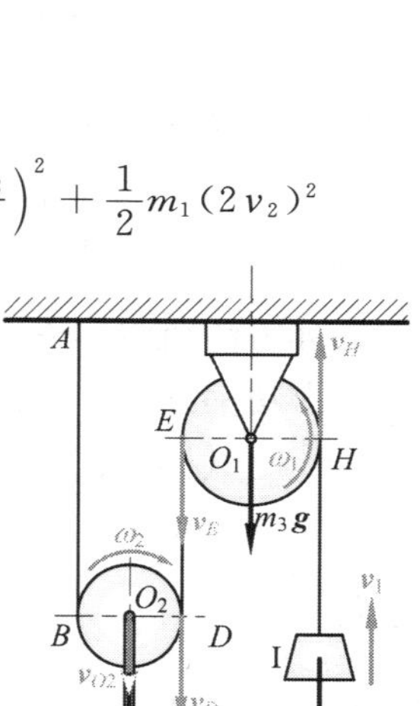

图 12-6

当重物Ⅱ下降 h 时，动滑轮下降 h，重物Ⅰ上升 $2h$。全过程只有重力做功，值为

$$W = -m_1 g \cdot 2h + m_2 gh + m_4 gh$$

运用动能定理 $T_2 - T_1 = W$ 有

$$\left(2m_1 + \frac{1}{2}m_2 + m_3 + \frac{3}{4}m_4\right)v_2^2 = -m_1 g \cdot 2h + m_2 gh + m_4 gh$$

可解得

$$v_2 = 2\sqrt{\frac{m_4 - 2m_1 + m_2}{8m_1 + 2m_2 + 4m_3 + 3m_4}gh}$$

讨论　不可伸长绳子的直线段，如同刚体满足速度投影定理，也就是两端速度沿绳子方向投影相等，如同本题的 AB 和 DE 段。仅有绳子不可伸长的性质，不能保证上述投影定理，比如本题中，"因为 DEH 段绳子不可伸长，所以 D 点速度和 H 点速度相等"这个说法是不合适的（假如这个说法是正确的，则无法解释 B 和 D 两处的速度差异）。

例题 12-5　如图 12-7 所示，一均质板 C，水平放置于均质圆轮 A 和轮 B 上，与两轮之间无相对滑动。轮 A 和轮 B 半径分别为 R 和 r。轮 A 作定轴转动，而轮 B 在水平面上做纯滚动。板 C 和轮 A 的质量均为 m，而轮 B 的质量为 m_B。轮 B 上作用有常力偶矩 M。求板 C 的角加速度。

解：求加速度采用功率方程相对简单。速度分析如图 12-8 所示。这是单自由度系统，所有速度都可以与板的速度 v_C 折合。由板平移可知 $v_E = v_F = v_C$。由板与两轮之间无相对滑

动可知两轮的最高点速度大小都等于 v_C。由轮 B 纯滚动有

$$\omega_B = v_C/(2R),\ v_B = v_C/2$$

再由轮 A 定轴转动得到 $\omega_A = v_C/r$。

图 12-7　　　　图 12-8

综上所述，系统动能为

$$\begin{aligned} T &= \frac{1}{2}J_A\omega_A^2 + \frac{1}{2}m_Cv_C^2 + \left(\frac{1}{2}m_Bv_B^2 + \frac{1}{2}J_B\omega_B^2\right) \\ &= \frac{1}{2}\times\frac{1}{2}mr^2\left(\frac{v_C}{r}\right)^2 + \frac{1}{2}mv_C^2 + \left[\frac{1}{2}m_B\left(\frac{v_C}{2}\right)^2 + \frac{1}{2}\times\frac{1}{2}m_BR^2\left(\frac{v_C}{2R}\right)^2\right] \\ &= \left(\frac{3}{4}m + \frac{3}{16}m_B\right)v_C^2 \end{aligned}$$

外力的功率　$P = M\omega_B = Mv_C/(2R)$。

由功率方程

$$\frac{\mathrm{d}T}{\mathrm{d}t} = P:\quad \left(\frac{3}{4}m + \frac{3}{16}m_B\right)\frac{\mathrm{d}(v_C^2)}{\mathrm{d}t} = Mv_C/(2R)$$

解得

$$a_C = \frac{4M}{3R(4m + m_B)}$$

12.3 思考题解答

12-1　摩擦力可能做正功吗？举例讨论。

解答：可以做正功。比如，将静止的物体放置于传送带运输，物体从静止变成与传送带一起运动，这个过程所获得的动能，就是因传送带和物体接触面之间的摩擦力做正功而得到的。再比如顺着绳子向上爬的人体，人体重心升高的势能也是由于手和绳子之间的摩擦力做正功而造成的。

12-2　三个质量相同的质点，同时由点 A 以大小相同的初速度 v_0 抛出，但其方向各不相同，如图 S12-2 所示。如不计空气阻力，这三个质点落到水平面 H-H 时，三者的速度矢量大小是否相等？三者重力的功是否相等？三者重力的冲量是否相等？

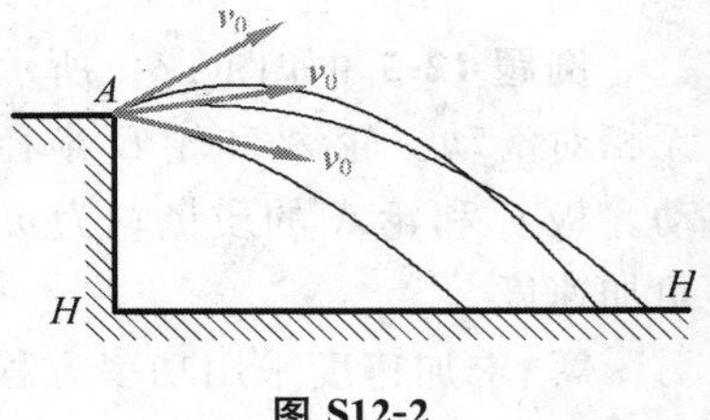

图 S12-2

解答：三者重力的功相等，落地时的速度大小也相同。这

是因为重力的功只与运动过程质点的高度差有关，而本题的三者起始和落地的高度差完全相同；因为重力做功相等，且初始的动能又相等，故落地动能也相同，进而速度大小就相等。对本题，三者受到的重力不随时间而变，因而受到重力冲量就等于运动过程的时间间隔与重力的乘积。运动过程的时间间隔与质点初始速度的垂直分量有关，它对三者是不同的，故而三者受到的冲量不等。

12-3　小球连以不可伸缩的细绳，绳绕于半径为 R 的圆柱上，如图 S12-3 所示。如小球在水平光滑面上运动，初始速度 $\boldsymbol{v}_0$ 垂直于细绳。问小球在以后的运动中动能不变吗？对圆柱中心轴 z 的动量矩守恒吗？小球的速度总是与细绳垂直吗？

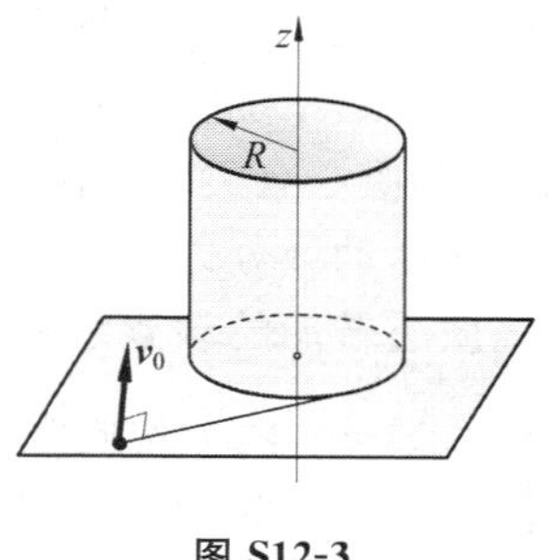

图 S12-3

解答：动能不变，小球速度总是与细绳垂直。因为在任何时刻，运动段的细绳都不会打弯，这如同刚体。细绳在与圆柱相切处的速度为零（缠到圆柱上的绳子不可伸长）。对运动段绳子（如同刚体）两端用速度投影定理，可知小球的速度必然与运动段绳子垂直，而绳子的拉力沿绳子，也就必然和小球的速度垂直，即对小球不做功，所以动能不变。对 z 轴动量矩会发生变化，因为小球所受的细绳拉力不通过 z 轴，因而对 z 轴有矩。

12-4　甲、乙两人重量相同，沿绕过无重滑轮的细绳，由静止同时向上爬升，如图 S12-4 所示。如甲比乙更努力上爬，问：

(1)谁先达到上端？

(2)谁的动能大？

(3)谁做的功多？

(4)如何对甲、乙两人分别应用动能定理。

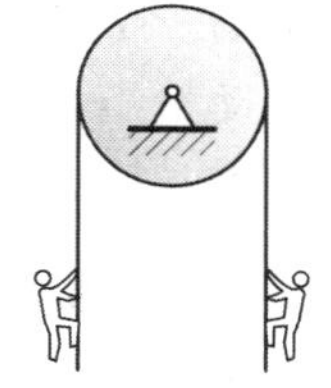

图 S12-4

解答：前三个问题的答案是：(1)同时达到上端；(2)二者动能相等；(3)甲做的功多（参考思考题 11-8）。论证如下：两个人重量相等，它们对滑轮轮轴的力矩为零，而轮轴处的约束反力对轮轴的力矩也为零，所以系统对滑轮转轴的动量矩守恒。初始时，系统动量矩为零，因此随后运动过程中动量矩也是零，这在数学上就要求二者速度方向都向上，大小也相同，因此二者的动能相等，而且因速度大小完全相同而同时达到上端。

力的元功表达式中 $\mathrm{d}\boldsymbol{r}$ 是被作用对象上与力作用点重合的那一点 $\mathrm{d}\boldsymbol{r}$。甲努力的物理表现就是绳子从甲手拽出的长度比乙的长，也就是绳子上甲施力处的位移超过乙施力处的位移，因此甲做的功多。如果乙只是被动地被拉，右侧绳子上乙的施力点向上移动，而乙对绳子的拉力向下，因此乙作用于绳子的力做负功（乙的手腕对身体做正功），而绳子作用于乙的力做正功，它使得乙上升并获得动能。甲施加于绳子的力做了正功，因为力的方向和绳子上作用点被拽而下移的方向相同。必须指出的是，甲获得动能和势能也是因为绳子对甲做的功，这个功与绳子对乙做的功是相同的，也就是甲（或乙）的重力势能和动能之和。还必须指出的是，甲所获得的动能和势能也是绳子作用于甲所引起，甲作用于绳子功扣掉绳子作用于甲的功，就是绳子作用于乙的功，它使得乙上升和获得动能。

尽管乙被动地被拉，并不意味着乙不会疲劳，因为乙对手中绳子必须有足够的摩擦力以保证被拉起来而不打滑，而足够摩擦力需要有足够正压力和手的匹配姿势，而维持后两者要求肌肉收缩并保持，这就会消耗身体的生物化学能。当然甲耗的生物化学能更大，除了维持手姿势和正压力，还要支付甲乙上升的重力势能和各自的动能。

(4)对甲和乙的动能定理是相同的，都是绳子作用力和重力合起来在甲(或乙)上升高度微元上得到元功，对元功积分得到甲(或乙)的动能。

12-5 试总结质心在质点系动力学中有什么特殊的意义。

解答：(1)系统的动量等于质心速度与系统质量的乘积；(2)质心运动定理，即系统质量与质心加速度的乘积等于外力的主矢量；(3)对固定点的动量矩可以分解为两部分的矢量和，第一部分是系统绕质心的相对动量矩，第二部分是所有质量集中到质心的动量对固定点的矩；(4)对质心有类似于固定点的动量矩定理；(5)转动惯量的平行轴定理也要使用质心；(6)刚体平面运动微分方程中转动方程必须对质心写；(7)刚体的动能可以分解为随质心平移的动能与绕质心转动的动能之和。

12-6 两个均质圆盘，质量相同，半径不同，静止平放于光滑水平面上。如在此两圆盘上同时作用有相同的力偶，在下述情况下比较两圆盘的动量、动量矩和动能的大小。

(1)经过同样的时间间隔；

(2)转过相同的角度。

解答：由质心运动定理知道两种情况的质心速度都是零，所以二者的动量相等，都是零。两个圆盘都发生定轴转动，对这类运动 $T=J_O\omega^2/2, L_O=J_O\omega$，因此 $T=L_O^2/(2J_O)$。对(1)，圆盘动量矩 L_O 相等，半径大者的转动惯量 J_O 大，从而动能 T 比较小。对(2)，两个圆盘获得的动能相同，半径大者的转动惯量 J_O 大，从而动量矩 L_O 比较大。

12-7 质量和半径均相同的均质球、圆柱体、厚圆筒和薄圆筒，同时由静止开始，从同一高度沿完全相同的斜面在重力作用下向下做纯滚动。

(1)由初始至时间 t，重力的冲量是否相同？

(2)由初始至时间 t，重力的功是否相同？

(3)达到底部瞬时，动量是否相同？

(4)达到底部瞬时，动能是否相同？

(5)达到底部瞬时，对各自质心的动量矩是否相同？

对上面各问题，若认为不相同，则必须将其由大到小排列。

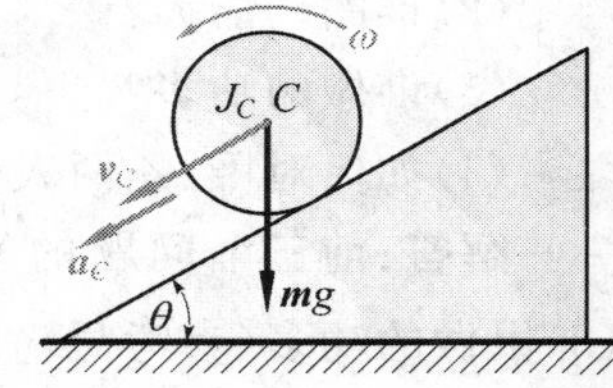

图 D12-7

解答：从力学角度，上述的差异仅为滚动物体的转动惯量，力学模型都可以用图 D12-7 来统一。滚动物体的动能为

$$T=\frac{1}{2}mv_C^2+\frac{1}{2}J_C\omega^2=\frac{1}{2}mv_C^2+\frac{1}{2}J_C\left(\frac{v_C}{R}\right)^2=\frac{1}{2}m\left(1+\frac{\rho^2}{R^2}\right)v_C^2$$

只有重力做功，其功率为 $P=mgv_C\sin\theta$。由功率方程

$$\frac{\mathrm{d}T}{\mathrm{d}t}=P:\quad \frac{m}{2}\left(1+\frac{\rho^2}{R^2}\right)\frac{\mathrm{d}(v_C^2)}{\mathrm{d}t}=mgv_C\sin\theta$$

得到

$$a_C=\frac{g\sin\theta}{1+\rho^2/R^2} \tag{a}$$

它是一个常量。查教材的表 11-1 知道，$\rho_{薄壁筒}>\rho_{厚壁筒}>\rho_{圆柱}>\rho_{球}$。因此，问题答案为

(1)重力冲量相同。

(2)重力功不相同。ρ 越小,跑的路程越长,重力所做的功越多,因此排序为:球、圆柱、厚壁筒、薄壁筒。

(3)动量不相同,因为质心速度不相同。动量排序为:球、圆柱、厚壁筒、薄壁筒。

(4)动能相同。因为动能全部来自重力势能,而后者对四者情形都相等。

(5)对质心的动量矩不相同。因为 $\alpha=\dfrac{a_C}{R}=\dfrac{g}{R}\dfrac{\sin\theta}{1+\rho^2/R^2}$,所以 $\omega=\sqrt{2\dfrac{s}{R}\dfrac{g}{R}\dfrac{\sin\theta}{1+\rho^2/R^2}}$,从而

$$L_C=J_C\omega=m\rho^2\sqrt{2\frac{s}{R}\frac{g}{R}\frac{\sin\theta}{1+\rho^2/R^2}}=\frac{m\sqrt{2sg\sin\theta}}{\sqrt{\rho^{-2}R^2+1}}$$

即 ρ 越小,对质心的动量矩越小。因此排序为:薄壁筒、厚壁筒、圆柱、球。

12-8 在题 12-7 中,若从静止开始,各物体沿完全相同的斜面向下做纯滚动,经过完全相同的时间,试回答题 12-7 提出的 5 个问题。

解答:(1)和(2)与 12-7 题重复。

(3)动量不同。质心速度大小为 a_Ct,因此动量排序为:球、圆柱、厚壁筒、薄壁筒。

(4)动能不相同。$T=\dfrac{1}{2}m\left(1+\dfrac{\rho^2}{R^2}\right)v_C^2=\dfrac{1}{2}m\left(1+\dfrac{\rho^2}{R^2}\right)a_C^2t^2=\dfrac{1}{2}m\dfrac{(g\sin\theta)^2}{1+\rho^2/R^2}t^2$,因此动能排序为:球、圆柱、厚壁筒、薄壁筒。

(5)对质心的动量矩不相同,因为

$L_C=J_C\omega=m\rho^2\alpha t=m\rho^2\dfrac{g}{R}\dfrac{\sin\theta}{1+\rho^2/R^2}t=\dfrac{mg\sin\theta}{R}\dfrac{1}{\rho^{-2}+1/R^2}t$,所以对质心的动量矩排序为:薄壁筒、厚壁筒、圆柱、球。

12-9 两个均质圆盘质量相同,A 盘半径为 R,B 盘半径为 r,且 $R>r$。两盘由同一时刻,从同一高度无初速地沿完全相同的斜面在重力作用下向下做纯滚动。

(1)哪个圆盘先到达底部?

(2)比较这两个圆盘:

A. 由初始至到达底部,哪个圆盘受重力冲量较大?

B. 达到底部瞬时,哪个动量较大?

C. 达到底部瞬时,哪个动能较大?

D. 达到底部瞬时,哪个圆盘对质心的动量矩较大?

解答:仍可以采用 D12-7 的模型。由思考 12-7 的式(a)知道 $a_C=\dfrac{2}{3}g\sin\theta$ 对两个圆盘是相同的。所以(1)的答案是同时达到。对(2)的各小题:A. 两盘受的重力冲量相等;B. 两盘的动量相等;C. 两盘的动能相等;D. A 盘对质心的动量矩比较大(绕质心的"定轴"转动动能相同,参考 12-6 的问题 2)。

12-10 两个质量、半径都完全相同的均质圆盘 A、B。盘 A 上缠绕无重细绳,在绳端作用力 $\boldsymbol{F}$;盘 B 在质心处作用力 $\boldsymbol{F}$,两力相等,且都与斜面平行,如图 S12-10 所示。设两轮在力 $\boldsymbol{F}$ 及重力作用下,无初速从同一高度沿完全相同的斜面向上作纯滚动。问:

(1)若两轮轮心都走过相同的过程 s,那么:力的功是否相同?两圆盘的动能、动量及对盘

心的动量矩是否相同？

(2)若从初始起经过相同的时间 t，那么：力的功是否相同？两圆盘的动能、动量及对盘心的动量矩是否相同？

(3)两圆盘哪个先上升到斜面的顶点？

(4)两圆盘与斜面间的摩擦力是否相等？

(5)若两圆盘沿斜面连滚带滑的运动，动滑动摩擦因子皆为 f，试回答上面的问题(1)、(2)、(3)、(4)。

(6)若斜面绝对光滑，试回答上面的问题(1)、(2)、(3)、(4)。

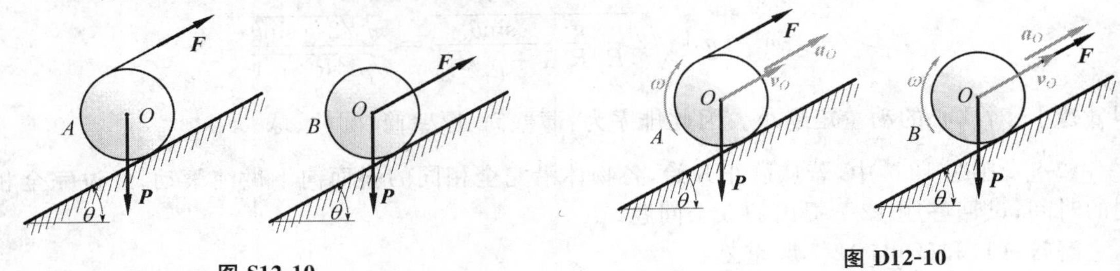

图 S12-10

图 D12-10

解答：两个盘的动力学分析见图 D12-10。利用功率方程，可求得加速度：

$$A\text{ 盘}: a_O = \frac{2}{3}\frac{2F - P\sin\theta}{m}; \qquad B\text{ 盘}: a_O = \frac{2}{3}\frac{F - P\sin\theta}{m}$$

利用这两个公式先回答问题(1)～(4)。

(1)力的功不相等(重力的功相等，但绳子拉力的功不相等)，两盘的盘心速度不相等，所以两盘的动量肯定不同，两盘的动能、对盘心的动量矩都不相同。

(2)力的功不相等(走过路程都不相同)，两盘的盘心速度不相等(加速度不相等)，所以两盘的动量肯定不同，两盘的动能、对盘心的动量矩都不相同(角速度不同)。

(3)A 盘的加速度大而先达到斜面的顶点。

(4)摩擦力不相等($F_s = F - mg\sin\theta - ma_O$)。

(5)因为二者在接触点的正压力相同($mg\cos\theta$)，所以滑动摩擦力相等，故而轮心加速度相等($a_O = (F - fP\cos\theta)/m$)。而轮子的角加速度 α 不等，因此有：

(5.1)力的功不相等(重力功相等，拉力的功和摩擦力的功不相等)，两盘的盘心速度相等，因而动量相同，两盘的动能、对盘心的动量矩都不相同(角速度不同)。

(5.2)力的功不相等(重力功相等，拉力的功和摩擦力的功不相等)，两盘的盘心速度相等，因而动量相同，两盘的动能、对盘心的动量矩都不相同(角速度不同)。

(5.3)两盘同时达到。

(5.4)摩擦力相同。

(6)将(5)的回答中 f 取 0，有：

(6.1)力的功不相等(重力功相等，拉力的功不相等，摩擦力功为 0)，两盘的盘心速度相等，因而动量相同，两盘的动能、对盘心的动量矩都不相同(角速度不同，B 盘的角速度为 0)。

(6.2)力的功不相等(重力功相等，拉力的功不相等，摩擦力功为 0)，两盘的盘心的速度相等，因而动量相同，两盘的动能、对盘心的动量矩都不相同(角速度不同，B 盘的角速度为 0)。

(6.3)两盘同时达到。

(6.4)摩擦力都为 0。

12-11　无重细绳 OA 一端固定于 O 点，另一端系一质量为 m 的小球 A(小球尺寸不计)，在光滑的水平面内绕 O 点运动(O 点也在此平面上)。该平面上另一点 O_1 是销钉(尺寸不计)，当绳碰到 O_1 后，A 球即绕 O_1 转动，如图 S12-11 所示。问：在绳碰到 O_1 点前后瞬间下述说法对吗？

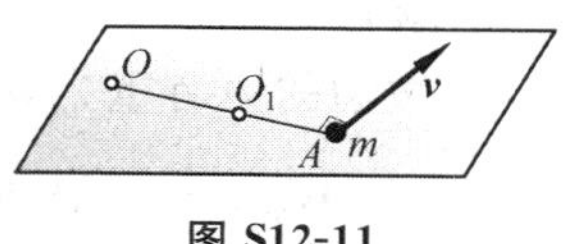

图 S12-11

A. 球 A 对 O 点的动量矩守恒。

B. 球 A 对 O_1 点的动量矩守恒。

C. 绳索的张力不变。

D. 球 A 的动能不变。

解答:B 和 D 正确;A 和 C 错误。

12.4　习题解答

12-1　图 T12-1 所示弹簧原长 $l=100$ mm，刚性系数 $k=4.9$ kN/m，一端固定在点 O，此点在半径为 $R=100$ mm 的圆周上。如弹簧的另一端由点 B 拉至点 A 和由点 A 拉至点 D，AC 垂直于 BC，OA 和 BD 为直径。请分别计算弹簧力所做的功。

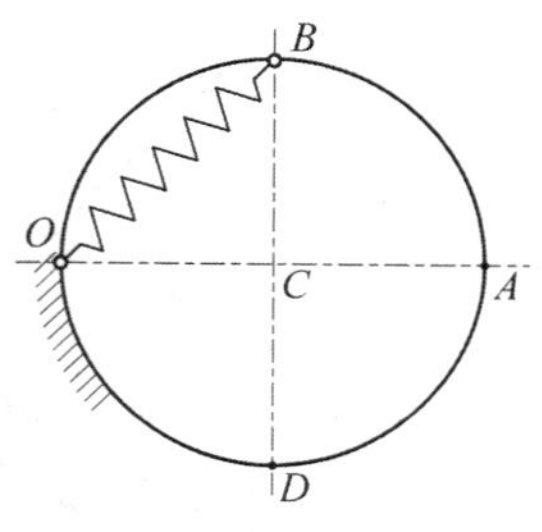

图 T12-1

解:
$$W_{BA}=\frac{1}{2}k(\delta_A^2-\delta_B^2)$$
$$=\frac{1}{2}\times 4900\ \mathrm{N/m}\times[(0.1\sqrt{2}-0.1)^2-(0.2-0.1)^2]\mathrm{m}^2$$
$$=-20.3\ \mathrm{J}$$
$$W_{AD}=\frac{1}{2}k(\delta_A^2-\delta_D^2)$$
$$=\frac{1}{2}\times 4900\ \mathrm{N/m}\times[(0.2-0.1)^2-(0.1\sqrt{2}-0.1)^2]\mathrm{m}^2=20.3\ \mathrm{J}$$

12-2　如图 T12-2 所示，圆盘的半径 $r=0.5$ m，可绕水平轴 O 转动。在绕过圆盘的绳上吊有两物块 A、B，质量分别为 $m_A=3$ kg，$m_B=2$ kg。绳与盘之间无相对滑动。在圆盘上作用一力偶，力偶矩按 $M=4\varphi$ 的规律变化(M 以 N·m 计，φ 以 rad 计)。求由 $\varphi=0$ 到 $\varphi=2\pi$ 过程中，力偶矩 M 与物块 A、B 重力所做的功之总和。

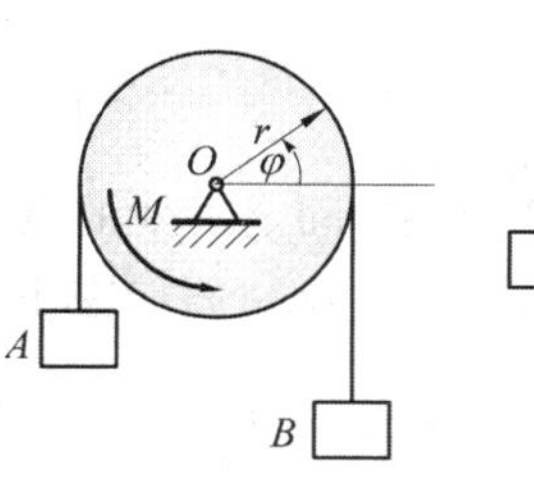

图 T12-2

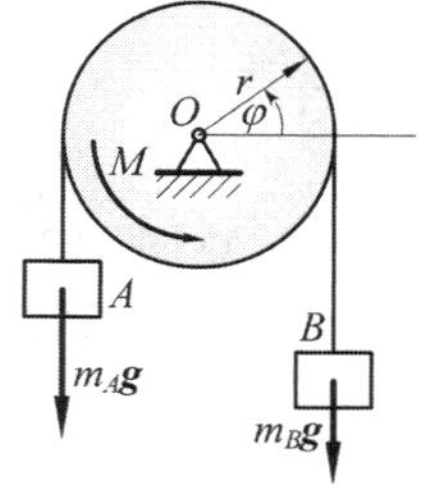

图 J12-2

解:轴承处约束力(图 J12-2 中未画出)为理想约束力，不做功。做功的力和力偶矩有 M、$m_A\boldsymbol{g}$、$m_B\boldsymbol{g}$。总功为
$$W_{BA}=\int_0^{2\pi}M\mathrm{d}\varphi+(m_A-m_B)g\times 2\pi r$$
$$=\int_0^{2\pi}4\varphi\mathrm{d}\varphi+1\times 9.8\times 2\pi\times 0.5$$
$$=109.7\ \mathrm{J}$$

12-3 如图 T12-3 所示,用跨过滑轮的绳子牵引质量为 2 kg 的滑块 A 沿倾角为 30°的光滑斜槽运动。设绳子拉力 $F=20$ N。计算滑块由位置 A 至位置 B 时,重力与拉力 $\boldsymbol{F}$ 所做的总功。

解法一

做功的力有重力 $m\boldsymbol{g}$ 和 $\boldsymbol{F}$(图 J12-3a)。$m\boldsymbol{g}$ 的功为

$$W_{mg}=-AB\sin30^\circ\times mg=-6(\cot45^\circ-\cot60^\circ)\sin30^\circ\times mg=-24.852\ \text{J}$$

拉力 $\boldsymbol{F}$ 作用于绳一端,始终与绳子夹角为零,因此

$$W_F=\int_{A\to B}F\,\mathrm{d}s=F\Delta_{绳}=F\times6(\csc45^\circ-\csc60^\circ)=31.142\ \text{J}$$

因此总功

$$W=W_{mg}+W_F=6.290\ \text{J}$$

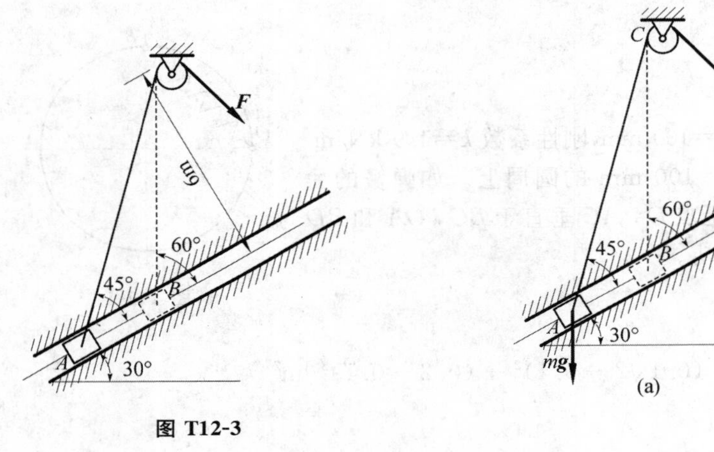

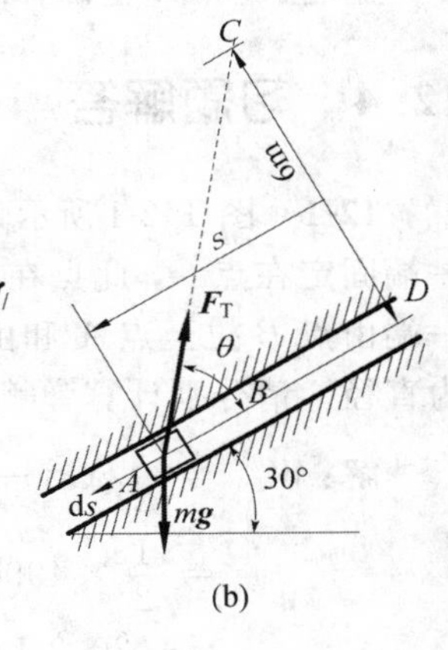

图 T12-3

图 J12-3

解法二

拉力 $\boldsymbol{F}$ 做的功也可以经由绳子对 A 的拉力 $\boldsymbol{F}_\mathrm{T}$ 所做的功计算出来。在图 J12-3b 中,绳子与斜面的夹角为 θ。由滑轮的特性知道 $F_\mathrm{T}=F$。根据三角函数关系有 $s=AD=CD\cot\theta$,因此得到

$$\mathrm{d}s=\mathrm{d}AD=-CD\ \csc^2\theta\mathrm{d}\theta$$

注意图 J12-3b 中,固定不变的点 D 是坐标原点,从 D 出发到 A 的 s 是坐标,因此 $\mathrm{d}s$ 的方向如图中所示,沿 s(或 DA)斜向左下,而不是右上。现在

$$W_F=\int_{A\to B}\boldsymbol{F}\cdot\mathrm{d}\boldsymbol{r}=\int_{A\to B}-F_\mathrm{T}\mathrm{d}s\cos\theta=\int_{A\to B}-F\times(-CD\ \csc^2\theta)\cos\theta\mathrm{d}\theta$$

$$=F\times CD\int_{45^\circ}^{60^\circ}(\sin\theta)^{-2}\mathrm{d}(\sin\theta)=-F\times CD\ \csc\theta\Big|_{45^\circ}^{60^\circ}=F\times6(\csc45^\circ-\csc60^\circ)$$

$$=31.142\ \text{J}$$

总功计算同解法一。

12-4 图 T12-4 所示坦克的履带质量为 m,两个车轮的质量均为 m_1。车轮被看成均质圆盘,半径为 R,两车轮间的距离为 πR。设坦克前进速度为 v,计算此质点系的动能。

解:系统的动能为履带动能和车轮动能之和。将履带分为 AB,BC,CD,DA 等 4 段,如图 J12-4a 所示,履带的线密度 $\rho = m/(\pi R \times 2 + 2\pi \times R) = m/(4\pi R)$ 。

CD 段履带与地面不打滑,速度为 0,因而动能也是 0。看右轮,因轮与履带也不打滑,所以轮子最下方 C' 的速度和履带上 C 的速度相同,也为 0。因此 C 为右轮的瞬心,这样也就确定了轮子转动的角速度 $\omega = v/R$ 。

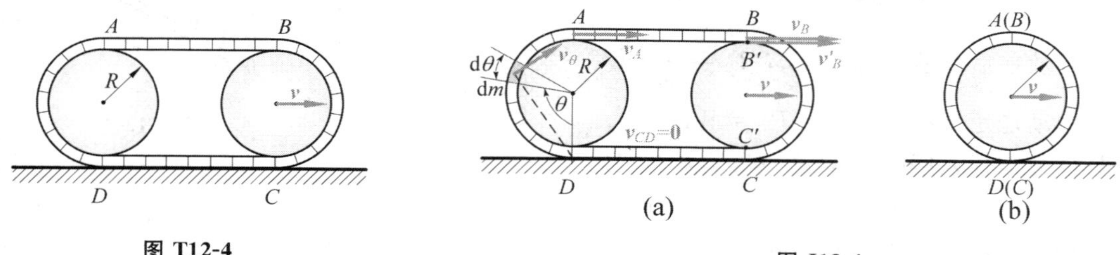

图 T12-4

图 J12-4

履带和轮子之间不打滑,因此履带上与轮子接触点的速度就等于轮子边缘上对应点速度,这样可确定履带上 B 点速度 $v_B = \omega \times 2R = 2v$ 。类似地, $v_A = 2v$ 。因此 AB 段履带的动能为

$$T_{AB} = \frac{1}{2} m_{AB} v_{AB}^2 = \frac{1}{2} \rho \pi R \times (2v)^2 = \frac{m}{2} v^2$$

为求 AD 段动能,取图 J12-4a 所示的微元,其速度为 $v_\theta = \omega \times [2R\sin(\theta/2)]$ 。AD 段动能

$$T_{AD} = \int_0^\pi \frac{1}{2} v_\theta^2 \mathrm{d}m = \frac{1}{2} \int_0^\pi [\omega \times 2R\sin(\theta/2)]^2 (\rho R \mathrm{d}\theta) = 2\rho R^3 \omega^2 \int_0^\pi \sin^2(\theta/2) \mathrm{d}\theta$$

$$= 2\rho R^3 \omega^2 \int_0^\pi \frac{1-\cos\theta}{2} \mathrm{d}\theta = \rho R^3 \omega^2 \pi = \pi \rho R v^2 = \frac{m}{4} v^2$$

显然

$$T_{BC} = T_{AD} = mv^2/4$$

单个轮子的动能为

$$T_{轮} = \frac{1}{2} m_1 v^2 + \frac{1}{2} J \omega^2 = \frac{1}{2} m_1 v^2 + \frac{1}{2} \left(\frac{m_1 R^2}{2}\right) \left(\frac{v}{R}\right)^2 = \frac{3}{4} m_1 v^2$$

系统的总动能为

$$T = 2T_{轮} + T_{AD} + T_{BC} + T_{DC} = mv^2 + 3m_1 v^2/2$$

讨论

AD 和 CD 两端履带半圆弧也可以合起来,如同图 J12-4b 所示。两段合起来后,相当于纯滚动的均质环。按照这种方式计算,不需要积分。

12-5　自动弹射器如图 T12-5 放置,弹簧在未受力时的长度为 200 mm,恰好等于筒长。欲使弹簧改变 10 mm,需力 2 N。如弹簧被压缩到 100 mm,然后让质量为 30 g 的小球自弹射器中射出。求小球离开弹射器筒口时的速度。

解:弹簧刚度系数

$$k = \frac{F}{\Delta x} = \frac{2\ \mathrm{N}}{0.01\ \mathrm{m}} = 200\ \mathrm{N/m}$$

弹射过程中,弹性力的功

$$W_k = \frac{1}{2}k(\delta_1^2 - \delta_2^2) = \frac{1}{2} \times 200(0.1^2 - 0.0^2)\ \text{J} = 1\ \text{J}$$

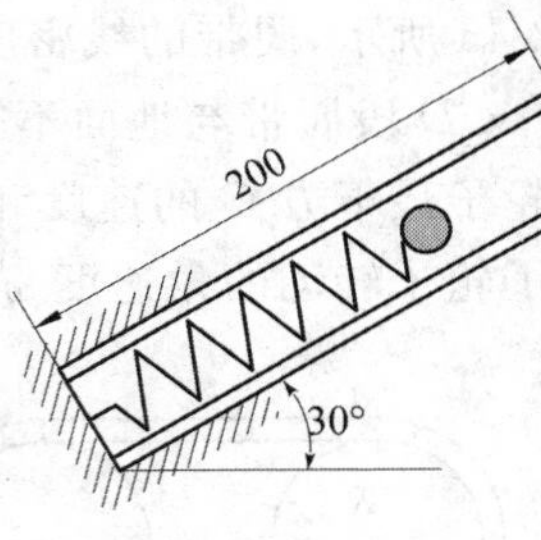

重力的功

$$W_g = - mg \times (0.2 - 0.1)\sin 30^\circ = - 0.0147\ \text{J}$$

释放前后动能：$T_1 = 0,\ T_2 = \frac{1}{2}mv^2$

由动能定理有：$T_2 - T_1 = W_k + W_g$

图 T12-5

将具体数据代入解得

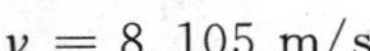
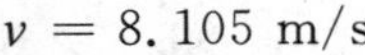

$$v = 8.105\ \text{m/s}$$

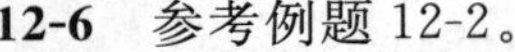

12-6 参考例题 12-2。

12-7 链条全长 $l = 1$ m,单位长度质量为 $\rho = 2$ kg/m,悬挂在半径为 $R = 0.1$ m,质量 $m = 1$ kg 的滑轮上,在图 T12-7 所示位置自静止开始下落(给以初始扰动)。设链条与滑轮无相对滑动,滑轮为均质圆盘,求链条离开滑轮时的速度。

解:链条和滑轮组成的系统在运动过程中机械能守恒。以转轴处为坐标原点(图 J12-7a),同时也选择该位置为零势能位置。y 轴正向朝下。

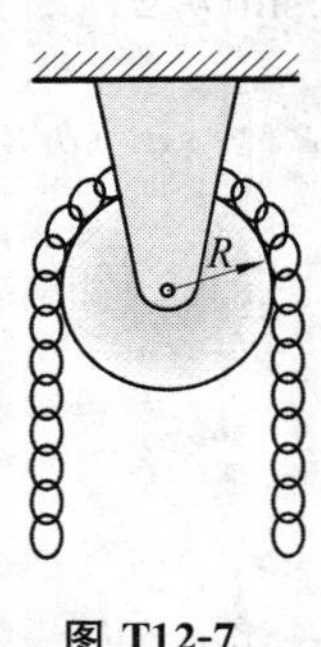

图 T12-7

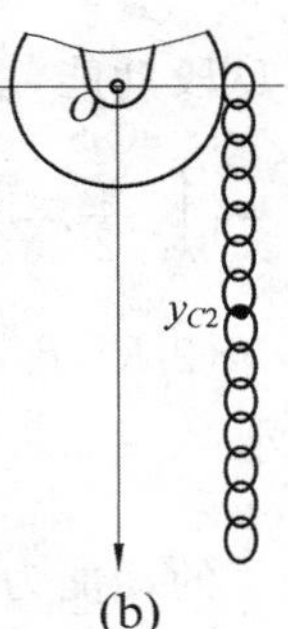

图 J12-7

初始时刻(J12-7a),链条弯曲部分按圆弧计算质心位置(查教材表 3-2)

$$y_1 = - 2R/\pi$$

直线部分的质心坐标

$$y_2 = [(l - \pi R)/2]/2 = (l - \pi R)/4$$

于是整个链条的质心坐标为

$$y_{C1} = \frac{(-2R)/\pi \times (\pi\rho R) + (l - \pi R)/4 \times [(l - \pi R)\rho]}{\rho l} = \frac{(l - \pi R)^2 - 8R^2}{4l} \tag{a}$$

链条离开滑轮的瞬时(图 J12-7b)

$$y_{C2} = - l/2 \tag{b}$$

由机械能守恒 $T_1 + V_1 = T_2 + V_2$ 有(滑轮也有动能)

$$\frac{1}{2}\frac{mR^2}{2}\left(\frac{v}{R}\right)^2+\frac{1}{2}\rho l v^2+\rho l g y_{C2}=0+\rho l g y_{C1}$$

将式(a)和式(b)代入有

$$v=\sqrt{\frac{\rho g\left[(l+\pi R)^2+2R^2(4-\pi^2)\right]}{2\rho l+m}} \tag{c}$$

代入题目中具体数据得到：$v = 2.512$ m/s。

讨论

如果 $l < \pi R$，则 y_1 有误，随后其他计算也不合理，这也可导致：如果 l 很小，式(3)右边根号下会出现负值。

12-8　参见例题 12-3。

12-9　两个质量均为 m_2 的物体用绳连接，此绳跨过滑轮 O，如图 T12-9 所示。在左方物体上放有一带孔的薄圆板，而在右方物体上放有两个相同的圆板，圆板的质量均为 m_1。此质点系由静止开始运动，当右方物体和圆板落下距离 x_1 时，重物通过一固定圆环板，而其上质量为 $2m_1$ 的薄板则被搁住。摩擦和滑轮质量不计。如该重物继续下降了距离 x_2 时速度为零，求 x_2 与 x_1 的比。

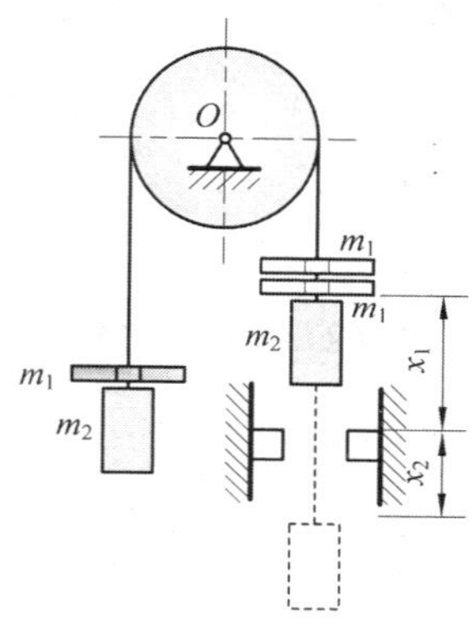

图 T12-9

解：第一阶段：系统由静止运动 x_1 距离，设阶段末的重物速度为 v。初动能 $T_1=0$，末动能

$$T_2=\frac{1}{2}(m_2+2m_1)v^2+\frac{1}{2}(m_1+m_2)v^2+\frac{1}{2}J_O\left(\frac{v}{R}\right)^2=\frac{1}{2}(2m_2+3m_1)v^2$$

运用动能定理 $T_2-T_1=W$ 有

$$(2m_2+3m_1)v^2/2-0=m_1gx_1 \tag{a}$$

第二阶段：系统通过搁板继续运动 x_2 距离后静止。初动能

$$T_1'=\frac{1}{2}m_2v^2+\frac{1}{2}(m_1+m_2)v^2+\frac{1}{2}J_O\left(\frac{v}{R}\right)^2=\frac{1}{2}(m_1+2m_2)v^2$$

末动能 $T_2'=0$。外力的功

$$W'=-(m_1+m_2)gx_2+m_2gx_2=-m_1gx_2$$

运用动能定理 $T_2'-T_1'=W'$ 有

$$0-(m_1+2m_2)v^2/2=-m_1gx_2 \tag{b}$$

式(a)比式(b)得到

$$\frac{x_2}{x_1}=\frac{m_1+2m_2}{2m_2+3m_1}$$

12-10 均质连杆 AB 质量为 4 kg，长 $l = 600$ mm。均质圆盘质量为 6 kg，半径 $r = 100$ mm。弹簧刚度系数为 $k = 2$ N/mm，不计套筒 A 及弹簧的质量。如连杆在图 T12-10 所示位置被无初速释放后，A 端沿光滑杆滑下，圆盘做纯滚动。求：(1) 当 AB 达到水平位置而接触弹簧时，圆盘与连杆的角速度；(2) 弹簧的最大压缩量 δ。

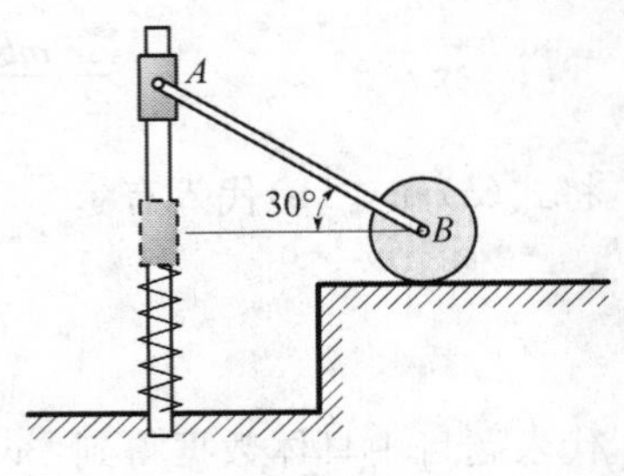

图 T12-10

解：(1) 杆 AB 处于任意 θ 位置的速度分析见图 J12-10。当 AB 达到水平位置时，速度瞬心与 B 重合，再由圆盘做纯滚动的特性可知圆盘瞬时静止。此时系统动能就可写为 $T_2 = ml^2\omega_{AB}^2/6$。

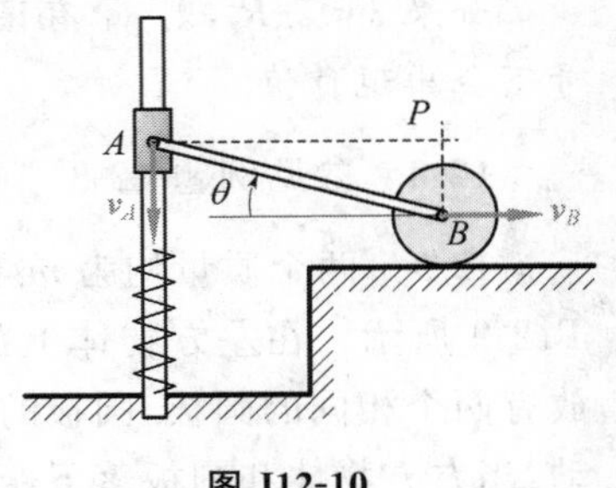

图 J12-10

初始 $T_1 = 0$。选择 AB 处于水平位置为系统零势能点，即有 $V_1 = mg \times l/2 \times \sin 30^\circ$。再由机械能守恒

$$T_1 + V_1 = T_2 + V_2: \quad 0 + mg \times l/2 \times \sin 30^\circ = ml^2\omega_{AB}^2/6 + 0$$

解得

$$\omega_{AB} = \sqrt{3g/(2l)} = 4.95 \text{ rad/s}$$

(2) 弹簧压缩到最大 δ 时，A，AB 和圆盘都静止，记此状态为 3，则 $T_3 = 0$，$V_3 = -mg\dfrac{\delta}{2} + \dfrac{1}{2}k\delta^2$。从状态 1 到状态 3 的机械能守恒，即

$$T_1 + V_1 = T_3 + V_3: \quad 0 + mg \times \frac{l}{2} \times \sin 30^\circ = 0 - mg\frac{\delta}{2} + \frac{1}{2}k\delta^2$$

解得

$$\delta = \frac{mg \pm \sqrt{mg(2kl + mg)}}{2k}$$

其中负号解对应 A 拉着弹簧再跳起来的最高点，应该舍去。再将题设数据代入得到：

$$\delta = 87.1 \text{ mm}$$

12-11 力偶矩 M 为常量，作用在绞车的鼓轮上，使轮转动，如图 T12-11 所示。轮的半径为 r，质量为 m_1。缠绕在鼓轮上的绳子系一质量为 m_2 的重物，使其沿倾角为 θ 的斜面上升。重物与斜面间的滑动摩擦因子为 f，绳子质量不计，鼓轮可视为均质圆柱。在开始时，此系统处于静止。求鼓轮转过 φ 角时的角速度和角加速度。

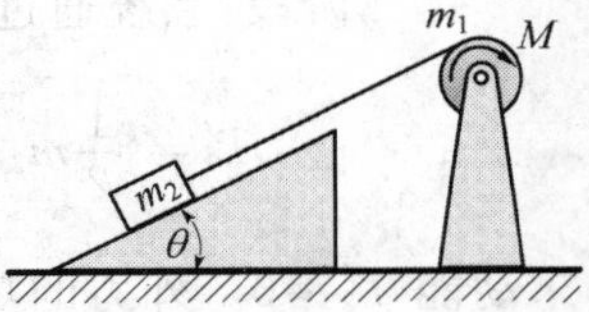

图 T12-11

解：取出质量块 m_2，进行受力分析，见图 J12-11 左上角。沿 $\boldsymbol{F}_{\mathrm{N}}$ 方向投影得到 $F_{\mathrm{N}} = mg\cos\theta$。由摩擦定律得到

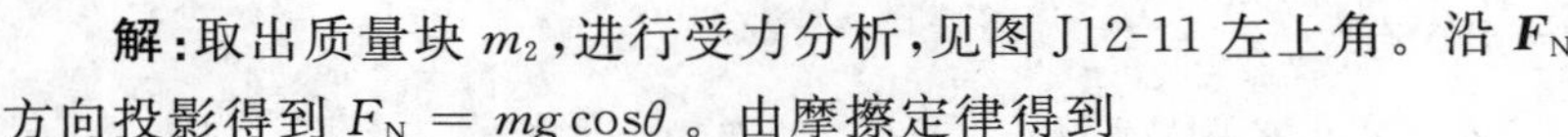

$$F_{\mathrm{S}} = fF_{\mathrm{N}} = mgf\cos\theta$$

对整个系统，做功的力和速度如图 J12-11 所示。图中速度关系为 $\omega_1 = v_2/r$。系统动能为

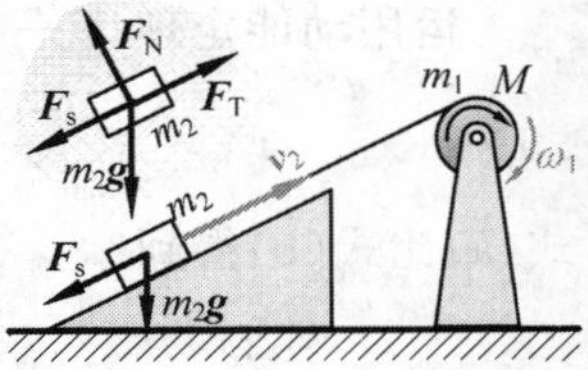

图 J12-11

$$T_2 = \frac{1}{2}m_2 v_2^2 + \frac{1}{2}J_1\omega_1^2 = \frac{1}{2}\left(m_2 + \frac{m_1}{2}\right)r^2\omega_1^2$$

初始动能 $T_1 = 0$ 。鼓轮转过 φ 角的外力功为

$$W_{12} = M\varphi - \varphi r(m_2 gf\cos\theta + m_2 g\sin\theta)$$

根据动能定理 $T_2 - T_1 = W_{12}$ 有

$$\frac{1}{2}\left(m_2 + \frac{m_1}{2}\right)r^2\omega_1^2 = M\varphi - \varphi r(m_2 gf\cos\theta + m_2 g\sin\theta) \tag{a}$$

可解得

$$\omega_1 = \frac{2}{r}\sqrt{\frac{M - rm_2 g(f\cos\theta + \sin\theta)}{2m_2 + m_1}\varphi}$$

对式(a)求导得到

$$\alpha_1 = \frac{2}{r^2}\frac{M - r(m_2 gf\cos\theta + m_2 g\sin\theta)}{2m_2 + m_1}$$

12-12　周转齿轮传动机构放在**水平面**内,如图 T12-12 所示。已知动齿轮半径为 r,质量为 m_1,可看成为均质圆盘;曲柄 OA,质量为 m_2,可看成为均质杆;定齿轮半径为 R。在曲柄上作用一常力偶矩 M,使此机构由静止开始运动。求曲柄转过 φ 角后的角速度和角加速度。

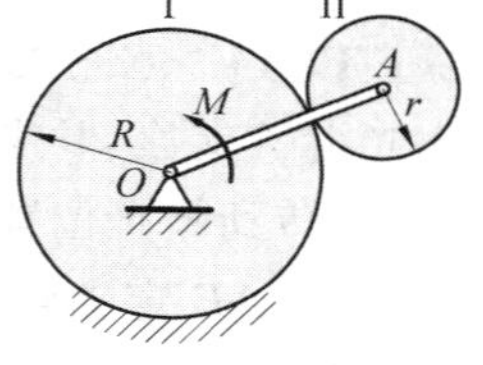

图 T12-12

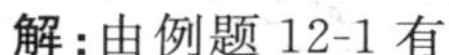
解:由例题 12-1 有

$$T_2 = \frac{1}{12}(2m_3 + 9m_1)\,(R + r)^2\omega^2$$

整个系统在运动过程中只有力偶矩 M 做功,它所做功为 $W_{12} = M\varphi$ 。初始动能 $T_1 = 0$ 。

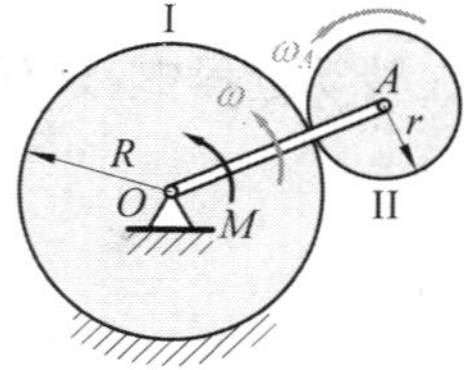

图 J12-12

由动能定理 $T_2 - T_1 = W_{12}$:

$$\frac{1}{12}(2m_3 + 9m_1)\,(R + r)^2\omega^2 = M\varphi \tag{a}$$

可解得

$$\omega = \frac{2}{R + r}\sqrt{\frac{3M\varphi}{2m_3 + 9m_1}}$$

对式(a)求导得到

$$\alpha = \frac{6M}{(2m_3 + 9m_1)\,(R + r)^2}$$

12-13　如图 T12-13 所示机构中,直杆 AB 质量为 m,楔块 C 质量为 m_C,倾角为 θ。当 AB 杆竖直下降时,推动楔块水平运动。不计各处摩擦,求楔块 C 与 AB 杆的加速度。

解:楔块 C 水平平移,BA 竖直平移。

选择 C 为动系,AB 杆上的 A 为动点,速度合成关系如图 J12-13。由图中平行四边形可写出

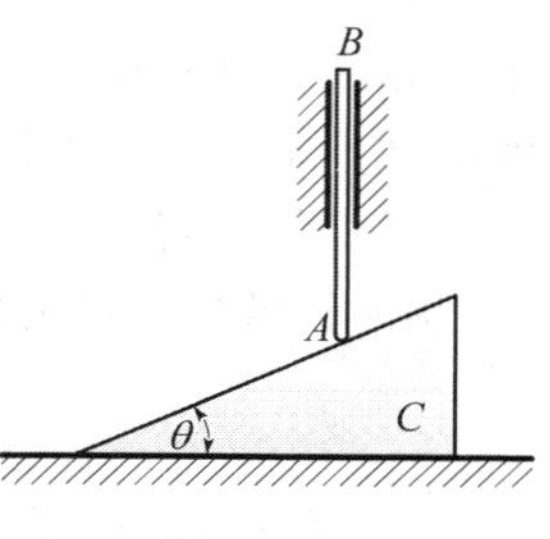

图 T12-13

$$v_C = v_e = v_a\cot\theta = v_A\cot\theta \qquad (a)$$

图 J12-13

系统的动能可以用 v_A 表示如下：

$$T = \frac{1}{2}m_C v_C^2 + \frac{1}{2}mv_A^2 = \frac{1}{2}(m_C\cot^2\theta + m)v_A^2$$

做功的力只有 AB 杆的重力，因此系统的功率 $P = mgv_A$ 。

根据功率方程

$$\frac{\mathrm{d}T}{\mathrm{d}t} = P:\quad (m_C\cot^2\theta + m)v_A a_A = mgv_A$$

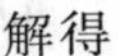

解得

$$a_A = \frac{m}{m_C\cot^2\theta + m}g$$

对式(a)求导有

$$a_C = a_A\cot\theta = \frac{m\cot\theta}{m_C\cot^2\theta + m}g$$

12-14 水平均质细杆质量为 m，长为 l，C 为杆的质心。杆 A 处为光滑铰支座，B 端为一挂钩，如图 T12-14 所示。如 B 端突然脱落，杆转到竖直位置时。问 b 值多大能使杆有最大角速度？

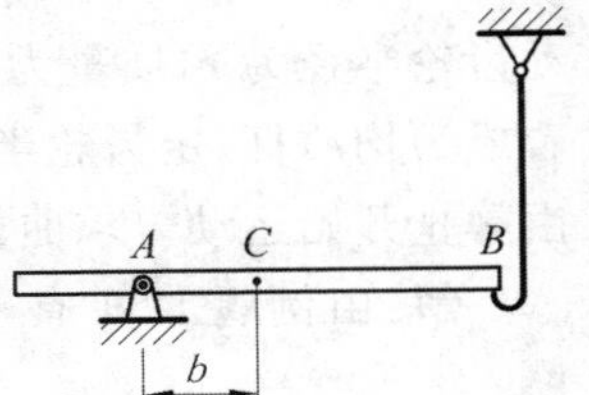

图 T12-14

解：AB 定轴转动，设其到竖直位置时角速度为 ω。系统的动能为（初动能 $T_1 = 0$）

$$T_2 = \frac{1}{2}J_A\omega^2 = \frac{1}{2}(J_C + b^2)\omega^2$$

在转动过程中，只有重力做功，大小为 $W = mgb$ 。根据动能定理有

$$\frac{1}{2}(J_C + mb^2)\omega^2 - 0 = mgb$$

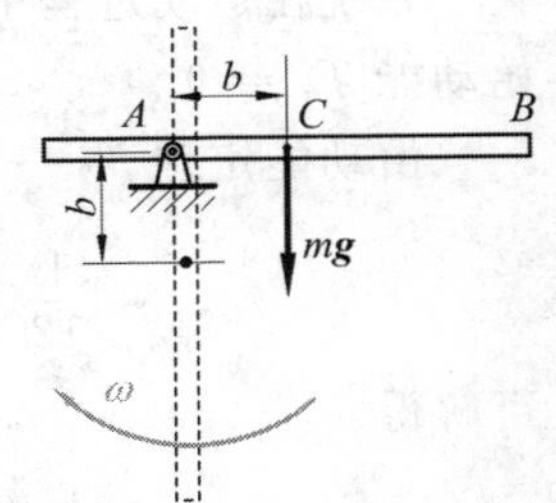

图 J12-14

解得

$$\omega = \sqrt{\frac{2mgb}{J_C + mb^2}} = \sqrt{\frac{2mgb}{b^{-1}J_C + mb}}$$

上式根号下分母当 $b^{-1}J_C = mb$ 时最小，也就是 $b = \sqrt{J_C/m} = \sqrt{3}l/6$ 。在此条件下，杆有最大角速度。

12-15 均质细杆长 l，质量为 m_1，上端 B 靠在光滑的墙上，下端 A 以铰链与均质圆柱的中心相连。圆柱质量为 m_2，半径为 R，放在粗糙的地面上，自图 T12-16 所示位置由静止开始滚动而不滑动，初始杆与水平线的交角 $\theta=45°$。求点 A 在初瞬时的加速度。

解：系统由静止开始运动至图 J12-15 所示位置时，杆 AB 的速度瞬心为点 P，其角速度 ω_{AB} 顺时针转向。圆柱的速度瞬心为点 D，其角速度 ω_A 逆时针转向，

$$\omega_A = v_A/R$$

而 P 为杆 AB 的速度瞬心，因此有

$$\omega_{AB}=v_A/OA=v_A/(l\sin\theta)$$

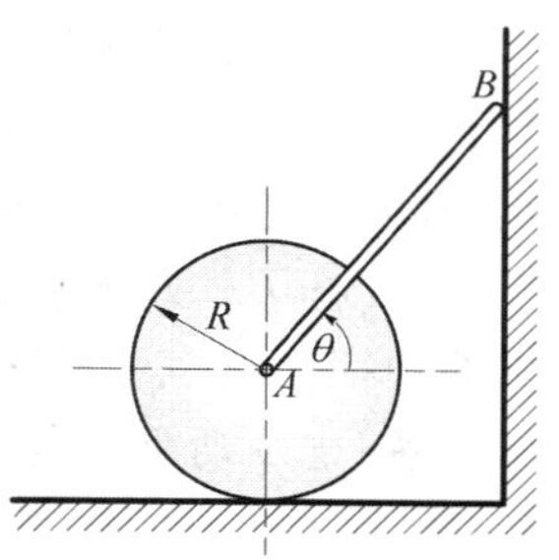

图 T12-15

故图 J12-15 所示系统的动能(初动能 $T_1=0$)

$$T_2=\frac{1}{2}J_D\omega_A^2+\frac{1}{2}J_P\omega_{AB}^2=\frac{3}{4}m_2v_A^2+\frac{1}{6}m_1\frac{v_A^2}{\sin^2\theta}$$

在运动过程中,做功的力只有 $m_1\boldsymbol{g}$,所做的功为

$$W=m_1gl(\sin 45^\circ-\sin\theta)/2$$

根据动能定理有

$$\frac{3}{4}m_2v_A^2+\frac{1}{6}m_1\frac{v_A^2}{\sin^2\theta}=\frac{m_1gl}{2}(\sin 45^\circ-\sin\theta)$$

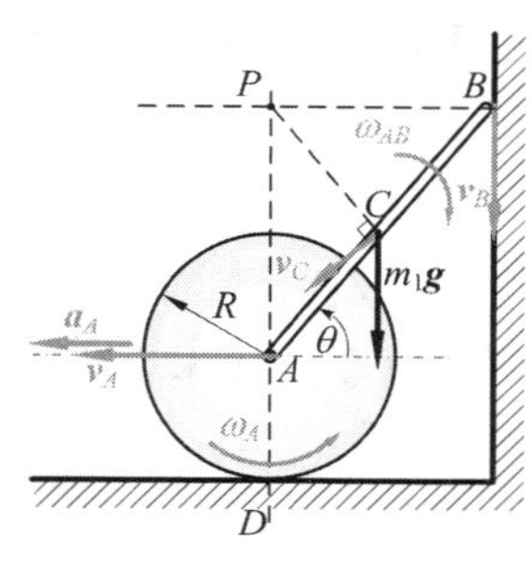

图 J12-15

两边对时间求导有

$$\frac{3}{2}m_2a_Av_A+\frac{1}{3}m_1\frac{a_Av_A}{\sin^2\theta}-\frac{1}{3}m_1\frac{v_A^2\cos\theta}{\sin^3\theta}\dot{\theta}=-\frac{m_1gl}{2}\cos\theta\times\dot{\theta}$$

注意 $\dot{\theta}=-\omega_{AB}=-v_A/(l\sin\theta)$。代入上式,两边约去 v_A 有

$$\frac{3}{2}m_2a_A+\frac{1}{3}m_1\frac{a_A}{\sin^2\theta}+\frac{1}{3}m_1\frac{v_A^2\cos\theta}{l\sin^4\theta}=\frac{m_1g}{2}\cot\theta$$

解得

$$a_A=\frac{m_1\cot\theta(3gl-2v_A^2\csc^3\theta)}{l(9m_2+2m_1\csc^2\theta)}$$

将 $\theta=45^\circ$, $v_A=0$ 代入可得

$$a_A=\frac{3m_1}{4m_1+9m_2}g$$

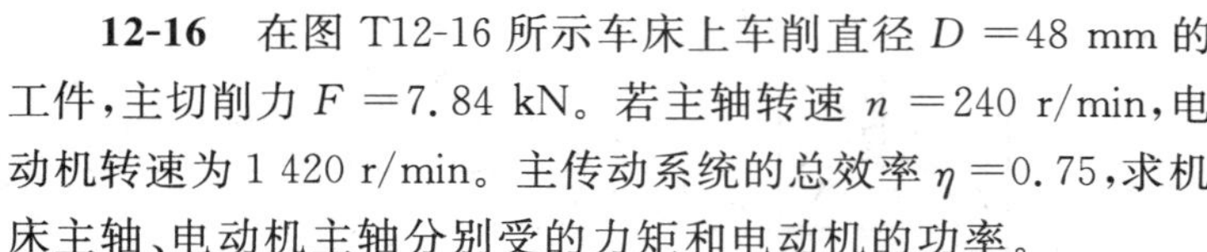

12-16　在图 T12-16 所示车床上车削直径 $D=48$ mm 的工件,主切削力 $F=7.84$ kN。若主轴转速 $n=240$ r/min,电动机转速为 1 420 r/min。主传动系统的总效率 $\eta=0.75$,求机床主轴、电动机主轴分别受的力矩和电动机的功率。

解:车床主轴所受的力矩为

$$M_{主}=F\cdot D/2=7.84\times10^3\times0.048/2\ \text{N}\cdot\text{m}=188.16\ \text{N}\cdot\text{m}$$

图 T12-16

机床的切削功率

$$P_{切}=M_{主}\cdot\omega=188.16\times240\times2\pi/60\ \text{W}=4729\ \text{W}$$

电动机的功率

$$P_{电}=P_{切}/\eta=6305\ \text{W}$$

电动机主轴所受力矩

$$M_{电}=P_{电}/\omega_{电}=6305\times60/(1420\times2\pi)=42.40\ \text{N}\cdot\text{m}$$

12-17 如图 T12-17 所示，测量机器功率的动力计，由胶带 $ACDB$ 和杠杆 BF 组成。胶带具有竖直的两段 AC 和 BD，并套住机器的滑轮 E 的下半部，杠杆支点为 O。借升高或降低支点 O，可以变更胶带的张力，同时变更轮与胶带间的摩擦力。杠杆上挂一质量为 $m=3$ kg 的重锤，使杠杆 BF 处于水平的平衡位置。如力臂 $l=500$ mm，发动机转数 $n=240$ r/min，求发动机的功率。

解：记发动机的角速度为 ω，即有

$$\omega = 2\pi n/60 \text{ rad/s} = 8\pi \text{ rad/s}$$

因发动机转速恒定，故滑轮 E 的角加速度 $\alpha=0$。滑轮 E 的受力分析如图 J12-17a 所示，运用定轴转动微分方程有

$$\sum M_E = J_E\alpha: \quad M-(F_{T1}-F_{T2})R=0$$

得到

$$M=(F_{T1}-F_{T2})R \tag{a}$$

再取杠杆作为研究对象，受力分析见图 J12-17b 所示。由平衡方程有

$$\sum M_O = 0: \quad mgl-(F'_{T1}-F'_{T2})R=0$$

将式(a)代入得到

$$M=mgl$$

发动机的功率为

$$P=M\omega=mgl\omega=3\times9.8\times0.5\times8\pi\text{W}=369.45\ \text{W}$$

图 T12-17

图 J12-17

旧书不厌百回读，熟读精思子自知。

苏轼《送安敦秀才失解西归》

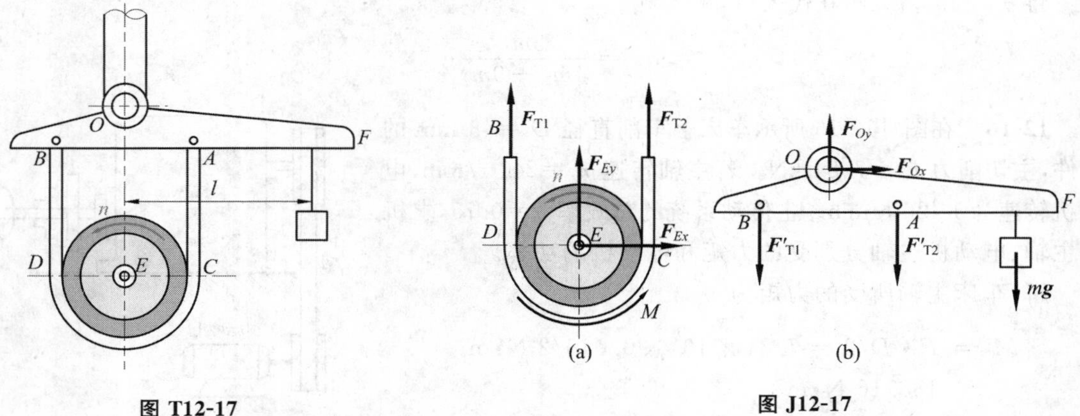

第 12 章 z　动力学综合问题

12z.1　主要内容

求解较复杂的动力学题目需要将三大定理(动量定理、动量矩定理和动能定理)联合起来使用。

在数学演绎上,三大定理都源于牛顿第二定律(发现过程不是这样),但是如果每个问题的“分析”都从牛顿第二定律出发,那么一方面分析过程很冗长,另外一方面对牛顿第二定律的微分式进行积分也是一件烦人的事情,第三方面,针对质点的牛顿第二定律与我们工程常用的系统和刚体系之间的过渡则需要每次对质点求和(实质是空间积分,还需要知道作用力与反作用力特性,理想约束特性等)也是繁琐的工作。三大定理可针对物理上和工程上常用的质点系和刚体的特殊性,演绎出更容易使用的特定形式,特别是积分后的守恒式，运用更为容易。

动量定理和动量矩定理,以及针对质点系和刚体所演绎的质心运动定理和刚体平面运动微分方程,都是矢量式。它们给出了加速度(或角加速度)与力(或力偶)之间方程。只有外力会在方程出现,所以对这组定理,力按内外分类。

动能定理及其衍生的机械能守恒和功率方程,是标量方程,它给出系统的能量与力的功之间的关系。只有做功的力会在方程出现,所以对这组定理,力按理想约束和非理想约束分类。一个系统只有一个动能定理方程。所以就目前学习程度,它最适合分析单自由度系统。如果是多自由度系统,那么看看能否利用守恒定律把它变成“伪”单自由度系统。

就理论力学常讨论的单自由度系统,从目标来看,如果只分析速度信息,那么用动能就可以了。如果目标仅是加速度,那么用功率方程。如果速度和加速度都要,则使用动能定理(机械能守恒)再求导,此时当然待求系统的动能通式要容易写出来。

如果要分析力,那么一般使用动量定理和动量矩定理。为了减少未知量,我们往往要通过动能定理把某些关键点的速度解出,从而得到该点的法向加速度。

初瞬时问题是动力学训练中一种常见的类型。它的特征是初始瞬间的各质点速度为零,各刚体的角速度为零(所以就不再用动能定理分析速度了)。对这类题目,一般先分析加速度,再用动量定理和动量矩定理分析力。

多自由度系统(不含可化成“伪”单自由度系统)在理论力学教材的动力学部分很少出现,特别是多刚体情形只有 11-28 题和 11-30 题。单个刚体的只有习题教材的综 8,它还是初瞬时问题。

综上所述,契合目前理论力学的动力学难度,要分析的问题大体分为两类,一类是初瞬时问题,另一类是单自由度问题。第一类问题较少,方法上面已经讨论。第二类问题最多,一般都是先用动能定理(或其衍生定理)分析运动量,再用动量定理和动量矩定理分析力的信息。

12z.2 精选例题

例题 12z-1 图 12z-1 所示均质圆盘，质量为 m，半径为 r，可绕通过 O 点且垂直于盘平面的水平轴 O 转动。设盘从最高位置无初速地开始绕轴 O 转动。求当圆盘中心 C 和轴 O 点连线经过水平位置时圆盘的角速度，角加速度及 O 处的反力。

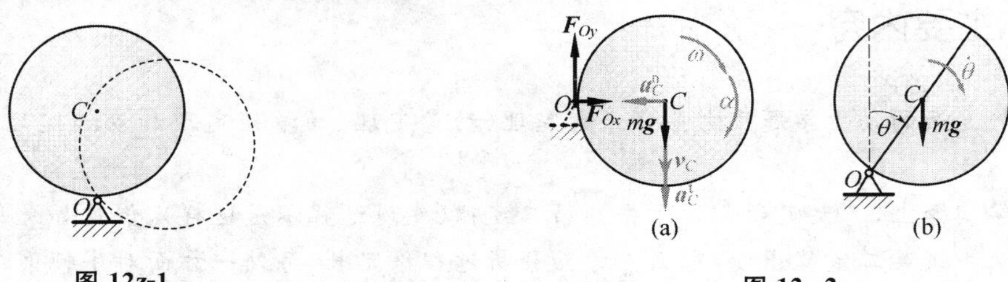

图 12z-1

图 12z-2

解法一

(1)利用机械能守恒分析速度。选择盘在最高位置为零势能位置，即 $V_1=0$，此时动能 $T_1=0$。

OC 经过水平位置时的运动信息如图 12z-2a 所示。系统的势能和动能分别为

$$V_2=-mgr$$

$$T_2=\frac{1}{2}J_O\omega^2=\frac{1}{2}(J_C+mr^2)\omega^2=\frac{3}{4}mr^2\omega^2$$

根据机械能守恒有

$$T_2+V_2=T_1+V_1:\quad \frac{3}{4}mr^2\omega^2-mgr=0+0$$

即

$$\omega^2=4g/(3r)$$

可解得角速度

$$\omega=\sqrt{4g/(3r)} \tag{a}$$

(2)分析角加速度和力

图 12z-2a 中 $a_C^n=r\omega^2=4g/3$，$a_C^t=r\alpha$。对图 12z-2a 运用刚体平面运动微分方程有

$$\begin{cases} ma_{Cx}=\sum F_x:\quad ma_C^n=F_{Ox} \\ ma_{Cy}=\sum F_y:\quad -m\times a_C^t=F_{Oy}-mg \\ J_C\alpha=M_C(F_i):\quad mr^2/2\times(-\alpha)=-F_{Oy}r \end{cases} \tag{b}$$

解得

$$F_{Ox}=4mg/3,\quad F_{Oy}=mg/3,\quad \alpha=2g/3r$$

讨论

(1)方程组(b)的第三式也可以换成定轴微分方程。这样做的计算过程相对简单，但是方

程组(b)更整齐,更容易记忆。

(2)对角速度求导得到角加速度,但是不能对式(a)这个特定角度下的特定值求导。

解法二

采用求导法,必须建立通式关系。对图 12z-2b 中圆盘在任意 θ 角位置,系统的势能为

$$V_2 = mgr(\cos\theta - 1)$$

相应的动能为(圆盘做定轴转动)

$$T_2 = \frac{1}{2}J_O\dot{\theta}^2 = \frac{1}{2}(J_C + mr^2)\dot{\theta}^2 = \frac{3}{4}mr^2\dot{\theta}^2$$

根据机械能守恒有

$$T_2 + V_2 = T_1 + V_1: \quad \frac{3}{4}mr^2\dot{\theta}^2 + mgl(\cos\theta - 1) = 0 + 0$$

解得

$$\dot{\theta}^2 = \frac{4}{3}\frac{g}{r}(1 - \cos\theta) \tag{c}$$

将题目要分析的位置 $\theta = 90^\circ$,代入上式,可解得角速度。

现在可以对式(c)求导了。对式(c)求导有

$$2\dot{\theta}\ddot{\theta} = \frac{4}{3}\frac{g}{r}\sin\theta \times \dot{\theta}$$

将 $\theta = 90^\circ$ 代入,解得

$$\ddot{\theta} = \frac{2}{3}\frac{g}{r} = \alpha$$

其他分析与方程组(b)相同。但它的三个式现在只有两个是独立的。

例题 12z-2 匀质滚子的质量为 m,半径为 R,滚子对轴 O 的回转半径为 ρ。轴 O 装有鼓轮,其半径为 r。鼓轮上绕以细绳,细绳另一端作用有常力 $\boldsymbol{F}_0$,后者作用线与水平方向夹角为 φ。滚子放在粗糙的水平地板上,如图 12z-3 所示。试求滚子轴心 O 加速度。

解法一:功率方程法

显然滚子做纯滚动,运动分析见图 12z-4a。系统动能为

$$T = \frac{1}{2}m\dot{x}_O^2 + \frac{1}{2}J_O\omega^2 = \frac{1}{2}m\dot{x}_O^2 + \frac{1}{2}m\rho^2\left(\frac{\dot{x}_O}{R}\right)^2$$
$$= \frac{1}{2}\times m\left(1 + \frac{\rho^2}{R^2}\right)\dot{x}_O^2$$

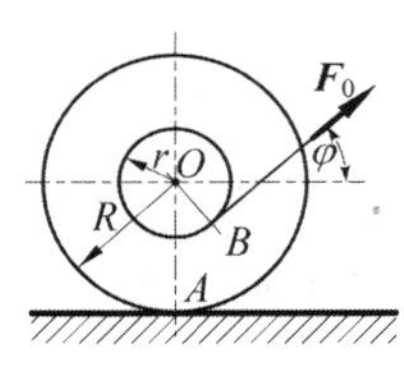

图 12z-3

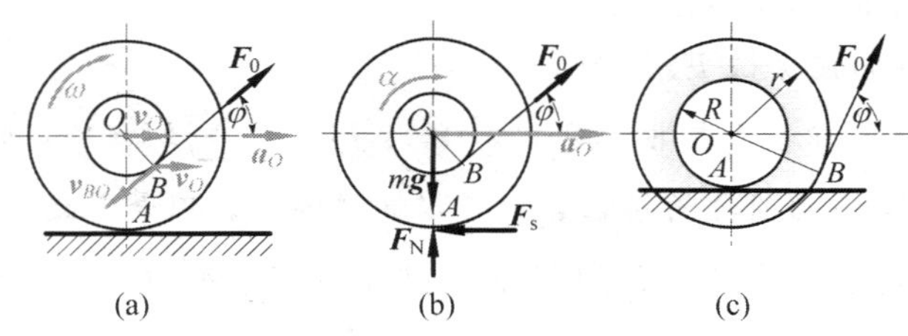

图 12z-4

摩擦力、重力和支持力均不做功。只有绳子拉力做功，其功率 $P=\boldsymbol{F}_0\cdot\boldsymbol{v}_B$。其中 $\boldsymbol{v}_B$ 可由以轮心 O 为基点的基点法得到，即 $\boldsymbol{v}_B=\boldsymbol{v}_{BO}+\boldsymbol{v}_O$。这样

$$\begin{aligned}P&=\boldsymbol{F}_0\cdot\boldsymbol{v}_B=\boldsymbol{F}_0\cdot(\boldsymbol{v}_O+\boldsymbol{v}_{BO})=\boldsymbol{F}_0\cdot\boldsymbol{v}_O+\boldsymbol{F}_0\cdot\boldsymbol{v}_{BO}=F_0\dot{x}_O\cos\varphi-F_0v_{BO}\\&=F_0\dot{x}_O\cos\varphi-F_0(\dot{x}_O/R\times r)=F_0\dot{x}_O(\cos\varphi-r/R)\end{aligned}$$

由功率方程

$$\frac{\mathrm{d}T}{\mathrm{d}t}=P:\quad m\left(1+\frac{\rho^2}{R^2}\right)\dot{x}_Oa_O=F_0\dot{x}_O(\cos\varphi-r/R)$$

解得

$$a_O=\left(\cos\varphi-\frac{r}{R}\right)\frac{R^2}{R^2+\rho^2}\times\frac{F_0}{m}$$

讨论

由上述解可以看出：如果 $\cos\varphi<r/R$（即拉力方向的仰角足够大），则轮心的加速度会向左。r 越大，这种情况越容易发生。如果 $r>R$（这是有可能的，如图 12z-4c），则轮心加速度与拉力的方向"相反"。

解法二：刚体平面运动微分方程法

受力分析和加速度信息见图 12z-4b，其中 $a_O=R\alpha$。对该图使用刚体平面运动微分方程

$$\begin{cases}ma_{Cx}=\sum F_x:\quad ma_O=F_0\cos\varphi-F_\mathrm{s}\\ma_{Cy}=\sum F_y:\quad m\times0=F_\mathrm{N}+F_0\sin\varphi-mg\\J_C\alpha=M_C(F_i):\quad m\rho^2\times(-\alpha)=F_0r-F_\mathrm{s}R\end{cases}$$

解得

$$\begin{cases}a_O=(\cos\varphi-r/R)F_0R^2/[m(R^2+\rho^2)]\\F_\mathrm{s}=(rR+\rho^2\cos\varphi)F_0/(R^2+\rho^2)\\F_\mathrm{N}=mg-F_0\sin\varphi\end{cases}\tag{a}$$

讨论

(1)用刚体平面运动微分方程比功率方程法的工作量要大一些，这表现为：①需要仔细画受力图；②需要写多个方程；③方程之间可能有耦合。但前者的好处是能解出更多的未知力，比如若我们想就轮心加速度与拉力方向相反进行解释，就需要了解摩擦力的信息，而微分方程法能提供这样信息。

(2)结合解(a)和受力图 12z-4b，可知向左的 $\boldsymbol{F}_\mathrm{s}$ 是 $\boldsymbol{a}_O$ 可能向左的原因。不管 $\boldsymbol{a}_O$ 向左还是向右，$\boldsymbol{F}_\mathrm{s}$ 总是向左。

(3)应保证 $F_\mathrm{N}>0$。

(4)有些参考书对图 12z-4b 用 $J_A\alpha=\sum M_A(\boldsymbol{F}_i)$ 来计算加速度，结果也是正确的。实际上对纯滚动圆轮的接触点都可以这样操作。**但是笔者不推荐这么做**。除了固定点和质点，确实还存在某些特殊点，有类似于 $J_C\alpha=\sum M_C(\boldsymbol{F}_i)$，但是在学时越来越压缩的背景下，让学生记住这些不常用的"奇技"没必要（教材中也没有）。

例题 12z-3 图 12z-5 所示机构中，物块 A、B 的质量均为 m，两均质圆轮 C、D 的质量均

为 $2m$，半径均为 R。轮 C 铰接于无重悬臂梁 CK，D 为动滑轮，梁的长度为 $3R$，绳与轮间无滑动，系统由静止开始运动。求：(1)A 物块上升的加速度；(2)HE 段绳子的拉力；(3)固定端 K 处的约束力(教材题综-13)。

解：(1)采用功率方程分析加速度。速度分析如图 12z-6a 所示，图中

$$v_C = v_A,\quad \omega_C = v_P/R = v_A/R,\quad v_E = R\omega_C = v_A,\quad v_H = v_E = v_A,$$
$$\omega_D = v_H/(2R) = v_A/(2R),\quad v_D = R\omega_D = v_A/2,\quad v_B = v_D = v_A/2$$

系统动能为

$$\begin{aligned}T &= \frac{1}{2}m_A v_A^2 + \frac{1}{2}J_C\omega_C^2 + \frac{1}{2}m_D v_D^2 + \frac{1}{2}J_D\omega_D^2 + \frac{1}{2}m_B v_B^2 \\ &= \frac{1}{2}mv_A^2 + \frac{1}{2}\frac{2mR^2}{2}\left(\frac{v_A}{R}\right)^2 + \frac{1}{2}2m\left(\frac{v_A}{2}\right)^2 + \frac{1}{2}\frac{2mR^2}{2}\left(\frac{v_A}{2R}\right)^2 + \frac{1}{2}m\left(\frac{v_A}{2}\right)^2 \\ &= \frac{3}{2}mv_A^2\end{aligned}$$

系统的总功率为

$$\begin{aligned}P &= -m_A g v_A + m_D g v_D + m_B g v_B = -mgv_A + 2mgv_A/2 + mgv_A/2 \\ &= mgv_A/2\end{aligned}$$

由功率方程

$$\frac{\mathrm{d}T}{\mathrm{d}t} = P:\quad \frac{3}{2}m\times 2v_A a_A = mgv_A/2$$

解得

$$a_A = g/6$$

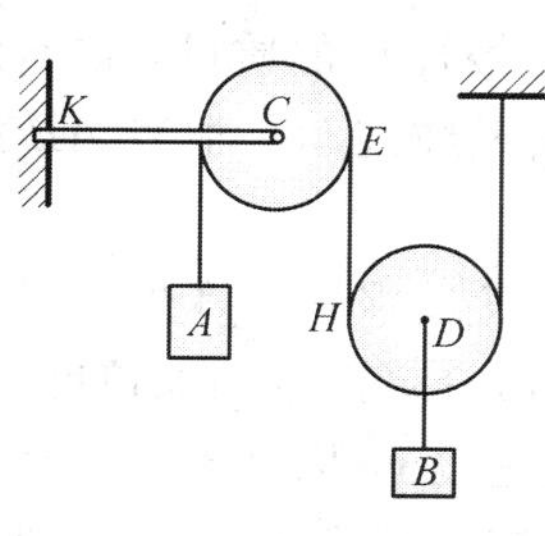

图 12z-5

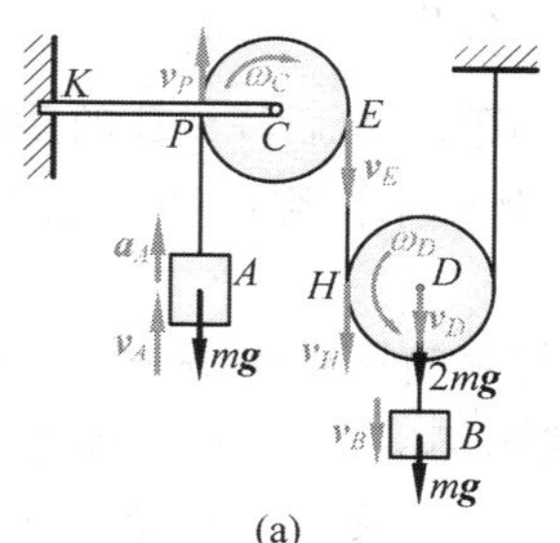

(a)

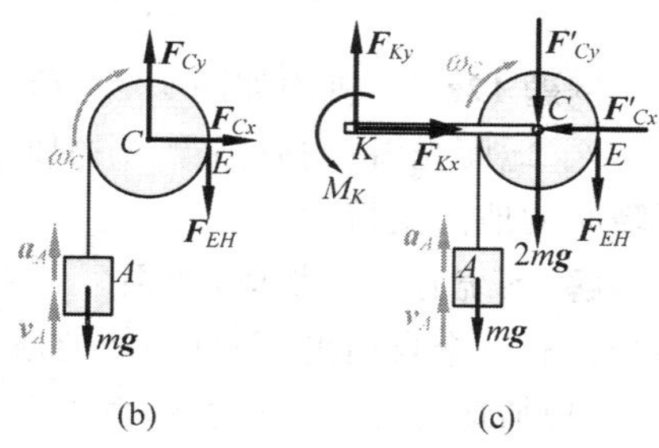

(b)　(c)

图 12z-6

(2)采用对固定点动量矩定理求力。取轮 C 和物块 A 的组合为研究对象，受力分析如图 12z-6b 所示。研究对象对固定点 C 的动量矩为

$$L_C = -R\times m_A v_A - J_C\omega_C = -R\times mv_A - \frac{2mR^2}{2}\frac{v_A}{R} = -2mRv_A$$

由对固定点 C 动量矩定理

$$\frac{\mathrm{d}L_C}{\mathrm{d}t} = \sum M_C(F_i):\quad -2mRa_A = mgR - F_{EH}R$$

解得

$$F_{EH} = mg + 2ma_A = 4mg/3$$

(3)取轮 C、物块 A 和 CK 杆的组合为研究对象,受力分析如图 12z-6c 所示。分别沿水平和竖直两个方向运用动量定理

$$\frac{\mathrm{d}p_x}{\mathrm{d}t}=\sum F_x:\quad \frac{\mathrm{d}(0)}{\mathrm{d}t}=F_{Kx}$$

$$\frac{\mathrm{d}p_y}{\mathrm{d}t}=\sum F_y:\quad \frac{\mathrm{d}(m_A v_A)}{\mathrm{d}t}=F_{Ky}-m_A g-m_C g$$

解得:$F_{Kx}=0, F_{Ky}=7mg/6$ 。

研究对象对固定点 K 的动量矩为

$$L_K=2R\times m_A v_A-J_C\omega_C=2R\times m v_A-\frac{2mR^2}{2}\frac{v_A}{R}=mRv_A$$

由对固定点 K 动量矩定理

$$\frac{\mathrm{d}L_K}{\mathrm{d}t}=\sum M_K(F_i):\quad mRa_A=-2mgR-2mg\times 3R-F_{EH}\times 4R+M_K$$

解得

$$M_K=27mgR/2$$

讨论

(1)为了回避解中间未知数,可按系统而不是单个构件的方式分析问题,比如这里的第(2)步和第(3)步。

(2)对本题而言,可在第(2)步解出 C 点约束力,那么第(3)步只要研究 CK 杆即可,这是静力学问题,理论相对简单一些。

(2)图 12z-6c 的模型是动力学问题,千万不要简单地使用

$$\sum F_x=0,\sum F_y=0,\sum M_K(\boldsymbol{F})=0$$

例题 12z-4 机构如图 12z-7 所示,图中:均质杆 AB 的质量 m_0;三棱柱 C 的质量 m_1,斜面倾角 θ, 地面光滑;均质圆盘 A 的质量为 m_2,半径 r, 在三棱柱的斜面做纯滚动。求当 AB 杆下降时的地面支持力。

解:系统有三个物体,如果采用刚体平面运动微分方程,可以想象其过程异常麻烦。但是系统只有一个自由度,而且动能的通式容易写出,所以先通过功率方程,计算系统的加速度。

(1)加速度分析。速度信息见图 12z-8a。图中 AB 速度 $\boldsymbol{v}_0$ 和 C 的速度 $\boldsymbol{v}_C$ 因 AB 和 C 平移而容易确定。轮 A 在 C 斜面上纯滚动, 因而有 $\omega_A=v_{Ar}/r$ 。A 的轮心速度就是 $\boldsymbol{v}_0$, 但是从斜面来看,它又等于速度合成分析中的绝对速度(以斜面为坐标系,轮心为动点),即 $\boldsymbol{v}_0=\boldsymbol{v}_1+\boldsymbol{v}_{Ar}$ 。该矢量式投影得到 $v_1=v_0\cot\theta, v_{Ar}=v_0\csc\theta$ 。

上述分析得到系统动能

$$\begin{aligned}T&=\left(\frac{1}{2}m_0 v_0^2\right)+\left(\frac{1}{2}m_2 v_A^2+\frac{1}{2}J_A\omega_A^2\right)+\left(\frac{1}{2}m_1 v_1^2\right)\\&=\frac{1}{2}m_0 v_0^2+\frac{1}{2}m_2 v_0^2+\frac{1}{2}\frac{m_2 r^2}{2}\left(\frac{v_{Ar}}{r}\right)^2+\frac{1}{2}m_1 v_1^2\\&=\frac{1}{2}\left(m_0+m_2+\frac{m_2}{2}\csc^2\theta+m_1\cot^2\theta\right)v_0^2\end{aligned}$$

系统功率 $P=m_0 g v_0+m_2 g v_0$ 。

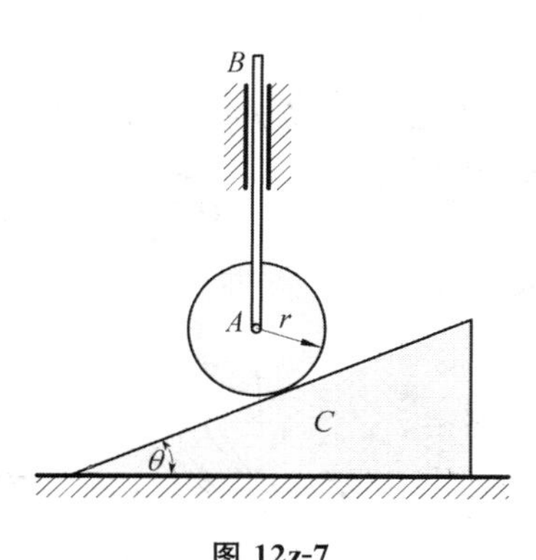

图 12z-7

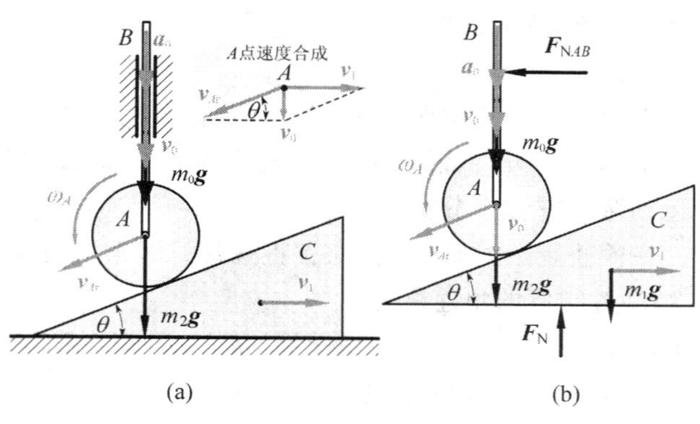

图 12z-8

由功率方程

$$\frac{\mathrm{d}T}{\mathrm{d}t}=P:\quad \frac{1}{2}\left(m_0+m_2+\frac{m_2}{2}\csc^2\theta+m_1\cot^2\theta\right)\times 2v_0a_0=m_0gv_0+m_2gv_0$$

解得

$$a_0=\frac{2m_0+2m_2}{2m_0+2m_2+m_2\csc^2\theta+2m_1\cot^2\theta}g$$

(2)分析力。现在以整体为研究对象。去除约束后受力分析如图 12z-8b 所示。系统沿竖直方向的动量为

$$p_y=-m_0v_0-m_2v_0-v_{Ar}\sin\theta=-(m_0+m_2+m_2\csc\theta)v_0$$

动量定理沿竖直方向投影为

$$\frac{\mathrm{d}p_y}{\mathrm{d}t}=\sum F_y:\quad -(m_0+m_2+m_2\csc\theta)a_0=-m_0g-m_2g-m_1g+F_N$$

解得

$$F_N=(m_0+m_1+m_2)g-\frac{(2m_0+2m_2)(m_0+m_2+m_2\csc\theta)}{2m_0+2m_2+m_2\csc^2\theta+2m_1\cot^2\theta}g$$

讨论

(1)由于教材中综-5 这类题目很常见,其特点是沿水平方向动量守恒,这使得有些学生形成这样定势:一上手本题,也想往水平方向动量守恒上凑,这是错的。本题因竖直滑道限制 AB 杆运动而使得系统水平方向动量并不守恒。

(2)经常出现的纯滚动轮子动能形式是 $3mR^2\omega^2/4$,这是均质轮子在静止面上纯滚动的情形,但本题的轮子在运动斜面上纯滚动,随质心平移动能部分按质心的绝对速度计算,不能再按相对斜面的相对速度计算。

(3)静摩擦力和支持力对轮子是做功的,但这个功与二力对斜面做功正好抵消,所以对整体系统,轮子和斜面之间的纯滚动摩擦仍是理想约束。

例题 12z-5　均质杆 AB 长为 2.5 m,质量 50 kg,处于竖直平面内,A 端与光滑的水平面接触,B 端由细绳系于距地面 2 m 高的 O 点,如图 12z-9 所示。当绳处于水平位置时,杆由静止开始落下，求此瞬时杆的角加速度、A 处反力和绳子张力。

解法一：

看起来本题比例题 12z-4 简单，但因为写动能通式比较困难，所以用动能定理来计算的工作量也不小。再者，题目只求释放瞬时的信息。故而我们用刚体平面运动微分方程来分析。

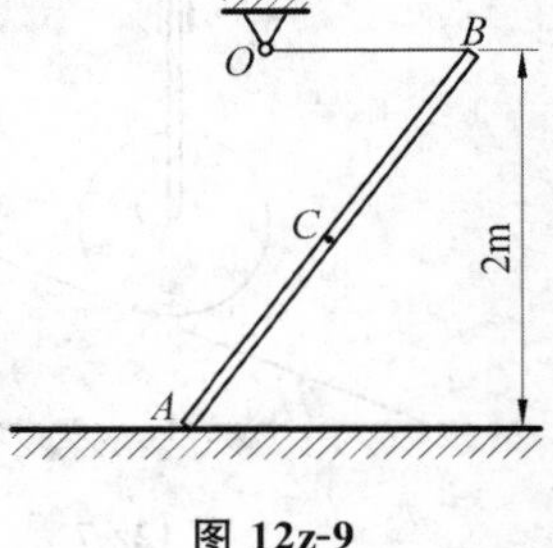

图 12z-9

在静止释放的瞬间，系统有特殊性：因系统有惯性，所以各处速度为 0，各刚体的角速度为 0。

对图 12z-9 的模型，A 做圆周运动，AB 做平面运动，B 做直线运动。根据这些特征的加速度分析见图 12z-10a，图中 $a_{CA}^{t}=a_{CB}^{t}=\alpha AB/2$。为了确定质心 C 的加速度信息，分别以 A 和 B 为基点，C 为动点，有如下两个关系

$$\boldsymbol{a}_{Cx}+\boldsymbol{a}_{Cy}=\boldsymbol{a}_{A}+\boldsymbol{a}_{CA}^{t}$$

$$\boldsymbol{a}_{Cx}+\boldsymbol{a}_{Cy}=\boldsymbol{a}_{B}+\boldsymbol{a}_{CB}^{t}$$

第一个关系沿竖直投影，第二个关系沿水平投影有

$$a_{Cy}=-a_{CA}^{t}\cos\theta=-\alpha AB/2\times\cos\theta$$

$$a_{Cx}=-a_{CA}^{t}\sin\theta=-\alpha AB/2\times\sin\theta$$

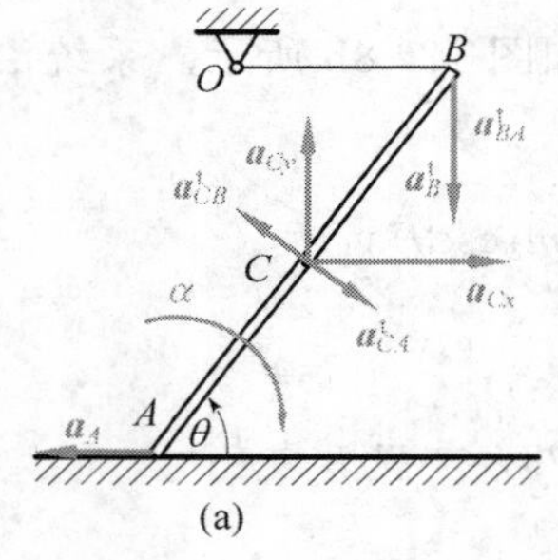
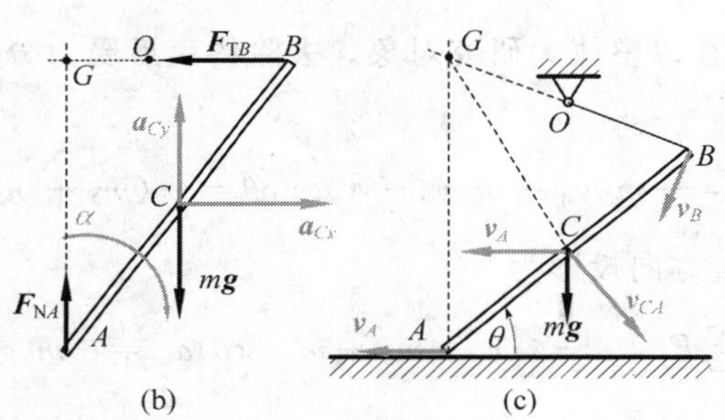

图 12z-10

物体的受力分析见图 12z-10b。由刚体平面运动微分方程有

$$\begin{cases} ma_{Cx}=\sum F_{x}:\quad ma_{Cx}=-F_{TB} \\ ma_{Cy}=\sum F_{y}:\quad ma_{Cy}=F_{NA}-mg \\ J_{C}\alpha=M_{C}(F_{i}):\quad mAB^{2}/12\times(-\alpha)=F_{TB}AB/2\times\sin\theta-F_{NA}AB/2\times\cos\theta \end{cases}$$

解得

$$\alpha=\frac{3g\cos\theta}{2AB}=\frac{9}{10}\times\frac{g}{AB}=3.53\ \mathrm{rad/s^{2}}$$

$$F_{TB}=\frac{3\sin2\theta}{8}\times mg=\frac{9}{25}mg=176.4\ \mathrm{N}$$

$$F_{NA}=\left(1-\frac{3}{4}\cos^{2}\theta\right)mg=\frac{73}{100}mg=357.7\ \mathrm{N}$$

讨论

直接用 $J_G\alpha = \sum M_G(\boldsymbol{F}_i)$，也得到了相同的 α，但这属于巧合。

解法二

图 12z-9 的杆件，既非平移，也非靠在直角墙壁，其质心也非沿垂线运动，它的动能没有简明的通式。为了能够运用功率方程，下面仍然形式地写出其动能。

对运动过程中的杆，根据 A 和 B 两点的速度方向，可以确定 AB 的瞬心 G，因此系统的动能

$$T = \frac{1}{2}m\,(GC\dot{\theta})^2 + \frac{1}{2}\times\frac{1}{12}mAB^2\dot{\theta}^2$$

系统的功率为

$$\begin{aligned}P &= m\boldsymbol{g}\cdot\boldsymbol{v}_C = m\boldsymbol{g}\cdot(\boldsymbol{v}_A + \boldsymbol{v}_{CA}) = m\boldsymbol{g}\cdot\boldsymbol{v}_{CA} = mgv_{CA}\cos\theta \\ &= -mg\dot{\theta}AB/2\times\cos\theta\end{aligned}$$

由功率方程

$$\frac{\mathrm{d}T}{\mathrm{d}t} = P:\quad mGC^2\omega\ddot{\theta} + m\dot{\theta}^2GC\,\frac{\mathrm{d}GC}{\mathrm{d}t} + \frac{1}{12}mAB^2\dot{\theta}\ddot{\theta} = -mg\dot{\theta}\,\frac{AB}{2}\times\cos\theta$$

有

$$mGC^2\ddot{\theta} + m\dot{\theta}GC\,\frac{\mathrm{d}GC}{\mathrm{d}t} + \frac{1}{12}mAB^2\ddot{\theta} = -mg\,\frac{AB}{2}\times\cos\theta \tag{a}$$

对于物理系统，瞬心位置的变化率应该是有界的，即 $\frac{\mathrm{d}PC}{\mathrm{d}t}$ 应该是有界的。在初始时刻，$\dot{\theta} = 0$，而如果我们承认 $\frac{\mathrm{d}PC}{\mathrm{d}t}$ 是有界的，那么式(a)的第二项就应为 0。这样，对初瞬时问题，式(a)就变成

$$mGC^2\ddot{\theta} + \frac{1}{12}mAB^2\ddot{\theta} = mg\,\frac{AB}{2}\times\cos\theta$$

从而可以解出

$$\ddot{\theta} = -\frac{6gAB}{12GC^2 + AB^2}\cos\theta \tag{b}$$

初始位置的几何关系比较简单，如图 12z-10d 所示，$\triangle GAB$ 为直角三角形，C 是斜边 AB 的中点，$\cos\theta = 3/5$。把这些信息代入式(b)可得到与解法一一致的结果。有了 $\ddot{\theta}$ 后，再利用质心运动定理就可以算出约束反力 $\boldsymbol{F}_{TB}$ 和 $\boldsymbol{F}_{NA}$ 了。

讨论

因为“瞬心位置的变化率有界”的说法，并不广泛接受，所以应慎用这种方法。

例题 12z-6　均质杆 AB，长度 $2\sqrt{2}l$。它用两平行细绳悬挂，并与水平夹角 45°，如图 12z-11 所示。现将 O_2B 突然烧断，求 AB 杆的角加速度。

解：本题有两个自由度，不可能仅仅由动能定理就能解决。由于只有一根杆，我们采用刚体平面运动微分方程来分析。

O_2B 突然烧断后，A 点做圆周运动，AB 做平面运动。在烧断瞬间，各点速度为 0，刚体角速度为 0。加速度分析如图 12z-12a 所示，其中 $a_{CA}^{t} = \sqrt{2}\alpha l$。

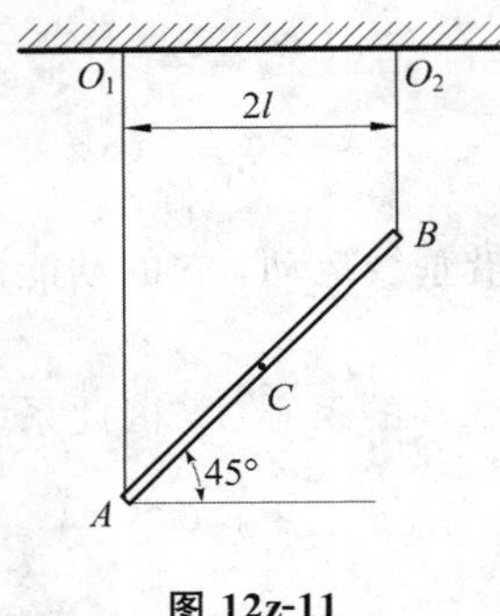

图 12z-11

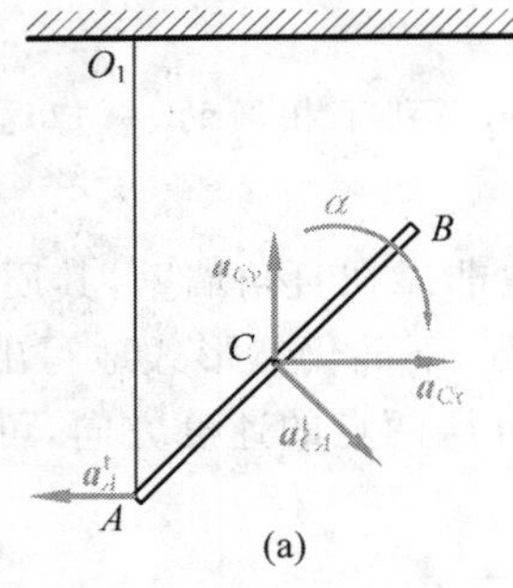

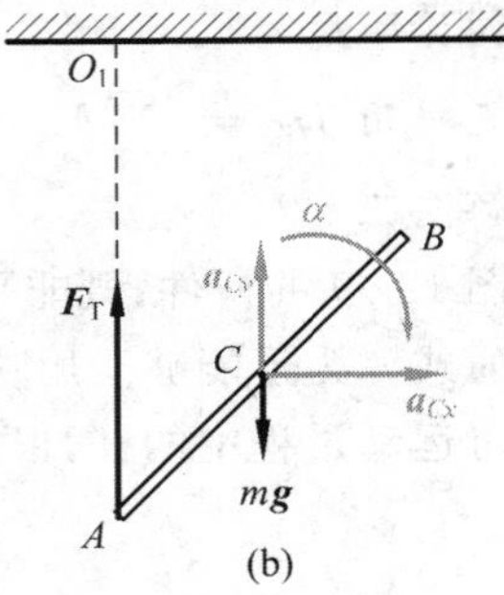

图 12z-12

为了确定质心 C 的加速度信息，以 A 为基点，C 为动点，有如下关系

$$\boldsymbol{a}_{Cx}+\boldsymbol{a}_{Cy}=\boldsymbol{a}_A+\boldsymbol{a}_{CA}^{\mathrm{t}}$$

沿竖直方向投影有

$$a_{Cy}=-a_{CA}^{\mathrm{t}}\times\sqrt{2}/2=-l\alpha$$

杆的受力分析如图 12z-12b 所示。由刚体平面运动微分方程有

$$\begin{cases} ma_{Cx}=\sum F_x:\quad ma_{Cx}=0 \\ ma_{Cy}=\sum F_y:\quad ma_{Cy}=F_{\mathrm{T}}-mg \\ J_C\alpha=\sum M_C(F_i):\quad m(AB)^2/12\times(-\alpha)=-F_{\mathrm{T}}AB\times\sin45^\circ \end{cases}$$

解得

$$\alpha=3g/(5l)$$

讨论

刚体平面运动微分方程的矩方程需对质心操作，否则会导致错误的解答。比如本题如果用

$$J_A\alpha=\sum M_A(F_i):m\,(AB)^2/3\times(-\alpha)=-mg\times AB/2\times\sin45^\circ$$

将得到一个错误的 $\alpha=3g/(8l)$。

例题 12z-7 图 12z-13 中，两质量皆为 m，长度皆为 l 的均质杆 AB 和 BC，在点 B 用光滑铰链连接。在两杆中点之间又连有无质量的弹簧，后者刚度 k，原长 $l/2$。初始时将此两杆拉开成一直线，静止放在光滑的水平面上。求杆受到微小干扰而合拢变成相互垂直时，B 点的速度和各自的角速度（教材题综-25）。

解：由于整个系统不受外力，所以在 xOy 平面内动量守恒，且质心的初始速度为 0，所以质心也守恒。图 12z -14 为系统运动过程中某一时刻的状态。系统质心 G 的位置可按如下方式确定：找到 AB 和 BC 的质心（中点），分别记为 G_1 和 G_2，找到 G_1 和 G_2 的中点 G。点 G 就是系统的质心，它的位置在 xOy 平面内固定。

显然△BG_1G_2 为等腰三角形，G 为底边 G_1G_2 中点。由于系统所受外力主矩也是零，所以系统对 G 的动量矩守恒，即（初始动量矩是 0）

$$(\overrightarrow{GG}_1\times m\boldsymbol{v}_{G1}+J_{G1}\omega_1\boldsymbol{k})+(\overrightarrow{GG}_2\times m\boldsymbol{v}_{G2}+J_{G2}\omega_2\boldsymbol{k})=\boldsymbol{0} \tag{a}$$

其中 $J_{G1}=J_{G2}=ml^2/12 \triangleq J$ 。式(a)的两个质心速度可用基点法表示为(以 B 为基点)

$$\boldsymbol{v}_{G1}=\boldsymbol{v}_B+\boldsymbol{v}_{G1B},\quad \boldsymbol{v}_{G2}=\boldsymbol{v}_B+\boldsymbol{v}_{G2B}$$

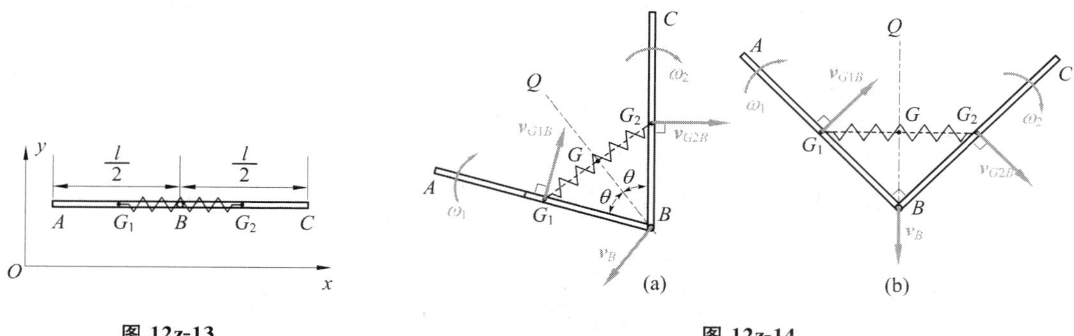

图 12z-13　　　　图 12z-14

这样式(a)可写成

$$(\overrightarrow{GG}_1+\overrightarrow{GG}_2)\times\boldsymbol{v}_B+m\,\overrightarrow{GG}_1\times\boldsymbol{v}_{G1B}+m\,\overrightarrow{GG}_2\times\boldsymbol{v}_{G2B}-J(\omega_1+\omega_2)\boldsymbol{k}=\boldsymbol{0}\qquad\text{(b)}$$

式(b)第一项为 0,因为 $\overrightarrow{GG}_1+\overrightarrow{GG}_2=\boldsymbol{0}$ 。第二项和第三项分别可写成

$$m\,\overrightarrow{GG}_1\times\boldsymbol{v}_{G1B}=-mGG_1\,v_{G1B}\sin\theta\times\boldsymbol{k}=-(mGG_1\,l\omega_1\sin\theta)/2\times\boldsymbol{k}$$

$$m\,\overrightarrow{GG}_2\times\boldsymbol{v}_{G2B}=-mGG_2\,v_{G2B}\sin\theta\times\boldsymbol{k}=-(mGG_2\,l\omega_2\sin\theta)/2\times\boldsymbol{k}$$

把上述关系代入式(b)得到

$$[-(ml^2\sin^2\theta)/4-J]\times(\omega_1+\omega_2)\boldsymbol{k}=\boldsymbol{0}$$

由于上式方括号内的结果总是小于零,所以上式成立的条件为

$$\omega_1+\omega_2=0$$

系统的动量守恒表现为

$$m(\boldsymbol{v}_B+\boldsymbol{v}_{G1B})+m(\boldsymbol{v}_B+\boldsymbol{v}_{G2B})=\boldsymbol{0}$$

把该式沿 BG 垂直方向投影,可知 $\boldsymbol{v}_B$ 沿该方向的投影为 0,也就是 $\boldsymbol{v}_B$ 只能沿 BG 方向。沿 BG 方向投影有

$$2v_B+v_{G1B}\sin\theta-v_{G2B}\sin\theta=0$$

也就是

$$v_B=-l\omega_1\sin\theta/2$$

两杆合拢成相互垂直的示意图见图 12z-14b。对该图 $\theta=45°$, $v_B=\sqrt{2}l\omega_1/4$ (注意图中方向)。

在图 12z-13 的初始时刻: $V_1=\frac{k}{2}\left(2\times\frac{l}{2}-\frac{l}{2}\right)^2=\frac{kl^2}{8}$, $T_1=0$ 。

在图 12z-14b 的状态:

$$V_2=\frac{k}{2}\left(\sqrt{2}\times\frac{l}{2}-\frac{l}{2}\right)^2=\frac{(\sqrt{2}-1)^2kl^2}{8}$$

$$T_2 = T_{AB} + T_{BC} = 2T_{AB} = 2 \times \left(\frac{1}{2}mv_{G1}^2 + \frac{1}{2}J_{G1}\omega_1^2\right)$$

$$= 2 \times \left\{\frac{1}{2}m[v_B^2 + (l\omega_1/2)^2 + 2v_B \times l\omega_1/2\cos135°] + \frac{1}{2} \times \frac{1}{12}ml^2\omega_1^2\right\}$$

$$= \frac{5}{24}ml^2\omega_1^2$$

根据机械能守恒有

$$T_2 + V_2 = T_1 + V_1: \quad \frac{5}{24}ml^2\omega_1^2 + \frac{(\sqrt{2}-1)^2kl^2}{8} = \frac{kl^2}{8} + 0$$

解得

$$\omega_1 = \pm\sqrt{\frac{6(\sqrt{2}-1)}{5}\frac{k}{m}}$$

而

$$\omega_2 = \mp\sqrt{\frac{6(\sqrt{2}-1)}{5}\frac{k}{m}}, \quad v_B = \frac{\sqrt{2}l\omega_1}{4} = \pm\frac{l}{2}\sqrt{\frac{3(\sqrt{2}-1)}{5}\frac{k}{m}}$$

两组解的物理意义分别是 B 点向负 y 轴运动和向正 y 轴运动。

讨论

有参考书把运动沿铅垂对称作为解题的假设是不妥的。

12z.3 习题解答

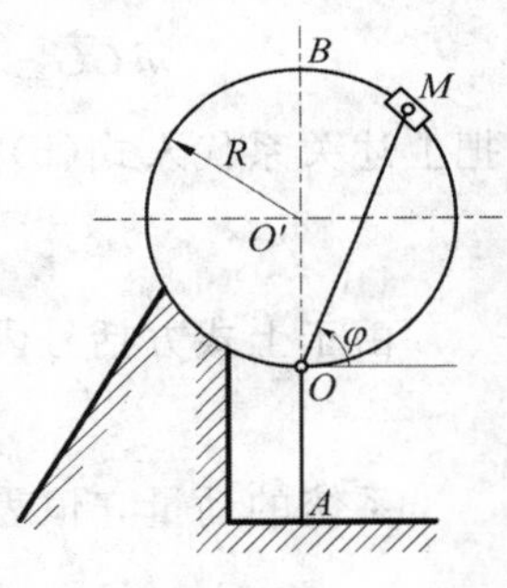

图 T12z-1

12z-1 滑块 M 的质量为 m，可在固定于铅垂面内、半径为 R 的光滑圆环上滑动，如图 T12z-1 所示。滑块 M 上系有刚度系数为 k 的弹性绳 MOA，此绳穿过固定环 O，并固结在点 A。已知当滑块在点 O 时绳的张力为零。开始时滑块在点 B 静止；当它受到微小扰动时，即沿圆环滑下。求下滑速度 v 与 φ 角的关系和圆环的约束力。

解：选择 M 位于 B 处为系统零势能点。

在任意 φ 角位置，弹簧的伸长量

$$OM = 2R\sin\varphi$$

相应的势能为

$$V = -mg \times 2R\cos^2\varphi + \frac{1}{2}k[(2R\sin\varphi)^2 - (2R)^2]$$

系统的动能为 $T = mv^2/2$。由机械能守恒有

$$T + V = 0: \quad \left\{-mg \times 2R\cos^2\varphi + \frac{1}{2}k[(2R\sin\varphi)^2 - (2R)^2]\right\} + \left\{\frac{1}{2}mv^2\right\} = 0$$

可解得

$$v = 2\cos\varphi\sqrt{R(mg + kR)/m}$$

从而可得滑块的向心加速度

$$a_n = v^2/R = 4(g + kR/m)\cos^2\varphi$$

对滑块作受力分析，如图 J12z-1 所示。沿半径方向使用质点微分方程

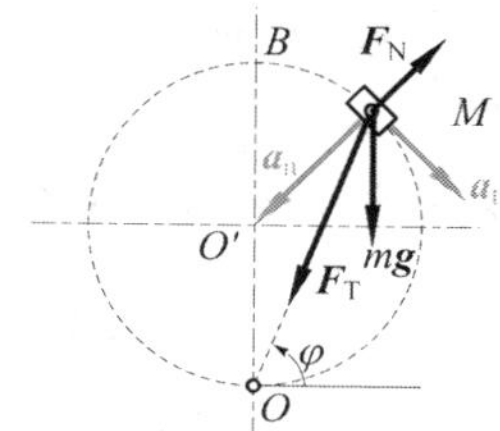

图 J12z-1

$$ma_{n}=\sum F_{n}:\quad m\times 4(g+kR/m)\cos^{2}\varphi=-F_{n}+F_{T}\cos\varphi+mg\cos(180^{\circ}-2\varphi)$$

解得

$$\begin{aligned}F_{n}&=2kR\sin^{2}\varphi-mg\cos 2\varphi-m\times 4(g+kR/m)\cos^{2}\varphi\\&=2kR(1-3\cos^{2}\varphi)+mg(1-6\cos^{2}\varphi)\end{aligned}$$

12z-2　如图 T12z-2 所示一撞击试验机，主要部件为一质量 $m=20$ kg 的钢铸件，固定在杆上，杆重和轴承摩擦忽略不计。钢铸件的中心到铰链 O 的距离为 $l=1$ m，钢铸件由最高位置 A 无初速地落下。求轴承约束力与杆的位置 φ 之间的关系，并讨论 φ 等于多少时杆受力为最大或最小。

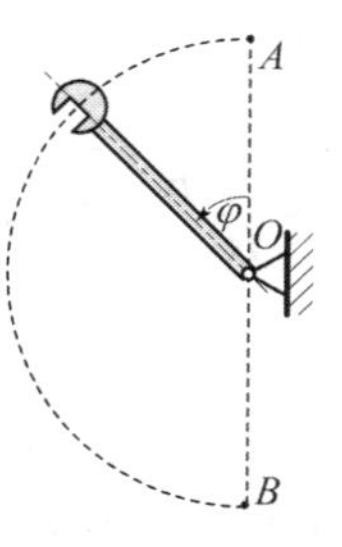

图 T12z-2

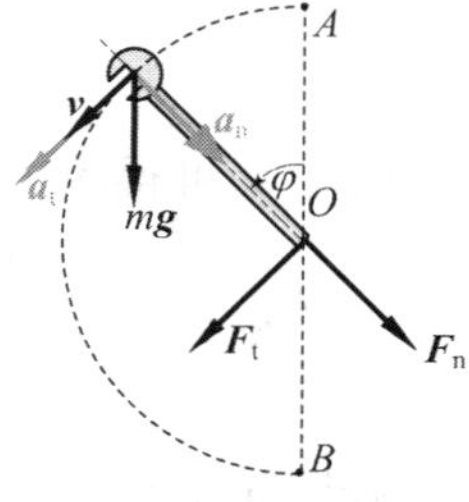

图 J12z-2

解：取钢铸件和杆一起作为研究对象，受力分析如图 J12z-2。选择钢铸件在 A 处为系统零势能点，即 $V_1=0$。在该处动能 $T_1=0$。

杆在任意位置 φ 的系统势能为 $V_2=mgl(\cos\varphi-1)$，而系统动能为 $T_2=mv^2/2$。根据机械能守恒有

$$T_2+V_2=T_1+V_1:\ mv^2/2+mgl(\cos\varphi-1)=0+0$$

解得

$$v^2=2gl(1-\cos\varphi)\tag{a}$$

对式(a)求导有 $2va_t=2gl\sin\varphi\times\ddot{\varphi}\dot{\varphi}$。再结合 $v=l\dot{\varphi}$ 得到 $a_t=gl\sin\dot{\varphi}$。对图 J12z-2 运用质心定理有

$$ma_{n}=\sum F_{n}:mv^2/l=F_{n}+mg\cos\varphi$$
$$ma_{t}=\sum F_{t}:ma_{t}=F_{t}+mg\sin\varphi$$

解得：$F_n=2mg-3mg\cos\varphi$；　$F_t=0$。

$F_t=0$ 表明杆始终受到沿轴线拉力或压力。

当 $\varphi=\pi$（钢铸件到最低点）时，F_n 取得最大值，即 $F_n=5mg$（拉力）。

当 $\varphi=0$（钢铸件在最高点）时，F_n 取得最小值，即 $F_n=-mg$（压力）。

当 $\varphi=\cos^{-1}(2/3)\approx 48.19^{\circ}$，$F_n$ 绝对值最小，即 $F_n=0$（不受力）。

12z-3　一小球质量为 m，用不可伸长的线拉住，在光滑的水平面上运动，如图 T12z-3 所示。线的另一端穿过一孔以等速 $\boldsymbol{v}$ 向下拉动。设开始时球与孔间的距离为 R，孔与球之间的线段是直的，而球在初瞬时速度 $\boldsymbol{v}_0$ 垂直于此线段。求小球的运动方程和线的张力 $\boldsymbol{F}$（提示：宜采用极坐标解题）。

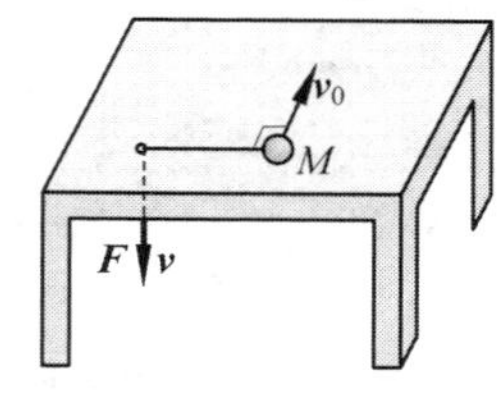

图 T12z-3

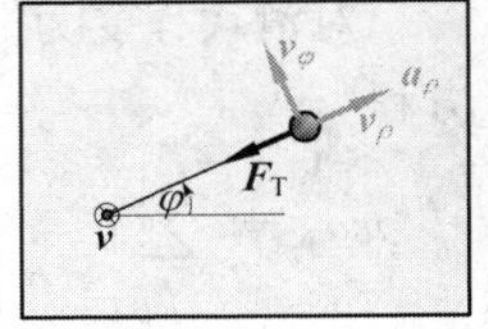

图 J12z-3

解:小球沿桌面的垂直方向平衡,在桌平面内的运动和受力分析见图 J12z-3。因为小球所受的拉力始终指向小孔,所以小球对小孔的动量矩在运动过程中守恒,故有

$$\rho(mv_\varphi) = R(mv_0) \tag{a}$$

而其中的 ρ 满足

$$v_\rho = \frac{d\rho}{dt} = -v \tag{b}$$

对式(b)积分可得

$$\rho(t) = R - vt \tag{c}$$

代入式(a)可得 $v_\varphi(t) = \dfrac{R}{R-vt}v_0$。而 $\dot{\varphi} = \dfrac{v_\varphi}{\rho} = \dfrac{R}{(R-vt)^2}v_0$,对这个关系积分可得

$$\varphi(t) = \frac{v_0 R}{v(R-vt)} \tag{d}$$

式(b)和式(d)就是小球的运动方程。

注意在极坐标系,$a_\rho = \ddot{\rho} - \rho\dot{\varphi}^2$(不是简单的 $\ddot{\rho}$)。由质点运动微分方程

$$F_T = -ma_\rho = m\rho\dot{\varphi}^2 = \frac{m(v_0R)^2}{(R-vt)^3}$$

12z-4 正方形均质板的质量为 40 kg,在竖直平面内以 3 根软绳拉住,板的边长 b=100 mm,如图 T12z-4 所示。求当软绳 FG 剪断后,木板开始运动的加速度,以及 AD 和 BE 两绳的张力;(2)当 AD 和 BE 两绳位于竖直位置时,板中心 C 的加速度和两绳的张力。

解:(1)剪断瞬间的各点速度为0。另外,由于绳子 AD 和 BE 不会弯曲,所以 $ABDE$ 在运动过程中始终保持为平行四边形,这表明正方形均质板发生平移,C 点的加速度与 A 点相同。因 AD 不弯曲,所以 A 点轨迹为圆周,进而可确定 A 点加速度方向(C 点相同)如图 J12z-4a 所示。

对正方形板使用刚体平面运动微分方程有

$$\begin{cases} ma_{Cx} = \sum F_x: & ma_C = mg\cos 60^\circ \\ ma_{Cy} = \sum F_y: & m\times 0 = F_{TAD} + F_{TBE} - mg\sin 60^\circ \\ J_C\alpha = \sum M_C(F_i): & J_C \times 0 = F_{TBE}BH\sin 60^\circ - F_{TAD}AH\sin 60^\circ \end{cases} \tag{a}$$

其中:$BH = b/2 - b/2\tan 30^\circ$,$AH = b/2 + b/2\tan 30^\circ$。

由式(a)可解出

$$a_C = g\cos 60^\circ = g/2$$
$$F_{TAD} = (\sqrt{3}-1)mg/4 = 71.74\ \text{N}$$
$$F_{TBE} = (\sqrt{3}+1)mg/4 = 267.7\ \text{N}$$

(2)AD 竖直时,正方形板处于最下方,其受力分析如图 J12z-4b。由机械能守恒可求 C 点的速度。

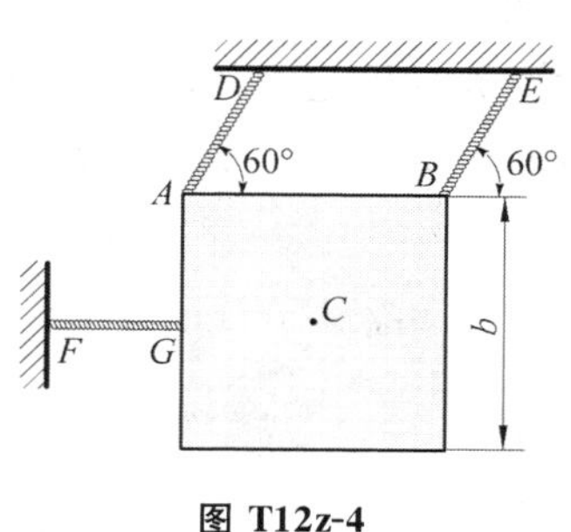

图 T12z-4

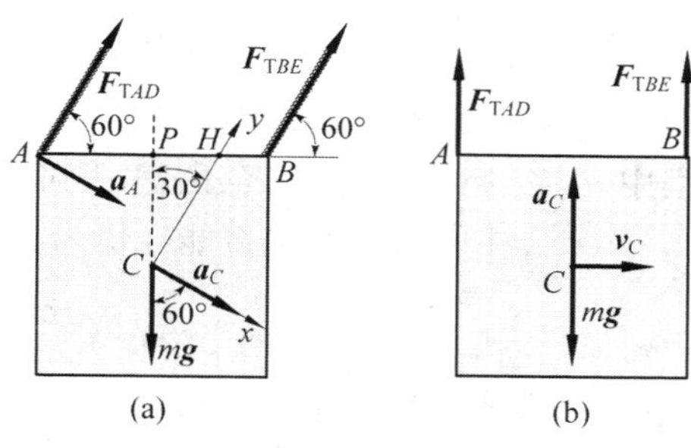

图 J12z-4

初始时刻的 $T_1 = 0, V_1 = 0$ 。

AD 竖直时，$T_2 = mv_C^2/2, V_2 = -mg \times AD(1-\sin 60°)$ 。

由机械能守恒

$$T_2 + V_2 = T_1 + V_1 : \quad mv_C^2/2 - mg \times AD(1-\sin 60°) = 0+0$$

得到

$$v_C^2 = (2-\sqrt{3})g \times AD$$

从而(该时刻水平方向因力的投影为 0,从而质心的加速度水平分量为 0)

$$a_C = v_C^2/AD = (2-\sqrt{3})g$$

对正方形板使用刚体平面运动微分方程有

$$\begin{cases} ma_{Cy} = \sum F_y : & m \times a_C = F_{TAD} + F_{TBE} - mg \\ J_C\alpha = \sum M_C(F_i) : & J_C \times 0 = F_{TBE} \times b/2 - F_{TAD} \times b/2 \end{cases}$$

解得

$$F_{TAD} = F_{TBE} = (3-\sqrt{3})mg/2 = 248.5 \text{ N}$$

12z-5　图 T12z-5 所示三棱柱 A 沿三棱柱 B 的斜面滑动,A 和 B 的质量分别为 m_1 和 m_2。三棱柱 B 的斜面与水平面成 θ 角。如开始时物系静止,忽略摩擦,求运动时三棱柱 B 的加速度。

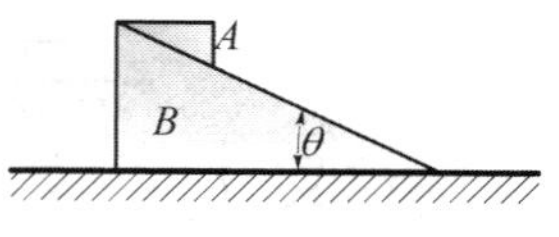

图 T12z-5

解:设三棱柱 B 发生了位移 x_B,如图 J12z-5 所示。再设 A 沿斜面相对滑动了 s_r 。根据这两个假设,A 绝对位移的水平和垂直两个分量为

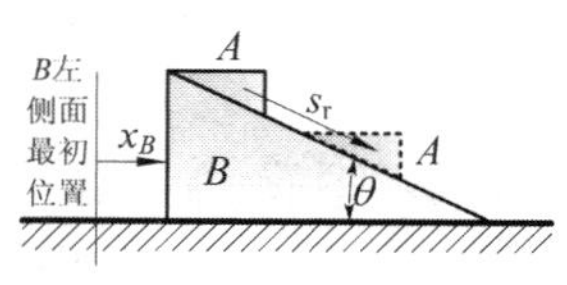

图 J12z-5

$$x_A = x_B + s_r\cos\theta, \quad y_A = 0 - s_r\sin\theta$$

求导得到速度关系

$$\dot{x}_A = \dot{x}_B + \dot{s}_r\cos\theta, \quad \dot{y}_A = \dot{s}_r\sin\theta \qquad \text{(a)}$$

系统沿水平方向不受力,所以水平方向动量守恒

$$m_1\dot{x}_A + m_2\dot{x}_B = 0 \qquad \text{(b)}$$

联合式(a)和式(b)解得

$$\dot{x}_A=-m_2\dot{x}_B/m_1,\dot{y}_A=-(m_1+m_2)\dot{x}_B\tan\theta/m_1,\dot{s}_r=-(m_1+m_2)\dot{x}_B\sec\theta/m_1 \tag{c}$$

系统的机械能守恒。初始动能为0,即 $T_1=0$,选择初始位置为零势能点,即 $V_1=0$。在运动过程中,系统势能变为(完全由 A 下降所造成) $V_2=-m_1 g s_r \sin\theta$,而系统的动能 $T_2=m_2\dot{x}_B^2/2+m_1(\dot{x}_A^2+\dot{y}_A^2)/2$。机械能守恒为

$$T_2+V_2=T_1+V_1:\quad m_2\dot{x}_B^2/2+m_1(\dot{x}_A^2+\dot{y}_A^2)/2-m_1 g s_r\sin\theta=0+0 \tag{d}$$

将式(c)代入式(d),并求导可得

$$a_B=-\frac{m_1\sin(2\theta)}{m_1+2m_2-m_1\cos(2\theta)}g=-\frac{m_1\sin(2\theta)}{2(m_2+m_1\sin^2\theta)}g$$

12z-6 如图 T12z-6 所示,轮 A 和轮 B 可视为均质圆盘,半径均为 R,质量均为 m_1。绕在两轮上绳索中间连着物块 C,设物体 C 的质量为 m_2,且放在理想光滑的水平面上。今在轮 A 上作用一不变的力偶 M,求轮 A 与物块之间的那段绳索的张力。

解:(1)以整体为研究对象,速度分析见图 J12z-6a,关系如下

$$v_C=R\omega_A,\quad \omega_B=v_C/R=\omega_A$$

系统动能

$$T=\frac{1}{2}J_{O1}\omega_B^2+\frac{1}{2}J_O\omega_A^2+\frac{1}{2}m_2 v_C^2=\frac{1}{2}(m_1+m_2)R^2\omega_A^2$$

主动力的功率 $P=M\omega_A$。

由功率方程

$$\frac{\mathrm{d}T}{\mathrm{d}t}=P:\quad \frac{1}{2}(m_1+m_2)R^2\times 2\omega_A\alpha_A=M\omega_A$$

解得

$$\alpha_A=\frac{M}{(m_1+m_2)R^2}$$

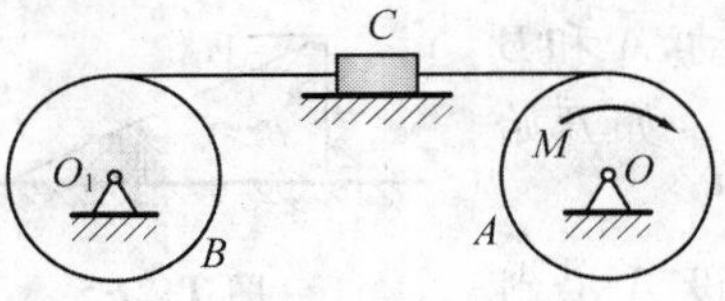

图 T12z-6

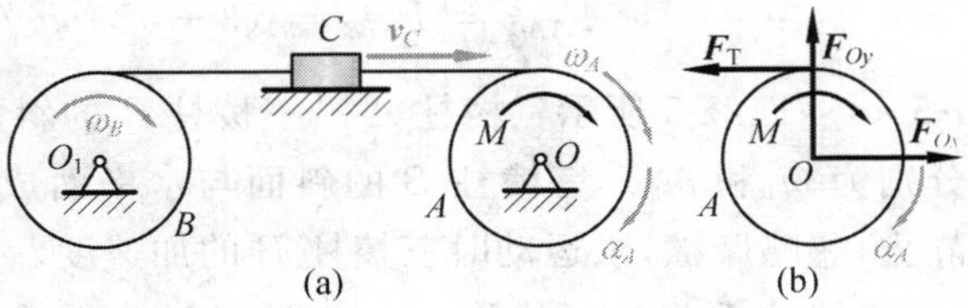

(a) (b)

图 J12z-6

(2)取轮 A 为研究对象,运动和受力分析如图 J12z-6b。由定轴转动微分方程

$$J_A\alpha_A=\sum M_A:\quad \frac{1}{2}m_1R^2\alpha_A=M-F_TR$$

解得

$$F_T=\frac{M(m_1+2m_2)}{2R(m_1+m_2)}$$

12z-7 如图 T12z-7 所示,圆环以角速度 ω 绕竖直轴 AC 自由转动。此圆环半径为 R,对轴的转动惯量为 J。在圆环内点 A 放一质量为 m 的小球。设由于微小的干扰小球离开点 A。

圆环中的摩擦忽略不计，分别求小球到达点 B 和点 C 时，圆环的角速度和小球的速度。

解：速度分析见图 J12z-7。系统在运动过程中受到的轴承约束力穿过竖直轴，重力与竖直轴平行，因此系统对竖直轴的动量矩守恒。此外做功的力只有重力，因此机械能守恒。选择初始小球在点 A 为零势能点，即 $V_1 = 0$ 。此时系统动能 $T_1 = J\omega^2/2$ 。

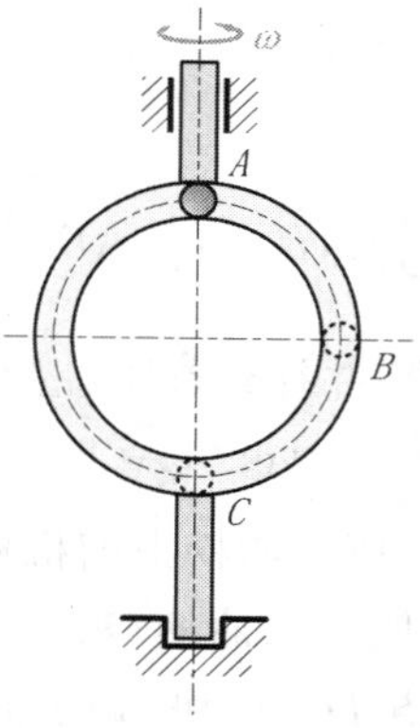

图 T12-7 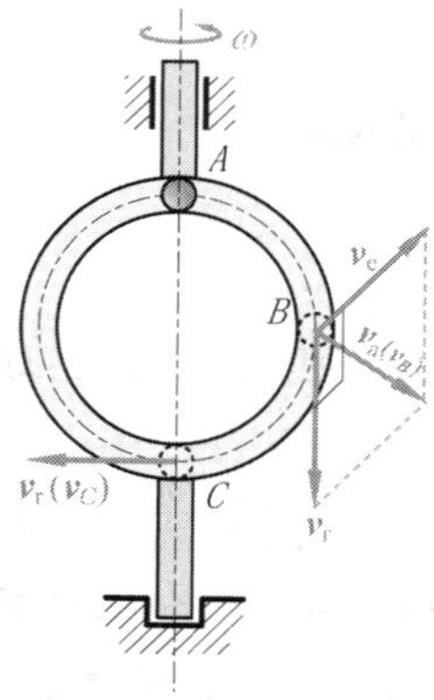　　图 J12z-7

(1)到达点 B，记此时圆环角速度为 ω_B 。动量矩守恒有

$$L = J\omega = J\omega_B + mRv_e = (J + mR^2)\omega_B$$

即

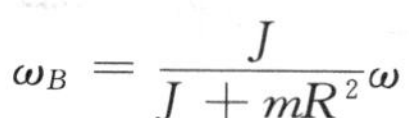

$$\omega_B = \frac{J}{J + mR^2}\omega$$

在点 B，势能 $V_2 = -mgR$ ，动能

$$T_2 = J\omega_B^2/2 + mv_B^2/2$$

由机械能守恒有

$$T_2 + V_2 = T_1 + V_1: \quad J\omega_B^2/2 + mv_B^2/2 - mgR = J\omega^2/2 + 0$$

解得

$$v_B = \sqrt{2gR + \frac{J(2J + mR^2)}{(J + mR^2)^2}\omega^2 R^2}$$

(2)到达点 C，记此时圆环角速度为 ω_C 。动量矩守恒易得 $\omega_C = \omega$ 。

在点 C，势能 $V_2 = -2mgR$ ，动能

$$T_2 = J\omega_C^2/2 + mv_C^2/2$$

由机械能守恒有

$$T_2 + V_2 = T_1 + V_1: \quad J\omega_C^2/2 + mv_C^2/2 - 2mgR = J\omega^2/2 + 0$$

解得

$$v_B = \sqrt{2gR + \frac{J(2J + mR^2)}{(J + mR^2)^2}\omega^2 R^2}$$

12z-8　均质棒 AB 质量为 $m = 4$ kg，其两端悬挂在两条平行绳上，棒处于水平位置，如图 T12z-8 所示。设其中一绳突然断了，求此瞬时另一绳的张力 F_T。

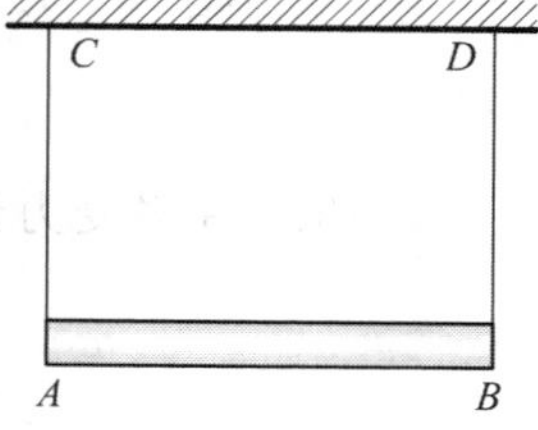

图 T12z-8

解：假定 DB 绳突然断掉。在绳断瞬间各处速度为 0，AB 的角速度为 0。CA 不发生弯曲，因此在该瞬间 A 的轨迹是图 J12z-8 中所示的圆周曲线。该点加速度可分解为法向分量和切线分量。法向分量因该瞬间的各点速度为 0 而为 0。切线分量如 J12z-8 所示。

以杆 AB 的质心为动点，A 为基点的加速度关系为(注意 $a_{GA}^n = 0$ 是因 AB 的角速度为 0)

$$\boldsymbol{a}_G = \boldsymbol{a}_A^t + \boldsymbol{a}_{GA}^t$$

将质心运动微分方程沿竖直方向投影有

$$ma_{Gy} = \sum F_y:\quad ma_{GA}^{t} = mg - F_T \qquad \text{(a)}$$

又对质心有

$$J_C\alpha_{AB} = \sum M_C:\quad \frac{1}{12}mAB^2\alpha_{AB} = F_T\frac{AB}{2} \qquad \text{(b)}$$

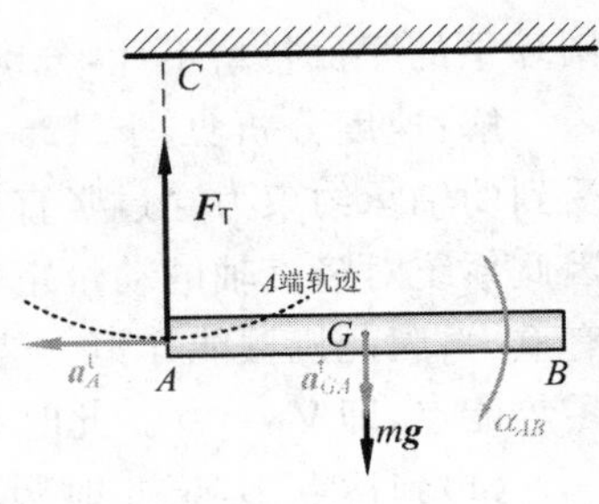

图 J12z-8

式(a)和式(b)联合，并补充条件 $a_{GA}^{t} = AB/2\times\alpha_{AB}$，可解出

$$F_T = mg/4 = 9.8\ \text{N}$$

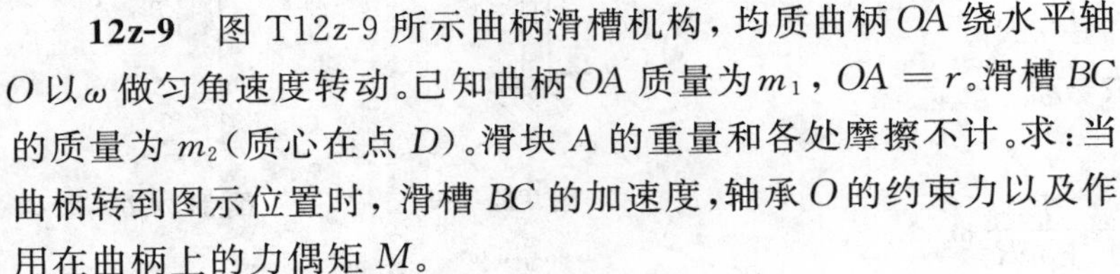

12z-9　图 T12z-9 所示曲柄滑槽机构，均质曲柄 OA 绕水平轴 O 以 ω 做匀角速度转动。已知曲柄 OA 质量为 m_1，$OA = r$。滑槽 BC 的质量为 m_2（质心在点 D）。滑块 A 的重量和各处摩擦不计。求：当曲柄转到图示位置时，滑槽 BC 的加速度，轴承 O 的约束力以及作用在曲柄上的力偶矩 M。

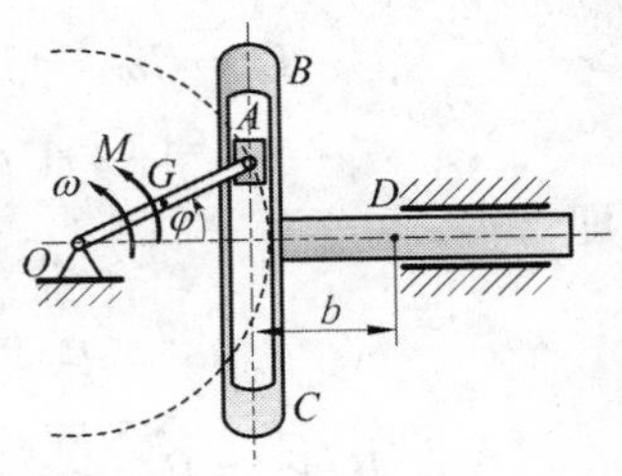

图 T12z-9

解：建立图 J12z-9a 所示的坐标系。

(1)滑槽 BC 平移，其上各点加速度相同，D 点横坐标为

$$x_D = r\cos\omega t + b$$

它对时间的二阶导数就是滑槽 BC 的加速度（正方向水平向右），即

$$a_{BC} = \ddot{x}_D = -r\omega^2\cos\omega t$$

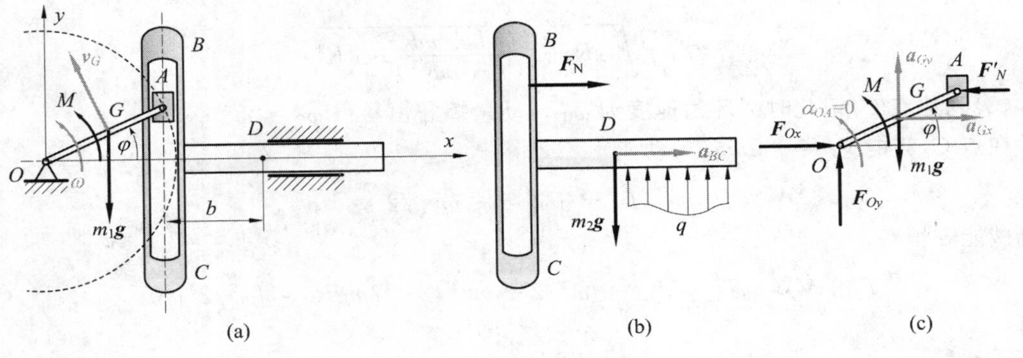

图 J12z-9

(2)取滑槽做受力分析，如图 J12z-9b 所示。沿水平方向使用质心运动微分方程得到

$$F_N = m_2a_{BC} = -m_2r\omega^2\cos\omega t$$

(3)取 OA 做受力分析，如图 J12z-9c 所示。由刚体平面运动微分方程

$$\begin{cases} ma_{Gx} = \sum F_x:\quad -m_1(r/2\times\omega^2\cos\omega t) = F_{Ox} - F'_N \\ ma_{Gy} = \sum F_y:\quad -m_1(r/2\times\omega^2\sin\omega t) = F_{Oy} - m_1g \\ J_G\alpha_{OA} = \sum M_G(F_i):\quad m_1r^2/12\times 0 = M + F_{Ox}r/2\times\sin\varphi + F_Nr/2\times\sin\varphi \\ \qquad\qquad - F_{Oy}r/2\times\cos\varphi \end{cases}$$

解得

$$F_{Ox}=F'_N-m_1(r/2\times\omega^2\cos\omega t)=-\frac{m_1+2m_2}{2}\omega^2 r\cos\omega t$$

$$F_{Oy}=m_1 g-\frac{m_1}{2}\omega^2 r\sin\omega t$$

$$M=\left(\frac{m_1 g}{2}+m_2 r\omega^2\sin\omega t\right)r\cos\omega t$$

讨论

(1)可采用功率方程求 M。系统的动能为

$$T=\frac{1}{2}\frac{1}{3}m_1 r^2\omega^2+\frac{1}{2}m_2\dot{x}_D^2=\frac{1}{2}\frac{1}{3}m_1 r^2\omega^2+\frac{1}{2}m_2\left[\frac{\mathrm{d}}{\mathrm{d}t}(r\cos\omega t+b)\right]^2$$

做功的力有 M 和 OA 的重力 $m_1 g$,总功率 $P=M\omega-v_1 m_1 g\cos\omega t=M\omega-m_1 g\frac{r}{2}\omega\cos\omega t$。

由功率方程

$$\frac{\mathrm{d}T}{\mathrm{d}t}=P:\quad \frac{1}{2}m_2\frac{\mathrm{d}(r\omega\sin\omega t)^2}{\mathrm{d}t}=M\omega-m_1 g\frac{r}{2}\omega\cos\omega t$$

解得

$$M=\left(\frac{m_1 g}{2}+m_2 r\omega^2\sin\omega t\right)r\cos\omega t$$

(2)轴承 O 的水平约束力求法也可见习题 10-7。

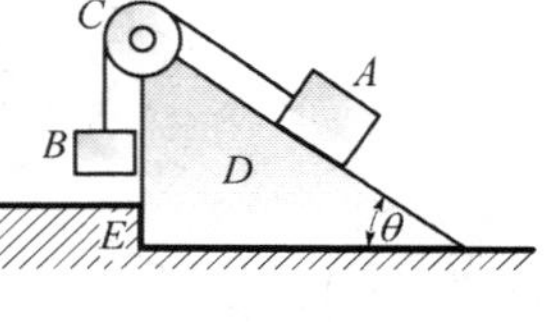

图 T12z-10

12z-10　物 A 质量为 m_1,沿楔状物 D 的斜面下降,同时借绕过滑轮 C 的绳使质量为 m_2 的物体 B 上升,如图 T12z-10 所示。斜面与水平成 θ 角,滑轮和绳的质量,以及一切摩擦均忽略不计。求楔状物 D 作用于地板突出部分 E 的水平压力。

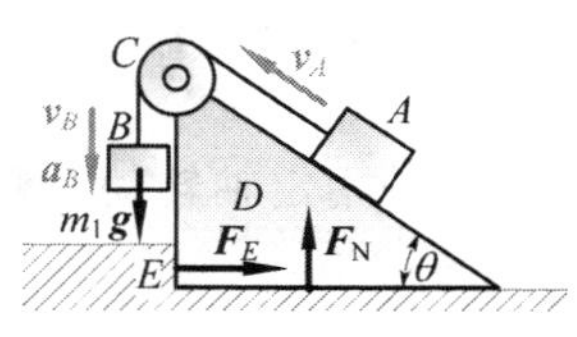

图 J12z-10

解:(1)先采用功率方程分析加速度。速度分析如图 J12z-10 所示,其中 $v_A=v_B$。

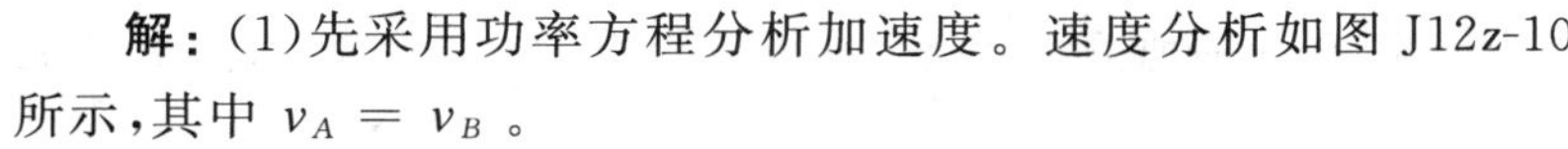

系统的动能为

$$T=(m_1+m_2)v_B^2/2$$

总功率为 $P=m_2 g v_B-m_1 g v_A\sin\theta$。由功率方程

$$\frac{\mathrm{d}T}{\mathrm{d}t}=P:\quad (m_1+m_2)v_B a_B=(m_2-m_1\sin\theta)g v_B$$

解得

$$a_B=\frac{m_2-m_1\sin\theta}{m_1+m_2}g$$

(2)采用动量定理求力。系统沿水平方向的动量为

$$p_x=-m_1 v_A\cos\theta=-m_1 v_B\cos\theta$$

由动量定理

$$F_E=\frac{\mathrm{d}p_x}{\mathrm{d}t}=-m_1 a_B\cos\theta=-\frac{m_2-m_1\sin\theta}{m_1+m_2}m_1 g\cos\theta$$

12z-11 在图 T12z-11 所示传动装置的带轮 B 上作用不变的力偶矩 M，使机构由静止开始运动。已知被提升的重物重 P，带轮 B 和 C 的半径均为 r，均重 P_1，并可视为均质圆柱体，且 B 轮上部胶带的拉力很小，可略去不计。求下部胶带的拉力。

解：(1)先采用功率方程分析加速度。速度分析如图 J12z-11a 所示，其中 $\omega_C=\omega_B=v_A/r$。系统动能为

$$T=\frac{1}{2}J_B\omega_B^2+\frac{1}{2}J_C\omega_C^2+\frac{1}{2}m_Av_A^2=\frac{1}{2}\frac{1}{2}\frac{P_1}{g}r^2\omega_B^2+\frac{1}{2}\frac{1}{2}\frac{P_1}{g}r^2\omega_B^2+\frac{1}{2}\frac{P}{g}(\omega_Br)^2$$

$$=\frac{1}{2g}(P+P_1)r^2\omega_B^2$$

系统的总功率为 $P=M\omega_B-Pv_A\sin\theta=(M-Pr\sin\theta)\omega_B$。由功率方程

$$\frac{\mathrm{d}T}{\mathrm{d}t}=P:\quad \frac{1}{g}(P+P_1)r^2\omega_B\alpha_B=(M-Pr\sin\theta)\omega_B$$

解得

$$\alpha_B=\frac{M-Pr\sin\theta}{P+P_1}\frac{g}{r^2}$$

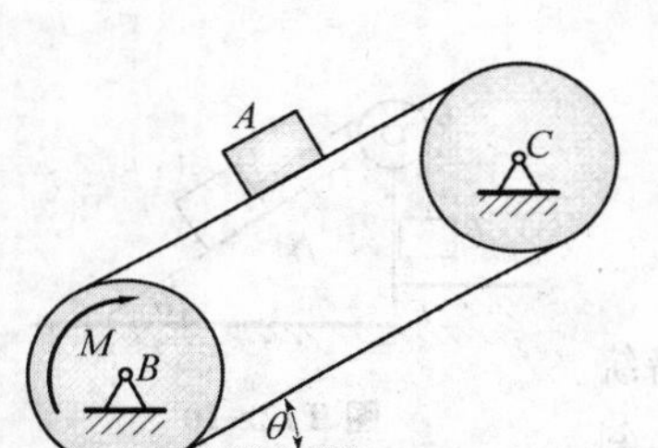

图 T12z-11

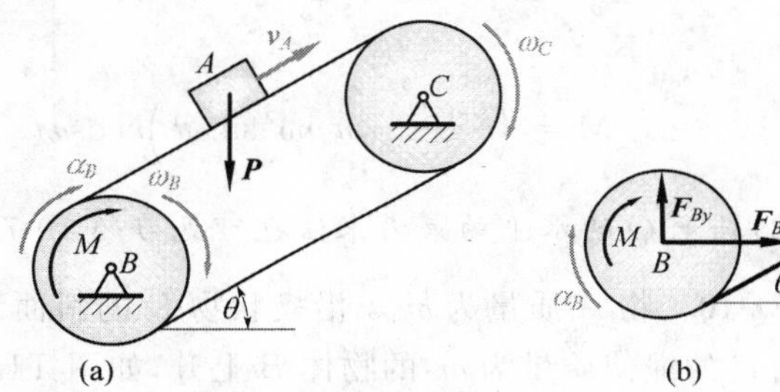

图 J12z-11

(2)采用定轴转动方程求力。取轮 B 为研究对象，受力分析如图 J12z-11b 所示。由定轴转动微分方程

$$J_B\alpha_B=\sum M_B(F_i):\quad \frac{1}{2}\frac{P_1}{g}r^2\alpha_B=M-F_\mathrm{T}r$$

解得

$$F_\mathrm{T}=\frac{M}{r}-\frac{1}{2}\frac{P_1}{g}r\alpha_B=\frac{(2P+P_1)M+PP_1r\sin\theta}{2r(P+P_1)}$$

讨论

此题假设“B 轮上部胶带的拉力很小，可略去不计”比较牵强。若此假设成立，则上方胶带肯定无法支撑重物 A。如果本题改成求上下胶带的拉力差，则可回避上述的假设。

12z-12 滚子 A 质量为 m_1，沿倾角为 θ 的斜面向下只滚不滑，如图 T12z-12 所示。滚子借一跨过滑轮 B 的绳提升质量为 m_2 的物体 C，同时滑轮 B 绕 O 轴转动。滚子 A 与滑轮 B 的质量相等，半径相等，且都为均质圆盘。求滚子重心的加速度和系在滚子上绳的张力。

解：(1)先采用功率方程分析加速度。速度分析如图 J12z-12a 所示，其中 $\omega_B=v_A/r=$

ω_A，$v_C = v_A$。系统动能为

$$T = \frac{1}{2}m_A v_A^2 + \frac{1}{2}J_A\omega_A^2 + \frac{1}{2}J_O\omega_O^2 + \frac{1}{2}m_C v_C^2$$
$$= \frac{1}{2}m_1 v_A^2 + \frac{1}{2}\frac{1}{2}m_1 r^2\left(\frac{v_A}{r}\right)^2 + \frac{1}{2}\frac{1}{2}m_1 r^2\left(\frac{v_A}{r}\right)^2 + \frac{1}{2}m_2 v_A^2$$
$$= \frac{1}{2}(2m_1 + m_2)v_A^2$$

系统的总功率为 $P = m_A g v_A \sin\theta - m_C g v_C = (m_1\sin\theta - m_2)g v_A$。由功率方程

$$\frac{\mathrm{d}T}{\mathrm{d}t} = P:\quad (2m_1 + m_2)v_A a_A = (m_1\sin\theta - m_2)g v_A$$

解得

$$a_A = \frac{m_1\sin\theta - m_2}{2m_1 + m_2}g$$

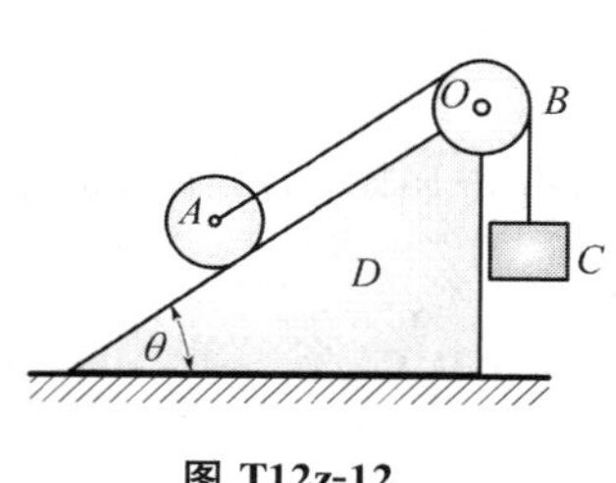

图 T12z-12

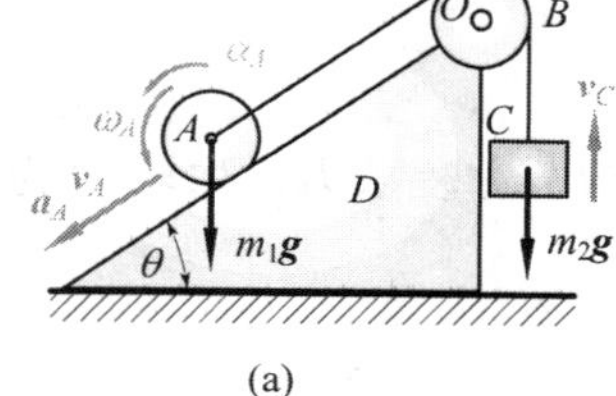

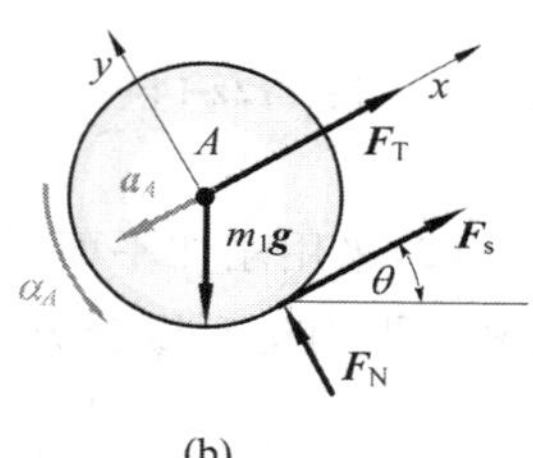

图 J12z-12

(2)采用刚体平面运动微分方程求力。取轮 A 为研究对象，受力分析如图 J12z-12b 所示。由刚体平面运动微分方程

$$\begin{cases} m_1 a_{Ax} = \sum F_x:\quad m_1 a_A = m_1 g\sin\theta - F_T - F_s \\ J_A\alpha = \sum M_A(F_i):\quad \frac{1}{2}m_1 r^2 \times \alpha_A = F_s r \end{cases}$$

解得

$$F_T = m_1 g\sin\theta - \frac{3}{2}m a_A = \frac{m_1 g[3m_2 + (m_1 + 2m_2)\sin\theta]}{2(2m_1 + m_2)}$$

12z-13　见例题 12z-3

12z-14　图 T12z-14 所示机构中，沿斜面纯滚动的圆柱体 O' 和鼓轮 O 为均质物体，质量均为 m，半径均为 R。绳子不可伸长，其质量忽略不计。粗糙斜面的倾角为 θ，不计滚阻力偶。如在鼓轮上作用一常力偶 M，求：(1)鼓轮的角加速度；(2)轴承 O 的水平约束力。

解：(1)采用功率方程分析加速度。速度分析如图 J12z-14a 所示，图中 $v_{O'} = R\omega_O$，$\omega_{O'} = \omega_O$。系统动能为

$$T = \frac{1}{2}m_{O'}v_{O'}^2 + \frac{1}{2}J_{O'}\omega_{O'}^2 + \frac{1}{2}J_O\omega_O^2 = \frac{1}{2}m(R\omega_O)^2 + \frac{1}{2}\frac{mR^2}{2}(\omega_O)^2 + \frac{1}{2}\frac{mR^2}{2}\omega_O^2$$
$$= mR^2\omega_O^2$$

系统的总功率为 $P = M\omega_O - m_{O'} g v_{O'} \sin\theta = (M - mgR\sin\theta)\omega_O$。由功率方程

$$\frac{\mathrm{d}T}{\mathrm{d}t} = P:\quad 2mR^2\omega_O\alpha_O = (M - mgR\sin\theta)\omega_O$$

解得

$$\alpha_O = \frac{M - mgR\sin\theta}{2mR^2}$$

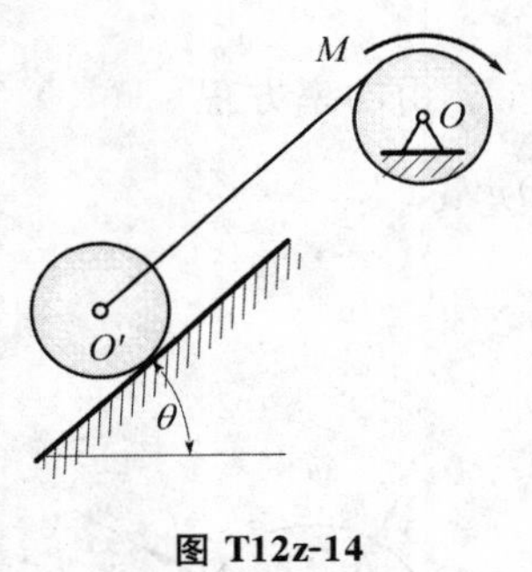

图 T12z-14

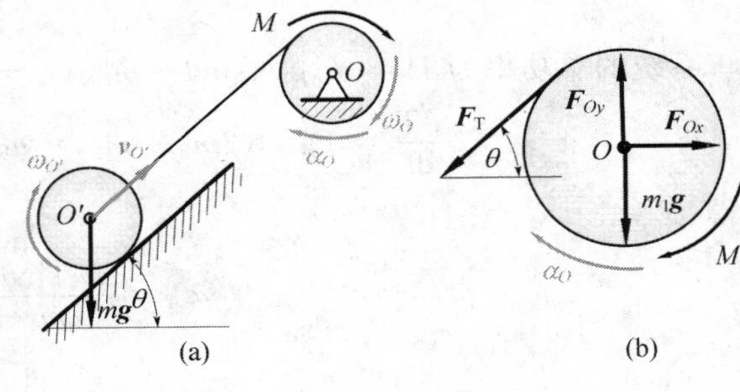

图 J12z-14

(2)采用刚体平面运动微分方程求力。取轮 O 为研究对象，受力分析如图 J12z-14b 所示。由刚体平面运动微分方程

$$\begin{cases} m_O a_{Ox} = \sum F_x:\quad m\times 0 = F_{Ox} - F_T\cos\theta \\ J_O\alpha_O = \sum M_O(F_i):\quad \dfrac{1}{2}mR^2\times\alpha_O = M - F_T R \end{cases}$$

解得

$$F_{Ox} = (6M\cos\theta + mgR\sin 2\theta)/(8R)$$

12z-15　均质细杆 OA 可绕水平轴 O 转动，另一端铰接一均质圆盘，圆盘可绕铰 A 在竖直面内自由转动，如图 T12z-15 所示。已知 OA 长 l，质量为 m_1；圆盘半径为 R，质量为 m_2。摩擦不计，初始时刻 OA 水平，杆和圆盘静止。求杆与水平线成 θ 角瞬时的角速度和角加速度。

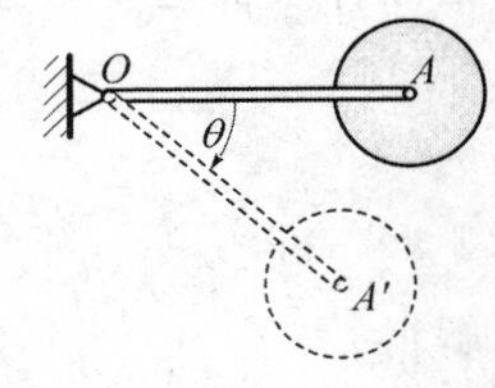

图 T12z-15

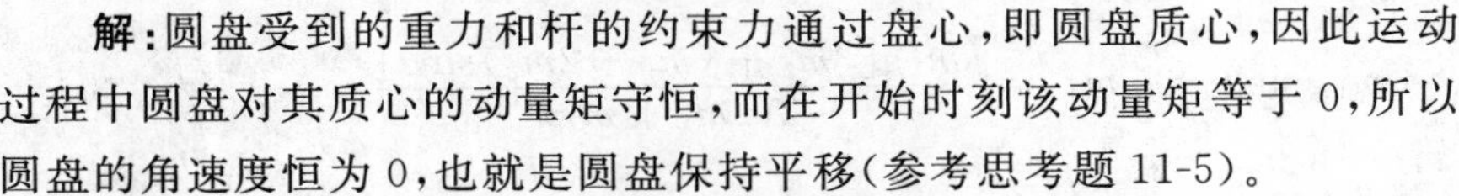

解：圆盘受到的重力和杆的约束力通过盘心，即圆盘质心，因此运动过程中圆盘对其质心的动量矩守恒，而在开始时刻该动量矩等于 0，所以圆盘的角速度恒为 0，也就是圆盘保持平移(参考思考题 11-5)。

下面采用机械能守恒计算。设初始时刻的系统状态为零势能点，即 $V_1 = 0$，当然动能 $T_1 = 0$。在任意时刻的速度分析见图 J12z-15。系统的动能为

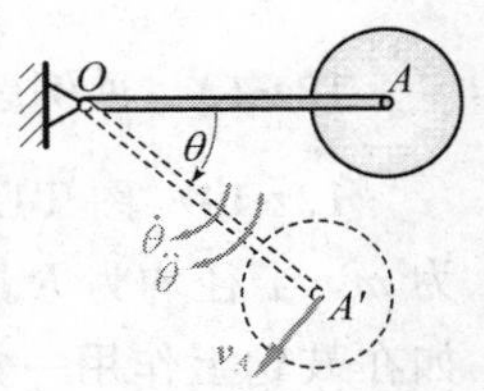

图 J12z-15

$$T_2 = \frac{1}{2}J_O\dot{\theta}^2 + \frac{1}{2}m_{盘}\ v_A^2 = \frac{1}{2}\frac{1}{3}m_1 l^2\dot{\theta}^2 + \frac{1}{2}m_2(l\dot{\theta})^2$$

$$= \frac{m_1 + 3m_2}{6}l^2\dot{\theta}^2$$

相应的势能

$$V_2 = -\frac{1}{2}m_{OA}gl\sin\theta - m_2 gl\sin\theta$$
$$= -\frac{m_1+2m_2}{2}gl\sin\theta$$

由机械能守恒

$$T_2+V_2 = T_1+V_1: \frac{m_1+3m_2}{6}l^2\dot{\theta}^2 - \frac{m_1+2m_2}{2}gl\sin\theta = 0+0 \tag{a}$$

解得

$$\dot{\theta} = \sqrt{\frac{3(m_1+2m_2)}{m_1+3m_2}\frac{g}{l}\sin\theta}$$

对式(a)两边求导得到

$$\frac{m_1+3m_2}{3}l^2\dot{\theta}\ddot{\theta} - \frac{m_1+2m_2}{2}g\dot{\theta}\cos\theta = 0$$

可解得

$$\ddot{\theta} = \frac{3(m_1+2m_2)}{2(m_1+3m_2)}\frac{g}{l}\cos\theta$$

12z-16　图 T12z-16 所示的三棱柱 ABC 的质量为 m_1，放在光滑的水平面上，可以无摩擦地滑动。质量为 m_2 的均质圆柱体 O 由静止沿斜面 AB 向下纯滚动，如斜面的倾角为 θ。求三棱柱的加速度。

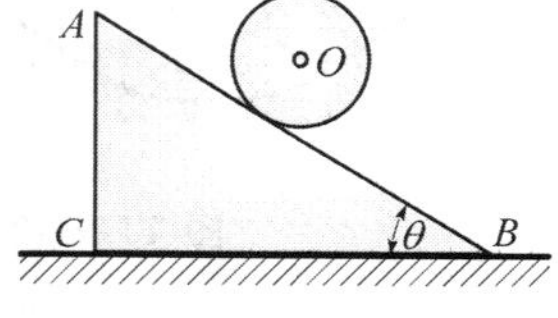

图 T12z-16

解：系统沿水平方向不受力，所以沿水平可以运用动量守恒定律。为了得到守恒律中的绝对速度信息，以 ABC 为动系，圆柱体的圆心 O 为动点，速度合成关系如图 J12z-16 所示，其中 $v_r = R\omega_O$。沿水平方向的动量守恒为

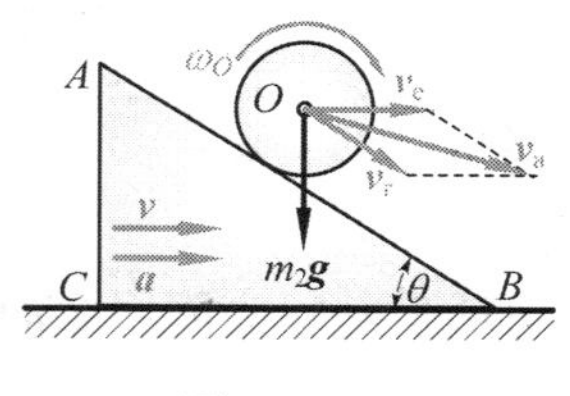

图 J12z-16

$$m_1 v + m_2(v + v_r\cos\theta) = 0$$

解得

$$v_r = -\frac{m_1+m_2}{m_2\cos\theta}v$$

下面利用功率方程计算加速度。系统动能为

$$T = \frac{1}{2}m_1v^2 + \frac{1}{2}m_2v_a^2 + \frac{1}{2}\frac{m_2R^2}{2}\left(\frac{v_r}{R}\right)^2$$
$$= \frac{1}{2}m_1v^2 + \frac{1}{2}m_2(v^2+v_r^2+2vv_r\cos\theta) + \frac{1}{2}\frac{m_2}{2}v_r^2$$
$$= \frac{(m_1+m_2)[3(m_1+m_2)\sec^2\theta - 2m_2]}{4m_2}v^2$$

做功的力只有圆柱体的重力，它的功率

$$P = -\frac{m_1+m_2}{m_2\cos\theta}m_2gv\sin\theta$$

由功率方程

$$\frac{\mathrm{d}T}{\mathrm{d}t}=P:\quad \frac{(m_1+m_2)[3(m_1+m_2)\sec^2\theta-2m_2]}{4m_2}2va=-\frac{m_1+m_2}{m_2\cos\theta}m_2gv\sin\theta$$

解得

$$a=-\frac{m_2\sin 2\theta}{3m_1+m_2(1+2\sin^2\theta)}g$$

12z-17　图 T12z-17 所示的质量为 m，半径为 r 的均质圆柱体，开始时其质心位于与 OB 同一高度的点 C。设圆柱体由静止开始沿斜面向下做纯滚动，当它滚到半径为 R 的圆弧 AB 上时，求在任意位置上的正压力和摩擦力。

解：(1)采用机械能守恒分析运动信息。初始的动能为 0，即 $T_1=0$；选择初始位置为零势能点，即 $V_1=0$。运动到图 J12-17a 的实线位置的势能 $V_2=-mgh=-mgR\cos\theta$，而系统的动能

$$T_2=\frac{1}{2}mv^2+\frac{1}{2}\frac{mr^2}{2}\omega^2=\frac{1}{2}mv^2+\frac{1}{2}\frac{mr^2}{2}\left(\frac{v}{r}\right)^2=\frac{3}{4}mv^2$$

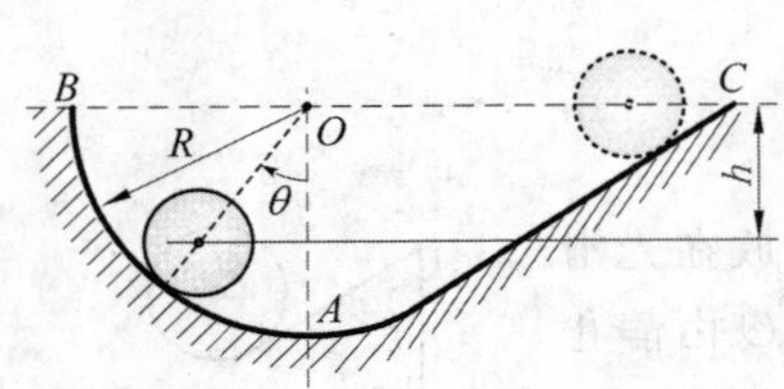

图 T12z-17

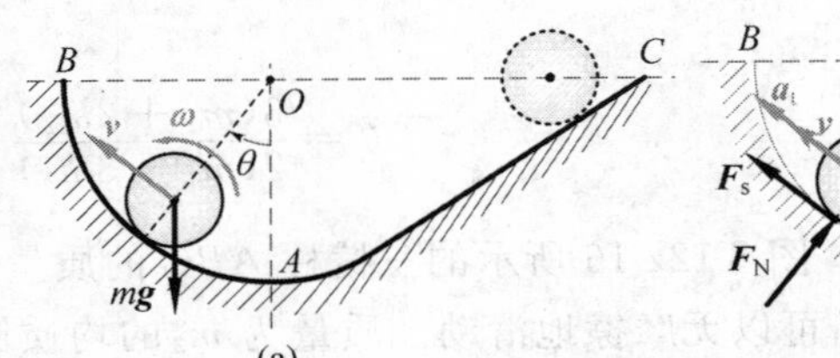

图 J12z-17

机械能守恒为

$$T_2+V_2=T_1+V_1:\quad \frac{3}{4}mv^2-mg(R-r)\cos\theta=0+0$$

解得

$$v^2=[4g(R-r)\cos\theta]/3 \tag{a}$$

由此得到柱心的向心加速度

$$a_n=v^2/(R-r)=4/3\times g\cos\theta$$

式(a)求导有 $2va_t=-[4g(R-r)\sin\theta]/3\times\dot{\theta}$，将 $v=(R-r)\dot{\theta}$ 代入，可得

$$a_t=-2/3\times g\sin\theta$$

圆柱体的受力和加速度分析见图 J12z-17b。运用质心运动微分方程有

$$\begin{cases} ma_n=\sum F_n:\quad m\times 4/3\times g\cos\theta=F_N-mg\cos\theta \\ ma_t=\sum F_t:\quad m\times(-2/3\times g\sin\theta)=F_s-mg\sin\theta \end{cases}$$

解得

$$F_N=(7mg\cos\theta)/3,\quad F_s=(mg\sin\theta)/3$$

12z-18　图 T12z-18 所示均质细杆 AB 长为 l，质量为 m。由直立位置开始滑动，上端 A 沿墙壁向下滑，下端 B 沿地板向右滑，不计摩擦。求细杆在任一位置时的角速度 ω、角加速度

α 及 A 和 B 处的约束力。

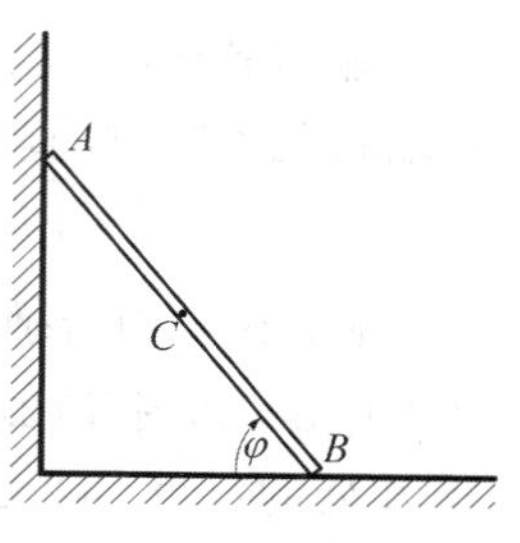

图 T12z-18

解： 由于墙壁为直角，所以 AB 的质心 C 离墙角距离不变，也就是 C 的轨迹是圆弧段。建立图 J12z-18 所示的直角坐标系，则有

$$x_C = (l\cos\varphi)/2,\quad y_C = (l\sin\varphi)/2$$

求导分别得到质心沿 x 和 y 两个方向的速度

$$\dot{x}_C = -(\dot{\varphi} l\sin\varphi)/2,\quad \dot{y}_C = (\dot{\varphi} l\cos\varphi)/2$$

系统动能为

$$T = \frac{1}{2}m(\dot{x}_C^2 + \dot{y}_C^2) + \frac{1}{2}J_C\dot{\varphi}^2$$

$$= \frac{1}{2}m\left(\frac{\dot{\varphi}^2 l^2 \sin^2\varphi}{4} + \frac{\dot{\varphi}^2 l^2 \cos^2\varphi}{4}\right) + \frac{1}{2}\frac{ml^2}{12}\dot{\varphi}^2 = \frac{1}{2}\times\frac{ml^2}{3}\dot{\varphi}^2$$

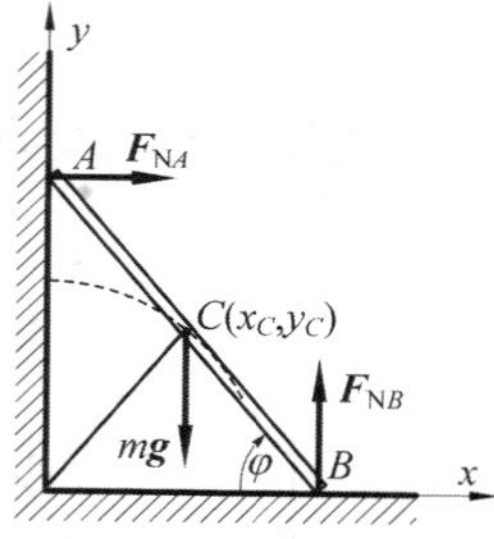

图 J12z-18

选择最初位置为零势能点（动能也是零）。在图 J12z-18 所示位置的势能为

$$V = mg\,\frac{l}{2}\sin\varphi - mg\,\frac{l}{2}$$

由机械能守恒得到

$$T + V = 0:\quad \frac{1}{2}\times\frac{ml^2}{3}\dot{\varphi}^2 + mg\,\frac{l}{2}\sin\varphi - mg\,\frac{l}{2} = 0 \tag{a}$$

进一步得到

$$\dot{\varphi} = \pm\sqrt{3g(1-\sin\varphi)/l} \tag{b}$$

注意，按照图 J12z-18，$\dot{\varphi} > 0$ 为顺时针转向，而题目的物理过程 $\dot{\varphi}$ 必定小于零（φ 越来越小），所以式(b)取负号为正确答案，即

$$\dot{\varphi} = -\sqrt{3g(1-\sin\varphi)/l}$$

对式(a)求导有

$$\frac{ml^2}{3}\dot{\varphi}\ddot{\varphi} + mg\,\frac{l}{2}\cos\varphi\times\dot{\varphi} = 0$$

解得

$$\ddot{\varphi} = -\frac{3}{2}\,\frac{g}{l}\cos\varphi$$

注意 $\ddot{\varphi} > 0$ 仍为瞬时针转向。

对图 J12z-18 运用质心运动定理有

$$\begin{cases} ma_{Cx} = \sum F_x:\quad m\ddot{x}_C = F_{NA} \\ ma_{Cy} = \sum F_y:\quad m\ddot{y}_C = F_{NB} - mg \end{cases}$$

解得

$$F_{NA} = m\ddot{x}_C = \frac{9}{4}mg\cos\varphi\left(\sin\varphi - \frac{2}{3}\right)$$

$$F_{NB} = m\ddot{y}_C + mg = \frac{mg}{4}(1 - 3\sin\varphi)^2$$

显然若 $\sin\varphi > 2/3$，则 $F_{NA} < 0$，而墙面提供不了负的支撑力，所以在 $\varphi = \arcsin(2/3)$ 时，A 端将脱离竖直的墙面。

$F_{NB} \geqslant 0$ 表明 B 端不会跳起来。

12z-19 均质细杆 AB 长为 l，质量为 m。起初紧靠在竖直墙壁上。由于微小干扰，杆绕 B 点倾倒，如图 T12z-19 所示。不计摩擦，求：(1) B 端未脱离墙时 AB 杆的角速度、角加速度及 B 处的反力；(2) B 端脱离墙壁时的 θ_1 角；(3) 杆着地时的质心速度及杆的角速度。

解：(1) B 端未脱离墙之前 AB 做定轴转动，系统动能为

$$T = \frac{1}{2} \times \frac{ml^2}{3}\dot{\theta}^2$$

选择最初位置为零势能点（动能也是零），则在图 J12z-19a 所示位置的势能为

$$V = mg\,\frac{l}{2}\cos\theta - mg\,\frac{l}{2}$$

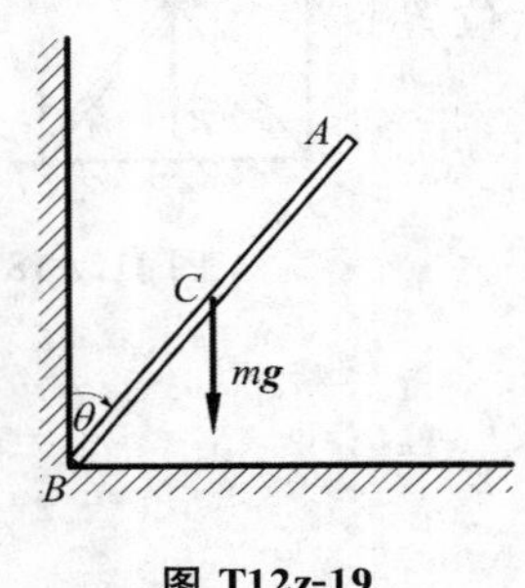

图 T12z-19

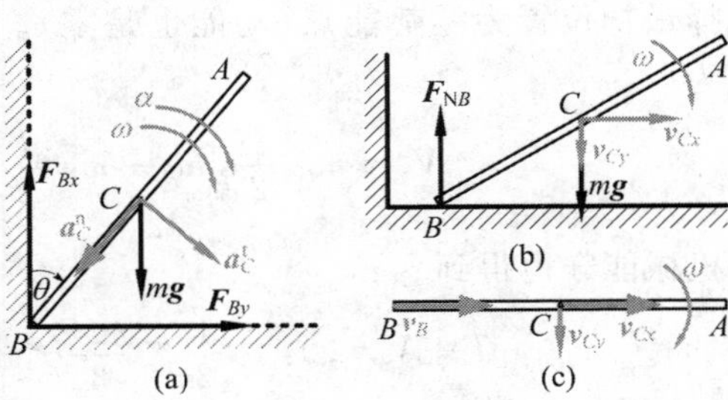

图 J12z-19

由机械能守恒得到

$$T + V = 0: \quad \frac{1}{2} \times \frac{ml^2}{3}\dot{\theta}^2 + mg\,\frac{l}{2}\cos\theta - mg\,\frac{l}{2} = 0$$

得到

$$\dot{\theta}^2 = 3g(1 - \cos\theta)/l \tag{a}$$

按照图 J12z-19，$\dot{\theta} > 0$ 为逆时针转向，而题目的物理过程 $\dot{\theta}$ 必定大于零（θ 越来越大），所以

$$\omega = \dot{\theta} = \sqrt{\frac{3g(1-\cos\theta)}{l}}$$

对式(a)求导有

$$2\dot{\theta}\ddot{\theta} = 3g\dot{\theta}\sin\theta/l$$

解得

$$\ddot{\theta} = -\frac{3}{2}\,\frac{g}{l}\sin\theta$$

对图 J12z-19a，在运用质心运动定理有

$$\begin{cases} ma_{Cx} = \sum F_x: \quad m(a_C^t\cos\theta - a_C^n\sin\theta) = F_{Bx} \\ ma_{Cy} = \sum F_y: \quad m(a_C^t\cos\theta + a_C^n\sin\theta) = F_{By} - mg \end{cases} \tag{b}$$

式中：$a_C^t = \ddot{\theta}l/2$，$a_C^n = \dot{\theta}^2 l/2$。

由式(b)解得

$$
\begin{cases}
F_{Bx} = m(a_C^t\cos\theta - a_C^n\sin\theta) = \dfrac{3mg}{4}(3\cos\theta - 2)\sin\theta \\
F_{By} = m(a_C^t\cos\theta + a_C^n\sin\theta) + mg = \dfrac{mg}{4}(1 - 3\cos\theta)^2
\end{cases}
$$

(2)脱离条件为 $F_{Bx} = 0$,即 $(3\cos\theta - 2)\sin\theta = 0$ 。$\sin\theta = 0$ 对应初始时刻的杆直立状态，此态的 B 端水平约束力确实是 0,但倒下造成了 $\sin\theta > 0$,因此它不是 B 端脱离条件。只有 $3\cos\theta - 2 = 0$,也就是 $\theta = \arccos(2/3)$ 才是脱离条件。此时的 $\sin\theta = \sqrt{5}/3$ 。

为了下面的分析,求出质心的水平方向速度

$$
v_{Cx} = \frac{l\dot{\theta}\cos\theta}{2} = \frac{l}{2}\sqrt{\frac{3g(1-2/3)}{l}} \times \frac{2}{3} = \frac{\sqrt{gl}}{3}
$$

(3)脱离后的 AB 杆受力如图 J12z-19b 所示。因为它在水平方向不受力,所以水平方向动量守恒,即 v_{Cx} 保持不变。

落地瞬间的速度如图 J12z-19c。以 B 为基点,C 为动点,用基点法可得 $v_{Cy} = \omega l/2$ 。

落地瞬间的动能为

$$
T = \frac{1}{2}m(v_{Cx}^2 + v_{Cy}^2) + \frac{1}{2}J_C\omega^2 = \frac{1}{2}m\left(gl + \frac{l^2\omega^2}{4}\right) + \frac{1}{2}\,\frac{ml^2}{12}\omega^2
$$

该动能完全是由 AB 从垂直到水平的势能差 $mgl/2$ 所造成的。由机械能守恒可解得

$$
\omega = \sqrt{8g/(3l)}
$$

相应地

$$
v_{Cy} = \frac{l\omega}{2} = \sqrt{\frac{2gl}{3}}, \quad v_C = \sqrt{v_{Cx}^2 + v_{Cy}^2} = \frac{\sqrt{7gl}}{3}
$$

12z-20 图 T12z-20 所示的均质直杆 OA 长为 l，质量为 m，在常力偶的作用下在水平面内从静止开始绕 z 轴转动。设力偶矩为 M。求：(1)经过时间 t 后系统的动量、对 z 轴的动量矩和动能的变化;(2)轴承的动约束力。

解:受力分析如图 J12z-20a 所示。

(1)由定轴转动微分方程

$$
J_z\alpha = \sum M_z(\boldsymbol{F}): \quad \frac{1}{3}ml^2\alpha = M \tag{a}
$$

得到 $\alpha = 3M/(ml^2)$ 。后者是常数,因此 $\omega = \alpha t = 3Mt/(ml^2)$ 。这样得到 OA 质心 G 速度 $v_G = \omega l/2 = 3Mt/(2ml)$ 。故而动量和动能变化分别为

$$
\Delta p = mv_G = 3Mt/(2l)
$$

$$
\Delta L = \frac{1}{3}ml^2\omega = Mt
$$

$$
\Delta T = \frac{1}{2} \times \frac{1}{3}ml^2\omega^2 = 3M^2t^2/(2ml^2)
$$

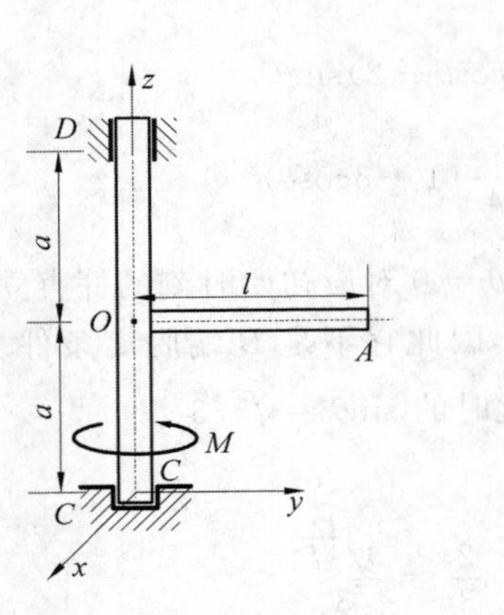

图 T12z-20

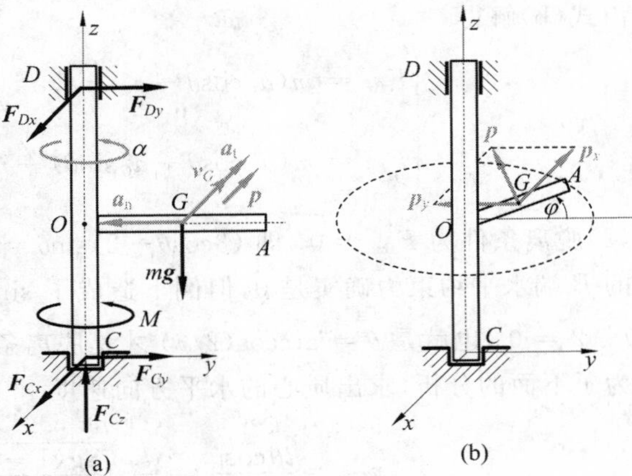

图 J12z-20

(2)质心 G 的加速度切线和法向分量分别为

$$a_{\mathrm{t}}=\alpha l/2=3M/(2ml),\quad a_{\mathrm{n}}=\omega^2 l/2=9M^2t^2/(2m^2l^3),\quad a_{\mathrm{b}}=0$$

由质心运动定理有

$$\begin{cases} ma_{\mathrm{t}}=\sum F_{\mathrm{t}}:\quad -m\times 3M/(2ml)=F_{Cx}+F_{Dx} \\ ma_{\mathrm{n}}=\sum F_{\mathrm{n}}:\quad -m\times 9M^2t^2/(2m^2l^3)=F_{Cy}+F_{Dy} \\ ma_{\mathrm{b}}=\sum F_{\mathrm{b}}:\quad m\times 0=F_{Cz}-mg \end{cases} \tag{b}$$

下面用对固定点 C 的动量矩定理来补充方程。因为动量矩定理涉及求导运算，所以对 C 点动量矩应该写任意时刻的通式(而不是针对图 J12z-20a 位置的特定值)。图 J12z-20b 为计算示意图，由教材的式(11-12)有

$$\boldsymbol{L}_C=\boldsymbol{r}_G\times m\boldsymbol{v}_G+\boldsymbol{L}_G \tag{c}$$

其中的 $\boldsymbol{L}_G=J_G\omega\boldsymbol{k}=ml^2/12\times\omega\boldsymbol{k}$。式(c)右边的第一项为

$$\begin{aligned}\boldsymbol{r}_G\times m\boldsymbol{v}_G&=p_y\times b\boldsymbol{i}-p_x\times b\boldsymbol{j}+(mv_G\times l/2)\boldsymbol{k}\\&=mv_G\sin\varphi\times b\boldsymbol{i}-mv_G\cos\varphi\times b\boldsymbol{j}+(mv_G\times l/2)\boldsymbol{k}\end{aligned}$$

因此

$$\begin{aligned}\boldsymbol{L}_C&=mv_G\sin\varphi\times b\boldsymbol{i}-mv_G\cos\varphi\times b\boldsymbol{j}+(mv_G\times l/2)\boldsymbol{k}+ml^2/12\times\omega\boldsymbol{k}\\&=\frac{mlb\omega\sin\varphi}{2}\boldsymbol{i}-\frac{mlb\omega\cos\varphi}{2}\boldsymbol{j}+\frac{ml^2\omega}{3}\boldsymbol{k}\end{aligned}$$

其导数为

$$\frac{\mathrm{d}\boldsymbol{L}_C}{\mathrm{d}t}=\left(\frac{mlb\alpha\sin\varphi}{2}+\frac{mlb\omega^2\cos\varphi}{2}\right)\boldsymbol{i}-\left(\frac{mlb\alpha\cos\varphi}{2}-\frac{mlb\omega^2\sin\varphi}{2}\right)\boldsymbol{j}+\frac{ml^2\alpha}{3}\boldsymbol{k}$$

在图 J12z-20a 的特定时刻有

$$\frac{\mathrm{d}\boldsymbol{L}_C}{\mathrm{d}t}=\frac{mlb\omega^2}{2}\boldsymbol{i}-\frac{mlb\alpha}{2}\boldsymbol{j}+\frac{ml^2\alpha}{3}\boldsymbol{k}$$

对点 C 的动量矩定理的分量形式为

$$\begin{cases} \dfrac{\mathrm{d}L_x}{\mathrm{d}t}=\sum M_x:\quad \dfrac{mlb\omega^2}{2}=-mg\times l/2-F_{Dy}\times 2b \\ \dfrac{\mathrm{d}L_y}{\mathrm{d}t}=\sum M_y:\quad -\dfrac{mlb\alpha}{2}=F_{Dx}\times 2b \\ \dfrac{\mathrm{d}L_z}{\mathrm{d}t}=\sum M_z:\quad \dfrac{ml^2\alpha}{3}=M\text{(已经作为定轴转动方程由式(a)使用了)} \end{cases} \tag{d}$$

由方程组(d)的第一式得到

$$F_{Dy}=-mg\times l/(4b)-ml\omega^2/4=-mg\times l/(4b)-9M^2t^2/(4ml^3)$$

再将它代入方程组(b)的第二式得到

$$F_{Cy}=mgl/(4b)-m\times 9M^2t^2/(4m^2l^3)$$

从方程组(d)的第二式可解得 $F_{Dx}=-3M/(4l)$。再代入方程组(b)的第一式得到 $F_{Cx}=-3M/(4l)$。

由方程组(b)的第三式得到 $F_{Cz}=mg$。

上述解答中，当 $M=0$ 时为静约束力。扣掉此分量，剩下的动约束力为

$$F'_{Cx}=F'_{Dx}=-3M/(4l),\quad F'_{Cz}=0$$
$$F'_{Cy}=F'_{Dy}=-m\times 9M^2t^2/(4m^2l^3)$$

讨论

如用相对于质心的动量矩定理，计算过程稍微简单一些。

12z-21　在图 T12z-21 所示的系统中，纯滚动均质圆轮与物块 A 的质量均为 m，圆轮的半径为 r，斜面的倾角为 θ，物块 A 与斜面间的摩擦因数为 f。不计 OA 杆的质量。试求：(1)O点的加速度；(2)杆 OA 的内力。

解：(1)对系统整体运用功率方程。运动信息和做功的力如图 J12z-21a 所示，其中 $v_O=v_A$，$\omega_O=v_O/r$。系统的动能

$$T=\frac{1}{2}mv_A^2+\frac{1}{2}mv_O^2+\frac{1}{2}J_O\omega^2=\frac{1}{2}mv_O^2+\frac{1}{2}mv_O^2+\frac{1}{2}\frac{mr^2}{2}\left(\frac{v_O}{r}\right)^2$$
$$=\frac{5}{4}mv_O^2$$

系统的功率为

$$P=mgv_O\sin\theta+mgv_A\sin\theta-F_sv_A=2mgv_O\sin\theta-F_sv_O\text{。}$$

由功率方程有

$$\frac{\mathrm{d}T}{\mathrm{d}t}=P:\quad \frac{5}{2}mv_Oa_O=2mgv_O\sin\theta-F_sv_O$$

进一步有

$$5ma_O=4mg\sin\theta-2F_s \tag{a}$$

(2)式(a)的一个方程有两个未知数，为了补充另外一个方程，取物块 A 作受力分析，如图

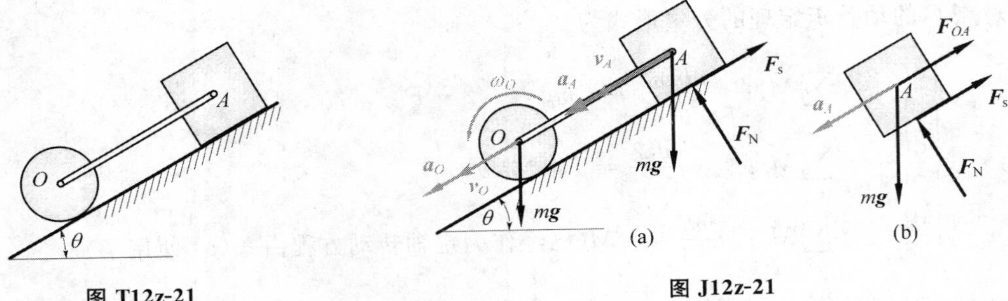

图 T12z-21

图 J12z-21

J12z-21b 所示。对该受力图，分别沿 F_s 和 F_N 两个方向写质心运动微分方程有

$$\begin{cases} ma_A = mg\sin\theta - F_{OA} - F_s \\ 0 = -mg\cos\theta + F_N \end{cases} \tag{b}$$

方程组(b)的第二式再补充库仑摩擦定律 $F_s = fF_N$，可得 $F_s = fmg\cos\theta$。把后者代入式(a)有

$$a_O = \frac{4\sin\theta - 2f\cos\theta}{5}g$$

再代入方程组(b)第一式得到（$a_O = a_A$）

$$F_{OA} = \frac{\sin\theta - 3f\cos\theta}{5}mg$$

12z-22 图 T12z-22 所示的系统中，重 Q_1，长为 l 的均质杆 AB 与重为 Q 的楔块用光滑的铰链 B 相连，楔块置于光滑的水平面上。初始 AB 杆处于铅垂位置，整个系统静止。在微小扰动下，杆 AB 绕铰链 B 摆动，楔块则沿水平移动。当 AB 杆摆至水平位置时，求：(1) AB 杆的角加速度 α_{AB}；(2)铰链 B 对 AB 杆的约束力在铅垂方向的投影大小。

解法一

(1)系统在任意位置的速度分析见图 J12z-22a。沿水平方向不受力，所以沿水平方向动量守恒，也就是

$$\frac{Q}{g}v + \frac{Q_1}{g}(v - v_r\cos\theta) = 0 \tag{a}$$

其中 $v_r = l\dot{\theta}/2$。

由式(a)可得 $v = \dfrac{Q_1 l\cos\theta}{2(Q_1 + Q)}\dot{\theta}$。系统动能可以表示成 θ 的函数了，即

$$\begin{aligned} T &= \frac{1}{2}\frac{Q}{g}v^2 + \frac{1}{2}\frac{Q_1}{g}v_{C_1}^2 + \frac{1}{2}J_{C_1}\dot{\theta}^2 \\ &= \frac{1}{2}\frac{Q}{g}v^2 + \frac{1}{2}\frac{Q_1}{g}\left[\left(v - \frac{l\dot{\theta}}{2}\cos\theta\right)^2 + \left(\frac{l\dot{\theta}}{2}\sin\theta\right)^2\right] + \frac{1}{2}\frac{Q_1 l^2}{12g}\dot{\theta}^2 \\ &= \frac{Q_1(8Q + 5Q_1 - 3Q_1\cos 2\theta)}{48g(Q + Q_1)}l^2\dot{\theta}^2 \end{aligned}$$

只有 AB 的重力做功，其功率为 $P = v_r\sin\theta Q_1 = l\dot{\theta}/2 \times Q_1\sin\theta$。

由功率方程

$$\frac{\mathrm{d}T}{\mathrm{d}t}=P:\quad 2\,\frac{Q_1(8Q+5Q_1-3Q_1\cos2\theta)}{48g(Q+Q_1)}l^2\dot{\theta}\ddot{\theta}+\frac{Q_1(3Q_1\sin2\theta\times2\dot{\theta})}{48g(Q+Q_1)}l^2\dot{\theta}^2$$

$$=l\dot{\theta}/2\times Q_1\sin\theta$$

将 $\theta=90°$ 代入上式可得

$$\ddot{\theta}=3g/(2l)$$

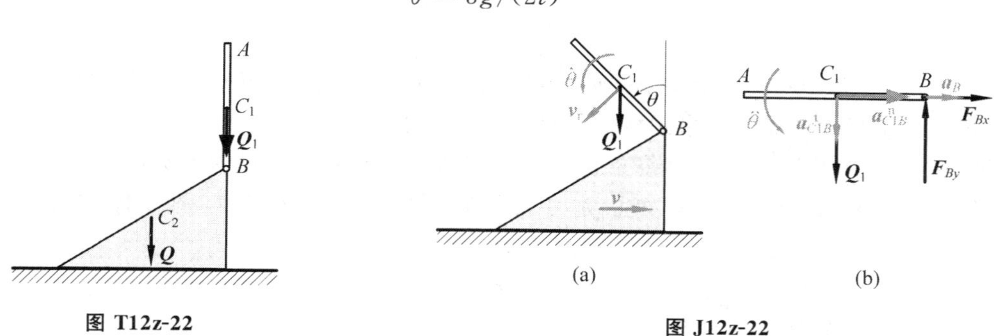

图 T12z-22　　　　图 J12z-22

(2)对 $\theta=90°$ 的杆 AB 作运动和受力分析,如图 J12z-22b 所示。质心 C_1 的加速度为 $\boldsymbol{a}_{C1}=\boldsymbol{a}^{\mathrm{n}}_{C1B}+\boldsymbol{a}^{\mathrm{t}}_{C1B}+\boldsymbol{a}_B$ 。质心运动微分方程沿竖直方向为

$$F_{By}-P_1=\frac{P_1}{g}a_{C1y}=-\frac{P_1}{g}a^{\mathrm{t}}_{C1B}=-\frac{P_1}{g}\times\frac{l\ddot{\theta}}{2}$$

解得

$$F_{By}=P_1/4$$

解法二

解法一比较通用,但是求导过程,以及为求导而准备的动能通式都很繁琐。针对问题的特殊性,也还有投机取巧的方法。

对图 J12z-22b 使用刚体平面运动微分方程有

$$\begin{cases} ma_{C_1y}=\sum F_y:\quad m\times l\ddot{\theta}/2=Q_1-F_{By}\\ J_{C_1}\alpha=\sum M_{C_1}(F_i):\quad \dfrac{ml^2}{12}\ddot{\theta}=F_{By}\dfrac{l}{2}\end{cases}$$

解得

$$\ddot{\theta}=3g/2l,\quad F_{By}=Q_1/4$$

12z-23　图 T12z-23 所示圆锥体可绕其中心竖直轴 z 自由转动,转动惯量为 J_z。当它处于静止状态时,一质量为 m 的小球自圆锥顶 A 无初速地沿此圆锥表面的光滑螺旋槽滑下,滑至锥底 B 点时,小球沿水平切线方向脱离锥体。一切摩擦均可忽略。求刚脱离瞬时,小球的速度 $\boldsymbol{v}$ 和锥体的角速度 ω。

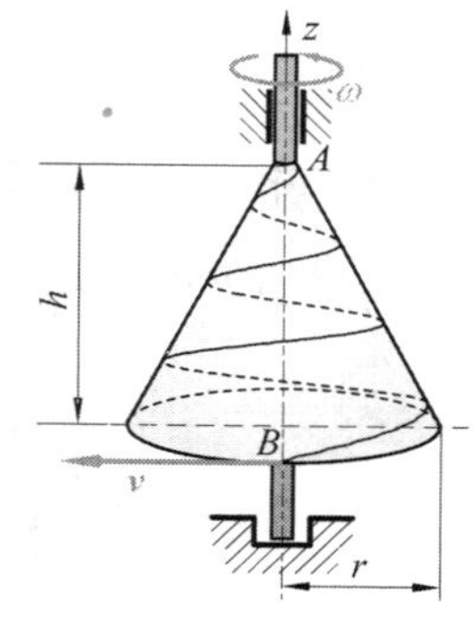

图 T12z-23

解:(1) 重力和约束力对 z 轴的力矩为零,所以系统对 z 轴的动量矩守恒,即

$$0=J_z\omega-mvr\qquad\text{(a)}$$

(2)系统的机械能守恒,即

$$\frac{1}{2}J_z\omega^2+\frac{1}{2}mv^2=mgh \tag{b}$$

式(a)和式(b)联合,可解得

$$v=\sqrt{\frac{J_z}{J_z+mr^2}}\times\sqrt{2gh}$$

$$\omega=\sqrt{\frac{J_z}{J_z+mr^2}}\times\frac{mr\sqrt{2gh}}{J_z}$$

12z-24　图 T12z-24 所示均质圆柱体 C 自桌角 O 滚离桌面。当 $\theta=0°$ 时,其初速度为零;当 $\theta=30°$ 时,发生滑动现象。试求圆柱体与桌面之间的摩擦因数。

解:在发生滑动之前,圆柱体绕桌角做定轴转动。选择初始位置为零势能点,即 $V_1=0$。此时的动能也有 $T_1=0$。在发生滑动之前的 θ 角(图 J12z-24a),圆柱体的势能 $V_2=mgr(\cos\theta-1)$,而动能

$$T_2=\frac{1}{2}J_O\omega^2=\frac{1}{2}\left(\frac{mr^2}{2}+mr^2\right)\omega^2=\frac{3}{4}mr^2\dot{\theta}^2$$

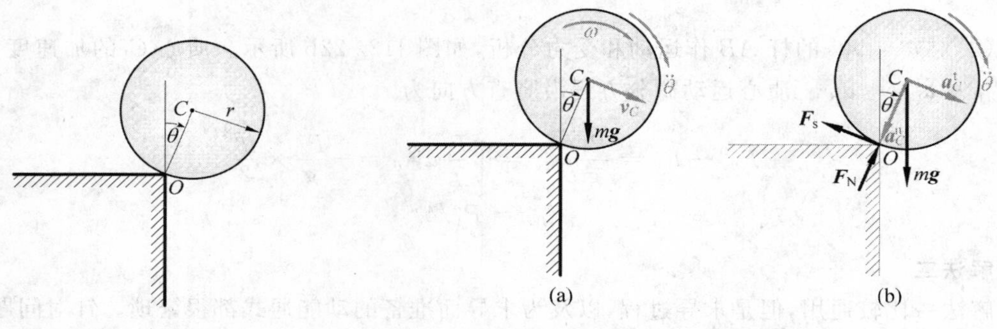

图 T12z-24　　　　图 J12z-24

根据机械能守恒有

$$T_2+V_2=T_1+V_1:\quad \frac{3}{4}mr^2\dot{\theta}^2+mgr(\cos\theta-1)=0+0$$

解得

$$\dot{\theta}^2=\frac{4g(1-\cos\theta)}{3r} \tag{a}$$

对式(a)求导有 $2\dot{\theta}\ddot{\theta}=\frac{4gr(\sin\theta)}{3r^2}\dot{\theta}$,解得 $\ddot{\theta}=\frac{2g\sin\theta}{3r}$。

此时的受力分析见图 J12z-24b,图中的加速度

$$a_C^n=r\dot{\theta}^2=\frac{4g(1-\cos\theta)}{3},\quad a_C^t=r\ddot{\theta}=\frac{2g\sin\theta}{3}$$

运用质心运动定理有

$$\begin{cases} ma_n=\sum F_n:\quad m\times\dfrac{4g(1-\cos\theta)}{3}=mg\cos\theta-F_N \\ ma_t=\sum F_t:\quad m\times\dfrac{2g\sin\theta}{3}=mg\sin\theta-F_s \end{cases}$$

解得

$$F_{\mathrm{N}}=\frac{mg(7\cos\theta-4)}{3},\quad F_{\mathrm{s}}=\frac{mg\sin\theta}{3}$$

对临界角度，$f=\dfrac{F_{\mathrm{s}}}{F_{\mathrm{N}}}=\dfrac{\sin\theta}{7\cos\theta-4}$。将题中 $\theta=30^\circ$ 代入得到

$$f=\frac{\sin 30^\circ}{7\cos 30^\circ-4}=\frac{1}{8-7\sqrt{3}}=0.242$$

12z-25　见例 12z-7。

12z-26　图 T12z-26 中，均质圆柱体的质量为 m，半径为 r，放在倾角为 30°的斜面上。圆柱体与斜面间的动滑动摩擦因数为 f。求：(1)平行于斜面的力 $\boldsymbol{F}$ 应作用在何处，此圆柱体才能沿斜面向上滑而不转动；(2)在此条件下，斜面对圆柱体的约束力多大？

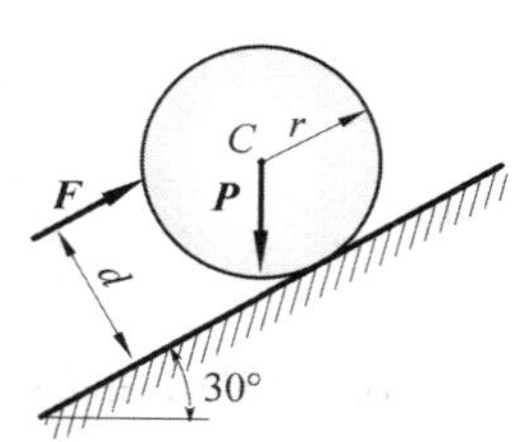

图 T12z-26

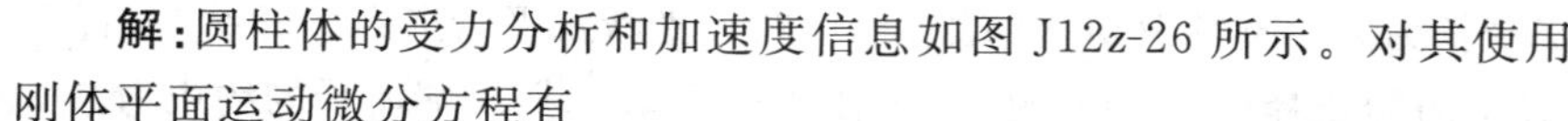

解：圆柱体的受力分析和加速度信息如图 J12z-26 所示。对其使用刚体平面运动微分方程有

$$\begin{cases} ma_{Cx}=\sum F_x:\quad ma_C=F-F_{\mathrm{s}}-mg\sin 30^\circ \\ ma_{Cy}=\sum F_y:\quad m\times 0=F_{\mathrm{N}}-mg\cos 30^\circ \\ J_C\alpha=\sum M_C(F_i):\quad J_C\times 0=F(d-r)+F_{\mathrm{s}}r \end{cases} \tag{a}$$

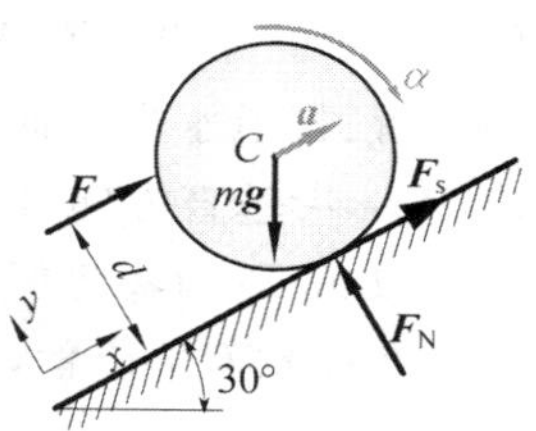

图 J12z-26

其中的摩擦力满足库仑定律 $F_{\mathrm{s}}=fF_{\mathrm{N}}$。

由式(a)可解得 $d=\left(1-\dfrac{\sqrt{3}mgf}{2F}\right)r$。两个约束力为

$$F_{\mathrm{N}}=\frac{\sqrt{3}}{2}mg,\quad F_{\mathrm{s}}=\frac{\sqrt{3}}{2}fmg$$

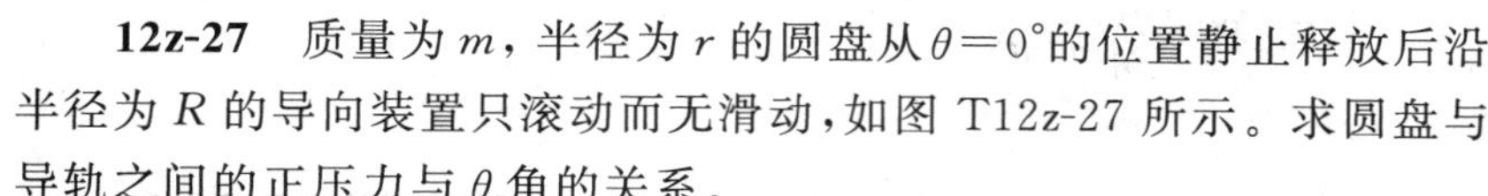

12z-27　质量为 m，半径为 r 的圆盘从 $\theta=0^\circ$ 的位置静止释放后沿半径为 R 的导向装置只滚动而无滑动，如图 T12z-27 所示。求圆盘与导轨之间的正压力与 θ 角的关系。

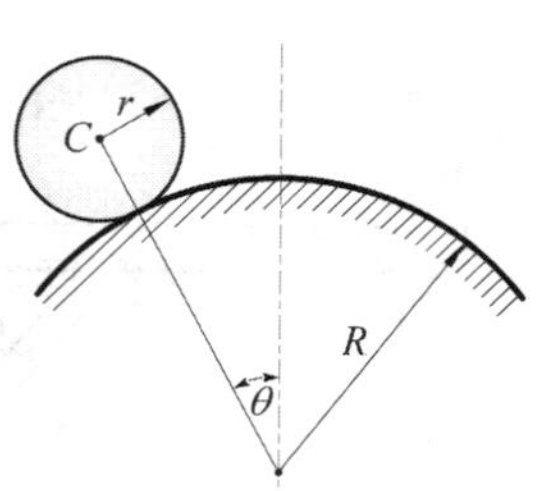

图 T12z-27

解：圆柱体的受力分析和运动分析如图 J12z-27 所示，其中

$$v_C=r\omega,\quad a_C^t=r\alpha$$

在初始时，$T_1=0$，并选择此状态为零势能点，即 $V_1=0$。在任意 θ 角位置，势能为

$$V_2=mg(R+r)\cos\theta-mg(R+r)$$

动能为

$$T_2=\frac{1}{2}mv_C^2+\frac{1}{2}J_C\omega^2=\frac{3}{4}mv_C^2$$

根据机械能守恒有

$$T_2+V_2=T_1+V_1:\quad \frac{3}{4}mv_C^2+mg(R+r)(\cos\theta-1)=0+0$$

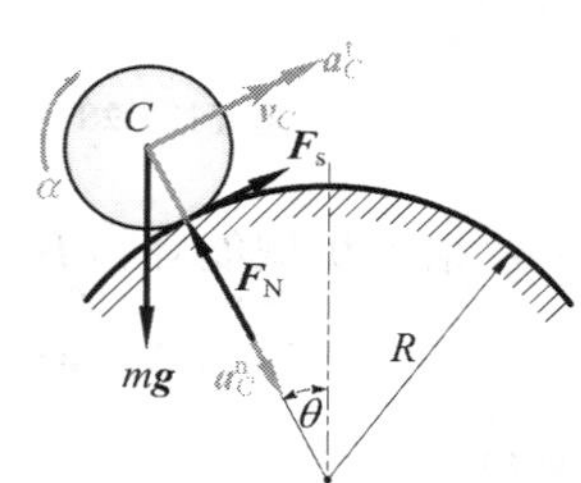

图 J12z-27

解得

$$v_C^2 = \frac{4}{3}g(R+r)(1-\cos\theta)$$

从而得到向心加速度

$$a_C^n = \frac{v_C^2}{R+r} = \frac{4}{3}g(1-\cos\theta)$$

沿 $\boldsymbol{a}_C^n$ 方向写质心运动微分方程有

$$ma_C^n = \sum F_n: \quad m\times\frac{4}{3}g(1-\cos\theta) = mg\cos\theta - F_N$$

解得

$$F_N = mg(7\cos\theta - 4)/3 \tag{a}$$

式(a)只有当 $F_N > 0$，即 $\theta < \arccos(4/7)$ 才有效。

当 $\theta = \arccos(4/7) = 55.15°$，圆盘将脱离导轨。

12z-28 均质直杆 AB 长为 $2l$，质量为 m，A 端被约束在一光滑水平滑道内。开始时，直杆位于图示的虚线位置 A_0B_0，由静止释放后，该杆受重力作用而运动。求 A 端所受的约束力。

解:杆沿水平方向不受力，且质心初始速度为0，所以杆质心沿水平方向守恒，也就是质心速度 $\boldsymbol{v}_C$ 沿垂直方向(图 J12z-28a)。再根据 A 点速度方向，可确定 AB 的瞬心 P。

取 A_0B_0 为零势能位置，即 $V_1 = 0$。此状态的动能 $T_1 = 0$。

在任意 θ 角位置，势能为

$$V_2 = -mgl\sin\theta$$

动能为

$$\begin{aligned}T_2 &= \frac{1}{2}mv_C^2 + \frac{1}{2}J_C\omega^2 = \frac{1}{2}mv_C^2 + \frac{1}{2}\times\frac{m\times(2l)^2}{12}\left(\frac{v_C}{l\cos\theta}\right)^2 \\ &= \frac{1}{2}mv_C^2\left(1+\frac{1}{3\cos^2\theta}\right) = \frac{1}{2}m(l\dot{\theta}\cos\theta)2\left(1+\frac{1}{3\cos^2\theta}\right) \\ &= \frac{1}{2}\left(1+\frac{1+3\cos^2\theta}{3}\right)ml^2\dot{\theta}^2\end{aligned}$$

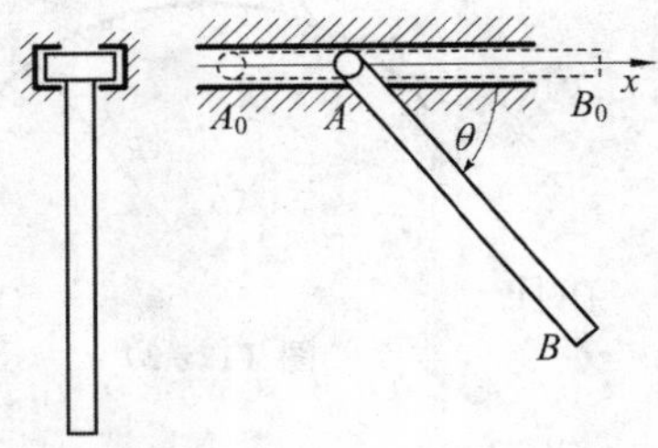

图 T12z-28

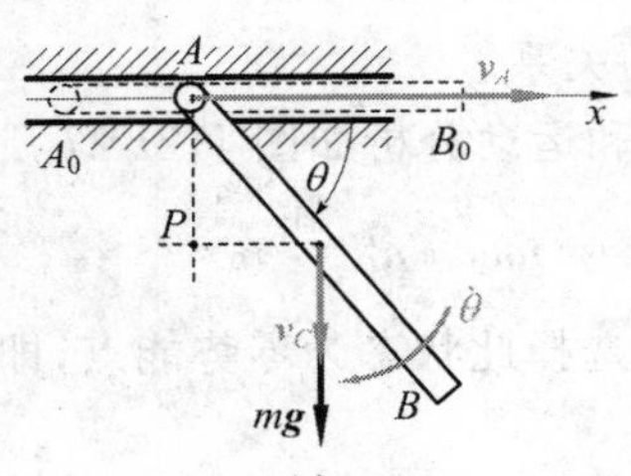

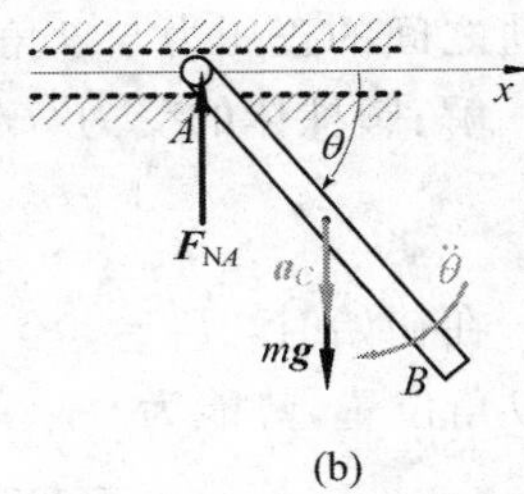

图 J12z-28

根据机械能守恒有

$$T_2 + V_2 = T_1 + V_1: \quad \frac{1}{2}\left(1+\frac{1+3\cos^2\theta}{3}\right)ml^2\dot{\theta}^2 - mgl\sin\theta = 0+0$$

解得

$$\dot{\theta}^2 = \frac{6\sin\theta}{1+3\cos^2\theta}\frac{g}{l}$$

对上式求导得到角加速度

$$\ddot{\theta}=\frac{1}{2}\left(\frac{6\cos\theta}{1+3\cos^2\theta}+\frac{6\cos\theta\sin^2\theta}{(1+3\cos^2\theta)^2}\right)\frac{g}{l}=\frac{3(11-3\cos2\theta)\cos\theta}{(5+3\cos2\theta)^2}\frac{g}{l}$$

杆的受力和加速度分析见图 J12z-28b。绕质心转动方程为 $J\ddot{\theta}=F_{NA}l\cos\theta$ 。从而解出

$$F_{NA}=\frac{J\ddot{\theta}}{l\cos\theta}=\frac{m(2l)^2}{12l\cos\theta}\times\frac{3(11-3\cos2\theta)\cos\theta}{(5+3\cos2\theta)^2}\frac{g}{l}$$
$$=\frac{22-6\cos2\theta}{(5+3\cos2\theta)^2}mg=\frac{4+3\sin^2\theta}{(1+3\cos^2\theta)^2}mg$$

12z-29 弹簧的两端各系质量分别为 m_1 和 m_2 的物块 A 和 B，平放在光滑的水平面上，如图 T12z-29 所示。弹簧的自然长度为 l_0，其刚度系数为 k。今将弹簧拉长到 l，然后无初速地释放。问弹簧恢复到自然长度时，A 和 B 两物块的速度各为多少？

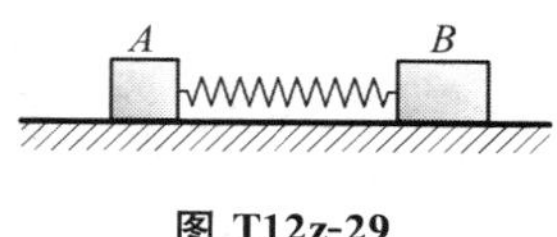

图 T12z-29

解：系统在水平方向不受力，所以沿水平方向动量守恒，也就是

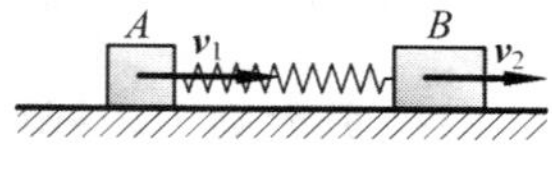

图 J12z-29

$$m_1\boldsymbol{v}_1+m_1\boldsymbol{v}_2=\boldsymbol{0}$$

或者(速度方向见图 J12z-29)

$$m_1v_1+m_1v_2=0 \qquad (a)$$

运动过程中机械能守恒。选择弹簧处于自然长度为零势能态，则初始时刻 $V_1=k(l-l_0)^2/2$，$T_1=0$。恢复到自然长度时，$V_2=0$，$T_2=m_1v_1^2/2+m_2v_2^2/2$。

根据机械能守恒有

$$T_2+V_2=T_1+V_1:\quad m_1v_1^2/2+m_2v_2^2/2+0=0+k(l-l_0)^2/2 \qquad (b)$$

式(a)和式(b)联合解得

$$v_1=\pm(l-l_0)\sqrt{\frac{m_2}{m_1+m_2}\times\frac{k}{m_1}},\ v_2=\mp(l-l_0)\sqrt{\frac{m_1}{m_1+m_2}\times\frac{k}{m_2}}$$

其中正号解是我们所需要的(负解对应压缩到最大后再恢复到自然长度的解)。

12z-30 质量分别为 m_1 和 m_2 的两滑块，可分别在两相互平行的水平光滑导杆上运行，两导杆的距离为 d，如图 T12z-30 所示。一刚度系数为 k，自然长度为 l_0 的弹簧将两滑块连接起来。设初瞬时，m_1 位于 $x_1=0$ 处，m_2 位于 $x_2=l$ 处，且其速度均为零。求释放后，两滑块能获得的最大速度。

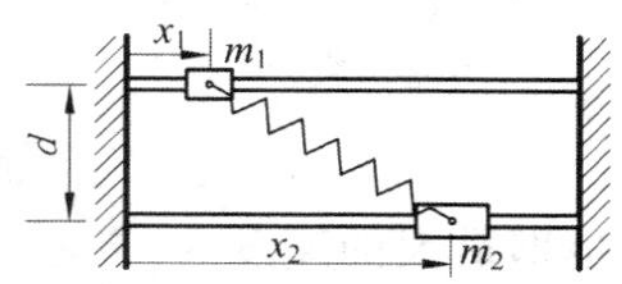

图 T12z-30

解：m_1-m_2-弹簧组成的系统在水平方向不受力，其动量守恒，所以有

$$m_1\dot{x}_1+m_2\dot{x}_2=0$$

运动过程中机械能守恒。选择弹簧处于自然长度为零势能点。在初始时刻：$T_1=0$；$V_1=k(\sqrt{l^2+d^2}-l_0)^2/2$。

在任意时刻的动能为

$$T_2=\frac{1}{2}m_1\dot{x}_1^2+\frac{1}{2}m_2\dot{x}_2^2=\frac{1}{2}m_1\dot{x}_1^2+\frac{1}{2}m_2\left(-\frac{m_1\dot{x}_1}{m_2}\right)^2$$

$$=\frac{1}{2}\frac{m_1}{m_2}(m_1+m_2)\dot{x}_1^2$$

势能则为

$$V_2=\frac{1}{2}k\left(\sqrt{(x_1-x_2)^2+d^2}-l_0\right)^2$$

根据机械能守恒有

$$T_2+V_2=T_1+V_1:\quad \frac{1}{2}\frac{m_1}{m_2}(m_1+m_2)\dot{x}_1^2+\frac{1}{2}k\left(\sqrt{(x_1-x_2)^2+d^2}-l_0\right)^2$$

$$=\frac{k}{2}\left(\sqrt{l^2+d^2}-l_0\right)^2$$

即

$$\frac{1}{2}\frac{m_1}{m_2}(m_1+m_2)\dot{x}_1^2=\frac{k}{2}\left(\sqrt{l^2+d^2}-l_0\right)^2-\frac{1}{2}k\left(\sqrt{(x_1-x_2)^2+d^2}-l_0\right)^2 \tag{a}$$

$\dot{x}_1^2$ 最大则要求式(a)右边最大。这分为两种情况。

情况一 $d>l_0$，第二项不可能为零。且当 $x_1=x_2$，式(a)右边最大，即

$$\frac{1}{2}\frac{m_1}{m_2}(m_1+m_2)\dot{x}_1^2=\frac{k}{2}(\sqrt{l^2+d^2}-l_0)^2-\frac{1}{2}k(d-l_0)^2$$

$$=\frac{k}{2}\left[l^2+2(d-\sqrt{l^2+d^2})l_0\right]$$

即最大的速度为(向左和向右各有一解)

$$\dot{x}_1=\pm\sqrt{\frac{m_2}{m_1}\frac{k}{m_1+m_2}}\times\sqrt{l^2+2(d-\sqrt{l^2+d^2})l_0}$$

$$\dot{x}_2=-\frac{m_1\dot{x}_1}{m_2}=\mp\sqrt{\frac{m_1}{m_2}\frac{k}{m_1+m_2}}\times\sqrt{l^2+2(d-\sqrt{l^2+d^2})l_0}$$

情况二 $d\leqslant l_0$，第二项可以为零。且当 $\sqrt{(x_1-x_2)^2+d^2}=l_0$（弹簧为自然长度），式(a)右边最大，即

$$\frac{1}{2}\frac{m_1}{m_2}(m_1+m_2)\dot{x}_1^2=\frac{k}{2}\left(\sqrt{l^2+d^2}-l_0\right)^2$$

也即最大的速度为(向左和向右有两组解)

$$\dot{x}_1=\pm\sqrt{\frac{m_2}{m_1}\frac{k}{m_1+m_2}}\times\left(\sqrt{l^2+d^2}-l_0\right)$$

$$\dot{x}_2=-\frac{m_1\dot{x}_1}{m_2}=\mp\sqrt{\frac{m_1}{m_2}\frac{k}{m_1+m_2}}\times\left(\sqrt{l^2+d^2}-l_0\right)$$

12z-31 质量相同的三质点 A、B 和 C 以等距离系于软绳上，然后将此系统伸直放在光滑的水平桌面上，如 T12z-31 所示。设质点 B 在垂直于绳的方向以速度 v 开始运动（在水平面内）。试证：质点 A 和 C 相遇时的速度为 $2v/3$。

证明：A 和 C 相遇状态的速度分析见图 J12z-31，其中 G 为系统质心，距离 B 为 $2l/3$，距离

A 为 $l/3$。

绳 AB 和 CB 不可伸长，所以它们在这里相当于刚体，因而有

$$v_{Ay} = v_{By} = v_{Cy} \tag{a}$$

系统沿竖直方向动量守恒，即

$$mv_{Ay} + mv_{By} + mv_{Cy} = mv \tag{b}$$

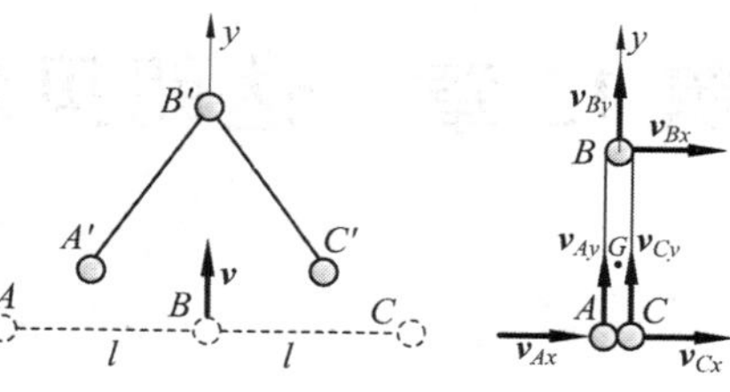

图 T12z-31　　图 J12z-31

与式(a)联合解得

$$v_{Ay} = v_{By} = v_{Cy} = v/3$$

系统沿水平方向也动量守恒，即

$$mv_{Ax} + mv_{Bx} + mv_{Cx} = 0 \tag{c}$$

又系统绕质心动量矩守恒，即

$$mv_{Ax} \times l/3 + mv_{Bx} \times l/3 - mv_{Cx} \times 2l/3 = 0 \tag{d}$$

式(c)和式(d)联合得到

$$v_{Ax} + v_{Cx} = 0,\ v_{Bx} = 0 \tag{e}$$

最后系统的机械能守恒，即

$$\frac{1}{2}m(v_{Ax}^2 + v_{Ay}^2) + \frac{1}{2}m(v_{Bx}^2 + v_{By}^2) + \frac{1}{2}m(v_{Cx}^2 + v_{Cy}^2) = \frac{1}{2}mv^2$$

也就是

$$\frac{1}{2}m\left[v_{Ax}^2 + \left(\frac{v}{3}\right)^2\right] + \frac{1}{2}m\left[0^2 + \left(\frac{v}{3}\right)^2\right] + \frac{1}{2}m\left[v_{Cx}^2 + \left(\frac{v}{3}\right)^2\right] = \frac{1}{2}mv^2 \tag{f}$$

式(e)和式(f)联合得到

$$v_{Ax} = \pm\frac{v}{\sqrt{3}},\ v_{Bx} = \mp\frac{v}{\sqrt{3}}$$

两组解分别对应相遇瞬间和碰后分离瞬间的速度。

速度大小则为

$$v_A = \sqrt{v_{Ax}^2 + v_{Ay}^2} = 2v/3,\ v_C = \sqrt{v_{Cx}^2 + v_{Cy}^2} = 2v/3$$

即证。

锲而舍之，朽木不折；锲而不舍，金石可镂。

荀子《劝学篇》

第 13 章　达朗贝尔原理

13.1　主要内容

达朗贝尔原理用静力学方法求解动力学问题，又称**动静法**。

13.1.1　惯性力、质点的达朗贝尔原理

质点的惯性力　大小等于质点的质量与加速度的乘积，方向与质点的加速度方向相反。

质点的达朗贝尔原理　作用在质点上的主动力、约束力和虚加的惯性力在形式上组成平衡力系。

13.1.2　质点系的达朗贝尔原理

质点系的达朗贝尔原理　质点系中每个质点上作用的主动力、约束力和虚加的惯性力在形式上组成平衡力系。或者表述成：作用在质点系上的所有外力与虚加在每个质点上的惯性力在形式上组成平衡力系。

矢量式　$\sum \boldsymbol{F}_i^{(e)} + \sum \boldsymbol{F}_{\mathrm{I}i} = \boldsymbol{0}, \sum \boldsymbol{M}_O(\boldsymbol{F}_i^{(e)}) + \sum \boldsymbol{M}_O(\boldsymbol{F}_{\mathrm{I}i}) = \boldsymbol{0}$。

13.1.3　刚体惯性力系的简化

一般情形　主矢 $\boldsymbol{F}_{\mathrm{IR}} = -m\boldsymbol{a}_C$ 和主矩 $\boldsymbol{M}_{\mathrm{I}O} = -\dfrac{\mathrm{d}\boldsymbol{L}_O}{\mathrm{d}t}$ 对任何质点系和任何运动形式都成立。

平移　惯性力系对质心的主矩为 $\boldsymbol{0}$，也就是该情形的惯性力系简化为通过质心的合力，大小等于刚体质量与加速度乘积，方向与加速度方向相反。

定轴转动　$\boldsymbol{M}_{\mathrm{I}O} = M_{\mathrm{I}x}\boldsymbol{i} + M_{\mathrm{I}y}\boldsymbol{j} + M_{\mathrm{I}z}\boldsymbol{k}$，其中 $M_{\mathrm{I}y} = J_{yz}\alpha + J_{xz}\omega^2$，$M_{\mathrm{I}x} = J_{xz}\alpha - J_{yz}\omega^2$，$M_{\mathrm{I}z} = -J_z\alpha$。

垂直于质量对称面的定轴转动　向对称面与转轴的交点简化得到一个力和一个力偶。力等于刚体质量与质心加速度的乘积，方向与质心的加速度方向相反，作用线通过转轴。力偶的矩等于刚体对轴的转动惯量与角加速度的乘积，转向与角加速度相反。

平面运动　得到一个力和一个力偶。力通过质心，大小等于刚体质量与质心加速度的乘积，方向与质心的加速度方向相反。力偶的矩 $M_C = J_C\alpha$（J_C 为刚体对通过质心且垂直于质量对称面的轴之转动惯量），转向与 α 相反。

13.1.4　绕定轴转动刚体的轴承动约束力

动约束力与静约束力　轴承的动约束力可以分解为附加动约束力和静约束力两部分。静约束力无法消除。

附加动约束力的消除条件 惯性力系的主矢等于 0，惯性力系对旋转平面内的两个坐标轴的主矩等于 0。也可表述为：转轴通过质心，刚体对转轴的惯性积等于 0。又可表述为：刚体的转轴为中心惯性主轴。

静平衡 刚体转轴通过质心，且除重力外没有其他主动力作用。此时刚体可以在任意位置静止不动。

动平衡 刚体转轴通过质心且为惯性主轴，刚体转动时不出现附加动约束力。

13.2 精选例题

例题 13-1 图 13-1 中的轮 O_1 和 O_2 为均质圆盘，质量相等(m)，半径相同(R)，AB 杆均质，长度 l，质量 m。轮 O_1 以角速度 ω 和角加速度 α 转动，$O_1A /\!/ O_2B$。请分别在三个刚体上加上惯性力系的简化结果。

解：O_1 和 O_2 轮的转轴通过质心，各自的惯性力系主矢为 0，惯性主矩分别为(O_2 的转动角加速度的大小与 O_1 的相等)

$$M_{IO1} = M_{IO1} = J_O\alpha = m_1R^2\alpha/2$$

杆 AB 发生平移(O_1O_2BA 为平行四边形)，其惯性力系的简化结果是通过质心 C 合力。由 AB 加速度特性，将其分解为图 13-2 所示的 $\boldsymbol{F}_{IC}^{n}$ 和 $\boldsymbol{F}_{IC}^{t}$，大小分别为

$$F_{IC}^{n} = m_2a_C^{n} = m_2a_A^{n} = m_2\omega^2R$$
$$F_{IC}^{t} = m_2a_C^{t} = m_2a_A^{t} = m_2\alpha R$$

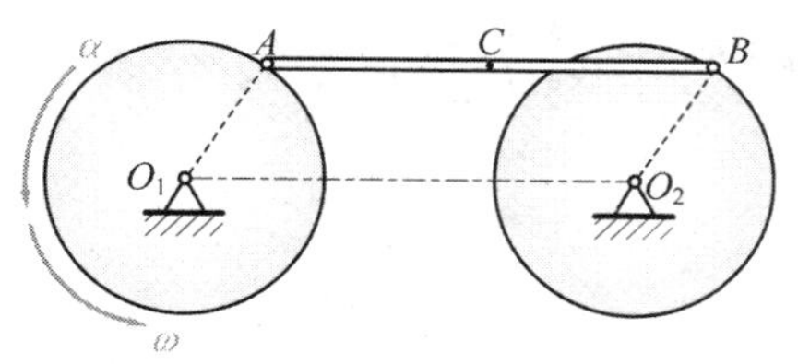

图 13-1

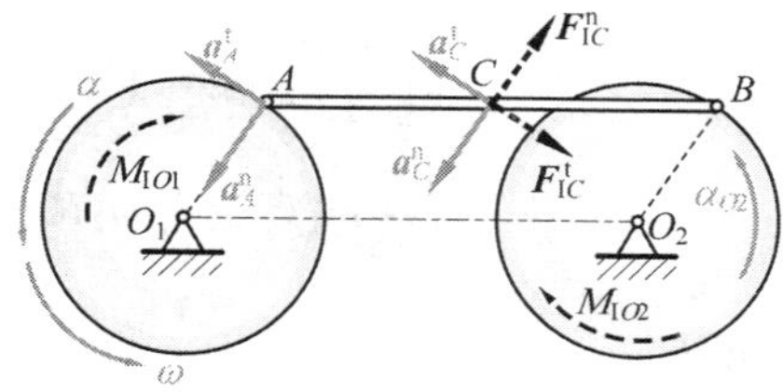

图 13-2

讨论

(1)为了突出“虚加”，惯性力系的主矢和主矩在图中习惯用虚线表示。

(2)如果惯性力与加速度方向相反的关系在图中已经由箭头方向表示了，那么对受力图写投影式时，不要再加负号。

例题 13-2 在图 13-3 中，均质杆 AB 和均质圆盘 O' 焊接在一起，在图示时刻绕轴 O 做定轴转动，角速度和角加速度分别为 ω 和 α。杆 AB 长 l，质量 m_1；圆盘 O' 半径 R，质量 m_2。分析惯性力系向 O 点简化结果。

解法一

系统质心 G 位于对称线 CO_1 上。距离 d 为

$$d = R \times m_2/(m_1 + m_2)$$

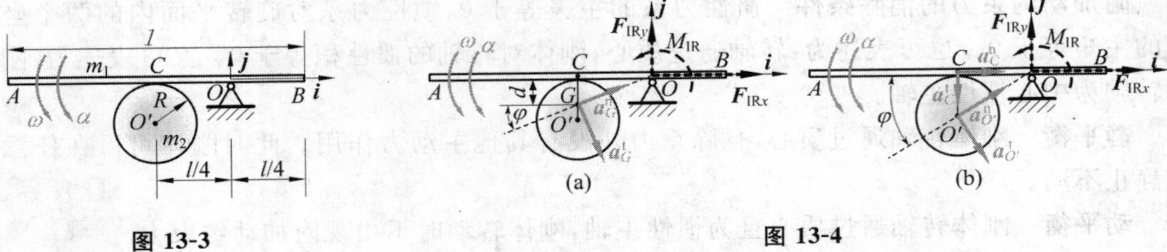

图 13-3　　　　图 13-4

质心 G 的切线加速度和法向加速度如图 13-4a 所示。惯性力系的主矢为

$$\boldsymbol{F}_{\mathrm{IR}}=-m\boldsymbol{a}_G=-(m_1+m_2)(\boldsymbol{a}_G^{\mathrm{n}}+\boldsymbol{a}_G^{\mathrm{t}})$$

投影分量则为

$$\begin{aligned}F_{\mathrm{IR}x}&=-(m_1+m_2)(a_G^{\mathrm{n}}\cos\varphi+a_G^{\mathrm{t}}\sin\varphi)=-(m_1+m_2)(\omega^2 OG\cos\varphi+\alpha OG\sin\varphi)\\&=-(m_1+m_2)(\omega^2 OC+\alpha GC)=-(m_1+m_2)(\omega^2 l+4\alpha d)/4\\&=-[(m_1+m_2)\omega^2 l+4m_2\alpha R]/4\end{aligned}$$

$$\begin{aligned}F_{\mathrm{IR}y}&=-(m_1+m_2)(a_G^{\mathrm{n}}\sin\varphi-a_G^{\mathrm{t}}\cos\varphi)\\&=-(m_1+m_2)(\omega^2 OG\sin\varphi+\alpha OG\cos\varphi)=-(m_1+m_2)(\omega^2 GC-\alpha OC)\\&=[-4m_2\omega^2 R+(m_1+m_2)\alpha l]/4\end{aligned}$$

整个系统绕 O 做定轴转动。根据这种运动的特点有

$$\begin{aligned}M_{\mathrm{IR}}&=M_{\mathrm{IO}}=-J_O\alpha=-(J_{AB,O}+J_{O',O})\alpha\\&=-\left\{\left[\frac{m_1 l^2}{12}+m_1\left(\frac{l}{4}\right)^2\right]+\left\{\frac{m_2R^2}{2}+m_2\left[R^2+\left(\frac{l}{4}\right)^2\right]\right\}\right\}\alpha\\&=-\left(\frac{7}{48}m_1l^2+\frac{3}{2}m_2R^2+\frac{1}{16}m_2l^2\right)\alpha\end{aligned}$$

解法二

把杆和盘分开计算,之后累加。杆和盘的各自质心加速度如图 13-4b 所示。杆惯性力系的简化结果为

$$F_{\mathrm{IAB}x}=-m_1a_C^{\mathrm{n}}=-m_1\omega^2 l/4,\quad F_{\mathrm{IAB}y}=-m_1(-a_C^{\mathrm{t}})=m_1\alpha l/4$$

$$M_{\mathrm{IABO}}=-\left[\frac{m_1l^2}{12}+m_1\left(\frac{l}{4}\right)^2\right]\alpha$$

盘惯性力系的简化结果为(盘做定轴转动)

$$\begin{aligned}F_{\mathrm{IO'}x}&=-m_2(a_{O'}^{\mathrm{n}}\cos\varphi+a_{O'}^{\mathrm{t}}\sin\varphi)\\&=-m(\omega^2 OO'\cos\varphi+\alpha OO'\sin\varphi)=-m_2(\omega^2 OC+\alpha GC)\\&=-m_2(\omega^2 l+4\alpha R)/4\end{aligned}$$

$$\begin{aligned}F_{\mathrm{IO'}y}&=-m_2(a_{O'}^{\mathrm{n}}\sin\varphi-a_{O'}^{\mathrm{t}}\cos\varphi)\\&=-m_2(\omega^2 O'G\sin\varphi+\alpha O'G\cos\varphi)=-m_2(\omega^2 GC-\alpha OC)\\&=-m_2(4\omega^2 R-\alpha l)/4\end{aligned}$$

$$M_{IO'} = -\left\{\frac{m_2 R^2}{2} + m_2\left[\left(\frac{l}{4}\right)^2 + R^2\right]\right\}\alpha$$

将两者合起来有

$$F_{IRx} = F_{IABx} + F_{IO'x} = -[(m_1 + m_2)\omega^2 l + 4m_2\alpha R]/4$$
$$F_{IRy} = F_{IABy} + F_{IO'y} = [(m_1 + m_2)\alpha l - 4m_2\omega^2 R]/4$$
$$M_{IR} = M_{IABO} + M_{IO'} = -\left(\frac{7}{48}m_1 l^2 + \frac{3}{2}m_2 R^2 + \frac{1}{16}m_2 l^2\right)\alpha$$

讨论

图 13-4 中惯性力系向 O 点简化结果的各分量的正方向是按照坐标系的正方向画的，比如图中的惯性主矩。对单个刚体，一般按照加速度的反方向(或反转向)画。注意协调它们之间的正负号。

例题 13-3　质量为 m，长为 l 的均质杆 AB，一端与半径为 R 的圆盘边缘焊接，圆盘以角速度 ω 与角加速度 α 绕 O 转动，求图 13-5 所示瞬时，AB 杆在 A 处因转动而引起的作用力。

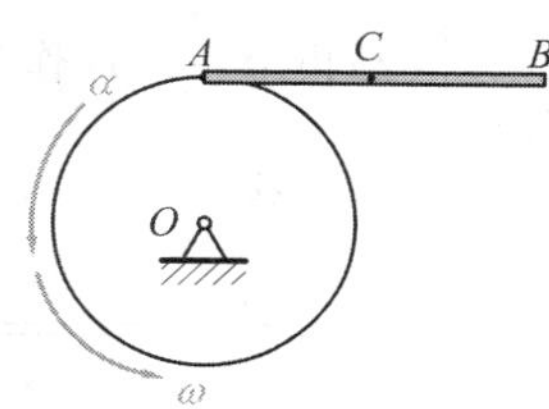

图 13-5

解：AB 的运动形式为定轴转动，但我们也可以把它当作平面运动来处理，这样可使用容易记忆的惯性力系向质心简化的公式。质心的加速度和虚加的惯性力系主矢方向如图 13-6 所示。主矢两个分量的大小

$$F_{IC}^{n} = ma_C^{n} = mOC\omega^2, \quad F_{IC}^{t} = ma_C^{t} = mOC\alpha$$

主矩大小　　　$M_{IC} = J_C\alpha = ml^2\alpha/12$

AB 加上惯性力之后，数学形式上就处于平衡状态了。A 端焊接到圆盘上，相当于固定端约束，其约束反力如图 13-6 中所示。

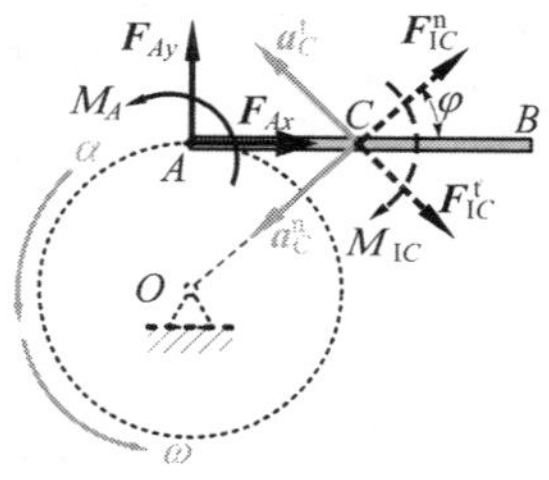

图 13-6

根据达朗贝尔原理有

$$\begin{cases} \sum F_x = 0: & F_{Ax} + F_{IC}^{n}\cos\varphi + F_{IC}^{t}\sin\varphi = 0 \\ \sum F_y = 0: & F_{Ay} + F_{IC}^{n}\sin\varphi - F_{IC}^{t}\cos\varphi = 0 \\ \sum M_A = 0: & M_A + (F_{IC}^{n}\sin\varphi - F_{IC}^{t}\cos\varphi)l/2 - M_{IC} = 0 \end{cases}$$

解得

$$F_{Ax} = -F_{IC}^{n}\cos\varphi - F_{IC}^{t}\sin\varphi = -mOC\omega^2\cos\varphi - mOC\alpha\sin\varphi$$
$$= -ml\omega^2/2 - mR\alpha$$

$$F_{Ay} = -F_{IC}^{n}\sin\varphi + F_{IC}^{t}\cos\varphi = -mOC\omega^2\sin\varphi + mOC\alpha\cos\varphi$$
$$= -mR\omega^2 + ml\alpha/2$$

$$M_A = -(F_{IC}^{n}\cos\varphi - F_{IC}^{t}\sin\varphi)l/2 + M_{IC} = (-mR\omega^2 + ml\alpha/2)l/2 + ml^2\alpha/12$$
$$= -mRl\omega^2/2 + ml\alpha/3$$

例题 13-4　如图 13-7 所示，质量为 m_1 的物体 A 下落时，带动质量为 m_2 的均质圆盘 B 转动。不计支架和绳子的重量及轴上的摩擦，$BC = l$，盘 B 的半径为 R。求固定端 C 的约束力。

（教材习题 13-11）

解：(1)取圆盘和物体 A 联合体为研究对象，受力分析见图 13-8a。图中虚加的各项惯性力如下：

$$F_{\mathrm{I}} = m_1 a,\quad M_{\mathrm{I}} = J_B\alpha = m_2 R^2/2 \times a/(R) = m_2 aR/2 \tag{a}$$

由达朗贝尔原理有

$$\sum M_B = 0:\quad M_{\mathrm{I}} + F_{\mathrm{I}}R - m_1 gR = 0$$

$$\sum F_x = 0:\quad F_{Bx} = 0$$

$$\sum F_y = 0:\quad F_{By} - m_1 g - m_2 g + F_{\mathrm{I}} = 0$$

将式(a)代入，解得

$$a = \frac{2m_1 g}{m_2 + 2m_1},\quad F_{Bx} = 0,\quad F_{By} = \frac{3m_1 m_2 + m_2^2}{m_2 + 2m_1}g$$

(2)再取杆 CB 作为研究对象，受力分析如图 13-8b 所示。由平衡方程

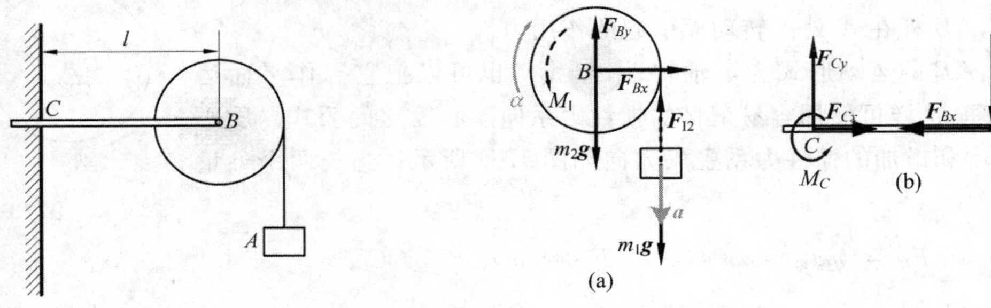

图 13-7　　　　图 13-8

$$\sum F_x = 0:\quad F_{Cx} - F'_{Bx} = 0$$

$$\sum F_y = 0:\quad F_{Cy} - F'_{By} = 0$$

$$\sum M_B = 0:\quad M_C - F'_{By}l = 0$$

解得

$$F_{Cx} = 0,\quad F_{Cy} = \frac{3m_1 m_2 + m_2^2}{m_2 + 2m_1}g,\quad M_C = \frac{3m_1 m_2 + m_2^2}{m_2 + 2m_1}lg$$

讨论

这是动力学问题，如不加惯性力，对整个系统若用高度习惯了的静力学的 $\sum F_x = 0$，$\sum F_y = 0$，$\sum M_C = 0$ 方程进行计算，结果是错误的。

例题 13-5　如图 13-9 所示，均质长方形板 $ABDE$ 的质量为 m，边长 $AB=2b$，$AE=2a$，用两根等长细绳 O_1A 和 O_2B 悬吊在天花板上。若在静止状态突然烧断细绳 O_2B，试求该瞬时质心 C 的加速度和绳 O_1A 的拉力。

解：烧断瞬间，各处速度为 0，板的角速度为 0。O_1A 在该瞬间不弯曲，所以 A 的轨迹为圆弧。显然 A 的法向加速度为 0，切线加速度如图 13-10a 中所示。以 A 为基点，C 为动点，有如

下关系

$$\boldsymbol{a}_C=\boldsymbol{a}_A^{\mathrm{n}}+\boldsymbol{a}_A^{\mathrm{t}}+\boldsymbol{a}_{CA}^{\mathrm{n}}+\boldsymbol{a}_{CA}^{\mathrm{t}}=\boldsymbol{a}_A^{\mathrm{t}}+\boldsymbol{a}_{CA}^{\mathrm{t}}$$

$ABDE$ 发生平面运动。在质心上要加的惯性力主矢为

$$\boldsymbol{F}_{\mathrm{IR}}=-m\boldsymbol{a}_C=-m\boldsymbol{a}_A^{\mathrm{t}}-m\boldsymbol{a}_{CA}^{\mathrm{t}}=\boldsymbol{F}_{\mathrm{IA}}+\boldsymbol{F}_{\mathrm{ICA}}$$

其中 $\boldsymbol{F}_{\mathrm{IA}}$、$\boldsymbol{F}_{\mathrm{ICA}}$ 方向如图 13-10b 中所示，大小分别为 $F_{\mathrm{IA}}=ma_A^{\mathrm{t}}$，$F_{\mathrm{ICA}}=ma_{CA}^{\mathrm{t}}=m\sqrt{a^2+b^2}\alpha$。此外，还需要加惯性力偶 M_{IC}，它的大小为（J_C 查教材表 11-1）

$$M_{\mathrm{IC}}=J_C\alpha=m(a^2+b^2)\alpha/3$$

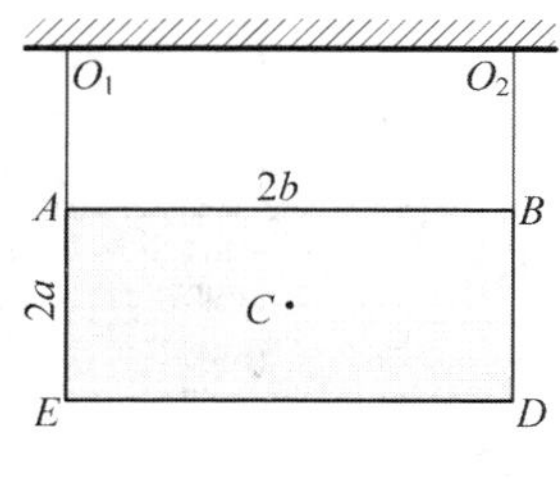

图 13-9

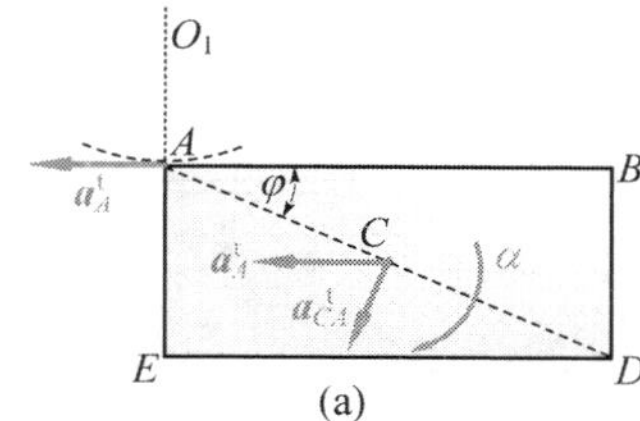

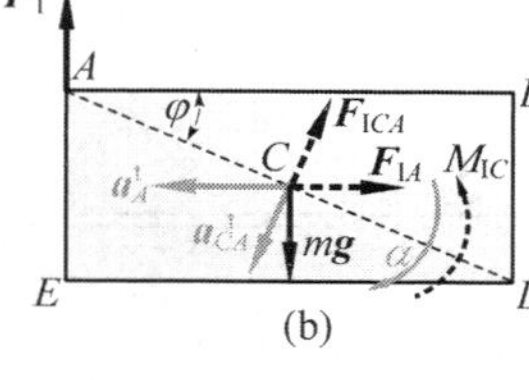

图 13-10

对图 13-10b，由达朗贝尔原理有

$$\begin{cases}\sum M_A=0: & M_{\mathrm{IC}}+F_{\mathrm{ICA}}AC-mgb+F_{\mathrm{IA}}a=0\\ \sum F_x=0: & F_{\mathrm{ICA}}\sin\varphi+F_{\mathrm{IA}}=0\\ \sum F_y=0: & F_{\mathrm{ICA}}\cos\varphi+F_{\mathrm{T}}-mg=0\end{cases}\tag{a}$$

其中 $\sin\varphi=a/\sqrt{a^2+b^2}$，$\cos\varphi=b/\sqrt{a^2+b^2}$。

解方程组(a)得到

$$\alpha=\frac{3b}{a^2+b^2}g,\quad F_{\mathrm{T}}=\frac{a^2+b^2}{a^2+4b^2}mg,\quad a_A^{\mathrm{t}}=-\frac{6}{7}g$$

讨论

(1)不可以这样用“刚体平面运动微分方程”$J_A\alpha=\sum M_A(F_i)$（如此得到的 $\alpha=\dfrac{3bg}{4(a^2+b^2)}$）。与式(a)的第一式相比，这种错误做法漏掉了 $F_{\mathrm{IA}}a$。这正因为点 A 不是固定点的体现。

(2)教材第 12 章的综 8 是本题取 $a=0$ 的特例。

例题 13-6 匀质杆 AB 长 l，质量 m，用两根软绳悬挂如图 13-11 所示。求当软绳 OA 切断瞬间 OB 软绳中的拉力。

解：切断瞬间，各处速度为 0，板的角速度为 0。OB 在该瞬间不弯曲，所以 B 的轨迹为圆弧。显然 B 的法向加速度为 0，切线加速度如图 13-12a 中所示。以 B 为基点，A 为动点，有如下关系

$$a_C = a_B^n + a_B^t + a_{CB}^n + a_{CB}^t = a_B^t + a_{CB}^t$$

AB 发生平面运动。在质心上需加的惯性力主矢为

$$F_{IR} = -ma_C = -ma_B^t - ma_{CB}^t = F_{IB} + F_{ICB}$$

其中 F_{IB}、F_{ICB} 方向如图 13-12b 中所示，大小分别为 $F_{IB} = ma_B^t, F_{ICB} = ma_{CB}^t = m\alpha_{AB}l/2$。此外，还需要加惯性力偶 M_{IAB}，它的大小为

$$M_{IAB} = J_C\alpha_{AB} = ml^2\alpha_{AB}/12$$

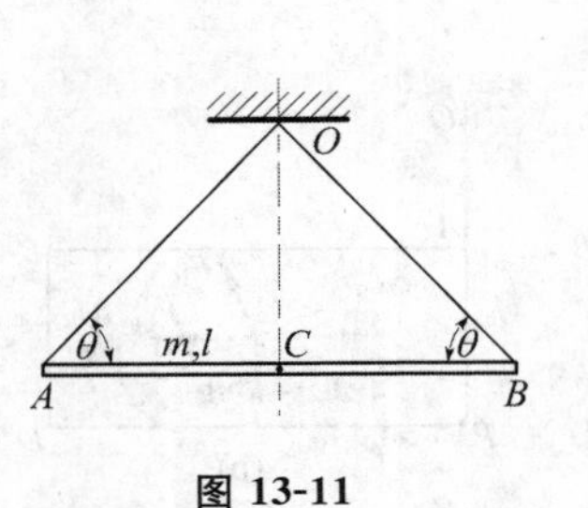

图 13-11

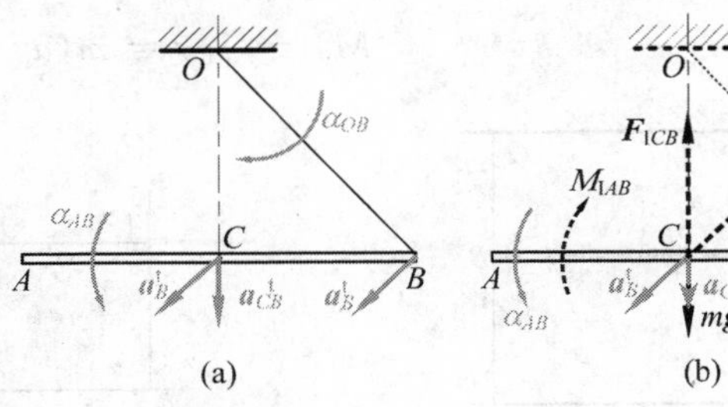

图 13-12

由达朗贝尔原理，现在可对图 13-12b 的任意一点写矩方程了。我们选择 F_{IB} 与绳子拉力 F_T 的交点 D 为矩心，有

$$\sum M_D = 0: \quad -M_{IAB} - F_{ICB}l/2 \times \sin^2\theta + mgl/2 \times \sin^2\theta = 0$$

解之得

$$\alpha_{AB} = \frac{6\sin^2\theta}{1+3\sin^2\theta}\frac{g}{l}$$

再由

$$\sum F_{F_T} = 0: \quad F_T + F_{ICB}\sin\theta - mg\sin\theta = 0$$

解得

$$F_T = \frac{\sin\theta}{1+3\sin^2\theta}mg$$

13.3 思考题解答

13.1 应用动静法时，对静止的质点是否需要加惯性力？对运动着的质点是否都需要加惯性力？

解答:对于手工计算，静止的质点不需要加惯性力(瞬时速度为零情形在汉语中不能理解为“静止”)。如果运动质点的加速度为零，也不需要加惯性力；若加速度不为零，就要加惯性力。

13-2 质点在空中运动，只受到重力作用。当质点作自由落体运动、质点被上抛、质点从楼顶水平弹出时，质点的惯性力的大小与方向是否相同？

解答:相同，这是因为三者的加速度完全相同，都为 g，方向竖直向下。

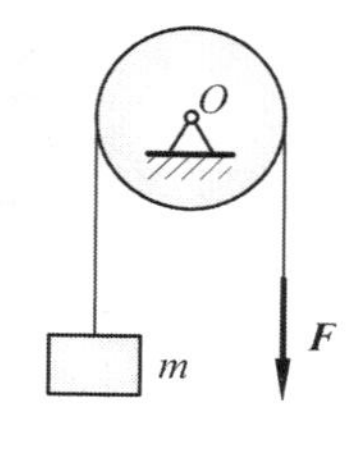

图 S13-3

13-3　如图 S13-3 所示，均质滑轮对轴 O 的转动惯量为 J_O，重物质量为 m，拉力为 $\boldsymbol{F}$，绳与轮间不打滑。当重物以等速 $\boldsymbol{v}$ 上升和下降，以加速度 $\boldsymbol{a}$ 上升和下降时，轮两边绳的拉力是否相同？

解答：对于等速 $\boldsymbol{v}$ 上升和下降，轮两边绳的拉力相同，因为轮子的角加速度为 0。以加速度 $\boldsymbol{a}$ 上升和下降时，绳两边的拉力不等，正是这种不等，才有轮子的角加速度。

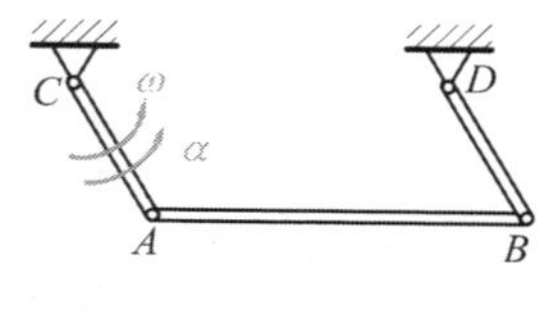

图 S13-4

13-4　图 S13-4 所示的平面机构中，$AC /\!/ BD$，且 $AC=BD=a$，均质杆 AB 的质量为 m，长为 l。问杆 AB 作何种运动？其惯性力系的简化结果是什么？若杆 AB 不是均质杆又如何？

解答：AB 作平移。惯性力系的简化结果是穿过质心的合力。即使 AB 不是均质杆，结论仍成立，只是质心的位置可能有差异。

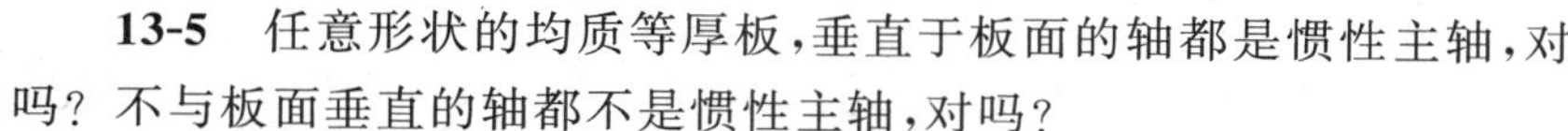

13-5　任意形状的均质等厚板，垂直于板面的轴都是惯性主轴，对吗？不与板面垂直的轴都不是惯性主轴，对吗？

解答：第一个判断正确。第二个判断不正确，在板面内还可以找到两根相互垂直的惯性主轴。

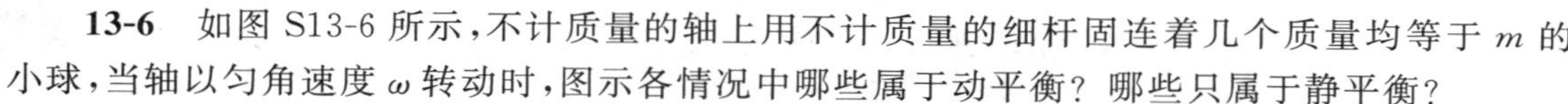

13-6　如图 S13-6 所示，不计质量的轴上用不计质量的细杆固连着几个质量均等于 m 的小球，当轴以匀角速度 ω 转动时，图示各情况中哪些属于动平衡？哪些只属于静平衡？

解答：a 满足动平衡；b 满足静平衡；图 c 和 d 既不满足静平衡也不满足动平衡。

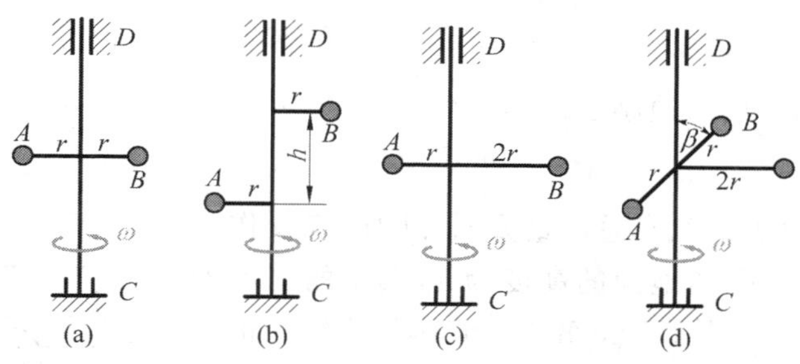

图 S13-6

13.4　习题解答

13-1　如图 T13-1 所示由相互铰接的水平臂连成的传送带，将圆柱形零件从一高度传送到另一个高度。设零件与臂之间的摩擦因数 $f_s = 0.2$。求：(1)降落加速度 $\boldsymbol{a}$ 为多大时，零件不致在水平臂上滑动；(2)比值 h/d 等于多少时，零件在滑动之前先倾倒。

解：取被传送的零件作为研究对象，其受力分析见图 J13-1，其中 $\boldsymbol{F}_I$ 为虚加的惯性力，大小为 $F_I = ma$。由达朗贝尔原理

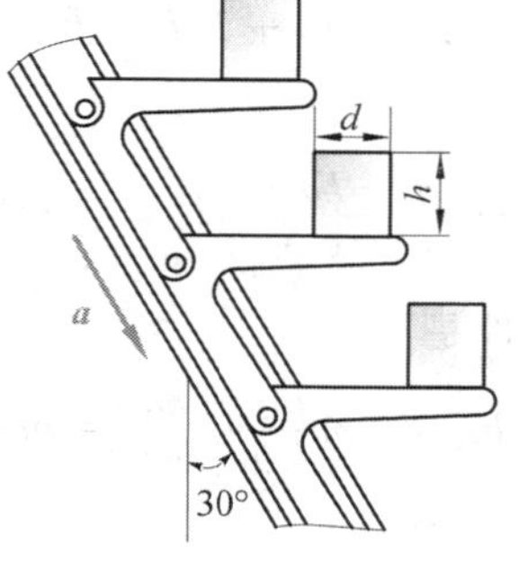

图 T13-1

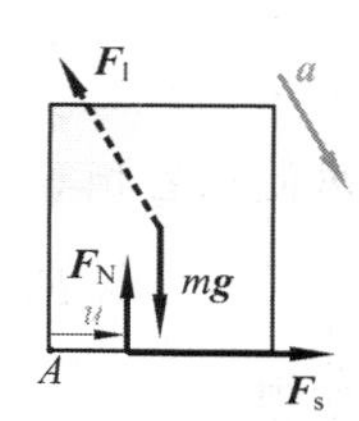

图 J13-1

$$\sum F_x = 0: \quad F_s - F_I \sin 30° = 0$$

$$\sum F_y = 0: \quad F_N + F_I \cos 30° - mg = 0$$

$$\sum M_A(F) = 0: \quad uF_N + F_I \sin 30° \times h/2 + (F_I \cos 30° - mg)d/2 = 0$$

可解得

$$F_s = ma/2 \tag{a}$$

$$F_N = m(g - \sqrt{3}a/2) \tag{b}$$

$$u = \frac{d}{2} - \frac{a}{g - \sqrt{3}a/2} \times \frac{h}{4} \tag{c}$$

(1)零件不滑动条件 $F_s \leqslant F_N f$（暂不管是否倾倒）。将式(a)和式(b)代入这个条件有

$$ma/2 \leqslant f_s m(g - \sqrt{3}a/2) = 0.2 \times m(g - \sqrt{3}a/2)$$

可解得

$$a \leqslant 0.4g/(1 + 0.2\sqrt{3}) \tag{d}$$

(2)倾倒条件为 $u \leqslant 0$。从式(c)有

$$u = \frac{d}{2} - \frac{a}{g - \sqrt{3}a/2} \times \frac{h}{4} \leqslant 0$$

化简得到

$$a \leqslant 2dg/(h + d\sqrt{3}) \tag{e}$$

“先倾倒”要求式(e)的右边小于式(d)的右边，即

$$h/d \geqslant 5.0$$

13-2 如图 T13-2 所示汽车总质量为 m，以加速度 $\boldsymbol{a}$ 作水平直线运动。汽车质心 G 离地面的高度为 h，汽车的前后轴到通过质心垂线的距离分别等于 c 和 b。求其前后轮的正压力，又汽车应如何行驶方能使前后轮的压力相等。

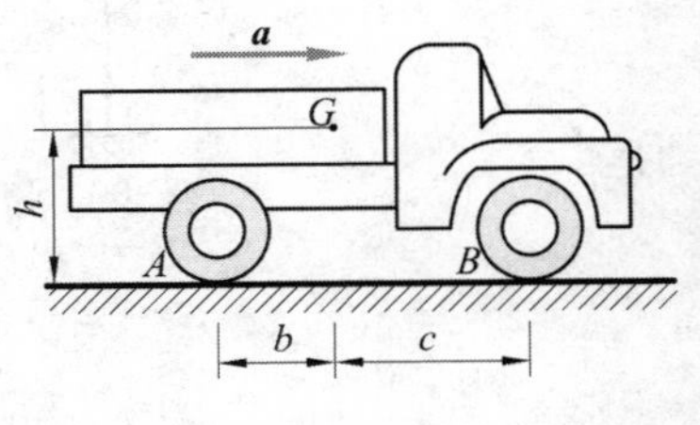

图 T13-2

解：取汽车为研究对象，其受力分析见图 J13-2，其中 $\boldsymbol{F}_I$ 为虚加的惯性力，大小为 $F_I = ma$。由达朗贝尔原理

$$\sum M_A(F) = 0: \quad F_{NB}(b + c) - mgb + F_I h = 0$$

$$\sum M_B(F) = 0: \quad mgc + F_I h - F_{NA}(b + c) = 0$$

可解得

$$F_{NA} = m\frac{bg - ha}{b + c}, \quad F_{NB} = m\frac{cg + ha}{b + c}$$

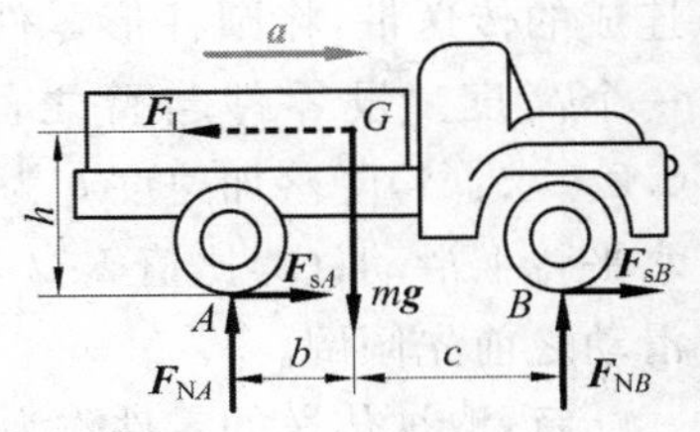

图 J13-2

欲使二者相等的条件是

$$F_{NA} = F_{NB}: \quad m\frac{bg - ha}{b + c} = m\frac{cg + ha}{b + c}$$

解得

$$a = g(b - c)/(2h)$$

13-3　如图 T13-3 所示矩形块质量 $m_1=100\ \text{kg}$，置于平台车上。车质量为 $m_2=50\ \text{kg}$，此车沿光滑的水平面运动。车和矩形块在一起由质量为 m_3 的物体牵引，使之做加速运动。设物块与车之间的摩擦力足够阻止相互滑动，求能够使车加速运动而 m_1 块不倒的 m_3 最大值，以及此时车的加速度大小。

解：设车有加速度 $\boldsymbol{a}$。

(1)取 m_1 研究。m_1 不倒的条件要求其支持力 $\boldsymbol{F}_{\text{N}}$ 不能跑出底边的最左侧。临界状态的受力分析见图 J13-3a，其中 $\boldsymbol{F}_{\text{I1}}$ 为虚加的惯性力，大小为 $F_{\text{I1}}=m_1a$。由达朗贝尔原理

$$\sum M_A(F)=0:\quad F_{\text{T}}\times 1\text{m}-m_1g\times 0.25\text{m}-F_{\text{I1}}\times 0.5\text{m}=0$$

可解得

$$F_{\text{T}}=0.25m_1(g+2a) \tag{a}$$

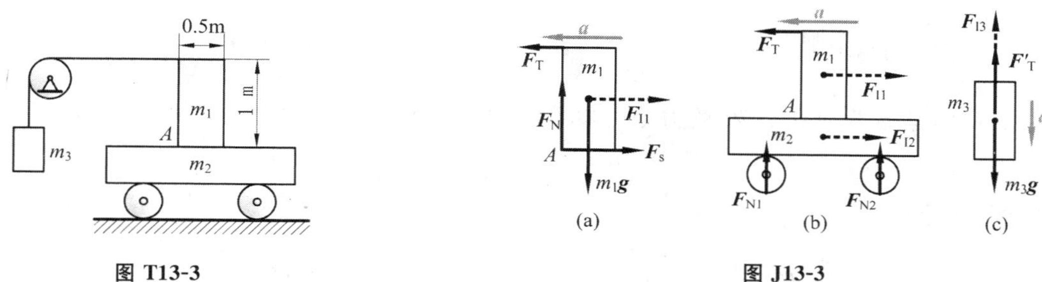

图 T13-3　　　　图 J13-3

(2)取 m_1 和 m_2 一起研究，其受力分析见图 J13-3b，其中：$\boldsymbol{F}_{\text{I2}}$ 为虚加的惯性力，大小为 $F_{\text{I2}}=m_2a$。由达朗贝尔原理

$$\sum F_x=0:\quad F_{\text{T}}-F_{\text{I1}}-F_{\text{I2}}=0$$

可解得

$$F_{\text{T}}=(m_1+m_2)a \tag{b}$$

联合式(a)，式(b)以及 $F'_{\text{T}}=F_{\text{T}}$ 可解得

$$a=m_1g/(2m_1+4m_2)=g/4=2.45\ \text{m/s}^2$$

(3)取 m_3 研究，其受力分析见图 J13-3c，其中：$\boldsymbol{F}_{\text{I3}}$ 为虚加的惯性力，大小为 $F_{\text{I3}}=m_3a$；因定滑轮质量不计而有 $F_{\text{T}}=F'_{\text{T}}$。由达朗贝尔原理有

$$\sum F_y=0:\quad F'_{\text{T}}+F_{\text{I3}}-m_3g=0$$

可解得

$$m_3=F_{\text{T}}/(g-a)=50\ \text{kg}$$

13-4　调速器由两个质量为 m_1 的均质圆盘所构成，圆盘偏心地铰接于距转动轴为 a 的 A、B 两点。调速器以等角速度 ω 绕竖直轴转动，圆盘中心到悬挂点的距离为 l，如图 T13-4 所示。调速器的外壳质量为 m_2，并放在两个圆盘上。如不计摩擦，求角速度 ω 与圆盘离竖直线的偏角 φ 之间的关系。

解：(1)取调速器外壳作为研究对象，受力分析如图 J13-4a。因调速器外壳为匀速转动，因而无需考虑惯性力系的主矢和主矩。

$$\sum M_C(F)=0:\quad F_{NB}2d-m_2gd=0$$

$$\sum M_D(F)=0:\quad -F_{NA}2d+m_2gd=0$$

解得

$$F_{NA}=F_{NB}=m_2g/2 \tag{a}$$

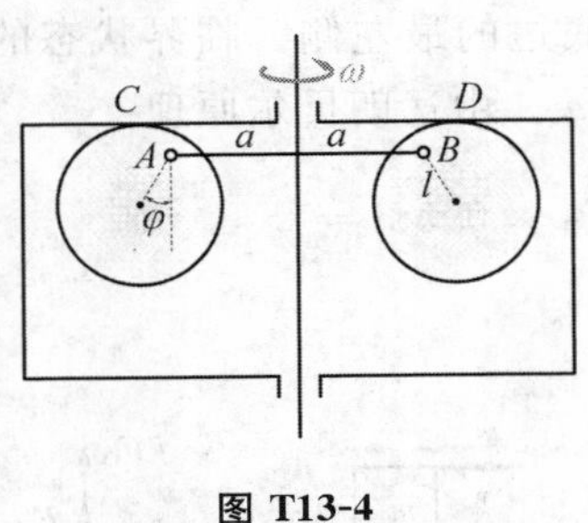

图 T13-4

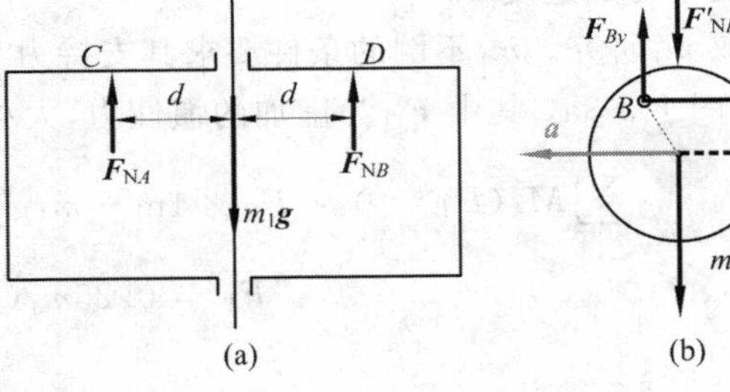

图 J13-4

(2)取圆盘 B 为研究对象，受力分析如图 J13-4b，其中 $\boldsymbol{F}_I$ 为虚加的惯性力，大小为

$$F_I=m_1a=m_1(a+l\sin\varphi)\omega^2 \tag{b}$$

由达朗贝尔原理

$$\sum M_B(F)=0:\quad F_Il\cos\varphi-(m_1g+F'_{NB})l\sin\varphi=0$$

将式(a)和式(b)代入上式可得

$$\omega^2=\frac{2m_1+m_2}{2m_1}\times\frac{g\tan\varphi}{a+l\sin\varphi}$$

13-5　曲柄滑道机械如图 T14-5 所示，已知圆轮半径为 r，对转轴的转动惯量为 J，轮上作用一不变的力偶 M，ABD 滑槽的质量为 m，不计摩擦。求圆轮的转动微分方程。

解：(1)先进行加速度分析。取圆轮上的 C 为动点，滑道为动系，加速度合成分析见图 J13-5a。将矢量关系 $\boldsymbol{a}_C^t+\boldsymbol{a}_C^n=\boldsymbol{a}_e+\boldsymbol{a}_r$ 沿水平投影得到

$$a_e=a_C^t\sin\varphi+a_C^n\cos\varphi=r\ddot{\varphi}\sin\varphi+r\dot{\varphi}^2\cos\varphi \tag{a}$$

其中 φ 是圆轮角位移。

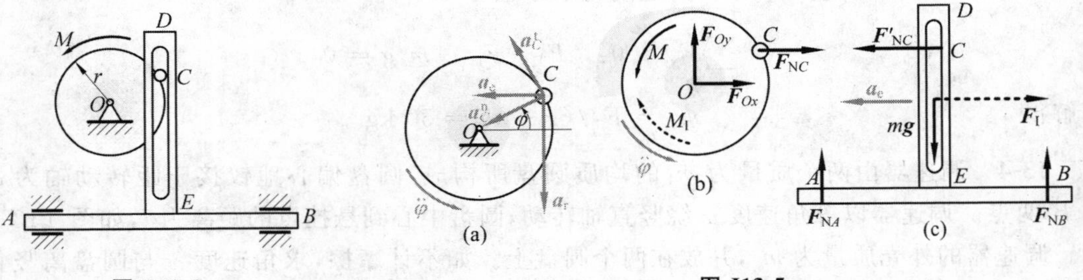

图 T13-5　　　　图 J13-5

(2)圆轮受力分析如图 J13-5b，其中 $M_I=J\ddot{\varphi}$。由达朗贝尔原理

$$\sum M_O(F)=0:\quad M-M_I-F_{NC}r\sin\varphi=0$$

得到
$$F_{NC}=(M-J\ddot{\varphi})/(r\sin\varphi) \tag{b}$$

(3)取滑道 ABD 为研究对象，受力分析如图 J13-5c，其中
$$F_I=ma_e=m(r\ddot{\varphi}\sin\varphi+r\dot{\varphi}^2\cos\varphi) \tag{c}$$

由达朗贝尔原理
$$\sum F_x=0:\quad F_I-F'_{NC}=0$$

将式(b)和式(c)代入，整理得到圆轮转动微分方程
$$(mr^2\sin^2\varphi+J)\ddot{\varphi}+mr^2\dot{\varphi}^2\cos\varphi\sin\varphi=M$$

讨论

式(a)也可以通过把 x_C 表示成 φ 的函数，再求二阶导数得到。

13-6 如图 T13-6 所示，长方形匀质平板，质量为 27 kg，由两个销 A 和 B 悬挂。如果突然撤去销 B，求在撤去销 B 瞬时的平板角加速度和销 A 的约束力。

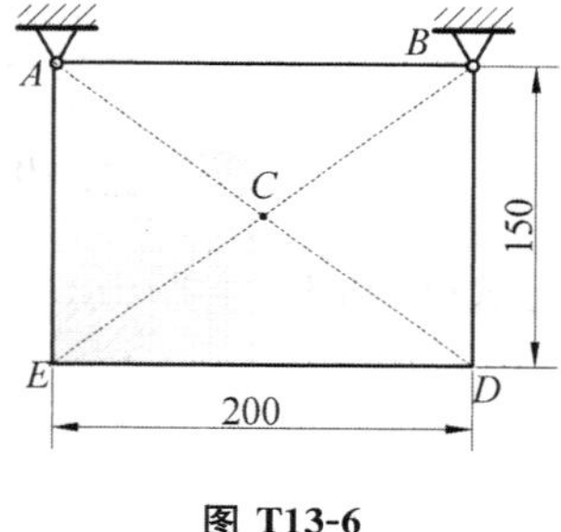

图 T13-6

解：撤去销 B 瞬时的平板角速度 $\omega=0$，但 $\alpha\neq0$。质心 C 的轨迹是以 A 为圆心的圆周运动，但在撤去销 B 的瞬时法向加速度为 0，只有切向加速度，如图 J13-6 所示。把惯性力系向质心 C 简化有：
$$F_I=ma_C=mOC\alpha=m\sqrt{\omega^2+h^2}\,\alpha/2$$
$$M_{IC}=J_C\alpha=m\alpha(\omega^2+h^2)/12$$

由达朗贝尔原理

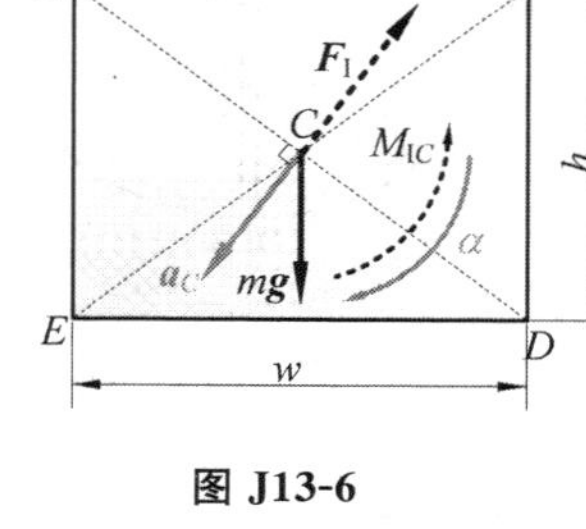

图 J13-6

$$\left.\begin{aligned}\sum M_A(F)=0:&\quad M_{IC}+F_I\sqrt{\omega^2+h^2}/2-mg\omega/2=0\\ \sum F_x=0:&\quad F_{Ax}+F_Ih/\sqrt{\omega^2+h^2}=0\\ \sum F_y=0:&\quad F_{Ay}+F_I\omega/\sqrt{\omega^2+h^2}-mg=0\end{aligned}\right\}$$

解得
$$\alpha=\frac{3\omega g}{2(\omega^2+h^2)}=47.4\ \text{rad/s}^2$$
$$F_{Ax}=-\frac{3}{4}\times\frac{\omega h}{\omega^2+h^2}mg=-95.26\ \text{N}$$
$$F_{Ay}=\left(1-\frac{3}{4}\times\frac{\omega^2}{\omega^2+h^2}\right)mg=137.59\text{N}$$

讨论

(1)本题的惯性力系也可向转轴 A 简化。如果向该点简化，则 $\boldsymbol{F}_I$ 作用点需移到 A 处。

(2)与例题 13-5 相比，后者绳子在 A 点不能提供水平约束力，相应地质心加速度水平分量为 0，而本题 A 的加速度为 0，质心 C 的加速度按定轴转动刚体上一点进行分析。

13-7 图 T13-7 所示为均质细杆弯成的圆环，半径为 r，转轴 O 通过圆心垂直于环面，A 端自由，AD 段为微小缺口。设圆环以匀角速度 ω 绕轴 O 转动，环的线密度为 ρ。不计重力，求任意截面 B 处对 AB 段的约束力。

解法一

取出 AB 弧段，弧上每点都有向心加速度，其大小 $a = r\omega^2$ 。因此，沿弧虚加惯性力，如图 J13-7a 所示的分布力系。图 J13-7a 中 $\mathrm{d}\beta$ 所对应微元弧被夸张示意了，对应的惯性力大小

$$\mathrm{d}F_{\mathrm{I}} = a\mathrm{d}m = r\omega^2 \cdot r\mathrm{d}\beta \cdot \rho = \rho r^2 \omega^2 \mathrm{d}\beta \tag{a}$$

B 处约束力按照切向、法向和力偶矩三个分量处理。

由达朗贝尔原理

$$\left.\begin{aligned} \sum F^{\mathrm{t}} = 0:\quad & F^{\mathrm{t}} - \int_0^{180^\circ-\theta} \mathrm{d}F_{\mathrm{I}}\cos(\theta+\beta-90^\circ) = 0 \\ \sum F^{\mathrm{n}} = 0:\quad & F^{\mathrm{t}} - \int_0^{180^\circ-\theta} \mathrm{d}F_{\mathrm{I}}\sin(\theta+\beta-90^\circ) = 0 \\ \sum M_B(F) = 0:\quad & M - \int_0^{180^\circ-\theta} BE \cdot \mathrm{d}F_{\mathrm{I}} = 0 \end{aligned}\right\}$$

将式(a)和 $BE = r\sin(\theta+\beta)$ 代入，解得

$$F^{\mathrm{t}} = \rho r^2\omega^2(1+\cos\theta),\quad F^{\mathrm{n}} = \rho r^2\omega^2\sin\theta,\quad M = \rho r^3\omega^2(1+\cos\theta)$$

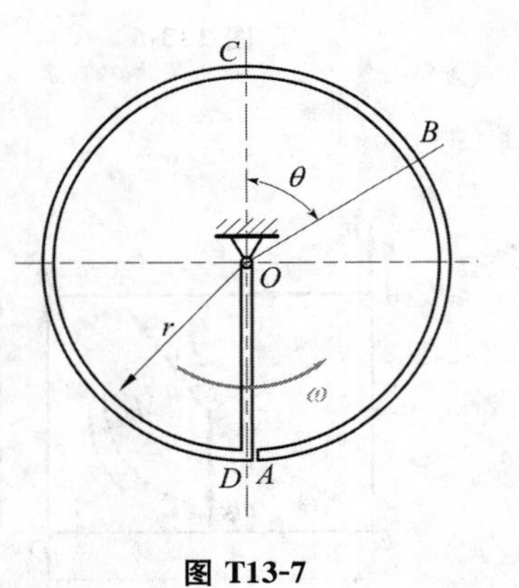

图 T13-7

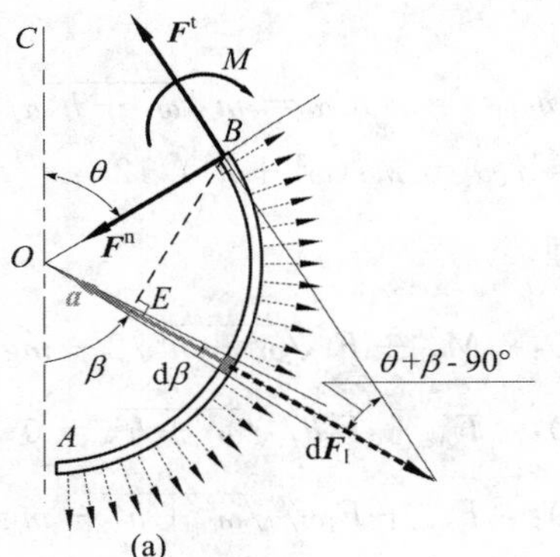

图 J13-7

解法二

取出 AB 弧段分析。惯性力的主矢量 $\boldsymbol{F}_{\mathrm{I}} = m\boldsymbol{a}_{C'}$ ，其中 C' 为 AB 弧段的质心。质心 C' 在 AB 弧对称线上(图 J13-7b)。查教材表 3-2 知

$$OC' = \left(r\sin\frac{\pi-\theta}{2}\right)\Big/\left(\frac{\pi-\theta}{2}\right) = \frac{2r}{\pi-\theta}\cos\frac{\theta}{2}$$

因此

$$F_{\mathrm{I}} = m\omega^2 OC' = \rho r(\pi-\theta)\omega^2\,\frac{2r}{\pi-\theta}\cos\frac{\theta}{2} = 2\rho r^2\omega\cos\frac{\theta}{2} \tag{a}$$

由达朗贝尔原理

$$\left.\begin{aligned}\sum F^{t} = 0:\quad & F^{t} - F_{I}\sin(90^{\circ} - \theta/2) = 0 \\ \sum F^{n} = 0:\quad & F^{n} - F_{I}\cos(90^{\circ} - \theta/2) = 0 \\ \sum M_{B}(F) = 0:\quad & M - F_{I}r\sin(90^{\circ} - \theta/2) = 0\end{aligned}\right\}$$

将式(a)代入解得

$$F^{t} = \rho r^{2}\omega^{2}(1 + \cos\theta),\quad F^{n} = \rho r^{2}\omega^{2}\sin\theta,\quad M = \rho r^{3}\omega^{2}(1 + \cos\theta)$$

讨论

本题的惯性力系也向可转轴 A 简化，其结果和向质心简化结果完全相同，这是因为惯性力的力矢量穿过这两点，惯性力可沿这两点的连线传递。

13-8　如图 T13-8 所示均质曲杆 $ABCD$ 刚性地连接于竖直转轴上，已知 $CO = OB = b$。转轴以匀角速度 ω 转动。欲使 AB 及 CD 段截面只受沿杆的轴向力，求 AB、CD 段的曲线方程。

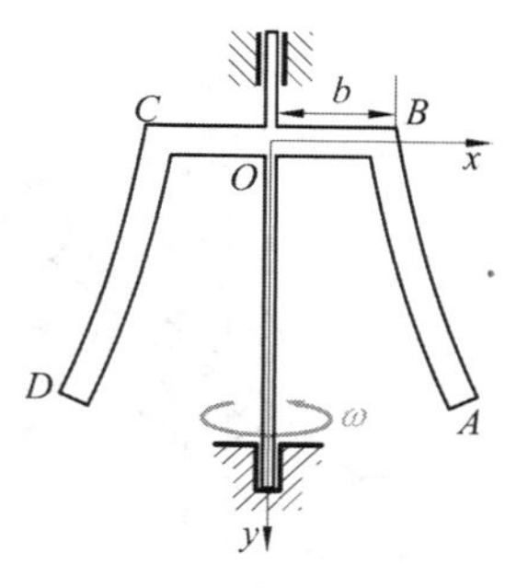

图 T13-8

解： 取 AB 段上微元作为研究对象，要求该微元端面与 AB 垂直，如图 J13-8 所示。按题目要求，该微元的上下端面所受的力 $\boldsymbol{F}_1$ 和 $\boldsymbol{F}_2$ 沿 AB 曲线的切向方向。该微元受重力 $\mathrm{d}m\times\boldsymbol{g}$ 和虚加的惯性力 $\mathrm{d}\boldsymbol{F}_{\mathrm{I}}$，后者大小为

$$\mathrm{d}F_{\mathrm{I}} = a\mathrm{d}m = \omega^{2}x\mathrm{d}m \tag{a}$$

微元受力沿 AB 的垂直方向(图 J13-8 中的 η 方向)投影有

$$\mathrm{d}F_{\mathrm{I}}\cos\beta - \mathrm{d}mg\sin\beta = 0$$

将式(a)代入得到　$\omega^{2}x/g = \tan\beta$

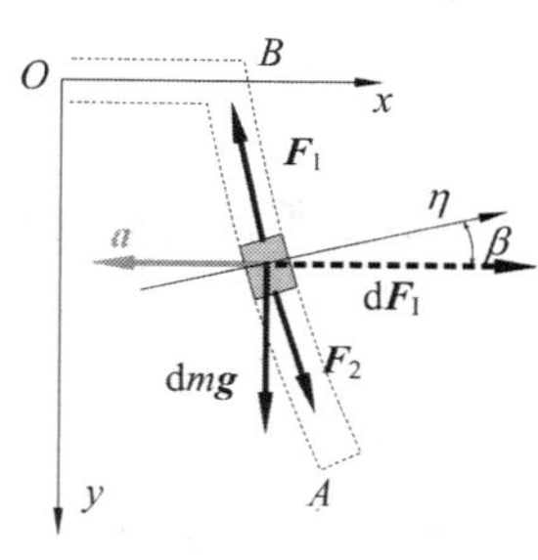

图 J13-8

按照数学定义 $\tan\beta$ 即为切线斜率 $\dfrac{\mathrm{d}x}{\mathrm{d}y}$，因此有 $\dfrac{\omega^{2}x}{g} = \dfrac{\mathrm{d}x}{\mathrm{d}y}$。为了便于积分，该关系可进一步写成

$$\mathrm{d}y = \frac{g}{\omega^{2}x}\mathrm{d}x$$

对其两边积分　$\displaystyle\int_{0}^{y}\mathrm{d}y = \int_{b}^{x}\frac{g}{\omega^{2}x}\mathrm{d}x$

显式结果为

$$y = \frac{g}{\omega^{2}}\ln\frac{x}{b}$$

CD 段与 AB 段对称，有相同的函数关系。

13-9　转速表的简化模型如图 T13-9 所示。杆 CD 的两端各有质量为 m 的球 C 和球 D，杆 CD 与转轴 AB 铰接于各自的中点，质量不计。当转轴 AB 转动且外载荷变化时，杆 CD 的转角 φ 就发生变化。设 $\omega=0$ 时，$\varphi=\varphi_0$，且弹簧中无力。弹簧产生的力矩 M 与转角 φ 的关系为 $M = k(\varphi - \varphi_0)$，式中 k 为盘簧刚度系数。$AO=OB=b$。求：(1) 角速度 ω 与角 φ 的关系；(2) 当系统处于图示平面时，轴承 A、B 的约束力。

解：(1) 选择 CD(含两小球)作为研究对象，受力分析如图 J13-9a 所示，其中虚加的惯性力

$$F_{IC} = F_{ID} = m(l\sin\varphi)\omega^2 \tag{a}$$

由达朗贝尔原理

$$\sum M_O(F) = 0: \quad M - F_{IC}l\cos\varphi - F_{ID}l\cos\varphi = 0$$

将式(a)和 $M = k(\varphi - \varphi_0)$ 代入得到

$$k(\varphi - \varphi_0) - ml^2\omega^2\sin2\varphi = 0$$

可解得

$$\omega = \sqrt{\frac{k(\varphi - \varphi_0)}{ml^2\sin2\varphi}}$$

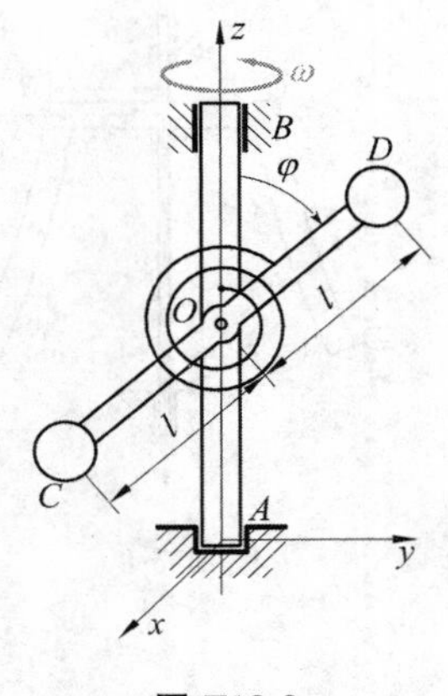

图 T13-9

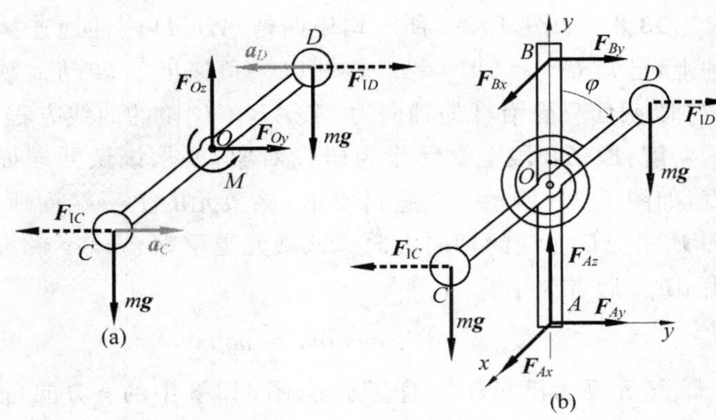

图 J13-9

(2)以整体为研究对象，受力分析如图 J13-9b 所示。列平衡方程

$$\sum M_y = 0: \quad F_{Bx} \times 2b = 0$$

解得 $F_{Bx} = 0$ 。

由 $$\sum M_x = 0: \quad -F_{By} \times 2b - F_I \times 2l\cos\varphi = 0$$

解得 $F_{By} = -\dfrac{km(\varphi - \varphi_0)}{2b} = -\dfrac{ml^2\omega^2\sin2\varphi}{2b}$ 。

由 $$\sum F_z = 0: \quad F_{Az} - 2mg = 0$$

解得 $F_{Az} = 2mg$ 。

由 $$\sum F_x = 0: \quad F_{Bx} + F_{Ax} = 0$$

解得 $F_{Ax} = 0$ 。

由 $$\sum F_y = 0: \quad F_{Ay} + F_{By} = 0$$

解得 $F_{Ay} = \dfrac{ml^2\omega^2\sin2\varphi}{2b}$ 。

13-10 图 T13-10 所示系统，轮轴质心位于 O 处，对轴 O 的转动惯量为 J_O。在轮轴上系有两个物体，质量各为 m_1 和 m_2。若此轮轴依顺时针转向转动，求轮轴的角加速度 α 和轴承 O

的动约束力。

解：以整个系统为研究对象（设轮轴质量为 m），受力分析见图 J13-10。图中虚加的各项惯性力如下：

$$\begin{cases} F_{I1} = m_1 a_1 = m_1 R\alpha \\ F_{I2} = m_2 a_2 = m_2 r\alpha, \quad M_I = J_O\alpha \end{cases} \tag{a}$$

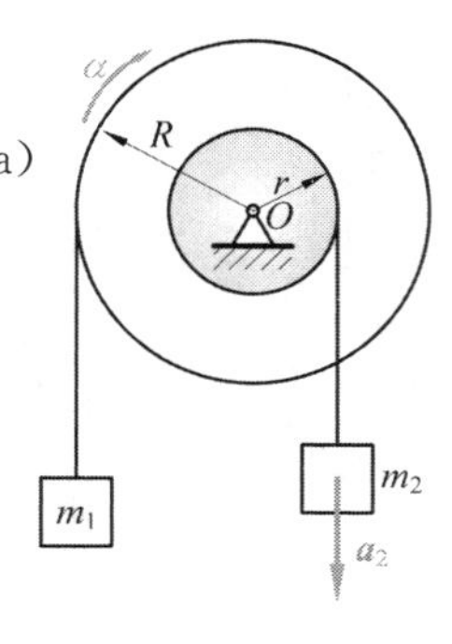

图 T13-10

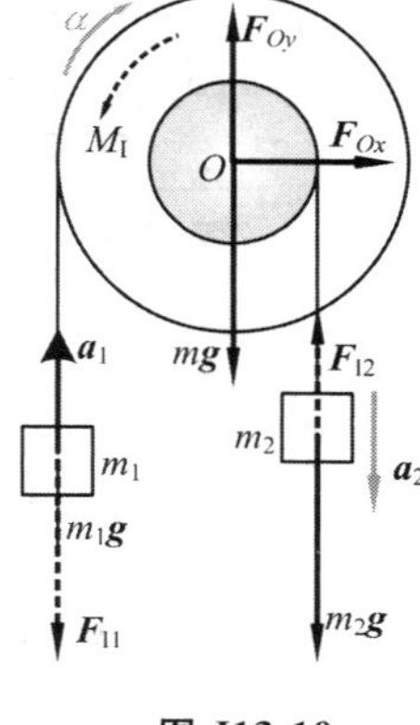

图 J13-10

由达朗贝尔原理有

$$\sum M_O = 0: \quad m_1 gR + F_{I1}R + M_I + F_{I2}r - m_2 gr = 0$$

$$\sum F_x = 0: \quad F_{Ox} = 0$$

$$\sum F_y = 0: \quad F_{Oy} - mg - m_1 g - m_2 g - F_{I1} + F_{I2} = 0$$

将式(a)代入解得

$$\alpha = \frac{m_2 r - m_1 R}{J_O + m_1 R^2 + m_2 r^2} g$$

$$F_{Ox} = 0$$

$$F_{Oy} = mg + m_1 g + m_2 g - \frac{(m_2 r - m_1 R)^2}{J_O + m_1 R^2 + m_2 r^2} g$$

动约束力需从上述求出的约束力中扣除 $\alpha = 0$ 时的静约束力。易知静约束力为 $F_{Ox} = 0$，$F_{Oy} = mg + m_1 g + m_2 g$，因此动约束力部分

$$F'_{Ox} = 0, \quad F'_{Oy} = -\frac{(m_2 r - m_1 R)^2}{J_O + m_1 R^2 + m_2 r^2} g$$

13-11 见例题 13-4。

13-12 如图 T13-12 所示，电动绞车提升一质量为 m 的物体，在主动轴上作用有一矩为 M 的主动力偶。已知：主动轴和从动轴连同安装在这两轴上的齿轮以及其他附属零件的转动惯量分别为 J_1 和 J_2；传动比 $z_2 : z_1 = i$；吊缠绕在鼓轮上，此轮半径为 R。设轴承的摩擦和吊索的质量均略去不计，求重物的加速度。

解：(1)取主动轴作为研究对象，在侧视图上分析受力，如图 J13-12a。图中虚加惯性力偶：$M_{I1} = J_1\alpha_1$。

由达朗贝尔原理有

$$\sum M_{O_1} = 0: \quad M - M_{I1} - F_t R_1 = M - J_1\alpha_1 - F_t R_1 = 0 \tag{a}$$

(2)取从动轴作为研究对象，在侧视图上分析受力，如图 J13-12b。图中虚加惯性力：$M_{I2} = J_2\alpha_2$，$F_I = ma = mR\alpha_2$。

由达朗贝尔原理有

$$\sum M_{O_2} = 0: \quad F'_t R_2 - M_{I2} - F_I R - mgR = F'_t R_2 - J_2\alpha_2 - mR^2\alpha_2 - mgR = 0 \tag{b}$$

根据传动比有：

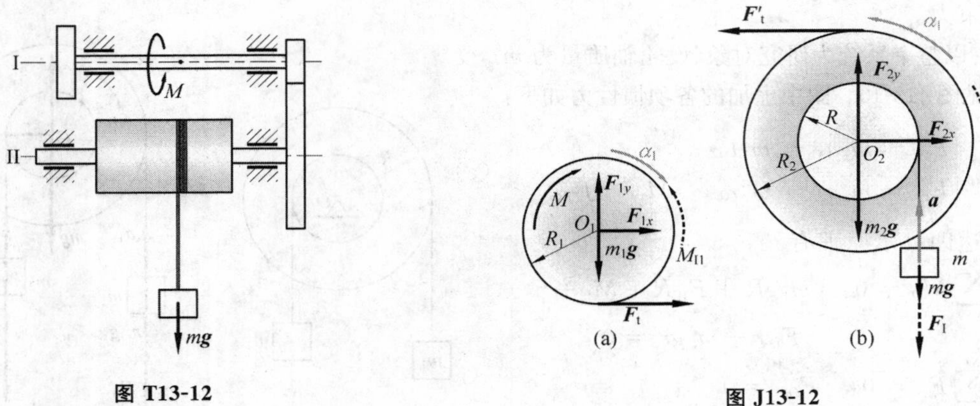

图 T13-12　　图 J13-12

$$R_2 = iR_1, \quad \alpha_1 = i\alpha_2 \tag{c}$$

联合式(a)、式(b)和式(c)，可解得 $\alpha_2 = \dfrac{iM - mgR}{i^2 J_1 + J_2 + mR^2}$。

重物的加速度为

$$a = R\alpha_2 = \frac{(iM - mgR)R}{i^2 J_1 + J_2 + mR^2}$$

13-13　图 T13-13 所示为升降重物用的叉车，B 为可动圆滚（滚动支座），叉头 DBC 用铰链 C 与竖直导杆连接。由于液压机构的作用，可使导杆沿竖直方向上升或下降，因而可升降重物。已知叉车连同竖直导杆的质量为 $m_1 = 1500\ \text{kg}$，质心在 G_1；叉头与重物的共同质量为 $m_2 = 800\ \text{kg}$，质心在 G_2。如果叉头向上加速使得后轮 A 的约束力等于零，求这时滚轮 B 的约束力。

解：(1)取整体研究，受力分析如图 J13-13a。图中虚加惯性力：$F_I = m_2 a$。

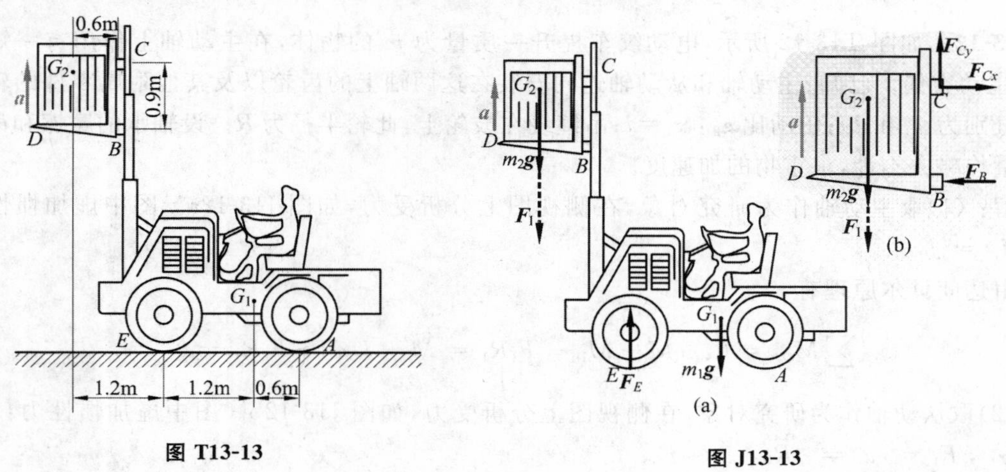

图 T13-13　　图 J13-13

由达朗贝尔原理有

$$\sum M_E = 0: \quad m_2 g \times 1.2 + F_I \times 1.2 - m_1 g \times 1.2 = 0$$

将 $F_I = m_2 a$ 代入解得：$a = 7g/8$ 。

(2)取重物与叉头联合体研究，受力分析如图 J13-13b。由达朗贝尔原理有

$$\sum M_C = 0:\quad 0.9F_B - m_2 g \times 0.6 - F_I \times 0.6 = 0$$

解得：

$$F_B = 2m_2(a + g)/3 = 9.8\ \text{kN}$$

13-14　当发射卫星实现星箭分离时，打开卫星整流罩的一种方案如图 T13-14 所示。先由释放机构将整流罩缓慢送到图示位置，然后令火箭加速，加速度为 $\boldsymbol{a}$，从而使整流罩向外转。当其质心 C 转到位置 C' 的时候，O 处铰链自动脱开，使整流罩离开火箭。设整流罩质量为 m，对轴 O 的回转半径为 ρ，质心到轴 O 的距离 $OC = r$。问整流罩脱落时，角速度为多大？

解：(1)以右侧整流罩为研究对象，加惯性力之前先做加速度分析(J13-14a)。以 O 为基点，C 为动点，有矢量关系为

$$\boldsymbol{a}_C = \boldsymbol{a}_O + \boldsymbol{a}_{CO}^{t} + \boldsymbol{a}_{CO}^{n}$$

其中：$a_O = a$；$a_{CO}^{t} = \alpha OC$；$a_{CO}^{n} = \omega^2 OC$ 。

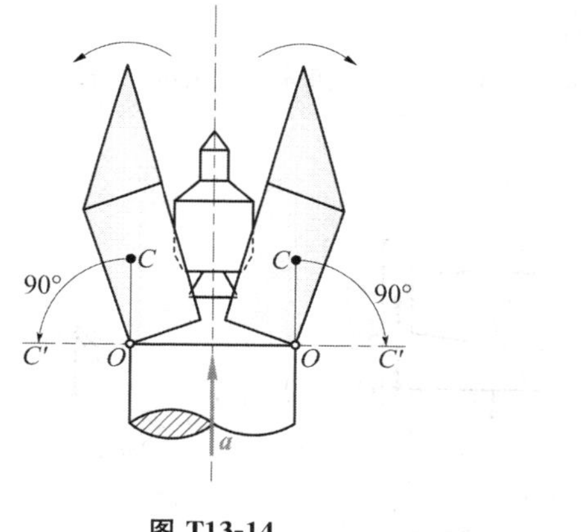

图 T13-14

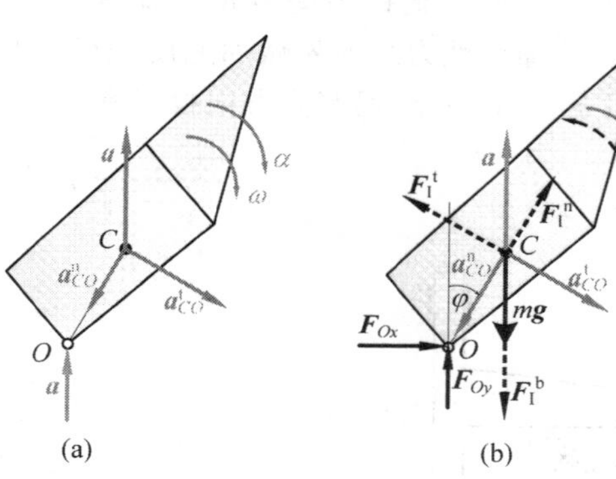

图 J13-14

(2)受力分析见图 J13-14b，图中虚加的惯性力：

$$F_I^b = ma\,;\ F_I^t = mr\alpha\,;\ F_I^n = mr\omega^2\,;\ M_I = J_C\alpha \tag{a}$$

其中 J_C 由平行轴定理求得：$J_C = J_O - mr^2 = m(\rho^2 - r^2)$ 。

由达朗贝尔原理有

$$\sum M_O = 0:\quad F_I^t r - (F_I^b + mg)r\sin\varphi + M_I = 0$$

将式(a)代入得到

$$\rho^2\alpha = (a + g)r\sin\varphi$$

为求解该微分方程，两边同乘以 ωdt 有

$$\rho^2\omega d\omega = (a + g)r\omega\sin\varphi dt$$

上式可进一步写成

$$\frac{1}{2}\rho^2 d\omega^2 = -(a + g)r d\cos\varphi$$

两边积分有

$$\frac{1}{2}\rho^2\int_0^{\omega}\mathrm{d}\omega^2 = -(a+g)r\int_0^{\pi/2}\mathrm{d}\cos\varphi$$

写出显式解有：

$$\frac{1}{2}\rho^2\omega^2 = (a+g)r$$

可解出

$$\omega = \frac{\sqrt{2(a+g)r}}{\rho}$$

讨论

有的辅导书用动能定理求解此题，但是教材对惯性力做功和非惯性系下的动能定理没有介绍。

13-15 如图 T13-15 所示，曲柄 OA 质量为 m_1，长为 r，以等角速度 ω 绕水平的 O 轴逆时针方向转动。曲柄 OA 推动质量为 m_2 的滑杆 BC，使其沿竖直方向运动。忽略摩擦，求当曲柄与水平方向夹角 30°时的力偶矩 M 及轴承 O 的约束力。

解：(1)加惯性力之前先做加速度分析(图 J13-15a)。以滑杆为动系、A 为动点的加速度矢量关系 $\boldsymbol{a}_\mathrm{a} = \boldsymbol{a}_\mathrm{r} + \boldsymbol{a}_\mathrm{e}$ 沿竖直方向投影有

$$a_\mathrm{e} = a_\mathrm{a}\sin\theta = r\omega^2\sin\theta \tag{a}$$

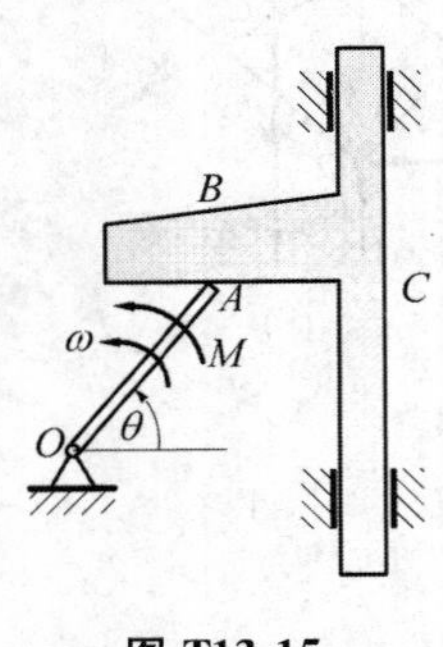

图 T13-15

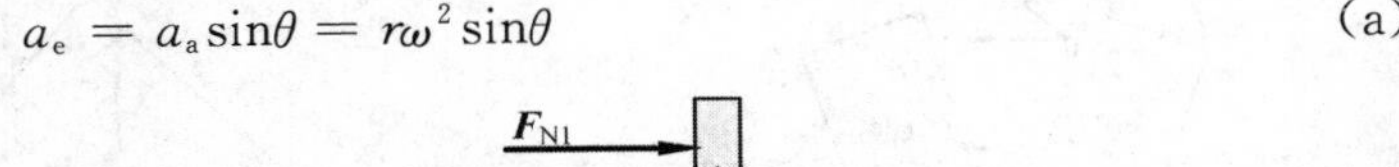

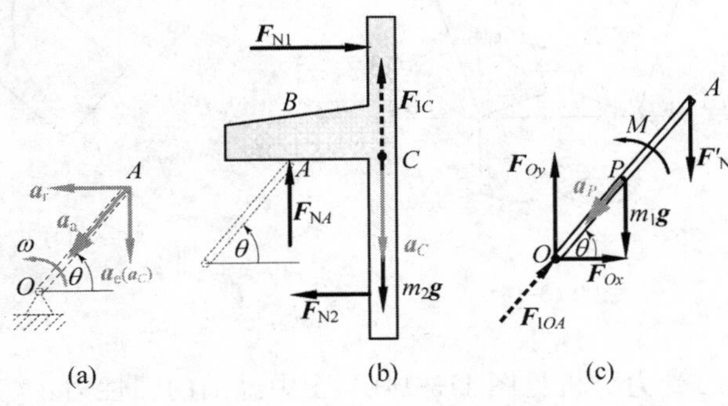

图 J13-15

(2)选择滑杆为研究对象，受力分析见图 J13-15b，其中虚加的惯性力

$$F_{\mathrm{I}C} = m_2 a_C = m_2 r\omega^2\sin\theta \tag{b}$$

由达朗贝尔原理有

$$\sum F_y = 0:\quad F_{\mathrm{N}A} - m_2 g + F_{\mathrm{I}C} = 0$$

将式(b)代入解得

$$F_{\mathrm{N}A} = m_2 g - F_{\mathrm{I}C} = m_2(g - r\omega^2\sin\theta)$$

(3)选择曲柄为研究对象，受力分析见图 J13-15c，其中虚加的惯性力(P 为 OA 质心，OA 的角加速度为 0)

$$F_{\mathrm{I}OA} = m_1 a_P = m_1 r\omega^2/2 \tag{c}$$

由达朗贝尔原理有

$$\sum M_O = 0: \quad M - F'_{NA} r\cos\theta - m_1 g r/2\cos\theta = 0$$
$$\sum F_x = 0: \quad F_{Ox} + F_{IOA}\cos\theta = 0$$
$$\sum F_y = 0: \quad F_{Oy} - m_1 g - F'_{NA} + F_{IOA}\sin\theta = 0$$

将式(c)代入解得

$$M = (2m_2 g + m_1 g - 2m_2 r\omega^2 \sin\theta) r\cos\theta/2 = (2m_2 g + m_1 g - m_2 r\omega^2) r\sqrt{3}/4$$
$$F_{Ox} = -F_{IOA}\cos\theta = -m_1 r\omega^2\sqrt{3}/4$$
$$F_{Oy} = m_1 g + m_2 g - (2m_2 + m_1) r\omega^2/4$$

13-16　曲柄杆机构的曲柄 OA 长为 r，质量 m，在力偶 M(随时间而变化)驱动下以匀角速度 ω_0 转动，并通过滑块 A 带动摇杆 BD 运动。OB 竖直，BD 可视为质量为 $8m$ 的均质等直杆，长为 $3r$。不计滑块 A 的质量和各处摩擦；如图 13-16 所示瞬时，OA 水平，$\theta=30°$。求此时驱动力偶矩 M 和 O 处约束力。

解:(1)先做运动分析。从教材例 7-4 和 7-11 可得(图 J13-16a)

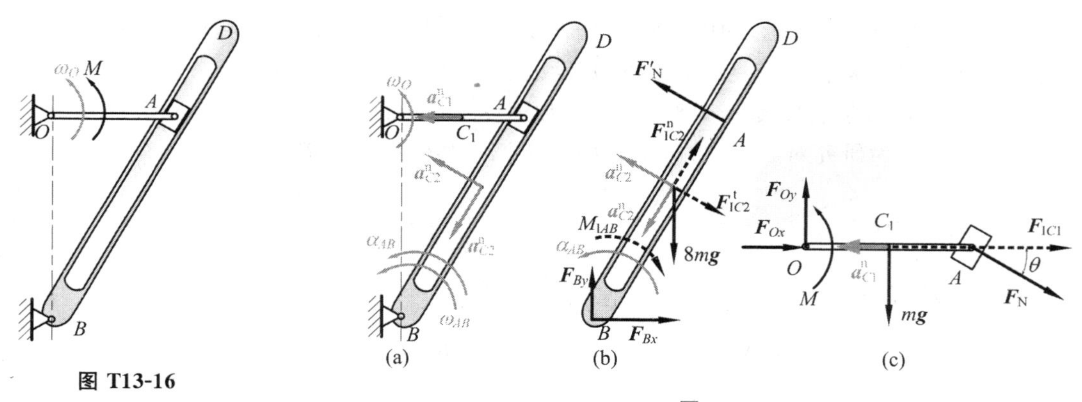

图 T13-16

(a)　(b)　(c)

图 J13-16

$$\omega_{AB} = \omega_O/4, \quad \alpha_{AB} = \sqrt{3}\omega_O^2/8$$

加惯性力所需的其他关键加速度为(C_1 和 C_2 分别为 OA 和 AB 的质心)：

$$a_{C1}^n = \omega_O^2 r/2, \quad a_{C2}^n = 3\omega_O^2 r/32, \quad a_{C2}^t = 3\sqrt{3}\omega_O^2 r/16$$

(2)取 DB 作为研究对象，受力分析见图 J13-16b，其中虚加的惯性力：

$$\left.\begin{aligned} F_{IC2}^t &= 8ma_{C2}^t = 3\sqrt{3}m\omega_O^2 r/2, \quad F_{IC2}^n = 8ma_{C2}^n = 3m\omega_O^2 r/4 \\ M_{IAB} &= J_{C2}\alpha_{AB} = 8m({}^3r)^2/12\times\sqrt{3}\omega_O^2/8 = 3\sqrt{3}m\omega_O^2 r^2/4 \end{aligned}\right\} \qquad (a)$$

由达朗贝尔原理有

$$\sum M_B = 0: \quad F'_N\times 2r - F_{IC2}^t\times 3r/2 - M_{IAB} - 8mg\times(3r/2\times\sin 30°) = 0$$

将式(a)代入解得：

$$F'_{N} = 3mg + 3\sqrt{3}m\omega_O^2 r/2$$

(3)取 OA 作为研究对象，受力分析见图 J13-16c，其中虚加的惯性力：

$$F_{IC1}^{n} = ma_{C1}^{n} = m\omega_O^2 r/2 \tag{b}$$

由达朗贝尔原理有

$$\sum M_O = 0:\quad M - F'_N r\sin\theta - mgr/2 = 0$$

$$\sum F_x = 0:\quad F_{Ox} + F_N\cos\theta + F_{IC1} = 0$$

$$\sum F_y = 0:\quad F_{Oy} - mg - F_N\sin\theta = 0$$

将式(b)代入，解得：

$$M = 2mgr + 3\sqrt{3}m\omega_O^2 r^2/4$$

$$F_{Ox} = -(3mg\sqrt{3}/2 + 11m\omega_O^2 r/4)$$

$$F_{Oy} = 5mg/2 + 3\sqrt{3}m\omega_O^2 r/4$$

13-17 如图 T13-17 所示，均质板质量为 m，放在两个均质圆柱滚子上，滚子质量皆为 $m/2$，其半径均为 r。如在板上作用一水平力 $\boldsymbol{F}$，并设滚子无滑动，求板的加速度。

解：板平移，设其加速度为 $\boldsymbol{a}_C$，则滚子质心加速度 $\boldsymbol{a}_A = \boldsymbol{a}_B = \boldsymbol{a}_C/2$。

(1)取滚子 A 为研究对象，受力分析见图 J13-17a，其中虚加的惯性力：

$$F_{IA} = \frac{m}{2}a_A = \frac{m}{4}a_C,\quad M_{IA} = J_A\alpha_A = \frac{1}{2}\left(\frac{m}{2}r^2\right)\frac{a_C}{2r} = \frac{mr}{8}a_C \tag{a}$$

由达朗贝尔原理有

$$\sum M_D = 0:\quad M_{IA} + F_{IA}r - F'_{sA}\cdot 2r = 0$$

将式(a)代入得到

$$F'_{sA} = 3ma_C/16 \tag{b}$$

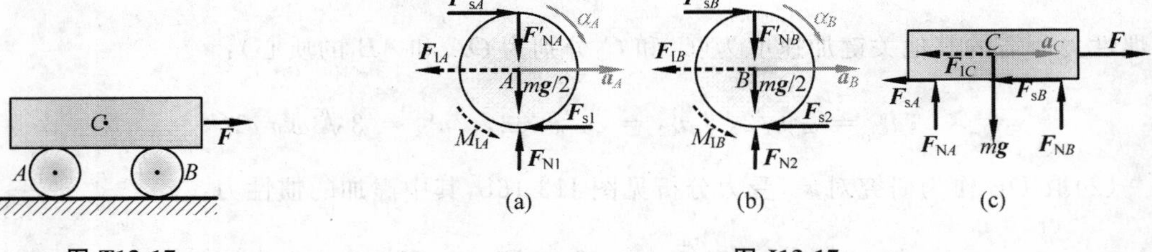

图 T13-17　　图 J13-17

(2)取滚子 B 作为研究对象，受力分析见图 J13-17b。同样可以得到

$$F'_{sB} = 3ma_C/16 \tag{c}$$

(3)取板作为研究对象，受力分析见图 J13-17c，其中虚加的惯性力

$$F_{IC} = ma_C \tag{d}$$

由达朗贝尔原理有

$$\sum F_x = 0: \quad F - F_{IC} - F_{sA} - F_{sA} = 0$$

将式(b)、式(c)和式(d)代入可得

$$a_C = 8F/(11m)$$

13-18 竖直面内曲柄连杆滑块机构中，均质直杆 $OA=r$，$AB=2r$，质量分别为 m 和 $2m$，滑块质量为 m。曲柄 OA 匀速转动，角速度为 ω_O。在图 T13-18 所示瞬时，滑块运行阻力为 $\boldsymbol{F}$。不计摩擦，求滑道对滑块的约束力及 OA 上的驱动力偶矩 M_O。

解：(1)加速度分析，如图 J13-18a 所示(可参考题 8-23)。显然 AB 杆瞬时平移。以 A 为基点、B 为动点的加速度矢量关系为

$$\boldsymbol{a}_B = \boldsymbol{a}_{BA}^{n} + \boldsymbol{a}_{BA}^{t} + \boldsymbol{a}_A = \boldsymbol{a}_{BA}^{t} + \boldsymbol{a}_A^{n} \tag{a}$$

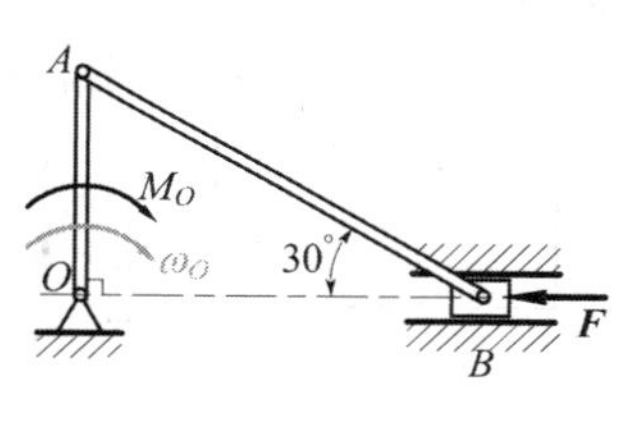

图 T13-18

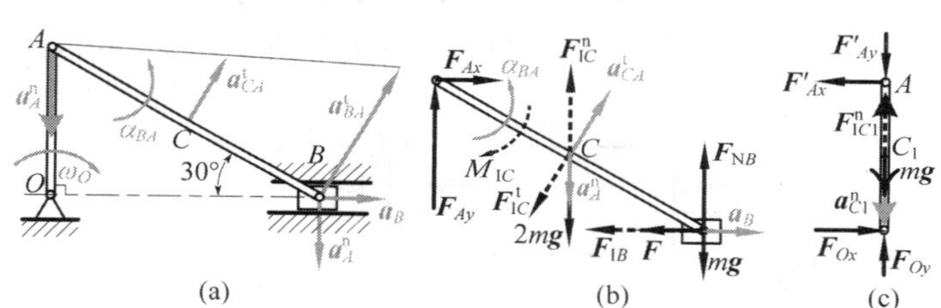

图 J13-18

式(a)沿垂直投影可得到

$$a_{BA}^{t} = a_A^{n}/\cos 30^\circ = 2\sqrt{3}\omega_O^2 r/3$$

这样就得到了

$$\alpha_{BA} = a_{BA}^{t}/BA = \sqrt{3}\omega_O^2/3$$

式(a)再沿水平投影得到

$$a_B = a_{BA}^{t}\sin 30^\circ = \sqrt{3}\omega_O^2 r/3$$

(2)取 AB 为研究对象，受力分析见图 J13-18b，其中虚加的惯性力(C 为 AB 质心)：

$$\left.\begin{aligned} F_{IC}^{n} &= (2m)a_A^{n} = 2m\omega_O^2 r \\ F_{IC}^{t} &= (2m)a_{CA}^{t} = 2m\alpha_{BA} r = 2\sqrt{3}m\omega_O^2 r/3 \\ M_{IC} &= J_C\alpha_{AB} = (2m)(^2r)^2/12\cdot\sqrt{3}\omega_O^2/3 = 2\sqrt{3}\omega_O^2 r^2/9 \\ F_{IB} &= ma_B = \sqrt{3}m\omega_O^2 r/3 \end{aligned}\right\} \tag{b}$$

由达朗贝尔原理有

$$\sum M_A = 0: \quad F_{NB}\cdot\sqrt{3}r - M_{IC} - F_{IB}r - Fr - mg\cdot\sqrt{3}r - 2mg\cdot\sqrt{3}r/2 - F_{IC}^{t}r + F_{IC}^{n}\cdot\sqrt{3}r = 0$$

$$\sum F_x = 0: \quad F_{Ax} - F_{IC}^{t}/2 - F_{IB} - F = 0$$

将式(b)代入解得

$$F_{NB} = 2mg + \frac{2}{9}m\omega_O^2 r + \frac{\sqrt{3}}{3}Fr, \quad F_{Ax} = \frac{2\sqrt{3}}{3}m\omega_O^2 r + F$$

(3)取 OA 为研究对象,受力分析见图 J13-18c,其中 $\boldsymbol{F}_{IC1}^{n}$ 为虚加的惯性力。由达朗贝尔原理有

$$\sum M_O = 0: \quad F'_{Ax}r - M_O = 0$$

得到

$$M_O = F'_{Ax}r = \left(\frac{2\sqrt{3}}{3}m\omega_O^2 r + F\right)r$$

13-19 如图 T13-19 所示,磨刀砂轮Ⅰ质量 $m_1 = 1$ kg,其偏心距 $e_1 = 0.5$ mm,小砂轮Ⅱ质量 $m_2 = 0.5$ kg,偏心距 $e_2 = 1$ mm。电动机转子Ⅲ质量 $m_3 = 8$ kg,无偏心,带动砂轮旋转,转速 $n = 3000$ r/min。求转动时轴承 A、B 的附加动约束力。

解:取整个系统为研究对象,受力分析如图 J13-19,其中虚加的惯性力:

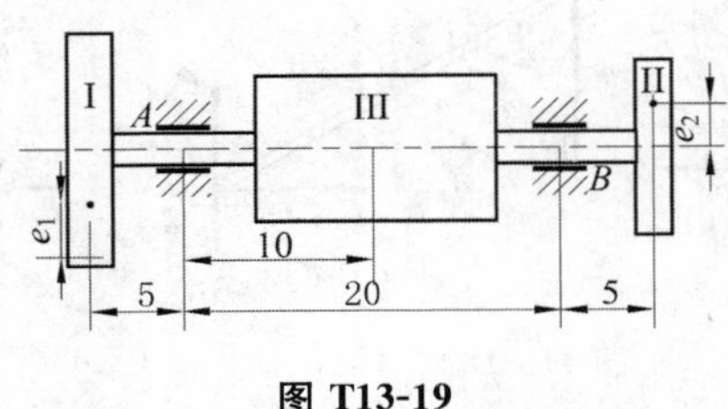

图 T13-19

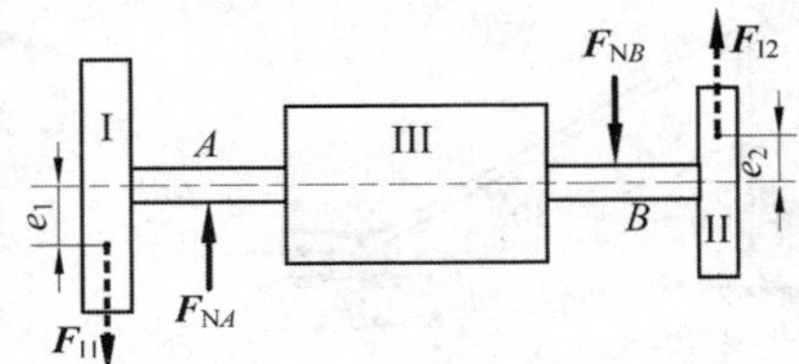

图 J13-19

$$\left.\begin{aligned} F_{I1} &= m_1 e_1 \omega^2 = 1\ \text{kg} \times 0.5 \times 10^3\ \text{m} \cdot \left(\frac{3000 \times 2\pi}{60\ \text{s}}\right)^2 = 5\pi^2\ \text{N} \\ F_{I2} &= m_1 e_1 \omega^2 = 5\pi^2\ \text{N} \end{aligned}\right\} \quad \text{(a)}$$

由达朗贝尔原理有(求附加动约束力可直接忽略重力引起的分量)

$$\sum M_A = 0: \quad F_{I2} \times 25 + F_{I1} \times 5 - F_{NB} \times 20 = 0$$

$$\sum F_x = 0: \quad F_{NA} - F_{NB} + F_{I2} - F_{I1} = 0$$

将式(a)代入解得

$$F_{NA} = F_{NB} = 1.5F_{I1} = 74.022\ \text{N}$$

13-20 三圆盘 A、B 和 C 质量都为 $m_1 = 12$ kg,共同固结在轴 x 上,其位置如图 T13-20 所示。若盘 A 质心 G 的坐标为(320,0,5),而盘 B 和 C 的质心在轴上。今若将两个皆为 $m_2 = 1$ kg 的均衡质量分别放在盘 B 和 C 上,问应如何放置可使物系达到动平衡?

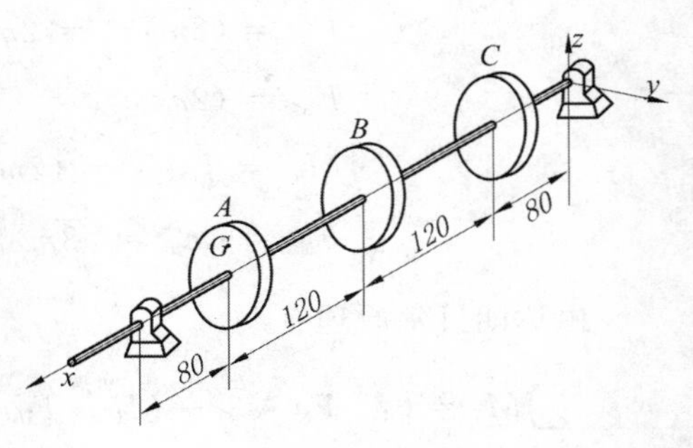

图 T13-20

解:均衡质量在 B 和 C 两个盘上的 x 坐标分别为 200 和 80,可变的是 y 和 z 坐标,因此设相应的坐标为:$(200, y_B, z_B)$,$(80, y_C, z_C)$。

刚体动平衡首先要求系统质心的 y 和 z 两个坐标是零，即

$$\left.\begin{aligned} m_2 y_B + m_2 y_C &= 0 \\ 5m_1 + m_2 z_B + m_2 z_C &= 0 \end{aligned}\right\} \tag{a}$$

其次对转轴的惯性积为零，即

$$\left.\begin{aligned} J_{zx} = 0: \quad m_1 \times 5 \times 320 + m_2 \times 200 z_B + m_2 \times 80 z_C &= 0 \\ J_{yx} = 0: \quad m_1 \times 0 \times 320 + m_2 \times 200 y_B + m_2 \times 80 y_B &= 0 \end{aligned}\right\} \tag{b}$$

联合式(a)和式(b)解得

$$\begin{aligned} y_B &= y_C = 0 \\ z_B &= -10m_1/m_2 = -120(\mathrm{mm}) \\ z_C &= 5m_1/m_2 = 60(\mathrm{mm}) \end{aligned}$$

非淡泊无以明志，非宁静无以致远。

诸葛亮《诫子书》

第 14 章　虚位移原理

14.1　主要内容

虚位移原理通过假设系统所允许的虚位移和主动力对虚位移所做的虚功来分析平衡问题。

14.1.1　约束、虚位移、虚功

约束　限制质点或质点系运动的条件。

约束方程　表示限制条件的数学方程。

几何约束　限制质点或质点系几何位置的条件。

运动约束　限制质点系运动状况的运动学条件。

定常约束　不随时间变化的约束。

非定常约束　随时间变化的约束。

非完整约束　约束方程中包含坐标对时间的导数,且不可能积分为有限形式的约束。

完整约束　约束方程中不包含坐标对时间的导数,或者约束方程中的导数项可以积分为有限形式的约束。

双侧约束　约束方程是等式的。又称**固执约束**。

单侧约束　约束方程为不等式的。又称**非固执单侧约束**。

虚位移　在某瞬时,质点系在约束允许的条件下,可能实现的任何无限小的位移称为虚位移。它可以是线位移,也可以是角位移。它只与约束条件有关,与导致实位移的载荷无关。虚位移不是物理的真实位移,是人们假想的用来分析力学问题的工具。但是假象要符合系统的约束条件。若所研究的目标有改变,我们有可能把旧系统改成新系统。对新系统的虚位移,应满足新系统的约束条件,而不是原系统的约束条件。

虚功　力在虚位移上所做的功。

理想约束　如果在质点系的任何虚位移中, 所有约束力所做虚功的和等于零,称这种约束为理想约束。常见情形有:光滑固定面约束、光滑铰链、无重刚杆,不可伸长的柔索、固定端、纯滚动的条件等。

14.1.2　虚位移原理

虚位移原理　对于具有理想约束的质点系, 其平衡的充分必要条件是:作用于质点系的所有主动力在任何虚位移中所作的虚功的和等于零。又称**虚功原理**。

虚功原理矢量式　$\sum \delta W_i = \sum \boldsymbol{F}_i \cdot \delta \boldsymbol{r}_i = 0$

虚功原理解析式 $\sum(F_{ix}\delta x_i + F_{iy}\delta y_i + F_{iz}\delta z_i) = 0$

三种方法 几何法、虚速度法和解析法。前两种方法本质是等价的，只是虚位移所标记的符号有差异。第三种方法适用于系统坐标的通式容易写出的情形，常见例子包括：简单结构和重复结构等，并注意坐标变分的正方向与坐标的正方向一致。前两种方法适用于特定位置的情形。

14.2 精选例题

例题 14-1 平面机构如图 14-1，两杆各有一力偶作用，大小分别为 M_1 和 M_2。已知 $O_1O_2=a$，图示位置 $\theta=30°$。忽略杆件自重和各处摩擦，试用虚位移原理求出机构在图示位置的 M_1 和 M_2 之间关系。

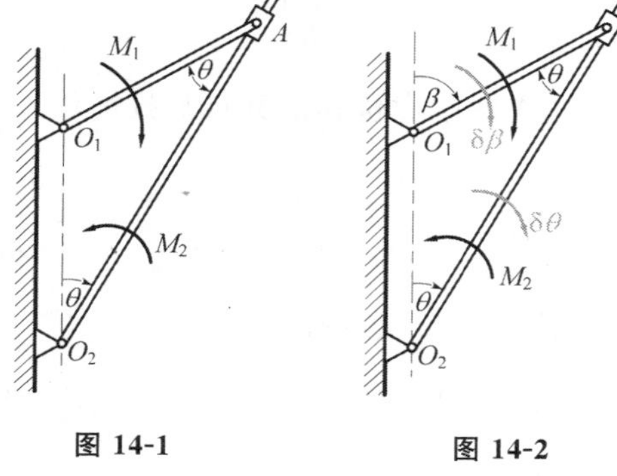

图 14-1　　图 14-2

解：记 O_1A 杆到竖直线的角度为 β，如图 14-2 所示。显然$\triangle O_1O_2A$ 是等腰三角形，因此

$$\beta = 2\theta \tag{a}$$

让 O_1A 和 O_2A 分别有虚角位移 $\delta\beta$，$\delta\theta$，二者关系通过对式(a)作变分可得，即

$$\delta\beta = 2\delta\theta \tag{b}$$

由虚功原理有

$$\sum \delta W_i = 0: \quad \delta\beta \times M_1 - \delta\theta \times M_2 = 0$$

将式(b)代入上式得到

$$(2M_1 - M_2)\delta\theta = 0$$

因 $\delta\theta$ 是任意的，故

$$2M_1 - M_2 = 0$$

讨论

(1) 若采用第 2 章方法进行分析，则至少需要作两幅受力图。

(2) 也可以用几何法寻找虚位移之间的关系。例如，可选择 O_2A 为动系，滑块 A 为动点，进行虚速度合成分析。

例题 14-2 在图 14-3 所示机构中，曲柄 OA 上作用一力偶，其矩为 M，另在滑块 D 上作用水平力 $\boldsymbol{F}$。机构尺寸如图中所示。求当机构平衡时，力 $\boldsymbol{F}$ 与力偶矩 M 的关系(教材习题 14-6)。

解：本题在任意位置时的几何关系比较复杂，所以用几何法求特定位置的虚位移关系。D 沿滑道移动，所以可假设其虚位移方向如图 14-4 中所示，再利用 CB 和 OA 为定轴转动的特性，确定 B 和 A 处的虚位移方向。

BD 两端虚位移沿 BD 投影相等有(也可以由虚瞬心来建立关系)

$$\delta r_D \cos\theta = \delta r_B \cos(90° - 2\theta) \tag{a}$$

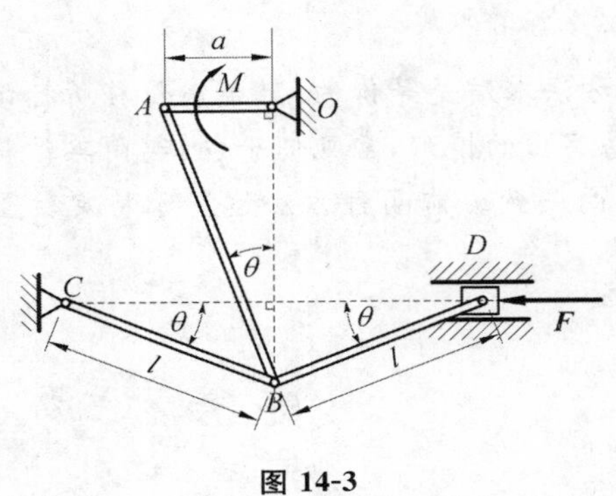

图 14-3

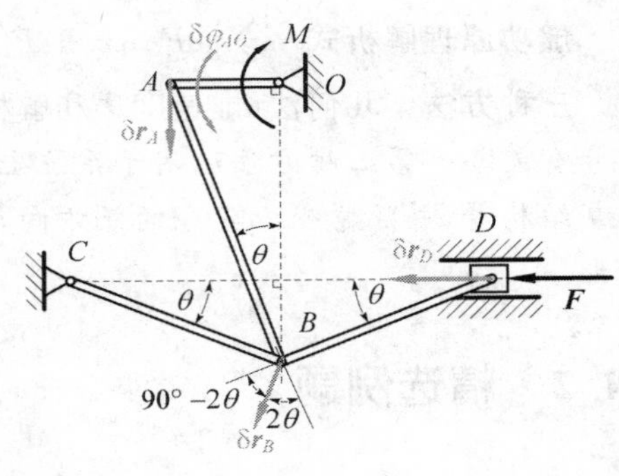

图 14-4

BA 两端虚位移沿其自身投影相等有

$$\delta r_A \cos\theta = \delta r_B \cos 2\theta \tag{b}$$

而

$$\delta r_A = OA \cdot \delta\varphi_{OA} \tag{c}$$

由虚位移原理有

$$F \cdot \delta r_D - M \cdot \delta\varphi_{OA} = 0 \tag{d}$$

将式(a)、式(b)和式(c)代入式(d)得到

$$M = aF\tan 2\theta$$

讨论

(1)此题与习题 2-26 相似,但是若采用习题 2—26 的方法,至少需要三幅受力图。

(2)所有虚位移的符号都可以换成虚速度的符号。有时感觉虚速度比无穷小量的虚位移更好把握一些,但本质上二者是一致的。

(3)本题的几何坐标通式很难写,所以用几何法(或虚速度法)比较方便。当然这种方法比较适合分析处于特定位置的系统。

例题 14-3 图 14-5 所示的机构中,$OA=r$, $O_1A=AB$, $BC=\sqrt{3}\,O_1B=\sqrt{3}\,O_1C$,曲柄 OA 上作用有力偶矩 M,弹簧刚度系数为 k。求:机构在图示位置平衡时弹簧的变形量 $d=$?

解:写出本题坐标通式比较困难,所以采用几何法分析。为求弹簧变形量,将弹簧去掉,代之以弹性力 $\boldsymbol{F}_{\mathrm{k}}$,如图 14-6 所示。系统有一个自由度,$OA$ 和 O_1B 做定轴转动,BC 做平面运动。给定轴转动的 OA 一个虚角位移 $\delta\varphi_{OA}$,其他关键处的虚位移见图 14-6 中所示。O_1B 虚位移根据速度合成确定(O_1B 为动系,滑块 A 为动点),即

$$\delta r_{\mathrm{e}} = \delta r_{\mathrm{a}} \times \cos 30^\circ = \delta r_A \times \sqrt{3}/2 = \sqrt{3}\,r\delta\varphi_{OA}/2$$

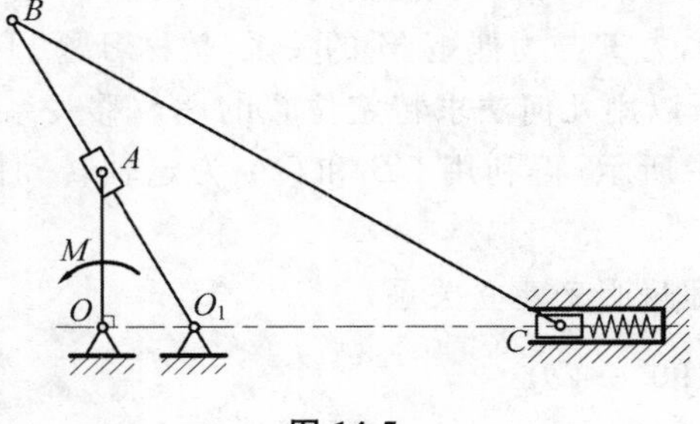

图 14-5

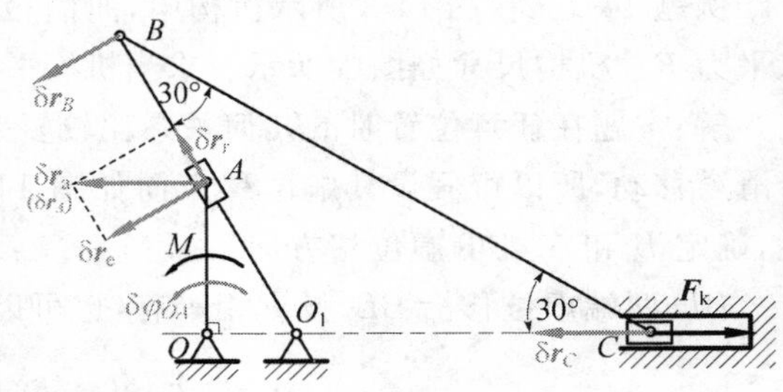

图 14-6

从 O_1B 做定轴转动有 $\delta r_B = \delta r_A / O_1A \times O_1B = \sqrt{3} r \delta\varphi_{OA}$ 。

BC 两端虚位移投影相等有 $\delta r_B \sin 30° = \delta r_C \cos 30°$，即

$$\delta r_C = \delta r_B \tan 30° = \sqrt{3} r \delta\varphi_{OA} \times \sqrt{3}/3 = r\delta\varphi_{OA}$$

由虚功原理有

$$\sum \delta W_i = 0: \quad M\delta\varphi_{OA} - F_k \delta r_C = 0$$

也就是

$$M\delta\varphi_{OA} - F_k r \delta\varphi_{OA} = (M - F_k r)\delta\varphi_{OA} = 0$$

因 $\delta\varphi_{OA}$ 是任意的，故　$M - F_k r = 0$

也就是　$F_k = M/r$

弹簧压缩量　$d = F_k/k = M/(rk)$

讨论

(1)虚位移的分析，操作上与运动学中的速度分析相同。运动学中所学的速度分析方法，都可以运用到虚位移的分析。

(2)弹簧不是理想约束。若利用虚位移原理分析，都要将其拆下，并以弹簧力来代替其作用。

例题 14-4　图 14-7 所示 AB、BC、CD 为三根等长(长度 l)、等质量(质量 m)的均质杆，与竖直墙壁连成正方形 $ABCD$，并用柔绳 EH 拉住，E 和 H 分别为 AB 和 BC 的中点。求柔绳的拉力。

解：图 14-7 所示的系统能保持静止不变，论证如下。若绳子不存在，则正方形 $ABCD$ 在重力作用下变成平行四边形。这将导致 EH 伸长，而绳子抗拉，不能够伸长，因此绳子存在时，正方形保持不变。

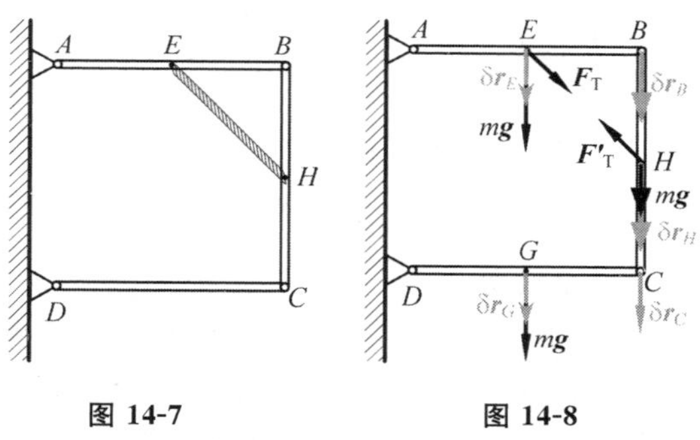

图 14-7　　图 14-8

绳子的拉力在图 14-7 中为理想约束力。为了能够用虚位移原理分析它，我们把绳子拆掉，代以内力 $\boldsymbol{F}_T$ 和 $\boldsymbol{F}'_T$，如图 14-8 所示。这个新系统有一个自由度。假想系统发生虚位移，如图 14-8 中所示，其中 AB 和 DC 为定轴转动，BC 做平移，虚位移的大小关系为

$$\delta r_B = 2\delta r_E, \quad \delta r_H = \delta r_B = 2\delta r_E, \quad \delta r_C = \delta r_B = 2\delta r_E, \quad \delta r_G = \delta r_C/2 = \delta r_E \qquad \text{(a)}$$

由虚功原理有

$$\sum \delta W_i = 0: \quad \delta r_E \cdot mg + \delta r_E \cdot F_T \cos 45° + \delta r_H \cdot mg - \delta r_H \cdot F'_T \cos 45° + \delta r_G \cdot mg = 0$$

将式(a)代入上式得到

$$(4mg - F_T \cos 45°)\delta r_E = 0$$

因 δr_E 是任意的，故

$$F_T = 4mg/\cos 45° = 4\sqrt{2}mg$$

讨论

(1)虚位移是分析工具。为了达到分析目标,我们可以对系统修改以便实现我们的目的。原系统有原系统的约束条件,新系统有新的约束条件。新系统的虚位移满足新系统的约束条件,不用再满足原来"旧"系统的约束条件了。

(2)求理想约束内力,必须把相应的约束去掉,代之以目标约束力。只有这样,目标约束力才会在虚功方程有所体现,进而才可能由求解虚功方程达到目标。

例题 14-5 编号 1、2、3 和 4 的四根杆组成平面结构,如图 14-9 所示,其中 A、C 和 E 为光滑铰链,B 和 D 为光滑接触,E 为 AD 和 BF 的中点。各自杆重不计。在水平杆 2 上作用力 $\boldsymbol{F}$。试分析 1 杆的内力(参考教材例 2-17)。

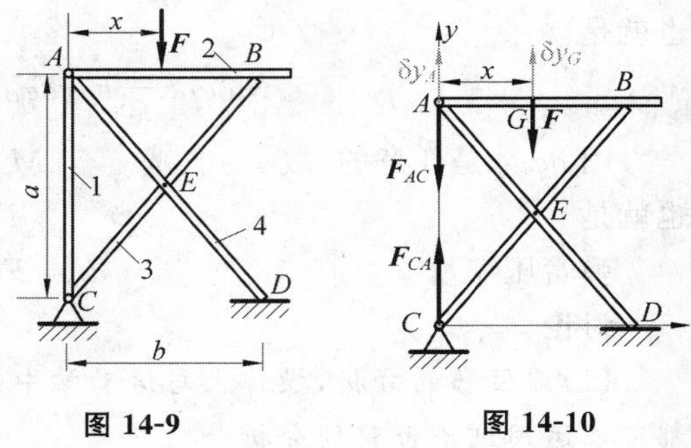

图 14-9　　图 14-10

解:原系统是能保持静止的结构,不能发生虚位移。为了能够用虚位移原理分析它,我们把 AC 拆掉,代以内力 $\boldsymbol{F}_{AC}$ 和 $\boldsymbol{F}_{CA}$,如图 14-10 所示。这个新系统有一个自由度,可以假想系统发生虚位移。显然新系统的 AB 始终与地面平行,在建立图示坐标系后,这个平行表现为

$$y_A = y_B = y_G$$

取其变分有

$$\delta y_A = \delta y_B = \delta y_G \tag{a}$$

由虚功原理有

$$\sum \delta W_i = 0:\ -\delta y_A \cdot F_{AC} - \delta y_G \cdot F = 0$$

将式(a)代入上式得到

$$F_{AC} = -F$$

讨论

(1)例题 2-17 求 AC 杆内力的方法繁琐得多,至少需要三幅受力图。这里虚位移方法简单得多。**就手工计算而言,绝大部分的题目用静力学方法更有感觉。虚位移方法对特定题目求个别未知力(如同桁架的截面法),手工计算才具有一定优势。**

(2)若采用几何法分析图 14-10 的虚位移,则困难得多。由于本题的坐标通式容易写出,所以这里采用了解析法。注意习惯:**解析法的坐标变分正方向沿坐标正向**,如图 14-10 中所示。**如果有转角虚位移,则其正转向也要与角坐标的正方向一致**。若采用几何法,两个方向都可以。

例题 14-6 如图 14-11 所示机构,在力 $\boldsymbol{F}_1$ 与 $\boldsymbol{F}_2$ 作用下在图示位置平衡,不计各构件自重与各处摩擦,$OD = BD = l_1$,$AD = l_2$。求 F_1/F_2 的值(教材习题 14-10)。

解法一:几何法

B 沿滑道运动,所以可令 B 的虚位移如图 14-12 所示。由 OD 定轴转动可确定 D 点虚位移方向。有了上述信息,我们可通过确定 BD 虚瞬心的途径确定 A 处虚位移方向,但是因 $\boldsymbol{F}_1$ 与 AB 垂直,所以我们由基点法确定 A 处虚位移。以 B 为基点,D 为动点的虚位移分析如图

14-12a 中所示。将矢量关系 $\delta \boldsymbol{r}_D = \delta \boldsymbol{r}_B + \delta \boldsymbol{r}_{DB}$ 沿 $\delta \boldsymbol{r}_D$ 垂直方向(DO 方向)投影得到

$$\delta r_B \cos\theta - \delta r_{DB} \cos(2\theta - 90°) = 0 \tag{a}$$

而

$$\delta \boldsymbol{r}_A = \delta \boldsymbol{r}_B + \delta \boldsymbol{r}_{AB} = \delta \boldsymbol{r}_B + (l_1 + l_2)\delta \boldsymbol{r}_{DB}/l_1 \tag{b}$$

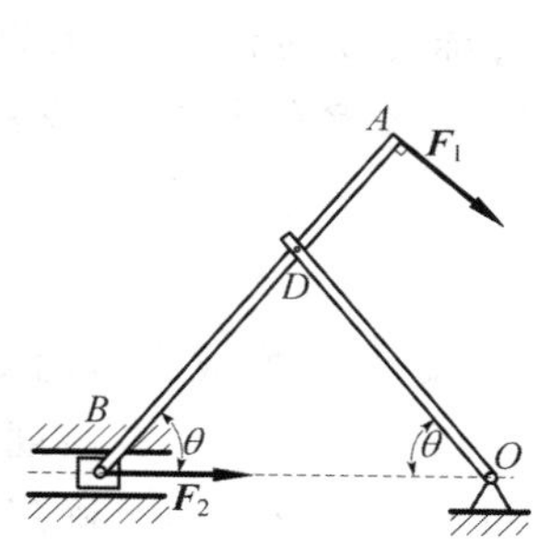

图 14-11

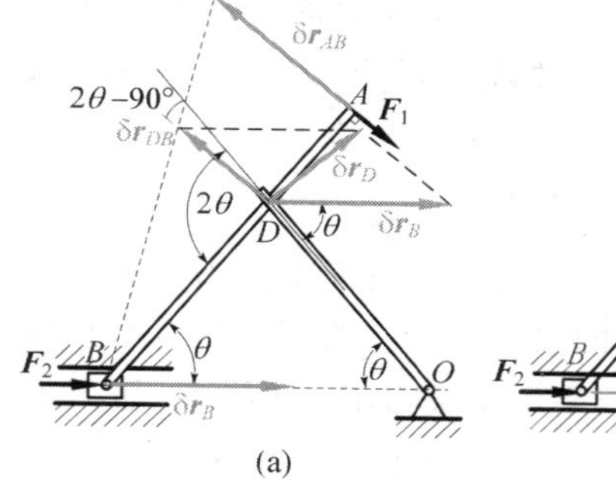

(a)

(b)

图 14-12

由虚位移原理有　　$\boldsymbol{F}_2 \cdot \delta \boldsymbol{r}_B + \boldsymbol{F}_1 \cdot \delta \boldsymbol{r}_A = 0$

将式(b)代入上式有

$$\boldsymbol{F}_2 \cdot \delta \boldsymbol{r}_B + \boldsymbol{F}_1 \cdot \delta \boldsymbol{r}_B + (l_1 + l_2)\boldsymbol{F}_1 \cdot \delta \boldsymbol{r}_{DB}/l_1 = 0 \tag{c}$$

其中　$\boldsymbol{F}_2 \cdot \delta \boldsymbol{r}_B = F_2 \delta r_B$，　$\boldsymbol{F}_1 \cdot \delta \boldsymbol{r}_B = F_1 \delta r_B \sin\theta$，　$\boldsymbol{F}_1 \cdot \delta \boldsymbol{r}_{DB} = -\boldsymbol{F}_1 \cdot \delta \boldsymbol{r}_{DB}$　　(d)

将式(a)和式(d)代入式(c)得到

$$\frac{F_1}{F_2} = \frac{2l_1 \sin\theta}{l_2 + l_1 \cos 2\theta}$$

解法二:解析法

因为系统约束关系比较简单,建立图 14-12b 的坐标系,按解析法计算。广义坐标为 OD 杆角位移 θ 。根据图中关系

$$x_B = -2l_1 \cos\theta, \quad y_A = (l_1 + l_2)\sin\theta, \quad x_A = x_B + (l_1 + l_2)\cos\theta = (l_2 - l_1)\cos\theta$$

对坐标变分有

$$\delta x_B = 2l_1 \sin\theta\delta\theta, \quad \delta y_A = (l_1 + l_2)\cos\theta\delta\theta, \quad \delta x_A = -(l_2 - l_1)\sin\theta\delta\theta \tag{a}$$

由虚位移原理有

$$F_2 \delta x_B + F_{1x} \delta x_A - F_{1y} \delta y_A = 0 \tag{b}$$

其中

$$F_{1x} = F_1 \sin\theta, \quad F_{1y} = F_1 \cos\theta \tag{c}$$

将式(a)和式(c)代入式(b)后化简得到

$$\frac{F_1}{F_2} = \frac{2l_1 \sin\theta}{l_2 + l_1 \cos 2\theta}$$

讨论

(1)**解析法的坐标原点只能放在固定点上**,即这里的 O 处。如果习惯性地将其固结到 B

处，将导致错误的结论。**角坐标的起始边也应该是固定的参考线（起始边固结于转动的对象上是错误的）。角坐标和直角坐标之间不需要满足右手螺旋法则。**

(2)对于经常处理的单自由度机构，若采用几何法，其角度虚位移的正转向可以任意设定。若一旦选定，其他虚位移的方向（矢量）和正转向（角度）也就随之确定了。

(3)力向坐标轴投影有两种处理方式。一种方式看图投，比如式(c)的做法，这时图中的 $\boldsymbol{F}_{1y}$ 垂直向下的，所以其虚功为 $-F_{1y}\delta y_A$（见式(b)）。另一种方式按坐标的方向投，如此处理的 $F_{1y}=-F_1\cos\theta$。注意此时其虚功为 $F_{1y}\delta y_A$（而不再是 $-F_{1y}\delta y_A$），因为此种方式下，投影的正方向与坐标的正方向相同。

例题 14-7 求图 14-13 所示三铰拱支座 B 的约束反力。

解：(1)分析约束力的水平分量。为了让该分量出现在虚功方程中，支座 B 换成光滑面支撑，原约束的水平作用效果用约束力 $\boldsymbol{F}_{Bx}$ 来体现，如图 14-14a 中所示。新系统有一个自由度，AC 发生定轴转动，CDB 发生平面运动。设 AC 有虚角位移 $\delta\varphi_{AC}$，C 和 B 虚位移方向可确定，进而可确定 CDB 的虚瞬心 P。根据上述分析，有如下的虚位移关系

$$\begin{cases}\delta r_C = AC\delta\varphi_{AC}, \quad \delta\varphi_{CDB} = \delta r_C/PC = AC\delta\varphi_{AC}/PC = \delta\varphi_{AC} \\ \delta r_B = \delta\varphi_{CDB}PB = \delta\varphi_{AC}PB, \quad \delta r_D = \delta\varphi_{CDB}PD = \delta\varphi_{AC}PD\end{cases} \tag{a}$$

由虚位移原理有

$$\sum\delta W_i = 0: \quad M\cdot\delta\varphi_{AC} + \boldsymbol{F}\cdot\delta\boldsymbol{r}_D + \boldsymbol{F}_{Bx}\cdot\delta\boldsymbol{r}_B = 0$$

将式(a)代入上式有

$$M\cdot\delta\varphi_{AC} - F\cdot PD\cdot\delta\varphi_{AC} - F_{Bx}\cdot PB\cdot\delta\varphi_{AC} = 0$$

因 $\delta\varphi_{AC}$ 是任意的，故

$$F_{Bx} = \frac{M}{PB} - F\frac{PD}{PB} = \frac{M-aF}{2a}$$

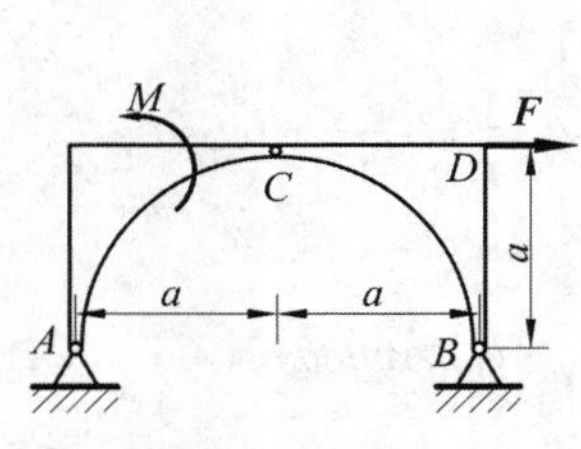

图 14-13

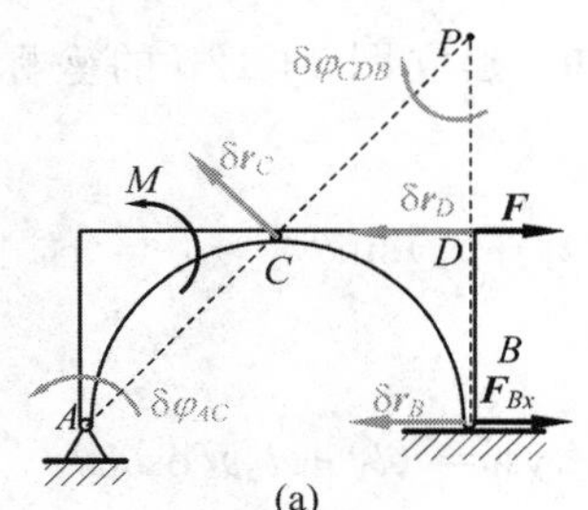

(b)

图 14-14

(2)分析约束力的垂直分量。为了让该分量出现在虚功方程中，支座 B 换成辊轴支座，原约束的竖直作用效果用约束力 $\boldsymbol{F}_{By}$ 来体现，如图 14-14b 中所示。新系统有一个自由度，AC 发生定轴转动，CDB 发生平面运动。设 AC 有虚角位移 $\delta\varphi_{AC}$，C 和 B 虚位移方向可确定，进而可确定 CDB 的虚瞬心位于 A 处。为了方便求解，我们用虚位移投影（如同速度投影）来分析虚位移的关系。

BC 两端虚位移沿 BC 投影有

$$\delta r_C = \delta r_B \cos 45^\circ \tag{b}$$

D 点虚位移分解为水平和竖直两个分量。它沿 CD 投影有

$$\delta r_C \cos 45^\circ = \delta r_{Dx} \tag{c}$$

由虚位移原理有

$$\sum \delta W_i = 0: \quad M \cdot \delta\varphi_{AC} - F \cdot \delta r_{Dx} + \boldsymbol{F}_{By} \cdot \delta \boldsymbol{r}_B = 0$$

将式(b)和式(c)代入上式有

$$M \cdot \delta\varphi_{AC} - F \cdot AC\delta\varphi_{AC}\cos 45^\circ + F_{By} \cdot AC\delta\varphi_{AC}/\cos 45^\circ = 0$$

因 $\delta\varphi_{AC}$ 是任意的，故

$$F_{By} = \frac{aF - M}{2a}$$

讨论

(1)如求多个理想约束力，则需将每个约束力对应的约束逐一解除，对约束解除后的新系统用虚功原理进行分析。为了便于分析，最好使解除约束的系统有且只有一个自由度(多自由度理论上是可能的，但是其虚位移分析往往没有感觉)。

(2)由于每求一个力，就要构造一个新系统，对新系统用虚功原理分析，所以如果待求的力很多的话，手工分析的工作量也会很繁琐。

14.3 思考题解答

14-1 图 S14-1 所示机构均处于静止平衡状态，图中所给的各虚位移有无错误？如有错误，应如何改正？

解答：图 S14-1a 图错误有两处：① $\delta \boldsymbol{r}_A$ 的方向(应该垂直于 O_1A)；②BC 两端的虚位移在 BC 上的投影不可能相等(对矢量法或几何法，不包括取负值)。

图 S14-1b 错误有三处：① $\delta \boldsymbol{r}_B$ 的方向(应该垂直于 AB)；② $\delta \boldsymbol{r}_D$ 的方向(应该垂直于 DE)；③ $\delta \boldsymbol{r}_C$ 方向(大小和方向都不能确定，因为这个机构有两个自由度，不能因为机构对称，就臆测虚位移也对称。此题即使 $F_1 = F_2$，虚位移也不对称，因为虚位移与实际载荷根本没有关系)。

改正后的分析见图 D14-1。

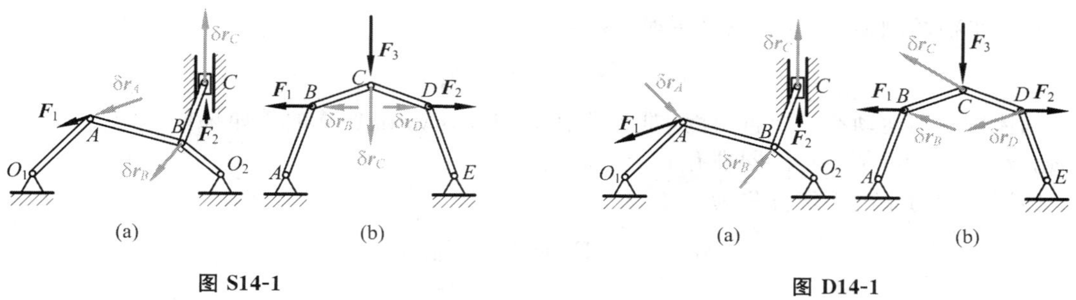

图 S14-1　　　　图 D14-1

14-2 对图 S14-2 所示各机构，你能用哪些不同的方法确定虚位移 $\delta\theta$ 与力 $\boldsymbol{F}$ 作用点 A 的虚位移的关系，并比较各种方法。

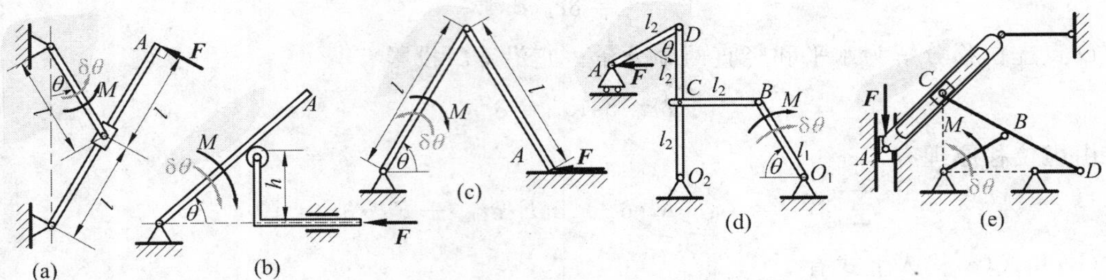

图 S14-2

解答:(a)、(b)和(c)可以用解析法,因为坐标的通式容易写出。当然几何法也可以,其中(a)和(b)要使用速度合成,(c)要利用刚体平面运动的速度关系(瞬心法、速度投影和基点法都可以)。

(d)和(e)的坐标通式不容易写出,最好使用几何法。

14-3 图 S14-3 所示平面平衡系统,若对整体列平衡方程求解时,是否需要考虑弹簧的内力?若改用虚位移原理求解,弹簧力为内力,是否需要考虑弹簧力的功?

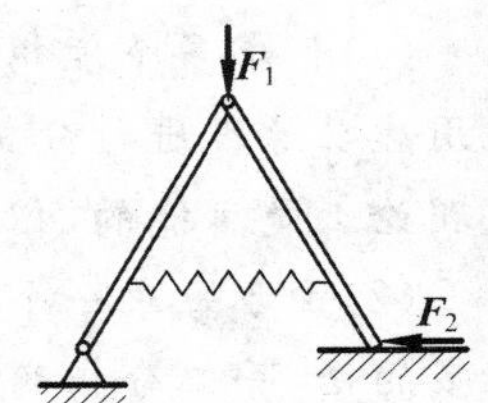

图 S14-3

解答:本题的弹簧力是内力,在整体平衡方程中不出现。利用虚位移原理需要按力是否做功分类。因弹性力做虚功,所以在虚功方程中要考虑。

14-4 如图 S14-4 所示,物块 A 在重力、弹性力与摩擦力作用下平衡。设给物块一水平向右的虚位移 $\delta \boldsymbol{r}$,弹性力的虚功如何计算?摩擦力在此虚位移上做正功还是负功?

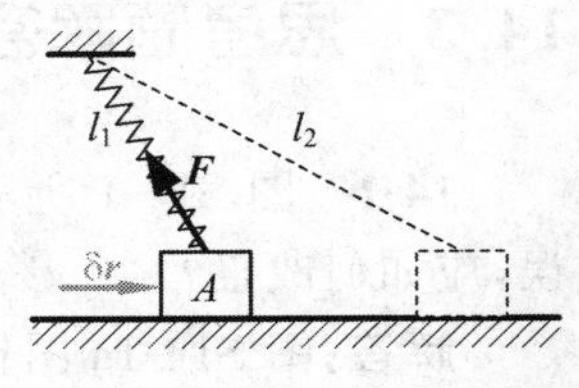

图 S14-4

解答:弹性力的虚功 $\delta W = \delta \boldsymbol{r} \cdot \boldsymbol{F}$。实线位置的摩擦力指向右,所以其虚功为正。此题图中的示意虚线没有意义,只会干扰理解题意。

14-5 用虚位移原理可以推出作用在刚体上的平面力系的平衡方程。试推导之。

证明 把平面力系向一点 O 简化得到主矢 $\boldsymbol{F}'_{\mathrm{R}}$ 和主矩 M。该简化力系的虚功为

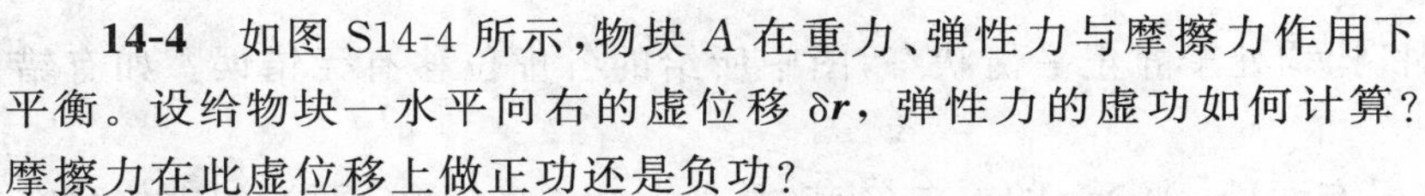

$$\delta W = M\delta\varphi + \boldsymbol{F}'_{\mathrm{R}} \cdot \delta \boldsymbol{r}_B = M \cdot \delta\varphi + F'_{\mathrm{R}x}\delta x_O + F'_{\mathrm{R}y}\delta y_O$$

对于平衡的刚体,根据虚位移原理 $\delta W = 0$ 有

$$M \cdot \delta\varphi + F'_{\mathrm{R}x}\delta x_O + F'_{\mathrm{R}y}\delta y_O = 0$$

刚体做平面运动有三个自由度,即上式中 $\delta\varphi$、δx_O、δy_O 是独立的。如果取 $\delta\varphi = 0, \delta x_O = 0, \delta y_O \neq 0$,即有 $F'_{\mathrm{R}y} = 0$。同理有 $M = 0, F'_{\mathrm{R}x} = 0$。

即证平面力系的平衡方程为

$$M = 0, \quad F'_{\mathrm{R}x} = 0, \quad F'_{\mathrm{R}y} = 0$$

14.4 习题解答

14-1 如图 T14-1 所示曲柄式压缩机的销钉 B 上作用有水平力 $\boldsymbol{F}$,此力位于平面 ABC

内。作用线平分$\angle ABC$。设 $AB = BC$，各处摩擦及杆重不计，求对物体的压缩力。

解法一

B 处的虚位移按 AB 定轴转动确定为垂直于 AB，而 C 处的虚位移只能沿垂直方向，二者如图 J14-1a 所示。由虚位移在 BC 连线上投影相等有

$$\delta r_C \cos(90° - \theta) = \delta r_B \cos(2\theta - 90°)$$

即
$$\delta r_C = 2\delta r_B \cos\theta \tag{a}$$

由虚位移原理有
$$F\delta r_B \sin\theta - F_N \delta r_C = 0 \tag{b}$$

将式(a)代入式(b)得到
$$F_N = (F\tan\theta)/2$$

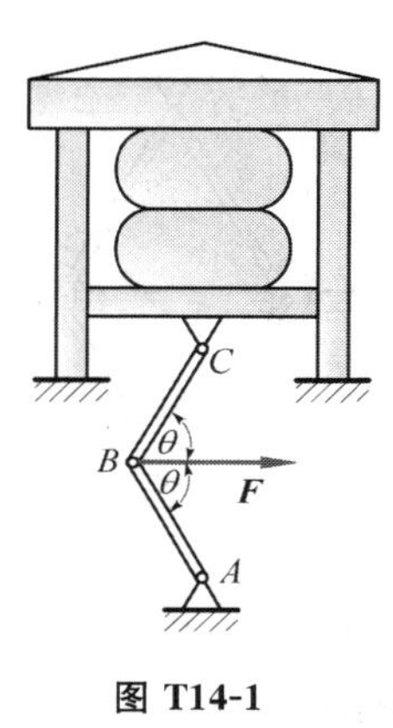

图 T14-1

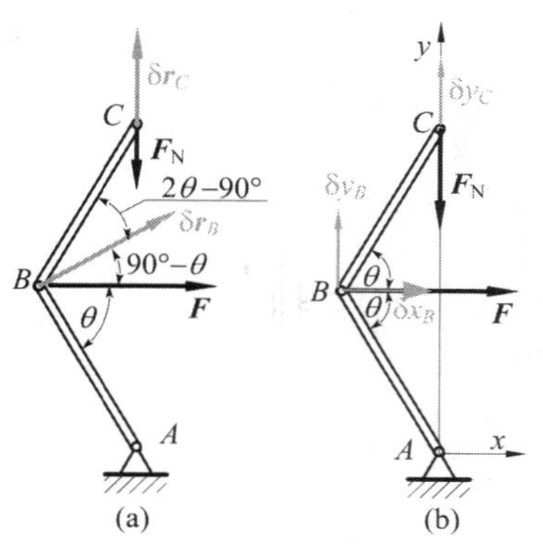

图 J14-1

解法二

因为系统几何关系比较简单，也可以建立图 J14-1b 的坐标，按解析法计算。根据图中关系

$$y_C = 2AB\sin\theta, \quad x_B = AB\cos\theta$$

实施坐标变分有

$$\delta y_C = 2AB\cos\theta\delta\theta, \quad \delta x_B = -AB\sin\theta\delta\theta \tag{c}$$

由虚位移原理有
$$F\delta x_B - F_N \delta y_C = 0 \tag{d}$$

将式(c)代入式(d)得到
$$F_N = (F\tan\theta)/2$$

14-2 在压缩机的手轮上作用一力偶，其力偶矩为 M。手轮轴的两端各有螺距同为 h，但方向相反的螺纹。螺纹上各套有一个螺母 A 和 B，这两个螺母分别与长为 a 的杆相铰接，四杆形成菱形框，如图 T14-2 所示。此菱形框的点 D 固定不动，而点 C 连接在压缩机的水平压板上。求当菱形框的顶角等于 2θ 时，压缩机对被压物体的压力。

解法一

给手轮一虚角位移 $\delta\varphi$，则 A 有虚位移 δr_A，其方向按 DA 定轴转动可确定如图 J14-2a 所示。压缩机水平压板上下平移（BD、BC 和 B 螺母的作用之一是能让压板实现平移），因此 C 的虚位移 $\delta \boldsymbol{r}_C$ 沿竖直方向。

$\delta \boldsymbol{r}_A$ 的水平分量是螺母沿丝杆的虚位移，因此

$$\delta r_A \cos\theta = \frac{\delta\varphi}{2\pi} \times h \tag{a}$$

由虚位移在 AC 连线上投影相等有

$$\delta r_C \cos\theta = \delta r_A \cos(90° - 2\theta) \tag{b}$$

由虚位移原理有

$$M\delta\varphi - F_{\mathrm{N}}\delta r_C = 0 \tag{c}$$

联合式(a)、式(b)和式(c)可解得

$$F_{\mathrm{N}} = (\pi M \cot\theta)/h$$

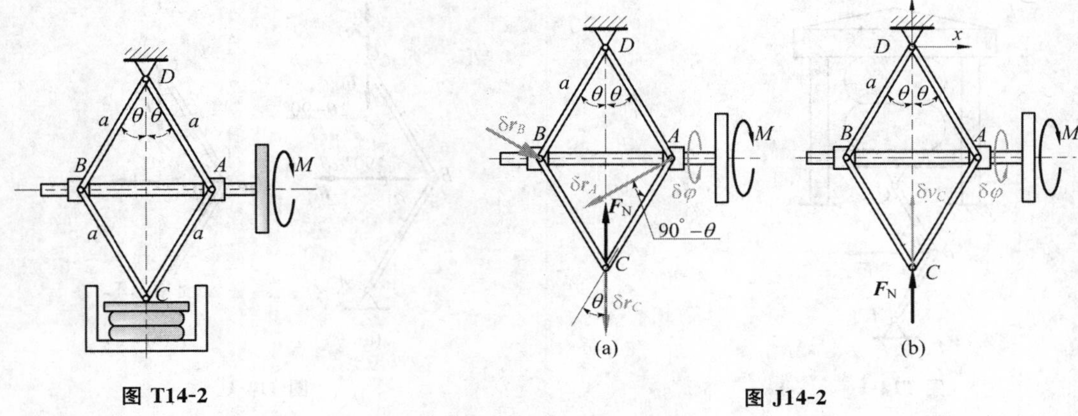

图 T14-2

图 J14-2

解法二

因系统几何关系比较简单，也可以建立图 J14-2b 的坐标，按解析法计算。首先给手轮一虚角位移 $\delta\varphi$，则 A 虚位移的水平分量

$$\delta x_A = \delta\varphi/(2\pi) \times h \tag{d}$$

根据图 J14-2b 的几何关系

$$x_A^2 + y_C^2/4 = a^2$$

实施坐标变分有

$$2x_A\delta x_A + y_C\delta y_C/2 = 0 \tag{e}$$

由虚位移原理有

$$M\delta\varphi - F_{\mathrm{N}}\delta y_C = 0 \tag{f}$$

联合式(d)、式(e)和式(f)可解得

$$F_{\mathrm{N}} = -\frac{\pi M y_C}{2x_A h} = -\frac{\pi M 2(-x_A\cot\theta)}{2x_A h} = \frac{\pi M}{h}\cot\theta$$

14-3 挖土机挖掘部分示意如图 T14-3 所示。支臂 DEF 不动，A、B、D、E、F 为铰链，液压油缸 AD 伸缩时可通过连杆 AB 使挖斗 BFC 绕 F 转动，$EA = FB = r$。当 $\theta_1 = \theta_1 = 30°$时，杆 $AE \perp DF$，此时油缸推力为 $\boldsymbol{F}$。不计构件重量，求此时挖斗可克服的最大阻力矩 M。

解：本题在任意位置时的几何关系比较复杂，所以运用几何法求特定位置的虚位移关系。

虚位移分析见图 J14-3，其中 $\delta \boldsymbol{r}_A$ 和 $\delta \boldsymbol{r}_B$ 的方向分别由 FB 和 EA 的定轴转动确定。

$\delta \boldsymbol{r}_A$ 和 $\delta \boldsymbol{r}_B$ 在 AB 方向上投影相等有

$$\delta r_A \cos 30° = \delta r_B \sin 30° \qquad \text{(a)}$$

而由 FB 的定轴转动有

$$\delta r_B = r\delta\varphi \qquad \text{(b)}$$

由虚位移原理有

$$-F\delta r_A \cos 30° + M\delta\varphi = 0 \qquad \text{(c)}$$

联合式(a)、式(b)和式(c)可解得

$$M = rF\sin 30° = rF/2$$

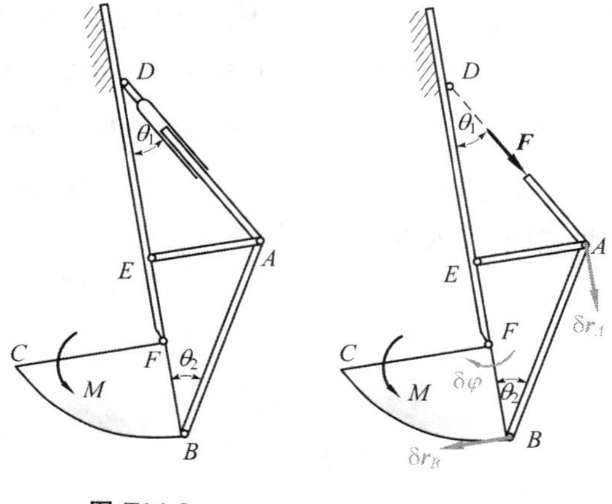

图 T14-3　　　　图 J14-3

14-4　如图 T14-4 所示，远距离操纵用的夹钳为对称结构。当操纵杆 EF 向右移动时，两块夹板就会合拢将物体夹住。已知操纵杆的拉力为 $\boldsymbol{F}$，在图示位置两夹板正好相互平行，求被夹物体所受的压力。

解：本题在任意位置时的几何关系比较复杂，所以运用几何法求特定时刻的虚位移关系。首先 CC' 和 EF 作为一体发生平移，因此 C 和 E 两处虚位移如图 J14-4 中所示。铰链 D 固定不动，ABD 绕 D 作定轴转动，因此可确定 A，B 两处的虚位移方向，并且

$$\delta r_A / b = \delta r_B / (c+d) \qquad \text{(a)}$$

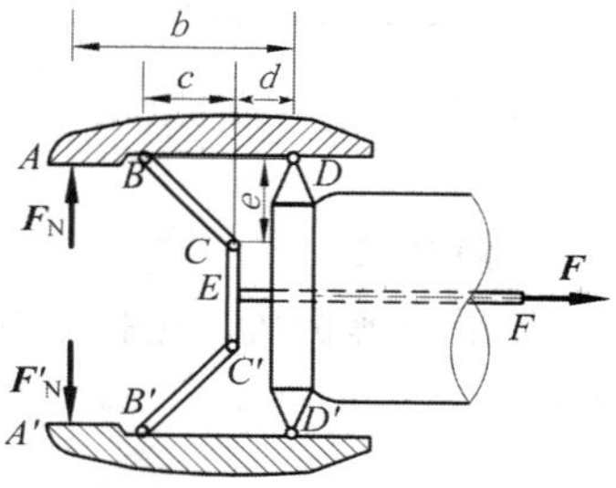

图 T14-4

根据 $\delta \boldsymbol{r}_B$ 和 $\delta \boldsymbol{r}_C$ 的方向，可以确定 BC 的虚瞬心 O，因此

$$\delta r_B / BO = \delta r_C / CO \Rightarrow \delta r_B / c = \delta r_C / e = \delta r_E / e \qquad \text{(b)}$$

由式(a)和式(b)得到

$$\delta r_A = \frac{bc}{e(c+d)} \delta r_E \qquad \text{(c)}$$

采用相同方法可以得到

$$\delta r_{A'} = \frac{bc}{e(c+d)} \delta r_E \qquad \text{(d)}$$

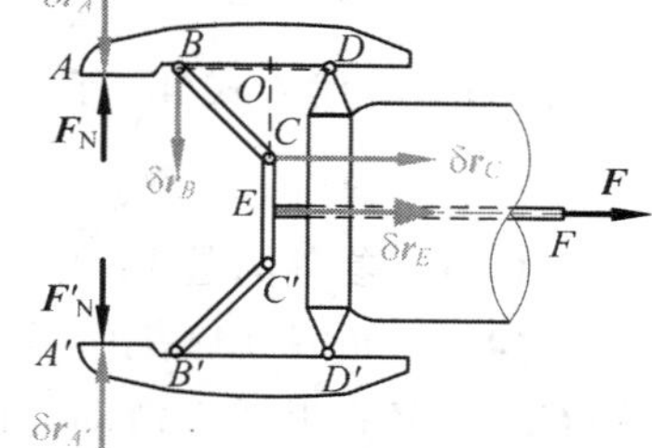

图 J14-4

由虚位移原理

$$F\delta r_E - F_N \delta r_A - F'_N \delta r_{A'} = 0$$

将式(c)和式(d)代入上式，可解得

$$F_N = \frac{e(c+d)}{2bc} F$$

14-5　在图 T14-5 所示机构中，当曲柄 OC 绕轴 O 摆动时，滑块 A 沿曲柄滑动，从而带动杆 AB 在竖直导槽内移动，不计各构件自重与各处摩擦。求机构平衡时的力 F_1 与 F_2 关系。

解法一

采用几何法。AB 杆只能沿滑道竖直平移，所以 B 处虚位移只能沿竖直方向，故而该处虚

位移竖直向上，如图 J14-5a 所示。A 处虚位移由 AB 杆平移特性确定为：$\delta\boldsymbol{r}_A = \delta\boldsymbol{r}_B$ 。以滑块 A 为动点，OC 为动系的虚位移合成分析如图 J14-5 所示，大小关系为 $\delta r_A^{e} = \delta r_A\cos\varphi$ 。C 处虚位移由 OC 定轴转动确定为 $\delta r_C = \delta r_A^{e} \times a/OA$ 。综合以上信息有

$$\delta r_C = \delta r_A^{e} \times a/OA = \delta r_A \cos\varphi \times a/OA = \delta r_B \cos^2\varphi \times a/l \tag{a}$$

由虚位移原理有
$$F_2\delta r_B - F_1\delta r_C = 0$$
将式(a)代入有

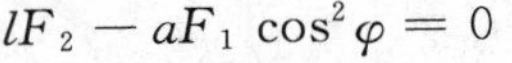

$$lF_2 - aF_1\cos^2\varphi = 0$$

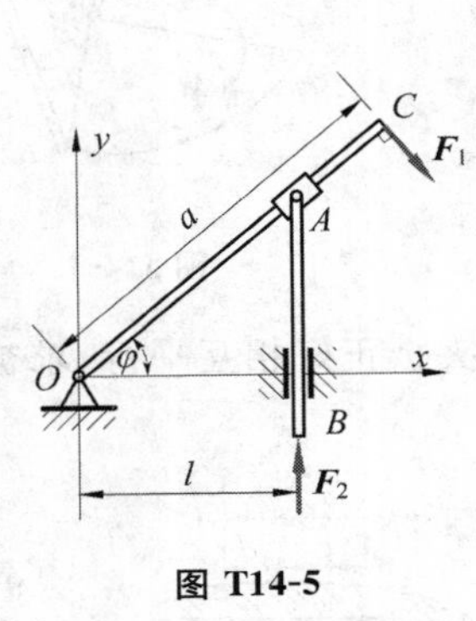

图 T14-5

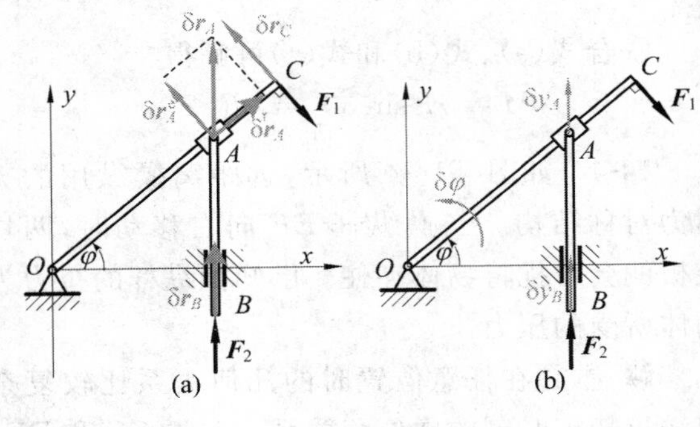

图 J14-5

解法二

采用解析法。选择 φ 为广义坐标，关键点处的坐标变分如图 J14-5b 所示。根据约束关系有

$$y_B = y_A - AB = l\tan\varphi - AB$$

取变分为
$$\delta y_B = \delta y_A = l\sec^2\varphi\delta\varphi \tag{a}$$

由虚位移原理有
$$F_2\delta y_B - (F_1 a)\delta\varphi = 0 \tag{b}$$

将式(a)代入式(b)有

$$lF_2 - aF_1\cos^2\varphi = 0$$

14-6 参考例题 14-2。

14-7 如图 T14-7 所示滑套 D 套在光滑直杆 AB 上，并带动杆 CD 在竖直滑道上滑动。已知 θ=0°时弹簧为原长，弹簧刚度系数为 5 kN/m。求在任意位置平衡时，应加多大的力偶矩 M？

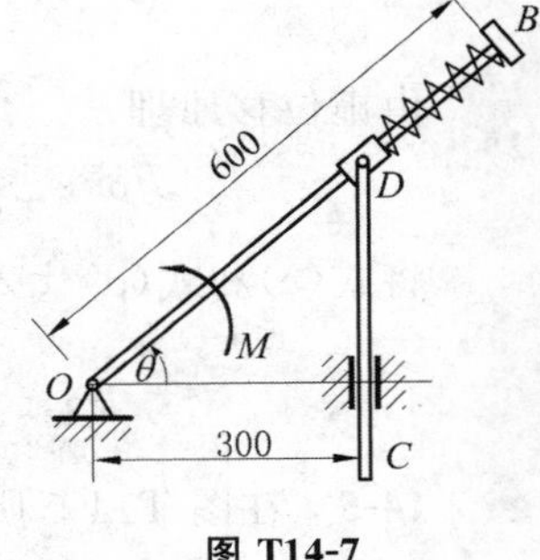

图 T14-7

解：弹簧的内力会做功，因此把弹簧去掉，代之以弹簧两端分别向 D 和 B 的作用力 F_k 和 F'_k（图 J14-7），它们的大小为

$$\begin{aligned} F_k = F'_k &= [0.3 - (0.6 - 0.3\sec\theta)]k \\ &= 0.3(\sec\theta - 1)k \end{aligned} \tag{a}$$

我们采用解析法求解，建立图 J14-7 所示坐标系。显然有

$$x_B = 0.6, \quad x_D = 0.3\sec\theta$$

取变分

$$\delta x_B = 0, \quad \delta x_D = 0.3\sec\theta\tan\theta\delta\theta \tag{b}$$

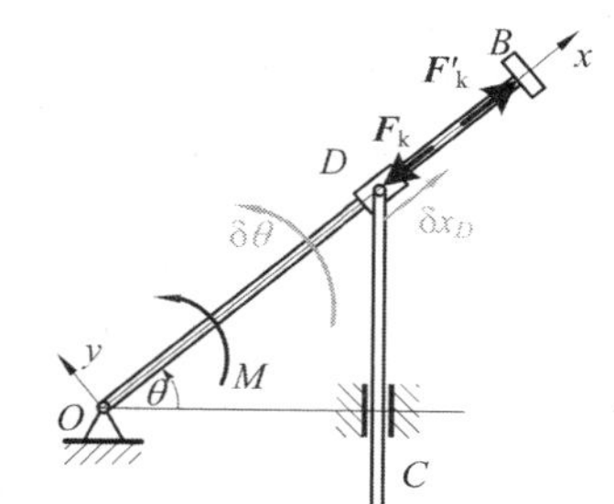

图 J14-7

由虚位移原理有

$$M\cdot\delta\theta - F_k\cdot\delta x_D + F'_k\cdot\delta x_B = 0$$

将式(a)和式(b)代入上式得到

$$M = 0.09k(\sec\theta - 1)\sec\theta\tan\theta \times \text{m}^2$$
$$= 450\,\frac{\sin\theta(1-\cos\theta)}{\cos^3\theta}\text{N}\cdot\text{m}$$

14-8　如图 T14-8 所示，两等长杆 AB 与 BC 在点 B 用铰链连接，又在杆的 D、E 两点连一弹簧。弹簧的刚性系数为 k，当距离 AC 等于 a 时，弹簧内拉力为零。如在点 C 作用一水平力 $\boldsymbol{F}$，杆系处于平衡，求距离 AC 之值。

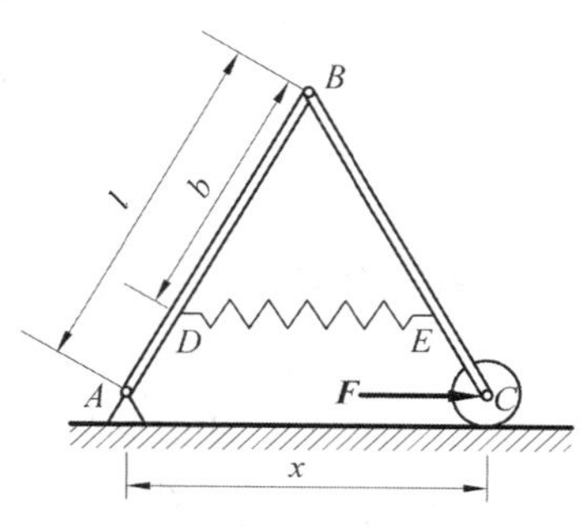

图 T14-8

解：弹簧的内力会做功，因此把弹簧去掉，代之以弹簧两端分别向 AB 和 BC 的作用力 $\boldsymbol{F}_k$ 和 $\boldsymbol{F}'_k$（图 J14-8），它们的大小为

$$F_k = F'_k = k(x-a)b/l \tag{a}$$

我们采用解析法求解，建立图 J14-8 所示坐标系。显然有

$$x_C = 2l\cos\theta$$
$$x_D = (l-b)\cos\theta$$
$$x_E = (2l-b)\cos\theta$$

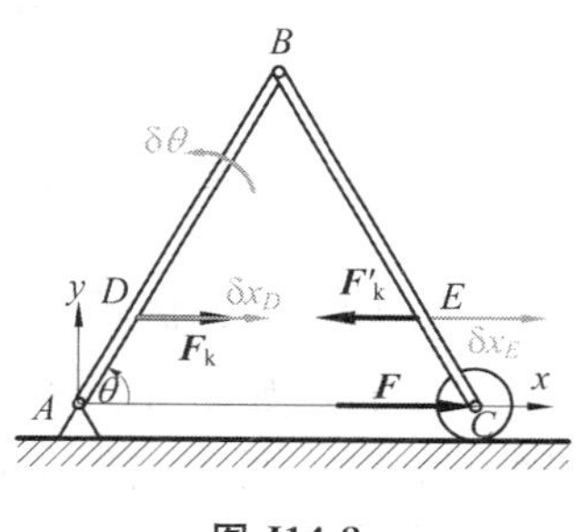

图 J14-8

取变分有

$$\begin{cases}\delta x_C = -2l\sin\theta\delta\theta \\ x_D = -(l-b)\sin\theta\delta\theta \\ x_E = -(2l-b)\sin\theta\delta\theta\end{cases} \tag{b}$$

由虚位移原理有

$$F\delta x_C + F_k\delta x_D - F_k\delta x_E = 0$$

将式(a)和式(b)代入上式得到

$$x = a + Fl^2/(kb^2)$$

14-9　在图 T14-9 所示机构中，曲柄 AB 和连杆 BC 为均质杆，具有相同的长度和重量 $\boldsymbol{P}_1$。滑块 C 的重量为 $\boldsymbol{P}_2$，可沿倾角为 θ 的导轨 AD 滑动。设约束都是理想的，求系统在竖直面内的平衡位置。

解：我们采用解析法求解，建立图 J14-9 所示坐标系。需要指出的是：①角位移参考线应为固定位置线；②角位移用单箭头表示（不要用双箭头表示）；③角位移正向与直角坐标系可以不符合右手螺旋法则。

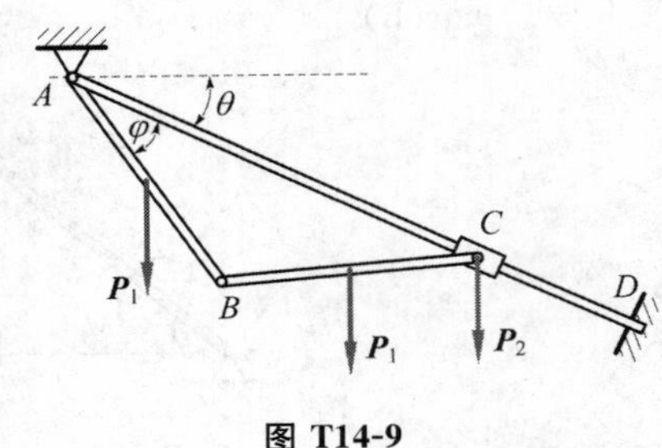

图 T14-9

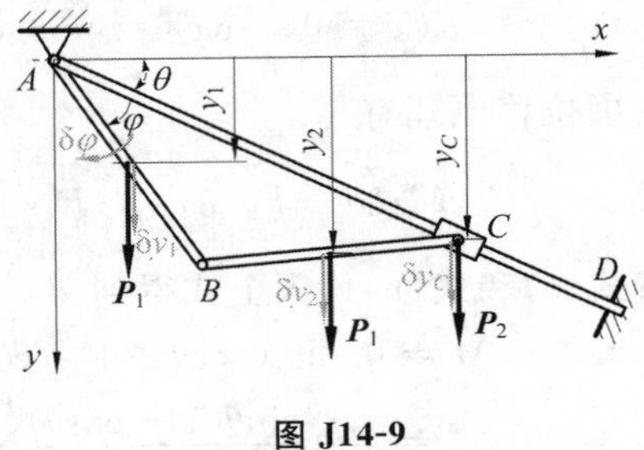

图 J14-9

根据图 J14-9 图示关系，可写出

$$y_1 = AB/2 \times \sin(\theta+\varphi) = l/2 \times \sin(\theta+\varphi)$$

$$y_C = AC\sin\theta = 2AB\cos\varphi\sin\theta = 2l\cos\varphi\sin\theta$$

$$y_2 = [y_B + y_C]/2 = l/2 \times \sin(\theta+\varphi) + l\cos\varphi\sin\theta$$

取变分有

$$\left.\begin{aligned}&\delta y_1 = l/2 \times \cos(\theta+\varphi)\delta\varphi, \delta y_C = -2l\sin\varphi\sin\theta\delta\varphi\\&\delta y_2 = l/2 \times \cos(\theta+\varphi)\delta\varphi - l\sin\varphi\sin\theta\delta\varphi\end{aligned}\right\} \tag{a}$$

由虚位移原理有 $\quad P_1\delta y_1 + P_1\delta y_2 + P_2\delta y_C = 0$

将式(a)代入上式得到

$$\frac{P_2}{P_1} = \frac{\cos(\theta+\varphi) - \sin\varphi\sin\theta}{2\sin\varphi\sin\theta} = \frac{1}{2}\cot\varphi\cot\theta - 1$$

或者写成

$$\tan\varphi = P_1\cot\theta/[2(P_1+P_2)]$$

14-10 参见例题 14-6。

14-11 如图 T14-11 所示均质杆 AB 长为 $2l$，一端靠在光滑的竖直墙壁上，另一端放在固定光滑曲面 DE 上。欲使细杆能静止在竖直平面的任意位置，问曲线 DE 的形式应是怎样的？

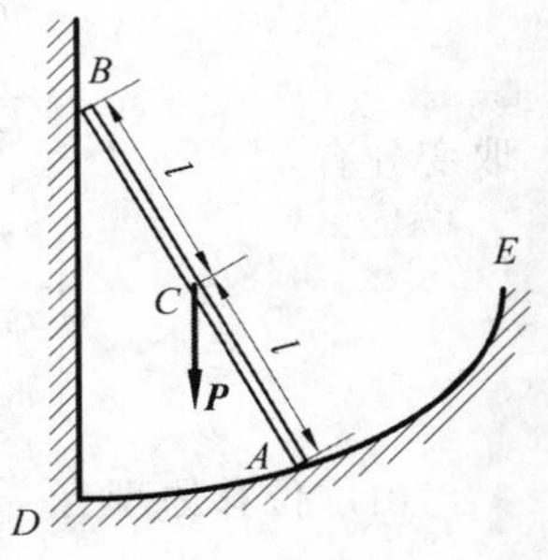

图 T14-11

解： 建立图 J14-11 的坐标系。让系统发生虚位移，墙面支持力和光滑曲面的支持力都不会产生虚功，只有重力 P 有可能有虚功。根据虚功原理有

$$P\delta y_C = 0 \Rightarrow \delta y_C = 0$$

即 y_C 是一个常数。

由 AB 在竖直靠墙的特殊位置可确定 $y_C = l$。假定 AB 与竖直线之间夹角为 φ，则

$$\begin{cases}y_A = CA - CA\cos\varphi = l(1-\cos\varphi)\\x_A = AB\sin\varphi = 2l\sin\varphi\end{cases}$$

消去参数 φ 得 DE 曲线

$$\frac{x_A^2}{4l^2} + \frac{(y_A - l)^2}{l^2} = 1$$

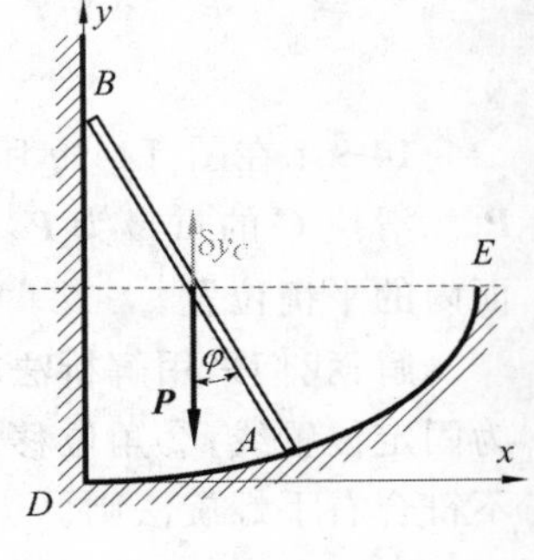

图 J14-11

它是中心在$(0,l)$，长短轴分别为 $2l$ 和 l 椭圆弧。

14-12　跨度为 l 的折叠桥由液压油缸 AB 控制铺设，如图 T14-12 所示。在铰链 C 处有一内部机构，保证两段桥身与竖直线的夹角均为 θ。如果两段相同的桥身重量都是 P，质心 G 位于其中点，求平衡时液压油缸中的力 $\boldsymbol{F}$ 和角 θ 之间的关系。

解法一：解析法

去掉液压油缸，代之以 $\boldsymbol{F}$，如图 J14-12a 所示。为了便于写虚功，把 $\boldsymbol{F}$ 分解为图示的水平分量($\boldsymbol{F}_x$)和垂直分量($\boldsymbol{F}_y$)(注意：分成分量之后，原来的 $\boldsymbol{F}$ 已经不存在了。为了清楚起见，在 $\boldsymbol{F}$ 的矢量箭头上加上“//”)。

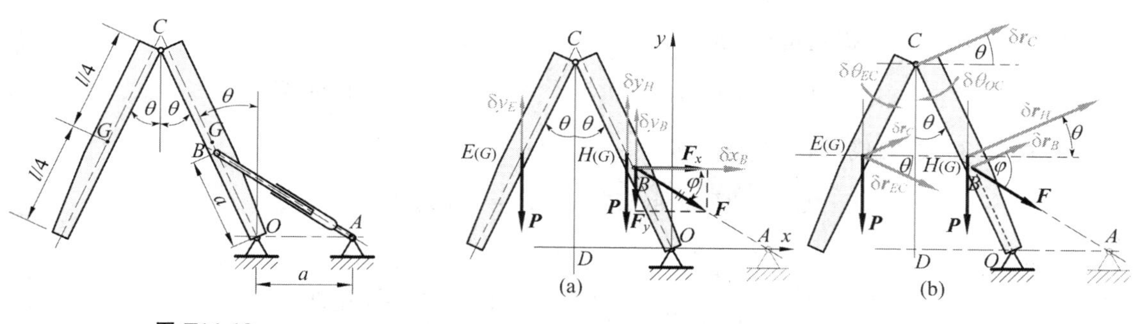

图 T14-12　　　　图 J14-12

因为两段桥身与竖直线的夹角均为 θ，所以两段桥身关于过 C 的竖直线对称。建立图 J14-12a 所示坐标系，再选择 θ 为独立坐标，则有

$$x_B = -a\sin\theta,\quad y_B = a\cos\theta,\quad y_E = y_H = (l\cos\theta)/4$$

取变分有

$$\delta x_B = -a\cos\theta\delta\theta,\quad \delta y_B = -a\sin\theta\delta\theta,\quad \delta y_E = \delta y_G = -(l\sin\theta)\delta\theta/4 \tag{a}$$

因为$\triangle OAB$ 是等腰三角形，所以

$$\varphi = \angle OAB = \angle DOC/2 = (90° - \theta)/2$$

从而可求得

$$F_x = F\cos\varphi = F\cos(45° - \theta/2),\quad F_y = F\sin\varphi = F\sin(45° - \theta/2) \tag{b}$$

由虚位移原理

$$F_x\delta x_B - F_y\delta y_B - P\delta y_H - P\delta y_E = 0 \tag{c}$$

将式(a)和式(b)代入式(c)后化简得到

$$F = \frac{\sqrt{2}l}{2a}\frac{\sin\theta}{\sqrt{1-\sin\theta}}P = \frac{\sqrt{2}l}{2a}\tan\theta\sqrt{1+\sin\theta}P$$

解法二：几何法

OC 定轴转动，因此给 OC 一转角虚位移 $\delta\theta_{OC}$，见图 J14-12b。题目条件可知 CD 的虚角位移 $\delta\theta_{EC}$ 如图所示，且 $\delta\theta_{EC} = \delta\theta_{OC}$。$B$、$H$ 和 C 处虚位移按 OC 定轴转动确定为

$$\left.\begin{aligned}&\delta r_B = a\delta\theta_{OC},\quad \delta r_H = (l\delta\theta_{OC})/4,\quad \delta r_C = (l\delta\theta_{OC})/2,\quad \delta r_B = a\delta\theta_{OC}\\&\delta r_H = (l\delta\theta_{OC})/4,\quad \delta r_{EC} = (l\delta\theta_{EC})/4 = (l\delta\theta_{OC})/4\end{aligned}\right\} \tag{a}$$

E 处虚位移按 C 为基点－E 为动点的方式确定为

$$\delta \boldsymbol{r}_E = \delta \boldsymbol{r}_C + \delta \boldsymbol{r}_{EC} \tag{b}$$

由虚位移原理

$$\boldsymbol{F} \cdot \delta \boldsymbol{r}_B + \boldsymbol{P} \cdot \delta \boldsymbol{r}_H + \boldsymbol{P} \cdot \delta \boldsymbol{r}_E = 0 \tag{c}$$

将式(b)代入有

$$\boldsymbol{F} \cdot \delta \boldsymbol{r}_B + \boldsymbol{P} \cdot \delta \boldsymbol{r}_H + \boldsymbol{P} \cdot (\delta \boldsymbol{r}_C + \delta \boldsymbol{r}_{EC}) = 0$$

即

$$F\delta r_B \cos\varphi - P\delta r_H \sin\theta - P\delta r_C \sin\theta + P\delta r_{EC} \sin\theta = 0 \tag{d}$$

因为△OAB 是等腰三角形，所以

$$\varphi = 90° - \angle OBA = 90° - (90° - \theta)/2 = 45° + \theta/2 \tag{e}$$

将式(e)和式(a)代入式(d)得

$$2Fa\cos(45° + \theta/2) = Pl\sin\theta$$

解得

$$F = \frac{\sqrt{2}l}{2a}\frac{\sin\theta}{\sqrt{1-\sin\theta}}P = \frac{\sqrt{2}l}{2a}\tan\theta\sqrt{1+\sin\theta}P$$

14-13　半径为 R 的滚子放在粗糙水平面上，连杆 AB 的两端分别与轮缘上的点 A 和滑块 B 铰接。现在滚子上施加矩为 M 的力偶，在滑块上施加力 $\boldsymbol{F}$，使系统处于图 T14-13 所示位置保持平衡。设力 $\boldsymbol{F}$ 为已知，滚子有足够大的重力 $\boldsymbol{P}$，忽略滚动摩阻，不计滑块和各铰链处的摩擦，不计杆 AB 与滑块的重力。求力偶矩 M 以及滚子与地面间的摩擦力 $\boldsymbol{F}_s$。

解法一

轮子纯滚动，其瞬心在与地面接触处，所以在给定轮子的虚角位移 $\delta\varphi$ 后便可确定 A 处虚位移 $\delta \boldsymbol{r}_A$（图 J14-13a），且

$$\delta r_A = 2R\cos\varphi\delta\varphi \tag{a}$$

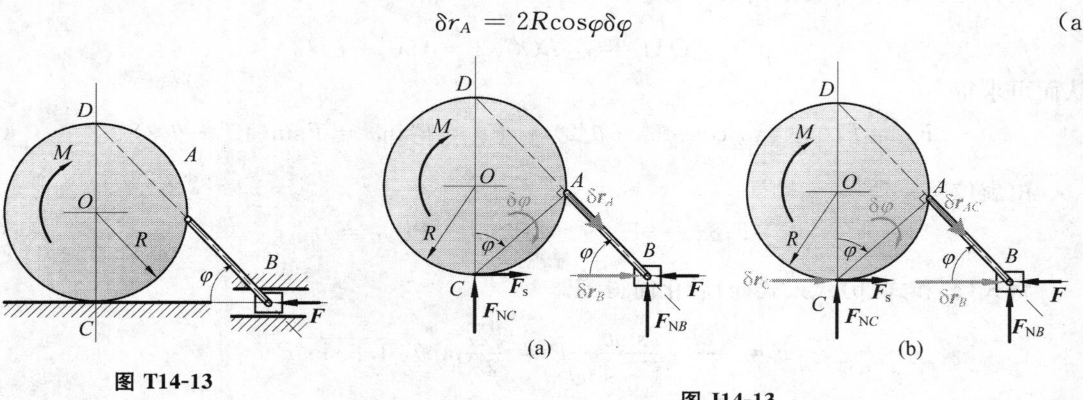

图 T14-13

图 J14-13

B 沿滑道运动，其虚位移 $\delta \boldsymbol{r}_B$ 也沿滑道。由虚位移投影定理有

$$\delta r_A = \delta r_B \cos\varphi \tag{b}$$

由虚位移原理（有虚功的力只有 M 和 $\boldsymbol{F}$，其他均为理想约束力）

$$-F\delta r_B + M\delta\varphi = 0 \tag{c}$$

将式(a)和式(b)代入式(c)得到

$$M = -2RF$$

沿图 J14-13a 水平方向

$$\sum F_x = 0:\quad F_s - F = 0$$

得到

$$F_s = F$$

解法二

方法一利用平衡方程求解 $\boldsymbol{F}_s$，其过程很简单，但是本章强调的是虚位移原理。如果采用虚位移方法，则纯滚动的约束条件必须解除成可滚可滑的约束，这样静摩擦力才会做虚功。但是必须强调的是如此处理之后，系统有两个自由度(而书中的例题均只有一个自由度)，两个自由度有两个独立坐标，因此我们分别给定 C 的虚位移 $\delta\boldsymbol{r}_C$ 和轮子的虚角位移 $\delta\varphi$。必须提醒的是：解除纯滚动的约束后，C 点虚位移如同该点的速度方向，只能是沿水平方向，尽管对于真实位移，C 点总会向上运动。

现在，A 点虚位移以 C 为基点－A 为动点确定为(图 14-13b)

$$\delta\boldsymbol{r}_A = \delta\boldsymbol{r}_C + \delta\boldsymbol{r}_{AC}$$

其中

$$\delta r_{AC} = 2R\cos\varphi\delta\varphi \tag{a}$$

B 沿滑道运动，其虚位移 $\delta\boldsymbol{r}_B$ 也沿滑道。AB 两端虚位移沿 AB 投影有

$$\delta r_{AC} + \delta r_C\cos\varphi = \delta r_B\cos\varphi \tag{b}$$

由虚位移原理有

$$F_s\delta r_C + M\delta\varphi - \delta r_B F = 0 \tag{c}$$

将式(a)和式(b)代入式(c)有

$$(F_s - F)\delta r_C + (M - 2RF)\delta\varphi = 0$$

因为 δr_C 和 $\delta\varphi$ 为两个独立变分，所以上式成立的条件为

$$F_s = F,\quad M = 2RF$$

14-14　图 T14-14 所示杆系在竖直面内平衡，$AB = BC = l$，$CD = DE$，且 AB，CE 为水平，CB 为竖直。均质杆 CE 和刚度为 k_1 的拉压弹簧相连，重力为 $\boldsymbol{P}$ 的均质杆 AB 左端有一刚度为 k_2 的螺线弹簧。在杆 BC 上作用有水平的线性分布载荷，其最大载荷集度为 q。不计杆 BC 的重力，求平衡时水平弹簧的变形量 δ 和螺线弹簧的扭转角 φ。

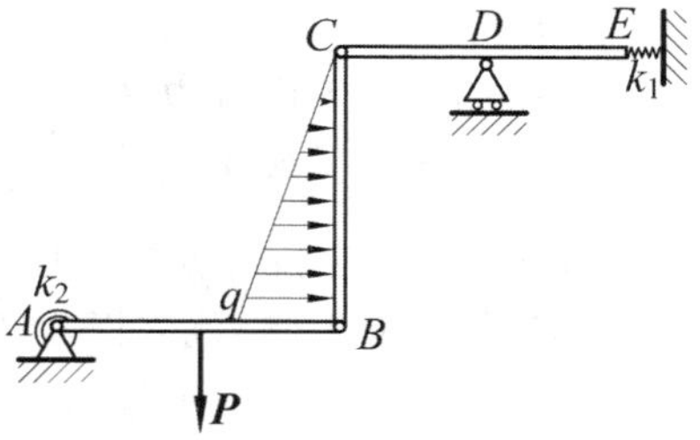

图 T14-14

解：此题为两自由度系统(超出了教材中例题难度)。为了便于计算，将分布力系先简化成集中力 $\boldsymbol{F}_q$，作用点 G 距离 B 为 $l/3$，大小 $F_q = ql/2$。弹簧 k_1 的拉力，螺线弹簧 k_2 的力偶都会做功，因此将二者解除后分别用集中力 $\boldsymbol{F}_1$ 和力偶 M 取代。

分别给 AB 和 BC 虚角位移 $\delta\varphi_{AB}$ 和 $\delta\varphi_{BC}$。B 和 H 处虚位移方向根据 AB 定轴转动确定，其大小分别

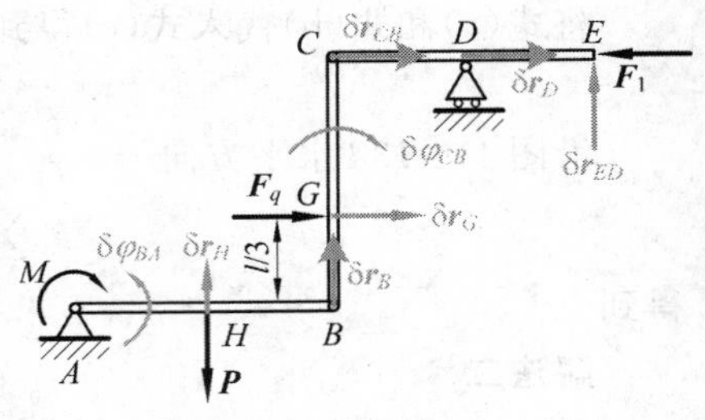

图 J14-14

$$\delta r_H = (l\delta_{BA})/2, \quad \delta r_B = l\delta_{BA} \tag{a}$$

C 和 G 处虚位移由基点法(选择 B 为基点)分别确定如下

$$\delta \boldsymbol{r}_G = \delta \boldsymbol{r}_B + \delta \boldsymbol{r}_{GB}, \quad \delta \boldsymbol{r}_C = \delta \boldsymbol{r}_B + \delta \boldsymbol{r}_{CB} \tag{b}$$

其中 $$\delta r_{GB} = (l\delta_{CB})/3, \quad \delta r_{CB} = l\delta_{CB} \tag{c}$$

D 处的虚位移只能沿水平方向。沿 CD 虚位移投影相等有

$$\delta r_D = \delta r_{CB}(= l\delta_{CB}) \tag{d}$$

E 处的虚位移由基点法(选择 D 为基点)确定如下

$$\delta \boldsymbol{r}_E = \delta \boldsymbol{r}_D + \delta \boldsymbol{r}_{ED} \tag{e}$$

由虚位移原理有

$$\boldsymbol{F}_q \cdot \delta \boldsymbol{r}_G + \boldsymbol{P} \cdot \delta \boldsymbol{r}_G + M\delta\varphi_{BA} + \boldsymbol{F}_1 \cdot \delta \boldsymbol{r}_E = 0$$

将式(b)和式(e)代入有

$$F_q \delta r_{GB} - P\delta r_H + M\delta\varphi_{BA} - F_1 \delta r_D = 0$$

再将式(a)、式(c)和式(d)代入有

$$(F_q l/3 - F_1 l)\delta\varphi_{CB} + (M - Pl/2)\delta\varphi_{BA} = 0$$

因为 $\delta\varphi_{CB}$ 和 $\delta\varphi_{BA}$ 为两个独立变分,所以上式成立的条件为

$$F_q l/3 - F_1 l = 0; \quad M - Pl/2 = 0$$

也就是

$$F_1 = F_q/3 = ql/6; \quad M = Pl/2$$

因此,水平弹簧的变形量 $\delta = F_1/k_1 = ql/(6k_1)$,而螺旋弹簧的扭转角 $\varphi = M/k_2 = Pl/(2k_2)$。

讨论

(1)也可固定两自由度中一个,让系统成为单自由度,再求解。

(2)水平弹簧的变形量 δ 是斜体,是实变形,而虚位移的变分符号是正体。

14-15 用虚位移原理求图 T14-15 所示桁架中杆 3 的内力。

解:将 3 杆解除,代之以力 $\boldsymbol{F}_3$ 和 $\boldsymbol{F}'_3$。

ACD 相当于一个刚体,它绕 A 做定轴转动,因此 C 处虚位移 $\delta \boldsymbol{r}_C$ 和 D 处虚位移 $\delta \boldsymbol{r}_D$ 分别垂直于 AC 和 AD,如图 J14-15 所示,它们的大小

$$\frac{\delta r_C}{\delta r_D} = \frac{AC}{AB} = \frac{\sqrt{6^2 + 3^2}}{6} = \frac{\sqrt{5}}{2} \tag{a}$$

B 处的虚位移只能沿水平方向,结合 C 处虚位移方向,可确定 BC 虚瞬心 P,因此有

$$\frac{\delta r_C}{\delta r_B} = \frac{PC}{PB} = \frac{\sqrt{6^2 + 3^2}}{6} = \frac{\sqrt{5}}{2} \tag{b}$$

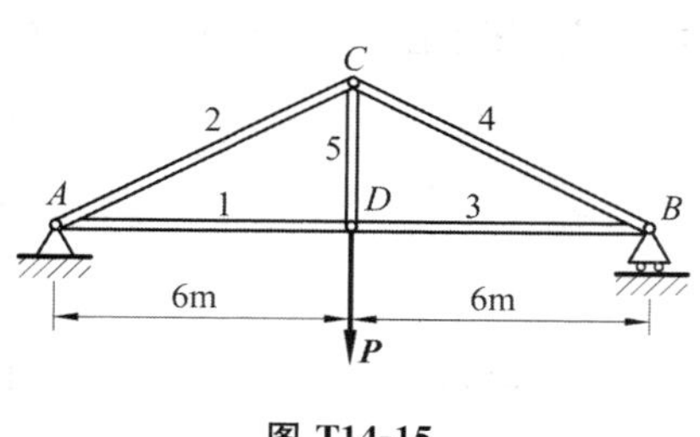

图 T14-15

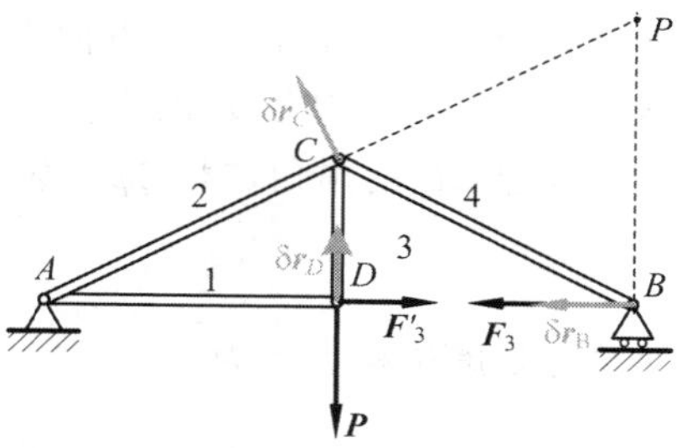

图 J14-15

由虚位移原理有

$$-P\delta r_D + F_3\delta r_B = 0$$

将式(a)和式(b)代入得到

$$F_3 = P$$

讨论

利用△*ABC* 的等腰特性,坐标通式也容易写出,所以也可以用解析法。

14-16 组合梁载荷分布如图 T14-16 所示。已知跨度 $l=8$ m,$P=4900$ N,均布力 $q=2450$ N/m,力偶矩 $M=4900$ N·m。求支座约束力。

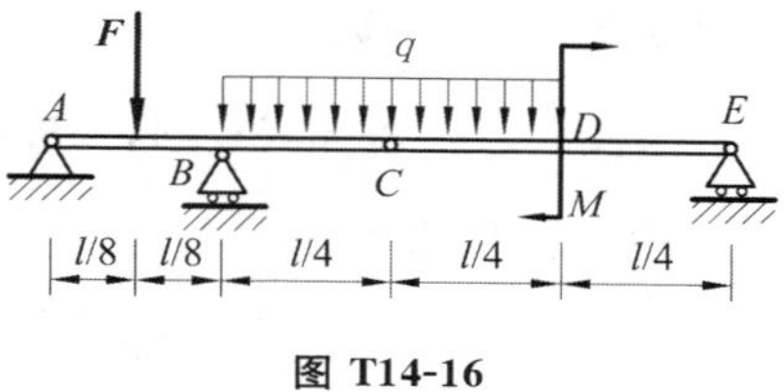

图 T14-16

解:先将分布载荷简化成两个集中力 $\boldsymbol{F}_1$ 和 $\boldsymbol{F}_2$,可确定其作用位置分别在 *B* 和 *C* 右侧 $l/8$ 处,如图 J14-16a 所示。

(1)解除支座 *A* 的水平约束,代之以 $\boldsymbol{F}_{Ax}$,如图 J14-16a 所示。根据现在约束条件,*ABC* 只能发生平移,因此可令 *A* 的虚位移 $\delta\boldsymbol{r}_A$ 如图示。因其平移,*C* 处虚位移也沿水平方向。*CE* 上 *E* 处虚位移也只能沿水平方向,如图 J14-16a 所示。

由虚位移原理有(只有 F_{Ax} 会做虚功) $F_{Ax}\delta r_A = 0$

解得

$$F_{Ax} = 0$$

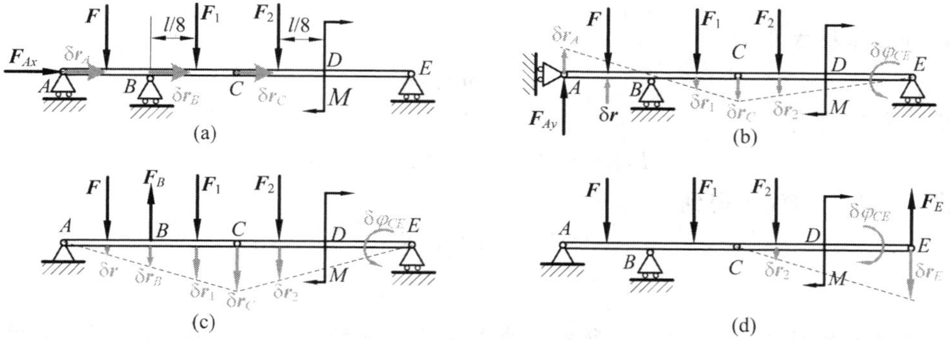

图 J14-16

(2)解除支座 *A* 的垂直约束,代之以 $\boldsymbol{F}_{Ay}$,如图 J14-16b 所示。根据现在约束条件,$\delta\boldsymbol{r}_A$ 沿

竖直方向,而 $\delta \boldsymbol{r}_B$ 只能沿水平方向,因此可确定 B 为虚瞬心。进一步就可以确定 C 处虚位移 $\delta \boldsymbol{r}_C$ 沿竖直方向,再辅以 E 的虚位移沿水平方向的信息,就可确定 CE 的虚瞬心在 E 处。进一步就能确定 CE 的虚角位移 $\delta\varphi_{CE}$ 为

$$\delta\varphi_{CE} = \delta r_C / CE \tag{a}$$

其他关键处虚位移大小为

$$\delta r = \delta r_A/2, \quad \delta r_1 = \delta r_A/2, \quad \delta r_C = \delta r_A, \quad \delta r_2 = 3\delta r_A/4 \tag{b}$$

由虚位移原理有

$$F_{Ay}\delta r_A - P\delta r + F_1\delta r_1 + F_2\delta r_2 - M\delta\varphi_{CE} = 0$$

将式(a)和式(b)代入上式,解得

$$F_{Ay} = -2450 \text{ N}$$

(3)解除支座 B 的约束,代之以 $\boldsymbol{F}_B$,如图 J14-16c 所示。根据现在约束条件,ABC 只能做定轴转动,因此可确定 $\delta \boldsymbol{r}_C$ 沿竖直方向。对 CE,又因 $\delta \boldsymbol{r}_E$ 只能沿水平方向,因此可确定 E 为 CE 的虚瞬心。其虚角位移 $\delta\varphi_{CE}$ 为

$$\delta\varphi_{CE} = \delta r_C / CE \tag{c}$$

其他关键处虚位移大小为

$$\delta r = \delta r_C/4, \quad \delta r_B = \delta r_C/2, \quad \delta r_1 = 3\delta r_C/4, \quad \delta r_2 = 3\delta r_C/4 \tag{d}$$

由虚位移原理有

$$P\delta r - F_B\delta r + F_1\delta r_1 + F_2\delta r_2 - M\delta\varphi_{CE} = 0$$

将式(c)和式(d)代入上式,解得

$$F_B = 14700\text{N}$$

(4)解除支座 E 的约束,代之以 $\boldsymbol{F}_E$,如图 J14-16d 所示。根据现在约束条件,ABC 静止不动,CE 绕 C 做定轴转动,因此可确定 $\delta \boldsymbol{r}_E$ 沿竖直方向,其虚角位移 $\delta\varphi_{CE}$ 为

$$\delta\varphi_{CE} = \delta r_E / CE \tag{e}$$

其他关键处虚位移大小为

$$\delta r_2 = 3\delta r_E/4 \tag{f}$$

由虚位移原理有

$$F_2\delta r_2 + M\delta\varphi_{CE} - F_E\delta r_E = 0$$

将式(e)和式(f)代入得到

$$F_E = 2450 \text{ N}$$

讨论

本题也可以像题 14-13 一样,把所有待求约束力对应的约束同时去掉,这样新系统有四个自由度,可选择 4 个独立变量。只是这样做,虚位移的关系确定起来比较麻烦。

参考文献

[1] 哈尔滨工业大学理论力学教研室.理论力学(Ⅰ).7版.北京：高等教育出版社,2009.

[2] 哈尔滨工业大学理论力学教研室.理论力学学习辅导.北京：高等教育出版社,2003.

[3] 陈明,程燕平,刘喜庆.理论力学习题解答.哈尔滨:哈尔滨工业大学出版社,1998.

[4] 焦群英,张平,王永岗,等. 理论力学学习指导.中国农业大学出版社,2006.

[5] 景荣春.理论力学辅导与题解. 北京:清华大学出版社,2010.

[6] 陈平,孙鹰,韦忠瑄,等. 理论力学(Ⅰ)全程学习指导与习题精解.南京:东南大学出版社,2012.